赵天榜论文选集

赵天榜 著

黄河水利出版社

·郑州·

内 容 提 要

本论文选集收录了作者发表的论文286篇,分3类:Ⅰ.植物类,按科、属、种等排列;Ⅱ.综合类;Ⅲ.造纸类。其中,创建一些新理论、新分类系统、新观点,发现一些特异新类群等,如:创建特异草科、玉兰新亚科、玉兰属新分类系统、玉兰品种新分类系统、杨属新分类系统、毛白杨品种新分类系统、木瓜族新分类系统、蜡梅品种新分类系统。发表新分类群有:1新科、1新亚科、5新族、3新属、19新亚属、3新组、1新组合组、12新亚组、17新系、90新种、41新亚种、239变种、45新栽培群、690新栽培品种、18新变型。其中,发现一些特异珍稀濒危物种,如腋花玉兰、异叶桑、莓蕊玉兰、异型叶构树、河南特异草等。同时,首次提出毛白杨系银白杨、山杨与响叶杨杂交种的新观点,并将毛白杨划分为17品种群(16新品种群)、386品种(281新品种)。同时,全面系统地总结了全国面积最大的"河南辛夷"商品基地建设经验、望春玉兰与农作物间作的经验、枣农间作经验;发现大官杨细种条、泡桐细种根快繁技术,并创建细种条、细种根培育壮苗理论,总结侧柏、毛白杨等育苗经验,并进行了大面积推广,解决了生产实践中的一些重大技术问题。同时,还成功地进行了"速生树种一龄材制造新闻纸的试验研究"等。

本论文选集内容丰富,新理论、新分类系统与新论点非常特异,资料翔实,是作者从事生产、教学、科学研究和工作经验的总结,可供林业和植物分类工作者及教育工作者等参考。

图书在版编目(CIP)数据

赵天榜论文选集/赵天榜著. —郑州:黄河水利出版社,
2021.4
ISBN 978-7-5509-2980-7

Ⅰ.①赵⋯　Ⅱ.①赵⋯　Ⅲ.①农业技术-文集　Ⅳ.
①S-53

中国版本图书馆 CIP 数据核字(2021)第 083964 号

出　版　社:黄河水利出版社　　　　　　　网址:www.yrcp.com
　　地址:河南省郑州市顺河路黄委会综合楼14层　邮政编码:450003
发行单位:黄河水利出版社
　　发行部电话:0371-66026940、66020550、66028024、66022620(传真)
　　E-mail:hhslcbs@126.com
承印单位:广东虎彩云印刷有限公司
开本:890 mm × 1 240 mm　1/16
印张:43.5
字数:1 350 千字　　　　　　　　　　　印数:1—1 000
版次:2021 年 4 月第 1 版　　　　　　　印次:2021 年 4 月第 1 次印刷

定价:218.00 元

　　赵天榜,河南邓州市(原邓县)人。1935年4月29日生(农历)。1955年5月参加中国共产党,同年毕业于河南农学院附设林业部中等林业技术训练班(林技班),留校工作。曾任保管员(出纳员)、实验员、技术员、副站长、站长。1959年,晋升为助教。1960年,河南农学院生物物理系成立,调入该系任助教,并前往中国农业原子能研究所进修1年。1962年,河南农学院生物物理系停办,调回河南农学院教学实验农场任林业试验站副站长、站长,后林业试验站与园艺试验站合并为园林试验站,任园林试验站站长。1974年,河南农学院搬迁至许昌市,调到林学系任造林教研组教师。1978年,教师职称解冻,晋升为讲师。1987年,晋升为副教授。1994年,晋升为教授。在教学上,讲授造林学(森林培育学)、林学概论、植物拉丁语等7门课程。兼职工作15处。在工作、教学和试验研究中,被评为劳动模范和先进科技工作者3次;荣获全国和省部级科技成果奖、科技奖等32次;主编与参编著作32部;发表论文326篇。

目　录

Ⅰ. 植 物 类

一、苏铁科 Cycadaceae

河南苏铁科植物资源的初步调查研究

赵天榜[1]　范永明[2]　陈俊通[2]　李小康[2]　王　华[3]

（1. 河南农业大学,郑州　450002;2. 北京林业大学园林学院,北京　100081;

3. 郑州植物园,郑州　450042）

摘　要　本文介绍了河南引种栽培苏铁科植物2属、11种:1. 叉叶苏铁 Cycadas micholitzii Thiselton-Dyer、2. 苏铁 Cycas revoluta Thunb. 、3. 台湾苏铁 Cycadas taiwanensis Carr. 、4. 篦齿苏铁 Cycas pectinata Criff. 、5. 四川苏铁 Cycadas szechuanensis Cheng et Z. K. Fu、6. 海南苏铁 Cycadas hainanensis C. J. Chen、7. 攀枝花苏铁 Cycas panzhihuanensis L. Zhou et S. Y. Yang、8. 云南苏铁 Cycas siamensis Miq. 、9. 华南苏铁 Cycas rumphii Miq. 、10. 广东苏铁 Cycas rumphii Miq. 、11. 少刺苏铁 Cycas miguelii Warburg。

关健词　河南;苏铁科;苏铁属;种质资源

1. 苏铁属 Cycadas Linn.

1.1　叉叶苏铁

Cycadas micholitzii Thiselton-Dyer in Gard. Chron. ser. 3,38;142. f. 48~49. 1905.

本种植物形态特征:羽状叶3~6片,二叉二回羽状深裂,中部羽状裂片宽2.0~2.5 cm,未回羽状裂片1~2次二叉分裂,裂片不整齐、线形。

产地:我国广西、越南。模式标本,采自越南。河南郑州市有栽培。

1.2　苏铁

Cycas revoluta Thunb. Fl. Jap. 229. 1784.

本种植物形态特征:常绿木本植物。树干圆柱状,通直,常不分枝,有明显螺旋状排列的菱形叶柄残痕。羽状叶从树干的顶部生出,下层的向下弯,上层的斜上伸展,整个羽状叶的轮廓呈倒卵圆-狭披针形,长75.0~200.0 cm,羽状裂片达100对以上,条形,厚革质,坚硬,长9.0~18.0 cm,宽4~6 mm,向上斜展微成"V"字形,边缘显著地向下反卷,上部微渐窄,先端有刺状尖头,基部窄,两侧不对称,下侧下延生长,表面深绿色,有光泽,中央微凹,凹槽内有稍隆起的中脉,背面浅绿色,中脉显著隆起,两侧有疏柔毛,或无毛。雄球花圆柱状,有短梗。种子红褐色,或橘红色,倒卵球状,或卵球状,密生灰黄色短茸毛,后渐脱落;中种皮木质,两侧有两条棱脊,上端无棱脊,或棱脊不显著,顶端有尖头。花期6~7月,种子10月成熟。

产地:我国长江流域以南各省(区、市)。河南各地均有栽培。

1.3　台湾苏铁(中国裸子植物志)　台东苏铁(台湾植物志)　广东苏铁(植物杂志)

Cycadas taiwanensis Carr. in Journ. Bot. 31;2. t. 331. 1893.

本种植物形态特征:常绿木本植物。树干圆

柱状,通直,高 1.0~3.5 m。羽状叶长 1.8 m,羽状裂片 90~144 对,条形,薄革质,中部羽状裂片长 18.0~25.0 cm,宽 7~12 mm,边缘不反卷,基部两侧收缩常不对称,下延,中脉在两面隆起,或微隆起,通常表面隆起显著。雄球花圆柱状,或长椭圆体状,长约 50.0 cm,径 9.0~10.0 cm。大孢子叶密被黄褐色茸毛、锈色茸毛,后常脱落,上部顶片斜方圆形,或宽卵圆形,宽 7.0~8.0 cm,边缘篦齿状分裂,裂片钻状,顶生裂片具锯齿,或再分裂。胚珠 4~6 枚,着生于大孢子叶柄中上部两侧,无毛。种子红褐色,椭圆体状、长圆体状,稍扁,长 3.0~4.5 cm,径 1.5~3.0 cm。

产地:我国台湾。模式标本,采自台湾台东县。广东、河南郑州市有栽培。

1.4　篦齿苏铁(植物分类学报)

Cycas pectinata Criff. Notul. Pl. Asiat. 4:10. 1854.

本种植物形态特征:常绿木本植物。树干圆柱状,通直,常不分枝,高达 3.0 m。羽状叶长 1.2~1.5 m,条形,或条状披针形,厚革质,坚硬,中部羽状裂片长 15.0~20.0 cm,宽 6~8 mm,边缘稍反曲,基部两侧不对称,下延,叶脉两面显著隆起,表面叶脉中央有一条凹槽。雄球花圆锥-圆柱状,长约 40.0 cm,宽 10.0~15.0 cm。大孢子叶密被褐黄色茸毛,上部顶片斜方-宽圆形,或宽圆形,宽 6.0~8.0 cm,边缘有 30 多枚钻状裂片,顶生裂片较大,宽 4.0~5.0 cm,边缘常疏生锯齿,或再分裂;胚珠 2~4 枚,裸露,生于大孢子叶柄的两侧,无毛。种子红褐色,卵球状,或椭圆-卵球状,长 4.5~5.0 cm,径 4.0~4.7 cm。

产地:主产于我国云南。模式标本,采自喜马拉雅山区南部。河南各地均有栽培。

1.5　四川苏铁(植物分类学报)　贵州苏铁(植物分类学报)

Cycadas szechuanensis Cheng et Z. K. Fu,植物分类学报,13(4):81. f. 1:7~8. 1975.

本种植物形态特征:常绿木本植物。树干圆柱状,通直,高 2.0~5.0 m。羽状叶长 1.0~3.0 m,条形,或条状披针形,厚革质,长 18.0~40.0 cm,宽 1.2~1.4 cm,边缘微卷曲,基部不等宽,两侧不对称,上侧较窄,几近中脉,下侧较宽,下延。大孢子叶被褐黄色或褐红色茸毛,后脱落,边缘篦齿状分裂,裂片钻状,长 2.0~6.0 cm,粗的 3 mm,无毛,下部柄状,长 10.0~12.0 cm,密被茸毛,在

其中上部每边缘着生胚珠 2~5 枚,上部外侧 1~3 枚胚珠的外侧常有钻状裂片;胚珠无毛。

产地:我国四川、福建。河南郑州市有栽培。

1.6　海南苏铁(植物分类学报)　刺柄苏铁(中国植物志)

Cycadas hainanensis C. J. Chen ex Cheng,植物分类学报,13(4):82. f. 2:5~6. 1975.

本种植物形态特征:常绿木本植物。羽状叶长约 1.0 m,条形,革质,中部羽状裂片长约 15.0 cm,宽的 6 mm,基部两侧不对称,下延,表面中脉显著隆起,背面中脉微隆起。大孢子叶幼时被褐色茸毛,后脱落,几无毛,上部顶片斜方-卵圆形,长约 7.0 cm,宽 5.0 cm,边缘羽状分裂,每边有裂片 5~7 条,裂片条-钻状,长 2.0~3.0 cm,顶生裂片长圆形,长 3.5~4.0 cm,上部具锯齿,或再分裂;叶柄两侧密生刺,刺长 3~4 mm;中部两侧着生胚珠 2 枚,胚珠无毛。

产地:我国海南。模式标本,采自海南。河南郑州市有栽培。

1.7　攀枝花苏铁(植物分类学报)

Cycas panzhihuanensis L. Zhou et S. Y. Yang,植物分类学报,19(3):335. pl. 10:1-6. pl. 11:1-10. 1981.

本种植物形态特征:常绿木本植物。树干圆柱状,通直,上端略粗,高 2.5~4.0 m。羽状叶长 70.0~120.0 cm,羽状裂片 80~105 对,条形,直,或微弯,厚革质,长 6.0~22.0 cm,宽 4~7 mm,先端渐尖,表间中脉微凸,背面光滑无毛,中脉显著隆起。雄球花在茎端偏斜,或直立,长圆柱状,或长椭圆-圆柱状,通常微弯,两端渐窄,长 25.0~45.0 cm,径 6.0~10.0 cm。大孢子叶密被黄褐色茸毛,或锈褐色茸毛,上部顶片斜方-卵圆形,或宽卵圆形,宽 5.0~7.0 cm;下部柄状,长 8.0~14.0 cm,中上部通常着生胚珠 4 枚。胚珠四方-圆形,微扁,光滑,无毛,金黄色,顶端红褐色。种子橘红色,近球状,径约 2.5 cm,外种皮具薄纸质、分离易碎的外层。

产地:我国四川攀枝花市。模式标本,采自四川攀枝花市。河南郑州市有栽培。

1.8　云南苏铁(中国树木分类学)　暹罗苏铁(中国裸子植物志)

Cycas siamensis Miq. in Bot. Zeitung 21:334. 1863.

本种植物形态特征:常绿木本植物。树干矮小,

基部膨大如盘茎,高 30.0~180.0 cm,径 10.0~60.0 cm。羽状叶长 120.0~150.0 cm,或更长,羽状裂片 40~120 对,或更多,条形,直,或微弯,厚革质,长 6.0~22.0 cm,宽 4~7 mm,先端渐尖,表间中脉微凸,背面光滑无毛,中脉显著隆起。雄球花在茎端偏斜,或直立,长圆柱状,或长椭圆-圆柱状,通常微弯,两端渐窄,长 25.0~45.0 cm,径 6.0~10.0 cm。大孢子叶密被黄褐色茸毛,或锈褐色茸毛,上部顶片斜方-卵圆形,或宽卵圆形,宽 5.0~7.0 cm;下部柄状,长 8.0~14.0 cm,中上部通常着生胚珠 4 枚。胚珠四方-圆形,微扁,光滑无毛,金黄色,顶端红褐色。种子橘红色,近球状,径约 2.5 cm,外种皮具薄纸质、分离易碎的外层。

产地:我国云南及泰国、越南、缅甸。模式标本,采自泰国。河南郑州市有栽培。

1.9 华南苏铁(中国树木学) 刺叶苏铁(中国树木分类学) 龙尾苏铁、刺叶苏铁(中国高等植物图鉴)

Cycas rumphii Miq. in Bull. Sci. Phys. et Nat. Néerl. 45. 1838.

本种植物形态特征:常绿木本植物,高 4.0~8.0 m,稀达 15.0 m。主干柱状,上部有残存的叶柄,分枝或不分枝。羽状叶长 1.0~2.0 m,叶轴横切面近圆形,或三角状圆形;叶柄长 10.0~15.0 cm,或更长,常具三钝棱,两侧有短刺,刺间距离 1.5~2.0 cm,稀无刺;羽状裂片 50~100 对排成两列,条形,稍弯曲,或直,革质,绿色,有光泽,两面中脉微凹,先端渐长尖,边缘平,或微反曲,稀微波状,上侧急窄,下侧较宽,或微窄,下延生长。雌雄异株;雄球花有短梗,椭圆体状,长 12.0~25.0 cm;小孢子叶楔形,长 2.5~5.0 cm,顶部截状,密被红色,或褐红色茸毛;大孢子叶长 20.0~35.0 cm,羽状分裂,具长柄,初被茸毛,后渐脱落,在其上部两侧各有 1~3 枚胚珠。种子球状,或卵球状,先端有时微凹,中种皮木质,有两条棱脊。花期 5~6 月,种子 10 月成熟。

产地:我国华南各地均有栽培。印度尼西亚、澳大利亚北部、越南、缅甸、印度及非洲的马达加斯加等地也有分布。模式标本,采自印度尼西亚。河南各地有栽培。

1.10 广东苏铁(植物杂志)

Cycas rumphii Miq. 植物杂志,2:3. 1996.

本种植物形态特征:常绿木本植物,高 4.0~8.0 m,稀达 15.0 m。主干柱状,上部有残存的叶柄,分枝或不分枝。羽状叶长 1.0~2.0 m,叶轴横切面近圆形,或三角-圆形;叶柄长 10.0~15.0 cm,或更长,常具三钝棱,两侧有短刺,刺间距离 1.5~2.0 cm,稀无刺;羽状裂片 50~100 对排成两列,条形,稍弯曲,或直,革质,绿色,有光泽,两面中脉微凹,先端渐长尖,边缘平,或微反曲,稀微波状,上侧急窄,下侧较宽,或微窄,下延生长。雌雄异株;雄球花有短梗,椭圆体状,长 12.0~25.0 cm;小孢子叶楔形,长 2.5~5.0 cm,顶部截状,密被红色,或褐红色茸毛;大孢子叶长 20.0~35.0 cm,羽状分裂,具长柄,初被茸毛,后渐脱落,在其上部两侧各有 1~3 枚胚珠。种子球状,或卵球状,先端有时微凹,中种皮木质,有两条棱脊。花期 5~6 月,种子 10 月成熟。

产地:我国华南各地均有栽培。印度尼西亚、澳大利亚北部、越南、缅甸、印度及非洲的马达加斯加等地也有分布。模式标本采自印度尼西亚。河南各地有栽培。

1.11 少刺苏铁(植物杂志)

Cycas miguelii Warburg,植物杂志,2:3. 1996.

本种植物形态特征:树干多生于地下面,高小于 25.0 cm。羽状叶弧形弯曲,近水平伸展;叶柄无刺或少刺。

产地:我国广西。模式标本,采自广西西部山区。河南郑州市有栽培。

河南墨西哥苏铁属一种及一新变种

赵天榜 陈志秀

(河南农业大学,郑州 450002)

摘 要 本文介绍了河南引种栽培苏铁科植物墨西哥苏铁属 1 种及 1 新变种——弯长毛墨西哥苏铁 Zunila pumila Linn. var. curvativivillosa T. B. Zhao et Z. X. Chen,var. nov.。

关健词　河南;苏铁科;墨西哥苏铁属;弯长毛墨西哥苏铁

1.墨西哥苏铁　新引种记录种

Zamia furfuracea Linn. f. ex Aiton

丛生常绿灌丛,主干不明显,株高 1.0 m。叶长 1.0~1.5 m,基部约 1/3 处无小叶;小叶裂片互生,长条形,长 16.0~22.0 cm,宽 3.0~3.5 cm,表面深绿色,具光泽,疏被枝状柔毛,背面淡绿色,平行脉,具光泽,疏被枝状柔毛,边缘全缘,基部楔形,先端渐尖,边缘具圆钝齿,疏被弯曲长缘毛;小叶柄极短,下面无毛,上面密被柔毛;叶轴无毛,或疏被枝状柔毛。花不详。

产地:墨西哥苏铁。河南郑州植物园有引种栽培。

2. 弯长毛墨西哥苏铁　新变种

Zamia furfuracea Linn. f. ex Aiton var. curvativivillosa T. B. Zhao et Z. X. Chen, var. nov.

A var. nov. lobis foliis adversis et alternis, longe ellipticis 10.0~14.0 cm,10.0~14.0 cm longis, supra flavovirentibus nitidis villosis roamsis, subtus flavis nervis villosis roamsis, margine mediis et inferioribus, ciliatis apice mucronatis margine crenulatis, rare villosis roamsis;petiolis a-conspicuis .

Henan:Zhengzhou City. T. B. Zhao et al. , No. 3580. Typus in HANC.

本新变种:小叶裂片对生,或和互生,长椭圆形,长 10.0~14.0 cm,表面黄绿色,具光泽,有弯曲枝状长柔毛;背面淡黄色,平行脉,具光泽,密被弯曲枝状长柔毛,中、下部边缘全缘,基部楔形,边缘基部具缘毛,先端短尖,边缘具不等圆钝齿,稀具弯曲长缘毛;叶轴基部 1/3 处无小叶;无明显叶柄。

产地:河南。郑州植物园有引种栽培。2018 年 6 月 10 日。赵天榜等,No.3580。模式标本,存河南农业大学。

二、银杏科 Ginkgoaceae

河南银杏一新变种

赵天榜

摘　要　本文发表了河南银杏一新变种,即异叶银杏 Cinkgo biloba Linn. var. heterophylla T. B. Chao et Z. X. Chen, var. nov.。
关键词　银杏;异叶银杏

异叶银杏　新变种

Ginkgo biloba Linn. var. heterophylla T. B. Chao et Z. X. Chen, var. nov.

A typo foliis 3-formibus:(1)duc-kbilli-foliis. foliis 3.5~6.0 cm longis, labiatilimbis 3.5~5.0 cm latis, basi infundibuliformibus 1~2 cm longis;petiolis 2~6 cm longis, raro 7 cm longis, supra planis a-sulcatis..(2)infun-dibulifoliis. saepe primifoliis, raro secundifoliis, infundibuliformibus, apicem margine inaequabilibus erosis vel dentatis, basi angusti-infundibuli-formibus;petiolis 2.5~3.5 cm longis, supra planis a-sulcatis.(3)ob-triangul-aribifoliis. foliis saepe spiralibus,5.0~6.5 cm longis 2-partitis, lobis 2-lobulis. ramis ad apicem infracentralibus 3-5-foliis basi gradatim infunda-buliformibus.

Henan：Henan Agricultural University. 10. 7.

1990. T. B. Chao et al. , No. 90715. Typus in Herb. HAU.

本新变种与原变种的区别:叶 3 种类型;即:(1)鸭嘴形叶。叶长 3.5~6.0 cm,唇片宽 3.5~5.0 cm,基部漏斗状,长 1~2 cm;叶柄长 2~6 cm,稀 7 cm,表面平,无沟。(2)漏斗形叶。通常为初生叶,稀为第 2 叶,漏斗状,顶端边缘不对称的锯齿或牙齿,基部狭漏斗状;叶柄长 2.5~3.5 cm,表面平,无沟。(3)倒三角形叶。叶通常为扭曲,长5.0~6.5 cm,2 深裂,裂片又 2 裂,位于枝条中部下面的 3~5 叶基部逐渐呈漏斗状。

河南:河南农业大学。1990 年 7 月 10 日。赵天榜等,No. 90715。模式标本,存河南农业大学。

河南银杏五新变种

赵天榜[1]　陈志秀[1]　范永明[2]　陈俊通[2]

(1.河南农业大学林学院,郑州　450002;2.北京林业大学园林学院,北京　100083)

摘　要　本文发表河南银杏五新变种:1. 柱冠银杏 Ginkgo biloba Linn. var. cylindrica T. B. Zhao,Z. X. Chen et J. T. Chen,var. nov. ;2. 小籽银杏 Ginkgo biloba Linn. var. parvispecies T. B. Zhao,Z. X. Chen et Y. M. Fan,var. nov. ;3. 垂枝银杏 Ginkgo biloba Linn. var. grossirama T. B. Zhao et Z. X. Chen,var. nov. ;4. 帚冠银杏 Ginkgo biloba Linn. var. ellipsoidea T. B. Zhao, Z. X. Chen et D. F. Zhao,var. nov. ;5. 大冠银杏 Ginkgo biloba Linn. var. magnicoma T. B. Zhao, Z. X. Chen et D. F. Zhao,var. nov. ;形态特征。

关键词　河南;银杏;新变种;柱冠银杏;小籽银杏;垂枝银杏;帚冠银杏;大冠银杏

1. 柱冠银杏　新变种

Ginkgo biloba Linn. var. cylindrica T. B. Zhao, Z. X. Chen et J. T. Chen,var. nov.

A var. comia cylindricis. ramulis brevissimis, horizontalibus vel pendulis.

Henan:Zhengzhou City. 20150821. T. B. Zhao et al. ,No. 201508213(HNAC).

本新变种树冠圆柱状。小枝很短,平展或下垂。

产地:河南郑州市。赵天榜、陈志秀和陈俊通。模式标本,No. 201508213,存河南农业大学。

2. 小籽银杏　新变种

Ginkgo biloba Linn. var. parvispecies T. B. Zhao,Z. X. Chen et Y. M. Fan,var. nov.

A var. foliis 3.0~4.5 cm latis. speciebus parvis,4.0~5.0 cm longis,subroseis. Non deciduis.

Henan:20150821. T. B. Zhao et al. , No. 201509221(HNAC).

本新变种叶宽 3.0~4.5 cm。种子小,长 2.0~2.5 cm,带粉红色,不落。

产地:河南、郑州市。赵天榜、陈志秀和范永明。模式标本,No. 201509221,存河南农业大学。

3. 垂枝银杏　新变种

Ginkgo biloba Linn. var. grossirama T. B. Zhao et Z. X. Chen,var. nov.

A var. nov. ramis grossis, subvexis. longe ramis pendulis.

Henan:Zhengzhou City. 2. T. B. Zhao et al. , No. 201906190(HNAC).

本新变种侧枝粗壮,斜展。长枝下垂。

产地:河南、郑州市。赵天榜和陈志秀。模式标本,No. 201906190,存河南农业大学。

4. 帚冠银杏　新变种

Ginkgo biloba Linn. var. muscarifoems T. B. Zhao, Z. X. Chen et D. F. Zhao,var. nov.

A var. nov. ramis grossis, suberectis.　comis muscariformibus.　magnifoliis densis.

Henan:Zhengzhou City. 2. T. B. Zhao et al. , No. 202006131(HNAC).

本新变种侧枝粗壮,近直立。树冠帚状。叶大而密。

产地:河南、郑州市。赵天榜、陈志秀和赵东方。模式标本,No. 202006131,存河南农业大学。

5. 大冠银杏 新变种

Ginkgo biloba Linn. var. magnicoma T. B. Zhao, Z. X. Chen et D. F. Zhao, var. nov.

A var. nov. magni-comis, ovoideis. ramis minutis, multis. ramulis brevis, paucis. foliis parvis, raris, apice 2 lobis.

Henan: Zhengzhou City. 2. T. B. Zhao et al., No. 202006132(HNAC).

本新变种树冠大,卵球状;侧枝极细,多。小枝短、少。叶小而稀、先端稀 2 裂。

产地:河南、郑州市。赵天榜、陈志秀和赵东方。模式标本,No. 202006132,存河南农业大学。

三、松科 Pinaceae

河南白皮松三新变种

赵天榜[1] 陈志秀[1] 李小康[2]

(1. 河南农业大学,郑州 450002;2. 郑州植物园,郑州 450042)

摘 要 本文发表河南白皮松三新变种:1. 垂叶白皮松 Pinus bungeana Zucc. ex Endl. var. pendulifolia T. B. Zhao, Z. X. Chen et X. K. Li, var. nov.;2. 塔形白皮松 Pinus bungeana Zucc. ex Endl. var. pyramidalis T. B. Zhao, Z. X. Chen et X. K. Li, var. nov.;3. 白皮白皮松 Pinus bungeana Zucc. ex Endl. var. albicortex T. B. Zhao, Z. X. Chen et X. K. Li, var. nov.。

关键词 河南;白皮松;新变种;垂叶白皮松;塔形白皮松;白皮白皮松

1. 垂叶白皮松 新变种

Pinus bungeana Zucc. ex Endl. var. pendulifolia T. B. Zhao, Z. X. Chen et X. K. Li, var. nov.

A var. ramis patetibus. foliis coniferis pendulis.

Henan: 20150824. T. B. Zhao et al., No. 201508241(HNAC).

本新变种侧枝斜展。果枝叶下垂。

产地:河南、郑州植物园。赵天榜、陈志秀和李小康。模式标本,No. 201508241,存河南农业大学。

2. 塔形白皮松 新变种

Pinus bungeana Zucc. ex Endl. var. pyramidalis T. B. Zhao, Z. X. Chen et X. K. Li, var. nov.

A var. comis pyramidalibus. ramis erecto-patetibus. foliis coniferis patetibus.

Henan: 20150824. T. B. Zhao et al., No. 201508241(HNAC).

本新变种树冠塔形;侧枝直立斜展。叶斜展。

产地:河南、郑州植物园。赵天榜、陈志秀和李小康。模式标本,No. 2015082319,存河南农业大学。

3. 白皮白皮松 新变种

Pinus bungeana Zucc. ex Endl. var. albicortex T. B. Zhao, Z. X. Chen et X. K. Li, var. nov.

A var. corticibus albis, aequats, nitidis.

Henan: 20150824. T. B. Zhao et al., No. 201508241(HNAC).

本新变种树皮白色,平滑而发亮。

产地:河南、郑州植物园。赵天榜、陈志秀和李小康。模式标本,No. 201508241,存河南农业大学。

河南华山松一新变种

赵天榜

（河南农业大学,郑州　450002）

摘　要　本文发表河南华山松一新变种:短叶华山松 Pinus armandi Franch. var. brevitifolia T. B. Chao,var. nov.。

关键词　河南;华山松;新变种;短叶华山松;主要形态特征

1. 短叶华山松　新变种

Pinus armandi Franch. var. brevitifolia T. B. Zhao et Z. X. Chen,var. nov.

A typo recedit ramulis minutis. Floiis coniferis brevissimis 3. 5~5. 0 cm longis.

Henan: 20150824. T. B. Zhao et Z. X. Chen, No. 201508241(HNAC).

本新变种枝很细。叶很短,长 3. 5~5. 0 cm。

河南:嵩县。2016 年 8 月 10 日。赵天榜和陈志秀,No. 20160810。模式标本,存河南农业大学。

河南油松两新变种

赵天榜　　陈志秀

（河南农业大学,郑州　450002）

摘　要　本文发表油松两新变种:1. 小冠油松 Pinus tabulaeformis Carr. var. parvicoma T. B. Chao et Z. X. Chen var. nov. ;2. 粗皮油松 Pinus s tabulaeformis Carr. var. grossipellis T. B. Chao et Z. X. Chen,var. nov.

1. 小冠油松　新变种

Pinus tabulaeformis Carr. var. parvicoma T. B. Chao et Z. X. Chen,var. nov.

A typo recedit coma angustatis, turriformibus; ramalis et foliis raris.

Henan: Funiu Shan. 10. 8. 1992. T. B. Chao, No. 199108105. Typus in Herb. Henan Agricultural University conservatys.

本新变种与原变种区别:树冠窄狭,塔形;小枝和叶稀少。

河南:伏牛山区。1992 年 8 月 10 日。赵天榜,No. 199208105。模式标本,存河南农业大学。

2. 粗皮油松　新变种

Pinus tabulaeformis Carr. var. grossipellis T. B. Chao et Z. X. Chen,var. nov.

A typo recedit pellibus cinerei-brunneis,crassis et grossissimis,longitudinaliter striatis.

Henan: Funiu Shan. 10. 8. 1992. T. B. Chao, No. 199108108. Typus in Herb. Henan Agricultural University conservatys.

本新变种与原变种区别:树皮灰褐色,皮厚而极粗,呈纵裂状剥落。

河南:伏牛山区。1992 年 8 月 10 日。赵天榜,No. 199208108。模式标本,存河南农业大学。

注:油松两新变种拉丁文补充描述。

河南黄山松两新变种

赵天榜[1]　陈志秀[1]　宋留高[1]　张培从[2]

(1. 河南农业大学,郑州　450002;2. 商城县黄柏山林场,商城　464000)

摘　要　本文发表黄山松两新变种:1. 短叶黄山松 Pinus taiwanensis Hayata var. brevifolia T. B. Chao et Z. X. Chen;2. 扭叶黄山松 Pinus taiwanensis Hayata var. tortuosifolia T. B. Chao et Z. X. Chen.

1. 短叶黄山松　新变种

Pinus taiwanensis Hayata var. brevifolia T. B. Chao et Z. X. Chen, var. nov.

A typo recedit coma acatipyramidalis, ramis recete obliquis. foliis brevibus 3. 0～4. 5 cm longis, non 5. 0～13. 0 cm longis.

Henan: Shungqung Xian. Hungposhan. ait. 1 300 m. 10. 5. 1985. T. B. Chao, No. 855101. Typus in Herb. Henan Agricultural University Conservatys.

本新变种与原变种区别:树冠尖塔形;侧枝直立斜展。针叶短,长3. 0～4. 5 cm,不为5. 0～13. 0 cm。

河南:商城县。黄柏山。海拔 1 300 m。1985 年10月5日。赵天榜,No. 858101。模式标本,存河南农业大学。

2. 扭叶黄山松　新变种

Pinus taiwanensis Hayata var. tortuosifolia T. B. Chao et B. C. Zhang, var. nov.

A typo recedit foliis 13. 0～17. 0 cm longis, diam. 2 mm saepe 3～5-tortuosis.

Henan: Shungqung Xian. Hungposhan. alt. 1 000 m. 20. 5. 1985. T. B. Chao, No. 855201.

Typus in Herb. Henan Agricultural University Conservatys.

本新变种与原变种区别:针叶长 13. 0～17. 0 cm,粗 2 mm,通常有 3～5 个扭曲的弯为显著特征。

河南:商城县。黄柏山。1985 年 5 月 20 日。赵天榜,No. 858201。模式标本,存河南农业大学。

河南鸡公山松属植物的自然杂种——鸡公松

陈志秀[1]　宋留高[1]　赵天榜[1]　戴惠堂[2]　戴天澍[2]

(1. 河南农业大学,郑州　450002;2. 河南省鸡公山国家级自然保护区,信阳　464133)

摘　要　本文发表了河南引栽松属一新杂种,即鸡公松 Pinus × jigongshanetisis T. B. Chao, Z. X. Chen et　H. T. Dai, sp. nov., 采用系统聚类、同工酶分析技术和针叶组织解剖等方法研究,结果表明是火炬松与湿地松的自然杂种,并记载了它的优良特性。

关键词　松属;自然杂种;鸡公松

火炬松(Pinus taeda Linn.)原产美国东南部。1934 年我国引种栽培首获成功,因具有生长迅速、适应性强、抗病虫害等优良特性,目前,已在安徽、湖北、广西、河南等省(区)大面积造林。多年来,作者在进行火炬松引栽、造林及种源试验研究中,发现一种生长特异的松树,经长期观察试验,现报道如下。

1. 鸡公松(见图 1)

Pinus × jigongshanetisis T. B. Chao, Z. X. Chen et H. T. Dai, sp. nov. fig. 1

Species affinis P. taeda Linn. sed. differt trunco stricto. cortex cinereo-brunneus, longisquamoto-fissus, latus et crassus, fissuris latis et praealtis intus glandaceis. ramulis pallide glandaceis, foliis 3-fascic-

图 1　鸡公松 Pinus × jigongshanetisis
T. B. Chao, Z. X. Chen et H. T. Dai, sp. nov.
(1)树形 habit;(2)树皮 bark;(3)松叶 needle leaves

ulis raro 2,4,5. resosis canalibus 4: dorsalibus 1, ventralibus 1, telis vascularibus bilateralis siis, ubique medianalibus. 5: dorsalibus 2, medianalibus vel interaneis; ventralibus 1, medianalibus; telis vascularibus bilateralis singulis, medianalibus. 6: dorsalibus 3, interaneis vel medianalibus ventralibus 1, medianalibus; telis vascularibus bilateralis singulis, medianalibus. Isoenzymo-zymogene 4-zonis, Rf 0.14, C,0.9; Rf 0.40; E,1.2; Rf 0.63, A,1.5 et Rf

0.83,B,3.6,ultimo zonate latis 3.6 cm triangule caudatis.

Henan:Jigongshan, alt. 320 m,18 July. 1989. T. B. Chao et al. ,896181. Typus in Herb. HNAC.

该松为常绿大乔木。树冠宽卵球状;侧枝粗壮,疏生,平展。树干通直,中央主干明显;树皮灰褐色,长鳞片状纵裂,裂缝骨黄棕色。幼树侧枝 1 年内 3~6 轮。小枝淡黄褐色。冬芽圆柱状,棕褐色,无树脂。针叶 3 针一束,兼有 2,4,5 针一束,长 20~26 cm,边缘具有细微锯齿;横切面近三角形,皮下层 2~3 层细胞;树脂道 4,5,6。树脂道 4 时,背面 1,腹面 1,维管束组织区两侧角各 1,均为中生,有时维管束合二为一而特异;树脂道 5 时,背面 2,中生或内生,腹面 1,中生,维管束组织区两侧角各 1,中生;树脂道 6 时,背面 3,内生或中生,腹面 1,中生,维管束组织区两侧角各 1,中生。过氧化物同工酶酶带 4 条,其 Rf、酶带活性级、酶带宽度分别为:①0.14,C,0.9 cm;②0.4,E,1.2 cm;③0.63,A,1.5 cm;④0.83,B,3.6 cm。其酶带呈三角-长尾尖而特异。

(河南:鸡公山。海拔 320 m。1986 年 6 月 18 日。赵天榜等,No. 896189。模式标本,存河南农业大学。)

2. 鸡公松等针叶解剖

为确定鸡公松的分类地位及其亲本起源,作者采用鸡公松、火炬松等成熟针叶作试材,用 FAA 液固定后,进行石蜡切片,番红染色后,进行封固。观察结果见图 2 和表 1。

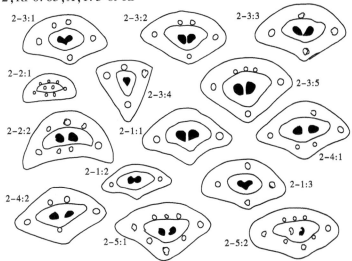

图 2　鸡公松等树种针叶解剖简图
1.湿地松 P. elliottii;2.火炬松 P. taeda;3.鸡公松 P. × jigongshanensis;4.刚松 P. rigida;5.刚松 × 火炬松 P. rigida × P. taeda

表 1　鸡公松等 8 种松树针叶解剖主要特征

编号	名称	学名	采集地点	采集日期 （年-月-日）	针叶横切面主要特征
11	湿地松	Pinuselliottii	河南鸡公山	1989-06-18	半圆形，皮下层 2 型细胞，树脂道 2～9（11）内生，间有 1～2 中生
2	火炬松	P. taeda	河南鸡公山	1986-06-19	三角形，皮下层 2 型细胞，有 3～4 层间断分布，树脂道 2，中生
3	鸡公松	P. × jigongshanensis	河南鸡公山	1989-06-18	三角形，皮下层 2 型细胞，有 3～4 层间断分布，树脂道 4～6，中生，内生
4	刚松	P. rigida	江苏南京	1993-07-16	三角形，皮下层细胞 2～3 层，树脂道 5～8，中生，稀内生
5	刚松 × 火炬松	P. rigida × P. taeda	江苏南京	1993-07-16	三角形，皮下层细胞 4～5 层，树脂道 3～9，内生，中生
6	长叶松	P. palustris	河南鸡公山	1993-7-16	三角形，皮下层细胞 4～5 层，树脂道 3～4，中生
7	西藏黄	P. ponderosa	河南鸡公山	1993-07-16	三角形，皮下层细胞 1～4 层，树脂道 5～6，中生
8	加勒比松	P. caribaea	河南鸡公山	1993-07-16	宽三角形，皮下层细胞 2 型，树脂道 2～3（多 3～4），内生

由表 1 和图 2 可看出，鸡公松、湿地松、刚松、刚松 × 火炬松等针叶解剖结构具有明显差异，如：

（1）火炬松。据记载，火炬松"针叶横切面三角形，树脂 2，中生于维管束组织区两侧"[3]；火炬松"针叶……横切面三角形。……树脂 2，中生于维管束组织区两边"[1]（见图 2-1:1）；据记载，火炬松针叶"树脂道通常 2，中生"[2]（见图 2-1:2）；作者进行的火炬松针叶解剖的结果是：树脂道 4（见图 2-1:3）。

（2）湿地松。文献中记载，湿地松针叶的"树脂道 2～9（11）"，多内生[2]（见图 2-2:1）；文献中记载，湿地松针叶"横切圆形，……树脂道 7个，均紧贴维管束组织区，内生，在维管束组织区两侧各 1，较大；背面 3 个，腹面 2 个"[1]（见图 2-2:2）；作者进行湿地松的针叶解剖结果，与上述相同。

（3）鸡公松。作者进行鸡公松针叶解剖结果是：针叶横切面多扇形或三角形；树脂道 4，5，6。树脂道 4 时，维管束组织区两侧角各 1，中生，背面 1，内生，腹面 1，中生（见图 2-3:3），稀有维管束不分离的现象（见图 2-3:2）；树脂道 5 时，维管束组织区两侧角各 1，中生，背面 3，内生，腹面 1，中生（见图 2-3:5）。

（4）刚松。文献中记载，刚松针叶横切面三角形；"树脂道 5～8，中生，稀 1～3 个内生"[1]；刚松针叶横切面三角形；"树脂道 5 个，中生，背面 3 个，腹面 2 个"[1]，实为：维管束组织区两侧角各 1，背面 1，腹面 2，皆中生（见图 2-4:1）。作者进行的刚松针叶解剖结果是：横切面近菌伞状，树脂道 5，维管束组织区两侧角各 1，中生，背面 2，内生，腹面 1，内生（见图 2-4:2）。

（5）刚松 × 火炬松。针叶解剖结果表明，该杂种针叶横切面菌伞状或三角形等；树脂道 8，9。树脂道 8 时，维管束组织区两侧角各 1，中生，其 2 侧各 1，中生，1 内生，背面 3，内生，腹面 1，中生（见图 2-5:1）；树脂道 9 时，维管束组织区两侧各 1，中生，其两侧各 1，1 中生，1 内生，背面 3，内生，腹面 2，中生，其中 1 大 1 小，小的均为大的 1/3（见图 2-5:2）。

根据图 2 的结果表明，鸡公松可能是火炬松与湿地松的天然杂种。

3. 鸡公松等过氧化物同工酶酶谱

采用聚丙烯酰胺凝胶垂直板电泳系统，对鸡公松、火炬松和湿地松的针叶过氧化物同工酶进行测定，其目的在于探讨鸡公松的亲本起源。测定结果（见图 3）表明，鸡公松、火炬松与湿地松的过氧化物同工酶谱显著不同，均有特谱，其中 Rf

0.63 为 3 种松树的共同酶谱,且活性也相同。如鸡公松共有酶谱带 4 条,其酶带活性及其宽度分别为:0.14,C,0.9 cm;0.40,E,1.2 cm;0.63,A,1.5 cm;0.83,B,3.6 cm,且呈三角状长尾尖而特异。火炬松酶谱带 4 条,其 Rf 分别为:0.14,E,—;0.46,D,1.2 cm;0.63,A,1.6 cm;0.66,C,0.36 cm。湿地松酶谱带 2 条,其 Rf 分别为:0.63,A,1.8 cm;0.81,C,0.7 cm。同时,图 3 还表明,火炬松和湿地松是鸡公松天然杂种的亲本,并得到酶学的支持。

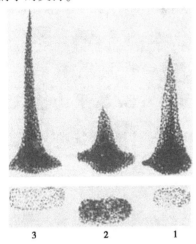

图 3 鸡公松等针叶过氧化物同工酶谱图

1.湿地松 P. elliottii;2.火炬松 P. taeda;3.鸡公松 P. × jigongshanensis

为进一步探讨鸡公松的分类地位与其亲本起源,作者采用系统聚类方法,对鸡公松等 8 种松树的形态与针叶解剖特征等 17 个性状,进行了计算机运算。其结果(见图 4)表明,湿地松、鸡公松和火炬松聚为一类,其欧氏距离为 2.729 189、2.982 500。由此可见,湿地松可能为鸡公松天然杂种的母本,火炬松为其杂种的父本,鸡公松为天然杂种。

4.鸡公松优良特性

根据作者多年来的调查研究,鸡公松有以下优良特性:

(1)速生。鸡公松生长非常迅速,是河南松属中生长最快的一种。根据调查,15 年生鸡公松树高 14.6 m,胸径 41.7 cm,单株材积 0.919 46 m³,同龄火炬松平均高 11.4 m,胸径 26.6 cm,单株材积 0.257 85 m³;马尾松平均树高 7.5 m,平均胸径 6 cm,单株材积 0.073 7 m³。鸡公松单株材积分别大于火炬松 328.99%、湿地松 226.25%、马尾松 1 024.25%,从而表明,发展与推广鸡公松

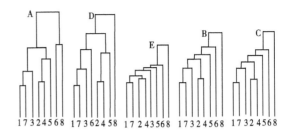

图 4 鸡公松等 8 种松树的特征性状聚类图

1.湿地松 P. elliottii;2.长叶松 P. palustris;3.火炬松 P. taeda;4.加勒比松 P. caribaea;5.西黄松 P. ponderosa;6.刚松 P. rigida;7.鸡公松 P. × jigongshanensis;8.萌芽松 P. echinata

A.最长距法(The longest distance method);B.类平均法(Group average method);C.重心法(Centroid method);D.离差平方和法(Sum of squares method);E.最短距离法(The shortest distancemothod)

具有广阔的前途和巨大的生产潜力。

为进一步了解鸡公松的速生特性,现将其生长过程用图 5 表示。

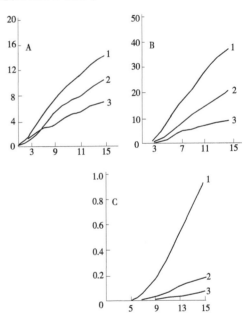

图 5 鸡公松、火炬松等生长进程图

1.鸡公松 P. × jigongshanensis;2.火炬松 P. taeda;

3.马尾松 P. massoniana

A.树高;B.胸径;C.单株材积

从图 5 中明显看出,鸡公松具有早期非常速生的优良特性。

(2)木纤维(管胞)优良。发展早期速生针叶树种为造纸工业提供大批优质原料,是当前我国造林工作者一项非常重要而艰巨的任务。为此,作者进行了鸡公松与火炬松木纤维(管胞)的测定。测定结果表明,鸡公山木纤维(管胞)均长

3 232.1 mm,均宽35.0 mm,长宽比91.5;火炬松则分别为2 685.6 mm、34 mm和78.5。由此表明,鸡公松木纤维(管胞)优于火炬松,是个具有广阔发展前景的早期速生造纸用材树种。

(3)高抗落针病。根据长期的观察,火炬松和湿地松落针病[Lophodermium pinastri (Schmd.)Chev.]非常严重,通常枯叶凋落率达50%~70%,严重时达100%,对其生长影响很大;鸡公松具有高抗落针病危害的特性,针叶几乎无此病发生,是河南鸡公山国家级自然保护区内引种栽培松属树种中唯一不感此病的一个天然杂种。

(4)产脂量高。据1993年测定,鸡公松产脂量高于火炬松和湿地松产脂量的50%以上。

5. 初步讨论

根据多年来对鸡公松进行的调查研究结果,可以得出如下结论:证明鸡公松是河南引种栽培外国松属中一新的天然杂种;采用针叶解剖、同工酶技术及系统聚类等研究结果均表明,鸡公松是湿地松与火炬松的天然杂种;鸡公松具有非常显著的速生特性,且木纤维(管胞)好,并具有抗落针病、适应性强等特性,是个早期速生优质造纸用材树种,具有广阔的发展前景和巨大的生产潜力,应大力繁殖推广。

参考文献

[1]中国科学院植物研究所形态细胞研究室比较形态组.松树形态结构与发育[M].北京:科学出版社,1978.
[2]中国科学院中国植物志编辑委员会.中国植物志 第七卷[M].北京:科学出版社,1978.
[3]Willian M. Harlow, et al. Textbook of Dendrology. 1934:88-89. fig . 33:5.

河南白杆三新变种

赵天榜[1]   陈志秀[1]   李小康[2]

(1.河南农业大学,郑州   450002;2.郑州植物园,郑州   450042)

摘 要 本文发表河南白杆三新变种:1.密枝白杆 Picea meyeri Rehd. & Wils. var. ramosissma T. B. Zhao,X. K. Li et Z. X. Chen,var. nov.;2.平枝白杆 Picea meyeri Rehd. & Wils. var. plana T. B. Zhao,Z. X. Chen et X. K. Li,var. nov.;3.帚型白杆 Picea meyeri Rehd. & Wils. var. fastigiata T. B. Zhao,Z. X. Chen et X. K. Li,var. nov.

关键词 河南;白杆;新变种;密枝白杆;平枝白杆;帚型白杆;主要形态特征

1. 密枝白杆   新变种

Picea meyeri Rehd. & Wils. var. ramosissma T. B. Zhao,X. K. Li et Z. X. Chen,var. nov.

A var. ramis brevibus, densis. foliis juvenilibus subroseis.

Henan:20150822. T. B. Zhao et al., No. 201508221(HNAC).

本新变种小枝很短、密。幼叶粉红色。

产地:河南、郑州植物园。赵天榜、李小康和陈志秀。模式标本,No. 201508221,存河南农业大学。

2. 平枝白杆   新变种

Picea meyeri Rehd. & Wils. var. plana T. B. Zhao,Z. X. Chen et X. K. Li,var. nov.

A var. ramis laterlibus minimis, horizontalibus. ramulis horizontalibus.

Henan:20150822. T. B. Zhao et al., No. 201508223(HNAC).

本新变种侧枝很少,平展。小枝平展。

产地:河南、郑州植物园。赵天榜、陈志秀和李小康。模式标本,No. 201508223,存河南农业大学。

3. 帚型白杆   新变种

Picea meyeri Rehd. & Wils. var. fastigiata T. B. Zhao,Z. X. Chen et X. K. Li,var. nov.

A var. comia fastigiatis. ramis erectis patentibus.

Henan:20150822. T. B. Zhao et al., No. 201508225(HNAC).

本新变种树冠塔状。小枝直立斜展。

产地:河南、郑州植物园。赵天榜、陈志秀和李小康。模式标本,No. 201508225,存河南农业大学。

河南青杆六新变种

赵天榜[1]　　陈志秀[1]　　李小康[2]

(1. 河南农业大学, 郑州　450002; 2. 郑州植物园, 郑州　450042)

摘　要　本文发表河南青杆五新变种: 1. 银灰叶青杆 Picea wilsonii Mast. var. argenti-cinerea T. B. Zhao, Z. X. Chen et X. K. Li, var. nov. ; 2. 银白枝青杆 Picea wilsonii Mast. var. argentei-ramula T. B. Zhao, Y. M. Fan et Z. X. Chen, var. nov. ; 3. 毛枝青杆 Picea wilsonii Mast. var. pubescen T. B. Zhao, Z. X. Chen et X. K. Li, var. nov. ; 4. 鳞毛青杆 Picea wilsonii Mast. var. fructi-squam-pubescen T. B. Zhao et Z. X. Chen, var. nov. ; 5. 四条气孔带青杆 Picea wilsonii Mast. var. quadri-stomi-lineares T. B. Zhao, Z. X. Chen et X. K. Li, var. nov. ; 6. 无毛青杆 Picea wilsonii Mast. var. glabra T. B. Zhao, Z. X. Chen et Y. M. Fan, var. nov. 。

关键词　河南; 白杆; 新变种; 主要形态特征

1. 银灰叶青杆　新变种

Picea wilsonii Mast. var. argenti-cinerea T. B. Zhao, Z. X. Chen et X. K. Li, var. nov.

A var. nov. comia cylindricis. ramulis brevibus, horizontalibus vel pendulis. foliis argenti-cinereis, juvenilibus roseis.

Henan: 20150823. T. B. Zhao et al., No. 201508213(HNAC).

本新变种树冠圆柱状。小枝很短, 平展或下垂。叶银灰色, 幼叶淡红色。

产地: 河南郑州植物园。赵天榜、陈志秀和李小康。模式标本, No. 201508213, 存河南农业大学。

2. 银白枝青杆　新变种

Picea wilsonii Mast. var. argentei-ramula T. B. Zhao, Y. M. Fan et Z. X. Chen, var. nov.

A var. nov. ramulis argenteis. pulvinis foliis argenteis.

Henan: 20150823. T. B. Zhao et al., No. 201508235(HNAC).

本新变种小枝银白色。叶枕银白色。

产地: 河南郑州植物园。赵天榜、李小康和陈志秀。模式标本, No. 201508235, 存河南农业大学。

3. 毛枝青杆　新变种

Picea wilsonii Mast. var. pubescen T. B. Zhao, Z. X. Chen et X. K. Li, var. nov.

A var. nov. ramulis brevibus, horizontalibus vel pendulis.

Henan: 20150823. T. B. Zhao et al., No. 201508237(HNAC).

本新变种小枝、幼枝密被白柔毛。

产地: 河南郑州植物园。赵天榜、陈志秀和李小康。模式标本, No. 201508237, 存河南农业大学。

4. 鳞毛青杆　新变种

Picea wilsonii Mast. var. fructi-squam-pubescen T. B. Zhao, Z. X. Chen et X. K. Li, var. nov.

A var. nov. squamis frutibus dense ramentaceis.

Henan: 20150823. T. B. Zhao et al., No. 201508239(HNAC).

本新变种果鳞表面密被小鳞片状毛。

产地: 河南郑州植物园。赵天榜、陈志秀和李小康。模式标本, No. 201508239, 存河南农业大学。

5. 四条气孔带青杆　新变种

Picea wilsonii Mast. var. quadri-stomi-lineares T. B. Zhao, Z. X. Chen et X. K. Li, var. nov.

A var. nov. quiadri-fasciaris conspiuis in 1-lateribus foliis.

Henan: 20150823. T. B. Zhao et al., No. 2015082311(HNAC).

本新变种叶上每侧有4条气孔带。

产地: 河南郑州植物园。赵天榜、陈志秀和李小康。模式标本, No. 2015082311, 存河南农业大学。

6. 无毛青杆　新变种

Picea wilsonii Mast. var. glabra T. B. Zhao, Z. X. Chen et Y. M. Fan, var. nov.

A var. nov. ramulis et foliis glabris. foliis densis, quatuor-sex-fasciaris conspiuis in foliis quadrilateris.

Henan: 2015082315. T. B. Zhao et al., No. 2015082315(HNAC).

本新变种小枝和叶无毛。叶密, 每侧有4~6条气孔带。

产地:河南郑州植物园。赵天榜、陈志秀和范 南农业大学。
永明,No. 2015082315(枝与叶):模式标本,存河

河南麦吊云杉一新变种

赵天榜[1] 陈志秀[1] 李小康[2]

(1. 河南农业大学,郑州 450002;2. 郑州植物园,郑州 450042)

摘 要 本文发表河南麦吊云杉一新变种:银皮麦吊云杉 Picea brachytyla(Franch.) Pritz. var. argyroderma T. B. Zhao,Z. X. Chen et X. K. Li,var. nov. 。

关键词 河南;麦吊云杉;新变种;银皮麦吊云杉;主要形态特征

1. 银皮麦吊云杉 新变种

Picea brachytyla (Franch.) Pritz. var. argyroderma T. B. Zhao,Z. X. Chen et X. K. Li,var. nov.

A var. nov. ramulis argyroderma pendulis.

Henan: 20150823. T. B. Zhao et al. , No.

2015082311(HNAC).

本新变种小枝银灰色,下垂。

产地:河南郑州植物园。赵天榜、陈志秀和李小康。模式标本,No. 2015082315,存河南农业大学。

河南雪松一新变种

赵天榜[1] 陈志秀[1] 李小康[2]

(1. 河南农业大学,郑州 450002;2. 郑州植物园,郑州 450042)

摘 要 本文发表河南雪松一新变种:疏枝雪松 Cedrus deodara(Roxb.)Loud. var. rari-rama T. B. Zhao,Z. X. Chen et X. K Li,var. nov. 。

关键词 河南;雪松;新变种;疏枝雪松;主要形态特征

1. 疏枝雪松 新变种

Cedrus deodara(Roxb.)Loud. var. rari-rama T. B. Zhao,Z. X. Chen et X. K Li,var. nov.

A var. nov. ramis minimis planis. ramulis brevissimis,planis vel pendulis.

Henan:20150823. T. B. Zhao et al. , No.

2015082317(HNAC).

本新变种侧枝少,平展。小枝很短,平展,或下垂。

产地:河南郑州植物园。赵天榜、陈志秀和李小康。模式标本,No. 2015082317,存河南农业大学。

河南白皮松三新变种

赵天榜[1] 陈志秀[1] 李小康[2]

(1. 河南农业大学,郑州 450002;2. 郑州植物园,郑州 450042)

摘 要 本文发表河南白皮松三新变种:1. 垂叶白皮松 Pinus bungeana Zucc et Endl. var. pendulifolia T. B. Zhao,Z. X. Chen et X. K Li,var. nov. ;2. 塔形白皮松 Pinus bungeana Zucc et Endl. var. pyramisalis T. B. Zhao,Z. X. Chen et X. K Li,var. nov. ;3. 白皮白皮松 Pinus bungeana Zucc et Endl. var. albicortex T. B. Zhao,Z. X. Chen et X. K Li,var. nov. 。

关键词 河南;雪松;新变种;垂叶白皮松;塔形白皮松;白皮白皮松;主要形态特征

1. 垂叶白皮松　新变种

Pinus bungeana Zucc et Endl. var. pendulifolia T. B. Zhao, Z. X. Chen et X. K Li, var. nov.

A var. ramis patetibus. Foliis coniferis pendulis.

Henan：20150824. T. B. Zhao et al., No. 2015082411(HNAC).

本新变种侧枝斜展。叶下垂。

产地:河南郑州植物园。赵天榜、陈志秀和李小康。模式标本,No. 201508241,存河南农业大学。

2. 塔形白皮松　新变种

Pinus bungeana Zucc et Endl. var. pyramisalis T. B. Zhao, Z. X. Chen et X. K Li, var. nov.

A var. comis pyramidalibus. ramis erecto-patetibus. foliis coniferis patetibus.

Henan：20150824. T. B. Zhao et al., No. 2015082319(HNAC).

本新变种树冠塔形;侧枝直立斜展。叶斜展。

产地:河南郑州植物园。赵天榜、陈志秀和李小康。模式标本,No. 2015082319,存河南农业大学。

3. 白皮白皮松　新变种

Pinus bungeana Zucc et Endl. var. albicortex T. B. Zhao, Z. X. Chen et X. K Li, var. nov.

A var. corticibus albis, aequatis, nitidis.

Henan：20150824. T. B. Zhao et al., No. 20150824(HNAC).

本新变种树皮白色,平滑而发亮。

产地:河南郑州植物园。赵天榜、陈志秀和李小康。模式标本,No. 2015082412,存河南农业大学。

四、杉科 Taxodiaceae

水杉两个新变种

赵天榜[1]　陈志秀[1]　陈建业[2]　张宗尧[3]　张红宇[3]

(1.河南农业大学,郑州　450002;2.河南许昌林业研究所,许昌　461000;

3.河南南召县乔端林场,南召　474650)

水杉(Metasequola glyptostroboides Hu et Cheng)是我国特有珍稀濒危植物,被称"活化石"。多年来,作者在进行水杉研究时,发现两个新变种。现报道如下。

1. 长梗水杉　新变种

Metasequola glyptostroboides Hu et Cheng var. longipedicuda T. B. Zhao et Z. X. Chen, var. nov.

A var. nov. M. glyptostroboides Hu et Cheng recedit coma subrotundatis, in medio et ruco; ramis pediculis, a medio ad apicom curvatis vel pandulis; ramulis ammotinis cum perennibus gracilibus pendulis; ralosis deciduis ubique pendulis .

Henan:Nanzhao Xian. 10. 5. 1992. T. B. Zhao et al. ,No. 27. Typus in Herb. Henan Agricultural University.

本新变种与原变种区别:树冠塔形;侧枝和小枝细弱,稀少,且开展。球果果梗很长,通常长7～12 cm,有时达14.0 cm,不为2.0～4.0 cm。

产地:河南南召县。1992 年 5 月 12 日。赵天榜等,No. 27。模式标本,存河南农业大学。

2. 垂枝水杉　新变种

Metasequola glyptostroboides Hu et Cheng var. pendilla T. B. Zhao et J. Y. Chen, var. nov.

A var. nov. M. glyptostroboides Hu et Cheng recedit coma subrotundatis, in medio et ruco; ramis patentibus, a medio ad apicom curvatis vel pendulis; ramulis ammotinis cum perennibus gracilibus pendulis; ralosis deciduis ubique pendulis.

Henan:Xinyang. 7. 8. 1991. T. B. Zhao et al. , No. 91871. Typus in Herb. Henan Agricultural University.

本新变种与原变种区别：树冠近球状，无中央主干；侧枝开展，从中部开始向梢部弯曲或下垂。1

多年生小枝细弱、下垂；脱落性小枝均下垂。

产地：河南信阳市。赵天榜等，No. 91871。模式标本，存河南农业大学。

水杉六新变种

赵天榜[1]　陈志秀[1]　范永明[1]　陈俊通[2]

（1. 河南农业大学，郑州　450002；2. 北京林业大学园林学院，北京　100083）

摘　要　本文发表水杉六新变种：1. 密枝水杉；2. 疏枝水杉；3. 柱冠水杉；4. 细枝水杉；5. 斜枝水杉；6. 棱沟水杉。同时，记载其主要形态特征。

1. 密枝水杉　新变种

Metasequoia glyptostroboides Hu et Cheng var. densiramula T. B. Zhao, Z. X. Chen et Y. M. Fan, var. nov.

A var. comis ovideis, truncis mediis erectis, grossis. Lateri-ramis lateribus densis erectis patentibus.

Henan：Zhengzhou City. 20150822. T. B. Zhao, Z. X. Chen et Y. M. Fan, No. 2011508227（HNAC）.

本新变种树冠卵球状。中央主干通直而粗。侧枝密而直斜展。

产地：河南、郑州市、郑州植物园。20150822。赵天榜、陈志秀和范永明。模式标本，No. 202508227，存河南农业大学。

2. 疏枝水杉　新变种

Metasequoia glyptostroboides Hu et Cheng var. rariramula T. B. Chao, Z. X. Chen et J. T. Chen, var. nov.

A var. truncis mediis erectis. lateri-ramis et ramulis raris, planis.

Henan：20150822. T. B. Zhao, Z. X. Chen et J. T. Chen, No. 201508229（HNAC）.

本新变种中央主干通直；侧枝和小枝稀少，而平展。

产地：河南、郑州市、郑州植物园。20150822。赵天榜、陈志秀和陈俊通。模式标本，No. 201508229，存河南农业大学。

3. 柱冠水杉　新变种

Metasequoia glyptostroboides Hu et Cheng var. cylindrica T. B. Chao et J. Y. Chen, var. nov.

A var. comis cylindricis. ramulis brevissimis, 1.0~2.0 m longis, planis.

Henan：Zhengzhou City. 201810081. T. B. Zhao et al., No. 201810081（HNAC）.

本新变种树冠圆柱状；侧枝很短，长 1.0~2.0 m，平展。70 年生树高 18.7 m，胸径 15.7 cm。

河南：郑州市有栽培。2018 年 10 月 8 日。赵天榜等，No. 201810081。模式标本，存河南农业大学。

4. 细枝水杉　新变种

Metasequoia glyptostroboides Hu et Cheng var. minutimramula T. B. Zhao et Z. X. Chen, var. nov.

A var. comis cylindricis. ramulis minutis, 1.0~1.5 m longis, planis.

Henan：Zhengzhou City. 20181008. T. B. Zhao et al., No. 201810085（HNAC）.

本新变种树冠圆柱状；侧枝很细，长 1.0~1.5 m，平展。70 年生树高 15.7 m，胸径 12.0 cm。

河南：郑州市有栽培。2018 年 10 月 8 日。赵天榜等，No. 201810085。模式标本，存河南农业大学。

5. 斜枝水杉　新变种

Metasequoia glyptostroboides Hu et Cheng var. assurgens T. B. Zhao et Z. X. Chen, var. nov.

A var. comalibus cylindricis；ramulis brevissimis, 1.0~2.0 m longis, pendulis.

Henan：Zhengzhou City. 20181008. T. B. Zhao et al., No. 201810089（HNAC）.

本新变种树冠圆柱状；侧枝很短，长 1.0~2.0 m，平展。

河南：郑州市有栽培。2018 年 10 月 8 日。赵天榜等，No. 201810089。模式标本，存河南农业大学。

6. 棱沟水杉 新变种

Metasequoia glyptostroboides Hu et Cheng var. angululisulicata T. B. Zhao et Z. X. Chen, var. nov.

A var. comalibus ovoidei-conoideis. truncis longitudianliter angulatis conspicuis et praealte longitudianliter canaliculatis; grosse ramuis, 2. 5 ~ 3. 0 m longis, pendulis, sursum gradatim brevibus.

Henan: Zhengzhou City. 20181008. T. B. Zhao et al. , No. 2018100811(HNAC).

本新变种树冠卵球-锥状，树干具很明显钝纵棱与深纵沟；侧枝粗壮，长 2.5 ~ 3.0 m，平展，向上逐渐变短。70 年生树高 15.0 m，胸径 59.0 cm。

河南：郑州市有栽培。2018 年 10 月 8 日。赵天榜等，No. 2018100811。模式标本，存河南农业大学。

河南柳杉属五新栽培品种

戴慧堂[1] 戴天澍[1] 敬根才[1] 李培学[1] 赵天榜[2] 傅大立[2] 陈勇[2] 杨维忠[2]

(1. 河南省国家级鸡公山自然保护区,信阳 464133；2. 河南农业大学,郑州:450002)

摘 要 本文发表河南柳杉属五新栽培变种:1. 垂枝柳杉 Cryptomeria fortunei Hooibrenk ex Otto et Dietr,cv. 'Pendula';2. 曲叶日本柳杉 Cryptomeria japonica(Linn.) D. Don,cv. 'Tortifolia';3. 钩苞日本柳杉 Cryptomeria japonica (Linn.) D. Don,cv. 'Guobuao';4. 小裂齿日本柳杉 Cryptomeria japonica (Linn.) D. Don,cv. 'Xiaolazi';5. 垂枝日本柳杉 Cryptomeria japonica(Linn.) D. Don,cv. 'Pendula'。

1. 垂枝柳杉 新栽培品种

Cryptomeria fortunei Hooibrenk ex Otto et Dietr cv. 'Pendula', cv. nov.

A typo deffert ramis subverticillatis supra truncum "S" pendulis vel ramis pendulis supra medium assurgentibus apice basem superantis.

Henan: Jigongshan. 10. 5. 1989. H. T. Dai et al. , No. 895101. Typus in Herb. Henan Agricultural University Conservatus.

本新栽培变种与原栽培变种的主要区别:侧枝轮生,与树干呈"S"状下垂,或侧枝下垂,中部以上上翘,梢部超过基部。

河南:鸡公山。1989 年 5 月 10 月。戴慧堂等,No. 895101. 模式标本,存河南农业大学。

2. 曲叶日本柳杉 新栽培品种

Cryptomeria japonica(Linn.) D. Don cv . 'Tortifolia', cv. nov.

A typo deffert foliis tortios nitidis.

Henan: Jigongshan. 10. 6. 1989. W. Z. Yang et al. , No. 896101. Typus in Herb: Henan Agricultural University Conservatus.

本新栽培变种与原栽培变种的主要区别:叶扭曲,具光泽。

河南:鸡公山。1989 年 6 月 10 月。杨维忠等,No. 896101. 模式标本,存河南农业大学。

3. 钩苞日本柳杉 新栽培品种

Cryptomeria japonica (Linn.) D. Don cv. 'Guobuao', cv. nov.

A typo deffert strobilis diam. 2. 5 ~ 3. 0 cm bracteis triangulis 5 ~ 9 cm longis et 4 ~ 6 mm latis. erectiformibus apice abrupte revolutis uncatis.

Henan: Jigongshan. 10. 6. 1989. T. B. Chao et H. T. Dai, No. 891083. Typus in Herb. Henan Agricultural University Conservatus.

本新栽培变种与原栽培变种的主要区别:球果直径 2.5 ~ 3.0 cm;苞鳞三角形,长 5 ~ 9 mm,宽 4 ~ 6 mm,直立状,先端突然反曲,呈钩状。

河南:鸡公山。1989 年 6 月 10 月。赵天榜等,No. 891083。模式标本,存河南农业大学。

4. 小裂齿日本柳杉 新栽培品种

Cryptomeria japonica(Linn.) D. Don cv. 'Serrata', cv. nov.

A typo deffert strobilis maximis diam. 3. 5 cm; lobulis bracteis frutisquamosis minimis, 1 ~ 2 mm longis et 1. 5 mm latis.

Henan: Jigongshan. 10. 10. 1990. T. B. Chao et

参加野外调查工作的同志还有杨帆、谢春路、王俊明、李春英、杨扬、唐杰、刘军等,特致谢意!

al. , No. 9010103。Typus in Herb. Henan Agricultural University Conservatus.

本新栽培变种与原栽培变种的主要区别:球果大,径 3.5 cm;果鳞大,方形,苞鳞与果鳞裂片很小,长 1~2 mm,宽 1~1.5 mm。

河南:鸡公山。1990 年 10 月 10 月。赵天榜等,No. 9010103。模式标本,存河南农业大学。

5. 垂枝日本柳杉　新栽培品种

Cryptomeria japonica(Linn.)D. Don cv. 'Pendula',cv. nov.

A cv. 'Japonica' crecedit coma acute pyranda-

lis,ramis ramulisque pendulis. foliis sublatis subverticillatis 0.5~1.5 cm longis.

Henan:Jigongshan. 8. 12. 1987. T. B. Chao, No. 871283. Typus in Herb. Henan Agricultural University Conservatus.

本新栽培变种与原栽培变种的主要区别:树冠尖塔形;侧枝与小枝下垂。叶钻形,近轮生状,长 5~15 mm。

河南:鸡公山。1987 年 12 月 8 月。赵天榜,No. 871283。模式标本,存河南农业大学。

河南柳杉三新栽培品种

赵天榜[1]　陈志秀[1]　陈俊通[2]

(1. 河南农业大学,郑州　450002;2. 北京林业大学园林学院,北京　100083)

摘　要　本文发表河南柳杉三新栽培品种:1. '块裂'柳杉 Cryptomeria fortunei Hooibrenkex Otto et Dietr. 'Kuailie', cv. nov. ;2. '带裂'柳杉 Cryptomeria fortunei Hooibrenkex Otto et Dietr. 'Dailie',cv. nov. ;3. '塔型'柳杉 Cryptomeria fortunei Hooibrenkex Otto et Dietr. 'Taxing',cv. nov. 。

1. '块裂'柳杉　新栽培品种

Cryptomeria fortunei Hooibrenkex Otto et Dietr. 'Kuailie' cv. nov.

本新品种树皮块状深裂。

产地:河南。郑州市、郑州植物园。选育者:赵天榜和陈志秀。

2. '带裂'柳杉　新栽培品种

Cryptomeria fortunei Hooibrenkex Otto et Dietr. 'Dailie' cv. nov.

本新品种树皮带状深裂。

产地:河南。郑州市、郑州植物园。选育者:赵天榜和陈志秀。

3. '塔型'柳杉　新栽培品种

Cryptomeria fortunei Hooibrenkex Otto et Dietr. 'Taxing' cv. nov.

本新品种树冠塔状;侧枚直立斜展。

产地:河南。郑州市、郑州植物园。选育者:赵天榜、陈志秀和陈俊通。

河南鸡公山自然保护区柳杉造林技术的调查研究

赵天榜[1]　戴慧堂[2]

(1. 河南农业大学林学院,郑州　450002;2. 河南国家级鸡公山自然保护区,信阳　464133)

一、前言

柳杉 Cryptomeria fortunei Hooibrenk ex Otto et Dietr 原产我国,是优良速生用材树种之一。其材质轻软、纹理通直,干燥后不翘裂,用途广泛,是建筑、造船、家具和造纸等优质用材树种之一。同

时,柳杉树姿雄伟、四季常青,是我国淮河以南地区"四旁"植树、荒山、沟渠与河岸边营造风景林的主要树种之一。1966 年,河南鸡公山自然保护区开始引种栽培柳杉,在山谷、山洼地方生长非常良好。为了在河南大别、桐柏山区推广柳杉,我们于 1989 年 4 月中旬,对河南鸡公山自然保护区营

造的柳杉速生丰产试验林进行了调查研究。现将调查结果报道如下,供参考。

二、试验地自然条件

河南鸡公山自然保护区位于大别山区西端北坡,地形起伏连绵,最高海拔 810 m,相对高差 580 m;坡向半明、半阳,坡度 15°左右。土壤为黄棕壤,酸性土,pH 5.5~6.5;土层厚度 60 cm 以上;土壤肥沃,腐殖质层达 10 cm 左右。本区气候属北亚热带和暖温带过渡类型,气候温和、湿润,年平均气温 12~15 ℃,1 月平均气温 1.1 ℃,7 月平均气温 29.2 ℃;年平均降水量 1 000~1 300 mm,年平均蒸发量 1 172 mm,年平均空气相对湿度 80%。全年生长期 220~250 d。

三、造林地选择

1. 坡向

不同坡向因太阳辐射强度和日照时数有明显差异,从而使其土壤理化性质和水热状况,有很大差异,从而导致不同坡向上柳杉生长也有显著差异,如表 1 所示。

表 1　不同坡向柳杉生长调查表

地点	样地号	坡度(°)	坡向	平均树高(m)	平均胸径(cm)	平均单株材积(m³)
李家寨	2	25	阴	18.8	12.6	0.181 8
李家寨	3	25	阳	19.8	10.3	0.096 0
武胜关	9	25	阴	19.8	12.9	1.205 5
武胜关	11	25	阳	18.7	12.5	0.178 7

注:22 年生柳杉。

从表 1 可看出,柳杉在阴坡生长比阳坡生长好,如李家寨的阴坡山地 22 年生的柳杉林平均单株材积比阳坡的柳杉林平均单株材积大 199.0%;武胜关的阴坡山地 22 年生的柳杉林平均单株材积比阳坡的柳杉林平均单株材积大 115.3%。因此,可以得出阴坡造林地比阳坡好。

2. 坡度

不同坡度的山地因太阳辐射强度和日照时数有明显差异,从而使其土壤理化性质和水热状况,有很大差异,从而导致不同坡度上柳杉生长也有显著差异,如表 2 所示。

表 2　不同坡向柳杉生长调查表

地点编号	坡度(°)	坡向	平均树高(m)	平均胸径(cm)	平均单株材积(m³)
2	32	阴	15.6	12.2	0.121 9
9	25	阴	18.8	12.6	0.181 8
12	10	阴	19.8	12.9	0.182 2
13	5	阴	18.7	13.8	0.205 5

注:22 年生柳杉。

从表 2 可看出,柳杉生长在阴坡坡度在 25°以下造林地上生长比较好,22 年生的柳杉林平均单株材积为 0.181 8~0.205 5 m³,比阳坡的柳杉林平均单株材积大 199.0%。因此,可以得出阴坡坡地造林好。

3. 坡位

不同坡位的山地因土壤理化性质和水热状况的差异,从而导致不同坡位上柳杉生长也有显著差异,如表 3 所示。

表 3　不同坡向柳杉生长调查表

地位编号	平均树高(m)	平均胸径(cm)	平均单株材积(m³)
上部	14.6	10.3	0.096 0
中部	15.5	12.5	0.122 8
下部	18.1	12.7	0.169 6
坡脚	18.7	12.9	0.189 0

注:22 年生柳杉。

从表 3 可看出,柳杉生长在同一坡度造林地上生长的 22 年生的柳杉林平均单株材积自山坡上部向坡脚平均单株材积大。因此,可以得出如下结论:柳杉造林地以选择阴坡中、下部以下造林为好。

4. 土层厚度及石砾含量

不同层厚度及石砾含量的不同,柳杉生长也有显著差异,如表 4 所示。

表 4　不同土层厚度及石砾含量对柳杉生长调查表

样地编号	土层厚度(cm)	石砾含量(%)	平均树高(m)	平均胸径(cm)	平均单株材积(m³)
1	A 0~25	40	11.7	10.3	0.136 8
2	A 0~40	30	12.6	12.5	0.181 8
4	A 0~40	20	13.2	12.7	0.211 5

注:22 年生柳杉。

从表4可看出,柳杉生长在不同土层厚度及石砾含量不同,柳杉生长也有显著不同,如样地1号地上生长的22年生的柳杉林平均单株材积0.136 8 m³,样地2号地上生长的22年生的柳杉林平均单株材积0.181 8 m³;样地4号地上生长的22年生的柳杉林平均单株材积0.211 5 m³。因此,可以得出如下结论:在土层深厚、石砾少的地上,营造柳杉林为好。如河南鸡公山自然保护区日月湖岸边栽植22年生的柳杉林(无抚育管理)平均树高13.0 m,平均胸径18.2 cm,每亩蓄积量平均为34.88 m³。

5. 选用良种

河南鸡公山自然保护区在营造柳杉人工速生丰产林时,选用柳杉的不同类型进行试验。试验结果如表5所示。

表5　柳杉的不同类型试验结果

类型名称	平均树高(m)	树高增长率(%)	平均胸径(cm)	胸径增长率(%)	平均单株材积(m³)	材积增长率(%)
柳杉	13.5	100	21.4	100	0.244 7	100
细皮柳杉	13.4	99.9	21.3	99.9	0.237 9	97.2
斜垂枝柳杉	14.5	107.3	22.6	105.3	0.292 6	119.5
翘垂枝柳杉	13.7	101.4	22.5	104.9	0.275 5	112.5

注:22年生柳杉。

从表5可看出,柳杉不同类型生长也有显著差异,如斜垂枝柳杉及翘垂枝柳杉生长为好,平均单株材积0.275 5~0.292 6 m³。因此,可以得出如下结论:营造柳杉丰产林或在"四旁"植树时,应选用斜垂枝柳杉及翘垂枝柳杉优良类型。

6. 整地与栽植

河南鸡公山自然保护区在营造柳杉人工林时,通常采用3种方法整地。一是在造林地在平坦、土层深厚的地方,采用全面整地;二是在坡地造林时,采用水平阶整地;三是在30°以上造林时,采用穴状整地。柳杉栽植时,通常在3月中旬至4月中旬进行。栽植时,做到随起苗随栽植,踏实,有灌溉条件时,必须灌溉。

7. 造林密度

河南鸡公山自然保护区在营造柳杉人工林时,进行造林密度试验结果表明,每亩栽植株数以90株为佳。试验结果如表6所示。

表6　柳杉不同造林密度调查结果

造林株行距(m × m)	平均树高(m)	平均胸径(cm)	平均单株材积(m³)	蓄积量(m³/亩)
7.5 × 8.0	13.0	19.9	0.211 5	19.90
7.0 × 7.4	12.8	18.7	0.178 7	21.69
7.0 × 6.2	13.7	15.6	0.134 0	17.54

注:22年生柳杉。

从表6可看出,22年的柳杉人工林造林密度以90株(株行距7.0 m × 7.4 m)为最佳。

8. 混交林试验

河南鸡公山自然保护区营造柳杉与杉木混交人工林试验结果表明,每亩蓄积量比柳杉纯林高5.55 m³。试验结果如表7所示。

表7　柳杉与杉木混交人工林试验结果

林分类型	平均树高(m)	平均胸径(cm)	平均单株材积(m³)	蓄积量(m³/亩)
柳杉纯林	10.7	18.47	15.48	15.48
柳杉与杉木混交林	11.7	20.97	20.03	20.03
柳杉3杉木7	9.8	14.80	0.090 2	

注:22年生柳杉。

9. 抚育管理

当年造林一般不进行全面抚育,只在苗木周围除草、松土。第2~3年4月及7月进行全面中耕、除草、防治害虫;有条件时,可及时灌溉、施肥,直至幼林郁闭。幼林郁闭后,及时修去下部枝、过密侧枝,促进主干生长。

落羽杉四新变种

赵天榜[1]　　陈志秀[1]　　戴慧堂[2]

(1. 河南农业大学,郑州　450002;2. 河南国家级鸡公山自然保护区,信阳　464133)

摘　要　本文发表落羽杉四新变种:1. 垂枝落羽杉;2. 钻叶落羽杉;3. 塔形落羽杉;4. 宽冠落羽杉。同时,记载其主要形态特征。

1. 垂枝落羽杉　新变种

Taxodium distichum (Linn.) Rich. var. pendula T. B. Zhao, Z. X. Chen et H. T. Dai, var.　nov.

A var. lateriramis patulis ad angulis 50°~70°. ramulis longis pendulis. foliis parvis, 8 mm longis et latus. squamis speciebus aequatis a-sulcatis.

Henan：Jigongshan. 20150823. T. B. Zhao　et al. ,No. 198940205(HNAC).

本新变种主要形态特征:侧枝开展,呈 50°~70°角。小枝长而下垂。叶小,长、宽 8 mm。球果球状,平均果径 2.5 cm;种鳞鳞盾面菱形,平滑,无纵沟。

产地:河南鸡公山。1989 年 4 月 20 日。赵天榜等, No. 198940205。模式标本,采集于鸡公山,存河南农业大学。

2. 钻叶落羽杉　新变种

Taxodium distichum (Linn.) Rich. var. subulata T. B. Zhao, Z. X. Chen et H. T. Dai, var. nov.

A var. lateriramis patulis ad angulis 70°~80°. ramulis obliquis. foliis parvis, angustis subulatis, 4 mm longis, rare 6 mm longis, 8 mm latus. squamis speciebus aequatis a-angulis.

Henan：Jigongshan. 20150823. T. B. Zhao　et al. ,No. 198940201(HNAC).

本新变种主要形态特征:侧枝开展,呈 70°~80°。小枝斜展。叶小而窄,钻形,长 4 mm,稀 6 mm,宽 8 mm,螺旋状排列,最为特殊。球果卵球状,小型,平均果径 2.0 cm;种鳞鳞盾面菱形,平滑,无棱脊。

产地:河南鸡公山。1989 年 4 月 20 日。赵天榜等, No. 198940201。模式标本,采集于鸡公山,存河南农业大学。

3. 塔形落羽杉　新变种

Taxodium distichum (Linn.) Rich. var. pyramidala T. B. Zhao, Z. X. Chen et H. T. Dai, var. nov.

A var. comis pyramidalis; lateriramis patulis minutis et pluri ad angulis 40°~50°. ramulis obliquis. foliis parvis, angustis, subulatis, 7 mm longis. squamis speciebus aequatis a-angulis.

Henan：Jigongshan. 20150823. T. B. Zhao　et al. ,No. 1989402010(HNAC).

本新变种主要形态特征:树冠尖塔形;侧枝细而多,开展呈 40°~50°。小枝斜展。叶小而窄,钻形,长 7 mm。球果球状,小型,平均果径 1.8 cm;种鳞鳞盾面菱形,平滑,无棱脊。

产地:河南鸡公山。1989 年 4 月 20 日。赵天榜等, No. 1989402010。模式标本,采集于鸡公山,存河南农业大学。

4. 宽冠落羽杉　新变种

Taxodium distichum (Linn.) Rich. var. laticoma T. B. Zhao, Z. X. Chen et H. T. Dai, var. nov.

A var. comis magnitudonibus magnis, non conspicuis in medio centris; lateriramis crassis ad angulis 60°~70°. ramulis obliquis . foliis parvis, anguste subulatis, 1.6 cm longis, 1.2~1.9 cm latis. squamis speciebus flabellatism anifeste angullosis.

Henan：Jigongshan. 20150823. T. B. Zhao et al. ,No. 1989402013(HNAC).

本新变种主要形态特征:树冠宽大,中央主干不明显;侧枝粗壮,开展呈 60°~70°。小枝斜展。叶小、窄钻形,长 1.6 cm,宽 1.2~1.9 mm。球果球状,平均果径 2.2~2.8 cm;种鳞鳞盾面扇形,棱脊明显。

产地:河南鸡公山。1989 年 4 月 20 日。赵天榜等, No. 1989402013。模式标本,采集于鸡公山,存河南农业大学。

池杉三新变种

赵天榜[1]　　陈志秀[1]　　戴慧堂[2]

(1.河南农业大学,郑州　450002;2.河南省鸡公山自然保护区,信阳　464133)

摘　要　本文发表池杉一新变种:1. 柱冠池杉 Taxodium ascendens Srongn. var. cylindrica T. B. Zhao, Z. X. Chen et H. T. Dai, var. nov. ;2. 拱垂池杉 Taxodium ascendens Srongn. var. reclinata Z. B. Chao, Z. X. Chen et H. T. Dai, var. nov. ; 3. 锥叶池杉 Taxodium ascendens Bronfn. var. conoideifoliola T. B. Zhao, Z. X. Chen et H. T. Dai, var. nov. 。同时,记载其主要形态特征。

1. 柱冠池杉　新变种

Taxodium ascendens Srongn. var. cylindrica T. B. Zhao,Z. X. Chen et H. T. Dai,var. nov.

A var. ramulis brevissimis, lateriramis brevissimis(0.5~)1.0~1.5 m, pendulis. ramulis abscissis pendulis.

Henan:Jigongshan. T. B. Zhao et al. ,No. 201406087(HNAC).

本新变种树冠圆柱状;侧枝很短,长(0.5~)1.0~1.5 m,平展。脱落性小枝下垂。

河南:鸡公山有栽培。2014 年 6 月 8 日。赵天榜等,No.201406087。模式标本,存河南农业大学。

2. 拱垂池杉　新变种

Taxodium ascendens Srongn. var. reclinata Z. B. Chao,Z. X. Chen et H. T. Dai,var. nov.

A var. ramulis reclinatis. ramulis pendulis.

Henan:Jigongshan. T. B. Zhao et al. , No. 201406087(HNAC).

本新变种侧枝拱垂。小枝下垂。

河南:鸡公山有栽培。2014 年 6 月 8 日。赵天榜等,No.201406089。模式标本,存河南农业大学。

3. 锥叶池杉　新变种

Taxodium ascendens Bronfn. var. conoideifoliola T. B. Zhao,Z. X. Chen et H. T. Dai,var. nov.

A var. rams. reclinatis. ramulis pendulis. multiconoidifolis, tortuosis.

Henan:Jigongshan. T. B. Zhao et al. , No. 201406081(HNAC).

本新变种侧枝极细,多平展,很短。小枝下垂。叶锥叶居多,且弯曲。

河南:鸡公山有栽培。2014 年 6 月 8 日。赵天榜等,No.201406091。模式标本,存河南农业大学。

落羽杉种子园初步调查研究

赵天榜[1]　　戴天澍[2]　　戴慧堂[2]

(1. 河南农业大学,郑州　450002;2. 河南省鸡公山自然保护区,信阳　464133)

为了推广与发展落羽杉 Taxodium distichum (Linn.)Rich.,河南鸡公山自然保护区于 1965 年开始建立落羽杉种子园 80 亩。1978 年,种子园林木已开花结实。1981 年,种子园林木采收种子 200 多 kg,除自用外,还支援省内及湖北、湖南等省有关单位用种。

1　园地选择与区划

1.1　园地选择

落羽杉种子园圃地选择在低山(海拔 200 m 以下)背风、阳坡谷地,土层深厚(50~80 cm),土壤肥沃、湿润的滩地上。同时,还具有交通便利、林分隔离条件好的小环境为佳。

1.2　园地区划

首先,通过测量绘出全园 1/2 000 的平面图。其次,根据地形自然界线,划分出 2 大区、15 个小区。每小区面积 4~5 亩不等。

1.3　林分密度

初植密度 6.0 m × 3.5 m。10 年生时间伐一次,保留植株 15 株。

2　落羽杉的自然类型

根据调查,将落羽杉分为 8 个自然类型,如表 1 所示。

表 1　落羽杉自然类型表

类型	高/径	冠/高	枝角(°)	叶长(cm)	叶宽(cm)	主要形态特征
矮干宽冠	36~37	0.65~0.80	55~70	1.0	0.10	矮干、宽冠、枝叶密
宽冠稀枝	47~49	0.70~0.90	70~80	1.0	0.11	干较高、宽大、枝稀
宽冠疏枝	53~57	0.40~0.50	60~75	1.2	0.12	矮干、宽冠、枝叶密
中冠疏枝	46~57	0.50~0.60	60~80	1.1	0.12	干较高、宽枝中等
细叶窄冠	52~60	0.40~0.50	50~70	0.7	0.08	干通直、冠小、叶细
密叶中冠	46~55	0.45~0.55	50~70	1.4	0.12	冠较小、枝稠密
短叶中冠	49~52	0.47~0.52	65~80	0.5	0.07	干较矮、冠较大、叶细短
垂枝窄冠	75~86	0.40~0.50	80~90	1.0	0.11	干直、冠窄、枝弓形下垂

3 落羽杉优树选择

在落羽杉的 8 个自然类型中，选出 12 株优树作种子园内砧木的优良接穗之用。12 株优树的生长情况如表 2 所示。从表 2 材料可看出，1 号优树生长最快，11 号优树生长次之，12 号优树生长第三。

表 2 落羽杉自然类型

优树	树高 （m）	胸径 （cm）	枝下高 （m）	单株材积 （m³）	百分率 （%）
1	22.5	49.7	8.5	1.73	100
2	23.5	40.2	9.0	1.05	60.3
3	24.0	43.5	8.5	1.25	72.1
4	24.5	39.5	8.0	1.05	60.7
5	22.5	46.0	8.5	1.31	75.6
6	23.0	37.7	6.5	0.90	52.0
7	24.0	42.5	7.5	1.19	68.9
8	22.5	41.0	8.0	1.04	60.0
9	24.0	44.0	5.0	1.28	73.8
10	27.3	45.1	14.0	1.53	88.2
11	22.5	46.6	11.0	1.34	77.6
12	23.5	47.0	7.0	1.43	82.7
全林分	21.9	34.6		0.724	

4 落羽杉优树嫁接

4.1 优树嫁接生长调查

落羽杉优树嫁接采用硬枝插皮接方法，选出 12 株优树作种子园内砧木的优良接穗之用。1977 年嫁接，1978 年 8 月 28 日调查结果，如表 3 所示。从表 3 材料可看出，12 株优树嫁接穗生长高度，以 1 号优树生长最快（%），2 号优树生长次之，10 号优树生长第三。

表 3 落羽杉自然类型

优树	嫁接株数 （个）	高度 （cm）	成活率 （%）	淘汰优树
1	20	3.04	100	标准株
2	5	2.50	82.2	保留
3	20	2.36	77.6	保留
4	20	2.21	72.7	淘汰
5	20	2.35	77.3	保留
6	20	2.17	71.4	淘汰
7	15	2.30	75.6	保留
8	20	1.88	61.8	淘汰

续表 3

优树	嫁接株数 （个）	高度 （cm）	成活率 （%）	淘汰优树
9	15	1.84	60.5	淘汰
10	20	2.41	79.3	保留
11	10	1.65	54.3	淘汰
12	20	2.43	77.0	保留
平均		2.25		

4.2 砧龄对优树嫁接成活与生长调查

落羽杉优树嫁接采用插皮接法，在 1、4 年生砧木苗及大树上 10 年枝作砧枝进行嫁接试验，其结果如表 4 所示。从表 4 可看出，1、4 年生砧木苗嫁接成活率高，生长健壮。多年生干、枝作砧木嫁接成活率也达 80.0% 以上。

表 4 砧龄对优树嫁接苗生长调查

嫁接时间 （年-月-日）	砧龄 （年）	高生长 （m）	粗生长 （cm）	冠幅 （m）	株数	成活数 （个）	成活率 （%）
1975-07-07	4	4.55	8.68	2.40	20	20	100
1976-07-07	1	3.10	3.66	2.02	20	20	100
1980-05-21	10 干				361	341	97.0
1980-05-21	10 枝				357	306	82.8
1981-06-24	10 干				43	38	90.7
1981-06-24	10 枝				91	79	86.8

5 抚育管理

圃地初期间作豆类，以耕代抚，及时防治病虫害，并及时剪除砧木上萌枝，摘除接穗枝过多萌芽。

6 种子园种子品质鉴定

种子园种子品质鉴定结果表明，种子园种子产量与品质均高于一般母树种子产量与品质，如表 5 所示。

表 5 种子园与一般母树种子产量与品质比较

年度	种子产量 （kg）	饱满度 （%）	千粒重 （g）	种子园
1980	160	34.2	130.3	
1981	466.5	48.5	273.5	
1982	870.5	61.0	124.4	
1983	307.5	38.5	115.3	
1984	4 505.25	37.6	100	
1980	667	29.0	101.0	一般母树
1982	4 248	43.0	87.8	
1983	155.15	17.2	91.0	
1984	1 943	36.3	91.3	

从表4材料可看出,种子园的种子饱满度、千粒重均高于一般母树种子。但是,两者种子年产量均有显著差异。如何解决其种子稳产、高产,尚待进一步研究。

落羽杉属—新杂交种——落池杉

赵天榜[1]　陈志秀[1]　戴慧堂[2]　戴天澍[2]

(1.河南农业大学,郑州　450002;2.河南鸡公山自然保护区,信阳　464133)

摘　要　本文发表落羽杉属一新杂交种:落池杉 Taxodium × hybrida T. B. Chao, Z. X. Chen et H. T. Dai, sp. nov.。同时,记载其主要形态特征。

1. 落池杉　新杂种

Taxodium × hybrida T. B. Chao, Z. X. Chen et H. T. Dai, sp. hybrida nov.

Sp. hybridis nov. comis cylindricis, truncis rectiusculis; lateriramis planis vebobliquis. ramulis deciduis, pendulis. follis fasciariis compressis vel acutis, pinnatis 2-lobis, 4~15 mm。

Henan: Jigongshan. T. B. Zhao et al., No. 201406087. (HNAC).

本新杂种树冠圆柱状,主干通直;侧枝平展,或斜展。脱落性小枝下垂。叶带形、扁平,或钻状,羽状2列,长4~15 mm。

河南:鸡公山有栽培。2014年6月8日。赵天榜等,No. 201406087。模式标本,存河南农业大学。

河南杉木两新栽培品种

赵天榜　陈志秀

(河南农业大学,郑州　450002)

摘　要　本文发表河南杉木两新栽培品种:1. 黄杉 Cuninghamia lanceolata(Lamb.)Hook cv.'Lanceolata';2. 灰杉 Cuninghamia lanceolata(Lamb.)Hook cv.'Glauca'。

1. 黄杉　新栽培品种

Cuninghamia lanceolata (Lamb.) Hook cv. 'Lanceolata'

嫩枝和新叶为黄绿色,无白粉,有光泽。叶稍硬,先端锐坚。木材色红,而坚实。生长稍慢,蒸腾耗水量小,抗旱性较强,普遍栽培。

产地:河南鸡公山。选育者:赵天榜。

2. 灰杉　新栽培品种

Cuninghamia lanceolata (Lamb.) Hook cv. 'Glauca'

嫩枝和新叶蓝绿色,有白粉,无光泽。叶片较片而柔。木材色白而疏松。生长较快,蒸腾耗水量较大(年速生期内比黄杉大30%),抗旱性较差。

产地:河南鸡公山。选育者:赵天榜。

五、柏科 Cupressaceae

侧柏育苗丰产经验总结

姜文荣　赵天榜　孙养正

（河南农学院林业试验站，郑州　450002）

一、前言

侧柏（Biota orientalis）是我国华北地区的主要常绿树种之一，适应性强，分布广，繁殖容易，又能耐沙荒瘠薄之地，是我国水土保持林和防风固沙林的主要树种之一。侧柏木材坚硬、耐用及具有香味等特点，是我国人民很早以来所喜爱的主要用材树种之一。其最大缺点是长太慢，因而近几年来对侧柏育苗造林很少提倡。目前随着我国园林化运动的发展，它已成为一个不可缺少的重要绿化树种。因此，侧柏育苗亦将随之得到发展。

我站从 1953~1958 年连续进行了侧柏育苗试验，均获得了高额丰产。特别是 1958 年我们在 220 m² 的面积上获得亩产 721 928 株的高产新纪录。苗木高度一般为 25~45 cm，地际径为 0.3~0.5 cm，比林业部规定的每亩产苗量高 3 倍以上，且具有较高的质量。现将我站 1958 年侧柏育苗丰产情况加以初步小结和介绍。

二、圃地整理

侧柏育苗地土壤为粉砂壤土，pH = 7.5，前作物为胡萝卜，肥沃程度中等。1957 年 12 月上旬胡萝卜收获后，即行整地 25~30 cm，整地后，不进行耙地，使土壤经过冬季充分风化，达到积雪保墒，利于苗木良好生长的目的。1958 年 3 月上旬土地解冻后，进行浅耕平地，然后再用人工耙平，随即做畦，畦长 10 m，宽 1 m，步道 30 cm 宽，高于畦面 15 cm。3~10 月，每畦施入腐熟马粪 150 kg 作为基肥，并用铁铣深翻 30 cm，再将畦搂平，引大水灌溉一次，以减少播种后畦下陷，影响种子发芽和苗木生长。待畦内水分渗干后，再用大锄锄深 10~15 cm，最后再用耙子搂平，准备播种。

三、种子处理

我们所采用的种子，是 1955 年 9 月在开封禹王台约 36 年生的侧柏人工林中采集的，经检查，种子品质检查结果：每升有 28 000 粒，重 630 g，饱满度为 80%，千粒重为 24 g，发芽率 83%，发芽势 68%。1958 年种子处理前检查结果：每升有 27 900 粒，重 59.35 g，千粒重 21.3 g，发芽率 78%，两次检查结果表明，经过三年储藏的侧柏种子的品质降低有限，仍然可以用作播种育苗材料。

种子经过水选后，于 1955 年冬储藏在种子柜内。1958 年 3 月 8 日，将种子取出进行催芽。催芽的方法是：用 70 ℃的温水浸种 3 min，再取出放在凉水中浸一昼夜，然后捞出放入蒲包中，放于室外向阳处，每天用清水冲一次，并用手均匀搅拌，以免种子发霉腐烂，或发芽参差不齐，而影响播种工作的进行。如遇很冷天气，即将种子移于室内。种子有一半萌动裂嘴后，即可进行播种，若播种过迟，易损伤幼根，会影响幼苗的良好生长。

四、播种方法及播种量

几年来侧柏播种育苗的经验证明，播种方式以 10 行条播为最好，因此 1958 年的播种仍采用 10 行条播，在条播前用木制的 10 行开沟器，在畦面上进行开沟，播种沟的深度为 5~7 cm。每畦播种量 1 L，同时撒入毒谷。播种后，用耙子背面平畦覆土，覆土深度 1~2 cm。若覆土过厚，幼苗不易出土，影响场圃发芽率，而造成早期缺苗现象。

五、苗床管理

侧柏从播种到发芽约计 15 d，为促进种子迅速发芽出土，以减少管理工作的麻烦，必须经常保持一定的湿度,以形成幼芽出土的良好条件。如果土壤干燥,将形成地表板结,妨碍幼芽出土,同样会造成苗床的早期缺苗现象。为此,播种后经常保持苗床湿润是保证早期全苗的必要条件。但苗床湿度亦不可过大,避免引起种子在土壤中腐烂,在进行灌溉时,应掌握"地表不板结,土壤为黄墒"(潮润)的原则,约每隔57天灌溉一次。天气过度干燥时,特别是5月下旬到6月中旬,可适当增加灌溉次数。灌溉时畦端入口处还应低于畦面,避免流水冲击畦端的土壤,随水流积于畦的彼端。

其次,幼苗出土前后,蝼蛄为害,常为苗床初期缺苗断垄的主要原因。为了保证侧柏全苗,我们在幼苗出土前后,每灌溉一次,即撒毒谷一次,以达到保证幼苗分布均匀、生长整齐的目的。我们在苗床管理方面分别进行观察,凡加强管理的苗床上的成苗率比不管理的苗床上的多11.4%,且经过管理的幼苗床根系发育良好。

六、苗木抚育

1958年3月26日播种,4月5日开始发芽,4月15日全部出齐,4月25日发现地老虎在幼苗上发生为害。捕杀地老虎的方法是在引水灌溉畦后,地老虎即从畦里爬到畦埂上,随即人工捕杀,连续2~3次即可全部根除。5月19日发现立枯病为害,乃于5月24日、28日两日连续喷洒2%黑矾水两次,喷后并用清水冲洗苗木,以免发生药害。以后立枯病基本停止发生,苗木生长显著旺盛。

为了促进苗木的良好生长,于5月31日、6月中旬,分别每畦施硫酸铵150 g。7月24日每畦又施大粪50 kg、骨粉0.5 kg。苗木在生长期间共灌溉6次、除草5次、中耕2次。7月22日喷洒三次300倍DDT将侧柏刺毒蛾全部消灭。

七、播种量与苗木产量质量的关系

为了查明播种量与苗木产量质量的关系,我们进行了播种量试验,在每畦面积上仍用10行条播,每畦播种量分别为0.4 L、0.6 L、0.8 L、1.0 L、1.2 L。根据两年的试验,发现播种量与苗木产量、质量的关系是:若播种量过多会影响苗木的质量,过稀则降低苗木的产量,增加苗木的成本。调查材料证明,侧柏播种量每畦以0.8~1.0 L最好。现将调查的详细材料列入表1。

表1 播种量与苗木产量、质量关系统计表

播种量（L）	苗木规格				平均每平方米苗数（Ⅰ、Ⅱ、Ⅲ）	合计亩产株数（万株）
	Ⅰ	Ⅱ	Ⅲ	Ⅳ		
0.4	446	1 096	348	125	630	41.0
0.5	596	1 054	507	253	712	47.5
0.6	786	1 415	615	294	933	62.2
0.7	885	1 460	558	335	968	64.5
0.8	745	1 423	1 049	378	1 072	71.6
1.0	1 156	1 103	846	143	1 083	72.2
1.2	105	1 168	751	155	1 014	67.5

说明:Ⅰ级:苗高31 cm以上,地际径3 mm以上;Ⅱ级:苗高21~30 cm,地际径23 mm;Ⅲ级:苗高11~20 cm,地际径1.5~2 mm;Ⅳ级:苗高10 cm以下,地际径1.5 mm以下。

八、播种期对苗木产量、质量的关系

播种期是随各地不同的气候变化而转移的,因播种期的不同,常对苗木生长有很大的影响。为了了解侧柏最适宜的播种期,以便提高苗木产量,我们进行了播种期的试验,试验的结果证明,3月播种的单位面积上的产量高、质量好,4月次之,2月播种是否会比3月更好,拟于今年做进一步的研究。试验结果如表2所示。

九、单位面积留苗株数的试验

为了确定单位面积上株数的适宜密度,我站于1958年进行单位面积上(每米长的播种)留苗株数的试验。试验结果如表3所示。

表 2　播种期对苗木产量、质量的关系

苗木级别	播种期					
	3 月 1 日	3 月 11 日	3 月 21 日	4 月 1 日	4 月 11 日	4 月 21 日
I	463	253	268	268	126	105
II	982	101	1 031	965	765	803
III	468	511	571	492	554	588
IV	170	137	171	79	105	89
平均每平方米株数（I、II、III）	635	588	623	572	482	499
合计亩产株数（万株）	41.2	39.2	41.5	38.5	32.1	33.2

说明：苗木分级标准同表 1。

表 3　单位面积上留苗株数对苗木产量、质量的影响

留苗株数（株）	苗木规格								I、II、III级占总数百分比（%）	合计亩产株数（万株）
	I		II		III		IV			
	株数	地际径	株数	地际径	株数	地际径	株数	地际径		
40	141	0.47	451	0.35	88	0.27	13	0.20	98.35	26.0
60	22	0.37	386	0.39	652	0.27	127	0.20	90.15	33.5
80	105	0.32	998	0.30	438	0.20	44	0.20	97.23	51.3
100	105	0.40	1 168	0.30	751	0.20	155	0.15	92.28	67.5
120	417	0.43	523	0.30	205	0.21	45	0.15	96.22	75.8
170	140	0.40	810	0.25	570	0.20	160	0.15	90.47	101.3

说明：苗木高度同上表，地际径系 10 株平数，以 cm 表示。

十、苗木生长情况的测定

为了了解侧柏苗木生长的规律，以便采取妥善的技术措施，我们从 5 月中旬到 10 月底，每半月对侧柏苗木的生长情况观测一次。测定的结果如表 4 所示。

表 4　不同播种期苗木各月生长高度和粗度表　　　　（单位：苗高，cm；粗度，mm）

播种期（月-日）	5 月 15 日		5 月 30 日		6 月 15 日		6 月 30 日		7 月 15 日		7 月 30 日	
	株数	地际径	株数	地际径	株数	地际径	株数	地际径	株数	地际径	株数	地际径
03-01	2.72	1.0	5.18	1.1	5.70	1.5	8.39	1.6	11.6	1.7	19.1	1.7
03-11	2.30	1.0	3.62	1.1	4.37	1.3	6.76	1.4	8.54	1.4	14.7	1.7
03-21	2.67	1.0	4.01	1.1	5.18	1.3	6.90	2.3 *	9.09	1.4	11.1	1.7
04-01	2.04	0.9	3.34	1.1	3.96	1.3	5.55	1.6 *	7.31	1.4	9.13	1.5
04-11	1.88	0.9	2.81	1.0	3.86	1.4	5.48	1.5	7.01	1.3 *	8.80	1.6
04-21	1.36	0.8	2.41	1.1	3.33	1.3	5.49	1.6	7.53	1.2 *	9.74	1.8

播种期（月-日）	8 月 15 日		8 月 30 日		9 月 15 日		9 月 30 日		10 月 15 日		10 月 30 日	
	株数	地际径	株数	地际径	株数	地际径	株数	地际径	株数	地际径	株数	地际径
03-01	19.1	2.0	22.2	2.4	24.6	2.5	26.5	2.9	26.9	3.3	26.9	3.3
03-11	16.4	1.8	18.9	2.0	20.1	2.5	21.1	2.6	22.3	3.0	22.3	3.2
03-21	15.5	1.8	17.6	1.9	20.1	2.3	21.1	2.5	22.0	2.9	22.0	3.1
04-01	13.3	1.5	16.2	1.8	17.0	2.2	17.9	2.3	18.4	2.8	18.6	2.8
04-11	17.2	1.6	17.9	1.9	18.4	2.4	19.5	2.4	20.3	2.9	20.5	3.1
04-21	14.3	1.7	17.3	2.2	20.1	3.9	21.5	3.1	21.6	3.6	22.9	3.7

从表 4 中可以明显地看出,侧柏的播种期以 3 月 1 日为最好,不论从苗木高度和粗度来说,均高于其他时期。

为了更清楚地看出侧柏苗木的生长情况,现将 3 月 1 日播种的标准苗木生长情况绘成曲线图(见图 1)。

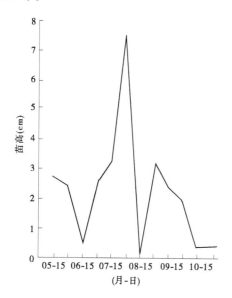

图 1　侧柏苗木高生长情况

另外,从 3 月 1 日播种的标准苗木的高度平均生长中看出,侧柏苗木有两次生长最快的现象。第一次在 7 月 15 日到 7 月 30 日,第二次在 8 月 15 日到 8 月 30 日。前者生长较快,后者生长较慢。因此,我们认为,要使苗木高度加速生长,应该在 7 月 10 日以前,大量增施追肥。

十一、侧柏苗木根系的发育

苗木根系发育好坏,其重要性不亚于地上部分,因根系具有支持地上部分与吸收水分和养分等作用。因此,我们在 1958 年进行了侧柏苗木根系的观察研究。因侧柏苗木的年龄不同,根系的形态、生长和发育亦有所不同,即是同一年龄的苗木,因土壤的性质不同,其根系发育也有很大的区别,这些区别与苗龄和环境综合因子的影响有着密切的关系。

1956～1958 年,我们对一年生侧柏苗木的根系进行了调查。调查的结果表明,侧柏一年生侧柏苗木的根系主要分布在 0～20 cm 深的土层中,其次是 21～30 cm 深,31 cm 以下的土层中分布很少,到一定深度后,即 150 cm 以下时,根系即少到完全可以忽略的地步。因而给深耕土地、施肥深度提供了初步的根据。

此外,侧柏苗木根系的发育与苗木的质量成正相关的关系,即苗木质量愈好,则侧根愈多,垂直分布愈深。相反地,苗木质量愈差,侧根愈少,垂直分布愈浅(见图 2)。

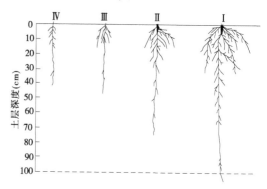

图 2　不同级别侧柏苗木根系发育图

通过以上侧柏苗木根系的调查,我们认为,侧柏育苗时整地深度到 25～30 cm 即可。施肥应该集中施在 0～25 cm 的土层中,如施肥过深,由于灌溉和雨水能将大量的养分淋洗到土壤深层而消失。

十二、初步小结

几年来,我站对侧柏育苗进行试验,均获得了高额丰产。现将 1958 年我站创侧柏育苗亩产 72 万株的高额丰产经验的主要关键技术,简述于后。

(1)精耕细作。精耕细作是侧柏播种育苗获得丰产的主要技术措施之一。精耕细作不仅能充分发挥肥料的作用,同时在蓄积水分、防止干旱、消灭杂草等方面起着重要的作用。如在同一种土壤上,育苗进行精耕细作的苗床上,其苗木的一般高度在 25～40 cm,地际径在 0.3 cm 以上,而没有精耕细作的苗床上,苗木一般高度在 20～30 cm,单位面积上产苗量也在 15% 以上。

(2)增加播种密度。根据我站几年来的试验证明,提高单位面积的产苗量和保证苗木的质量,除选好种外,增加播种密度,是侧柏育苗丰产的主要技术措施之一。根据几年来的观察证明,侧柏幼苗期能耐庇荫,喜欢湿润,因此增加播种密度,就给侧柏幼苗生长创造了较为湿润的良好生长环境。如我们在侧柏不同播种方式的试验中证明,10 行条播比 4、5、6、8 条播苗木的地表温度低 25 ℃,使土壤湿度相应地有所提高。

其次,侧柏幼苗具有早分枝的特点,如果过多增加播种密度,将使幼苗相互拥挤,分枝减少,影响苗木光合作用的面积,降低苗木的质量,影响造林的成活率。为此,侧柏播种密度应该有一个适当的范围,试验结果证明,一般情况下,每畦以0.8~1.0 L 为宜。

(3)加强苗床管理。加强苗床管理亦是侧柏获得丰产的首要关键之一。精耕细作,保持畦面水平,则是苗床管理的第一件工作;相反,畦面凸凹不平,如遇灌溉,即高处冲刷,凹处淤泥,而形成凸处不出苗、凹处没有苗的缺苗现象。同时,播种

后要经常地保持床面湿润,否则会使土壤过度干燥,而损伤幼苗。为了保证幼苗迅速发芽出土,覆土深度不要过厚,一般 1~2 cm 为最好。

其次,是消灭蝼蛄和地老虎对侧柏幼苗的为害。以上工作均已做到,才能保证获得侧柏育苗的高额丰产。

———————

本文承吕国梁先生修正,特此致谢!

侧柏六新栽培品种

米建华[1]　陈俊通[2]　赵天榜[3]

(1.河南省郑州市紫荆山公园,郑州　450002;2.北京林业大学园林学院,北京　100083;
3.河南农业大学,郑州　450002)

摘　要　本文发表侧柏六新品种:1.'大果'侧柏;2.'圆枝'侧柏;3.'白皮'侧柏;4.'箭杆'侧柏;5.'宽冠'侧柏;6.'扇枝'侧柏。

1.'大果'侧柏　新栽培品种
Platycladas orientalis (Linn.) Franco 'Daguo' cv. nov.

本新品种与侧柏原品种 Platycladas orientalis (Linn.) Franco 'Orientalis' 主要区别:小枝、叶淡黄绿色。球果球状,大,长 1.8~2.0 cm,径 1.7~2.0 cm,果鳞 8 枚,先端不发育,24 枚发育果鳞背面卵球状,中间呈纵浅凹,淡黄绿色,具光泽,先端很短,不反曲。

产地:河南。郑州市紫荆山公园有栽培。选育者:米建华、陈俊通和赵天榜。

2.'圆枝'侧柏　新栽培品种
Platycladas orientalis (Linn.) Franco 'Cycloladus' cv. nov.

本新栽培品种小枝横切面呈圆形;分枝下垂。鳞叶交互排列。

产地:河南。郑州市紫荆山公园有栽培。选育者:米建华、陈俊通和赵天榜。

3.'白皮'侧柏　新栽培品种
Platycladas orientalis (Linn.) Franco 'Baipi' cv. nov.

本新栽培品种树皮灰白色。小枝中部鳞叶倒卵圆形,背面中央具凹槽,下部延长成板状。生长较快。生长比普通侧柏快,为优良用材类型。

产地:河南。郑州市有栽培。选育者:赵天榜。

4.'箭杆'侧柏　新栽培品种
Platycladas orientalis (Linn.) Franco 'Jiangan' cv. nov.

本新栽培品种树冠窄,呈笔杆状;侧枝细疏;主干通直,有较强的顶端生长优势。高生长快。

产地:河南。郑州市有栽培。选育者:赵天榜。

5.'宽冠'侧柏　新栽培品种
Platycladas orientalis (Linn.) Franco 'Kuanguan' cv. nov.

本新栽培品种树冠宽大;侧枝粗,且开展;主干通直。小枝稀疏;鳞枝细,呈平面状。高生长差,径生长快。

产地:河南。郑州市有栽培。选育者:赵天榜。

6.'扇枝'侧柏　新栽培品种
Platycladas orientalis (Linn.) Franco 'Shaanzhi', cv. nov.

本新栽培品种树冠圆锥状。小枝组成扇形平面,直立生长。

河南:郑州、郑州植物园。2017-08-17。选育者:赵天榜、范永明和王华。

扁柏属植物的引种研究初报

戴慧堂[1] 宋留高[2] 陈志秀[2] 刘国彦[2] 赵天榜[2] 傅 蕾[3]

(1.河南省鸡公山国家级自然保护区,信阳 464133;2.河南农业大学,郑州 450002;

3.河南省信阳林校,信阳 464013)

摘 要 本文介绍了河南鸡公山引种扁柏属植物资源4种、1变种及13品种的初步研究情况,并着重介绍了日本花柏的栽培措施及其对生长规律的影响,为扩大扁柏属植物栽培范围提供依据。

关键词 扁柏属;植物引种;栽培措施

一、前言

扁柏属(Chamaecyparis Spach)植物均为常绿大乔木,树姿雄伟壮观。鳞叶小枝平面状,是优良的绿化观赏树种。同时,树体高大,寿命长,适应性强,材质优良,用途广泛,是一类常绿造林树种。其中一些栽培变种,是庭园丛栽和盆栽优良品种。

为加速河南林业和园林事业的发展,增加树种种质资源,提供速生、优质树木良种,引种栽培外来树种具有重要作用。河南引种栽培外来树种的试验研究,始于1821年,即韩安先生从美国引栽池杉(Taxodium ascendens)、落羽杉(T. distichum);戴天澍高级工程师长期从事林木引种驯化的试验研究,现已引种栽培外来树种215种,其中一些优良树种,如火炬松(Pinus taeda)、柳杉(Cryptomeria forturei)等速生用材树种,已在河南豫南地区大面积推广应用。扁柏属植物引种成功,为河南提供更多常绿造林树种及优良的园林树种。

二、试验地概况

引种试验地设于"河南省鸡公山国家级自然保护区"山上林区的树本标本园内及其邻近地段。该保护区地处河南豫南大别山及桐柏山山脉相交处,地理坐标为东经114.01°~114.06°、北纬31.46°~31.52°。地貌为独特的横向山脉和山顶盆地。气候受北亚热带的边缘地带影响,气候具有四季分明,光、热、水同期的特点,即春季气温变幅大,夏季炎热雨水多,秋季气爽温差小,冬季寒冷雨雪稀。据鸡公山气象站记载,年平均太阳总辐射4 928.70 MJ/cm²,日照总时数2 063.3 h,日照百分率47%,年平均气温15.2 ℃,极端最高气温40.9 ℃,极端最低气温-20.0 ℃,日平均气温≥10 ℃积温4 881.0 ℃,无霜期220 d,年平均降水量1 118.7 mm,空气干燥度0.84,属北亚热带湿润气候区。

该区土壤受山地小气候和地貌条件影响,形成了不同的土壤类型。试验区海拔600~700 m,其土壤主要有2类:①黄棕壤。土层深厚,0~90 cm,质地轻-中-砂壤,有机质含率1.06%~5.58%,全氮含率0.061%~0.340%,全磷含率0.046%~0.103%,速效磷13.5~18.2 mg/L,速效钾37.9~99.7 mg/L,容重0.658 /cm³,pH 6.2~6.3;②粗骨土。土层厚度较浅,0~20 cm,石砾含率30%以上,轻壤土,有机质含率低,全氮含率0.176 5%,全磷含率0.089 2%,速效磷11.3 mg/L,速效钾108 mg/L,pH 5.8。植被明显呈现出乔、灌、草三层结构。乔木层为栎属(Quercus)、化香(Platycarys strobilacea)等;灌木层有盐肤木(Rhus chinensis)、连翘(Forsythia suspensa)、山胡椒(Lindera glauca)等;草本植物有球米草(Oplismenus undalatifolius)、芒(Miscathus sinensis)等。

三、扁柏属植物引种试验

据报道,扁柏属计6种,分布于北美、日本及我国台湾。我国扁柏属植物有1种、1变种,均产于台湾,为主要森林树种。1978年以来,我们引种扁柏属植物,共计4种、1变种、13个栽培品种(见表1)。

表 1　引种扁柏属植物名单

中名	学名	引种年度	栽培地点
日本扁柏	*Chamaecyparis obtusa*（Sieb. et Zucc.）Endl.	1978	鸡公山保护区
台湾扁柏	var. *farmosana*（Hayata）Rehd.	1992	鸡公山保护区
云片柏	cv. Breviramea	1978	鸡公山保护区
孔雀柏	cv. Tetragona	1978	鸡公山保护区
凤尾柏	cv. Filicoides	1978	鸡公山保护区
黄叶扁柏	cv. Cippa	?	
红桧	*Ch. formosensis* Matsum	1992	鸡公山保护区
日本花柏	*Ch. pisifera*（Sieb. et Zucc.）Endl.	1978,1986	
线柏	cv. Filifera	?	铁道部鸡公山林场
绒柏	cv. Squqrrosa	1978	鸡公山保护区
羽叶花柏	cv. Plumosa	1978	鸡公山保护区
美国扁柏	*Ch. lawsoniana*（A. Murr.）Parl.	1987,1989,1982	鸡公山保护区
金色美国扁柏	cv. Aurea	1989,1992	鸡公山保护区
银色美国扁柏	cv. Argentea	1989,1992	鸡公山保护区
垂枝蓝色扁柏	cv. Pendula glauce	1987,1989,1982	鸡公山保护区
塔形美国扁柏	cv. Pyramidalis	1989,1992	鸡公山保护区
凯旋美国扁柏	cv. Triumph of Bockoop	1989,1992	鸡公山保护区
阿氏美国扁柏	cv. Allermi	1987,1992	鸡公山保护区

1. 播种育苗

在鸡公山保护区山上苗圃地进行育苗。育苗地土壤为酸性黄棕壤,肥力中等,灌溉方便。播种前,施入基肥,筑成高床,搂平后,用福尔马林进行土壤消毒。种子用 40 ℃温水浸种,然后催芽,待种子萌动时播种,微盖腐殖土后,架设阴棚遮阴,以免幼苗灼伤。幼苗出土前后,严防地下害虫和立枯病危害。苗木生长期间,加强管理,促进苗木健壮生长。翌春起苗,带土造林。

2. 造林试验

造林地分别设在:①该保护区山上林区树木园内西北坡肥沃黄棕壤地段上;②宝剑口西坡、溪旁肥沃黄棕壤上;③鸡公头东侧粗骨土地段上。造林前一年夏季,砍灌、炼山后,进行全面水平阶整地,阶面宽 1.0 cm。大穴(70 cm × 66 cm × 60 cm)栽植,株行距 1.5 m × 1.5 m、2.0 m × 3.0 m。造林面积 6.67 hm²。

3. 日本花扁及美国扁柏等的适应性调查

为进一步了解日本花扁、美国扁柏的林学特性,作者曾选用杉木、柳杉等树种,营造混交林,以及在油松林冠下,进行人工更新试验。试验林均按正常林木抚育管理措施进行。调查内容如下:

1)日本花柏、日本扁柏等生长调查

为了了解日本花柏、日本扁柏生长情况,现将河南省鸡公山国家级自然保护区上山林区内引种的日本花柏、日本扁柏与马尾松等针叶树生长情况调查结果列于表 2。

从表 2 材料可看出,日本花柏与日本扁柏 15 年生时,树高、胸径与单株材积没有明显差异。因此,造林时,不必将两个树种分开进行造林。同时还可看出,日本花柏与日本扁柏的生长明显快于松科(Pinaceae)中的马尾松、黑松、黄山松和油松,但生长显著低于杉科(Taxodiaceae)中的柳杉、日本柳杉、落羽杉、池杉。由此表明,日本花柏、日本扁柏可以作为河南豫南山区针叶造林树种,给予推广和发展。

表 2　日本花扁等树种生长情况调查

名称	学名	树龄 (a)	平均树高 (m)	平均胸径 (cm)	单株材积 (m³)	增长百分率(%)	
						胸径	材积
日本花柏	*Chamaecyparis obtusa*	15	11.00	13.10	0.056 63	113.42	575.64
日本扁柏	*Ch. pisifera*	15	10.80	13.20	0.056 45	116.39	570.54
日本柳杉	*Cryptomeria japonica*	15	11.23	15.89	0.094 46	160.50	1 021.12
柳杉	*C. fortunei*	15	8.43	15.29	0.058 01	150.65	588.95
水杉	*Metasequoia glyptostroboides*	15	10.50	11.40	0.585 60	82.60	595.49
杉木	*Cunniinghamia lanceolata*	15	8.15	11.95	0.035 21	96.00	318.17
池杉	*Taxodium ascendens*	15	10.90	14.90	0.072 17	144.30	759.00
落羽杉	*T. distichum*	15	10.78	16.65	0.082 25	173.10	878.02
马尾松	*Pinus massoniana*	15	7.08	9.25	0.018 66	50.00	122.84
黑松	*P. thunbergii*	15	6.36	11.80	0.025 57	93.40	202.65
黄山松	*P. taiwanensis*	15	8.54	12.66	0.010 32	107.50	22.56
油松	*P. tabulaeformis*	15	4.30	6.10	0.008 42	100	100

2)土壤对日本花柏生长的影响

日本花柏在不同土壤、质地及矿物质营养条件下,其生长有差异(见表3)。其中,以在厚层硅铝质黄棕壤上,生长最好;砂泥质黄棕壤上,生长次之;多砾薄层粗骨土上,生长最差。因些,日本花柏造林时,应选择在土层深厚、土壤肥沃、湿润的造林地上造林,才有利于日本花柏的生长和发育。

3)造林密度对日本花柏生长的影响

日本花柏是喜光树种,在光照充足的条件下,生长很快,胸径生长量达 1.0~1.8 cm,在光照不足的条件下,多数立木下部侧枝枯死,严重时枯枝比例占冠长的 3/4~4/5,影响生长。造林密度对日本花柏生长的影响见表4。

表 3　土壤对日本花柏生长的影响

土壤种类	质地	有机质 (%)	含氮 (%)	全磷 (%)	全钾 (%)	树龄 (a)	树高 (m)	胸径 (cm)	冠幅 (m)	单株材积 (m³)
厚层硅铝质黄棕壤	中壤	5.580	0.176 5	16.00	99.70	10	6.93	12.50	2.52	0.032 57
多砾中层硅铝质黄棕壤土	沙壤	2.265	0.168 3	12.60	89.20	10	6.43	8.30	2.35	0.013 86
砂泥质黄棕壤土	轻壤	2.970	0.136 9	10.60	66.00	10	5.90	10.00	2.40	0.017 70
多砾薄层硅铝质粗	轻壤骨土	1.540	0.107 0	13.50	116.80	10	3.82	5.51	1.91	0.003 48

表 4　造林密度对日本花柏生长的影响

造林密度 (m)	立地条件	树种名称	树龄 (a)	平均树高 (m)	胸径 (cm)	单株材积 (m³)
2.0×3.0	黄棕壤,土厚>50 cm,肥沃,湿润	日本花柏	15	18.6	15.10	0.128 92
2.0×2.0	黄棕壤,土厚>50 cm,肥沃,湿润	日本花柏	15	10.8	13.20	0.046 59
2.0×2.0	黄棕壤,土厚>50 cm,肥沃,湿润	日本扁柏	15	11.0	12.03	0.047 52
路旁(3.0)	黄棕壤,土厚>50 cm,肥沃,湿润	日本花柏	15	15.8	19.72	0.184 18

从表4中可看出,日本花柏在路旁(株距3 m)立地条件下,其树高、胸径与单株材积均有明显的增大,其中单株材积分别为:2.0 m×3.0 m的142.09%,2.5 m×1.5的310.06%。

此外,在1.5 m×1.5 m的人工林内林木的活枝冠长,一般为1.5~2.0 m,其下树枝全部枯死;路旁栽的日本花柏无枯枝现象发生;2.0 m×3.0 m的人工纯林中,其冠下枯枝范围不及冠长的1/4。所以,造林时,其密度以大于2.0 m×3.0 m的株行距为宜。

4)混交树种对日本花柏生长的影响

营造日本花柏混交林的目的在于建立一个稳定、持久的高产林分。所以,作者选用油松、柳杉、毛竹(Hhyllostachys pubescen)、杉木(Cunninghamia lanceolata)与日本花柏营造混交试验林。其结果见表5。

从表5材料可看出,日本花柏与油松、毛竹混交,对其生长均产生不利影响,不宜采用,而与杉木、柳杉混交,则对其生长没有明显的抑制作用;日本花柏、羽叶花柏与日本扁柏混交,则三者生长没有显著差异,是一种较好的混交形式。

表5 日本花柏与油松等树种混交生长调查表

树种	林分名称	树龄(a)	平均树高(m)	平均胸径(cm)	单株材积(m³)
日本花柏	纯林	15	11.00	13.10	0.0566 3
日本花柏柳杉	混交林	15	8.34	13.30	0.044 27
		15	9.43	13.71	0.053 23
日本花柏油松	混交林	15	3.40	5.50	0.003 80
		30	7.50	21.00	0.099 22
日本花柏毛竹	混交林	15	7.40	11.40	0.003 80
			14.00	4.50	0.013 61
日本花柏杉木	混交林	15	9.50	13.40	0.051 16
		15	10.40	14.90	0.070 88
日本花柏		15	10.50	13.30	0.056 56
羽叶花柏	混交林	15	10.90	13.10	0.057 50
日本扁柏		15	11.00	13.20	0.057 50

5)红桧、美国扁柏等引种生长情况

红桧、美国扁柏及其栽培变种,因引种年限较短,其测树因子很难充分表示出优越性。为此,作者于1994年9月,将定植的3年生幼树进行测定,结果表明,当年高生长均在30~50 cm。这些幼树经过1993年的绝对最低气温(-16.4 ℃)侵袭,均无发生冻害或冻死。但需要说明的是,该保护区的柏科(Cupressaceae)引种试验区,因抚育不及时,杂灌、草丛较密是影响其生长的主要原因。其中,个别植株因光照不足,生长极为不良,且处于濒死状态,亟待进行管理。

四、初步结果

(1)15年的引种栽培和造林试验表明,日本花柏、日本扁柏在河南鸡公山国家级自然保护区引种栽培是成功的,且已被河南商城县黄柏山林场、内乡县龙峪湾林场以及南阳、洛阳等市引种栽培。为此,日本花柏、日本扁柏可在与该区自然环境相似的条件下进行推广。

(2)日本花柏及日本扁柏属喜光树种,在高密度(1.5 m×1.5 m)林冠下,以及混交林中混交树种生长较快的情况下,均不利于其生长。因此,造林时,应采用大株行距(>3 m)营造纯林,才能获得较好效果。

(3)日本花柏在肥沃、湿润、疏松的酸性土壤上生长较快,其胸径生长量达1.3~1.8 cm;在土壤干旱、瘠薄的石质土(硅铝质,碎块状结构,疏松,石砾含率20%以上),生长极慢,多形成"小老树"。据调查,15年生平均树高3.5 m,胸径5.3 cm。因此,营造日本花柏人工纯林时,必须选择土层深厚(>50 cm),土壤肥沃、湿润、疏松、酸性的黄棕壤,或沙壤土为宜。

(4)日本花柏、日本扁柏生长速度属慢生树种,胸径年生长量在0.30~1.30 cm。因此,造林初期及林木生长期间,必须及时加强抚育管理,创造其最适生长环境,即及时伐除过密、生长过弱、无顶断头立木,扩大其营养面积,促进其迅速成林、成材。

(5)河南鸡公山国家级自然保护区环境优美,气候温暖而多雨,土壤肥沃而湿润,适宜多种林木生长,因而引种栽培的扁柏属植物红桧、美国扁柏等幼树生长良好,很有发展前途。

参考文献

[1] 陈俊愉,等.水杉引种驯化试验[C]//植物引种驯化论文集.北京:科学出版社,1965:102-111.

[2] 宋朝枢.鸡公山自然保护区科学考察集[M].北京:中国林业出版社,1994.

[3] 潘志刚.湿地松、火炬松种源试验研究[M].北京:北京科学技术出版社,1992.

[4] 宋朝枢.主要珍稀濒危树种繁殖技术[M].北京:中国林业出版社,1992.

六、杨柳科 Salicaceae

河南柳属植物补遗

赵天榜[1]　戴慧堂[2]　李培学[2]

(1.河南农业大学,郑州　450002;2.河南鸡公山国家级自然保护区,信阳　464133)

近年来,通过全省性柳树资源调查,发现以下新记录种,现补遗如下:

1. 百里柳　新记录种

Salix baileyi Schneid. in Bailey, Gent. Herb. 1:16.1920;中国植物志,20(2):366、368,1988.

河南:模式标本,采自鸡公山。

2. 红皮柳　新记录种

Salix sinopurpurea C. Wang et Chneid. Y. Yang,东北林学院植物研究室汇刊,9:98.1980;中国植物志,20(2):392.图版107:1~5.1984.

河南:大别山、桐柏山、伏牛山区均有分布。

3. 黄龙柳　新记录种

Salix liouana C. Wang et Ch. Y. Yang,东北林学院植物研究室汇刊,9:97.1980;中国植物志,20(2):359~360.图版107:10~13.1984。

河南:伏牛山有分布。

4. 秋华柳　新记录种

Salix variegata Franch in Nouv. Arch. Mus; Hist. Nat. Paris, Ser. 2(10):82(Pl. David. 2:120)1887;中国高等植物图鉴　第一册:372.图744.1972;中国植物志,20(2):350~352.图版101:1~5.1984.

河南:伏牛山区有分布。

5. 银芽柳　棉花柳　银柳　新记录种

Salix leucopithecia Kimura,据中国植物志,20(2):344中记载:本种系细柱柳 Salix gracilistola Miq. 与 Salix × leucopithecia Kimura(我国不产)杂种。我国上海栽培已有五六十年的历史。姬君兆等.花卉栽培学讲义,记载银芽柳为:原产我国江南各省。究系何地? 尚待研究。

产地:河南鸡公山国家级自然保护区有引栽。

6. 旱垂柳　新记录种

Salix malsudana Koidz. var. pseudo-raatsadana (Y. L. Chou et Skv.) Y. L. Chou(刘慎谔等,东北木本植物图志,149.图版38:1~9.图版39:56.1955,中国植物志,20(2):134.1984.

河南:有引种栽培。模式标本,采自哈尔滨。

7. 中国黄花柳　新记录种

Salix sinica(Hao)C. Wang et C. F. Fang (Salix capreacaprea Linn. var. sinica Hao in Fedde, Rep. Beih. 93.91. t. 34.67 .1936,中国植物志,20(2):305.306.1984)。

7-1 齿叶黄花柳　新记录变种

Salix sinica(Hao)C. Wang et C. F. Fang var. dentata(Hao)C. Wang et C. F. Fang(S. caprea Linn. var. dentata Hao in Fedde, Rep. Beih. 93:91. t. 33:63.1936);中国植物志,20(2):306.1984)。

河南:伏牛山区有分布。

河南柳属两新种

丁宝章　赵天榜

(河南农学院,郑州　450002)

摘　要　本文发表河南柳属两新种:1.商城柳 Salix shangchengensis B. Z. Ding et T. B. Zhao,sp. nov. ;2.大别柳 Salix dabeshanensis B. Z. Ding et T. B. Zhao,sp. nov. ;形态特征。

1.商城柳　新种　图1

Salix shangchengensis B. Z. Ding et T. B. Zhao, sp. nov. ,河南植物志(第一册):212~213.1981。

灌木。小枝淡红褐色,无毛,具光泽,有棱;幼枝淡黄绿色,疏被长柔毛,后脱落。冬芽卵球状,黄褐色,有光泽;花芽稍大,芽鳞背部两侧有棱。叶对生,或近对生,披针形或长椭圆-披针形,长3.0~6.5 cm,宽8~11 mm,先端突尖,具小针状尖,基部近圆形,或楔形,边缘具细锯齿,齿端具芒尖,有时基部全缘,表面绿色,无毛,背面灰绿色,被薄粉层,沿主脉有时残存疏柔毛;叶柄短,长约1 mm,不抱茎,无托叶;幼叶带浅紫红色,疏生长柔毛,后脱落。花先叶开放。花序无总梗,基部无小叶;雄花序长1.5~2.5 cm,直立;雄蕊2个,花丝合生,基部密生长柔毛;苞片卵圆形,先端钝圆,中部以上黑色,两面被白色长柔毛;腺体1个,红色,呈棒状;雌花序长1.0~1.5 cm,苞片同雄花苞片;子房具柄,被长柔毛;腺体1个,红色,棒状。蒴果卵-扁球状,密被毛。花期2月,果熟期3月底。

幼枝及子房被长柔毛。子房柄长,与子房近等长,或稍长。花序直立,基部无叶;叶缘有细锯齿,齿端具芒状尖。花丝合生,基部具长柔毛。

Species S. intera Thunb. affinis, sed foliis, ramulis juvenilibus et ovariis villosis. Longissiliis sparse villosis. folliis margine serrulatis, apice aciculatis. Fiminiis erectis basi non foliolis. filamentis connatis basi villosis minsignis.

产地:商城县金岗台。生于山沟河边。1978年8月20日。赵天榜、张欣生,788011、788012(模式标本 Typus！存河南农学院园林系);1979年2月15日。赵天榜,792151、792152(雌、雄)。

2.大别柳　新种　图2

Salix dabeshanensis B. Z. Ding et T. B. Zhao, sp. nov. ,河南植物志(第一册):213~214.1981。

图1　商城柳 Salix shangchengensis B. Z. Ding et T. B. Zhao
1.枝叶,2.雌花,3.雄花及苞片(摘自《河南植物志》)。

本新种似杞柳 Salix integra Thunb. ,但幼叶、

图2　大别柳 Salix dabeshanensis B. Z. Ding et T. B. Zhao
1.枝叶,2.雌花(摘自《河南植物志》)。

灌木,高1.0~2.0 m。小枝黄绿色,或紫色,无毛;幼枝淡黄色带紫晕,疏被长柔毛。

叶长披针形,长10~13.5 cm,宽1.2~1.6

cm,先端长尖,基部楔形,边缘具整齐细腺齿,齿端内曲,表面深黄绿色,中脉突起明显,无毛,背面灰绿色,中脉突起,无毛;叶柄短,长 2~3 mm;托叶卵圆形,或近圆形,稀镰刀形,先端长渐尖,基部近圆形,边缘具锯齿,背面基部疏被长柔毛;幼叶两面密被短腺毛,主脉疏生长柔毛,齿端具缘毛,后脱落。雄花序长 1.0~1.5 cm,直立,花密集;子房长椭圆体状,无毛;子房柄与子房近等长,或为子房的 1/2,黄绿色;柱头 2 裂,每裂 1~2 叉;脉体 1 个;苞片近圆形,先端圆形,两面具丝状毛。果序长 2.0~2.5 cm。蒴果卵球状,无毛。

本新种系旱柳 Salix matsudana Kcidz. 和紫柳 Salix wilsonii Seem 的天然杂种,托叶宿存,较大,半圆形,或近圆形,先端渐尖;托叶和叶边缘具不规则细腺齿。雌花序较短,密花;子房和长子房柄疏被长柔毛。蒴果光滑、无毛。

Species S. matsudana Koidz. × S. wilsonii Schneid. hybridis, stipulis persistentis, majoribus ovatis vel subrotundatis apice acuminatis margne stipulis foliis atque regulariter glanduloso-serrstis. dense floris, ovariis et longissilis sparse villosis. Capsulis glabris insignis recognosis.

产地:河南大别山区。生于海拔 1 000 m 左右的山沟溪旁。1978 年 8 月 24 日。商城县金岗台。赵天榜、张钦生,78241(模式标本 Typus！存河南农学院园林系);1979 年 2 月 15 日。同地。赵天榜,792158、792159(花)。

河南柳属两新变种

赵天榜[1]　陈志秀[1]　范永明[2]

(1. 河南农业大学,郑州　450002;2. 北京林业大学园林学院,北京　100083)

摘　要　本文发表河南柳属两新变种:1. 帚状旱柳 Salix matsudana Koidz. var. muscariformis T. B. Chao, Z. X. Chen et Y. M. Fan, var. nov. ;2. 垂枝银芽柳 Salix leucopithecia Kimura var. pendula T. B. Chao, Z. X. Chen, var. nov. ;形态特征。

关键词　河南;柳属;新变种;帚状旱柳;垂枝银芽柳;形态特征

1. 帚状旱柳　新变种

Salix matsudana Koidz. var. fastigiata T. B. Chao, Y. M. Fan et Z. X. Chen, var. nov.

A var. nov. comais fastigiatis; truncis mediis nullis. Ramis lateribus densis erectis patenitibus.

Henan: Zhengzhou City. 20150822. T. B. Zhao et al. , No. 201508227(HANC)。

本新变种树冠帚状,无中央干;侧枝密而直立斜展。

产地:河南、郑州市、郑州植物园。2017 年 8 月 22 日。赵天榜、范永明和陈志秀。模式标本,No. 201508227,存河南农业大学。

2. 垂枝银芽柳　新变种

Salix leucopithecia Kimura var. pendula T. B. Chao, Z. X. Chen, var. nov.

A var. nov. recedit ramulis pendulis. florescenti-is;3-mensibus et sex＝mensibus. Paantis maribus.

Henan: Zhengzhou City. 17-03-2016. T. B. Zhao et al. , No. 201603171(ramulia et flos, holotypus hic disignastus, HANC)。

本新变种与银柳原变种 Salix argyracea E. Wolf var. argyracea 主要区别:枝条下垂。花期 3 月及 6 月。

产地:河南。郑州市紫荆山公园有栽培。2016 年 3 月 17 日。赵天榜和陈志秀,No. 201603171。模式标本,存河南农业大学。2017 年 6 月 15 日。赵天榜等,No. 201706151(2 次花枝！存河南农业大学)。

河南杨属植物检索表

赵天榜

（河南农业大学，郑州 450002）

本文以检索形式对河南杨属 Populus 植物 25 种、27 变种、20 变型及栽培品种进行简介如下：

白杨亚属

1. 枝、叶、叶柄密被白色茸毛，稀被柔毛或茸毛。
  2. 长萌枝叶掌状深裂或浅裂。短枝、叶、叶柄和芽密被白色茸毛，稀被柔毛或茸毛。短枝叶基部心形、截形，或宽心形。
    3. 长萌枝叶掌状浅裂，裂片不对称，先端钝尖。树冠宽大，侧枝开展。雌株！ …………………… 银白杨 P. alba
    3. 长萌枝叶掌状深裂，裂片几对称，先端尖。树冠圆柱状，侧枝近直立。雄株！ ………… 银白杨 P. pyramedalis
  2. 长萌枝叶不为掌状裂。短枝、叶、叶柄和幼枝密被白色茸毛，稀被柔毛或茸毛。
    4. 短枝叶三角-卵圆形、三角形、圆形，边缘具波状粗齿，稀细锯齿。幼枝、萌枝、叶密被白色茸毛，稀被柔毛或茸毛。
      5. 短枝叶圆形、三角形，基部截形或浅心形。
        6. 短枝叶圆形，先端突短尖，基部深心形，边部波状。树皮白色，极光滑………… 新乡杨 P. xinxiangensis
        6. 短枝叶三角形，先端长渐尖，基部截形，稀浅心形，边部平展，边缘具圆钝腺锯齿。秋枝、叶密被茸毛。树皮灰绿色，极光滑 …………………………………………………… 三角叶舟杨 P. deltatifolia
      5. 短枝叶三角-卵圆形、三角-宽卵圆形、三角-近圆形、圆形、三角-卵圆形、卵圆形，基部浅心形、近圆形、截形。
        7. 树冠塔形；侧枝枝角小于 30°。小枝穹曲，直立生长。短枝叶三角-卵圆形，基部截形、浅心形，梢偏斜 …………………………………………………… 塔形毛白杨 P. tomemtosa var. pyramendalis
        7. 树冠近球状、圆锥状、宽卵球状、帚状；侧枝斜展至平伸。短枝叶三角-卵圆形、三角-近圆形、近圆形。
          8. 雄株！
            9. 树冠近球状；侧枝粗大，少，开斜展；中央主干不明显或无中央主干。短枝叶三角-圆形、三角-宽圆形。
              10. 树皮粗糙，纵裂，灰褐色、黑褐色；皮孔菱形及圆点状 2 种。
11. 短枝叶三角-近圆形，先端短尖，基部浅心形 …………………………… 河南毛白杨 P. tomemtosa var. honanica
11. 短枝叶圆形，厚革质，先端短尖，基部深心形，边部波状起伏 ……… 圆叶毛白杨 P. tomemtosa cv.'Yuanye Hena'
              10. 树皮灰白色、灰绿色或灰褐色；皮孔菱形 1 种。
12. 树皮皮孔菱形，中等大小，多散生。短枝叶基部心楔形 ……… 心楔叶毛白杨 P. tomemtosa f. cordiconeifolia
12. 树皮皮孔菱形，小，径约 0.5 cm。
13. 树皮灰白色，光滑；皮孔菱形，小，少，多 2~4 横向连散生 ………………… 光皮毛白杨 P. tomemtosa f. lerigata
13. 树皮灰褐色、黑褐色，基部粗糙、纵裂；皮孔大，径 0.5~1.0 cm，多，多横向连散生
      ………………………………………………… 密孔毛白杨 P. tomemtosa var. multilenticella
          9. 树冠圆锥状、卵球状；侧枝斜展；中央主干明显。树皮灰白色、灰绿色或灰褐色；皮孔菱形大，径 2.5~3.5 cm，或中等大小。
14. 树皮粗糙，纵裂，灰褐色、黑褐色；皮孔菱形，大，多，多纵向连生
      ………………………………………………… 大皮孔箭杆毛白杨 P. tomemtosa cv.'Dapikong'
14. 树皮皮孔菱形，中等大小，或小，散生，或 2~4 横向连生。
15. 树皮皮孔菱形，中等大小，散生，或 2~4 横向连生。

16. 树冠圆锥状;侧枝少,细,斜展;中央主干明显,直达树顶。树皮皮孔菱形,少,散生
　　　　·························· 箭杆毛白杨 P. tomemtosa var. borealo-sinenlis
16. 树冠卵球状;侧枝较多,较粗,斜展;中央主干不明显。树皮皮孔菱形,较多,散生,或2~4横向连生
　　　　·· 毛白杨 P. tomemtosa
15. 树皮皮孔菱形,小,径约 0.5 cm 左右,多2~4横向连生。
　　17. 树皮灰绿色,基部粗糙、光滑;皮孔菱形,少,多2~4横向连。短枝叶基部截形
　　　　··· 截叶毛白杨 P. tomemtosa var. truncata
　　17. 树皮灰绿色,光滑;皮孔菱形,少,多2~4横向连。短枝叶基部浅心形、截形
　　　　··········· 小皮孔箭杆毛白杨 P. tomemtosa cv. 'Xiaopikong'
　　8. 雌株!
　　18. 树冠浓密;侧枝多,斜展,枝层不明显;中央主干不明显或无。短枝叶卵圆形、三角-卵圆形,基部
　　　　楔形或迈圆形;苞片边缘密被白色长缘毛,密覆花柱及花序。蒴果扁球状。落叶期最晚。
　　　　19. 侧枝较细,较多;一、二织侧枝不明显。皮孔菱形,中等大小,较少,散生或2~4横向连生
　　　　　　·· 密枝毛白杨 P. tomemtosa var. ramosissima
　　　　19. 侧枝较粗,较多;一、二级侧枝粗大,明显。皮孔菱形,多,多数横向连生
　　　　　　··· 粗密枝毛白杨 P. tomemtosa cv. 'Cumizhi'
　　18. 树冠稀疏或较浓;侧枝多,或少,斜展或平展。短枝叶三角-卵圆形、卵圆形、梨形、圆形,先端短
　　　　尖,基部浅心形;苞片边缘密被白色长缘毛较少;花柱明显。蒴果圆锥状。
　　　　20 . 树皮灰白色、灰绿色,光滑,皮孔菱形,小,平滑。
21. 树冠卵球状;侧枝平展;中央主干明显。短枝叶三角-卵圆形、卵圆形;萌枝叶近圆形,密被黄绿色茸毛
　　·· 河北毛白杨 P. tomemtosa var. hopeiensis
21. 树冠帚状;侧枝向上斜展;中央主干不明显。短枝叶圆形;叶柄长于或与叶片近等长
　　··· 长柄毛白杨 P. tomemtosa f. longipetiolata
　　　　20. 树皮灰褐色、灰绿色,较光滑;皮孔菱形,中等大小,或略小,多散生,或2~4横向连生。
22. 树冠稀疏;侧枝粗状,稀,开展;中央主干不明显。短枝叶三角-卵圆形、卵圆形、梨形,革质。蒴果圆锥状,较
　　大,结籽率达 40%以上 ·········· 河南毛白杨 P. tomemtosa var.　honanica
22. 树冠较密;侧枝较细、较多,中央主干明显。
　　23. 树皮皮孔菱形,较小,较多,多2~4横向连生。萌枝叶边缘重锯齿。蒴果圆锥状,结籽率达30%左右。
　　　　24. 侧枝斜展,轮生状。小枝粗壮,斜展。叶较小 ·········· 小叶毛白杨 P. tomemtosa var. microphylla
　　　　24. 侧枝平展,不为轮生状。小枝细、弱、短、少,直立生长
　　　　　　·· 细枝小叶毛白杨 P. tomemtosa cv. 'Xizhi Xiaoye'
　　23. 树皮皮孔菱形,中等大小,较多,多散生,稀2~4横向连生。萌枝叶边缘不为重锯齿。蒴果圆锥状,结籽率
　　　　小于 5%。
　　　　25. 短枝叶边缘具不整齐粗重锯齿或细锯齿;叶柄先端通常具2枚明显腺体。树干微弯;侧枝开展
　　　　　　·· 响毛杨 P. tomemtosa var. pseudo-tomentosa
　　　　25. 短枝叶边缘具波状粗锯齿;叶柄先端无腺体。树干通直,中央干直达树顶;侧枝斜展
　　　　　　·· 箭杆毛白杨 P. tomemtosa var. borealo-sinensis 雌株。
　4. 短枝叶卵圆形、近圆形,边缘具弯曲、不弯曲波状粗齿。幼枝被短柔毛。长枝及叶背密被白色毛,边缘具大
　　牙齿状缺刻。
　　26. 侧枝平展。小枝细长,下垂 ·········· 垂枝河北杨 P. hopeiensis var. pendula
　　26. 侧枝开展或斜展。小枝粗短,通常不下垂。
　　　　27. 短枝叶卵圆形,边缘具整齐疏内曲粗重锯齿,基部楔形 ······ 卵叶河北杨 P. hopeiensis var. ovatifolia
　　　　27. 短枝叶卵圆形、近圆形,边缘具弯曲或不弯曲波状粗齿,齿端锐尖,内曲
　　　　　　·· 河北杨 P. hopeiensis
1. 短和长枝、叶、叶柄被柔毛,茸毛或无毛。
　　28. 短枝叶卵圆形、三角-卵圆形、圆形,边缘波状全缘、波状齿、凹缺或波状粗齿;叶柄先端无腺体,
　　　　或具1~2不发育腺体;苞片边缘具长缘毛。
　　　　29. 短枝叶边缘波状、波状全缘,稀全缘、疏粗齿,先端突短尖。胚珠 4~20。

30. 短枝叶边缘波状、波状全缘，稀全缘、疏粗齿，先端突短尖。树皮灰黄色，或黄绿色，光滑。

31. 短枝叶紫红色、紫色 ……………………………………………………… 紫叶波叶山杨 P. undulata f. purpureifolis

31. 短枝叶灰绿色、绿色，不为紫色。

32. 短枝叶宽菱形，基部楔形 ……………………………………………………… 楔叶波叶山杨 P. undulata f. laticuneata

32. 短枝叶卵圆形、三角-卵圆形、圆形，基部圆形、宽楔形。

33. 短枝叶圆形、近圆形，较大，边缘波状凹缺，或波状齿，稀具腺齿。

34. 短枝叶边缘波状凹缺，有时具腺齿。雌花序基部花被碗状 ……………… 长柄山杨 P. undulata f. longipetiolata

34. 短枝叶很小，长 1.1~2.5 cm，边缘具不整齐波状齿 ……………… 小叶波叶山杨 P. undulata f. parvifolia

33. 短枝叶三角形、近圆形、心形、卵圆形，边缘具粗腺齿，或具不整齐疏齿牙，或波状全缘。

35. 短枝叶基部 3 出脉，边缘具不整齐的齿牙状锯齿 ……………… 齿牙波叶山杨 P. undulata f. pasilliangulata

35. 短枝叶边缘具粗腺齿，或波状全缘。

36. 短枝叶近圆形，边缘全缘、波状全缘 ……………………………………… 齿牙波叶山杨 P. undulata

36. 短枝叶边缘波状凹缺，近先端具粗钝腺齿 ……………………………… 宽叶波叶山杨 P. undulata f. latifolia

30. 短枝叶边缘较密波状浅齿、波状粗齿、波状钝锯齿。

37. 小枝细长，下垂 ……………………………………………………………… 垂枝山杨 P. undulata f. pendula

37. 小枝粗壮而短，不下垂。

38. 短枝叶卵圆形，基部圆形、宽楔形，边缘具粗锯齿 ……………………… 卵叶山杨 P. davidiana

38. 短枝叶卵圆形、三角-卵圆形，或三角-圆形，边缘具较密波状浅锯齿。

39. 苞片红色，或红褐色，构成红色花序 ……………………………………… 红序山杨 P. davidiana var. rubolutea

39. 苞片黑褐色，或灰褐色。

40. 短枝叶三角-卵圆形、近圆形，边缘具密波状浅锯齿。幼叶被柔毛 ……… 山杨 P. davidiana

40. 短枝叶三角-圆形、卵圆形，边缘具波状钝锯齿。幼叶两面被白柔毛

…………………………………………………………………………… 清溪杨 P. rotuneifolia var. duclouxiana

29. 短枝叶边缘具细锯齿，或细腺齿。

41. 短枝叶卵圆形、近圆形，基部浅心形、心形，或楔形，边缘具整齐腺锯齿。胚珠 2~7。

42. 短枝叶卵圆形，先端短尖，基部 3 出脉，边缘具内曲钝腺锯齿 ……………… 朴牛杨 P. celtidifolia

42. 短枝叶卵圆形、近圆形、三角形、三角-卵圆形、三角-圆形，基部楔形，稀心形；叶柄先端无腺体，或具 1~2 腺体。

43. 短枝叶宽卵圆形、三角-卵圆形、三角-近圆形；叶柄先端具 1~2 腺体。

44. 短枝叶宽卵圆形，先端短渐尖，基部浅心形、圆形，边缘具浅疏波状内腺锯齿；叶柄先端具 2 大腺体

……………………………………………………………………………………… 汉白杨 P. ningshanica

44. 短枝叶三角-卵圆形、三角-近圆形，先端短尖，基部楔形、心-楔形，边缘具较密细浅腺锯齿；叶柄先端具 1

~2 腺体 ……………………………………………………………………………… 五莲杨 P. wulinensis

43. 短枝叶三角形、三角-卵圆形，稀圆形；叶柄先端通常无腺体，有时具腺体。

45. 短枝叶三角-卵圆形，先端短尖，基部浅心形、截形。雌雄同株、异花序

……………………………………………………………………………………… 云宵杨 P. yunxiaomenshanenlis

45. 短枝叶三角形、三角-卵圆形，稀圆形，基部截形，稀浅心形、楔形。雌雄异株！异花序

……………………………………………………………………………………… 云宵杨 P. yunxiaomenshanenlis

46. 短枝叶三角形，基部边缘为波状疏齿，中部以上为整齐细腺锯齿截形 ……… 河南杨 P. honanensis

46. 短枝叶边缘具内曲腺锯齿。

47. 短枝叶圆形、近圆形；叶柄细长。

48. 短枝叶圆形；叶柄细长。小枝顶芽短尖，通常长度大于 1.0 cm

……………………………………………………………………………………… 圆叶河南杨 P. honanensis f. rotundifolia

48. 短枝叶近圆形。小枝顶芽渐长尖，长 1.0~1.4 cm

……………………………………………………………………………………… 尖芽河南杨 P. honanensis f. acuminate-gemmata

47. 短枝叶三角-卵圆形。

49. 短枝叶基部截形，边缘具粗大腺锯齿 ……………………………………… 粗齿河南杨 P. honanensis f. grosseserata

49. 短枝叶基部心形，边缘具整齐腺锯齿。

50. 短枝叶心形、三角-卵圆形，先端短尖，基部心形；叶柄先端通常无腺体

.... 心叶河南杨 P. honanensis var. cordifolia

50. 短枝叶三角-卵圆形,先端渐尖;叶柄先端具 1~2 红色腺体

.... 卢氏山杨 P. honanensis var. lushehensis

41. 短枝叶卵圆形、宽卵圆形,稀三角形、近圆形、椭圆形,基部心形,稀截形、楔形;叶柄先端通常具 2 腺体,稀无腺体。

51. 短枝叶圆形、三角-卵圆形、长三角形、三角形。

52. 短枝叶圆形,革质。

53. 短枝叶圆形,边缘波状全缘 .... 松河杨 P. songhoensis。

53. 短枝叶圆形,边缘具腺锯齿。

54. 短枝叶很小,长 3.0~5.0 cm,先端突短尖,边缘具整齐内曲腺锯齿。蒴果扁卵球状,小,长 1.5~2.0 mm

.... 小叶响叶杨 P. adenopoda。

54. 短枝叶大,长 6.0~12.0 cm,先端长尖,基部圆形,基部边缘具波状齿,中部以上为整齐腺锯齿。蒴果扁卵球状,大,长 4~5 mm .... 圆叶响叶杨 P. adenopoda var. rotundifolia。

52. 短枝叶三角形,长三角形,革质,或厚纸质。

55. 短枝叶长三角形,厚纸质,基部浅心形、截形 .... 伏牛杨 P. funiushanensis。

55. 短枝叶宽三角形,先端长渐尖,基部截形。果序长 24~32 cm

.... 三角叶响叶杨 P. adenopoda f. deltaifolia。

51. 短枝叶椭圆形、卵圆形、宽卵圆形、宽菱形;叶柄先端通常具 1~2 腺体。

56. 短枝叶椭圆形、宽菱形。

57. 短枝叶椭圆形,先端渐尖,基部卵-楔形。花芽大,枣核状,先端长尖

.... 南召响叶杨 P. adenopoda var. nanzhoensis。

57. 短枝叶宽菱形,基部楔形 .... 菱叶响叶杨 P. adenopoda f. rhombifolias。

56. 短枝叶卵圆形至宽卵圆形,先端长渐尖;叶柄先端具 2 显著腺体。

58. 短枝叶基部具显著腺体。雄花序长 6.0~10.0 cm .... 响叶杨 P. adenopoda。

58. 短枝叶基部腺体明显。雄花序长达 20.0 cm .... 长序响叶杨 P. adenopoda f. longiamenifera。

青杨亚属、黑杨亚属等

短枝叶卵圆形、三角形、椭圆形等多种形状。苞片通常浅裂、不裂、无长缘毛。

59. 长、短枝叶两面颜色不同,表面无气孔,边缘无半透明狭边;叶柄先端通常无腺体。

60. 短枝叶中部最宽,或中部以上最宽。

61. 短枝叶菱-卵圆形、菱形、菱-椭圆形,稀圆形。蒴果成熟后 2 瓣裂。

62. 叶柄、表面沿脉、果序轴及蒴果被柔毛 .... 青甘杨 P. przowalakii

62. 叶柄、两面及蒴果无毛。

63. 树冠塔形;侧枝近直立状毛 .... 塔形小叶杨 P. simonii var. fastigiata

63. 树冠近卵球状;侧枝斜展或开展。

64. 小枝下垂 .... 垂枝小叶杨 P. simonii var. pendula

64. 小枝短,斜展,不下垂。

65. 短枝叶菱形,纸质 .... 菱吐小叶杨 P. simonii var. rhombifolia

65. 短枝叶倒卵圆形,卵圆-披针形。

66. 短枝叶卵圆-披针形,中部以边缘具疏腺齿 .... 秦岭小叶杨 P. simonii var. tsinlingensis

61. 短枝叶椭圆形、倒卵圆-椭圆形,基部浅心形。蒴果成熟后 3~4 瓣裂 .... 西伯利亚杨 P. suaveolens

60. 短枝叶中部以上最宽。

67. 小枝具棱,密被茸毛、柔毛。

68. 小枝密被茸毛、无毛。短枝叶椭圆形、卵圆形,基部圆形,或楔形,微心形。蒴果成熟后 2~3 瓣裂 .... 苦杨 P. laurifolia

68. 小枝圆柱状,无棱,幼枝密被长柔毛。短枝叶基部圆形,或近心形。蒴果成熟后 3~4 瓣裂

.... 冬瓜杨 P. pordomii

69. 短枝叶卵圆-椭圆形,宽卵圆形,先端短尖,扭曲 .... 楸皮杨 P. pordomii f. cupi

67. 小枝圆柱状,无棱,无毛。

70. 短枝叶菱-椭圆形、菱-卵圆形,边缘锯齿交错,不在一平面上 ...... 小青杨 P. pseudo-simonii

70. 短枝叶卵圆形,椭圆-卵圆形,椭圆形,边缘具细圆腺齿。

71. 小枝细长,下垂,直达地面 ·· 垂枝青杨 P. cathayana var. pendula

71. 小枝下垂。

72. 短枝叶卵圆形,椭圆-卵圆形,椭圆形,长 5.0~10.0 cm,宽 3.5~7.0 cm,先端短尖,或突短尖

·· 青杨 P. cathayana

72. 短枝叶宽卵圆形,长 4.5~9.5 cm,宽 3.5~10.0 cm,先端突尖而扭曲

·· 宽叶青杨 P. cathayana f. latifolia

59. 长、短枝叶两面颜色相同,表面均有气孔,边缘具半透明狭边;叶柄先端通常具腺体,有时为鳍状。

73. 长枝叶柄圆柱状,或基部圆柱状,上部侧扁。

74. 短枝叶菱-椭圆形,菱-卵圆形,基部楔形至宽楔形·············· 小黑杨 P. x xiaohei

74. 短枝叶菱-椭圆形,菱-卵圆形,基部楔形。

75. 树皮灰白色,光滑。幼枝、芽、幼叶先端被乳白色黏液。蒴果卵圆-三角状,先端渐钝尖

·· 大官杨 P. x xiaozuanica

75. 树皮灰褐色,较粗糙。幼枝、芽、幼叶先端被乳黄色黏液。蒴果卵球状,黄绿色,先端钝圆

·· 群众杨 P. x xiaozhuanica cv. 'Popularis'。

73. 长、短枝叶柄侧扁。

76. 小枝圆柱状,无棱。短枝叶卵圆形、宽菱形、菱-卵圆形,边缘无缘毛;叶柄先端无腺体。

77. 树冠卵球状;侧枝开展。树皮灰绿色,光滑。短枝叶卵圆形、三角-卵圆形

·· 北京杨 P. x beijingensis

77. 树冠圆锥状。

78. 树皮灰白色,光滑。短枝叶菱-卵圆形、宽菱形,先端长渐尖,基部楔形。萌枝叶长宽近相等

·· 箭杆杨 P. nigra var. thevestina

78. 树皮灰褐色,粗糙、纵裂。短枝叶菱-三角形,基部宽楔形至近圆形。萌枝叶宽大于长

·· 钻天杨 P. nigra var. italica

76. 小枝圆柱状,具棱。短枝叶宽三角形、三角-宽圆形,稀圆形,边缘具腺锯齿和缘毛。

79. 雄株!

80. 短枝叶三角形、宽三角形、菱-三角形,先端渐尖,基部楔形、截形。雄蕊 15~40

·· 加杨 P. x canadensis

80. 短枝叶近圆形、三角-近圆形,先端突尖,基部截形至耳形。雄蕊 40 以上

·· 哈沃德(1-63杨)P. x deltioides cv. 'Harvard'（1-63/51 杨）

79. 雌株!

81. 树冠较密;侧枝开展。短枝叶菱-卵圆形、三角-卵圆形、三角-菱形,先端短尖,基部楔形,或截形至宽楔形。

82. 短枝叶菱-三角形,先端长渐尖,基部楔形,边缘具不整齐内曲腺齿

·· 新生杨 P. x euramericana cv. 'Regenerata'。

82. 短枝叶三角-卵圆形,先端短尖,基部楔形,边缘具疏腺齿

·· 中林-46 杨 P. x euramericana cv. 'Zhonglin-46'。

81. 树冠稀疏;侧枝斜展。

83. 短枝叶三角-卵圆形、三角-菱形,先端渐尖,基部截形、心形,或宽楔形。

84. 蒴果成熟期 4 月下旬至 5 月上旬 ·············· 沙兰杨 P. x euramericana cv. 'Sacrau 79'。

84. 蒴果成熟期 5 月下旬至 6 月下旬 ·············· 意大利 I-214 杨 P. x euramericana cv. 'I-214'。

83. 短枝叶近圆形、心形,三角-近圆形,先端短尖,基部近圆形、心形,或截形。

85. 幼树皮黄棕色,后灰褐色,纵裂,裂纹窄、深,裂片窄、长。短枝叶近圆形、心形,基部近心形、截形

·· 鲁克斯杨(I-69/55 杨) P. deltioides cv. 'Lux'。

85. 幼树皮灰绿色,后灰褐色,纵裂,裂纹宽、浅。短枝叶三角-宽圆形、近圆形,先端短尖,基部心形

·· 马丁诺杨(I-72/58 杨) P. x euramericana cv. 'San Martino'。

注:1. 椅杨 P. wilsonii、臭白杨 P. choubeiyang 等种、变种、变型等无收录。

2. 大叶杨亚属、胡杨亚属无收录。

河南杨属新种和新变种

赵天榜[1]　全振武[2]

(1. 河南农学院,郑州　450002;2. 河南省南阳地区林科所,南阳　473000)

　　杨树是世界上公认的主要速生用材树种之一,在我国"实行大地园林化"和林业生产建设中占据重要地位。为了适应河南大力发展和推广杨树良种的需要,近年来,我们在整理编写《河南植物志》杨柳科和《河南杨树图志》过程中,发现一些新种和新变种,现记述如下:

1. 河南杨　新种　图 1

Populus honanensis T. B. Chao et C. W. Chiu-an,sp. nov.

(Sect. Leuce Duby)

　　落叶乔木,树干直,或微弯。树冠卵球状;侧枝粗大,平展,或斜生,呈轮状分布。树皮灰白色,光滑,具蜡质层;皮孔为不规则菱形,较小,散生,或横向连生。树干基部浅纹裂。嫩枝绿色,被柔毛,后脱落;小枝圆柱状,较粗壮,微具棱线,深褐色,稍具光泽;2 年生以上枝灰褐色。叶芽圆锥状,长 0.2~1.2 cm,先端长渐尖,内曲呈弓形,鳞片深褐色,具光泽;花芽卵球状,长 1.0~ 2.0 cm,先端突尖;鳞片深褐色,或黄褐色,具光泽。短枝叶三角形,长 5.2~15.5 cm,宽 4.5~10.8 cm,先端渐尖,基部截形,边缘基部为波状锯齿,中上部具较整齐的疏锯齿,表面深绿色,具光泽,背面浅灰绿色,主脉两侧微有疏茸毛;叶柄侧扁,长 3.0~ 9.0 cm,顶端有时具 1~2 枚腺体。幼叶被稀疏短柔毛,不为茸毛。长枝叶三角形,较大,长 9.0~ 18.0 cm,宽 10.0~17.5 cm,先端尖,基部截形,边缘为较整齐的细锯齿状齿,表面绿色,背面黄绿色,两面疏被茸毛,脉上及脉腋尤多,后渐脱落;叶柄侧扁,长 2.5~4.5 cm,疏被短茸毛,顶端具圆形腺体 2 枚;托叶披针形,长 1.0~1.3 cm,黄绿色和黄褐色,早落。雄花序长 8.0~10.0 cm,花序轴被稀疏长柔毛;雄蕊 6~7 枚,稀 5,10 枚;花药浅粉红色;花盘斜杯-近圆形,黄白色,边缘全缘,或呈波状;苞片卵圆形,或三角-卵圆形,上部及裂片黑褐色,基部无色,边缘密生白色长缘毛。雌花不详。

　　产地:河南外方山山脉的南坡有分布。1974年 10 月 20 日。南召县乔端林场西山林区,海拔750 m。标本号 23(模式标本 Typus！存河南农学院园林系杨树研究组);1975 年 9 月 17 日。南召县乔端林场云霄山。赵天榜和张宗尧等,385、386、387。1976 年 2 月 26 日。地点相同。赵天榜,405、406(花)。1977 年 5 月 17 日。地点同前。赵天榜,901、902、903、904、905。

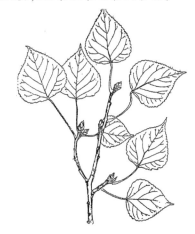

图 1　河南杨 Populus honanensis T. B. Chao et C. W. Chiuan

　　本新种形态特征很特殊:叶三角形,较大,长5.2~15.5 cm,宽 4.5~10.8 cm,先端渐尖,基部截形,缘基部为波状齿,中上部具较整齐的疏锯齿。幼叶、叶柄、叶脉和嫩枝疏被毛茸,不为茸毛。叶芽圆锥状,先端内曲呈弓形,易与它种区别。

Species P. tomentosa Carr. subsimilis,sed gemmis apice curvatis,foliis triangularibus basi truncatis raro cuncatis,niargine rcguiriter sparsi-dcnticulatis,prope basin undulatis. ramulis juvenilibus,petiolis et laminarum nervis marginibusque pubescentibus non

＊蒙承王战教授指导,丁宝章、赵奇僧等老师提出宝贵修改意见,张宗尧等同志参加部分调查工作,特此致谢!

tomentosis differt.

河南杨具有以下优良特性：

（1）生长迅速。据调查，20年生的河南杨，平均树高 15.01 m，平均胸径 22.8 cm，单株材积 0.320 29 m³，而同龄山杨平均树高 13.8 m，平均胸径 16.8 cm，单株材积 0.161 61 m³，前者树高、胸径和材积分别大于后者 8.61%、26.3% 及 50.54%。

（2）抗叶斑病。叶斑病为害杨树比较严重，往往引起病叶早落，影响杨树生长。1975年9月中旬调查，山杨、响叶杨和毛白杨等杨树全部落叶，而在同一立地条件下的河南杨几乎无感染叶斑病，且无落叶。此外，30 cm 以上的河南杨大树，无心腐病为害，而山杨感染很重。

（3）材质优良。河南杨木材白色，结构细，纹理直，比山杨、响叶杨材质好，近似毛白杨。同时锯解薄板材，不翘裂，深受群众欢迎。

2. 伏牛杨　新种　图2

Populus funiushanensis T. B. Chao, sp. nov.

（Sect. Leuce Duby）

落叶乔木，高达 20 m。树干通直，中央主干明显，直达树顶。树冠卵球状；侧枝较少，开展。树皮灰褐色，较光滑；皮孔菱形，大，散生，树干基部粗糙。幼枝灰绿色，被短柔毛，后脱落；皮孔黄褐色，突出；小枝粗壮，灰褐色，或灰绿色，无毛，有时被柔毛。叶芽圆锥形，绿褐色；顶芽上具红色黏液；花芽呈三棱－扁球状，肥大，绿色，具光泽。叶三角－长卵圆形，或广卵圆形，长 9.5~18.0 cm，宽 7.5~11.0 cm，先端长渐尖，稀短尖，基部浅心形，或近圆形，边缘具整齐的圆钝锯齿，齿端具腺点，内曲，表面浓绿色，无光泽，背面灰绿色，主脉凸出明显，两面被稀疏短茸毛，或近光滑，脉上较多；叶柄侧扁，长 4.0~7.0 cm，被短柔毛，顶端通常具2枚圆形小腺休。雄花序长 10.0~15.0 cm，粗 1.5~2.0 cm，花序轴黄白色，被疏柔毛，稍具光泽；雄蕊(4)9~18 枚，多为 12 枚；花药浅粉红色；花盘圆盘形，或近三角－圆盘形，浅黄白色，边缘为波状全缘；苞片三角－近半圆形，黄褐色，或灰褐色，稀黑褐色，深裂，裂片深裂，具稀白缘毛。雌花不详。

河南：南召县。海拔 600 m。1977年6月19日。南召县乔端林场东山林区路旁。赵天榜和李万成，77301、77302、77308（模式标本 Typus！存河南农学院园林系杨树研究组）。1978年3月15

日。赵天榜。同地。77301、77302（花）。

本新种的主要形态特征为：叶三角－长卵圆形，或广卵圆形，稀三角形，较大，长 9.5~18.0 cm，宽 7.5~11.0 cm，先端长渐尖，稀短尖，基部浅心形，或近圆形，缘具整齐的圆钝锯齿，两面被稀疏短柔毛，不为茸毛，脉上稍多；叶柄侧扁，长 4.0~7.0 cm，绿色，不为红色。

Species foliis longe triangulo-ovatis raro lato-ovatis majoribus 8.5~18 cm, longis et 7.5~11 cm latis, apice longi-acuminatis raro acutis basi subcordatis vel subrotundatis, margine regwlariter undulato-crcnatis, utrinque sparse puberulis, nec tomentosis, petiolis comprcssis, 4.0~7.0 cm longis, haud rubclliso. Gcmmis terminaribus crassis, rubro-viscosis insignis.

图2 伏牛杨 Populus funiushanensis T. B. Chao
1. 枝叶，2. 苞片

3. 朴叶杨　新种　图3

Populus celtidifolia T. B. Chao, sp. nov.

（Sect. Leuce Duby）

落叶乔木，树高 6.0~8.0 m。树冠卵球状；侧枝稀少，开展。树皮灰褐色，近光滑；皮孔菱形，散生。嫩枝密被细柔毛，后脱落；小枝细短，赤褐色，具光泽，有时被短柔毛。叶芽卵球状，棕褐色，或赤褐色，微被短柔毛，先端长渐尖，内曲呈弓形；花芽卵球状，或近球状，赤褐色，或深褐色，具光泽。短枝叶卵圆形，长 6.3~9.5 cm，宽 4.5~5.5 cm，先端渐尖，基部楔形，三出脉，表面浓绿色，无毛，背面灰绿色，被丛状短柔毛，边缘具整齐的内曲钝锯齿，齿端具腺点；叶柄侧扁，长 2.2~3.5 cm，顶端有时具 1~2 枚腺体。幼叶、叶柄、叶脉和嫩枝密被灰白色短柔毛，后渐脱落。长枝叶近圆形,长10.0~13.0 cm,宽9.0~11.5 cm,先端短尖,基部近圆形,边缘具细锯齿,齿端腺点红褐色,两面黄绿色,疏被柔毛,或近光滑;叶柄侧扁,长4.0~5.0 cm,顶端通常具2枚腺体。雌花序长5.0~10.0 cm,花序轴被柔毛,雌蕊柱头粉红色,2裂,每裂2~3叉;子房窄扁卵球状,浅绿色;花盘杯状,浅黄绿色,边缘具三角形小齿缺刻;苞片三角-卵圆形,或近圆形,灰黑褐色,裂片深,具稀少的白色缘毛。雄花、果不详。

图3 朴叶杨 Populus celtidifolia T. B. Chao
1. 枝叶,2. 苞片,3. 腋芽

河南:嵩县。海拔800~1 000 m。1977年8月22日。白河公社后河大队白河边。赵天榜、兰战和金书亭,778220、778221(模式标本 Typus !存河南农学院园林系杨树研究组)。778222、778223、778224;1978年3月25日。同地。赵天榜,78309、78310(花)。

本新种与山杨(原变种)Populus davidiana Dode 相似,但区别明显:叶卵圆形,先端长渐尖,基部楔形,三出脉,边缘具整齐的内曲锯齿,背面被丛状短柔毛为显著特征。幼叶、叶柄、叶脉和嫩枝密被灰白色短柔毛。长枝叶缘具红色腺点,易与它种区别。

Species P. davidianae Dode affinis, sed foliis ovatis apicc acuminatis base cuneatis, margine regularite curvato-serrulatis, subtus grcgari-puberulis, ramuus juvenilibus, petiolis et laminrum dense cinerco-albo-pubcscentibus, turionum margine rubrobrunneo-glandulosis distinctc differt.

4.卢氏山杨 新变种 图4
Populus davidiana Dode var. lyshcliensis T. B. Chao et G. X. Liou, var. nov.
(Sect. Leuce Duby)

本新变种与山杨(原变种)Populus davidiana Dode 的主要区别:叶三角-卵圆形,先端渐尖,稀短尖,基部浅心形,或近圆形,边缘具较整齐的稀锯齿;叶柄较长。长枝叶较大,广卵圆形,或近圆形,先端短尖,基部心形,边缘具整齐的细锯齿;叶柄顶端通常具2枚圆形红色腺体。花芽卵球状,先端突尖,不弯曲。

河南:卢氏、南召等县有分布。海拔800~1 000 m。1974年9月17日。卢氏县东湾林场。赵天榜,304(模式标本 Typus var. ! 存河南农学院园林系杨树研究组)。

A typo recedit foliis triangulari-ovatis apice acuminatis, raro acutis basi subcordatis vel subrotundatis, margine regulariter sparsi-serratis, petiolis longioribus, turionum lato-ovatis vel subrotundatis apice acutis, basi cordatis, margine regulariter serrulatis, glandulis ima basi foliorum duabus, rotundatis. gemmis florum ovato-rotundatis apice acutis, crcctis, non curvatis.

Henan:Lushi Xian. 19740917. T. B. Zhao, 304. HANC.

图4 卢氏山杨
1. 枝叶,2. 花盘

卢氏山杨具有以下特性:

(1)速生。在黏土地上,8年生的卢氏山杨平均树高10.1 m,平均胸径17.8 cm,而同一立地条件下同龄山杨平均树高7.5 m,平均胸径11.3

cm,前者比后者树高、胸径分别大 34.7% 及 57.5%。

（2）抗病。据观察，山杨感叶斑病、锈病很强，9 月上中旬，90% 以上叶片因感病脱落；而卢氏山杨感病极轻，几乎无脱落。山杨心腐很重，而卢氏山杨抗心腐病，胸径达 50 cm 以上，生长健壮，心材不腐，实为山杨一良种。

（3）适应性强。卢氏山杨在豫西山区，无论在山谷、沟壑、丘陵、岗地及山坡的黏土、壤土、沙壤土及砾土土地上均有分布，生长很好，甚至在土壤 pH8.0 左右的粉沙壤土上生长正常；pH8.5 以上时，引起叶片干枯，形成早落，影响生长。

（4）材优。卢氏山杨木材纹理直，结构细，白色，材质好，锯解薄板材，干后不翘裂，宜作箱、柜及建筑用材。同时，抗心腐病，耐用。

5. 南召响叶杨　新变种

Populus adenopoda Maxim. var. nanzhaoensis T. B. Chao et C. W. Chiuan, var. nov.

（Sect. Leuce Duby）

本新变种似响叶杨（原变种）Populus adenopoda Maxim. 但主要区别：树干通直。叶椭圆形，缘具较整齐的稀疏钝锯齿。花芽（♀）椭圆体状，较大，长 1.5~1.7 cm，两端渐尖，易于区别。

河南：南召县。1974 年 10 月 13 日。乔端公社玉葬大队。赵天榜，标本号 3（模式标本 Typus var. ! 存河南农学院园林系杨树研究组）。

A typo recedit trunco erecto, foliis oblongis margine regulariter sparsicrentis, gemmis florum（♀）oblongis majoribus 1.5~1.7 cm, longis, apice basique acuminates.

6. 圆叶响叶杨　新变种

Populus adenopoda Maxim. var. rocroundifolia T. B. Chao, var. nov.

（Sect. Leuce Duby）

本新变种似响叶杨（原变种）Populus adenopoda Maxim. 但主要区别：叶圆形，革质，边缘近基部具波状锯齿，中部以上为整齐锯齿。蒴果卵球状，较小，黄褐色。

河南：伏牛山、大别山有分布。1978 年 8 月 28 日。嵩县车村公社。兰战、金书亭，77828、77829（模式标本 Typus ! 存河南农学院园林系杨树研究组）。1974 年 10 月 22 日。赵天榜。标本号 19。南召县乔端林场西山林区路边片林。

A typo recedit foliis rotundatis, coriaceis, mar-

gine regulariter serratis prope basin undulato-dentalis, carpsulis ovatis minoribus flavo-brunneis.

7. 垂枝河北杨　新变种

Populus hopeiensis Hu et Chow var. pendula T. B. Chao, var. nov.

（Sect. Leuce Duby）

本新变种与河北杨（原变种）Populus hopeiensis Hu et Chow 近似，但主要区别：树皮灰绿色；菱形皮孔，大，多散生。小枝细长下垂。叶圆形，或卵圆形，小，长 1.0~6.5 cm，宽 0.8~5.3 cm，边缘无大齿牙缺刻。叶芽先端不内曲。雌蕊柱头 2 裂，每裂 2~3 叉，裂片大，呈羽毛状，易于区别。

河南：灵宝县。1966 年 8 月 10 日。灵宝火车站。赵天榜 34（模式标本 Typus var. ! 存河南农学院园林系杨树研究组）。

A typo recedit ramulis gracilibus, pendulis, foliis rotundatis vel oboideis, parvis, 1.0~6.5 cm, longis et 0.8~5.3 cm latis, margine haud dentato-incisis, gemmis apice non curvatis stigimatibus bilobis, lobis bi-vel trifidis plumosis.

8. 卵叶河北杨　新变种

Populus hopeiensis Hu et Chow var. ovatifolia T. B. Chao, var. nov.

（Sect. Leuce Duby）

本新变种似河北杨（原变种）Populus hopeiensis Hu et Chow，但主要区别：叶卵圆形，或宽卵圆形，稀圆形，纸质，基部宽楔形，稀圆形，边缘具稀疏的内曲锯齿，无大齿牙缺刻，易于区别。

河南：南召县，外方山支脉云霄山，海拔 1 000 m。1977 年 6 月 19 日。赵天榜和李万成，77064（模式标本 Typus ! 存河南农学院园林系杨树研究组）。

A typo recedit foliis ovatis vel lato-ovatis, raro rotundatis chartaccis, basi lato-cuneatis raro rotundatis, margine sparse curvato-pachydentatis, haud dentato-incisiso.

9. 黄皮河北杨　新变种

Populus hopeiensis Hu et Cliow var. flavida T. B. Chao et C. W. Chiuan, var. nov.

（Sect. Leuce Duby）

本新变种与河北杨（原变种）Populus hopeiensis Hu et Chow，但主要区别：树干通直，中央主干直达树顶；侧枝小而少，轮生。树皮灰黄色，或青黄色。小枝细,黄褐色。花芽卵球状,黄褐色,两端深褐色。幼叶黄绿色。叶卵圆形,稀近圆形,边缘具波状粗齿,纸质。雌蕊柱头红色,2裂,每裂2~3叉,裂片大,易于区别。

河南:嵩县、南召、卢氏等县均有分布。1975年8月10日。南召县乔端林场。赵天榜和张宗尧等,750055(模式标本Typus var.!存河南农学院园林系杨树研究组)。

A typo recedit trunco erecto usque ad apice, cortice flavidis vel rividiflavidis, raraulis gracilibus, flavido-brunneis, gemmis florifcris ovoideis, apicc basique atro-brunneis, ofliis ovatis raro subrotundatis, chartaceis, margine unduiato-crassidentatis, juvenilibus viridiflavis, stigmatibus rosis, bilobis, lobis vel trifidis plumosis.

10. 松河杨　新种　图5

Populus sunghoensis T. B. Chao et C. W. Chilian, sp. nov.

(Sect. Leuce Duby)

图5　松河杨 Populus sunghoensis T. B.
Chao et C. W. Chilian

落叶乔木,树高约17.0 m,干通直。树冠卵球状;侧枝较开展。树皮灰绿色,光滑;皮孔菱形,中大,散生。小枝圆柱状,粗壮,赤褐色,无毛,具光泽;2年生枝灰褐色。叶芽圆锥状,赤褐色,无毛,具光泽,微有黏液;花芽卵球状,顶端钝圆,先端突尖,赤褐色,具光泽。叶圆形,革质,长5.0~9.0 cm,长宽约相等,先端突短尖,或近圆形,基部微心形,边缘为波状全缘,或波状,表面浓绿色,具光泽,背面浅绿色;叶柄侧扁,长3.5~6.0 cm。雄花序长3.0~7.0 cm,粗1.2~1.5 cm,花序轴黄绿色,有柔毛;雄蕊5~7枚,花药紫红色;花盘斜杯形,浅黄色,边缘为小波状全缘,或波状齿;苞片三角-卵圆形,上部及裂片黑褐色,基部无色,密生白色长缘毛为显著特征。雌花不详。

本新种近似毛白杨 Populus tomentosa Carr. 和山杨(原变种)Populus davidiana Dode,但区别明显:叶圆形,革质,边缘为波状,或近全缘。雄蕊5~7枚,花药紫红色;苞片圆形,密生白色长缘毛,易于区别。

Species P. tomentosa Carr. et P. davidiana Dode proxima, sed foliis rotundatis coriaceis, margine undulatis vel undulato-dentatis, staminis 5~7, bracteis rotundatis, margine longe albo-ciliatis valde differt.

产地:河南白河支流——松河上游,海拔800 m。1974年10月24日。南召县乔端公社玉葬大队第六生产队路边。标本号8(模式标本Typus!存河南农学院园林系杨树研究组)。1976年6月26日。同地。赵天榜409、410(花)。1977年6月17日。同地。赵天榜和李万成,77111、77112、77113、77114。

11. 新乡杨　新种　图6

Populus sinxiangensis T. B. Chao, sp. comb. nov.《中国林业科学》,1978,I:20;《河南农学院科技通讯》1978,2:39~40. 圆叶毛白杨 P. tomentosa Carr. var. rotundifolia Yu Nung, var. nov.

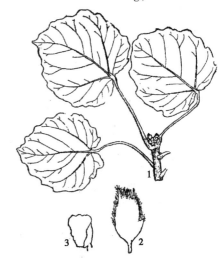

图6　新乡杨 Populus sinxiangensis T. B. Chao
1. 枝叶,2. 苞片,3. 花盘

乔木,树干直,主干明显。树冠卵球状。树皮白色,具很厚的蜡质层,具光泽,平滑。小枝、幼枝密被白茸毛。花芽球状、较小。短枝叶圆形,长5.0~8.0 cm,长宽约相等,先端钝圆,或突短尖,基部心形,边缘具波状粗齿,表面绿色,具光泽,背面浅绿色;叶柄侧扁,与叶片长约相等。长枝叶卵圆形,长8.0~12.0 cm,宽7.5~11.0 cm,先端突短尖,或钝圆,基部心形,边缘具波状大齿,表面深绿色,具光泽,背面密被白茸毛,叶面皱褶。雄株！雄蕊6~10枚,花药粉红色;花盘鞋底形,边缘全缘,或波状;苞片灰浅褐色,边缘具长柔毛。花期3月上旬。

本新种与毛白杨(原变种)Populus tomentosa Carr. 相似:但树皮白色,具很厚的蜡质层;皮孔菱形,中等,散生。叶圆形,长5.0~8.0 cm,长宽约相等,叶面皱褶。雄株！雄蕊6~10枚;花盘鞋底形,易与它种区别。

Species P. tomentosa Carr. affinis, sed cortice glabro lenticellato, albis sebaceissimis, lenticellis rhombicis raro sparse medioctibus. Foliis rotundatis minoribus 5 ~ 8 cm longis et latis apice abrupte acutis basi intense cordatis, turionis margine triangulari-megalodis, laminis vitilibus.

河南:修武县。1974年8月3日。郇封公社小文案大队。赵天榜,108(模式标本 Typus！存河南农学院园林系杨树研究组)。1976年2月26日。同地。赵天榜,421(花)。

12.云宵杨 新种 图7

Populus yunsiaomanshanensis T. B. Chao et C. W. Chiuan, sp. nov.

乔木,树干通直,高达25 m。树冠卵球状。树皮灰绿色,光滑,皮孔菱形,中等大,散生。小枝黄褐色。冬芽圆锥状,深褐色。短枝叶心脏-圆形,或近圆形,长3.0~8.5 cm,宽3.0~7.0 cm,先端短尖,基部心形,边缘具波状浅锯齿,表面深绿色,背面浅绿色;叶柄扁,长3.0~7.0 cm,黄绿色。雌雄同株！雄花序长15~20 cm,雄蕊4~6枚,花药紫红色;花盘边缘微波状;苞片三角-卵圆形,先端及裂片黑褐色;雌花序长3~5 cm,花柱头紫红色,2裂,每裂2叉。果序长10~13 cm;蒴果圆锥状,绿色,2裂。花期3月上旬,果熟期4月。

本新种系山杨 Populus davidiana Dode 与毛白杨 Populus tomentosa Carr. 的天然杂种,其形态相似毛白杨,但叶、花似山杨,主要区别:雌雄同株,异花序为显著特征。

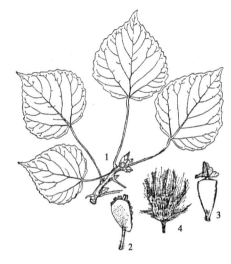

图7 云宵杨 Populus yunxiaomanshanensis T. B. Chao et C. W. Chiuan
1.枝叶;2.雄花;3.雌花;4.苞片

Species Populus davidiana Dode × P. tomentosa Carr. hybridis, coma et lenticellis Populus tomentosa Carr. var. Borelo-sinensis Yu Nung affins, ramulis et floridis populus davidiana Dode similis, sed monecio-is. Androgynis vlde insignis.

产地:河南伏牛山支脉云霄曼山,海拔800 m。1974年10月20日。赵天榜,0021(模式标本 Typus！存河南农学院园林系)。1976年2月26日。同地。赵天榜,76001、76002(花)。同年4月4日。赵天榜,76011、76012(果)。

河南山杨二新变种

赵天榜　兰战　金书亭

(河南农学院,郑州　450002)

摘　要　本文发表河南山杨两新变种:1.长柄山杨;2.红序山杨;形态特征。

1. 长柄山杨(变种)

Populus davidiana Dode var. longipetiolata T. B. Chao, var. nov.

本新变种与山杨(原变种)Populus davidiana Dode var. davidiana 相似,但:叶圆形,或卵圆形,较大,长10.0~15.0 cm,长宽约相等,或长大于宽;叶柄细长,与叶片等长,或稍长于叶片,易于区别。

A typo recedit foliis rotundatis vel ovatis,chartaceis majotibus 10.0~15.0 cm,longis et 10.0~15.0 cm latus,petiolis foliisque aequilongis vel longioribus.

产河南伏牛山区的卢氏县五里川公社。1977年8月20日。赵天榜、兰战、金书亭,No. 77823(模式标本 Typus var.！存河南农学院园林系)。

2. 红序山杨(变种)

Populus davidiana Dode var. rubrolutea T. B. Chao et W. C. Lioa,var. nov.

本新变种与山杨(原变种)Populus davidiana Dode var. davidiana 的主要区别:苞片红色,呈红色花序。

A typo recedit bracteis rubris,inflorescentiis rubris *.

产河南:伏牛山;生于海拔 500~1 000 m。1978 年 3 月 10 日。南召县。李万成,无号(模式标本 Typus var.！存河南农学院园林系)。

河南杨属二新变种

赵天榜

(河南农学院,郑州　450002)

摘　要　本文发表两新变种:垂枝青杨和洛宁小叶杨。并记其形态特征。

1.垂枝青杨　新变种

Populus cathayana Rehd. var. pendula T. B. Chao,var. nov.

本新变种:树冠宽卵球状;侧枝开展。小枝细长下垂。一年生小枝具棱。叶卵圆形,或椭圆-卵圆形,缘具细腺齿;叶柄顶端有毛。

A typo recedit coma late ovatis ramis divaricatis,ramulis gracilibus pendulis angulosis. foliis ovatis vel elliptico-ovatis margine glanduloso-serratis,petiolatis apice puberulis.

产河南伏牛山西部卢氏县瓦窑公社。1977年5月10日。赵天榜,775101、775102(模式标本 Typus var.！存河南农学院园林系)。

2.洛宁小叶杨　新变种

Populus simonii Carr. var. luoningensis T. B. Chao,var. nov.

本变种:树冠倒卵球状;侧枝粗大,呈 25°~45°角着生。树皮灰白色,较光滑。小枝灰绿色。冬芽暗红色。叶菱形,或椭圆形,长 6.2~7.3 cm,宽 3.1~3.3 cm,先端渐尖,基部渐狭,表面绿色,背面灰白色;子房长卵球状,具明显的小瘤状突起;花盘盘状,具长柄。

A typo recedit ovariis ovatis verruculatis diccis discodalibus longe petiolis.

产河南洛宁县。1976 年 2 月 5 日。卫廷耀,无号(模式标本 Typus var.！存河南农学院园林系)。

河南杨与同源种形态特征研究

金　红　胡艳芳　赵天榜

(河南农业大学林学学院,郑州　450002)

摘　要　本文将同一亲本的天然杂交种:汉白杨 Populus C. Wang et Tung、五莲杨 Populus S. B. Liang et X. W. Li、齿叶山杨 Populus serrata T. B. Chao et J. S. Chen 和关中杨 Populus × shensiensis J. M. Jiang et J. Zhang 并入河南杨 Populus T. B. Chao et C. W. Chiuan。同时,新组合 1 变种:卢氏山杨 Populus davidiana Dode var. lyshehemis(T. B. Chao et G. X. Liou)T. B. Zhao var. comb. nov.,并发表 2 新变种:毛河南杨 Populus honansis T. B. Zhao et C. W. Chiuan var. vil-

---

1. 第一作者:金红,实验师,主要研究方向:植物分类。E-mail:jinhong 1679@ 163. com。

losa T. B. Zhao et Z. X. Chen, var. nov. 及钩齿河南杨 Populus honanensis T. B. Zhao et C. W. Chiuan var. uncati-serrata T. B. Caho et Z. X. Chen, var. nov.

关键词 杨属;河南杨;新异名;新变种;新组合变种

通过在河南、湖北、陕西、安徽和山东调查、采集、整理、研究杨属 Populus 白杨组 Sect. Populus (中国科学院中国植物志编辑委员会,1984;丁宝章、王遂义、高增义,1981;赵天榜、全振武,1978) 植物蜡叶标本的过程中,发现了同一亲本起源的天然杂交种,曾命名5个新种,其中5新种的形态特征极为相似。为解决这一问题,作者曾先后到它们的原产地采集标本,并采取根蘖苗进行试验研究。研究结果证实:5种杨树实属同一亲本杂交种群。

1 研究依据与材料

1.1 研究依据

1.1.1 河南杨与其同源种发表的名称

(1)1978 年,赵天榜等发表河南杨 Populus honanensis T. B. Zhao et C. W. Chilian(丁宝章、王遂义、高增义,1981;赵天榜、全振武,1978)及卢氏山杨 Populus davidiana Dode var. lyshehensis T. B. Chao et G. X. Liou(丁宝章、王遂义、高增义,1981;赵天榜、全振武,1978)。

(2)1979 年,王战等发表了汉白杨 Populus ningshanica C. Wang et Tung(中国科学院中国植物志编辑委员会,1984;王战、董世林,1979),并认为本种系响叶杨 Populus adenopoda Maxim. 与山杨 Populus davidiana Dode 的天然杂交种。

(3)1982 年,赵天榜等发表心叶河南杨 Populus honanensis T. B. Zhao et C. W. Chilian var. cordata T. B. Chao et C. W. Chiuan(丁宝章、王遂义、高增义,1981;丁宝章、王遂义、赵天榜,1980)。

(4)1986 年,梁书宾等发表五莲杨 Populus wulinenensis S. B. Liang et X. W. Li(梁书宾、李兴文,1986),并认为本种系响叶杨 Populus adenopoda Maxim. 与山杨 Populus davidiana Dode 的天然杂交种。

(5)1988 年,张杰等发表齿叶山杨 Populus serrata T. B. Chao et J. S. Chen(张杰、洪涛、赵天榜,1988)及①心形齿叶山杨 Populus serrata T. B. Chao et J. S. Chen f. cordata T. Hong et J. Zhang、②尖芽齿叶山杨 Populus serrata T. B. Chao et J. S. Chen f. acuminati-gemmata T. Hong et J. Zhang(张

杰、洪涛、赵天榜,1988)、③粗齿山杨 Populus serrata T. B. Chao et J. S. Chen f. grosseserrata T. Hong et J. Zhang(张杰、洪涛、赵天榜,1988) 并认为本种可能由山杨 Populus davidiana Dode 与响叶杨 Populus adenopoda Maxim. 的天然杂交种。

(6)1991 年,张杰等在《杨树遗传改良》(中国林业科学研究院林业研究所育种二室,1991)一书中,发表关中杨 Populus × shensiensis J. M. Jiang et J. Zhang,并认为本种为响叶杨 Populus adenopoda Maxim. 与山杨 Populus davidiana Dode 的天然杂交种。

(7)1998 年,赵子恩发表了《齿叶山杨订正》一文。该作者根据有关资料研究了汉白杨 Populus ningshanica C. Wang et Tung 与齿叶山杨 Populus serrata T. B. Chao et J. S. Chen 的形态特征和亲缘关系后,认为汉白杨和齿叶山杨是同一种植物,将齿叶山杨及其 3 个变型作为汉白杨的异名处理。

1.1.2 研究材料

河南杨与其同源种发表的原始模式标本,或原始模式产地的同株,或同一群体标本。为了进一步查清河南杨及其同源种的齿叶山杨、五莲杨、汉白杨、关中杨的形态特征的相似性和区别特征,作者除在原作者发表的 5 种杨树形态特征描述、照片和形态特征图的基础上,研究了①赵天榜、李万成等于 1976～1978 年及李万成于 1986～1987 年所采集的河南杨、齿叶山杨、五莲杨、汉白杨标本;②翁文海于 2000～2001 年在山东五莲县五莲山所采集的五莲杨标本和在湖北宜昌地区(市)大老岭林场所采集的汉白杨标本;③1985～1987 年赵天榜在陕西武功县、周至县所采集的汉白杨、关中杨标本(本文中所用标本,均存于河南农业大学植物标本室)。

2 研究结果与分析

2.1 河南杨等 5 种杨树实属同源种

(1)河南杨等 5 种杨树形态特征极为相似。

为了解河南杨等 5 种杨树主要形态特征的相似性和区别特征,现将 5 种杨树形态特征比较结果列于表1。

表 1 河南杨等 5 种杨主要形态特征比较

名称或项目	河南杨	齿叶山杨	五莲杨	汉白杨	关中杨
小枝	微棱,具光泽,初被柔毛	微棱,具光泽,初被柔毛	微棱,赤褐色,初被柔毛	微棱,紫褐色,初被柔毛	微棱,灰褐、褐色,初被柔毛
叶芽	内曲,褐色、赤褐色,无毛,微被黏质	内曲,褐色、赤褐色,无毛,微被黏质	内曲,赤褐色,无毛,微被黏质	暗紫褐色,微被黏质,具缘毛	紫褐色,无毛,微被黏质
花芽	卵球状,深褐色具光泽,微被黏质	卵球状,深褐色具光泽,微被黏质	卵球状,赤褐色,微被黏质	卵球状,紫褐色,微被黏质,具缘毛	卵球状,绿褐色,微被黏质,被短柔毛
短枝叶	三角形,先端短渐尖,基部截形,边缘波状齿、疏锯齿、内曲腺锯齿,主脉两侧微被茸毛	三角形、三角-卵圆形,先端短渐尖,基部截形、浅心形,边缘腺锯齿。初两面被茸毛,主脉两侧扁,初被毛	卵圆形、三角-卵圆形,先端短尖,基部心形、浅心形,边缘细腺锯齿,两面无毛	宽卵圆形,先端短渐尖,基部浅心形、圆形至圆楔形,边缘疏波状腺锯齿,两面无毛	卵圆形、宽卵圆形,先端渐尖,基部圆形、近截形,边缘具内曲浅锯齿,背面无毛
叶柄	侧扁,初被毛,顶端有时具 1~2 枚腺体	侧扁,顶端有时具 1~2 枚腺体	侧扁,初被毛,顶端有时具 1~2 枚腺体	侧扁,初被毛,顶端具 1~2 枚大体腺体	侧扁,初被毛,顶端具 1~2 枚腺体
幼叶	幼叶紫红色,两面被毛	幼叶紫红色,两面被毛	幼叶紫红色,两面被毛	幼叶紫红色,两面被毛	幼叶紫红色,两面被毛
长枝叶	三角形,先端尖,基部截形,边缘整齐细锯齿、内曲腺齿,两面初被稀茸毛;叶柄疏被短茸毛;顶端具 2 枚圆腺体或无	三角-卵圆形,先端尖,基部截形,边缘细腺齿,两面初被稀茸毛;叶柄疏被短茸毛;顶端具 2 枚圆腺体或无	长圆-卵圆形,先端突尖,基部浅心形、近截形,边缘细腺齿;叶柄顶端具 2 枚杯状腺体或无	宽三角-卵圆形,先端渐尖,基部细体腺齿;浅心形,边缘具细体腺齿;叶柄顶具 2 枚圆腺体或无	宽三角-卵圆形,先端渐尖,基部浅心形、平截,边缘内曲腺齿、细锯齿,表面无毛,背面被毛;叶柄顶端具 2 枚腺体,或无
花序	雄花序长 8.0~10.0 cm;花序轴疏被长柔毛,花盘全缘、波状,苞片边缘密被白色长缘毛	雄花序长 8.0~10.0 cm,花序轴疏被长柔毛,花盘全缘、波状;苞片边缘密被白色长缘毛	雌花序长 4.0~8.0 cm,花序轴被柔毛;子房无毛;苞片边缘具白色长缘毛	雄花序长 8.0~10.0 cm,花序轴被柔毛;盘边缘全缘、波状全缘;苞片边缘具长缘毛	雌花序长 5.0~8.0cm;花盘边缘全缘、波状全缘;苞片边缘具长缘毛
果序	果序长 8.0~12.0 cm	果序长 8.0~12.0 cm	果序长 5.0~8.0 cm	果序长 8.0~12.0 cm	果序长约 12.0 cm
产地	河南伏牛山区	河南伏牛山区	山东五莲山、河南山区	湖北、陕西、河南山区	陕西武功、周至县

从表1可以明显看出，河南杨等5种杨树形态特征极其相似，如不加任何标注，将5种杨树的蜡叶标本放在一起，即使很有经验的专家、学者，也很难加以区别。为进一步了解河南杨等5种杨树主要形态特征的相似性和区别特征，作者曾将河南杨等5种杨树引入河南许昌市"毛白杨基因库林"内，经过15年的形态特征研究，结果表明，5种杨树很难从形态特征、物候期及物候规律、生态特性，以及生长规律上加以明显区分。

（2）响叶杨与山杨极易天然杂交，产生同源甚至同形天然杂种。

响叶杨 Populus adenopoda Maxim.（中国科学院中国植物志编辑委员会，1984；丁宝章、王遂义、高增义，1981）与山杨 Populus davidiana Dode（中国科学院中国植物志编辑委员会，1984；丁宝章、王遂义、高增义，1981）2种同属杨属白杨组物种，亲缘关系极近，同一立地条件下，花期相同，极易天然杂交，产生同源甚至同株天然杂种，其天然杂种形态特征也有一定区别。作者于1960年，曾在河南南召县"河南伏牛山区自然保护区南召管理局"（原桥端林场）采集山杨种子于河南农业大学（原许昌农学院）进行播种育苗试验，其结果从山杨实生苗中，发现有典型响叶杨苗、山杨苗及多种多样形态特征有区别的杂种苗，甚至还发现1株叶狭披针形的特异苗。

（3）河南杨、汉白杨、五莲杨、粗齿山杨、关中杨根据原作者发表时认为，它们的起源亲本为响叶杨与山杨、山杨与响叶杨的天然杂交种。

根据上述，可以得出结论：河南杨、齿叶山杨、五莲杨、汉白杨和关中杨5种杨树实属同一亲本杂交种群。遵照《国际植物命名法规》（朱光华译，2001）中"优先律"的规定，河南杨首先发表，应作为该种群的合法名称，而齿叶山杨、五莲杨、汉白杨、关中杨均作为河南杨的异名处理。

（4）齿叶山杨发表的种下类群，均作河南杨的种下类群处理。

1988年，张杰等发表的（1）心形齿叶山杨 Populus serrata T. B. Chao et J. S. Zhang f. cordata T. Hong et J. Zhang，并入心叶河南杨 P. honanensis T. B. Chao et C. W. Chiuan var. cordata T. B. Chao et C. W. Chiuan；（2）尖芽齿叶山杨 Populus serrata T. B. Chao et J. S. Zhang f. acuminati-gemmata T.

Hong et J. Zhang，应新组合为尖芽河南杨 P. honanensis T. B. Chao et C. W. Chiuan f. acuminati-gemmata（T. Hong et J. Zhang）T. B. Chao, f. comb. nov.，张杰等. 杨属白杨组新分类群. 林业科学研究，1988,71；（3）粗齿山杨 P. serrata T. B. Chao et J. S. Zhang f. grosserrata T. Hong et J. Zhang，应新组合为粗齿河南杨 P. honanensis T. B. Chao et C. W. Chiuan f. grosserrata（T. Hong et J. Zhang）T. B. Chao, f. comb. nov.，P. serrata T. B. Chao et J. S. Zhang f. cordata T. Hong et J. Zhang f. grosserrata T. Hong et J. Zhang（张杰等，1988）。

2.2 卢氏山杨 变种

卢氏山杨 P. davidiana Dode var. lyshehensis T. B. Chao et G. X. Liou（丁宝章、王遂义、高增义，1981；赵天榜、全振武，1978）

树皮青绿色，光滑。花芽卵球状，红褐色，芽鳞薄膜质，透明，无黏质，无毛。叶三角-卵圆形，质薄，边缘具整齐细锯齿。且具有适应性强、生长速度快，能成大材，60年后仍健壮生长，木材白色，不腐朽（俗称白材山杨）等极易识别的特征，在山区具有广阔的发展前途。故将它新组合为河南杨的变种——卢氏山杨 P. honanensis T. B. Chao et C. W. Chiuan var. lyshehensis（T. B. Chao et G. X. Liou）T. B. Zhao var. comb. nov.。

3 两新变种

3.1 毛河南杨 新变种

Populus honanensis T. B. Zhao et C. W. Chilian var. villosa T. B. Zhao et Z. X. Chen, var. nov.

A typo recedit ramulis et ramulis juvenilabus sparse pubescentibus albis vel villosis albis; stipulis lineariformibus, lanceolatislineariformibustestaceis 2.0~3.0 cm longis 1~2 mm latis subtus sparse pubescentibus. foliis trianguste ovatis rare rotundatis 4.0~7.5 cm longis 3.5~5.0 cm latis apice acutis vel breviter acuminatis basi truncates rare cordatis margine serratis aequalioribus et longe ciliates albis cum anguste marginantibus trail slue idis albis supra adcostam et nervos lateralibus sparse pubescentibus basi costis dense pubescentibus albis subtus dense villosis albis adcostam et nervos lateralibus densissimis; petiolis lateraliter compressis 3.0~4.3 cm longis dense villosis alibis apicem eglandulis rare 1~2-glandulis abortivis praeditis. inflorescentiis fructibus 9.0~12.0 cm longis axillis sparse pubescentibus. Capsulis longe ovoideis ca. 3 mm longis sparse pubescentibus.

Henan: Nanzhao Xian. 25 -04 -1987. Y. Z. Li et T. B. Zhao, No. 198704252 (folia et ramulus fructus, holotypus hie disignatus, HNAC).

本新变种与河南杨原变种 Populus honanensis T. B. Zhao et C. W. Chilian（丁宝章、王遂义、高增义,1981;赵天榜、全振武,1978）var. honanensis 的区别:小枝、幼枝疏被白色短柔毛或白色长柔毛;托叶绒状、线状披针形,淡棕黄色,长 2.0~3.0 cm,宽 1~2 mm,背面疏被短柔毛。叶三角-卵圆形,稀圆形,长 4.0~7.5 cm,宽 3.5~5.0 cm,先端急尖,或短渐尖,基部截形、浅心形,边缘具较整齐锯齿和白色长缘毛,以及透明的白色狭边,表面沿主脉和侧脉疏被短柔毛,主脉基部密被白色短柔毛,背面密被白色长柔毛,沿脉更密;叶柄侧扁,长 3.0~4.3 cm,密被白色长柔毛,顶端无腺体,稀具枚不发育腺体。果序长 9.0~12.0 cm,果序轴疏被短柔毛;蒴果长卵球状,长约 3 mm,疏被短柔毛。

河南:1987 年 4 月 25 日。李万成和赵天榜,No.198704252。模式标本,采自南召县白水河,存河南农业大学。同地。1986 年 8 月 26 日。李万成和赵天榜,No.198608262(叶和枝)。

3.2 钩齿河南杨 新变种

Populus honanensis T. B. Zhao et C. W. Chiuan var. uncati-serrata T. B. Zhao et Z. X. Chen, var. nov.

A typo receditfoliis subrotundatis et triangusti-ovatis apice acutis rare retusis basi cuneatis et subcordatis vel subrotundatis margine serratis et biserratis apice acutis anticiuncatis; petiolis gracibus.

Henan: Nanzhao Xian. 10-09-1993. T. B. Zhao et al., No. 199309105 (folia et ramulus, holotypus hie disignatus, HNAC).

本新变种与河南杨原变种 Populus honanensis T. B. Zhao et C. W. Chiuan var. honanensis 的区别:叶近圆形、三角-卵圆形,先端急尖,稀微凹,基部截形、浅心形,或近圆形,边缘锯齿和重锯齿,齿端锐尖,内曲呈钩状;叶柄纤细。

河南:1993 年 9 月 10 日。赵天榜等,No 199309105。模式标本,采自南召县,存河南农业大学。

4 结论

（1）河南杨等 5 种杨实属同一亲本杂交种群。按照《国际植物命名法规》（朱光华译,2001）中"优先律"的规定,河南杨首先发表,应作为该种群的合法名称,而齿叶山杨、五莲杨、汉白杨、关中杨实属同一亲本杂交种群内的不同变异群体,均作为河南杨的异名处理。

（2）齿叶山杨发表的种下类群,均作河南杨的种下类群处理:①心形齿叶山杨并入心叶河南杨;②尖芽齿叶山杨新组合为尖芽河南杨;③粗齿山杨新组合为粗齿河南杨。

（3）卢氏山杨原属山杨变种,应新组合为河南杨的变种。

（4）发表了河南杨属白杨组 2 新变种:毛河南杨和钩齿河南杨。

参考文献

[1] 中国科学院中国植物志编辑委员会. 中国植物志 第二十卷 第二分册[M]. 北京:科学出版社,1984:2-22.

[2] 丁宝章,王遂义,高增义. 河南植物志第一册[M]. 郑州:河南科学技术出版社,1981:177-178.

[3] 赵天榜,全振武. 河南杨属新种和新变种[J]. 河南农学院科技通讯,1978(2):96-98.

[4] 王战,董世林. 杨属植物新分类群(一)[J]. 东北林学院植物研究室汇刊,1979(4):19-20.

[5] 丁宝章,王遂义,赵天榜. 河南新植物[J]. 河南农学院学报,1980(2):1-10.

[6] 梁书宾,李兴文. 山东杨属一新种[J]. 植物研究,6(2):135-137.

[7] 张杰,洪涛,赵天榜. 杨属白杨组新分类群[J]. 林业科学研究,1988,1(1):66-79.

[8] 中国林业科学研究院林业研究所育种二室编著. 杨树遗传改良[M]. 北京:北京农业大学出版社,1991:291-293.

[9] 赵子恩. 齿叶山杨订正[J]. 武汉植物学研究,1998,16(3):253-254.

[10] 朱光华译. 国际植物命名法规(圣路易斯法规 中文版)[M]. 北京:科学出版社,2001:94-100.

河南杨属新植物

赵天榜　陈志秀

（河南农业大学,郑州　450002）

摘　要　本文报道了河南杨属一新种和四新变型:豫白杨 Populus yuibeiyang T. B. Chao et Z. X. Chen,sp. nov. ;卵果银白杨 Populus alba Linn. f. ovaticarpa T. B. Chao et Z. X Chen,f. nov. ;小叶波叶山杨 Populus undulata J. Zhang f. parvifolia T. B. Chao et Z. X. Chen,f. nov. ;齿牙波叶山杨 Populus undulata. J. Zhang f. dentiformis T. B. Chao et Z. X. Chen,f. nov. ;三角叶响叶杨 Populus adenopoda Maxim. f. deltatifolia T. B. Chao et Z. X. Chen,f. nov. ;形态特征。

1. 豫白杨　新种

Populus yuibeiyang T. B. Chao et Z. X. Chen, sp. nov.

Species Populus celtidifolia T. B. Chao et P. honanensis T. B. Chao et C. W. Chilian affinis, sed foliis ovatis, trianguste subrotundatis, trianguste ovatis raro rhombiovatis apice acutis vel longe acuminatis secundis basi rotundatis late cuneatis raro truncatis margine non aequalibus grosse inflexi-serratis glandibus et serratis glandibus, ramalis foliis et petiolis juvenilibus dense breviter tomentosis; ut P. tomentosi Carr. affinis, sed foliis brevi-ramulis parvis margine non aequalibus grasse inflexi-serratis glandibus et serratis glandibus. foliis lingi-ramulis supra medium margine interdum trianguste dentatis.

Arbor, ramuli cinerei-brunnei juvinilibus dense breviter tomentosi postea glabra, gemmae terminales ovate conicae perulue purpurei-brunnei minute brunnei glutinosi et breviter tomentosi. folia ovata vel triangulate suhrotumfeta raro rhombi-ovata 4.5～7.0 cm longa 3.5～6.0 cm lata apice acuta vel acuminata secunda basi rotundata late cuneata raro truncata interdum 1～2-glandulosa margine non aequales grosse inflcxi-serrata glandulosa et serrata glandulosa supra virides costati sparse tomontosi subtus flavovirentes interdum breviter tomentosi costati et ncrvi laterales dcnsissima; petioli graciles 1.5～3.5 cm longa lateraliter lorapressi. surcula et folia petioli dense breviter tomentosi, triangusta trianguste subrotundata raro rhombi-ovata 7.5～11.0 cm longa 5.5～8.0 cm lata apice acuta vel subrotundata interdum 1～2-glanduIosa parvi margine non aequales grosse inflexi-serrata et serrata glandes interdum supra margine obtuse triangusta inflexi-dentala supra virides costati sparse breviter toinentosi subtus flavovirentes costati et nervi laterales dense breviter lomeiitosi; petioii cylindrici 3.5～4.0 cm longa dense breviter toinentosi.

Henan: Songxian. Sine Collect. Sol. num. Typus in Herb. HNAC.

落叶乔木。小枝灰褐色,幼时密被短茸毛,后光滑。顶芽卵-圆锥状,紫褐色,芽鳞背面微褐黏液和短茸毛。短枝叶卵圆形、三角-近圆形、三角-卵圆形,稀菱-卵圆形,长 4.5～7.0 cm,宽 3.5～6.0 cm,先端短尖,或长尖而扭向一侧,基部圆形、宽楔形,稀截形,有时具 1～2 不发育腺体,边缘具大小相间极不整齐的内弯粗腺齿和细腺齿,表面绿色,沿中脉基部疏被茸毛,背面淡黄绿色,有时被短茸毛,沿中脉和侧脉尤密;叶柄纤细,长 1.5～3.5 cm,侧扁。长萌枝及叶、叶柄密被短茸毛,叶三角形、三角-近圆形,稀三角-卵圆形,长 7.5～11.0 cm,宽 5.5～8.0 cm,先端短尖,或长尖而扭向一侧,基部截形、宽截形,或近心形,有时具 1～2 小腺体,边缘具不整齐的内弯粗腺齿和腺锯齿,有时上部边缘具钝三角形稍内弯的齿牙状缺刻,浅黄绿色,密被短茸毛,沿隆起中脉和侧脉密被短茸毛;叶柄圆柱状,长 3.5～4.0 cm,密被短茸毛。花和果不详。

本新种与朴叶杨 Populus celtidifolia T. B. Chao 和河南杨 P. honanensis T. B. Chao et C. W. Chiuan 相似,但区别:短枝叶卵圆形、三角-近圆形、三角-卵圆形,稀菱-卵圆形,先端短尖,或长尖而扭向一侧,基部圆形、宽楔形,或截形、圆形,边缘具大小相间、极不整齐的内弯粗腺齿和细腺齿;幼枝、叶和叶柄密被短茸毛;又与毛白杨 P. to-mentosa Carr. 相似,但区别:短枝叶小,边缘具大小相间、极不整齐的内弯粗腺齿和细腺齿;长萌枝叶上部边缘具三角形齿牙缺刻。

河南:嵩县。采集人:赵天榜。标本无号。模式标本,存河南农业大学。

2. 卵果银白杨　新变型

Populus alba Linn. f. ovaticarpa T. B. Chao et Z. X. Chen,f. nov.

A typo recedit foliis ovatis vel triangusti-ovatis supra atro-viridibus sparse breviter tomentosis subtus dense albo-tomentosis apice obtusis basi truncatis margine dentatis;petiolis 2~4.5 cm longis dense albo-tomentosis. amentis femineis 1 ~ 3 cm. breviter capsuli-amentis 4 ~ 6 cm longis axibus densioribus albo-toientosis. Carpis denissimis, comp lane ovatis 1.5~2 cm longis apice obtusis.

Henan:Zhengzhou. 10.4.1987. T. B. Chao, No. 87912. Typas in Herb. HHAC.

本新变型与原变型区别:短枝叶卵圆形,或三角-卵圆形,表面深绿色,疏被短茸毛,背面密被白茸毛,先端钝尖,基部截形,边缘牙齿状缺刻;叶柄长 2.0~4.5 cm,密被白茸毛。果序短,长 4.0~6.0 cm,果序轴疏密被白茸毛。蒴果扁卵球状,长 1.5~2.0 mm,先端钝圆。

河南:郑州有栽培。1987 年 4 月 10 日。赵天榜,No.87912。模式标本,存河南农业大学。

3. 小叶波叶山杨　新变型

A typo recedit fruticibus 1.0~1.6 m altis. ramulis gracilissimis 3 ~ 8 mm longis diam. ca. 2 mm, brunneis;longe ramulis gracilissimis 15.0~25.0 cm longis diam. 3 ~ 5 mm, brunneis pendulis. Foliis rotundatis parvissimis 1.5~2.5 cm longis, 1.5~2.5 cm latis, apice acutis basi rutundatis vel late tuneatis vel late tuneatis margine rotundati-repandis;petiolis gracilissmis 1.5~3.2 cm longis.

Henan;Lushi Xian. 5.9.1979. T. B. Zhao et al.,No. 10(folia et ramulus, holotypus hic disiganatus,HNAC).

本新变型与波叶山杨原变型 Populus undulata J. Zhang f. undulata 的区别:灌丛,高 1.0~1.6 m。小枝纤细,长 3~8 mm,宽 1.5~2.5 cm,先端

急尖,基部圆形,或宽楔形,边缘圆波状;叶柄纤细,长 1.5~3.2 cm。

河南:卢氏县。1979 年 9 月 5 日。模式标本,赵天榜等,No. 10。采自卢氏县,存河南农业大学。

4. 齿牙波叶山杨　新变型

Populus undulata. J. Zhang f. dentiformis T. B. Chao et Z. X. Chen,f. nov.

A typo recedit foliis trianguste ovatis vel subrotundatis, margine impariter denticulatis inter serrulatis tenuiter chartaceis apice abrupte longiacuminatis, interdum caudatis tortis, basin terninervis, basi subrotundatis vel late truncatis raro cuneatis.

Henan;Lushi Xian. 5.8.1978. T. B. Chao, No. 78851. Typus in Herb. HNAC.

本新变型与原变型区别:短枝叶三角-卵圆形,或近圆形,边缘具不等牙齿状波叶山杨,基部有细锯齿,薄纸质,先端突长尖,有时尾尖,扭曲,基部三出脉,基部近圆形,或宽楔形,稀截形。

河南:卢氏县。1978 年 8 月 5 日。赵天榜,No. 78851。模式标本,存河南农业大学。

5. 三角叶响叶杨　新变型

Populus adenopoda Maxim. f. deltatifolia T. B. Chao et Z. X. Chen,f. nov.

A typo recedit foliis late deltoideuis 12.0~15.0 cm longis et 8.0 ~ 10.0 cm latis apice longiacurainatis tortis basi truncatis marginantibus crispis margine glandule serratis supra et subter alternantibus non in planis;pctiolis apice sacpe 2-glandulosis. amenti-capsulis 20 ~ 28 cm longis axil1 is pubescentibas.

Henan: Nanzhao Xian. Yuzang of Qlaoduan country. 14. 10. 1974. W. C. Li et al.,No. 7. Typus in Herb. HNAC.

本新变型与原变型区别:短枝叶宽三角形,长 12~15.0 cm,宽 8.0~10.0 cm,先端长渐尖,扭曲,基部截形,边部波状起伏,边缘细腺锯齿上下交错,不在一平面上;叶柄先端通常具 2 枚腺体。果序长 20.0~28.0 cm,果序轴被柔毛。

河南:南召县乔端乡。1974 年 10 月 14 日。李万成等,No. 7。模式标本,存河南农业大学。

河南杨属二新变型

赵天榜　宋留高　陈志秀

（河南农业大学,郑州　450002）

关键词　杨属;圆叶齿叶山杨;紫叶波叶山杨

1. 圆叶齿叶山杨　新变型

Populus serrata T. B. Chao et J. S. Chen f. rotundata T. B. Chao et Z. X. Chen,f. nov.

A typo recedit ramis ramulisque pendulis. foliis rotandatis 5. 0~8. 0 cm longis et 5. 0~8. 0 cm latis, apice obtusis basi rotundatis vel subrotundatis margine basim imegris supra medium aeque grosse crenatis;petiolis gracilibus 6. 0~10. 0 longis pendulis.

Henan:Nanzhao Xian. Baotianman. 5. 11. 1983. T. B. Chao et al. ,No. 831156. Typus in Herb. Henan Agricultural University.

本新变型与原变型区别:侧枝和小枝均下垂。叶圆形,或近圆形,长 5. 0~8. 0 cm,宽 5. 0~8. 0 cm,先端钝圆,基部圆形,或近圆形,边缘基部全缘,中部以上具整齐粗锯齿;叶柄纤细,长 6. 0~10. 0 cm,下垂。

河南:南召县。宝天曼。1983 年 11 月 5 日。赵天榜等,No. 831156。模式标本,存河南农业大学。

2. 紫叶波叶山杨　新变型

Populus undulata J. Zhang f. purpurea T. B. Chao et Z. X. Chen,f. nov.

A typo recedit ramis ramulisque pendulis. foliis rotimdatis vel subrotundatis chartaceis 4. 0~8. 0 cm longis et 4. 0~8. 0 cm latis,apice acutis,basi rotundatis vel subcuneatis margine basim integris supra medium repandis, petiolis gracilibus pendulis. ramulis ffoliis petilique juvenilibus atrop-urpureis pluries longimriiitibus 40~60 diebus, postea atto-viridescentibiis nitidis. femineis !

Henan:Neixiang Xian. Baotianman. alt. 1300 m. 10. 6. 1990. T. B. Chao No. 906103. Typus in Herb. Henan Agricultural University.

本新变型与原变型区别:侧枝和小枝下垂。叶圆形,或近圆形,纸质,长 4. 0~8. 0 cm,宽 4. 0~8. 0 cm,先端急尖,基部圆形,或近心形,边缘基部全缘,中部以上波状缘;叶柄纤细,下垂。幼枝、幼叶、幼叶柄暗紫色,通常持续 40~60 天,后变为暗绿色,具光泽。雌株!

河南:内乡县。宝天曼。海拔 1 300 m。1990 年 6 月 10 日。赵天榜,No. 906103。模式标本,存河南农业大学。

河南毛白杨六新变种

赵天榜

（河南农学院,郑州　450002）

摘　要　本文发表毛白杨六新变种:①箭杆毛白杨;②河南毛白杨;③密孔毛白杨;④小叶毛白杨;⑤密枝毛白杨;⑥河北毛白杨。形态特征。

1. 箭杆毛白杨(新变种)

Populus tomentosa Carr. var. borealo-sinensis Yü Nung,var. nov.

本变种:中央主干明显,直达树顶。树冠窄圆锥状;侧枝细,少,与主干呈 40°~45° 角,枝层明显,分布均匀。短枝叶较小;长枝叶先端长渐尖;

幼叶微呈紫红色。发芽和展叶期是毛白杨中最晚的。

A Populus tomemtosa Carr. var. tomentosa affinis, sed trunco erectis usque apice, coma arboris angule conicis, ramis pusillisminoribus distributia aequabititer subangulis circ. 40°~45° a trunco divergentibus. foliis mioribus turionis apice longi-acuminatis juvenilibus leviter rufulo-purpuratis supra praeter norvos tomentosis tantum parce tomentosis ineunte raro circ. 10~15 dies pulluantibus et dilatatibus foliis serissimis of P. tomentosa Carr.

河南各地均产。1975 年 6 月 5 日,郑州市文化区,赵天榜,401(模式标本 Typus var.！存河南农学院园林系杨树研究组);1972 年 9 月 8 日。同地,赵天榜,215;1973 年 9 月 10 日。同地,赵天榜 108;1974 年 8 月 25 日。郑州市河南农学院内,赵天榜,490;1975 年 3 月 24 日。郑州市河南农学院园林试验站,赵天榜,365(果)。

2. 河南毛白杨(新变种)

Populus tomemtosa Carr. var. honanica Yü Nung, var. nov.

本变种:树皮皮孔近圆点形,小而多,散生,或横向连生为线状,兼有大的菱形皮孔。叶三角-宽圆形、圆形,或卵圆形,先端短尖。雄花序粗大,花药橙黄色,少微有红晕;花粉多;苞片灰色,或灰褐色;花盘掌状盘形,边缘呈三角形缺刻;雌蕊柱头浅黄绿色,裂片很大为显著特征。蒴果较大,先端弯曲。结籽率达40%以上。花期较箭杆毛白杨早5~10 天。

A Populus tomemtosa Carr. var. tomentosa affinis, sed lenticellis rotundato-puncticulatis parvis dense sparsis vel saepe plus 2 inter se transverse connatis vel spirse macro-rhombicia. foliis late tricornuto-rotundatis vel ovatis vel rotundatis apice acutis tunionis rotundatis majoribus. Inflorescentibus masulis grossis, antheris aurantiacis leviter rubeolis, polleissimis, bracteis cinereis, discis palmatis discoidalibus margine tricoranuto-ncisis, bracteae cinereo-fuscae. stigmatis lobulatis maximis flavo-viridiid insignis recognosis. Infundibuliformibus. Cupsulis majoribus apice curvatis. Pleiospermis usqueplus partes quadragintis centesimis. Antresis honanicis tantum parce tomentosis ineute raro circ. 5~10 die praecocioribus.

河南各地均有分布。1973 年 9 月 4 日,郑州市文化区,赵天榜,220(模式标本 Typus var.！存河南农学院园林系杨树研究组);同年,郑州行政区,赵天榜,327 *;1974 年 3 月,同地,赵天榜,无号(花);1975 年 3 月 29 日,同地,赵天榜,403(果)。

注: * 略有改动。

3. 密孔毛白杨(新变种)

Populus tomentosa Carr. var. multilenticellia Yü Nung, var. nov.

本变种:树干较低。树冠宽球状;侧枝粗大,无中央主干。树皮皮孔菱形,小而窄,横向连生呈线状为显著特征。叶较小。长枝叶基部深心形,缘具锯齿。雄花序粗大;花药浅黄色或橙黄色,花粉极多;苞片下部浅黄色,透明。

A Populus tomemtosa Carr. var. tomentosa affinis, sed coma arboris late rotundatis, ramis grossis, trunco non altis emedialis, lenticellis rhombicis dense parvis sarpe plus 4 inter se transverse connatis insignis recognosis. Foliis minoribus turionis basi partito-cordatis mergine dentatis. inflorescentiis masculis grossis, antheris flavis vel aurantiacis pelleissimis bracteis basi flavidis wateribus, anthesibus multilenticellis ineunte Borealo-sinensibus tantum parce ineunte raro circ. 7~10 dies praecocioribus.

产河南郑州、新乡、洛阳、许昌等地。1973 年 7 月 21 日,郑州市文化区,赵天榜,210(模式标本 Typus var.！存河南农学院园林系杨树研究组)。

4. 小叶毛白杨(新变种)tomentosa Carr. var. microphylla Yü Nung, var. nov.

本变种:树冠较密;侧枝较细,枝层明显。树皮皮孔菱形,中等。叶较小,卵圆形,或心脏形,先端短尖;长枝叶缘重锯齿。雄花序较细短。蒴果结籽率达30%以上。

A Populus tomemtosa Carr. var. tomentosa affinis, sed coma arboris densioribus, ramis pusillioribus verticillatis. Lenticellis mediocribus intertruncatis et tomentosis. foliis minoribus ovatis vel cordatis apice acutis;turionis margineplenidentalis. Amentis masculis pusillioribus et brevioribus. Capsulis pleiospermis uaque plus partes trigintis centesimis.

产河南郑州、洛阳、开封等地。1973 年 8 月 10 日,郑州市河南农学院内,赵天榜,110;1975 年

8月20日,同地,赵天榜,320(模式标本 Typus var.！存河南农学院园林系);1976年2月29日,同地,赵天榜,160(雄花);1975年9月20日,同地,赵天榜,75110;1975年3月22日,同地,赵天榜,345(果)。

5. 密枝毛白杨(新变种)Populus tomentosa Carr. var. ramosissima Yü Nung, var. nov.

本变种:树冠浓密;侧枝多而细,枝层明显,分枝角度小。叶卵圆形,较小,先端短尖,基部宽楔形,稀圆形。苞片密生白色长缘毛,遮盖柱头为显著特征。蒴果扁卵球状。

A Populus tomemtosa Carr. var. tomentosa affinis, sed coma arboris ramosissima confertifolis. Ramis dense pusillis verticillatis sub angulis circ. 30° ~ 40° divergentibus. foliis minoribus ovatis apice acutis basi late cuneatis rarorotundatis, bracteis mefgine dense longi-albo-cilliais, texi stigmais insignis recognosis. Cupsulis oblate ovatis.

产河南郑州、许昌等地。1973年7月29日,郑州市行政区,赵天榜,204;1974年8月10日,同地,赵天榜,330、331、332;1975年3月21日,同地,赵天榜,329(果)(模式标本 Typus var.！存河南农学院园林系)。

6. 河北毛白杨(新变种)Populus tomentosa Carr. var. hopeinica Yü Nung, var. nov.

本变种:树干微弯;侧枝平展。长枝叶大,近圆形,具紫褐色红晕,两面具淡黄绿色毛茸,后表面光滑;幼叶红褐色。雌蕊柱头粉红色,或灰白色,2每裂,每裂2~3叉,裂片大,呈羽毛状。

A Populus tomemtosa Carr. var. tomentosa affinis, sed trunco leviter curvatis, ramis divaricatis. foliis turionis majoribus subrotundatis purpureo-brunneis utrinque leviter flovo-viridiis pilosis supra glabris juvenilibus roseo-brunneis vel cinerco-albis, stigmatis bilobis, lobis bi-vel trilobatis majoiribuspennatis.

产地:河北易县。河南郑州、许昌等地有引种。1975年3月21日,赵天榜,3211(花);1975年4月25日,郑州市河南农学院园林试验站,赵天榜,3651(果)。1975年8月15日,同地,赵天榜,3303(枝与叶)(模式标本 Typus var.！存河南农学院园林系杨树研究组)。

注:Yü Nung=T. B. Zhao。

毛白杨起源与分类的初步研究 *

河南农学院园林系杨树研究组

毛白杨(Populus tomentosa Carr.)是我国特有的杨树,分布广,栽培历史悠久,经验丰富;同时,生长快,寿命长,干大、材优,在我国华北平原地区"实行大地园林化"和发展纤维工业中具有重要的作用。

毛白杨系杂种起源,在长期系统生育过程中,由于立地条件和人工选择、培育的结果,使它发生了很多的变异,产生了不少的新类群。遵照毛主席"有了优良品种,既不增加劳动力、肥料,也可获得较多的收成"的教导,研究毛白杨起源和分类,选择和推广其中良种,是提高林木生产力和木材质量,实现毛白杨良种化的重要途径之一。

多年来,我们在院党委的领导下,深入生产实际,拜贫下中农为师,在学习、调查、总结群众经验的基础上,对毛白杨的分布、生长、种类和栽培经验,进行了比较全面的调查研究,从中发现:毛白杨存在着广泛的变异;这些变异具有显著的规律性,并与起源密切相关。

为了贯彻执行"百花齐放、百家争鸣"的方针,大力发展和推广毛白杨良种,现将多年来进行毛白杨起源与分类研究的初步结果整理如下,供参考,不妥之处,请批评指正。

一、毛白杨起源的研究

1. 毛白杨的原产地

毛白杨在我国已有两千多年的栽培历史,远在公元前已有记载;5~6世纪的《齐民要术》中记载了非常丰富的栽培经验。中国林科院在陕西省周至县发现:陕西省"以楼观台为中心,附近都有毛白杨天然林"的分布。

* 承王战教授指导,牛春山教授,丁宝章、蒋建平等老师及《中国植物志》杨柳科编写组同志提出宝贵意见,特此致谢!
赵天榜执笔。

近年来,我们在整理编写《河南杨树图志》过程中发现毛白杨的亲缘种——伏牛杨和河南杨,进一步论证了"毛白杨的原产地乃为我国北纬35°左右地区,即秦岭北坡的关中地区和河南中部一带"结论的正确性。

2. 毛白杨起源问题的提出

毛白杨自1867年由Carriere从北京附近采集标本定名为Populus tomentosa Carr.后,有些学者将它列为银白杨的变种,如Populus alba Linn. var. denudata Maxim. 等,有学者把它列为独立种,如Populus pekinensis L. Henry. 等。

Bartkowiak认为,毛白杨是银白杨与欧洲杨(Populus alba Linn. × P. tremula Linn.)之间的一个杂种;S. Bialobok(1964年)认为它是银白杨与山杨(Populus davidiana Dode)的天然杂交种。

1963年马常耕等同志在《论毛白杨结实特性及其类型》一文(摘要)中认为:毛白杨"可能是银白杨和响叶杨的天然杂种"。以后,南京林产工业学院树木育种组认为:"毛白杨起源有两种说法。一说是银白杨与响叶杨杂交,一说是银白杨与山杨杂交"。

此外,还有人称,毛白杨为"纯种",或"原种"。

3. 毛白杨是杂种起源

遵照毛主席"没有调查,就没有发言权"的教导,近年来,我们在深入生产实践,进行调查研究时,查阅了有关文献和资料,从中可以得出毛白杨是杂种起源的结论,其理由如下:

(1)毛白杨的生殖系统,一般来说,发育不健全,杂种起源一般都是败育的,杂种不孕或生殖系统发育不健全,特别是种间杂种的不孕性,已成为当前遗传学、树木育种等生物科学领域内所公认的普遍规律。

毛白杨生殖系统发育不健全,如花粉发育不良,发芽率极低,雌花不孕都是表明该种为杂种起源的主要理论根据之一。

(2)毛白杨形态变异的多样性。

根据遗传学和生物学研究的大量材料,纯种后代一般是稳定的,即实生后代没有明显的分离现象产生;杂种起源的后代才有明显的分离多样性的出现。根据调查和研究材料,毛白杨的树形、分枝习性、树皮颜色、皮孔形状及排列方式、叶形变化、花的构造、蒴果形状,以及生长速度、抗性等方面均存显著的变异,如图1所示。这些变异充

分表明:毛白杨起源于杂种。进行毛白杨形态变异的研究,是研究毛白杨起源,进行分类和选择、推广良种的基础。

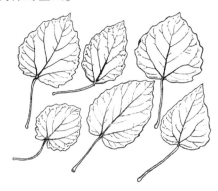

图1 毛白杨叶形的变异

(3)毛白杨实生后代分离的多样性。

根据初步研究材料,毛白杨实生后代具有明显分离多样性的出现。如苗木生长速度、分枝习性、叶形变化、抗病能力等方面。

从遗传学的观点表明,毛白杨实生后代分离多样性的出现,充分表明它起源于杂种,而不是"纯种"。

毛白杨实生后代叶形变异的多样性,如图2所示。

图2 毛白杨实生苗的叶形变异

4. 一个值得提出的问题

银白杨(Populus alba Linn.)是毛白杨杂种起源的母本,首先由Bartkowiak提出。以后,S. Bialobok、马常耕同志都分别提出了毛白杨起源的新见解。但是,都认为:银白杨是毛白杨杂种起源的母本。

遵照毛主席"通过实践而发现真理,又通过实践而证实真理和发现真理"的教导,近年来,我们在进行毛白杨的调查研究过程中发现,银白杨是毛白杨杂种起源母本的可能性,尚待研究。因为:银白杨原产欧洲,已为公认。我国新疆地区也有自然分布,甘肃省的武山、陇西,宁夏的中宁等县海拔1 000~1 700 m处也有生长。但是,在毛

白杨的适生分布区域内的陕西、山西、河南、山东、河北一带，到目前为止，并没有发现有银白杨的天然分布。

因此，我们初步认为：银白杨是毛白杨杂种起源的母本，值得进一步研究。

5. 毛白杨杂种起源的亲本

根据多年来调查和研究的材料，我们初步认为：毛白杨并非是单一的天然杂种，而是以响叶杨（Populus adenopoda Maxim.）与山杨（P. davidiana Dode）为主的多组合形成的天然杂种的综合群体。因为：

（1）毛白杨是响叶杨和山杨的天然杂种。

据调查和观察材料，我国的陕西、山西、河北、河南的山区均有响叶杨和山杨的天然分布，多呈块状，或散生混交；两者花期一致（见图3），容易杂交而形成天然杂种。

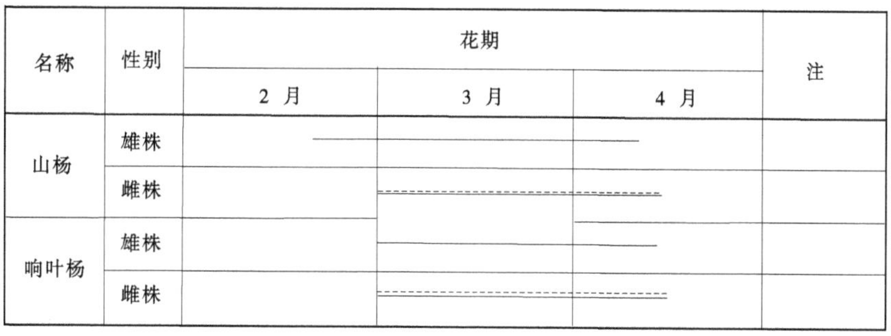

名称	性别	花期			注
		2 月	3 月	4 月	
山杨	雄株				
	雌株				
响叶杨	雄株				
	雌株				

注：（1）1971年、1972年、1973年观察材料。
（2）————、======== 表示花期。

图3 响叶杨与山杨花期示意图

伏牛杨（Populus funiushanensis T. B. Chao, sp. nov.）和河南杨（P. honanensis T. B. Chao et C. W. Chiuan, sp. nov.）就是响叶杨和山杨杂交而形成的天然杂种，它们在树形、树皮、叶形等方面与毛白杨极为相似。

同时，还发现：河南毛白杨雌花的结构极似响叶杨，以及毛白杨的实生后代，具有完全像响叶杨和山杨的植株，如图4所示。图4表明毛白杨实生苗的叶形与响叶杨苗木的叶形相似。

南京林产工业学院树木育种组进行杂交试验表明，响叶杨和山杨杂种具有完全像毛白杨的植株。

（2）毛白杨的新变种密孔毛白杨，可能是毛白杨与响叶杨的天然杂种。

根据多年来的观察和杂交试验材料，密孔毛白杨的树皮皮孔形状和排列方式、叶形等方面，完全与豫农杨（Populus × yunungii Lü，即 Populus tomentosa Carr. × P. adenopoda Maxim.）相似。所以，我们初步认为：密孔毛白杨是毛白杨和响叶杨的天然杂种。

（3）密枝毛白杨可能是银白杨与山杨的天然杂种。

根据初步研究材料，该新变种在花的结构、蒴果形状，以及树形、分枝习性、叶形等方面极似银白杨。因此，我们初步认为：密枝毛白杨是银白杨与山杨的天然杂种。

（4）河北省的毛白杨雌株，应是一新变种——河北毛白杨。

根据观察材料，该种在花的结构方面似河北杨（Populus hopeiensis Hu et Chow）；小枝、花芽形态与山杨不易区分，而树形、分枝习性、叶形等方面又近似毛白杨。因此，我们初步认为：河北毛白杨可能是河北杨与毛白杨的天然杂种。

根据以上所述，可以看出：毛白杨并非是单一的天然杂种，而是以响叶杨与山杨杂交为主的多组合形成的天然杂种的综合群体。

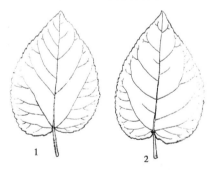

图4 毛白杨实生后代与响叶杨叶形比较
1. 毛白杨实生后代叶形，2. 响叶杨叶形

二、毛白杨分类的研究

毛白杨分类的研究，在我国尚未系统地进行。"文化大革命"以来，在院党委领导下，实行"教

学、科研、生产"三结合的方针,大搞群众运动,对毛白杨的分布、类型、生长和栽培经验进行了调查研究,并经过多次评选,从中选出箭杆毛白杨、河南毛白杨、小叶毛白杨等生长快、适应性强、材质好的良种进行推广。了解和掌握毛白杨的形态特征和优良性状,对选择、推广毛白杨良种,进行杂交育种和实生选种具有重要的意义。为了大力发展和推广毛白杨中的良种,现将多年来进行毛白杨分类研究的结果整理如下,供大家参考。

1. 毛白杨(原变种) 图5

Populus tomentosa Carr. var. tomentosa

大乔木,高达 30 m。树干直,干皮幼时暗灰色;壮时灰绿色,渐变为灰白色;皮孔菱形,大、散生,或2~4个横向连生;老时基部黑灰色,纵裂,粗糙。树冠圆锥状至卵球状,或球状;侧枝开展,老树枝下垂。小枝(嫩枝)密被灰色茸毛,后光滑。芽卵球状;花芽卵球状,或近球状,微被茸毛。长枝叶亮卵圆形,或三角-卵圆形,长 10.0~15.0 cm,宽 8.0~13.0 cm,先端短渐尖,基部心形,或截形,表面光滑,背面密被茸毛,边缘具齿牙,或波状齿牙缘;叶柄上部侧扁,长 3.0~7.0 cm,顶端通常有 2~(3~4)枚腺体。短枝叶一般较小,有时长达 18.0 cm,宽 15.0 cm,卵圆形,或三角-卵圆形,先端渐尖,表面暗绿色,有金属光泽,幼时背面被茸毛,后光滑,具深波状大齿牙缘;叶柄稍短于叶片,侧扁。雄花序长 8.0~14.0(~20.0)cm,雄蕊 6~12 枚,花药红色;雌花序长 4.0~7.0 cm,苞片褐色,尖裂,具缘毛;子房长椭圆体状,柱头 2 裂,粉红色。果序长 14.0 cm;蒴果圆锥状,或长卵球状,2 瓣裂。花期 3 月,果期 4 月(河南、陕西)、5 月(河北、山东)。

图5 毛白杨

2. 箭杆毛白杨 新变种 图6

Populus tomentosa Carr. var. borealo-sinensis Yü Nung, var. nov. Fig. 6;河南农学院园林系编. 杨树:5 7.1974。

箭杆毛白杨与毛白杨(原变种)Populus tomentosa Carr. 的主要区别:中央主干明显,直达树顶。树冠窄圆锥形;侧枝细、少,与主干呈 40°~45°角,枝层明显,分布均匀。短枝叶较小,长枝叶先端长渐尖;幼叶微呈紫红色。发芽和展叶期是毛白杨中最晚的一种。

A populo tomentosa Carr. var. tomentosa affinis, sed trunco erectis usque apice, coma arboris angue conicis, ramis pusillis et minoribus distributes. Aequabiliter sub angulis circ. 40°~45° a trunco divergentibus, . foliis mioribus turionis apice longiacuminatis juvenilibus leviter rufulo-purpuratis supra praeter norvos tomentosos tantum parce tomentosis ineunte vare circ. 10~15 dies pulluantibus et dilatatibus foliis serissimis of P. tomentosa Carr.

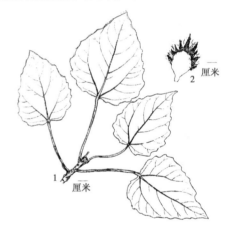

图6 箭杆毛白杨

1. 枝叶,2. 苞片

产地:河南、河北、山东、陕西等地。1975 年 6 月 5 日,郑州市文化区,赵天榜,401(模式标本 Typus！存河南农学院园林系杨树研究组)。1973 年 9 月 10 日,同地,赵天榜,180;1972 年 9 月 8 日,同地,赵天榜,215;1974 年 8 月 25 日,郑州河南农学院内,赵天榜,490;1975 年 3 月 24 日,郑州河南农学院园林试验站毛白杨人工林内,赵天榜,365(果)。

箭杆毛白杨树干通直,姿态雄伟,分布广泛,抗性较强,寿命长,成大材,材质好,是营造速生用材林、农田防护林和"四旁"绿化的一个重要良种。

箭杆毛白杨主要林学特性如下:

(1)分布广泛。箭杆毛白杨是毛白杨中分布最广的一个良种,北起河北北部,南达江苏、浙江,东起山东,西到甘肃东南部,都有分布和栽培。

(2)生长较快。箭杆毛白杨在适生条件下,是生长较快的一种。据在郑州市粉沙壤土上调查的 384 株行道树材料,20 年生平均树高 22.7 m,胸径 35.5 cm,单株材积 0.915 99 m³,而同地同龄的加杨,平均树高 19.3 m,胸径 29.4 cm,单株材积 0.597 42 m³。60 年生的大树,高 27.6 m,胸径 87.8 cm,单株材积达 8 m³;而加杨、大官杨 30 年生以上,则焦梢严重,生长衰退,有时腐朽枯死。

根据树干解析材料,箭杆毛白杨在土壤肥沃、湿润条件下,树高和胸径生长进程的阶段性很明显:快—稍慢—慢,即树高生长,10 年前生长很快,连年生长量为 1.5~2.44 m,11~20 年生长变慢,连年生长量为 0.35~0.5 m,21~35 年生长更慢,连年生长量多在 0.2 m 以下;胸径生长,10 年前连年生长量为 2.0~3.4 cm,11~20 年为 1.4~2.55 cm,21~35 年为 1.0~1.52 cm,35 年后通常在 1 cm 以下;一般在 35 年左右,平生长量与连年生长量曲线相交,即达工艺成熟,此时采伐最为经济。

(3)适生环境。箭杆毛白杨对土、肥、水反应敏感,适生于土层深厚、湿润肥沃的粉壤土上,在适生条件下生长很快,无缓慢生长阶段。如河南农学院营造的毛白杨试验林中,5 年生箭杆毛白杨(株行距 2.0 m × 4.0 m)平均树高 10.3 m,胸径 9.3 cm;10 年平均树高 16.4 m,胸径 24.1 cm,单株材积 0.351 39 m³。低洼盐碱地上,生长不良。如在 pH 8.5~9.0 的盐碱地上,10 年生平均高 6.8 m,胸径 13.5 cm,单株材积 0.035 89 m³。

在干旱瘠薄的沙地上,生长很慢,10 年生平均树高仅 4.3 m,胸径 4.5 cm,单株材积 0.003 70 m³,基本成为"小老树"。

(4)对病虫害抗性较强。根据在郑州多年的观察,箭杆毛白杨抗锈病能力较强,一般叶片感病率在 20% 以下,病斑少而小,发病时期晚,为害程度轻。叶斑病为害程度较重,叶片被害率常达 80% 以上,病斑大而多,常连生成片,引起叶片干枯早落,影响生长。在土、水、肥较好的条件下,为害程度较轻。在年平均气温高于 15 ℃ 以上,年降水量 800 mm 以上的江苏、浙江及河南信阳地区以南,苗木和大树常因锈病、叶斑病为害,9 月中下旬大部叶片脱落,影响生长。在年平均气温低于 12 ℃ 的河北北部地区,早春常因昼夜温差悬殊,而引起部分树干冻裂,招致破腹病为害。该变种因枝少、干皮光滑,天牛为害很轻。抗烟、抗污染能力较强,是厂矿、城市和铁路沿线绿化良种。

(5)材质优良,用途广。箭杆毛白杨木材纹理细直,结构紧密,白色,易干燥,易加工,不翘裂,是制造箱、柜、桌、椅、门、窗以及檩、梁、柱等大型建筑材料。木材纤维长度近似沙兰杨,但比加杨、大官杨、小叶杨等好,是人造纤维、造纸和火柴等轻工业的优良原料。毛白杨木材的物理力学性质是杨属中最好的一种,箭杆毛白杨的木材物理力学性质在毛白杨中属于中等,比河南毛白杨、密孔毛白杨等稍低,气干容重与小叶毛白杨相近(见附表)。

附表　毛白杨几个变种与沙兰杨、加杨、大官杨等木材物理力学性质比较表

树种名称	木纤维			气干容重 (g/cm)	干缩系数 (%)			顺纹压力极限强度 (kg/cm²)	静曲 (弦向)		顺纹剪力极限强度 (kg/cm²)		横纹拉力极限强度 (kg/cm²)		硬度 (kg/cm²)		
	长度 (μm)	宽度 (μm)	长宽比		径向	弦向	端面		极限强度 (kg/cm²)	弹性模量 (kg/cm²)	径向	弦向	径向	弦向	径向	弦向	端面
箭杆毛白杨	1 167	19	61	0.477	0.112	0.252	0.371	346	506	43	59	78	77	27	246	257	287
河南毛白杨♂	1 108	19	58.3	0.510	0.113	0.249	0.389	334	580	45	65	93	81	32	202	231	251
河南毛白杨♀				0.493				343			67	87	76	32	321	309	326
小叶毛白杨	1 154	19	61	0.478	0.097	0.234	0.367	309	537	38	65	81					
密孔毛白杨				0.527				326			74	92	77	33	291	318	332
密枝毛白杨				0.528				325	521		65	98	86	34	247	254	271
沙兰杨	1 142	19	60	0.376	0.122	0.231	0.381	289	561	38.4	59	74	59	37	144	152	214
大官杨	934	17.7	52	0.412	0.127	0.271	0.426	210	596	82			52	31	162	199	247
加杨	1 141	27	42	0.458	0.141	0.268	0.430	336	729	114	67	79	58	32	186	193	248
小叶杨 *	960	17.7	54	0.434		0.252	0.429	350	595	73	66	76	33	17	208	223	346

* 木纤维测定引自朱惠方教授材料。

注:本表材料根据 1974 年 7 月河南农学院造林组、木材组《毛白杨不同类型材性试验研究》一文整理。

（6）造林技术中应注意的几个问题：箭杆毛白杨苗期的顶端嫩叶微呈紫红色，易与它种区别，必须严格选择，建立采条区，供培育壮苗用。幼苗期间，无明显分化期和生长缓慢期，如加强水、肥管理，不仅能够减少病虫为害程度，而且当年可培育出高3 m以上、地径3 cm的壮苗。

箭杆毛白杨对土、肥、水条件要求较高。造林时，必须择选肥沃湿润的粉沙壤土、沙壤土或壤土，才能发挥早期速生特性；反之，选择瘠薄、干旱的沙地、低洼盐碱地或茅草丛生的地方，都会导致生长不良，形成"小老树"。

该种树冠小、干直，适宜密植。一般株行距为3.0~4.0 m，即可培育中径级用材。行道树的株距2.0~3.0 m，可长成胸径40~50 cm的大材。

3. 河南毛白杨（圆叶毛白杨、粗枝毛白杨）新变种　图7

Populus tomentosa Carr. var. honanica Yü Nung, var. nov. Fig. 7, 河南农学院园林系编.《杨树》:1974, 7~10. 图三、五. 河南农学院园林系编。

河南毛白杨与毛白杨（原变种）Populus tomentosa Carr. 的主要区别：树干微弯；树皮皮孔近圆点状，小而多，散生或横向连生为线状；兼有大的菱形皮孔。叶三角-宽圆形、圆形，或卵圆形，先端短尖。雄花序粗大，花药橙黄色，初微有红晕，花粉多；苞片灰色，或灰褐色；花盘掌状盘形，边缘呈三角状缺刻；雌蕊柱头浅黄绿色，裂片很大为显著特征；花盘长漏斗状。蒴果较大，先端弯曲，结籽率达40%以上。花期较箭杆毛白杨早5~10天。

A Populus tomentosa Carr. var. tomentosa affinis, sed lenticellis rotundato-puncticulatis parvis dense sparsis veisaepe plus 2 mter sc transverse connatis vel sparse macro-rhombicis. foliis late ticornuto-rotundatis vel ovatis vel rotundatis apice acutis tunionis rotundatis majoribus. inflorcscentis masulis grossis, antheris aurantiacis leviter rubeolis, polleissimis, bracteis cinereis, discis palmatis discoidalibus margine tricornuto-incisis; bracteae cinereo-fuscae, stigmatis lobulatis maximis flavo-viridiis insignis recognosit, infundibuliformibus. Cupsulis majoribus apice curvatis pleiospcrmis usque plus partes quadragintis, ccntesimis. Antresis honanicis tantum parce tomentosis ineunte vare circ. 5~10 dies praccocioribus.

产地：河南各地均有分布。1973年9月4日，郑州市文化区，赵天榜，220（模式标本 Typus var.！）；同年，郑州行政区，赵天榜，327（Typus var.）；1974年3月，同地，赵天榜，无号（花）；1975年3月29日，同地，赵天榜，403（果）。河南毛白杨生长很快，是短期内解决木材自给的一个良种。苗木和大树易受锈病和叶斑病为害。要求土、肥、水条件较高。造林时，选择土层深厚、土壤肥沃湿润的林地，加强抚育管理，及时防治病虫，则速生更为突出。

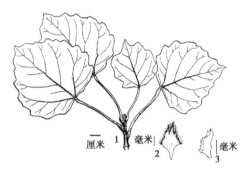

图7　河南毛白杨
1. 枝叶, 2. 苞片, 3. 花盘

河南毛白杨的主要林学特性如下：

（1）分布范围小。多在河南中部一带土、肥、水较好条件下生长。山东等省有零星分布，生长较差。

（2）速生。河南毛白杨在适生条件下生长很快。据在郑州市文化区调查，21年生平均树高23.8 m，胸径50.8 cm，单株材积1.807 45 m³，材积生长比同龄的箭杆毛白杨快0.5倍，比加杨快2倍。在一般条件下，河南毛白杨初期生长极为缓慢，4年后生长开始加快。根据树干解析材料，河南毛白杨的树高、胸径生长进程是：慢—快—慢，即树高生长，4年前连年生长量为0.5~1.11 m，5~10年为1.75~2.0 m，11~15年为1.0~2.0 m，16~21年为0.2~0.5 m；胸径生长，4年前连年生长量在0.7 cm以下，5~10年为1.98~4.0 cm，11~20年为2.5~2.65 cm，最高达6.5 cm，21~26年仍达1.0~2.5 cm。因该变种生长很快，15~20年生多采伐利用。

（3）适生环境。河南毛白杨对土、肥、水非常敏感。如同一植株，先生长在干旱瘠薄的粉沙壤土上，12年生树高仅8.3 m，胸径9.0 cm，单株材积0.026 70 m³；但将它刨出栽植在肥沃湿润条件下，24年生树高18.6 m，胸径40.2 cm，单株材积 0.859 32 m³;后 12 年比前 12 年树高、胸径、材积生长量分别大 1.24 倍、2.47 倍及 31.6 倍。雌株在干旱沙地上,生长不良;但在干旱黏土地上生长较快,比同龄箭杆毛白杨胸径、材积大 10.2% 及 39.1%。雄株在株行距 2 m × 3 m 的人工林内,常成被压木。

(4)抗性较差。河南毛白杨苗期不耐干旱。苗木和大树易遭锈病、叶斑病为害,常引起叶片早落,影响生长。抗烟、抗污染能力不如箭杆毛白杨、密枝毛白杨等。

(5)材质及用途。河南毛白杨除木纤维长度、顺纹压力、硬度等低于箭杆毛白杨外,其余物理力学性质指标均高。木材用途也与箭杆毛白杨相同。

(6)造林技术中应注意的问题。河南毛白杨苗木生长后期常严重感染锈病、叶斑病,要加强防治。该变种要求土、肥、水条件较高,不能选土壤瘠薄、干旱的沙地和低洼盐碱地造林。树冠大,喜光,不能与箭杆毛白杨混植,否则常成被压木。造林株距宜大,一般为 5 m,或者更大。造林后,加强抚育管理,尤其是水、肥管理和病虫防治,以加速初期生长,缩短生长缓慢期的时间。

4.截叶毛白杨　变种　图 8

Populus tomentosa Carr. var. truncata Y. C. Fu et C. H. Wang

截叶毛白杨与毛白杨(原变种)Populus tomentosa Carr. 的主要区别:树冠浓密。树皮平滑,灰绿色,或灰白色;皮孔菱形,小,多 2~4 个横向连生呈线状。叶三角-卵圆形,或卵圆形,基部通常截形,或浅心形;幼叶表面茸毛较稀,仅脉上稍多。发芽较早。雄蕊 6~8 枚,苞片黄褐色;雌花序较细短。

截叶毛白杨具有以下主要林学特性:

(1)速生。据陕西省林业研究所调查,11 年生平均树高 13.18 m,胸径 18.7 cm,而同龄的毛白杨平均树高 10.32 m,胸径 12.2 cm。河南修武县小文案大队营造的 10 年生毛白杨防护林带中的截叶毛白杨平均树高 12.4 m,胸径 16.3 cm,而箭杆毛白杨平均树高 13.7 m,胸径 13.7 cm。

(2)抗病。抗叶斑病和锈病能力较强。

(3)木纤维好。截叶毛白杨木纤维长 864 μm、宽 18 μm,长宽比 47。木材的物理性质和用途同箭杆毛白杨。

截叶毛白杨在陕西省分布较多,河南新乡等地区也有栽培,在黏土上生长也较快,是营造速生

用材林、农田防护林和"四旁"绿化的优良变种。

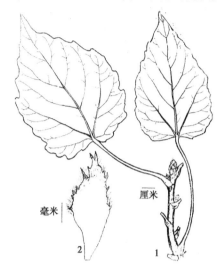

图 8　截叶毛白杨
1.枝叶,2.苞片

5.小叶毛白杨　新变种　图 9

Populus tomentosa Carr. var. microphylla Yü Nung, var. nov. Fig. 9,河南农学院园林系编.《杨树》:1974,7~10. 图四。

小叶毛白杨与毛白杨(原变种)Populus tomentosa Carr. 的主要区别:树冠较密;侧枝较细,枝层明显。树皮皮孔菱形,大小中等,介于截叶毛白杨与毛白杨(原变种)之间,叶较小,卵圆形,或心形,先端短尖;长枝叶缘重锯齿。雄花序较细短。蒴果结籽率达 30% 以上。

A Populo tomentosa Carr. var. tomentosa affinis, sed coma arboris densio-ribus, ramis pusillioribus verticillatis. lenticellis mediocribus inter truncates et tomentosis. foliis minoribus ovatis vel corda-tis apice acutis; turionis margine plenidentatis. Amentis masculis pusillioribus et brevioribus. Capsulis pleiospermis usue plus partes trigintis centesimis.

产地:河南郑州、洛阳、开封等地。1973 年 8 月 10 日,郑州河南农学院内,赵天榜,110;1975 年 8 月 20 日,同地,赵天榜,320(模式 Typus var.!);1976 年 2 月 29 日,同地,赵天榜,160(雄花);1975 年 9 月 20 日,同地,赵天榜,75110;1975 年 3 月 22 日,同地,赵天榜,345(果)。

小叶毛白杨是毛白杨中早期生长最快的一种,材质好,抗性较强,是个有发展前途的良种。

小叶毛白杨主要林学特性如下:

(1)早期速生。小叶毛白杨是毛白杨早期生

长最快的一个良种。根据在郑州河南农学院院内调查,9 年生树高 15.0 m,胸径 28.0 cm,单株材积 0.353 61 m³。又据树干解析材料,小叶毛白杨 10 年前树高生长,连年生长量为 1.0~2.0 m,10 年后生长急剧下降到 0.3 m 左右;前 10 年胸径连年生长量为 2.3~3.8 cm。

(2)适生环境。小叶毛白杨和河南毛白杨一样,分布范围小,要求土、肥、水条件较高,但在黏土和沙地上生长也较正常。如在河南雎县榆厢林场沙地人工林中调查,11 年生平均树高 13.3 m,胸径 17.9 cm,单株材积 0.145 61 m³,与同龄箭杆毛白杨生长速度相近。

(3)对病虫害抗性较强。据调查,小叶毛白杨抗锈病、叶斑病能力均比河南毛白杨强,不如密枝毛白杨。抗烟、抗污染能力也较强。

(4)材质及用途。小叶毛白杨木材白色,木纹直,结构细,加工容易,不翘裂,物理力学性质较好,是毛白杨中制作箱、柜、桌、椅较好的一种。

(5)造林技术中应注意的问题。小叶毛白杨造林后,根系恢复快,早期速生。在土层深厚、土壤肥沃湿润条件下,最能发挥早期速生的特性,所以,造林时,必须注意选择肥沃湿润的土壤,进行细致整地,选用壮苗,采用大穴造林。株行距一般 4.0 m × 4.0 m。造林后,加强抚育管理,10~15 年便可采伐利用。

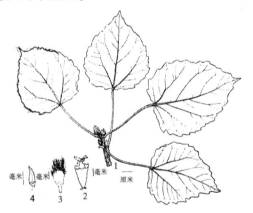

图 9　小叶毛白杨
1. 枝叶,2. 苞片,3. 蕊雌,4. 蒴果

6. 河北毛白杨(易县毛白杨)　新变种　图 10

Populus tomentosa Carr. var. hopeinica Yü Nung,var. nov. Fig. 10

河北毛白杨与毛白杨(原变种)Populus tomentosa Carr. 的主要区别:树干微弯,侧枝平展。皮孔菱形,大,散生,稀连生。长枝叶大,近圆形,具紫红褐色晕,两面具浅黄绿色毛茸,后表面脱落;幼叶红褐色。雌蕊柱头粉红色,或灰白色,2 裂,每裂 2~3 叉,裂片大,呈羽毛状。

A Populus tomentosa Carr. var. tomentosa affinis,sed trunco leviter curvatis,ramis divaricatis. foliis turionis majoribus subrotundatis purpureo-brunneis utrinque leviter flavo-viridiis pilosis supra glabris juvenilibus roseo-brunneis vel cinerco-albis, stigmatis bilobis, lobis bi-vel trilobatis raajorribus pennatis.

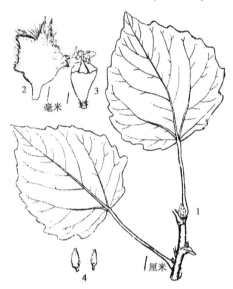

图 10　河北毛白杨
1. 枝叶,2. 苞片,3. 蕊雌,4. 蒴果

产地:河北易县,河南引种栽培。1975 年 5 月 22 日,郑州河南农学院园林试验站,赵天榜,335(模式 Typus var. !);同地,同年,3 月 21 日,赵天榜,328(果)。

河北毛白杨首先由河北省林业专科学校发现于易县,为与毛白杨区别,我们称其为"河北毛白杨"。该变种速生、抗寒、抗病、适应性强。所以,近年来,河南、山东、北京等省(市)大量引种栽培,生长普遍良好。河北毛白杨的主要林学特性如下:

(1)速生。根据河南农学院 1964 年引种试验,8 年生平均树高 15.3 m,胸径 19.7 cm,比同龄箭杆毛白杨快 20%以上,与小叶毛白杨生长速度相近。

(2)耐寒。河北毛白杨树皮具有较厚的一层蜡质,树干不易受冻害。山东、北京引种栽培者,无冻害发生。

(3)抗病。根据多年来在郑州观察,河北毛白杨是毛白杨中抗锈病、叶斑病、根癌病能力较强的一种,落叶也较箭杆毛白杨晚。在同一林内,河南毛白杨、箭杆毛白杨叶片感染叶斑病常达80%以上,而河北毛白杨叶片偶有发生。同时,抗烟、抗污染能力也强,是抗病育种的一个很好的原始材料。

(4)适应性强。根据河南、山东、北京、陕西等省(市)引种栽培的经验,河北毛白杨在壤土、黏土、粉沙壤土、沙土和轻盐碱地上均表现良好。

7. 密孔毛白杨 新变种 图11

Populus tomentosa Carr. var. multilenticellia Yü Nung, var. nov. Fig. 11

密孔毛白杨与毛白杨(原变种)Populus tomentosa Carr. 的主要区别:树干较低。树冠宽球状;侧枝粗大,无中央主干。树皮皮孔菱形,小而密,横向连生呈线状为显著特征。叶较小;长枝叶基部深心形,缘具锯齿。雄花序粗大,花药浅黄色或橙黄色,花粉极多;苞片下部浅黄色,透明。花期较箭杆毛白杨早7~15天。

A Populo tomentosa Carr. var. tomentosa affinis, sed coma arboris late rotundatis. ramis grossis, trunco non altis emedialis, lenticellis rhombicis dense parvis sarpe plus 4 inter se transverse connatis insignis recognosit. foliis minoribus turionis basi partito-cordatis marginc dentatis, infloresccntis masculis grossis, anthcris flavis vel aurantiacis pelleissimis bracteis basi flavidis diaphanis. tantum var. borealo-sinensi sprimigenis circ. 7~15 dies.

河南:郑州、新乡、洛阳、许昌等地。1973年7月21日,郑州文化区,赵天榜,210(模式标本 Typus var. !)。

图11 密孔毛白杨
1. 枝叶, 2. 苞片

密孔毛白杨与河南毛白杨具有相似的特性,生长迅速。唯其干低(一般多在3.0 m以下),枝

粗。据在洛阳市黏土地上调查,18年生平均树高21.3 m,胸径42.3 cm,单株材积1.116 50 m³,比同龄箭杆毛白杨材积大43.0%,比河南毛白杨大13.7%。

密孔毛白杨造林后,及时进行修枝抚育,仍可培育出较高的树干。适于"四旁"栽植。是河南省短期内解决木材自给的一个良种。

8. 塔形毛白杨(抱头白、抱头毛白杨) 新变种 图12

Populus tomentosa Carr. var. pyramidalis Shanling, var. nov. Fig. 12

塔形毛白杨与毛白杨(原变种)Populus tomentosa Carr. 的主要区别:树冠塔形;侧枝与主干呈20°~30°角;树枝弯曲,直立生长为显著特征。叶先端长渐尖,基部斜截形,或浅心形。

A Populo tomentosa Carr. var. tomentosa affinis, sed coma arboris pyra-midali, ramis sub angulis circ. 20°~30°a trunco divergentibus, ramulis cuvatis orthotropis insignis recognosit. foliis apice longi-acuminatis basi obliquetrunca-tis vel leviter cordatis.

图12 塔形毛白杨树形

产地:河北清河县,山东夏津、平原等县有零星分布。1977年6月8日,山东夏津县苏留庄公社中学院内,赵天榜,77051(模式 Typus var. !)、77052;1977年3月5日,山东夏津北铺店大队林场,赵天榜,77005、77006(花)。

塔形毛白杨是山东省林业研究所和夏津县农

林局首先报道的一个优良类型。仅在山东夏津、平原县及河北清河县的较小范围内有分布。树冠小,干直,树形美观,是个绿化良种,同时耐旱、抗风,可选作沙区和农田防护林的造林树种。

该变种生长中庸。据在山东夏津县苏留庄调查,院内沙壤土上 18 年生平均树高 16.7 m,胸径 24.3 cm,而同龄箭杆毛白杨平均树高 15.1 m,胸径 26.7 cm。沙丘上生长良好,无偏冠现象,18 年生树高 16.8 m,胸径 28.6 cm,比同龄毛白杨生长快 30% 以上。

塔形毛白杨具有树干随分枝起棱、棱间具沟的特性,干材不圆满,木纹弯曲,不宜作板材用。

9. 圆叶毛白杨 新变种 图 13

Populus tomentosa Carr. var. rotundifolia Yü Nung, var. nov. Fig. 13

圆叶毛白杨与毛白杨(原变种)Populus tomentosa Carr. 的主要区别:树皮平滑,白色,具很厚的蜡质层;皮孔菱形,较少,散生,大小中等。叶圆形,较小,长 5~8 cm,长宽约相等,先端突短尖,基部深心形;长枝叶具三角状大齿牙缘,叶面皱褶。

A Populo tomentosa Carr. var. tomentosa affinis, sed cortice glabro 1cnticellato, albis sebaceissimis, lenticellis rhombicis raro sparse mediocribus. foliis rotundatis minoribus 5~8 cm longis et latis apice abrupte acutis basi intense cordatis, turionis margine treconuto-megalodis, laminis vitilibus.

河南:修武县。1974 年 8 月 3 日,郇封公社小文案大队,赵天榜,108(模式标本 Typus var.!);1976 年 2 月 26 日,同地,赵天榜,421(花)。

圆叶毛白杨是毛白杨中生长最慢的一种,常遭金龟子为害,不宜作用材林和农田防护林树种。但干皮光滑,白色美观,抗病性强,可作抗病育种原始材料和庭园绿化树种。

10. 密枝毛白杨 新变种 图 14

Populus tomentosa Carr. var. ramosissima Yü Nung, var. nov. Fig. 14

密枝毛白杨与毛白杨(原变种)Populus tomentosa Carr. 的主要区别:树冠浓密;侧枝多而细,枝层明显,分枝角度小。叶卵圆形,较小,先端短尖,基部宽楔形,稀圆形。苞片密生白色长缘毛,遮盖柱头为显著特征。蒴果扁卵球状。

A Populo tomentosa Carr. var. tomentosa affi-

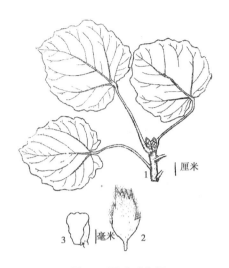

图 13 圆叶毛白杨
1. 枝叶,2. 苞片,3. 花盘

nis, sed coma arboris ramo-sissima confertifolia, ramis dense pusillis verticillatis sub angulis circ. 30° ~ 40° divcrgcntibus. foliis minoribus ovatis apice acutis basi late cuneatis rari rotundatis, bracteis margine dense longi-albo-ciliais, texi stigmais insigni recognositis. Cupsulis oblate ovatis.

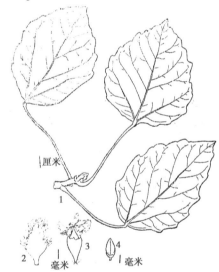

图 14 密枝毛白杨
1. 枝叶,2. 苞片,3. 雌蕊,4. 蒴果

产地:河南郑州、许昌等地。1973 年 7 月 29 日,郑州市行政区,赵天榜,204(模式 Typus var.!);1974 年 8 月 10 日,同地,赵天榜,330、331、332;1975 年 3 月 21 日,同地,赵天榜,329(果)。

密枝毛白杨因树冠浓密,枝多,叶稠,叶部病害极轻,抗烟、抗污染,落叶最晚,适宜庭园绿化用。因生长较慢,材质不好,干材不圆满、节疱多、木纹弯曲,加工较难,干、枝、根易遭根癌病为害,形成大"木瘤"。所以,不宜选作用材林和农田防护林树种。

三、初步小结

根据以上所述,可以得出如下结论:

(1)毛白杨原产我国北纬35°左右地区,即秦岭北坡的关中地区和河南中部一带。

(2)毛白杨系杂种起源,是以响叶杨与山杨杂交为主的多组合天然杂种的总称。

(3)根据毛白杨的形态变异,初步将它划为以下变种:

①毛白杨(原变种)Populus tomentosa Carr. var. tomentosa

②箭杆毛白杨 Populus tomentosa Carr. Borealo-sinensis var. Yü Nung

③河南毛白杨 Populus tomentosa Carr. var. honanica Yü Nung

④密孔毛白杨 Populus tomentosa Carr. var. multilenticellia Yü Nung

⑤截叶毛白杨 Populus tomentosa Carr. var. truncata Y. C. Fu ct C. H. Wang

⑥圆叶毛白杨 Populus tomentosa Carr. var. rotundifolia Yü Nung

⑦塔形毛白杨 Populus tomentosa Carr. var. pyramidalis Shanling

⑧小叶毛白杨 Populus tomentosa Carr. var. microphylla Yü Nung

⑨密枝毛白杨 Populus tomentosa Carr. var. ramosissima Yü Nung

⑩河北毛白杨 Populus tomentosa Carr. var. hopeinica Yü Nung

上述变种中,以箭杆毛白杨、河南毛白杨、小叶毛白杨和截叶毛白杨,以及河北毛白杨生长迅速、适应性强、材质优良、抗逆力强,值得各地"因地制宜"地推广。

注:Yü Nung = T. B. Zhao。

参考文献

[1] 贾思勰. 齐民要术.
[2] 干铎主编. 中国林业技术史料的初步研究.
[3] 河南农学院园林系. 毛白杨的形态变异及类型选择(油印本).
[4] 中国林业科学院林业科学研究所. 遗传选种研究:杨树.
[5] 山西省林业科学研究所. 我省几种主要速生用材树种.
[6] 河南农学院园林系杨树研究组. 河南杨树图志(讨论稿).
[7] 西北农学院林学系. 毛白杨研究情况汇报(油印本).
[8] 马常耕,等. 论毛白杨结实特性及其类型(摘要)(油印本).
[9] 河南农学院园林系育种组. 毛白杨实生选种初报.
[10] 河南农学院园林系. 杨树识别(油印本).
[11] 中国科学院西北植物研究所. 秦岭植物志 第一卷第二册.
[12] 河南农学院园林系杨树研究组. 河南杨属新种与新变种.
[13] 张海泉,等. 毛白杨的性状及繁殖法.
[14] 河南农学院园林系. 杨树.
[15] 河南农学院园林系造林组、木材利用组. 毛白杨不同类型材性试验研究(油印本).
[16] 河北省林业专科学校. 一九七二年级工农兵学员毕业实践资料选编.
[17] 山东省林业研究所林木良种研究室. 抱头毛白杨简介. 1964.
[18] S. Bialobok studies. On Populus tomemtosa Carr. ARBORETUM KORNI CKIE ROCMLK 1x-1964.

毛白杨的四个新变型

赵天榜[1]　陈志秀[1]　刘建伟[2]　宋留高[1]　赵翠花[3]

(1. 河南农业大学,郑州;2. 东北农林大学,哈尔滨;3. 许昌林业研究所,许昌)

摘 要 本文发表了毛白杨的四个新变型:1. 长柄毛白杨 Populus tomentosa Carr. f. longipetiola T. B. Chao et J. W. Liu,f. nov. ;2. 三角叶毛白杨 Populus tomentosa Carr. f. deltatifolia T. B. Chao et Z. X. Chen,f. nov. ;3. 光皮毛白杨 Populus tomentosa Carr. f. lerigata T. B. Chao et Z. X. Chen,f. nov. ;4. 心楔叶毛白杨 Populus tomentosa Carr. f. cordiconeifolia T. B. Chao et J. W. Liu,f. nov. 。同时,应用同工酶分析技术测定过氧化物同工酶的结果发现:毛白杨酶谱具有多态特性,四个新的变型均有其特征酶谱,为鉴定其变型或无性系提供了酶学依据。

1. 长柄毛白杨　新变型　图1

Populus tomentosa Carr. f. longipetiola T. B. Chao et J. W. Liu, f. nov. Fig. 1.

A f. tomentosa recedit comis mascariformibus, ramis divaricatis, corticibus cinereo-albis glaucis, laeribis, lenticellis rhombicis minimis, diam. 4~6 mm, margine aequatis. ramulis raris lortge ramuliformibus, saepe pendulis. foliis rotundatis vel. subrotundatis, coriaceis, apice abrupte acutis, basi leviter cordatis; petiolis 10~13 cm longis, saepe petioliy foliis aequilongis vel longioris. femineis.

Henan: Zhengzhou. 9. 8. 1987. T. B. Chao et al. No. 878960. Typus in Herb. Henan Agricultural University Conservatus.

本新变型与原变型的区别:树冠帚状;侧枝斜展。树皮灰白色,被白色蜡质层,光滑;皮孔菱形,很小,径4~6 mm,边缘平滑。小枝稀少,呈长枝状枝,通常下垂。短枝叶圆形、近圆形,革质,先端突短尖,基部浅心形;叶柄长 10.0~13.0 cm,通常等于或长于叶片。雌株!

河南:郑州。1987 年 8 月 9 日,赵天榜等,No.878960。模式标本,存河南农业大学。

2. 三角叶毛白杨　新变型　图2

Populus tomentosa Carr. f. deltatifolia T. B. Chao et Z. X. Chen, f. nov. Fig. 2.

A f. tomentosa recedit foliis deltatis apice longi-acuminatis basi truncatis margine regulariter gladuloso-crenatis, juvenibus tomentosis. Foliis autumno-ram'ulis vel surculis rotundatis vel triatfgusto-ovatis flavidis-utrinque dense villosis margine requlariter glanduloso-crenatis, petiolis. subcyindricis dense villosis.

Henan: Nanzhao Xian. 11. 9. 1978. T. B. Chao et al. , No. 78911-100. Typus in Herb, Henan Agricultural University Conservatus.

本新变型与原变型的区别:短枝叶三角形,先端长渐尖,基部截形,边缘具整齐的圆腺齿;幼叶被茸毛。晚秋枝及萌枝叶圆形,或三角-卵圆形,密被柔毛,边缘具整齐的密圆腺齿;叶柄近圆柱状,密被柔毛。

河南:南召县。1978 年 9 月 11 日,赵天榜,等,No.78911-100。模式标本,存河南农业大学。

3. 光皮毛白杨　新变型　图3

Populus tomentosa Carr. f. lerigata T. B. Chao et Z. X. Chen, f. nov. Fig. 3.

A f. tomentosa recedit corticibus cinereo-albis laevisissimis, lenticellis. rhombicis minimis diam. 3~5 mm, margine aequatis saepe 4 inter se transverse connatis insignis recogonosit. foliis late triangustis vel subrotundatis. apice acutis basi intense cordatis margine leriter subrotundato-repandis, petiolis apice 1~2-glandulosis. Amentis masculis 13.0~15.6 cm longis diam. 1.3~1.7 cm.

Henan: Lushan Xian. 8. 8. 1987. T. B. Chao et al. , No. 8788113. Typus in Herb. Henan Agricultural University Cinservatus.

本新变型与原变型的区别:树皮灰白色,极光滑;皮孔菱形,很小,径3~5 mm,边缘平滑,通常4个以上横向连生。短枝叶宽三角形,或近圆形,先端短尖,基部深心形,边缘呈浅近圆状波形;叶柄先端通常具 1~2 腺体。雄株! 花序长 13.0~15.6 cm,径 1.3~1.7 cm。

河南:鲁山县。1987 年 8 月 8 日,赵天榜等,No.8788113。模式标本,存河南农业大学。

4. 心楔叶毛白杨　新变型　图4

Populus tomentosa Carr. f. cordiconeifolia T. B. Chao et J. W. Liu, f. nov. Fig. 4.

A f. tomentosa recedit foliis late triangusti-subrotundatis vel subrotundatis apice acutis vel subito acutis basi profunde cordicuneatis, margine repande grosso-serratis, apice glandulatis. femineis bracteis anguste spathulato-ovatis, superme nigricantibus; perianthiis poculiforraibus margine acutilobatis; stigmatibus pallide roseolis.

Henan: Nanzhao Xian. 5. 9. 1987. T. B. Chao et al. , No. 879510. Typus in Herb. Henan Agricultural University Conservatus.

本新变型与原变型的区别:短枝叶宽三角-近圆形,或近圆形,先端短尖,或突短尖,基部深心-楔形,边缘波状粗锯齿,齿端内曲,具腺点,边部波状起伏,叶面皱褶。雌株! 苞片狭匙-卵圆形,上端黑色;花被杯状,边缘尖裂,柱头淡粉红色。

河南:南召县。1987 年 9 月 5 日,赵天榜等,No.879510。模式标本,存河南农业大学。

为进一步检验长柄毛白杨等四个新变型的差异性,1989 年 6 月,我们采用聚丙烯酰胺凝胶垂直板电泳系统,测定了毛白杨种群内长柄毛白杨、塔形毛白杨等变型的过氧化物同工酶酶谱。测定结果表明,毛白杨的酶谱具有多态特性,每变型均有足以与其他变型相区别的特征酶谱及其 R_f 值,如图 5 和表 1 所示。

表 1　毛白杨的长柄毛白杨等变型的过氧化物同工酶 R_f 值表

名称	酶谱带																	
	1	2	3	4	5	6	7	8	9	10	11	12	13	14	15	16	17	18
梨叶毛白杨	0.02										0.38				0.64		0.72	
长柄毛白杨	0.02										0.38	0.42				0.66	0.72	
圆叶毛白杨	0.02					0.22	0.28					0.44				0.66	0.72	
小叶毛白杨	0.02											0.44				0.66	0.72	
河北毛白杨		0.04	0.09				0.25	0.30	0.32			0.42	0.53		0.64			
光皮毛白杨	0.02		0.09		0.18	0.23		0.30				0.42	0.53	0.61				
心叶毛白杨		0.04	0.11			0.21			0.32	0.35		0.44	0.53	0.61				
三角叶毛白杨		0.04		0.16			0.26		0.32	0.35		0.44	0.53	0.61				
心楔叶毛白杨		0.04		0.14			0.26		0.33			0.44	0.53	0.60				
毛白杨		0.04	0.11				0.26		0.33		0.39	0.44	0.53	0.60				
塔形毛白杨		0.05	0.12	0.16				0.30	0.33			0.42	0.53	0.60				
河南毛白杨		0.05	0.12						0.32			0.43	0.54		0.63			0.79
密枝毛白杨		0.05			0.18				0.32	0.36		0.43	0.54		0.63			
银白毛白杨		0.05		0.14				0.30		0.36		0.43	0.54		0.63			
密孔毛白杨		0.04		0.14			0.26				0.40							

图 1　长柄毛白杨

图 2　三角叶毛白杨

图 3　光皮毛白杨

图 4　心楔叶毛白杨

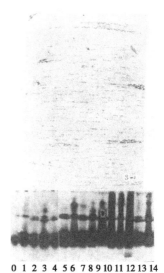

0 1 2 3 4 5 6 7 8 9 10 11 12 13 14

图 5　毛白杨变型的过氧化物同工酶酶谱图

1. 梨叶毛白杨,2. 长柄毛白杨,3. 圆叶毛白杨,4. 小叶毛白杨,5. 河北毛白杨,6. 光皮毛白杨,7. 心叶毛白杨,8. 三角形毛白杨,9. 心楔叶毛白杨,10. 毛白杨,11. 塔形毛白杨,12. 河南毛白杨,13. 密枝毛白杨,14. 银白毛白杨

毛白杨系统分类的研究

赵天榜　　陈志秀　　宋留高　　赵镇萍　　傅大立

（河南农业大学,郑州　450002）

摘　要　毛白杨在我国已有两千多年的栽培历史。30多年来,作者通过调查和研究证实:目前,毛白杨已无天然林分布。同时确认:毛白杨是个栽培广泛、历史悠久、起源复杂,形态多变的优良杂种栽培种。首次提出毛白杨分品种群和栽培品种两级,并记述了该种15个品种群的主要形态特征和林学特性,为深入开展毛白杨研究提供了科学依据。

毛白杨（Populus tomentosa Carr.）特产我国,是杨树资源中一个非常重要的树种,因其适应性强、树干通直、生长迅速、材质优良、用途广泛,是陕西渭河流域及华北平原地区的重要速生、优质、用材树种之一,在改造自然、维护和恢复生态平衡、保障农业生产、提供大批优质用材和建设具有我国特色的平原人工林区等方面具有重要作用。

为实现毛白杨栽培良种化,提高其栽培理论和技术水平,30多年来,我们在总结群众栽培毛白杨经验的基础上,广泛进行了毛白杨的调查研究和科学试验,获得一些宝贵资料和试验数据。

现将毛白杨栽培历史、起源与分类材料整理如下,供参考。

一、毛白杨栽培历史悠久

毛白杨在我国已有两千多年的悠久栽培历史。如《诗经》中"秦风"篇:"阪有桑,阪显有杨";"小雅"篇:"南山有桑,北山有杨";'菁菁者我'篇:"汎汎杨舟,载沉载浮"等,是我国杨树栽培史上最早、最可靠的记载。《管子》在"地员"篇中,记述"五粟之土,若在山在陵,在坟在衍,其阴其阳,尽宜桐柞,莫不秀长。其榆其杨,……其槐

*　本研究为国际杨树委员会第35届执委会会议论文,承蒙丁宝章教授、洪涛研究员指导,赵金鼎副教授审阅;国际杨树委员会主席维亚赫教授提出宝贵意见,副主席王世绩研究员代为宣读论文,在此致以谢意!

李兆镕、黄桂生、李瑞符等参加部分工作,致以谢意!

其杨";"五次之土,宜彼群木,桐,柞……其梅其杏,其秀荣起,其棟其棠,其槐其杨,……群木数大,条直以长"等。由此表明,两千多年前,我国黄河中下游的山川、丘陵,广泛分布和栽培着杨、柳、榆、槐、桐、梅、杏、桑等用材和经济树种。

毛白杨形态记述始于西晋·崔豹撰《古今注》。其中有"白杨叶圆、青杨叶长,……(白杨)弱蒂,微风则大摇"记载;明·朱棣撰《救荒本草》(1406)中载:"白杨此木高大,皮似白杨,叶圆似梨,肥大而尖,叶背甚白,叶边缘锯齿状,叶蒂小,无风自动也"。明·王象晋撰《群芳谱》有:"杨有二种,一种白杨,一种青杨,叶芽时有白毛裹之,及尽展似梨叶,而稍厚大,浅青色,背有白茸毛,两面相对,遇风则簌簌有声。人多种植坟墓间,树耸直圆整,微白色,高者数十余丈,大者径三四尺,堪栋梁之任"。徐光启撰《农政全书》(1639)记载:"白杨树本草白杨树,旧不载所出州土,今处处有之。此木高大,皮似白杨,故名。叶圆如梨,肥大而尖,叶背甚白,叶边锯齿状,叶蒂小,无风自动也,味苦性平无毒",并附白杨树插图。清·吴其濬撰《植物名实图考长编》(1848)中,将我国历史上关于白杨的形态记载、育苗经验和栽培等进行了较严密的考证和总结,把白杨的生产提高到一个新的水平。

总之,可以明确得出结论:白杨即毛白杨。所以 Stean Bialobok 称"中国把这种杨树(毛白杨)称作白杨,或称大叶杨";L. Henry 认为,"白杨是中国人民给毛白杨起的名字"。由此可见,我国进行毛白杨形态描述和研究比 Carrie(1867)发表毛白杨 Populus tomentosa Carr. 新种时早一千五百余年。

二、毛白杨现无天然林分布

毛白杨原产我国秦岭北坡的关中地区和河南中部一带。据史书记载,河南、陕西山区历史上均有毛白杨的天然分布。如《悬笥销探》记述:"予初不识白杨,及来河南巡行郡邑,常从平畴入峪,多见大树,问从者,曰,白杨也。其种易成,叶尖圆如梨,枝颇劲,叶则皆动,其声瑟瑟悲惨。陕西虎南山谷尤多,高可达二三百尺,围可丈余,修美端直。"

1959 年,徐纬英教授在《杨树》一书中,首先提出:毛白杨在陕西敳皿下(周至)县东南近山一带,以楼观台为中心,附近都有毛白杨天然林,……多分布于山坡下部、山沟两旁、农村附近,

呈片状分布,最大片有 100 亩以上,……。随后,山西省林业科学研究所指出:毛白杨在"平陆县有小片散生天然林的分布"。1984 年,刘君惠副教授认为:"河南省山区保留着相当数量的毛白杨野生资源,大别山区、伏牛山区和桐柏山区都有野生毛白杨散生木或片林";"淮河上游和汉水上游不仅有栽培的毛白杨,也有野生的毛白杨。如汉水上游的淅川、镇平、西峡、南召四县就有胸径 20 cm 以上的野生毛白杨大树 1 565 株"。

为了解目前毛白杨天然林的分布,作者于 1963～1989 年间,多次前往山西平陆县、陕西周至县楼观台及河南伏牛山、大别山和桐柏山区调查,均没有证实有毛白杨天然分布。因此,作者认为:毛白杨是我国劳动人民从其天然原始种群中,选出具有杂种优势的毛白杨个体或一些形态近似的个体,经过长期广泛栽培、反复选育和千万次繁育的结果,使其脱离了原来的野生性状,成为一个起源复杂、形态多变、性状优良的混合栽培的杂种种群。

三、毛白杨起源亲本复杂

1958 年,Bartkowiak 首先提出:毛白杨是介于银白杨与欧洲山杨(Populus termuia Linn.)之间的一个天然杂种。1963 年,马常耕教授指出,毛白杨"可能是银白杨和响叶杨的天然杂种"。Stefan Biolobok "根据对杨树的几个种和地理类型的干、枝、叶、苞片的形态特征研究,得出结论:毛白杨乃是中亚中部银白杨的某个地理变种,非常可能是同山杨的杂交种。

1978 年,作者在《毛白杨起源与分类的初步研究》中提出毛白杨并非是单一的天然杂种,而是以响叶杨与山杨为主的多组合形成的天然杂种的综合群体的见解。1985 年,马常耕教授在《毛白杨改良策略》中认为,毛白杨是以响叶杨和银白杨为主要亲本的多元化杂种系统,与现有的一次性人工杂种的杨树在遗传上有本质不同,所以应把毛白杨看成一个天然杂种系统(或杂种群),不宜作为一个种对待。

为探讨毛白杨的起源亲本,作者多年来进行了大量的调查研究和试验分析,表明毛白杨起源亲本非常复杂,是由响叶杨、山杨、银白杨、新疆杨、河北杨以及毛白杨反复杂交所形成的多种性、多形态混合的栽培杂种种群。其形成途径及其亲缘关系如图 1 所示。

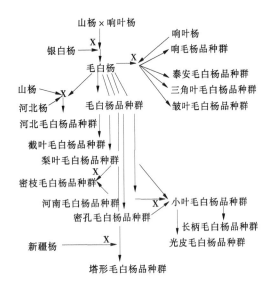

图 1　毛白杨形成途径及其亲缘关系图

四、毛白杨分类系统

根据《国际栽培植物命名法规》和《杨树命名法》中有关规定,作者首次将毛白杨种下分为品种群和品种两级。其中,初步将毛白杨分为 15 个品种群和 125 个品种。现将各品种群的主要形态特征和特性记述如下:

毛白杨 Populus tomentosa Carr.

1.毛白杨品种群　箭杆毛白杨品种群　原品种群

Populus tomentosa Carr. Tomentosa groups P. tomentosa Carr. in Rer. Hort. 1867. 340. 1867;P. pekinensis Henry in Rev. Hort. 1930. 355. 1903;陈嵘著.中国树木分类学:113～114.图84.1937;中国高等植物图鉴 Ⅰ:351.图702.1972;中国植物志20(2):17～18.图版3:1～6.1984;中国树木志 2:1966～1968.图998.1～6.1985;中国林业科学,1:14～20.图 1、2.1978;河南植物志 Ⅰ:171.1981;中国主要树种造林技术:314.329.1981;河南农学院科技通讯,2:26～30.图6.1978.

本品种群树冠窄圆锥状,或卵球状,中央主干明显,直达树顶;侧枝少、细,与主干呈 40°～45°角着生,枝层明显,分布均匀。短枝叶三角-卵圆形,通常较小;长枝叶先端长渐尖,幼叶微呈紫红色。

因生长迅速,适应性强,栽培广泛,材质优良,是营造速生用材林、农田防护林和"四旁"绿化的优良品种群。其无性系有毛白杨、箭杆毛白杨、序枝箭杆毛白杨、黑苞毛白杨、细枝箭杆毛白杨、大

皮孔箭杆毛白杨等 45 个品种。箭杆毛白杨、京西毛杨、大皮孔箭杆毛白杨、中皮孔箭杆毛白杨等为优良无性系。

该品种群目前栽培很广。其中箭杆毛白杨已大面积推广。

2.河南毛白杨品种群　新组合品种群

Populus tomentoga Carr. Honanica group,group comb. nov.,河南农学院园林系编(赵天榜).杨树:7～8.图3.1974;赵天榜.毛白杨起源与分类的初步研究.河南农学院科技通讯,2:30～32.图7.1974;中国林业科学,1:14～20.1978;河南植物志 1:174～175.1981;中国主要树种造林技术:314～329.1981。

本品种群树冠宽大;侧枝粗、稀,开展;树干微弯。树皮皮孔近圆点形、小而多,散生或横向连生,兼有散生的菱形皮孔。短枝叶宽三角-圆形、近圆形。雄株!花序粗大,花粉极多。

本品种群中无性系要求土壤肥沃,栽培范围小。造林初期,生长缓慢,5 年后生长加速,年胸径生长量可达 6.0 cm,短期内能提供大批用材。其中有河南毛白杨、扁孔河南毛白杨等 25 个品种。目前,河南大面积推广的优良品种为河南毛白杨、圆叶河南毛白杨等。

地点:河南郑州。模式标本,采自河南郑州,存河南农业大学。

3.小叶毛白杨品种群　新组合品种群

Populus tomentosa Carr. Microphylla group, group comb. nov.,河南农学院园林系编(赵天榜):杨树.7～8.图4.1974;中国林业科学,1:14～20.1978;河南农学院科技通讯,2:34～35.1978;河南植物志 Ⅰ:175.1981;中国主要树种造林技术,316.1981。

本品种群树皮皮孔菱形,中等大小,2～4 个横向连生。短枝叶三角-卵圆形,较小,先端短尖;长枝叶缘重锯齿形。雌株:萌果结籽率达 30%以上。

本品种群要求土、肥、水条件较高。在适生条件下,具有早期速生特性。其中,有小叶毛白杨、细枝小叶毛白杨等 25 个品种;优良品种有小叶毛白杨、细枝小叶毛白杨等。优良无性系有小叶毛白杨、细枝小叶毛白杨等。目前,河南大面积推广的优良无性系为小叶毛白杨。

地点:河南郑州。模式标本,采自河南郑州,存河南农业大学。

4. 密孔毛白杨品种群　新组合品种群

Populus tomentosa Carr. Multilenticellia group, group comb. nov. ,赵天榜:毛白杨类型的研究. 中国林业科学 1:14～20. 1978;河南农学院科技通讯,2:37～38. 图11. 1978;河南植物志 Ⅰ:174～175. 1981。

本品种群树冠开展;侧指粗大。树皮皮孔菱形、较小,多数横向连生。短枝叶三角-圆形、宽卵圆形,或近圆形,基部深心形。雄株!

本品种群适应性、生长速度等特性近于河南毛白杨品种群。其中有密孔毛白杨等5个品种。优良品种为中皮孔密孔毛白杨。

地点:河南郑州。模式标本,采自河南郑州,存河南农业大学。

5. 截叶毛白杨品种群　新组合品种群

Populus tomentosa Carr. Truncata group, group comb. nov. ,符毓秦等:毛白杨的一新变种. 植物分类学报,13(3):95. 图版13:1～4. 1975;赵天榜:毛白杨类型的研究. 中国林业科学,1:14～20. 1978;河南植物志 Ⅰ:174. 1981;中国主要树种造林技术(毛白杨—赵天榜):320. 1978;中国树木志 Ⅱ:1967. 1985;中国植物志,20(2):18. 1984。

本品种群树冠浓密;树皮平滑,灰绿色,或灰白色;皮孔菱形、小,多2～4个横向连生,短枝叶三角-卵圆形,基部通常截形。

本品种群主要特性是:生长迅速,抗叶部病害等。其中有3个品种,以截叶毛白杨为优良品种。

地点:陕西周至县。模式标本采自周至县。

6. 光皮毛白杨品种群　新组合品种群

Populus tomentosa Carr. Lergata group, group comb. nov. , Zhao Tianbang et al. Study on the Excellent Forms of Populus Tomentosa—INTERNATIONAL POPLAR COMMISSION EIGHT-EENTH SESSION. Beijing,CHINA,5～8 September 1988。

本品种群树皮极光滑,灰白色;皮孔菱形,很小,径3～4mm,多数横向连生。雄株!花粉极多。

本品种群只有一个品种,具有生长迅速,耐水、肥等优良特性,是短期内能提供大批优质用材的优良无性系。

地点:河南鲁山县。1986年8月10日。赵天榜、黄桂生,No. 113。模式标本,存河南农业大学。

7. 梨叶毛白杨品种群　新组合品种群

Populus tomentosa Carr. Pynifolia group, group comb. nov. ,河南农学院园林系编(赵天榜):杨树:8～11. 图5. 1874;赵天榜. 毛白杨起源与分类的初步研究. 河南农学院科技通讯,2:30～32. 1078;河南植物志,Ⅰ:174～175. 1981。

本品种群树冠宽大;侧枝粗,稀。短枝叶革质,椭圆形、宽卵圆形、梨形。雌株! 花序粗大,柱头黄绿色,2裂,每裂2～4叉,裂片大,羽毛状。蒴果圆锥状,大,结籽率30%以上。

本品种群具有耐干旱等特性,在河南太行山区东麓褐土上,是毛白杨无性系中生长最快的一种。其中有梨叶毛白杨等4个品种。

地点:河南郑州。1975年9月4日。赵天榜,327 。1974年3月29日。(果)模式标本,存河南农业大学。

8. 密枝毛白杨品种群　新组合品种群

Populus tomentosa Carr. Ramosisima group, group comb. nov. ,赵天榜:毛白杨类型的研究. 中国林业科学,1:14～20. 1978;河南植物志(杨柳科—赵天榜) Ⅰ:175～176, 1981;河南农学院科技通讯,2:40～42. 1978。

本品种群树冠浓密;侧枝多,中央主干不明显。小枝稠密;幼枝、幼叶密被白茸毛。蒴果扁卵球状。

本品种群生长快,抗叶部病害,落叶晚,是观赏和抗病育种的优良类群。其中有密枝毛白杨、银白毛白杨等7个品种。粗密枝毛白杨为优良品种。

地点:河南郑州,模式标本采自河南郑州,存河南农业大学。

9. 长柄毛白杨品种群　新品种群

Populus tomentosa Carr. Longipetiola group, group nov.

本品种群树冠近球状,或帚状;侧枝开展,或斜展,无中央主干。小枝短粗,呈长枝状枝,梢端下垂。短枝叶近圆形;叶柄长于或等于叶片。雌株!

本品种群只有一个品种,其树形美观,生长中等,结籽率中,是优良观赏和杂交育种材料。

地点:河南郑州。1983年8月15日。赵天榜等, No. 60。模式标本,存河南农业大学。

10. 泰安毛白杨品种群　新品种群

Populus tomentosa Carr. Taianensis groups, group nov.

本品种群短枝叶三角-近圆形,先端短尖,基部深心-楔形,边部皱褶为显著特征。雄株!

本品种群生长较快,树干较弯,不宜发展。其中有泰安毛白杨、心楔叶毛白杨等4个品种。

地点:河南、山东有栽培。河南郑州,1988年7月1日,赵天榜、李振卿,No.119。模式标本,存河南农业大学。

11. 塔形毛白杨品种群　新组合品种群

Populus tomentosa Carr. Pyramidalis group, group comb. nov. ,中国主要树种造林技术. 316. 1981;河南植物志 Ⅰ:176,1981;赵天榜:毛白杨类型的研究. 中国林业科学,1:14~20. 1978;陕西省林业研究所编. 毛白杨. 中国林业出版社,1981。

本品种群树冠塔形;枝与主干呈20°~30°角着生。侧枝弯曲,直立生长。雄株!

本品种群只有一个品种,其树形美观,冠小,根深,抗风,耐干旱能力强,是观赏、农田林网和沙区造林的优良品种。

地点:发现于河北清河县。山东有栽培。模式标本,采自山东夏津县,存河南农业大学。

12. 河北毛白杨品种群　新组合品种群

Poulus tomentosa Carr. Hopeienica group, group comb. nov. ,赵天榜:毛白杨类型的研究. 中国林业科学,1:14~20. 1978;赵天榜. 毛白杨起源与分类的初步研究,河南农学院科技通讯,2:1978;河南植物志(杨柳科—赵天榜)Ⅰ:176,1981;陕西省林业研究所编. 毛白杨. 81~82. 图6-2;姜惠民:毛白杨的一个新类型—易县毛白杨. 植物研究,9(3):75~76.1989。

本品种群树干微弯;侧枝平展。树皮皮孔菱形,中等,散生,稀连生。小枝细,红褐色,被茸毛。短枝叶近圆形,或三角-卵圆形,浓绿色,具光泽,有茸毛。长枝叶近圆形,具紫红色晕,两面被浅黄绿色茸毛,后脱落;幼叶红褐色,被茸毛。雌蕊柱头粉红色,或灰白色,2裂,4~6叉,裂片大,羽毛状。雌株!

本品种生长快,适应性强,抗寒,抗叶部病害,繁殖容易,目前已在河南、山东等省推广。其中,仅有一个品种。

地点:河北易县。模式标本,采自河南郑州,存河南农业大学。

13. 三角叶毛白杨品种群　新品种群

Populus tomentosa Carr. Asgustlfolia group, group nov.

本品种群短枝叶三角形,先端长渐尖,基部截形,或近截形,边缘具波状圆腺齿。幼枝、幼叶密被茸毛;晚秋枝、叶、叶柄密被短柔毛,边缘具整齐的腺圆齿。其中,仅有一个品种。

地点:河南南召县。赵天榜和李万成,No. 789112。模式标本,存河南农业大学。

14. 响毛杨品种群　新组合品种群

Populus tomentosa Carr. Pseudo-tomentosa group,group comb. nov. ,王战等:东北林业大学植物研究室汇刊,4:22. t. 3:5~7. 1979;中国植物志,20(2):18~19. 图3:7~9. 1984;中国树木志,1986. 图998:7~9. 1985。

本品种群当年生枝紫褐色,光滑。芽富含树脂,有光泽,黄褐色。短枝叶边缘具不整齐的波状粗齿和浅细锯齿;叶柄通常具2明显腺点。其中,仅有一个品种。

地点:山东、河南有栽培。模式标本,采自山东泰安林校。

15. 皱叶毛白杨品种群　新品种群

Populus tomentosa Carr. Rugosifolia group, group nov.

该品种群树皮灰褐色,较光滑,具白色斑块。短枝叶三角-近圆形,先端短尖,或急尖,基部浅心形,叶面皱褶起伏,边缘具大小不等的粗锯齿。雄株! 其中,仅有一个品种。

地点:河南南召县。1978年9月5日,赵天榜,No.951。模式标本,存河南农业大学。

毛白杨类型的研究[*]

河南农学院园林系杨树研究组[**]

毛白杨为我国特有的杨树,分布广,生长快,材质好,寿命长,可成大材,栽培历史悠久,是华北平原地区绿化的重要树种。

毛白杨系杂种起源,在长期系统生育过程中,

＊本文蒙王战教授指导、修改,牛春山、洪涛、丁宝章教授及中国树木志杨柳科编写组的同志们提供宝贵意见,特此致谢。

＊＊本文由赵天榜同志执笔。

发生了很多变异，形成了不少类型。遵照毛主席"有了优良品种，既不增加劳动力、肥料，也可获得较多的收成"的教导，研究毛白杨类型，选择和推广其中良种，是提高毛白杨的产量和质量，实现毛白杨造林良种化的重要途径。近年来，在学习、总结群众经验的基础上，我们与河南洛阳地区林科所等兄弟单位一起对毛白杨的各种类型和栽培经验，进行了调查研究，并经过多次选评，选出了箭杆毛白杨、河南毛白杨、小叶毛白杨等生长快、材质好、适应性强的几个良种，进行繁殖推广。现将毛白杨主要类型的形态特征和林学特性整理如下，供参考。

1. 毛白杨（原变种）（Populus tomentosa Carr.） 图1

大乔木，高达30.0 m。树干直，干皮幼时暗灰色，壮时灰绿色，渐变为灰白色；皮孔菱形，大，散生，或2～4个横向连生；老时基部黑灰色，纵裂，粗糙。树冠圆锥状至卵球状，或球状；侧枝开展，老枝下垂。嫩枝，密被灰色茸毛，后光滑。芽卵球状；花芽卵球状，或近球状，微被茸毛。长枝叶阔卵圆形，或三角-卵圆形，长10.0～15.0 cm，宽8.0～13.0 cm，先端短渐尖，基部心形，或截形，表面光滑，背面密被茸毛，具齿牙，或波状齿牙缘；叶柄上部侧扁，长3.0～7.0 cm，顶端通常有2(3～4)枚腺体。短枝叶一般较小，有时长达18.0 cm，宽15.0 cm，卵圆形，或三角-卵圆形，先端渐尖，表面暗绿色，有金属光泽，幼时背面密被茸毛，后光滑，具深波状大齿牙缘；叶柄稍短于叶片，侧扁。雄花序长8.0～14.0(～20.0) cm，雄蕊6～12枚，花药红色；雌花序长4.0～7.0 cm；苞片褐色，尖裂，具缘毛；子房长椭圆体状，柱头2裂，粉红色。果序长14 cm；蒴果圆锥状，或长卵球状，2瓣裂。花期3月，果期4月（河南、陕西）、5月（河北、山东）。

图1 毛白杨（原变种）
1. 雄花枝，2. 雄花，3. 叶枝

山东）。

2. 箭杆毛白杨

箭杆毛白杨与毛白杨（原变种）的主要区别：中央主干明显，直达树顶。树冠窄圆锥状；侧枝细、少，与主干呈40°～45°角，枝层明显，分布均匀。短枝叶较小；长枝叶先端长渐尖；幼叶微呈紫红色。发芽和展叶期是毛白杨中最晚的一个类型。

此类型树干通直，姿态雄伟，分布广泛，抗性较强，寿命长，成大材，材质好，是营造速生用材材、农田防护林和"四旁"绿化的一个重要优良类型。主要林学特性如下：

（1）分布广泛。箭杆毛白杨是毛白杨中分布最广的一个类型，北起河北北部，南达江苏、浙江，东起山东，西到甘肃东南部，都有分布和栽培。

（2）生长较快。箭杆毛白杨在适生条件下是生长较快的一种。据在郑州市粉沙壤土上调查的384株行道树材料，20年生平均树高22.7 m，胸径35.5 cm，单株材积0.915 59 m³；而同地同龄的加杨，平均树高19.3 m，胸径29.4 cm，单株材积0.597 42 m³。60年生的大树，高27.6 m，胸径87.8 cm，单株材积达8 m³；而加杨、大官杨30年生以上，即焦梢严重，生长衰退，有时腐朽枯死。

根据树干解析材料，箭杆毛白杨在土壤湿润肥沃条件下，树高和胸径生长进程的阶段性很明显：快—稍慢—慢，即树高生长，10年前生长很快，连年生长量为1.5～2.44 m，11～20年生长变慢，连年生长量为1.35～0.5 m，21～35年生长更慢，连年生长量多在0.2 m以下；胸径生长，10年前连年生长量为2.0～3.4 cm，11～20年为1.4～2.55 cm，21～35年为1.0～1.52 cm，35年后通常在1.0 cm以下。一般在35年左右材积平均生长量与连年生长量曲线相交，即达工艺成熟，此时采伐最为经济。

（3）适生环境。箭杆毛白杨对土、肥、水反应敏感，适生于土层深厚、湿润肥沃的粉沙壤土上。在适生条件下生长很快，初期无缓慢生长阶段。如河南农学院营造的毛白杨试验林中，5年生箭杆毛白杨（株行距2.0 m×4.0 m）平均树高10.3 m，胸径9.3 cm；10年生平均树高16.4 m，胸径24.1 cm，单株材积0.351 39 m³。在低洼盐碱地上，生长不良。如在pH 8.5～9.0的盐碱地上，10年生平均树高6.8 m，胸径13.5 cm。在干旱瘠薄的沙地上，生长很慢，年生平均树高仅4.3 m，胸径4.5 cm，基本成为"小老树"。

（4）对病虫害抗性较强。根据在郑州多年的观察，箭杆毛白杨抗锈病能力较强，一般叶片感病率在20%以下，病斑少而小，发病时期晚，为害程度轻。叶斑病危害程度较重，叶片被害率常达80%以上，病斑大而多，常连生成片，引起叶片干枯早落，影响生长。在土、水、肥条件较好的情况下，危害程度较轻。在年平均气温高于15 ℃、年降水量800 mm以上的江苏、浙江及河南信阳地区以南，苗木和大树常因锈病、叶斑病危害，9月中下旬大部叶片脱落，影响生长。在年平均气温低于12 ℃的河北北部地区，早春常因昼夜温差悬殊，引起部分树干冻裂，招致破腹病危害。该类型因枝少、干皮光滑，天牛危害很轻。抗烟、抗污染能力较强，是适于厂矿、城市和铁路沿线绿化的优良类型。

（5）材质优良，用途广。箭杆毛白杨木材纹理细直，结构紧密，白色，易干燥，易加工，不翘裂，适于制造箱、柜、桌、椅、门、窗和用于檩、梁、柱等大型建筑材。木纤维长度、宽度近似沙兰杨，比加杨、大官杨好，是人造纤维、造纸和火柴等轻工业的优良原料。毛白杨木材的物理力学性质是杨属中最好的一种，箭杆毛白杨的木材物理力学性质在毛白杨中属于中等，比河南毛白杨、密孔毛白杨稍差，气干容重与小叶毛白杨相近（见表1）。

表1　毛白杨几个类型与几种杨树木材物理力学性质比较表

树种名称	木纤维			气干容重（g/cm）	干缩系数（%）			顺纹压力极限强度（kg/cm²）	静曲（弦向）		顺纹剪力极限强度（kg/cm²）		横纹拉力极限强度（kg/cm²）		硬度（kg/cm²）		
	长度（μm）	宽度（μm）	长宽比		径向	弦向	端面		极限强度（kg/cm²）	弹性模量（kg/cm²）	径向	弦向	径向	弦向	径向	弦向	端面
箭杆毛白杨	1 167	19	61	0.477	0.112	0.252	0.371	346	506	43	59	78	77	27	246	257	287
河南毛白杨（♂）	1 108	19	58.3	0.510	0.113	0.249	0.389	334	580	45	65	93	81	32	202	231	251
河南毛白杨（♀）				0.493				343			67	87	76	32	321	309	326
小叶毛白杨	1 154	19	61	0.478	0.097	0.234	0.367	309	537	38	65	81					
密孔毛白杨				0.527				326			74	92	77	33	291	318	332
密枝毛白杨				0.528				325	521		65	98	86	34	247	254	271
沙兰杨	1 142	19	60	0.376	0.122	0.231	0.381	289	561	38.4	59	74	59	37	144	152	214
大官杨	934	17.7	52	0.412	0.127	0.271	0.426	210	596	82			52	31	162	199	247
加杨	1 141	27	42	0.458	0.141	0.268	0.430	336	729	114	67	79	58	32	186	193	248
小叶杨 ＊＊	960	17.7	54	0.434		0.252	0.429	350	595	73	66	76	33	17	208	223	346

注：＊本表材料，根据1974年7月河南农学院造林组、木材利用组《毛白杨不同类型材性试验研究》一文整理而成。

＊＊小叶杨木纤维数值，引自朱惠方教授的材料。

造林技术中应注意的几个问题：箭杆毛白杨苗期顶端嫩叶微呈紫红色，易与它种区别，必须严格选择，建立采条圃，供培育壮苗用。幼苗期间，无明显分化期和生长缓慢期，如加强水、肥管理，不仅能够减少病虫危害程度，而且当年可培育出高3 m以上、地径3 cm的壮苗。

箭杆毛白杨对土、肥、水条件要求较高。造林时，必须选择肥沃湿润的粉沙壤土、沙壤土或壤土，才能发挥早期速生特性；反之，选择干旱、瘠薄的沙地、低洼盐碱地，或茅草丛生的地方，都会导致生长不良，形成"小老树"。该类型树冠小，干直，适宜密植。一般株行距为3~4 m，即可培育中径级用材。行道树的株距2~3 m，可长成胸径40~50 cm的大材。

3.河南毛白杨（粗枝毛白杨）

河南毛白杨与毛白杨（原变种）的主要区别：树干微弯；树皮皮孔近圆点形，小而多，散生，或横向连生为线状；兼有大的菱形皮孔。叶三角-宽圆形、圆形，或卵圆形，先端短尖。雄花序粗大，花药橙黄色，初微有红晕，花粉多，苞片灰色，或灰褐色，花盘掌状盘形，边缘呈三角状缺刻；雌蕊柱头浅黄绿色，裂片很大为显著特征，花盘长漏斗状。

蒴果较大,先端弯曲,结籽率达 40% 以上。花期较箭杆毛白杨早 5~10 天。

河南毛白杨的主要林学特性如下:

(1)分布范围小。多在河南中部一带土、肥、水较好条件下生长。山东等省有零星分布,生长较差。

(2)速生。河南毛白杨在适生条件下,生长很快。据在郑州市文化区调查,21 年生,平均树高 23.8 m,胸径 50.8 cm,单株材积 1.807 45 m³。材积生长比同龄的箭杆毛白杨快 0.5 倍,比加杨快 2 倍。

在一般条件下,河南毛白杨初期生长极为缓慢,4 年后生长开始加快。根据树干解析材料,河南毛白杨的树高、胸径生长进程是:慢—快—慢,即树高生长,4 年前连年生长量为 0.5~1.11 m,5~10 年为 1.75~2.0 m,11~15 年为 1.0~2.0 m,16~21 年为 0.2~0.5 m;胸径生长,4 年前连年生长量在 0.7 cm 以下,5~10 年为 1.98~4.0 cm,11~20 年为 2.5~2.65 cm,最高达 6.5 cm,21~26 年仍达 1.0~2.5 cm。该类型生长很快,15~20 年生多采伐利用。

(3)适生环境。河南毛白杨对土、肥、水非常敏感。如同一植株,先生长在干旱瘠薄的粉沙壤土上,12 年生树高仅 8.3 m,胸径 9.0 cm,单株材积 0.026 70 m³;但将它刨出栽植在肥沃湿润粉沙壤土的条件下,到 24 年生时,树高 18.6 m,胸径 40.2 cm,单株材积 0.859 32 m³;后 12 年比前 12 年树高、胸径、材积生长量分别大 0.24 倍、2.47 倍及 30 倍,雌株在干旱沙地上生长不良,但在干旱黏土地上生长较快。

(4)抗性较差。河南毛白杨苗期不耐干旱。苗木和大树易遭锈病、叶斑病危害,常引起叶片早落,影响生长。抗烟、抗污染能力不如箭杆毛白杨、密枝毛白杨。

(5)材质及用途。河南毛白杨除木纤维长度、顺纹压力、硬度等低于箭杆毛白杨外,其余物理力学性质指标均高(见表1)。木材用途与箭杆毛白杨相同。

造林技术中应注意的问题:河南毛白杨苗木生长后期常严重感染锈病、叶斑病,要加强防治。该类型要求土、肥、水条件较高,造林时要选择土层深厚、土壤肥沃湿润的林地,不能选土壤瘠薄、干旱的沙地和低洼盐碱地造林。树冠大,喜光,不

能与箭杆毛白杨混植,否则常成被压木。造林株距宜大,一般为 5 m,或者更大。造林后,加强抚育管理,尤其是水、肥管理和病虫防治,以加速初期生长,缩短生长缓慢期的时间。

4. 截叶毛白杨

截叶毛白杨与毛白杨(原变种)的主要区别:树冠浓密。树皮平滑,灰绿色,或灰白色;皮孔菱形,小,多 2~4 个横向连生呈线状。叶三角-卵圆形,或卵圆形,基部通常截形,或浅心形;幼叶表面茸毛较稀,仅脉上稍多。发芽较早。雄蕊 6~8 枚;苞片黄褐色;雌花序较细短。

截叶毛白杨是由陕西省林业科学研究所选出的一个优良类型,主要林学特性如下:

(1)速生。据陕西省林业研究所调查,11 年生平均树高 13.18 m,胸径 18.7 cm,而同龄的毛白杨平均树高 10.32 m,胸径 12.2 cm。河南修武县小文案大队营造的 10 年生毛白杨防护林带中的截叶毛白杨平均树高 12.4 m,胸径 16.3 cm,而箭杆毛白杨平均树高 13.7 m,胸径 13.7 cm。

(2)抗病。抗叶斑病和锈病能力较强。

(3)截叶毛白杨木材纤维长 846 μm、宽 18 μm,长宽比 47。木材的物理性质和用途同箭杆毛白杨。

截叶毛白杨在陕西省分布较多,河南新乡等地区也有分布,在黏土上生长也较快,是营造速生用村林、农田防护林和"四旁"绿化的优良类型。

5. 小叶毛白杨

小叶毛白杨与毛白杨(原变种)的主要区别:树冠较密;侧枝较细,枝层明显。树皮皮孔菱形,大小中等,介于截叶毛白杨与毛白杨(原变种)之间。叶较小,卵圆形或心形,先端短尖;长枝叶缘重锯齿。雄花序较细短。蒴果结籽率达 30% 以上。

小叶毛白杨是毛白杨中早期生长最快的一种,材质好,抗性较强,是个有发展前途的优良类型。

主要林学特性如下:

(1)早期速生。小叶毛白杨是毛白杨中早期生长最快的一个类型。据在郑州原河南农学院院内调查,9 年生树高 15.0 m,胸径 28.0 cm,单株材积 0.353 61 m³。又据树干解析材料,小叶毛白杨前 10 年树高连年生长量为 1.0~2.0 m,10 年后生长急剧下降到 0.3 m 左右;前 10 年胸径连年生长量为 2.3~3.8 cm。

（2）适生环境。小叶毛白杨和河南毛白杨一样，分布范围较小，要求土、肥、水条件较高，但在黏土和沙地上生长也较正常。如河南睢县榆厢林场沙地人工林，13年生平均树高13.3 m，胸径17.9 cm，单株材积0.145 61 m³，与同龄箭杆毛白杨生长速度相近。

（3）对病虫害抗性较强。据调查，小叶毛白杨抗锈病、叶斑病能力均比河南毛白杨强，不如密枝毛白杨。抗烟、抗污染能力也较强。

（4）材质及用途。小叶毛白杨木材白色，木纹直，结构细，加工容易，不翘裂，物理力学性质较好（见表1），是毛白杨中制作箱、柜、桌、椅较好的一种。

造林技术中应注意的问题：小叶毛白杨造林后，根系恢复快，早期速生。在土层深厚、土壤肥沃湿润条件下，最能发挥早期速生的特性，所以，造林时，必须注意选择土壤，进行细致整地，选用壮苗，采用大穴造林（行株距一般4.0 m×4.0 m）。造林后，加强抚育管理10~15年便可采伐利用。

6.河北毛白杨（易县毛白杨）（图2）

河北毛白杨与毛白杨（原变种）的主要区别：树干微弯；侧枝开展。皮孔菱形，大，散生，稀连生。长枝叶大，近圆形，具紫褐色红晕，两面具浅黄褐色茸毛，后表面脱落；幼叶红褐色。雌蕊柱头粉红色，或灰白色，2裂，每裂2~3叉，裂片大，呈羽毛状。

河北毛白杨首先由河北林业专科学校发现于保定。该类型速生、抗寒、抗病、适应性强。所以，近年来，河南、山东、北京等省（市）大量引种栽培，生长普遍良好。

河北毛白杨的主要林学特性如下：

（1）速生。根据河南农学院1964年引种栽培试验，8年生平均树高15.3 m，胸径19.7 cm，比同龄箭杆毛白杨快20%以上，与小叶毛白杨生长速度相近。

（2）耐寒。河北毛白杨树皮具有较厚的一层蜡质，树干不易受冻害。山东、北京引种栽培者，无冻害发生。

（3）抗病。根据多年来在郑州观察，河北毛白杨是毛白杨中抗锈病、叶斑病、根癌病能力较强的一种，落叶也较箭杆毛白杨晚。在同一林内，河南毛白杨、箭杆毛白杨叶片感染叶斑病常达80%以上，而河北毛白杨叶片偶有发生。同时，抗烟、抗污染能力也强。

（4）适应性强。根据河南、山东、北京、陕西等省（市）引种栽培的经验，河北毛白杨在壤土、黏土、粉沙壤土、沙土和轻盐碱地上均表现良好。

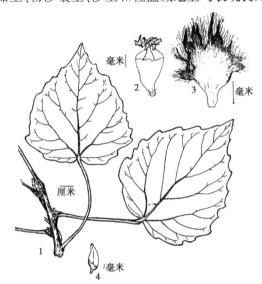

图2 河北毛白杨

1.叶枝，2.雌蕊，3.苞片，4.蒴果

7.密孔毛白杨

密孔毛白杨与毛白杨（原变种）的主要区别：树干较低。树冠宽球状；侧枝粗大，无中央主干。树皮皮孔菱形，小而密，横向连生呈线状为显著特征。叶较小；长枝叶基部深心形，缘具锯齿。雄花序粗大，花药浅黄色，或橙黄色，花粉极多，苞片下部浅黄色，透明。花期较箭杆毛白杨早7~15天。

密孔毛白杨与河南毛白杨具有相似的特性，生长迅速，惟其干低（一般多在3.0 m以下），枝粗。据在洛阳市黏土地上调查，18年生平均树高21.3 m，胸径42.3 cm，单株材积1.116 50 m³，比同龄箭杆毛白杨材积大43.0%，比河南毛白杨大18.7%。造林后，及时进行修枝抚育，仍可培育出较高的树干。适于"四旁"栽植。

8.塔形毛白杨（抱头白）

塔形毛白杨与毛白杨（原变种）的主要区别：树冠塔形；侧枝与主干呈20°~30°角；树枝弯曲，直立生长为显著特征。叶先端长渐尖，基部斜截形，或浅心形。

塔形毛白杨是山东省林业研究所和夏津县农林局首先报道的一个优良类型。仅在山东夏津、平原县及河北清河县的较小范围内有分布。树冠小，干直，树形美观，是个绿化良种，同时耐旱、抗风，可选作沙区和农田防护林的造林树种。

该类型生长速度中庸。据在夏津县苏留庄调查，院内沙壤土上18年生平均树高16.7 m，胸径24.3 cm，而同龄箭杆毛白杨平均树高15.1 m，胸径26.7 cm。沙丘上生长良好，无偏冠现象，18年生树高16.8 m，胸径28.6 cm，比同龄毛白杨生长快30%上。

塔形毛白杨具有树干随分枝起棱、棱间具槽的特性，干材不圆满，木纹弯曲，不宜作板材用。

9. 圆叶毛白杨　图3

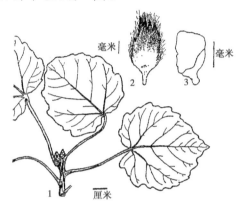

图3　圆叶毛白杨 Populus tomentosa Carr. var. rootundifolia Yü Nung(引自《河南农学院科技通讯》)
1. 叶枝, 2. 苞片, 3. 花盘

圆叶毛白杨与毛白杨(原变种)的主要区别：树皮平滑，白色，具厚蜡质层；皮孔菱形，较少，散生，大小中等。叶圆形，较小，长5.0~8.0 cm，长宽约相等，先端突短尖，基部深心形；长枝叶具三角状大齿牙缘，叶面皱褶。

该类型是毛白杨中生长最慢的一种，常遭金龟子成虫危害，不宜作用材林和农田防护林树种。但干皮光滑，白色，美观，抗病性强，可作抗病育种原始材料和庭园绿化树种。

10. 密枝毛白杨

密枝毛白杨与毛白杨(原变种)的主要区别：树冠浓密；侧枝多而细，枝层明显，分枝角度小。叶较小，先端短尖，基部宽楔形，稀圆形。苞片密生白色长缘毛，遮盖柱头为显著特征。蒴果扁卵球状。

密枝毛白杨树冠浓密，枝多，叶稠，叶部病害极轻，抗烟、抗污染，落叶晚，适宜庭园绿化用。但生长较慢，材质不好，干材不圆满，节疤多、木纹弯曲，加工较难，干、枝、根易遭根癌病危害，形成大"木瘤"，所以，不宜选作用材林和农田防护林树种。

附图1　箭杆毛白杨树形
(河南农学院毛白杨试验林)

附图2　河南毛白杨树形
郑州市行政区幼儿园院内,23年生,
树高24 m,胸径50.7 cm。

附图3　塔形毛白杨树形
山东夏津县北铺店大队,32年生

附图4 箭杆毛白杨皮孔

附图5 截叶毛白杨皮孔

附图6 小叶毛白杨皮孔

附图7 河北毛白杨皮孔

附图8 密孔毛白杨皮孔

毛白杨优良类型的研究

赵天榜[1]　陈志秀[1]　顾万春[2]　钱士金[3]

(1. 河南农业大学;2. 中国林业科学研究院;3. 河南省林业科学研究所)

摘　要　毛白杨是我国特产速生、优质用材树种,栽培已有两千多年的历史。该种起源于杂种,由于长期选择、繁殖和栽培的结果,而变异很多。研究、选择和推广其中优良类型,是实现毛白杨栽培良种化的重要途径。本研究介绍了毛白杨8个优良类型,即:1.箭杆毛白杨,2.河南毛白杨,3.小叶毛白杨,4.截叶毛白杨,5.河北毛白杨,6.塔形毛白杨,7.京西毛白杨,8.光皮毛白杨的主要形态特征和主要林学特性,并提出推广毛白杨优良类型的意见。

一、研究目的

毛白杨 Populus tomentosa Carr. 是我国特有的速生、优质、乡土用材树种。它树干高直,姿态雄伟,适应性强,分布广,生长迅速,寿命长,材质优良,用途广,栽培历史悠久,是华北平原地区速生用村林、农田防护林、"四旁"及城镇绿化的重要优良树种。

十八届国际杨树委员会会议论文。

本研究承徐纬英研究员、贺钟麟教授、赵金鼎副教授审阅,特致谢意!

毛白杨系杂种起源，在长期系统发育过程中，由于自然选择和人工繁殖、选择及栽培的结果，产生了很多变异，形成了不少类型。研究毛白杨类型，选择和推广其中优良类型，是加速毛白杨良种繁殖和扩大栽培面积、提高林分生产力和材质的主要技术措施之一，是实现毛白杨良种化的重要途径。

毛白杨自然类型在人民群众中早有划分。如陕西群众将毛白杨划分为绵白杨和二白杨。河南群众将它划分为箭杆毛白杨、鸡爪毛白杨、小叶毛白杨、大叶毛白杨等。自1963年以来，河南农学院、河南省农林科学院、陕西省林科所、河北省林业专科学校、山东省林科所和中国林科院林研所等单位，都先后开展了毛白杨类型形态、变异规律、类型划分、优良类型选择、实生选择、栽培技术等研究，获得了一些有益的资料和科学数据。20多年来，通过毛白杨类型的调查、研究和多次评选对比，已选出箭杆毛白杨、河南毛白杨、小叶毛白杨、截叶毛白杨、河北毛白杨、塔形毛白杨和京西毛白杨等生长迅速、适应性强、材质优良、用途广泛的7个优良类型。这些优良类型，早已在生产上应用。同时，进行了大量繁殖和推广，目前推广株数已达200万株以上。1978年以来，河南、陕西、河北、山东、北京等省（市）有关单位和中国林科院林研所又深入进行了毛白杨类型、杂交育种、种质资源、类型试验林，以及生理、生态、生长规律、生物量等研究，为进一步深入开发我国特有树种——毛白杨的研究奠定了基础。

二、优良类型

为了大力发展和推广毛白杨优良类型，现将其主要形态特征及主要林学特性分别简介如下。

1. 箭杆毛白杨 Forma Borealosinensia

箭杆毛白杨中央主干明显，直达树顶。树冠窄圆锥状；侧枝细、少，与主干呈40°～45°角，枝层明显，分布均匀。短枝叶三角-卵圆形，较小，先端渐尖；长枝叶先端长渐尖；幼叶微呈紫红色。发芽和展叶期是毛白杨中最晚的一个类型。

箭杆毛白杨栽培最广，北迄河北北部，南达江苏、浙江，东起山东，西到甘肃东南部。在适生条件下，生长较快。20年生平均树高22.7 m、胸径35.5 cm，单株材积0.915 59 m³，而毛白杨分别为：树高18.6 m、胸径31.5 cm及单株材积0.351 39 m³。河南农业大学营造的试验林，10年

生树高16.4 m，胸径24.3 cm，单株材积0.351 39 m³，而对照分别为树高16.0 m、胸径21.2 cm及0.298 06 m³。在土壤深厚、肥沃、疏松、湿润的土壤上，初期无缓慢生长阶段。16年生树高23.8 m，胸径34.0 cm，单株材积0.995 08 m³。在干旱瘠薄的沙地上，生长不良，10年树高4.3 m，胸径4.5 cm，基本成为"小老树"。

箭杆毛白杨抗锈病，其感病率低于20%，且病斑少而小，发病时期晚，危害程度很轻；苗期叶斑病危害较重，常引起叶片干枯早落，影响苗木生长，而大树叶片危害很轻。同时，抗烟、抗污。

箭杆毛白杨木材纹理细直，结构细，白色，不翘裂，适作板材和大型建筑用材。木纤维平均长1 167 μm，长宽比61，是造纸、火柴等轻工业的优良原料。

2. 河南毛白杨 Forma Honanica

河南毛白杨树干微弯；侧枝粗大。树皮皮孔近圆点状，小而多，散生，或连生；兼有大的菱形皮孔。短枝叶三角-宽圆形、圆形，先端短尖。雄花序粗大，花药橙黄色，花粉多。花期最早。

河南毛白杨分布范围较小，多在河南中部一带土、肥、水较好条件下生长。山东、河北等省有零星分布。其对土、肥、水非常敏感。适生条件下，21年生树高23.8 m，胸径50.8 cm，单株材积1.807 45 m³；一般条件下，初期生长极慢；6年后生长加快，年胸径平均生长量3～4 cm，最大为6.0 cm。在干瘠薄的沙土，或重黏土上，生长较差。

河南毛白杨苗期不耐干旱，锈病严重。大树易受叶斑病危害，常引起叶片早落，影响生长。其木材纤维平均长度118.0 μm，长宽比58.3。木材性质、用途与箭杆毛白杨相同。

3. 小叶毛白杨 Forma Microphyllia

小叶毛白杨树冠浓密；侧枝较细，枝层明显。树皮皮孔菱形，中等，多2～4个横向连生。短枝叶较小，卵圆形、近圆形，先端短尖；长枝叶缘重锯齿。雌株！蒴果结籽率高于30%。

小叶毛白杨早期特别速生，9年生树高21.6 m，胸径28 cm，单株材积0.353 61 m³。13年生树高21.6 m，胸径37.1 cm，单株材积0.880 65 m³。河南农业大学营造的11年生小叶毛白杨的试验林平均树高16.9 m，胸径20.4 cm，单株材积0.319 65 m³。

小叶毛白杨多在河南中部地区分布，要求水、

肥、土条件较高，但在土层深厚、土壤肥沃、湿润、疏松条件下，最能发挥早期速生的特性。同时，具有抗锈病、叶斑病和抗烟、抗污染等特点。

小叶毛白杨木材纹理通直，结构细密，色泽洁白，易加工，不翘裂，是制家具良材。

此外，结籽率高，实生苗分离明显，是实生选种和杂交育种的好材料。

4. 截叶毛白杨 Forma Truncata

截叶毛白杨树冠浓密；树皮平滑，灰绿色，或灰白色；皮孔菱形，小，多2～4个横向连生呈线状。短枝叶三角-卵圆形，基部通常截形；幼叶表面茸毛较稀，仅脉上稍多。雄株！

截叶毛白杨生长快。陕西省林业科学研究所试验表明，13年生平均树高14.6 m，胸径22.9 cm，较毛白杨树高、胸径和材积分别大16.6%、42.2%、135.5%。同时，抗叶斑病、锈病能力较强。叶斑病感病指数27.9，而其他类型的毛白杨感病指数71.9。此外，木材性质及用途同箭杆毛白杨。

5. 河北毛白杨 Forma Hopeienca

河北毛白杨树干微弯；侧枝开展；树皮灰绿色，光滑；皮孔菱形，中等较小，散生。小枝和芽红褐色，具光泽。短枝叶小，近圆形，先端短尖，浓绿色；长枝叶大，近圆形，具紫褐色红晕，两面被毛茸。幼叶红褐色。雌蕊柱头粉红色，或灰白色，2裂，具4~6叉，羽毛状。

河北毛白杨早期速生。10年生平均树高15.5 m，胸径27.7 cm，单株材积0.382 0 m³。据河北省林业科学研究所试验表明，18年生平均树高27.9 m，胸径27.5 cm，单株材积0.828 6 m³，蓄积量每亩31 m³。

河北毛白杨适应性和耐寒性很强。河南、陕西等省引种表明，在多种立地条件下，均生长良好。新疆石河子地区引种栽培生长很好，从无发生冻害。此外，锈病、叶斑病很少发生危害。

6. 塔形毛白杨 Forma Pyramidalis

塔形毛白杨树冠塔形；侧枝与主干呈20°～30°角；小枝弯曲，直立生长。短枝叶先端常渐尖，基部斜截形，或心形。

塔形毛白杨生长中等。32年生树高20.1 m，胸径31.8 cm，单株材积0.727 44 m³。同时，具有适应性强、耐干旱、耐瘠薄、抗风沙，以及树冠小、干直、根深、胁地少等特点，是"四旁"、城乡绿化和农田林网的主要树种之一。

此外，还具有抗烟、抗污染和感锈病、煤污病很轻等特性。

7. 京西毛白杨 Forma Jingxi

京西毛白杨树干端直。树冠宽卵球状；侧枝较粗。树皮皮孔菱形，较大，多纵裂。短枝叶三角-心形，先端长渐尖，边缘齿牙状缺刻；长枝叶三角-宽卵圆形，较大，先端尖。雄花序粗大，花药鲜枣红色，花粉很少；苞片大，棕色。

京西毛白杨生长快，成大材。21年生平均树高18.9 m，胸径40.0 cm，单株材积0.995 4 m³。北京市郊有一株130年生的京西毛白杨，单株材积达13.6 m³。同时，抗锈病指数稍高。抗烟、抗污染、抗寒性强。其木材材质较好，木材纤维平度长度1 180 μm，长宽比56.2，是板材、柱材和纤维用材的好原料。

此外，京西毛白杨抗叶斑病较强。其木材白色，纹理直，材质好，是个有发展前途的优良类型。

8. 光皮毛白杨 Forma Lerigata

光皮毛白杨树冠宽大；侧枝较粗。树干端直、树皮光滑，灰白色；皮孔菱形，小而多，多数横向连生。短枝叶三角-宽卵圆形，先端短尖，基部深心形。雄花序粗短，花药黄色，花粉极多。

光皮毛白杨要求土、水、肥条件较高，所以仅在河南鲁山县有少量栽培。在适生条件下，生长迅速。19年生树高20.5 m，胸径60.8 cm，单株材积2.328 13 m³，而毛白杨分别为树高19.5 m、胸径26.9 cm、单株材积0.480 79 m³。

三、推广意见

(1)"因地制宜地推广不同优良类型。由于不同的优良类型是长期适应当地具体环境条件的结果，因而在其自然分布范围内生长较好。如箭杆毛白杨、河南毛白杨、小叶毛白杨可在河南省推广；截叶毛白杨宜在陕西关中渭河流域扩大栽培；河北毛白杨宜在河北省扩大造林面积；京西毛白杨在北京地区推广；塔形毛白杨在山东或河北省有关县市扩大栽植。此外，各个毛白杨优良类型，可在其相邻的地区试行推广。

(2)建立毛白杨优良类型的良种基地。推广良种，必须建立良种基地，繁殖优质种条，严防品种混杂。

(3)采用大苗、壮苗造林。采用大苗、壮苗造林，提高造林成活率和成活后迅速生长成材。因此，建议采用毛白杨优良类型造林时的苗木规格是:苗高 3 m 以上,地径 2.0~2.5 cm。

(4)认真选择造林地。毛白杨属喜光、干高、冠大的速生树种。为了达到短期内培育大批优质用材,造林地应选择土层深厚、土壤肥沃湿润、疏松通气的公路、铁路、沟旁、河边,城市工矿及适宜农田防护林的地区,采用单行或双行栽植。河滩地或适宜造林的土地上,采用小面积速生丰产林栽培技术。

(5)认真实行造林林木规程,加强林木抚育管理。造林时,应采用大穴,认真栽植,成活后,加强管理,注意病虫害防治。

(6)建议有关部门推广毛白杨 7 个优良类型 1 亿株,3~5 年内完成。

注:效益估算从略。

毛白杨优良类型生长的调查研究

赵天榜[1]　张康普[2]　李　琴[3]　赵子彩[3]

(1.河南农学院;2.许昌市林业局;3.河南省林技站)

前言

毛白杨(Populus tomentosa Carr.)是河南省特有的乡土树种之一,分布广,栽培历史悠久,生长快,树干高大、通直,树姿雄伟,是营造农田防护林和"四旁"的主要树种。同时,材质优良,用途广泛,历来为群众所喜爱。

毛白杨起源于杂种,在长期系统发育过程中,发生了许多变异,形成了多种不同的形态类型,经过人工选择和培育,其中 3 个优良类型——箭杆毛白杨、河南毛白杨、小叶毛白杨已在河南各地区多点推广,并获得了良好效果。

一、自然概况

河南地处中原,黄河中下游区,位于北纬 31°25′~36°20′,东经 110°20′~116°40′,全省各地年平均气温在 13~15 ℃。其规律是:北向南递增,极端最高气温除山地外,各地均在 40 ℃以上;极端最低气温大都在 -12~-23 ℃,年降水量 600~1 200 mm,全年降水量的 60%~70% 集中于 6~8 月,年空气相对湿度 65%~77%,<10 ℃年活动积温 4 000~5 000 ℃,无霜期 190~230 天,各地气候见表 1。

表 1　河南主要地区气象因子概况

气象因子	地区							
	安阳	洛阳	郑州	商丘	许昌	驻马店	南阳	信阳
年平均气温(℃)	13.5	14.5	14.2	13.9	14.6	14.8	14.9	15.0
极端最高气温(℃)	40.3	44.2	43.0	43.0	41.9	41.9	40.6	40.1
极端最低气温(℃)	-16.9	-12.0	-15.8	-16.7	-11.6	-17.4	-17.6	-16.9
10 ℃以上年积温(℃)	4 535.0	4 784.0	4 667.1	4 583.1	4 697.5	4 703.7	4 774.2	4 927.5
年降水量(mm)	628.5	604.6	635.9	707.8	739.4	949.6	826.7	1 107.6
无霜期(天)	198	215	216	200	214	218	229	222

注:观测年份为 1951~1970 年。

河南地形错综复杂,故而形成了不同气候和土壤条件。土壤的水平分布,豫东地区主要是潮土,黄河故道两岸或近河洼地有盐碱土分布,豫西北黄土丘陵区广泛分布着褐土类;豫中、东部及南阳盆地低洼易涝区分布着砂姜黑土;淮南波状平原及山间盆地多为水稻土;伏牛山南坡、桐柏、大别山北坡的丘陵垄岗区分布着黄壤土,山地多为黄棕壤。

二、调查材料及方法

(一)调查材料

1983 年至 1986 年 10 月在河南各地推广的箭杆毛白杨、河南毛白杨、小叶毛白杨 3 个优良类型。

(二)调查方法

采取系统抽样调查法,测定出多个样地内标准木的树高、胸径和单株材积,分析不同树龄的数量变动,找出毛白杨不同类型间生长差异和相似性。

根据不同地区气候、土壤条件,研究其生长发育与环境条件的关系,确立毛白杨优良类型的适生范围。根据毛白杨的生物学特性和不同土壤条件确定毛白杨不同类型的适生土壤。调查不同林种、不同栽培措施对毛白杨优良类型生长的影响,寻找影响其生长的主导因子,为制定不同树种和栽培措施提供依据。

三、结果与分析

通过大量的调查材料分析,毛白杨3个优良类型在河南不同立地条件下具有适应性强、速生丰产的优点。

(一)不同类型间生长比较

毛白杨优良类型生长量均大于普通毛白杨。从1986年许昌等地测得的数据可以看出,毛白杨各类型2年生期间生长变化不大,但随着树龄的增加,其差异明显加强,如:4年生箭杆毛白杨、河南毛白杨、小叶毛白杨3个优良类型高生长均大于普遍毛白杨48%～71%,胸径生长量大于14%～54%。10年生优良类型与普遍毛白杨相比材积生产量大于101%～159%。不同优良类型间相比同样可以看出,小叶毛白杨早期速生,材积生长量高;河南毛白杨粗生长快,单株材积大;箭杆毛白杨高生长快。调查结果如表2所示。

表2　不同树龄毛白杨优良类型与普通毛白杨生长情况比较

毛白杨类型	调查因子							
	株数 (株)	树龄 (a)	树高 (m)	胸径 (cm)	材积 (m³)	树高增长 (%)	胸径增长 (%)	材积增长 (%)
普通毛白杨	1 560	2	2.70	2.57	0.000 52	100	100	100
箭杆毛白杨	1 750	2	2.97	3.14	0.000 52	110	126	100
河南毛白杨	1 525	2	3.20	3.00	0.000 52	119	120	100
小叶毛白杨	1 478	2	3.31	3.62	0.002 35	144	124	452
普通毛白杨	1 356	3	3.50	4.01	0.002 35	100	100	100
箭杆毛白杨	1 431	3	4.98	4.80	0.003 16	124	120	134
河南毛白杨	1 520	3	4.88	4.79	0.003 16	139	119	134
小叶毛白杨	1 510	3	5.21	4.91	0.003 16	145	122	134
普通毛白杨	1 120	4	4.25	5.50	0.006 50	100	100	100
箭杆毛白杨	1 606	4	6.81	6.26	0.008 80	153	114	135
河南毛白杨	1 280	4	6.26	5.98	0.008 80	147	106	175
小叶毛白杨	1 320	4	6.51	6.59	0.008 80	153	120	135
普通毛白杨	1 320	5	7.30	7.10	0.014 45	100	100	100
箭杆毛白杨	1 601	5	7.90	8.90	0.018 56	108	125	128
河南毛白杨	1 283	5	7.60	3.00	0.018 56	104	114	108
小叶毛白杨	1 324	5	8.10	10.00	0.037 10	111	145	258
普通毛白杨	1 510	6	6.50	7.32	0.015 63	100	100	100
箭杆毛白杨	1 421	6	9.55	3.14	0.048 04	146	165	100
河南毛白杨	1 397	6	8.78	3.00	0.045 94	135	153	100
小叶毛白杨	1 150	6	16.26	17.38	0.166 04	250	237	106.2
普通毛白杨	230	10	13.00	16.40	0.110 55	100	100	100
箭杆毛白杨	165	10	14.70	22.80	0.234 92	113	139	212
河南毛白杨	146	10	14.00	21.78	0.221 89	108	132	201
小叶毛白杨	148	10	15.50	23.30	0.287 15	119	142	259

注:观测年份为1951～1970年。

(二)不同地区间生长比较

毛白杨优良类型具有适应性强、速生的特点,但在不同地区其生长各有差异。从表3中看出,小叶毛白杨、箭杆毛白杨、河南毛白杨不管是生长在豫西浅山丘陵区、豫东北黄淮海冲积平原、豫南山地丘陵淮南平原、南阳盆地,都有一个共同点——生长快。如3年生小叶毛白杨在伊川县平均高生长9.5 m,平均胸径生长7.2 cm,单株材积0.021 39 m³;鲁山县生长的3年生小叶毛白杨平均树高8.0 m,平均胸径8.76 cm,单株材积0.018 5 m³;箭杆毛白杨适应性强,在安阳、郑州、洛阳、平顶山、商丘、漯河、许昌、南阳等地生长良好,3年生箭杆毛白杨平均树高6.5 m,平均胸径7.04 cm。调查中还发现,同一地区不同优良类型其生长也不同;如在温县同是3年生,小叶毛白杨长势优于河南毛白杨;获嘉县3年生河南毛白杨高生长比小叶毛白杨良好;在禹县,箭杆毛白杨生长表现良好;河南毛白杨及小叶毛白杨次之。由此可见,按照毛白杨优良类型的生态特性,因地制宜地进行推广造林,是获得速生、丰产的保证。

(三)不同土壤类型间生长比较

毛白杨优良类型对不同土壤条件有一定适应性,但土壤对其生长有不同程度的影响。从表4看出,3年箭杆毛白杨在沙壤土和黄壤土其平均高生长为5.92 m、5.53 m,平均胸径生长量为6.71 cm、6.21 cm,单株材积0.008 2 m³、0.007 67 m³;砂姜黑土上其平均高生长4.04 m,平均胸径3.40 cm,单株材积0.007 67 m³。上述两种土壤相比,3年生材积生长量相差3.14倍。同时还表明,各种土壤对箭杆毛白杨生长适生程度其顺次为:沙壤土>黄壤土>两合土>黏土>砂姜黑土。

河南毛白杨在各种土壤中生长也有差别,如生长在黄壤土上的3年生单株材积生长量比砂姜黑土上要强3.35倍。河南毛白杨在不同土壤条件下生长表现顺次为:沙壤土>黄壤土>两合土>砂姜黑土。

小叶毛白杨在沙壤土和黄壤土条件下生长表现良好,其3年生高生长和胸径生长都超过其在两合土砂姜黑土的生长量。小叶毛白杨的适生土壤为:沙壤土>黄壤土>两合土>黏土>砂姜黑土。

在同土壤类型间不同优良类型生长表现顺次为:

沙壤土,箭杆毛白杨、小叶毛白杨、河南毛白杨3个优良类型生长势良好。

黄壤土,河南毛白杨>小叶毛白杨>箭杆毛白杨。

两合土,河南毛白杨>小叶毛白杨>箭杆毛白杨。

黏土,小叶毛白杨>河南毛白杨>箭杆毛白杨。

砂姜黑土,河南毛白杨>小叶毛白杨>箭杆毛白杨。

表3　3年生毛白杨优良类型在河南各地生长调查

地点	箭杆毛白杨			地点	河南毛白杨			地点	箭杆毛白杨		
	树高(m)	胸径(cm)	材积(m³)		树高(m)	胸径(cm)	材积(m³)		树高(m)	胸径(cm)	材积(m³)
叶县	6.40	6.00	0.008 86	襄县	4.60	6.00	0.007 09	伊川	9.509	7.20	0.021 39
舞阳	6.40	8.24	0.015 63	南乐	7.69	8.30	0.001 856	禹县	5.80	6.10	0.008 24
宝丰	7.10	5.80	0.009 36	禹县	5.70	6.60	0.008 24	鄢陵	5.70	6.96	0.008 24
民权	6.60	8.60	0.016 62	平顶山	5.10	7.30	0.001 28	获嘉	6.60	7.80	0.016 62
禹县	6.20	6.90	0.008 24	获嘉	8.72	7.34	0.018 56	鲁山	8.00	8.96	0.018 56
南乐	6.30	7.10	0.008 24	鲁山	5.13	7.30	0.012 58	温县	6.30	6.60	0.008 80
许昌	6.50	6.60	0.008 80	温县	5.60	5.73	0.007 67				

表4 土壤对不同优良类型毛白杨生长的影响

不同类型	调查因子				
	树龄(a)	土壤	树高(m)	胸径(cm)	材积(m³)
箭杆毛白杨	3	黏土	3.98	3.86	0.002 62
		两合土	4.91	5.17	0.007 09
		沙壤土	5.92	6.17	0.008 24
		砂姜黑土	4.04	3.40	0.002 62
河南毛白杨	3	黄壤土	5.53	6.21	0.007 67
		两合土	5.70	6.00	0.008 24
		沙壤土	5.91	6.11	0.008 24
		砂姜黑土	4.27	4.11	0.002 62
小叶毛白杨	3	黏土	6.51	6.21	0.008 80
		两合土	5.16	4.82	0.003 16
		沙壤土	5.71	6.57	0.008 24
		砂姜黑土	4.60	4.02	0.002 62
		黄壤土	5.92	6.73	0.008 24
		黏土	4.80	4.17	0.003 16

(四)不同林种间生长比较

不同林种选用不同优良类型毛白杨其生长差异明显,从表5中看出,进行"四旁"造林时,选用3个优良类型生长表现最好,在不同林种内选用小叶毛白杨造林其生长表现以"四旁">片林>林网;河南毛白杨单株材积生长片林0.006 30 m³,"四旁"0.006 61 m³,林网0.005 62 m³。其顺次为:"四旁">片林>林网;箭杆毛白杨顺次为:"四旁">林网>片林。

同一林种间不同毛白杨优良类型表现为,片林:河南毛白杨>小叶毛白杨>箭杆毛白杨;林网:河南毛白杨>小叶毛白杨>箭杆毛白杨;"四旁":

小叶毛白杨>河南毛白杨和箭杆毛白杨。作为公路和"四旁"绿化时,从主干和树姿方面考虑箭杆毛白杨优于小叶和河南毛白杨。

(五)不同管理措施对毛白杨优良类型生长的影响

毛白杨优良类型在集约管理好的条件下,其生长更能发挥优势。从表6中看出,6年生箭杆毛白杨由于加强了林地管理,及时间伐,其材积生长量比管理水平差的提高44%。在当前大面积营造毛白杨优良类型速生丰产林时,要发挥速生丰产的优势,除选择适生的气候、土壤外,加强集约管理也十分重要。

表5 不同林种3年生毛白杨优良类型生长调查

林种	小叶毛白杨			河南毛白杨			箭杆毛白杨		
	树高(m)	胸径(cm)	材积(m³)	树高(m)	胸径(cm)	材积(m³)	树高(m)	胸径(cm)	材积(m³)
片林	5.16	4.81	0.005 63	5.24	5.05	0.006 30	4.19	3.50	0.002 42
林网	5.59	4.17	0.004 58	5.26	4.76	0.005 62	4.02	4.05	0.003 10
"四旁"	6.03	5.45	0.008 44	4.96	5.35	0.006 61	4.91	5.12	0.006 07

表6 抚育管理对箭杆毛白杨生长的影响

管理水平	树龄	株行距(m×m)	平均生长量			增长(%)		
			树高(m)	胸径(cm)	材积(m³)	树高	胸径	材积
管理较差	6	2×4	8.05	9.68	0.028 97	100	100	100
集约管理	6	4×4	8.61	11.70	0.041 68	107	121	144

四、结语

毛白杨 3 个优良类型在河南各地多点推广的经验证明,河南毛白杨速生成大材,箭杆毛白杨适应性强,单位面积材积高,小叶毛白杨早期生长最快,单株材积大。3 个优良类型与普通毛白杨相比,具有适应性强、速生丰产的优点,是河南平原区大力推广的优势树良种。

河南土壤多样,土地生产力各异,推广毛白杨优良类型前,一定要搞好土壤调查,做到适地适树。在沙壤土上可推广 3 个优良类型。黄壤土以河南毛白杨和小叶毛白杨为主;两合土以栽植河南毛白杨和小叶毛白杨最好;黏土可发展小叶毛白杨;砂姜黑土栽植优良类型时要加强土壤改造,提高土壤肥力。

营造不同林种,要选择相应的优良类型,才可达到速生丰产的目的。"四旁"造林以河南毛白杨、小叶毛白杨为主,箭杆毛白杨树干通直高大、树姿雄伟,是公路绿化的理想树种。片林、丰产林、林网以箭杆毛白杨,小叶毛白杨较好。

建议今后在推广毛白杨优良类型造林时,要充分利用土地资源,搞好林业区划,因地制宜地发展。

从经济效益出发,平原区应充分挖掘土地资源潜力,利用荒沟、废河渠道大力营造毛白杨优良类型速生丰产林基地,以解决平原木材紧缺问题。

建立良种繁育基地和科研基地,实行科研、生产、推广相结合,加速良种推广,在大范围内进行区域化栽培试验。

参考文献

[1] 黄淮海及长江中游平原土壤与杨树生长关系的初步研究[J]. 林业科学,1983,19(1).
[2] 杨树造林苗木不同栽植深度的研究[J]. 东北林学院学报,1985,13(1).
[3] 魏克循. 河南土壤[M].

王海勋细种条培育毛白杨壮苗经验总结

赵天榜[1]　李荣幸[2]　李惠道[2]

(1. 河南农学院教学实验农场园林试验站;2. 造林教研室)

一、前言

细种条培育壮苗的问题,过去很少引起人们的注意。因而,无论在科学试验中或在生产上一般采用 1.0~1.5 cm 粗的种条,不用细种条。几年来,试验材料证明:细种条所占比例极大。例如,大官杨母株(专以培育种条用的树木)上细种条平均占总数的 93.7%,毛白杨达 67.5%。所以,研究细种条培育壮苗的技术措施,是快速繁殖苗木和合理利用细条的关键。武陟县小徐岗林场王海勋同志用细种条培育毛白杨壮苗的过程中,创造出一套比较完整的经验。特别值得重视的是:这一经验经过了十余年的实践检验,尤其是经过了 1964 年的严重水灾和 1965 年的特大干旱的考验,它不仅解决了毛白杨种条供不应求的困难,而且为河南省快速繁殖毛白杨开拓了新的方向。为了学习和推广这一经验,我们前后三次亲赴现场,在王海勋同志的指导下,采用了"看、问、作、议"的方法进行了调查和总结。调查证明:他们育苗时所采用的种条粗度在 1.0 cm 以下的种条占总数的 99.00%,其中 0.4~0.6 cm 粗占 60.28%,0.6~0.8 cm 粗占 8.76%。插穗的扦插成活率一般达 82.1%,最高为 93.1%。每亩产苗量最高达9 191 株,最低为 5 400 株,平均为 6 784 株;苗木高度平均为 2.95 m,地际径为 2.04 cm。为了快速繁殖毛白杨,以供造林之用,现将小徐岗林场利用细种条培育毛白杨壮苗的先进经验,总结于下,以供各地育苗时参考。

二、细种条培育壮苗

细种条培育毛白杨壮苗,分以下几个问题:

1. 种条分类

培育壮苗,必须选择优良的枝条作为育苗的材料,这种枝条称为种条。种条的标准是:生长发

在调查和总结过程中,蒙造林教研室蒋建平同志的指导和帮助,特此致谢!

育好,没有严重的病虫为害,侧芽没有萌发的一年生枝条。

根据毛白杨种条质量的不同,将种条分为三类:

(1)粗种条。凡合乎种条标准,但粗度超过2.0 cm以上的种条,称为粗种条。粗种条所占比例小,即11.0%。这类种条,不宜作为扦插育苗的材料;否则,扦插成活率低,苗木生长不良。但是,可以作为埋条育苗的材料。

(2)好种条。凡合乎种条标准,但粗度在1.0~2.0 cm的种条,称为好种条,或为优质种条。这类种条,是培育毛白杨壮苗的最好材料,但所占比例不大,即21.5%。目前,在大面积上进行扦插育苗时,均采用此类种条尚有困难,即不易解决用条和需苗之间的矛盾。

(3)细种条。凡合乎种条标准,但粗度在0.3~1.0 cm的种条,称为细种条。这类种条所占比例较大,即67.5%。目前,在生产上一般不采用这类种条,尤其是0.8 cm以下的种条,大量弃之不用,实在可惜。

2. 壮苗规格

壮苗是决定林木优质、速生、丰产的基本措施之一。为了保证林木的优质、速生、丰产,确定壮苗的规格具有重要的意义。现根据河南省各单位的材料,兹将毛白杨壮苗规格列于表1。

表1　毛白杨壮苗分级统计表

苗木分级	苗高(cm)	地径(cm)
Ⅰ	2.5 以上	2.0 以上
Ⅱ	2.0~2.5	1.5~2.0
Ⅲ	1.5~2.0	1.0~1.5
Ⅳ	1.5 以下	1.0 以下

3. 细种条培育壮苗

小徐岗林场的经验证明:细种条完全可以培育毛白杨壮苗,是解决目前快速培育毛白杨的主要材料,也是合理利用种条的重要途径之一。几年来,小徐岗林场在培育毛白杨壮苗时均用大树或幼树上的一年生萌芽枝条。这些种条粗度绝大部分在1.0 cm以下。调查材料如表2所示。

小徐岗林场在进行毛白杨扦插育苗时,对于插穗的粗度并未严格进行分级,春季晚栽插穗的成活率最高为93.1%,平均为82.1%。调查材料如表3所示。

表2　1965年11月23日扦插时插穗粗度调查统计表

接穗粗度(cm)	插穗数(个)	占总数的百分比(%)
0.4 以下	118	7.37
0.4~0.6	965	60.28
0.6~0.8	392	24.48
0.8~1.0	119	6.87
1.0~1.2	14	0.88
1.2 以上	2	0.12

表3　细插穗扦插成活调查表

调查区号	扦插数(个)	成活数(株)	成苗率(%)	说明
1	201	161	80.0	
2	391	364	93.1	
3	264	187	51.65	冬插
4	1 033	838	81.12	
合计	1 889	1 550	82.1	

为了进一步了解细种条培育毛白杨苗木的质量,现将小徐岗林场和武陟县农科所应用细种条培育壮苗的材料列于表4和表5。

表4　小徐岗林场不同育苗方法毛白杨苗木质量调查表

育苗方法	苗高(m)	地径(cm)
细种条	2.95	2.04
插条(1.0~1.5 cm)	2.67	1.81
留根苗	3.21	1.80
小苗移植	2.95	1.91

表5　武陟县农科所插穗粗度对毛白杨苗木质量的影响

插穗粗度(cm)	苗高(m)	地径(cm)
0.4~0.8	3.24	2.1
1.0~2.0	3.29	2.1

以上所述,可以从表2~表5的材料中看出:无论从插穗成活率上,或是从苗木质量上来说,细种条培育毛白杨壮苗已被小徐岗林场十余年来的实践所证明。尤其是他们的经验,是在1964年特大水灾和1965年严重干旱的考验下,获得了极为优异的结果。

三、细种条培育壮苗的主要经验

武陟县小徐岗林场应用细种条培育毛白杨壮苗的主要经验,介绍于下。

1. 适时采条，及时储藏

为了保证细种条具有充分的营养物质，以利插穗生根成活，适时采集种条是很重要的技术措施。多年来的经验证明：以毛白杨叶片变黄而部分脱落时，采集种条最为适宜。种条采集后，在剪取插穗和扦插过程中，严防插穗失水过多，而影响成活。因而，小徐岗林场在冬季进行扦插时，严格采用"三当、二完"措施，即"当天采条，当天剪条，当天插条；采集的种条，应当天剪完，当天插完"，否则，用湿砂将种条或插穗浅埋起来，不可放在室内，或室外，任其水分蒸发，风吹和日晒。如果采用春季晚栽插穗时，可将种条剪成17~21 cm长的插穗，随即用沙进行储藏。

插穗储藏时，应选择地势高燥、排水良好的地方，以免由于储藏而发生腐烂。储藏坑的规格是：深1.0 m，宽1.5 m，长2.0 m。储藏坑挖好后，下铺湿润的细沙一层约10 cm，沙上竖放插穗（也可横放），放完一层后，从上填沙，充实插穗空间，沙填到高于插穗10 cm左右时，铺平湿沙，竖放第二层。然后，按此法，竖放第三层。但以一层为最好，最后封成土堆。以上适时采条"三当、二完"措施，是为细种条扦插后生根成活奠定有利的物质基础，即保持种条内具有足够的养料和水分。

2. 晚栽插穗，促进生根

晚栽插穗，促进生根，主要是对0.5 cm以下粗的插穗所采用的特殊的技术措施。细种条由于其中营养物质较少，所以促进插穗生根进行晚栽是个关键性的技术措施之一。由于晚栽，插穗已生新根，从而解决了插穗细、营养少、生根困难、不易成活的矛盾。晚栽插穗的时间，一般于3月中下旬或4月上旬进行。但以3月中下旬为好。表3材料表明：春季晚栽插穗的成活率平均为82.1%，最高为93.1%。

为了扩大毛白杨的繁殖，以解决由于晚栽插穗时间较短的限制和人力不足的困难，利用细插穗进行冬季扦插，采用封土措施，同样可以获得良好的效果。据调查结果，冬插时，插穗成活率达51.65%，每亩产苗量为6 019株，2.0 m以上的苗木达4 033株，苗高平均为2.95 m，地径为2.09 cm。

3. 浅栽复土，冬插封土

浅栽复土是在春季晚栽插穗时，为了保证细插穗上新根不受过多损害，而采用的相应的必要措施。为了保证插穗上新根不受过多的损害，应在插穗浅栽前几天，将育苗地灌溉一次，保证土壤具有充分的湿度，以利成活。

春季插穗浅栽复土的具体措施是：每隔60 cm宽用板镢或锄开成宽15 cm、深10 cm左右的纵沟。随即取出生根的细插穗靠边放入沟内，上端露出地面3~5 cm，即用手将湿土封住幼根，并埋住插穗1/2~1/3，以免风吹日晒损伤新根，或因灌水而冲倒插穗。浅栽生根插穗时，以避免水分蒸发和日晒，需用湿麻袋等物严密覆盖。浅栽时，以选择无风的阴天最好。浅栽后，进行灌溉，待水分渗下后，用锄从两侧浅挖湿润表土，将插穗封起而成土垄，以减少插穗水分蒸发，并使土壤与插穗和新根密接起来，保证成活。

冬季扦插封土的具体措施是：每隔60 cm宽开一条宽15 cm、深10 cm左右的沟，用板镢在沟内松土15 cm左右深，然后每隔8~10 cm，用手将插穗插入沟内，上端露出地面3~5 cm。再用锄为插穗封土，成一条土埂，封土厚度高于插穗10 cm左右。次春插穗上的苗芽萌动时，扒去封土，加强管理，保证获得壮苗。

4. "偷浇"

"偷浇"实际上是侧方少量沟状灌溉的别称。"偷浇"无论是对春季浅栽插穗与幼根不受损害，或促进冬季扦插的细插穗生根均是一个关键。同时，还是防止插穗上"烧芽"的必要措施。

"偷浇"的具体措施是：细插穗苗芽萌动时，用手把将封土扒平，再用锄靠近插穗一边开成10 cm左右小沟，顺沟进行灌溉。灌溉时，要掌握"小、清、少、勤"的原则，即采用小水、清水、少量、勤浇的原则。浇后，将沟填平，以防止水蒸发，形成地表板结。按此法灌溉2~3次，待插穗活稳后，苗高15 cm以上时，可采用小水沟状灌溉，但不宜进行大水漫灌，也不必要进行开沟、填土措施。

"浅栽复土"、"冬插复土"和"偷浇"措施，对于细插穗生根成活和幼苗生长均能起到良好的功能，这种功能是：①保持土壤湿润，防止水分蒸发和地表板结；②减少地表温差，防止地表温度急剧变化，促进幼根迅速萌发和生长；③保持插穗周围通风良好，防止幼根腐烂，保证新根形成时所需的氧气。

5. 加强苗木抚育

加强苗木抚育措施，即追肥，适时、适量灌溉，防治病虫害，是获得苗木优质的关键。如调查材料表明，加强苗木抚育的苗木高度平均为2.95 m，地径为2.04 cm，反之，苗高平均为1.52 m，地径为 1.23 cm。

总结以上材料，可以明显地看出：小徐岗林场利用细种条培育毛白杨壮苗的经验是非常突出的。其主要经验是：适时采集种条，严防种条或插穗失水过多，晚栽插穗，促进生根，浅栽覆土，冬插封土，采用"小、清、少、勤"的原则进行"偷浇"，加强抚育等措施，促进插穗生根和防止插穗上的新生根腐烂，则是这些措施的中心环节。封土和"偷浇"是催根和保根的关键。但是，选择圃地、细致整地、施足基肥等都是不可忽视的重要技术措施。

四、关于王海勋细种条培育毛白杨壮苗经验的推广问题

王海勋细种条培育毛白杨壮苗的经验，已于1965年在武陟县农业科学研究所和县森林苗圃中获得成功。目前，开封专署林业局采用"将王海勋同志请进来传授技术，派专人到现场学习经验"的方法，已在全专区各县普遍推广。

为了推广王海勋细种条培育毛白杨壮苗的经验，现将武陟县农业科学研究所在推广此经验时，进行的主要技术措施改进要点，介绍于下，以作参考。

武陟县农科所选择的育苗地为黏土（小徐岗育苗地为沙壤土）。因此，他们在推广王海勋细种条培育毛白杨壮苗经验时，不是教条主义地死搬硬套，而是结合本地特点，灵活地运用，在运用过程中，有所创新，有所前进。他们所改进的技术措施主要有以下两点：

（1）春季采用宽、窄行进行插穗的栽植，其行距：宽行为 60~70 cm，窄行为 40~50 cm。此优点是：利于苗木的抚育管理，促进苗木质量的提高。

（2）结合黏土地区特点，采用长插穗（25~35 cm）进行浅栽，增加培土厚度，培置高垄。浅栽的深度，一般为插穗长度的 1/2~1/3，即 10~15 cm，此深度比王海勋栽的浅些，但培土较厚，一般达15~20 cm。

由于采用上述主要两点改进措施，使其插穗成活率达到 89.35%，每亩产苗量为 5 217 株，苗木高度平均为 3.52 m，地际径为 2.42 cm，3.0 m以上的苗木达 53.1%。

毛白杨插根育苗经验总结

河南农学院实验农场园林试验站*

一、前言

毛白杨是我国华北地区的主要造林树种之一。为了满足造林对毛白杨苗木的需要，多年来，我们进行了快速繁殖毛白杨的试验。同时，进行了群众繁殖毛白杨苗木经验的调查。通过试验和调查，结果表明：插根育苗是快速繁殖毛白杨苗木的一种有效方法。1964 年调查试验材料 250 株苗木，一株一年生苗木，用苗干作种条的平均每株可剪成 1.0~1.5 cm 粗、2 0 cm 左右长、上端具有苗芽的插条 3~4 个，加上梢部插条共 11 根。而每株苗木根系可剪成 15 cm 长的插根 25~35 个，最少为 15 个。同时，插根方法比其他方法繁殖毛白杨苗木具以下优点：成活率高，产苗量多，成本低，技术简便，易于推广。现将插根育苗的试验结果介绍于下，以供参考。

二、种根采集

插根育苗的种根采集方法如下：

1. 母树选择

为了保证林木的优质、速生、丰产，采集种根时，应选择生长快、树干直、分枝小、抗病强的毛白杨作为采根母树，或用毛白杨的育苗地作为采根的基地。

2. 搜根时间

种根搜集时间，可在秋末冬初落叶后进行，也可在翌春树木发芽前进行。根据试验，春季搜根比秋季好。因为春季搜根，可以免去储藏的麻烦，同时，还可以提高细种根扦插的成活率。

3. 搜根方法

搜根方法应根据母树的大小而定。如母树较大时，可在距树干基部 1.0 m 以外的地方，用锹将 30~50 cm 深的土层内、2.0 cm 粗以下的根系全

---

*赵天榜　河南农学院教学实验农场园林试验站。

部搜出,供育苗用。也可在苗木出圃时,将苗木上过多或过长的根剪下,作为种根用。但是,搜根或剪根的多少,以不影响树木生长和苗木造林为原则。

4. 种根储藏

如果进行大面积的插根育苗,在秋末冬初进行搜根,以保证任务的完成。秋末冬初搜集的种根,粗度超过 1.0 cm 时,可进行冬插。而 1.0 cm 粗度以下的细根,可储藏到次春扦插。种根储藏时,应选择地势高燥、排水良好的地方,挖成深 60~80 cm、宽 80~100 cm、长 200 cm 左右的储藏坑,坑底铺湿润细沙 10~15 cm。沙上平放种根 3~5 cm 厚,再铺细沙 3~5 cm,然后,一层沙、一层细根,直到距地面 10 cm 左右时,用土封起。为了保证种根的安全,在储藏过程中,应注意以下问题:

(1)储藏坑周围挖排水沟,防止雨水,或雪水入内;

(2)储藏种根时,切勿灌水,也不能浸水;

(3)经过试验,储藏时沙的含水率以 7% 左右为宜。

三、种根分类

种根的分类,以其粗度的不同分为:

(1)粗种根。凡粗度超过 1.5 cm 的,称为粗种根。1~2 年生以上的粗种根,占比例极小,但成活率高,苗木生长好。这类种根在大面积上应用确有困难。在大树上搜的粗种根,所占比例较大,但根皮上木栓层较厚,扦插后容易引起腐烂而降低成活率。所以,在大面积进行育苗时,不宜采用大树上多年生的根系。

(2)好种根。凡粗度在 0.6~1.5 cm 的种根,称为好种根。这类种根,在 1~2 年生的苗木中所占比例最大,是培育毛白杨壮苗的最好材料。

(3)细种根。凡粗度在 0.6 cm 以下的,称为细种根。这类种根,应用于插根育苗时,成活率较低。为了充分发挥这类种根的作用,可将它剪成长 15~20 cm,进行弓形压根。或者采用间断埋根,进行育苗,效果较好。

四、种根鉴定

根据试验,插根剪取前,应进行种根品质检查鉴定;否则,由于种根品质不良,而造成育苗失败。1965 年春,我们从郑州郊区购置毛白杨种根 500 余 kg,供学生实习用。当时,由于没进行种根品质检查,结果成活率不到 1%。由此可见,种根好

坏,是决定插根育苗成败的关键。为此,现将毛白杨种根品质好坏的特征介绍于下,以供参考。

1. 育苗用的种根的特征

①须根多;②根粗多数在 0.5~1.5 cm;③根皮黄褐色,光滑无皱纹;④种根新的剪口为乳白色或乳黄色;⑤无严重病虫害。

2. 育苗不能用的根的特征

①种根粗大,多为 2.0 cm 以上的多年生根;②须根少,皱纹多;③根皮为黑褐色;④种根新剪口为灰色,或褐色,略具臭味;⑤病虫害严重。

五、种根剪取

1. 种根剪取

剪取根的好坏,是决定育苗成败的主要措施之一。毛白杨种根具有粗细相间(即一段粗、一段细)的特点。为了保证插根成活率,在种根剪取时,必须区别上、下两端。插根剪口应上平下斜,以免倒插。同时,应按种根粗细,分别剪取,分别放置,分别扦插。

2. 种根规格

种根规格(主要指种根的粗度和长度),对苗木的产量和质量也有很大影响。现将种根的规格与成活率和苗木生长的关系列于表 1、表 2。

表 1　种根粗度对苗木质量的影响

种根粗度 (cm)	成活率 (%)	苗高 (m)	地际径 (cm)
0.2 以下	91.8	1.54	1.35
0.2~0.4	93.1	1.71	1.76
0.4~0.6	98.7	2.22	2.02
0.6~0.8	100.0	2.28	2.08
0.8~1.0	100.0	2.48	2.21

注:1964 年试验材料。

表 2　种根长度对苗木生长的影响

种根长度 (cm)	成活率 (%)	苗高 (m)	地际径 (cm)
7	79.1	2.27	2.00
10	83.4	2.40	2.24
12	98.1	2.58	2.35
15	100.0	2.71	2.50

注:1.1964 年试验材料。

2.插根粗度为 0.6 cm。

从表1、表2可看出，1.0 cm粗以下的毛白杨种根均可利用。种根长度一般12~15 cm即可。如果种根粗度小于0.4 cm，则长度可增加到20 cm较好。

六、扦插技术

选择肥沃土壤，经过细致整理，以备扦插。毛白杨插根育苗一般包括以下三个内容：

1.插根时间

根据试验，插根粗度小于1.0 cm时，以春季随搜、随剪、随插为好；反之，插根粗度超过1.0 cm以上时，可以在秋末冬初进行扦插较好。春插和秋插对其成活率和苗木生长有影响，如表3所示。

表3　插根时期对其成活率和苗木质量的影响

插期	成活率(%)	苗高(m)	地际径(cm)
冬插	76.1	2.19	1.40
春插	92.3	2.50	2.00

注：插根粗度为0.4~0.6 cm。

2.扦插方法

经过试验，在1.0 cm粗以下的插根具有细、软、短的特点。所以，扦插时不能直接插入地内。为了保证插根的成活率，插根时，可用10 cm左右长的小条铲进行窄缝扦插。扦插后，踩实，使土壤与插根密接，以利生根成活。扦插深度，以插根的粗度而定。如插根较细，则扦插深度应与地平为宜；插根较粗，以低于地面3~5 cm为宜。现以1.0 cm粗的插根为例，说明扦插深度对苗木质量的影响，如表4所示。

表4　扦插深度对苗木质量的影响

扦插深度(cm)	1.0~1.5	1.5~2.0	2.0~3.0	3.0~4.0	4.0~5.0	5.0~6.0	6.0~7.0	7.0~8.0
苗高(m)	0.96	1.21	1.63	1.59	1.97	2.04	2.54	2.64
地际径(cm)	0.68	0.95	1.13	1.03	1.24	1.28	1.50	1.60
苗干茎部生根数(个)	2.0	4.0	5.8	7.8	13.9	18.1	21.1	20.5
插根上的根数(个)	4.8	7.8	8.6	8.6	10.1	10.1	7.1	4.5

注：扦插深度超过5 cm以上时，则挑芽费工甚多，不宜采用。

为了保证插根成活率，扦插不宜过深，否则会因覆土过深而使插根发生腐烂。插根深度，一般以3~5 cm为宜。扦插较浅，会因地表温度过高，使萌发的幼芽多次发生灼害，影响插根的成活率和苗木的生长。

3.扦插密度

扦插密度，应随立地条件和扶育措施的不同而有区别。如培育一年生苗木时，则扦插密度以20 cm × 20 cm、20 cm × 25 cm，以及25 cm × 18 cm为宜。如果培育大苗以及便利扶育管理，则扦插密度以50 cm × 30 cm，或50 cm × 25 cm较好。

七、苗木抚育

毛白杨插根扦插后，直到苗木停止生长前，应及时进行苗木的抚育管理，这是决定苗木优质丰产的关键。插根萌芽前后，应保持苗床上具有一定的湿度，为插根生根和幼苗生长创造条件。但切勿引水过多，以免引起插根腐烂而影响成活。也不可使苗床过度干燥而引起幼芽灼伤，造成死亡。插根萌芽后，应及时用毒饵或青草诱杀蝼蛄

和地老虎，并防治大灰象鼻虫和蚜虫为害。萌芽苗高5~10 cm时，进行除萌，每个插根上选留一个壮芽，培育成壮苗。除萌时间，应于幼苗木质化前进行。如果土壤肥沃、抚育及时，插根粗度超过1.0 cm时，每个插根上可留2~4个萌芽，加强管理措施，即可提高苗木产量。

为了保证苗木的质量，应对不同粗度插根上的苗木分别进行管理。尤其对细插根上苗木的管理，要施"偏心肥"，浇"偏心水"。灌溉、施肥次数应根据具体情况而定。每次每亩施化肥10 kg左右为宜。施后应立即灌水。在苗木生长期间，锈病防治是提高苗木质量的重要措施之一。防治方法：喷波尔多液和剪除中心病株的病芽或病枝等。但是，增施追肥，促进苗木生长，增强抗病能力，也可以减少锈病的为害。此外，蚜虫、透翅蛾、卷叶蛾、天社蛾和煤病的防治，以及修枝抹芽等措施，对于促进苗木良好生长具有重要的作用。

八、初步小结

(1)根据试验和调查结果，插根育苗是快速

繁殖毛白杨苗木的有效方法之一。

（2）细种根的应用，是快速繁殖毛白杨插根苗木的中心环节。

（3）插根扦插后，适时进行灌溉，防止插根腐烂，是插根育苗中所有技术措施中的关键。

（4）加强苗木扶育，促进苗木生长，是提高苗木质量的关键。

毛白杨扦插育苗试验初步报告（摘要）

赵天榜

（河南农学院教学实验农场林业试验站）

毛白杨（Populus tomentosa Carr.）由于生长迅速，材质优良，适应性强，以及具有寿命长等特点，所以在农田防护林带、防风固沙林和速生丰产用材林的营造中，以及轻工业、用材林的需要和绿化建设中都具有重大意义。但是由于育苗困难，所以培育高产优质的苗木，是目前急需解决的重要课题之一。为了提高单位面积苗木的产量和质量，我们从 1955 年到现在连续进行毛白杨育苗试验。试验内容有采条时期、扦插时期、种条部位、插条处理等。现将试验结果，加以初步整理，介绍于下，以供参考。

一、试验技术与苗木抚育

1. 圃地整理

试验地为粉沙壤土，pH = 7.5，前作物为秋耕休闲地。10 月上中旬进行整地做床。苗床长 10 m，宽 1 m，埂 30 cm。然后，每畦施腐熟马粪 100～150 kg 作为基肥，翻入地下，耧平，以备扦插。

2. 种条选择

采集种条时，应选择 1 年生长健壮、发育充实、无病虫害的壮苗。

3. 插条规格

插条长 15～20 cm，粗 1.0～1.5 cm，上端切口下 1.5 cm 下有 1 饱满芽，下切口勿损伤皮层。剪取的插条分上、中、下放置。

4. 扦插时间

扦插时间，可在秋末冬初落叶后进行，也可在翌春树木发芽前进行。细插条可进行储藏，可以提高扦插的成活率。

5. 扦插方法

扦插时，用锹按 20～25 cm 在土层中开缝，放入插条。插条上芽露于地表 3～5 cm，踩实。

6. 苗木抚育

扦插后灌大水 1 次，以后每 15～20 天用清水灌水 1 次，幼叶有泥必须用清水冲洗。芽萌发后及时防治金龟子、天牛及锈病等危害。

二、试验结果

1. 扦插时间

采条时间对毛白杨插条成活率试验结果如表 1 所示。

从表 1 看出，采条时间以 11 月 1 日至 12 月 15 日为佳。

2. 种条部位

种条部位对毛白杨插条成活率试验结果如表 2 所示。

从表 2 看出，种条部位以基部为佳，中部次之，梢部最差。

3. 扦插时期

扦插时期对毛白杨插条成活率试验结果如表 3 所示。

从表 3 看出，扦插时期以 11 月 15 日至 12 月 15 月为宜。

4. 药剂处理插条对成活率的影响

（1）不同药剂处理毛白杨插条对成活率的影响如表 4 所示。

从表 4 看出，不同药剂处理毛白杨插条成活率试验结果表明，蔗糖最好，其成活率为 100%；硼酸次之，成活率为 80%。

（2）不同药剂处理毛白杨插条生根的影响如表 5 所示。

从表 5 看出，不同药剂处理毛白杨插条生根试验结果表明，硼酸最好，其成活率为 86.7%～93.3%。

（3）不同药剂处理毛白杨插条部位对成活率

的影响如表6所示。

的影响如表6所示。

表1 采条时间对毛白杨插条成活率试验结果

插期(月-日)	09-01	09-15	10-01	10-15	11-01	11-15	12-01	12-15	03-01	03-15
插条数(个)	0	0	0	80	80	80	80	80	80	80
成活数(个)	0	0	4	24	50	42	45	42	3	2
成活率(%)	0	0	7.5	30.0	62.5	52.5	56.3	52.5	3.8	2.5

表2 种条部位对毛白杨插条成活率试验结果

种条部位	种条数(个)	成活数(个)	成活率(%)	苗高(m)	地径(cm)
基部	80	67	84.5	1.71	1.44
中部	80	64	57.8	1.54	1.13
梢部	80	22	25.0	1.07	0.77

表3 扦插时期对毛白杨插条成活率试验结果

采条期(月-日)	10-15	10-30	11-15	11-30	12-15	12-30	02-15	02-30	03-15
扦插数(个)	125	200	225	80	225	200	200	225	225
成活数(个)	6	19	53	18	46	19	39	0	0
成活率(%)	4.8	9.5	23.5	21.3	20.4	9.5	19.5	0	0

表4 不同药剂对毛白杨插条成活率试验结果

药品名称	浓度(%)	插条数(个)	成活数(个)	成活率(%)
丁二酸	0.01	60	29	48.33
丁二酸	0.02	60	35	58.33
丁二酸	0.02	60	25	41.67
硼酸	0.04	20	16	80.00
蔗糖	0.5	20	20	100.0
蔗糖	1.5	20	20	100.0
蔗糖	2.0	20	20	100.0
对照	水浸	60	25	41.67

表5 不同药剂处理毛白杨插条生根的影响

处理方法	正放	倒放	硼酸 0.1%	硼酸 0.3%	硼酸 0.5%	2.4-D 50 mg/L	2.4-D 100 mg/L	2.4-D 150 mg/L	2%蔗糖溶液
插条(个)	45	30	30	30	30	35	43	33	27
生根数(条)	0	0	26	27	28	1	5	6	21
生根率(%)	0	0	86.7	90.0	93.3	2.9	11.6	18.2	77.8
腐烂数(个)	38	0	4	3	2	24	38	27	6
腐烂率(%)	84.4	0	13.3	10.0	6.7	71.4	88.4	81.8	22.2

注:1960年11月采条,1961年3月10日调查。

表6 不同药剂处理毛白杨插条部位对成活率的影响

处理方法	成活率(%)							
	硼酸0.4%		丁二酸0.02%		带叶浸水		对照	
基部	20	60.0	20	90.0	20	60.0	40	32.5
中部	20	30.0	20	60.0	20	40.0	40	25.0
梢部	20	15.0	20	25.0	20	25.0	40	12.5

注:1957年试验材料。20及40为插条数。

三、试验小结

为获得毛白杨扦插育苗成功,必须做到以下几点:①选择毛白杨优质壮苗作扦插育苗种条用。②种条应分粗细、部位分别剪取、处理,分别扦插与管理。③插条扦插前,应用蔗糖、硼酸处理,可提高其成活率。④选择土壤肥沃、排灌方便的育苗地。⑤加强苗木抚育,防治病虫害,促进苗木生长,是提高苗木质量的关键。

毛白杨点状埋苗育苗试验初步总结

赵天榜

(河南农学院教学实验农场园林站)

毛白杨是河南省主要速生用材树种之一。为了快速繁殖毛白杨优质壮苗,我们于1964年开始进行毛白杨点状埋苗育苗的试验。经过1964~1972年连续8年的试验和生产实践,表明点状埋苗育苗是快速繁殖毛白杨的一种有效方法。这种方法技术简便,易于大面积生产,且能获得大批的优质壮苗。

为了适应河南省当前大力发展速生用材树种——毛白杨的需要,现将毛白杨点状埋苗育苗的试验结果,初步整理于下,以作参考,不妥之处,且希批评指正。

一、圃地整理

圃地应选择土壤肥沃、灌溉方便、病虫害少的沙壤土,或壤土地为好。盐碱低洼地、土壤瘠薄、病虫害严重的地方,不宜选用。圃地选择后,应于冬初进行深耕,耕后不耙,翌春土壤解冻后,进行整地。整地时,每亩施入基肥5 000 kg左右。然后浅耕细耙搂平做床。苗床长10 m、宽0.7 m,畦埂宽0.3 m。苗床做好后,引水灌溉,等到水分渗下后,填补下陷的地方和畦埂,搂平苗床,以备点埋。若育苗地的土质黏重,可做成垄状,进行育苗。垄状的做法是,在整平的育苗地上,按行距宽1.0~1.3 m做成底宽40~50 cm、高25~30 cm的土垄。垄间距离0.7~1.0 m,垄面宽25~30 cm。土垄做好后,在垄的两侧半坡上进行埋苗。

二、苗木选择

根据多年来进行点状埋苗试验材料,用于点状埋苗或平埋的苗木,应具备以下要求:

(1)生长健壮、苗干通直、干皮绿色、茸毛少、无皱纹的一年生苗木。

(2)没有严重的病虫危害,侧芽萌发较少的2.0~3.0 m高、1.3~2.0 cm粗的苗木。

凡符合上述条件的苗木秋末落叶后或翌春发芽前,将苗木掘起,剪去侧枝和有病虫害的枝梢,在不影响埋苗的条件下,可将过长、过密的侧根剪下,作插根育苗用。

三、点埋技术

毛白杨点状埋苗的时间,一般于秋末落叶后或翌春发芽前都可进行。一般以2月中下旬,随掘苗随埋苗比较合适。点状埋苗的方法,以整地方式不同而有差异。当采用平床育苗时,则点埋的方法是:在苗床畦埂两侧10 cm左右处,开成深3 cm的两条纵沟,沟间距离50 cm。然后,根据苗木长短,在纵沟上一定距离远的地方,挖成与苗木根系大小一致的坑。将苗木根系放在坑内,苗干平放在沟内。在苗干上每隔 10~15 cm 远堆一碗大土堆。同时苗根上覆土要大些，覆土时剪去上面的根系，特别是在灌溉条件较差的地方进行育苗时，要注意这一点。两个土堆之间的苗干露于地表，便于侧芽萌发出土。垄状埋苗的方法是：在垄的两侧半坡上开一条纵沟，将苗木平埋在沟内，但覆土厚度一般以 1.0~1.5 cm 为宜。

四、苗木抚育

毛白杨点状埋苗育苗的主要抚育措施如下。

1. 灌溉

毛白杨点状埋苗后，应适当灌溉，经常保持苗床土壤湿润，有利于苗干生根。当采用垄状育苗时，灌溉水面，低于苗干，使水分渗透到埋苗苗干周围，切勿淹没埋苗苗干。这样可以达到防止地表板结和水分蒸发的目的。幼苗萌发前后，灌溉时采用"小水、清水、勤浇、少量"的原则，且勿用"浊水"灌溉，以免埋苗淤泥过厚，影响发芽出土，嫩芽、幼叶沾上泥沙，容易发生烫伤引起死亡。

2. 晒芽

晒芽是保证毛白杨点状埋苗尤其是平埋苗木时获得苗全、苗壮的主要措施之一。所谓晒芽，就是指毛白杨点状埋苗，或平埋后，由于灌溉，或覆土过厚等原因，影响侧芽萌发出土时，用小竹片，按一定株距，或土堆间淤泥过厚的地方挑起，使侧芽露于地表。数日后，幼芽萌发出土后，迅速生长成苗。这一措施较费工。在黏土地区进行平床点埋，或平埋苗木时，采用覆沙措施较好，也可采用垄状埋苗的方法进行育苗。

3. 培土

毛白杨幼苗高度达 10~15 cm 时，应及时进行培土。培土结合中耕除草时，将行间内的湿土堆放在幼苗周围。培土高度一般达 15 cm。这样可以防止苗木倒伏和促进苗木根系的生长发育。

4. 追肥

追肥是获得毛白杨壮苗的主要措施之一。一般在苗木速生期间(7~9 月)，每隔 15 天左右追肥一次，每次每亩追化肥 7.5~10 kg，也可追施人粪尿。追肥时，应及时进行灌溉，以充分发挥肥效。

5. 中耕除草

幼苗期间，不可在埋苗两侧进行中耕除草，以免触动埋苗，损伤幼根，影响苗木生长和根系发育。所以，苗木生长初期，以拔草为主。以后结合培土进行中耕、除草。中耕除草次数，依具体情况而定。

6. 病虫防治

幼苗期间，及时防治大灰象鼻虫、平毛金龟子、蝼蛄等危害。苗木生长期间，适时预防和防治锈病、叶斑病、枝炭疽病、金钢钻、透翅蛾、天社蛾等病虫害的发生和危害，特别是锈病的发生和危害。

此外，抹芽要及时进行。

五、试验结果

现将 1964~1972 年进行毛白杨点状埋苗育苗的试验结果，简述于下。

1. 点状埋苗苗木规格对苗木产量和质量的影响

为了进一步了解苗木规格点埋后对于苗木产量和质量的影响，我们将一年生苗木分成四级进行点埋试验，结果如表 1 所示。

从表 1 中可以看出：埋苗的规格，以苗高 2.0~3.0 m，地径 1.3~2.0 cm 的壮苗为好，1.5~2.0 m 高，1.0~1.3 cm 粗的苗木，也可以获得较好的结果。

2. 点状埋苗与平埋等方法对苗木产量和质量的影响

为了了解点状埋苗与平埋等方法对苗木产量和质量的影响，以便确定毛白杨点状埋苗育苗的优缺点和推广于生产的价值。1964~1966 年连续 3 年进行了点状埋苗、点状埋条、长条平埋、平状埋苗等育苗的对比试验，试验结果如表 2 和表 3 所示。

表 1 毛白杨苗木规格点埋后对苗木产量和质量的影响

苗高(m)		1.0~1.5	1.5~2.0	2.0~2.5	2.5~3.0	3.0~4.0
地径(cm)		0.8~1.0	1.0~1.3	1.3~1.5	1.5~2.0	2.0~3.0
每亩产量(株数)		4 818	6 316	6 937	8 052	5 422
增长百分率(%)		100	130.7	144.2	167.0	112.5
苗木质量	苗高(m)	2.15	2.35	2.57	2.99	3.30
	地径(cm)	1.94	2.19	2.37	2.51	2.59

表2 毛白杨点状埋苗、长条平埋等方法对苗木产量和质量的影响

年份	育苗方法（苗量/亩）	长条埋苗（苗量/亩）	平状埋苗（苗量/亩）	点状埋条（苗量/亩）	点状埋苗
1964	株数	2 912	3 392		
	百分率(%)	100	116.5		
1965	株数	1 931	566.1	3 604	7 661
	百分率(%)	100	293.2	159.7	245.4
1965	株数	1998		3 796	8 924
	百分率(%)	100	293.2	189.0	446.0

表3 毛白杨育苗方法对苗木产量和质量的影响

育苗方法	苗高（m）	增长百分率（%）	地径（cm）	增长百分率（%）
长条平埋	2.35	100	2.19	100
点状埋条	2.46	103.3	2.22	100.5
点状埋苗	2.89	123.0	2.50	114.2

表4 垄状埋苗、点状埋苗对苗木产量和质量的影响

育苗方法	苗高（m）	地径（cm）	产苗量（株/亩）	根系状况	
				侧根条数	根幅宽度（cm）
点状埋条	2.73	2.79	4 290	5~10	30~50*
点状埋苗	2.10	2.13	4 620	40~60	40~60*

注：* 根少、根粗，分布范围稍大。

3. 点状埋苗育苗时苗木根系的发育

毛白杨点状埋苗育苗的方法，不仅可以获得产量高、质量好的苗木，而且苗木的根系也非常发达。

4. 垄状埋苗与点状埋苗对苗木产量和质量的影响

根据1972年的试验结果，在粉沙壤土条件下，由于土壤疏松，多次灌溉后，垄缘下陷，使其埋苗常常部分暴露地表，虽说苗木产量较高，但根系发育较差，所以，土壤疏松，灌溉后垄下陷的地方，不宜采用垄状埋苗的方法。但是在黏土，或黏壤土条件下，采用垄状埋苗则效果良好。试验结果如表4所示。

六、初步小结

根据1964~1972年的试验材料，点状埋苗育苗确是快速繁殖毛白杨的一种好方法。据西华县林业局王贯君同志介绍，他们应用点状埋苗育苗的方法，在300多亩的面积上进行育苗，获得亩产苗木3 000~4 000株、苗高2.0 m以上的良好成绩。这种方法比埋条方法的单位面积上产苗量高1倍以上。1971年许昌县蒋马大队，在壤土条件下，采用垄状埋苗的方法，也获得了亩产4 000株左右、苗高3.0 m左右、地径1.5~2.3 cm的良好结果。由此可见，点状埋苗育苗的方法，值得各地试验推广。

细种条培育毛白杨壮苗经验总结

赵天榜

（河南农学院园林系）

一、前言

细种条培育壮苗的问题，过去很少引起人们的注意，因而无论在科学试验中或在生产上一般采用1.0~1.5 cm粗的种条，不用细种条。几年来，根据我们的调查材料，细种条所占的比例极大。例如，大官杨母株（指专以培育种条用的树木）上细种条平均占总数的93.7%；毛白杨达67.5%。所以，研究细种条培育壮苗的技术措施，是快速繁殖苗木和合理利用细种条的关键。细种条（根）培育壮苗在河南省已经积累了较为丰富的经验，如河南农科院园林试验站应用细种条培

育大官杨和加拿大杨壮苗的经验、大官杨细种条培育的经验，已为河南省各地普遍采用；细种根培育泡桐壮苗的丰产经验，目前已在河南省各地推广；武陟县小徐岗林场应用细种条在培育毛白杨壮苗的过程中，创造出一套比较完整的经验，特别值得重视的是：这一经验，经过了十余年的实践，尤其是经过了1964年的严重水灾和1965年特大干旱的考验。因此说，细种条培育毛白杨壮苗的经验，是快速繁殖苗木和解决种条不足的一个方向。为了学习和推广这一经验，我们前后五次亲赴现场，在林场领导同志的指导下，采用了"看、问、作、议"的方法进行了调查和总结。根据调查材料，他们育苗时，所采用的种条粗度在1.0cm以下者占总数的84.76%，其中0.4~0.6cm粗占60.28%，0.6cm、0.8cm粗占24.48%。插穗的成活率分冬插封土和春季晚栽插穗两种方法进行调查。调查结果表明：冬季采用冬插封土的插穗成活率平均为51.65%；春季晚栽插穗的成活率平均为83.81%，最高达93.1%。苗木每亩产苗量平均为6 784株，最高为9 191株。苗木高度平均为2.95m，地际径为2.04cm。为了快速繁殖毛白杨苗木，以供造林之用，现将小徐岗林场利用细种条培育毛白杨壮苗的先进经验总结于下，以供各地育苗时参考。

二、细种条培育壮苗

细种条培育毛白杨壮苗分以下几个问题。

1. 种条分类

培育壮苗时，必须选择优良的枝条作为育苗的材料，这种枝条称为种条。种条的标准是：生长发育好，没有严重的病虫为害，侧芽没有萌发的一年生的枝条。根据毛白杨种条质量的不同，将种条分为三类：

(1)粗种条。凡合乎种条标准，但粗度超过2.0cm以上的种条，称为粗种条。其种条所占比例小，即为11%。这类种条，不宜作为扦插育苗的材料；否则，扦插成活率低，苗木生长不良。但是，可以作为埋条育苗的材料。

(2)好种条。凡合乎种条标准，但粗度在1.0~2.0cm的种条，称为好种条，或为优质种条。这类种条，是培育毛白杨壮苗的最好材料，但所占比例不大，即21.5%。目前，在大面积上进行扦插育苗时，均采用此类种条，尚有困难，即不易解决用种条和需苗之间的矛盾。

(3)细种条。凡合乎种条标准，但粗度在0.3~1.0cm的种条，称为细种条。这类种条即占比例较大，为67.5%。目前，在生产上一般不采用这类种条，尤其是0.8cm以下的种条，大量弃之不用，实在可惜。

为了解决种条不足的困难，建立毛白杨种条区，则是个发展方向。

2. 壮苗规格

为了保证林木的优质、速生、丰产，确定壮苗的规格具有重要的现实意义，现根据河南省各单位的材料，兹将毛白杨壮苗的规格列于表1。

表1　毛白杨壮苗分级

苗木级别	苗高(m)	地径(cm)
Ⅰ	2.5以上	2.0以上
Ⅱ	2.0~2.5	1.5~2.0
Ⅲ	1.5~2.0	1.0~1.5
Ⅳ	1.5以下	1.0以下

3. 细种条培育壮苗

几年来，小徐岗林场在培育毛白杨壮苗时所采用的种条来源于以下三个方面：

(1)2~3年生的幼树上的一年生枝条；

(2)1年生扦插苗上的侧枝；

(3)1.5m以下的小苗苗干。

这三种来源的种条粗度，据1965年11月23日小徐岗林场在冬季采用冬插封土育苗时采用的种条，绝大部分在1.0cm以下。调查材料如表2所示。

表2　小徐岗林场冬插封土中采用插穗粗度调查统计

插穗粗度(cm)	插穗数(个)	占总数百分比(%)
0.4以下	118	7.37
0.4~0.6	965	60.28
0.6~0.8	392	24.48
0.8~1.0	110	6.87
1.0~1.2	14	0.88
1.2以上	2	0.12

为了进一步了解细种条培育毛白杨苗木时对于质量的影响，以便大面积生产时作为参考。现将小徐岗林场和武陟县农业科学研究所应用细种条培育毛白杨壮苗的调查材料列于表3、表4和表5。

表3 小徐岗林场采用不同育苗方法对毛白杨苗木质置影响调查

育苗方法	苗高（m）	地径（cm）	说明
细种条 冬插封土	2.95	2.04	加强苗木抚育
细种条 晚栽插穗	2.16	1.30	
好种条 春季扦插	2.67	1.81	
留根苗	3.21	1.80	
小苗移栽	2.95	1.91	移栽后进行截干

注：1965年11月23日调查材料。

表4 小徐岗林场采用细种条的不同插穗粗度对苗木质量的彩响调查

接穗粗度（cm）	苗高（m）	地径（cm）
0.2~0.3	2.37	1.50
0.3~0.4	2.53	1.60
0.4~0.5	2.77	1.76
0.5~0.6	2.78	1.80
0.6~0.7	2.86	2.20
0.7~0.8	3.32	2.60
0.8~1.0	3.08	2.00

注：1965年11月23日调查材料。

表5 武陟县农业科学研究所所用插穗粗度对毛白杨苗木质量的彩响调查

插穗粗度（cm）	苗高（m）	地径（cm）
0.4~0.8	3.24	2.1
1.0~2.0	3.29	2.1

注：1965年11月24日调查材料。

以上所述，可以从表2~表5的材料中看出：无论从插穗成活率上，或是从苗木质量上来说，细种条可以培育毛白杨壮苗。这一经验，已被小徐岗林场10余年来的实践所证明。尤其是这一经验在1964年特大水灾和1965年严重干旱的考验下获得了极为优异的成果。

三、细种条培育壮苗的主要经验

武陟县小徐岗林场应用细种条培育毛白杨壮苗的主要经验，介绍于下。

1. 适时采条

为了保证细种条具有充分的营养物质，以利插穗生根成活，适时采集种条是很重要的技术措施。多年来的经验证明：以毛白杨叶片变黄而部分脱落时，采集种条最为适宜。具体采条时间，以当地当年的气象条件的不同而有区别。一般来说，以11月中下旬和12月上旬采集种条为最好。种条采集后，在剪取插穗和扦插过程中，严防插穗失水过多而影响成活。因而小徐岗林场在进行毛白杨育苗时，采用春季晚栽插穗和冬插封土（冬季采用随采条、随扦插，插穗扦插后用土培成土垄，我们将此称为冬插封土）两种方法。采用冬插封土措施时，严格防止插穗过多失水，因而他们应用"三当""二完"措施，即"当天采条、当天剪条、当天插条；采集的种条，应当天剪完，当天插完"，否则，用湿沙将种条，或插穗浅埋起来，不可放在室内，或室外，任其水分蒸发、风吹和日晒，以待次日应用。冬插封土时，所采用的插穗粗度一般在0.4~0.8 cm。如果采用春季晚栽插穗，可将种条剪成17~21 cm长的插穗，随即用湿沙进行储藏。春季晚栽插穗的粗度0.6 cm以下者占总数的90%左右。

2. 及时储藏

为了保证细种条剪成插穗的成活率，及时进行插穗储藏是个关键性的技术措施。插穗储藏时，应选择地势高燥、排水良好的地方，以免由于储藏而使插穗发生腐烂。储藏坑的规格是：深1.0 m、宽1.5 m、长2.0 m。储藏坑挖好后，下铺湿润的细沙一层约10 cm，沙上竖放插穗（也可横放），放完一层后，从上填沙，充实插穗空间，沙填到插穗10 cm左右时，铺平湿沙，竖放第二层。然后，按此法，竖放第三层。但以一层为最好。最后封成土堆。

为了保证储藏插穗的安全，在储藏插穗的过程中，应注意以下三个问题：

（1）储藏时的插穗，不宜采用捆扎的方法。因为采用捆扎的方法往往影响插穗储藏过程中新根的形成。捆扎和不捆扎的插穗，储藏后对生根的影响如表6所示。

（2）插穗储藏时，要严格控制储藏坑内的温度和湿度。严格控制储藏坑内的温度和湿度，是防止插穗腐烂和促进生根的关键。根据我们测定的数据，储藏坑内的温度达8~9℃时，插穗即开始生长新根。如果温度在10~12℃，储藏坑内的湿度在7%~10%，则插穗大量生根，最高生根率达47.26%。如果储藏坑内的温度低于5℃，则插穗上发生腐烂的芽在90%以上。

表6 插穗储藏时捆扎与否对其生根的影响

捆扎与否	调查内容	接穗粗度(cm)	
		0.3~0.4	0.4~0.6
不捆扎	调查数(个)	127	236
	生根数(个)	62	101
	生根率(%)	48.89	42.79
捆扎	调查数(个)	169	386
	生根数(个)	7	34
	生根率(%)	4.14	8.80

(3)储藏坑内除控制温度和湿度外,还必须注意通气条件。据我们观察,如果储藏坑内的温度和湿度控制为12 ℃以下和7%~10%,则储藏坑上面采用踏实的办法,结果其中的插穗同样发生腐烂。

以上所述,适时采集种条和及时储藏插穗,是为细种条培育毛白杨壮苗和提高细种条插穗的成活率奠定有利的物质基础,即保持种条或插穗内具有足够的养料和水分。

3.扦插技术

小徐岗林场应用细种条培育毛白杨壮苗时,采用以下两种方法:

(1)晚栽、浅栽插穗,促进生根。

晚栽、浅栽插穗,促进生根,主要是对0.5 cm以下粗的插穗,即采用的特殊的技术措施。细种条由于其中营养物质较少,所以促进插穗生根进行晚栽是个关键性的技术措施之一。由于晚栽,插穗已生新根,从而解决了插穗细、养分少、生根困难、不易成活的矛盾。晚栽插穗的时间,一般于3月中下旬,或者4月上旬进行。但以3月中下旬为最好。表7调查材料证明,春季晚栽插穗的成活率平均达83.81%,最高为93.1%。

表7 小徐岗林场应用细插穗进行晚栽、浅栽成活调查

调查标准地编号	插穗数(个)	成苗数(个)	成苗率(%)
1	201	161	80.0
2	391	364	93.1
3	1 033	838	81.12
合计	1 625	1 363	83.81

注:1965年11月23日调查材料。

浅栽覆土是在春季晚栽插穗时,为了保证细插穗上新根不受过多的损害,而采用相应的必要

措施。插穗栽植前,应将育苗地灌溉一次,保证土壤具有充分的温度,以利成活。

春季晚栽、浅栽插穗的具体措施是:每隔60 cm宽用板锨或锄开成宽15 cm、深10 cm左右的纵沟,随即取出储藏的插穗(生根率达28.6%,根的长度一般在0.3~5.0 cm),靠边放入沟内,上端露出地面3~5 cm,即用湿土封住幼根,并将插穗埋住1/2~1/3,以免风吹日晒损伤新根,或因灌溉而冲倒插穗。栽植插穗时,以免风吹日晒,需用湿麻袋等物严密覆盖。同时,以选择无风的阴天为最好。浅栽后,进行灌溉,待水分渗下后,用锄从两侧浅起表土,将插穗封起而成土垄,以减少插穗水分蒸发,并使土壤与插穗和新根密接起来,保证成活。

春季晚栽、浅栽插穗措施,应用于细插穗进行育苗时均获得良好的成果。但是应用此种方法进行大面积育苗时,或者采用1.0 cm以上的插穗进行储藏,均不能达到预期效果。其原因是:前者受时间限制,不适于被大面积生产育苗时所采用;后者是插穗生芽过早、过大,而扦插时,损芽过多而降低成活率。

(2)冬插封土。

为了解决上述困难,以扩大毛白杨的繁殖,利用细插穗(一般在0.4~1.0 cm粗的插穗)进行冬季扦插,采用封土措施,同样可以获得良好的效果。冬插封土,就是冬季随采条,随剪条,随插条,插后灌溉,灌溉后封土措施的简称,也就是指上述的"三完""二当"措施。

冬插封土的具体措施是:每隔60 cm宽开一条宽15 cm、深10 cm左右的沟,再用板锨在沟内松土15 cm左右深,然后每隔8~10 cm,用手将插穗插入沟内,上端露出地面3~5 cm,再用小水进行灌溉,水分渗下后,用土将插穗封起,成一条土埂。封土厚度高于插穗顶端10 cm左右。翌春插穗上苗芽萌动时,扒去封土,加强管理,保证获得壮苗。

4.苗床管理

毛白杨插穗萌动后,加强苗床管理是保证插穗成活率的关键,而适时灌溉则是苗床管理中的中心环节。为了保证插穗的成活率,小徐岗林场在苗床管理中均采用"偷浇"的方法进行灌溉。"偷浇"无论是对春季晚栽、浅栽插穗的幼根不受损害,或是对冬插封土的细插穗生根来说,均是一个关键性的技术措施,同时,还是防止插穗上"烧芽"的必要措施。

"偷浇"的具体措施是：细插穗上苗芽萌动时，用耙将封土扒开，再用锄靠近插穗一边开成10 cm左右的小沟，顺沟进行灌溉。灌溉时，要掌握"小、清、少、勤"的原则，即采用小水、清水、少量、勤浇的灌溉原则。浇后，将沟填平，以防止水分蒸发和地表板结。按此法灌溉2~3次，待插穗活稳后，苗高15 cm以上时，采用小水沟状灌溉，不宜进行大水漫灌，以防地表板结。同时，也不必进行灌溉前开沟和灌溉后填土封沟这一措施。

以上所述，晚栽、浅栽插穗、冬插封土和"小、清、少、勤"的灌溉等措施，对于细插穗生根成活和幼苗生长均能起到良好的功能。这种功能是：①保持土壤湿润，防止水分蒸发和地表板结；②减少地表土层的温差，防止地表温度急剧的变化，促进幼根的迅速萌发和生长；③保持插穗周围通气良好，防止新栽插穗幼根腐烂和促进插穗生根时所需要的氧气。

5. 加强苗木抚育

加强苗木的抚育管理措施，则是细种条培育毛白杨壮苗的关键。如调查材料表明：加强抚育管理的苗木平均高度为2.95 m，地际径为2.04 cm；反之，苗高平均为1.52 m，地际径为1.23 cm。

总结以上材料，可以明显地看出：小徐岗林场应用细种条培育毛白杨壮苗的经验是非常突出的。其主要经验是：适时采集种条，及时储藏，严防种条或插穗失水过多，晚栽、浅栽插穗、冬插封土，采用"小、清、少、勤"的灌溉原则，加强苗木抚育等措施。促进插穗生根和防止插穗上新根腐烂，则是这些措施中的关键。但是，选择圃地、细致整地、施足基肥等，都是不可忽视的重要技术措施。

四、关于细种条培育毛白杨壮苗经验的推广问题

细种条培育毛白杨壮苗的问题，目前已被河南省不少单位所重视。小徐岗林场这一经验，已于1965年在武陟县农业科学研究所和武陟县林业苗圃中推广已获成果，为了推广这一经验，现将武陟县农业科学研究所在采用这一经验时进行的主要技术措施改进要点介绍于下，以供参考。

武陟县农业科学研究所所选择的育苗地为黏土，而小徐岗林场育苗地为沙壤土，因此他们在育苗时，采用以下两点改进措施：

(1) 春季晚栽、浅栽插穗时，采用宽、窄行，其行距：宽行为60~70 cm，窄行为40~50 cm。此优点是：有利于苗木的抚育管理和促进苗木质量提高。

(2) 结合黏土地区特点，采用长插穗(25~30 cm)进行浅栽，增加培土厚度，使成高垄。浅栽插穗的深度，一般为插穗的1/2~1/3，即10~15 cm，此深度比小徐岗林场栽的还要浅些。

由于采用上述两点改进措施，使其插穗成活率达到89.35%，每亩产苗量为5 217株，苗高平均为3.52 m，地际径为2.42 cm，3.0 m以上的苗木占总数的53.1%。

毛白杨优良无性系推广经验总结

赵天榜[1]　陈志秀[1]　宋留高[1]　谢淑娟[1]　傅大立[1]

张康普[2]　李兆镕[3]　关耀信[3]　李瑞符[4]

(1. 河南农业大学；2. 河南省许昌市林技站；3. 河南省林业厅；4. 河南省南阳教育学院)

摘　要　本文介绍了推广毛白杨优良无性系的意义，河南省近年来推广毛白杨优良无性系的成绩：面积9.42万亩，4 136.91万株。推广后，小叶毛白杨、河南毛白杨、箭杆毛白杨三个优良无性系生长良好，其单株材积分别大于对照140.64%、126.44%、81.88%，以及推广时采用的技术措施和推广经验，推广后的经济效益。

毛白杨(Populus tomentosa Carr.)是我国北方地区特有的乡土、速生用材树种，生长迅速、寿命长，树干高大通直、树姿雄伟壮观，是速生用材林、农田防护林及"四旁"绿化的主要树种，深受群众

参加该项研究工作的同志还有同瑞峰、张雪梅等，特致谢意！

为国际杨树委员会第35届执行委员会会议论文，王世绩研究员代为宣读论文，特致谢意！

喜爱,除作民用、建筑和家具用材外,也是造纸、纤维工业、制胶合板等的重要原料。此外,抗烟、抗污染能力强,是绿化工厂、矿山、城乡、集镇的良好树种。

推广课题选择

毛白杨在我国栽培历史最久、范围最广、资源最多,生长好,效益显著,是平原绿化、速生用材林营造、农田防护林建设、城乡绿化的主要战略树种之一。

毛白杨起源杂种,在长期自然选择、人工繁育和栽培下,形成了很多自然类型,其中有些自然类型中的优良无性系,生长迅速,是短期内解决我国华北地区木材不足的重要途径之一。如 19 年生的优良无性系——光皮毛白杨单株材积 1.968 5 m^3;25 年生的河南毛白杨优良无性系,单株材积 2.996 3 m^3……为此,迅速推广毛白杨优良无性系,是当前河南省林业生产和发展战略中一个亟待解决的重要课题。根据河南省林业厅布置,我们选择河南农业大学等单位共同研究,并获 1983 年河南省人民政府重大科技成果三等奖的《毛白杨优良类型研究》科技成果中选出的箭杆毛白杨、河南毛白杨、小叶毛白杨三个优良无性系,应用到河南省林业建设和林业生产中去,为早日实现河南全省毛白杨良种标准化、栽培良种化、管理集约化提供科学依据。为此,该项目于 1983 年开始,在全省范围内进行大面积的推广,并获得了良好的效果。

推广成绩

该推广项目在各级党、政领导的大力支持下,由河南省林业技术推广站组织有关地市、县参加,于 1983 年组成了"河南省毛白杨优良无性系推广协作组"共同拟订推广方案,分工负责,进行毛白杨优良无性系壮苗培育、繁育和推广工作。1983~1989 年,在许昌、漯河、新乡、开封、平顶山、南阳、周口、洛阳、郑州等地市 97 个县 1 401 个乡(镇)范围内,有组织、有计划、有步骤地开展了全省性群众繁育和推广毛白杨优良无性系工作。据统计,7 年来全省推广毛白杨优良无性系的总面积为 389.42 万亩,推广株数 4 136.91 万株。其中,速生丰产林 16.12 万亩,268.83 万株;农田林网 343.37 万亩,1 523.40 万株;片林 9.93 万亩,275.31 万株;"四旁"植树 2 069.37 万株。

河南省推广的 3 个毛白杨优良无性系的株数中,河南毛白杨 741.02 万株,占 14.9%;箭杆毛白杨 2 677.86 万株,占 64.7%;小叶毛白杨 279.88 万株,占 9.8%;河北毛白杨及其他毛白杨优良无性系 438.15 万株,占 10.6%。

推广时采用的技术措施

1. 确定推广良种

长期生产实践和科学实验表明,推广毛白杨中的优良无性系,是提高木材产量和质量,实现毛白杨栽培良种化的主要途径。为此,河南农业大学从 1963 年开始进行毛白杨优良无性系的选育工作,获得良好效果,其中选出的箭杆毛白杨、河南毛白杨、小叶毛白杨 3 个优良无性系均有生长快、适应性强、材质优良等特点。

1982 年进行了"毛白杨优良类型研究"的鉴定,专家提出:"毛白杨优良类型研究"是一项重要的科技成果,具有生产实用价值,建议尽快组织推广箭杆毛白杨、河南毛白杨、小叶毛白杨 3 个优良无性系工作。

2. 全面规划

(1)丰产林。根据毛白杨喜水肥的特点,在平原农区、沿河滩地和"四旁"、农荒地,选择适宜毛白杨优良无性系生长的造林地,采用高度集约栽培措施,实现短期成材,以达到单位面积有较大生长量。初植密度 5 m × 6 m 的株行距,每亩 22 株。

(2)"四旁"及农田林网。栽植分散,多呈行状或不整齐的小片状。在道路、渠旁,一般每侧一行,株距 1.5~2.0 m;在较宽的水渠、河堤上和主要交通公路,采用多行栽植,株距 2.0~3.0 m,行距 1.5~2.0 m,"品"字形配置;农田林网依据水渠、道路,进行单行,或双行造林,形成疏透结构的中型林网,150~200 亩为一网格。

(3)丘陵地区堰边是实行农林间作的有效方式。浅山、丘陵地区以治坡改土为基础,一般梯田外侧栽植一行毛白杨,株距 2.0~3.0 m,群众称为"一条线,树靠堰,2 米远,随堰转"。由于梯田水分、养分条件较好,能充分利用光照条件,不仅提高了土地的利用率,也为毛白杨生长创造了良好的环境。

3. 建立毛白杨良种繁育基地

为使推广毛白杨优良无性系建立在切实可靠的基础上,首先以温县国营苗圃作为良种繁育基地,为全省各地培育优质良种苗。后又以舞阳、项城、民权、南乐、扶沟等县为毛白杨良种繁育和示范推广基地,与育苗专业户、重点户签订技术承包合同。7年来,共繁育毛白杨优良无性系苗木8 200万株,除本省栽植外,还支援了山西、山东等省大批毛白杨良种壮苗。

4.适地适树

为保证毛白杨优良无性系造林后迅速生长,在组织推广过程中,根据各地区的气候、土壤、地貌、地质、水文等复杂的综合因子,结合各级林业区划,凡是土壤肥力中等的地方,以推广箭杆毛白杨为主。

河南毛白杨、小叶毛白杨要求水、土、肥条件较高。所以,优先栽植在那些土壤肥力高、疏松、湿润的地方。如许昌市优先将小叶毛白杨栽植在土壤肥沃的沙壤土地的农田中;河南毛白杨栽植在土壤肥力高、疏松的道路、沟河、渠旁,以便发挥它们的速生特性。

5.壮苗造林

壮苗是实现毛白杨优良无性系速生丰产的基础。造林时,必须选用优质壮苗。优质壮苗的标准是:苗高3.5 m以上,地径3 cm以上,苗高与地径比例为120∶1;苗干通直,发育充实,根系完整,枝梢充分木质化,无病虫危害,无机械损伤。

6.科学造林

采用1 m见方的大穴。每穴施腐熟土杂肥25~50 kg、腐熟饼肥1.0~1.5 kg,与表土充分拌匀后填入穴内;"四旁"及农田林网立地条件较好的地方,挖1.0 m×1.0 m×1.0 m大穴。采用先挖穴、后造林的办法。土壤瘠薄的河滩沙地,造林前种一次绿肥压青,以提高土壤肥力,然后进行造林;杂草丛生的荒滩地,采用伏天多耕,消灭杂草,然后挖穴造林。造林季节,采用春、秋季造林。春季造林于2月中旬到3月中旬,秋季造林在10月下旬到土壤封冻止。

7.抚育管理

(1)及时灌水。毛白杨春季造林,由于春季雨水偏少、空气干燥,栽植幼树应及时浇透水,提高造林成活率和保存率。

(2)松土除草。松土、除草可以消灭杂草,疏松土壤,改善土壤透水性和透气性,利于蓄水保墒,提高土壤肥力,促进幼树生长。

(3)合理修枝。为了增加毛白杨光合面积和光合产物,保证毛白杨正常发育和具有干材通直、无节的良材,1~5年生幼树一般采用疏枝留大距的方法,竞争枝、病枝疏除,5年后适当疏除下部枝。修枝以秋季进行为好,切面要光滑,不留枝桩。

(4)病虫防治。锈病,要及时检查,发现病芽、或病叶立即摘除,挖坑深埋;采用0.3%氨基苯磺酸等化学药剂防治天牛,每年用毒签防治3~4次;其他病虫,也应及时防治。

推广后苗木生长情况调查

根据调查和试验数据表明,不同年龄的毛白杨优良无性系生长及它们在不同林种中的生长速度有所不同。如表1、表2所示。

表1 不同年龄的毛白杨优良无性系与普通毛白杨生长情况调查

树龄(年)	无性系名称	株数	树高(m)	胸径(cm)	材积(m³)	增长率(%)		
						树高	胸径	材积
3	普通毛白杨	1 150	4.1	4.0	0.003 09	100	100	100
	箭杆毛白杨	1 792	4.3	4.2	0.003 57	104.9	105	115.5
	河南毛白杨	2 541	4.1	5.1	0.005 03	100	127.5	162.8
	小叶毛白杨	1 342	4.3	5.6	0.006 35	104.9	140	205.5
5	普通毛白杨	1 321	7.3	7.1	0.014 44	100	100	100
	箭杆毛白杨	1 620	7.9	7.9	0.019 36	108.2	112.7	134.0
	河南毛白杨	1 283	7.6	9.9	0.029 25	104.1	139.4	202.4
	小叶毛白杨	1 324	8.1	10.8	0.037 10	111.0	152.1	256.7
10	普通毛白杨	230	13.0	16.4	0.123 58	100	100	100
	箭杆毛白杨	165	14.7	20.8	0.224 77	113.1	126.8	131.9
	河南毛白杨	146	14.0	23.78	0.279 80	107.7	145.0	226.40
	小叶毛白杨	148	15.5	23.3	0.297 40	119.2	142.1	240.6

根据表1和表2材料，"四旁"造林以河南毛白杨、小叶毛白杨为主；片林、丰产林、农田林网造林以箭杆毛白杨为主较好；城乡绿化以塔形毛白杨为宜。

表2 不同林种中毛白杨优良无性系平均单株生长情况

林种	小叶毛白杨			河南毛白杨			箭杆毛白杨		
	树高（m）	胸径（cm）	材积（m³）	树高（m）	胸径（cm）	材积（m³）	树高（m）	胸径（cm）	材积（m³）
片林	5.16	4.81	0.005 63	5.24	5.05	0.006 30	4.19	3.50	0.002 42
林网	5.59	4.17	0.004 58	5.26	4.76	0.005 62	4.02	4.05	0.003 10
四旁	6.03	5.45	0.008 44	4.96	5.35	0.006 61	4.91	5.12	0.006 07

注：此表为3年生林木。

推广措施

为使毛白杨的3个优良无性系早在林业生产中充分发挥最大的经济效益和社会效益，在推广中我们采取以下主要措施。

1. 建立组织，加强领导

河南省毛白杨优良无性系推广协作组，除有关地市和重点县林业局参加外，还特邀了生产、科研、大专院校等单位参加。地市和重点县林业局都成立了有领导和技术人员参加的毛白杨优良无性系推广协作组，加强了与各单位的横向联合，发挥各自优势，开展技术合作，并进行定期检查评比。同时，召开多次专门会议，号召大家要树立乡土树种为主的主导思想，大力推广在本省生长好的3个毛白杨优良无性系。新乡市把发展毛白杨优良无性系放在首位。焦作、许昌等市把推广毛白杨优良无性系作为"七五"期间林业生产中的第二战略树种进行栽植。南召县专门成立五人领导小组，有一副局长专抓，育苗、造林季节齐上阵，分工负责，保质保量完成推广任务。

2. 落实林业政策

推广毛白杨优良无性系时，首先解决群众在推广良种中权、责、利归属问题。推广毛白杨良种造林，实行大包干，签订合同到户，实行"谁的地、谁栽植、谁管护、谁收益"。对积极推广毛白杨良种的专业户、重点户，在政策上引导、生产上服务、经济上扶持、法律上保护，并在工作上做到五优先，即计划上优先安排、种苗上优先供应、技术上优先培训、经济上优先扶持、种苗销售上优先帮助，从而调动了群众繁育和栽培毛白杨良种的积极性。舞阳县育苗专业户赵海洲同志，连续三年育良种苗木38万株，经济收入12.6万元，从而带动了全县积极繁殖毛白杨优良无性系，大搞造林的群众运动。

3. 培育骨干，普及技术

从1983～1989年，先后5次对有推广任务的地市和重点县林业局的推广技术人员进行技术培育，共400多人次。地市林技推广站负责培训县、重点乡的推广技术人员，县林技推广站负责培训乡和合作林场、林业专业户、重点户、科技户的推广技术人员。为使广大人员熟练掌握技术、提高应用技术的能力，编发了推广技术资料计1.6万多份。采用多种形式，先后办培训班153次，培养骨干1.6万多人。由于全省这支推广队伍熟练地掌握了毛白杨优良无性系育苗、造林、管理和病虫防治的基本技术，为迅速推广毛白杨3个优良无性系做出了贡献。

4. 抓好推广示范点

为使推广毛白杨优良无性系建立在可靠的基础上，首先抓好推广示范点的建设。1984年以来，以温县、扶沟、项城等县为推广示范点，以县苗圃为骨干，以合作林场、林业专业户、重点户为依托，建成毛白杨良种繁育基地。几年来，几个重点县共繁育毛白杨良种壮苗2 483万株，营造丰产林1 300亩。省抓重点县，县抓重点乡，乡抓重点户，通过层层抓点，用事实教育群众，采用一个点带一片、连一串，形成"星星之火，可以燎原"之势，发挥"拨亮一盏灯，照亮一大片"的示范作用。这样，使毛白杨优良无性系推广工作在河南省迅速开展，已遍及全省各地，掀起了群众性的推广与应用毛白杨优良无性系的高潮。

5. 加强林木管护

为保证推广成果，建立了相应的林木管护制度，设有长年专职护林人员，合理确定报酬。实行岗位责任制，一月一检查，一季一评比，使造林后林木保存完整，生长良好。为把护林工作落实到实处,县林业局向乡、村发放《森林法》,制定乡、村护林公约,采用召开会议、广播、放电影等形式进行广泛宣传,教育群众树立护林为荣的新风尚,使造林成活率达95%以上。

6. 推广后的经济效益

通过全省14个地市及97个县的调查,推广毛白杨优良无性系,不但可以实现毛白杨栽培良种化、造林基地化,而且经济效益增长非常明显。如15年生箭杆毛白杨优良无性系平均单株材积生长量比普通毛白杨增长0.323 19 m³,河南毛白杨则增长0.341 9 m³,小毛白杨增长0.252 37 m³。全省推广箭杆,河南、小叶毛白杨优良无性系3 698.76万株,15年后按保留70势计算,净增立木蓄积832.4万 m³;按70势出材率计,净增木材582.68万 m³,每立方米按250元计算,则经济收益14.567万亿元,扣除推广技资费6 206.39万元,净经济收益12.370亿元,是投资的22.5倍。

此外,还具有显著的社会效益和生态效益。

河南杨属白杨组山杨亚组9种植物过氧化物酶同工酶的研究

赵东欣[1]　李继东[2]　郭保生[2]　赵天榜[2]

(1. 复旦大学化学系;2. 河南农业大学林学园艺学院)

摘　要　本文采用聚丙烯酰胺凝胶电泳系统,对河南杨属白杨组山杨亚组9种植物的过氧化物酶同工酶进行了测定。测定结果表明,9种植物的酶谱均有特征酶谱,或以其酶带数目、Rf、宽度和活性强弱相区别。根据各种酶谱的差异性,可作为其种的鉴别、分类系统研究和良种选择的依据。同时,采用排序方法对各种植物酶谱的相似程度进行了研究,其结果与山杨亚组的形态分类相吻合,从而为该属植物物种的鉴定、亲缘关系探讨、分类系统的建立提供了新的依据和手段,并支持山杨亚组分为:①山杨系 ser. Davidiandae、②齿叶山杨系 ser. Seliratae 和 ③响叶杨系 ser. Adenopodae 的观点。

关键词　河南;杨属;白杨组;山杨亚组;9种植物;过氧化物酶同工酶;排序方法

1986~1987年,洪涛研究员等在河南南召县乔端林场采集杨属植物标本,经研究后发表了波叶山杨 Populus undhulata J. Zhang、齿叶山杨 P. serrata T. B. Chao et J. S. Chen[1] 等种、变种和变型,并将杨属 Populus Linn. 白杨组 Sect. Populus[2]、山杨亚组 Subsect. Trepiidae Dode 分为:①山杨系 Ser. Davidianianae T. Hong et J. Zhang、②齿叶山杨系 Ser. Serratae T. Hong et J. Zhang 和 ③响叶杨系 Scr. Adenopodae T. Hong et J. Zhang[1]。为了检验其3系建立的合理性和科学性,作者采用同工酶分析技术对河南山杨亚组9种植物的过氧化物酶同工酶进行了测定和分析。同时,采用排序方法[3-5]对9种植物的酶谱相似程度进行研究,其结果与它们的酶谱分类、形态分类基本相吻合,即从酶学理论和分析技术,支持洪涛等将山杨亚组分为山杨系、齿叶山杨系和响叶杨系的建立。

总之,同工酶分析技术可作为杨属物种鉴定、分类系统研究、亲缘关系探讨、新品种选育等手段和技术,加以利用。现将研究结果报道如下,供参考。

1　材料与方法

1.1　试材选取

试材选采于河南南召县乔端林场东曼林区天然分布的成龄(10~15a)植株上的成形叶片。供试9种植物名称、学名是:1. 波叶山杨 P. undulata J. Zhang[1],2. 山杨 P. davidiana Dode[2,6,7],3. 朴叶杨 P. celtidifolia T. B. Chao[6,7],4. 南召杨 P. sp.,5. 响叶杨 P. adenopoda Maxim.[2,6],6. 云霄杨 P. celtidifolia T. B. Chao et C. W. Chiuan[6,8],7. 伏牛杨 P. funiushanensis T. B. Chao[6,7],8. 河南杨 P. honanensis T. B. Chao et C. W. Chiuan[6,7],9. 齿叶山杨 P. serrata J. B. Chao et J. S. Chen[1]。

基金项目:河南省科委技术攻关项目"毛白杨良种选育的研究"(981050002)。

第一作者:赵东欣,女,1976年生,博士生,主要研究方向:生物化学。地址:上海杨浦区武川路78弄91号。复旦大学化学系。注:T. B. Chao=T. B. Zhao。

1.2 酶谱制备与测算

9种植物过氧化物酶同工酶酶谱制备或测算,见陈志秀等方法[4,5,9]。

1.3 排序方法

9种植物过氧化物酶同工酶酶谱Rf排序方法,按江洪等方法(1986)和陈志秀方法(1994)进行。为了避免酶谱单一因子Rf排序结果的不准确性,作者在江洪等酶谱Rf排序方法基础上,加以改进,试用9种植物过氧化物酶同工酶酶谱综合因子进行排序。其具体方法见后。

2 结果与分析

2.1 9种植物过氧化物酶同工酶酶谱

其测定结果,如图1和表1所示。

表1 9种植物过氧化物酶同工酶酶谱因子表

树种编号	1	2	3	4	5	6	7	8	9
名称	齿叶山杨	云霄杨	山杨	南召山杨	河南杨	波叶山杨	朴叶杨	伏牛杨	响叶杨
酶带	7	8	6	7	7	4	5	4	5
1		C,0.08,4	C,0.09	C,0.08,4					
2	A,0.28,12		A,0.11						
3		A,0.32,18	A,0.32,14	A,0.34,14	A,0.32,18				
4	A,0.36,8					A,0.36,16	A,0.36,16		
5								A,0.40,14	A,0.40,14
6		B,0.48,16	A,0.48,14			D,0.48,14			
7	B,0.52,18							B,0.52,12	B,0.52,12
8	A,0.56,18								
9	A,0.62,8	C,0.62,8	C,0.62,14	C,0.62,24	B,0.60,24		C,0.62,6		B,0.60,8
10		A,0.64,4	B,0.64,2		C,0.64,4	C,0.64,2	B,0.66,4		
11				B,0.72,10	A,0.74,10	D,0.72,8			B,0.70,10
12	C,0.76,14								
13					B,0.80,6			D,0.80,48	D,0.80,10
14		B,0.82,14							
15	D,0.96,10			D,0.96,24			D,0.96,30		
16	C,0.98,2	C,0.98,16	D,0.98,34		D,0.98,18		B,98.2		
17	C,1.00,1	B,1.00,1	A,1.00,1	D,1.00,1					D,1.00,1

注:A、B、C、D为酶带活性级;Rf为酶带宽度(mm)。

图1和表1表明:①9种植物均有其特征酶谱Rf,或以其酶带数目、Rf、宽度及其活性强弱相区别,如云霄杨酶谱Rf为:B,0.82,14;山杨酶谱为:D,0.98,34;齿叶山杨酶谱Rf为:A,0.28,12和C,0.76,14;河南杨酶谱Rf为:A,0.74,10;响叶杨等则以其不同酶带的宽度和活性强弱等,而与它种相区别。②山杨亚组9种植物没有共同酶谱(Rf)。

总之,从图1和表1可看出,同工酶分析技术可以作为河南杨属白杨组山杨亚组植物物种鉴定的依据和手段应用。

2.2 9种植物酶谱(Rf)排序

为进一步检验9种植物形态分类的可靠性和准确性,作者采用江洪等方法对9种植物酶谱Rf的相似程度进行了研究。其结果如图2所示。

为了进一步检验排序结果的可靠性,利用9种植物酶谱(Rf)在y轴和x轴各位点上排序距离之和与其不相似值,求出相似系数:$r = 0.740\ 7$($\leqslant 0.800\ 0$)。

从图2可看出,9种植物酶谱Rf的排序结果,可以作为该属植物物种鉴别的依据,但不支持山杨亚组分为3系的观点。齿叶山杨与朴叶杨两种位点相近,则表明酶谱(Rf)单因子排序结果有明显不足之处。

2.3 9种植物过氧化物酶同工酶酶谱综合因子排序

作者在江洪等排序方法的基础上,试图解决酶谱单一因子(Rf)及其排序结果的不确切性(见图2),而采用酶谱综合因子排序法对9种植物过氧化物酶同工酶酶谱进行排序。其具体方法如下:

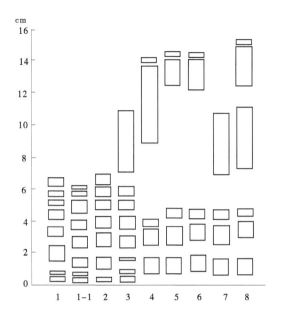

1. *Magnolia heptapeta*；1-1. *M. heptapeta* var. *pyramidalis*；
2. *Magnolia sp*；3. *M. wugangernsis*；4. *M. biondii*；5. *M. ze-nii*；6. *M. henanensis*；7. *M. funiushanensis*；8. *M. axilliflora*

图 1　9 种植物的过氧化物酶同工酶酶谱图
（编号及名称同表 1）

第一，确定 9 种植物酶谱综合因子的相似性，即酶带 Rf±0.02，宽度±2 mm；活性强度按相等或相近一级，即 A 与 A、A 与 B、B 与 B、B 与 C、C 与 C、C 与 D、D 与 D。

第二，计算 9 种植物酶谱综合因子的相似值。其计算公式为：

相似值（E）＝2×甲、乙两种酶谱因子相等或相近之和/甲、乙两种酶谱带数和×3

第三，求算 9 种植物酶谱综合因子不相似值。

其计算公式为：

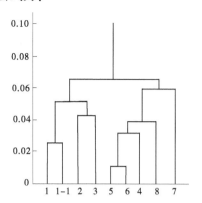

图 2　9 种植物酶谱 Rf 排序坐标图
（编号及名称同表 1）

不相似值（E'）＝100-E

第四，将 9 种植物酶谱综合因子的不相似值构成矩阵表，如表 2 所示。

第五，计算 9 种植物过氧化物酶同工酶酶谱综合因子不相似值的总和（Σ）。然后，则按江洪等排序方法计算出 e 及 x，并填入表 2。

第六，绘制 9 种物种酶谱综合因子排序坐标图。根据各物种酶谱综合因子（酶带数目、Rf、酶带活性及其宽度）排序的位点分别在 y 轴与 x 轴的坐标图（10 cm × 10 cm）上标出。

第七，求算出各物种酶谱综合因子的相似系数（r）。用 9 种植物酶谱在 y 轴和 x 轴上各位点差值之和与矩阵表中下方不相似值，求出相似系数 r＝0.992 5。由此，证实 9 种植物酶谱综合因子排序结果是可靠的、准确的。

表 2　9 种植物过氧化物酶同工酶酶谱综合因子排序表

名称	编号	1	2	3	4	5	6	7	8	9	Σ	Y	e	x
齿叶山杨	1										561	59.1	56.8	35.9
云霄杨	2	69		43	51	33	89	38	67	69	459	32.8	58.4	32.3
山杨	3		3		28	44	67	82	93	88	564	70.8	60.3	0
南召山杨	4		1	28		48	64	42	88	72	469	68.2	55.6	4.2
河南杨	5	62	33	44	48		64	50	70	83	454	54.0	44.5	30.6
波叶山杨	6	70	89	67	64	64		56	100	85	595	100		24.1
朴叶杨	7	50	38	82	42	50	56		85	80	483	70.4	47.6	43.8
伏牛杨	8	82	67	93	88	70	100	85		41	626	0	0	93.0
响叶杨	9	93	69	88	72	83	85	80	41		611	22.3	34.4	79.1

从表2可看出,9种植物酶谱综合因子的排序结果,与它们的形态分类、酶谱分类相吻合。由此表明,同工酶分析技术可以作为杨属白杨组山杨亚组植物种鉴定的技术,并支持洪涛等将杨属白杨组山杨亚组分为山杨系、齿叶杨系和响叶杨系的观点。伏牛杨的位点较远,尚待进一步研究。

3 初步小结

(1)河南杨属白杨组山杨亚组9种植物过氧化物酶同工酶均有其特征酶谱,或以其种的酶谱带数目、Rf、宽度和活性强弱的不同,可将每种加以区别。因而,同工酶分析技术可作为杨属植物种的鉴定和分类系统研究的依据和技术。

(2)河南杨属白杨组山杨亚组9种植物过氧化物酶同工酶酶谱综合因子排序结果,与其形态分类、酶谱分类相一致,即支持洪涛等将山杨亚组 Subsect. Trepidae Dode 分为:①山杨系 Ser. Davidianae T. Hong et J. Zhang、②齿叶山杨系 Ser. Serratae T. Hong et J. Zhang 和③响叶杨系 Ser. T. Hong et J. Zhang 的观点。

(3)河南杨属白杨组山杨亚组9种植物过氧化物酶同工酶酶谱的综合因子排序结果,可以避免单因子(Rf)排序结果的不准确性和不应该出现的错误。

(4)伏牛杨酶谱综合因子排序结果,与其他种位点的距离较远,尚待进一步研究。

参考文献

[1] 张杰,洪涛,赵天榜,等.杨属白杨组新分类群[J].林业科学研究,1988,1(1):66-79.
[2] 中国科学院中国植物志编辑委员会.中国植物志 第二十卷 第二分册[M].北京:科学出版社,1984:11-12,16.
[3] 江洪,王琳.柏木属植物过氧化物酶同工酶的研究[J].植物分类学报,1986,24(4):253-259.
[4] 陈志秀.中国蜡梅属植物过氧化物同工酶的研究[J].生物数学学报,1994,9(4):169-175.
[5] 陈志秀.蜡梅17个品种过氧化物同工酶的研究[J].植物研究,1995,15(3):403-411.
[6] 丁宝章,王遂义,高增义.河南植物志(第一册)[M].郑州:河南人民出版社,1981:176-177.
[7] 赵天榜,全振武.河南杨属新种和新变种.河南农学院科技通讯,1978(2):96-98.
[8] 丁宝章,王遂义,赵天榜.河南新植物[J].河南农学院学报,1980(2):4.
[9] 赵天榜,陈志秀,傅大立,等.河南木兰属9种植物过氧化物同工酶分析[J].生物数学学报,1994,9(3):84.

毛白杨过氧化物同工酶的研究

赵翠花　　赵天榜　　陈志秀　　傅大立　　谢翠花　　薛金国　　李振卿

摘　要 用聚丙烯酰胺凝胶垂直板电泳测定了毛白杨55个无性系的过氧化物同工酶酶谱。结果表明:①毛白杨过氧化物同工酶酶谱具有多态特性。根据其酶谱可分为15个品种群。每个品种群均有其特征酶谱,或主导酶谱。品种群内无性系可按酶谱进行鉴定。其酶谱多态性与形态变异广泛性、复杂性、多型性与起源多种性并不平行,很难从酶谱上解释清楚。②毛白杨起源多种性与亲缘复杂性,从酶谱上加以证实。其酶谱不是杂交亲本酶谱的叠加,亲缘关系和演化途径非常复杂。

近年来,近代分子生物科学的迅速发展,使人发现:可以从同工酶酶谱分析中来识别基因的存在和表达。这是从分子水平上认识遗传基因存在的精确指标,是了解和认识基因表达的生化指标,是用来研究林木群体遗传的变异、进行形态分类等研究的重要手段之一。目前,这一技术不仅在生物科学中得到广泛应用,而且在农林科学实践中倍受重视,并肯定了同工酶技术在植物种质特性,系统分类,亲缘关系,遗传变异,种、变种及无性系鉴定等研究领域中具有特别重要的意义。

本研究旨在探讨毛白杨无性系过氧化物同工酶的变化特点与规律,试图从分子水平上为进行毛白杨起源研究及鉴定其无性系提供酶学依据。

材料与方法

1. 供试材料

供试材料采用河南许昌市魏都区毛白杨良种圃内毛白杨55个无性系植株及响毛杨等植株的短枝上成形叶片。供试杨树名录如表1所示。

表 1　毛白杨等名录

名称	学名
银白杨	Populus alba Linn.
新疆杨	var. pyramidalis Bge.
新乡杨	P. sixingensis T. B. Chao
毛白杨	P. tomentosa Carr.
响叶杨	P. adenopoda Maim.
山杨	P. davidiana Dode
响毛杨	P. pseuo-tomemtosa C. Wang et Tung

2. 酶液制备

分别称取新鲜、干净、剪碎的成形叶 5 g,置预冷研钵中,加少许细石英砂和 10 mL 的 Tris-HCl,研成匀浆,用四层细纱布过滤。滤液在 0~4 ℃冰箱中,经 10 000 r/min,离心 1 h,取上清液,置冰箱中备用。

3. 试验方法

用聚丙烯酰胺凝胶垂直板电泳系统。浓缩胶浓度 3.1%,pH 6.7;离胶浓度 7.5%,pH 8.9。电泳缓冲液在 20~23 ℃条件下进行,电压 300 V。电泳 15 mA/板。分离胶和浓缩胶采用光聚合。电泳后,用 0.16% 改良醋酸—联苯胺法染色,酶谱呈现褐色、黄褐色或黄棕色后,倾去染色液,蒸馏水漂洗后,固定,即测酶谱距离(Rf.)(见表 2~表 5),记其活性强弱,作为研究分析依据,并拍片保存。

表 2　毛白杨各品种群及其无性系过氧化物同工酶酶谱 Rf 值表

名称	Rf												
	1	2	3	4	5	6	7	8	9	10	11	12	13
毛白杨品种群													
毛白杨				0.20			0.32		0.42		0.52		0.62
箭杆毛白杨				0.20			0.32		0.42				0.61
细枝箭杆毛白杨				0.22			0.32		0.42				0.63
大皮孔箭杆毛白杨				0.20		0.30					0.51		
两性箭杆毛白杨				0.21			0.32		0.42			0.56	
小皮孔箭杆毛白杨			0.16		0.26						0.51	0.66	
序枝箭杆毛白杨			0.19			0.31					0.51	0.56	0.64
大叶箭杆毛白杨			0.18			0.29					0.52		0.60
细序箭杆毛白杨				0.21								0.54	0.63
晚落叶箭杆毛白杨			0.18								0.50	0.55	0.63
河南毛白杨品种群													
河南毛白杨	0.004	0.13		0.22						0.48			
粗皮河南毛白杨					0.25		0.35			0.49			0.61
光皮河南毛白杨				0.21						0.46	0.50		0.63
厚叶河南毛白杨		0.13		0.22					0.43				0.60
白皮河南毛白杨				0.22				0.38			0.55		0.63
青皮河南毛白杨				0.22					0.43				0.61
圆叶河南毛白杨				0.21				0.39					
密孔毛白杨品种群													
密孔毛白杨					0.25					0.46	0.53		0.61
小密孔毛白杨					0.25						0.50		0.63

表 3　毛白杨各品种群及其无性系过氧化物同工酶酶谱 Rf 值表

名称	Rf												
	1	2	3	4	5	6	7	8	9	10	11	12	13
密枝毛白杨品种群													
密枝毛白杨						0.25			0.48			0.58	0.64
银白毛白杨				0.21				0.40	0.48		0.54		0.62
宽叶密枝毛白杨								0.41	0.48		0.55		
密疣枝毛白杨						0.29		0.44		0.53			0.63
小叶毛白杨品种群													
小叶毛白杨					0.24		0.42					0.57	
大皮孔小叶毛白杨										0.53		0.58	
小皮孔小叶毛白杨					0.25		0.40						0.60
豫农小叶毛白杨						0.28				0.52			0.60
箭杆小叶毛白杨					0.24		0.38						0.61
粗枝小叶毛白杨					0.26				0.47	0.51		0.57	
光皮小叶毛白杨		0.18				0.31	0.41						0.60
河北毛白杨品种群						0.32			0.47				0.60
三角叶毛白杨品种群				0.21			0.37		0.47				0.60
皱叶毛白杨品种群					0.24		0.36		0.48			0.59	
截叶毛白杨品种群					0.25		0.38			0.51			0.61
塔形毛白杨品种群						0.30				0.53			
梨叶毛白杨品种群						0.28				0.51	0.56		
长柄毛白杨品种群								0.47			0.58		
光皮毛白杨品质群					0.24					0.52			0.63
泰安毛白杨品种群		0.19				0.31					0.50	0.56	
响毛白杨品种群			0.20			0.31		0.47					0.60

表 4　毛白杨各品种群及其无性系过氧化物同工酶酶谱 Rf 值表

名称	Rf												
	1	2	3	4	5	6	7	8	9	10	11	12	13
毛白杨实生株 1		0.15		0.20	0.24			0.38		0.47		0.57	0.60
2	0.04				0.25		0.32		0.42		0.51		0.62
3		0.15									0.51		
4			0.17			0.29				0.46	0.54	0.59	
5			0.19				0.32				0.53		0.63

表 5　毛白杨等过氧化物同工酶 Rf 值表

名称	Rf																			
	1	2	3	4	5	6	7	8	9	10	11	12	13	14	15	16	17	18	19	20
银白杨	0.04	0.15		0.30						0.51	0.55	0.59		0.65						1.00
新疆杨	0.05	0.17								0.50		0.60		0.65				0.88		1.00
新乡杨		0.16			0.26				0.47	0.51										
毛白杨			0.20			0.32		0.42		0.51		0.62				0.73	0.84	0.88	0.95	1.00
响毛杨	0.06		0.20			0.31			0.47			0.60			0.69	0.75	0.84	0.87		1.00
响叶杨	0.07		0.19			0.31				0.50	0.57			0.66		0.74	0.83			1.00
山杨			0.20				0.36		0.46		0.55	0.61					0.82			

结果与分析

1. 响毛白杨不宜作种

表 3 材料表明，毛白杨与响毛杨有 3 条相同酶谱（Rf：0.20，0.84，1.00），3 条相近酶谱（Rf：0.32 与 0.31，0.60 与 0.62，0.73 与 0.75）。从酶学观点，不支持响毛杨作为种的见解，宜作为毛白杨的一个类群较好。

2. 毛白杨过氧化物同工酶的多态特性

根据毛白杨种群的变种、变型和无性系的过氧化物同工酶酶谱的测定结果，毛白杨种群内的酶谱具有多态特性，但无明显的特征，或主导酶谱。从表 2~表 4 中可看出毛白杨酶谱的多态性。根据其酶谱，初步将毛白杨分为 15 个品种群。各品种群均有一定酶谱，可以彼此分开。品种群内的无性系酶谱均有明显差异。毛白杨 15 个品种群是：

（1）毛白杨品种群（Populus tomentosa Carr. Tomentosa groups）。本品种群供试品种 10 个，其主导酶谱 Rf：0.18~0.22，0.29~0.32，0.71~0.75。其无性系均有相区别的酶。

（2）河南毛白杨品种群（Populus tomentosa Carr. Honanica groups）。本品种群供试 7 个品种，主导酶谱 Rf 为 0.21~0.25。河南毛白杨以 Rf：0.04，0.66，0.86 为特有酶谱；粗皮河南毛白杨以 Rf：0.25，0.35 为特有酶谱；光皮河南毛白杨以 Rf：0.46，0.50 与本群其他无性系相区别。

（3）密孔毛白杨品种群（Populus tomentosa Carr. Multilenticella groups）。本品种群供试品种 2 个，其主导酶谱 Rf：0.25，0.83；密孔毛白杨与小密孔毛白杨以 Rf：0.46 与 0.61，0.53 与 0.50，0.63 与 1.00 相区别。

（4）密枝毛白杨品种群（Populus tomentosa Carr. Ramosissima groups）。本品群供试 4 品种，没有明显特征酶谱或主导酶谱。各品种均可以从

酶谱上区分。

（5）小叶毛白杨品种群（P. tomeutosa Carr. Microphylla groups）。本品种群供试品种 7 个，没有特征酶谱和主导酶谱。各品种间均有相区别的酶谱。

（6）河北毛白杨品种群（Populus tomentosa Carr. Hopeienica group）。仅一个品种。

（7）三角叶毛白杨品种群（Populus tomentosa Carr. Triangustifolia group）。一个品种。

（8）皱叶毛白杨品种群（Populus tomentosa Carr. Rugosiflioa group）。一个品种。

（9）截叶毛白杨品种群（Populus tomentosa Carr. Truncata groups）。供试 3 个品种。

（10）塔形毛白杨品种群（Populus tomentosa Carr. Pyramidalis group）。一个品种。

（11）长柄毛白杨品种群（Populus tomentosa Carr. Longipetiola group）。一个品种。

（12）梨叶毛白杨品种群（Populus tomentosa Carr. pynifolia groups）。供试 3 个品种。

（13）光皮毛白杨品种群（Populus tomentosa Carr. Lerigata group）。供试 1 个品种。

（14）泰安毛白杨品种群（Populus tomentosa Carr. Taianensis groups）。供试 2 个品种。

（15）响毛杨品种群（Populus tomentosa Carr. pseudo-tomentosa group）。供试一个品种。

此外，还可以从表 2 中明显看出，毛白杨实生植株的酶谱也具有多态特性，且表明是毛白杨产生多态特性的主要原因之一，在于其实生植株经过人们长期选择和培育所形成。

据上述材料，我们可以看出：毛白杨酶谱的多态性与其种群的形态变异广泛性、复杂性、多型性并不平行，很难从酶谱多态性解释清楚。同时，证实同工酶技术可以用来进行毛白杨无性系的鉴定。

3. 毛白杨起源及其亲缘关系

据报道,应用同工酶技术,鉴定植物种起源与进化以及其亲缘关系有其优越性。胡志昂研究员认为,杨属种的酶谱的遗传比较简单,一般呈显性单孟德尔因子控制,所以杂种的酶谱一般是亲本酶谱的叠加。如"小青杨酶谱是小叶杨和青杨的酶谱叠加"。杨自湘等"用过氧化物同工酶测定群众杨、小叶杨×(钻天杨 + 旱柳)与合作杨(小叶杨×钻天杨),发现小叶杨所特有的 C 区酶带,合作杨有,而群众杨不具有,并表明群众杨的酶谱不是"亲本酶谱的叠加""。我们用同工酶技术测定表明毛白杨酶谱具有多态性,很难看出它们的酶谱是双亲酶谱的叠加,如表 2 所示。

4. 毛白杨多亲本起源

从表 3 可看出,毛白杨是银白杨、响叶杨、山杨、新疆杨及毛白杨反复参与杂交所形成的多种性、多型性复合杂种,且经过长期的人工选择和培育构成现代复杂的栽培杂种种群。如毛白杨与银白杨有 Rf:0. 20 与 0. 23,0. 52 与 0. 51,0. 59 与 0. 62,1. 00,4 条相似,或相同的酶谱。且与响叶杨有 Rf:0. 20 与 0. 19,0. 32 与 0. 31,0. 52 与 0. 50,0. 73 与 0. 74,0. 84 与 0. 83,1. 00,6 条相似,或相同的酶谱:与山杨有 Rf:0. 20,0. 52 与 0. 55,0. 62 与 0. 61,0. 84 与 0. 82,4 条相同或相似酶谱。

毛白杨新资源的研究

赵天榜[1]　陈志秀[1]　李兆镕[2]

(1. 河南农业大学;2. 河南省林业厅)

摘　要　毛白杨有 17 变种(5 新变种)、10 变型(2 新变型)、109 品种(91 新品种)、17 品种群(8 新品种群、1 新组合品种群)。

毛白杨

Populus tomentosa Carr.

变种:

1.1　毛白杨　原变种

Populus tomentosa Carr. var. tomentosa

1.2　银白毛白杨　新变种

Populus tomentosa Carr. var. alba T. B. Chao et Z. X. Chen,var. nov.

A var. nov. ramulis dense tomentosis. Foliis ovatis,rotundatis, apice mucronatis base cordatis, margine dentatis non regularibus,supra in costis et nervia latrelibus dense tomentosis albis,subtus dense cinerei-albis; petiolis cylindricis dense cinerei-albis, apice 1 ~ 2 globiglandulis. femineis!

Henan;Zhengzhou City. 29-03-29. T. B. Chao et Z. X. Chen,No. 225. Typus!

本新变种枝密被白色茸毛。叶卵圆形、近圆形,先端短尖,基部浅心形,边缘具不规则的大牙齿锯齿,表面沿主脉及侧脉密被白色茸毛,背面密被灰白色茸毛;叶柄圆柱状,密被灰白色茸毛,顶端 1 ~ 2 枚圆腺体。雌株!苞片匙-菱形,中上部浅灰色,中间具灰色条纹。蒴果扁卵圆球状,长约 3 mm,密被灰白色茸毛。花期 3 月;果成熟期 4 月中下旬。

产地:河南。1975 年 3 月 29 日。模式标本,赵天榜,225。采于河南郑州,存河南农业大学。

变型:

1.1　密枝毛白杨　原变型

Populous ramosissima (Yü Nung) C. Wang et T. B. Zhao f. ramosissima

1.2　银白密枝毛白杨　新变型

Populous ramosissima (Yü Nung) C. Wang et T. B. Zhao f. argentata T. B. Chao et Z. X. Chen f. nov.

A typo recedit ramaliis et foliis juventubius dense tomemtosis. Foliis ramulorum brevium late ovatis vel triangulari-ovatis vel rotundati-ovatis vel subritundatis apice acutis basi late cuneatis vel rotundis vel subcordatis;petiolis dense tomentosis.

Henan:Zhengzhou. Tree cultivated. 16. 3 m high,31. 2 cm in diameter. 10-05-1980. T. B. Chao,

No. 37.

本新变型与密枝白杨原变型 Populus ramosissima(Yü Nung) C. Wang et T. B. Zhao var. ramosissima 区别:幼枝和幼叶密被白色茸毛。短枝叶三角-卵圆形、宽卵圆形、圆状卵圆形,或近圆形,先端短尖,基部近心形、圆形、宽楔形;叶柄密被白色茸毛。

河南:郑州。1980 年 5 月 10 日。赵天榜,No. 37。模式标本,采于河南郑州,存河南农业大学。

本新变型河南各地有栽培,抗病害能力极强,是抗病育种的优良亲本。

品种群:

毛白杨品种群分 17 品种群,其中有 8 个新品种群,109 品种,其中有 91 新品种如下:

1. **毛白杨品种群** Populus tomentosa Carr. Tomentosa groups

本品种群有 40 品种,其中有 32 新品种。

品种:

1.1 毛白杨 Populus tomentoga Carr. cv. 'Tomentosa'

1.2 箭杆毛白杨-115 新品种

Populus tomentosa Carr. cv. 'Borealo-sinensis-115'

该品种树冠卵球状;侧枝较粗壮,斜展;树干微弯,中央主干不明显。树皮灰白色,光滑,被灰白色蜡质层;枝痕三角状突起;叶痕横线状突起;皮孔菱形,散生,中等大小,较多,纵裂,中间褐色。短枝叶卵圆形,或近圆形,先端短尖,或尖,基部截形,或心形,边缘具浅三角牙点缘,或波状齿。雄株!雄蕊 7~9 枚;花梗被白色柔毛。

产地:河南鲁山县。选育者:赵天榜和黄桂生。1975 年,植株编号:No. 115。

该品种:①生长迅速。据调查,13 年生平均树高 17.3 m,胸径 31.8 cm,单株材积 0.413 30 m³。②抗叶斑病能力强。

1.3 箭杆毛白杨-120 新品种

Populus tomentosa Carr. cv. 'Borealo-sinensis-120'

该品种树冠卵球状;侧枝稀,较开展;树干直,中央主干明显。树皮皮孔菱形,大者 3.0~4.5 cm,中等 2.0~3.0 cm,小者 1.0~2.0 cm。短枝叶三角形、三角-卵圆形,先端长渐尖,或尖,基部浅心形、截形,或偏斜,边缘具波状粗齿。雄株!雄蕊 6~8 枚。

产地:河南郑州。选育者:赵天榜和陈志秀。植株编号:No. 120。

1.4 箭杆毛白杨-106 序枝毛白杨 新品种

Populus tomentosa Carr. cv. 'Borealo-sinensis-106'

该品种树冠卵球状;侧枝较粗,斜展;树干直,中央主干明显。树皮灰绿色,较光滑;皮孔菱形,多散生,中等大小。短枝叶宽三角形,先端渐尖,基部浅心形,边缘具波状粗齿,或三角形牙齿。雄株!花序长 7.0~13.0 cm,通常多分枝,最多达 11 小花序;雄蕊 6~8 枚。

产地:河南郑州。选育者:赵天榜和陈志秀。植株编号:No. 106。

1.5 箭杆毛白杨-12 新品种

Populus tomentosa Carr. cv. 'Borealo-sinensis-12'

该品种树冠卵球状;侧枝较粗、较片,下部侧枝开展,中上部侧枝斜生;树干直,中央主干明显。树皮灰褐色,基部浅纵裂;皮孔菱形,较多,散生,兼有小点状皮孔。短枝叶宽三角形,先端短渐尖,基部心形,或截形,边缘具波状粗齿。雄株!花序长 8.0~9.5 cm;苞片边缘尖裂,裂片淡棕色,中下部淡黄色。

产地:河南郑州。选育者:赵天榜和陈志秀。植株编号:No. 12。

1.6 箭杆毛白杨-34 新品种

Populus tomentosa Carr. cv. 'Borealo-sinensis-34'

该品种树冠近球状;侧枝粗大,开展,梢部稍下垂;树干直,中央主干较明显。树皮灰白色,较光滑,基部灰褐色,浅纵裂;皮孔菱形,较多,散生。短枝叶三角形,先端渐短尖,基部心形,边缘具波状粗齿。雄株!花序长 6.0~8.5 cm;苞片灰褐色。

产地:河南郑州。选育者:赵天榜和陈志秀。植株编号:No. 34。

1.7 箭杆毛白杨-83 新品种

Populus tomentosa Carr. cv. 'Borealo-sinensis-83'

该品种树干弯,中央主干不明显。树皮皮孔菱形,中等,边缘突起。短枝叶三角-卵圆形、三角形。雄株!花序长 8.5~11.2 cm;苞片上部灰褐色,被褐色细条纹,中、下部淡灰色。

产地:河南郑州。选育者:赵天榜、陈志秀。植株编号:No. 83。

1.8　箭杆毛白杨-69　新品种

Populus tomentosa Carr. cv. 'Borealo-sinensis-69'

该品种树冠卵球状;侧枝较粗、较开展,分布均匀;树干微弯,中央主干不明显。树皮灰褐色,基部稍粗糙;皮孔菱形,或方菱形,中等,较多,散生,或2~4个横向连生。芽鳞绿色,边部棕红色,具光泽。短枝叶三角-卵圆形,或三角-近圆形,先端短尖,基部心形,边缘具较均匀的锯齿。雄株! 花序长11.0~12.3 cm;苞片灰色,上、中部交接处具一带形细褐色条纹。

产地:河南郑州。选育者:赵天榜、陈志秀、宋留高。植株编号:No. 69。

1.9　箭杆毛白杨-63　新品种

Populus tomentosa Carr. cv. 'Borealo-sinensis-63'

该品种树冠圆锥状;侧枝较细、少、短,分布均匀;树干通直,中央主干明显,直达树顶。树皮灰褐色,光滑;皮孔菱形,中等,散生,兼有散生圆点状皮孔。芽鳞绿色,边部棕红色,具光泽。短枝叶三角-卵圆形,或宽三角-近圆形,先端尖,或渐短尖,基部浅心形,边缘具大小不等的钝锯齿,上部齿端具腺体。雄株! 花序长3.1~8.5 cm;苞片灰褐色,中部以上及边部有褐色长条纹。

产地:河南郑州。选育者:赵天榜、陈志秀。植株编号:No. 63。

1.10　箭杆毛白杨-65　新品种

Populus tomentosa Carr. cv. 'Borealo-sinensis-65'

该品种树冠卵球状;侧枝斜展,枝层明显;树干通直,中央主干明显,直达树顶。树皮浅灰绿色,光滑;皮孔菱形,或纵菱形,两边微凸,中等大小,较多,散生,或4~12个横向连生,还有少数小皮孔及菱形大皮孔。芽鳞绿色,边部紫褐色,具光泽。短枝叶近圆形,或三角-宽卵圆形,先端短尖、窄尖,基部心形,或偏斜,边缘具锯齿,或牙齿状缺刻。雄株! 花序长6.5~9.5 cm;苞片灰褐色,被褐色细条纹。

产地:河南郑州。选育者:赵天榜、陈志秀、姚朝阳。植株编号:No. 65。

1.11　箭杆毛白杨-64　新品种

Populus tomentosa Carr. cv. 'Borealo-sinensis-64'

该品种树冠卵球状;侧枝较粗,下部枝开展;树干通直,圆满,中央主干明显。树皮灰褐色,较光滑,基部浅纵裂,较粗糙;皮孔菱形,大,多,多数径1.5~2.0 cm,多散生,或4~12个横向连生。短枝叶三角-卵圆形、宽三角形,稀心形,先端尖,或短尖,基部心形、截形,或偏心形。雄株! 花序长10.4~13.5 cm;苞片灰褐色,边部及中部被褐色细条纹。

产地:河南郑州。选育者:赵天榜、陈志秀、姚朝阳。植株编号:No. 64。

1.12　箭杆毛白杨-66　圪泡毛白杨　新品种

Populus tomentosa Carr. cv. 'Borealo-sinensis-66'

该品种树冠卵球状;侧枝较细,较稀;树干微弯,圆满,中央主干不明显。树皮灰褐色;皮孔菱形,较多,裂纹较深,边部上翘。短枝叶三角-卵圆形、宽三角形,稀心形,先端突尖,或短尾尖,基部浅心形,稀圆形,截形,边部波状起伏,边缘具锯齿,或不整齐粗齿。雄株! 花序长7.0~12.0 cm;苞片灰褐色,边部及中部被淡黄白色细条纹,具白色缘毛。

产地:河南郑州。选育者:赵天榜、姚朝阳。植株编号:No. 66。

1.13　箭杆毛白杨-72　新品种

Populus tomentosa Carr. cv. 'Borealo-sinensis-72'

该品种树冠窄圆锥状;侧枝较细,斜生;树干直,中央主干明显,直达树顶。树皮淡灰褐色,较光滑;皮孔菱形,大小中等,散生。小枝灰棕色,皮孔棕红色。短枝叶三角形、宽三角形,先端尖,或短尖,基部截形,或浅心形,边缘波状锯齿;叶柄先端具腺点1~2枚。雄株!

产地:河南郑州。选育者:赵天榜、宋留高。植株编号:No. 72。

1.14　箭杆毛白杨—68　新品种

Populus tomentosa Carr. cv. 'Borealo-sinensis-68'

该品种树冠窄卵球状;侧枝细,较多,斜生;树干通直,中央主干明显,直达树顶。树皮淡灰绿色,光滑;皮孔菱形,较小,较少,有圆点状皮孔,散生,少2~4个横向连生。短枝叶三角-卵圆形,或卵圆形,先端渐尖,或短渐尖,基部浅心形、截形,或偏斜,边缘波状锯齿。雄株!

产地:河南郑州。选育者:赵天榜和陈志秀。植株编号:No. 68。

1.15　粗枝箭杆毛白杨-57　新品种

Populus tomentosa Carr. cv. 'Borealo-sinensis-57'

该品种树冠近球状;侧枝特别粗大,较多,斜展;树干低。树皮灰褐色,基部纵裂、粗糙;皮孔菱形,较大,较多,多散生,少2~4个横向连生。短枝叶三角-卵圆形,或宽三角形,先端短尖,或突尖,基部心形,或偏斜,稀圆形,边缘具波状粗锯齿,或牙齿缘。雄株!

产地:河南郑州。选育者:赵天榜、陈志秀。植株编号:No. 57。

1.16　粗枝箭杆毛白杨-62　新品种

Populus tomentosa Carr. cv. 'Borealo-sinensis-62'

该品种树冠卵球状,或近球状;侧枝较细,斜展,枝层明显;树干通直,中央主干明显。树皮灰绿色,或灰白色,较光滑;皮孔菱形,较大,较多,深纵裂,散生,个体差异明显。短枝叶三角-卵圆形,先端短尖,或短渐尖,基部近圆形、浅心形,或偏斜,边缘具波状粗锯齿。雄株!

产地:河南郑州。选育者:赵天榜、姚朝阳。植株编号:No. 62。

1.17　晚落叶箭杆毛白杨-70　新品种

Populus tomentosa Carr. cv. 'Borealo-sinensis-70'

该品种树冠卵球状;侧枝较粗、较多,斜展,枝层明显;中央主干不明显。树皮灰褐色,基部纵裂,裂纹深;皮孔菱形,或纵菱形,较大,较多,个体差异明显,深纵裂,散生。短枝叶三角-宽卵圆形,或三角-卵圆形,先端尖,或短尖,基部心形,或偏斜,边部波状起伏,边缘具不规则粗锯齿,或齿牙状缺刻。雄株!

产地:河南郑州。选育者:赵天榜、陈志秀。植株编号:No. 70。

1.18　箭杆毛白杨-78　曲叶毛白杨　新品种

Populus tomentosa Carr. cv. 'Borealo-sinensis-78'

该品种树冠宽卵球状;侧枝粗大、较多,斜展,枝层明显;树干直,中央主干不明显。树皮灰褐色,深纵裂;皮孔菱形,较大,多散生。短枝叶三角-卵圆形,先端短尖,基部浅心形,边缘具粗锯齿。雄株!

产地:河南郑州。选育者:赵天榜、李荣幸。植株编号:No. 70。

1.19　抗病箭杆毛白杨-79　新品种

Populus tomentosa Carr. cv. 'Borealo-sinensis-79'

该品种树冠卵球状;侧枝粗细中等,较开展。树皮灰绿色,较光滑;皮孔菱形,中等,多散生。短枝叶三角形,先端短尖,基部浅心形,或截形,边缘具波状粗锯齿。雄株!

产地:河南郑州。选育者:赵天榜、陈志秀。植株编号:No. 79。

1.20　箭杆毛白杨-35　新品种

Populus tomentosa Carr. cv. 'Borealo-sinensis-35'

该品种树冠近球状;侧枝粗大,开展;树干直,中央主干不明显。树皮灰褐色,基部深纵裂;皮孔菱形,中等大小,散生。短枝叶宽三角形,先端短尖,基部浅心形,边缘具波状粗锯齿。雄株!

产地:河南郑州。选育者:赵天榜、姚朝阳。植株编号:No. 35。

1.21　光皮箭杆毛白杨-44　新品种

Populus tomentosa Carr. cv. 'Borealo-sinensis-44'

该品种树冠窄圆锥状;侧枝粗度中等、较短,枝层明显,分布均匀;树干直,中央主干明显,直达树顶。树皮青绿色,光滑;皮孔菱形,较小,多散生。短枝叶长卵圆形、窄三角-卵圆形、椭圆形、卵圆形,先端窄渐尖,或突尖,基部圆形,边缘具锯齿。雄株!

产地:河南郑州。选育者:赵天榜、宋留高。植株编号:No. 44。

1.22　箭杆毛白杨-49　新品种

Populus tomentosa Carr. cv. 'Borealo-sinensis-49'

该品种树冠宽卵球状;侧枝粗度中等,较长,斜展;树干低,中央主干不明显。树皮灰绿色,较光滑;皮孔菱形,较多,中等大小,散生。短枝叶三角-卵圆形,先端突尖,或渐尖,基部浅心形,或偏斜。雄株!

产地:河南郑州。选育者:赵天榜、姚朝阳。植株编号:No. 49。

1.23 箭杆毛白杨-52 新品种

Populus tomentosa Carr. cv. 'Borealo-sinensis-52'

该品种树冠卵球状;侧枝开展,梢端稍下垂;树干直。树皮灰褐色,基部稍纵裂;皮孔菱形,中等,散生。短枝叶三角-卵圆形,先端短尖,基部浅心截形,或微心形,边缘具波状齿,或粗锯齿。雄株!

产地:河南郑州。选育者:赵天榜、陈志秀。植株编号:No. 52。

1.24 箭杆毛白杨-51 新品种

Populus tomentosa Carr. cv. 'Borealo-sinensis-51'

该品种树冠宽卵球状,或卵球-圆锥体状;侧枝粗度中等、较长,近开展,枝层明显,分布均匀;树干直,中央主干明显。树皮灰白色,较光滑;皮孔菱形,较小,较多,散生,或 2~4 个横向连生。短枝叶卵圆形、三角-卵圆形,先端短尖、渐尖,基部心形,稀圆形,或偏斜,边缘具波状锯齿。雄株!

产地:河南郑州。选育者:赵天榜、陈志秀。植株编号:No. 51。

1.25 箭杆毛白杨-54 新品种

Populus tomentosa Carr. cv. 'Borealo-sinensis-54'

该品种树冠宽卵球状;侧枝较开展;树干直,中央主干不明显。树皮灰褐色,或灰白色;皮孔菱形,大小中等,较多,散生。短枝叶三角-卵圆形、三角-宽心形,先端短渐尖,基部近截形、浅心形,或偏斜,边缘具波状粗锯齿。雄株!

产地:河南郑州。选育者:赵天榜、陈志秀、宋留高。植株编号:No. 54。

1.26 宜阳箭杆毛白杨 新品种

Populus tomentosa Carr. cv. 'Borealo-sinensis-131'

该品种树冠宽卵球状;侧枝较粗;树干直,中央主干不明显。树皮灰褐色;皮孔菱形,中等,散生。短枝叶三角-宽卵圆形,稀扁形,先端短尖、突短尖,基部微心形、截形,边缘具不整齐锯齿,齿端尖,或微弯。雌株!

产地:河南宜阳县。选育者:赵天榜、陈志秀。植株编号:No. 131。

1.27 箭杆毛白杨-150 新品种

Populus tomentosa Carr. cv. 'Borealo-sinensis-150'

该品种树冠宽大;侧枝较粗,开展;树干直,中央主干不明显。树皮灰褐色;皮孔菱形,中等,明显纵裂、突起为显著特点。短枝叶三角-卵圆形,先端短尖、短渐尖,基部近圆形,或微浅心形,边缘具不整齐粗锯齿。雄株!

产地:河南郑州。选育者:赵天榜、陈志秀。植株编号:No. 150。

1.28 箭杆毛白杨-99 新品种

Populus tomentosa Carr. cv. 'Borealo-sinensis-99'

该品种树冠圆锥状,或卵球状;侧枝细、少、斜展;树干直,中央主干明显。树皮淡灰褐色;皮孔菱形,中等,散生。短枝叶三角-卵圆形,先端短尖,基部浅心形,或深心形,边部多起伏不平,边缘具浅锯齿。雌株!

产地:河南郑州。选育者:赵天榜、陈志秀。植株编号:No. 99。

1.29 序枝箭杆毛白杨 新品种

Populus tomentosa Carr. cv. 'Suzhi', cv. nov.

本新品种雄株!雄花序长 7.0~13.0 cm,通常花序多分枝,最多达 11 个花序分枝。

产地:河南郑州等地有栽培。选育者:赵天榜、陈志秀。

1.30 黑苞箭杆毛白杨 新品种

Populus tomentosa Carr. cv. 'Heibao', cv. nov.

本新品种雄株!雄蕊 6~8 枚,花药具紫红色斑点;苞片匙-宽卵圆形,黑褐色为显著特征。

产地:河南等地有栽培。选育者:赵天榜、陈志秀。

1.31 曲叶箭杆毛白杨 新品种

Populus tomentosa Carr. cv. 'Quye-73', cv. nov.

本新品种短枝叶三角-卵圆形,边部呈波状起伏,边缘具粗锯齿,表面深绿色,有光泽,背面淡绿色;叶柄侧扁,长 4.5~7.5 cm,与叶片近等长。雄株!雄花序长 8.0~10.1 cm;苞片宽匙-卵圆形,灰褐色,上、中部被褐色条纹,边缘被白色长缘毛。

产地:河南郑州等地有栽培。选育者:赵天榜、陈志秀。

1.32 红柄箭杆毛白杨 新品种

Populus tomentosa Carr. cv. 'Hongbeng-151', cv. nov.

本新品种树冠圆锥状,侧枝平展,梢端下垂。

短枝叶三角-卵圆形,边缘具粗锯齿,表面深绿色,有光泽,背面淡绿色;叶柄侧扁,紫红色。发芽与展叶期最晚。雄株!

本新品种生长慢,23年生平均树高15.0 m,平均胸径25.0 cm,单株材积0.420 0 m³。但是,易受光肩星天牛危害和叶部病害。

产地:河南郑州等地有栽培。选育者:钱士金。

1.33 粗枝箭杆毛白杨 新品种

Populus tomentosa Carr. cv. 'Cuzhi', cv. nov.

本新品种树干通直,中央主干明显;侧枝粗壮,开展;树干基部深纵裂,粗糙。

产地:河南各地有栽培。本新品种由赵天榜、陈志秀选出。

2. 河南毛白杨品种群 *Populus tomentosa* Carr. Honanica group

本品种群树冠宽大;侧枝粗、稀、开展;树干微弯。树皮皮孔近圆点形、小而多,散生,或横向连生,兼有散生的菱形皮孔。短枝叶宽三角-圆形、近圆形。雄株!花序粗大;花粉极多。

本品种群中无性系要求土壤肥沃,栽培范围小。造林初期,生长缓慢,5年后生长加速,年胸径生长量可达6.0 cm,短期内能提供大批用材。其中有河南毛白杨、扁孔河南毛白杨等25个无性系。目前,河南大面积推广的优良无性系为河南毛白杨。

地点:河南郑州。

品种:

2.1 河南毛白杨 *Populus tomentosa* Carr. cv. 'Honanica'

2.2 河南毛白杨-55 新品种

Populus tomentosa Carr. cv. 'Honanica-55'

本品种群树冠宽大,近圆球状;侧枝较粗,斜展;树干微弯,中央主干不明显。树皮灰褐色,基部粗糙,纵裂;皮孔扁菱形,2~4个,或多数横向连生。短枝叶圆形、宽三角-近圆形、近圆形,先端短尖,基部心形,偏斜,稀圆形,边缘波状粗锯齿,或细齿。雄株!花序粗大;花粉极多。

产地:河南郑州。选育者:赵天榜、陈志秀。植株编号:No. 55。

2.3 河南毛白杨-84 新品种

Populus tomentosa Carr. cv. 'Honanica-84'

该品种群树冠近圆球状;侧枝较粗,开展;树干微弯,中央主干不明显。树皮灰绿色,光滑;皮孔菱形,小,散生,兼有圆点小皮孔。短枝叶近圆形,或三角-近圆形,先端短尖,基部浅心形,边缘波状粗锯齿。雄株!

产地:河南郑州。选育者:赵天榜、焦书道。植株编号:No. 84。

2.4 河南毛白杨-14 新品种

Populus tomentosa Carr. cv. 'Honanica-14'

该品种群树冠圆球状;侧枝粗壮,下部斜展,中上部近直立生长,分布均匀;树干微弯。树皮淡灰褐色,基部粗糙;皮孔菱形,较少,散生,或2~4个横向连生,兼有少量大型皮孔及圆点状凹入皮孔。短枝叶圆形,近圆形,先端短尖,基部深心形,或偏斜,边部波状起伏,边缘不整齐锯齿。雄株!

产地:河南郑州。选育者:赵天榜、陈志秀。植株编号:No. 14。

该品种25年生树高21.8 m,胸径75.8 cm,单株材积7.996 3 m³。

2.5 河南毛白杨-117 新品种

Populus tomentosa Carr. cv. 'Honanica-117'

该品种群树冠圆球状;侧枝较粗,稀疏,斜展;树干微弯,无中央主干。树皮灰褐色,或灰绿色,光滑,枝痕三角形明显;皮孔2种:菱形,小,多散生;圆点状皮孔小,瘤状突起,易与其他品种区别。雄株!

产地:河南鲁山县。选育者:赵天榜、黄桂生、李欣志。植株编号:No. 117。

该品种22年生树高21.5 m,胸径41.7 cm。

2.6 河南毛白杨-129 新品种

Populus tomentosa Carr. cv. 'Honanica-129'

该品种群树冠圆锥状;侧枝较开展;树干低、直。树皮灰白色,光滑,被一层较厚的粉质。短枝叶近圆形,较小,先端短尖,基部深心形,易与其他品种相区别。

产地:河南鄢陵县。选育者:赵天榜和陈志秀。植株编号:No. 129。

该品种7年生树高10.6 m,胸径21.9 cm,单株材积0.151 64 m³。抗叶斑病能力强。

2.7 河南毛白杨-35 新品种

Populus tomentosa Carr. cv. 'Honanica-35'

该品种群树冠近球状;侧枝开展;树干直,中央主干不明显。树皮灰褐色,较光滑,不纵裂;皮孔菱形,较小,多散生,并具有大量、小的、突起、散生圆点皮孔。短枝叶宽三角形,先端短尖,基部浅心形,稀截形,或偏斜,边缘波状粗齿。雄株!

产地:河南郑州。选育者:赵天榜、陈志秀。植株编号:No. 35。

2.8 河南毛白杨-130 新品种

Populus tomentosa Carr. cv. 'Honanica-130'

该品种群树冠卵球状;侧枝较细,开展;树干微弯,中央主干较明显。树皮淡灰褐色,较光滑;皮孔扁菱形,散生,或几个横向连生,并具有散生圆点状皮孔,易与其他品种相区别。

产地:河南郑州。选育者:赵天榜、焦书道。植株编号:No. 130。

2.9 河南毛白杨-38 新品种

Populus tomentosa Carr. cv. 'Honanica-38'

该品种群树冠近球状;侧枝粗大,少,开展;树干低,弯,中央主干不明显。树皮灰褐色,基部纵裂;皮孔菱形,较大,多散生,并具有少量、小的、散生圆点皮孔。短枝叶宽卵圆形、三角-近圆形,先端突短尖,或短尖,基部心形、圆形,边部波状起伏,边缘具波状粗齿。雄株!

产地:河南郑州。选育者:赵天榜、陈志秀。植株编号:No. 38。

该品种 20 年生树高 20.3 m,胸径 56.8 cm,单株材积 2.09349 m^3。

2.10 河南毛白杨-102 新品种

Populus tomentosa Carr. cv. 'Honanica-102'

该品种群树冠近球状;侧枝开展;树干直,中央主干不明显。树皮灰绿色,光滑;皮孔 2 种:菱形,小,多散生;圆点皮孔,较小,较多,散生。短枝叶三角形、三角-近圆形,先端短尖,基部深心形,边缘具波状半圆形粗齿,齿中等大小,先端有腺体。雄株!

产地:河南郑州。选育者:赵天榜、焦书道。植株编号:No. 102。

2.11 河南毛白杨-47 新品种

Populus tomentosa Carr. cv. 'Honanica-47'

该品种群树冠宽卵球状;侧枝稀,较粗,开展;树干微弯,中央主干不明显。树皮灰绿色,光滑;皮孔 2 种:菱形,中等,散生;圆点皮孔,较稀,散生。短枝叶宽三角形,先端短尖,基部心形,有时不对称,边缘波状粗齿。雄株!

产地:河南郑州。选育者:赵天榜、陈志秀、宋留高。植株编号:No. 47。

2.12 河南毛白杨-15 新品种

Populus tomentosa Carr. cv. 'Honanica-15'

该品种群树冠近球状;侧枝粗大,开展,下部侧枝梢部下垂;树干低、不直。树皮灰褐色,纵裂;皮孔有点状及菱形 2 种。短枝叶三角形,或三角-近圆形,边部具波状齿,齿大小不等,内曲,齿端具腺点,易与其他品种相区别。

产地:河南郑州。选育者:赵天榜和陈志秀。植株编号:No. 15。

2.13 河南毛白杨-103 新品种

Populus tomentosa Carr. cv. 'Honanica-103'

该品种群树冠圆球状;侧枝中等,较开展;树干直,中央主干不明显。树皮灰绿色,光滑;皮孔有 2 种:圆点状,散生,较小及菱形中等,散生。短枝叶三角-近圆形,先端短尖,基部心形,边缘波状齿,大小不等,齿端具内曲腺点。

产地:河南郑州。选育者:赵天榜、陈志秀、姚朝阳。植株编号:No. 103。

2.14 河南毛白杨-32 新品种

Populus tomentosa Carr. cv. 'Honanica-32'

该品种群树冠宽卵球状;侧枝较粗,开展;树干微弯。树皮灰绿色,光滑;皮孔有 3 种:扁菱形,较小;圆点状,皮孔小,多;横椭圆形。短枝叶三角-圆形,先端短尖,基部浅心形,稀宽楔形,边缘具波状粗齿。雄株!

产地:河南郑州。选育者:赵天榜和陈志秀。植株编号:No. 32。

2.15 光皮河南毛白杨-80 新品种

Populus tomentosa Carr. cv. 'Honanica-80'

该品种树冠近球状;侧枝较粗,开展;树干微弯,中央主干较明显。树皮灰绿色,光滑;皮孔有 2 种:圆点状,小,较多,突起呈瘤点状;菱形小,散生。短枝叶近圆形、三角-圆形,较多,先端短尖,基部心形,边缘波状齿,齿间具小锯齿。雄株!

产地:河南郑州。选育者:赵天榜、陈志秀、焦书道。植株编号:No. 80。

2.16 光皮河南毛白杨 新品种

Populus tomentosa Carr. var. *honanica* Yü Nung cv. 'Guangpi', cv. nov.

本品种树皮灰绿色,光滑;皮孔菱形,小,散生;圆点状皮孔小,较多。短枝叶近圆形,基部心形,边部具波状齿,齿间具不整齐小锯齿。雄株!

产地:河南各地有栽培。本新品种由赵天榜、陈志秀选出。

2.17 河南毛白杨-122 新品种

Populus tomentosa Carr. cv. 'Honanica-122'

该品种群树冠宽圆球状;侧枝粗壮,开展;树干直,中央主干不明显。树皮灰褐色,较光滑;皮孔有2种:圆点状,多,小,散生,或2~4个或多数横向连生;菱形,中等,多散生。短枝叶近圆形,或三角-近圆形,先端短尖,或突短尖,基部近圆形、浅心形,边缘具波状粗齿。

产地:河南郑州。选育者:赵天榜和陈志秀。植株编号:No. 122。

2.18 棕苞河南毛白杨-152 新品种

Populus tomentosa Carr. cv. 'Honanica-152'

该品种群树冠大;侧枝开展;树干直,中央主干不明显。树皮灰绿色,较光滑;皮孔有2种:圆点状,皮孔多,小,散生,较小;菱形,皮孔小,散生。短枝叶宽卵圆-三角形,先端短尖,或长尖,基部浅心形,稀圆形;苞片棕色、黑棕色为显著特征。

产地:河南郑州。选育者:赵天榜、陈志秀。植株编号:No. 152。

2.19 两性花河南毛白杨 新品种

Populus tomentosa Carr. var. honanica Yü Nung cv. 'Erxinghua',cv. nov.

本新品种雌雄同株!花序长8.0~10.0 cm,有花序分枝出现。果序分枝,或蒴果着生在雄花序轴上。

产地:河南各地有栽培。本新品种选育者:赵天榜、陈志秀。

2.20 河南毛白杨-16 新品种

Populus tomentosa Carr. cv. 'Honanica-16'

该品种树冠近球状;侧枝少,粗大,多开展;树干低、弯,中央主干不明显。树皮灰褐色,基部纵裂;皮孔有2种:圆点状,散生;菱形,皮孔中等,散生。短枝叶近圆形,三角-宽圆形。雌雄同株!雄花序长8.0~10.0 cm,有时有少数枝状花序出现,有时雄花序上有雌花序分枝、雌花及蒴果。

产地:河南郑州。选育者:赵天榜和陈志秀。植株编号:No. 16。

2.21 河南毛白杨259号 新品种

Populus tomentosa Carr. cv. '259',cv. nov.

本新品种树冠卵球状、塔形;侧枝较稀,枝角50°~70°;树干通直;树皮灰白色,光滑;皮孔菱形,较小,散生,或2~4个横向连生。

本新品种生长中等,5年生树高7.5 m,胸径12.1 cm,比对照胸径大8.23%。树冠小,胁地轻,是优良"四旁"绿化和农田防护林良种。高抗叶锈病、叶斑病,无天牛危害。

产地:河南各地有栽培。本新品种选育者:赵天榜、陈志秀。

2.22 河南毛白杨85号 新品种

Populus tomentosa Carr. cv. '85',cv. nov.

本新品种树冠卵球状;侧枝较稀,枝角50°~80°;树干灰绿色,光滑;皮孔菱形,小,多3~4个横向连生。

本新品种速生,5年生树高12.0 m,胸径16.85 cm,比对照胸径大8.23%。高抗叶锈病、叶斑病,无天牛危害。

产地:河南各地有栽培。本新品种选育者:赵天榜、陈志秀。

2.23 鲁山河南毛白杨 新品种

Populus tomentosa Carr. cv. 'Luoshan', cv. nov.

本新品种树干通直;侧枝粗壮,开展;树干较光滑;皮孔菱形,较小,突起。雄花序细长。

本新品种速生,15年生树高22.5 m,胸径40.9 cm,单株材积1.172 09 m³。比对照单株材积0.758 79 m³增长率大183.57%。高抗叶斑病,是绿化良种。

产地:河南各地有栽培。本新品种选育者:赵天榜、陈志秀。

3. 小叶毛白杨品种群 Populus tomentosa Carr. Microphylla group

该品种群树皮皮孔菱形,中等大小,2~4个横向连生。短枝叶三角-卵圆形,较小,先端短尖;长枝叶缘重锯齿。雌株!蒴果结籽率达30%以上。

该品种群要求土、肥、水条件较高。在适生条件下,具有早期速生特性。其中,有小叶毛白杨、细枝小叶毛白杨等25无性系。优良无性系有小叶毛白杨、细枝小叶毛白杨等。目前,河南大面积推广的无性系为小叶毛白杨。

本品群有19品种,其中18个新品种。

品种:

3.1 小叶毛白杨

Populus tomentosa Carr. cv. 'Microphylla'

该品种树冠卵球状;侧枝较密。树干直,中央主干不明显。树皮灰白色,或灰褐色,较光滑;皮孔菱形,中等,较少。短枝叶卵圆形,或三角-卵圆形,较小;叶柄细长。长枝叶缘重锯齿。雌株!蒴果圆锥状,绿色,成熟后2裂。花期3月;果实成熟期4月。

产地:河南郑州。选育者:赵天榜等。模式植株编号:58。

3.2 小叶毛白杨-58 新品种

Populus tomentosa Carr. cv. 'Microphylla-58'

该品种树冠卵球状;侧枝较密;树干直,中央主干不明显;树皮灰白色,或灰绿色,较光滑;皮孔菱形,中等,较少。短枝叶卵圆形,或三角-宽卵圆形,先端短尖,基部浅心形,或近圆形,稀截形,边缘具细锯齿。雌株!子房柱头2裂,每裂2~3叉,淡红色。

产地:河南郑州。选育者:赵天榜和陈志秀。植株编号:No.58。

3.3 箭杆小叶毛白杨-1 新品种

Populus tomentosa Carr. cv. 'Microphylla-1'

该品种树冠卵球状;侧枝较细,斜生,分布均匀;树干通直,中央主干明显,直达树顶;树皮灰白色,或灰绿色,较光滑;皮孔菱形,较多,多散生;皮孔中间纵裂纹红褐色。短枝叶卵圆形,或三角-宽卵圆形,或近圆形,先端短尖,基部圆形,或微心-宽楔形,边缘具细锯齿,齿端具腺点。雌株!子房柱头2裂,淡粉红色,或淡红。每裂2~3叉,每叉棒状,表面具许多突起。

产地:河南郑州。选育者:赵天榜和陈志秀。植株编号:No.1。

3.4 小叶毛白杨-2 新品种

Populus tomentosa Carr. cv. 'Microphylla-2'

该品种树冠宽大,近球状;无中央主干;树皮皮孔菱形,中等,较多,2~4个横向连生,有散生大型皮孔中。短枝叶三角-宽卵圆形,圆心形,较小,先端短尖,基部浅心形,或小三角-心形,稀圆形。雌株!柱头2裂,淡红色,或淡红色。每裂4~8叉,每叉弯曲,或先端浅裂,裂片扭曲,表面具许多突起。

产地:河南郑州。选育者:赵天榜、陈志秀、宋留高。植株编号:No.2。

3.5 小叶毛白杨-4 新品种

Populus tomentosa Carr. cv. 'Microphylla-4'

该品种树冠近球状;侧枝较粗,开展,分布均匀;树干直,中央主干不明显;树皮灰白色,较粗糙;皮孔菱形,较多,较大,2~4个横向连生,或多个横向连生。短枝叶卵圆形,三角-卵圆形,先端短尖,基部微心形,边缘具锯点,齿端内曲,具腺点。雌株!柱头2裂,淡红色。每裂2~4叉。

产地:河南郑州。选育者:赵天榜、陈志秀。植株编号:No.4。

3.6 小叶毛白杨-6 新品种

Populus tomentosa Carr. cv. 'Microphylla-6'

该品种树冠卵球状;侧枝较细,较多,斜展,下部侧枝开展;树干直,中央主干不明显;树皮灰白色,或灰绿色,较光滑;皮孔菱形,较多,中等,少散生,多2~4个横向连生。短枝叶卵圆形,或圆心形,较小,先端短尖,或突渐尖,基部浅心形、圆形,或楔形,偏斜,边缘具整齐小锯点,齿端具腺点。雌株!柱头2裂,淡红色。每裂2~3叉。

产地:河南郑州。选育者:赵天榜和陈志秀。植株编号:No.6。

3.7 小叶毛白杨-8 新品种

Populus tomentosa Carr. cv. 'Microphylla-8'

该品种树冠卵球状;侧枝较细,斜展;树干直,中央主干明显;树皮灰白色,或绿色,较光滑;皮孔菱形,中等,多2~4个横向连生。短枝叶三角-卵圆形,或宽三角形,先端短尖,或短渐尖,基部浅心形,稀近圆形,或偏斜,边缘具锯齿,内曲,齿端具腺点。雌株!柱头2裂,淡红色。每裂2~3叉。

产地:河南郑州。选育者:赵天榜和陈志秀。植株编号:No.8。

3.8 小叶毛白杨-121 新品种

Populus tomentosa Carr. cv. 'Microphylla-121'

该品种树冠卵球状;侧枝开展;树干中央主干稍明显;树皮灰绿色,光滑;皮孔菱形很少,多散生;圆点状皮孔,较少。短枝叶圆形,或近圆形,先端短尖,基部浅心形。雌株!

产地:河南郑州。选育者:赵天榜和陈志秀。植株编号:No.121。

3.9 小叶毛白杨-82 新品种

Populus tomentosa Carr. cv. 'Microphylla-82'

该品种树冠圆锥状,或卵球状;侧枝较细,开展;树干微弯,中央主干明显,直达树顶;树皮灰绿色,较光滑;皮孔菱形,较小,较少,多散生,兼有圆点状小型皮孔。短枝叶卵圆形,三角-卵圆形,先端短尖,或突短尖,基部宽截形,或圆形,稀浅心形。雌株!

产地:河南郑州。选育者:赵天榜和陈志秀。植株编号:No.82。

3.10 小叶毛白杨-59 新品种

Populus tomentosa Carr. cv. 'Microphylla-59'

该品种树冠卵球状;侧枝较多;树干微弯,中央主干不明显;树皮灰绿色;皮孔菱形,小而多,呈

2~4个横向连生。短枝叶宽卵圆-三角形,或近圆形,先端短尖,或突短尖,基部心形,稀截形,边缘具波状粗锯,齿端内曲。雌株! 柱头2裂,每裂2~3叉,具淡红色斑点。

产地:河南郑州。选育者:赵天榜、陈志秀。植株编号:No. 59。

3.11　小叶毛白杨-31　新品种

Populus tomentosa Carr. cv. 'Microphylla-31'

该品种树冠卵球状;侧枝较细,较稀;树干微弯,中央主干较明显,树皮灰绿色,较光滑,皮孔扁菱形,较小,较多,呈瘤状突起。短枝叶宽三角-卵圆形,先端短尖,基部近心形,边部波状起伏,边缘具波状粗锯齿;叶柄具红晕。雌株!

产地:河南郑州。选育者:赵天榜、钱士金。植株编号:No. 31。

3.12　小叶毛白杨-13　新品种

Populus tomentosa Carr. cv. 'Microphylla-13'

该品种树冠卵球状;侧枝稀疏,分布均匀;树干微弯,中央主干通直;树皮灰绿色,光滑,皮孔菱形,较小,较多,背部钝圆,背缘棱线突起。短枝叶宽三角-宽卵圆形,先端短尖,或短渐尖,基部浅心形,稀截形,边缘具整齐尖锯齿。雌株!

产地:河南郑州。选育者:赵天榜和陈志秀。植株编号:No. 13。

3.13　小叶毛白杨-9　新品种

Populus tomentosa Carr. cv. 'Microphylla-9'

该品种树冠近球状;侧枝细,平展;树干直,中央主干不明显;树皮灰绿色,基部较粗糙;皮孔菱形,中等,多2~4个横向连生。短枝叶卵圆形,近圆形,小,边缘具整齐细锯齿。雌株!

产地:河南郑州。选育者:赵天榜和陈志秀。植株编号:No. 9。

3.14　小叶毛白杨-101　新品种

Populus tomentosa Carr. cv. 'Microphylla-101'

该品种树冠近球状;侧枝较粗,开展;树干弯,中央主干不明显;树皮灰褐色,较光滑;皮孔菱形,小,多,多2~4个横向连生。短枝叶卵圆形,三角-近圆形,较小,先端短尖,基部近圆形,或偏斜,边缘具整齐的内曲锯齿。雌株!

产地:河南郑州。选育者:赵天榜和陈志秀。植株编号:No. 101。

3.15　小叶毛白杨-110　新品种

Populus tomentosa Carr. cv. 'Microphylla-110'

该品种树冠卵球状;侧枝稀疏,开展;树干直,中央主干明显;树皮灰绿色,或灰白色,较光滑;皮孔菱形,小,多2~4个横向连生。短枝叶三角-卵圆形、三角-近圆形,较小,先端短尖,基部微心形,或楔形、近圆形,边缘具整齐的细锯齿。雌株!

产地:河南郑州。选育者:赵天榜和陈志秀。植株编号:No. 110。

3.16　小叶毛白杨-11　新品种

Populus tomentosa Carr. cv. 'Microphylla-11'

该品种树冠卵球状;侧枝斜展;树干直,中央主干明显;树皮灰褐色,基部黑褐色,浅纵裂;皮孔菱形,中等,较多,且突起。短枝叶三角形,稀圆形,先端短尖,基部浅心形、圆形,稀楔形,边缘锯齿。雌株! 柱头具紫红色小点。

产地:河南郑州。选育者:赵天榜和陈志秀。植株编号:No. 11。

3.17　小叶毛白杨-7　新品种

Populus tomentosa Carr. cv. 'Microphylla-7'

该品种树干直;树皮皮孔菱形,中等,散生。短枝叶三角形,稀-近圆形,边缘具较整齐半圆内曲锯齿,齿端具腺点。雌株! 柱头具紫红色小点。

产地:河南郑州。选育者:赵天榜、陈志秀。植株编号:No. 7。

3.18　小叶毛白杨-150　新品种

Populus tomentosa Carr. cv. 'Microphylla-150'

该品种树冠卵球状;侧枝细,少;树皮灰绿色,或灰色;皮孔扁菱形,或竖菱形,散生,中间纵裂。短枝叶卵圆形。雌株! 柱头具紫红色小点。

产地:河南郑州。选育者:赵天榜、钱士金。植株编号:No. 150。

3.19　细枝小叶毛白杨　新品种

Populus tomentosa Carr. 'Xizhi-Xiaoye'

本品种树冠近球状;侧枝细,平展。小枝细、短、弱,多直立生长。短枝叶卵圆形、近圆形,小,边缘具细锯齿。雌株! 苞片匙-椭圆形,上中部棕黄色条纹,3~5裂,裂片淡棕黄色,边缘褐色,具白色长缘毛;花盘小,漏斗形,边缘波状粗齿。果序长6.5~8.5 cm。

产地:河南郑州。选育者:赵天榜、陈志秀等。模式植株编号:9。

4. 密孔毛白杨品种群

Populus tomentosa Carr. Multilenticellia group

该品种群树冠开展;侧枝粗大。树皮皮孔菱形,较小,多数横向连生。短枝叶三角-圆形、宽卵圆形,或近圆形,基部深心形。雄株!

地点:河南郑州。

本品群有4个新品种。

品种:

4.1　密孔毛白杨-17　新品种

Populus tomentosa Carr. cv. 'Multilenticellia-17'

该新品种树冠宽圆球状;侧枝粗大;树干较低,中央主干不明显,树皮皮孔菱形,小而密,多个横向连生呈线状为显著特征。短枝叶三角-宽圆形,或宽卵圆形,先端短尖,基部心形,或偏斜,边缘具粗锯齿。雄株!花序长9.4~16.0 cm;雄蕊8~13枚;花粉极多。

产地:河南郑州。选育者:赵天榜和陈志秀。植株编号:No.17。

4.2　密孔毛白杨-22　新品种

Populus tomentosa Carr. cv. 'Multilenticellia-22'

该新品种树皮光滑;皮孔菱形,小,密集呈横线状排列为显著特征。短枝叶卵圆形,或三角-卵圆形,较小,先端短尖,或尖,基部浅心形、圆形、楔形,或宽楔形,边缘具整齐的内曲细锯齿,齿端具腺点。雄株!花序长9.5 cm;雄蕊8~9枚。

产地:河南郑州。选育者:赵天榜和陈志秀。植株编号:No.22。

4.3　密孔毛白杨-24　新品种

Populus tomentosa Carr. cv. 'Multilenticellia-24'

该新品种树冠宽球状;侧枝粗大,开展;树干微弯,无中央主干,树皮灰褐色,较光滑;皮孔菱形,较小,较密,多呈横向线状排列。短枝叶宽三角形、近圆形,较大,先端短尖,或尖,基部心形,边缘具波状锯齿,齿端具腺点。雄株!

产地:河南郑州。选育者:赵天榜和陈志秀。植株编号:No.24。

4.4　密孔毛白杨-78　新品种

Populus tomentosa Carr. cv. 'Multilenticellia-78'

该新品种树冠卵球状;侧枝较粗,斜展,分布均匀;树干通直,中央主干较明显;树皮灰白色,或灰褐色,较光滑;皮孔菱形,较小,多呈横向线状排列。短枝叶近圆形,或宽三角-圆形,先端短尖,基部近圆形。雄株!

产地:河南郑州。选育者:赵天榜、陈志秀、宋留高。植株编号:No.78。

5.截叶毛白杨品种群

Populus tomentosa Carr. Truncata group

该品种群树冠浓密;树皮平滑,灰绿色,或灰白色;皮孔菱形,小,多2~4个横向连生,短枝叶三角-卵圆形,基部通常截形。雄蕊6枚,稀8枚。

该品种群主要特性是:生长迅速、抗叶部病害等。其中有3品种。

地点:陕西周至县。

5.1　截叶毛白杨

Populus tomentosa Carr. cv. 'Truncata'

该品种树冠浓密;侧枝角度45°~65°。树皮平滑,灰绿色;皮孔菱形,小,多2个以上横向连生,呈线状。长枝下部和短枝叶宽基部截形。幼叶表面茸毛较稀,近脉上较多。发芽早5天,落叶晚10天以上。

地点:陕西周至县。

5.2　截叶毛白杨-2

Populus tomentosa Carr. cv. 'Truncata-2'

该品种树冠卵球状;侧较细,斜展。树皮直;树皮灰褐色,或灰绿色,光滑;皮孔菱形,小,多2~4个横向连生。小枝细,圆柱状,灰褐色;幼枝被灰白色茸毛,后渐脱落。短枝叶三角-卵圆形、卵圆形,长4.5~7.5 cm,宽3.5~5.5 cm,表面绿色,背面灰绿色,被较多灰白色茸毛,先端短尖,基部近截形,或深心形,边缘粗锯。花不详。

地点:陕西周至县。

5.3　截叶毛白杨-3

Populus tomentosa Carr. cv. 'Truncata-3'

该品种与截叶毛白杨的主要区别:树皮皮孔菱形,大于截叶毛白杨。短枝叶三角形,长4.5~7.5 cm,宽3.5~5.5 cm,表面绿色,背面灰绿色,被较多灰白色茸毛,先端短尖,基部深心形,基部边缘波状起伏。生长较差。

地点:陕西周至县。

6.光皮毛白杨品种群

Populus tomentosa Carr. Lerigata group

该品种群树冠近球状;侧枝粗壮,开展;树干直,中央主干不明显。树皮极光滑,灰绿色;皮孔菱形,小,多2~4个或4个以上横向连生;树干上枝痕横椭圆形,明显;叶痕横线形,突起很明显。短枝叶宽三角形、三角-近圆形,先端尖,或短尖,基部深心形,近叶柄处为楔形,边缘具波状粗锯齿,或细锯齿。雄株!花序粗大,长13.0~15.6

cm;雄蕊6枚,稀8枚。

该品种群具有生长迅速,耐水、肥等优良特性,是短期内能提供大批优质用材的优良无性系。

地点:河南鲁山县。

7. 梨叶毛白杨品种群

Populus tomentosa Carr. Pynifolia group

该品种群树冠宽大;侧枝粗,稀。短枝叶革质,椭圆形、宽卵圆形、梨形。雌株! 花序粗大,柱头黄绿色,2裂,每裂2~4叉,裂片大,羽毛状。蒴果圆锥状,大,结籽率30.0%以上。

该品种群具有耐干旱等特性,在河南太行山区东麓褐土上,是毛白杨无性系中生长最快的一种。其中有梨叶毛白杨等3个品种。

产地:河南郑州。

本品种群有3新品种。

7.1 梨叶毛白杨-18 新品种

Populus tomentosa Carr. cv. 'Pynifolia-18'

该品种树冠宽大,圆球状;侧枝粗大,较开展。树干微弯;树皮灰绿色,稍光滑;皮孔扁菱形,大,以散生为主,少数连生。短枝叶椭圆形,或卵圆形,稀圆形,先端尖,或短尖,基部浅心形,有时偏斜,边缘具粗锯齿,或波状齿,齿端具腺体。雌株! 花序粗大,柱头淡黄绿色;结籽率30.0%以上。

地点:河南郑州。选育者:赵天榜、钱士金。植株编号:No.18。

7.2 梨叶毛白杨-33 新品种

Populus tomentosa Carr. cv. cv. 'Pynifolia-33'

该品种树冠卵球状;侧枝较细,多斜生。树干直,中央主干稍明显;树皮灰褐色,基部粗糙;皮孔菱形,较小,突起呈瘤状。短枝叶长卵圆形、三角-卵圆形,稀卵圆形,先端短尖,或三角-心形,稀圆形。雌株!

地点:河南郑州。选育者:赵天榜、钱士金。植株编号:No.33。

7.3 梨叶毛白杨-111 新品种

Populus tomentosa Carr. cv. 'Pynifolia-111'

该品种树冠宽大,近球状;侧枝较粗,近平展。树干直,无明显中央主干;树皮灰绿色,基部灰褐色,粗糙;皮孔圆点形,较大,较少,散生,有菱形皮孔,散生。短枝叶三角-卵圆形,稀卵圆形,先端短尖,基部心形,边缘具内曲波状齿,齿端具腺体。雌株!

地点:河南郑州。选育者:赵天榜和陈志秀。植株编号:No.111。

8. 密枝毛白杨品种群

Populus tomentosa Carr. Ramosissima group

该品种群树冠浓密;侧枝多,中央主干不明显。小枝稠密。幼枝、幼叶密被白茸毛。蒴果扁卵球状。

该品种群生长快,抗叶部病害,落叶晚,是观赏和抗病育种的优良类群。其中有密枝毛白杨、银白毛白杨等7个无性系。粗密枝毛白杨为优良无性系。

地点:河南郑州。

本群有6个品种,其中5新品种。

8.1 密枝毛白杨-20 新品种

Populus tomentosa Carr. cv. 'Ramosissima-20'

该品种树冠卵球状;侧枝细而多,分枝角小;无中央主干;树皮灰绿色,或灰白色,较光滑;皮孔菱形,较多,较大,散生,或2~4个呈横向连生。短枝叶卵圆形,三角-卵圆形,三角-近圆形。雌株! 柱头大,与子房等长;裂片淡黄绿色,稀紫色。

地点:河南郑州。选育者:赵天榜和陈志秀。植株编号:No.20。

该品种20年生树高22.2 m,胸径39.3 cm,单株材积0.913 04 m³。抗病能力强,落叶晚。

8.2 密枝毛白杨-21 新品种

Populus tomentosa Carr. cv. 'Ramosissima-21'

该品种树冠浓密;侧枝多而细;中央主干不明显;树皮灰白色,较光滑;皮孔菱形,较多,散生,或2~4个呈横向连生。短枝叶卵圆形,三角-卵圆形,先端短尖,基部圆形,宽楔形,边缘具波状粗齿。雌株! 柱头大,与子房等长;裂片淡黄绿色,稀紫色。

地点:河南郑州。选育者:赵天榜和陈志秀。植株编号:No.21。

该品种30年生树高15.3 m,胸径36.4 cm,单株材积0.520 36 m³。抗叶斑病、锈病能力强,落叶晚。

8.3 密枝毛白杨-23 新品种

Populus tomentosa Carr. cv. 'Ramosissima-23'

该品种树冠近球状;侧枝粗大,斜生;树干微弯,无中央主干;树皮灰褐色,较光滑;皮孔菱形,较多,散生,或多个呈横向连生。短枝叶椭圆形,卵圆形,或圆形,纸质。雌株!

地点:河南郑州。选育者:赵天榜和陈志秀。

植株编号:No. 23。

8.4 密枝毛白杨-27 新品种

Populus tomentosa Carr. cv. 'Ramosissima - 27'

该品种树冠宽卵球状;侧枝粗壮,开展;树干微弯,无中央主干;树皮灰绿色,或灰褐色,较粗糙;皮孔菱形,中等,较多,较大,散生,或2~4个呈横向连生。短枝叶三角-卵圆形,卵圆-椭圆形。雌株! 柱头2裂,每裂23叉,裂片长而宽,达子房1/2长。

地点:河南郑州。选育者:赵天榜和陈志秀。植株编号:No. 27。

8.5 密枝毛白杨-36 新品种

Populus tomentosa Carr. cv. 'Ramosissima - 36'

该品种树冠近球状;侧枝粗壮,分枝角50°~55°,下部侧枝开展,梢部稍下垂;长状枝弯曲,梢端上翘;无中央主干;树皮灰绿色,或灰褐色,较光滑;皮孔菱形,中等,个体差异明显,较多,散生,稀连生。短枝叶三角-卵圆形,或近圆形,稀扁圆形,先端短尖,或尖,基部圆形、宽楔形、浅心形,有时偏斜,边缘具波状大齿,或牙齿缘。雌株! 柱头大,与子房等长;裂片淡黄绿色,稀紫色。

地点:河南郑州。选育者:赵天榜、钱士金。植株编号:No. 36。

该品种20年生树高17.5 m,胸径51.5 cm,单株材积1.444 5 m³。

8.6 粗密枝毛白杨

Populus tomentosa Carr. cv. 'Cumizhi',赵天榜等主编. 河南主要树种栽培技术:100. 1994.

该品种树冠近球状;侧枝稀,粗大,斜展,二、三级侧枚,稀疏,较粗壮,四级侧枝较细、较密;树皮皮孔菱形,较大,较密,多2~4个,多数横向走生呈线状。短枝叶卵圆形、三角-卵圆形,表面深绿色,背面淡绿色,宿存有白茸毛,幼时更密;叶柄细长。雌株! 柱头淡黄绿色。

地点:河南郑州。选育者:赵天榜、黄桂生等。模式植株编号:114。

9. 银白毛白杨品种群

Populus tomentosa Carr. Albitomentosa grop. Group nov.

本新品种群叶背面及叶柄密被白色茸毛。
本新品种群2新品种。

9.1 银白毛白杨-37 新品种

Populus tomentosa Carr. cv. 'Ramosissima - 37'

该种树冠近球状;侧枝较粗,直立斜展,枝层明显;树干微弯,中央主干不明显;树皮灰绿色,或灰褐色,较光滑;皮孔菱形,中等,较多,散生,兼有少量小皮孔。短枝叶近圆形,先端短尖,或尖,基部圆形,或浅心形,叶背面及叶柄密被白色茸毛。雌株!

产地:河南郑州。选育者:赵天榜、钱士金。植株编号:No. 37。

9.2 银白毛白杨-114 新品种

Populus tomentosa Carr. cv. 'Ramosissima - 114'

该品种树冠近球状;侧枝稀,粗大,斜展;树皮灰绿色,较光滑;皮孔菱形,较大,较密,多2~4个,或多数横向连生呈线状。短枝叶卵圆形、三角-卵圆形,先端渐尖,稀突尖,基部心形,稀近截形,边缘具波状齿,叶背面及叶柄密被白色茸毛。雌株!

产地:河南鲁山县。选育者:赵天榜、黄桂生。植株编号:No. 114。

10. 心叶毛白杨品种群 新品种群

Populus tomentosa Carr. Cordatifolia group, group nov.

本新品种群短枝叶心形,或宽心形,先端长渐尖,基部心形,边缘具波状齿。雄株!

地点:河南鲁山县。

本新品种群有2新品种。

10.1 心叶毛白杨 新品种

Populus tomentosa Carr. cv. 'Cordatifolia - 858201'

该品种群树冠帚状;侧枝直主斜展,无中央主干。小枝短粗;长枝梢端下垂。短枝叶近圆形、圆形;叶柄长于,或等于叶片。雌株!

地点:河南郑州。

10.2 长柄毛白杨-60 新品种

Populus tomentosa Carr. cv. 'Ramosissima - 60',赵天榜等主编. 河南主要树种栽培技术:100. 1994.

该品种树冠近球状,或帚形;树皮灰绿色,或灰白色,被白色蜡质层;树皮皮孔菱形,小,多散生。短枝叶近圆形,革质,表面深绿色,具光泽,局部较宽;叶柄侧扁,与叶片等长,或长于叶片,有时红色,或具12枚腺体。雌株! 蒴果结籽率达30%~50%。

地点:河南郑州。选育者:赵天榜、陈志秀等。

模式植株编号:60。

11. 心楔叶毛白杨品种群　新品种群

Populus tomentosa Carr. Xinxieye groups, group nov.

该新品种群短枝叶宽三角-近圆形,先端短尖,基部深心-楔形,边部皱褶为显著特征。雄株!

该新品种群生长较快,树干较弯,不宜发展。其中有泰安毛白杨、心楔叶毛白杨等4个无性系。

地点:河南、山东有栽培。

本新品种群有4品种,其中有3新品种、1新组合品种。

11.1　泰安毛白杨-146　新品种

Populus tomentosa Carr. cv. 'Taianica-146'

该品种树冠近球状;侧枝中等粗细;树皮灰绿色,较光滑;皮孔菱形,中等,散生,或2~4个横向连生。短枝叶近圆形、三角-宽圆形,先端突短尖,基部心-楔形为显著特征,稀近截形,边缘具波状粗齿,齿端尖,内曲,具腺点。雌株!柱头微呈紫红色。

产地:山东泰安。选育者:赵天榜。植株编号:No. 146。

11.2　心楔叶毛白杨-149　新品种

Populus tomentosa Carr. cv. 'Xinxieye-149'

该品种树干微弯、低;侧枝较粗,开展,中央主干不明显。短枝叶宽三角-近圆形,或圆形,先端短尖,或突短尖,基部心-楔形为显著特征。雄株!

产地:河南郑州。选育者:赵天榜、张石头。植株编号:No. 146。

11.3　心楔叶毛白杨-109　新品种

Populus tomentosa Carr. cv. 'Xinxieye-109'

该品种树冠近球状;侧枝多,开展;树干低、直,中央主干不明显;树皮灰褐色,较光滑,基部稍粗糙;皮孔横椭圆形,多2~4个横向连生;扁菱形皮孔,散生。短枝叶三角-近圆形,或近圆形,先端短尖,基部深心-楔形为显著特征,边缘具粗波状锯齿,有时边部波状起伏。雄株!

产地:河南郑州、新乡、洛阳、许昌等地有广泛栽培。选育者:赵天榜和陈志秀。植株编号:No. 109。模式标本,采于河南郑州,存河南农业大学。

12. 塔形毛白杨品种群

Populus tomentosa Carr. Pyramidalis group

该品种群树冠塔形;侧枝与主干呈 20°~30° 角着生。小枝弯曲,直立生长。雄株!

该品种群只有一个品种。其树形美观,冠小,根深,抗风,耐干旱能力强,是观赏、农田林网和沙区造林的优良品种。

12.1　塔形毛白杨-109

Populus tomentosa Carr. cv. 'Pyramidalis-109'

地点:河北清河县。山东有栽培。

13. 三角叶毛白杨品种群　新品种群

Populus tomentosa Carr. Triangustlfolia group, group nov.

13.1　三角叶毛白杨　新品种

Populus tomentosa Carr. cv. 'Triangustlfolia'

该新品种群短枝叶三角形,先端长渐尖,基部截形,或近截形,边缘具波状圆腺齿。幼枝、幼叶密被茸毛;晚秋枝、叶、叶柄密被短柔毛,边缘具整齐的腺圆齿。其中,仅有一个品种。

地点:河南南召县。选育者:赵天榜。

14. 皱叶毛白杨品种群　新品种群

Populus tomentosa Carr. Zhouye group, group nov.

本新品种群树皮灰褐色,较光滑,具白色斑块。短枝叶三角-近圆形,先端短尖,或急尖,基部浅心形,叶面皱褶起伏,边缘具大小不等的粗锯齿。雄株!

本品种群有1新品种。

14.1　皱叶毛白杨　新品种

Populus tomentosa Carr. cv. 'Zhoujuanye', cv. nov.

本新品种形态特征与本新品种群形态特征相同。

地点:河南南召县。选育者:赵天榜、李万成。

15. 卷叶毛白杨品种群　新品种群

Populus tomentosa Carr. Juanye group, group nov.

本新品种群短枝叶两侧向内卷为显著形态特征。

本新品种群有1新品种。

15.1　卷叶毛白杨　新品种

Populus tomentosa Carr. cv. 'Juanye-124'

本新品种短枝叶两侧向内卷为显著形态特征。

地点:河南禹县。选育者:冯滔。

16. 大叶毛白杨品种群　新品种群

Populus tomentosa Carr. Magalophylla group, group nov.

本新品种群小枝多年生构成枝状,下垂,梢端上翘呈钩状。树皮灰白色，光滑；皮孔菱形，特小，散生，或2~4个横向连生。短枝叶三角-近圆形，或宽三角形，先端短尖，基部心形，厚革质，边缘具波状齿，叶簇生枝顶。雄株！

地点：河南。本新群有5个新品种。

品种：

16.1　大叶毛白杨-10　新品种

Populus tomentosa Carr. cv. 'Magalophylla-10', cv. nov.

本新品种树冠近球状；侧枝粗壮，开展，下部侧枝平展，梢部稍下垂，长枝状枝上翘；树干直，中央主干不明显；树皮灰白色，较光滑；皮孔菱形，小，散生，有时连生。短枝叶宽三角-近圆形，大，厚革质，先端短尖，或宽短尖，基部心形，或圆形，边缘具大波状粗锯齿。雄株！

地点：河南郑州。选育者：赵天榜和陈志秀。植株编号：No. 10。

该品种20年生树高20.0 m，胸径45.5 cm，单株材积1.436 6 m³。

16.2　大叶毛白杨-25　新品种

Populus tomentosa Carr. cv. 'Magalophylla-25', cv. nov.

本新品种树冠近球状；侧枝较粗，开展，梢部长枝状枝下垂；树皮灰白色，光滑；皮孔扁菱形，大小中等，散生。短枝叶三角-近圆形，宽三角形，先端短尖，基部浅心形、近圆形。雄株！雄蕊8~10枚。

地点：河南郑州。选育者：赵天榜和陈志秀。植株编号：No. 25。

16.3　许昌大叶毛白杨-136　新品种

Populus tomentosa Carr. cv. 'Magalophylla-136', cv. nov.

本新品种短枝叶近圆形，厚革质，先端短尖，基部浅心形，边缘具稀疏的三角形不等粗锯齿。

雄株！

地点：河南许昌。选育者：赵天榜、陈志秀。植株编号：No. 136。

16.4　大厚叶毛白杨-147　新品种

Populus tomentosa Carr. cv. 'Magalophylla-147', cv. nov.

本新品种树冠非常稀疏；侧枝开展；树干直，无中央主干；树皮灰绿色，或灰色，较光滑；皮孔菱形，较大，多散生，有时连生。短枝叶三角-宽圆形，或近圆形，先端短尖，基部近圆形，微心形，稍偏斜，边缘具波状三角形粗锯齿，齿端内曲。雄株！

地点：山东泰安。选育者：赵天榜和陈志秀。植株编号：No. 147。

16.5　大叶毛白杨-225　新品种

Populus tomentosa Carr. cv. 'Magalophylla-225', cv. nov.

本新品种短枝叶近簇生枝端，圆形、近圆形，厚革质，先端短尖，基部近圆形，或心形，边缘具波状粗齿。雄株！

产地：河南郑州、许昌等地有广泛栽培。1987年9月5日。选育者：赵天榜和陈志秀。

17. 响毛白杨品种群

Populus tomentosa Carr. Pseudo-tomentosa group

本品种群当年生枝紫褐色，光滑。芽富含树脂，具光泽，黄褐色。短枝叶边缘具不整齐的波状粗锯齿和浅细锯齿；叶柄通常具2枚腺点。

地点：山东。河南有栽培。

本新品种群有1品种。

17.1　响毛白杨　品种

Populus tomentosa Carr. cv. 'Pseudo-tomentosa', cv. nov.

本品种形态特征与品种群相同。

河南杨属一新种和一新变种

赵天榜　　陈志秀

（河南农业大学，郑州　450002）

摘　要　本文发表河南杨属一新种和一新变种：1. 豫白杨 Populus yuibeiyang T. B. Zhao et Z. X. Chen，sp. nov. 和 2. 齿牙河南杨 Populus henanensis T. B. Chao et C. W. Chiuan var. dentiformid T. B. Zhao et Z. X. Chen，var. nov.

1. 豫白杨 新种 图1

Populus yuibeiyang T. B. Zhao et Z. X. Chen, sp. nov.

Species Populus celtidifolia T. B. Chao et P. honanensis T. B. Chao et C. W. Chilian affinis, sed foliis ovatis, trianguste subrotundatis, trianguste ovatis raro rhombiovatis apice acutis vel longe acuminatis secundis basi rotundatis late cuneatis raro truncatis margine non aequalibus grosse inflexi-serratis glandibus et serratis glandibus, ramalis foliis et petiolis juvenilibus dense breviter tomentosis; ut P. tomentosi Carr. affinis, sed foliis brevi-ramulis parvis margine non aequalibus grasse inflexi-serratis glandibus et serratis glandibus. foliis lingi-ramulis supra medium margine interdum trianguste dentatis.

Arbor, ramuli cinerei-brunnei juvinilibus dense breviter tomentosi postea glabra, gemmae terminales ovate conicae perulue purpurei-brunnei minute brunnei glutinosi et breviter tomentosi. folia ovata vel triangulate suhrotumfeta raro rhombi-ovata 4. 5 ~ 6. 0 cm longa 3. 5 ~ 6. 0 cm lata apice acuta vel acuminata secunda basi rotundata late cuneata raro truncata interdum 1 ~ 2-glandulosa margine non aequales grosse inflcxi-serrata glandulosa et serrata glandulosa supra virides costati sparse tomontosi subtus flavovirentes interdum breviter tomentosi costati et ncrvi laterales dcnsissima; petioli graciles 1. 5 ~ 3. 5 longa lateraliter loraprcssi. surcula et folia petioli dense breviter tomentosi, triangusta trianguste subrotundata raro rhombi-ovata 7. 5 ~ 11. 0 cm longa 5. 5 ~ 8. 0 lata apice acuta vel subrotundata interdum 1 ~ 2-glandulosa parvi margine non aequales grosse inflexi-serrata et serrata glandes interdum supra margine obtuse triangusta inflexi-dentala supra virides costati sparse breviter toinentosi subtus flavovirentes costati et nervi laterales dense breviter lomeiitosi; petioii cylindrici 3. 5 ~ 4. 0 cm longa dense breviter toinentosi.

Henan: Songxian. Sine Collect. Sol. num. Typus in Herb. HNAC.

落叶乔木。小枝灰褐色,幼时密被短茸毛,后光滑。顶芽卵-圆锥状,紫褐色,芽鳞背面微褐黏液和短茸毛。短枝叶卵圆形、三角-近圆形、三角-卵圆形,稀菱-卵圆形,长 4. 5 ~ 7. 0 cm,宽 3. 5 ~ 6. 0 cm,先端短尖,或长尖而扭向一侧,基部圆形、宽楔形,稀截形,有时具 1 ~ 2 不发育腺体,边缘具大小相间极不整齐的内弯粗腺齿和细腺齿,表面绿色,沿中脉基部疏被茸毛,背面淡黄绿色,有时被短茸毛,沿中脉和侧脉尤密;叶柄纤细,长 1. 5 ~ 3. 5 cm,侧扁。长萌枝及叶、叶柄密被短茸毛,叶三角形、三角-近圆形,稀三角-卵圆形,长 7. 5 ~ 11. 0 cm,宽 5. 5 ~ 8. 0 cm,先端短尖,或长尖而扭向一侧,基部截形、宽截形,或近心形,有时具 1 ~ 2 小腺体,边缘具不整齐的内弯粗腺齿和腺锯齿,有时上部边缘具钝三角形稍内弯的齿牙状缺刻,浅黄绿色,密被短茸毛,沿隆起中脉和侧脉密被短茸毛;叶柄圆柱状,长 3. 5 ~ 4. 0 cm,密被短茸毛。花和果不详。

本新种与朴叶杨 Populus celtidifolia T. B. Chao 和河南杨 Populus honanensis T. B. Chao et C. W. Chiuan 相似,但区别:短枝叶卵圆形、三角-近圆形、三角-卵圆形,稀菱-卵圆形,先端短尖,或长尖而扭向一侧,基部圆形、宽楔形,或截形、圆形,边缘具大小相间、极不整齐的内弯粗腺齿和细腺齿;幼枝、叶和叶柄密被短茸毛;又与毛白杨 Populus tomentosa Carr. 相似,但区别:短枝叶小,边缘具大小相间、极不整齐的内弯粗腺齿和细腺齿;长萌枝叶上部边缘具三角形齿牙缺刻。

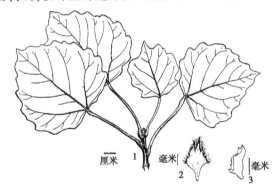

图1 豫白杨 Populus yuibaiyang T. B. Zhao et Z. X. Chen
1. 枝叶,2. 苞片,3. 花盘

河南:嵩县。采集人:赵天榜。标本无号。模式标本,存河南农业大学。

2. 齿牙河南杨 新变种

Populus henanensis T. B. Chao et C. W. Chiuan var. dentiformid T. B. Zhao et Z. X. Chen, var. nov.

A var. nov. recedit foliis trianguste ovatis vel subrotundatis margine impariter denticulatis inter serrulatis tenuiter chartaceis apice abrupte longi-acuminatis interdum caudatis tortis basin terninervis basi subrotundatis vel late truncatis raro cuneatis.

Henan:Lushi Xian. 1978-09-05. T. B. Zhao et al. , No. 78551. Typus in Herb. HNAC.

本新变种短枝叶三角-卵圆形,或近圆形,边缘具不等牙齿状小齿,间有细锯齿,薄纸质,先端突长尖,有时尾尖,扭曲,基部3出脉,基部近圆形,或宽楔形,稀截形。

产地:河南卢氏县。1978年8月5日。赵天榜,No.78851。模式标本,存河南农业大学。

应用放射性磷(^{32}P)鉴定豫农杨生活力的初步试验

赵天榜

(河南农学院园林系造林教研组)

一、试验目的

新中国成立以来,由于我国原子能事业迅速发展,应用放射性同位素来鉴定杂种生活力的研究,已引起有关方面的重视。国内外研究的材料表明,应用放射性同位素方法是鉴定林木杂种生活力强弱的有效方法之一。如费·里·舌保契也夫等应用放射性碳(^{14}C)研究了生长快、耐寒性强的核桃杂种,结果证明:"它们的光合作用都比对照树强";"培育出的核桃杂种在生理上有较强的生命力"。中国林科院应用放射性磷(^{32}P)进行了银白杨与山杨杂种苗生长速度与吸收磷(^{32}P)的关系测定,也得到了证明。

为此,我们于1960年和1961年连续应用放射性磷(^{32}P)进行了豫农杨(Populus × yunungii G. L. Lu)生活力的鉴定试验。现将试验的初步结果整理于下,供参考。

二、试验方法

试验材料,采用毛响杂种杨的三个类型,即曲叶杨、扇杨和豫农杨的2年生幼树上的一年生枝,剪成20 cm长的插条。每插条上留叶片1~2个,分别加以标签。然后,将它们插在盛有放射性磷(^{32}P)的溶液(放射性比强为0.01微居里/mL)中,浸6~8 h后,采集没污染的叶片,分别放在小烧杯中,置于烘箱内烘干,在风柜内研磨,其后用分析天平称取100 mg的干物质,均匀地铺在特制的小铝盘内,最后测定放射性强度。同时,还测定了砧木对毛响杂种杨吸收磷的影响。试验时,每种均用3组,每组重复3次,每次测定时间3~5 min。测定结果,以每分钟内每100 mg干物质的放射性比强表示,即:脉冲次数/100 mg干物质·min。

三、试验结果

1. 毛响杂种杨对磷(^{32}P)的吸收

试验表明,同一杂交组合的曲叶杨、扇杨、豫农杨均比毛白杨亲本吸收磷(^{32}P)高,其分别为141.4%、164.2%及199.4%。这表明,毛响杂种具有较强的杂种优势,从吸收磷(^{32}P)也得到了证明。

表1 毛响杂种杨对放射性磷(^{32}P)的吸收结果

名称	试验结果				
	1次	2次	3次	平均值	为亲本的百分率(%)
毛白杨	134.0	2 816.5	168.0	1 039.8	100
曲叶杨	450.3	4 064.0	254.5	1 471.4	141.4
扇杨	201.3	4 730.0	194.0	1 708.4	164.2
豫农杨	279.3	5 941.0	221.3	2 073.4	199.4

2. 不同砧木对豫农杨吸收磷(^{32}P)的影响

为了扩大杂种杨树的繁殖,我们进行了不同砧木的嫁接试验。在此基础上,我们又应用放射性磷(^{32}P)测定了砧木对豫农杨嫁接苗吸收磷(^{32}P)的试验。试验结果如表2所示。

表2 不同砧木对豫农杨嫁接苗吸收磷(^{32}P)的测定

砧木名称	测定结果			
	1次	2次	3次	平均值
豫农杨	279.9	2 929.5	223.3	1 144.2
加杨	398.9	5 128.0	217.0	1 914.6
钻天杨	201.3	2 577.0	222.5	996.9
小叶杨	150.5	3 078.0	175.0	1 134.5

从表 2 中看出, 不同砧木对嫁接的豫农杨吸收磷(³²P)的影响很大。其中, 以加杨最多, 小叶杨次之, 钻天杨较少。

为了进一步了解不同砧木上嫁接苗吸收磷(³²P)的多少与其生长的关系, 我们曾进行不同砧木对于豫农杨嫁接苗木生长的调查。调查结果如表 3 所示。

表 3　豫农杨杂种及砧木吸收放射性磷(³²P)测定表

名称	试验结果				
	1 次	2 次	3 次	平均数	百分率(%)
毛白杨	134.0	816.5	168.0	1 039.8	100
曲叶杨	450.3	4 064.0	254.5	1 471.4	141.4
扇杨	201.3	4 730.0	194.0	1 708.4	164.2
快杨	279.3	5 941.0	221.3	2 073.4	199.8
豫农杨	279.9	2 929.5	223.3	1 444.2	103.5
加杨	398.9	5 128.0	217.0	1 914.6	184.1
钻天杨	201.3	2 577.0	222.5	996.9	95.3
小叶杨	150.5	3 078.0	175.0	1 134.5	109.1

注:1 居里 = 3.7 × 10¹⁰ Bq。

由表 3 材料表明, 毛白杨 × 响叶杨杂种的四个类型吸收放射性³²P 均比毛白杨高, 其中, 豫农杨类型中快杨最高(199.2%)。这说明, 用放射性磷³²P 是早期鉴定其杂种生活力强弱的主要手段之一。同时还表明, 加杨作砧木对毛白杨 × 响叶杨杂种生长最有利, 小叶杨次之, 钻天杨不能作其砧木进行嫁接繁殖其杂种, 因为嫁接成活率很低, 无生产意义。为了进一步验证其效果, 作者曾进行了嫁接砧木对其杂种生长的试验, 其结果与上述采用放射性³²P 的试验相吻合。为此, 应用放射性³²P 可以作为早期新品种的一种重要手段和技术加以应用, 是鉴定杂种杨树生活力强弱的有效方法之一。

四、初步小结

(1)应用放射性磷(³²P)是鉴定豫农杨生活力的有效方法之一, 并能大大缩短试验时间, 减轻工作量, 尤其是在苗木初期鉴定后期能否速生极为方便。

(2)不同砧木上豫农杨树的生长速度与吸收磷(³²P)的多少是一致的, 可以作为扩大豫农杨苗木嫁接繁殖时选择砧木的依据。

河南伏牛山区小叶杨资源与生长规律研究

范永明　杨秋生　赵天榜

(河南农业大学林学院, 郑州　450002)

摘　要　对河南伏牛山区小叶杨(Populus simonii Carr.)的种质资源分布现状及生长规律进行了调查研究。结果表明, 伏牛山区小叶杨有 2 变种和 3 变型, 即秦岭小叶杨(Populus simonii Carr. var. tsinlingenss C. Wang et C. Y. Yu)、洛宁小叶杨(Populus simonii Carr. var. luoningensis T. B. Zhao)和塔形小叶杨(Populus simonii Carr. f. fastigiata Schneid.)、垂枝小叶杨(Populus simonii Carr. f. pendula Schneid.)、菱叶小叶杨(Populus simonii Carr. f. rhombofolia (Kitag)C. Wang et Tung)。对小叶杨各个变种和变型在不同立地条件下的生长情况进行了调查, 并对小叶杨树干进行解析, 研究了其生长规律, 为小叶杨天然林资源的保护和利用提出了建议。

关键词　小叶杨;种质资源;生长情况;树干解析;生长规律;河南

小叶杨(Populus simonii Carr.)属杨柳科(Salicaceae)杨属(Populus Linn.), 适应性强、分布广泛, 生长较快、耐干旱、耐瘠薄, 根系发达, 易于繁殖, 材质优良, 是防风固沙林、护堤固土林、速生用材林和绿化观赏的主要树种之一[1]。高亚敏等[2]对科尔沁沙地小叶杨花芽开放期、展叶始

基金项目:河南省科技攻关项目(102102110033), 郑州市重点科技攻关项目(30800472)。

作者简介:范永明(1993—), 男, 河南漯河市人, 硕士研究生, 从事植物分类与林木育种学研究。

通信作者:杨秋生(1958—), 男, 辽宁阜新人, 教授, 博士生导师。

期、展叶盛期、开花始期、开花盛期、叶全变色期、落叶末期等7个物候出现日期和日照时间、平均气温、降水量等3个气候因子进行回归分析和相关分析,探讨了其年变化趋势及其相关关系。余仲东等[3]通过对2种生境下小叶杨林分代表植株叶片进行PDA和纸培养,结合形态学和分子系统学技术对分离真菌进行鉴别,发现小叶杨叶片内生真菌群体表现出较高的寄生选择性。郭月峰等[4]以内蒙古农牧交错带小叶杨人工林为研究对象,并以天然草地为对照,分析了退牧还林对生态系统碳储量和碳循环的影响,得出内蒙古农牧交错区退牧还林后种植的小叶杨人工林在长时间尺度上是一个可观的碳汇。此外,近年来,也有学者对杨树人工林的生长规律进行了研究[5]。但这些研究都偏重于以小叶杨原种或人工林为研究对象,多研究其部分指标。关于小叶杨种质资源及生长规律的研究未见大量报道。对小叶杨种质资源及生长规律的研究是制定进一步提高生产潜力和材质质量的重要依据,也直接关系到退化防护林的更新改造。2017年7~8月对河南伏牛山区小叶杨资源进行调查,总结了河南伏牛山区小叶杨资源现状,并研究了其生长规律,为进一步挖掘小叶杨资源及其相关研究提供理论依据。

1 材料与方法

1.1 河南伏牛山区自然概况

河南伏牛山区,地理坐标为E110° 30′~113° 05′,N32° 45′~34° 00′。具体位于河南西部黄土丘陵区以南、南阳盆地以北,西与陕西毗邻,北达黄河,东至京广铁路以西的广大山区。该区山体高竣、雄伟,最高海拔2 413 m(老鸦岔),是洛河、伊河、湍河等流域的发源地,也是黄河、长江与淮河三大水系的分水岭,是中国暖温带和北亚热带的过渡地带,因而气候多变,植物种类非常丰富,还有许多名胜古迹和旅游胜地,如洛阳龙门石窟等。该区由于地势高低悬殊,因而气象因子变化悬殊,如年均气温为13.0~14.5 ℃,其中北坡年均气温比南坡平均低1.0~1.5 ℃;年均降水量平均为500.0~900.0 mm(三门峡市为575.0 mm、卢氏县为649.1 mm、洛阳市为602.1 mm、西峡县为800.3 mm、南召县为839.5 mm)。该区土壤分布特点是:南坡土壤分布海拔500.0 m以下为黄刚土、海拔500~600 m为黄褐土、海拔600~900 m为黄棕壤、海拔900~1 300 m为棕黄壤、海

拔1 300~1 700 m为棕壤、海拔1 700~2 100 m为暗棕壤、海拔2 100 m以上为山地草甸土。北坡土壤分布海拔500~700 m为碳酸盐褐土、海拔600~800 m为褐土、海拔700~800 m为淋溶褐土(阴坡林下)、海拔800~1 200 m为棕黄壤、海拔1 200~1 900 m为棕壤、海拔1 900~2 100 m为暗棕壤、海拔2 100 m以上为山地草甸土。多变的气候和丰富的地形地貌,使得该区植物资源非常丰富。

1.2 方法

查阅《中国杨树集约栽培》[1]、《中国植物图志》[7]、《河南植物志》[8]、《秦岭植物志》[9]等文献,后又经实地走访和当地林场帮助,确定河南伏牛山区小叶杨基本分布区,最终制定路线,对伏牛山区小叶杨种质资源进行调查,采集蜡叶标本20份,并对其形态指标进行记录,然后选取5株标准木,进行了标准木树干解析。调查结束后,又在河南农业大学林学实验室对测定的树高、胸径、材积等数据进行了分析处理[10-16]。

2 结果与分析

2.1 河南伏牛山区小叶杨资源形态特征

小叶杨原变种 Populus simonii Carr. var. simo-nii。乔木,高20 m。树皮幼时灰绿色,老时暗灰色,沟裂。幼时小枝及萌枝有明显棱脊,常为红褐色,后变为黄褐色;老树小枝圆柱状,细长而密,无毛。芽细长,先端长渐尖,褐色,有黏质。叶菱-卵圆形、菱-椭圆形,或菱-倒卵圆形,长3.0~12.0 cm,宽2.0~8.0 cm,中部以上较宽,先端突急尖或渐尖,基部楔形、宽楔形,或窄圆形,边缘平整,具细锯齿,无毛,上面淡绿色,下面灰绿色或微白色,无毛;叶柄圆柱状,长0.5~4.0 cm,黄绿色或带红色。雄花序长2.5~6.0 cm;苞片淡绿色,裂片褐色,无毛;柱头2裂。果序长达15.0 cm;蒴果小,2(~3)瓣裂,无毛。花期3~4月;果实成熟期4~6月[7]。

(1)秦岭小叶杨变种 Populus simonii Carr. var. tsinlingensis C. Wang et C. Y. Yu

本变种叶卵-披针形,革质,先端渐尖,基部宽楔形,或近圆形,中部以上边缘具稀疏细锯齿[5]。

(2)洛宁小叶杨变种 Populus simonii Carr. var. luoningensis T. B. Zhao

本变种树冠倒卵球状;侧枝粗大。树干通直;

树皮灰白色,光滑。叶宽菱形,或菱-椭圆形。花子房具明显的小疣状突起[8]。

(3)塔形小叶杨变型 Populus simonii Carr. f. fastigiata Schnrid.

本变型侧枝向上近直立状,形成尖塔形树冠[10]。

(4)垂枝小叶杨变型 垂杨[17] Populus simonii Carr. f. pendula Schnrid.

本变型树冠宽大,侧枝平展。小枝细长下垂。

(5)菱叶小叶杨变型 Populus simonii Carr. f. rhombifolia(Kitag)C. Wang et Tung

本变型叶窄菱形,长 3.5~5.0 cm,宽 1.2~2.5 cm,先端长渐尖,或渐尖,中部以上最宽[7]。

2.2 河南伏牛山区小叶杨分布区

小叶杨是中国杨属中分布最广的一种。河南伏牛山区各县、市沿河谷两岸平坦地段上常有小叶杨天然分布,尤其是海拔 500~1 500 m 的沿河谷两岸平坦地段上为最多,少数群体或个别单株可分布到 1 800 m 的灌木林中(见表1)。河南大别山区、桐柏和太行山区小叶杨天然分布很少,而平原沙地均为栽培种,多与刺槐(Rohinia pseudoocacia Linn.)混交,形成大面积的小叶杨与刺槐混交林。

表1 河南伏牛山区小叶杨资源分布

物种	分布区域
秦岭小叶杨变种 Populus simonii Carr. var. tsinlingensis C. Wang et C. Y. Yu	洛宁县、灵宝市
洛宁小叶杨变种 Populus simonii Carr. var. luoningensis T. B. Zhao	洛宁县、灵宝市
塔形小叶杨变型 Populus simonii Carr. f. fastigiata Schnrid.	陕州区、洛宁县
垂枝小叶杨变型 Populus simonii Carr. f. pendula Schnrid.	栾川、洛宁、卢氏、鲁山
菱叶小叶杨变型 Populus simonii Carr. f. rhombifolia(Kitag)C. Wang et Tung	义马市、义马矿务局林场

2.3 小叶杨各变种和变型生长调查

调查记录进一步了解和掌握小叶杨变种、变型生长情况,为选择生长优良的变种、变型提供依据。调查结果见表2。

表2 小叶杨各变种和变型生长情况调查

编号条件	地点	立地	物种	树龄(a)	树高总量(m³)	树高年均生长量(m³)	胸径总量(cm)	胸径平均生长量(cm)	材积总量(m³)	材积年均生长量(cm)
1	义马市	沙土	秦岭小叶杨	20	13.2	0.61	19.9	1.00	0.160 3	0.008 015
2	洛宁县	河旁、淤土、肥沃	洛宁小叶杨	20	14.8	0.74	44.0	2.20	1.221 3	0.061 065
3	义马市	地边、壤土、肥沃	菱叶小叶杨	12	20.0	1.60	32.8	2.73	0.796 8	0.066 4
4	义马市	粗沙、乱石滩	菱叶小叶杨	20	9.6	0.48	8.2	0.41	0.032 3	0.001 615
5	义马市	黏土	菱叶小叶杨	24	12.8	0.53	16.1	0.67	0.127 7	0.005 231
6	义马市	沙土	塔形小叶杨	21	11.3	0.54	29.2	1.40	0.271 2	0.012 910
7	义马市	沙土	垂枝小叶杨	18	8.8	0.41	8.1	0.50	0.194 7	0.001 100

表2表明,小叶杨不同变种、变型在不同立地条件生长情况有很明显差异,如在土壤肥沃条件下,洛宁小叶杨、菱叶小叶杨 2 种小叶杨生长迅速,树高年均生长量 0.74~1.60 cm,单株材积年均生长量 0.037 126~0.066 400 m³。

在沙土、粗砂、乱石滩、黏土地上生长较差,单株材积年均生长量 0.001 615~0.008 015 m³。同时还可以看出,洛宁小叶杨、菱叶小叶杨在土壤肥沃、湿润的壤土、淤土条件下生长迅速,在生产中应优先发展。

2.4 河南伏牛山区小叶杨林分类型及其组成

小叶杨具有广泛适应不同气候条件和立地类型的特性,随着呈现出不同的林分类型,林木生长也有极大的差别。根据作者的调查,河南小叶杨林分类型及其组成有天然纯林和天然混交林。

2.4.1 小叶杨天然纯林

小叶杨天然纯林多分布在伊河、洛河、白河、湍河等河川涧河滩地上，呈现面积大小不等的天然纯林。林地土壤多为淤土、黏土、沙壤土等。通常土层深厚、肥沃、湿润，利于小叶杨生长。不同立地条件下，小叶杨原变种天然纯林生长有很大区别，见表3。为更清晰对比立地条件对小叶杨原变种生长的影响，对树干进行解析时均取前15年数据进行对比分析。

表3 立地条件对小叶杨原变种生长的影响

编号	地点	立地条件	树龄取值（a）	树高总量（m）	树高年均生长量（m）	胸径总量（cm）	胸径平均生长量（cm）	材积总量（m³）	材积年均生长量（m³）
1	洛宁县	河滩肥沃淤土	15	19.7	0.65	30.0	2.00	0.645 9	0.043 06
2	洛宁县	渠旁肥沃黏壤土	15	20.4	1.36	26.3	1.75	0.443 7	0.029 58
3	洛宁县	河滩粗砂卵石土	15	8.6	0.57	6.8	0.45	0.011 6	0.000 77
4	洛宁县	肥力中等重黏土	15	11.3	0.75	11.7	0.78	0.060 8	0.004 05
5	义马市	溪旁沙土	15	12.8	0.85	19.1	1.27	0.164 0	0.010 93
6	义马市	溪旁乱石滩	15	6.6	0.44	5.0	0.33	0.011 4	0.000 76
7	义马市	溪旁黏土	15	12.6	0.84	21.2	1.41	0.239 3	0.015 95

从表3可以看出，小叶杨在不同立地条件下生长情况有很明显的差异，如在土壤肥沃条件下，生长迅速，树高年均生长量可达1.36 m，胸径年均生长量为1.75~2.00 cm，单株材积年均生长量为0.029 58~0.043 06 m³；在沙土、粗砂、乱石滩、黏土地生长较差，单株材积年均生长量为0.000 77~0.004 05 m³。

2.4.2 小叶杨混交林

小叶杨天然混交林多分布于河南伏牛山区的伊河、洛河、白河、湍河等上游河川涧河滩地、溪旁，呈现面积大小不等的天然混交林。林地土壤多为淤土、黏土、沙壤土等。通常土层深厚、肥沃、湿润，利于小叶杨生长。不同立地条件下，小叶杨原变种天然混交林主要有：①小叶杨与刚竹（Phyllostachys bambusoides Sieb. et Zucc.）混交林，小叶杨具林冠上层；②小叶杨与栓皮栎（Quercus variabilis Bl.）、麻栎（Quercus acutissima Carr.）混交林，林冠下多为杂灌木；③小叶杨与槲栎（Quercus aliena Bl.）混交林，林冠下多为杂灌木；④小叶杨与刺槐（Robinia pseudoacacia Linn.）混交林，为复层林冠，多为人工栽培；⑤小叶杨与旱柳（Salix matsudana Koidz.）混交林，为复层林冠；⑥小叶杨与筐柳（Salix linearistipularis (Franch.) Hao）混交林，为复层林冠。4种混交林中小叶杨生长情况如表4所示。

表4 小叶杨与刺槐、旱柳、筐柳混交林生长情况调查表

编号	地点	立地条件	林分组成		树龄（a）	树高总量（m）	树高年均生长量（m）	胸径总量（cm）	胸径平均生长量（cm）	材积总量（m³）	材积年均生长量（m³）
1	延津县	沙土	小叶杨原变种	3	27	12.5	0.46	32.5	1.20	0.391 74	0.014 51
			刺槐	7	27	12.0	0.44	25.5	0.95	0.283 30	0.010 48
2	洛宁县	淤土	小叶杨原变种	3	15	20.4	1.36	26.4	1.76	0.491 85	0.032 721
			旱柳	7	16	15.1	0.94	25.7	1.60	0.364 30	0.002 277
3	义马市	乱石滩	小叶杨原变种	3	20	13.0	0.85	20.3	1.01	0.213 37	0.010 67
			刺槐	7	20	10.5	—	—	—	—	—
4	临汝县	乱石滩	小叶杨原变种纯林		24	14.5	0.44	10.3	0.43	0.045 00	0.000 76

从表4可以看出，小叶杨在不同立地条件下生长情况有很明显差异，如在土壤肥沃条件下，生长迅速，树高年均生长量可达0.94~1.36 m，胸径年均生长量为1.60~1.76 cm，单株材积年均生长量0.022 77~0.032 72 m³。同时表明，小叶杨纯林生长量不如混交林林木生长量，其中以小叶杨与旱柳混交林生长量大，小叶杨与刺槐混交林生长量次之。

2.5 河南伏牛山区小叶杨回归方程及生长分析

为了进一步了解河南伏牛山区小叶杨树高、胸径、材积回归方程，对该区28株小叶杨原变种进行树干解析，结果如表5所示。

表5 小叶杨原变种树高、胸径、材积回归方程

生长指标	模拟回归方程	实际回归方程	R^2
树高生长量	$H = Ax + B$	$B = 0.064\ 79x + 2.502\ 1$	0.976 6
胸径生长量	$D = Ax + b$	$D = 1.457\ 9x - 1.285$	0.981 6
材积生长量	$V = D^2$	$V = 0.002\ 2D^2 - 0.019\ 1D + 0.042\ 2$	0.989 4

注：H为树高；D为胸径；V为材积。下同。

为了更清楚地了解小叶杨原变种生长过程，将选取的标准木树干解析数据绘成曲线图，树高、胸径、材积生长总量如图1~图3所示。

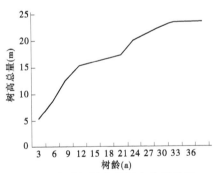

图1 小叶杨原变种树高生长总量

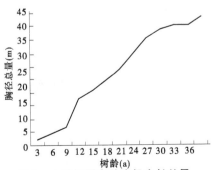

图2 小叶杨原变种胸径生长总量

由图1~图3分析可知，小叶杨树高生长量，

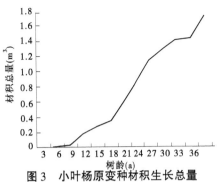

图3 小叶杨原变种材积生长总量

3~12年、21~24年间增速较快，在30年以后增速放缓；胸径生长量，9~12年间胸径生长总量增速较快，30~33年间胸径生长总量增速较慢，34年以后尚未呈现出下降的趋势；材积生长量，9~12年、34年之后材积生长总量增速较快。

为了进一步了解河南伏牛山区小叶杨在不同土壤条件下树高、胸径、材积回归方程，将调查资料整理如表6所示。

表6 不同土壤条件下小叶杨原变种树高、胸径、材积回归方程

土壤地质	生长指标	回归方程	R^2
淤土	树高生长	$H = 1.026\ 19x + 4.858\ 1$	0.941 7
	胸径生长	$D = 2.314\ 3x - 2.781$	0.990 7
	材积生长	$V = 0.003\ 7D^2 - 0.012\ 0D - 0.003\ 7$	0.995 5
沙壤土	树高生长	$H = 1.242\ 9x - 0.389\ 5$	0.993 7
	胸径生长	$D = 2.059x - 4.252\ 5$	0.993 7
	材积生长	$V = 0.004\ 0D^2 - 0.353D + 0.071\ 9$	0.992 5
粗沙黏土	树高生长	$H = 0.059\ 6x - 4.858\ 1$	0.941 7
	胸径生长	$D = 2.314\ 3x - 1.377\ 0$	0.985 2
	材积生长	$V = 0.002\ 6D^2 - 0.016\ 9D + 0.011\ 0$	0.991 4
黏土	树高生长	$H = 1.007\ 3x - 0.334\ 5$	0.982 5
	胸径生长	$D = 2.133\ 3x - 4.226\ 7$	0.951 6
	材积生长	$V = 0.001\ 9D^2 - 0.102D + 0.011\ 00$	0.987 6

为了更清楚地了解小叶杨原变种在不同土壤条件下的生长过程，将选取的标准木树干解析数据绘成曲线图，不同土壤条件下树高生长总量、胸径生长总量、材积生长总量分别如图4~图6所示。

由图4~图6可知，小叶杨在淤土上生长最好，沙壤土上生长次之，黏土上生长较淤土和沙壤土较差，粗沙黏土上生长最差。

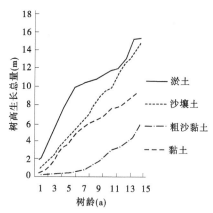

图 4　不同土壤条件下小叶杨树高生长总量

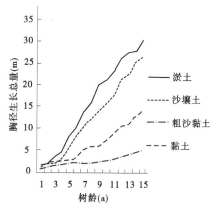

图 5　不同土壤条件下小叶杨原变种胸径生长总量

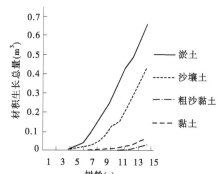

图 6　不同土壤条件下小叶杨材积生长总量

3　结论与讨论

3.1　小叶杨生长情况差异原因分析

河南伏牛山区小叶杨资源丰富、分布范围广泛,通过对调查数据的分析,得出以下几点结论:

(1)洛宁小叶杨、菱叶小叶杨在土壤肥沃、湿润的壤土、淤土条件下生长迅速,在生产中应优先发展。

(2)小叶杨原变种纯林林木生长量不如混合林林木生长量,其中以小叶杨与旱柳混交林林木生长量最大,在小叶杨生产中应充分考虑其混交植株的配置类别和比例,避免纯小叶杨林。

(3)小叶杨材积生长量在 34 年之后仍未呈现下降的趋势,所以在生产中应大力开发小叶杨木材的利用价值。根据以上分析可以看出,造成小叶杨生长差异的原因主要有立地条件、土壤因素、混交因素等。

3.2　小叶杨资源的保护和利用

本次调查结果解决了河南伏牛山区小叶杨资源不清的问题,弄清了河南伏牛山区小叶杨资源现状,为研究小叶杨种下分类和新品种选育创造了有利条件。建议加强对小叶杨立地条件的保护,特别要防止土壤、水源的污染,严防破坏[18]。下一步要加强对小叶杨生态习性和其混交林生长规律的研究,为建立持久稳定的林分结构提供依据。加强对不同变种小叶杨木材材性的研究,提高小叶杨木材的利用价值[19]。

参考文献

[1] 赵天榜,陈章水.中国杨树集约栽培[M].北京:中国科学技术出版社,1983.

[2] 高亚敏,韩水清.科尔沁沙地小叶杨物候期变化规律[J].东北林业大学学报,2017,45(5):29-34.

[3] 余仲东,唐光辉,曹支敏.陕西小叶杨叶内真菌群体多样性和结构特征[J].林业科学报,2016,52(6):86-92.

[4] 郭月锋,祁伟,姚云锋,等.内蒙古农牧交错带小叶杨人工林碳汇效应研究[J].生态环境学报,2016,25(6):920-926.

[5] 柴树峰,雁北半干旱风沙区杨树人工林生长规律[J].山西农业大学学报(自然科学版),2015,35(5):499-503.

[6] 河南省气象局.河南气候[M].郑州:河南人民出版社,1980.

[7] 中国科学院植物志编辑委员会.中国植物志 第二十二卷[M].北京:科学出版社,1998:23,25-29.

[8] 丁宝章,王遂义,高增义.河南植物志 第一册[M].郑州:河南人民出版社,1981:185-186.

[9] 中国科学院西北植物研究所.秦岭植物志 第一卷 第二册[M].北京:科学出版社,1974:15-25.

[10] 赵玮,胡中民,杨浩,等.浑善达克沙地榆树疏林和小叶杨人工林碳密度特征及其林龄的关系[J].植物生态学报,2016,40(6):318-326.

[11] 纪晓华,王雪民,张向华.小叶杨胸径和树高生长进程的连续性和阶段性定量研究[J].内蒙古农业大学学报(自然科学版),2011,32(2):38-41.

[12] 张连翔,王洪江,林阳,等.小叶杨胸径和树高生长进程的连续性和阶段性定量研究[J].河北林果研究,2010,25(3):228-231.

[13] 胡振华,王电龙,呼起跃.雁北沙地樟子松、油松和小叶杨生长规律及蒸腾特性研究[J].山西农业大学学报(自然科学版),2007,27(3):245-249.

[14] 唐德瑞,张燕.陕西黄土高原沟壑区小叶杨生长规律初步研究[J].西北林学院学报,2000(1):15-19,26.

[15] 光增云,邢铁牛.河南省主要树种立木材和及形高表[M].郑州:黄河水利出版社,1998.

[16] 张连翔,梅秀艳,姜镇荣.小叶杨生长规律初步研究[J].防护林科技,2001(2):10-12,33.

[17] 陈嵘.中国树木分类学[M].南京:中国图书发行公司南京分公司,1937.

[18] 焦峰,温仲明,王飞,等.黄土丘陵区小叶杨生长空间差异性及其土壤环境效应[J].水土保持学报,2001,23(3):194-199.

[19] 吕文,杨自湘,王燕,等.中国北方小叶杨资源与发展[J].防护林科技,2001(4):33-36.

大官杨种条快繁技术试验研究

赵天榜

(河南农学院园林试验站)

1956年,原河南省林业厅在当地发现这种杨树后,为了与小叶杨区别,就用大官庄村名,叫它"大官杨"。1957年河南农学院进行引种试验以后,又配合省有关单位到大官庄村进行多次调查,发现大官杨的生长速度超过了当地的加拿大杨。其木材纤维适宜于造纸,且适应性强,是华北地区主要造林树种之一。为了解决大官杨种条不足的困难,1962年以来,我们对大官杨种条培育技术进行了试验,初步摸索出种条繁殖的一些有效方法,介绍如下。

一、利用大官杨的生物学特性,快速繁殖大官杨种条

大官杨侧芽萌发率高,是育苗成活率低的一个不利因素。但是,只要采取一定的技术措施,就可以变不利因素为有利因素。例如,采用多次摘心(俗称打顶)措施,就可以把萌芽率高的不利因素变成抽枝多的有利因素,而抽枝多,就可以为快速繁殖大官杨种条提供有利条件。如大官杨当年生壮枝上侧芽,每隔20~30天,相距30 cm左右就能萌发成1层侧枝。每年可萌发1~5层,但以2~3层为最多。这一特点,就可为快速繁殖大官杨提供大量种条。

二、快速繁殖种条的方法

繁殖大官杨种条的方法有三种:一是利用现有大树上一年生的合乎种条标准的枝条;二是利用一年生侧芽很少萌发的苗干作种条用;三是建立种条区(或称母条区)培育大官杨种条。实践表明,建立种条区和利用一年生苗干是快速繁殖大官杨种条的较好办法。

种条区,就是指选择一定的面积,专门培育种条的地方,也叫"采条区""母条区""采穗圃"。建立种条区的方法如下:

1. 选择圃地

要选择地势平坦、土壤肥沃、灌溉方便的壤土或沙壤土地。土壤瘠薄、地势低洼的盐碱地,不宜作为种条区用地。因为土壤肥力对种条产量和质量有很大影响。

2. 整地和施肥

圃地选择后,应于冬季进行深翻,深度30~40 cm,耕后不耙,使土壤越冬风化,次年春季再细致耕地,同时每亩要施有机肥2 500 kg。耕后搂平,以备穴栽。

3. 母株栽植

大官杨母株(指专采用种条的树木而言)应于次年2月中下旬进行穴植。穴的大小为50 cm × 50 cm × 30 cm。每穴施入基肥35~50 kg。肥料与表土混匀后,施入穴内。栽后进行灌溉,使土壤与苗木根系密接,保证苗木成活。

4. 母株类型

我们曾采用三种类型进行种条产量和质量的对比试验。试验结果证明:三种母株类型,以丛生式母株为好,头状式母株次之,主干式因株较差。现分别介绍如下:

(1)丛生式母株。母株栽植后,每年从距地面30~50 cm处,把当年生的种条全部剪去,留下基桩,使其年年萌发枝条,而形成丛状。这种母株的种条产量高、质量好,且管理方便,易于推广。

(2)头状式母株。母株栽植后,从距地面

1.3~1.5 m处进行定干,使其顶部形成一簇种条基,形似头状,所以称为头状式母株。这种母株的形状和群众培育柳橡的方法一样。头状式母株因有一定高度的主干,所以有人称它为"高干式"母株。

（3）主干式母株。主干式母株有一个较高而明显的主干,在主干上每隔一定距离(1.0~1.5 m,我们采用1.3 m)留3~5个侧枝,形成一轮,侧枝从距主干30 cm处截去枝梢,留下枝桩,培养成种条基(指生长种条的地方)。每年从种条基上采集种条。这种母株,培育时间较长,管理不便,不宜采用。

5. 母株栽植的密度

遵照毛主席关于"合理密植"的教导,我们在两种土壤肥力的条件下进行密度试验。试验结果表明,在土壤肥力较差、抚育不及时的条件下,大官杨母株的栽植密度以0.8 m×0.8 m较好,如表1所示。反之,土壤肥沃、抚育及时,则母株栽植密度因母株类型的不同而有差异。根据初步试验,丛生式母株以1.5 m×1.5 m或1.0 m×2.0 m较好,如表2所示。

表1 大官杨母株的栽植密度对种条产量与质量的关系

密度 (m)	好种条 (个)	细种条 (个)	好—细种条合计(个)	提高百分率 (%)
0.3 × 0.4	245	245	490	100
0.8 × 0.8	350	255	605	123.5
0.5 × 1.00	280	280	560	114.3
0.5 × 2.00	210	315	525	107.1

表2 不同密度的大官杨丛生式母株
对种条产量和质量的影响

密度 (m)	粗种条 (个)	好种条 (个)	细种条 (个)	好—细种条合计(个)	提高百分率 (%)
1.0 × 0.5	20	180	1 980	2 160	100
1.0 × 1.0	5	250	2 095	2 345	100.84
1.0 × 2.0	36	508	7 12	7 720	357.41
1.5 × 1.5	0	675	7 860	8 535	395.12

为了进一步了解1.5 m×1.5 m以上栽植密度对种条产量和质量的影响,1965年春,我们将1.0 m×0.5 m、10 m×1.0 m及1.5 m×1.5 m的母株密度,分别改为2.0 m×1.0 m、2.0 m×2.0 m及3.0 m×3.0 m的密度进行试验。试验结果如表3所示。

表3 大官杨母株密度对种条产量和质量的关系

密度 (m)	种条粗（cm）				合计 (个)	提高百分率 (%)
	0.4	0.4~0.6	0.6~0.8	0.8~1.0		
2.0 × 1.0	7	207	132	101	517	125.7
2.0 × 2.0	8	176	141	83	418	109.7
3.0 × 3.0	7	134	131	89	381	100

此外,采条年限对母株密度也有很大的关系。根据我们初步观察,采条年限在3年以上时,栽植密度以3.0 m×3.0 m为宜。

6. 种条基的培育

种条基是指种条生长在母株上的地方,也称种条着生的基地。凡是当年生长的地方,称种条支基。种条支基的修剪与葡萄结果母枝的修剪很相似。种条基可以年年更新,以保证种条优质丰产。

种条基培育,实际上是种条基更新过程的综合培养。具体方法是在定干后的大官杨母株上,选留3~4个生长一致的壮芽,均匀分布周围,待留芽生长到30~50 cm时,上面的侧芽重新萌发,从萌发的侧芽上部进行一次摘心。摘心后,第二次侧枝上芽又开始萌发,再在萌发的侧芽上部进行一次摘心。直至进行3~5次摘心。同时,要加强抚育管理,保证种条的产量和质量。冬季落叶后,从第一次侧枝基部10~15 cm除去上部所有枝条,供育苗用。次年春季芽萌发后,按上述方法重新培育种条。连续3~5年,就可培育出一个产量高的种条基。

应用摘心方法,加强抚育管理,在一年内就可以培养成种条基的方法,叫作种条基的快速培育。但要注意如下几点:

（1）掌握种条支基上的留芽数目。大官杨是个比较喜光的树种,如果种条支基上留芽过多,会形成当年生枝条过密,影响通风透光,造成部分枝条死亡。种条支基上留芽数目与土壤肥力、母株类型、抚育措施有关。一般来说,土壤肥沃、抚育及时,则头状式母株上的种条支基以留芽2~3个为好;丛生式母株上的种条支基以留芽3~5个比较恰当。至于留芽6个以上是否更好,尚待进一步研究。现将种条支基上留芽数目对种条产量和质量的影响列于表4。

表4 大官杨母株上种条支基留芽数目
对种条产量与质量的影响

母株类型		粗种条（个）	好种条（个）	细种条（个）	好—细种条（个）	提高百分率（%）
头状式母株	1	2	69	301	370	100
	2	9	97	365	462	124.9
	3		95	376	471	127.3
	4		42	338	380	102.7
丛生式母株	1	15	128	177	306	100
	2	18	150	240	390	127.8
	3	11	165	588	753	246.1
	5	9	180	543	723	235.9

表5 丛生式母株摘心次数对大官杨
种条产量与质量的影响

摘心次数	好种条（个）	细种条（个）	好—细种条（个）	提高百分率（%）
对照	904	7 023	7 927	100
摘心一次	987	8 215	9 199	116.04
摘心二次	1 135	8 595	9 730	122.74
摘心三次	1 275	13 255	14 530	182.04

（2）摘心次数。根据1963~1965年进行摘心试验的结果，连续2~3次摘心，是快速繁殖大官杨种条产量的主要措施。摘心次数对大官杨种条产量和质量的影响列于表7。要说明的是，不是所有的当年生枝都进行2~3次摘心，而是指生长优势的当年生枝进行2~3次摘心。

（3）摘心时间。根据试验，在土壤肥沃、抚育及时的条件下，摘心以3次为好。第一次应于5月下旬至6月上旬，第二次于6月下旬至7月上旬，第三次于7月下旬至8月上旬。如果土壤肥力差、抚育不及时，应于7月下旬进行一次摘心为好。但是，不能单纯从时间上去老虑，而应该根据母株上几个主要壮枝的侧芽萌发后，再进行摘心比较适宜。摘心高度，应根据具体情况而定。第一次以100 cm高左右，第二次、第三次以70~80 cm高较为恰当。

（4）加强种条区的抚育管理。"三分造林，七分管"，管是关键。所以，在种条区内应做到合理施肥、合理灌溉、合理摘心，及时中耕、除草和防治病虫害等。实践证明，加强种条区内的抚育管理，是获得大批优质种条的关键。

细种条培育大官杨壮苗的试验研究

赵天榜

（河南农学院教学实验农场园林试验站）

一、大官杨种条标准与分类

培育大官杨壮苗的种条必须是生长健壮、发育良好、侧芽很少萌发、没有病虫害的一年生枝条。种条大体分为三种：①粗种条。凡合乎种条标准，但粗度超过2.0 cm以上者，称粗种条。这类种条，不宜作为育苗的材料，可以用于分生造林。②好种条。凡合乎种条标准，粗度在1.0~2.0 cm者，称好种条。这类种条是培育壮苗的好材料。如果采用扦插育苗，在抚育措施差的条件下，80%以上的苗干属于这类种条。一般都采用这种方法来培育壮苗。③细种条。凡合乎种条标准，粗度在0.4~1.0 cm者，称细种条。

二、细种条培育大官杨壮苗的主要措施

十多年来，我们进行了大官杨壮苗培育试验。试验表明，不仅好种条可以培育壮苗，而且细种条也可以培育壮苗。

1964年，我们用0.4~0.6 cm的种条，培育成苗高2.24 m、地径1.37 cm的壮苗。1965年，又采用0.4~0.6 cm的种条，培育成苗高2.85 m、地径1.78 cm的壮苗。为了交流经验，现将我们多年来培育大官杨壮苗的主要措施和利用细种条培育壮苗试验结果，介绍于下。

1. 实行精耕细作

育苗地必须选择土壤肥沃、灌溉方便的壤土

或沙壤土上。育苗地选择后，应在冬初进行深耕，耕地深度为 30 cm，耕后不耙，使土壤经过冬季充分风化。次春解冻后，进行浅耕细耙，搂平筑畦。畦长 10 m、宽 70 cm，畦埂 30 cm。畦筑好后，每畦施入基肥 50 kg。施肥后，翻入畦内，大致搂平，引大水灌溉，等到水分渗干后，用锄深锄一次，搂平后进行扦插。实行精耕细作，是保证大官杨扦插成活率和提高苗木质量的主要措施之一。特别是对细种条扦插后的成活率和幼苗初期生长具有很大好处。

2. 合理施肥

"地凭粪养，苗凭粪长"。尤其是用细种条培育壮苗，合理施肥更重要。根据试验，耕地深度 30 cm 时，每亩施肥量以 3 300 kg 为宜。

3. 严格选择插穗

插穗的质量常对苗木产量和质量发生影响。大官杨插穗应具备三个条件，才能保证苗木的优质丰产。一是合乎种条标准要求；二是插穗上部应具有一个健壮的侧芽，才能保证苗木的产量和质量；三是根据种条粗细和部位，严格分级，分别剪取，分别扦插，分别管理。尤其是对细种条扦插更要加强抚育管理。

为了培育大官杨壮苗，我们对插穗部位、长度和粗度分别做了试验。

（1）插穗部位。将一根种条分成上、中、下三等份进行扦插试验。试验表明，以中部的插穗为好。其结果如表 1 所示。

表 1　插穗部位对扦插成活率和苗木产量、质量的影响

插穗部位	扦插成活率（%）	苗高（m）	地径（cm）	苗木识别				产苗量（Ⅰ、Ⅱ株/亩）
				Ⅰ	Ⅱ	Ⅲ	Ⅳ	
上部	81.9	2.19	1.54	10	158	32	28	10 000
中部	90.8	2.41	1.44	35	149	34	19	10 540
下部	80.3	2.12	1.39	36	108	23	10	7 850

为了进一步了解种条部位对苗木生长的影响，1963 年我们又采用同一粗度和高度的苗木，从基部开始每 17 cm 剪一插穗，顺序剪取，分别扦插，同样管理。试验结果如表 2 所示。

从表 2 材料中看出，梢部种条也可以培育出较好的苗木，不应弃之不用。

（2）插穗长度。大官杨插穗长度以 15～17 cm 为好。如果在灌溉不便或沙地育苗，插穗长度以 20 cm 为宜；反之，土壤过于黏重时，插穗以 15 cm 长即可。

（3）插穗粗度。为了了解插穗粗度对苗生长的影响，1965 年我们采用一部位不同粗度的种条进行试验，如表 3 所示。

表 2　一根种条上不同节位的插穗对苗木生长的影响

节位	1	2	3	4	5	6	7	8	9
苗高（m）	2.69	2.68	2.56	2.59	2.65	2.67	2.73	2.80	2.90
地径（cm）	1.44	1.50	1.50	1.45	1.46	1.48	1.53	1.58	1.50

表 3　插穗粗度大官杨对苗木生长的影响

粗度（cm）	0.4～0.6	0.6～0.8	0.8～1.0	1.0～1.2	1.2～1.4	1.4～1.6	1.6～1.8	1.8～2.0
苗高（m）	2.49	2.52	2.50	2.54	2.50	2.36	2.30	2.35
地径（cm）	1.20	1.23	1.38	1.36	1.36	1.33	1.33	1.36

注：1965 年 12 月调查，每组为 30 株苗木平均值。

试验结果表明：0.4～0.6 cm 的细种条，也可以培育壮苗。

4. 扦插技术

大官杨扦插技术，应根据插穗粗度和土壤质地不同而决定扦插方法。如果土壤疏松，插穗粗时，可按一定株行距将插穗插入畦内。反之，土壤黏重或插穗细时，可开窄缝进行扦插。扦插时，应将插穗上部的第一个芽露出地面。插条时间，一般于落叶后至次年春季发芽前。在不宜进行冬插的地区，或在沙地上育苗时，可将插穗窖藏，到次

年春季再进行扦插。

5.扦插密度

扦插密度根据土壤条件和抚育措施的不同有很大的变化。根据我们十多年来的试验,一年生大官杨扦插密度,以 20 cm × (23~30) cm、25 cm × (20~30) cm、(30~20) cm × 23 cm 为好。培育2年生大苗时,则扦插密度以 30 cm × 30 cm,或50 cm × 30 cm 较好。

6.加强田间管理

这是保证大官杨苗木优质丰产的关键。特别是细种条扦插后的田间管理更为重要。在大官杨插穗发芽前后,应每隔10~15天灌溉一次,为插穗生根和幼苗生长创造有利条件。同时,要防治大灰象鼻虫、平毛金龟子对幼芽和幼苗的为害。5~6月应及时中耕除草,以促进幼苗的良好生长。6~9月,应每隔10~15天进行抹芽,并每隔15天左右施一次化肥。每次每亩施化肥 10 kg。施肥后应立即进行灌溉,以充分发挥肥料的作用。同时,在苗木生长期间,要及时防治天社蛾、卷叶蛾对苗木的为害。10~11月应停止灌溉、施肥,使苗木木质化,以利越冬。

三、细种条为什么能培育壮苗

"好种出好苗""壮条长壮苗"。所以,利用细种条培育壮苗问题往往不易引起人们的重视。为了充分发挥细种条的作用,多年来我们进行了试验,证明细种条完全可以培育壮苗。现将我们的做法和体会介绍于下。

(1)细种条扦插后,生根快,发芽慢;而粗种条扦插后,生根慢,发芽快。1964~1965年,我们采用不同粗度的种条进行扦插试验。发现同一部位的种条扦插后,细的先生根,后发芽,而粗的先发芽,后生根。细种条扦插后先生根,根系的数目也相应地增多,使根系在幼苗初期就能较早地从土壤中吸收养分和水分,供应幼苗生长的需要,也为以后生长创造了有利条件。为什么会发生这种现象呢? 1965年我们进行了不同粗度插穗的直径和生根数调查,如表4所示。并以插穗粗度0.1 cm 为一个单位计算生根数,测定插穗粗度与生根数之间的关系,如表4、表5和图1所示。

从表5和图1可看出:插穗越粗,髓心直径相应地增大,但插穗越粗,髓心直径虽相应地增大,

表4　粗度插穗与髓心直径和生根数之间关系统计

插穗粗度 (cm)	髓心直径 (cm)	插穗平均 生根数(条)	插穗粗度与其 髓心直径之比
0.4~0.6	0.151	20.10	0.320
0.6~0.8	0.181	20.60	0.259
0.8~1.0	0.207	22.30	0.230
1.0~1.2	0.216	23.30	0.196
1.2~1.4	0.203	24.90	0.156
1.4~1.6	0.220	25.40	0.147
1.6~1.8	0.243	25.90	0.143
1.8~2.0	0.208	22.90	0.110

注:1965年12月调查材料,每组数值为6~10的平均数,每组为30个插穗。

表5　插穗粗度与生根数之间的关系

插穗粗度 (cm)	0.5	0.7	0.9	1.1	1.3	1.5	1.7	1.9
生根数 (条)	4.02	2.94	2.48	2.11	1.91	1.69	1.50	1.20

注:生根数是按0.1 cm 为一个单位计算的。

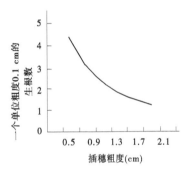

图1　插穗粗度与生根数的相对关系示意图

但插穗粗度和髓心直径的比值却相应地减小。这种减小表明:插穗越细,则本身内薄壁细胞多,分生组织活跃,同时水分的含量也多。所以,细种条扦插后,容易生根,而有利于根系的发育和幼苗的生长;反之,插穗越粗,本身内薄壁细胞少,分生组织分裂活动稍差,加之表皮组织发育时间较长,因而扦插后生根较慢。

(2)插穗粗度与其本身的吸水率和含水率成反相关。根据我们1963~1965年试验,插穗越粗,其吸水率和含水率就越低;反之,插穗越细,其吸水率和含水率相应地增高。这也是细种条扦插后迅速生根的有利条件之一。试验数据见表6。

表6 插穗粗度与吸水率和含水率之间的关系

表6 插穗粗度与吸水率和含水率之间的关系

粗度(cm)	0.4~0.6	0.6~0.8	0.8~1.0	1.0~1.2	1.2~1.4	1.4~1.6	1.6~1.8	1.8~2.0	2.0~2.2
含水率(%)	75.0	70.0	65.2	62.5	58.6	58.0	56.6	55.6	54.9
吸水率(%)	21.7	14.4	9.5	8.7	7.7	7.1	6.2	6.1	4.7

注:1963年、1964年、1965年三年材料平均,每年每组重复6次。

(3)据调查,插穗越粗,苗木上侧芽萌发越多;反之,插穗越细,苗木上侧芽萌发越少。而侧芽萌发多少,对苗木高生长有一定的影响。一般说来,侧芽萌发多的苗木,高生长慢;侧芽萌发少的苗木,高生长快。但不同粗度插穗的苗木速生期间,高生长比较一致,如表7所示。所以,用细种条培育壮苗,在苗木速生期间,必须加强田间管理。

表7 大官杨苗木速生期间苗木生长量调查统计 　　　　(单位:cm)

插穗粗度	调查日期						合计生长量
	6月1~15日	6月16~30日	7月1~15日	7月16~31日	8月1~15日	8月16~31日	
0.4~0.8	38.7	38.5	33.2	42.1	23.1	5.9	200.0
1.0~1.8	36.9	41.0	33.8	41.3	21.5	5.5	205.4
2.2以上	38.7	39.0	33.5	37.0	24.1	5.6	200.2

I-72杨等良种密植造林试验研究

冯滔[1]　　赵天榜[2]　　王冶全[3]

(1.许昌市林业局;2.河南农业大学;3.许昌林业研究所)

I-72杨等良种具有早期速生、丰产性能,在河南省经过多点试区证明,其幼龄生长量大大超过沙兰杨。杨树是优良的造纸原料,木材色白,硬度小,与云杉相近,总木纤维含量高,适应于多种方法制造高效率纸浆,发展造纸林前景广阔。为了探讨I-72杨等良种密植造林,速生丰产,短期轮伐,生产中心径材,大量提供制浆造纸原料,改变我国造纸原料结构与加速造纸工业的发展。1985年3月,我们在郾城县商桥镇党湾村,利用"四旁"小片荒地与河滩荒地,定植I-72杨等良种密植试验林62亩,5年大部分进入轮伐期。现将试验结果总结如下。

一、试验地概况

党湾村位于颍河中游冲积平原,属暖温带季风型气候,年平均气温14.6 ℃,降水量805.2 mm,日照时数2 228.9 h,无霜期238天。地势平坦,土壤为潮土类两合土,深厚肥沃,地下水位3~8 m。造林试验地是利用"四旁"小片荒地与河滩荒地,共计5片、62亩,自然生态因子对I-72杨等杨生长十分有利。

二、试验方法

在I-72杨等杨引种与新杂交杨系区试的基础上,选用在当地表现较好的I-72杨、露伊莎杨、中许杨1号、中许杨3号、W46号杨等5个优良品种或系号,以沙兰杨为对照,造林密度分为2.5 m×2 m、3 m×1.5 m、3 m×2 m、3 m×3 m、6 m×3 m、6 m×4 m等6种密度,以6 m×6 m为对照。试验地5片、62亩,规划设计按地块大小,有利经营管理。小片规划2~3种密度,大片3~5种密度,顺序排列。种苗采用1年生扦插壮苗,统一规格。苗高3 m左右,地径2.5 cm左右。1985年3月上旬定植,采取大穴深栽,挖坑1 m见方,深栽80 cm,随起苗随栽植,栽后浇大水,达到一次定植全苗。造林后1~3年间作瓜菜和农作物,以耕代抚。幼树前3年不修枝,仅控竞争枝,后2年修除下部1~2层侧枝。每年进行一次生长量抽样调查。第五年全面调查总结,分析研究不同密度、不同品种及栽培技术措施,对速生、丰产林的影响。

三、试验结果与分析

1.I-72杨等密植造林,可以达到高额速生丰产目标

5年试验结果表明,6种密度,每亩年平均生长量都大大超过对照,密度愈大生长量愈高,如表1所示。株行距2.5 m×2 m、3 m×1.5 m、3 m×2 m、3 m×3 m、6 m×3 m、6 m×4 m,与6 m×6 m及对照相比,每亩年平均生长量分别为204.7:100、221.1:100、150.4:100、134.1:100、190.8:100、139.2:100、150.4:100、134.1:100、

190.8:100、139.2:100,差异极为显著。其中,I-72杨3 m×1.5 m和2.5 m×2 m,与6 m×6 m相比,年平均生长量高出1倍多;3 m×1.5 m,每亩148株,5年生材积17.351 5 m³,年平均生长量3.471 3 m³,超过山东省莒县杨树丰产林每亩年平均生长量2.82 m³的全国最高记录。密植造林,虽然单株生长量小于对照,但早期群体生长量大,能充分发挥I-72杨等良种高额速生丰产性能。以生产中小径材为目标,5年生轮伐期,造林密度以3 m×1.5 m、2.5 m×2 m、3 m×3 m较为适宜。

表1 I-72杨等良种密植造林生长量调查表

试验地编号	树种品种	树龄(年)	定植株行距(m)	每亩苗数	平均树高(m)	平均胸径(cm)	单株材积(m³)	每亩蓄积量(m³)	年平均生长量(m³)	说明
1	I-72杨	5	2.5×2	133	17.2	15.40	0.120 6	16.039 8	3.208 0	
2	I-72杨	5	3×1.5	148	17.2	14.64	0.106 2	11.789 3	2.357 9	
3	I-72杨	5	3×2	111	17.2	14.64	0.106 2	11.789 3	2.357 9	
4	中许杨1号	5	3×3	74	15.6	14.19	0.142 5	10.545 0	2.109 0	
5	I-72杨	5	6×3	37	20.0	25.65	0.404 2	14.954 3	2.990 9	
6	露伊莎杨	5	6×3	37	18.6	22.93	0.303 7	11.235 0	2.247 0	
7	沙兰杨	5	6×3	37	15.6	18.40	0.164 5	6.086 5	1.217 3	对照
8	中许杨1号	5	6×4	28	21.5	24.71	0.391 1	10.950 4	2.190 1	
9	W46号杨	5	6×4	28	21.5	22.11	0.316 8	8.869 8	1.774 0	
10	中许杨3号	5	6×4	28	21.5	23.01	0.340 1	9.522 0	1.904 4	
11	露伊莎杨	5	6×6	19	18.6	24.80	0.354 6	6.747 3	1.347 0	对照
12	中许杨1号	5	6×6	19	21.5	25.50	0.413 9	7.864 0	1.576 8	对照
13	I-72杨	5	6×6	19	20.0	25.90	0.412 5	7.837 5	1.567 5	对照

2.I-72杨等良种都具有高额速生丰产性能

与沙兰杨相比,每亩年平均生长量,I-72杨为245.7:100,露伊莎杨为184.6:100,I-72杨等良种之间也有较显著的差异。I-72杨与露伊莎杨相比为133.1:100,中许杨1号与W46号杨相比为123.5:100。试验证明,5年轮伐期,I-72杨优于露伊莎杨、中许杨1号、中许杨3号、W46号杨,中许杨1号优于露伊莎杨、W46号杨,露伊莎杨优于W46号杨。这与品种特性和立地条件密切相关。I-72杨等良种密植造林,要因地制宜,选择最适合当地自然生态环境条件的杨树品种。

3.集约经营是I-72杨等良种密植丰产的重要保证

试验地造林前都已垦植,并进行全面深耕整地。定植时,采用大穴深栽,每株施粗肥25 kg、磷

肥0.5 kg。栽后连浇大水,成活率100%。定植当年幼树就进入速生期,无缓苗现象,当年胸径生长量都超过5 cm、高生长3 m以上,为早期速生丰产奠定了良好的基础。栽后前3年不修枝,叶量大,生长快。造林后1~3年间作瓜菜和低秆豆科作物,经常中耕、除草、浇水、施肥,这样以耕代抚,既增加了经济收益,也有利于林木的生长。

4.I-72杨等良种密植造林,短轮伐期经营,经济效益高

I-72杨造林密度3 m×1.5 m,每亩148株,5年生材积17.351 5 m³,年平均生长量为3.471 3 m³。每立方米按200元,即694元,加上间作物和枝材收入可达844元,高于对照82.1%,也高于一般作物,因收益大、见效快、投资小,深受农民群众的欢迎。杨树中小径材是制浆造纸的优质原料,

发展前途广阔。

I-69杨一龄苗木生物量及其纤维变化的研究

赵天榜[1]　傅大立[1]　陈志秀[1]　赵东方[2]　高巨虎[2]　王飞[3]　赵杰[4]

(1.河南农业大学;2.郑州市林业工作总站;3.信阳林校;4.新郑市林业局)

摘　要　本研究分析了I-69杨一龄苗木生物量与部位高度呈反相关规律;木纤维、韧皮纤维长度与部位高呈正态分布规律,其含量呈反相关规律;韧皮纤维长度显著大于木纤维长度。栽培技术、壮苗规格与其纤维质量、含量及生物量密切相关,从而为I-69杨进行超短期集约栽培提供了科学依据,为解决我国造纸工业原料开辟了新的途径。

I-69杨 Populus deltoides Bartr. cv. 'Lux' 自1972年引入我国后,至今推广面积超过1 000万亩。其中,河南推广范围遍及全省各地,尤以黄河以南各地市、县栽培最为普遍,生长非常良好。为了解决当前我国造纸工业中优质原料不足的困难,为我国进行杨树超短期集约栽培提供科学依据,特进行此项研究。现将研究初步结果整理如下,供参考。

一、材料与方法

(一)试验材料

I-69杨一龄苗为取自河南农业大学林业试验站苗圃及许昌县陈店乡苗圃的一年生扦插苗。根据苗木高度、地径大小,分4级,共取试料14株。每株分别编号,记录其苗高、地径。

(二)生物量测定

将试材分别从苗木基部处开始,按50 cm长分段,称其气干重,并分别称其韧皮部及木质部重量后,置于105℃的干燥箱中干燥至恒重,称其重量。最后,计算单株生物量及单位面积上生物产量。

(三)纤维测定

将供试苗木逐株按50 cm分段,从各段下端选取木质部和韧皮部各0.5~1.0 g,烘至恒重,称其重量。然后,用硝酸法离析出纤维,分别测定其纤维含量及其质量。各部位离析的纤维用显微镜测微尺测量30~100根纤维长度与宽度,计算长宽比。本试验共测量纤维数量达50 000根以上,通过计算进行比较。

二、结果与分析

(一)I-69杨一龄苗木生物量测定

1.苗木规格对其生物量影响

测定结果表明,I-69杨苗木规格不同,其生物量具有极为显著的差异。其中,I级苗木生物量最高,II级苗次之,III级苗较差,IV级苗最少。测定结果如表1所示。

表1　I-69杨一龄苗木发育状况对其生物量影响

苗木级别	苗高(m)	地径(cm)	气干重(g/株)	木质部干重(g/株)	单位面积生物量(kg/亩)
I	3.80	2.67	316.33	286.02	1 806.66
II	2.75	1.98	177.61	137.61	888.05
III	2.32	1.52	104.55	75.40	460.60
IV	1.86	1.40	63.14	4.16	220.99

从表1材料可明显看出,I-69杨一龄I级苗具有最大生物量,其单位面积上的年生物量分别是II级苗的2.03倍、III级苗的3.92倍、IV级苗的8.18倍。由此表明,培育I级苗是I-69杨进行集约栽培的主要目标,不仅可以发挥土地生产潜力,获得最大生物量,而且具有显著的经济效益。

2.苗木发育状况对其生物量的影响

I-69杨一龄苗木具有速生特点,其发育状况对其生物量的影响,尚未见有系统研究和报道。为了解苗木发育状况对其生物量的影响,以便为制定科学的技术措施提供根据,我们于1990年春选用不同规格、不同发育状况的苗木,对其生物产量进行了测定。测定结果如表2所示。

参加本项研究的还有李明义等同志,特致谢意!

表2 I-69杨一龄苗木发育状况对其生物量的影响

苗木级别	苗高（m）	地径（cm）	发育状况	气干重（g/株）	单位面积生物量（kg/亩）
I	3.48	2.72	中等	322.81	2 089.50
I	3.41	2.78	充实	463.80	2 319.00
II	2.75	1.98	中等	177.61	888.05
II	2.74	2.31	充实	286.24	1 431.20
III	2.32	1.53	中等	92.12	460.60
III	2.37	1.52	充实	104.55	522.75

从表3材料看出，不同部位苗木生物量具有明显差异，其中I级苗0~50 cm段比同一部位的IV级苗木的生物量大2.83倍。同时表明，苗木的不同部位生物量与其所在高度呈反相关规律，即部位越高，其生物量越低。由此可见，采用科学的栽培措施，提高苗木高部位的生物量，是获得单位土地面积上最大生物量的关键性技术措施。

3. 苗木韧皮部与木质部生物量差异

根据研究I-69杨一龄苗木韧皮部及木质部的生物量随苗木级别不同有明显的差异，如表4所示。

表3 苗木部位对其生物产量影响

苗木级别	不同部位（cm）的生物产量（g/株）							
	0~50	51~100	101~150	151~200	201~250	251~300	301~350	351~400
I	98.33	76.75	61.28	42.25	29.48	17.53	8.85	2.10
II	49.85	37.95	29.10	21.05	13.50	9.23		
III	30.63	21.27	17.93	12.03	3.67			
IV	25.70	16.30	9.10	3.80				

表4 I-69杨一龄苗木韧皮部及木质部生物量的影响

级别	苗高（m）	地径（cm）	各段（cm）韧皮部及木质部生物量合计							单株重（g）	韧皮部重（g）	木质部重（g）
			0~50	51~100	101~150	151~200	201~250	251~300	301~350			
I	3.41	2.78	99.5	21.6	70.7	16.2	59.6	13.3	44.3	3.11	28.7	9.0
			13.6	6.5	4.8	3.8	463.80	94.53	20.38	369.27	79.62	
			121.1	86.9	72.9	56.1	37.7	20.0	8.6			
II	2.98	2.10	45.2	12.7	31.8	8.5	22.3	7.0	15.0	6.0	8.2	4.5
			3.0	3.3	162.60	39.80	24.48	122.80	75.52			
			57.9	40.3	29.3	21.0	12.7	6.1				
III	1.86	1.40	19.0	6.7	11.6	4.7	5.7	3.2	2.1	1.7	54.90	15.6
			29.4	39.3	70.6	25.7	25.7	16.3	9.1	3.8		

从表4材料明显看出，苗木质量不同，其木质部、韧皮部的生物量的比例也有一定的差异。如I级苗单株生物量为463.80 g，其中木质部占79.62%；II级苗单株生物量为162.6 g，木质部占75.52%；III级苗单株生物量为54.9 g，而木质部占70.6%。

4. 栽培措施对苗木生长及其生物量的影响

试验与生产实践证明，栽培措施对苗木生长及其生物量具有特别重要的作用。了解栽培措施对苗木生长及其生物量的影响，为制定集约栽培措施提供依据，我们分别在河南农业大学及许昌县苗圃进行了不同栽培措施对I-69杨一龄苗木生长及其生物量影响的调查。调查结果如表5所示。

表5 栽培措施对Ⅰ-69杨一龄苗木生长及其生物量影响

栽培措施	苗高(m)	地径(cm)	单株生物量		亩产生物量	总重/木质部重(kg)	
			总重(g)	木质部重(g)	4 000(株/亩)	5 000(株/亩)	6 000(株/亩)
集约栽培	3.80	2.55	352.54	274.74	1 410.16	1 760.70	2 115.24
					987.11	1 233.49	1 480.67
一般管理	2.37	1.52	104.55	75.40	482.00	522.78	627.30
					292.74	365.93	439.11
粗放经营	1.86	1.40	63.14	44.16	252.56	315.70	378.84
					176.79	220.99	265.19

表5充分表明，集约栽培的Ⅰ-69杨苗木质量高，生物量也高。其生物量分别为：一般管理的336.8%、粗放管理的557.7%。

(二)Ⅰ-69杨一龄苗纤维形态的测定

1. 苗木规格对木纤维质量的影响

我们在测定Ⅰ-69杨一龄苗木纤维形态时发现：不同规格的一龄苗木的木纤维质量有显著差异。如Ⅰ级苗木纤维平均长度为911.2 μm，Ⅱ级苗为776.8 μm，Ⅲ级苗为758.7 μm。测定结果如表6所示。

表6 苗木规格对木纤维质量的影响

苗木级别	苗木规格		不同部位的纤维质量(μm)/长宽比							
	苗高(m)	地径(cm)	0~50		101~150		201~250		301~350	
Ⅰ	3.89	2.67	979.92	18.62	981.12	16.73	985.4	17.78	773.15	14.78
			52.60		58.60		49.29		49.60	
Ⅱ	3.74	2.31	793.0	23.30	759.80	23.10	723.60	18.90	689.10	17.44
			34.00		32.91		39.39		39.51	
Ⅲ	1.86	1.40	705.60	17.76	812.00	19.80	758.40	16.70		
			39.73		41.01		45.52			

由表6材料，我们发现：Ⅰ-69杨一龄苗木纤维质量与苗木质量呈正相关规律，即苗木质量高，木纤维质量也高；反之，则木纤维质量也低。壮苗木纤维质量好，适于作为造纸的优良原料；弱苗质量差，作为造纸原料势必会影响纸的质量，很难获得优质产品。所以，加强管理，提高苗木质量，是进行Ⅰ-69杨超短期集约栽培的关键技术措施。

2. 苗干部位对木纤维量的影响

我们在进行Ⅰ-69杨一龄苗木纤维测定时是从苗木基部开始，向上按50 cm分段，分别进行木纤维测定。测定结果如表7所示。

表7 苗干不同部位木纤维质量测定表

苗木级别	内容	不同部位(cm)						
		0~50	51~100	101~150	151~200	201~250	251~300	301~350
Ⅰ	木纤维长宽	979.29 8.62	1 053.68 9.42	981.12 6.73	888.49 6.05	885.355 17.78	776.21 16.40	733.15 14.78
	长宽比	52.62	54.26	58.69	54.91	49.75	47.33	49.62
Ⅱ	木纤维长宽	705.60 7.14	968.52 23.37	812.00 9.80	782.24 5.02	758.40 16.66		
	长宽比	39.73	41.44	40.01	52.11	45.52		
Ⅲ	木纤维长宽	883.68 7.14	725.76 21.4	752.00 9.09	708.08 7.18	633.12 18.48		
	长宽比	51.56	33.91	39.39	41.22	34.26		

表7资料表明，木纤维质量(包括纤维长度、宽度、长宽比值)与其高度呈近似正态规律，即木纤维质量随着生部位增高，木纤维质量有所提高，上部则显著差。究其原因，我们认为：I-69杨一龄苗木纤维质量与生长期有关，即速生期间，其木纤维质量显著好。如I苗5月木纤维平均长973.74 μm、宽18.57 μm，长宽比52.4；6月木纤维平均长1 021.4 μm、宽18 μm，长宽比5.70；7月则分别为：1 024.5 μm、16.7 μm，66.17；8月分别为：884.27 μm、15.24 μm，56.00。由此可见，I-69杨苗木速生期间，加强水、肥管理，提高苗木质量是获得优质木纤维的主要关键时间和重要技术措施之一。

3.苗木韧皮部与木质部纤维的变化

了解I-69杨韧皮部与木质部纤维的变化，是提高纸张质量、增加纸张品种的重要技术环节之一。根据测定结果，我们发现I-69杨韧皮部纤维质量显著大于木质部纤维质量。其木纤维长度在苗干上呈正态分布规律如表8所示。

表8　A苗各同部位木纤维长度与韧皮部纤维长度

部位	木质部与韧皮部各部位(cm)纤维长度(μm)							
	0~50	51~100	101~150	151~250	251~300	301~350	351~400	401~450
木质部	807.412	789.78	785.56	825.52	917.33	861.49	806.40	802.97
韧皮部	1 184.05	1 198.40	1 219.29	1 223.50	1 250.13	1 177.32	1 110.78	1 080.50

4.栽培措施对木纤维质量的影响

赵天榜副教授所著《大官杨栽培技术》一书中指出：加强水肥管理的大官杨其木纤维长度比一般条件下的大官杨木纤维长度长200 μm以上。为此，我们分别选取不同栽培措施条件下的I-89杨苗木进行木纤维测定。测定结果如表9所示。

表9　栽培措施对苗干木纤维的影响

栽培方式	木纤维长度(μm)	平均长度(μm)	宽度(μm)	平均宽度(μm)	长宽比	平均长宽比
集约栽培	1 053.7		19.4		54.3	
	1 198.4		17.5		68.5	
	1 129.3	1 127.1	19.9	18.9	56.8	59.9
一般管理	891.9		18.1		49.2	
	812.0		19.8		41.0	
	898.9	867.6	20.1	19.3	43.7	44.6
粗放管理	758.8		23.1		32.9	
	730.8		19.6		36.8	
	616.9	702.2	22.5	21.7	27.3	32.3

从表9材料可看出，栽培措施在提高I-69杨苗干木纤维质量中起主要作用。测定结果是：集约栽培I-69杨的一龄苗木纤维平均长1 109.5 μm，比一般管理者长222.9 μm，比粗放者长409.2 μm。由此可见，进行I-69杨超短期栽培时，必须采用集约栽培措施，所获得的材料才能满足造纸工业的需要，否则社会、经济效益将会大大降低。

从表9中可以看出，I-69杨一龄苗干纤维长大都在0.8~1.2 mm，属中等长度的纤维，可以选择作为制纸的原料。

沙兰杨引种栽培的研究 *

赵天榜

（河南农业大学）

各位领导、各位专家和代表同志们：

杨树是世界上公认的重要速生用材树种之一。引种国外杨树良种，丰富扩大我国杨属树种资源，是促进我国杨树造林事业发展的一个重要途径。20多年来，我国中部及北方地区，尤其是华北广大平原地区引种栽培杨树的实践经验表明，沙兰杨生长很快、繁殖容易、适应范围广、木材纤维优良，是一个优良的品种。大力发展和推广沙兰杨对于短期内实现我国木材自给，提供大批造纸工业原料和民用材，以及"实行大地林网化"、改变自然面貌、保证农业高产稳产，都有特别重要的作用。为此，我代表沙兰杨及欧美杨学术讨论会的全体代表，向大会各位领导、各位专家和代表同志们，作"沙兰杨引种栽培的研究"的汇报，不妥之处，请批评指正。

一、沙兰杨引种栽培概况

沙兰杨是杨属 Populus Linn. 黑杨派欧美杂种杨中一个优良的栽培品种。我国大规模引进国外杨树是从1954年开始的，由中国科学院植物研究所北京植物园，后又有中国科学院、中国科学院林业土壤研究所先后从民主德国、波兰等国家引入一批欧美杂种杨的优良品种。

1961年由中国林科院林业科学研究所开始在河南进行推广试验，北京、陕西、辽宁等省、市也进行引种试验。1972年洛宁县林业局根据广大群众的反映和要求，邀请河南农学院园林系进行沙兰杨的鉴定、调查和材性试验。根据调查和试验材料，提出在河南大力发展和推广沙兰杨的意见。洛宁县林业局向县委做了汇报。县委决定：大力发展沙兰杨，积极繁育良种壮苗，并指示每育苗一亩，补助化肥30斤（15 kg），并奖励发展沙兰杨有成绩的大队3 000元。为此，洛宁县1973年沙兰杨育苗680余亩，1974年沙兰杨育苗3 200余亩，从而为河南大力发展和推广沙兰杨奠定了基础。此外，还支援了外省各地大批沙兰杨壮苗种条。

二、引种栽培成果

沙兰杨在我国引种栽培成果如下。

1. 生长迅速

生长迅速是沙兰杨的一个优良特性。据调查，在一般条件下，"四旁"栽植的9年生沙兰杨平均树高20.1 m，平均胸径30.12 cm，单株材积0.615 89 m³，而在同一条件下同龄的加杨平均树高13.04 m，平均胸径21.9 cm，单株材积0.175 23 m³。在土壤肥、水分充足条件下的一株15年生沙兰杨平均树高28.6 m，平均胸径69.1 cm，单株材积4.260 8 m³，而在同一条件下同龄的加杨平均树高13.04 m。

2. 适应性强

20多年来的生产实践表明，沙兰杨是个适应性很强的良种。北起辽宁的铁岭，南达湖南、广东，西至新疆的喀什地区都有引种栽培，生长良好。

沙兰杨适生的气候和土壤条件是：1月平均气温不低于-12.9 ℃的地区都可栽培。其中最适栽培地区年平均气温10~15.5 ℃，年降水量500~1 567 mm。

沙兰杨对土壤的适应性很强。据调查，在我国华北平原地区，除低洼盐碱地、特别干旱瘠薄的丘陵地及粗砂地不宜栽植外，其他各种土壤均能生长，但以壤土、沙壤土生长最好。

3. 适宜各林种栽培

（1）适宜速生丰产林。集约经营，营造速生丰产林，是发展沙兰杨解决木材自给的一个重要途径。如中国林科院营造的沙兰杨，在加强水肥管理条件下，5年生沙兰杨平均树高18.9 m，平均胸径25.12 cm，每亩蓄积14.19 m³，比一般管理条件下同龄的沙兰杨木材蓄积量高10倍以上。

（2）是"四旁"绿化良种。沙兰杨喜光，适宜"四旁"栽植。据在洛阳市调查，在高水肥条件下，路旁栽植的沙兰杨株距1 m，9年生平均树高28.0 m，平均胸径32.8 cm，单株材积0.946 4 m³，

1 km 路旁合计木材蓄积量 1 892 m³。株距 2 m,9 年生平均树高 28.0 m,平均胸径 41.4 cm,单株材积 1.507 6 m³,1 km 路旁合计木材蓄积量 753.8 m³。

(3)适于矮林作业。沙兰杨进行矮林作业,能在短期内为我国纤维工业提供大批工业原料。据河南农学院杨树研究组测定,沙兰杨一龄材木

纤维长 1 153.7 μm,宽 16.0 μm,长宽比 66.9,得浆率 74.5%,白度 71.8%,完全符合纤维造纸工业要求。采用矮林集约栽培,每年每亩可产干条 1 万斤(5 000 kg)以上,合计木材 10 m³ 以上。该措施生产的木材不仅缩短了生产周期,降低了造纸成本,还获得较好的经济效益。

沙兰杨速生丰产林试验总结

赵天榜[1]　李兆镕[2]　尚月楼[3]　吕天奇[4]　赵杰[5]

(1. 河南农业大学;2. 河南省林业厅;3. 焦作市林场;4. 郏县林业局;5. 新郑市林业局)

沙兰杨 Populiis × euramericana(Dode)Guinier cv. 'Sacrau 79' 是河南省引种欧美杂种杨中一个优良的栽培无性系,它具有生长迅速、适应性强、繁殖容易、造林成活率高、用途广泛等特性,而全省各地大力繁殖推广,均有大面积栽培,深受群众欢迎。为给营造大面积沙兰杨速生丰产林提供丰产栽培措施和科学理论依据,特于 1975 年春在焦作市林场营造 0.67 hm²(10 亩)沙兰杨速生丰产试验林进行试验研究。造林后,由于加强抚育管理,及时进行间伐,促进了林木迅速生长。1984 年采伐时,平均树高 26.09 m,平均胸径 29.07 cm,单株材积 0.679 8 m³,每公顷蓄积量 336.531 m³,加上 1979 年间伐 326 株,计每公顷 24.923 1 m³。总计 10 年生沙兰杨速生丰产林每公顷蓄积达 361.424 1 m³,基本达到了试验目的。为此,特将试验结果整理如下,供参考。

一、试验地自然概况

沙兰杨速生丰产试验林地位于河南省太行山东南麓的山前洪积、冲积平原地带上,海拔 130 m,地势平坦,气候温和,雨量适中,适宜沙兰杨生长。该试验地区全年平均气温 14.9 ℃,年平均最低气温 9.7 ℃,年平均最高气温 20.6 ℃,绝对极端低温 -16.9 ℃,绝对极端高温 43.3 ℃,全年 10 ℃以上积温 4 525.1 ~ 5 136.9 ℃,平均为 4 873.4 ℃。全年春季干旱多风,夏季炎热多雨,年平均降水量 603.5 mm,且分布不均,其中 6 ~ 8 月降水量占全年降水量的 56.9%,年平均蒸发量 2 074.4 mm,大于降水量的 2.4 倍,年平均空气相对湿度 61%,年平均风速 3.0 m/s,因而春季特别干旱(3 ~ 5 月降水量仅占全年降水量的 13.83%),严重影响林木生长。

试验地土壤系褐土类坡黄土属的坡黄土种,呈褐色或深褐色。土层厚度通常为 30 ~ 50 cm,剖面发育不明显,土壤质地较细,较黏重,呈中性,pH 值 6.8 ~ 7.0。水源充足,灌溉方便,对沙杨生长十分有利。

二、试验林主要栽培技术

1. 细致整地

试验地选择后,于 1974 年冬初,进行机械整地,深度为 30 ~ 50 cm,同时清除试验地中的树桩、杂草,耕后不耙,使其经过冬季充分风化。翌春 2 月中旬,土壤解冻后,对试验地进行充分平整,便于灌溉和管理。

2. 选用壮苗

造林时,选用生长健壮、发育良好、侧芽饱满、根系发达、无病虫的一年生壮苗进行造林,其苗木平均高 3.5 cm,地径 1.7 ~ 2.0 cm。

3. 施足底肥、大穴栽

为利于苗木栽植后迅速恢复生长,栽时采用长、宽各 1 m,深 0.8 cm 的大穴。挖穴时,心土和底土分别放置。栽植时,每穴施腐热有机肥 30 kg,并与表土混匀,苗木放入穴内,株行距对准后,在苗木根系周围填入混入肥料的表土,向上提起苗木,使根系舒展,踩实,再覆土,再踩实。栽植

1978 年 12 月 18 日在天津召开的"中国林学会年会"上的发言。

后,引大水充分灌溉,确保苗木成活率。栽植密度为 2 m × 3 m。

4. 加强抚育

为确保苗木成活,加速其生长,苗木栽植后的第一年,及时进行灌溉、中耕、除草、防治病虫害;第二年追施化肥 175 kg、人粪尿 13 000 kg,并结合冬翻,进行第一次间伐;第三至四年,第二次施草肥及人粪尿 14 000 kg;第五至六年,进行第二次间伐,并施化肥 680 kg、草肥 17 000 kg,直到 1984 年 10 年生,全部采伐利用。

三、沙兰杨速生丰产林林木生长规律

沙兰杨速生丰产林内幼树生长规律,主要通过树高、胸径和材积生长而表现出来。为此,现将沙兰杨速生丰产试验林林木生长规律分述如下:

1. 树高生长

沙兰杨树高生长,主要是通过主枝高生长而表现出来的。为此,了解沙兰杨树高生长规律与外界环境条件的关系,尤其是与气象因子的关系,是制定林木栽培措施、促进树高生长的主要科学依据。近年来,我们在逐年测定树高生长的过程中发现:沙兰杨林木的树高生长与孤立条件下的树高生长规律是完全一致的。但突出的明显区别是:林木高生长明显大于孤立木树高生长,如表 1 所示。

表 1　沙兰杨林木和孤立林木树高生长比较表

年龄(a)	1	2	3	4	5	6	7	8
林木(m)	3.5	2.5	3.4	3.1	4.2	2.8	3.0	1.9
孤立木(m)	2.00	2.42	2.42	2.60	1.60	1.90	1.90	1.60
增长率(%)	67.46	63.31	40.50	19.23	16.25	47.39	57.89	18.75

从表 1 材料中明显看出,沙兰杨速生丰产林林木树高生长量比孤立木树高生长量大。其生长规律是:10 年生沙兰杨随着树龄的增长而增长,其树高生长与林龄呈正相关规律。同时表明,林木树高生长明显大于孤立木树高生长量。其主要原因在于林木密度较大,沙兰杨对光线的强烈需要,从而促进树高生长量的明显增长。

2. 胸径生长

了解和掌握沙兰杨林木胸径生长的年变化规律,是制定林木速生、丰产栽培措施的科学依据。为此,我们在沙兰杨速生丰产试验林栽培的第二年,即从 1976 年开始到 1983 年在生长季节停止后,测定林木胸径一次,测定结果如表 2 所示。

为了解沙兰杨胸径生长与降水量的关系,以便采取栽培措施,4 年每月进行了林木胸径测定。测定结果,如表 3 所示。

表 2　沙兰杨速生丰产林木和孤立木胸径生长比较　　　　　　　　　　　　　　　　(单位:cm)

年龄(a)		1	2	3	4	5	6	7	8
林木	总生长量	2.60	3.80	7.40	11.90	14.80	17.30	19.60	20.30
	平均生长量	2.60	1.90	2.47	2.98	2.96	2.83	2.30	2.60
	连年生长量		1.20	3.60	4.50	2.90	2.50	2.30	
孤立木	总生长量	1.65	3.42	6.73	12.21	16.71	20.65	24.75	28.46
	平均生长量	1.65	1.71	2.24	3.05	3.23	3.44	3.54	3.59
	连年生长量		1.77	3.31	5.48	4.50	3.94	4.10	3.71

表 3　沙兰杨林木胸径生长量与月降水量之间关系比较

年	1977				1978				1979				1980			
月	5	6	7	8	5	6	7	8	5	6	7	8	5	6	7	8
胸径生长量(cm)	0.9	1.3	0.7	0.9	0.7	1.2	0	1.0	0	0.8	0.4	0.7	1.3	1.1	0.5	0.6
各月降水量(cm)	59.8	41.8	191.1	250.0	12.6	53.3	261.8	92.1	9.7	115.0	111.8	38.9	90.7	109.4	158.6	37.3

从表 3 中明显看出,在速生期间,沙兰杨各月生长量除受气温影响外,其生长期间与降水量呈反相关规律,即降水量越大,则胸径生长越慢。其

原因主要是阴天过多,阳光不足。

3. 材积生长

沙兰杨材积生长中,林木单株生长量较小,孤

立木较大,且有明显差别,如表4所示。

表4 沙兰杨林木与孤立木材积生长比较

年份	1977	1978	1979	1980	1981
林木(m³)	0.061 8	0.113 88	0.185 19	0.270 92	0.335 6
孤立木(m³)	0.060 78	0.125 02	0.244 79	0.364 45	0.513 47

从表4中明显看出,沙兰杨林木材积明显小于孤立木。为了进一步了解沙兰杨林木蓄积情况,我们从1975年开始进行全林分立木的测定。测定结果如表5所示。

表5的测定结果表明,沙兰杨林木单株材积生长量于1976~1980年间最大,其连年生长量为0.040 95~0.122 29 m³。由此看来,营造沙兰杨速生丰产小片林是提高沙兰杨林木和林地生长潜力的重要途径之一,也是河南省平原地区绿化的主要林种之一。同时,能在短期内为纤维工业和胶合板制造业提供大批原料。

表5 沙兰杨林木蓄积量增长进程

年份	1975	1976	1977	1978	1979	1980	1981
树高(m)	6.00	9.40	11.50	15.70	19.50	20.50	22.42
胸径(cm)	4.4	9.0	11.6	14.8	16.7	20.0	20.0
单株材积(m³)	0.003 7	0.027 0	0.052 0	0.106 4	0.165 6	0.264 1	0.264 1
每亩材积(m³)	0.337 0	2.700 0	3.417 5	7.023 1	10.927 0	9.183 3	9.812 3
10亩材积(m³)	3.370 0	26.960 0	34.174 8	70.231 0	109.270 0	91.833 0	91.833 0

四、沙兰杨速生丰产林的经济成本核算

国内外大量试验材料和生产经验表明,营造杨树速生丰产林是短期内解决木材供应困难、提供大批工业用材和降低成本、增加经济效益的主要措施。但是,营造沙兰杨丰产林是否合乎经济效益,却是当前很多人所注意的问题。为此,我们从营造沙兰杨速生丰产试验林开始到目前,详细记载了每年的投资,以进行成本核算,如表6所示。

表6 沙兰杨速生丰产试验历年投资　　　　　　　　　　　（单位:元）

年份	1975	1976	1977	1978	1979	1980	合计
整地	100						100
挖坑	200						200
厩肥	250	140				151	450
化肥		25.5		100		104.80	290.3
浇水	108	92	16	12	12	16	256
抚育	60	170	100	40	40	60	470
间伐					50		50
苗费	400						400
合计	1 118	427.5	116	212	102	331.8	2 307.3

从表6中看出,沙兰杨速生丰产试验林,从1975年至1984年底,共投资2 307.3元,而林木蓄积量为361.424 m³。

每立方米木材按200元计算,计72 284.8元。1977年间伐的340株沙兰杨大苗,每株按3.0元计算,合1 020元,共计收入73 304.8元,除去投资纯收入70 997.5元,收益是投资的30.77倍。由此可见,营造沙兰杨速生丰产林无论是生产木材、充分利用地力还是增加经济收入等都是可观的。所以,华北平原地区,目前正在大力推广这一经验。实践证明,营造沙兰杨速生丰产片林,是提高林业生产水平、增加木材生产和经济收入、解决短期内木材不足的重要途径之一。

淮滨县大面积营造 I-72 杨、I-69 杨丰产林经验初报

李兆镕[1] 赵天榜[2] 程大厚[3] 余志红[3] 贾中空[3] 郭正刚[3]

(1.河南省林业厅;2.河南农业大学;3.淮滨县林业局)

杨树生长速生,适应性强,繁殖容易,用途广泛,在河南林业生产及平原绿化中具有重要的作用。近年来,豫南地区大力发展和推广的 I-72 杨及 I-69 杨,生长更为迅速,深受群众好评。如淮滨县沙湾村 1984 年营造的 6 年生 I-72 杨林,平均树高 21.0 m,平均胸径 27.70 cm,单株材积 0.501 6 m³,单位面积上蓄积量 3.678 4 m³/(亩·a)。实践证明:在河南省低洼易涝地区营造 I-72 杨及 I-69 杨速生丰产林,具有特别重要的作用和明显的经济效益及生态效益,是兴林致富的途径之一。1983 年以来,淮滨县科学地栽植了速生丰产的 I-72 杨及 I-69 杨林 400 多万株,其中百万亩以上的人工片林达 1.69 万 hm²。

据 1984 年调查,1983 年春营造了 1.16 hm² 的速生丰产用材林,6 年生的 I-72 杨,平均树高 21.9 m,平均胸径 26.44 cm,最大单株树高 10.7 m,胸径 21.0 cm,单株材积 0.2 m³。由此可见,淮滨县结合本地自然特点,大面积营造杨树人工林和丰产林是切实可行的,其经验是值得重视的。为此,现将调查结果整理如下,供参考。

一、自然概况

淮滨县位于河南省东南部,北与安徽接壤,地处淮河、洪河冲积平原之三角地带。淮河横贯淮滨县中部,其南部有波状起伏丘陵,海拔 50 m 左右;淮河北岸低于淮北平原,海拔较低,多为 30~40 m;沿淮西岸有低洼易涝的洼地分布,东北部最低海拔处仅 27 m。洪河在县境内长 71 km,至洪河口入淮河。白露河在县境内长 60 km,闾河在县境内长 25 km。该县由于地势低平,河流较多,每年夏季常因雨多积水而泛滥成灾,严重影响当地农业生产和群众生活水平的提高。

据气候资料,全县年平均气温 15.3 ℃,平均最低气温 11.0 ℃,平均最高气温 20.3 ℃,绝对极端低温 -21.4 ℃,绝对极端高温 42.1 ℃,年大于 10 ℃ 积温为 4 506.4~5 313.7 ℃,平均为 4 979.6 ℃,全年平均降水量 925.8 mm,年平均蒸发量 1 574.5 mm,平均空气相对湿度 76%,年平均风速 3.1 m/s。

淮滨县属我国北亚热带气候,气候温和,雨量充沛,适于南方型 I-69 杨及 I-72 杨等杨树生长。

全县土壤主要属砂姜黑土,主要分布于闾河沿岸;沙壤土主要分布于淮河沿岸;水稻土主要分布于淮河两岸的丘陵地区。

二、大面积营造速生丰产林林木生长调查

为了解大面积营造 I-72 杨及 I-69 杨速生丰产林林木生长情况,适时适树地搞好林木抚育管理,我们于 1989 年分别进行了林木生长情况的调查。调查结果如表 1 所示。

从表 1 中可看出,淮滨县是 I-69 杨及 I-72 杨栽培的适生地区之一。在低洼地区实行台田造林的情况下,2 年生的 I-72 杨平均树高 8.38 m,平均胸径 9.42 cm,单株材积达 0.025 69 m³,每公顷林木蓄积量达 28.122 0 m³,而同龄的速生丰产林林木平均树高 10.24 m,单株材积达 0.053 12 m³,每公顷林木蓄积量 44.528 4 m³;沙湾村营造的 3 年生的 I-72 杨速生丰产林平均树高 13.2 m,平均胸径 15.80 cm,单株材积达 0.117 32 m³,每公顷林木蓄积量 94.348 5 m³;同时,I-69 杨平均树高 13.7 m,平均胸径 11.53 cm,单株材积达 0.062 94 m³,每公顷林木蓄积量达 50.864 0 m³,而对照树种 I-214 杨,平均树高 8.48 m,平均胸径 10.31 cm,单株材积达 0.031 15 m³。由此充分表明,I-72 杨在淮滨县生长极为优良,I-69 杨次之,I-214 杨则生长较差。

袁雷生等同志参加部分野外调查工作,特致谢意!

表 1　淮滨 I-72 杨等丰产林林木生长调查

调查地点	土壤质地	造林时间	株行距（m）	品种名称	平均树高（m）	平均胸径（cm）	单株材积（m³）	立木蓄积（m³）	年均蓄积（m³）
沙湾村	潮土轻壤	1983	5×5	I-69	23.0	24.5	0.434 4	11.728 8	1.675 5
				I-72	24.6	29.9	0.645 8	17.436 6	2.490 9
				I-214	22.8	21.9	0.334 5	9.034 2	1.290 6
	潮土轻壤	1983	3×4	I-69	20.6	23.9	0.353 5	19.442 5	2.777 5
				I-72	21.9	26.4	0.451 7	24.843 5	3.549 1
				I-214	17.5	17.4	0.149 4	8.217 6	1.173 9
	潮土轻壤	1984	3×5	I-69	22.8	22.1	0.334 5	14.722 4	2.453 7
				I-72	21.0	27.7	0.501 6	22.070 4	3.678 4
				I-214	18.7	21.4	0.257 0	11.308 0	1.884 7
	潮土重壤	1984	3×5	I-69	18.4	22.1	0.283 0	12.452 0	2.075 3
				I-72	20.7	24.2	0.369 0	16.236 0	2.706 0
				I-214	16.5	17.6	0.169 0	7.444 8	1.240 8
瓦门村	潮土轻壤	1984	4×8	I-69	22.6	29.3	0.582 3	12.228 3	2.038 1
				I-72	23.5	30.3	0.645 8	13.561 9	2.260 3
				I-214	16.7	20.3	0.200 6	4.212 6	0.702 1
淮滨村	潮土重壤	1984	4×8	I-69	19.6	23.4	0.324 2	6.808 0	1.134 7
				I-72	22.0	26.1	0.415 2	8.719 2	1.453 2
				I-214	16.1	19.1	0.180 2	3.784 2	0.630 7
王店乡林场	黄棕壤	1983	2×3	I-69	13.3	14.4	0.079 9	8.868 9	1.267 0
				I-72	12.3	17.0	0.113 1	12.554 1	1.793 4
				I-214	11.9	12.0	0.054 4	6.038 4	0.862 6
刘大元林场	砂姜黑土	1983	2×3	I-69	16.7	20.8	0.233 7	12.853 5	1.836 2
				I-72	16.5	20.9	0.233 7	12.853 5	1.836 2
				I-214	15.4	16.5	0.135 1	7.430 5	1.061 5
			2×3	I-69	13.4	12.1	0.057 7	6.404 7	0.915 0
				I-72	12.9	13.1	0.058 3	6.471 3	0.924 5
				I-214	13.4	11.3	0.048 0	5.328 0	0.761 1

此外，还表明，同龄、同密度管理措施相同条件下的 I-72 杨速生丰产林，由于土壤条件不同，其生长则明显不同。其中以沙壤土生长最好（94.348 5 m³/hm²），黏土次之（61.033 5 m³/hm²），砂姜黑土较差（45.000 m³/hm²）。

由此可见，淮滨县大面积营造 I-72 杨、I-69 杨速生丰产林的经验是切实可行的，经验是成功的，可以在豫南各地与淮滨县相同的条件下进行大面积推广。

三、大面积营造杨树速生丰产林的主要措施

1. 掌握杨树主要生物学特性，为制定速生丰产林措施提供科学依据

I-72 杨及 I-69 杨是由意大利培育的优良栽培品种。因此，造林首先必须充分了解和掌握其主要生物学特性，以便在造林时，使树的特性与地的功能一致起来，求得造林树种的生物学特性与

环境条件的统一。I-72杨及I-69杨喜温、喜光、喜肥、喜水、速生,只要在速生期间能够满足它们对温、光、肥、水的要求,就能达到林木速生丰产的目的。为了检验论证的可靠性和科学性,大面积造林前,在科学规划的基础上,在淮滨县的不同立地条件下进行引种造林试验。通过引种试验,进一步掌握I-72杨及I-69杨在淮滨的生长规律及其特性,筛选出适宜当地的杨树良种,制订不同立地条件下造林营林技术方案,为营造大面积杨树速生丰产林提供科学依据。

2. 科学改土与工程措施相结合,是低洼易涝地区造林丰产的关键

淮滨县地处淮河流域中游,其地势低洼易涝,地下水位偏高,为确保I-72杨及I-69杨的速生丰产,在全面整地的基础上,采用大穴整地与台田整地相结合的办法,以降低地下水位,改良土壤。在地下水位1m深的砂姜黑土上,大穴整地规格为长1m、宽1m、深0.8m,便于风化土壤;在地下水位0.5~0.6m的砂姜黑土上,搞台田整地,提高地温,降低地下水位,其台田长3.0m、宽2.0m,沟深1.0m。实践证明:凡采用科学改土与工程措施相结合的,造林成活率高,林木生长好。如沙湾村3年生的I-72杨速生丰产林,成活率达95%以上,平均树高15.8m,平均胸径13.02cm。

3. 巧施肥,保证林木速生的正常需要

淮滨县新造林地中,不少地区低洼易涝,不仅地下水位较高,而且土壤黏重,不利于I-72杨及I-69杨的生长。所以,只有合理施肥改土,才能保证林木的速生丰产。在施肥方法上,一是施足基肥。肥料与穴土比例为1:50~100(kg),混合均匀后分层施入穴中;二是巧施肥,在I-72杨及I-69杨的生长期5~8月,每株施肥0.25kg,满足林木生长期对所需营养物质的需要。

4. 加强管理,严防病虫害

俗语说:造林容易,管理难。为此,淮滨县对

I-72杨及I-69杨速生丰产林按照"三分种,七分管"的原则,进行了精心管理和病虫害防治。其措施是:①抗旱防涝。在天气干旱时,全县充分利用现有灌溉设备,及时浇水,使土壤含水率保持在60%~70%的情况下,基本保证了林木生长对水分的需要;在低洼易涝积水区,建立排水系统,做到雨后林地不积水;在地下水位较高的林地,挖沟排水,降低地下水位。②慎重修枝。修枝强度对I-72杨及I-69杨速生丰产林的影响很大。实践证明,对I-72杨及I-69杨栽后4年不修为好,如2年生,修枝强度为1/2的I-72杨速生丰产林,平均树高5.5m,平均胸径6.3cm;而仅修去胸径以下萌生枝和上部竞争枝的I-72杨丰产林,平均树高6.6m,平均胸径8.9cm,比前者分别大20%和41.2%。③松土除草。造林后连续3年对I-72杨及I-69杨速生丰产林进行松土、除草,每年松土除草3次,幼林郁闭后每年松土除草1次。幼林郁闭前,实行林粮、林药、林肥间作,及时追肥、浇水,促进其生长。留树干顶端侧枝,其侧芽新萌幼枝全部清除。④幼林郁闭前,及时中耕、除草,还可实行林粮、林药、林肥间作,及时施肥、浇水,以耕代抚,人为地为丰产林的林木生长创造了适宜条件,促进其生长。⑤防治病虫害。病虫害是影响杨树丰产林的林木生长的主要因子之一。为此,我们在科学造林的基础上,认真贯彻"以防为主、综合防治"的方针,定人定期,切实搞好虫情测报,在充分保护和利用天敌、维持生态平衡的前提下,合理地使用农药,有效地控制病虫害。对食叶害虫及时喷洒800~1000倍的敌敌畏、敌百虫、氧化乐果等溶液,防治效果在95%以上;对"天牛"采用了毒签堵洞,1985年用毒签3万只,杀虫率95.4%,如郭集林场人工杀卵和用棉絮蘸敌敌畏、氧化乐果原液,防治效果在93%以上。

沙兰杨、意大利I-214杨引种生长情况的初步调查报告 *

园林系杨树研究组　洛宁县林业局

杨树是河南省主要速生用材树种之一。引种　栽培国外杨树良种,丰富扩大杨树树种资源,是当

---

* 系1960年从日本引种者,俗称"日本白杨"。现从原引种说明书中改为"意大利I-214杨"。赵天榜同志执笔。

前发展河南省杨树造林事业的一个途径。遵照毛主席"有了优良品种,既不增加劳动力、肥料,也可获得较多的收成"的教导和《全国农业发展纲要》中关于"大力培育新品种,并且注意引种外地和外国的良种"的指示,多年来,全省各地广大群众,在大力发展本地杨树良种的同时,进行了国内外杨树引种的试验。经过十余年来的引种栽培实践,沙兰杨、意大利I-214杨是河南省各地引种杨树中生长较快的良种,扩大其引种栽培范围,是短期内解决河南省木材自给的主要途径之一。

近年来,我们按照"教学、科研、生产"三结合的方针,进行了沙兰杨、意大利I-214杨的引种生长情况的初步调查,现将调查材料整理于下,供参考。

一、形态特征

为了迅速发展和推广沙兰杨和意大利I-214杨,必须了解和掌握其形态特征,以免与他种混淆,而造成损失。为此,现将它们的形态特征,分述如下。

1. 沙兰杨 图1

Populus × euramericana (Dode) Guinier cv. 'Sacrau 69'

图1 沙兰杨
1.枝、叶、芽,2.苞片,3.雌蕊

乔木,树干直,或微弯。树冠卵球状,或卵球-圆锥状;侧枝轮生,倒钟状着生。树皮灰白色,或灰褐色,基部浅纵裂,裂纹宽而浅;皮孔菱形,灰白色,大,散生。小枝黄褐色;长枝灰褐色,梢部黄褐色,棱线明显,两侧基部突起,中间低平。长枝上叶芽长2 cm左右,先端稍弯;顶芽长3~5 cm,三角-锥状;花芽大,先端弯呈弓形,芽尖和鳞片边缘浅棕色,具浅红棕色黏液。短枝上叶三角

形,或卵圆-三角形,长8.5~10.5 cm,宽7~9 cm,先端渐尖而长,雄部截形,或近截形,两侧偏斜,缘锯齿,两面绿色,具光泽,背面有黄色黏液。长枝上叶三角形,长11~15.5 cm,宽12~15.7 cm,先端渐尖,基部截形,具腺体1~4枚,边缘具粗圆锯齿。雌株!花序3~8 cm,花序轴黄褐色,无毛。子房球状,黄绿色,具光泽,柱头2裂,花盘浅黄绿色,缘波状,苞片三角形,基部宽短。果序长20~25 cm。蒴果长卵球状,或近短圆锥状,长7~8 mm,浅绿色;果柄长约1 cm。花期4月上旬;果实成熟期4月下旬,或5月初,2裂。种子纺锤状,灰白色,似芝麻。

2. 意大利I-214杨 图2

Populus × euramericana (Dode) Guinier cv. 'I-214'

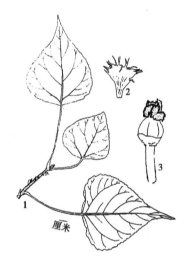

图2 意大利I-214杨 Populus × euramericana (Dode) Guinier cv. 'I-214'
1.枝叶,2.苞片,3.雌蕊

乔木,树干直,或微弯。树冠卵球状,或圆锥状;侧枝轮生,斜上生长。树皮灰褐色,有片状黑褐色斑,基部纵裂窄而深。小枝黄褐色;长枝灰褐色,梢部黄褐色,棱线明显,两侧基部隆起较低,中间突起明显。短枝上叶三角形,或卵圆-三角形,长6.5~12 cm,宽5.1~10 cm,先端渐尖,基部截形,偏斜,具柱状腺体1~6枚,缘波状圆锯齿,两面绿色,具黄色黏液,叶柄侧扁,长4~9 cm。长枝上叶三角形;嫩叶紫红色。叶、枝、芽与沙兰杨不易区别。雌株!花序长5~8 cm,花序轴黄绿色,无毛;子房圆球状,黄绿色,花盘边缘波状,苞片三角形,基部长窄。果序长18~25 cm,蒴果短圆锥状,或卵球状,绿色。花期3月下旬,或4月上旬;果实成熟期5月中旬开始成熟,直到6月上旬,2裂。

二、优良特性

为了扩大沙兰杨、意大利 I-214 杨的引种栽培,了解其优良特性具有重要意义。

1. 生长迅速

生长迅速是沙兰杨和意大利 I-214 杨所具有的优良特性之一。近年来,我国东北、西北、华北、华东等地区引种栽培的沙兰杨和意大利 I-214 杨的生长速度,均超过了当地栽培的杨树良种。

为了进一步了解沙兰杨和意大利 I-214 杨的速生特性和生长进程,现将调查材料和树干解析资料介绍如下。

1)沙兰杨和意大利 I-214 杨在河南省的生长情况调查

沙兰杨和意大利 I-214 杨在全省各地都有引种栽培,其生长速度比当地栽培的杨树要快,如表 1 所示。

表 1 沙兰杨、意大利 I-214 杨与河南省几种杨树生长比较

引种地点	名称	年龄(a)	树高(m)	胸径(cm)	增长百分率(%)		说明
					树高	胸径	
南召县	沙兰杨	7	14.2	25.5	149.5	164.4	
	大官杨	7	13.5	20.0	142.0	129.0	
	加杨	7	9.5	15.5	100	100	
邓县	沙兰杨	7	16.1	21.2	102.3	164.3	
	大官杨	7	15.6	18.0	97.9	139.5	
	加杨	7	15.7	12.9	100	100	
洛宁县	意大利 I-214 杨	9	21.6	35.5	116.2	155.2	
	沙兰杨	9	20.4	31.2	126.2	157.2	
	大官杨	9	17.5	20.6	99.4	102.5	
	加杨	9	17.6	20.1	100	100	
滑县	沙兰杨	9	17.7	29.3	103.0	129.6	
	大官杨	9	17.1	22.3	100	100	
郑州林场	沙兰杨	7	17.1	24.6	115.5	108.3	
	加杨	7	14.8	22.7	100	100	
郾城县	沙兰杨	8	19.1	25.5	115.8	138.6	试验林
	加杨	8	16.5	18.4	100	100	

从表 1 中看出:沙兰杨和意大利 I-214 杨生长速度均比加杨、大官杨等快。

2)沙兰杨、意大利 I-214 杨的生长进程

为了了解沙兰杨和意大利 I-214 杨的速生特点和生长进程,1972 年 12 月,我们在洛宁县选择具有代表性的 9 年生沙兰杨 5 株、意大利 I-214 杨 3 株进行树干解析。同时伐加杨 2 株作对照。树干解析材料如表 2~表 4 和图 3~图 5 所示。

表 2 沙兰杨生长进程表

年龄	树高(m)			胸径(cm)			材积(m³)			形数	生长率(%)		
	总生长量	平均生长量	连年生长量	总生长量	平均生长量	连年生长量	总生长量	平均生长量	连年生长量		树高	胸径	材积
1	3.73	3.73		1.52	1.52		0.000 57	0.000 57		0.909			
2	5.82	2.91	2.09	3.40	1.70	1.88	0.003 13	0.001 57	0.002 56	0.607	51.16	76.84	139.12
3	8.24	2.75	2.42	6.58	2.19	3.18	0.013 04	0.004 35	0.009 91	0.465	32.18	67.14	118.06
4	10.70	2.55	2.46	10.74	2.68	4.16	0.041 26	0.010 32	0.028 23	0.402	26.34	49.12	105.60
5	13.30	2.66	2.60	15.01	3.00	4.27	0.095 75	0.019 15	0.054 49	0.389	18.48	34.04	87.00

年龄	树高(m)			胸径(cm)			材积(m³)			形数	生长率(%)		
	总生长量	平均生长量	连年生长量	总生长量	平均生长量	连年生长量	总生长量	平均生长量	连年生长量		树高	胸径	材积
6	14.0	2.48	1.60	18.69	3.12	3.68	0.176 50	0.029 40	0.080 75	0.402	11.64	21.42	57.08
7	16.80	2.40	1.80	22.58	3.23	3.89	0.275 70	0.039 40	0.099 29	0.402	12.00	18.62	47.22
8	18.40	2.30	1.60	26.66	3.33	4.08	0.407 59	0.050 95	0.013 18	0.389	10.22	16.64	38.54
9	20.10	2.23	1.80	29.62	3.29	1.96	0.551 12	0.061 04	0.143 53	0.389	7.18	10.44	33.62
带皮				30.12			0.615 89			0.401			

注:本表材料系罗鸣福老师计算。

表3　意大利 I-214 杨生长进程表

年龄(a)	树高(m)			胸径(cm)			材积(m³)			形数	生长率(%)		
	总生长量	平均生长量	连年生长量	总生长量	平均生长量	连年生长量	总生长量	平均生长量	连年生长量		树高	胸径	材积
1	3.13	3.13		2.87	2.87		0.000 78	0.000 78		0.924			
2	6.80	3.37	3.67	3.20	1.60	0.37	0.003 51	0.001 76	0.002 73	0.561	64.83	56.67	128.80
3	9.43	3.14	2.63	7.03	2.34	3.83	0.016 20	0.008 10	0.012 69	0.417	42.50	73.50	130.90
4	12.62	3.16	3.20	11.17	2.79	4.14	0.046 8	0.011 71	0.030 64	0.388	29.90	41.87	98.67
5	14.92	2.99	2.34	15.00	3.00	3.87	0.104 03	0.020 81	0.057 19	0.391	17.50	30.70	76.20
6	16.30	2.71	1.33	18.33	3.06	3.33	0.178 65	0.029 78	0.074 62	0.418	8.50	19.77	53.63
7	18.13	2.59	1.83	22.00	3.14	3.67	0.288 39	0.041 20	0.108 74	0.425	9.17	15.90	46.27
8	19.62	2.44	1.49	25.20	3.15	3.20	0.409 82	0.051 23	0.111 43	0.420	9.20	13.60	34.97
9	20.45	2.27	0.85	28.40	3.16	3.20	0.526 04	0.058 45	0.116 22	0.421	7.45	12.80	31.43
带皮				28.80			0.528 04			0.411			

注:本表材料系罗鸣福老师计算。

表4　加杨生长进程表

年龄(a)	树高(m)			胸径(cm)			材积(m³)			形数	生长率(%)		
	总生长量	平均生长量	连年生长量	总生长量	平均生长量	连年生长量	总生长量	平均生长量	连年生长量		树高	胸径	材积
1	2.35	2.35		0.90	0.90		0.000 12	0.000 12		0.811			
2	4.10	2.05	1.75	2.29	1.15	1.39	0.001 44	0.000 72	0.001 32	0.873	54.30	118.70	166.70
3	6.48	2.16	2.38	4.85	1.62	2.56	0.006 70	0.002 23	0.005 26	0.587	45.30	71.40	136.00
4	7.66	1.92	1.18	6.95	1.74	2.10	0.015 04	0.003 76	0.008 34	0.505	16.30	35.60	76.90
5	10.28	2.06	2.26	9.65	1.93	2.70	0.029 98	0.006 00	0.014 94	0.275	29.10	32.50	66.50
6	11.95	1.46	1.67	13.85	2.31	4.20	0.059 81	0.009 92	0.029 83	0.338	14.80	35.70	66.30
7	12.64	1.81	0.69	16.00	2.29	2.15	0.088 47	0.012 64	0.028 66	0.348	5.60	14.40	38.70
8	12.83	1.61	0.19	18.60	2.33	2.60	0.110 90	0.013 86	0.022 43	0.323	1.50	15.00	22.50
9	13.04	1.45	0.21	20.00	2.22	1.40	0.134 89	0.014 99	0.023 99	0.332	1.60	7.30	19.50
带皮				21.90			0.175 25			0.359			

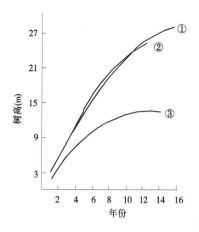

图3　树高生长示意图
1.意大利Ⅰ-214杨,2.沙兰杨,3.加杨

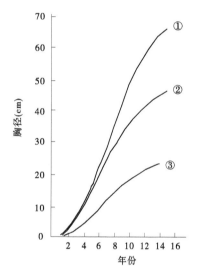

图4　胸径生长示意图
1.意大利Ⅰ-214杨,2.沙兰杨,3.加杨

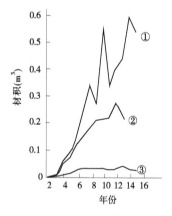

图5　材积生长示意图
1.意大利Ⅰ-214杨,2.沙兰杨,3.加杨

从表2~表4和图3~图5中看出:

(1)树高生长。沙兰杨、意大利Ⅰ-214杨的树高生长,一般5年生长较快。树高平均生长量:沙兰杨为2.92 m,意大利Ⅰ-214为3.16 m;连年生长量分别为2.39 m及2.96 m,而加杨树高平均生长量为2.02 m。连年生长量为1.98 m;6~9年生沙兰杨、意大利Ⅰ-214杨树高平均生长量为1.70 m及1.38 m,而加杨树高平均生长量为1.58 m,连年生长量为0.69 m。9年后,沙兰杨、意大利Ⅰ-214杨树高生长,有待进一步研究。

(2)胸径生长。沙兰杨、意大利Ⅰ-214杨,9年前胸径生长较快,平均生长量分别为2.67 cm及2.69 cm,连年生长量为3.39 cm及3.20 cm,沙兰杨胸径年生长量最高达7.05 cm,而加杨胸径平均生长量为1.83 cm,连年生长量为2.39 cm。

(3)材积生长。沙兰杨、意大利Ⅰ-214杨的材积生长,一般前3年生长较慢,连年生长量为0.001 5~0.005 0 m³;4~9年生长迅速,连年生长量:沙兰杨为0.05~0.14 m³,意大利Ⅰ-214杨为0.057~0.116 m³,而加杨为0.015~0.029 8 m³;9年生沙兰杨材积生长率33.62%,意大利Ⅰ-214杨为31.43%,而加杨为19.5%。

根据上述,可以明显看出:沙兰杨、意大利1-214杨10年成材已成事实。如1977年7月9日在南召县调查的沙兰杨速生单株13年半生树高26.7 m,胸径62.7 cm,单株材积3.135 1 m³。由此可见,大力发展沙兰杨等杨树良种具有重要意义。

2.适应性强

适应性强,是沙兰杨、意大利Ⅰ-214杨广泛引种于世界各国的主要原因之一。据初步了解,我国东北辽宁的南部,经河北、宁夏、山西,到陕西、山东、河南、安徽等省(区),都能良好生长。以气候条件而论,辽宁赤峰年平均气温为9.6 ℃,1月为-12.9 ℃,7月为23.8 ℃;西宁年平均气温为6.9 ℃,1月为-6.4 ℃,7月为18 ℃;西安年平均气温为14.0 ℃,1月为-0.5 ℃,7月为27.9 ℃;南京年平均气温为15.7 ℃,1月为2.2 ℃,7月为28.0 ℃,甚至在平均气温高为35.4 ℃的河南省安阳地区,极端最高气温为45.2 ℃的西安,平均最低气温为-12.9 ℃的齐齐哈尔,都有引种。但是,青海西宁、新疆、辽宁赤峰引种栽培的沙兰杨年年遭受冻害,而重新萌发。

以降水量而言,从全年降水量最少的大同(337.0 mm),到南京(918.3 mm)等地区内都有它们的引种栽培。从河南省年降水量最少(511.7 mm)的郾师县到年降水量的1 391.4 mm

的鸡公山和 1 657 mm 的新县,都有引种,生长正常。在南京引种栽培的沙兰杨生长较差,山西北部引种栽培生长不良。

此外,沙兰杨和意大利 I-214 杨对土壤要求不严格,在各种土壤上均比加杨生长快,如表5所示。也是它们生长快、分布广的主要原因之一。

表5 土壤地质对意大利 I-214 杨、沙兰杨、加杨生长的影响

名称	土壤质地	树龄(a)	树高(m)	胸径(cm)	年平均生长量	
					树高(m)	胸径(cm)
意大利杨 I-214 杨	壤土	9	21.6	35.5	2.40	4.33
	粉沙壤土	7	16.9	24.2	2.41	3.46
沙兰杨	壤土	9	20.4	31.2	2.27	3.44
	黏土	7	16.1	21.2	2.30	3.03
	粉沙壤土	7	17.1	24.6	2.44	3.49
		8	17.1	29.3	2.21	3.66
	沙土	7	10.4	10.3	1.49	1.54
	粗沙土	13.3	9.4		1.90	1.34
	成土母岩	7	6.3	9.4	0.9	1.34
加杨	黏土	7	15.7	12.9	2.24	1.70
	壤土	7	14.8	22.7	2.11	3.24
	粉沙壤土	7	11.9	15.7	1.70	2.24
	盐碱土	7	5.6	5.6	0.80	0.80

3. 材质优良

材质优良,主要是指它们的工业纤维用途。据初步测定,沙兰杨、意大利 I-214 杨木纤维均优于加杨、大官杨,是很有发展前途的杨树良种。

木材物理力学性质及其造纸质量,另文介绍。

4. 抗逆力强

各地引种栽培实践表明,沙兰杨、意大利 I-214 杨比加杨抗叶斑病能力强。同时虫害少,晚落叶。

此外,沙兰杨具有较强的耐盐碱能力。

二、初步小结

(1)沙兰杨、意大利 I-214 杨是河南省杨树中生长较快的良种,在适宜的地区,可大力发展。

(2)沙兰杨、意大利 I-214 杨抗逆力强,落叶晚,可作"四旁"绿化用树种。

(3)沙兰杨、意大利 I-214 杨生长快,材质好,是个纤维工业用材树种,应大力发展。

河南杨属黑杨派杨树良种一龄苗冬态的初步观察

赵天榜[1]　陈志秀[1]　李振卿[2]　杨爱华[2]　陈建业[2]　王聚才[3]　赵丙建[3]

(1. 河南农业大学;2. 河南许昌林科所;3. 襄城县林业局)

黑杨派杨树良种具有生长迅速、适应性强、材质优良等特性。河南省地处中原,气候温和,雨量较多,土壤肥沃,适宜多种杨树生长。例如,南召县一株15年生沙兰杨,树高 28.6 m,胸径 69.1 cm,单株材积 4.261 m³。近年来,从意大利引进的 I-72 杨,树龄5年,树高 17.8 m,胸径 35 cm,单株材积 0.88 m³,比当地杨树生长快2倍以上。所以,黑杨派杨树良种在河南省具有广阔的发展前途。

研究和掌握黑杨派杨树良种一龄苗冬态,对于推广良种、防止品种混杂具有十分重要的意义。近几年,我们对河南省引种栽培的黑杨派中的主要种、品种的一龄苗冬态进行了观察,获得了一些资料,现初步整理如下,供参考。

一、观察内容及其标准

1.观察部位

通过对黑杨派杨树良种一龄苗冬态的观察发现:

(1)同一品种,苗干的不同部位,其形态特征有很大差异,如图1所示。

(2)同一部位,不同品种的苗木,其形态特征也有区别,如图2所示。

图1 同一品种、不同部位的苗干的差异
1.I-45杨基部,2.I-45杨中部

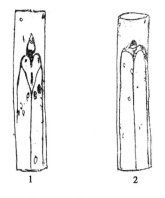

图2 不同品种同部位的苗干的差异
1.I-72杨中部,2.晚花杨中部

(3)同品种、同部位的苗干,也因立地条件和栽培措施的不同,而冬态特征也不尽相同。

根据上述可以看出,正确地规定观察部位对苗木冬态的观察极为重要。为此,我们在观察中,主要以苗干梢端15节左右,苗干1/2处5~10节以及基部20 cm以下3个部位作为观察记载冬态特征的部位。实践证明,这三个部位可作为记载不同品种一龄苗木冬态的标准部位。

2.观察内容

杨树栽培主要采用一龄壮苗、大苗进行造林,所以我们选用了1年生冬态苗木作为观察材料,其内容以苗干上棱线、颜色、皮孔,以及叶痕、芽、节间长短等作为主要观察内容。

3.观察内容与标准

现将观察内容与标准分述如下:

(1)棱线。黑杨派杨树良种苗干上均有棱线。棱线依品种、部位不同,其棱线长短、质地、形状、颜色均有明显变化。

①按棱线高度不同,分为3类:

a.棱线较明显:高度1 mm左右;

b.棱线明显:高度2 mm左右;

c.棱线极明显:高度在3 mm以上。

②按棱线通过的节间数,分为7个类型:

a.1、2、2型:右棱线通过一个节间,中棱线及左棱线均通过两个节间,为1、2、2型,如图3(1)所示。

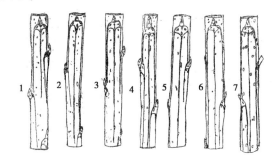

(1)1、2、2型棱线,(2)2、2、1型棱线,(3)2、3、2型棱线,
(4)1、3、2型棱线,(5)2、3、2型棱线,
(6)2、3、3型棱线,(7)3、3、2型棱线

图3 棱线类型

b.2、2、1型:左棱线通过一个节间,中棱线及右棱线均通过二个节间,为2、2、1型,如图3(2)所示。

c.2、3、2型:中棱线通过三个节间,左棱线及右棱线均通过二个节间,为2、3、2型,如图3(3)所示。

d.1、3、2型:右棱线通过二个节间,中棱线通过三个节间,左棱线通过二个节间,为1、3、2型,如图3(4)所示。

e.2、3、2型:左棱线通过一个节间,中棱线通过三个节间,右棱线通过二个节间,为2、3、2型,如图3(5)所示。

f.2、3、3型:右棱线通过二个节间,中棱线及左棱线均通过三个节间,为2、3、3型,如图3(6)所示。

g.3、3、2型:左棱线通过二个节间,中棱线及右棱线均通过三个节间,为3、3、2型,如图3(7)

所示。

（2）皮孔。皮孔是苗干上分布的圆形或线形斑点，是苗干呼吸的通道。皮孔的形状、大小、颜色是构成识别苗木冬态的主要内容之一。

根据皮孔形状，分为 7 种，如图 4 所示。

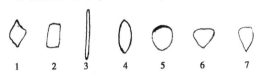

图 4　皮孔形状
1.菱形，2.近长方形，3.线形，4.椭圆形，
5.近圆形，6.心状三角形，7.三角形

a. 卵圆形：状如鸡卵，长约为宽的 2 倍或较小，中部以下最宽；

b. 宽卵形：状如鸡卵，长宽约相等，或长略大于宽；

c. 圆形：状如圆盘，长宽约相等；

d. 椭圆形：长约为宽的 2 倍或较少，中部最宽；

e. 线形：长约为宽的 5 倍以上；

f. 菱形：

g. 宽卵圆形：长宽约等，或长略大于宽；圆形，状如圆盘，长宽约等；椭圆形：长约为宽的 2 倍或较少，中部最宽；线形，长为宽的 5 倍以上；纺锤形，如纺锤状；菱形。

（3）叶痕。叶痕是叶片脱落后在苗干上遗留的痕迹。根据叶痕的不同形状，分为如下数种，如图 5 所示。

①心形：根据其形态变异，又分为心形、宽心形、长心形、心形。

②三角形：根据其形态变异，又分为心-三角形、月芽-三角形、耳垂-三角形。

图 5　叶痕形状
1、2.心-三角形，3.心形，4.月牙-三角形，
5.圆心形，6.长心形，7.宽心形

（4）芽。芽是枝、叶的原始体。芽的形状虽然很多，但大体可以归为 6 种：

①三角-扁锥状；②三角-扁钟状；③圆锥状；④扁锥状；⑤半圆心状；⑥钟状。如图 6 所示。

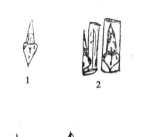

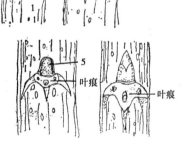

图 6　芽的形状
1.圆锥状，2.扁锥状，3.三角-扁钟状，4.三角-扁锥状，5.钟状

芽的颜色也是识别冬态苗木的主要特征。其主要颜色有棕红色、紫红色、黄褐色、绿褐色、青褐色等。

此外，芽和芽鳞的着生状况也是识别杨树良种一龄苗木冬态的重要标志。如 1 年生的 I-72 杨苗干、上部的芽第一芽鳞先端 2 裂，而 I-45 杨则不裂。故也为观察内容之一。

（5）苗干颜色。多数品种 1 年生苗干的颜色一般为灰青色和灰绿色，少数品种较为特殊，如健杨苗干为绿褐色，德国 158 杨苗干为紫褐色等。

（6）节及节间。着生叶芽的部位称节，两节之间称节间。节间长度以 cm 表示。根据观察，节间长短依品种、部位、立地条件、栽培措施等不同，其长度变化很大。如 I-72 杨苗干中上部的节间长达 7 cm，而晚花杨则仅 3 cm 左右。

二、河南黑杨派杨树良种一龄苗冬态检索表

1. 芽黄褐色,或绿褐色。
  2. 棱线极明显,木栓质。叶痕心状三角形。
    3. 棱线1、2、2型。苗干基部棱线极明显,深粗裂;中上部芽之第一芽鳞先端不裂。叶痕先端长尖……①意大利I-45杨 Populus × euramericana)Dode)Guinier cv. 'I-45'
    3. 棱线2、2、1型。苗干基部棱线明显或较明显,不为深粗裂;中上部芽的第一芽鳞先端2裂。
      4. 苗干中上部芽半圆球状,较小,2 mm × 2 mm……②意大利1-72杨 Populus × euramericana(Dode)Guinier cv. 'I-72/58'
      4. 苗干中上部芽圆锥状或扁锥状,较大,9 mm × 9 mm……③意大利I-69杨 Popuius deltoides Bartr. cv. 'I-69/55'
  2. 棱线明显或较明显,不为栓质,或仅苗干基部棱线栓质。
    5. 棱线较明显,不为栓质。苗干灰绿色或灰青色。
      6. 棱线1、2、2型。
        7. 苗干中上部叶痕长心形。芽较小……④晚花杨 Populus × euramericana(Dode)Guinier cv. 'Serotina'
        7. 苗干中上部叶痕心形。芽较大……⑤健杨-45 Populus × euramericana(Dode)Guinier cv. 'Robusta-45'
      6. 棱线2、2、1型。叶痕心形……⑥健杨 Populus × euramericana(Dode)Guinier cv. 'Robusta'
    5. 棱线明显,苗干基部棱线呈木栓质。苗干颜色不为灰青色。
      8. 棱线2、2、1型。
        9. 苗干基部棱线的中棱极明显,深粗裂;皮孔较大,且稀……⑦意大利1—154杨 Populus × euramericana(Dode)Guinier cv. 'I-154'
        9. 苗干基部棱线明显,不粗裂,上部为紫红色。皮孔较小……⑧德国158杨 Populus × euramericana(Dode)Guinier cv. 'Nr. 158'
      8. 棱线1、2、2型。
        10. 苗干基部棱线极明显,深粗裂。皮孔较大,而且稀。叶痕-状三角形。
          11. 芽较大,11 mm × 4 mm……⑨密苏里三角杨 P. deltoides Bartr. subsp. missoriensis Henry
          11. 芽较小,4 mm × 1 mm……⑩棱枝杨 P. angulats Aiton.
        10. 苗干基部棱线明显,不粗裂。皮孔较小,而密……⑪意大利1—262杨 Populus × euramericana(Dode)Guinier cv. 'I-262'
1. 芽棕红色。
      12. 棱线1、2、2型。
        13. 苗干基部棱线木栓质,粗裂或不粗裂。
          14. 苗干粗裂:中部叶痕心-三角形……⑫意大利I-63杨 Popuius deltoides Bartr. cv. 'Harvard'(I-63/51)
          14. 苗干不粗裂;中部叶痕宽心状三角形……⑬波兰15A Populus × euramericana(Dode)Guinier cv. 'Polska 15A'
        13. 苗干基部棱线不为栓质。
          15. 皮孔较小而密。
            16. 梢部芽较小,13 mm × 14 mm……⑭沙兰杨 P. × euramericana(Dode)Guinier cv. 'Sacrau 79'
            16. 梢部芽较大,15 mm × 55 mm……⑮意大利I-214杨 Populus × euramericana(Dode)Guinier cv. 'I-214'
          15. 皮孔较大而稀。苗干棱线灰褐色,较明显……⑮16里普杨 P. × euramericana(Dode) Guinier cv. 'Leipzig'
      12. 棱线2、2、1型。苗干不具暗条纹。芽宽扁锥状……⑰新生杨 Populus × euramericana(Dode)Guinier cv. 'Regenerata'

三、河南杨属黑杨派杨树良种一龄苗冬态特征描述

近年来,河南省各地区先后引种栽培的外国杨树良种大约有50多种。本文初步记载了河南省19种及栽培品种的苗木冬态特征。现以苗干基部、中部、梢部三个部位分别记述如下。

1. 意大利 I-72 杨

Populus × euramericana(Dode)Guinier cv. 'I-72/58'

基部:棱线 2、3、2 型,极明显,呈木栓质,黄褐色。叶痕月牙状三角形。芽黄褐色,三角-扁锥状,2 mm × 2.5 mm。皮孔宽卵圆形,或卵圆形,3 mm × 2 mm~1 mm × 1.5 mm,黄白色,散生。节间长约 2.4 cm。

中部:棱线 2、2、1 型。叶痕心-三角形。芽深黄褐色,圆锥状,3 mm × 2.5 mm。皮孔卵圆形,或椭圆形,灰白色,散生。苗干灰青色,节间长约 6 cm。

梢部:棱线、叶痕同于中部。芽半圆球状,4 mm × 2.5 mm,中上部芽的第一芽鳞先端 2 裂,芽与干分离,稍有黄色黏液。皮孔长椭圆形,或线形,灰白色,3 mm × 2 mm~1.5 mm × 0.5 mm。苗干颜色为褐绿色,节间长约 4.5 cm。

2. 意大利 I-69 杨

Populus deltoides Bartr . cv. ‘Lux’(I-69/55)

基部:中间棱线极明显,呈木栓质,左棱及右棱较明显或无,黄褐色。叶痕月牙-三角形。芽黄褐色,三角-扁锥状,1.5 mm × 1.5 mm。皮孔宽卵圆形或宽纺锤形,7 mm × 4 mm~1.5 mm × 1 mm,较密集散生。苗干灰青色,节间长约 2.5 cm。

中部:棱线 2、3、2 型,极明显,呈木栓质,黄褐色。叶痕心-三角形。芽绿褐色,三角-扁锥状,与茎分离。皮孔灰白色,卵圆形,或椭圆形,3 mm × 2 mm~1 mm × 5.5 mm,散生。苗干灰青色,节间长约 4.5 cm。

梢部:棱线 2、3、1 型,极明显,呈木栓质。叶痕心-三角形。芽黄褐色,三角-扁锥状,9 mm × 4 mm,中上部芽之第一芽鳞先端 2 裂,芽与茎离,稍有黄色黏液。皮孔长椭圆形,或线形,0.5 mm ×1 mm,灰白色,散生。苗干褐色,节间长 4~5 cm。

3. 意大利 I-63 杨

Popuius deltoides Bartr. cv. ‘ Harvara’(I-63/51)

基部:中间棱线极明显,黄褐色,木栓质,左棱及右棱较明显。叶痕月牙-三角形。芽黄褐色,钟状,与茎微离。皮孔宽卵圆形,5 mm × 5 mm~0.5 mm × 1 mm,灰白色,较稀疏散生。苗干灰青色,节间长 3~4 cm。

中部,棱线 1、3、2 型,极明显,呈木栓质。叶痕心-三角形。芽黄褐色,圆锥状,与茎分离。皮孔卵圆形,或长卵圆形,1.5 mm × 1 mm~2 mm × 4 mm,灰白色,散生。苗干灰青色,节间长约 5

cm。

梢部:棱线、叶痕同中部。芽绿褐色,扁锥状,稍有黄色黏液,与茎分离。芽的第一芽鳞先端 2 裂。皮孔线形,或长椭圆形,4.5 mm × 1 mm~0.5 mm × 0.5 mm,灰白色,散生。苗干绿褐色,节间长 3~4 cm。

4. 意大利 I-214 杨

Populus × euramericana(Dode.)Guinier cv. ‘I-214’

基部:棱线 1、2、2 型,较明显,不为栓质。叶痕月牙-三角形。芽黄褐色,三角-扁锥状,3.5 mm × 5 mm。皮孔卵圆形,2 mm × 1 mm~3 mm × 5 mm,稀疏散生。苗干灰青色,节间长约 4 cm。

中部:棱线 1、2、2 型或 2、3、2 型,明显,不为栓质。叶痕心-三角形。芽黄褐色,三角-钟状,与茎贴伏。皮孔灰白色,宽卵圆形,1 mm × 1 mm~2 mm × 1.5 mm,散生。苗干黄褐色,节间长约 3 cm。

梢部:同于中部。

5. 意大利 I-45 杨

Populus × euramericana(Dode)Guinier cv. ‘I-54’

基部:棱线 1、3、2 型,极明显,深粗裂。叶痕月牙-三角形。芽黄褐色,三角-锥状,5 mm × 6 mm,与茎微离。皮孔黄白色,宽卵圆形,6 mm × 7 mm~2 mm × 1.5 mm,稀疏散生。苗干绿褐色,节间长约 5 cm。

中部:棱线 1、2、2 型,极明显,栓质。叶痕心-三角形,先端长尖。芽绿褐色,圆锥状,8 mm × 4 mm,与茎分离。皮孔宽卵圆形,或卵圆形,黄白色,1 mm × 1.5 mm~2 mm × 2mm,且较稀疏,散生。苗干灰褐色,节间长约 4 cm。

梢部:棱线、叶痕同中部。芽绿褐色,圆锥状,10 mm × 5mm,与茎微离。皮孔白色,线形,或长椭圆形,1 mm × 0.5 mm~2 mm × 1.5 mm,散生。苗干绿褐色,节间长约 4 cm。

6. 健杨-45

Populus × euramericana (Dode) Guinier cv. ‘Robusta-45’

基部:无棱线,或仅中棱较明显。叶痕宽心形。芽三角-钟状,2 mm × 2 mm,黄褐色,与茎贴伏。皮孔灰白色,宽卵圆形,或梭形,1 mm × 1 mm~2.5 mm × 3 mm,片状散生,较稀疏。苗干灰绿色,节间长约 2.3 cm。

中部:棱线1、2、2 型,明显,黄褐色。叶痕圆心形。芽黄褐色,圆锥状,与干贴伏。皮孔圆形,或宽卵圆形,3 mm × 2 mm~1 mm × 1 mm,黄白色,散生。苗干灰绿色,节间长约3.6 cm。

梢部:棱线同中部。叶痕长心形。芽圆锥状,9 mm × 3.5 mm,绿褐色,并且有黄色黏液,与茎微离。皮孔白色,线形,或长椭圆形,2 mm × 0.5 mm~0.5 mm × 1 mm,散生。苗干黄褐色,节间长约3.5 cm。

7. 健杨

Populus × euramericana（Dode）Guinier cv.'Robusta'

基部:无棱线,或仅中棱线较明显。叶痕宽心-三角形。芽黄褐色,三角-扁锥状,2.5 mm × 3 mm,与干贴伏。皮孔灰白色,宽卵圆形,或棱形,4 mm × 2.5 mm~1 mm × 1.5 mm,稀疏散生。苗干灰绿色,节间长2.5 cm。

中部:棱线较明显,2、2、1 型。叶痕心形。芽黄褐色,或绿褐色,三角-圆锥状,7 mm × 4.5 mm,并与干贴伏。皮孔宽卵圆形,或卵圆形,4 mm × 2 mm~1.5 mm × 1 mm,稀疏散生。苗干绿褐色,节间长约3.5 cm。

梢部:棱线黄色,2、2、1 型,较明显。叶痕圆心形。芽棕红色,圆锥状,8 mm × 4 mm,有黄色黏液,且与干贴伏。皮孔黄白色,线形,或长椭圆形,2 mm × 1.2 mm~1 mm × 0.3 mm。苗干绿褐色,节间长约2.75 cm。

8. 棱枝杨

Populu siangulata Aiton.

基部:棱线仅中间一条极明显,粗裂,两侧棱线仅基部突起,呈木栓质,黄褐色。叶痕宽心形,或月牙-三角形。芽黄褐色,三角-钟状,4.5 mm × 3 mm,有黄色黏液。皮孔卵圆形,或宽卵圆形,4 mm × 2.5 mm~1 mm × 1.5 mm,黄白色,稀疏散生。苗干灰绿色,节间长约2.5 × 2.5 cm。

中部:棱线2、2、1 型,明显,呈黄褐色,木栓质。叶痕心-三角形,褐色。芽黄褐色,三角-扁锥状,4.5 mm × 3 mm,且与干贴伏。皮孔卵圆形,或长卵圆形,6 mm × 1 mm~1.5 mm × 1 mm,灰白色,散生,较稀疏。苗干绿褐色,节间长约3.8 cm。

梢部:棱线1、2、2 型,黄褐色。叶痕心-三角形。芽黄褐色,扁锥状,4 mm × 1 mm,有黄色黏液,且与干微离。皮孔黄白色,线形,或长椭圆形,

5.5 mm × 2 mm~2 mm × 1 mm,稀疏散生。苗干黄褐色,节间长约2.6 cm。

9. 密苏里三角杨

Populus deltoides Bartr. subps. missoriensis Henry

基部:棱线极明显或仅中棱明显,粗裂,黄褐色,木栓质。叶痕月牙-三角形。芽黄褐色,三角-扁锥状,5 mm × 2.5 mm。皮孔黄白色宽卵圆形,或棱形,6 mm × 5 mm~2 mm × 1.5 mm,片状散生。苗干绿褐色,节间长约2.8 cm。

中部:棱线2、3、2 形,明显,栓质,黄褐色。叶痕心-三角形。芽黄褐色,三角-扁锥状,7 mm × 4 mm,且与茎分离。皮孔灰白色,宽卵圆形,或长椭形。5 mm × 2 mm~1 mm × 0.8 mm,片状散生。苗干绿褐色,节间长约3.2 cm。

梢部:棱线1、3、2 型,绿褐色。叶痕心-三角形。芽黄褐色,扁锥状,11 mm × 4 mm,且与干分离。皮孔长椭圆形,或椭圆形,3 mm × 1 mm~1 mm × 1 mm。苗干黄褐色,节间长约3.1 cm。

10. 波兰15A

Populus × euramericana（Dode）Guinier cv.'Polska 15A'

基部:棱线1、2、2 型,黄色,呈木栓质。叶痕月牙-三角形。芽黄褐色,三角-扁钟状,4 mm × 4 mm,且与干分离。皮孔灰白色,阔卵圆形,2.5 mm × 2 mm~2 mm × 1.5 mm,散生。苗干灰褐色,节间长约7 cm。

中部:棱线3、3、2 型,明显,黄褐色。叶痕宽心-三角形。芽黄褐色,三角-扁锥状,4 mm × 4 mm,且与干贴伏。皮孔宽卵圆形,1.5 mm × 1.5 mm~1 mm × 0.8 mm。灰白色,散生。苗干灰褐色,节间长约3.8 cm。

梢部:1、2、2 型,明显,黄褐色。叶痕心-三角形。芽紫红色,扁锥状,11.5 mm × 4 mm,有黄色黏液,且与干分离。皮孔白色,椭圆形,1.5 mm × 1 mm,稀疏,散生。苗干灰青色,节间长约3.4 cm。

11. 沙兰杨

Populus × euramericana（Dode）Guinier cv.'Sacrau 79'

基部:棱线1、2、2 型,较明显,黄褐色。叶痕月牙-三角形。芽黄褐色,三角-圆锥状,与苗干微离。皮孔灰白色,宽卵圆形,4 mm × 3.5 mm~2.5 mm × 1.5 mm,稀疏,散生。苗干灰青色,节

间长约 2.8 cm。芽紫红色,圆锥状,9 mm × 5 mm。

中部:棱线 1、2、2 型,明显,黄褐色。叶痕心-三角形;皮孔灰白色,宽卵圆形,2 mm × 2 mm ~ 1 mm × 1 mm,散生。苗干灰褐色,节间长约 3.5 cm。

梢部:棱线叶痕同中部。芽紫红色,扁锥状,13 mm × 4 mm,具黄色黏液,与苗干贴伏。皮孔白色,线形,或长椭圆形,2 mm × 1 mm ~ 2 mm × 0.3 mm,散生。苗干黄褐色,节间长约 5 cm。

12. 德国 158 杨

Populus × euramericana (Dode) Guinier cv. 'Selektionen Nr. 158'

基部:棱线 2、3、3 型,明显,木栓质,黄褐色。叶痕宽心形。芽黄褐色,三角-扁钟状,5 mm × 4 mm,与茎微离。皮孔黄白色,宽卵圆形,3 mm × 2 mm ~ 0.6 mm × 0.6 mm,散生。苗干灰褐色,节间长约 3.2 cm。

中部:芽特别尖,紫红色。其他同于基部。

梢部:棱线、叶痕同于中、基部。芽黄褐色,扁锥状,7 mm × 4 mm 左右,有黄色黏液,与苗干贴伏。皮孔长椭圆形,或长椭圆形,2.5 mm × 1 mm ~ 2.5 mm × 0.5 mm,黄白色,散生。苗干黄褐色,节间长约 7 cm。

13. 新生杨

Populus × euramericana (Dode) Guiniei cv. 'Regenerata'

基部:无明显棱线。叶痕月牙-三角形。芽黄褐色,三角-锥状,3.5 mm × 3.5 mm,与苗干微离。皮孔灰白色,宽卵圆形,4.0 mm × 3.7 mm ~ 1 mm × 1 mm,散生。苗干灰褐色,节间长约 3.4 cm。

中部:棱线 2、2、1 型,较明显,黄褐色。叶痕心-三角形。芽棕红色,圆锥状,3.5 mm × 3.2 mm,芽与苗干贴伏。皮孔圆形,或卵圆形,1.5 mm × 1.5 mm ~ 1.1 mm × 1.1 mm,黄白色,散生。苗干灰褐色,节间长约 2.8 cm。

梢部:棱线 2、3、1 型,明显,黄褐色。叶痕宽心形。芽棕红色,扁锥状,11 mm × 4 mm,有黄色黏液,与茎分离。皮孔白色,长卵圆形,或长椭圆形,2 mm × 1 mm ~ 2 mm × 0.5 mm,散生。苗干黄褐色,

14. 意大利 I-154 杨

Populus × euramericana (Dode) Guinier cv. 'I-154'

基部:棱线较明显,或仅棱基明显,黄色,木栓质。叶痕宽心-三角形。芽三角-扁锥状,5 mm × 4 mm,黄褐色,与苗干分离。皮孔黄白色,宽卵圆形,或卵圆形,5 mm × 5 mm ~ 2 mm × 2 mm,片状散生。苗干灰绿色,节间长约 3 cm。

中部:棱线 2、2、1 型,明显,黄褐色。叶痕心形。芽黄褐色,扁锥状,7 mm × 4 mm,芽之第一芽鳞被较多黏液,与苗干贴伏。皮孔灰白色,卵圆形,或椭圆形,3 mm × 1 mm ~ 0.5 mm × 0.5 mm,片状散生。苗干灰绿色,节间长约 3.3 cm。

梢部:棱线、叶痕与中部同。芽黄褐色,尖端紫红色,9 mm × 4 mm,有黄色黏液,与苗干贴伏。皮孔黄白色,线形,或椭圆形,3 mm × 1 mm ~ 1 mm × 0.5 mm。干黄褐色,节间长约 3.3 cm。

15. 意大利 1—262 杨

Populus × euramericana (Dode) Guinier cv. 'I-262'

基部:棱线明显,1、2、2 型,灰褐色。叶痕月牙-三角形。芽黄褐色,尖端紫红色,三角-钟状,4 mm × 3.5 mm,与苗干贴伏。皮孔灰白色,宽卵圆形,4 mm × 2 mm ~ 1.5 mm × 1 mm,散生,或 2 个连生。苗干灰褐色。节间长约 3.3 cm。

中部:棱线明显,3、3、2 型。叶痕黑褐色,心-三角形。芽黄褐色,尖端红色,三角-锥状,6 mm × 4 mm,与苗干贴伏。皮孔灰白色,宽卵圆形,3 mm × 3 mm ~ 1 mm × 0.7 mm,散生。苗干灰褐色,节间长约 4.3 cm。

梢部:棱线同中部。叶痕黄褐色,圆心形,或心-三角形。芽绿褐色,尖端紫红色,扁锥状,10 mm × 3.5 mm,有黄色黏液,与苗干分离。皮孔椭圆形,或长椭圆形,白色,2.5 mm × 1 mm ~ 1 mm × 0.5 mm,散生。苗干绿褐色,节间长约 3.24 cm。

16. 里普杨

Populus × euramer icana (Dode) Guinier cv. 'Leipzig'

基部:棱线 1.2、2 型,较明显灰褐色。叶痕月牙-三角形。芽黄褐色,三角-钟状,4 mm × 4 mm,与苗干分离。皮孔灰白色,宽卵圆形,3.5 mm × 3 mm ~ 1 mm × 1 mm,片状散生。苗干灰褐色,节间长约 2.8 cm。

中部:棱线 1.2、2 型,明显,黄褐色,基部棱线木栓质。叶痕心-三角形。芽黄褐色,三角-锥状,5 mm × 4 mm,与苗干贴伏。皮孔灰白色,卵

圆形,或宽卵圆形,3 mm × 2 mm~2 mm × 2 mm,比较稀疏,散生。苗干灰褐色,节间长约3.0 cm。

17. 晚花杨

Populus × euramericana（Dode）Guiniei cv. 'Serotina'

基部:棱线较明显。叶痕心-三角形。芽黄褐色,三角-钟状,3.0 mm × 3.0 mm,芽与苗干微离。皮孔黄白色,宽卵圆形,2 mm × 2 mm~1 mm × 1 mm,片状散生。苗干褐绿色,节间长约3.0 cm。

中部:棱线明显1、2、2型。叶痕长形。芽黄褐色,三角-锥状,7 mm × 4 mm,芽与苗干贴伏。皮孔圆形,或卵圆形,2.5 mm × 2 mm~1 mm × 0.1 mm,黄白色,片状散生。苗干绿褐色,节间长约3.2 cm。

梢部:棱线同中部。叶痕长心形。芽黄褐色,扁锥状,8 mm × 4 mm,有黄色黏液,芽与苗干分离。皮孔白色,长椭圆形,1 mm × 1.5 mm~1 mm × 0.3 mm,散生。苗干黄褐色,节间长约2.7 cm。

18. 露伊莎杨

Populus × euramericana（Dode）Guiniei cv. 'Luisa Aranzo'

苗干红褐色,棱线明显,黄褐色,不为木栓质,或近叶痕处栓质。皮孔较小,灰白色。叶痕心-三角形。

基部:棱线较明显。芽钟状,3 mm × 3 mm。皮孔卵圆形,散生或连生。

梢部:芽锥状,约7 mm × 3.5 mm。皮孔白色,长椭圆形,13 mm × 0.5 mm。节间长约5 cm。

19. 西玛杨

Populus × euramericana（Dode）Guiniei cv. 'Cima'

苗干红褐色,比露伊莎杨色浅,棱线较明显,不为木栓质,或近叶痕处栓质。皮孔灰白色,比露伊莎杨较小而密。叶痕心-三角形。

基部:苗干灰褐色,基本无棱线。芽三角状,3 mm × 3 mm。皮孔卵圆形,长3 mm × 3 mm~1 mm × 1.5 mm,散生,节间长约2.3 cm。

梢部:芽锥状,约7 mm × 3.5 mm。皮孔椭圆形,1.3 mm × 0.5 mm~1 mm × 0.3 mm。节间长约5 cm。

沙兰杨生长规律的初步观察

赵天榜

（河南农学院园林系）

沙兰杨生长迅速、繁殖容易、木材产量高、纤维优良,是我国北方暖带地区引种的一个栽培良种。如河南南召县一株15年生沙兰杨,树高28.6 m,胸径69.1 cm,单株材积4.196 13 m³。近年来,华北地区大力繁殖推广,深受群众欢迎。

了解和掌握沙兰杨生长规律,以及不同生育期间的生物特性和对环境条件的要求,是制定林木速生丰产栽培措施的重要科学依据。为此,近年来,我们进行了沙兰杨生长规律的初步观察和研究结果,获得一些资料,整理如下,供参考。

一、沙兰杨年生长发育进程

沙兰杨年生长发育进程,是随着植株的年龄、枝条类型、立地条件和抚育管理措施等不同而有显著差异。生长在深厚、肥沃、湿润土壤上的幼树,壮枝梢部的侧芽,萌芽后多形成新的长壮枝,并且枝层明显,呈现出特别显著的成层性规律;中下部的芽,多形成长枝和短枝,其枝条长度和粗度,逐次向下递弱;基部的芽,则形成休眠芽,一般不萌发抽枝。长枝上的芽多形成长枝和短枝。短枝上的芽多形成新的短枝,而不形成花芽。大树或生长弱的植株,芽萌发后,多形成短枝或花枝,少数形成长枝,但萌发壮枝非常少见;短枝上的侧芽多形成花芽。落叶时少数短枝产生"离层"自行脱落;有些短枝于翌春花开后脱落;另一部分短枝开花后,于秋季又形成新的短枝和大量花芽;冬季又重新出现上述现象。短枝这种自行落脱的现象和特性,是形成沙兰杨树冠稀疏的主要原因。

沙兰杨枝条上芽态区别明显。休眠芽小,呈扁三角状,紧贴;壮枝上芽非常肥大,呈圆锥状,先端微弯;花芽圆锥状,较粗壮,先端向外弯呈弓形。芽的性能,即萌芽抽枝的能力,在一定条件下,可以转化。弱树上的芽，萌芽后多形成短枝。因枝短叶少，光合作用弱，所以，林木生长缓慢；加强水肥管理，防治病虫，可以改变芽萌发抽枝性质，使基部休眠芽、短枝芽萌发形成长壮枝，加速林木生长，但花芽不能转化为叶芽。

据观察，沙兰杨的年生长发育进程依据物候期和植株生长具有明显阶段性的特点，而划分为：①树液开始流动和芽膨胀期；②开花期；③展叶期；④春季营养生长期（包括蒴果发育期）；⑤春季封顶期（包括蒴果成熟期）；⑥营养生长期，即速生期；⑦越冬准备期（包括芽的发育期）；⑧落叶期；⑨冬季休眠期，如表1所示。

表 1　沙兰杨年生长发育进程

枝条类型	生长发育期								
	树液流动及芽膨胀期	开花期	展叶期	春季营养生长期（包括蒴果发育期）	春季封顶期（果实成熟期）	营养生长期（速生期）	越冬准备期（芽发育期）	落叶期（包括芽发育期）	冬季休眠期（包括芽发育期）
短枝	3月1日— 4月1日	4月1日— 4月10日	4月12日— 4月17日	4月15日— 4月25日	4月25日— 5月5日		8月24日— 11月13日	11月4日— 11月29日	11月3日— 3月中旬
主枝	3月1日— 4月1日			4月12日— 4月15日	4月15日— 5月15日	5月15日— 5月31日	6月1日— 8月15日	8月15日— 11月1日	11月10日— 12月5日	12月上旬— 3月上旬
长枝	3月1日— 4月1日			4月12日— 4月17日	5月26日— 6月15日	5月26日		8月24日— 11月10日	11月10日— 12月5日	12月上旬— 3月上旬

沙兰杨在其年内生长发育的不同时期中，具有明显的生长特点和形态特点，春季芽破绽后，花序迅速增长，开花、展叶后，嫩枝生长很快，进入短枝的速生期，时间为 15~20 天，长度一般达 20~30 cm。幼壮树上的长壮枝生长期较长，生长量也大，一般长度达 50~70 cm 或者稍长些。大树上或弱树上的枝条，一般生长期较短，生长量也小，枝条长度多达 12~30 cm。

春季营养期生长完成后，幼壮树上的长枝、主枝和短枝的区别极为明显。这时短枝形成顶芽，停止生长。同时，长枝、主枝和短枝在不同生育期间的叶形变化也很明显。越冬准备期间，沙兰杨主枝生长缓慢；芽进入发育分化时期，芽体逐渐膨大，从形态上能区别出花芽和叶芽。芽的发育分化，直到落叶，经过温期阶段后，才能分化完毕，翌春才能正常开花结果，形成种子。

沙兰杨落叶从 11 月中旬开始，直到 12 月上旬。短枝上叶首先变黄脱落，大量落叶期在 11 月中旬；长壮枝叶多在 11 月下旬至 12 月上旬，有时霜后脱落。

二、沙兰杨枝条长度生长的年变化规律

沙兰杨树高生长，主要是通过主枝的长度生长而表现出来的。因此，了解其枝条年生长变化的进程，是了解和掌握沙兰杨树高生长年变化规律的关键。为此，我们进行了沙兰杨枝条年变化规律的测定。测定结果见表2和图1。

表 2　沙兰杨枝条长度生长年变化进程

枝条类型	测定日期（月-日）										
	04-15	04-30	05-15	05-31	06-15	06-30	07-15	07-31	08-15	08-31	09-01
主枝(cm)	6.5	26.3	51.6	70.2	124.6	171.3	207.2	246.7	276.3	284.5	290.0
长枝(cm)	4.5	15.3	34.5	56.0	71.1	—	—	—	—	—	—
短枝(cm)	3.5	14.1	21.1	—	—	—	—	—	—	—	—

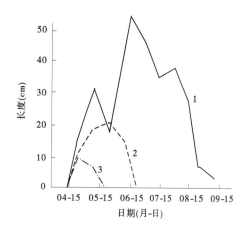

图1 沙兰杨枝条年生长进程

1. 主枝, 2. 长枝, 3. 短枝

从表2和图1中可看出,沙兰杨在年生长过程中,短枝只有一次生长,即春季营养生长期后,迅速形成顶芽,停止生长。长枝也只有一次生长现象的出现,但与短枝不同,即春季封顶期间,不形成顶芽;或形成顶芽后,破顶生长,稍慢于主枝或萌枝,5月下旬至6月中旬开始生长缓慢,形成顶芽,停止生长。主枝和萌枝则截然不同,即从6月开始生长加速,一般达2.5~3 m,有时达4 m以上,直到8月中旬后,生长开始缓慢。叶芽和花芽从外形上已能区别。在立地条件差、抚育管理不及时的条件下,主枝生长也很缓慢,多形成"小老

树"。所以,在主枝速生阶段,加强水肥措施管理,防治病虫,是培养速生丰产林的关键时期和主要技术措施。

三、沙兰杨胸径年生长变化规律

了解和掌握沙兰杨胸径生长的年变化规律,是制定林木速生、优质、丰产林的经营管理措施的可靠的科学依据。为此,我们选择栽培在不同立地条件下的132株5年生的沙兰杨幼树,每半月测定一次胸径生长,测量统计结果,如表3和图2所示。

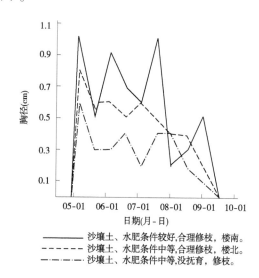

——— 沙壤土,水肥条件较好,合理修枝,楼南。
- - - - 沙壤土,水肥条件中等,合理修枝,楼北。
-·-·- 沙壤土,水肥条件中等,没抚育,修枝。

图2 沙兰杨胸径年生长规律示意图

表3 沙兰杨胸径年生长规律调查表

立地条件及管理措施	生长量(cm)										
	05-01	05-15	06-01	06-15	07-01	07-15	08-01	08-15	09-01	09-15	10-01
沙壤土,水肥条件较好,合理修枝,楼南	14.3	15.3	15.8	116.7	17.4	18.0	119.0	19.2	19.5	20.0	20.2*
沙壤土,水肥条件中等,合理修枝,楼北	10.4	11.2	11.8	112.4	12.9	13.5	114.0	14.4	14.8	15.0	15.1**
沙壤土,水肥条件中等,没抚育,修枝	8.2	8.8	9.1	9.4	9.4	10.0	110.0	10.8	11.0	11.1	***

从表3和图2中可看出,沙兰杨胸径生长的年变化进程也是有规律的,即胸径生长在全生长过程中出现两次高峰:第一次在4月下旬至6月中旬,第二次在7月中旬至8月初。同时表明,胸径生长与立地条件、管理措施的关系极为密切。在土壤肥力和抚育管理措施相同条件下,由于栽植地点的差异,胸径生长差异很大。这充分表明,沙兰杨只有在光照充足、土壤肥沃湿润条件下,才

能发挥其速生特性。

此外，在土壤相同，水肥较差，而没抚育管理时，则沙兰杨的胸径生长下降明显，这也说明，加强抚育管理，是决定沙兰杨林木速生丰产的关键技术措施之一。

四、沙兰杨植株的生长进程

了解沙兰杨大树的速生特点和生长过程，对于制定林木速生、优质、丰产栽培措施和决定最适采伐期具有重要意义。为此，我们对南召、洛宁、栾川、郾城等县生长的沙兰杨大树进行了调查研究，结果如下。

1. 树高生长

沙兰杨树高生长特别迅速，是河南省当前引种栽培的欧美杂种杨中生长较快的一种。一般在5年生前生长较快，连年生长量达 1.6~3.9 m，最高可达 6.0 m 以上；5~14 年生长量达 1.9~1.1 m，树高随着树龄增加逐渐减少（见图3）。

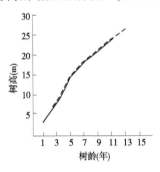

图3 沙兰杨树高生长进程

2. 胸径生长

沙兰杨的胸径生长，一般在3年生前生长较慢，连年生长量为 1.77~3.31 cm；3~11 年间连年生长量为 3.32~7.20 cm，最高达 8.3 cm；11~13 年生连年生长量 2.26~2.46 cm。南召县沙兰杨优树胸径速生期比一般条件下树木胸径速生期有所延长，15 年生时的连年生长量为 3.8 cm。同时，连年生长量的绝对值也比一般条件下生长量大，如图4所示。所以，"适地适树"、因地制宜地栽培沙兰杨，是获得林术速生、优质、丰产的主要关键措施之一。

3. 材积生长

沙兰杨材积生长，一般3年生前生长较慢，连年生长量可达 0.009 8~0.002 2 m³；3~10 年生长较快，连年生长量可达 0.009 848 29~0.220 85 m³，基本上呈斜线上升，如图5所示；10~12 年生

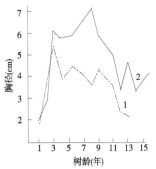

图4 沙兰杨胸径连年生长变化
1. 一般树，2. 优树

材积生长基本趋于稳定状态；13 年生以后材积生长有所缓慢。南召县沙兰杨优树的材积生长和一般条件下沙兰杨材积生长具有相似规律，不同的是：连年生长量大、速生期长。根据沙兰杨材积生长规律，我们认为，沙兰杨在河南省 10 年生左右采伐利用是不适宜的，建议把采伐期推迟于 15 年生以后。

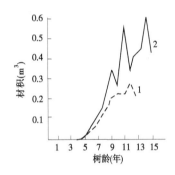

图5 沙兰杨材积生长变化
1. 一般条件下沙兰杨，2. 南召县沙兰杨优树

4. 木材纤维的变化规律

杨树木材是主要的纤维工业原料。因此，研究沙兰杨木材纤维长度、宽度与树龄的变化规律，对于确定沙兰杨采伐适期具有重要的意义。为此，我们采用 13~15 年生的沙兰杨 5 株，逐年测定其木材纤维长度和宽度，计算其长宽比，结果见表4。

从表4可看出，沙兰杨在7龄以下时，纤维长度随树龄增长而迅速增加，7~14 龄逐渐达最高始点；7~11 年生，木材纤维长度变化很小，处于基本稳定状态；12~15 龄时，木材纤维长度有所增长。纤维宽度与树龄关系也有相似的趋势，即6龄前随树龄增加而纤维宽度增加；7~15 龄时，基本趋于稳定，但从 11 龄达最高值。木材纤维长宽比与树龄的关系，与上述规律基本相似，不同点是 14 龄时，长宽比达最高点。

表4 沙兰杨木材纤维测定

项目	年龄(a)														
	1	2	3	4	5	6	7	8	9	10	11	12	13	14	15
长度(μm)	571.7	610.6	625.4	744.2	786.7	816.6	887.2	879.8	869.8	880.0	913.8	908.0	931.9	947.1	923.0
宽度(μm)	9.0	19.2	20.3	1.7	21.7	21.6	22.5	21.9	22.8	22.8	22.2	22.2	22.3	21.3	21.3
长宽比	30.9	31.8	30.8	36.3	36.3	37.8	39.4	39.1	38.9	38.9	38.4	40.9	42.0	44.7	43.3

河南沙兰杨速生单株的调查研究

赵天榜

（河南农学院造林教研组）

沙兰杨（Populus × euramericana（Dode）Guinier cv. 'Sacrau 79'）是我国引种欧美杂种杨中一个栽培良种。1964年河南农学院和洛宁、南召、郾城等县林科所，从中国科学院北京植物园、中国林科院和南京林产工业学院引种欧美杂种杨进行栽培试验，并相继繁殖推广。1972年，我们又和洛宁县林业局共同对沙兰杨引种栽培生长情况进行了调查，并对木材材性和木纤维形态进行了试验和测定。试验和测定结果证明，沙兰杨确属速生、材优、适应性强的一个良种，并随后进行了大量繁殖和推广。目前已遍及全省各地，其中以洛阳、南阳、许昌等地区栽培最广，其栽培株数已达1.1亿余株，华北平原地区以及西北、东北等地也已开始引种和推广。

沙兰杨在土、肥、水条件较好的"四旁"栽植，生长特别迅速。如南召县招待所院内的一株15年生沙兰杨，树高28.6 m，胸径69.1 cm，单株材积4.196 13 m³，是当前我国各地引种栽培杨树中单株材积最高的一株。栾川县县委院内的一株13年生沙兰杨，树高27.0 m，胸径58.8 cm，单株材积2.927 70 m³；洛宁等县均有15年生以上沙兰杨大树，单株材积都在3 m³以上。

现将我们获得的调查数据及研究结果，整理如下，供参考。

一、沙兰杨年生长发育进程

沙兰杨年生长发育进程，与植株的年龄、枝条类型、立地条件和抚育管理措施等有密切关系。生长在土厚、沃壤、湿润条件下的沙兰杨幼树壮枝

梢部的芽，萌芽后多形成新的长壮枝，并且枝层明显，呈现出特别显著的成层性规律；中下部的芽，多形成长枝和短枝，其枝条长度和粗度，逐次向下递弱；基部的芽，则形成休眠芽，一般不萌发抽枝。长枝上的芽多形成长枝和短枝。短枝上的芽多形成新的短枝，而不形成花芽。大树或生长弱的植株，芽萌发后多形成短枝或花枝，也有少数形成长枝，但萌发壮枝，则非常少见；短枝上的侧芽多形成花芽。落叶时，少数短枝产生"离层"自行脱落；有些短枝于翌春花开后脱落；另一部分短枝开花后，于秋季又形成新的短枝和大量花芽，重新出现上述现象。短枝这种自行落脱的现象和特性，是形成沙兰杨树冠稀疏的主要原因。

沙兰杨枝条上芽态区别明显。休眠芽很小，呈扁三角状，紧贴枝上；壮枝上芽非常肥大，呈圆锥状，先端微弯，粗壮，长约3 cm；花芽也呈圆锥状，较粗壮，先端向外弯呈弓形。

芽的性能，即萌芽抽枝的能力，在一定条件下，可以转化。弱树上的芽，多形成短枝。因枝短叶少，光合作用弱，因而林木生长缓慢；如果加强水肥管理，防治病虫，适当重截，可以改变芽萌发抽枝性质，使基部休眠芽、短枝芽萌发形成长壮枝，加速林木生长，但花芽不能转化为叶芽。

据近年来观察，沙兰杨的年生长发育进程依据物候期和植株生长具有明显阶段性的特点，而划分为：①树液开始流动和芽膨胀期；②开花期；③展叶期；④春季营养生长期（包括萌果发育期）；⑤春季封顶期（包括萌果成熟期）；⑥营养生长期，即速生期；⑦越冬准备期（包括芽的发育

---

* 本文系根据作者于1978年12月在"中国林学会"年会上所作的《沙兰杨引种栽培试验》报告修改而成。

期);⑧落叶期;⑨冬季休眠期。如表1所示。

沙兰杨在一年内生长发育的不同时期中,具有明显的生长特点和形态特点,春季芽破绽后,花序迅速增长,开花后随即脱落;展叶后,嫩枝生长很快,进入短枝的速生期,时间为15~20天;生长

在土厚、沃壤条件下的幼树上的长枝条,则生长期较长,生长量也大,一般长度达50~70 cm或者稍长些;短枝一般为20~30 cm。大树上或弱树上的枝条,一般生长期较短,生长量也小,枝条长度多达12~30 cm。

表1 沙兰杨年生长发育进程

枝条类型	生长发育期								
	树液流动及芽膨胀期	开花期	展叶期	春季营养生长期(包括蒴果发育期)	春季封顶期(果实成熟期)	营养生长期(速生期)	越冬准备期(芽发育期)	落叶期(包括芽发育期)	冬季休眠期(包括芽发育期)
短枝	3月1日 — 4月1日	4月1日 — 4月10日	4月12日 — 4月17日	4月15日 — 4月25日	4月25日 — 5月5日		8月24日 — 11月13日	11月4日 — 11月29日	11月3日 — 3月中旬
主枝	3月1日 — 4月1日		4月12日 — 4月15日	4月15日 — 5月15日	5月15日 — 5月31日	6月1日 — 8月15日	8月15日 — 11月1日	11月10日 — 12月5日	12月上旬 — 3月上旬
长枝	3月1日 — 4月1日		4月12日 — 4月17日	4月15日 — 5月25日	5月26日 — 6月15日		8月24日 — 11月10日	11月10日 — 12月5日	12月上旬 — 3月上旬

春季营养期生长完成后,幼壮树上的长枝、主枝和短枝的区别极为明显。这时短枝形成顶芽,停止生长。长枝继续缓慢生长,直至5月下旬至6月中旬,形成顶芽,停止生长;主枝和萌枝继续生长,进入速生阶段,即营养生长期,直至8月下旬形成顶芽,停止生长。同时,长枝、主枝和短枝在不同生育时期的叶形变化也很明显。大树短枝上的花芽和叶芽的发育在外形上已经形成。

沙兰杨进入越冬准备期间,沙兰杨主枝生长缓慢;芽进入发育分化时期,芽体逐渐膨大,并能从形态上区别出花芽和叶芽。芽的发育分化,直到落叶,经过温期阶段后,才能分化完毕,翌春才能正常开花结果,形成种子。

沙兰杨落叶从11月中旬开始,直到12月上旬。短枝上叶首先变黄脱落,大量落叶期在11月中旬;长壮枝叶多在11月下旬至12月上旬,有时霜后脱落。

二、沙兰杨枝条长度生长的年变化规律

沙兰杨树高生长,主要是通过主枝的长度生长而表现出来。因此,了解其枝条年生长变化的进程,必须了解和掌握沙兰杨树高生长年变化规律的关键。因此,近年来,我们进行了沙兰杨枝条年变化规律的测定。测定结果如表2和图1所示。

表2 沙兰杨枝条长度生长年变化进程

枝条类型	测定日期(月-日)										
	04-15	04-30	05-15	05-31	06-15	06-30	07-15	07-31	08-15	08-31	09-01
主枝(cm)	6.5	26.3	51.6	70.2	124.6	171.3	207.2	246.7	276.3	284.5	290.0
长枝(cm)	4.5	15.3	34.5	56.0	71.1	—	—	—	—	—	—
短枝(cm)	3.5	14.1	21.1	—	—	—	—	—	—	—	—

从表2和图1中看出,沙兰杨在年生长过程中,短枝只有一次生长,即春季营养生长期后,迅速形成顶芽,停止生长;长枝也只有一次生长现象

的出现,但与短枝不同,即春季封顶期间,不形成顶芽;或形成顶芽后,破顶生长,稍慢于主枝或萌枝,直到5月下旬至6月中旬开始生长缓慢,形成

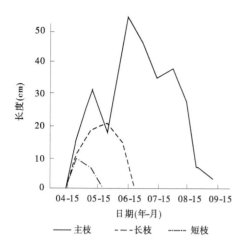

图1 沙兰杨枝条年生长进程

顶芽,停止生长。主枝和萌枝则截然不同,即从6月开始生长加速,一般达2.5~3 m,有时达4 m以上,直到8月中旬后,生长开始缓慢。叶芽和花芽从外形上已能区别。在立地条件差、抚育管理不及时的条件下,主枝生长也很缓慢,多形成"小老树"。所以,在主枝速生阶段,加强水肥措施管理、防治病虫是培养速生丰产林的关键时期和主要技术措施。

三、沙兰杨胸径年生长变化规律

了解和掌握沙兰杨胸径生长的年变化规律,是制定林木速生、优质、丰产林的经营管理措施可靠的科学依据。为此,我们选择栽培在不同立地条件下的132株5年生的沙兰杨幼树,每半月测定一次胸径生长,测量统计结果如表3和图2所示。

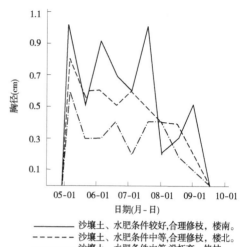

图2 沙兰杨胸径年生长规律示意图

从表3和图2中看出,沙兰杨胸径生长的年变化进程也是有规律的,即胸径生长在全年生长过程中出现两次高峰:第一次在4月下旬至6月中旬,第二次在7月中旬至8月初。同时表明,胸径生长与立地条件、管理措施的关系极为密切。如在同一条件下,采取相同的抚育管理措施,由于栽植地点的差异,而胸径生长差异很大。这充分表明,沙兰杨只有在光照充足、土壤肥沃湿润条件下,才能发挥其速生特性。

此外,在土壤相同、水肥较差,而没抚育管理时,则沙兰杨的胸径生长下降明显,这也说明,加强抚育管理,是决定沙兰杨林木速生丰产的关键技术措施之一。

表3 沙兰杨胸径年生长规律调查表

立地条件及管理措施	测定日期(月-日)生长量(cm)										
	05-01	05-15	06-01	06-15	07-01	07-15	08-01	08-15	09-01	09-15	10-01
沙壤土,水肥条件较好,合理修枝,楼南	14.3	15.3	15.8	116.7	17.4	18.0	119.0	19.2	19.5	20.0	20.2 *
沙壤土,水肥条件中等,合理修枝,楼北	10.4	11.2	11.8	112.4	12.9	13.5	114.0	14.4	14.8	15.0	15.1 * *
沙壤土,水肥条件中等,没抚育,修枝	8.2	8.8	9.1	9.4	9.4	10.0	110.4	10.8	11.0	11.1	* * *

四、苗木年生长规律

了解和掌沙兰杨苗木年生长变化规律,对于制定苗木培育措施、提高苗木质量具有特别重要意义。特别是在营造和培育超短期轮伐纤维用材林时更为突出。为此,河南农学院等单位曾对沙兰杨苗木年生长变化规律进行测定。测定结果列于表4和图3。

从表4和图3中可看出,沙兰杨苗木年生长非常突出,尤以6~8月,三个月生长最快,其生长量分别占全年苗高和地径生长量的70%和60%以上。在此期间,气象因子正适于沙兰杨苗木生长,因此在沙兰杨苗木速生期来临之前和速生期间,加强水肥管理,是获得沙兰杨优质壮苗的关键。据在南召、洛宁等县调查,在土、水、肥条件较好而管理措施及时的情况下,当年生苗高可达4~5 m,地径可达2.5 cm以上。

表4 沙兰杨苗木生长进程

| 编号 | 内容 | 测定月份生长量(cm) | | | | | | | 说明 |
		4	5	6	7	8	9	合计	
I	苗高(m)	0.17	0.29	0.50	1.01	0.86	0.38	3.26	南阳地区
	地径(cm)	0.26	0.30	0.45	0.43	0.68	0.28	2.40	林科所等
II	苗高(m)	0.15	0.31	0.52	1.04	1.05	0.14	3.21	郾城县
	地径(cm)	0.44	0.32	0.43	0.47	0.72	0.19	2.37	林科所
III	苗高(m)	0.13	0.21	0.43	0.98	0.83	0.33	3.03	河南农学院
	地径(cm)	0.22	0.31	0.42	0.46	0.70	0.17	2.28	

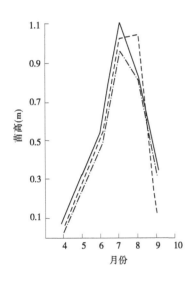

图3 沙兰杨苗高生长进程示意图

五、沙兰杨的生长进程

了解和掌握了沙兰杨大树的速生特点与生长规律,对于制定杨树速生、丰产栽培措施,提高沙兰木材生产能力和材质,确定最适采伐期具有重要的科学依据,对于指导河南省当前沙兰杨生产具有重要的生产实践意义。

1. 树高生长规律

沙兰杨树高生长特别迅速,是河南省当前引种栽培的欧美杂种杨中生长较快的一种。根据调查,沙兰杨树高生长具有明显的阶段性,即1~5年生树高生长很快,连年生长量达1.6~3.9 m,最高可达6.0 m以上;其树高连年生长量与树龄呈正相关规律;5~15年,树高生长逐年有所下降,连年生长量为1.9~1.1 m,其树高连年生长量与树龄呈反相关规律,如表5和图4①所示;15年生以后的沙兰杨大树树高生长,尚待今后进一步研究。

沙兰杨在一般立地条件下,其树高生长与上述均有相似规律,但不同的是:树高速生期短,连年生长量小,如表5和图4②所示。此外,对照树种加杨树高生长也具有相似规律,但树高速生期更短,连年生长量更小,如图4③所示。

以上所述,可以清楚看出,沙兰杨树高生长呈现出慢-快-慢-缓的规律。

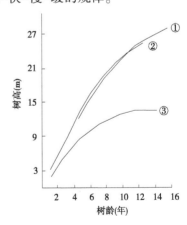

图4 沙兰杨和加杨树高生长进程示意图
①沙兰杨速生单株,②沙兰杨在一般立地条件下,③加杨

2. 胸径生长规律

沙兰杨的胸径生长,一般在3年生前生长较慢,连年生长量为1.77~3.31 cm,其生长量与树龄呈正相关规律;3~9年生长特别迅速,连年生长量为3.34~7.20 cm,最高达8.3 cm,其生长量与树龄呈正相关规律,但与前者不同的是:生长很快,呈直线上升状态;9~11年生连年生长量开始

缓慢下降,即胸径连年生长量与树龄呈反相关规律,如表5和图5所示;致于何时,胸径连年生长量趋于稳定状态,尚待进一步研究。

一般立地条件下栽培的沙兰杨胸径生长规律与上述基本相同,不同点是:前者速生期长,连年生长量大;后前者速生期短,连年生长量小,如表5和图5所示。对照树种加杨胸径连年生长量也呈现出慢-快-慢-缓的规律,但速生期更短,为连年生长量更小,如图5所示。

3. 材积生长规律

沙兰杨材积生长规律与其树高和胸径生长规律一样具有明显的阶段性。这种阶段性表现为慢-快-慢-缓的规律,如表5和图6①、②所示,但由于树龄较短,后者还没有来得及呈显出来。

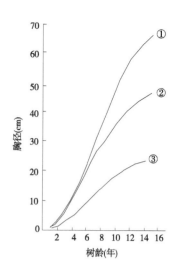

图 5 沙兰杨和加杨胸径生长进程示意图
1.沙兰杨速生单株,2.沙兰杨在一般立地条件下,3.加杨

表 5 沙兰杨和加杨树高、胸径、材积生长进程

树种	项目	生长量	年龄(a)							
			1	2	3	4	5	6	7	8
沙兰杨 I	树高 (m)	总生长量	2.9	4.5	8.4	12.7	14.8	16.5	18.6	20.5
		平均生长量	2.9	2.25	2.80	3.20	2.96	2.75	2.66	2.56
		连年生长量	1.60	3.90	4.30	2.10	1.70	2.10	1.90	1.30
	胸径 (cm)	总生长量	1.4	3.4	6.2	12.3	18.1	24.0	30.6	37.8
		平均生长量	1.40	1.70	2.07	3.08	3.62	4.00	4.37	4.67
		连年生长量	2.00	2.80	6.10	5.80	5.90	6.60	4.37	4.67
	材积 (m³)	总生长量	0.000 38	0.002 15	0.003 43	0.061 66	0.154 63	0.321 60	0.551 64	0.904 10
		平均生长量	0.000 38	0.001 23	0.001 14	0.015 42	0.030 93	0.053 60	0.080 23	0.113 01
		连年生长量	0.002 07	0.000 98	0.582 3	0.929 7	0.166 97	0.240 04	0.342 46	0.273 70
沙兰杨 II	树高 (m)	总生长量	2.98	5.23	8.33	12.15	14.85	16.65	18.40	19.68
		平均生长量	2.98	2.62	2.78	3.04	2.97	2.78	2.63	2.46
		连年生长量	2.25	3.10	3.72	2.70	1.70	1.80	1.28	1.60
	胸径 (cm)	总生长量	1.65	3.43	6.73	12.21	16.17	20.65	24.76	28.46
		平均生长量	1.65	1.71	2.24	3.05	3.23	3.44	3.54	3.59
		连年生长量	1.77	3.31	5.48	3.96	4.48	4.10	3.70	4.39
	材积 (m³)	总生长量	0.000 59	0.002 79	0.012 47	0.060 76	0.125 09	0.242 76	0.364 45	0.513 47
		平均生长量	0.000 59	0.001 36	0.004 13	0.015 19	0.250 2	0.040 46	0.052 06	0.064 180
		连年生长量	0.002 20	0.009 68	0.048 29	0.064 33	0.117 67	0.121 69	0.149 02	0.210 98
加杨	树高 (m)	总生长量	1.8	2.1	3.5	5.5	7.9	10.1	11.8	12.3
		平均生长量	1.80	1.05	1.17	1.38	1.58	1.67	1.69	1.54
		连年生长量	0.30	1.40	2.00	2.40	2.20	1.70	0.50	1.20
	胸径 (cm)	总生长量	1.0	1.4	2.6	4.6	7.0	9.6	11.4	14.2
		平均生长量	1.00	0.70	0.87	1.15	1.40	1.60	1.63	1.78
		连年生长量	0.40	1.20	2.00	2.40	2.60	1.80	2.80	3.20
	材积 (m³)	总生长量	0.000 30	0.001 02	0.005 32	0.009 22	0.025 34	0.045 45	0.071 58	0.097 71
		平均生长量	0.000 32	0.005 1	0.001 77	0.002 31	0.005 07	0.007 58	0.010 23	0.012 21
		连年生长量	0.000 1	0.004 30	0.003 90	0.016 12	0.020 11	0.261 3	0.026 13	0.030 20

树种	项目	生长量	年龄(a)							
			9	10	11	12	13	14	15	15(带皮)
沙兰杨 I	树高(m)	总生长量	21.8	22.9	24.3	25.6	26.8	28.8	28.6	
		平均生长量	2.42	2.29	2.21	2.13	2.06	1.99	1.91	
		连年生长量	1.10	1.40		1.40	1.30	1.20	1.10	
	胸径(cm)	总生长量	42.0	52.8	56.2	60.8	64.2	68.0	69.1	
		平均生长量	4.78	4.78	4.80	4.68	4.59	4.53	4.61	
		连年生长量	4.78	4.80	4.80	4.68	4.59	4.53	4.61	
	材积(m³)	总生长量	1.177 80	1.729 57	2.071 69	2.476 50	2.921 29	3.509 65	4.040 80	4.260 87
		平均生长量	0.130 87	0.179 26	0.188 61	0.206 38	0.224 71	0.230 69	0.269 39	0.284 06
		连年生长量	0.551 77	0.345 1		0.401 81	0.444 79	0.588 36	0.531 15	
沙兰杨 II	树高(m)	总生长量	21.28	22.96	19.68	21.28	22.96	24.36	25.66	26.86
		平均生长量	2.36	2.29	2.36	2.29	2.21	2.13	2.06	
		连年生长量	1.68	1.41		1.68	1.41	1.31	1.21	
	胸径(cm)	总生长量	32.83	36.17	32.83	36.17	39.80	42.26	44.53	
		平均生长量	3.65	3.62	3.65	3.62	3.62	3.52	4.41	
		连年生长量	3.32	3.63		3.32	3.63	2.46	2.26	
	材积(m³)	总生长量			0.513 47	0.724 25	0.941 50	1.169 27	1.439 83	1.658 90
		平均生长量			0 .080 47	0.094 51	0.106 30	0.119 98	0.127 61	
		连年生长量				0.220 85	0.224 17	0.270 65	0.219 07	
加杨	树高(m)	总生长量	13.5	13.7	13.9	14.0	14.1	14.2		
		平均生长量	1.50	1.37	1.26	1.17	1.08	1.01		
		连年生长量	0.20	0.20		0.10	0.10	0.10		
	胸径(cm)	总生长量	17.2	19.2	20.8	21.8	23.0	23.6	26.2*	
		平均生长量	1.93	1.92	1.82	1.77	1.68	1.91		
		连年生长量	1.80	1.60		1 00	1.20	0.60		
	材积(m³)	总生长量	0.127 91	0.158 10	0.217 32	0.254 51	0.281 70	0.307 30	0.437 79*	
		平均生长量	0.101 421	0.015 81	0.011 73	0.020 12	0.020 42	0.023 18		
		连年生长量	0.030 19	0.029 01		0.037 18	0.027 19	0.025 60		

注:814年生(带皮)。

从表5和图6①、②可看出,在土、肥、水较好条件下生长的沙兰杨,15年前材积生长逐年增多,与树龄呈正相关规律,如图6①所示;一般立地条件下生长的沙兰杨也有相似的规律出现,不同的是材积连年生长量比前者小,如表5和图6③所示;而对照树种加杨材积连年生长量更小,如图6③所示。此外,还明显地看出:沙兰杨比加杨材积连年生长量开始出现下降的趋势要晚得多。因此,我们得出如下结论:选择土、肥、水条件较好的林地,加强15年生以前的林木和林地管理,是获得沙兰杨林木速生丰产的关键时期,这一时期对于提高沙兰杨木材生产潜力具有决定性的作用。

根据沙兰杨大树材积生长的规律,可以明显看出:沙兰杨材积连年生长量的速生期为7~15年生,其中以10~15年生最快,材积连年生长量仅0.273 70~0.588 36 m³,而10~15年生的材积连年生长量平均为0.543 82 m³,相当于7年生沙兰杨单株材积的1倍以上。因此说,河南省各地普遍过早地采伐利用沙兰杨应及时讲清道理,加以制止,

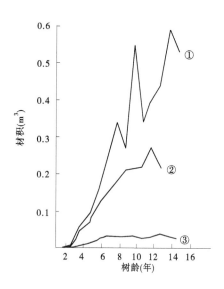

图6　沙兰杨和加杨材积生长进程示意图
①沙兰杨速生单株；②沙兰杨在一般立地条件下；③加杨

用的两个重要指标。沙兰杨是我国当前杨树中生长较快、木纤维优良、轮伐期短的一个良种。因此，研究沙兰杨木材纤维长度、宽度、长宽比与树龄之间的变化规律，对于制定超短期轮伐作业用材林，具有特别重要的实践意义。为此，我们于1978年，采用13～15年生的沙兰杨5株大树，从胸高圆盘上逐年离析木材纤维，进行长度和宽度测定，然后计算出长宽比。测量结果如表6和图7所示。

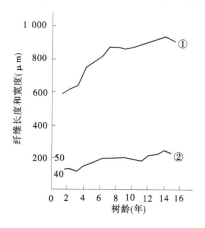

图7　沙兰杨木材纤维长度及其宽度变化示意图
①木材纤维长度变化曲线，②长宽比变化曲线

对于增加河南省木材生产和提高群众经济收入都是有益的。

4. 木材纤维的变化规律

杨树木材是主要的造纸、纤维工业原料，杨树木材纤维利用又是杨树木材用途的一个重要方面，因而木材纤维的长度和长宽比，是杨树木材纤维利

表6　沙兰杨木材纤维测定

项目	年龄（a）														
	1	2	3	4	5	6	7	8	9	10	11	12	13	14	15
长度（μm）	571.7	610.6	625.4	744.2	786.7	816.6	887.2	879.8	869.8	880.0	913.8	908.0	931.9	947.1	923.0
宽度（μm）	19.0	19.2	20.3	21.7	21.7	21.6	22.5	21.9	22.8	22.8	22.2	22.2	22.3	21.3	21.3
长宽比	30.9	31.8	30.8	36.3	36.3	37.8	39.4	39.1	38.9	38.9	38.4	40.9	42.0	44.7	43.3

从表6和图7看出，沙兰杨大树木材纤维长度、宽度和长宽比，随树龄不同而有很大的变化，如木材纤维长度变化，一般在7年生前，随树龄增长而迅速增长，即木材纤维长度与树龄呈正相关规律，7年生木材纤维长度达最高点；7～11年生，木材纤维长度变化较小，即长度为880～887 μm，基本上处于稳定状态；12～15龄时，木材纤维长度有所增长。沙兰杨木材纤维宽度变化也具存在长度变化的规律，即6年生前，木材纤维长度与树龄呈正相关规律；7～13年生时，木材纤维宽度基本趋于稳定；14年生以后，稍有降低。沙兰杨大树木材纤维长宽比变化，是随着木材纤维长度和宽度的变化而变化，其变化规律与木材纤维长度和宽度变化规律相同；但不同的是，13年生时，长宽比达最大值，即45.2。

此外，还看出，1～3年生时，沙兰杨木材纤维长宽比大于30。根据造纸和纤维工业的要求，纤维长宽比大于30以上时，均可作为造纸和纤维工业的原料。

为了适应我国造纸和纤维工业发展的需要，研究杨树一年生苗木木材纤维变化规律，提高其质量，对于营造超短期轮伐杨树用林具有重要作用。为此，我们也进行了测定，其结果表明，沙兰杨一年生苗干木材纤维完全符合造纸质量的要求（试验结果另文发表），从而为多快好省地发展我国木材纤维造纸事业，推广和发展超短期轮伐杨树纤维用林，满足造纸、纤维工业所需要的大批原料，提供了科学依据。

六、初步小结

根据上述材料分析,可以明显看出:

(1)沙兰杨在其年生长发育进程中,随着物候期的变化,其枝条生长也有相应的变化规律出现。根据物候期和形态特征及枝条年生长变化规律,将沙兰杨在其年生长发育阶段划分为9个时期:①树液开始流动和芽膨胀期;②开花期;③展叶期;④春季营养生长期(包括蒴果发育期);⑤春季封顶期(包括蒴果成熟期);⑥营养生长期,即速生期;⑦越冬准备期(包括芽的发育期);⑧落叶期;⑨冬季休眠期。沙兰杨在年生长的不同时期中的生长发育特性,是制定速生丰产栽培措施的重要科学依据。

(2)沙兰杨枝条一般分为三种:长枝、主枝和短枝。长枝、短枝,每年只有一次生长;主枝可出现两次生长高峰,其速生阶段出现在4月下旬至5月中旬及6月上旬至8月中旬。同时,三种枝条和四种芽态,均随着立地条件和抚育管理措施的变化而变化,如短枝或长枝,可以转化成萌壮枝,但花芽不能转化成叶芽。

(3)沙兰杨胸径生长,在每年的生长进程中也出现两次生长高峰,在出现速生期前或速生期间,加强水、肥管理,防治病虫害,峰值间的生长量则会迅速增加,峰值的持续时间也会相应地增长,长、壮枝相应地增多长旺,而林木生长也特别迅速,其胸径生长量达4~6 cm,最高达8.3 cm。所

以,在土层深厚、土壤肥沃、湿润条件下的"四旁"栽植的沙兰杨,加强抚育管理,是解决河南省短期内木材自给和提供大批工业用材的重要途径。

(4)沙兰杨苗木年生长进程表明,6~8月三个月为速生期。速生期间,加强水、肥管理措施,是加速苗木生长,提高苗木质量,培育壮苗的重要时期。

(5)沙兰杨无论在哪种立地条件下,其树高、胸径和材积的生长进程均有明显的阶段性,即呈现出慢-快-慢-缓的规律。沙兰杨树高、胸径的连年生长量与树龄密切相关,如幼年阶段前,树高及胸径的连年生长量与树龄呈正相关规律,随着树龄增长又呈反相关规律,接着呈现稳定状态,然后有明显下降的趋势。沙兰杨材积生长因树龄较短,稳定和下降趋势还未能表现出来。

(6)根据沙兰杨材积生长规律明显看出:10年生后材积连年生长量速生期才开始出现,所以河南省当前普遍存在的问题是7~19年生采伐利用。这时采伐从材积生长和经济收入来说,是不适宜的,应该引起各级领导注意,妥善加以处理。

(7)沙兰杨木材纤维的测定表明,7年生以前木材纤维长度和宽度与树龄呈正相关规律;7~9年处于稳定状态,9年生以后,木材纤维宽度稍有降低,而长度和长宽比略有增长。同时表明,1~2年生的木材纤维长宽比均在30以上,完全符合造纸质量标准的要求,从而为我国今后推广和发展超短期轮伐杨树纤维用材林提供了科学依据。

中国杨属植物资源与新分类系统

赵天榜　陈志秀

(河南农业大学)

杨属

Populus Linn.

一、白杨亚属

Populus Linn. Subgen. Populus, *Populus* Linn. Subgen. *Albidae* Dode

(一)白杨组

Populus Linn. Sect. Populus

本组植物分3系:

Ⅰ.雪白杨系

Populus Ser. Nivea Dode

本系模式种:雪白杨 Populua nivea Willd.

Ⅱ.银白杨系　白杨系

Populus Ser. Alba Dode

1.银白杨　Populus alba Linn.

变种:

1.1　银白杨　Populus alba Linn. var. alba

1.2　光皮银白杨　Populus alba Linn. var. bachofenii(Wierzb.)Wesm.

1.3 小果银白杨 新变种

Populus alba Linn. var. pravicarpa T. B. Zhao et Z. X. Chen, var. nov.

A typo recedit capsulis parvis ovoideis, 3 ~ 4 mm longis.

Henan: Zhengzhou. 1998-04-05. T. B. Zhao. No. 199804052(folia et capsulis inflorescentiis, holotypus hic disignatus, HEAC).

本新变种与银白杨原变种 Populus alba Linn. var. alba 区别: 蒴果小, 卵球状, 长 3~4 mm。

产地: 河南。1998 年 4 月 5 日。赵天榜, No. 199804052(叶及果序枝)。模式标本, 采自郑州, 存河南农业大学。

1.4 卵果银白杨 新变种

Populus alba Linn. var. ovaticarpa T. B. Zhao et Z. X. Chen, var. nov.

A typo recedit foliis ovatis vel triangusti-ovatis supra atro-viridibus sparse breviter tomentosis subtus dense albi-tomemtosis apice obtusis basi truncatis margine dentatis; petiolis 2. 0 ~ 4. 5 cm longis dense albo-tomentosis. Amentis femineis 1. 0 ~ 3. 0 cm, breviter capsuli-amentis 4. 0 ~ 6. 0 cm longis axibus densioribus albo-tomentisis. Carpis denissimis, complane ovatis 1. 5 ~ 2. 0 mm longios apice obtusis.

Henan: Zhengzhou. 10. 04. 1987. T. B. Zhao et. , No. 8704102. Typus in Herb. HNAC.

本新变种与银白杨原变种 Populus alba Linn. var. alba 区别: 叶卵圆形, 或三角-卵圆形、近圆形, 表面深绿色, 疏被短茸毛; 背面密被白色茸毛, 先端钝尖, 基截形, 边缘具牙齿状缺刻; 叶柄长 2. 0 ~ 4. 5 cm, 密被白茸毛。雌株! 果序短, 长 4. 0 ~ 6. 0 cm, 果序轴密被白茸毛。蒴果扁卵球状, 长 1. 5 ~ 2. 0 mm, 先端钝圆。

河南: 郑州市有栽培。1987 年 4 月 10 日。赵天榜等, No. 8704102。模式标本, 存河南农业大学。

2. 新疆杨 Populus bolleana Lauche

Ⅲ. 银新杂种杨系 新杂种杨系

Populus Ser. × Albi-bolleanae T. B. Zhao et Z. X. Chen, ser. hybr. nov.

Populus Ser. × nov. speciebus serie Populus alba Linn. et Populus bolleana Lauche hybridis. 2-parentibus characteribus.

Ser. × nov. typus: Populus alba Linn. × Populus bolleana Lauche.

Distribution: Pyccka et China.

本新系系银白杨与新疆杨的种间杂种。其具有 2 亲本的形态特征。

本系模式种: 银新杨 Populus alba Linn. × Populus bolleana Lauche。

产地: 俄罗斯和中国。其杂种非常耐寒。

本新杂种系有 3 杂交种、5 杂交品种、7 优良单株。

1. 银新杨 Populus alba Linn. × Populus bolleana Lauche

2. 苏维埃塔形杨 Populus × sowietica-pyramidalis Jabl.

3. 乌克兰杨 Populus × ukranensis-argentaea Jabl.

(二) 银毛杨杂种杨组 新杂交杨组

Populus Sect. × nov. Albi-tometosa T. B. Zhao et Z. X. Chen, Sect. hybr. nov.

Populus Sect. × nov. foliis variantibus dense tomentosis albis, margine repandis. Foliis longi-ramulis et ramulis robustis triangulatis margine 3 ~ 5-magnisinuatus, bifrontibus tomemtosis margine dentatis grossis apice glandulis.

Sect. × nov. typus: Populus alba Linn. × P. tomentosa Carr.

Distribution: Nanjing.

本新杂交组主要形态特征: 叶形多变, 密被白色茸毛, 边缘波状缺刻; 长壮枝叶三角形, 具 3 ~ 5 个大缺刻, 两面被茸毛, 边缘粗锯齿, 齿端有腺点。

产地: 南京等。

本杂交组有 1 杂交种。

1. 银毛杨 1 号 Populus alba Linn. × P. tomentosa Carr.

2. 毛 × 新杨 Populus tomentosa Carr. × Populus bolleana Lauche

(三) 银山杂种杨组 新杂种杨组

Populus Sect. × Yinshanyang T. B. Zhao et Z. X. Chen, Sect. hybr. nov.

Populus Sect. × nov. foliia rotundatis, margine dentatis; petiolis compressis glabis. foliis lnoge ramis triovatibus, apice mucronatis, lnoge acuminatis, basi truncatis, subcordatis, margine dense serratis; petiolis tomentosis apice 2-glandulis.

Sect. × typus: Populus × canescens (Ait.)

Smith。

Distribution:Heilongjiang.

本新杂交组叶近圆形,边缘具牙齿锯齿;叶柄侧扁,无毛。长枝叶大,三角-卵圆形,先端短尖、长尖,基部截形、浅心形,边缘具尖密细锯齿;叶柄被茸毛,顶端具2枚腺体。

本组有2种(1新杂交种)。

1. 银灰杨 Populus × canescens(Ait.) Smith

2. 银山杨 Populus × ynshanyang T. B. Zhao et Z. X. Chen,sp. comb. nov. ,*Populus* × 'Ynheshanyang-1132'

(四)银河北山杂种杨组　新杂种杨组

Populus Sect. × Albi-hopeiensi-davidianae T. B. Zhao et Z. X. Chen,sect. hybr. nov.

Populus Sect. × Ramulis teribus breviter tomentosis. gemmis foliis ovoideis brevietr tomentosis. foliis brevietr ramulis ovatibus et al. ,multiformibus. discis stamineis viridibus,antheribus purpure-rubris.

Sect. typus:Populus × albi-davidi-hopeiensis T. B. Zhao et Z. X. Chen .

Distribution:Ningxia.

小枝圆柱状,被短茸毛。叶芽卵球状,被短茸毛。短枝叶卵圆形等,多种类型。雄花花盘绿色,花药紫红色。

本组模式种:银山河北杂种杨 Populus × albi-davidi-hopeiensis T. B. Zhao et Z. X. Chen。

本新杂种杨组有1新组合杂交种、1杂交品种。

产地:宁夏。

1. 银河北山杨 Populus × ynheshanyang T. B. Zhao et Z. X. Chen,sp. comb. nov. ,*Populus* × 'Ynheshanyang'

(五)银山毛杨杂种杨组　新杂种杨组

Populus Sect. × Ynshanmaoyang T. B. Zhao et Z. X. Chen,sect. hybr. nov.

Populus Sect. × nov. lenticellis rhombeis purpure-brunneis,brunneis,rubris,sparsis paucis 2～3-transversis. foliia triangule ovatibus affinibus P. tomemtosa Carr. et P. alba Linn. var. pyramidalis subtus multi-tomentosis,margine asymmetricis crispis.

Sect. hybr. nov. typus:Populus × 'Shanyumaobaiyang -303'.

Distribution:Hebei.

本新杂种组模式种:银山毛杂种杨。

产地:河北。本新杂交组系银白杨、山杨与毛白杨之间杂种。

本组有1新组合杂交种、2品种。

1. 银山毛杂种杨　新组合杂交种

Populus × Ynshanmaoyang T. B. Zhao et Z. X. Chen,sp. comb. nov.

Sp. hybr. nov. characteris formis et Ynshanmaoyang T. B. Zhao et Z. X. Chen aeque characteris formiseodem. foliis triangulari-ovatis similibud Populus tomentosa Carr. subtus tomentosis multis.

Distribution:Hebei.

本杂种形态特征与银山毛杨杂种组相同。皮孔菱形,红褐色,散生。叶三角-卵圆形,似毛白杨,背面茸毛多。

产地:河北。

(六)山杨组

Populus Sect. Trepidae Dode

Ⅰ.山杨系

Populus Linn. Ser. Trepidae Dode

本系植物在我国有4种、15变种(6新变种)、9变型(1新变型)、3品种。

1. 山杨 Populus davidiana Dode

变种:

1.1　山杨 Populus davidiana Dode var. davidiana

1.2　红序山杨 Populus davidiana Dode var. rubrolutea T. B. Chao et W. C. Li

1.3　垂枝山杨 Populus davidiana Dode var. penuda Skv.

1.4　长柄山杨(河南植物志)　新变种

Populus davidiana Dode f. longipetiolata T. B. Chao,var. nov. ,丁宝章等主编. 河南植物志 I:172～173. 1981。

本新变种与山杨原变种 Populus davidiana Dode var. davidiana 相似,但叶圆形,或卵圆形,较大,长 10. 0～15. 0 cm,长宽约相等,或长大于宽;叶柄细长,与叶片等长,或稍长于叶片,易于区别。

A typo recedit foliis rotundatis vel ovatis chartaceis majoribus 10. 0～15. 0 cm longis et 10. 0～15. 0 cm latis. Petiolis foliisque aequilongis vel longoiribus.

产地:河南伏牛山区的卢氏县五里川公社有分布。1977 年 8 月 20 日,赵天榜、兰战、金书亭

77821、77822、77823(模式标本 Typus var.！存河南农学院园林系)。

1.5 茸毛山杨 Populus davidana Dode var. tomentella(Schneid.)Nakai

1.6 南召山杨 新变种

Populus davidiana Dode var. nanzhaoensis T. B. Chao et Z. X. Chen, var. nov.

A var. nov. cortexcinereoalbidis aequatia. Foliis subrotundatis majoribus 8.0～10.0 cm longis et 8.0～10.0 cm latis apice acutis basi subcordatis margine repande dentatis supra atro-viridibus nitidis suntus cinereoviridibus crassiusculis; ramulis longis magnis rotundatis spice acutis basi subcordatis saepe 3 purpureio-rotundate glandulis margine serratis. Ramilis foliisque juvenilibus sparse villosis.

Henan:Nanzhao Xian. 8. 15. 1978. T. B. Chao, No. 788151. Typus in Herb. HEAC.

本新变种与山杨原变种 Populus davidiana Dode var. davidiana 区别:树干通直;树皮灰白色,光滑。小枝纤细,圆柱状,很短,通常 3.0～5.0 cm,红褐色。萌枝叶圆形,边缘具细锯齿,先端短尖,基部浅心形,顶端常具 2 枚红紫色圆腺体。短枝叶圆形,长宽近等长,长 8.0～10.0 cm,先端短尖,基部浅心形,表面深绿色,具金属光泽,边缘具波状粗锯齿,背面灰绿色,初被茸毛,后渐脱落;叶柄细,侧扁,长 2.0～6.0 cm,被柔毛,后渐脱落。雄株!

河南:南召县。1978 年 8 月 15 日。赵天榜,No. 788151。模式标本,采于南召县,存河南农业大学。

1.7 匍匐山杨 新变种

Populus davidiana Dode var. reptans T. B. Chao et Z. X. Chen, var. nov.

A var. nov. fruticinus caesptulis. minute ramulis, prostratis vel curve-pendulis. foliis rotundatis parvis, longis et latis 5.0～6.5 cm.

Henan:Nanzhao Xian. 8. 15. 1978. T. B. Chao, No. 19788155. Typus in Herb. HEAC.

本新变种为灌木簇生。小枝细,平卧,或拱形下垂。叶近圆形,小,长度和宽度 5.0～6.5 cm。

河南:南召县。1978 年 8 月 15 日。赵天榜,No. 19788155。模式标本,采于南召县,存河南农业大学。

变型:7,其中 1 新变型。

1.1 钱叶山杨 新变型

Populus davidiana Dode f. minutifolia T. B. Chao et Z. X. Chen, f. nov.

A typo ramulia gracilissimis cylindricis brerissimis, saepe 3～5 cm logis russis. Foliis rotundatis parissimis saepe 1.1～2.5 cm logis et 1.1～2.5 cm latis apice acutis basi surotundati tuneatisi petioles gracilissimis 1.5～3.0 cm longis.

Henan:Nanzhao Xian. 10. 06. 1985. T. B. Chao, No. 856101 (folia, holotypus hic disignatus, HEAC).

本新变型小枝纤细,圆柱状,很短,通常长 3.0～5.0 cm,红褐色。短枝叶圆形,很小,长 1.5～2.5 cm,宽 1.1～2.5 cm,先端急尖,基部近圆楔形,边缘波状;叶柄纤细,长 1.5～3.0 cm。

河南:南召县。1985 年 6 月 10 日。赵天榜,No. 856101。模式标本,存河南农业大学。

2. 欧洲山杨 Populus tremula Linn.

3. 阿拉善杨 Populus alachanica Kom.

4. 圆叶杨 Populus rotundifolia Griff.
变种:

4.1 圆叶杨 Populus rotundifolia Griff. var. rotundifolia

4.2 清溪杨 Populus rotundifolia Griff. var. duclouxiana(Dode)Gomb.

4.3 滇南山杨 Populus rotundifolia Griff. var. bonati(Lévl.) C. Wang et Tung, comb. nov.; *Populus bonati* Lévl. in Monpde Pl. 12;9. 1910

5. 河北杨 Populus hopeiensis Hu et Chow
变种:

5.1 河北杨 Populus hopeiensis Hu et Chow var. hopeiensis

5.2 垂枝河北杨 Populus hopeiensis Hu et Chow var. pendula T. B. Chao

5.3 卵叶河北杨 Populus hopeiensis Hu et Chow var. ovatifolia T. B. Chao

5.4 黄皮河北杨 Populus hopeiensis Hu et Chow var. flavida T. B. Chao et C. W. Chiuan

Ⅱ. **波叶山杨系** 新系

Populus Ser. undulatae T. B. Zhao et Z. X. Chen, ser. nov.

Series nov. foliis rotundatis, ovatibus, late ovatibus 3.5～8.0 cm longis, 2.6～6.8 cm latis, apice cuspidatis basi cuneatis latis vel rotundatis, supra virodibud, subtus gypseis glabris a-glandibus, margine repandis integris vel emarginatis; petiolis subtilibus, l. 3 ~ 7. 0 cm longis, complanis apice a-glandibus.

Ser. nov. typus: Populus undulata J. Zhang.

Distribution: Henan.

本新系短枝叶近圆形、卵圆形、宽卵圆形,长 3.5 ~ 8. 0 cm,宽 2. 6 ~ 6. 8 cm,先端骤尖,基部宽楔形,或近圆形,表面绿色,背面苍白色,无毛,无腺体,边缘波状、全缘,或凹缺;叶柄纤细,长 1. 3 ~ 7. 0 cm,侧扁,先端无腺体。

本新系模式种:波叶山杨 Populus undulata J. Zhang。

产地:河南。

本系 1 种、3 变种(1 新改隶组合变种、2 新变种)、5 变型。

1. 波叶山杨 Populus undulata J. Zhang

变种:

1. 长柄波叶杨 Populus undulata var. longipetiolata T. B. Chao, var. transl nova ined; *Populus davidiana* Dode var. *longipetiolata* T. B. Chao

2. 角齿波叶杨　新变种

Populus undulatavar. pusilliangulata T. B. Chao et Z. X. Chen, var. nov.

A var. nov. recedit foliis ovato-triangulatis, margine triangulati-dentatis interdum integris chartaceis, apice longe acuminatis interdum caudatis.

Henan: Lushi Xian. 1978-08-05. T. B. Zhao, No. 78851(Folia, holotypus hic HNAC).

本变种短枝叶卵圆-三角形,边缘具 3 ~ 5 个三角-缺刻齿牙,有时全缘,先端突长尖,有时尾尖,薄纸质。

产地:河南伏牛山区天然次生林中。1978 年 8 月 5 日。赵天榜,No. 78851。模式标本,采于河南卢氏县,存河南农学院。

3. 小叶波叶杨　新变种

Populus undulatavar. parvifolia T. B. Chao et Z. X. Chen, var. nov.

A var. nov. recedit fruticibus 1. 0 ~ 1. 6 m altis. ramulis gracilissimis 3. 0 ~ 8. 0 cm longis, diam. 2 mm, brunneis; longe ramulis gracilissimis 15. 0 ~ 25. 0 cm longis, diam. 3 ~ 5 mm, brunneis, pendulis. foliis rotundatis parvissimis, 1. 6 ~ 2. 5 cm longis, 1. 5 ~ 2. 5 cm latis, apice acutis basi rutundata vel late tu-

neatis margine rotundati-repandis; petiolis gracilissimis 1. 5 ~ 3. 2 cm longis.

Henan: Lushan Xian. 1979-09-05. T. B. Zhao et al. , No. 10(Folia et ramulus, holotypus hic HNAC).

本新变种灌丛,高 1. 0 ~ 1. 6 m。小枝纤细,长 3. 0 ~ 8. 0 cm,径约 2 mm,褐色;长枝纤细,长 15. 0 ~ 25. 0 cm,径 3 ~ 5 mm,褐色,下垂;叶近圆形,很小,长 1. 5 ~ 2. 5 cm,宽 1. 5 ~ 2. 5 cm,先端急尖,基部圆形,或宽楔形,边缘呈圆波状;叶柄纤细,长 1. 5 ~ 3. 2 cm。

产地:河南。1979 年 9 月 5 日。赵天榜,No. 10。模式标本,采于河南鲁山县,存河南农业大学。

变型:

1. 1　波叶杨 Populus undulata J. Zhang f. undulata

1. 2　宽叶波叶山杨 Populus undulata J. Zhang f. latifolia J. Zhang

1. 3　楔叶波叶山杨 Populus undulata J. Zhang f. latieuneata(Nakai) J. Zhang

1. 4　圆叶波叶杨 Populus undulata J. Zhang f. rotunda J. Zhang

1. 5　紫叶波叶杨 Populus undulata f. purpurea T. B. Chao et Z. X. Chen

Ⅲ. 齿叶山杨系

PopulusSer. Serratae T. Hong et J. Zhang

本系有 3 种(1 新种)、4 变种(1 新变种、1 新组合变种)、5 变型(4 新组合变型)。

1. 河南杨 Populus honanensis T. B. Chao et C. W. Chiuan

变种:

1. 1　河南杨　原变种

Populus henanensis T. B. Chao et C. W. Chiuan var. henanensis

1. 2　心叶河南杨 Populus henanensis T. B. Chao et C. W. Chiuan var. cordata T. B. Chao et C. W. Chiuan

1. 3　齿牙河南杨　新变种

Populus henanensis T. B. Chao et C. W. Chiuan var. dentiformid T. B. Chao et Z. X. Chen, var. nov.

A var. nov. recedit foliis trianguste ovatis vel subrotundatis margine impariter denticulatis inter serrulatis tenuiter chartaceis apice abrupte longi-acuminatis interdum caudatis tortis basin terninervis basi subrotundatis vel late truncatis raro cuneatis.

Henan:Lushan Xian. 1978-09-05. T. B. Zhao et al. ,No. 78551. Typus in Herb. HNAC.

本新变种短枝叶三角-卵圆形,或近圆形,边缘具不等牙齿状小齿,间有细锯齿,薄纸质,先端突长尖,有时尾尖,扭曲,基部 3 出脉,基部近圆形,或宽楔形,稀截形。

产地:河南卢氏具。1978 年 8 月 5 日。赵天榜,No. 78851。模式标本,存河南农业大学。

1.4 卢氏河南杨 Populus honanensis T. B. Chao et C. W. Chiuan var. lyshehensis(T. B. Chao et G. X. Liou) T. B. Chao et Z. X. Chen var. comb. nov. ;卢氏山杨 Populus davidana Dode var. lyshehensis T. B. Chao et G. X. Liou, 丁宝章等主编. 河南植物志(第一册):173. 1981。

变型:

1.1 河南杨 Populus honanensis T. B. Chao et C. W. Chiuan f. honanensis

1.2 尖芽河南杨 honanensis T. B. Chao et C. W. Chiuan f. acuminati-gemmata (T. Hong et J. Zhang)T. B. Chao et Z. X. Chen,f. transl. nova;*Populus serrata* T. B. Chao et J. S. Chen f. *acuminati-gemmata* T. Hong et J. Zhang

1.3 粗齿河南杨 Populus honanensis T. B. Chao et C. W. Chiuan f. grosseserrata(T. Hong et J. Zhang)T. B. Chao,f. transl. nova,*Populus serrata* T. B. Chao et J. S. Chen f. *grosseserrata* T. Hong et J. Zhang

1.4 心形齿叶河南杨 Populus honanensis T. B. Chao et C. W. Chiuan f. cordata (T. Hong et J. Zhang)T. B. Chao,f. transl. nova,*Populus serrata* T. B. Chao et J. S. Chen f. *cordata* T. Hong et J. Zhang

1.5 圆叶河南杨 Populus honanensis T. B. Chao et C. W. Chiuan f. rotundata(T. B. Chao et Z. X. Chen) T. B. Chao,f. transl. nov. ;*Populus serrata* T. B. Chao et J. S. Chen f. *rotundata* T. B. Chao et Z. X. Chen

1.6 五莲杨 Populus henanensis T. B. Chao et C. W. Chiuan var. wulianensis(S. B. Liang et X. W. Li)T. B. Zhao et Z. X. Chen,var. comb. nov. ,*Populus wulianensis*(S. B. Liang et X. W. Li)

2.豫白杨 新种

Populus yuibeiyang T. B. Chao et Z. X. Chen, sp. nov.

Species Populus celtidifolia T. B. Chao et P. honanensis T. B. Chao et C. W. Chilian affinis,sed foliis ovatis, trianguste subrotundatis, trianguste ovatis raro rhombiovatis apice acutis vel longe acuminatis secundis basi rotundatis late cuneatis raro truncatis margine non aequalibus grosse inflexi-serratis glandibus et serratis glandibus, ramalis foliis et petiolis juvenilibus dense breviter tomentosis; ut P. tomentosi Carr. affinis, sed foliis brevi-ramulis parvis margine non aequalibus grasse inflexi-serratis glandibus et serratis glandibus. foliis lingi-ramulis supra medium margine interdum trianguste dentatis.

Arbor, ramuli cinerei-brunnei juvinilibus dense breviter tomentosi postea glabra, gemmae terminales ovate conicae perulue purpurei-brunnei minute brunnei glutinosi et breviter tomentosi. folia ovata vel triangulate suhrotumfeta raro rhombi-ovata 4. 5 ~ 7. 0 cm longa 3. 5 ~ 6. 0 cm lata apice acuta vel acuminata secunda basi rotundata late cuneata raro truncata interdum 1 ~ 2-glandulosa margine non aequales grosse inflcxi-serrata glandulosa et serrata glandulosa supra virides costati sparse tomontosi subtus flavovirentes interdum breviter tomentosi costati et ncrvi laterales dcnsissima; petioli graciles 1. 5 ~ 3. 5 cm longa lateraliter loraprcssi. surcula et folia petioli dense breviter tomentosi, triangusta trianguste subrotundata raro rhombi-ovata 7. 5~11. 0 cm longa 5. 5~ 8. 0 cm lata apice acuta vel subrotundata interdum 1~2-glandulosa parvi margine non aequales grosse inflexi-serrata et serrata glandes interdum supra margine obtuse triangusta inflexi-dentala supra virides costati sparse breviter toinentosi subtus flavovirentes costati et nervi laterales dense breviter lomeiitosi; petioii cylindrici 3. 5~4. 0 cm longa dense breviter toinentosi.

Henan:Songxian. Sine Collect. Sol. num. Typus in Herb. HNAC.

落叶乔木。小枝灰褐色,幼时密被短茸毛,后光滑。顶芽卵-圆锥状,紫褐色,芽鳞背面微褐黏液和短茸毛。短枝叶卵圆形、三角-近圆形、三角-卵圆形,稀菱-卵圆形,长 4. 5 ~ 7. 0 cm,宽 3. 5~6. 0 cm,先端短尖,或长尖而扭向一侧,基部圆形、宽楔形,稀截形,有时具 1~2 不发育腺体,边缘具大小相间极不整齐的内弯粗腺齿和细腺齿,表面绿色,沿中脉基部疏被茸毛,背面淡黄绿色,有时被短茸毛,沿中脉和侧脉尤密;叶柄纤细,长 1.5~3.5 cm,侧扁。长萌枝及叶、叶柄密被短茸毛,叶三角形、三角-近圆形,稀三角-卵圆形,长 7.5~11.0 cm,宽 5.5~8.0 cm,先端短尖,或长尖而扭向一侧,基部截形、宽截形、或近心形,有时具 1~2 小腺体,边缘具不整齐的内弯粗腺齿和腺锯齿,有时上部边缘具钝三角形稍内弯的齿牙状缺刻,浅黄绿色,密被短茸毛,沿隆起中脉和侧脉密被短茸毛;叶柄圆柱状,长 3.5~4.0 cm,密被短茸毛。花和果不详。

本新种与朴叶杨 Populus celtidifolia T. B. Chao 和河南杨 Populus honanensis T. B. Chao et C. W. Chiuan 相似,但区别:短枝叶卵圆形、三角-近圆形、三角-卵圆形,稀菱-卵圆形,先端短尖,或长尖而扭向一侧,基部圆形、宽楔形、或截形、圆形,边缘具大小相间、极不整齐的内弯粗腺齿和细腺齿;幼枝、叶和叶柄密被短茸毛;又与毛白杨 Populus tomentosa Carr. 相似,但区别:短枝叶小,边缘具大小相间、极不整齐的内弯粗腺齿和细腺齿;长萌枝叶上部边缘具三角形齿牙缺刻。

河南:嵩县。采集人:赵天榜。标本无号。模式标本,存河南农业大学。

3. 朴叶杨 Populus celtidifolia T. B. Chao

Ⅳ. 云霄杨系　新系

Populus Ser. yunsiaoyungae T. B. Zhao et Z. X. Chen,ser. nov.

Series nov. floribus bisexualibus. gynoecy et staminatis in larboribus,non inflorescwntiis Androgynis valde insignis.

Distribution:Henan.

本新系主要形态特征:花两性。雌雄同株!异花序为显著特征。

系模式种:云霄杨 Populus yunsiaomanshanensis T. B. Chao et C. W. Chiuan。

产地:河南伏牛山区云霄山。

本系 1 种。

1. 云霄杨 Populus yunsiaomanshanensis T. B. Chao et C. W. Chiuan

Ⅴ. 河北山杨杂种杨系　新杂种杨系

Populus Sect. × Hopei-davidiana T. B. Zhao et Z. X. Chen,sect. hybr. nov.

Sect. × nov. characteristicis formis et Populus hopeiensis × P. davidiana Dode characteristicis formis aequabilis.

Sect. × typus:Populus hopeiensis Hu et Chow × P. davidiana Dode.

Distribution:Henan.

形态特征与河北杨 × 山杨形态特征。

本新杂种系模式种:河北杨 × 山杨。

1. 河北杨 × 山杨 Populus hopeiensis Hu et Chow × P. davidiana Dode

(七) 南林杂种杨组

Populus Sect. × nanlinhybrida T. B. Zhao sp. comb. hybr. nov. ,Populus × nanlinensis P. Z. Ye

本组 1 种。

1. 南林杨 Populus × nanlinyang P. Z. Ye,sp. hybr. nov. (Populus hepeiensis Hu et Chow × Populus tomentosa Carr.) × Populus adenopoda Maxim.)

(八) 河北杨 × 毛白杨　新杂种杨组

Populus Sect. × Hopei-tomentosa T. B. Zhao et Z. X. Chen,Sect. hybr. nov.

Populus Sect. × hybrida nov. rami-cicatricibus conspicuis horizontaliter anguste ellipticis. ramulis dilute brunneis,subtiliter angulis,pubescentibus in juvenilibus denique glabris. foliis triangule ovatibus、rotundatis secundis,apice breviter acuminatis,basi late truncatis,rotundatis vel late cuneatis;petiolis supra medium Laterib-applanatis,deorsum teribus,flavovirentibus,raro tomentosis,apice glandulis nullis.

Sect. × typus:Populus hopeiensis Hu et Chow × P. tomentosa Carr. .

Distribution:Shanxi.

本新杂交组系河北杨 × 毛白杨之间杂种。其主要形态特征:枝痕明显,横窄椭圆形。小枝淡褐色,微有棱脊,嫩时被毛,后渐脱落。短枝叶三角-卵圆形、扁圆形,先端短渐尖,基部宽截形、圆形,或宽楔形;叶柄上部侧扁,下部圆柱状,黄绿色,微被茸毛,顶端无腺体。

产地:陕西。

本组有 1 种。

1. 河北杨 × 毛白杨(1)Populus hopeiensis Hu et Chow × P. tomentosa Carr.

(九) 响叶杨组

Populus Linn. Sect. Adenopodae T. B. Chao et Z. X. Chen,sect. comb. nov. ,*Populus* Ser. *Adenopodae* T. Hong et J. Zhang

本组 4 种、6 变种(1 新变种)、7 变型(2 新变型)。

1. 响叶杨 Populus adenopoda Maxim.

变种:

1.1 响叶杨 Populus adenopoda Maxim. var. adenopoda

1.2 小叶响叶杨 Populus adenopoda Maxim. var. microphylla T. B. Chao

1.3 圆叶响叶杨 Populus adenopoda Maxim. var. rotundifolia T. B. Chao

1.4 南召响叶杨 Populus adenopoda Maxim. var. nanchaoensis T. B. Chao et C. W. Chiuan

1.5 大叶响叶杨 Populus adenopoda Maixim. var. platyphylla C. Wang et Tung

1.6 三角叶响叶杨 新变种

Populus adenopoda Maixim. var. triangulata T. B. Zhao et Z. X. Chen, var. nov.

A var. nov. foliis late deltiodeuis, 12. 0 ~ 15. 0 cm longis, 8. 0 ~ 10. 0 cm latis apive longi-acuminatis tortis basi truncatis marginantibus crispis margine glandule serratis supra et subter alternantibus non in planis; petiolis apice saepe 2 - glandulosis. Amenti-capsulis 20. 0 ~ 28. 0 cm longis axiliis pubescenti-bus.

Henan: Nanzhao Xian: Yuzang of Qiaoduan country. 14. 10. 1974. T. B. Zhao et W. Q. Li, No. 7. Typus in Herb. HANC.

本新变种短枝宽三角形,长 12. 0 ~ 15. 0 cm,宽 8. 0 ~ 10. 0 cm,先端长渐尖,稀突尖,扭曲,基部截形,边部波状起伏,边缘具细腺锯齿,齿上下交错,不在一个下面上;叶柄先端通常具 2 枚腺点。果序长 20. 0 ~ 28. 0 cm,果序轴被柔毛。

产地:河南南召县乔端乡。1974 年 10 月 14 日。赵天榜和李万成,No. 7。模式标本,存河南农业大学。

变型:

1.1 响叶杨 Populus adenopoda Maxim. f. ad-enopoda

1.2 长序响叶杨 Populus adenopoda Maxim. f. longiamentifera J. Zhng

1.3 菱叶响叶杨 Populus adenopoda Maixim. f. rhombifolia T. Hong et J. Zhang

1.4 楔叶响叶杨 Populus adenopoda Maixim. f. cuneata C. Wang et Tung

1.5 小果响叶杨 Populus adenopoda Maixim. f. microcarpa C. Wang et Tung

1.6 截叶响叶杨 新变型

Populus adenopodaMaixim. f. truncata T. B. Zhao et Z. X. Chen f. nov.

A typo recedit foliis deltoidibus 7. 0 ~ 12. 0 cm, 4. 5 ~ 7. 5 cm latis apice longe acuminatis basi trun-catis; petiolis vulgo sne glandibus.

Henan: Nanzhao Xian. 1983-11-05. T. B. Chao et al. ,No. 831156(HNAC).

本新变型短枝叶三角形,长 7. 0 ~ 12. 0 cm,宽 4. 5 ~ 7. 5 cm,先端长渐尖,基部截形;叶柄通常无腺体。

产地:河南伏牛山区。1983 年 11 月 5 日。赵天榜等,No. 851156。模式标本,采于南召县,存河南农业大学。

1.7 嵩县响叶杨 新变型

Populus adenopodaMaixim. f. sungxianensis T. B. Zhao et Z. X. Chen,f. nov.

A typo recedit foliis deltoidibus 7. 0 ~ 12. 0 cm longis, 4. 5 ~ 7. 5 latis apice longe acuminatis basi truncatis, margine crispi-dentatis, supra atrovirenti-bus bifrontibus ad neuros pubescentibus; petiolis api-ce a-glandibus. femineis! inflorescentiis 7. 0 ~ 10. 0 cm longis.

Henan:Sun Xian. 1983-11-05. T. B. Zhao et al. No. 831156(HNAC)

本新变型树干通直;树皮灰绿色,光滑;皮孔菱形,散生。短枝叶三角-卵圆形,长 7. 0 ~ 12. 0 cm,宽 4. 5 ~ 7. 5 cm,先端短尖,基部浅心形,边缘具波状粗锯齿,表面深绿色,两面沿脉被柔毛;叶柄顶端无腺体。雌株! 雌花序长 7. 0 ~ 10. 0 cm。

产地:河南伏牛山区河南嵩县。赵天榜等,No. 851156。模式标本,采于河南嵩县,存河南农业大学。

2. 伏牛杨 Populus funiushanensis T. B. Chao

3. 松河杨 Populus sunghoensis T. B. Chao et C. W. Chiuan

4. 琼岛杨 Populus qiongdaoensis T. Hong et P. Luo

(十)响山杂种杨组 新杂种杨组

Populus Sect. × adenopodi-davidiana T. B. Zhao et Z. B. Chen,sect. hybr. nov.

Sect. × nov. characteristicua formis et Populus

henanensis C. Wang et Tung characteristicua formis aequabilis.

Sect. × nov. Typus：Populus henanensis C. Wang et Tung.

Distribution：Henan. Nanzhao.

本新杂种杨组形态特征与汉白杨形态特征相同。

本新杂种杨组模式种：汉白杨 Populus henanensis C. Wang et Tung。

产地：河南。南召县。

本新杂种杨组：1 种、1 变种。

1. 汉白杨 Populus henanensis C. Wang et Tung 变种：

1.1 关中杨 Populus henanensis C. Wang et Tung var. shensiensis（J. M. Jiang et J. Zhang）T. B. Zhao et Z. X. Chen，var. comb. nov.，*Populus × shensiensis* J. M. Jiang et J. Zhang

二、毛白杨亚属　新亚属

Populus Linn. Subgen. Tomentosae（T. Hong et J. Zhang）T. B. Zhao et Z. X. Chen，subgen. nov.，*Populus* Linn. Subsect. *Tomentosae* T. Hong et J. Zhang。

Subgen. nov. characteristicis formis：comis arboris，corticeis，lenticellis，formis foliis floribus et capsulis，et　　surculi-spermis of Populus tomentosa Carr. et P. alba Linn. et P. bolleana Lauche et P. davidiana Dode et P. adenopoda Maxim. et Populus tomentosa Carr. aequalibus.

Subgen. × nov. Typus：Populus Linn. Subsect. Tomentosae T. Hong et J. Zhang.

Distribution：China.

本新亚属形态特征：树形、树皮、皮孔、叶形、花及蒴果，以及毛白杨实生苗均有银白杨、新疆杨、山杨、响叶杨及毛白杨的形态特征。根据《国际植物命名法规》有关规定，故创建毛白杨新亚属。

新亚属模式：毛白杨亚组 Populus Linn. Subsect. Tomentosae T. Hong et J. Zhang。

产地：中国。

（一）响银山杂种杨组　新杂种杨组

Populus Sect. × Ellipticifolia T. B. Zhao et Z. X. Chen，Sect. hybr. nov.

Populus Sect. × hybr. corticibus basibus atro-brunneis praealte partitis. Foliis ellipticis vel ovatibus.

Sect. × typus：Populus × adenopodi-aibi-davidiana T. B. Zhao et Z. B. Chen.

Distribution：Henan. Zhengzhuo City.

本新杂交组系响叶杨 × 银白杨与山杨之间杂种。其主要形态特征：树皮基部黑褐色，深纵裂。叶椭圆形，或卵圆形。

产地：河南、郑州市。

本组有 1 种。

1. 响银山杨　新杂种

Populus × adenopodi-aibi-davidiana T. B. Zhao et Z. X. Chen，sp. hybr. nov.

Sp. hybr. nov. comis latis subglobosis；lateriramis grossi-magnis，40 ~ 50°. Truncis leviter curvatis、exmediistruncis；cortice cinerei-virudibus，cinerei-brunneolis raroglabris，basi nigri-brunneolis，profunde sulcatis；rhombeis meso-lenticellis，conspicuis，multi-sparsis ，rare continuis. Foliis breviter ramulinis ellipticis vel ovatibus coriaceis apice brevibus，basi dilute cordatis vel rptundatis，margine repandis. femineis！inflorescentiis femineis 4. 9 ~ 6. 3 cm；bracteis spathulati-ovatibus，supra medium fuscibrunneolis，nigri-brunneolis，subter achromis，lobis nigri-brunneolis，margine ciliatis albis longis；discis trianguli-infundibularibus，margine repandis；ovariis pallide viridibus，stigmatis pallide lutei-albis，breviter stylis 2-lobis，lobis 2 ~ 3-lobis，lobis magnis pennatis initio pallide lilacini-rubris ultimo cinerei-albis. Fructibus inflorescentiis 9. 0 ~ 15. 0 cm. capsulis triconoideis atrovirentibus，supra medium longe acuminatis apice rostratis.

Henan：Zhengzhou City. 27-03-1973. T. B. Zhao et Z. X. Chen No. 327. Typus！HNAC.

本新杂种树冠宽大，近球状；侧枝粗大，呈40°~50°角开展。树干微弯，无中央主干；树皮灰绿色、灰褐色，稍光滑，基部黑褐色，深纵裂；皮孔菱形，中等，明显，多散生，少数连生。短枝叶椭圆形，或卵圆形，革质，先端短尖，基部浅心形，或近圆形，边缘波状。雌株！雌花序长 4.9~6.3 cm；苞片匙-卵圆形，上中部棕褐色、黑褐色，下部无色，裂片黑褐色，边缘被白色长缘毛；花盘三角-漏斗形，边缘波状；子房淡绿色，柱头淡黄白色，花柱短，2 裂，每裂 2~3 叉，裂片大，羽毛状，初淡紫红色、粉红色,后灰白色。果序长 9.0~15.0 cm;蒴果三角–圆锥状,深绿色,中部以上长渐尖,先端具喙。成熟后 2 瓣裂。花期 3 月。

河南:郑州。1973 年 3 月 27 日。赵天榜,No. 327。模式标本,采于河南郑州,存河南农业大学。

(二)响毛(毛响)杂种杨组　新杂种杨组

Populus × adenopodi-tomentosa (tomentosi-adenopoda) T. B. Zhao et Z. X. Chen,Sect. hybr. nov.

Populus Sect. × nov. lenticellis rhombicis parvis dense saepe plus 4 se transverse cornnatis. foliis majoribus coriceis. Gemmis florum majoribus ovatis, staminis 8~32,discis majoribus calceolatis differt.

Sect. × nov. typus:Populus yunungii G. L. Lü.

Distribution:Henan et al.

本新杂交组由毛白杨与响叶杨之间杂种。其主要形态特征:皮孔菱形,小,多为 4 个连生呈线状。叶大,革质。花芽大,扁卵球状。雄蕊 8~32 枚,花药红色;花盘大,鞋底形。

产地:河南等。

1. 豫农杨 Populus yunungii G. L. Lü

2. 响毛杨 Populus × pseudo-tomentosa C. Wang et S. L. Tung

(三)毛白杨组

Populus Linn. Sect. Tomentosae (T. Hong et J. Zhang) T. B. Zhao et Z. X. Chen,sect. comb. nov. ,*Populus* Linn. Subsect. *Tomentosae* T. Hong et J. Zhang

本组模式种:毛白杨 Populus tomentosa Carr. 。

本亚组在河南共有 3 种、14 变种(1 新变种)、3 变型(1 新变型)。

1. 毛白杨 Populus tomentosa Carr.

变种:

1.1　银白毛白杨　新变种

Populus tomentosa Carr. var. alba T. B. Chao et Z. X. Chen,var. nov.

A var. nov. ramulis dense tomentosis. Foliis ovatis,rotundatis, apice mucronatis base cordatis,margine dentatis non regularibus,supra in costis et nervia latrelibus dense tomentosis albis,subtus dense cinerei-albis;petiolis cylindricis dense cinerei-albis, apice 1~2 globiglandulis. femineis!

Henan;Zhengzhou City. 29-03-1975. T. B. Zhao

・184・

et Z. X. Chen,No. 225. Typus!

本新变种枝密被白色茸毛。叶卵圆形、近圆形,先端短尖,基部浅心形,边缘具不规则的大牙齿锯齿,表面沿主脉及侧脉密被白色茸毛,背面密被灰白色茸毛;叶柄圆柱状,密被灰白色茸毛,顶端 1~2 枚圆腺体。雌株! 苞片匙–菱形,中上部浅灰色,中间具灰色条纹。蒴果扁卵圆球状,长约 3 mm,密被灰白色茸毛。花期 3 月;果成熟期 4 月中下旬。

产地:河南。1975 年 3 月 29 日。模式标本,赵天榜,225。采于河南郑州,存河南农业大学。

变型:

1.1　银白密枝毛白杨　新变型

Populous ramosissima (Yü Nung) C. Wang et T. B. Zhao f. argentata T. B. Chao et Z. X. Chen f. nov.

A typo recedit ramaliis et foliis juventubius dense tomemtosis. Foliis ramulorum brevium late ovatis vel triangulari-ovatis vel rotundati-ovatis vel subritundatis apice acutis basi late cuneatis vel rotundis vel subcordatis;petiolis dense tomentosis.

Henan;Zhengzhou. Tree cultivated. 16. 3 m high,31. 2 cm in diameter. 10-05-1980. T. B. Chao,No. 37.

本新变型与密枝白杨原变型 Populus ramosissima(Yü Nung)C. Wang et T. B. Zhao var. ramosissima 区别:幼枝和幼叶密被白色茸毛。短枝叶三角–卵圆形、宽卵圆形、圆状卵圆形,或近圆形,先端短尖,基部近心形、圆形、宽楔形;叶柄密被白色茸毛。

河南:郑州。1980 年 5 月 10 日。赵天榜,No. 37。模式标本,采于河南郑州,存河南农业大学。

本新变型河南各地有栽培,抗病害能力极强,是抗病育种的优良亲本。

2. 河北毛白杨 Populus hopeinica (Yü Nung) C. Wang et T. B. Zhao,sp. comb. nov. ;*Populus tomentosa* Carr. var. *Hopeinica*

3. 新乡杨 Popuius sinxiangensis T. B. Chao(T. B. Zhao)

(四)毛白杨异源三倍体杂种杨组　新杂交组

Populus × Tomentoi-pyramidali-tomentosa T. B. Zhao et Z. X. Chen,Sect. hybrida nov. ;郑世锴主编. 杨树丰产栽培:52. 2006。

Sect. × nov. tomentosis albis in longi-ramulis et

ramulis juvenlibus postea glabris. Foliis breviter ramulis ovatibus margine repandis. Foliis longi-ramulis et ramulis juvenlibus et P. alba Linn. var. pyramidalis Bunge similis.

本新杂交组主要形态特征:长、萌枝初被灰白色茸毛,后渐脱落。短枝叶卵圆形,边缘具波状锯齿。长、萌枝叶近似于新疆杨长、萌枝叶形态特征。

产地:北京。

本组有 1 种。

1. 毛白杨异源三倍体 Populua × Tomentoi-pyramidali-tomentosa T. B. Zhao et Z. X. Chen, sp. comb. nov. , 毛新杨 × 毛白杨〔(Populua tomentosa Carr. × Populus alba Linn. var. pyramidalis Bunge) × Populus tomensa Carr.〕

(五)毛新山杂种杨组　新杂种杨组

Populus × Maoixishanyang T. B. Zhao et Z. X. Chen, Sect. hybr. nov.

Populus Sect. × hybr. nov. cimalibus ovoideis; rami-lateribus raris. coticibus cinerei-brunneis; lacunosis rhombeis brunneis multidiscretis, raro 2 ~ 4-connatis pervalvaribus. foliis in breviter ramulis et foliis P. alba Linn. var. pyramidalis Bunge aequqlibus.

Sect. × nov. Typus: Populus × Maoixishanyang T. B. Zhao et Z. X. Chen.

Distribution: Hebei.

本新杂种组形态特征与毛新山杨－106 形态特征相同。

本新杂种组模式种:毛新山杨。

产地:河北。

本新杂种组仅 1 新杂种杨。

1. 毛新山杨 Populus × Maoxinshanyang T. B. Zhao et Z. X. Chen

三、银黑杂种杨亚属　新杂种杨亚属

Populus Subgen. × Albinigriyang T. B. Zhao et Z. X. Chen, subgen. hybr. nov.

Subgen. × nov. characteristicis formis et characteristicis formis Populus alba Carr. × P. berolinensis Dippel aequabilis.

Subgen. × nov. Typus: Populus alba Carr. × P. berolinensis Dippel.

Distribution: Helongjiangi.

1. 银中杨 0163　　Populus alba Carr. × P. berolinensis Dippel

四、大叶杨亚属　新组合亚属

Populus Subgen. Leucoides (Spach) T. B. Zhao et Z. X. Chen

亚属模式:大叶杨 Populus lasiocarpa Oliv. 。

本亚属中国有 5 种、4 变种、3 变型。

1. 大叶杨 Populus lasiocarpa Oliv.

变种:

1.1　大叶杨 Populus lasiocarpa Oliv. var. lasiocarpa

1.2　长序大叶杨 Populus lasiocarpa Oliv. var. lingiamenta Mao et P. X. He

1.3　裸枝杨 Populus lasiocarpa Oliv. var. psiloclata N. Chao et J. Liu

1.4　彝良杨 Populus lasiocarpa Oliv. var. yilangensis N. Chao et J. Liu

2. 椅杨 Populus wilsonii Schneid.

变型:

2.1　椅杨 Populus wilsonii Schneid. f. wilsonii

2.2　短柄椅杨 Populus wilsonii Schneid. f. brevipetiolata C. Wang et Tung

2.3　长果柄椅杨 Populus wilsonii Schneid. f. pedicellata C. Wang et Tung

3. 堇柄杨 Populus violascens Dode

4. 灰背杨 Populus glauca Haines

5. 长序杨 Populus pseudoglauca Z. Wang et P. Y. Fu

五、青杨亚属

Populus Subgen. Tacamahaca (Spach) T. B. Zhao (T. B. Zhao) et Z. X. Chen, subgen. comb. nov. , Populus Sect. Tacamahaca Spach in Ann. Scti Nat. Bot. ser. 2. 15: 32. 1841

Ⅰ. 苦杨系

Populus Ser. Laurifoliae Ledeb

1. 苦杨 Populus laurifolia Ledeb.

2. 小叶杨 Populus simonii Carr.

变种:

2.1　小叶杨 simonii Carr. var. simonii

2.2　秦岭小叶杨 Populus simonii Carr. var.

tsinglingensis C. Wang et C. Y. Yu

2.3 菱叶小叶杨 Populus simonii Carr. var. rhombifolia Kitag.

2.4 洛宁小叶杨 Populus simonii Carr. var. 1uoningensis T. B. Chao(T. B. Zhao)

2.5 垂枝小叶杨 Populus simonii Carr. var. pendula Schneid.

2.6 辽东小叶杨 Populus simonii Carr. var. liaotungensis(C. Wang et Tung)C. Wang et Tung

2.7 圆叶小叶杨 Populus simonii Carr. var. rotundifolia S. C. Lu ex C. Wang et Tung

2.8 宽叶小叶杨 Populus simonii Carr. var. latifolia C. Wang et Tung

2.9 短序小叶杨 新变种

Populus simonii Carr. var. brevi-amenta T. Y. Sun et M. H. Zhao ex T. B. Zhao, var. nov.

A typo foliis breviter ramulis rhombei-ovatis vel rhombei-ellipticis, ad costas et nervis lateralibus pubesentibus. inflorescentiis carpicis 2. 0～4. 0 longis, axialibus inflorescentiis carpicis pubescentibus. capsulis ovoideis 3 mm longis et circum 2 mm latis, pubescentibus.

Nei Monggal: Siziwangqi. 06-06-1982. T. Y. Sun 73616(capsulum).

本新变种与小叶杨原变种 Populus simonii Carr. var. simonii 区别:短枝叶菱-卵圆形,或菱-椭圆形,表面沿主脉被短柔毛。果序长 2. 0～4. 0 cm,果序轴被短柔毛;蒴果卵球状,长 3 mm,宽约 2 mm,被短柔毛。

产地:内蒙古四子王旗。1982 年 6 月 6 日。孙岱阳 73616(蒴果)。模式标本,采于内蒙古四子王旗,存内蒙古林学院。

2.10 塔型小叶杨 Populus simonii Carr. var. fastgiata Schneid.

3. 青甘杨 Populus przewalskii Maxim.

4. 小青杨 Populus pseudo-simonii Kitag.

5. 耿镇杨 Populus cathayana Rehd. × P. simonii Carr.

6. 科尔沁杨 Populus keresqinensis T. Y. Sun

7. 瘦叶杨 Populus lancifolia N. Chao

8. 阔叶青杨 Populus platyphylla T. Y. Sun

9. 康定杨 Populus kangdingensis C. Wang et Tung

10. 西南杨 Populus schnerideri(Rehd.)N. Chao

变种:

10. 1 西南杨 Populus schnerideri(Rehd.)N. Chao var. schnerideri

10. 2 光果西南杨 Populus schnerideri(Rehd.)N. Chao var. tibetica(Schneid.)N. Chao

11. 昌都杨 Populus qamdoensis C. Wang et Tung

12. 乡城杨 Populus xiangchengensis C. Wang et Tung

13. 长叶杨 Populus wuana C. Wang et Tung

14. 五瓣杨 Populus yuana C. Wang et Tung

15. 德钦杨 Populus haoana Cheng et C. Wang

变种:

15. 1 德钦杨 Populus haoana Cheng et C. Wang var. haoana

15. 2 大果德钦杨 Populus haoana Cheng et C. Wang var. macrocarpa C. Wang et Tung

15. 3 大叶德钦杨 Populus haoana Cheng et C. Wang var. megaphylla C. Wang et Tung

15. 4 小果德钦杨 Populus haoana Cheng et C. Wang var. microcarpa C. Wang et Tung

16. 冬瓜杨 Populus purdomii Rehd.

变种:

16. 1 冬瓜杨 Populus purdomii Rehd. var. purdomii

16. 2 楸皮杨 Populus purdomii Rehd. var. ciupi(S. Y. Wang)T. B. Chao(T. B. Zhao)et H. B. Weng, var. transl. nova; Populus ciupi S. Y. Wang.

16. 3 光皮冬瓜杨 Populus purdomii Rehd. var. rockii(Rehd.)C. F. Fang et H. L. Yang

17. 伊犁杨 Populus iliensis Drob.

18. 黑龙江杨 Populus amurensis Kom.

19. 柔毛杨 Populus pilosa Rehd.

变种:

19. 1 柔毛杨 Populus pilosa Rehd. var. pilosa

19. 2 光果柔毛杨 Populus pilosa Rehd. var. leiocarpa C. Wang et Tung

20. 帕米尔杨 Populus pamierica Kom.

21. 亚东杨 Populus yatungensis(C. Wang et Tung)C. Wang et Tung

22. 密叶杨 Populus talassica Kom.

23. 东北杨 Populus girinensis Skv.

24. 玉泉杨 Populus nakaii Skv.

25. 兴安杨 Populus hsingganica C. Wang et Skv.

26. 梧桐杨 Populus pseudomaximowiczii C. Wang et Tung

27. 青杨 Populus cathayana Rehd.

28. 三脉青杨 Populus trinervis C. Wang et Tung

29. 辽毛果杨　新组合杂种杨

Populus maximowiczii Henry × Populus trichocarpa T. B. Zhao et Z. X. Chen, sp. comb. nov. , *Populus* hybrida 275

Sp. × comb. nov. characteristicis formis et characteristicis formis Populus hybrida 275 aequabilis.

形态特征与 275 号杨形态特征相同。

产地:美国。

Ⅱ. 缘毛杨系　新组合系

Populus Ser. Ciliata(Khola et Khuran.) T. B. Zhao et Z. X. Chen, ser. comb. nov. , *Populus* Sect. *Ciliata* Khola et Khuran. 1982.

Series nov. follis margine dense ciliis.

本系短枝叶卵圆–心形,表面暗绿色,无毛,背面灰绿色,沿脉被无毛,边缘具腺状圆锯齿,密具被缘毛;叶柄圆柱状。雄花序轴无毛;雌花序轴无毛,有时疏被毛。蒴果成熟后 4 瓣裂。

系模式:缘毛杨 Populus ciliata Wall. 。

本系有 1 种、4 变种。

1. 缘毛杨 Populus ciliata Wall.

Ⅲ. 甜杨系

Populus Ser. suaveolentes Kom.

本系有 6 种、5 变种。

1. 甜杨 Populus suaveolens Fisch.

2. 滇杨 Populus yunnanensis Dode

3. 川杨 Populus szechuanica Schneid.

4. 辽杨 Populus maximowiczii Henry

5. 热河杨 Populus manshurica Nakai

Ⅳ. 香脂杨系

Populus Ser. balsamiferae Dode

本系有 4 种。

1. 香脂杨 Populus balsamifera Linn.

2. 毛果杨 Populus trichocarpa Torr. et Groy.

3. 大青杨 Populus ussuriensis Kom.

4. 报春杨 Populus maximowiczii Henry × Populus trichocarpa Torr. et Groy

Ⅴ. 西伯利亚×苦杂种杨系　新杂种杨系

Populus × suaveoleni-laurifolia T. B. Zhao et Z. X. Chen, ser. hybr. nov.

Ser. × nov. characteristicis formis et characteristicis formis Populus moscowiensis Schroeder aequabilis.

Ser. × nov. Typus: Populus moscowiensis Schroeder.

Distribution: Pyccka.

形态特征与莫斯科杨形态特征相同。

本系模式种:莫斯科杨。

本系有 1 种。

1. 莫斯科杨 Populus moscowiensis Schroeder

Ⅵ. 川×青杨杂种系　新杂种杨系

Populus × szechuancii-laurifolia T. B. Zhao et Z. X. Chen, ser. hybr. nov.

Ser. × nov. characteristicis formis et characteristicis formis Populus pseudo-cathayana T. B. Zhao et Z. X. Chen aequabilis.

Ser. × nov. Typus: Populus pseudo-cathayana T. B. Zhao et Z. X. Chen.

Distribution: Henan.

形态特征与河南青杨形态特征相同。

本系模式种:河南青杨。

产地:河南。本系有 1 种。

1. 河南青杨　新种　图 1

Populus pseudo-cathayana T. B. Zhao et Z. X. Chen, sp. nov.

Species Populus honanensis T. B. Chao et C. W. Chiuan affinis, sed ramulinis teribus longe pendulis. foliis late ovatis, ovatis frontibus rare pilosis, apice acuminatis mucronatis, basi dilute cordatis, rotundatis late cuneatis vel dilute cordati-rotundatis, margine orbicularibus minute serratis glandulis, plerumque cilistis. subbasium margine repandis: petiolis basi teribus insuper saepe compressis frequenter rubris. foliis juvenilibus dilute luteis to dilute rubris. Femine-arboreis! capsulis magnis, denique maturis trifidis.

落叶乔木,树高 15. 0 m。树冠卵球状、长卵

图 1　河南青杨 Populus pseudo-cathayana
T. B. Zhao et Z. X. Chen ex J. W. Liu

球状;侧枝开展。树皮灰绿色,光滑;皮孔菱形,散生,明显。幼枝被短柔毛,后光滑;小枝圆柱状,灰绿色、黄绿色,常下垂;长枝梢部常弯曲明显。短枝叶宽卵圆形、卵圆形,长 7.0~13.0 cm,宽 5.0~10.0 cm,表面绿色,主脉、侧脉平,沿脉被短柔毛,后脱落,背面淡绿色,疏被柔毛,主脉、侧脉与细脉明显隆起,被短柔毛,先端渐尖、短尖,基部浅心形、圆形、宽楔形,或浅心-近圆形,边缘具圆细腺齿,通常被缘毛;近基部边缘波状,有半透明狭边;叶柄基部圆柱状,中上部以上侧扁,常带红色,长 3.0~5.0 cm,与叶片等长。长枝叶圆形、近圆形、椭圆形,长 10.0~20.0 cm,宽 8.0~15.0 cm,先端渐尖,基部近心形,边缘细锯齿较密,具缘毛,基部波状,有半透明狭边,具缘毛,表面绿色,背面淡绿色,两面沿脉被短柔毛,基部心形,通常具 2~3 圆形腺体和短柔毛;叶柄近扁圆柱状,无毛,绿色,长 3.0~7.0 cm,与叶片等长。幼叶淡黄绿色至淡红色。雌株! 花序长约 8.4 cm。果序长 25.0~30.0 cm,果序轴光滑,无毛。蒴果较大、卵球状、椭圆-长卵球状,长 7~10 mm,嫩绿色,着生稀;果柄长 2~4 mm,成熟后 3 瓣裂。花期 4 月;果熟期 5 月。

本新种与河南杨 Populus honanensis T. B. Zhao et C. W. Chiuan 相似,但区别:小枝圆柱状,常下垂;长枝梢部常弯曲明显。短枝叶宽卵圆形、卵圆形,两面疏被柔毛,先端渐尖、短尖,基部浅心形、圆形、宽楔形,或浅心-近圆形,边缘具圆细腺齿,通常被缘毛;近基部边缘波状,叶柄基部圆柱状,中上部以上侧扁,常带红色。幼叶淡黄绿色至

淡红色。雌株! 蒴果较大,成熟后 3 瓣裂。

河南:卢氏县。本种系川杨与青杨的杂交种。赵天榜,No.346。模式标本,采于河南卢氏县,存河南农业大学。

附录　起源不清或归属不清的杂种杨

1. 高力克 5 号杨 Populus kornik 5
2. 高力克 22 号杨 Populus kornik 22
3. 极尔杨 Populus sp.
4. 桑迪杨 Populus sp.
5. 创性一号杨 Populus sp.

六、青大杂种杨亚属　新杂种杨亚属

Populus subgen. × tacamanaci-tomentosa T. B. Zhao et Z. X. Chen, subgen. nov.

Subgen. × nov. characteristicis formis et characteristicis formis Populus mainlingensis C. Wang et Tung aequabilis.

Ser. × nov. typus: Populus mainlingensis C. Wang et Tung.

Distribution: Xizang.

形态特征与米林杨形态特征相同。

产地:西藏。

本新杂种杨亚属 1 种。模式种:米林杨。

1. 米林杨 Populus mainlingensis C. Wang et Tung

七、青毛杂种杨亚属　新杂种杨亚属

Populus subgen. × shanxiensis (C. Wang et Tung) T. B. Zhao et Z. X. Chen, subgen. nov.

Subgen. × nov. characteristicis formis et characteristicis formis Populus shanxiensis C. Wang et Tung aequabilis.

Subgen. × nov. typus: formis Populus shanxiensis C. Wang et Tung.

Distribution: Shanxi.

形态特征与米林杨形态特征相同。

本新杂种杨亚属模式种:青毛杨 Populus shanxiensis C. Wang et Tung。

产地:山西。

本新杂种杨亚属 1 种。

1. 青毛杨 Populus shanxiensis C. Wang et Tung

八、青黑杂种杨亚属　新杂种杨亚属

Populus subgen. × tacamanaci-nigra T. B. Zhao et Z. X. Chen, subgen. hybr. nov.

Subsect. nov. Populus Sect. Taeamahaecae Dode et Populus Sect. Aegirus Aschers hybridis. parentibus inter Characteribus et multi-formis mediis.

Subgen. × nov. Typus: Populus × xiaohei T. S. Hwang et Liang.

Distribution: China.

本新亚属为青杨属与黑杨属种间杂种,具有两亲本特征和许多中间过渡类型。

亚属模式种:小黑杨 Populus × xiaohei T. S. Hwang et Liang。

产地:中国。

Ⅰ. 小黑杂种杨系　新组合杂种杨系

Populus Sect. × xiaohei(T. S. Hwang et Liang) T. B. Zhao et Z. X. Chen, sect. comb. nov. , *Populus × xiaohei* T. S. Hwang et Liang, 植物研究, 2(2): 109. 1982。

本新杂种杨系有:大官杨、小黑杨、小钻杨等。

1. 大官杨 Populus × diaozhuanica W. Y. Hsü

2. 小黑杨 Populus × xiaohei T. S. Hwang et Liang

3. 小钻杨 Populus × xiaozhuanica W. Y. Hsü et Liang

4. 二白杨 Populus gansuensis C. Wang et H. L. Yang

5. 中东杨 Populus × berolinensis Dipp.

6. 哈青杨 Populus charbinensis C. Wang et Skv.

7. 罗彻斯特杨 Populus maximowiczii Henry × P. nigra Linn. var. plantierensis(?) T. B. Zhao et Z. X. Chen var. rochester T. B. Zhao et Z. X. Chen, var. comb. nov. ; *Populus* 'Rochester' (Populus maximowiczii Henry × 普兰特黑杨 Populus nigra Linn. var. plantierensis)

8. 小青黑杨 Populus pseudo-simonii Kitagawa × Populus nigra Linn.

9. 小青钻杨 Populus × pseudo-simonii Kitagawa × P. nigra Linn. var. italica (Möench.) Koenchne; *Populus pseudo-simonii* Kitagawa × *Populus pyramidalis* Salisb.

10. 哈美杨 67001 号 Populus charbiensis C. Wang et Skv. × P. pyramidalis Salisb.

11. 小钻加杨 Populus simonii Carr. × [*Populus nigra* Linn. var. italica (Möench.) Koenchne、加拿大杨 Populus × euramericana(Dode) Guinier]

Ⅱ. 黑小杂种杨系　新杂种杨系

Populus Ser. × heixiao T. B. Zhao et Z. X. Chen, ser. nov.

Populus Sect. × nov. Populus nigra Linn. et P. simonii Carr. sp. hybridis.

Populus Sect. × nov. Typus: Populus × xiaohei T. S. Hwang et Liang.

Distribution: Beijing.

形态特征与黑小杨形态特征相同。

本新杂种杨系模式种:黑小杨。

产地:北京。

本新杂种杨系有 10 杂交种。

1. 黑小杨 Populus × heixiao T. S. Huang et al.

2. 跃进杨 Populus × velox W. Y. Hsü

3. 箭杆杨 × 黑龙江杨 Poppulus nigra Linn. var. thevestina (Dode) Bean × Populus armurensis Kom.

4. 箭杆杨 × 小叶杨 Populus nigra Linn. var. italica (Möench.) Koench × Populus simonii Carr.

5. 民和杨 Populus minhoensis S. F. Yang et H. F. Wu

6. 北京杨 Populus × beijingensis W. Y. Hsü

7. 中绥 4 号杨 Populus deltoides Batr. × P. cathayana Rehd. 'Zhonogheifang−4'

8. 箭 × 二白杨 Populus × gansuensis G. Wang et H. L. Yang cv. 'Thevegansuensis'

9. 无棱加青杨 Populus × euramericana(Dode) Guinier × P. cathayana Rehd.

10. 加列杨 Populus × euramericana (Dode) Guinier × Populus lenigradensis Jabl.

Ⅲ. 小 × 黑+旱柳杂种杨系　新杂种杨系

Populus Ser. × Xiaoheihan T. B. Zhao et Z. X. Chen, ser. nov.

Sect. × nov. Populus simonii Carr. × P. nigra Linn. et + Salix matsudana Koidz. sp. hybridis.

Sect. × nov. subpyramidalibus. Ramulis cylindricis cinerei-viridibus angulis et minute canaliculatis. foliis breviter ramulis rhombei-ovatibus ad lati-ovatibus, basi cuneatis, lati-cuneatis, margine seraatis.

Distribution: Beijing.

本新杂种杨系树冠近塔形;小枝圆柱状,灰绿色,具棱,有细浅槽。短枝叶菱–卵圆形至宽卵圆形,基部楔形、宽楔形,边缘具细锯齿。

产地:北京。

1. 群众杨 Populus × diaozhuanica W. Y. Hsü cv. 'Popularis', cv. comb. vov., *Populus × xiaozhuanica* W. Y. Hsü et Liang cv. 'Popularis'

Ⅳ. 西+加杨无性杂种杨系 新无性杂种杨系

Populus Ser. +suaueoleni-canadensis T. B. Zhao et Z. X. Chen, ser. + nov., Π. Л. 波格丹诺夫用西伯利亚杨 Populus suaueolens Fish. + 新生杨 Populus × euramericana(Dode)Guinier cv. 'Regenerata' 的无性杂种。

Ser. +nov. characterisicis formis et characteristicis formis Populus suaueolens Fish. + Populus × canadensis Möench. Aequabilis.

Ser. + nov. Typus: Populus suaueolens Fish. + Populus × canadensis Möench. cv. 'Regenerata'.

Distribution: Beijing.

本新无性杂种杨系的形态特征与西+加杨西+加杨形态特征相同。

本新无性杂种杨系模式种:西+加杨。

1. 西+加杨 Populus suaueolens Fish. + Populus × canadensis Möench. cv. 'Regenerata'

2. 西+黑杨 Populus+nigrosuaveolens Bogd.

九、辽胡杂种杨亚属 新杂种杨亚属

Populus Subgen. × Maximowiczi-euphraticae T. B. Zhao et Z. X. Chen, subgen. hybr. nov.

Subgen. × nov. characteristicis formis et characteristicis formis *Populus euphratica* Oliv. cv. 'Liaohu1-5' aequabilis.

Subgen. × nov. Typus: Populus × maximowiczi-euphratica T. B. Zhao et Z. X. Chen.

Distribution: China.

1. 辽胡 1-5 号杨 Populus × maximowiczi-euphratica T. B. Zhao et Z. X. Chen, sp. hybr. nov., *Populus euphratica* Oliv. cv. 'Liaohu1-5'

十、健杨+毛白杨杂种亚属 新杂种杨亚属

Populus Subgen. + Populus × euramericana(Dode)Guinier cv. 'Robusta + P. tomentosa Carr.' T. B. Zhao et Z. X. Chen, subgen. hybr. nov.

Subgen. × nov. characteristicis formis et characteristicis formis Populus × euramericana(Dode)Guinier cv. 'Robusta + P. tomentosa Carr.' aequabilis.

Subgen. × nov. Typus: Populus × euramericana(Dode)Guinier cv. 'Robusta + P. tomentosa Carr.'.

Distribution: Shandong.

形态特征与健杨 + 毛白杨形态特征相同。

本新杂种亚属模式种:健杨 + 毛白杨。

产地:山东。

1. 健杨 + 毛白杨 Populus × euramericana(Dode)Guinier cv. 'Robusta + P. tomentosa Carr.'

十一、黑杨亚属

Populus Subgen. Aigeiros(Duby)R. Kam.

亚属模式:黑杨 Populus nigra Linn.。

本亚属有 16 种,在中国共有 5 种。

(一)黑杨组 Populus Sect. Aigeiros Duby

亚组模式:黑杨 Populus nigra Linn.。

本亚组在中国共有 5 种。

Ⅰ. 黑杨系 Populus Ser. Nigra Dode

系模式:黑杨 Populus nigra Linn.。

本系有 10 种、1 杂交变种。

1. 黑杨 Populus nigra Linn.

2. 优胜杨 Populus nigra Linn. var. thevestina(Dode)Bean × P. nigra Linn. var. italica(Möench.)Koehne

3. 箭杆杨 × 黑杨 Populus nigra Linn. var. thevestina(Dode)Bean × Populus nigra Linn.

4. 鲁第杨 Populus lloydii Henry

5. 鲁第杨 × 黑杨 Populus lloydii Henry × Populus nigra Linn.

6. 俄罗斯杨 Populus × russkii Jabl.

7. 少先队杨 Populus × pioner Jabl.

8. 斯大林工作者杨 Populus × stalintz Jabl.

9. 阿富汗杨 Populus afghanica(Ait. et Hemsl.)Schneid.

10. 额河杨 Populus × jrtyschensis Ch. Y. Yang

11. 伊犁杨 Populus iliensis Drob.

（二）美洲黑杨组

Populus Sect. Americanae（Buglala）Yang

组模式：美洲黑杨 Populus deltoids Marsh.。

本组中国有 2 种。

Ⅰ.美洲黑杨系 Populus Ser. Americanae Buglala

本系中国共有 1 种、5 亚种：如美洲黑杨等。

1. 美洲黑杨 Populus deltoides Marsh.

亚种：

1.1 美洲黑杨 Populus deltoides Marsh. ssp. deltoides

1.2 密苏里美洲黑杨 Populus deltoides Marsh. ssp. missouriensis Henry

1.3 念珠杨 Populs deltoides Marsh. subsp. monilifera Henry

1.4 棱枝杨 Populs deltoides Marsh. subsp. angulata Ait.

1.5 中林 2001 杨 Populs deltoides Marsh. subsp. angulata Ait. × Populus deltoides Marsh. ssp. missouriensis Henry

十二、美洲黑杨 × 辽杨杂种杨亚属
新杂交杨亚属

Populus Subgen. × Deltoidi-maximowiczii（A. Herry）T. B. Zhao et Z. X. Chen, subgen. hybr. nov.

Subgen. × nov. characteristicis formis et characteristicis formis Populus deltoides Bartr. × Populus maximowiczii A. Herry aequabilis.

Subgen. × nov. Typus：Populus deltoides Bartr. × Populus maximowiczii A. Herry.

Distribution：Yadali.

本新杂交杨亚属形态特征与美洲黑杨 × 辽杨形态特征相同。

本新杂交杨亚属模式种：美洲黑杨 × 辽氏杨。

产地：意大利。

本新杂交杨亚属有 9 种、2 亚种、1 品种。

1. 美洲黑杨 × 辽杨 Populus deltoides Bartr. × Populus maximowiczii A. Herry

2. 科伦 279 号杨 Populus × petrowskiana（Regel）Schneid.

3. 中黑防 1 号杨 Populus deltoides Bartr . × P. cathayana Rehd. cv.'Zhongheifang −1'

4. 杰克杨 Populus × jackii Sarg.（Populus tacamahaca Mill. × Populus deltoides Marsh.）

5. 柏林杨 Populus berolinensis Dipp.

6. 初生杨 Populus generosa A. Henry

7. 富勒杨 Populus fremontii S. Watson

亚种：

7.1 富勒杨 Populus fremontii S. Watson subsp. fremontii

7.2 富勒杨 1 号 Populus fremontii S. Watson subsp. mesetae J. E. Eckenwalder

8. 大叶钻天杨 Populus monilifera Ait.

9. 欧洲大叶杨 Populus candieans Ait.

（三）欧美杂种杨组 新杂种杨组

Populus Sect. Hybridatum Dode

组模式：欧美杨 Populus × euramericana（Dode）Guinier。

本组中国共有 4 种、1 品种。

1. 欧美杨 Populus × euramericana（Dode）Guinier

1.1 龙爪沙兰杨 新品种

Populus × euramericana（Dode）Guinier cv.'Longzhao', cv. nov.

该新品种为落叶乔木。干、枝不规则弯曲,呈龙爪状。叶皱折不平。

产地:河南。选育者:赵天榜和陈志秀。

2. 辽宁杨 Populus × liaoningensis Z. Wang et H. Z. Chen

3. 辽河杨 Populus × liaohenica Z. Wang et H. Z. Chen

4. 盖杨 Populus × gaixianensis Z. Wang et H. Z. Chen

5. 文县杨 Populus wenxianica Z. C. Feng et J. L. Gou

十三、箭河北小杨杂种杨亚属
新杂种杨亚属

Populus Subgen. × Italici-hopeiensi-simodiia T. B. Zhao et Z. X. Chen, subgen. hybr. nov.

Subgen. × nov. characteristicis formis et characteristicis formis Populus thevestina（Dode）Bean × P. hopeiensis Hu et Chow + P. simonii Carr. aequabilis.

Subgen. × nov. Typus：Populus thevestina（Dode）Bean × P. hopeiensis Hu et Chow + P. simonii Carr..

Distribution：Beijing.

1. 箭河小杨 Populus thevestina（Dode）Bean × P. hopeiensis Hu et Chow + P. simonii Carr.

十四、昭林杨亚属　新杂种杨亚属

Populus Subgen. × Zhaoling T. B. Zhao et Z. X. Chen，subgen. hybr. nov.

Subgen. × nov. characteristicis formis et characteristicis formis Populus × 'Zhaoling 6' aequabilis.

Subgen. × nov. Typus：Populus × 'Zhaoling 6'.

Distribution：Neimenggu.

形态特征与昭林 6 号杨相似。

新杂种杨亚属模式种：昭林 6 号杨。

产地：内蒙古。

1. 昭林 6 号杨 Populus × 'Zhaoling 6'

2. 7501 杨 Populus × 7501 杨

十五、箭小毛杨杂种杨亚属　新杂种杨亚属

Populus Subgen. × Thevesteni-simodi-tomentosa T. B. Zhao et Z. X. Chen，subgen. hybr. nov.

Subgen. × nov. characteristicis formis et characteristicis formis Populus × 'Jianhexiaomao' aequabilis.

Subgen. × nov. Typus：Populus × 'Jianhexiaomao'.

Distribution：Hebei.

形态特征与箭小毛杨相似。

产地：河北。

1. 箭小毛杨 Populus × 'Jianhexiaomao'

十六、箭胡毛杂种杨亚属　新杂种亚属

Populus Subgen. × Thevesteni-euphratici-tomentosa T. B. Zhao et Z. X. Chen，subgen. hybr. nov.

Subgen. × nov. characteristicis formis et characteristicis formis Populus × jianhumao R. Liu ae-quabilis.

Subgen. × nov. Typus：Populus × jianhumao R. Liu.

Distribution：Gansu.

形态特征与箭胡毛杨相似。

本亚属模式种：箭胡毛杨。

产地：甘肃。

1. 箭胡毛杨 Populus × jianhumao R. Liu

十七、胡杨亚属

Populus Subgen. Balsamiflua（Griff.）K. Browicz

（一）胡杨组 Populus Sect. Turanga Bunge

（1）胡杨群 Groupe Euphratica（Series Euphratica Dode）

（2）粉叶胡杨群 Groupe Pruinosa（Series Pruinosa Dode）

Ⅰ. 胡杨系

Populus Ser. Euphraticae Kom.

该系有 4 种：胡杨、异叶杨胡杨、阿里胡杨、里特维诺夫杨。

1. 胡杨 Populus eupharatica Oliv.

2. 小叶胡杨 Populus ariana Dode

Ⅱ. 粉叶胡杨系

Populus Ser. Pruinosae Kom.

产地：新疆。俄罗斯、伊朗等也有分布。

1. 灰胡杨 Populus pruinosa Schrenk

（二）萨特沃胡杨组 Populus Sec. Tsovo（Jarm.）Browicz

1. 特萨沃胡杨 Populus ilicifolia Jarm.

最后，特别值得提出的是：在王胜东，杨志岩主编. 辽宁杨树：53. 2006 中介绍辽宁省杨树研究所婉丽于 1978～1979 年成功地培养出银白杨与白榆科间杂种苗，并生长大树的，这是我国树木育种学家在杨树远缘杂交育种中的一个伟大创举。

廊坊三号 Populus × euramericana（Dode）Guinier cv. 'Shanhaiguanensis 3' × 小美 12+白榆的混合花粉。

廊坊四号 Populus × euramericana（Dode）Guinier cv. 'Shanhaiguanensis 4' × 小美 23+白榆的混合花粉。

七、胡桃科 Juglandaceae

河南核桃一新观赏栽培变种

李世好　赵天榜　赵国全

摘　要　本文发表了河南核桃一新观赏栽培品种,即红核桃 Juglans regia Linn. cv. 'Carmesina', cv. nov.

红核桃　新栽培品种

Juglans regia Linn. cv. 'Carmesina', cv. nov.

A cv. 'Regia' recedit 1- vel 2-ramulis carmesinis. Gemmis carmesinis. Foliis juvenilibus carmesinis costis nervisque carmesinis; petiolis petiolulatisque carme sinis. carpis carmesinis, endocarpis.

Arbor decidua ad 10 m alta, diam. 33 cm. coma subrotundata; ramipatetes, umbrosa 55.2 m². 1～2-ramuli crassi, cylindrici glabra carmesini nitidi. Gemmae carmesinae. folia imparipinnata alterna 20 × 28 cm longa; petiolis carmesiniis. foliolia saepe 5 × 9, eiliptice ovata vel. longe elliptica, 5～10.5 cm longa, 2.5～5.5 cm lata apice acuta basi subrotundata vel. late cuneata integra supra atro-viridia glabran itida subtu s ad costos pubescentes; petiolatis brevibus. flores unisexuales, monoecii. Amenta masc. 5～12 cm longis pendula. densi-fl ires; perianthiis 6-lobis. carmesinis. stamina 10～25 cramesina; fern racemosae caespitoesiformes rectae saepes 1～3-flores, ovariis ovatis, stylis brevibus cramesinis. carpi globuliformes cramesin.

Henan: Xiuwu Xian. 1989-08-15. Li Shi-hao. No. 898151. Typus in Herb. Henan Agricultural University.

落叶乔木,树高 10 m,胸径 33 cm。树冠近球状;侧枝开展,投影面积 55.2 m²。1～2 年生枝粗壮,圆柱状,光滑,褐红色,具光泽。芽红褐色。单数羽状复叶,互生,长 20～28 cm;小叶通常 5～9枚,椭圆-卵圆形,或长椭圆形,长 1.0～10.5 cm,宽 2.5～5.5 cm,先端短尖,基部近圆形,或宽楔形,表面深绿色,无毛,具光泽,背面脉腋具簇状柔毛;小叶柄短。花单性,雌雄同株!雄荑黄花序,长 5.0～12.0 cm,下垂。花密生,花被 6 裂,红褐色;雄蕊 10～25 枚,褐红色;雌花序簇生状,直立,通常具花 1～3 朵;子房卵球状,红褐色。果红褐色,内果皮红褐色。

本新栽培变种与原栽培变种区别:1～2 年生枝红褐色。芽红褐色。幼叶、叶柄和叶脉红褐色。果红褐色,内果皮红褐色。

河南:修武县。1989 年 8 月 15 日。李世好。No. 898151。模式标本,存河南农业大学。

根据多年来研究结果表明,红核桃具有以下优良性状:

(1)树形美观。红核桃叶、枝、果红褐色,尤以春季叶红如霞,十分美观,是优良的观赏绿化良种。

(2)丰产优质。根据 1877～1989 年测定,结果枝百分率 69.7%,丛果枝占 98.5%,单株年产果量 10～20 kg。果千粒重 10 000～15 000 g,壳薄,其厚度 1～1.3 mm,易取全仁,出仁率 43.7%,出油率 67.14%,且种仁酥脆、香甜,也是观果绿化良种。

核桃芽接技术的初步研究

赵天榜

（河南农学院园林系）

核桃（Juglaiis regia Linn.）是我国重要的木本油料树种之一。它生长快，适应性强，材质好，用途广，既能在山区造林，也能在平原各地栽培；既适于成片造林，也可作"四旁"绿化之用。核桃仁营养丰富，含油量高，除生食外，还可榨油，制糕点，其味甚美。并具有较高的医疗效用，如补气、养血等。其木材坚韧，纹理细致，结构致密，是国防工业和制造各种文具的重要原料。同时，树高干大，枝叶茂密，寿命长，根系发达，能杀菌，是营造风景林和水土保持林的重要树种之一。所以，它早已为我国各地群众所喜受，并在长年的栽培、管理中，积累了非常宝贵的经验，创造出很多适应全国各地区的优良品种。

核桃具有开花异熟的生物学特性，因而其果实本身就是个天然杂种，所以选用优良单株的果实，采用实生繁殖苗木具有极为明显的分离现象，也就是说，实生核桃苗不能保持其优良性状。为此，选用核桃良种则是发展核桃的一项重要任务。

为了推广早实、丰产、质优的核桃良种，多年来，我们在引种核桃良种试验的基础上，进行了核桃芽接技术的试验研究。现将试验研究结果整理如下，供参考。

一、砧木和接穗选择

1.砧木选择

为了迅速推广核桃良种，选择河南省分布最广、数量最多的枫杨（Plerocarya stenoplera DC.）（不能用作砧木）和核桃（Juglansregia Linn.）作砧木进行了芽接试验。

枫杨作核桃砧木，在我国古农书中曾有记载。如宋时，张邦其写的《墨庄漫录》中有："胡桃条接于柳条，易活而速实"（胡核条即核桃条，柳木即枫杨）；明时，李时珍撰写的《本草纲目》中有"人多以榉柳接之"（榉柳即枫杨）等记载；新中国成立后，山东省林业厅编写了《枰柳嫁接核桃》一书，专门推广枫杨嫁接核桃的经验。为此，我们选择枫杨和核桃做砧木进行芽接试验。

为了达到试验一致的要求，我们均采用一年生的枫杨和核桃截干苗作砧木，其粗度 1~1.5 cm，并且充分木质化。同时，砧木苗必须是生长健壮、无病虫害的高 30~50 cm 的苗木。芽接前 5~10 天，停止灌溉，并从苗高 20~30 cm 处一律剪去梢部，每个砧木上必带有健壮、无病虫的 2~3 个复叶，同时疏去侧枝和下部叶片，使其通风透光，利于接芽的成活。

2.接穗选择

根据观察和实践，凡是早实、丰产的核桃良种苗木，必须具有以下形态特征：

（1）2~3 年生的实生苗能够开花结实的，或者徒长枝上有混合芽者；

（2）苗木枝条每年具有 3 次或 3 次以上生长现象的苗木；

（3）2~3 年生苗木枝上的腋芽距叶柄处在 1 cm 以上者，或徒长枝上腋芽具有较高的芽枕，或者叶腋通常具 2~4 个芽者；

（4）具有抵抗各种病虫害能力的苗木。

凡具有以上条件的苗木，均作为选择核桃良种的基础，然后通过抗病虫、丰产、品质的对比观察试验，最后选出生长快、发育壮、抗性强、产量高、品质好的优良单株，再进行无性繁殖推广良种。

这次芽接试验，所用的良种核桃的接穗，均为当年生的、健壮无病虫害的、笔直的春梢，并具有发育充实、腋芽饱满的特点；枝条生长弱的、没有充分木质化的、皮有皱纹的、或腋芽芽枕突起很高、发育不良、病虫严重，或腋芽距叶柄较远的枝条，均不选用。接穗选择后，随采条随芽接成活率较高。

二、芽接技术

为了保证芽接试验的正常进行和成活率，芽接前对砧木进行灌溉。灌后，从砧木高 20~30 cm 处剪去梢部，剪口下端留复叶 2~3 个，其余一律剪去，使其砧木产生伤流和苗床通风透光。伤流 3~5 天后，选择晴天进行芽接。芽接一律采用"丁"字形芽接法进行。接芽芽片质量，是决定芽接成活率高低的重要因素。为此，在选取芽片时，必须做到：芽片边缘不毛，中间稍带木质部，起芽要快，勿使芽片内面单宁氧化变黑。取下的芽片，放入口中，以免发生单宁氧化，影响芽接成活。芽接时，采用"丁"字形芽接法。"丁"字形切口处，必须选于砧木上叶柄下面的平滑处，距叶柄下愈近成活率愈高。"丁"形口刻好后，撬起两侧皮层，将芽片迅速插入，上切口对齐，用麻绳绑紧，特别是切口的上面及叶柄上，必须绑好压紧，使其周围流出绿黄色的液体为止。芽接后到接芽成活前，禁止灌溉。待接芽成活萌发生长成后进行松绑，否则，两侧砧木皮层撬起，致使接芽死亡；接芽苗高2~3 cm后，及时进行解麻。苗高5 cm以上，方可进行灌溉，以保接芽成活。接芽成活萌发后，应加强抚育管理，以达到培育壮苗的目的。

三、砧木年龄

1. 砧木年龄

为了解砧木年龄对芽接成活率的影响，我们选用一年生核桃和枫杨截干苗进行试验。试验结果如表1所示。

表1　砧木年龄对芽接成活率影响

砧木年龄	芽接总数（个）	成活芽数（个）	成活率（％）	说明
2年生	36	11	30.56	1968年核桃
1年生50~70天	113	89	77.8	1968年核桃
1年生80~90天	90	80	88.9	1968年核桃
1年生100~110天	75	72	96.0	1968年核桃
1年生30~40天	55	20	36.4	1968年枫杨
1年生110~130天	166	129	77.2	1968年枫杨
1年生140~160天	60	32	53.3	1968年枫杨

从表1材料看出：一年生苗作砧木比二年生苗成活率高；一年生核桃苗比枫杨苗成活率高。核桃苗则以100~110天的砧木成活率最高，80~90天次之，50~70天较差；枫杨苗则以100~130天较好，140~160天次之，30~40天较差。由此可见，砧木发育状况和木质化程度，对芽接成活率起着决定性作用，只有那些木质化程度较高的砧木，才有较高的愈合能力。

2. 芽接时期

芽接时期是决定芽接成活率高低的重要因素之一。试验表明：一般以5月下旬至6月芽接者成活率较高；7月次之，8月10日芽接的成活率较低。5月下旬至6月芽接者成活率较高的原因可能是：当时天气温度较高，枝条春季生长已经停止，而春梢正处于发育充实阶段，营养物质丰富，单宁含量少，形成层细胞分裂迅速。芽接时期对接芽成活率的影响如表2所示。

表2　芽接时期对接芽成活率的影响

芽接时期	芽接总数（个）	成活芽数（个）	成活率（％）	说明
5月15~20日	36	11	30.6	
5月30日	107	101	94.4	
6月20~25日	69	62	89.9	
7月10日	98	78	79.6	
7月18日	131	64	49.8	接后下雨
7月25日	91	67	73.6	
8月10日	51	32	54.1	

3. 芽片质量

核桃芽接时，接芽芽片质量对成活率影响很大。1968年试验证明：枝条中部的饱满芽片和双芽芽片进行芽接成活最好，没有充分木质化的梢部的嫩芽片和枝条基部的瘦芽芽片成活最差。试验结果如表3所示。

表3　接芽芽片质量对成活率的影响

项目	芽接总数（个）	成活芽数（个）	成活率（％）	说明
枝梢部嫩芽芽片	52	9	17.3	
枝中部饱芽芽片（单芽）	107	101	94.4	
枝中部饱芽芽片（双芽）	66	64	97.0	有一副芽
枝基部饱芽芽片	230	12	5.2	

为了进一步验证芽片质量对成活率的影响，我们于1969年6月1日又采用一次枝（春梢）和二次枝（秋梢）的芽片进行嫁接试验，其结果表明，一次枝上的芽片比二次枝上的芽片成活率高，如表4所示。

表4　一、二次枝上的芽片对接芽成活的影响

项目	芽接总数（个）	成活芽数（个）	成活率（％）
一次枝上的中部芽	113	106	93.8
二次枝上的中部芽	60	11	18.3

4. 大雨对接芽成活的影响

芽接后，天气状况的变化，尤其是大雨对接芽成活率的高低起决定作用。这种作用是随着芽接后天数的增多，而作用逐渐降低。特别是接后大

雨，易使雨水从切口处流入接口内，以及大雨后引起大量伤流，影响接芽愈合，降低其成活率，如表5所示。

表5　芽接后大雨对成活率的影响

接后有大雨（天）	芽接总数（个）	成活芽数（个）	成活率（%）	说明
1	103	20	19.4	1968年6月11日
2	140	53	37.9	1968年6月12日
3	131	64	49.8	1968年6月21日
4	93	66	71.0	1968年6月22日
5	69	51	73.9	1968年6月23日
6	28	27	96.4	1968年6月24日

5. 品种影响

核桃由于品种不同，其春季生长的枝条发育也不相同，则芽接后接芽成活率也很悬殊。试验表明，凡是具有枝短、枝弯曲、芽大、节间短、芽与柄间距大、芽枕高的枝条进行芽接者，则成活率一般都低，甚至有些品种，如和田薄壳（大果）品种，则不宜采用芽接法繁殖苗木。品种对接芽成活率的影响如表6所示。

表6　品种对接芽成活率的影响

品种	芽接总数（个）	成活芽数（个）	成活率（%）
阿克苏	75	35	46.7
麻子隔年	52	29	55.9
和田薄壳	25	0	0
库车丰产	75	72	90.6
叶城中壳	31	30	96.0

6. 芽接后管理

芽接后的管理对接芽成活多少起着重要作用，尤其是芽接后的灌溉及其解麻早晚是保证芽接成活的关键。如1967年5月27日芽接的215个芽片，接后，立即灌溉，并经常保持床面土壤湿润状态，结果仅成活一株；1968年5月下旬至6月上旬芽接的成活率达80%以上；1969年芽接前后，没有采取任何田间管理措施，其结果一个接芽也没活。根据多年来的芽接核桃的实践，核桃芽

接成活后至接芽萌发前，一般不解麻，以免砧木两边皮层撬起，引起接芽干枯死亡；只有在接芽萌发生长后，才能松绑，使其正常生长。如1968年试验表明，芽接7～10天后，解麻者全部死亡；15天左右解麻者，成活率达20%左右；接芽萌发生长后，松绑者，成活率可达80%～97%，平均达95.8%。

7. 芽接枫杨

根据1964～1970年间进行芽接枫杨试验，以枫杨作砧木的核桃良种芽接苗木保存率极少，且生长不良、发育不好。如1968～1970年间用枫杨作砧木，芽接核桃良种共计1 761株，成活1 409株，成活率为80%，成苗901株。当年苗高生长一般达50～120 cm，最高达2.96 m。落叶后348株干枯死亡，死亡率达37.5%。经过冬季翌春调查，死亡株数495株，死亡率达89.53%，成活仅58株。据调查，死亡的植株，均由于两个原因：①砧木基部没有萌发条；②接口处肿大似瘤。反之，成活的58株苗木的砧木基部均有萌发条；接口处肿瘤较小。当年生长期间植株死亡相继发生。落叶后，仅保存核桃良种芽接苗24株，且生长不良，叶片发黄，部分枝梢干枯。1974年冬仅留核桃芽接苗12株，平均树高2.41 m，胸径4.8 cm，仅个别植株结果1～3个，果实小，壳厚，无栽培价值。1975年还存5株，以后相继全部死亡。

四、初步结论

（1）大力推广和发展核桃良种，芽接（包括枝接等）是推广核桃良种和改造低产核桃树的有效途径。

（2）为了获得核桃良种接芽具有较高的成活率，必须严格芽接技术措施，即：①严格选择砧木和接穗，作为芽接前的准备工作；②起芽要快，保证芽片质量，并及时擦去刀口上的单宁，并迅速对准切口，绑紧芽片；③确定芽接适宜时期为5月下旬至6月上旬；④接芽发后，及时松绑和加强苗木的抚育管理。

（3）枫杨作砧木芽接核桃在生产上没有任何推广的价值。

魁核桃及其一新亚种

赵天榜　　陈志秀　　陈俊通

（河南农业大学林学院，郑州　450002）

摘　要　本文介绍了河南新记录种魁核桃 Juglans major（Tott.）Heller 和一新亚种，即：腺毛魁核桃 Juglans major（Tott.）Heller，subsp. nov.，并记其形态特征。

魁核桃　河南新记录种

Juglans major（Tott.）Heller in muhlenbergia，1：50.1904. *

落叶大乔木，高达 20.0 m；侧枝平展；树干通常稍弯；树皮灰褐色，浅纵裂。小枝灰褐红色，幼时被短柔毛。芽鳞密被短柔毛。奇数羽状复叶；叶轴淡黄绿色，被较密短柔毛。小叶 9~13 枚，稀19 枚，对生，或近互生，长椭-披针形至长卵圆形，长 3.5~5.0 cm，宽 1.3~2.5 cm，表面绿色，无毛，背面绿色，无毛，沿主脉被短柔毛，先端渐尖，基部楔形，或圆形，偏斜，不对称，或一侧半圆形，一侧半楔形，边缘具粗锯齿，无缘毛。雌雄同株！花异熟；雄花为柔荑花序，长 6.0~10.0 cm；雄蕊 30~40 枚；雄花早于雌花 15~20 天。浆果状核果，近球状，或卵球状，稀先端渐尖，径 2.5~3.5 cm，淡黄绿色，被淡红色茸毛；密被细小、微凸点，萼片小，宿存，被短柔毛；果核硬骨质，近球状，径 2.0~3.0 cm，密具深沟纹，厚壳。花期 4~5 月；果实成熟期 9~10 月。

产地：魁核桃产于美国。我国有引种栽培。河南各地有栽培。郑州市紫荆山公园有栽培。

＊识别要点、生物学特性、繁育与栽培技术点、主要病虫害、主要用途及参考文献从略。

亚种：

1.1　魁核桃　原亚种

Juglans major（Tott.）Heller subsp. major

1.2　腺毛魁核桃　新亚种

Juglans major（Tott.）Heller subsp. glandulipila T. B. Zhao，Z. X. Chen et J. T. Chen，subsp. nov.

Subsp. nov. recedit：plantis partialibus in juvenlibus dense petio-pilis multiglandulis.

Henan：Zhengzhou City. 20-04-2015. T. B. Zhao et X. K. Li et al.，No. 201504201（ramulia et al.，holotypus hic disignatus，HANC）.

本新亚种与魁核桃原亚种 Juglans major（Tott.）Heller subsp. major 主要区别：植株幼嫩部分密被多细胞具柄腺毛，稀具簇状毛及枝状毛。

产地：河南郑州市有引种栽培。2015 年 4 月20 日。赵天榜、陈俊通，No. 201504201（幼枝、幼叶及花等）。模式标本存河南农业大学。

魁核桃四新变种

赵天榜[1]　　王华[2]　　王志毅[2]　　陈俊通[3]

（1. 河南农业大学林学院，郑州　450002；2. 郑州植物园，郑州　450002；
3. 北京林业大学园林学院，北京　100083）

摘　要　本文介绍了魁核桃 Juglans major（Tott.）Heller 四新变种，即：1. 小果魁核桃 Juglans major（Tott.）Heller var. parvicarpa T. B. Zhao，H. Wang et Z. Y. Wang，var. nov.；2. 光核魁核桃 Juglans major（Tott.）Heller var. laevi-putamen J. T. Chen，T. B. Zhao，H. Wang，var. nov.；3. 椭圆体果魁核桃 Juglans major（Tott.）Heller var. ellipsoidei-drupa J. T. Chen，T. B. Zhao，H. Wang，var. nov.；4. 多型果核魁核桃 Juglans major（Tott.）Heller var. multiformis Z. Y. Wang，H. Wamg et T. B. Zhao，var. nov.，并记其形态特征。

1. 小果魁核桃　新变种

Juglans major（Tott.）Heller var. parvicarpa T.

B. Zhao, H. Wang et Z. Y. Wang, var. nov.

A var. foliolis anguste lanceolatis. drupis globosis, 3. 0 ~ 3. 5 cm longis et diametis. Putaminibus globosis, 2. 0 ~ 2. 5 cm longis, 2. 0 ~ 2. 5 cm latis, crassis 2. 0 ~ 2. 5 cm, supra dense acut-angulis longtudinalibus et sulcatis.

Henan: 20150822. T. B. Zhao, Z. Y. Wang et H. Wang, No. 201508227(HNAC).

本新变种小叶披针形。果实球状,长、径3.0~3.5 cm。果核球状,长2.0~2.5 cm,宽2.0~2.5 cm,厚2.0~2.5 cm,表面密被纵锐棱与沟。

产地:河南、郑州市、郑州植物园。2015 年 7 月 8 日。赵天榜、王志毅和王华。模式标本,No. 201508227,存河南农业大学。

2. 光核魁核桃　新变种

Juglans major (Tott.) Heller var. laevi-putamen J. T. Chen, T. B. Zhao, H. Wang, var. nov.

A var. drupis globosis, 3. 0 ~ 3. 5 cm longis et diametis. putaminibus globosis, ca. 2. 7 cm latis et diametis, supra minutissime striatis.

Henan: 20150822. J. T. Chen, T. B. Zhao et H. Wang, No. 201508229(HNAC).

本新变种小叶狭椭圆形。果实球状,长、径3.0~3.5 cm。果核球状,径、宽约2.7 cm,表面具很细沟纹。

产地:河南、郑州市、郑州植物园。2015 年 8 月 22 日。陈俊通、赵天榜和王华。模式标本,No. 2015082279,存河南农业大学。

3. 椭圆体果魁核桃　新变种

Juglans major (Tott.) Heller var. ellipsoidei-drupa J. T. Chen, T. B. Zhao, H. Wang, var. nov.

A var. foliis anguste ellipticis. drupis ellipsoideis, 5. 0 ~ 36. 5 cm longis, 4. 0 ~ 5. 0 cm latis. Putaminibus leviter ellipsoideis, 4. 5 ~ 6. 0 cmlongis, 3. 5 ~ 4. 0 cm latis, 3. 0 ~ 3. 5 cm crasis, apice conicis, supra minutissime striatis angulosis lattioribus longtudianlibus et profunde sulcis.

Henan: 20150822. J. T. Chen, T. B. Zhao et H. Wang, No. 201508221(HNAC).

本新变种小叶狭椭圆形。果实长椭圆体状,长5.0~6.5 cm,宽4.0~5.0 cm。果核微扁椭圆体状,长4.5~6.0 cm,宽3.5~4.0 cm,厚宽3.0~3.5 cm,先端圆锥状,表面具较宽的长纵棱与深沟纹。

产地:河南、郑州市、郑州植物园。2015 年 8 月 22 日。陈俊通、赵天榜和王华。模式标本,No. 201508221,存河南农业大学。

4. 多型果核魁核桃　新变种

Juglans major(Tott.)Heller var. multiformis Z. Y. Wang, H. Wamg et T. B. Zhao, var. nov.

A var. 2-putaminibus et 1-putaminibus in drupis. Putaminibus supra minutissime striatis angulosis longitudianlibus et profunde sulcis, apice rostellatis abruptis.

Henan: 20150822. Z. Y. Wang, H. Wang et T. B. Zhao, No. 201508201(HNAC).

本新变种果实果核有双果核和单果核。果核具有纵棱与深沟纹,稀果核先端呈喙状突起。

产地:河南、郑州市、郑州植物园。2015 年 8 月 22 日。王志毅、王华和赵天榜。模式标本,No. 201508201,存河南农业大学。

河南魁核桃五新变种

王志毅[1]　温道远[2]　李小康[1]　赵天榜*[2]

(1. 郑州植物园,郑州　450042;2. 河南农业大学,郑州　450002)

摘　要　本文首次报道河南引种栽魁核桃五新变种。新变种:1. 小叶魁核桃 Juglans major(Tott.)Heller var. parvifolia T. B. Zhao, Z. Y. Wang et X. K. Li, var. nov. ;2. 疣刺魁核桃 var. gongylodispinosa T. B. Zhao, Z. Y. Wang et X. K. Li, var. nov. ;3. 大叶魁核桃 var. magnifolia T. B. Zhao, Z. Y. Wang et X. K. Li, var. nov. ;4. 全缘叶魁核桃 var. integrfolia T. B. Zhao, X. K. Li et Z. Y. Wang, var. nov. ;5. 大双果魁核桃 var. magnibicarpa T. B. Zhao, Z. Y. Wang et X. K. Li, var.

作者简介　王志毅(1980—),男,河南巩义人,职称:技术员,从事温室管理与植物引种研究。

*通讯作者:赵天榜。

nov.。同时,介绍了它们的形态特征要点,为其开发利用提供了新资源。

关键词 河南;魁核桃;五新变种;形态特征

1. 小叶魁核桃 新变种

Juglans major(Tott.)Heller var. parvifolia T. B. Zhao,Z. Y. Wang et X. K. Li,var. nov.

A var. nov. ramulis atro-brunneis,dense glandibus multi-cellulosis;ramulis juvenilibus dense glandibus multi-cellulosis, non aequilongis fasciculatis, villosis. Foliolis amnguste ellipticis,4. 5 ~ 11. 5 cm longis,1. 0 ~ 3. 0 cm latis et al.

本新变种与魁核桃原变种 Juglans major (Tott.)Heller var. major 主要区别:小枝黑褐色,密被多细胞具柄腺体。发芽早。幼枝密被多细胞具柄腺体,不等长的簇状毛、长柔毛。发芽晚。叶轴、叶柄密被多细胞具柄腺体,不等长的簇壮毛、长柔毛。偶数羽状复叶,长 19. 0 ~ 31. 0 cm;小叶狭椭圆形,互生,或对生,10 ~ 18 枚,长 4. 5 ~ 11. 5 cm,宽 1. 0 ~ 3. 0 cm,表面绿色,沿脉疏被多细胞具柄腺体,稀枝状毛,背面绿色,微被柔毛,沿脉密被多细胞具柄腺体、长柔毛,稀枝状毛,先端长渐尖至长尾尖,基部近圆形,或楔形,两侧不对称,边缘具尖锯齿,齿端具腺体、很少被缘毛及多细胞具柄腺体。雌雄花异熟,雄花先开,雌花后开放。雄花序腋生于前 1 年生枝上,柔夷花序,下垂,花序轴密被多细胞具柄腺体,不等长的簇状毛、长柔毛。雌花着生于当年新枝顶部,花序轴密被多细胞具柄腺体,稀被枝状毛、长柔毛;具花 1 ~ 4 枚;子房卵球状,长 5~6 mm,径 4~5 mm,密被多细胞具柄腺体;花柱 2 裂,每裂片多皱,与子房等大;萼片小,宿存,被短柔毛。果状核果状;果梗密被短柔毛,具果 1~4 枚,近球状,或卵球状,径 2. 5 ~ 3. 0 cm,淡黄绿色,密被细小、微凸点及短柔毛;果核硬骨质,球状,径 2. 0 ~ 2. 2 cm,密具钝棱与细沟纹,两端钝圆。花期 4 ~ 5 月;果实成熟期 8 ~ 9 月。

产地:河南。郑州市有引种栽培。2016 年 4 月 29 日,赵天榜、王志毅和李小康,No. 2016042925(幼枝、幼叶及雌花序)。

模式标木,存河南农业大学。

2. 疣刺魁核桃 新变种

Juglans major(Tott.)Heller var. gongylodispinosa T. B. Zhao,Z. Y. Wang et X. K. Li,var. nov.

A var. nov. fructibus sphaericis 3. 0 ~ 3. 5 cm longis et latis,dense spiculatis gongylodibus spinosis.

本新变种与魁核桃原变种 Juglans major (Tott.)Heller var. major 主要区别:浆果状核果,球状,长、径 3. 0 ~ 3. 5 cm,淡黄绿色,密被细小、疣状刺;果核硬骨质,近扁球状,长 2. 5 ~ 3. 0 cm,径 2. 3 ~ 3. 0 cm、2. 0 ~ 2. 5 cm,密具断断续续钝纵棱与沟纹,先端钝圆,具很小疣凸、钝尖,基部钝圆。

产地:河南。郑州市有引种栽培。2016 年 4 月 29 日。赵天榜、王志毅和李小康,No. 2016042925(幼枝、幼叶及雌花序)。

模式标本,存河南农业大学。

3. 大叶魁核桃 新变种

Juglans major(Tott.)Heller var. magnifolia T. B. Zhao,Z. Y. Wang et X. K. Li,var. nov.

A var. nov. ramulis atro-brunneis,dense glandibus multi-cellulosis;conspicuo angulis in ramulis juvenilibus. 10 ~ 18-foliolis,ellipticis ,3. 0 ~ 10. 0 cm longis,(2. 0 ~)3. 5 ~ 5. 0 cm latis et al.

本新变种与魁核桃原变种 Juglans major (Tott.)Heller var. major 主要区别:小枝黑褐色,密被多细胞具柄腺体。发芽晚。幼枝具显著纵棱,密被多细胞具柄腺体、长柔毛。发芽晚。叶轴、叶柄密被多细胞具柄腺体。偶数羽状复叶,长 16. 0 ~ 24. 0 cm;小叶椭圆形,10 ~ 18 枚,长 3. 0 ~ 10. 0 cm,宽(2. 0 ~)3. 5 ~ 5. 0 cm,表面绿色,沿脉疏被多细胞具柄腺体,背面淡绿色,沿脉被多细胞具柄腺体,先端长尾尖,基部近圆形,两侧不对称,边缘具细锯齿,疏被多细胞具柄腺体缘毛。雌雄花异熟,雄花先开,雌花后开放。雄花序腋生于前 1 年生枝上,柔夷花序,下垂,花序轴密被多细胞具柄腺体。雌花着生于当年新枝顶部,花序轴密被多细胞具柄腺体;具花 1 ~ 3 枚;子房卵球状,长 5 mm,密被多细胞具柄腺体;花柱 2 裂,每裂片呈棒状、多皱,与子房等大。

产地:河南。郑州市有引种栽培。2016 年 4 月 29 日,赵天榜、王志毅和李小康,No. 201604297 (幼枝、幼叶及花等)。

模式标本,存河南农业大学。

4. 全缘叶魁核桃 新变种

Juglans major(Tott.)Heller var. integrfolia T. B. Zhao,X. K. Li et Z. Y. Wang,var. nov.

A var. nov. 5~11-foliolis ellipticis, anguste ellipticis, margine integris, 5.0~16.0 cm longis, 2.0~3.5~54.0 cm latis et al.

本新变种与魁核桃原变种 Juglans major (Tott.) Heller var. major 主要区别:树皮灰白色,具纵沟。小枝灰褐色,疏被短柔毛。发芽早。幼枝纵棱特别显著,疏被短柔毛、长柔毛。叶轴、叶柄被极短柔毛。奇数羽状复叶,长 16.0~47.0 cm;小叶大型,椭圆形、狭椭圆形,5~11 枚,长 5.0~16.0 cm,宽 2.0~4.0 cm,表面绿色,无毛,背面淡绿色,沿脉被短柔毛、簇状毛,先端短尖、渐尖,基部近圆形,两侧不对称,边缘全缘,具很少小黑点;顶生小叶大,长 9.0~13.0 cm,宽 3.0~5.0 cm,先端长渐尖,基部楔形,边缘全缘,偶具锯齿。雌雄花异熟,雄花先开,雌花后开放。雄花序腋生于前 1 年生枝上,柔夷花序,长 5.0~9.0 cm,下垂,花序轴被短柔毛。雌花着生于当年新枝顶部,花序轴被短柔毛、腺体;具花 1~3 枚;子房卵球状,长 1.5 mm,径 1.2 cm,淡灰黄色,密被多细胞具柄腺体;花柱 2 裂,每裂片多皱,短与子房等大。

产地:河南。郑州市有引种栽培。2016 年 4 月 29 日,赵天榜、王志毅和李小康, No. 2016042913(幼枝、幼叶及雌花序)。

模式标本,存河南农业大学。

5. 大双果魁核桃　新变种

Juglans major (Tott.) Heller var. magnibicarpa T. B. Zhao, Z. Y. Wang et X. K. Li, var. nov.

A var. nov. foliolis ellipticis, ovatis, margine serratis. 2-fructibus in 1 pedicellis fructibus et al.

本新变种主要区别:树皮灰白色,具纵沟。小枝灰白色,无毛;幼枝疏被短柔毛。叶轴、叶柄疏被短柔毛。偶数羽状复叶,长 8.0~30.0 cm;小叶椭圆形、卵圆形,8~16 枚,长 3.5~9.0 cm,宽 2.0~3.0 cm,表面绿色,无毛,背面淡绿色,沿脉被短柔毛,先端短尖、长渐尖,基部近圆形,两侧近对称,边缘具锐尖锯齿。雌雄花异熟,雄花先开,雌花后开放。雄花序腋生于前 1 年生枝上,荑萸花序,长 5.0~9.0 cm,下垂,花序轴被短柔毛。雌花着生于当年新枝顶部,花序轴被短柔毛、腺体;具花 1~3 枚;子房卵球状,长 1.5 mm,径 1.2 cm,淡灰黄色,密被多细胞具柄腺体;花柱 2 裂,每裂片多皱,短与子房等大。果核硬骨质,近扁椭圆体状,长 4.2~4.5 cm,径 3.0~4.5 cm、2.5~38 cm,密具钝纵棱与沟纹,先端钝圆锥状,具小尖头,基部钝圆,具沟纹,两侧稍平。

产地:河南。郑州市有引种栽培。2016 年 7 月 8 日,赵天榜、王志毅和李小康, No. 2016042913(幼枝、幼叶及雌花序)。

模式标本,存河南农业大学。

参考文献

[1] Heller, Juglans major (Torr) in Muhlenbergia, 1904, 1:50.

[2] Engelmann ex Torrey, Juglans rupestris Engelmann ex Torrey B. major Torrey in Sitgreaves, Rep. Exp. Zuni & Colo. Riv. 1853, 171. t. 16.

[3] Dode, Juglans torreyi Dode in Bull. Soc. Dendr. France, 1909, 194. f. t. (p. 175).

枫杨一新变型——齿翅枫杨

赵天榜　　陈俊通　　陈志秀

(河南农业大学,郑州　450002)

1. 齿翅枫杨　新变型

Pterocarya stenoptera DC. f. serralata T. B. Zhao, J. T. Chen et Z. X. Chen, f. nov.

A f. recedit: alis fructibus apice margine plerumque 3-serrulatis.

Henan: Zhengzhou City. 27-05-2016. T. B. Zhao et X. K. Li et al., No. 201606232(ramulia, folia et fructibus, holotypus hic disignastus, HNAC).

本新变型与枫杨 Pterocarya stenoptera DC. f. stenoptera 主要区别:果翅较宽,先端平截,通常具 3 枚细齿。

产地:河南。郑州市有引种栽培。2016 年 6 月 23 日。陈俊通和赵天榜, No. 2016062321(枝、叶与果序)。模式标本,存河南农业大学。

八、壳斗科 Fagaceae

河南栓皮栎两新变种

赵天榜[1]　张宗尧[2]　李万成[2]

(1. 河南农学院;2. 河南省南召县乔端林场)

栓皮栎(Quercus varibilis Bl.)是我国特用经济树种,分布广,栽培历史悠久;因生长快、干形直、材质好,是优良的用材树种和荒山造林的先锋树种;又是饲养柞蚕、剥栓皮的特用经济树种,所以在林业生产中占有重要地位。

在毛主席无产阶级革命路线指引下,我们实行领导、工人和技术人员三结合,深入生产实际,总结群众选育树木良种经验,促进林木生产迅速发展。通过调查研究,发现栓皮栎两新变种,即:塔形栓皮栎和大叶栓皮栎。现记述如下:

1. 塔形栓皮栎 *　新变种　图1

Quercus varibilis Bl. var. pyramidalis T. B. Chao, Z. I. C hang et W. C. Li, var. nov.

A Querco variabili B1. var. variabili differt planta dense ramulis et foliosas, coma anguste pyramidalis, ramis a trunco sub angulis 20～25° divergentibus. Gemmis et ramulis juvenilibus dense ferrugineo-tomentosis, ramulis erectis; foliis ovato-lanceolatis vel ovato-lanceolatis supra atro-viridibus, petiolis cinereo-viridibus.

本新变种与原变种 Quercus varibilis Bl. var. varibilis 相似,但树冠呈塔形,枝叶浓密;侧枝细小,与主干呈20°～25°角着生。芽和幼枝密被黄锈色茸毛。小枝直立。叶倒卵圆-披针形或卵圆-披针形,表面深绿色,背面浅绿色;叶柄灰绿色,近直立,而易区别。

河南(Henan):南召县(Nanchao Xian)。1977年6月20日赵天榜(Chao Tian-bang)、张宗尧(Chang Zang-yao)和李万成(Li Wan-cheng)77514(模式标本存河南农学院 Typus in Herb. Henan College of Agricuture Consrvatus)。

塔形栓皮栎的树冠狭窄,为圆柱状,生长快、叶量大、栓皮厚等特性,是营造栓皮栎用材林和观赏的良种。

图1　塔形栓皮栎 Quercus varibilis Bl. var. pyramidalis T. B. Chao, Z. I. C hang et W. C. Li

2. 大叶栓皮栎　新变种　图2

Ouercus variabilis Bl. var. megaphylla T. B. Chao, var. nov. Fig. 2

落叶乔木,树干直;树冠稀疏;侧枝少,与主干呈60°～80°角开展。树皮栗褐色,纵裂,栓皮层厚。小枝黄褐色,光滑,无毛,多平展;长枝稍下垂;多年生枝栗褐色。叶长椭圆-倒卵圆形,或长椭圆-披针形,似板栗叶,长8～23 cm,宽2.8～7.5 cm,先端稍尖,或钝尖,基部近圆形,少宽楔形,两

图 2　大叶栓皮栎

侧近对生,缘具针芒状锯齿,表面浓绿色,(俗称大叶黑栎),光滑,无毛,背面灰绿色,具灰白色毛层,沿脉腋两侧尤多;叶柄长 1.5~2.5 cm,绿灰色,无毛,上面微具小沟。长枝幼叶背面主脉红色为显著特征。壳斗、坚果与栓皮无明显区别。

河南:伏牛山分布较多。1977 年 6 月 21 日。乔端林场西山林区八里坡栓皮栎人工株中,赵天榜 77531、77532(模式标本 Typus var.!存河南农学院园林系);同年 6 月 23 日。乔端林场北坡林区栓皮栎人工林,赵天榜和李万成,775536、77537。

本新变种似栓皮栎(原变种)Quercus variabilis Bl. var. variabilis,但区别:树冠稀疏;侧枝少,开展为 60°~80°;小枝平展;长枝稍下垂。叶较大,长椭圆–倒卵圆形或椭圆–披针形,表面浓绿色,具光泽,易于区别;又近板栗 Castanca mollissima Blunice,但区别:雄花序荑黄下垂,生于小枝基部;雌花 1~3 枚腋生;花梗较长。果翌年成熟。

A Querco variabili Bl. var. varialnlis differt ratnis a trunco sub angulis circ. 60~80° divergentibiis; ramulis patcntiluis vel pcudulis. fioliis majoribus elliptico-obovatis vel oblongo-lanccnlatis apicc acutiusculis vel obtusis,supra atro-viridibus iiitidis;laininis Castanae mollissimae Bl. similihus.

大叶栓皮栎具有以下特性:

(1)生长快。据在乔端林场北坡林区调查,在 22 年生的栓皮栎人工林中,大叶栓皮栎和栓皮栎树高几相等;胸径生长,大叶栓皮栎平均胸径 9.9 cm,栓皮栎平均胸径 7.2 cm;材积生长,大叶栓皮栎单株材积为 0.034 79 m^3,栓皮栎为 0.019 70 m^3。

(2)栓皮厚。据调查,22 年生栓皮栎树干上栓皮厚度达 0.5~0.8 cm,大叶栓皮栎树干上栓皮厚度达 1~1.2 cm。

(3)叶厚,不宜养蚕。据在南召县花坪访问,蚕农说:"大叶黑栎(指大叶栓皮栎)叶'暴'(意思是:叶厚而硬),柞蚕吃后生病,都不用它养蚕。"

多型叶沼生栎一新亚种

赵天榜　　陈志秀

(河南农业大学林学院,郑州　450002)

多型叶沼生栎　新亚种　图 1

Quercus palustris Müench. subsp. multiforma T. B. Zhao,J. T. Chen et Z. X. Chen,subsp. nov.

Subsp. nov. recedit:foliis multiformis, viz. ovatis,ellipticis,ob ovatis,anguste ovatis,loratis,amplitudinibus insigniter conspicuis. foliis pusilis 7.5 cm longis 2.5 cm latis,foliis magnis 23.0 cm longis 16.0 cm latis,apice late triangulatisvel obtusis,basi cuneatis laticuneatis non conformibus, margine dentatilobis triangulis conspicuis, dentatilobis margine integris apice aristatis, supra et inferne flavovirentibus glabis;petiolis 1.5~5.0 cm longis glabis.

Henan:Zhengzhou City. 27-05-2016. T. B. Zhao et X. K. Li et al.,No. 201605271(ramulia et folia, holotypus hic disignastus,HANC).

本新亚种与沼生栎原亚种 Quercus palustris

Müench. subsp. palustris 主要区别:叶多种类型,如卵圆形、椭圆形、倒卵圆形、狭椭圆形、舌形,大小悬殊,如小叶:长 7.5 cm,宽 2.5 cm;大叶:长 23.0 cm,宽 16.0 cm,先端宽三角形,或钝圆,基部楔形、宽楔形,两侧不对称,边缘具大小不等三角形裂齿,裂齿边缘全缘,先端具芒刺,两面淡黄绿色,无毛;叶柄长 1.5~5.0 cm,无毛。

产地:河南。郑州市有引种栽培。2016 年 5 月 27 日。赵天榜等,No. 201605271(枝与叶)。模式标本存河南农业大学。

图 1　多型叶沼生栎 Quercus palustris Muench. subsp. multiforma T. B. Zhao, J. T. Chen et Z. X. Chen

河南枹树一新变种

丁宝章　赵天榜

(河南农学院　河南郑州,450002)

茸毛枹树　新变种

Quercus glandulifera Bl. var. tomentosa. B. C. Ding et T. B. Chao,var. nov.

A typo recedit ramulis,petiolis et foliis dense tomentosis insigsignis.

小枝、叶柄和叶背面密生茸毛,易于区别。

河南:嵩县白河公社,海拔 1 000 m。1977 年 8 月 27 日。赵天榜,778211、778212(模式标本 Typus Agricultural University, Zhengzhou 450002)

九、榆科 Ulmaceae

河南榔榆十三新变种

赵天榜[1]　范永明[1]　陈俊通[1]　李小康[2]　王华[2]　王珂[2]　王志毅[2]

(1. 河南农业大学,郑州　450002;2. 郑州植物园,郑州　450042)

摘　要　本文发表榔榆十三新变种。

1. 无毛榔榆　新变种

Ulmus parvifolia Jacq. var. glabra T. B. Zhao, X. K. Li et H. Wang,var. nov.

A var. corticibus cinere-brunneis,lobati-descendentibus. ramulis juvenilibus brunneis glabris. samaris juvenilibus purpurascentibus.

Henan;20150822. T. B. Zhao, X. K. Li et H. Wang, No. 2015082213(HNAC).

本新变种树皮灰褐色,片状剥落。小枝褐色,无毛。幼果淡紫色。

产地:河南、郑州植物园。2015 年 8 月 22 日。赵天榜、李小康和王华等。模式标本,No. 201582213,存河南农业大学。

2. 反卷皮榔榆 新变种

Ulmus parvifolia Jacq. var. revoluta T. B. Zhao, L. H. Suang et X. K. Li, var. nov.

A var. corticibus cinere-brunneis lobati-revolutis. foliis parvis 2. 5~3. 5 cm longis, 1. 4~1. 7 cm latis.

Henan：20150822. T. B. Zhao, L. H. Sunang et. X. K. Li, No. 2015082215（HNAC）.

本新变种树皮灰褐色，片状外卷。叶小，长 2.5~3.5 cm，宽 1.4~1.7 cm。

产地：河南、郑州植物园。2015 年 8 月 22 日。赵天榜、宋良红和李小康。模式标本，No. 201582215，存河南农业大学。

3. 内卷皮榔榆 新变种

Ulmus parvifolia Jacq. var. convoluta T. B. Zhao, Z. X. Chen et X. K. Li, var. nov.

A var. corticibus atro-brunneis, dense frustriis convolutis. foliis magnis 4. 0~5. 5 cm longis, 2. 5~3. 5 cm latis.

Henan：20150822. T. B. Zhao, Z. Y. Wang et K. Wang, No. 2015082218（HNAC）.

本新变种树皮黑褐色，密被碎片状卷曲。叶较大，长 4.0~5.5 cm，宽 2.5~3.5 cm。

产地：河南、郑州植物园。2015 年 8 月 22 日。赵天榜、陈志秀和李小康等。模式标本，No. 201582218，存河南农业大学。

4. 大叶榔榆 新变种

Ulmus parvifolia Jacq. var. magnifolia T. B. Zhao, Z. X. Chen et X. K. Li, var. nov.

A var. ramulis atro-brunneis, dense pilosis. foliis ovatis 4. 0~6. 0 cm longis, 2. 5~6. 0 cm latis; petiolis dense pubescentibus.

Henan：20161012. T. B. Zhao, J. T. Chenet Y. M. Fan, No. 201610125（HNAC）.

本新变种小枝黑褐色，密被柔毛。叶卵圆形，长 4.0~6.0 cm，宽 2.5~6.0 cm，表面绿色，沿主脉密被柔毛，背面淡绿色，疏被短柔毛，沿主脉和侧脉，密被柔毛，先端短尖，基部圆形，或楔形，边缘具圆钝锯齿，或重锯齿；叶柄密被短柔毛。花序梗被疏柔毛；花梗无毛。

产地：河南、郑州植物园。2016 年 10 月 12 日。赵天榜、陈志秀和李小康。模式标本，No. 201610125，存河南农业大学。

5. 披针叶榔榆 新变种

Ulmus parvifolia Jacq. var. lanceolatifolia T. B. Zhao, Z. X. Chen et X. K. Li, var. nov.

A var. ramulis atro-brunneis, dense pubescentibus. foliis anguste lanceolatis 2. 0~5. 0 cm longis, 0. 7~2. 1 cm latis, margine crenatis; petiolis dense pubescentibus.

Henan：20161012. T. B. Zhao, Z. X. Chen et X. K. Li, No. ws 6 Ly,（HNAC）.

本新变种小枝黑褐色，密被柔毛。叶狭披针形，长 2.0~5.0 cm，宽 0.7~2.1 cm，表面绿色，沿主脉疏被柔毛，背面淡绿色，疏被短柔毛，沿主脉和侧脉密被柔毛，先端渐尖，基部楔形，或一侧楔形，另侧半圆形，边缘具圆钝锯齿；叶柄密被柔毛。花序梗被疏柔毛；花梗无毛。

产地：河南、郑州植物园。2016 年 10 月 12 日。赵天榜、陈志秀和李小康。模式标本，ws 6 Ly，存河南农业大学。

6. 毛果榔榆 新变种

Ulmus parvifolia Jacq. var. pilosi-samara T. B. Zhao, Y. M. Fan et J. T. Chen, var. nov.

A var. ramulis atro-brunneis, dense pilosis. samaris rare pubescentibus, emarginatis apice dense villosis tortuosis. florescentiis tardis 15~20 d.

Henan：20161012. T. B. Zhao, Z. X. Chen et X. K. Li, No. 8（HNAC）.

本新变种小枝黑褐色，密被柔毛。叶宽卵圆形，长 3.0~6.5 cm，宽 1.5~3.5 cm，表面绿色，沿主脉疏被柔毛，背面淡绿色，疏被短柔毛，沿主脉和侧脉密被柔毛，先端短尖，基部楔形，或近圆形，边缘具圆钝锯齿；叶柄密被柔毛。花序梗被疏柔毛；花梗无毛。翅果疏被短柔毛，先端缺口密被弯曲长柔毛。花期晚于其他变种 15~20 天。

产地：河南、郑州植物园。2016 年 10 月 12 日。赵天榜、范永明和陈俊通。模式标本，No. 8，存河南农业大学。

7. 紫叶榔榆 新变种

Ulmus parvifolia Jacq. var. purplefolia T. B. Zhao et Z. X. Chen, var. nov.

A var. ramulis purpureo-brunneis, glabris；subtus glabuis. foliis supra purpureis glabris.

Henan：20160915. T. B. Zhao, Z. X. Chen et X. K. Li, No. 201609155（HNAC）.

本新变种小枝紫褐色，无毛；幼枝微被短柔毛。叶椭圆形、狭椭圆形，长 1.5~6.0 cm，宽 1.5~2.5 cm，表面紫色，具光泽，无毛，背面绿色，无毛，沿中脉疏被短柔毛，边缘具钝锯齿，或重锯齿;叶柄 2~4 mm,疏被短柔毛。花期 9 月中旬。翅果,淡绿色,先端微凹明显。

河南:郑州市有栽培。2016 年 9 月 15 日。赵天榜和陈志秀。No. 201609155. 模式标本,存河南农业大学。用途:"四旁"优良绿化观赏良种。

8. 小叶榔榆　新变种

Ulmus parvifolia Jacq. var. parvifolia T. B. Zhao et Z. X. Chen, var. nov.

A var. ramuliscinerei-brunneis, dense pubescentibus. foliis parvis, anguste ellipticis, petiolis 2 ~ 3 mm longis, dense pubescentiis.

Henan:20160915. T. B. Zhao, Z. X. Chen et X. K. Li, No. 201609155(HNAC).

本新变种树皮灰褐色,翘皮块状脱落,脱落痕橙色。小枝灰褐色,密被短柔毛。叶小,狭椭圆形,长 2.0~5.0 cm,宽 1.0~1.7 cm,表面深绿色,具光泽,无毛,背面绿色,无毛,沿中脉疏被短柔毛,边缘具钝锯齿;叶柄 2 ~ 3 mm,密被短柔毛。花期 9 月中旬。翅果,淡绿色,先端微凹明显。

河南:郑州市有栽培。2016 年 9 月 15 日。赵天榜和陈志秀。No. 201609155. 模式标本,存河南农业大学。用途:"四旁"优良绿化观赏良种。

9. 毛柄榔榆　新变种

Ulmus parvifolia Jacq. var. pubentipetiola T. B. Zhao et Z. X. Chen, var. nov.

A var. ramulis cinerei-brunneis, dense pubescentibus. foliis ellipticis, margine crenatis vel bicrenatis;petiolis 2~4 mm longis, dense pubescentiis.

Henan:20160915. T. B. Zhao, Z. X. Chen et X. K. Li, No. 201609155(HNAC).

本新变种树皮灰褐色,翘皮块状脱落,脱落痕橙色。小枝灰褐色,密被短柔毛。叶椭圆形,长 2.0~5.5 cm,宽 1.0~2.1 cm,表面深绿色,具光泽,无毛,背面绿色,无毛,沿中脉疏被短柔毛,边缘具钝锯齿,或重锯齿;叶柄 2~4 mm,密被短柔毛。花期 9 月中旬。翅果,淡绿色,先端微凹明显。

河南:郑州市有栽培。2016 年 9 月 15 日。赵天榜和陈志秀。No. 201609155. 模式标本,存河南农业大学。用途:"四旁"优良绿化观赏良种。

10. 翘皮细裂榔榆　新变种

Ulmus parvifolia Jacq. var. processiminutipellis T. B. Zhao et Z. X. Chen, var. nov.

A var. corticibus atro-brunneis, non planis lobatis. lobis minute lacinatis. vulgo non deciduis. ramulis minutis pendulis purpurei-brunneis glabris.

Henan:20160915. T. B. Zhao, Z. X. Chen et X. K. Li, No. 201609156(HNAC).

本新变种树皮黑褐色,翘裂,裂片细条形,通常不脱落。小枝细,下垂,紫褐色,无毛。叶椭圆形、狭椭圆形,长 2.0~5.7 cm,宽 1.0~2.7 cm,表面绿色,具光泽,无毛,背面绿色,无毛,沿中脉疏被短柔毛,边缘具钝锯齿;叶柄 2~3 mm,无毛,或疏被短柔毛。翅果。花期 9 月上旬。

河南:郑州市有栽培。2016 年 9 月 15 日。赵天榜和陈志秀。模式标本,存河南农业大学。用途:"四旁"优良绿化观赏良种。

11. 毛枝榔榆　新变种

Ulmus parvifolia Jacq. var. densipetiola T. B. Zhao et Z. X. Chen, var. nov.

A var. corticibus cinerei-brunneis, glabis. ramulis purpurei-brunneis dense pubescentibs。

Henan:20160915. T. B. Zhao, Z. X. Chen et X. K. Li, No. 201609158(HNAC).

本新变种树皮灰褐色,光滑,细裂纹。小枝细,紫褐色,密被短柔毛。叶宽椭圆形、椭圆形,稀倒卵圆形,长 2.0~6.0 cm,宽 1.5~3.0 cm,先端短尖,基部一边半楔形,一边呈半圆形,表面绿色,无毛,背面绿色,无毛,沿脉疏被短柔毛,边缘具钝锯齿;叶柄 2~3 mm,密被短柔毛。花期 10 月中旬。

河南:郑州市有栽培。2016 年 9 月 15 日。赵天榜和陈志秀。No. 201609158. 模式标本,存河南农业大学。用途:"四旁"优良绿化观赏良种。

12. 金叶太行榆　新变种

Ulmus parvifolia Jacq. var. magnifolia T. B. Zhao, Z. X. Chen et X. K. Li, var. nov.

A var. ramulis atro-brunneis, dense pilosis. foliis ovatis 4.0~6.0 cm longis, 2.5~6.0 cm latis;petiolis dense pubescentibus.

Henan:20161012. T. B. Zhao, J. T. Chenet Y. M. Fan, No. 201610125(HNAC).

本新变种小枝黑褐色,密被柔毛。叶卵圆形,长 4.0~6.0 cm,宽 2.5~6.0 cm,表面绿色,沿主脉密被柔毛,背面淡绿色,疏被短柔毛,沿主脉和侧脉,密被柔毛,先端短尖,基部圆形,或楔形,边缘具圆钝锯齿,或重锯齿;叶柄密被短柔毛。花序梗被疏柔毛;花梗无毛。

产地:河南、郑州植物园。2016 年 10 月 12 日。赵天榜、陈志秀和李小康。模式标本,No. 201610125,存河南农业大学。

13. 垂枝榔榆 新变种

Ulmus parvifolia Jacq. var. pendula T. B. Zhao, var. nov.

A typo recedit comis rotundatis. ramulis densis pendulis.

Henan: 10. 10. 1988. S. D. Zhang. No. 8810101. Typus in HNAC.

本新变种与原变种区别:树冠球状。小枝稠密、下垂。

河南:地点不详。1988 年 10 月 10 日。张石头 No. 8810101。模式标本,存河南农业大学。

河南榆属三新变种

赵天榜[1] 陈志秀[1] 赵东方[2] 李小康[3] 王志毅[3] 王华[3]

(1. 河南农业大学,郑州 450002;2. 郑州林业工作总站,郑州 450002;3. 郑州植物园,郑州 450042)

摘 要 本文发表榆属三新变种,即:垂枝大叶榆、垂枝朴树、垂枝榉树。

1. 垂枝大叶榆 新变种

Ulmus lacinita (Trautv.) Mayr var. pendula T. B. Zhao, Z. X. Chen et D. F. Zhao, var. nov.

A var. ramis reclinatis. ramulis pendulis. foliis maximis 15. 0 ~ 17. 0 cm longis, 10. 0 ~ 15. 0 cm latis; petiolis 10. 0 ~ 10. 5 cm dense pubescentibus.

Henan; 20170825. T. B. Zhao, Z. X. Chen et D. F. Zhao, No. 8(HNAC).

本新变种侧枝拱形下垂。枝条下垂。叶大型,长 15.0 ~ 17.0 cm,宽 10.0 ~ 15.0 cm,表面深绿色,无毛,背淡绿色,被极少短柔毛,沿脉被疏柔毛,边缘不裂,具重锯齿和短缘毛,先端突尖,基部圆形,不对称;叶柄长 10.0 ~ 15.0 cm,密被短柔毛。

产地:河南、郑州市、郑州植物园。2017 年 8 月 25 日。赵天榜,陈志秀和赵东方,No. 201708251。模式标本,存河南农业大学。

2. 垂枝朴树 新变种

Celtis sinensis Pers. var. pendula T. B. Zhao, K. Wang et Z. Y. Wang, var. nov.

A var. corticibus cinere-brunneis, lobati-descendentibus. ramulis pendulis.

Henan; 20150822. T. B. Zhao, K. Wang et Z. Y. Wang, No. 201508229(HNAC).

本新变种树皮灰褐色,片状剥落。小枝下垂。

产地:河南、郑州植物园。2015 年 8 月 22 日。赵天榜,王珂和王志毅。模式标本,No. 20158229,存河南农业大学。

3. 垂枝榉树 新变种

Zelkova serrata (Thunb.) Makino var. pendula T. B. Zhao, K. Wang et Z. Y. Wang, var. nov.

A var. ramulis pendulis. ramulis longis reclinatis.

Henan; 20150822. T. B. Zhao T. B. Zhao, K. Wang et Z. Y. Wang, No. 2015082213(HNAC).

本新变种小枝下垂。长枝拱形下垂。

产地:河南、郑州植物园。2015 年 8 月 22 日。赵天榜、王华和王志毅等。模式标本,No. 201582213,存河南农业大学。

中国榆属一新种——柱冠榆

赵天榜 陈志秀

(河南农业大学,郑州 450002)

摘 要 本文发表中国榆属一新种,即柱冠榆 Ulmus cylindrica T. B. Zhao et Z. X. Chen, sp. nov.。同时,记述其主要形态特征:树冠圆柱状。树皮白色,光滑。多主枝,侧枝、长壮枝直立。小枝短,无毛。

关键词 中国;榆属;新种;柱冠榆;形态特征

1. 柱冠榆　新种

Ulmus cylindrica T. B. Zhao, Z. X. Chen et D. F. Zhao, sp. nov.

Sp. nov. arboribus deciduis; nulti-ramis, erectis; corticibus cinerei-albis, glabris; ramis lateribus, ramis grossis longis erectis. brevi-ramulis cinerei-brunneis, glabris rare pubescentibus. foliis ellipticis, late ovatis, rotundatis (1.0~) 3.0~6.0 cm longis, 1.7~3.8 cm latis, apice acuminatis, obtusis, basi subrotundatis, utrinsecis inaequalibus, utrinque viridibus, costis et nerviws lateralibus depressis, glabris, manifeste crenatis obtusis vel bi crenatis obtusis, ciliatis nullis; petioplis sparse pubescentibus. floribus et carpis ominois.

Shandong: Qingedao City. T. B. Zhao, Z. X. Chen et D. F. Zhao, No. 201810071 (holotypus, HANC).

本新种落叶乔木;多主枝,直立;树皮灰白色,光滑;侧枝、长壮枝直立。小枝短,灰褐色,无毛。叶椭圆形、宽卵圆形、圆形,长(1.0~)3.0~6.0 cm,宽1.0~3.8 cm,先端渐尖,钝圆,基部近圆形,两侧不对称,两面绿色,主、侧脉凹入,无毛,边缘钝锯齿,或重锯齿,无缘毛;叶柄疏被短柔毛、瘤点。花与果实未见。

产地:山东。青岛市。2018年10月7日。赵天榜、陈志秀和赵东方,No. 201810071(枝与叶),模式标本。存河南农业大学。

参考文献

[1] 中园科学院植物研究所. 中国高等植物图鉴[M]. 北京:科学出版社,1983:294. 图6001.

[2] 中国科学院植物志编辑委员会. 中国植物志 第二十二卷[M]. 北京:科学出版社,1998:342-371.

[3] 丁宝章,王遂义,高增义. 河南植物志(第二册)[M]. 郑州:河南人民出版社,1981:452-453.

[4] 朱长山,杨好伟. 河南种子植物检索表[M]. 兰州:兰州大学出版社,1981:53-54.

[5] 李法曾. 山东植物精要[M]. 北京:科学出版社,2004:182-184.

[6] 陈汉斌. 山东植物志. 上卷[M]. 青岛:青岛出版社,1990:942-954.

十、桑科 Moraceae

河南桑属七新变种

赵天榜　陈志秀

(河南农业大学,郑州　450002)

摘　要　本文主要介绍了河南桑属三新变种:1.小椹桑。2.毛叶蒙桑。3.密缘毛蒙桑。4.长叶蒙桑。5.白椹桑。6.光皮桑及7.裂叶桑树。

关键词　河南;桑属;新变种;形态特征

1. 小椹桑　新变种

Morus alba Linn. var. parvicarpa T. B. Zhao et X. Chen, var. nov.

A var. nov. 2~4-floribus in 1-inflorescentiis, bisexulibus. fructibus moris paululum sphaericis longis et grossis ca. 5 mm.

Henan: Zhengzhou City. 12-07-2017. T. B. Zhao et X. K. Li, No. 201407121 (ramulia, folia et fructus, holotypus hic disignastus, HNAC)

本新变种花序具花2~4朵,两性花。聚花果——桑椹很小,球状,长径约5 mm。

河南:郑州有栽培。2017年7月12日。赵天榜,陈志秀和范永明,No. 201707123(枝、叶与花)。模式标本,存河南农业大学。2017年3月15日。赵天榜,范永明和赵天榜,No. 201703158(枝、叶与果实)。模式标本,存河南农业大学。

2. 毛叶蒙桑　新变种

Morus mongolica (Bureau) Schneid. var. villosifolia T. B. Zhao et Z. X. Chen, var. nov.

A var. ramulis et ramulis in juvenilibus dense villosis. foliis dense villosis margine dense ciliatis longis; petiolis dense villosis.

Henan: 20170428. T. B. Zhao et Z. X. Chen, No. 201704285(HNAC).

本新变种小枝、幼枝密被长柔毛。叶两面密被长柔毛，边缘被长缘毛；叶柄密被长柔毛。

河南：郑州市、郑州植物园。2017 年 4 月 28 日。赵天榜和陈志秀，No. 20174285。模式标本，存河南农业大学。

3. 密缘毛蒙桑 新变种

Morus mongolica(Bureau) Schneid. var. densiciliata T. B. Zhao et Z. X. Chen, var. nov.

A var. ramulis rubric-brunneis, ramulis in juvenilibus arto-brunneis sparse pubescentibus. foliis margine dense ciliatis; petiolis dense pubscentibus.

Henan: 20170428. T. B. Zhao et Z. X. Chen, No. 201704285(HNAC).

本新变种小枝红褐色，无毛；幼枝黑褐色，疏被短柔毛。叶圆形，或长卵圆形，长 8.0~11.0 cm，宽 5.5~9.0 cm，两面疏被短柔毛，沿脉被较密短柔毛，边缘具粗锯齿，稀具重锯齿，先端具芒刺，齿边缘被缘毛，有时叶边缘具 1~2 个凹缺口，其边缘全缘，密被缘毛，具裂片 2~3 枚，近卵圆形；叶柄长 3.0~4.0 cm，密被短柔毛。

河南：太行山有分布。郑州市有引种栽培。2017 年 4 月 28 日。赵天榜和陈志秀，No. 201704285。模式标本，存河南农业大学。

4. 长叶蒙桑 新变种

Morus mongolica(Bureau)Schneid. var. longifolia T. B. Zhao et Z. X. Chen, var. nov.

A var. nov. foliis 9.0~15.0 cm lnogis, 4.0~6.0 cm latis glabris, margine e ciliatis; petiolis glabis. Ovariis sphaericis glabris; fructibus inflorescentiis dense pubescentibus.

Henan: Taihangshan. 25-04-2016. T. B. Zhao et Z. X. Chen, No. 201604255(folia, Ramulis et Fructi-inflorescentiae, holotypus hic disignatus, HNAC).

本新变种叶长三角-卵圆形，或长卵圆形，长 9.0~15.0 cm，宽 4.0~6.0 cm，两面无毛，边缘具锯齿，稀具重锯齿，齿端具芒刺；先端长尾尖，长 1.3~3.0 cm，宽 2~3 mm；基部心形，边缘全缘，无缘毛；叶柄长 2.0~3.5 cm，无毛。托叶膜质，淡黄白色，透明，外面密被长柔毛。雌花！单花具花被片 4 枚，匙-卵圆形，表面无毛，内面基部无腺点，边缘具短缘毛；子房卵球状，无毛；果序长 1.5~2.0 cm，果序梗短柔毛很少；果序轴密被短柔毛。

河南：太行山有分布。2016 年 4 月 25 日。赵天榜和陈志秀，No. 201604255。模式标本，存河南农业大学。

5. 白椹桑 新变种

Morus mongolica (Bureau) Schneid. var. albifructus T. B. Zhao, Z. X. Chen et Y. M. Fan, var. nov.

A var. nov. bis floribus in 1annuis. pedicellis inflorescentiis dense villosis uncatis raro villosis pluricellularibus. stylis dense pubescentibus, villosis canaliculatis rare villosis pluricellularibus. fructibus moris sphaericis albis.

Henan: Zhengzhou City. 10-06-2018. T. B. Zhao, Y. M. Fan et al. , No. 201806108(HNAC).

本新变种 1 年 2 次开花。花序梗密被钩状长柔毛，稀被多细胞长柔毛；花柱很短；柱头 2 裂，弓形、弯曲，密被短柔毛、钩状长柔毛，稀被多细胞长柔毛。桑椹卵球状，白色。

产地：河南。郑州市有栽培。2018 年 1 月 15 日，2018 年 6 月 10 日，赵天榜和范永明等，No. 201806108。模式标本，存河南农业大学。

6. 光皮桑 新变种

Morus alba Linn. var. glabra T. B. Zhao, Z. X. Chen et D. F. Zhao, var. nov.

A var. corticibus flavovirentibus. foliis 5-profundis in ramulis brevibus glabris, glandulosis nigris magis margine a ciliatis; petiolis pubescentibus.

Henan: Songxian. 10-08-2019. T. B. Zhao et Z. X. Chen, No. 201908106(ramulia et folia, HNAC).

本新变种与桑树原变种 Morus alba Linn. var. alba 主要区别：树皮黄绿色，光滑，具亮光泽。小枝灰绿色，被较密短柔毛和疏长柔毛。短枝叶 5 深裂，表面深绿色，无毛，具许多黑色、亮小腺点；背面灰绿色，无毛，具许多黑色、亮小腺点；中间裂片大，长椭圆形，先端渐长光，中上部边缘具不等钝锯齿，无缘毛，下部边缘全缘；两侧裂片近卵圆形，边缘具不等钝锯齿，无缘毛；基部 2 裂片小，近半圆形；叶基部平截，或浅心形，边缘波状全缘；叶柄 2.2~2.5 cm，被短柔毛；托叶 2 枚，对生。花、果不详。

产地:河南。嵩县有栽培。2019 年 8 月 10 日。赵天榜和陈志秀。No. 201908106(枝与叶)。模式标本,存河南农业大学。

7. 裂叶桑树 新变种

Morus alba Linn. var. lobifolia T. B. Zhao, Z. X. Chen et D. F. Zhao, var. nov.

A var. recdit foliislate ovatis, plerumque 3 lobis profundis rare triangulari-orbicularibus, non lobatis vel 7 lobis. foliis 11.5 cm, 8.5 cm, apice breviter acumonatis margine ciliatis.

Henan: Zhengzhou City. 28-07-2019. T. B. Zhao et Z. X. Chen, No. 201907285(ramulia et folia, holotypus hic disignastus, HNAC).

本新变种叶多数为宽卵圆形,通常 3 深裂,稀三角圆形,不裂及 7 裂片。叶长 11.5 cm,宽 8.5 cm,先端短渐尖,基部心形,边缘具不等粗锯齿,具缘毛。花与果不详。

产地:河南。郑州市有栽培。2019 年 7 月 28 日。赵天榜和陈志秀。No. 201907285(枝和叶)。

模式标本,存河南农业大学。

参考文献

[1] Linn. Morus Linn., Sp. Pl. 986. 1753; Gen. Pl. ed. 5, 424. no. 936. 1754.
[2] 中国科学院植物志编辑委员会. 中国植物志 第二十三卷 第一分册[M]. 北京:科学出版社,1998.
[3] 丁宝章,王遂义,高增义. 河南植物志(第一册)[M]. 郑州:河南人民出版社,1981.
[4] 朱长山,杨好伟. 河南种子植物检索表[M]. 兰州:兰州大学出版社,1981.
[5] 中国科学院西北植物研究所. 秦岭植物志 第一卷 种子植物(第二册)[M]. 北京:科学出版社,1974.
[6] 中国农业科学院蚕业研究所. 中国桑树栽培学[M]. 上海:上海科学技术出版社,1985.
[7] 赵天榜,郑同忠,李长欣,等. 河南主要树种栽培技术[M]. 郑州:河南科学技术出版社,1994.
[8] 赵天榜,等. 郑州植物园种子植物名录[M]. 郑州:黄河水利出版社,2018:49-50.
[9] 赵天榜,等. 河南省郑州市紫荆山木本植物志[M]. 郑州:黄河水利出版社,2017:516-523.

中国桑属特异珍稀一新种——异叶桑

范永明[1] 陈俊通[2] 杨秋生[1]* 赵天榜[1]

(1. 河南农业大学林学院,郑州 450002;2. 北京林业大学园林学院,北京 100083)

摘 要 本文首次描述了中国桑属特异珍稀物种,即异叶桑 Morus heterophylla** T. B. Zhao, Z. X. Chen et J. T. Chen ex Q. S. Yang et Y. M. Fan, p. nov.。本新种与蒙桑 Morus mongolica(Bureau)Schneid. 和鸡桑 Morus australis Poir. 相似,但区别:新种单株小枝有 4 种类型:(1)小枝灰绿色,密被短柔毛和疏被弯曲长柔毛;(2)小枝灰褐色,密被短柔毛,稀疏被长柔毛;(3)小枝褐色,无毛;(4)小枝紫褐色,具光泽,无毛,稀被极少短柔毛。单株叶 42 种叶形,可归纳为 12 类:(1)叶卵圆形,(2)叶卵圆形、边缘凹缺,(3)叶三角-卵圆形、边缘凹缺,(4)叶规则圆形、边缘凹缺,(5)叶不规则圆形、边缘凹缺,(6)叶不规则圆形、边缘深裂,(7)叶撕裂状形、边缘条形,(8)叶不规则形、边缘条形,(8)叶不规则深裂、裂片不规则形;叶柄无毛,(9)叶不规则深裂、裂片不规则形;叶柄无毛,(10)叶不规则深裂、裂片具 1~2 枚小裂片,边缘小齿无芒刺、无缘毛;中部裂片不规则形,两面沿脉疏被短柔毛;叶柄密被柔毛。(11)叶卵圆形,两面无毛,凹缺边缘无缘毛,先端长尾尖,两侧无缘毛;叶柄疏被短柔毛,或密被多细胞弯曲长柔毛。(12)叶卵圆形,小型,片 2.0~4.5 cm,宽 1.8~4.5 cm。12 类叶片边缘齿端具芒刺,稀无芒刺,先端两侧边缘全缘,稀不规则凹缺,密被多细胞弯曲长柔毛、疏被疏短缘毛,稀无毛。雌株!花序梗无毛,或密被白色短柔毛;雌花花被片外面基部疏被短柔毛,内面基部疏被腺点;子房、花柱无毛。

关键词 中国;桑属;特异特征;新种;异叶桑

河南地处我国中原地区,地形与地貌复杂;气候冬寒少雪,春旱多风,夏热多雨,秋季凉爽,土壤类型繁多,因而植物资源丰富[1]。2016 年,作者在河南太行山地区采集植物标本时,发现桑属一特异新植物。它与蒙桑 Morus mongolica(Bureau)Schneid.[1-5] 和鸡桑 Morus australis Poir.[1-3,6-8] 有显著区别:该种小枝密被短柔毛、疏被弯曲长柔毛、无毛,或密被多细胞弯曲长柔毛。叶形多变而特异——单株叶 42 种叶形,可归为 12 种类。其主要特征:叶形多变,毛被多种,边缘全缘,或具

1~8个不同形状的凹缺口，锯齿齿端具芒刺，稀无芒刺；凹缺口裂片多种形状。雌株！花序梗无毛，或密被白色短柔毛。单花花被片外面基部疏被短柔毛，内面基部疏被腺点。作者经过2年的观察、引种与栽培试验研究，其结果证明，该种特异形态特征、性状稳定，并在其起源理论、形变理论及该属分类系统研究中具有重要科学意义。为此，现将研究结果，报道如下。

异叶桑　新种　图版1

Morus heterophylla T. B. Zhao, Z. X. Chen et J. T. Chen ex Q. S. Yang et Y. M. Fan, Fig. 1.

Species nov. Morus mogolica (Bureau) Schneid.[1-4] et Morus australis Poir.[1-2,5-7] similis, sed ramulis dense pubescentibus, curvi-villosis sparsis, glabris vel dense curvi-villosis multi-cellulosis. Folis multi-formatis propriis——42-folliforibus, seorsum 12-aggregatia. eis characteribus foliis multi-formatiis utrisecis glabris, pubescentibus, curvi-villosis, curvi-villosia multo-cellulosis, raro pilis spinulosis adspersis; margine crenatis, raro bicrenatis, apice aristatis raro aristatis nullis, ringentibus depressis nullis vel 1 ~ 8-ringentibus depressis formatis diversis; lobatis multi-formatis: rotundis, ellipticis, fasciariis et al. , apice longi-caudatis, raro mucronatis, eis margine integeris, raro crenatis, dense longi-ciliaris nulti-cellulosis curvis vel ciliaris nullis; petiolis glabris, villosis densis vel curvi-villosis multi-cellulosis curvis densis. Foeminnea! amentaceis axillaribus; pedunculis tenuibus, pendulis, glabris, vel dense pubescentibus albis. tepalis 4 in quoque fore, spathulati-ovatis, base extremis pubescentibus sparsis, intra basem sparse glandulosis; ovariis ovoideis, glabris, stylis cylindricis apice 2-lobatis. fructibus aggregatis breviter cylindricis 1. 5 ~ 2. 0 cm longis, diam. 0. 8 ~ 1. 0 cm, maturis atropurpureis; pedicellis aggregatisb glabris vel curvi-villoss densis.

Arbuscula defcidua ca. 3. 0 m. alta (Fig. 1 : 1). Ramuli 4-formati : (1) ramuli cinerei-brunnei, dense pubescentibus et sparse vcurvi-villosis; (2) ramuli cinerei-brynnei, dense pubescentibus, raro villosis sparsis; (3) ramuli brunnei nitidi glabri; (4) ramuli purpyrei-brunnei, nitidi glabri, raro pubescentibus minimis. Gemma oviodea, dense pubescentibus. Foli-

a、multi-formata propri——42-foliiformia, seorsum 12-aggregati (Fig. 1: 2-13) : (1) folia ovata、elliptica, (5. 0 ~) 11. 5 ~ 16. 5 cm lohga, (2. 8 ~) 4. 5 ~ 7. 0 cm lata, utrinque gkabris, supra ad costas villosis minimis; margine crenatis, raro bicrenatis, apice aristatis, crenais angustis flavidis et brevi-ciliatis in 3marginalibus; apice longi-caudatis, 2. 0 ~ 4. 5 cm longis, 2. 5 mm , latis raro caudatis, prope basin utrimque 3-cremque 3-crenatis, apice aristatis, margine repandis, minime brevi-ciliaris; base cprdatis vel latuibus semi-cuneatis, minime integeris, brevi-ciliaris minimis; petiolis 2. 5 ~ 4. 0 cm lonis, glabris. (2) folia ovata vel triangulari-ovata, 5. 2 ~ 12. 5 cm longa 3. 3 ~ 7. 0 cm lata, utrinque glabris, margine crenatis, raro bicrenatis, apive aristatis, raro aristatisa nullis, margine 1-depressine ringent irregulari rotundat, depressine integeris innmargine, ciliaris nullisapice longi-caudatis, raro caudatis, 1. 5 ~ 4. 0 cm longis, 3. 5 ~ 7. 0 cm lata, utrinque glabris, margine crenatis, raro bicrenatis, apice aristatis, raro aristatis nullis, margine 1-depressine ringenti irregulari rotunda, deprewssine integeris in margine, ciliaris nullis, apice longi-caudatis, raro caudatis, 1. 5 ~ 4. 0 cm longis, 3. 5 ~ 7. 0 cm latis, margine repandis, ciliaris nullis; base cordatis, latuibus semi-cuneatis vicissin marginatis dimidiatis, ciliaris nullis; petiolis 3. 0 ~ 4. 0 cm longis, glabris, 3. 5 ~ 7. 0 cm latis, margine repandis, ciliaris nullis; base cordatis, latuibus semi-cuneatis vicissin marginatis, ciliaris nullis; petiolis 3. 0 ~ 4. 0 cm longis, glabris. (3) folia triangulari-ovata ovatis, 8. 5 ~ 12. 0 cm longa 5. 5 ~ 7. 5 cm lata, utrinque glabris; margine crenatis, raro bicrenatis, apice aristatis, margine 2 ~ 3-depressis ringentibus irregularibus rotundatis, eis margine integeris integeris, ciliaris nullis; apice longi-caudatis, 2. 7 ~ 5. 0 cm longis, 3 ~ 4 mm lata; base cuneiformibus, cordatis vel latuibus semi-cuneatis vicissin marginatis dimidiatis, ciliaris nullis; petiolis , 3. 0 ~ 4. 5 cm longis glabris. (4) folia rotunda, 5. 5 ~ 11. 5 cm longa, 5. 0 ~ 7. 5 cm lata, utrinque glabris; margine glandulis sparsis et crenatis, raro bicrenatis apice aristatis; margine 4-depressis ringentibus irregularibus rotundatis, eis margine integeris, ciliaris nullis; apice longi-caudatis, raro mucronatis, 1. 5 ~ 2. 8 cm longis, 2 ~ 3 mm lata, margine intageris, ciliaris nullis; base vadosi-cordatis, truncatis, margine integeris, cillaris nullis; petiolis 3. 5～4. 0 cm longis glabris. (5) folia rotunda, 9. 0～15. 0 cm longa, 10. 0～11. 0 cm lata, supra glabris ad venas dense villosis, subtus pilis spinosis adspersis, ad venas dense villosis; margine crentis, raro bicrenatis, apice spiculatis minimis, aristatis nullis, eis margine longi-ciliaris multi-cellulosis curvis densis; apice longi-caudatis vel caudatis nullis, 1. 0～2. 5 cm longis, 2～3 mm lata, margine intageris, dense curvi-villosis multi-cellulosis curvis; base corlatis, margine 4-depressis ringentibus irregularibus rotundatis, eis margine integeris, dense curvi-villosis multi-cellulosis curvis; lobatis subrotundis, 3. 0～6. 5 cm longis, 1. 5～6. 5 cm latis, margine dense curvi-villosis multi-cellulosis curvis; petiolis 2. 5～3. 0 cm 7. 5～10. 0 cm lata, utrinque glabris; apice longi-caudatis, 2. 5～5. 7 cm lingis, c. 3 mm latis, margine integris, raro longi-ciliaris multi-cellulosis curvis; margine 4-ringentibus depressis, eis margine integeris, raro longi-ciliaris multi-cellulosis curvis paucioibusus; (5～) 6-lobatis, subrotundis vel ellipticis, 1. 5～4. 5 cm longis 1. 0～2. 5 cm latis, apice faseciariis, (2～) 5～15 mm longis; petiolis 3. 5～4. 0 cm longis glabris. (7) ramuli cinerei-brunnei, dense curvi-villosis multi-cellulosis. Perulae roseoli-brunnei, dense pubescentibus. Folia rotunda, 12. 5～17. 0 cm longa 13. 0～18. 5 cm lata, utrinque spinulosis sparsis, ad venas dense pubescentibus, villosis; apice acutis , fasciariis, 1. 5～2. 7 cm longis, 3～5 mm lata, margine integeris, longi-ciliaris multi-cellulosis curvis densioribus; base cordatis, margine 68-ringentibus depressis, eis margine integeris et dense longi-ciliaris multi-cellulosis curvis; 7～8-lobatis, raro 2 ringentibus depressis in lobatis, rotundis, ovatis vel irregular-ibus, 1. 5～2. 5 cm longis, 2. 0～7. 0 cm latis; apice triangularibus, 4～13 mm longis, margine crenatis impairs vel bicrenatis, apice breviter pungentibus, aristatis nullis, margine longi-ciliaris multi-cellulosis curvis densis; petiolis 4. 0～4. 5 cm longis, dense longi-ciliaris multi-cellulosiw curvis. (8) ramuli lutei-brunnei, glabri, perala roseoli-brunnei, pubescentibus densioribus. Folia subritunda vel triangulari-ovata, 9. 5～16. 0 cm longa 6. 5～16. 5 cm lata,

utraque glabra; apice longi-acuminatis, fasciariis, 2. 5～3. 5 cm longis, 3～5 mm latis, margine integeris, ciliaris nullis; base cordatis vadosis, margine 5～8-ringentibus depressis, eis margine integeris, ciliaris nullis; 6～9-lobatis, cubrotundis, ovatis vel irregularibus, 1. 0～6. 5 cm longis, 1. 0～3. 0 cm latis, apice triangularibus, 4～13 mm longis; margine crenatis impairs vel biserratis, apice aristatis, margine longi-ciliaris multi-cellulosis curvis densis; petiolis 4. 5～5. 0 cm longis glabris . (9) ramuli atro-brunnei, dense villosis multi-cellulosis curvis. folia partita irregularis, 7. 0～12. 5 cm longa, 6. 0～7. 5 cm lata, superne glaberis, subtus minime spinulosis ad venas curvi-villosis densis; apice longi-caudatis, fasciariis, 3. 5～5. 5 cm longis, 3 mm latis, utroque longi-ciliaris multi-cellulosis curvis densis, sparse curvi-villosis, base partiti-cordatis, margine integeris, curvi-villosis multi-cellulosis densis; margine 5～8-ringentibus depressis; (6～) 7-lobatis, irregularibus, margine (1～) 2～4) (～6) crenatis, apice aristatis; petiolis tenuibus, 2. 5～3. 0 cm longis, dense pubscentibus et sparse curvi-villosis multi-cellulosis. (10) ramuli atro-brunnei, dense villosis multi-cellulosis curvis. folia partita irregularis, 8. 0～11. 0 cm longa, 7. 0～9. 5 cm lata, superne glaberis, subtus spinulosis sparsis, utroque ad venas curvi-villosis densis; apice longi-caudatis, fasciariis, 2. 5～4. 5 cm longis, 3 mm latis, utroque longi-ciliaris multi-cellulosis curvis densis; base partiti-cordatis, margine integeris, dense longi-ciliaris multi-cellulosis curvis, margine 5～6-ringentibus depressis, eis margine integeris, longi-ciliaris multi-cellulosis curvis densis; 4～7-lobatis irregularibus, 1. 5～5. 0 cm longis, 0. 5～2. 5 cm latis, apice breviter triangularibus vel triangulari-muceonatis, 3～10 mm longis, margine 35-crenatis impariuss vel bicrenatis, apice aristatis nullis, margine longi-ciliaris multi-cellulosis curvis densis; petiolis tenuibus, 3. 5～4. 0 cm longis, dense pubscentibus vel sparse curvi-villosis multi-cellulosis. (11) folia triangulari-ovata, partita irregularia, 7. 0～12. 0 cm longa, 8. 0～12. 0 cm lata, superne pubescentibus minimis, subtus pubescentibus sparsis, ad venas pubescentibus minimis, margine 3～5 partitis, raro lobatis; 2～10-lobis, margine crenatis imparis, aristatis nullis, ciliaris mullis,utroque ad venas pubescentibus minimis sparsis;apice longi-caudatis,4. 0 ~ 4. 5 cm longis,3 mm latis,utraque ad venas pubescentibus minimis sparsis,margine longi-ciliaris multi-cellulosis curvis densis;petiolis 2. 8 ~ 3. 2 cm longis,dense longi-ciliaris multi-cellulosis curvis. (12) folia rotunda,irregularia,parvia,2. 0 ~ 4. 5 longa,1. 8 ~ 4. 5 lata,superne glaberis vel pubescentibus paucibus,subtus glabris,ad venas glabris vel pubescentibus densis,margine longi-ciliaris multi-cellulosis curvis densis;apice acutis,0. 8 ~ 1. 0 cm longis,glabris,utroque ciliaris nullis vel longi-ciliaris multi-cellulosis curvis densis;petiolis 1. 5;2. 3 cm longis glabris vel curvi-villosis multi-cellulosis curvis densis. Foeminnei! amenta axillaries;pedunculis teruibus,glabris vel dense pubescentibus albis,pendulis;flores feminei! 4-tepalis in quoque flore,spathulati-ovatis,extus pubescentibus sparsis in basibus,intra basen sparse glandulosis;ovariis ovoideis glabris;stulis cylindricis apice 2-lobatis. Frutus consociate breviter cylindrica,1. 5 ~ 2. 0 cm longa,atro-purpurea matura. 4 mensis florens;fructi matura in 5 mensis.

Henan:Taihangshan. 25-042016. T. B. Zhao et Z. X. Chen,No. 201604251-11(folia et gamocarpus,holotypus hic disignatus,HNAC). 15-10-2016. T. B. Zhao,Z. X. Chen et D. F. Zhao,No. 201610153. 22-04-2017. Y. M. Fan et T. B. Zhao,No. 201704225-12.

落叶小乔木,高约 3.0 m(图版 1:1)。小枝 4 种类型:(1)小枝灰绿色,密被短柔毛和疏被弯曲长柔毛;(2)小枝灰褐色,密被短柔毛,稀疏被长柔毛;(3)小枝褐色,无毛;(4)小枝紫褐色,具光泽,无毛,稀被极少短柔毛。芽卵球状,密被短柔毛。叶形多变而特异——42 种叶形,可归为 12 类,即:(1)叶卵圆形、椭圆形,长 (5.0~)11.5~16.5 cm,宽 (2.8~)4.5~7.0 cm,两面无毛,表面沿主脉被极少长柔毛;边缘具粗锯齿,稀具重锯齿,先端具芒刺,锯齿具淡黄色狭边及短缘毛;先端长尾尖,长 2.0~4.5 cm,宽 2~5 mm,稀尾尖,近基部两侧具 3 枚粗锯齿,齿端具芒刺,边缘微波状,被很少短缘毛;基部心形,或一侧半楔形,很少全缘,被很少短缘毛;叶柄长 2.5~4.0 cm,无毛。(2)叶卵圆形,斜三角-卵圆形,长 6.2~12.5 cm,宽 3.3~7.0 cm,两面无毛,边缘具粗锯齿,稀具重

锯齿,齿端具芒刺,稀无芒刺,边缘具 1 个不规则圆形凹缺口,凹缺口边缘全缘,无缘毛;先端长尾尖,稀尾尖,长 1.5~4.0 cm,宽 3.5~7.0 cm,另外一侧边缘全缘,无缘毛;叶柄长 3.0~4.0 cm,无毛。(3)叶三角-卵圆形,或卵圆形,长 8.5~12.0 cm,宽 5.5~7.5 cm,两面无毛,边缘具粗锯齿,稀具重锯齿,齿端具芒刺,边缘具 2~3 个不规则圆形凹缺口,凹缺口边缘全缘,无缘毛;先端长尾尖,长 2.7~5.0 cm,宽 3~4 mm;基部楔形、心形,一侧半楔形,另外一侧边缘全缘,无缘毛;叶柄长 3.0~4.5 cm,无毛。(4)叶近圆形,长 5.5~11.5 cm,宽 5.0~7.5 cm,两面无毛,边缘具疏腺点及粗锯齿,稀具重锯齿,齿端具芒刺,边缘具 4 个不规则圆形凹缺口,凹缺口边缘全缘,无缘毛;先端长尾尖,稀短尖,长 1.5~2.8 cm,宽 2~3 mm,边缘全缘,无缘毛;基部浅心形、截形,边缘全缘,无缘毛;叶柄长 3.5~4.0 cm,无毛。(5)叶近圆形,长 9.0~15.0 cm,宽 10.0~11.0 cm,表面无毛,沿脉密被长柔毛,背面疏被刺毛,沿脉密被长柔毛,边缘具粗锯齿,稀具重锯齿,齿端硼极小,无具芒刺,边缘全缘,密被多细胞弯曲长缘毛;基部心形,边缘具 4 个狭窄圆形凹缺口,凹缺口边缘全缘,无缘毛,密被多细胞弯曲长缘毛;裂片近圆形,长 3.0~6.5 cm,宽 1.5~6.5 cm;边缘密被多细胞弯曲长缘毛;叶柄长 2.5~3.0 cm,密被多细胞弯曲长柔毛。(6)叶近圆形,长 10.0~12.5 cm,宽 7.5~10.0 cm,两面无毛,先端长尾尖,长 2.5~5.7 cm,宽约 3 mm,边缘全缘,被极少多细胞弯曲长缘毛;基部心形,边缘全缘,很少被多细胞弯曲长缘毛;边缘具 4 个凹缺口,凹缺口边缘全缘,被很少多细胞弯曲长缘毛;裂片(5~)6 枚,近圆形,或椭圆形,长 1.5~4.5 cm,宽 1.0~2.5 cm,先端条形,长 (2~)5~15 mm;叶柄长 3.5~4.0 cm,无毛。(7)小枝灰褐色,密被多细胞弯曲长柔毛。芽鳞浅红褐色,密被短柔毛。叶近圆形,长 12.5~17.0 cm,宽 13.0~18.5 cm,两面疏被刺状短毛,沿脉密被短柔毛、长柔毛;先端尖,条形,长 1.5~2.7 cm,宽 3~5 mm,边缘全缘,被较密的多细胞弯曲长缘毛;基部心形,边缘具 6~8 个凹缺口,凹缺口边缘全缘和密被多细胞弯曲长缘毛;裂片 7~8 枚,稀裂片 2 次凹缺,近圆形、卵圆形,或不规刚形,长 1.5~2.5 cm,宽 2~7 mm,先端三角形,长 4~13 mm,边缘具大小不等粗锯齿,或重锯齿,齿端具短刺尖,无芒刺,边缘密被多细胞弯曲长缘毛;叶柄长

4.0~4.5 cm,密被多细胞弯曲长缘毛。（8）小枝黄褐色,无毛。芽鳞浅红褐色,被较密短柔毛。叶近圆形、三角-卵圆形,长 9.5~16.0 cm,宽 6.5~16.5 cm,两面无毛;先端长渐尖,条形,长 2.5~3.5 cm,宽 3~5 mm,边缘全缘,无缘毛;基部浅心形,边缘具 5~8 个凹缺口,凹缺口边缘全缘,无缘毛;裂片 6~9 枚,近圆形、卵圆形,或不规则形,长 1.0~6.5 cm,宽 1.0~3.0 cm,先端三角形,长 4~13 mm,边缘具大小不等粗锯齿,或重锯齿,齿端具短刺尖,无芒刺,边缘密被多细胞弯曲长缘毛;叶柄长 4.5~5.0 cm,无毛。（9）小枝黑褐色,密被多细胞弯曲长柔毛。叶不规则深裂,长 7.0~12.5 cm,宽 6.0~7.5 cm,表面无毛,背面微被短刺毛,沿脉密被多细胞弯曲长柔毛;先端长尾尖,条形,长 3.5~5.5 cm,宽 3 mm,两侧密被多细胞弯曲长缘毛,疏被弯曲长柔毛;基部深心形,边缘全缘,密被多细胞弯曲长缘毛;叶边缘具 5~6 凹缺口;裂片（6~）7 枚,不规则形,边缘锯齿具（1~）2~4（~6）枚,齿端具芒刺;叶柄纤细,长 2.5~3.0 cm,密被短柔毛和疏被多细胞弯曲长柔毛。（10）小枝黑褐色,密被多细胞弯曲长柔毛。叶不规则深裂,长 8.0~11.0 cm,宽 7.0~9.5 cm,表面无毛,背面微被短刺毛,两面沿脉密被多细胞弯曲长柔毛;先端长尾尖,条形,长 2.5~4.5 cm,宽 3 mm,两侧密被多细胞弯曲长缘毛;基部深心形,边缘全缘,密被多细胞弯曲长缘毛;叶边缘具 5~6 凹缺口;凹缺口边缘全缘,密被多细胞弯曲长缘毛;裂片 4~7 枚,不规则形,长 1.5~5.0 cm,宽 0.5~2.5 cm,先端三角形,或具三角形短尖头,长 3~10 mm,边缘具 35 枚大小不等锯齿,或重锯齿,齿端无芒刺,边缘密被多细胞弯曲长缘毛;叶柄纤细,长 3.5~4.0 cm,密被短柔毛,或疏被多细胞弯曲长柔毛。（11）叶三角-卵圆形,不规则深裂,长 7.0~12.0 cm,宽 8.0~12.0 cm,表面极少被短柔毛,背面疏被短柔毛,沿脉很少被短柔毛,边缘 3~5 深裂,稀浅裂;裂片具 2~10 枚,边缘有不等的小齿,无芒刺,两面沿脉疏被短柔毛;先端长尾尖,长 4.0~4.5 cm,宽 3 mm,两面沿脉疏被短柔毛,边缘密被多细胞弯曲长缘毛;叶柄长 2.8~3.2 cm,密被多细胞弯曲长柔毛。（12）叶圆形,不规则形,小裂,长 2.0~4.5 cm,宽 1.8~4.5 cm,表面无毛,或很少短柔毛,背面无毛,沿脉无毛,或密被短柔毛,边缘密被多细胞弯曲长缘毛;先端短尖,长 0.8~1.0 cm,无毛,两侧无缘毛,或密被多

细胞弯曲长缘毛;叶柄长 1.5~2.3 cm,无毛,或密被多细胞弯曲长柔毛。雌株！单花具花被片 4 枚,匙-卵圆形,表面基部疏被短柔毛,内基部疏被腺点;子房卵球状,无毛;花柱圆柱状,先端 2 裂。聚合果圆柱状,片 1.5~2.0 cm,成熟时黑紫色。花期 4 月;果实成熟期 5 月。

本新种与蒙桑 Morus mongolica（Bureau）Schneid.[1-4] 和鸡桑 Morus australis Poir.[1-2,5-7] 相似,但区别:

小枝密被短柔毛、疏被弯曲长柔毛、无毛,或密被多细胞弯曲长柔毛。叶形多变而特异——42 种类型,可归为 12 类。其主要特征:叶形多变,被短柔毛、弯曲长柔毛、多细胞弯曲长柔毛,稀被疏刺毛;边缘具钝锯齿,稀重锯齿,齿端具芒刺,稀无芒刺;边缘无凹缺口,或具 1~8 个不同形状的凹缺口;裂片多形状,近圆形、椭圆形、带形等;先端长尾尖,稀短尖,其边缘全缘,稀具锯齿,密被多细胞弯曲长缘毛。雌株！葇荑花序腋生;花序梗细,下垂,无毛,或密被白色短柔毛。雌花！单花具花被片 4 枚,匙-卵圆形,外面基部疏被短柔毛,内部基部疏被腺点;子房卵球状,无毛;花柱圆柱状,先端 2 裂。聚合果圆柱状,长 1.5~2.0 cm,径 0.8~1.0 cm,成熟时黑紫色;果序梗无毛,或密被弯曲长柔毛。

河南:太行山区有分布。郑州市有引种栽培。2016 年 4 月 25 日。赵天榜和陈志秀,No. 201604251-11（叶类与果实）。模式标本,存河南农业大学。2016 年 10 月 15 日。赵天榜、陈志秀和赵东牙,No. 201610153。2017 年 4 月 22 日。范永明和赵天榜,No. 201604225-12（叶类与果实）。

参考文献

[1] 丁宝章,王遂义,高增义.河南植物志（第一册）[M].郑州:河南人民出版社,1981:280-283.

[2] 中国科学院植物志编辑委员会.中国植物志 第二十三卷 第一分册[M].北京:科学出版社,1998:17-23.

[3] 中国农业科学院蚕业研究所.中国桑树资源栽培[M].上海:上海科学技术出版社,1985:45-49.

[4] Shneid.,Morus mongolica（Bureau）Schneid. in Sery. Pl. Wilson[M].Cambridge University,1919（3）:296.

[5] Koidz. Morus mongolica（Bureau）Schneid. var. diabolica Koidz. in Bot. Mag[J].Tokyo,1917（31）:36.

[6] Poir. Morus australis Poir[J]. Encycl. Méth,1976

(314):380.

[7] Cao. Morus australis Poir. var. hastifolia(Cao)Cao [J].
Acta Bot. Yunnan,1989,11(1):26.

[8] C. Y. Wu. Morus australis Poir. var. inusitata(Lévl.)C.
Y. Wu [J]. Acta Bot. Yunnan,1989,11(1):25.

图版 1　异叶桑 Morus heterophylla T. B. Zhao,Z. X. Chen et J. T. Chen ex Q. S. Yang et Y. M. Fan
1. 植株;2. 类叶形;3. 类叶形;4 类叶形;5. 类叶形;6. 类叶形;7. 类叶形;8. 类叶形;9. 类叶形、边缘凹缺;
10. 类叶形;11. 叶形;12. 类叶形;13. 类叶形。

中国构树属特异珍稀濒危植物两新种

范永明[1]　田国行[2]　陈志秀[2]　赵天榜[2]*

(1. 北京林业大学园林学院,北京　100083;2. 河南农业大学,郑州 450002)

摘　要　本文发表中国构树属 Broussonetia L' Her. ex Vent. 特异珍稀濒危植物两新种,即:1. 三箭裂叶构树 Brous-
sonetia trisiiliagittatitrifolia Y. M. Fan,T. B. Zhao et Z. X. Chen, sp. nov. 。该种小枝黑褐色,密被多细胞长柔毛和长柔
毛。芽有4种:花芽、叶芽、混合芽及休眠芽。单叶互生,3深裂,裂片像箭形,长 4.0~13.0 cm,表面深绿色,背面绿
色,多细胞长柔毛和长柔毛,先端渐尖,边缘具不规则钝锯齿、全缘和多细胞长缘毛和长柔毛,基部通常具 2 枚,稀 1
枚小裂片;叶柄常密被多细胞长柔毛和长柔毛。雄株! 花序黑褐色。单花花筒碗状,透明,黑褐色;裂片4枚,匙-卵

圆形,黑褐色,边缘具疏缘毛,具有疏短柔毛的花柄;雄蕊 4 枚,花药四棱状,具棱;花丝透明、多节组成,无毛;萼筒基部具 1~2 枚线状萼片、黑褐色,密被黑褐色、短柔毛和长柔毛。Ⅱ.异型叶构树 Broussonetia heterophylla Y. M. Fan,G. H. Tian et T. B. Zhao。叶有 4 种类型:①叶扇形,边缘具不等圆锯齿,极为特异,先端短基部截形,两侧具小钝齿形 2 小裂、全缘;②叶三角形,边缘 5 裂,中部裂片大,基部具 2 小裂片,有小齿;③叶近三角形,具裂片 5 枚,上面 3 裂片较大,中部裂片大,呈宽扁三角-菱形,裂片基部呈宽楔形,边缘全缘;基部 2 裂片小,边缘具不等三角形锯齿、圆锯齿。此外,基部还具 2 枚小裂片。④叶三角形,边缘不裂,具不等圆锯齿,基部浅心形,有小齿;叶柄纤细,长 9.0 cm。

关键词 中国;构树属;特异珍稀濒危新种;三箭裂叶构树;三型叶构树;形态特征

1.三箭裂叶构树　新种　图 1

Broussonetia trisiiliagittatitrifolia Y. M. Fan,T. B. Zhao et Z. X. Chen,sp. nov. Fig. 1

Subsp. nov. ramulis et ramulis juvenlibus dense multicellularibus longe ciliatis et pilosis. gemmis:gemmi-foliis,gemmi-floribus,gemmi-commixtis,gemmi-obvellatis. Foliis 3-formis:①foliis 3 lobis,lobis laciniis;②foliis 3 lobis,lobis sagittatis inaequilateris,apice longe acuminatis,basi late cuneatis vel inaequilateris,supra atrovirentibus,dense multicellularibus et villosis;subtus chlorinis,dense multicellularibus et villosis;petiolis atro-brunneis dense multicellularibus et villosis. 1-rare 2-inflorescentibus stamineis in gemmis floribus;2-rare 3-inflorescentibus stamineis in gemmis floribus et ramulis juvenilibus et foliis juvenilibus. corollistubis phialoidibus menbranaceis atro-brunneis,4 lobis atro-brunneis margne sparse ciliatis;pedicellis 2-rare 3-nodis. 4 staminibus,antheris 4-angulis,filamentis multinodis glabris;basi 1 ~ 2-lobis atro-brunneis in calycibus tubis,punctiis dense minimis brunneis,pubescentibus et villosis.

Henan:Zhengzhou City. 10-08-2018. T. B. Zhao,Z. X. Chen et Y. M. Fan,No. 201808105(folia HNAC).

本新种主要形态特征:①叶 3 裂,裂片条形,②叶 3 裂,裂片不规则箭形,先端长渐尖;基部宽楔形或不规则,表面深绿色,幼时密被白色多细胞长柔毛和长柔毛;背面淡绿色,疏被多细胞长缘毛和长柔毛;叶柄黑褐色,密被多细胞长柔毛和长柔毛。雄株!花芽卵球状,内具 1 枚雏雄花序,稀 2 枚雏雄花序;混合芽内具雏雄花序 2 枚,稀 3 枚,还有雏枝、幼叶。单花花筒碗状,膜质,黑褐色,裂片 4 枚,黑褐色,边缘具疏缘毛;花柄 2 节,稀 3 节。雄蕊 4 枚,花药四棱状,药室具棱;花丝多节组成,无毛;萼筒基部具 1~2 枚线状萼片、黑褐色,密被黑褐色小点、短柔毛和长柔毛。

落叶乔木。小枝黑褐色,密被多细胞长缘毛和柔毛。幼枝淡绿色、绿色,两者密被多细胞长缘毛和柔毛。芽有 4 种:花芽、叶芽、混合芽及休眠芽。花芽与混合芽具膜质芽鳞 2 枚,薄膜质、透明,上部背面黑褐色,下半部灰白色,先端突长尖,背面密被黑褐柔毛,边缘具黑褐色缘毛,具黑色小瘤点,纵脉纹明显,内面无毛,具小瘤点。单叶互生,分 3 类:

Ⅰ.幼株:①叶 3 裂,深达基部,每裂片条形,离生,长 1.0~2.7~3.0 cm,宽 2~3~5 mm,表面深绿色,具光泽,幼时两面疏被白色多细胞长柔毛和长柔毛,后无毛,先端渐尖,基部楔形,边缘具不等锯齿、全缘和多细胞多细胞长缘毛和长柔毛;叶柄长 2.0~3.5 cm,黑褐色,疏被多细胞长柔毛和长柔毛,后无毛。②叶 3 裂,深达基部,每裂片条形,离生,大,长 4.0~10.0 cm,宽 1.7~2.7 cm,中间裂片大,边缘具不等大钝锯齿、全缘;叶柄长 7.0~9.0 cm,其他形态特征与①相同。③叶 4~5 裂片,具 3 枚大大裂片和 1~2 枚小裂片。大裂片 3 枚,深裂近基部 5~15 mm,箭形,长 6.5~10.0 cm,宽 3.2~4.5 cm,表面深绿色,幼时疏被白色多细胞长柔毛和长柔毛,后无毛,先端狭长尖,基部不等边楔形,边缘具不等锯齿、全缘和多细胞长缘毛和长柔毛;基部具 2 枚或 1 枚不规则小裂片,小裂片长 1.0~1.5 cm,宽 3~8 mm,边缘 3~5 小齿。

Ⅱ.大树:单叶,互生,3 裂,裂片大,深裂至基部,裂片上部呈不规则箭形,大,长 5.5~13.0 cm,宽 1.8~3.3 cm,裂片呈不规则箭形,长 3.6~5.0 cm,宽 2.5~3.5 cm,先端长渐尖;基部宽楔形或不规则,对称或不对称;箭头下面带形,长 2.5~7.0 cm,宽 5~10 mm,表面深绿色,幼时密被白色多细胞长柔毛和长柔毛,后有疏宿存;背面淡绿色,疏被多细胞长缘毛和长柔毛,主脉和侧脉明显凸起,淡黄白色,疏被多细胞长柔毛和长柔毛;箭形裂片下部边缘全缘或具不规则细锯齿和多细胞长缘毛和长柔毛;基部浅心形,通常具 2 枚小裂片,稀基部具 2 枚或 1 枚不规则小裂片,小裂片长 1.0~3.0 cm,宽 6~8 mm,边缘全缘或具不规则细锯齿,其毛被与 3 深裂片相同;叶柄长 2.2~9.5 cm,黑褐色,密被多细胞长柔毛和长柔毛。雄株!花芽卵球状,内具 1 枚,稀 2 枚雏雄花序;混合芽为椭圆-卵球状,内具雏雄花序 2 枚,稀 3 枚,还有雏枝、幼叶。花序长 2.0~3.5 cm,径 0.6~8 mm,黑褐色;花序柄长约 5 mm,具疏被短柔毛。单花花筒碗状,透明,黑褐色;裂片 4 枚,匙-卵圆形,黑褐色,边缘具疏缘毛,具有疏短柔毛的花柄;花柄 2 节,稀 3 节;雄蕊 4 枚,花药四棱状,药室具棱;花丝透明、多节组成,无毛;萼筒基部具 1~2 枚线状萼片、黑褐色,密被黑褐色小点、短柔毛和长柔毛。花期 3 月下旬至 4 月下旬。

产地:河南。郑州市有栽培。2018 年 10 月 23 日。赵天榜和陈志秀,No. 201810231(叶与枝)。2019 年 4 月 2 日。赵天榜和陈志秀,No. 201904025(花枝)。模式标本,存河南农业大学。

图 1　三箭裂叶构树 Broussonetia trisiiliagittatitrifolia
Y. M. Fan, T. B. Zhao et Z. X. Chen
1. 株形,2. 树皮,3. 叶形,4. 雄花序,
5. 多细胞长柔毛和长柔毛。

2. 异型叶构树　新种

Broussonetia heterophylla Y. M. Fan, G. H. Tian et T. B. Zhao sp. nov.

Sp. nov. foliis 3-formis:①latirotundatis, 4.5 cm longis, 6.6 cm latis, supra atrovirentibus, subtus virellis, margine crenatis non parilibus oraestantibus, apice mucronatis, basi truncatis, 2 lobis obtuss integris; petiolis minute longis;②triangulis, 5.0 cm longis, 4.5 cm latis, supra atrovirentibus, subtus virellis, margine 5 lobis, in medio magnilobis, 4.5 cm longis, 2.3 cm latis, apice acuminatis, margne non crenatis, infernebifacialibus margine, basi 2 lobis serratis; petiolis minute 3.0 cm;③subtriangulis, 10.0~13.0 longis, 11.0~11.5 latis, 5 lobis, superne 3 lobis magnis, in medio maximis latetriangulis-rhombeis, 5.5~7.0 longis, 5.0~6.0 latis, apice acuminatis, margne trianguli-crenatis et cillitis, lobis basi late cuneatis, margne integris, basi 2 lobis parvis suboblongis, margne non crenatis et crenatis, basi 2 lobis; petiolis minute (3.5) 9.0~14.0 longis sparse villosis;④triangulis, 9.0 cm longis, 7.5 cm latis, supra atrovirentibus, subtus virellis, margne non similaribus crenatis, basi cordatis serratis; petiolis minute 9.0 cm longis. mascula!

Henan:Zhengzhou City. 10-08-2018. T. B. Zhao et et Z. X. Chen, No. 201808105(folia HNAC).

本新种与构树原种 Broussonetia papyrifera(Linn.)L'Her. ex Vent. var. papyrifera 的主要区别:叶有 3 种类型:①叶宽圆形,长 4.5 cm,宽 6.6 cm,表面深绿色,背面浅绿色,边缘具不等圆锯齿,极为特异,先端短尖,基部截形,两侧具小钝齿形 2 小裂片、全缘;叶柄细长,长达 10.0 cm;②叶三角形,长 5.0 cm,宽 4.5 cm,表面深绿色,背面浅绿色,边缘 5 裂,中部裂片大,长 4.5 cm,宽 2.3 cm,先端渐尖,边缘具不等锯齿,下面两侧全缘,基部具 2 小裂片,有小齿,极为特异;叶柄纤细,长 3.0 cm;③叶近三角形,长 10.0~13.0 cm,宽 11.0~11.5 cm,具裂片 5 枚,上面 3 裂片较大,中部裂片大,呈宽扁三角-菱形,长 5.5~7.0 cm,宽 5.0~6.0 cm,先端渐尖,边缘三角-钝锯齿及缘毛,裂片基部呈宽楔形,边缘全缘,基部 2 裂片小,近矩形,边缘具不等三角形锯齿、圆锯齿。此外,基部还具 2 枚小裂片;叶柄细长,长(3.5~)9.0~14.0 cm,疏被长柔毛。④叶三角形,长 9.0 cm,宽 7.5 cm,表面深绿色,背面浅绿色,边缘不裂,具不等圆锯齿,基部浅心形,有小齿;叶柄纤细,长 9.0 cm;雄株!

产地:河南。郑州市有栽培。2018 年 8 月 10 日。赵天榜和陈志秀等,No. 201808105(叶)。模式标本,存河南农业大学。

参考文献

[1] 中国科学院植物研究所.中国高等植物图鉴 第一册[M].北京:科学出版社,1983.

[2] 中国科学院植物志编辑委员会.中国植物志 第七十二卷[M].北京:科学出版社,1998.

[3] 丁宝章,王遂义,高增义.河南植物志(第一册)[M].郑州:河南人民出版社,1981.

[4] 朱长山,杨好伟.河南种子植物检索表[M].兰州:兰州大学出版社,1981.

河南小叶构树一新变种

陈俊通　范永明　赵天榜

(河南农业大学,郑州　450002)

金叶小叶构树　新变种

Broussonetia kazinoki Sieb. et Zucc. * var. aurea J. T. Chen,Y. M. Fan et T. B. Zhao,var. nov.

A var. foliis ovatis,aureis.

Henan:2016089. J. T. Chen, No. 20160891 (HNAC).

本新变种的叶卵圆形,金黄色。

产地:河南。2016年8月9日。陈俊通。模式标本,No.20160891,存河南农业大学。

中国构树六新变种

陈志秀　赵天榜

(河南农业大学,河南郑州　450002)

摘　要　本文发表中国构树 Broussonetia papyrifera (Linn.)L'Her. ex Vent. 六新变种,即:1. 二色皮构树;2. 深裂叶构树;3. 多型叶构树;4. 撕裂叶构树;5. 彩叶构树;6. 金叶构树。形态特征。

1. 两色皮构树　新变种

Broussonetia papyrifera(Linn.) var. bicolor T. B. Zhao et Z. X. Chen,var. nov.

A var. recdit corticibus 2-coloribus:cineri-brunneis et purpurei-brunneis, non lobatis. foliis longe ramulis margine bicrewnatis.

Henan:Zhengzhou City. 12-05-2019. T. B. Zhao et al., No. 201905125(ramulia,folia et fructus,holotypus hic disignastus,HNAC).

本新变种与构树原变种 Broussonetia papyifera(Linn.)L'Hért. ex Vent. var. papyifera 主要区别:树皮2种颜色:灰褐色及紫褐色,不裂。长枝叶边缘具重圆锯齿。

产地:河南。郑州市有栽培。2019年2月2日。赵天榜和陈志秀,No.20190425(树皮照片)。2019年4月2日。赵天榜和陈志秀,No.201904025(叶与花枝)。模式标本,存河南农业大学。

2. 深裂叶构树　新变种

Broussonetia papyifera (Linn.) L'Hért. ex Vent. var. partita T. B. Zhao,X. K. Li et H. Wang.

A var. recdit foliis late partitis, non lobatis. fructibus pyriformibus.

Henan:Zhengzhou City. 12-07-2014. T. B. Zhao et X. K. Li, No. 201407121(ramulia,folia et fructus,holotypus hic disignastus,HNAC).

本新变种与构树原变种 Broussonetia papyifera(Linn.)L'Hért. ex Vent. var. papyifera 主要区别:叶宽深裂,裂片不分裂。果实梨状。

产地:河南。郑州市有栽培。2014年7月12

日。赵天榜、李小康和王华。No. 201407121(枝、叶与果实)。模式标本,存河南农业大学。

3. 多型叶构树　新变种

Broussonetia papyifera (Linn.) L'Hért. ex Vent. var. multiforma T. B. Zhao, Z. X. Chen et X. K. Li, var. nov.

A var. recdit foliis multiformis: non lobis, 1 lobis, bilobis, trilobis,　multilobis et praealte multilobis .

Henan: Zhengzhou City. 12-07-2015. T. B. Zhao et Z. X. Chen, No. 201507125(ramulia et folia, holotypus hic disignastus, HNAC).

本新变种与构树原变种 Broussonetia papyifera(Linn.) L'Hért. ex Vent. var. papyifera 主要区别:叶边缘不分裂、1 裂片、2 裂片、3 裂片和多枚深裂片。

产地:河南。郑州市有栽培。2014 年 7 月 12 日。赵天榜和陈志秀。No. 201507125(枝和叶)。模式标本,存河南农业大学。

4. 撕裂叶构树　新变种

Broussonetia papyifera (Linn.) L'Hért. ex Vent. var. laceria T. B. Zhao, J. T. Chen et Z. X. Chen, var. nov.

A var. recdit: foliis margne non aequabilibus et duplicato-palmatis profunde lobis. lobis margne dentatis trideltatis.

Henan: Zhengzhou City. 22-04-2016. T. B. Zhao et Z. X. Chen, No. 2011604225(ramulia et folia, holotypus hic disignastus, HNAC).

本新变种与构树原变种 Broussonetia papyifera(Linn.) L'Hért. ex Vent. var. papyifera 主要区别:叶边缘不规则深裂及二回掌状深裂。裂片边缘具三角形齿,下部无三角形齿。

产地:河南。郑州市有栽培。2016 年 4 月 22 日。赵天榜和陈俊通。No. 201604225(枝和叶)。模式标本,存河南农业大学。河南栾川县山区有野生。2016 年 5 月 8 日。陈俊通。No. 20160508(枝和叶)。

5. 彩叶构树　新变种

Broussonetia papyifera (Linn.) L'Hért. ex Vent. var. bicolor T. B. Zhao et Z. X. Chen, var. nov.

A var. recdit: foliis tricoloribus: albis, flavis et viridbus.

Henan: Luanchuan Xian. 22-04-2016. T. B. Zhao et Z. X. Chen, No. 2011604229(ramula et folia, holotypus hic disignastus, HNAC).

本新变种与构树原变种 Broussonetia papyifera(Linn.) L'Hért. ex Vent. var. papyifera 主要区别:叶有 3 种颜色:白色、淡黄色和绿色。

产地:河南。河南栾川县山区有野生。2016 年 4 月 22 日。赵天榜和陈志秀。No. 201604229(枝和叶)。模式标本,存河南农业大学。

6. 金叶构树　新变种

Broussonetia papyifera (Linn.) var. aurea T. B. Zhao et Z. X. Chen, var. nov.

A var. recdit: ramulis juvenilibus aureis, foliis juvenilibus aureis, petiolis juvenilibus aureis et villosis aureis.

Henan: Luanchuan Xian. 22-04-2016. T. B. Zhao et Z. X. Chen, No. No. 202007105(ramula et folia, holotypus hic disignastus, HNAC).

本新变种与构树原变种 Broussonetia papyifera(Linn.) L'Hért. ex Vent. var. papyifera 主要区别:幼枝、叶、叶柄及长柔毛均为金黄色。

产地:河南。河南郑州市有分布。2020 年 7 月 10 日。赵天榜和陈志秀。No. 202007105(枝和叶)。模式标本,存河南农业大学。

参考文献

[1] 中园科学院植物研究所:中国高等植物图鉴　第一册[M]. 北京:科学出版社,1983.

[2] 中国科学院植物志编辑委员会. 中国植物志 第七十二卷[M]. 北京:科学出版社,1998.

[3] 丁宝章,王遂义,高增义. 河南植物志(第一册)[M]. 郑州:河南人民出版社,1981.

[4] 朱长山,杨好伟. 河南种子植物检索表[M]. 兰州:兰州大学出版社,1981.

中国构树属两新种

陈志秀　赵天榜

（河南农业大学,郑州　450002）

摘　要　本文发表中国构树属 Broussonetia LHer. ex Vent. 二新种,即:1. 小叶构树;2. 膜叶构树。形态特征。

1. 不裂叶构树　新种　图1

Broussonetia alobifolia T. B. Zhao, X. Z. Chen et D. F. Zhao,sp. nov.

Species nov. arbusculis deciduis,altis ca. 7.0 cm. ramulis nigris dense villosis. foliis longe ovatibus parvis,3.0~6.0~8.0 cm longis,2.0~3.0~5.0 cm latis,apice acuminates,basi obliquuis,margine a lobis dense ciliatis pluricelluribus,supra glabris,supra glabris ad costas et nervos lateralibus nigri-glandulis. fructibus parvis swphaericis dim. 1.0~1.2 cm,dense villosis.

Henan:Sunxian. 01-08-2019. T. B. Zhao et Z. X. Chen et al. ,No. 201908013（ramulia,folia et fructus,holotypus hic disignastus,HNAC）.

图1　不裂叶构树 Broussonetia parvifolia T. B. Zhao,
X. Z. Chen et D. F. Zhao 枝、叶与果实

本新种为落叶小乔木,高约7.0 m。小枝黑色,密被弯曲长柔毛;皮孔黄棕色。叶长卵圆形,小,长3.0~6.0~10.0 cm,宽2.0~3.0~5.0 cm,先端渐尖,基部偏斜,边缘无裂片,具钝锯齿,齿端半圆形,密被多细胞缘毛,表面无毛,沿主脉和侧脉黄棕色,密被小黑色腺体。聚花果球状,小,直径1.0~1.2 cm,密被长柔毛,花柱长,弯曲,宿存。

果实成熟期比构树果实成熟期晚20~30天。

河南:嵩县。天池山有野生。2019年8月1日。赵天榜等。No. 201908013（枝、叶与果实）。模式标本,存河南农业大学。

2. 膜叶构树　新种　图2

Broussonetia menbranaceifolia T. B. Zhao,X. Z. Chen et D. F. Zhao,sp. nov.

图2　膜叶构树 Broussonetia trilobifolia T. B. Zhao,
X. Z. Chen et D. F. Zhao　枝、叶

Species nov. dumosis offoliatis. ramulis cinereis,dense pluricelluribus villosis tortuosis. foliis trilobis,7.0~10.5 cm longis,2.0~4.5 cm latis,menbranaceis,lobis medianis longe ovatibus 6.5~9.0 cm longis,2.0~4.0 cm latis,apice acuminatis longis,basi lobis dimidiis totundatis rare laciniatis,2.0 cm longis,vel foliis 5 lobis,2 lobis parvis. foliis chloroticis glabris,margine integeriis sparse villosis multicellulis supra glabris ad costas et nervos lateralibus nigri-glandulis. fructibus parvis dim. 1.0~1.2 cm,seris fructibus maturitatibus 20~30-diebus.

Henan:Sunxian. 01-08-2019. T. B. Zhao et Z. X. Chen et al. ,No. 201908013（ramulia,folia et fructus,holotypus hic disignastus,HNAC）.

本新种为落叶灌木状。小枝灰色,密被多细胞弯曲长柔毛。叶三裂形,长7.0~10.5 cm,宽2.0~4.5 cm,膜质,中部裂片长卵圆形,长6.5~

9.0 cm,宽 2.0~4.0 cm,先端长渐尖,基部侧裂片半圆形,稀条形,长 2.0 cm,或有 5 裂片的叶,其基部具 2 枚小半圆裂片。叶表面淡绿色,无毛,背面沿脉疏被柔毛,边缘全缘,疏被多细胞长柔毛;叶柄纤细,长 4.0~6.0 cm,被多细胞长柔毛。花、果不详。

河南:嵩县。天池山有野生。2019 年 8 月 1 日。赵天榜等。No. 201908013(枝、叶与果实)。模式标本,存河南农业大学。

河南无花果三新变种及栽培技术

范永明　陈志秀　赵天榜

(河南农业大学,郑州　450002)

摘　要　本文首次报道了河南无花果三新变种,即:1. 二次果无花果 Ficus carica Linn. var. bitemicarpa T. B. Zhao, Z. X. Chen et Y. M. Fan, var. nov. ;2. 深裂叶无花果 Ficus carica Linn. var. partitifolia T. B. Zhao et Z. X. Chen, var. nov. ;3. 多型叶无花果 Ficus carica Linn. var. multiformifolia T. B. Zhao et D. Y. Wen, var. nov. 。繁殖技术、栽培技术等。

1. 二次果无花果　新变种

Ficus carica Linn. var. bitemicarpa T. B. Zhao, Z. X. Chen et Y. M. Fan, var. nov.

A var. semel fructibus in ramulis foliis biennibus nullis; bis fructibus in ramulis novitatibus. foliis 5~7-lobis profundis. Iterum fructibus in ramulis.

Henan:20170403. Y. M. Fan, Z. X. Chen et T. B. Zhao, No. 201704031(HANC).

本新变种一次果着生于 2 年生无叶枝上;二次果着生于当年生新枝上。叶片 5~7 深裂。

补充描述:新变种叶有 5 类叶形:叶通常为近圆形,边缘 5~7 个凹缺口,凹缺口形状、深浅各异,其边缘全缘,疏被弯曲短缘毛,具裂片 5~7 枚,其边缘具波状齿,齿端具小腺点,边缘疏被弯曲缘毛。雌雄同株、同花序托。3 月花期的花序托内无瘿花;5 月花期的花序托内具瘿花而特异。果实倒卵球状,中部以下渐细,长 6.0~11.5 cm,径 4.5~6.5 cm。1 年内果实 2 次成熟:夏果 6 月成熟;8~9 月成熟。

产地:河南郑州市、长垣县等地有零星栽培。2018 年 9 月 10 日。范永明、陈志秀和赵天榜,无号。模式标本,存河南农业大学。

2. 深裂叶无花果　新变种

Ficus carica Linn. var. partitifolia T. B. Zhao et Z. X. Chen, var. nov.

A var. nov. megalophyllis,18.0~21.0 longis,20.0~22.0 cm latis,7-lobis, basi 2-lobulis, integris; superne 5-magnilobis, 8.0~12.0 cm longis, 5.0~8.0 cm latis, superne 3~5-lobis, superne lobis 2~4-triangulatis vel rotundatis, infracentralibus margine, ciliatis. foliis glabris, glandulis multinigris; petiolis 8.0~10.0 cm longis, paululum villosis et pubescentibus multicellulis.

Henan: Zhengzhou City. 20191010. Z. X. Chen et T. B. Zhao, No. 20119101011(HANC).

本新变种叶大型,长 18.0~21.0 cm,宽 20.0~22.0 cm,7 裂,基部 2 小裂片,全缘;上面 5 裂片大,长 8.0~12.0 cm,宽 5.0~8.0 cm,上部具 3~5 裂片,裂片上部具 2~4 枚三角形,或近圆形裂片,中下部全缘,具少数多细胞缘毛。叶两面无毛,网脉无毛,具多数黑色小瘤点;叶柄长 8.0~10.0 cm,被很少多细胞毛和极短短柔毛。

产地:河南郑州市有栽培。2019 年 10 月 10 日。陈志秀和赵天榜,No. 20119101011。模式标本,存河南农业大学。

3. 三型叶无花果　新变种

Ficus carica Linn. var. trifoma T. B. Zhao et Z. X. Chen, var. nov.

A var. nov. foliis 3-formia:1. longe ovatis non lobis;2. longe ovatis, 1 lobis, lobis dimidiis, lobis margine integris;3. longe ovatis 2 lobis;lobis;rotundatis dimidiis,ellipticis dimidiis.

Henan:Zhengzhou City. 20191010. Z. X. Chen et T. B. Zhao,No. 20119101011(HANC).

本新变种叶有 3 种类型,即:1. 长卵圆形,长8.0~12.5 cm,宽4.5~7.5 cm,先端钝尖,基部楔形,边缘不分裂,具不等的钝圆锯齿和极少缘毛;叶柄长1.5~2.0 cm,被很少短柔毛。2.叶的形态特征与1长卵圆形相同,而不同处是:叶片边缘有1裂片,裂片半圆形,先端钝圆,裂片间边缘全缘。3.叶的形态特征与1长卵圆形相同,而不同处是:叶片边缘有 2 裂片,裂片一边半圆形,另一边半椭圆形,先端钝尖,裂片间边缘全缘。

产地:河南郑州市有栽培。2019 年 10 月 10日。陈志秀和赵天榜,No. 201910105。模式标本,存河南农业大学。

繁殖技术

无花果主要繁殖技术如下。

1. 扦插繁殖

扦插繁殖分为硬枝扦插和嫩枝扦插 2 种。

(1)硬枝扦插。3 月中下旬可剪取健壮的 1年生枝条作插穗,插穗粗度在 0.5~1.0 cm,长15.0 cm 左右,下剪口要平滑,插入排水良好的沙壤土、沙土,或蛭石1/3 左右为宜。插后浇 1 次透水,并覆膜保温,保持土壤湿润,约 30 天成活生根。

(2)嫩枝扦插。5~8 月,选生长健壮、无病虫害的半木质化枝条。插穗长度为 15.0~20.0 cm,剪去下部叶片,上部 1~2 枚叶片,保留约 1/3,插入排水良好的沙壤土、沙土,或蛭石 1/3 左右为宜。插后,浇 1 次透水,并保持土壤湿润及空气湿度,约 30 天成活生根。

扦插成活生根的幼苗及时移栽。移栽成活后,加强苗木抚育管理,培育优质壮苗。

2. 分株繁殖

在晚秋,或早春,将丛生的母株周围的分蘖苗,从土中掘起进行分割。每株带有 2~3 个枝干,进行定植,确保成活。

3. 压条繁殖

在春季将生长健壮的长壮枝,按 3~4 芽进行环割后,埋入湿润土中 20.0~25.0 cm,约 30 天成活生根。然后将生根发芽的植株分离,另行栽种。

栽培技术

无花果栽培时期,以秋末落叶后至翌春树液流动前为最佳时期。栽植时,依植株大小不同而异。1~2 年生苗可裸根栽植。栽植方式,通常单株穴栽。植穴大小,依栽株大小而定。栽植成活后,及时除萌、中耕、除草、灌溉、施肥、防治病虫等。

应用前景

无花果通常庭院绿化美化之用。果实可食用,是特用经济树种。目前,河南各地无大面积栽培经营。

十一、芍药科 Paeoniaceae

芍药科分类系统研究

范永明[1] 赵天榜[2] 陈志秀[2]

(1. 北京林业大学园林学院,北京 100083;2. 河南农业大学,郑州 450002)

摘 要 本文发表了芍药科分类系统为:芍药属 Paeonia Linn. 、牡丹属 Mudan(Lynch)Y. M. Fan,T. B. Zhao et Z. X. Chen,gen. comb. nov. 及芍药牡丹属× Onaepia(Lynch)Y. M. Fan,T. B. Zhao et Z. X. Chen,Genus comb. hyrbi. nov.;形态特征。

芍药科植物在我国起源可追溯到夏商时代。唐代,芍药与牡丹、梅花、兰花、月季、菊花,称为"六大名花"。新中国成立后,随着我国建设事业的发展,园林事业及芍药与牡丹等园林植物也到突飞猛进的发展。为了大力发展芍药科植物,现将该科分类简史和新分新系统介绍如下,供参考。

芍药科分类系统:

1. 芍药属　属

Paeonia Linn. 原文及发表处:1753 年。

该属主要形态特征:多年生草本。花盘不发达,仅包被心皮基部。

属模式种:芍药 Paeonia officinalis Linn.。

产地:分布很广。该属植物有 20 多种。据洪德元研究,中国有 7 种、2 亚种:草芍药 Paeonia obovata Maxim.、美丽芍药 Paeonia mairei H. Lév、芍药 Paeonia lactiflora Pall.、多花芍药 Paeonia emodi Wall. ex Royle、白花芍药 P. sterniana Fletcher、新疆芍药 P. sinjianhensis K. Y. Pan、块根芍药 P. intermedia C. A. Mey. 和川赤芍 P. anomala subsp. veitchii (Lynch) D. Y. Hong & K. Y. Pan。

产地:分布很广。亚洲、欧洲和美洲均有分布与栽培。

1.1　芍药亚组　单花块根亚组　原亚组

Paeonia Linn. subsect. Paeonia

该组主要形态特征:单茎单花。根胡萝卜状。

组模式种:块根芍药 P. anomala Linn.。

产地:分布很广。中国有 1 种:块根芍药。

1.2　单花直根亚组　亚组

Paeonia Linn. subsect. Foliolatae D. Y. Hong 发表在《Floral of China》一书中。

该亚组主要形态特征:单花生于茎端。根纺锤状。

本亚组模式种:草芍药 Paeonia obovata Maxim.

产地:分布很广。中国有 2 种,即:1. 草芍药和美丽芍药 P. mairei H. Lév.。

1.3　单花块根亚组　亚组

Paeonia Linn. subsect. Paeonia D. Y. Hong 发表在《Floral of China》一书中。

该亚组主要形态特征:单花生于茎端。根纺锤状。

本亚组模式种:块根芍药 Paeonia intermedia C. A. Mey.

产地:分布很广。中国有 1 种,即块根芍药。

1.4　多花直根亚组　亚组

Paeonia Linn. subsect. Ailaflorae D. Y. Hong 发表在《Floral of China》一书中。

该亚组主要形态特征:单茎多花。根胡萝卜状。

本亚组模式种:芍药 Paeonia lactiflora Pall.

产地:中国有:1. 草芍药。芍药 Paeonia lactiflora Pall.、多花芍药 Paeonia emodi Wall. Ex Royle、白花芍药 P. sterniana H. R. Fletcher、新疆芍药 Panomala Linn.。

2. 牡丹属　新组合属

Mudan(Lynch) Y. M. Fan, T. B. Zhao et Z. X. Chen, gen. comb. nov., 牡丹组 Paeonia Linn. Sect. Moutan DC. in《Linnaean Society of London》。

本新组合属主要形态特征:落叶灌木或灌木。老干灰褐色,有片状剥落。枝多挺拔。小枝短粗。叶互生,为二回三出羽状复叶。单花顶生,大型,径 10.0 ~ 30.0 cm。单花具花瓣 5 枚以上,或重瓣;雄蕊多数,花药黄色;花盘发达、杯状,革质或肉质,包被心皮达 1/3 以上;心皮 4 ~ 6 枚,密被柔毛。

本亚组模式种:牡丹 Mudan suffruticosa(Andr.) Y. M. Fan, T. B. Zhao et Z. X. Chen, sp. comb. nov.。

产地:分布很广。中国有 3 种、3 变种,即:牡丹、矮牡丹 Mudan jishanensis (T. Hong et W. Z. Zhao) Y. M. Fan, T. B. Zhao et Z. X. Chen var. spontanea(Rehd.) Y. M. Fan, T. B. Zhao et Z. X. Chen, var. comb. nov., 银屏牡丹 Mudan suffruticosa(Andr.) Y. M. Fan, T. B. Zhao et Z. X. Chen, ssp. yinpingmudan (D. Y. Hong) Y. M. Fan, T. B. Zhao et Z. X. Chen, ssp, comb. nov., 四川牡丹 Mudan decomposita (Hand. -Mazz.) Y. M. Fan, T. B. Zhao et Z. X. Chen, sp. comb. nov., 圆裂四川牡丹 Mudan decomposita (Hand. -Mazz.) Y. M. Fan, T. B. Zhao et Z. X. Chen, ssp. rotundiloba (D. Y. Hong) Y. M. Fan, T. B. Zhao et Z. X. Chen, ssp. comb. nov., 凤丹 ostii (T. Hong & J. X. Zhang) Y. M. Fan, T. B. Zhao et Z. X. Chen, sp. comb. nov. 紫牡丹 Mudan rockii(S. G. Haw et L. A. Lauener) Y. M. Fan, T. B. Zhao et Z. X. Chen, sp. comb. nov., 太白紫牡丹 Mudan rockii(S. G. Haw et L. A. Lauener) Y. M. Fan, T. B. Zhao et Z. X. Chen ssp. taibashanica(D. Y. Hong) Y. M. Fan, T. B. Zhao et

Z. X. Chen, ssp. comb. nov., 狭叶牡丹 Mudan delavayi (Franch.) Y. M. Fan, T. B. Zhao et Z. X. Chen var. angustiloba (Rehd. et Wils. .) Y. M. Fan, T. B. Zhao et Z. X. Chen, var. comb. nov. 等。品种极多。亚洲、欧洲和美洲均有分布与栽培。

2.1 牡丹组 原组

Subsect. Mudan

本组主要形态特征；与牡丹属形态特征相同。

本组模式种：牡丹 Mudan suffruticosa (Andr.) Fan。

2.2 多瓣牡丹亚组 新组

Subsect. Multipetala Y. M. Fan, T. B. Zhao et Z. X. Chen, sect. nov.

Subsect. magis 15 tepalis in quoque flore.

Sect. typus：Mudan multipetala Y. M. Fan, T. B. Zhao et Z. X. Chen.

本新组主要形态特征；单花具花瓣 15 枚以上。

本新组模式种：多瓣牡丹 Mudan multipetala Y. M. Fan, T. B. Zhao et Z. X. Chen。

产地：分布很广。中国、朝鲜、日本等国有分布。欧洲和美洲均有栽培。品种极多。

3. 芍药-牡丹属 北美芍药亚属 新组合杂种属

× Onaepia (Lynch) Y. M. Fan, T. B. Zhao et Z. X. Chen, Genus comb. hyrbi. nov. ；北美芍药亚属 Paeonia Linn. subgen. Onaepia Lynch in 原文及发表处，1980.

该新组合杂种属主要形态特征；形态优美，株型紧凑；多年生木本、粗壮挺拔。花直立，顶生，或顶生并腋生。

本新组合杂种属模式种：× Onaepia (Lynch) Y. M. Fan, T. B. Zhao et Z. X. Chen, sp. comb. nov. ，Paeonia Linn. subgen. Onaepia Lynch。

产地：主要产于美洲。中国等有引种栽培。品种很多。

注：1948 年，日本育种家伊藤东一用滇牡丹 Paeonia delavayi 和日本芍药"花香殿花"（'Kakaden'）杂交，得到世界上第一个芍药牡丹组间杂种，即著名的"伊藤芍药花"。

参考文献

[1] 于晓南. 观赏芍药[M]. 北京：中国林业出版社，2019.

[2] 方文培. 中国芍药属研究[J]. 植物分类学报，1958，7(4)：297-323.

[3] 洪德元，潘开玉. 芍药属牡丹组的分类历史和分类处理[J]. 植物分类学报，1919，37(4)：351-368.

[4] 洪德元，潘开玉. 芍药属牡丹组分类补注[J]. 植物分类学报，2005，43(3)：284-287.

[5] 王建国，张佐双. 中芍药[M]. 北京：中国林业出版社，2005.

芍药四新品种

范永明[1] 赵天榜[2] 陈志秀[2]

（1. 北京林业大学园林学院，北京 100083；2. 河南农业大学，郑州 450002）

1. '金叶'芍药 新品种

Paeonia lactiflora Pall. 'Jinye'，cv. nov.

本新品种叶金黄色。

产地：河南。郑州市有栽培。选育者：范永明、赵天榜和陈志秀。

2. '紫叶'芍药 新品种

Paeonia lactiflora Pall. 'Ziye'，cv. nov.

本新品种叶金紫色。

产地：河南。郑州市有栽培。选育者：范永明、赵天榜和陈志秀。

3. '皱叶'芍药 新品种

Paeonia lactiflora Pall. 'Zhauye'，cv. nov.

本新品种叶金紫色。

产地：河南。郑州市有栽培。选育者：范永明、赵天榜和陈志秀。

4. '粗柱'芍药 新品种

Paeonia lactiflora Pall. 'Cuzhu'，cv. nov.

本新品种花盘中心突起呈柱状，高 10.0~12.0 cm，基部和上部着生淡黄色花瓣，中部长 4.0~6.0 cm 着生雄蕊而特异。

产地：河南。禹州市有栽培。选育者：范永明、赵天榜和陈志秀。

牡丹一新品种

范永明[1]　赵天榜[2]　陈志秀[2]

(1. 北京林业大学园林学院,北京　100083;2. 河南农业大学,郑州　450002)

'耐冬'牡丹　新品种

Mudan suffruticosa(Andr.)Y. M. Fan,T. B. Zhao et Z. X. Chen 'Naidong',cv. nov.

本新品种第2次开花时间在4月及11月中、下旬。花瓣白色。

产地:河南。郑州市有栽培。选育者:范永明、赵天榜和陈志秀。

十二、南天竹科 Nandinaceae

南天竹六新栽培品种

陈俊通[1]　王华[2]　赵天榜[3]

(1.北京林业大学园林学院,北京　100083;2.郑州植物园,郑州　450042;
3.河南农业大学,郑州　450002)

摘　要　本文首次报道河南南天竹6个新栽培品种。

1.'绿果'南天竹　新品种

Nandina domestica Thunb. 'Luguo',cv. nov.
本新品种与原品种主要区别:果实绿色。

产地:河南郑州市有栽培。选育者:陈俊通、李小康、赵天榜。

2.'黄果'南天竹　新品种

Nandina domestica Thunb. 'Huangguo',cv. nov.
本新品种与原品种主要区别:果实黄色。

产地:河南郑州市有栽培。河南。选育者:陈俊通、李小康、赵天榜。

3.'褐果'南天竹　新品种

Nandina domestica Thunb. 'Heguo',cv. nov.
本新品种与原品种主要区别:果实亮褐色。

产地:河南郑州市有栽培。选育者:陈俊通、李小康、赵天榜。

4.'小叶'南天竹　新品种

Nandina domestica Thunb. 'Xiaoye',cv. nov.

本新品种与原品种主要区别:叶形小。果红色。

产地:河南郑州市有栽培。选育者:陈俊通、李小康、赵天榜。

5.'红叶'南天竹　新栽培品种

Nandina domestica Thunb. 'Hongye',cv. nov.

本新品种叶红色及红褐色。

产地:河南、郑州植物园。选育者:陈俊通、王华和赵天榜。

6.'杂色叶'南天竹　新栽培品种

Nandina domestica Thunb. 'Zaseye',cv. nov.
本新品种叶红色、红褐、绿色等,具光泽。

产地:河南、郑州植物园。选育者:陈俊通、王华和赵天榜。

十三、木兰科 Magnoliaceae

木兰科新分类系统

赵天榜 陈志秀

（河南农业大学,郑州 450002）

摘 要 本文发表木兰科分类系统为 3 亚科、4 族、5 亚族、17 属、19 组、16 亚组系统。

2011 年,作者初步提以木兰科分类系统为 3 亚科、4 族、5 亚族、17 属、19 组、16 亚组系统如下:

木兰科 Magnoliaceae

木兰亚科 subfam. Magnolioideae

Ⅰ.**木兰族** trib. Magnolieae DC.

1.1 木莲亚族 subtrib. Mangilietiinae Law

(1)木莲属 Manglietia Blum.

木莲组 sect. Manglietia(Blum.) Baillon

落叶木莲组 sect. Sinomaglietia(Z. X. Yu)T. B. Zhao, sect. comb. nov. ined.

华盖木组 sect. Manglietiastrum(Law) Noot.

1.2 木兰亚族 subtrib. Magnoliinae Law

(2)木兰属 Magnolia Linn.

木兰组 sect. Magnolia DC.

常绿木兰组 sect. Gwillimia DC.

荷花木兰组 sect. Theorhodon Spach.

荷花木兰亚组 subsect. Theorhodon (Spach) Noot.

香木兰亚组 subsect. Aromadendron (Blum.) Noot.

(3)厚朴属 Houpoëa N. H. Xia & C. Y. Wu

(4)天女木兰属 Oyama(Nakai)N. H. Xia & C. Y. Wu

(5)长喙木兰属 Lirianthe Spach

1.3 长蕊木兰亚族 subtrib. Alcimandriinae Law

(6)长蕊木兰属 Alcimandra Dandy

(7)拟单性木兰属 Parakmeria Hu et Cheng

Ⅱ.**单性木兰族** trib. Kmeriieae D. L. Fu et T. B. Zhao, trib. nov. ined.

(8)单性木兰属 Kmeria(Pierre) Dandy

单性木兰组 sect. Kmeria(Pierre)Noot.

厚壁木组 sect. Pachylarnax (Dandy) T. B. Zhao, sect. comb. nov. ined.

(9)焕镛木属 Woonyoungia Law

Ⅲ.**盖裂木族** trib. Talauniieae Z. Y. Wu et al., trib. nov. ined.

(10)盖裂木属 Talauma Juss.

盖裂木组 sect. Talauma(M. L. Schnetter & G.. Lozano-Contreras)B. L. Chen & Noot.

南美盖裂木组 sect. Dugandiodendron (G.. Lozano-Contreras)T. B. Zhao, sect. comb. nov. ined.

Ⅳ.**含笑族** trib. Micheliinae Law

1.4 含笑亚族 subtrib. Micheliinae Law

(11)含笑属 Michelia Linn.

含笑组 sect. Michelia

肖含笑组 sect. Micheliopsis(Baill.) Dandy

双被组 sect. Dichlamys Dandy

异被组 sect. Anisochlamys Dandy

1.5 南洋含笑亚族 subtrib. Elmerrilliinae Law

(12)南洋含笑属 Elmerrillia Dandy

(13)合果木属 Paramichelia Hu

合果木组 sect. Paramichelia(Hu)Noot. & B. L. Chen

观光木组 sect. Tsoongiodendron (Chun)Noot. & B. L. Chen

玉兰亚科 新亚科

Subfam. Yulanialioideae D. L. Fu et T. B. Zhao, subfam. nov.

Arbor vel frutex decidua. Yulani-alabastra terminata vel axillares interdum caespitosa manifeste racemi-cymae. id constata: Soutai-ramulo, stipulis peruliformibus, ramulo juvenili et gemmis juvenlibus cum Yulani-alabastris jurenilibus. Soutai-ramuli saepe 3~5-nodis rare 1~2-nodis vel >6-nodis manifeste grossis vare gracilibus dense villosis rare glabris. Folia multiformes, apice obtusis, biloba vel partita vel irregulares. Quaeque species saepe 1 forma flore rare 2~ multiformis flores. tepala 9~18(~32) rare 6~8 vel 33~48 in quoque flore. ei manifeste siscrepantibus in figuris, staturis, carnosis vel menbranaceis et coloribus, Stamina numerosa connectivis apice acutis cum mucronatis vare obtusis. disjuncte simplici-pitillis pubescentibus vel glabris, androecia gynoecios carpelleros aequantes vel superantia. Gynoecia disjuncte carpelligera sine gynophora.

Subfam. Typus: Yulania Spach.

Spread: Asia-Japan, Chnia (40 species); America Northern — USA, Canada (3 species); Hybrids (ca. 50 species) — European, Asia, America Northern.

落叶乔木, 或灌木。玉蕾顶生, 或腋生, 有时簇生, 明显呈总状聚伞花序。玉蕾有: 缩台枝、芽鳞状托叶、雏枝、雏芽和雏蕾组成。缩台枝通常 3~5 节, 稀 1~2 节, 或 >6 节, 明显增粗, 稀纤细, 密被长柔毛, 稀无毛。叶多种类型, 先端钝圆 2 裂, 或深裂, 或不规则形。每种通常具 1 种花型, 或具 2~多种花型。单花具花被片 9~18(~32) 枚, 稀 6~8 枚, 或 33~48 枚。其形状、大小、质地及颜色有显著差异; 雄蕊多数, 药隔先端急尖具短尖头, 稀钝圆; 离生单雌蕊子房被短柔毛, 或无毛; 雄蕊群与雌蕊群等高, 或包被雌蕊群; 雌蕊群无柄。

本亚科模式: 玉兰属 Yulania Spach。

本亚科植物 1 属: 玉兰属。该属 44 种。亚洲: 中国有 40 种分布, 日本有 3 种分布。北美洲: 美国和加拿大等 1 种。人工杂交种约 50 余种, 广泛栽培欧、美、亚洲各国和地区。

玉兰属 Yulania Spach

玉兰亚属 subgen. Yulania(Spach) T. B. Zhao et Z. X. Chen, subgen. nov. ined.

玉兰组 sect. Yulania(Spach) D. L. Fu

玉兰亚组 subsect. Yulania(Spach) D. L. Fu et T. B. Zhao

玉兰系 ser. Yulania(Spach) Z. B. Zhao et Z. X. Chen, ser. nov. ined.

维持奇玉兰系 ser. × Veitchiyulan T. B. Zhao et Z. X. Chen, ser. nov. ined.

北川玉兰亚组 subsect. Carnosa(D. L. Fu) T. B. Zhao et Z. X. Chen, subsect. nov. ined.

青皮玉兰亚组 subsect. Viridulayulan T. B. Zhao et Z. X. Chen, subsect. nov. ined.

簇花玉兰亚组 subsect. caespitosiflora T. B. Zhao et Z. X. Chen, subsect. nov. ined.

特异玉兰亚组 subsect. mira T. B. Zhao et Z. X. Chen, subsect. nov. ined.

罗田玉兰组 sect. Pilocarpa(D. L. Fu et T. B. Zhao) T. B. Zhao et Z. X. Chen, sect. nov. ined.

罗田玉兰亚组 subsect. Pilocarpa D. L. Fu et T. B. Zhao, subsect. nov. ined.

舞钢玉兰亚组 subsect. Wugangyulania(T. B. Zhao, W. B. Sun et Z. X. Chen) T. B. Zhao, D. L. Fu et Z. X. Chen, subsect. nov. ined.

渐尖玉兰亚属 subgen. Yulania(Spach) T. B. Zhao et Z. X. Chen, subgen. nov. ined.

宝华玉兰组 sect. Baohuayulan(D. L. Fu et T. B. Zhao) T. B. Zhao et Z. X. Chen, sect. nov. ined.

渐尖玉兰组 sect. Tulipastrum(Spach) D. L. Fu

渐尖玉兰亚组 subsect. Tulipastrum(Spach) D. L. Fu et T. B. Zhao

渐尖玉兰系 ser. Tulipastrum(Spach) T. B. Zhao et Z. X. Chen, ser. nov. ined.

布鲁克林玉兰系 ser. × brooklynyulan T. B. Zhao et Z. X. Chen, ser. nov. ined.

望春玉兰亚组 subsect. Buergeria(Sieb. & Zucc.) T. B. Zhao et Z. X. Chen, subsect. transl. nov.

望春玉兰系 ser. Buergeria(Sieb. & Zucc.) T. B. Zhao et Z. X. Chen, ser. transl. nov. ined.

洛内尔玉兰系 ser. ×Loebneriyulan T. B. Zhao et Z. X. Chen, ser. nov. ined.

腋花玉兰亚组 subsect. Axilliflora(B. C. Ding et T. B. Zhao) T. B. Zhao et Z. X. Chen, subsect.

transl nov. ined.

黄山玉兰组 sect. Cylindrica（S. A. Spongberg）T. B. Zhao et Z. X. Chen，subsect. transl. nov. ined.

河南玉兰组 sect. Trimophaflora（B. C. Ding et T. B. Zhao）T. B. Zhao et Z. X. Chen，sect. comb. nov. ined.

河南玉兰亚组 subsect. Trimophaflora（B. C. Ding et T. B. Zhao）T. B. Zhao，D. L. Fu et Z. X. Chen.

多型叶玉兰亚组 subsect. multifolia T. B. Zhao et Z. X. Chen，subsect. nov.

朱砂玉兰亚属 subgen. ×Zhushayulania（W. B. Sun et T. B. Zhao）T. B. Zhao et X. Z. Chen，subgen. comb. nov. ined.

朱砂玉兰组 sect. × Zhushayulania（W. B. Sun et T. B. Zhao）D. L. Fu.

朱砂玉兰亚组 subsect. × Zhushayulania（W. B. Sun et T. B. Zhao）T. B. Zhao et Z. X. Chen，subsect. transl. nov. ined.

多亲本朱砂玉兰亚组 subsect. × multiparens T. B. Zhao et Z. X. Chen，subsect. nov. ined.

注：目前，还不知道杂交多亲本杂交的杂交种，暂归为格蕾沙姆玉兰，待以后研究有结果时，再作归入其类。

（14）玉笑属 × Yuchelia Ph. J. Savage

鹅掌楸亚科 subfam. Liriodendroideae（Bark.）Law

（15）鹅掌楸属 Liriodendron Linn.

总结以上所述，可以明显看出，木兰科分类系统的变化除时代因素外，主要是作者不同，采用的依据和标准不同引起的。特别是 H. P. Nooteboom 2010 年建立的木兰科分为木兰属和鹅掌楸属系统，又退回到 1949 年，A. Rehder 建立的木兰科分为木兰属和鹅掌楸属系统。

木兰科两新族和两新组合组

赵天榜

（河南农业大学林学院，郑州 450002）

摘 要 本文发表木兰科两新族和新组合组，即：1. 单性木兰族 新族 Trib. Kmeriieae D. L. Fu et T. B. Zhao，trib. nov. ;2. 盖裂木族 新族 Trib. Talauniieae Z. Y. Wu et al.，trib. nov. ined. ;3. 厚壁木组 新组合组 Pachylarnax Dandy sect. Pachylarnax（Dandy）T. B. Zhao，sect. comb. nov. ined. ;4. 南美盖裂木组 新组合组 Sect. Dugandiodendron（G. Lozano-Contreras）T. B. Zhao，sect. comb. nov. ined.。

1. 单性木兰族 新族

Trib. Kmeriieae D. L. Fu et T. B. Zhao，trib. nov. ined.，Kmeria（Pierre）Dandy in Kew Bull. 262. 1927；单性木兰亚属 Magnolia subgen. Kmeria Pierre，Fl. For. Cochinch. 1：sub. t. 1. 1879；中国科学院中国植物志编辑委员会. 中国植物志 第三十卷 第一分册. 147～149. 图版 37. 1996；刘玉壶主编. 中国木兰. 360～563. 彩图 7 幅. 2004。

本族主要形态特征：常绿乔木。托叶与叶柄贴生。花单生枝顶，单性异株。单花具花被片 6～7 枚；药室内向纵裂；雌蕊群无柄；单雌蕊（心皮）10～15 枚，合生，每心皮 2 胚珠。聚合果成熟后，蓇葖果沿腹缝线，或背腹缝线果开裂。

本族模式：单性木兰属 Kmeria（Pierre）Dandy。

本族植物 2 属：盖裂木属及焕镛木属。2 种，主要分布于亚洲南部柬埔寨及泰国，中国仅 1 种——焕镛木分布于西藏和云南。

2. 厚壁木组 新组合组

Pachylarnax Dandy sect. Pachylarnax（Dandy）T. B. Zhao，sect. comb. nov. ined.

本组主要形态特征：常绿乔木。托叶与叶柄贴生。花单生枝顶，单性异株。单花具花被片 6～7 枚；药室内向纵裂；雌蕊群无柄；单雌蕊（心皮）10～15 枚，合生，每心皮 2 胚珠。聚合果成熟后，蓇葖果沿腹缝线，或背腹缝线果开裂。

本组模式：皮氏厚壁木 Pachylarnax praecalva Dandy。

本组植物 2 属:盖裂木属及焕镛木属。2 种,主要分布于亚洲南部柬埔寨及泰国,中国仅 1 种。

3. 盖裂木族 新族

Trib. Talauniieae Z. Y. Wu et al. , trib. nov. ined. , *Magnolia* subgen. *Talauma* (Juss.) Pierre, Fl. For. Cochinch. 1;sub. t. 1~96. Paris. 1880; CHEN BAO LIANG AND H. P. NOOTEBOOM, NOTES ON MAGNOLIACEAE Ⅲ: THE MAGNOLIACEAE OF CHINA. 1027;刘玉壶主编. 中国木兰. 352~555. 图1. 彩图3 幅. 2004;张宏达等著. 种子植物系统学. 123. 2004;中国科学院中国植物志编辑委员会. 中国植物志 第三十卷 第一分册. 141~143. 图版35. 1996。

本族植物主要形态特征:常绿乔木,或灌木。托叶与叶柄贴生。花两性,单生叶腋。单花具花被片 9~15 枚;药室内向纵裂;雌蕊群无柄;单雌蕊(心皮)多数,或少数,至少基部合生。聚合果木质或骨质,成熟后菁葖果果爿周裂与肉质外果皮不规则脱落。

本族模式:盖裂木属 Talauma Juss.。

本族植物 1 属:盖裂木属。该属约 50 种(H. P. Nooteboom 记载 31 种),分布于亚洲东南部及美洲热带,中国仅 1 种——盖裂木分布于西藏和云南。

4. 南美盖裂木组 新组合组

Sect. Dugandiodendron(G. Lozano-Contreras) T. B. Zhao , sect. comb. nov. ined. , Dugandiodendron G. . Lozano-Contreras. Caldasia, 11: 33. 1975;sect. Theorodon Spach subsect. Dugandiodendron (Lozano) Noot. Notes on Magnoliaceae. Blumea. 31: 65 ~ 121. 1985; H. P. Nooteboom, DIFFERENT LOOKS AT THE CLASSIFICATION OF THE MAGNOLIACEAE. in Proc. Internat. Symp. Fam. Magnoliaceae 2000. pp. 26~37。

本组植物主要形态特征:与南美盖裂木属主要形态特征相同。

本组模式:南美盖裂木 Magnolia liliifera (Linn.)Baillon。

本组植物 14 种。该组植物分布于南美洲各国。

中国含笑属一新种

胡艳芳　穆　博　雷雅凯　田国行　何松林　赵天榜

(河南农业大学林学院,郑州　450002)

摘　要　本文描述了中国木兰科含笑属 Michelia Linn. 一新种:耐冬含笑 Michefia gelida T. B. Zhao, Z. X. Chen et D. L Fu, sp. nov.。本新种与阔瓣含笑 Michelia platypetala Hand. -Mazz. 的区别是:芽有 4 种——叶芽、混合芽、花蕾和休眠芽。混合芽和花蕾顶生或腋生,稀有聚伞花序及单歧聚伞花序。单花具花被片 9~15 枚,变异极大。两种雌雄蕊群类型:①雄蕊群与雌蕊群近等高,②雌蕊群显著高于雄蕊群。雌雄蕊群多变,雄蕊多变,有特异雄蕊。

关键词　含笑属;耐冬含笑;单歧聚伞花序;新种

耐冬含笑是在河南引种栽培含笑属 Michelia Linn. (中国科学研究院中国植物志编辑委员会 1996;刘玉壶 2004;Hand. -Mazz. 1921)12 种植物过程中,经过 10 年的试验结果发现的一新种,该新种为常绿阔叶大乔木,并具有适应性强、耐干热风、耐盐碱、耐寒冷等特性,是黄淮平原地区新的优良园林绿化树种。同时,耐冬含笑形态特征特异,具有重要的科学研究意义。

耐冬含笑(图 1) 新种

Michelia gelida T. B. Zhao,Z. X. Chen et D. L Fu,sp. nov. ined. Fig. 1

Species Michelia platypetala Hand.-Mazz. (China flora editorial board of CAS,1996;Liu Yu-hu,2004;Hand.-Mazz.,1921) similis, sed differl

*　**基金项目**:郑州市重大科技专项(121PPTGG466)资助。

　第一作者:胡艳芳,女,博士生。研究方向:园林植物资源与利用。E-mail:huyan475300@ 126 com.

　通讯作者:田国行,男,博导,教授。研究方向:风景园林规划与设计。E-mai:tgh0810@ 163. com。

gemmis 4-formis: gemmis foliis, alabastris, mixtigemmis et gemmae quitis. alabastris terminatis et axillaribus rare cymis et siraplici-cymis. tepalis 9~15 in quoque flore, petalis variabilibus maximis; 2-gynandri-formis: ① androeciis gynoecum aequantibus vel subaequantibus, ② androeciis gynoeciem sigillatim superandrociis, gyandriis vaiabilibus; staminibus interdum 1~7 inquoque flore; gynophoris cylindricis, gynophoris, subtiliter pubescentibus cinereo-albis; Gynoecia disjuncte carpelligera ovariis ovoideis vel ellipsoideis cinereo-viriduli-albis pubescentibus vel glabris, ovariis stylis ovariis 2~plo longioribus. mixtigemmis terminatis et axillaribus, breviter cylindricis apice obtusis basi breviter cylindricis, peruli-stipulis 4, extus pubescentibus viriduli-albis rare glabris, intus: raraulis in juvenilibus albis, minute ramulis, a-minute foliis, minute gemmis foliitis terminatis, a-stipulis minutis, alabastris minutis .

Arbor sempervirenia. Gemmae, ramuli ijuvenales et folia juvenales dense pubscentes porhyrei-rubri-brunnei vel pubscentes cincreo-albi; ramuli cinerei-viridei, viridei vel viridulei vel brunnei-variegati, dense pubscentes porphyrei-rubri-brunnei vel pubscentes cincreo-albi; ramuli juvenales dense pubscentes porphyrei-rubri-brunnei vel pubscentes cincreo-albi vel partibus glabra. gemmae 4-fomae: gemmae foliae, alabastra, gemmae mixtigemmae et gemmae quiti. geminae foliae terminales lonse conoideis, 2.0~2.5 cm longa, diam 4~6 mm, saepe peruli-stipulis 4~6, peruli-stipulis extus dense pubscentibus porphyreirubri-brunneis vel pubscentibus helvolis, partibuis sigillatim convexi viriduJeis glabra, intrinsecus gemmis foliis ellipsoideis vel semiglobosis. gemmae-foliae laterales 3-formae: ① longe conoidea et gemmae foliae terminales aequabilea et dichasia; ② minute cylindrica 8~10 mm longa, diam. 2 mm; ③ semiglobi, 5 mm longa, diam 3~4 mm. eis extus dense pubscentibus porphyrei-rubri-brunneis vel pubscentibus cincreo-albis. gemmae mixtigemmae alabastra terminata et axillares, rare cyma vel simplici-cyma. alabastra longe ovoidea vel longe ellipsoidea, magna 1.7~2.8 cm longa diam. 1.2~1.7 cm, supra medium acuminata apice obtusa, basi 5~10 mm longis breviter cylindricis, 1~2-peruli-stipu-

lis, extus dense pubscentibus porphyrei-rubris vel pubscentibus porphyrei-flavis; spathacei-stipulis 1, extus dense pubscentibus vel glabris; pedicellis 2~3 nodulis dense pubscentibus porphyrei-rubris vel pubscentibus porphyreillavis. ante anthesin alabastra magnopere longe ovoidei, apice longe acuminata basi breviter cylindrical. gemmae mixtigemmae terminata et axillares, breviter cylindricis 1.5~2.0 cm longa diam. 5~6 mm, apice obtusa basi ca. 6 mm longa breviter cylindrica, peruli-stipulis 4 extus pubscentibus viridulei-flavidi-albis, rare glabris, intra raraulis minimis pubscentibus albis, ramulis minimis, a-foliis minimis, gemmis minimis, a-stipulis minimis, alabastra minimis. folia oblonga, longe elliptica tenuiter coriacea 6.5~16.5 cm longa 3.0~5.0 cm lata supra atro-viridia nitidia basi pubscentibus densioribus albis, costis et utrinque dense pubscentibus cinereo-albis, nervis lateribus et dictyoneuris minute pubscentibus albis, subtus cinerei-viridula sparse pubscentibus cinereo-albis, costis manifeste elevatis dense pubscentibus cinereo-albis vel flavis, apice acuminata, mucronata vel obtusa basi subrotundata vel late cuneata utrinque non aequilatera margine integra nervis lateralibus 7~15 jugis; petioli 3.0~3.5 cm longa, dense pubscentibus flavidi-albis vel porphyrei-rubri-brunneis, partialibus cincreo-albis glabris, E-stipuli-cicatricibus. bis floribus in annis. alabastris terminatis et axillaris rare cymis et simplicicymis. tepala 9~15 in qouque flore, alba vel extus infra medium laete purple-subris, tepala longe elliptica, obovati-spathula vel elliptica 4.5~5.0 cm langa 1.2~1.7 cm lata apice acuminata vel obtusa basi cuneata, tepalis in medio aliquantum intus tepalis obovat-spathulis, apice acuminates tortuosis basi ungulatis vel a-ungulatis, 2.5~3.5 cm longa, 7~10 mm latis margine interdum lobatis rotundatis, petaliis variabilibus maximis; Digynandri-formae: ① androeciis gynoecia carpelligeris superantibus, ② androeciis gynoecia carpelligeris aequalibus. Inter androeciis gynoecia carpelligeris aequalibus, gyandriis vaiabilibus: staminibus variantib-arcuatis, subrectis et praesertim staminibus. stamina numerosa lanceolata alba 1.0~1.2 cm longa, thecis 8~10 mm longis, filamentis ca. 2 mm purpureis vel albis, interdum 1~7 in quoque. flore staminibus propriis; Gynoecia carpelligera cylindrica viridula 8~13 mm longa vel 1.5~2.0 cm long; gynophora 5 ~ 7 mm longa, minute pubescentibus cinerei-albis; disjuncte simplici-pistillis ovariis ovoideiis vel ellipsoideis cinerei-viridulis minute pubescentibus cinerei-albis vel glabris, stylis 2~3 mm longis cinerei-viridulis, stylis ovariis 2~3-plo longioribus; ramilisi pedicellati 2~3-nodis dense pubescentibus rubr-brunneis vel cinerei-albis. Aggregati-ollicali non visi.

Henan; Changge City. 2010 -03 -24. T. B. Zhao et D. L. Fu, No. 201003245 (Ramulus et folia cum flores, holotypus hie disignatus, HNAC).

常绿乔木。芽、幼枝、幼叶密被棕红褐色，或灰白色短柔毛。小枝灰绿色、绿色，或淡绿色，有褐色斑块，密被棕红褐色，或灰白色短柔毛；幼枝淡绿色，密被棕红褐色，或灰白色短柔毛，或局部无毛。芽有4种——叶芽、混合芽、花蕾和休眠芽。顶叶芽长圆锥状，长2.0~2.5 cm，径4~6 mm，通常具芽鳞状托叶4~6枚，芽鳞状托叶外面密被棕红褐色，或棕黄色短柔毛，局部明显突起处淡绿色，无毛，内有椭圆体，或球状叶芽。侧叶芽有3种类型：①该类型侧叶芽与顶叶芽相同；②该类型侧叶芽细圆柱状，长8 ~ 10 mm，径2 mm；③该类型侧叶芽半球状，长约5 mm，径3~4 mm；外面密被棕红褐色，或棕黄色短柔毛。混合芽、花蕾顶生和腋生，稀聚伞花序及单歧聚伞花序。花蕾长卵球状，或长椭圆体状，大，长1.7~2.8 cm，径1.2~1.7 cm，中部以上渐尖，先端钝圆，基部长5~10 mm，呈短圆柱状，具芽鳞状托叶1~2枚，外面密被棕红褐色短柔毛，或淡绿色短柔毛；佛焰苞状托叶1枚，外面密被短柔毛或无毛；花梗具2~3节，密被棕红褐色，或棕黄色短柔毛。花前花蕾长卵球状，非常大，先端长渐尖，基部短圆柱状。混合芽顶生和腋生，短圆柱状，长1.5~2.0 cm，径5~6 mm，先端钝圆，基部长约6 mm，呈短圆柱状，具芽鳞状托叶4枚，外面被淡绿-黄白色短柔毛，稀无毛，其内包被有：白色被毛幼枝、雏枝、无雏叶、雏芽、无雏托叶，具雏蕾。叶长圆形、长椭圆形，薄革质，长6.5~16.0 cm，宽3.0~6.5 cm，表面深绿色，具光泽，基部被较密灰白色短柔

毛，中脉及其两侧密被灰白色短柔毛，侧脉和网脉上微被灰白色短柔毛，背面灰绿色，疏被灰白色短柔毛，中脉明显隆起，密被灰白色，或淡黄色短柔毛，先端渐尖、短尖，或钝圆，基部宽楔形，或近圆形，两侧稍偏斜，边缘全缘，侧脉7~15对；叶柄长3.0~3.5 cm，密被淡黄绿色，或棕红褐色短柔毛，局部灰白色，无毛，无托叶痕。1年内2次开花。单花具花被片9~15枚，白色或外面中基部中间亮紫红色，花被片长椭圆形、卵圆-匙形，或椭圆形，长4.5~5.0 cm，宽1.2~1.7 cm，先端渐尖，或钝圆，基部楔形，中轮花被片稍狭，内轮花被片较小，倒卵圆-匙形，先端渐尖，多弯曲，基部具爪或无爪，长2.5~3.5 cm，宽7~10 cm，边缘有时圆裂；花被片差异极大；花具2种雌雄蕊群类型：①雄蕊群与雌蕊群近等高，②雌蕊群显著高于雄蕊群。雌蕊群显著高于雄蕊群类型中有变异，如雄蕊弯曲呈弓形、近直立和特异雄蕊等。雄蕊多数，披针形，白色，长1.0~1.2 cm，花药长8~10 mm，花丝长约2 mm，紫色或白色，有时具1~7枚特异雄蕊；雌蕊群圆柱状，淡绿色，长8~13 mm，或长1.5~2.0 cm，雌蕊群柄长5~7 mm，微被灰白色柔毛；离生单雌蕊子房卵球状，或椭圆体状，淡灰绿色，有灰白色微毛或无毛，花柱长2~3 mm，淡灰绿色，为子房的2~3倍；花梗枚2~3节，密被红褐色，或灰白色短柔毛。聚生蓇葖果不详。1年开花2次，4月及8~9月。

本新种与阔瓣含笑 Michelia platypetala Hand.-Mazz.（中国科学研究院中国植物志编辑委员会1996；刘玉壶2004；Hand.-Mazz. 1921）的区别：芽有4种——叶芽、混合芽、花蕾和休眠芽。花蕾腋生和顶生，稀聚伞花序及单歧聚伞花序。单花具花被片9~15枚，花被片差异极大；2种雌蕊群类型：①雄蕊群与雌蕊群近等高，②雌蕊群显著高于雄蕊群，且雌雄蕊群多变；雄蕊有时具1~7枚特异雄蕊；雌蕊群圆柱状，具柄，微被灰白色短柔毛；离生单雌蕊子房卵球状，或椭圆体状，被灰白色微柔毛，或无毛，花柱长为子房的2~3倍。混合芽顶生和腋生，短圆柱状，先端钝圆，基部呈短圆柱状，具芽鳞状托叶4枚，外面被淡绿-黄白色短柔毛，稀无毛，其内包被有：白色被毛幼枝、雏枝、无雏叶、雏顶叶芽、无雏托叶，具雏蕾。

河南:长葛市、鄢陵县等有栽培,原产浙江富阳县。长葛市,2010 年 3 月 24 日,赵天榜、傅大立等,No. 201003245(枝、叶和花)。模式标本,存河南农业大学。新郑市,2007 年 3 月 20 日,赵杰、赵天榜,No. 200703201(枝、叶和花)和 No. 200711057(枝、叶、花蕾及混合芽)。许昌县,2009 年 8 月 14 日,赵天榜,No. 200908142(枝、叶和花)。长垣县,2008 年 4 月 5 日,赵天榜等,No. 200804045(枝、叶和花)。河南郑州植物园,2011 年 1 月 10 日,胡艳芳,No. 201101103(枝、叶、花蕾及混合芽)。

耐冬含笑的优良特性是:①常绿阔叶大乔木,②适应性强、耐干热风、耐盐碱,在土壤 pH 8.0~8.5 的条件下生长发育良好。③耐寒冷,2009 年 11 月 4~8 日,河南中、东部地区气温突降到-12.7~16.0 ℃条件下,长葛市、鄢陵县等栽培的胸径 3.0~10.0 cm 女贞 Liguitnwn lucidum Ait.(90.0 % 以上)、樟树 Cifmamonum camphiora(Linn.)Presl(100.0 %)及雪松 Cedrus deodara(Roxb.)G. Don 树皮冻裂而死亡,但耐冬含笑仅部分植株的一些小枝和叶片受害,而没有受害的植株正常开花。④1 年内 2 次开花。⑤2 种雌雄蕊群类型及单歧聚伞花序,是研究该属花变异理论的宝贵材料。⑥可在河南中、南部地区繁育与试验推广。

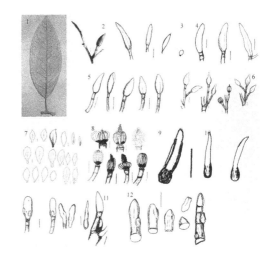

图 1　耐冬含笑

1. 叶,2. 枝、叶芽及玉蕾,3. 叶芽,4. 顶叶芽,5. 花蕾,
6. 聚伞花序及单歧聚伞花序,7. 花被片,8. 雌雄蕊群,
9. 雄蕊,10. 雌蕊,11. 混合芽,12. 混合芽解剖。
注:图中"—"表示 1.0 cm 长。

参考文献

[1] 中国科学研究院中国植物志编辑委员会. 中国植物志[M]. 科学出版社,1996,30(1):177.
[2] 刘玉壶. 中国木兰[M]. 百通集团,北京科学技术出版社,2004:306-307.
[3] Hand-Mazz. Michelis platypetala Hand.-Mazz. in Anz. Akad. Wiss. Wien Math-Nat. 1921,58:89.

中国木莲属一新种

赵天榜　陈志秀　傅大立

(河南农业大学,郑州　450002)

摘　要　本文描述了中国木莲属 Manglietia Bl. 一新种:湖南木莲 Manglietia hunanensis T. B. Zhao,Z. X. Chen et D. L Fu,sp. nov.。

关键词　木莲属;湖南木莲;湖南木莲;新种

湖南木莲　新种

Manglietia hunanensis T. B. Zhao,Z. X. Chen et D. L Fu,sp. nov.

Species Manglietia crassipes Lam similis, sed ramulis cinerei-brunneis sine pruinosis laxe villosi. Gemmis juvenilibus dense villosis rufis. Foliis subtus nidite viridulis sine pruinosis. petiolis 1.5 ~ 2.5 cm longis inter spathacee bractam. Tepalisque sine spatiis glabris dense verruculosis. Tepalis 11. Gynoeciis globis longis latisque 1.2 ~ 1.3 cm. Carpllo 8 ~ 10 stylis anticiis.

Arbor sempervirenia. Ramuli cinerei-brunnei villosi, manifeste stipulari-cicatricatis annularibus, lenticellis manifeste elevatis, juvanales viriduli nitidi laxe villosi. Foliacoriacea anguste elliptica raro anguste ob-ovat-elliptica 14 ~ 16 cm longa 4.0 ~ 5.8

cm lata, supra atro-virida nitida glabria costis minute recavis glabris, subtus pallide nitide viridutia glabra costis manifeste elevates. Nevris lateralibus 8～13-jugatis, apice mucriones basi cuneata margine intega, petioli 1.5～2.5 cm longi flavidi-virelli glabri, cicatricibus longitudinem petiolorum 1/3～1/2 aequantibus. Alabostra longe erecta terminatra in verne ramulis 3.0～4.0 longa 1.8～2.5 cm diam. , apice obtus subrotundata viridula glabra; pedicellis grossis 4.5～5.0 cm longis deam. 34 mm viridulis glabris, spathacei-bracteis 1 inter bracteam tepaliaque sine spatilisnitide viridibus glabris dense verruculosis. Flores biswxuales; tepalis 11 ectus 3 tenuietr coriacea oblongi-spathulatis 4.5～5.5 cm longis 2.3～2.6 cm latis extus viridulis, apice obtusis cum abrupte macrionbus basibtruncatis vel cuneatis. Stamina numerosa ca. 100, 0.7～1.1 cm longa, filamentum ca. 1 mm longis pallide rubris, antheris 0.6～1.0 cm introrsi-longistrirsum dehiscentiisncunnectivis apice triangularis mucrionibus; Gynoecia globa 1.2～1.4 cm virida glaba; carpellis numerosis 17～19, dorsalibus 3～4 longistrosum sulcatis. Viridulis glabris quoque carpello 8～10-ovulis, stylis 2～3 mm longis apice anticiis minute purpurascenti-rubris. Syncarpia non divi.

Hunan: Zhuzhou. 5.24.1999. T. B. Chao et al. , No. 995243. Typus in Herb. HNAC.

常绿乔木。小枝灰褐色被柔毛。托叶环痕明显;皮孔明显突起。幼枝淡绿色,具光泽,疏被柔毛。幼芽密被棕红色柔毛。叶革质,狭椭长圆形,稀倒卵-圆形,长14～16 cm,宽4.0～5.8 cm,表

面深绿色,具光泽,无毛,中脉微凹陷,无毛,背面亮淡绿色,无毛,中脉明显隆起,侧脉8～13对,先端短尖,基部宽楔形,边缘全缘;叶柄长1.5～2.5 cm, 淡黄绿色,无毛;托叶痕为叶柄长度的1/3～1/2。花蕾单生枝顶,纺锤状,不下垂,长3.0～4.0 cm,宽1.8～2.5 cm,先端钝圆,基部近圆形,花梗梗长3.5～5.0 cm,径3～4 mm,淡绿色,无毛;佛焰苞状苞片1枚,紧接花被片基部,亮绿色,无毛,密被细疣点。花两性;花被片11枚,外轮花被片3枚,薄革质,长圆-匙形,长4.5～5.5 cm,宽2.3～2.6 cm,外面淡绿色,先端钝圆,稍内向,基部截形,其宽0.6～0.8 cm;内轮花被片8枚,乳白色,卵圆-椭圆-匙形,或狭椭圆-匙形,长4.2～4.6 cm,宽1.7～2.6 cm,先端钝圆,具短突尖头,基部截形,或楔形;约100枚左右,长0.7～1.1 cm,花丝长约1 mm,淡红色,花药长6～10 mm,内向纵裂,药隔先端呈三角短尖头;雌蕊群球状,长1.2～1.3 cm,径1.2～1.3 cm,绿色,无毛;具心皮17～19枚,其背面具3～4纵沟,淡绿色,无毛;花柱长2～3 mm,内曲,先端微被紫红色晕;每心皮具胚珠8～12枚。聚生果不详。

本新种与粗梗木莲 Manglietia crassipes Law 相似,但区别:小枝灰褐色,无白粉,疏被柔毛。幼芽密被棕红色柔毛。叶背亮淡绿色;叶柄长1.5～2.5 cm。花梗梗上紧接花被片基部具1枚佛焰苞状苞片,苞片无毛,密被细疣点。花被片11枚;雌蕊群球状,长宽各1.2～1.3 cm。每心皮具胚珠8～12枚;花柱内曲。

湖南:株洲。1999年5月24日。赵天榜、傅大立等,No. 995243。模式标本,存河南农业大学。

鹅掌楸属一新种

赵天榜　　陈志秀

(河南农业大学,郑州　450002)

小叶鹅掌楸　新种

Liriodendron microphylla T. B. Zhao et Z. X. Chen, sp. nov.

Species nov. foliis multiformibus. bis floribus in annotinis. formis floribus et multicoloribus.

落叶乔木。小枝灰色、灰褐色,或紫褐色,光

滑,托叶环痕明显;幼枝绿色、灰绿色,无毛。叶马褂状,扁形,或匙-扁形、匙-马褂形,长3.5～8.5 cm, 宽4.0～8.0 cm,表面深绿色,具光泽,无毛,中脉微凹陷,无毛,背面亮淡绿色,无毛,无白粉,中脉明显隆起,侧脉8～13对,先端平截、微2浅裂,或钝圆,基部楔形、宽楔形、近圆形、浅心形,稀

截形,每侧中部以上通常具 1 裂片,或三角形齿牙,稀每侧中部以上具 2 枚三角形小齿牙边缘全缘;叶柄长 3.5~10.0 cm,纤细,淡黄绿色,无毛;托叶痕为叶柄长度的 1/3~1/2。花蕾单生枝顶,杯状,径 3.5~4.0 cm。花被片 9 枚,外轮花被片 3 枚,椭圆形,长 3.0~3.5 cm,宽 2.3~2.5 cm,绿色,先端钝圆,具短尖头,基部截形,反折;内轮花被片 6 枚,亮黄色,具深黄色脉纹,宽卵圆形,长 3.0~3.5 cm,宽 1.5~1.8 cm,先端钝圆,具基部 1/3 处突呈柄状,其长 8~12 mm,宽 2~3 mm;雄蕊多数,长 2.5~3.0 cm,花丝长 1.0~1.5 cm,淡红色,花药长 1.5~2.0 mm;雌蕊群圆柱状,长 2.0~2.5 cm,先端锥状,低于花被片;心皮多数,淡黄绿色,长约 1.0 cm,无毛。2 次花 7 月上旬。花小、色淡。聚生果不详。

本新种主要形态特征:叶多变。花期 2 次。花形、花色等多变,可能系鹅掌楸与北美鹅掌楸的杂种。

产地:河南郑州市有栽培。2017 年 7 月 24 日。赵天榜和陈志秀,No. 201707243。模式标本,存河南农业大学。

关于木兰属厚朴组叶位的初步研究

傅大立[1]　　赵天榜[2]　　陈志秀[2]　　戴惠堂[3]

(1. 中国林业科学研究院经济林研究开发中心,郑州　450003;2. 河南农业大学,郑州　450002;
3. 河南省鸡公山国家级自然保护区,信阳　464133)

摘　要　根据多年来对厚朴组树种的观测,以及对厚朴芽、枝形态与解剖特征、枝型与叶位关系的研究,论述了厚朴组叶位问题,提出该组树种春叶集生春枝上,即春叶集生当年生枝基,夏、秋叶在夏、秋枝上互生,并有小形叶和畸形叶;长萌枝、苗干叶互生的观点。这一结论纠正了长期以来厚朴组"叶假轮状集生于枝端"的错误记载。

关键词　木兰属;厚朴组;叶位

厚朴(Magnolia officinalis Rehd. et Wils.)及其变种凹叶厚朴(var. biloba Rehd. et Wils.)是我国特有珍稀濒危树种,为重要的经济、用材和观赏树种。其树皮——"厚朴"是重要的中药材,也是我国传统出口中药材物资之一。厚朴在我国林业生产中占一定地位,并在植物区系等多学科研究中具有重要作用。为促进厚朴的开发与利用,作者从 1987 年开始进行厚朴研究,发现厚朴和凹叶厚朴的叶位与国内外一些重要文献著作中记载的厚朴组(Sect. Rytidospermum Spach)树种"叶假轮状集生枝端"[1]的结论截然不同。为进一步验证和促进厚朴组树种形态特征描述的科学性与准确性,笔者开展了厚朴等叶位的观测与研究,结果报道如下。

1　厚朴组树种叶位问题的提出

1753 年,Linnaeus 发表了美国木兰(新拟)Magnolia virginiana L. 及其变种 var. tripetala L.;1759 年,他将该变种提升为种——三瓣厚朴(新拟)M. tripetala L. 发表。1803 年,Michaux 发表了大叶厚朴(新拟)M. macrophylla Michx.。1939 年,Spach 以三瓣厚朴为模式种创建新组——厚朴组(皱种组)section Rytidospermum Spach,并将"叶集生枝端"作为组的主要依据之一。1908 年,Robinson 和 Femald[2]记载,大叶厚朴"叶集生于平滑的枝端"。1913 年,Rehder 等发表了厚朴 M. officinalis Rehd. et Wils. 及凹叶厚朴 M. officinalis Rehd. et Wils. var. biloba Rehd. et Wils.,记载了厚朴和凹叶厚朴"叶集生枝端"[3]。1927 年,Rehder 又重述了这一结论[4],如厚朴"叶集生枝端"、日本厚朴(M. obovata Thunb. = M. hypoleuca Sieb. et Zucc.)"叶集生枝顶"、三瓣厚朴"叶长 12~60 cm,集生于枝端"等。厚朴组树种叶位的这一记载,后来被世界广大植物学家所接受,如 Railey[5]记载,日本厚朴"叶集生枝顶"、三瓣厚朴"叶集长 12~60 cm,生于枝端"等。陈嵘[6]在《中国树木分类学》中记载,厚朴"叶簇生于枝端"、长喙厚朴(大叶木兰、贡山厚朴 M. rostrata W. W.

第一作者:傅大立,男,1965 年 12 月生,副研究员,从事林木遗传育种研究。

Smith)"叶聚生于枝顶"。《树木学》[7]记载,厚朴"叶集生枝顶"。《中国树木志》[8]记载,厚朴"叶大,近革质,7~9集生枝顶"、凹叶厚朴"叶坚纸质,5~7集生枝顶"、日本厚朴"叶集生枝顶"。《云南植物志》[9]记载,厚朴"叶大,聚生枝顶呈假轮生状"、凹叶厚朴"叶坚纸质,5~7集生枝顶"。《中国高等植物图鉴》记载,凹叶厚朴"叶互生,因节间短而常集生枝梢"。《中国珍稀濒危植物》记载,厚朴"叶7~9枚集生枝顶"[11]。日本《植物图鉴》等专著[12-18]中记载,日本厚朴"叶簇生小枝顶端"[12]、"叶螺旋互生枝梢,因其间隙小呈丛生状"[13]、"叶大形,集生枝顶"[14-15]、"叶互生,枝端丛生"[16]、"叶互生,枝顶丛生"[17-18]等。可见,厚朴组树种"叶假轮状集生于枝端"的结论,早已为世界各国植物分类学家、学者所公认。

1991年,笔者根据多年对厚朴生育规律的观测研究,首次提出"叶常集生于当年生枝基部"的发现和论断,并随后做了多次记载[19-20],阐述了关于厚朴"短枝叶集生枝基……长枝上春季初生叶集生枝基,夏季叶在枝上互生,叶形小,与春季初生叶截然不同"的观点;1993年,田国行、王翠云发表的《厚朴年生育规律的研究》一文[24],也多次阐述了与笔者关于"厚朴春季初发叶簇生(当年生)枝基",夏、秋枝叶"螺旋互生"相同的观点。但是,笔者关于厚朴叶位问题的阐述,并未引起木兰学界的认同。如陈宝樑和H.P.Nooteboom[25],仍承认厚朴组树种"叶集生于枝端"。《世界木兰》[26]记载,"厚朴组叶互生和假轮状集生于枝端"。《中国植物志》[1]记载,皱种木兰组(厚朴组)"叶假轮状集生于小枝端"。李捷在《木兰科植物的分支分析》[27]中记载,"厚朴组的叶是集生于小枝顶端,呈假轮生状"。可见,国内外一些知名植物分类学家、教授仍认为,厚朴组树种"叶假轮状集生枝端"是正确的,而不承认笔者关于厚朴组叶位问题的观测与记载。

为进一步验证厚朴组树种叶位问题的科学性与准确性,笔者对厚朴芽、枝的形态与解剖做了较为细致的研究。

2 厚朴芽的形态与解剖

根据笔者对厚朴、凹叶厚朴和日本厚朴等的观察,厚朴组树种芽的形态与解剖具有共同的规律。现以厚朴为例,加以介绍。厚朴芽按生理活动状态分为休眠芽和活动芽,活动芽又分为叶芽、混合芽,叶芽又分为侧叶芽和顶叶芽。

2.1 侧叶芽

侧叶芽是由二年生以上枝上休眠芽和当年生春枝,或夏、秋枝上侧芽发育分化而成。芽体分2类:①芽体半球状、卵球状,通常较小,长1.5~5 mm,径1.5~2.5 mm,先端钝圆;芽鳞状托叶浅紫褐色,无毛。②芽体短圆柱状,稍大,长5~8 mm,从中部弯向枝条,或成钩状,先端钝圆;芽鳞状托叶浅紫褐色,无毛。两类侧叶芽外部形态不同(图版I:1,2)内部形态解剖相同,即芽鳞状托叶1~2(~3),其内无显著的雏枝,有小雏叶形成。

2.2 顶叶芽

顶叶芽通常着生于细弱枝(径粗<0.7 cm)的顶端。芽体长狭椭圆体状、圆柱-锥状,长3~5(~6.5)cm,径<1.2 cm,中部以上渐狭,先端长渐尖,直或稍弯,顶端钝圆;芽鳞状托叶2~3(~5),大形,薄革质,从外向内渐薄,长3~5(~6.5)cm,紫褐色或灰褐色,无毛,表面被较密的微粒状突起,背面隆起,具长1.2~1.5 cm、宽1~3 mm的雏叶柄,其端具脱落小雏叶叶痕,痕迹以上有稍明显的5~9条放射状细脉纹,直达芽鳞状托叶上部的边缘。顶叶芽形态特征(图版I:3)。有时粗壮枝上的顶叶芽,粗大,从外形上很难与混合芽形态相区别(图版I:4)。厚朴顶叶芽的解剖(图版I:7)。顶叶芽的芽鳞状托叶通常3~5,从外向内由10~17雏叶和托叶(包括芽鳞状托叶)组成;芽鳞状托叶长4.7~6.5 cm,革质,呈盔帽状;雏叶对折,第1雏叶长1.0~1.8(~20)cm,背面密被白绢毛,主侧脉明显可见;雏叶呈现"小—大—中—小"的变化趋势,通常1~5雏叶干枯早落,不萌发成叶。芽鳞状托叶着生于母枝的最顶端;其内雏叶和膜质托叶着生于突细、尚未木质化的极短(约3 mm)的雏枝上。可见,厚朴春叶的雏叶已于10月前在顶叶芽(包括混合芽)内分化而成其内对折的雏叶,向左向右均有。翌春,顶叶芽或混合芽破绽后,雏叶和雏枝迅速生长,形成长1.5~3.0 cm的春枝,其春叶5~9(~14)集生其上(图版I:9~11)春枝上新幼侧叶芽继续生长,形成两次性枝(夏枝),其叶互生,即呈现出"春叶集生于当年生枝基",而不是"叶假轮状集生于枝端"(图版I:11)有时形成新的花蕾及新枝(图版I:9,10)。

2.3 混合芽

混合芽均着生在粗壮枝(通常粗度>1.0 cm)的顶端,无侧生混合芽的发现。芽体椭圆体状,长 5.5~6.0 cm,径 1.6~20 cm,先端长渐尖,顶端钝圆;芽鳞状托叶 3~5,薄革质,外面紫褐色、无毛,表面被较密的小粒状突起,背面隆起,具长 1.1~1.5 cm,宽 1.0~3.0 mm,明显突起的雏叶柄,柄端具脱落的极小雏叶痕,痕迹上面具 5~9 条放射状稍明显的细脉,直达芽鳞状托叶上部的边缘(图版Ⅰ:5,6)。厚朴混合芽的解剖结果,与顶叶芽的解剖结果基本上相似,并有所区别(图版Ⅰ:8),主要表现在:①混合芽芽鳞状托叶、雏叶和膜质托叶均较大、较长、较宽;②混合芽内雏枝、雏叶、膜质托叶和雏蕾,以及新芽(后形成夏枝,或新蕾及新枝)及其上线形雏蕾、雏叶均已出现(图版Ⅰ:8~10),顶生雏蕾卵球较大,长 1.5~2.5 cm,径 5~13 mm,从基部向上渐狭,具长渐尖头;梗长 3~8 mm,径 4~8 mm,无毛;雏蕾苞鳞、雌雄蕊及花被片,均已分化定数,其各器官清楚可见(图版Ⅰ:8~10);顶叶芽内雏枝、雏叶、膜质托叶均有,但无雏蕾(图版Ⅰ:7)。

3 母枝、雏枝和当年生枝的形态与解剖

3.1 形态特征

母枝(指二年生枝)因着生位置不同而有明显差异,通常径 0.5~1.5(~2.0)cm,浅灰褐色、无毛,节间长 5~6(~11.5)cm,稀达 15 cm 以上;皮孔突出明显,圆点状,较小;叶痕横椭圆形、近心形,明显(图版Ⅰ:1~11)。雏枝位于母枝的顶叶芽或混合芽内,是尚未发育成木质化的极短的幼枝,通常长 0.3~0.5 cm,雏叶密集其上(图版Ⅰ:7,8)。当年生枝指当年形成的新枝,据生长时期不同分 3 种情况:①春枝,即母枝上顶叶芽或混合芽春季萌发后,由雏枝发育而成(图版Ⅰ:10)。春枝粗短,通常长 1.5~25(~3.0)cm,径 1.5~20 cm,其春叶集生其上,叶痕大,明显突起,节间极短,比母枝和夏枝粗 1~2 倍(图版Ⅰ:9~11)。②夏枝,由春枝上新芽(图版Ⅰ:10)或母枝、多年生枝上休眠芽发育而成(图版Ⅰ:11)。③秋枝,由夏枝上侧芽生成,秋枝上有小形叶、畸形叶(图版Ⅰ:11)。当年生夏枝和秋枝的形态特征与母枝相似,但皮色较浅,径较细。

3.2 解剖特征

母枝横切面具明显的 2 个年轮,且周皮明显;

当年生春枝横切面具 1 个年轮,没有周皮出现,其皮层厚 3~6 mm,比母枝和当年生夏枝皮层厚 2~3 倍;夏枝横切面具 1 年轮,无周皮发生;雏枝仅由大量的薄壁细胞和形成层等细胞组成,无明显的年轮出现。所以,厚朴春叶集生当年生枝基,或集生于当年生春枝上是正确的,而"叶假轮状集生于枝端"结论是错误的。

4 厚朴枝型与叶位的关系

4.1 细弱枝类型

该类型枝通常长短不等,细弱,径 < 0.7 cm,有 3 种情况:①顶叶芽翌春萌发后,雏枝基部 3~5 苞鳞状托叶及其雏叶,通常早落,其内雏叶发育成正常叶片而集生于春枝上(图版Ⅰ:10,11);②春枝上新芽(图版Ⅰ:10)形成夏枝,其上叶数不等,有线状畸形叶(早落)、小形叶与正常叶,互生,绝无集生叶的发生(图版Ⅰ:11);③休眠芽形成的短枝,其上有互生的畸形叶、小形叶与正常叶。

4.2 粗壮枝类型

该类型枝依母枝的着生部位、粗细和立地条件不同,其长度差异极大,通常长 5.0~50 cm,有时达 100 cm 以上,径粗>1.0 cm。有 3 种情况:①粗壮春枝上新的侧叶芽或多年生枝休眠芽,形成粗壮枝,其基部有互生的少数畸形叶、小形叶,中部以上为互生的正常叶(图版Ⅰ:11)。②粗壮母枝侧叶芽或细弱枝上顶叶芽,翌春萌发后,芽内能发育成正常叶的雏叶展开后集生于春枝上,其上夏枝或秋枝上着生有互生正常叶,或小形叶及畸形叶(图版Ⅰ:11)。③多年生枝上休眠芽(包括嫁接的侧叶芽)形成的粗壮枝,其上叶互生,叶形正常。

5 小结

厚朴母枝、春枝、夏枝、顶叶芽、侧叶芽及混合芽的形态与解剖,证实了笔者关于厚朴组树种叶位的论断和结论是正确的,即厚朴组树种春叶集生于当年生枝基;夏、秋枝叶互生,并有小形叶和畸形叶;长萌枝、苗干叶互生,通常无小形叶和畸形叶,纠正了长期以来厚朴组树种"叶假轮状集生于枝端"的错误记载。

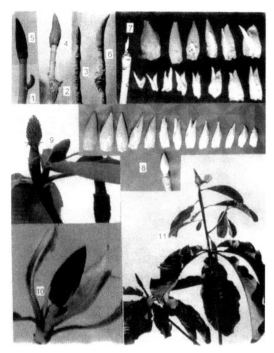

图版 I 木兰属厚朴组叶位的研究

Plate I A study on the leaf site of section
Rvtidosvermum of Magnolia

1、2. 侧叶芽形态特征;3、4. 顶叶芽形态特征;5、6.
混合芽形态特征;7. 顶叶芽形态解剖(从外向内示苞鳞
状托叶、雏叶及膜质托叶;8. 混合芽形态解剖(从外向内
示苞鳞状托叶、雏叶及膜质托叶、雏芽与雏蕾;9. 母枝、
春枝、叶、雌蕊群及新幼叶、新蕾;10. 混合芽破绽后春
枝、幼叶、新芽和花蕾;11. 母枝、春枝上叶集生、夏枝、顶
芽、秋枝及小形叶、畸形叶、正常叶

参考文献

[1] 中国科学院中国植物志编辑委员会. 中国植物志(第
30卷,第1分册)[M].北京:科学出版社,1996:118.
119. 121.

[2] Robinson B L,Fernald M L. Grays New Manlal of Bota-
ny Illustrated[M]. New York:American Book Compa-
ny,1908:409.

[3] Sargent C S. Plantae Wilsonianae(Vol. I)[M]. Lon-
don The Cambridge Lniversit Press,1913:391-392.

[4] Rehder A. Manual of Cultivated Trees and Shrubs. The
Macmilian Company,1927:213.

[5] Bailey L H. Manual of Cultivated Plants. Revised Edi-
tion Completely Restudied,1949:414-417.

[6] 陈嵘. 中国树木分类学[M]. 南京:京华印书馆,1937
(民国二十六年):290. 292. 图215.

[7] 南京林学院树木学教研组. 树木学(上册)[M]. 北
京:农业出版社,1956:140. 图16.

[8] 中国树木志编辑委员会. 中国树木志(第1卷)[M].
北京:中国林业出版社,1983:448-451.

[9] 西南林学院,云南省林业厅. 云南树木志(上册)
[M]. 昆明:云南科技出版社,1988:177. 180. 图76.
77.

[10] 中国科学院植物研究所. 中国高等植物图鉴(I)
[M]. 北京:科学出版社,1983:787. 图1524.

[11] 中国科学院植物研究所. 中国珍稀濒危植物[M]. 上
海:上海教育出版社,1989:269. 图170.

[12] 东京博物学研究会. 植物图鉴[M]. 东京:北隆馆书
店,明治四十一年:1-150.

[13] 工藤祐舜. 日本有用树木学(昭和八年第3版)
[M]. 东京:丸善株式会社,1993:180-181. 第51
图.

[14] 大井次郎. 日本植物志[M]. 东京:至文堂,昭和二
十八年:550.

[15] 牧野富太郎. 牧野新日本植物[M]. 第35版. 东京:
北隆馆,昭和五十四年:160.

[16] 仓田悟. 原色日本林业植木图鉴(第1卷)[M]. 东
京:地球出版株式会社,1971年改订版:130.

[17] 白泽保美. 复制日本森林树木图谱(上册)[M]. 东
京:成美堂书店,明治四十四年:117.

[18] 最新园艺大辞典编集委员会. 最新园艺大辞典(第
7卷)[M]. 东京:东京株式会社诚文堂新光社,昭
和五十八年:166.

[19] 赵天榜,陈志秀,傅大立,等. 厚朴四新栽培变种
[J]. 河南科技,1991(增刊,林业论文集):39,40.

[20] 赵天榜,陈志秀,李瑞符,等. 河南厚朴三个新变种
[J]. 南阳教育学院学报(理科版),1991(6):17.

[21] 赵天榜,陈志秀,曾庆乐,等. 木兰及其栽培[J]. 郑
州:河南科学技术出版社,1992:26.

[22] 赵天榜,傅大立,景旭明,等. 厚朴生长规律的研究
[J]. 中南林学院学报,1993,13(1):35-43.

[23] 宋留高,傅大立,赵天榜,等. 河南木兰属特有珍稀
树种资源的研究[J]. 河南林业科技,1998(1):3-7.

[24] 田国行,王翠云. 厚朴年生长规律的研究[M]. 经
济林研究,1993,11(2):15-18,26.

[25] Chen B L,Nooteboom H P. Notes on M agnoliaceaeffl
[J]. Magnoliaceae of China. Ann Miss Bot Gard.
1993,80(2):999-1028.

[26] Callaway D J. The World of Magnolias[M]. Portland,
Oregon Timber Press. 1994:66,79.

[27] 李捷. 木兰科植物的分支分析[J]. 云南植物研究,
1997,19(4):345.

厚朴一新变种

傅大立[1]　赵天榜[2]　戴惠堂[3]　孙金花[2]　周道顺[1]

(1.中国林业科学研究院经济林研究开发中心,郑州　450003;2.河南农业大学,郑州　450002;
3.河南鸡公山国家级自然保护区,信阳　464133)

摘　要　本文发表中国厚朴一新变种,即无毛厚朴(Magnolia officinalis Rehd. et Wils. var. glaba D. L. Fu,T. B. Zhao et Z. T. Dai,var. nov.)。该变种幼枝、托叶、顶叶芽、混合芽、花蕾和花梗均无毛。

关键词　厚朴;凹叶厚朴;无毛厚朴;新变种

近年来,作者调查了河南、湖南、湖北等省厚朴(Magnolia officinalis Rehd. & Wils.)和凹叶厚朴(Magnolia officinalis Rehd. & Wils. var. biloba Rehd. & Wils.)植物资源,采集了大量标本,经过认真的分类整理,发现厚朴一新变种,报道如下。

无毛厚朴　新变种　图1

Magnolia officinalis Rehd. & Wils. var. glabra D. L. Fu,T. B. Zhao et H. T. Dai,var. nov. Fig. 1.

图1　无毛厚朴
1.枝,叶和混合芽;2.混合芽;3.幼枝,
幼叶及托叶;4 枝,叶和聚生蓇葖果

A Magnolia officinalis Rehd. & Wils et Magnolia officinalis Rehd. & Wils. var. biloba Rehd. & Wils. recedit ramulis juvenibus et stipulis glabris, gemmis apicali-foliis et mixtigemmis cum alabastris glabris,pedicellis glabris.

Henan;Neixing Xian. Mahan kou. At 1 000 m. 1988-05-15. T. B Zhao,No. 198805155(gmma mixta,folia et ramulum,holotypus hic disignatus, HEAC),No. 198805157;Nanzhao Xian Qaioduan Forest Farm. 1990 - 08 - 15. T. B. Zhao,No. 199008151;Jionghan Mountain. 1998-08-18. T. B. Zhoet al. ,No. 199808185,No. 199808187. 2004-05-03. H. T. Da,No. 200401031,No. 200401035. Hunan;Zhuzhou. 1994-04-25. T. B. Zhao et D. L. Fu,No. 199404258,No. 1994042510,No. 200407035,No. 200407031. Hubei;Wuhun. 2000-07-10. D. L. Fu et T. B. Zhao,No. 200007101,No. 200007105;Baokang Xin. 2003 - 10 - 15. T. B. Zhao,No. 200310151,No. 200310155. Shandong; Qingdao,2001 - 09 - 15. T. B. Zhao et D. L. Fu, No. 200109153,No. 200109155;Shanxi;Baoji. 200308 - 16. T. B. Zhao,No. 200308161、No. 200308163.

本新变种与厚朴原变种(Magnolia officinalis Rehd. & Wils. var. officinalis)和凹叶厚朴变种(Magnolia officinalis Rehd. & Wils. var. biloba Rehd. & Wils.)的区别是:幼枝、托叶、顶叶芽、混合芽、花蕾和花梗均无毛。

河南:内乡县。马山口乡。海拔 1 000 m。1988 年 5 月 15 日。赵天榜,No. 198805155(混合芽、叶和枝,模式标本存河南农业大学)、No. 198805157;南召县乔端林场。1990 年 8 月 15 日。赵天榜,No. 199008151。鸡公山。1998 年 8 月 18 日。赵 天 榜 等,No. 199808185;No.

基金项目:国家林业局"948"项目:"木兰科优良品种及无性繁殖技术引进"(项目编号:2003-4-19)。

第一作者简介:傅大立(1965—),男,博士,研究员,从事林木种质资源分类与遗传育种研究。

199808187。2004 年 5 月 3 日。戴惠堂,No. 200405031,No. 200405035。湖南:株洲。1994 年 4 月 25 日。赵天榜和傅大立,No. 199404258,No. 1994042510,No. 200407035,No. 200407031。湖北:武汉。2000 年 7 月 10 日。傅大立和赵天榜,No. 200007101,No. 200007105。保康县。2003 年 10 月 15 日。赵天榜,No. 200310151,No. 200310155。山东:青岛。2001 年 9 月 15 日。赵天榜和傅大立,No. 200109153,No. 200109155。陕西:宝鸡。2003 年 8 月 16 日。赵天榜,No.

200308161,No. 200308163。

参考文献

[1] 中国科学院中国植物志编辑委员会. 中国植物志:第 30 卷,第 1 分册[M]. 北京:科学出版社,1996:118-120.

[2] 陈嵘. 中国树木分类学[M]. 南京:商务印书馆,1937:290-292.

[3] Sagnt C S. Plantae Wilsonianae[J]. Cambrideg Cambridge the University press,1913(1):391-393.

河南厚朴五个新变种

赵天榜[1] 陈志秀[1] 李瑞符[2] 戴丰瑞[1] 王天邦[3] 景旭明[3] 曾学文[3]

(1. 河南农业大学;2. 南阳师范教育学院;3. 内乡县林业局)

摘 要 本文发表了厚朴五个新栽培品种:1. 红花厚朴 Magnolia officinalis Rehd et Wils. var. puiiicea T. B. Zhao et Z. X. Chen var. nov. ;2. 黄花厚朴 M. officinalis Rehd. et Wils. var. flavo-flola T. B. Zhao et R. F. Li var. nov. ; 3. 红托厚朴 M. officinalis Rehd. et Wlis. var. puniceostipula T. B. Zhao et R. F. Dai' var nov. ;4. 紫叶厚朴 Magnolia officinalis Rehd. et Wils. var. purpureofolia T. B. Zhao et Z. X. Chen var. nov. ; 5. 厚皮厚朴 Magnolia officinalis Relid. et Wlis. var. houpi T. B. Zhao et Z. X. Chen var. nov.

1. 红花厚朴 新变种

Magnolia officinalis Rehd et Wils. var. puiiicea T. B. Zhao et Z. X. Chen var. nov.

A var. nov. ramulis juvenlibus viridiis parce pubcentibus. deinde glabris, lucentibus. foliis in ramule basibus con fertis lati-ovate longi-ellipticis, apice partite V-lobis, primo sutus pallide viridiis, villosis, ad nervos villosa densissima. floribusfollies seriora, puniceis vel. Pallide puniceis, 20 ~ 25 cm doam. pedunculis crassis, glabris, viridibus, prope cicatricibus bracteates annulate pubescentibus. tepalis 9 ~ 12 vel. pluris, 3-seriatis latiovate spathulatis 10 ~ 12. 5 cm longis 5. 5 ~ 6. 5 cm latis, extus purpureis vel. purpureo-rubeis, apice obtusis basi 5. 0 ~ 5. 5 cm latis, recurvis, intus rectis vel. obliquis, puniceis vel. pallide puniceis vel. rutilis, longi-elliptice spathulatis, 10 ~ 12 cm longis 4. 2 ~ 5. 5 cm latis, apice obtisis, apice latis basi lente angustis. staminibus et carpellis purpureo-rutilis vel. leviter rutilis.

Affinis var. M. biloba Rehd. et Wils. , sed foliis apice partite V-lobis. florescetis serotinis, pedunculis crassis, glabris viridibus, prope cintricibus-bracteates annulate pubescentibus. tepalis puniceis vel. ppuniceis vel. rutilis, extus dilute purpureis, latiovatis sapthulatis ovatis, major 10 ~ 12. 5 cm longis 5. 5 ~ 6. 5 cm latis.

Henan: Neixiang Xian. Mashankuo. alt. 1 200 m. 14. 5. T. B. Chao et al. , No. 885144. Typus in Herb. Henan Agricultural University .

本新变种与原变种区别:幼枝绿色,疏被短柔毛,后淡黄褐色,具光泽,通常无毛。幼壮树上长壮枝上集生当年生枝基部,宽卵圆-长椭圆形,先端深 V 形缺裂;幼叶背面灰绿色,被长柔毛,主脉尤多。花后叶开放,鲜红色,或浅鲜红色,具光泽,径 20 ~ 25 cm,梗粗壮,光滑,通常无毛,绿色,仅沿苞痕上具一环短柔毛;花被片 9 ~ 12,或稍多,外轮 3,宽卵圆-匙形,长 10 ~ 12. 5 cm,宽 5. 0 ~ 5. 5 cm,外面紫色,或紫红色,先端钝圆,基部宽 5. 0 ~ 5. 5 cm,内面基部白色;内 2 轮花被片直立或斜展,鲜红色、浅鲜红色,或橙红色,长 10～12 cm,宽 4.2～5.5 cm,先端钝圆,具小短尖头,向基部渐狭;雄蕊与心皮紫红色,或有紫晕。

与凹叶厚朴变种区别:叶先端深 V 形缺裂。花梗粗壮。苞痕上具一环状短柔毛。花被片鲜红色、浅鲜红色,或橙红色,外面稍具紫晕,内面基部白色,宽卵圆-匙形,或匙-卵圆形,较大,长 10～12.5 cm,宽 5.5～6.5 cm。

河南:内乡县,马山口,海拔 1 200 m。1988 年 5 月 14 日。赵天榜等,No. 385144。模式标本,存河南农业大学。内乡县,夏馆,海拔 1 300 m。1988 年 5 月 15 日。赵天榜等,No. 385151。

2. 黄花厚朴 新变种

Magnolia officinalis Rehd. etWils. var. flavo-flola T. B. Zhao et R. F. Li var. nov.

A var. nov. foliis apice partite V-bilobis margine sinuatis. Floribus flavis, tepalis sapthulate ovatis apice obtusis, versus basin angustatis petiolis, 10.5～13.5 cm longis 4.5～6.5 cm latis, basi 5～7 mm latis.

Henan:Neixiang Xian. Hsiakuan. alt. 1 200 m. 14. 5. 1988. T. B. Chao et al. , No. 885145. Typus in Herb. Henan Agricultural University.

本新变种短枝叶先端 V 形深缺裂,边部深波状皱褶。花黄色;花被片匙-卵圆形,先端钝圆,向基部渐狭成柄状,长 10.5～13.5 cm,宽 4.5～6.5 cm,基部处宽 5～7 mm。

河南:内乡县。马山口。海拔 1 200 m。栽培。1988 年 5 月 14 日。赵天榜等。No. 885145。模式标本,存河南农业大学。

3. 红托厚朴 新变种

Magnolia officinalis Rehd. et Wils. var. puniceostipula T. B. Zhao et R. F. Dai' var nov.

A var. nov. stipulis longe angusti-triangularibus majorissimis 7～10 cm longia 2.5～3.2 cm latis, apice longis acuminates puniceis dilute purpureis. foliis apertis sertis 20～30 diebus.

Henan:Neixiang Xian. Mashankuo. alt. 1 200 m. 15. 5. 1988. T. B. Chao et al. , No. 885154.

Typus in Herb. Henan Agricultural University.

本新变种:托叶长窄三角形,很大,长 7～10 cm,宽 2.5～3.2 cm,先端长渐尖,鲜红色,微有紫色晕,具光泽;展叶期比凹叶厚朴晚 20～30 天。

河南:内乡县,马山口。海拔 1 200 m。1988 年 5 月 15 日。赵天榜等,No. 885154,模式标本,存河南农业大学。

4. 紫叶厚朴 新变种

Magnolia officinalis Rehd. et Wils. var. purpureofolia T. B. Zhao et Z. X. Chen var. nov.

A var. nov. recedit foliis purpureis vel. Cinereo-purpureis apice marginatis.

Henan:Neixiang Xian. Mashankuo. alt. 1 200 m. 14. 5. 1988. T. B. Chao et al. , No. 8851425. Typus in Herb. Henan Agricultural University.

本新变种:叶紫色,或灰紫色,先端微凹缺。

河南:内乡县,马山口。海拔 1 200 m。1988 年 5 月 15 日。赵天榜等,No. 8851425,模式标本,存河南农业大学。

5. 厚皮厚朴 新变种

Magnolia officinalis Relid. et Wlis. var. houpi T. B. Zhao et Z. X. Chen var. nov.

A var. nov. comis megis. Lateriramis paucis, grossis, brevibus. cortibus cinere-brunneis, magnis Magnolia officinalis Relid. et Wlis. et Magnolia officinalis Rehd. & Wils. var. biloba Rehd. & Wils. 50%. ramulis brevi-grossis, apice et basi minutis clavatis. Foliis basis apice V partitis.

Henan:Neixiang Xian. 15. 5. 1988. T. B. Chao et al. , No. 8851430. Typus in Herb. Henan Agricultural University.

本新变种树冠开展;侧枝少、粗、短。树皮灰褐色,比同龄厚朴和凹叶厚朴树皮厚 50% 以上。小枝粗短,年生长量 5.0～25.0 cm,两端细,呈短棒状,为显著特征。叶常假轮状簇生枝基,先端深 V 形缺裂。

产地:河南内乡县。为优良材、皮兼用良种。1988 年 5 月 15 日。赵天榜等,No. 8851430,模式标本,存河南农业大学。

厚朴生长规律的研究

赵天榜[1]　傅大立[1]　田国行[1]　景旭明[2]　张俊昌[2]　王思崇[2]

(1. 河南农业大学；2. 河南省内乡县林业局)

摘　要　本文对厚朴人工林的生长规律进行了系统研究，建立了其栽培群体的各种生长模型，并运用灰色系统理论，对厚朴生长与气候条件的相关规律进行了探讨。结果表明，其树叶生长符合自然对数方程，树高和胸径年生长符合二次抛物线方程，模型参数与树龄相关；树高、胸径和材积生长规律均可用 Logistic 方程模拟，各自的速生期分别为 4~11 年、5~14 年和 10~17 年；气温与降水、日照时数与气温分别是影响厚朴树高、胸径生长的主要气候因子，其影响程度随年龄的增长而减弱，决定厚朴生长和"厚朴"产量的结构因子主要是林分密度。

关键词　厚朴；生长规律；年生长动态；林分密度

厚朴(Magnolia officinalis Rehd. et Wils.) 为我国特有的珍稀树种，其皮、花、果都是常用的重要药材；木材的利用价值也很高。它生长迅速，适应性强，广泛分布于我国亚热带地区。在四川、湖北、浙江、福建、广东等 14 个省(区)都有栽培。河南伏牛山区是厚朴分布的北缘。自 1972 年以来，河南省内乡、西峡、南召、桐柏、商城等县及鸡公山自然保护区，都大面积营造厚朴林，总数达到 80 余万株，取得了显著的经济、生态、社会效益。为充分开发利用厚朴资源，探索厚朴人工林的群体生长规律，特别是树皮的生长规律，为厚朴林分的生产经营提供科学依据，从 1986 年起，开展了此项研究。现将结果整理如下。

1　试验地概况

试验地设在河南省内乡县夏馆镇黄龙药场。地理位置为北纬 33°33′、东经 111°43′，海拔 800~1 200 m；年平均气温 15.2 ℃，极端最高气温 41.2 ℃，极端最低气温 −14.3 ℃；年平均降水量 790 mm，年平均蒸发量 1 600 mm；无霜期 225 天；土壤属山地黄棕壤，pH 值 6.74。土层深厚、疏松、理化性质良好，有机质含量 1.35%，速效磷 6.6 mg/kg，速效钾 84.6 mg/kg，全氮含量 0.072 1%。厚朴人工纯林均用实生苗造林。造林密度为 2 m×2 m、2 m×3 m、3 m×3 m 和 3 m×4 m。造林后，加强管理，保证成活率和正常生长发育。前两年进行中耕、除草、施肥和防治病虫害。

2　研究方法

2.1　年生长动态

选择树龄、类型均不相同的厚朴标准木 12 株，并在标准木上选标准枝、叶进行年生长动态观测。每月 5 日、15 日和 25 日各观测一次。观测内容包括物候变化、叶片、树高及胸径的定期生长量与总生长量。

2.2　生长规律

结合对厚朴人工林进行间伐、更新，对不同树龄、密度、类型及立地条件的林分进行调查。实测每木树高、胸径、冠幅、冠长、树皮厚度及冠形等因子，并对其下木、活地被物、土壤剖面进行调查和土壤养分分析。同时，伐倒径级平均木 43 株作解析木。其中最大树龄为 18 年，最小树龄为 3 年，树高小于 10 m 者，以 1 m 为 1 区分段；树高大于 10 m 者，以 2 m 为 1 区分段进行树干解析。

2.3　生物量的测定

树冠生物量根据其成层规律，按层次进行枝、叶调查，称取各区分段枝、叶、皮鲜重，并选标准样品带回实验室干燥后，称其恒重；树根生物量按分层、分级进行测定。

2.4　数据处理

为准确描述厚朴的生长规律，引进与其生长相关较紧密的 9 种数学模型进行筛选，即：

(1)直线式　　　　　$Y=a+bx$　　　(1)

(2)对数式　　　　　$Y=a+b\ln x$　　　(2)

(3)二次对数式　　　$Y=a+b\ln x+c\ln^2 x$　(3)

(4) 二次抛物线式 $Y = a + bx + cx^2$ (4)

(5) 冥函数式 $Y = ax^b$ (5)

(6) 指数函数式 $Y = ab^x$ (6)

(7) 修正指数式 $Y = K - ab^x$ (7)

(8) 冥指数式 $Y = Ke^{-ax-b}$ (8)

(9) 逻辑斯蒂式 $Y = -K/(1 + ae^{-bx})$ (9)

同时，引用灰色系统理论中的灰关联分析法，进行厚朴生长与气候条件的关联分析，排出关联序。以上所有计算和分析，均在 PC-1500 微机上完成。

3 结果与分析

3.1 厚朴的年生长动态

3.1.1 物候期及年生长节律

进行连续两年观测的结果表明，厚朴的年生长节律，是随植株年龄、立地条件及栽培措施等不同而发生变化的，但均呈现明显的阶段性特点。根据这种特点，可将厚朴的年生长节律划分为 10 个时期：①树液开始流动与芽膨大期；②展叶开花期；③春季营养生长期；④春季封顶坐果期；⑤夏季营养生长期；⑥夏季缓慢生长期；⑦秋季营养生长期；⑧越冬准备期；⑨落叶期；⑩休眠期。其整个过程如图 1 所示。

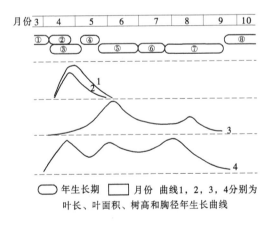

图 1   厚朴物候期及年生长规律示意图

从图 1 可以看出，在厚朴年生育过程中，具有明显的物候特征和生长特点。春季芽萌发后，幼叶集生枝基，呈内卷状态；5~6 天展叶后迅速生长，同时开花。其胸径也随之进入春季营养生长期。此期持续 25 天左右。在该期内，叶片长度、

面积及胸径同步迅速生长，胸径生长出现第一峰值。随后，短枝停止生长，形成顶芽，叶长生长趋于停止。花被片凋落；幼果呈圆柱状，直立生长。此时，树高与胸径加速生长，进入夏季营养生长期。此期 40 天左右。在此期间，幼树的树高生长特别旺盛，5 年生幼树的高生长约占全年生长量的 50%；胸径生长也出现第二次峰值。此后，树高和胸径生长均处于缓慢生长阶段，进入夏季缓慢生长期。7 月以后，随着雨季的来临，加上持续高温，树高和胸径又加速生长，树高及胸径、壮枝生长出现第二次峰值，胸径生长出现第三次峰值。进入 9 月中下旬，树高或长萌枝和胸径缓慢生长，直至停止，进入越冬准备期。此时芽体加速膨大，并从形态上可明显辨别出叶芽、混合芽或休眠芽，至 10 月 10 日前后，叶片发黄。11 月上旬，因气温降低，叶片开始脱落，进入休眠期。

3.1.2 厚朴的年生长模型

对立地条件和栽培措施一致，而年龄不同厚朴的叶片长度、树高及胸径年生长(见表 1)进行数学模拟表明，叶片长度以自然对数方程拟合为最好，而树高和胸径年生长则以二次抛物线方程拟合为最佳，即：

$$L_年 = a + b\ln T   (10)$$

$$H_年 = a + bT + cT^2   (11)$$

$$D_年 = a + bT + cT^2   (12)$$

式中：$L_年$ 为叶长的年生长；$H_年$ 为树高的年生长；$D_年$ 为胸径的年生长；a, b, c 为模型参数；T 为生长天数。

根据实测数据进行计算，结果表明，在立地条件和经营措施相同的条件下，同树龄的厚朴，其生长型参数不同(见表 2)。在研究中还发现，厚朴叶片和树高的年生长量呈现大体一致的变化规律。

3.1.3 年生长模型参数与树龄的相关性

以上分析表明，厚朴的年生长数学模型参数与树龄具有显著的相关性。以二次对数式或二次抛物线式进行拟合为宜，即

$$Y = a + b\ln A + c\ln^2 A   (13)$$

或 $$Y = a + bA + cA^2   (14)$$

由此，可得出厚朴不同生长指标年生长模型参数与年龄相关方程，如表 3 所示。

表1 不同年龄厚朴年生长与气候条件变化比较

月	旬	叶长生长（cm）				树高生长（cm）				胸径生长（cm）				平均气温（℃）	降水量（mm）	日照时数
		3年生	5年生	10年生	14年生	3年生	5年生	10年生	14年生	3年生	5年生	10年生	14年生			
4	上		0	0	0	0.15	0.25	0.4	0.5	0.005	0.01	0.08	0.055	14.0	0	35.8
	中	13.5	17.0	9.5	7.5	0.25	0.35	0.65	1.1	0.103	0.035	0.16	0.065	16.7	3.6	83.0
	下	9.0	23.7	10.5	8.5	0.15	0.4	0.95	1.15	0.055	0.075	0.08	0.085	15.7	19.7	42.5
5	上	7.0	7.8	1.0	2.0	0.75	1.8	1.7	1.9	0.045	0.065	0.03	0.09	20.0	20.0	105.0
	中	3.0	3.0	1.0	1.2	2.15	3.5	2.9	2.7	0.035	0.045	0.045	0.06	23.1	27.5	73.9
	下	1.5	2.3	1.0	0.1	5.45	7.35	6.0	2.85	0.050	0.065	0.095	0.085	22.9	8.1	81.9
6	上	0.5	0.7	0.5	0.2	8.5	11.7	6.25	2.65	0.045	0.060	0.105	0.07	25.5	14.9	54.6
	中	0.5	0.2	0.5	0.2	6.4	9.65	3.15	2.05	0.03	0.045	0.08	0.055	24.7	49.4	66.1
	下	0	0.1	0	0	3.15	5.15	2.6	2.05	0.04	0.055	0.095	0.075	29.1	0	82.7
7	上	0	0	0	0	2.5	3.7	3.4	2.25	0.05	0.060	0.095	0.08	25.5	49.0	53.5
	中	0	0	0	0	2.6	3.15	3.05	2.3	0.055	0.06	0.055	0.075	27.0	7.9	79.8
	下	0	0	0	0	2.95	2.65	2.35	1.7	0.05	0.11	0.115	0.075	27.3	114.6	2.9
8	上	0	0	0	0	2.65	3.1	2.55	1.5	0.045	0.1	0.15	0.06	26.0	22.7	90.2
	中	0	0	0	0	2.15	3.75	3.25	1.8	0.04	0.05	0.05	0.07	27.0	7.05	57.1
	下	0	0	0	0	1.6	2.5	2.95	1.5	0.025	0.04	0.015	0.065	24.6	3.3	78.4
9	上	0	0	0	0	0.65	0.7	1.8	1.5	0.015	0.02	0.01	0.03	23.0	101.0	49.8
	中	0	0	0	0	0.25	0.3	0.9	1.5	0.010	0.015	0.01	0.02	21.7	6.0	59.3
	下	0	0	0	0	0.1	0.1	0.25	0.7	0.005	0.01	0.01	0.015	20.4	4.6	83.1

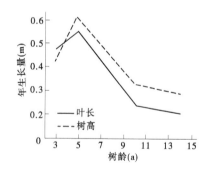

图2 厚朴叶生长与树高年生长量比较

3.1.4 气候因子对厚朴生长的影响

运用灰色系统理论，对不同年龄厚朴的树高、胸径生长与气候因子进行灰相关分析，并排出相关序，结果如表4所示。

从表4可以看出，影响厚朴树高生长的主要因子为旬平均气温和旬降水量。随着树龄的增大，气温与降水的影响逐渐减弱，日照时数的影响逐渐增强。到14年生时，日照时数对树高生长的影响超过了降水量，而影响厚朴胸径生长的因子则以日照时数和旬平均气温为主，并以日照时数的影响尤为显著。因此，在引种栽培厚朴时，前期应注意温湿条件，以有利于其树高生长，而到后期，则应适当调节光照，以有利于其树高，特别是胸径的继续生长。

表 2 不同年龄厚朴年生长模型

生长指标	生长模型	树龄（年）	模型参数			相关指数（R）	相关显著性
			a	b	c		
叶长	$L_年=a+b\ln T$	3	17.347	7.027		0.974	0.99
		5	22.998	8.084		0.973	0.99
		10	15.533	2.000		0.967	0.99
		14	12.105	1.913		0.973	0.99
树高	$H_年=a+bT+cT^2$	3	−8.782 5	0.416 9	−0.000 61	0.975	0.99
		5	−12.705 4	0.624 7	−0.001 06	0.976	0.99
		10	−6.183 6	0.356 1	−0.000 030	0.990	0.99
		14	−3.003 4	0.237 4	−0.000 22	0.997	0.99
胸径	$D_年=a+bT+cT^2$	3	−0.053 74	0.004 95	−0.000 005	0.998	0.99
		5	−0.063 75	0.006 10	−0.000 011	0.994	0.99
		10	−0.050 99	0.010 87	−0.000 016	0.994	0.99
		14	−0.046 04	0.008 73	−0.000 011	0.998	0.99

注:0.99 为可靠性,回归关系显著。

表 3 厚朴年生长模型参数与年龄的相关方程

生长模型	模型参数方程	相关指数	相关显著性
$L_年=a+b\ln T$	$a=-10.492\,6+38.358\,5\ln A-11.421\,8\ln^2 A$	0.975 5	0.95
	$b=3.861\,1+6.306\,9\ln A-2.805\,4\ln^2 A$	0.917 1	0.90
$H=a+bt+cT^2$	$a=12.355\,8-29.608\,7\ln A+9.113\,6\ln^2 A$	0.963 8	0.95
	$b=-0.589\,2+1.384\,5\ln A-0.410\,8\ln^2 A$	0.946 8	0.90
	$c=0.001\,09-0.002\,44\ln A+0.000\,95\ln^2 A$	0.872 2	N.S
$D=a+bt+cT^2$	$a=-0.007\,19-0.064\,07\ln A+0.018\,95\ln^2 A$	0.935 1	0.90
	$b=0.000\,007\,4-0.000\,004\,9A+0.000\,000\,26A^2$	0.999 6	0.99
	$c=0.000\,007\,4-0.000\,005\,0A+0.000\,000\,26A^2$	0.999 6	0.99

注:0.90、0.95、0.99 分别为在此可靠性下显著相关,N.S 为回归不显著。

3.2 厚朴林木的生长规律

3.2.1 林分的形成

众所周知,林木各形态指标按一定规律进行生长和分化的过程,就是林分的形成过程。据调查观测,在厚朴林分的形成过程中,林分密度是影响厚朴生长和"厚朴"产量的首要因子。在厚朴林分生长的最初阶段(1~5 年),林木个体之间的联系很小,各个体主要进行树高生长。其生长快慢,主要与各自的生长特性有关。受密度的影响较小。因此,林分内林木的大小和其他形态指标之间存在很大差异。据测定,在相同立地条件下,3 种栽培密度的 5 年生林分,其树高生长变异系数

分别为 23.6%、22.7% 和 21.7%,胸径变异系数分别为 19.8%、19.7% 和 19.5%,其值都较高,说明 5 年生时,林木的分化较显著(见表5)。

随着林木个体的增长,林分逐渐进入郁闭状态,密度效应逐渐增强。从表 5 可以看出,在 10 年生林分中,栽植密度不同,其树高、胸径生长和分化的水平差异很大。密度较大(1 673 株/hm²)的林分,其平均树高和平均胸径的生长均低于密度较小的林分,而且变异系数较大,到 14 年生,差别更为明显。这反映出郁闭后的林分仍保持较大的密度,将会引起林木个体的过早分化,影响林木的生长及"厚朴"的产量。根据研究,郁闭后厚朴

表4 不同年龄厚朴生长与气候因子综合关联度（θ=0.5）

生长指标	栽龄（年）	旬平均气温（r_{i1}）	旬降水量（r_{i2}）	旬日照时数（r_{is}）	关联序
树高	3（r_{1j}）	0.763 1	0.628 5	0.504 9	$r_{11}>r_{12}>r_{13}$
	5（r_{2j}）	0.720 6	0.610 8	0.508 1	$r_{21}>r_{22}>r_{23}$
	10（r_{3j}）	0.697 5	0.552 1	0.514 6	$r_{31}>r_{32}>r_{33}$
	14（r_{4j}）	0.636 7	0.513 4	0.537 5	$r_{41}>r_{42}>r_{43}$
关联序		$r_{11}>r_{21}>r_{31}>r_{41}$	$r_{12}>r_{22}>r_{32}>r_{42}$	$r_{13}>r_{23}>r_{33}>r_{43}$	
胸径	3（r_{1j}）	0.567 2	0.502 6	0.627 6	$r_{13}>r_{11}>r_{12}$
	5（r_{2j}）	0.560 1	0.502 6	0.661 7	$r_{23}>r_{21}>r_{22}$
	10（r_{3j}）	0.553 6	0.502 6	0.701 6	$r_{33}>r_{31}>r_{32}$
	14（r_{4j}）	0.552 7	0.524 8	0.513 0	$r_{41}>r_{42}>r_{43}$
关联序		$r_{11}>r_{21}>r_{31}>r_{41}$	$r_{12}=r_{22}=r_{32}<r_{42}$	$r_{33}>r_{32}>r_{31}>r_{34}$	

表5 厚朴人工林生长分化指标

树龄（a）	密度（株/hm²）	树高		胸径	
		平均树高（m）	变异系数（%）	平均胸径（cm）	变异系数（%）
5	1 673	5.3	23.6	4.1	19.8
	1 437	5.2	22.7	4.2	19.7
	1 429	5.4	21.7	4.2	19.5
10	1 673	8.9	12.7	14.2	23.6
	1 437	9.1	8.2	15.4	15.2
	1 300	9.4	8.1	15.5	15.4
14	1 429	12.8	14.2	15.8	21.6
	1 330	13.1	8.7	16.1	17.3
	1 200	13.8	7.9	19.7	10.3

林分群体的生长调节,是林分密度和遗传特性共同作用的结果。在厚朴林分的形成阶段,随着时间的变化,有些林木的生长量呈现出很大的差异性和摆动性。但作为一个总体或种群,在同一立地条件下,仍遵循林木生长量大小规律,即林木生长量的大小与林木个体次小成一定的相关性,即遵循:

$$\Delta Y = a + by \qquad (15)$$

式中:ΔY 为林木生长量;y 为林木测树指标;a,b 为常数。

在对不同年龄厚朴人工林的树高生长进行模拟的结果发现,其模型参数及相关系数均随林分所处的阶段不同而不同,表现出主要与年龄相关,即

$$AH = \alpha_{(A)} + \beta_{(A)}H \qquad (16)$$

式中:$\alpha_{(A)}=$ 3 954.37-4 197.45ln$A$+1 039.93ln$^2 A$ (r=0.999*) (17)

$$\beta_{(A)} = -3.25+4.11\ln A - 1.1\ln^2 A\,(r=0.999^*) \qquad (18)$$

$$\gamma(A) = 1.025\,81-0.020\,16A\,(r=-0.998^*) \qquad (19)$$

式(16)表明,林木的树高生长量在林分郁闭前后与林木个体大小的相关程度不同。在林分郁闭前,林分内个体与个体间联系不大,生长的快慢主要受个体生长特性的影响,数学模型的相关系数较大;随着林分郁闭度的提高,林木个体之间开始相互作用,其生长快慢除受生长特性及林木大小的影响外,还受相邻树木竞争的影响,故相关程度下降。因此,其相关系数下降的幅度,可作为评判林分密度的重要指标而在生产中加以应用。

3.2.2 林木生长规律

对厚朴林木的树高、胸径和材积生长曲线进行多次拟合、迭代,结果表明,其树高、胸径和材积生长规律均符合 Logistic 方程,即

$$Y = K/(1 + ae^{-bt}) \qquad (20)$$

式中:Y 为林木生长指标;t 为年龄;K,a,b 为参数。

对式(20)分别取一阶、二阶和三阶导数,得:

$$dY/dt = abKe^{-bt} + (1 + ae^{-bt})^2 \qquad (21)$$

$$d^2y/dt^2 = ab^2Ke^{-bt}(1 - ae^{-bt})/(1 + ae^{-bt})^3 \qquad (22)$$

$$d^3Y/dt^3 = ab^3Ke^{-bt}(a^2 e^{-2bt} - 4ae^{-btn} + 1)/(1 + ae^{-bt})^4 \qquad (23)$$

令 $d^2Y/dt^2 = 0$,可得厚朴生长量最大值时的年龄为:

$$T = \frac{1}{b}\ln a \qquad (24)$$

令 $d^3Y/dt^3 = 0$,可得厚朴连年生长量变化速率最快时的两个年龄为:

$$T_1 = \frac{1}{b}\ln[a(2 + \sqrt{3})] \qquad (25)$$

$$T_2 = \frac{1}{b}\ln[a/(2 - \sqrt{3})] \qquad (26)$$

依上式进行计算,可得出厚朴林木的速生点年龄和速生期,如表6所示。

表6 厚朴林木生长模型及其速生期

生长指标	$Y=K/(1+ae^{-bt})$			相关系数 (r)	相关显著性	速生点 (T)	速生期 $[T_1,T_2]$
	K	a	b				
H	13.152 8	14.939 0	0.361 6	-0.981 2	0.99	7	4.11
D	16.744 8	14.284 1	0.293 8	-0.987 5	0.99	9	5.14
V	0.151 0	265.232 3	0.414 4	-0.984 3	0.99	13	10.17

注:0.99 为可靠性,回归关系显著。

从表6可以看出,厚朴栽植后,经过1~2年缓苗期,其树高生长首先进入速生期。在7年生时达到生长高峰后,继续以较快速度生长,至11年生时趋于缓慢生长;胸径生长与树高生长相似,只是其生长峰期及速生期均落后于树高生长,但速生期持续时间长于树高生长峰值出现在9年生,至14年生时才趋于平缓;材积生长受树高和胸径生长的制约,在10年生时,正是树高速生期将要结束、胸径生长刚达峰值之时,材积生长进入速生期,生长峰值出现在13年生,至17年生速生期结束。

3.3 "厚朴"产量的相对生长规律

这里所说的"厚朴"产量,是指用作药材的厚朴树皮、枝皮与根皮干重的总和。了解和掌握厚朴产量与林木生长指标的相对生长规律,可为制定厚朴特用经济林的经营技术措施提供理论依据,以获得高产、优质的"厚朴",提高经济效益。同时,利用相对生长规律,可准确预测不同树龄厚朴林分的"厚朴"产量,加强经营的目的性。经分析表明,"厚朴"产量与 D 和 Z 具有显著的相对相关性,且随林分年龄的不同而发生变化。具体表现为如下列各式所示,即

5年生:$W_p=0.157\ 8D-0.190\ 8(r=0.979\ 5^{**})$
    (27)

$W_p=0.006\ 7(D^2H)+0.104\ 6(r=0.867\ 3^{*})$
    (28)

10年生:$W_p=0.038\ 6D^{1.962\ 0}(r=0.921\ 3^{**})$
    (29)

$W_p=1.483\ 0\times(1.000\ 74)^{D2H}(r=0.895\ 6^{*})$
    (30)

14年生:$W_p=0.361\ 0\times(1.215\ 19)^{D}(r=0.978\ 2^{**})$
    (31)

$W_p=0.001\ 9(D^2H)^{1.077}(r=0.923\ 4^{**})$ (32)

式中:W_p 为"厚朴"产量;H 为厚朴树高;D 为厚朴胸径;r 为相关系数。

[*表示相关显著($\alpha=0.05$),**表示相关极显著($\alpha=0.01$)]。

3.4 影响厚朴生长及"厚朴"产量的其他因子

3.4.1 林分起源

据研究,林分起源对厚朴生长有显著影响。对同一立地条件下两种不同起源的厚朴人工林进行观测表明,萌生厚朴的高生长,前9年始终维持较高的生长速度,速生期比实生林提前,且持续时间较长(见图3)。同时,其胸径生长也较实生厚朴林高。这一事实,为缩短"厚朴"采剥期而实行萌芽更新提供了依据。

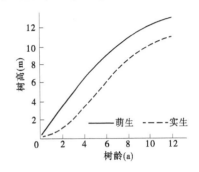

图3 不同起源厚朴人工林树高生长曲线

3.4.2 立地条件

厚朴为喜湿、喜肥树种,立地条件的优劣,对其生长具有显著影响(见表7)。在水、肥条件优越生境下生长的厚朴,其胸径速生期比肥、水条件较差生境下生长的厚朴可提前3~4年出现,并推迟1~2年结束。因此,加强厚朴林的早期管理,适时采取施肥、灌溉、中耕等措施,对促进厚朴生长,缩短利用周期具有非常重要的意义。

表7 不同立地条件下7年生厚朴生长胸径

立地条件	土层厚度(cm)	树高(m)	胸径(m)
山坡上部	成土母质	3.74	3.8
山坡中部	20~30	5.06	5.4
山坡下部	30~50	5.50	6.8
谷间平部	30~100	8.50	9.3
溪边、河岸	>100	8.45	10.8

3.4.3 林分密度

据分析,林分密度与厚朴的胸径、材积、冠幅、冠体积和叶面积等结构因子均有显著的相关关系,是影响厚朴生长与"厚朴"产量的主要因子。当林分密度超过一定范围时,随着密度增加,单株"厚朴"产量逐渐降低。其降低模型以指数曲线进行拟合为最佳,如在树龄为14年时,其单株产量随密度的变化方程为:

$$W_p = 46.375\,2 \times 0.999\,17^N \quad (r = 0.986\,2^{**})$$
(33)

式中：W_p 为平均单株"厚朴"产量；N 为林分密度。

由式(33)，可推导出单位面积"厚朴"产量为：

$$W = NW_p = 46.375\,2N \times 0.999\,17^N \quad (34)$$

令产量方程一阶导数 $dW/dN = 0$，可得单位面积产量最高时的密度为：

$$N_0 = -\frac{1}{\ln b} = 1\,200\,(株/hm^2)$$

可见，至 14 年生时，林分密度以 1 200 株/hm^2 为最佳。试验表明，在 10 年生时，林分密度以 1 300~1 437 株/hm^2 为宜。为此，必须对过密的林分进行疏伐，以保持林分的生物生产量处于较高水平。

4 讨论与建议

（1）厚朴是亚热带树种。河南南部虽是其分布的北缘，但仍然能够实现速生丰产，说明厚朴的生态适应性很强。如在河南省南召县等地引种栽培的厚朴，能忍耐 -19.4 ℃（1991 年）的极端最低气温。这为往北引种厚朴，扩大其栽培范围提供了依据。据调查，在黄河中下游以南地区栽培厚朴，均能正常生长发育。

（2）厚朴的树高、胸径年生长均符合二次抛物线模型。因此，加强其早期的肥、水供应，促进厚朴春、夏生长，是提高厚朴年生长量的一个重要措施。

（3）厚朴具先树高、次胸径、后材积速生的生长特性。因此，加强厚朴林的前期管理，促进胸径速生期的提前到来，是提高"厚朴"质量、缩短经营周期的有效途径。

（4）材积是林木生长的综合性测树因子。以厚朴树干材积生长规律划分厚朴林分生长阶段，既可反映厚朴林分的生长特征，又能客观地反映"厚朴"采剥的最佳年龄。因此，"厚朴"采剥年龄以在 13 年生以后为佳。

（5）"厚朴"产量与厚朴生长指标具有显著的相对相关性，可作为预测厚朴林分"厚朴"产量的科学依据。

（6）研究表明，厚朴为喜光、喜湿、喜肥树种。控制厚朴林分的密度，选择适宜的立地条件，采用萌芽更新方式和发挥其立体群体结构功能，是提高厚朴特用经济林经营效果的重要措施，可作为厚朴人工林的经营方向。

承蒋建平教授、陈定国副教授审阅，何汉杏副教授提出宝贵意见，特此致谢！

参考文献

[1] 郎奎健,唐守正. IBM 系列程序集[M].北京:中国林业出版社,1989:1-60.

[2] 刘思峰,郭天榜. 灰色系统理论及其应用[M].开封:河南大学出版社,1991:49-97.

[3] 陆文杰. 冥指数生长方程及其在林业分析中的应用[J]. 林业科学,1981,17(3):291-295.

[4] 齐鸿儒. 章河口地区红松人工林生长及其生产力的研究[J].辽宁林业科技,1987(1):13-18.

[5] Bale L. bartos. Biomass and nutrient Content of Quaking Aspen at Two Sites in the western United States[J]. Forest science,1978,24(2):273-280.

[6] Crow. T R. Common Regressions to Estimate Tree Biomass in Tropical stands[J]. Forest Science,1978,24(1):110~113.

厚朴剥皮技术

赵天榜

（河南农学院）

厚朴（Magnolia officinalis Rehd. et Wils.）为我国特有的珍稀树种，其皮、花、果都是常用的重要药材；木材的利用价值也很高。它生长迅速，适应性强，广泛分布于我国亚热带地区。河南伏牛山区是厚朴分布的北缘。自 1972 年以来，河南省内乡、西峡、南召、桐柏、商城等县及鸡公山自然保护区，都大面积营造厚朴林，取得了显著的经济、生态、社会效益。为充分开发利用厚朴资源，内乡县夏馆镇黄龙药场进行了厚朴人工林的剥皮试验研究，获得了良好的结果，为厚朴人工林的生产提供了新科学依据。为此，现将试验结果整理如下。

1. 试验地概况

试验地设在河南省内乡县夏馆镇黄龙药场。地理位置为北纬 33°33′、东经 111°43′，海拔 800~

1 200 m;年平均气温15.2 ℃,极端最高气温41.2 ℃,极端最低气温-14.3 ℃;年平均降水量790 mm,年平均蒸发量1 600 mm;无霜期225天;土壤属山地黄棕壤,pH值6.74。土层深厚、疏松、理化性质良好,有机质含量1.35%,速效磷6.6 mg/kg,速效钾84.6 mg/kg,全氮含量0.072 1%。厚朴人工纯林均用实生苗造林。造林密度为2 m×2 m、2 m×3 m、3 m×3 m和3 m×4 m。造林后,加强管理,保证成活率和正常生长发育。前两年进行中耕、除草、施肥和防治病虫害。

2. 剥皮技术

剥皮技术试验,选择在3 m×4 m的厚朴人工纯林均用实生苗造林地内土壤肥沃、湿润、阳光处,选择树干通直、圆满、生长健壮的植株,作试验用树,然后清除其杂草。

厚朴试验树确定后,选择厚朴树干通直、粗细均匀的植株,人站在人字形高梯上,用利刀在树干高3.0 m进行环切,深达木质部,再从切口一侧下纵切至基部30 cm处进行环切至木质部。然后,用先端扁平的一端,从纵切缝中轻轻翘开皮层。然后,将翘开树皮取下,剥皮树干,不能用手摸,否则不会再生。然后,用塑料蒲膜从下切丛处口向上环绕至上切口处,并用胶带纸密封切口,以防雨水顺切口处流入树干内。15~20天晴天,剥下树皮留在树干上形成层细胞分裂形成一层新的皮层后,可将薄膜去掉。当年形成的树皮厚度可达1.5 cm以上。3年后,还可进行第2次剥皮。

该法具有技术简便、便于推广、经济效益高、成本低等特点。

河南木兰属新种和新变种

丁宝章[1]　赵天榜[1]　王遂义[1]　陈志秀[1]　魏泽圃[2]
曾庆乐[2]　张天锡[3]　高聚堂[3]　任云和[3]　乔应常[4]

(1.河南农学院;2.河南省林业厅;3.南召县林业局;4.许昌地区林业局)

近年来,我们在进行"河南木兰属植物资源调查研究"和编著《木兰及其栽培》一书过程中,发现一些新种和新变种,现整理报道如下:

河南玉兰　新种

Mangolia honanensis B. C. Ding et T. B. Chao, sp. nov.

落叶乔木,高15~20 m;侧枝开张。树皮灰色,或灰褐色,光滑。幼枝淡黄绿色,或绿色,疏生短柔毛,后变光滑;小枝圆柱状,绿色、灰绿色,或紫色,皮孔明显突起。叶芽卵球状,小,被丝状短柔毛;花芽卵球状,较大,长2.0~2.3 cm;苞鳞通常4~5,外面密被淡黄色丝状长柔毛。叶互生,薄革质,椭圆-长卵圆形、卵圆形,或椭圆-长卵圆形,长9~18 cm,宽4.5~8 cm,先端急尖、长渐尖,或长尾尖,基部近圆形、稍偏斜,或楔形,边缘全缘,表面深绿色,具光泽,无毛,主脉中间微凹,侧脉和网脉微凸,沿主脉微有短柔毛,背面浅绿色,无毛,或被稀疏柔毛,主脉和侧脉突起明显,网脉微凸,沿主脉和侧脉有时被较密长柔毛;叶柄细短,长1~2 cm,表面中间具凹槽,被较密短柔毛;托叶膜质,长条形,早落,托叶痕在枝和叶柄上明显。长枝叶宽卵圆形、长椭圆-倒卵圆形,革质,长15~20 cm,宽8~12 cm,先端长渐尖,或短尖,基部近圆形,或楔形,表面深绿色,具光泽,主脉中间微凹,通常无毛,背面绿色,疏生短柔毛,主脉和侧脉突起明显,被较多长柔毛,边缘有时呈波状全缘;叶柄长1.5~2.5 cm,表面中间凹入成槽,被较密短柔毛;托叶膜质,长条形,较大,长4~5.5 cm,早落,托叶痕明显。花单生枝顶,两性,先叶开放。花三种花型,花被片9~12,覆瓦状排列,3~4轮:一、花被片9,稀8、10、11,外轮3,较小,呈萼状,长1~1.5 cm,大小不等,形状不一,内2轮较大;二、花被片9,稀8、10、11,外轮3,较大,花瓣状,长5~8 cm,宽1.5~30 cm,先端圆形,或具短尖头,近基部渐狭窄;三、花被片11,或12,稀10,其形状与大小近似。三种花型的内轮花被片形状相

＊参加调查工作的还有黄桂生、李欣志、杨献国、刘超等同志,特此致谢!

本文由赵天榜执笔。

似、大小相同、颜色一致,即:花被片外面中基部紫色,内面白色;雌雄蕊无明显区别。雄蕊多数,长8~10 mm,花丝紫色,花药黄色;雌蕊多数,淡黄绿色,柱头1,先端微弯曲,全发育,或大部分发育。聚合果圆柱状,较弯曲,长10~25 cm,径粗4~5 cm;蓇葖果近球状,长1~1.5 cm,表面具明显的圆形疣点,先端圆形,通常具种子2,稀单生,圆宽-倒卵球状,压扁,多黑色,具光泽,外被鲜红色假种皮,熟后易落。

Species M. biondii Pamp. similis,sed tepalis 9~12,trimorphis:1. tepalis 9,3 exterioris minoribus 1.0~3.5 cm longis,inaequalis,linearibus;2. tepalis 9,3 exterioris,petaloidibus,majoribus 5~8 longis,1.5~3.0 cm latis,apicero-tundatis vel acutis,prope basin angututa;3. tepalis 11 vel 12,exterioris petalo-idibus.

Arbor usque 15~20 m alta,trunco 60~80 cm diam.,cortice incano vel griseo-brunnei. rami laxis patentibusque,grisei,glabri;ramuli annotini atro-viridies vel flavo-viridies,glabervimi;vetustiores fusco-brunnei vel purpure,valde juveniles fulvido-viridies,densis sime puberuli mox glabrescentes. Gemmae ovatae parvi dense puberulae. Flos terminales in alabastro ovata 2~2.5 cm longa,dense fulvido-puberulis. Folia alterma tenniter coriacea,oblonga ovata elliptica,elliptico-ovata vel elliptico-obovata,9~18 cm longa,4.5~8 cm lata,apice acuta,acuminata vel breviter saepe caudata,basi subrotundata vel cuncata,margine integra,supra atro-viridia,glabrescens,subtus elevata,nervis lateralibus gracilibus,utrinque inconspicue elevatis,ad costam dense puberula;petiolo 1~2 cm longo,supra canaliculato,subtus rotunco,puberulo. Flores solitarii,terminales,bisexuales,praecoicesi;tepale 9~12,imbricatae,3~4-seriatim;trimorpha:1. tepale 9,raro 8,10,11,3 exteriora minoribus 1~3.5 cm longa inaequalia,linearibus;2. tepale 9,3 exteriora,petaloideis,majoribus 5~8 cm longa,1.5~3.0 cm lata,apice rotundata vel acuta prope basin angustuta;3. tepale 11 vel 12. raro 9,10,3 exteriora petaloides. staminum 45~65,filamenta basi dilatata,8~10 mm longa,glabra purpurei antherae 3~3.5 mm longae oblongae glabrae,stylus flavido-viridia,apice curvativa.

· 248 ·

Henan(河南):Yu-Xian(禹县). 28. Ⅷ.. 1983,T. B. Chao et al.,(赵天榜等)838281、838282,Typus in Herb. Henan College of Agriculture Conservatus(模式标本,存河南农学院);4. Ⅲ. 1983. Nanchao-Xian(南召县). J. T. Gao et al.,83341、83342(flos 花);8. Ⅷ. 1983,Nanchao-Xian(南召县). Yun-yang Zhun(云阳镇). T. B. Chao et al.,(赵天榜等). 83881、83882、83883;10. Ⅵ. 1983. T. B. Chao et al.,(赵天榜等). Nanchao-Xian(南召县)。83610、83611、83612。

小蕾望春玉兰 新变种

Magnolia biondii Pamp. var. parvialabastra T. B. Chao,Y. H. Ren et J. T. Gao,var. nov.

本新变种与望春玉兰(原变种)Magnolia biondii Pamp. 的主要区别:树冠浓密;侧枝较多,稠而密;幼时枝角小,老时开展。幼枝初被短柔毛,后渐脱落;小枝萌芽率高,成枝力强。叶芽小,先端左旋;花芽顶生,卵球状,较小,平均长1.64 cm,先端渐尖;苞鳞外被淡灰色丝状长柔毛,但较其他变种为短。所以,蕾小、毛短、枝密为显著特征。叶膜质;叶柄密被短柔毛。花内2轮花被片6,较大,花瓣状,长5~10 cm,外面中基部紫色,上部具淡紫色小斑点及深紫色肋,内面淡黄白色。聚合果呈不规则圆柱状,长15~25 cm,径3~5 cm;心皮全发育为蓇葖果,仅弱枝上的心皮部分发育。

A typo recedit planta dense ramulosa et foliosa dense ramilis dillergentibus. ramulis juvenilibus pubescentibius. Gamma parvis,apice sinistroris,parvi-alabastro ovatis minoribus 1.64 cm longis,apice acuminatis dense sericee villosis. Foliis alternis sub-membranaceis oblongo-elliptilis 6.1~12.5 cm longis,4.0~5.8 cm latis,apice acutis vel acuminatis,basi cuneatis;potiolis dense pubescentibus.

Henan(河南):Nanchao-Xian(南召县). 10. Ⅵ. 1983,T. B. Chao et al.,(赵天榜等),83671、83672,Typus in Herb. Henan College of Agriculture Conservatus(模式标本,存河南农学院);10. VI-II. 1982,Nanchao-Xian(南召县). Y. H. Ren et al.,82710、82711。

腋花望春玉兰 新变种

Magnolia biondii Pamp. var. axilliflora T. B. Chao,T. X. Zhang et J. T. Gao,var. nov.

本新变种与望春玉兰（原变种）Magnolia biondii Pamp. 的主要区别：叶革质，长椭圆形，稀长圆-披针形，长8~24 cm，宽3~10 cm；叶柄被短丝状毛。花芽腋生及顶生同存为显著特征，卵球状，较大，苞鳞通常4~5。花形大，花被片9，稀8、10、11，外轮3，萼状，大小不等，形状不一，内轮花被片，花瓣状，呈匙-履形，长4.9~9.0 cm，宽1.6~3.0 cm，外面中基部淡紫色，内面淡黄白色。菁葵果具种子2，稀1。

A typo recedit foliis alternis, coriaceis, ellipticis usque adoblongis, 8~24 cm longis et 3~10 cm latis; petiolis dense pubescentibus. alabastris axillaris et apicalibus majoribus ovatis, majoribus. Floribus majoribus 10~19 cm, tepalis 9, raro 8, 10, 11, 3 exterioris, minoribus 1~1.5 cm longis, inaequabiliibus, intrinsecum 2-seriebus petaioideis, 4.9~9.0 cm longis, 1.6~3.0 cm latis, extus purpureis, intus albis.

Henan（河南）：Nanchao-Xian（南召县）. 15. VIII. 1983. T. B. Chao et al., 83815、83816, Typus in Herb. Henan College of Agriculture Conservatus（模式标本，存河南农学院）；Y. H. Ren et al., Nanchao-Xian 82910、82911。

猴背子望春玉兰 新变种

Magnolia biondii Pamp. var. multialabastra T. B. Chao, J. T. Gao et Y. H. Ren, var. nov.

本新变种与望春玉兰（原变种）Magnolia bioildii Pamp. 的主要区别：叶革质，长圆形至长圆状椭圆形，先端急尖，或渐尖，基部圆形，稀楔形；叶柄被短柔毛。花芽大，宽卵球状；苞鳞通常4~5，每苞鳞具一小芽，最内层具2~4个小花芽，有时有些不开花。花形大，内2轮花被片6，较大，花瓣状，外面中基部淡紫色，中间紫色，内面淡黄白色。聚合果较短，且弯曲。

A typo recedit foliis alternis, coriaceis, oblongis usgue ad oblongo-ellipticis, apice acutis vel acuminatis, basi rotundatis raro cuneatis, petiolis dense pubes-centibus. alabastro ovatis majoribus initio in bractea spathoidea uniea indluso, bractea ad peduneulo intervallo manifesto sub flore insertum, interior 1-gemmi-florali, intime 2~4-gemmi-floralibus.

Henan（河南）：Nanchao-Xian（南召县）Tian-Qiao（天桥）. 10. VI. 1982, T. X. Zhang et al.,（张天锡等），82910、82911. Typus in Herb. Henan College of Agriculture Conservatus（模式标本，存河南农学院）。

桃实望春玉兰 新变种

Magnolia biondii Pamp. var. ovata T. B. Chao et T. X. Zhang, var. nov.

本新变种与望春玉兰（原变种）Magnolia biondii Pamp. 的主要区别：叶芽椭圆体状，较大，先端左右交替旋转；花芽较大，长2.5~3.0 cm，形状似毛桃幼果，故称桃实望春玉兰。叶革质，较大，长椭圆形，长12~19.5 cm，宽3.7~8.6 cm；叶柄长1~2.5 cm，被短柔毛。花形大，径达11.4~20.2 cm；内轮花被片6，履状匙形，长5.2~9.1cm，宽1.8~2.6 cm，先端钝圆形，外面淡紫色，中基部紫色，内面淡黄白色。聚合果圆柱状，稍弯曲，长15~20 cm；菁葵果先端圆形，通常2种子。

A typo recedit gammis oblongis majoribus, apice alternatim siniscteris et volubilibus; alabastris majoribus 2.5~3.0 cm longis, late ovatis. foliis alternis longe oblongis 12~19.5 cm longis et 3.7~8.6 cm latis; potiolis dense pubescentibus. floriis dam. 11.4~20.2 cm, Petalis 9, 3 exterioris minoribus, intrinsceum 2-serielus petaliodeis, extus purpureis, intus albis.

Henan（河南）：Lushan-Xian（鲁山县）. 1983, T. B. Chao et al.,（赵天榜等），Typus in Herb. Henan College of Agriculture Conservatus（模式标本，存河南农学院）。

紫色望春玉兰 新变种

Magnolia biondii Pamp. var. purpura T. B. Chao, S. Y. Wang et Y. C. Qiao, var. nov.

本新变种与望春玉兰（原变种）Magnoila biondii Pamp. 的主要区别：叶革质，倒卵圆形，或长椭圆形；叶柄被短柔毛。花顶生，花形大，内轮花被片6，较小，长6.5~7.5 cm，宽1.9~2.5 cm，两面均为紫色；雌蕊、雄蕊及伸长的花轴均为紫色；花梗被白色丝状长柔毛。与紫花玉兰（原变种）相似，但主要区别：大乔木。花先叶开放。花形大，内轮花被片、雌雄蕊及花轴均为紫色。

A typo recedit foliis roridceis, obovatis vel oblongis. tepalis 9, 3-exferioris minoribus linearibus, 6 interioris obovatis majoribus purpurscentibus, Staminis et gynoeciis purpursentibus.

A. M. liliflora differt arbor, praecicibus, tepalis、staminis et gynoeciis purpursentibus.

Henan（河南）：Lushan－Xian（鲁山县）．Y. Z. Qiao et al. ，0005、0006，Typus in Herb. Henan College of Agriculture Conservatus（模式标本，存河南农学院）。

平枝望春玉兰　新变种

Magnolia biondii Pamp. var. planities T. B. Chao et Y. C. Qiao，var. nov.

本新变种与望春玉兰（原变种）Magnolia biondii Pamp. 的主要区别：树冠稀疏，主干明显；侧枝少，与主干呈 80～90 度角。小枝较细，萌芽率低，成枝力弱，近平伸。叶革质，较小，背面沿主脉和侧脉基部被长柔毛。

A typo recrdit palnta sparse ramulosa et foliosa，ramisao trnco sub 80～90 diveregentibus. ramulis et foliis sparis，subplanis.

Henan（河南）：Yu－Xian（禹县）．10. XI. 1983，T. B. chao et al. ，Typus in Herb. Henan College of Agriculture Conservatus .

塔形玉兰　新变种

Magnolia dendata Desr. var. pylamidalis T. B. Chao et Z. X. Chen，var. nov.

本新变种与玉兰（原变种）Magnolia dendata Desr. 的主要区别：树冠塔形；侧枝细、短、少，与主干呈 25°～30°角着生。花形较大；花被片 9，狭椭圆－卵圆形，或履形，长 5.1～8.0 cm，宽 1.0～3.4 cm，下基部渐狭呈爪状，外面中基部紫色，中间深紫色，内面淡黄白色。

A typo recrdit pyramidali，ramis a trunco sub angulis 25°～30° divergentibus. tepalis 9，extus pur-purscentibus intus albis，basi angustatis .

Henan（河南）；Zheng－Zhou－Shi（郑州市）． 30. VIII. 1983，T. B. Chao et al. ，（赵天榜等），83871、83872，Typus in Herb. Henan College of Agriculture Conservatus（模式标本，存河南农学院）。

———————————

注：T. B. Chao＝T. B. Zhao。

关于木兰属玉兰亚属分组问题的研究

赵天榜[1]　孙卫邦[2]　傅大立[3]　陈志秀[1]　闫双喜[1]

（1. 河南农业大学，郑州　450002；2. 中国科学院昆明植物研究所，昆明 650204； 3. 中国林科院经济林研究开发中心，郑州　450003）

摘　要　本文简述了河南木兰属玉兰亚属树种资源 14 种及其河南玉兰、腋花玉兰等形变的特异性，探讨了该亚属分组及其依据，提出了合并该亚属为望春玉兰组和木兰组以及成立朱砂玉兰组的依据，并得到了酶学和数量分类学的证实。

关键词　河南；木兰属；玉兰亚属；分组依据；过氧化物同工酶；系统聚类

河南地处中原，地形复杂，降水量较多，适宜多种树种生长。据作者初步统计，我国木兰属玉兰亚属树种约 27 种，其中河南木兰属玉兰亚属计 14 种，占总数的 50% 以上。目前，河南伏牛山区和大别山区还有自然分布的黄山木兰（Magnolia cydlindrica）、罗田玉兰（M. pilocarpa）、鸡公玉兰（M. jigongshanensis）、玉兰（M. heptapeta）、望春玉兰（M. biondii）等，尤其是望春玉兰百龄以上大树超过 5.0 万株，最长树龄约 900 年以上，栽培面积达 10.0 万 hm² 以上，栽培株数超过 700.0 万株，是我国"辛夷"商品生产重要基地。据统计，河南南召、鲁山两县年产"辛夷"50.0 万 kg 以上，其年产量和质量居全国之首，被誉为"河南辛夷"

而畅销国内外。"河南辛夷"是我国传统的出口中药材之一。望春玉兰等是绿化平原、美化环境、改变山区面貌、振兴河南山区经济的重要用材、观赏和经济林兼备的优树良种。为此，作者于 1973 年开始，进行了"河南木兰属植物资源的调查研究"、"望春玉兰类型的研究"和"望春玉兰集约栽培技术研究"等调查研究和科学试验，获得了一些非常重要的、具有科学价值和生产实践意义的自然种群，选育出一批新优品种，并进行了繁殖和推广。其中，舞钢玉兰（M. wugangensis）、河南玉兰（M. honanensis）、腋花玉兰（M. axilliflora）及鸡公玉兰等，对进一步深入开展木兰属分类系统、花进化理论、亲缘关系探讨等，具有特殊的作用。

为此,现将作者多年来调查研究的结果,报道于后,供参考。

1 河南木兰属玉兰亚属的树种资源

根据作者长期以来进行调查研究的结果,河南木兰属玉兰亚属树种资源共 14 种,即:①凹叶木兰（M. sargentiana）、②武当木兰（M. sarengeri）、③玉兰、④朱砂玉兰（M.×soulangeana）、⑤罗田玉兰、⑥鸡公玉兰、⑦舞钢玉兰、⑧伏牛玉兰（M. funiushanensis）、⑨椭圆叶玉兰（M. elliptilimba）、⑩黄山木兰、⑪望春玉兰、⑫腋花玉兰、⑬河南玉兰、⑭木兰（M. quinquepeta）。

2 河南木兰属玉兰亚属树种的变异

多年来,作者在进行"河南木兰属植物资源的调查研究"过程中,发现河南天然分布和栽培历史悠久的一些种群,如鸡公玉兰、舞钢玉兰、河南玉兰、腋花玉兰、望春玉兰等形态特征,具有非常广泛而显著的特殊变异。其主要表现如下。

2.1 树形变异

树形变异指单株树木的树冠形状、干形、分枝习性等外部特征与特性的总称。树形变异中,以分枝习性变异性状最明显,且受外界环境因子和人为因素影响较小,亦较稳定,是决定树形变异的主导因子之一。如玉兰中的塔形玉兰（M. heptapeta var. pyramidalis）枝角 20°~30°,呈塔形树冠,明显区别于玉兰树形;望春玉兰中的小蕾望春玉兰（M. biondii cv.'Parvialabastra'）、平枝望春玉兰（M. biondii cv.'Pianities'）等,前者树冠稠密、侧枝多而密,后者树冠稀疏、侧枝开展、小枝平伸而区别于望春玉兰树形。

2.2 叶部变异

叶部变异指同一植株上具有多种形状的叶片。据观察,鸡公玉兰是木兰属,甚至木兰科（Magnoliaceae）中叶形变异最多、最特殊的 1 种。该种叶形有 7 种类型,即:①宽椭圆形,或宽卵圆形,先端钝圆,且凹裂,似凹叶厚朴（M. officinalis var. biloba）;②倒卵圆形,先端微凹,似凹叶木兰,基部近圆形;③倒卵圆形,先端钝圆,且短尖头,似玉兰;④倒三角形,上部最宽,先端凹入,具 3 裂片,2 侧裂片大,先端钝圆,中裂片较小,三角形,具短尖头;⑤宽倒三角-近圆形,上部最宽,主脉在中间通常分为 2 叉,先端明显 2 裂,裂片较宽,呈三角形;⑥圆形或宽圆形,长 25~30 cm,宽

21~25 cm,先端钝圆或微凹,均具短尖头,基部近圆形;⑦卵圆形。如图 1 所示。

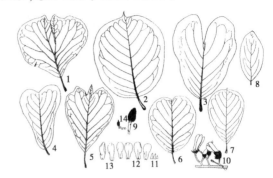

图 1 鸡公玉兰叶形

1. 宽倒三角-近圆形叶（Latitude obtriangle subbicular）;
2. 圆形叶（Rbicular leaf）;3、6. 宽椭圆形或宽卵圆形叶（Width elliptic or latitude ovate leaf）;4. 倒三角形叶,先端凹入（ob-ovate leaf apex emarginate）;5. 倒三角形,先端凹入,具 3 裂片（ob-triangle leaf apex emarginate 3-lobes）;7. 倒卵圆形叶,先端钝圆,具短尖头（ob-ovate leaf apes ob-ovate mucronate）;
8. 卵圆形叶（ovate leaf）。

2.3 花蕾变异

花蕾变异指花蕾在枝上着生位置,即顶生、腋生或族生。花蕾形状,单生或呈聚伞花序等。据作者观察,腋花玉兰花蕾变异最明显,其花蕾有顶生、腋生,有时簇生,还有花蕾内含 2~8 小蕾,有时含 12 小蕾,呈聚伞花序。其次,是舞钢玉兰,亦有与腋花玉兰相类似的花蕾变异,如图 2 所示。

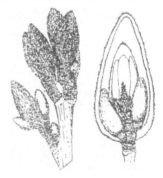

图 2 舞钢玉兰花蕾着生位置

此外,望春玉兰花蕾形状变异是木兰属树种变异最多的 1 种,如小蕾望春玉兰、桃实望春玉兰（M. biondii cv.'Ovata'）、鼠皮望春玉兰（cv.'Shupi'）、奶嘴望春玉兰（cv.'Naizui'）等。

2.4 花的变异

花的变异指花被片多少、形状、大小及颜色等。据作者观察,河南玉兰是木兰属树种花型最多的一种,即该种花被片 9~12,有 3 种花型:①花被片 9,外轮花被片 3,萼状,长 1.0~1.5 cm,大小不等,形状不一,颜色不同,内轮花被片 6,稀 5、

7,花瓣状;②花被片9,稀8、10、11,花瓣状;③花被片11或12,稀10。3种花型的花瓣状花被片形态特征近似,大小近相等,颜色近相同。

其二,舞钢玉兰花的花被片通常9,有2种花型,即:①花被9,稀7、8,外轮花被片3,萼状,有三角形、披针形及不规则形等,内轮花被片花瓣状;②花被片9,稀7、8、10,花瓣状。2种花型的花瓣状花被大小、形状与颜色,均不相同。如花被片颜色,有纯白色、外面基部淡紫色及深紫色等。

其三,望春玉兰花的花被片形状、大小、颜色等变异也非常广泛,如图3所示。

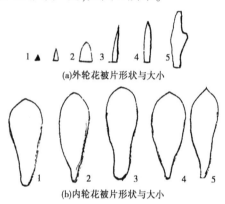

图3 望春玉兰花被片形状、大小

此外,玉兰、木兰等树种形态特征均有变异。

根据上述变异,作者认为,产生原因主要有三:①该亚属树种分布区域相近,或在同一林分中,容易产生天然杂种;②栽培历史悠久,经过人工选育和长期无性繁育的结果,容易产生新的类群(品种);③长期存在于自然界,而新近发现的种群。

3 关于木兰属玉兰亚属分组及其标准

Dorothy J. Callaway,《The World of Magnolias》(1994)和刘玉壶教授等在《中国植物志》(第三十卷第一分册)(1996)等记载,将玉兰亚属分组,摘录于下:

3.1 玉兰亚属 Subgen. Yulania(Spach)Reichenb.
该亚属分组及其标准如下:

3.1.1 玉兰组 Sect. Yulania(Spach)Dandy
落叶乔木或灌木。花先叶开放;花被片近似,白色、玫瑰红色,或紫红色。

3.1.2 望春玉兰组 Sect. Buergiria(Sieb. et Zucc.)Dandy
落叶乔木或灌木。花先叶开放;外轮花被片萼状,内轮花被片红色,或紫色。

3.1.3 木兰组(紫玉兰组)Sect. Tulipastrum(Spach)Dandy
落叶乔木或灌木。花先叶开放;或与叶同时开放;外轮花被片萼状,内轮花被片紫色或黄绿色,有时紫色。

3.2 关于玉兰亚属分组及其标准

根据上述,作者认为,玉兰亚属没有明显的分组依据和标准。如落叶乔木,或灌木这一特征,不能作为玉兰亚属的分组依据和标准,因木兰种群就有乔木和灌木之分。第二,花先叶开放,也不能作分组的依据和标准。其原因:玉兰组与望春玉兰组,均属花先叶开放。这一特征,不能作为玉兰组与望春玉兰组分组依据和标准。木兰组以花先叶开放,或与叶同时开放,作为木兰组与玉兰组和望春玉兰组的分组特征,也不稳定。据作者观察,木兰在河南各地栽培中,有花先叶开放的,有花与叶同时开放的,亦有叶后开花的。因此,作者认为,这一特征,亦不能作为该亚属的分组依据和标准。第三,原以花被片近似与外轮花被片萼状,作为玉兰组的唯一依据和标准,似乎很难成立。如河南玉兰有3种花型、舞钢玉兰有2种花型。其中,每种均有外轮花被片为萼状,其他花被片为花瓣状。第四,花被片颜色,亦不能作为玉兰亚属分组的依据和标准。据作者观察,木兰属树种花的花被片颜色变异较大。如望春玉兰花的内轮花被片颜色有白色、内白外紫色、内白外淡紫色、内外淡紫色、内白外浓紫红色、内外黄色等;玉兰花的花被片颜色有白色、黄色、内白外淡紫色晕、内白外紫红色等。

总之,玉兰亚属分组的依据和标准,没有一项是稳定的、准确的。

3.3 关于玉兰亚属分组的依据和标准

根据上述,作者认为,玉兰亚属分组及其依据和标准,必须重新拟定,才能使其分组和种群归属自然,而避免人为性干预。为此,现提出玉兰亚属分组的依据和标准如下。

3.3.1 木兰组 Sect. Tulipastrum(Spach)Dandy

根据上述,作者将紫玉兰组〔Sect. Tulipastrum(Spach)Dandy〕和望春玉兰组〔Sect. Buergeria(Sieb. et Zucc.)Dandy〕合并为一组,称木兰组。

本组形态特征:叶纸质、膜质,椭圆形、长圆-椭圆形、长卵圆形、稀倒卵圆形(黄山木兰)部分叶,中部通常最宽,先端渐尖、短渐尖、短尖、稀具短尖头(黄山木兰),幼嫩部分(叶、枝、芽)疏被长绢毛,后无毛,或偶有残存毛,主侧脉夹角60°左右,侧脉中基部多弯曲斜展,分离处侧脉显著低于主脉,沿脉疏被长绢毛;叶柄细,初疏被长毛,后脱落。花蕾卵球状,通常长<2.5 cm,苞鳞薄小,外部密被长绢毛;内部花被片薄肉质,质地较软;花丝通常细于花药;花梗疏被长绢毛。

属于该组树种有:①木兰、②望春玉兰、③椭圆叶玉兰、④黄山木兰、⑤伏牛玉兰等。

3.3.2 玉兰组 Sect. Yulania(Spach)Dandy

本组形态特征:叶革质、厚纸质,倒卵圆形,稀圆形、椭圆形等,上部最宽,先端钝圆、具短尖头,或微凹,急尖,或急短渐尖,稀凹裂,基部楔形,稀圆形;幼嫩部分(叶、叶柄、枝)密被细柔毛,主侧脉夹角约45°,侧脉中基部直伸斜展,通常分离外侧脉与主脉等高,或稍低于主脉,沿脉密被细柔毛;叶柄粗壮,基部膨大,被细柔毛。花蕾卵球状,中部以上渐尖,通常长>3.0 cm;苞鳞厚大,外部密被长柔毛;内部花被片厚肉质,质地脆;花丝通常与花药等粗或粗于花药;花梗密被长柔毛。

属于该组树种有:①玉兰、②凹叶木兰、③武当木兰、④罗田玉兰、⑤鸡公玉兰等。

3.3.3 腋花玉兰组 Sect. Axilliflorae B. C. Ding et T. B. Chao

本组形态特征:叶革质,长椭圆形、宽椭圆形,或倒卵圆形,先端短渐尖,或钝圆,具短尖头,基部宽楔形,或近圆形,幼嫩部分疏被长柔毛,后渐脱落,或不脱落。花蕾顶生、腋生,或簇生,通常花蕾内含2~8小蕾,构成聚伞花序,均能正常开花结果。花被片9,或12~14(~15),外轮花被片有时为萼状,或较小,不为萼片,或内外轮花被片近相等,有时同株2种花型:①花被片9,外轮花被片3,萼状,内轮花被片花瓣状;②花被片11或12,花瓣状。花瓣状花被片形状近相似,大小近相等,颜色近相同。

属于本组树种有:腋花玉兰、舞钢玉兰和多花木兰(Magnolia multiflora)。

3.3.4 河南玉兰组 Sect. Trimorphaflorae B. C. Ding et T. B. Chao

本组形态特征:叶纸质,椭圆形,先端渐短尖,基部宽楔形,或近圆形。花蕾单生枝顶,稀腋生,花被片9~12。3种花型:①花被片9,外轮花被片3,萼状,内2轮花被片花瓣状;②花被片9,花瓣状;③花被片11或12,稀8、9、10。3种花型的内轮花被片形状近相似,大小近相等,颜色近

相同。

属于本组树种仅有:河南玉兰。

3.3.5 朱砂玉兰组 新组

Sect. Zhushayulania W. B. Sun et T. B. Chao,Sect. nov.

Sectiones nova sunt sectiones species hybrida,evidenter distingubiles Sect. Tulipastrum,Sect. Axilliflorae,Sect. Trimorphafloraeque plantae. Sect. Zhushayulania plantae omnes species hybridae ramuli,folia,petiodi,gemmae,flores,tepola formae,numeri,colores et al.,omnes cum parentes plantae aequabiles vel similes,ac adest inter parentes transitiva multiformes plantae.

Sect. type species:Magnolia × soulangeana Soul. -Bod.

Sect. Zhushayulania species hybridae plantae.

Magnolia × soulangeana,M. × kewenlis et al.

本新组为玉兰亚属的杂种植物组,明显区别于木兰组、玉兰组、河南玉兰组和腋花玉兰组植物。该组植物均为杂种。它们的枝、叶、叶柄、芽、花、花被片形状、数量、颜色,皆与亲本植物相似或相同,并且均具有亲本之间中间过渡多种多样类型植物。

本新组模式种:朱砂玉兰 M. × soulangeana Soul. -Bod.。

本组植物均为玉兰亚属的杂种,有 Magnolia× soulangeana 等。

3.4 关于玉兰亚属分组的理论根据

关于玉兰亚属分为玉兰组及木兰组等的理论依据如下。

3.4.1 酶学的支持

作者曾对河南木兰属9种植物进行过过氧化物同工酶的测定,结果表明,9种植物明显分为两大类,即望春玉兰类和玉兰类,如图4所示。

从图4可以看出,玉兰组的成员均有0.02、0.26的特征酶谱带,而望春玉兰组则没特征酶谱带。同时,采用"酶谱多指标综合判断距离法"的聚类结果,玉兰组和望玉兰组植物基本与两组的植物形态分组相吻合。但是,舞钢玉兰和腋花玉兰在两类中均有特征酶谱与其他种相区别。如,舞钢玉兰的特有酶谱为Rf 0.59;腋花玉兰特有酶谱为Rf 0.56、0.74、0.74。两种均因有总状聚伞花序和花蕾顶生、腋生及簇生,花被9~12等共同特征,作者将它们归为一类,即腋花玉兰组(Sect.

Axilliflorae)。

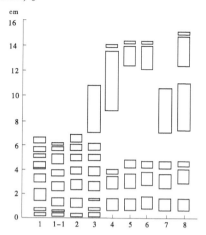

图4　河南木兰属9种植物过氧化物同工酶谱图
　1.玉兰(M. heptapeta),1-1 塔形玉兰
　(M. heptapetampyramidalis),2.拟玉兰(M. sp),
　3.舞钢玉兰(M. wugangensis),4.望春玉兰(M. biondii),
　5.椭圆叶玉兰(M. elliptilimba),6.河南玉兰(M. honanensi),
　7.伏牛玉兰(M. funiushanensis),8.腋花玉兰(M. axilliflora)

3.4.2　数量分类学的证实

作者采用系统聚类分析方法,对河南木兰属

玉兰亚属14种植物的叶部及叶部、花蕾分类特征性状进行聚类分析,结果如图5所示。

图5表明,河南木兰属玉兰亚属14种植物以分类特征性状不同,其聚类结果也不一致。如图5 A、B,以叶部分类特征性状明显聚为两大类,即以玉兰为代表的玉兰、凹叶木兰、武当木兰、罗田玉兰、舞钢玉兰、鸡公玉兰、朱砂玉兰(母本型叶)为一类;以木兰、望春玉兰、椭圆叶玉兰、黄山木兰、河南玉兰、伏牛玉兰、腋花玉兰为一类。这两类与其形态分类的玉兰组和木兰组(包括望春玉兰组)相吻合。因此说,玉兰组和木兰组(包括原望春玉兰)的分组依据和标准,得到了数量分类学的支持。以叶部和花蕾的分类特征性状明显聚为四类,即:①以木兰为代表的木兰、望春玉兰、椭圆叶玉兰、黄山木兰、伏牛玉兰为一类,该类树种基本上为木兰组和原望春玉兰组成员;②以玉兰为代表的玉兰、凹叶木兰、武当木兰、罗田玉兰、鸡公玉兰、朱砂玉兰(母本型叶)的关系相近为一类,该类树种(除朱砂玉兰外)属于玉兰组的成员;③舞钢玉兰和腋花玉兰为一类;④河南玉兰独为一类。

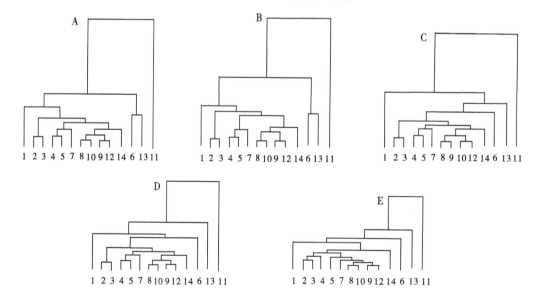

图5　河南木兰属玉兰亚属14种植物聚类图
　1.玉兰(M. heptapeta),2.凹叶木兰(M. sargentiana),3.武当木兰(M. sprenger),4.罗田玉兰(M. pilocarpa),
　5.鸡公玉兰(M. jiongshenensis),6.舞钢玉兰(M. wugonensis),7.朱砂玉兰(M. soulangeana),8.望春玉兰(M. biondii),
　9.椭圆叶玉兰(M. elliptilimba),10.黄山木兰(M. cylindrica),11.河南玉兰(M. honanensis),12.伏牛玉兰(M. funishanensis),
　13.腋花玉兰(M. axilliflora),14.木兰(M. quinquepeta)。
A、B 叶部分类特征性状(System cluster chart by using characteristics of leaves)(最长距离法 Method of the longest distance);
　C、D 叶部和花蕾分类特征性状(System cluster chart by using characteristics of flower bud and flower)
　(离差平方和法 Method of the square of deviation)。

图 5 表明,木兰属玉兰亚属分为玉兰组、木兰组(包括原望春玉兰组)、腋花玉兰组、河南玉兰组及朱砂玉兰组 5 组,得到了酶学和数量分类学的证实。

4 初步小结

(1)木兰属玉兰亚属原分组的形态特征,变异较大,且不稳定,不能作为分组的依据和标准。

(2)作者认为该亚属植物的叶部与花蕾特征比较稳定,可以作为该亚属分组的依据和标准,并得到了酶学和数量分类学的支持。

(3)根据叶部和花蕾特征,可将玉兰亚属分为玉兰组、木兰组、腋花玉兰组、河南玉兰组及朱砂玉兰组。其中,朱砂玉兰组为 1 新组。

(4)系统聚类分析方法,可以作为木兰属植物鉴定、检验与种群、组划分的依据和手段。

参考文献

[1] 中国科学院中国植物志编辑委员会. 中国植物志 第三十卷 第一分册[M]. 1996. 108-141.
[2] 丁宝章,赵天榜,等. 中国木兰属新种和新变种. 河南农学院学报,4:6-11. 1983.
[3] 丁宝,赵天榜,等. 中国木兰属植物腋花、总状花序的首次发现和新分类群[J]. 河南农业大学学报,19(4):356-364. 1985.
[4] 赵天榜,等. 木兰及其栽培[M]. 郑州:河南科学技术出版社,1992.
[5] 赵天榜,傅大立,等. 河南木兰属 9 种植物过氧化物同工酶分析[J]. 生物数学学报,1994,9(3):84-92.
[6] Chen Bao Liang, Nootchoom H. P. Notes on Magnoliaceae III. Magnoliaceae of China. Ann. Missouri Bot. Card. 1993,80:999-1028.
[7] D. J. Callaway. The World of Magnolias. 1994.

河南木兰属一新种

赵天榜[1]　孙卫邦[2]　宋留高[1]　陈志秀[1]

(1. 河南农业大学,郑州　450002;2. 中国科学院昆明植物研究所,昆明　650204)

舞钢玉兰　新种　图 1

Magnolia wugangensis T. B. Zhao,W. B. Sun et Z. X. Chen,sp. nov. fig. 1.

M. dedudata Desr. similis, sed floribus terminalibus axillaribusque,tepalis exteriorebus minoiibus inteirlum calycoidibus facile diffrent .

Arbor decidua ca. 5 m alta. Ramuli hornotini viridi-flavidi vel cinerceo-brunnei primum pilosi demum glabri. Folia coriacea late ovata vel obovata 8~20 cm longa,5~14 cm lata supeme atioviridia nitida in juventute sericea,in vestutate glabra subtus flavi-viridia apice obtusa vel retusa leviter mucronata,basi cuneata,margine plus minusve recuruata,costis elevatis dense sericeis,nervis lateralibus 6~10-jugis leviter villosis;petioli flavi-brannei 1~3 cm longi,in juventute flavido-villosi. Alabastra terminalia axillariaque obovoidea 2.5 ~ 3.5 cm longa,1.3~1.8 cm crassa,vaginis bractifonnibusz dense gtiseo-flavido -villosissimis subtenta. Flores ante folium apeiti,8~15 cm diam. ,tepalis 9,interdum 7~10,quorum 3 exterionbus flavido-viridibus vel flavido-albis leviter interioribus minoribus ubi minimis calycoidibus lanceolatis 1~3.5 cm longis,2~6 mm latis, apice acumenatis, 6 interioribus petaloidibus albis spathulato-ellipticis 6~9 cm longis,2.5~3.5 cm latis, apice obtusis vel emarginstis, mucronatis basi subrotundatis extus purpurascentibus;pedicelli viriduli in juventuts dense villosi. Stamina numerosa 1~1.2 cm longa,antheris ca. 6 mm longis,flavidis usque purpurascentibus lateraliter dehiscentibus apice acutis. Gynoecia cylindrica 1.8~23 cm longa viridia, carpellis numerosis anguste ovoideis liberis 1.2~1.5 cm longis, stigmatibus flavido-viridibus curvatis. Syncarpia cylindria premum viridia erecta demum pendula 10~20 cm longa 3~5 cm crassa, follicutis ad maturitatem atro-purpureis, venucis flavido-albis apice obtusis, seminibus 1~2 praeditis; pedicelli 8~12 mm crassi pubercentes .

＊国家自然科学基金资助项目。

Henan（河南）：Wugmg（舞钢），23. 3. 1991，T. B. Zhao（赵天榜），No. 913232（flos）；15. 10. 1990 . T. B. Zhao et al. ，No. 9010152（fructes et folia）. Typus in Herb. Henan Agricultural University；Paratypus，KUN.

落叶乔木，高约 5 m。一年生小枝黄绿色，或灰褐色，幼时被短柔毛，老时光滑。叶革质，宽卵圆形，或倒卵圆形，长 8~20 cm，宽 5~14 cm，上面深绿色，具光泽，幼时被绢毛，老时光滑，叶背淡黄绿色，顶端钝或微凹，稍具短尖，基部楔形，边缘多少反卷，中脉凸起，密被绢毛，侧脉 6~10 对，稍具柔毛；叶柄黄棕色，长 1.0~3.5 cm，幼时具淡黄色柔毛。花蕾卵球状，长 2.5~3.0 cm，粗 1.3~1.8 cm，有时内含 2~4 小蕾；花序梗密被长柔毛；花芽顶生和腋生，倒卵球状，长 2.5~3.5 cm，粗 1.3~1.8 cm，外托有灰黄色柔毛的苞片状鞘。花先叶开放，径 8~15 cm；花被片 9，有时 7~10，外轮 3 片黄绿色或黄白色，较小，极小时萼片状，披针形，长 1.0~3.5 cm ，宽 2~6 mm，顶端渐尖，内侧花被片 6 片，花瓣状，白色，匙-长椭圆形，长 6~9 cm，宽 2.5~3.5 cm，顶端钝或微凸，具短尖，基部近圆，外侧稍带紫色；花梗淡绿色，幼时密被柔毛；雄蕊多数，长 1.0~1.2 cm，花药长约 6 mm，淡黄色至淡紫色，侧裂，顶端具短尖。雌蕊群圆柱状，长 1.8~2.3 cm，绿色；心皮多数，狭卵圆状，分离，长 1.2~1.5 cm，柱头黄绿色，弯曲。聚合果圆柱状，幼时绿色，直立，老时下垂，长 1.2~1.5 cm，粗 3~5 cm；蓇葖果成熟时暗紫色，具淡黄白色的细疣点突起，顶端钝，具 1~2 粒种子；果梗粗 8~12 mm，具茸毛。

本种相似于玉兰（Magnolia denudata Desr. ），但本种的花顶生和腋生，外轮花被片较小，有时呈萼状而易于区别。

致谢：本文承蒙中国科学院华南植物研究所刘玉壶研究员审阅，并提出宝贵修改意见；中科院昆明植物所苏志云教授对拉丁文进行了详细修改。

中国玉兰属一新种

赵天榜[1]　　傅大立[2]　　孙卫邦[3]　　戴惠堂[4]

（1. 河南农业大学林学系；2. 中国林业科学研究院经济林研究中心；
3. 中国科学研究院昆明植物研究所；4. 河南鸡公山国家级自然保护区）

摘　要　本文发表了中国木兰属一新种，即鸡公玉兰 Maqgnolia jigongshanensis T. B. Zhao，D. L. Fu et W. B. Sun，sp. nov. . 本新种与罗田玉兰 M. piloarpa Z. Z. Zhao et Z. W. Xie 近似，但区别：幼枝淡黄绿色，被短柔毛。叶薄革质、革质，侧脉 5~9 对，背面被弯曲短柔毛。具 7 种叶型：①宽椭圆形或宽卵圆形，先端凹裂，似凹叶厚朴；②叶倒卵圆形，先端凹，似凹叶木兰；③倒三角形，上部最宽，先端凹入，具裂片；④宽倒三角-近圆形，上部最宽，主脉通常分叉，形成 2 裂，裂片较大；⑤倒卵圆形，先端钝圆，具短尖头，似玉兰；⑥圆形或近圆形，很大；⑦圆形。花蕾小，卵球状，先端钝圆，长 1.3~ 2.0 cm，第 1 苞鳞外面黑褐色，疏被同色短柔毛。外轮萼状花被片三角形或披针形，通常长 1.0~ 5.0 mm，稀 1.0~1.5 cm，内轮花被片匙-椭圆形，浅黄白色，外面基部中间淡紫色。聚合果基部蓇葖果与果序轴宿存。落叶期早 30~40 d。该新种叶型变异是木兰科中叶形变化最大的一种，对于进一步深入开展木兰属植物变异理论研究，具有重要意义。
关健词　中国；木兰属；鸡公玉兰；叶形变异；系统聚类

1 鸡公玉兰　新种　图1

Maqgnolia jigongshanensis T. B. Zhao，D. L. Fu et W. B. Sun，sp. nov. fig .1

Species M. pilocarpa Z. Z. Zhao et Z. W. Xie，sililis，sed ramilis juvenlibus flavo - virentibus pubscentibus. Foliis tenuiter coriaceis vel corioceis，neris laterulibus 5~9-jugis，subtus curtis pubescentibus，7-formis：①ob-ovatis apice retusis similis M. sargentiana，basi subrotundtis；② late ovatis apice emarginatis similis M. officinalis var. biloba；③ob-triangulatis supra medium latissimis apice retusis 3-

图1　舞钢玉兰

1. 长枝、叶和花蕾；2. 短枝、叶和花蕾；
3. 花蕾内含2~4小蕾；4~12. 花型Ⅰ：花被片形状；
13. 雌蕊群和雄蕊群；14~22. 花型Ⅱ：花被片形状；
23. 聚伞花序；24. 解剖花蕾。

lobis in medio lobis parvis; triangularibus, 2-lbis lateralibus late triangulates apice obtus cum mucronatis; ④late ob-riangulati-subrotundatis supra mrdium latissimis apice obtusis praeclare retusis costa in medio saepe bifurcis, 2-lobis; lobis lateralibus latiorimis late triangularibus apice macronatis; ⑤ ob - ovatis apice obtusis cum macronatis aequantibus M. heptapeta; ⑥rotundatis vel subrotundatis apiceobtusis cum macronatis rare retusis cum mucronatis basi subrotundatis; ⑦ ovatis. Alabastris parvis ovoideis apice obtusis 1. 0 ~ 2. 0 cm longis; bracteis prmis nigri-brunneis sparse concolor-villosis, tpalis calyformibus saeoe et 1 ~ 5 mm longis, petaloformibus spathuli-ellipticis-albis. extus basi infra mrdium pallide purpurascentibus in medio foliiscaduia 30~40 d.

Arbor decidua. Ramili juveniles cylindrici flavovirentibus dense pubescentes post purpurei-brunnei mitidi glabra, rare pubescentes. Folia tenuiter coriacea, coriacea, nervis lateralibus 1 ~ 9-jugis, 7-formae: ①late elliptica late ovata 10. 0 ~ 19. 5 cm longa et 5. 5 ~ 17. 5 cm lata supra medium latissima supra atro-viridia nitida dense curvi-pubescentes, costis et nervis lateralibus imressis utrinque dictyoneuris subtus flavo-virida dense curvi-pubescentes costis et nervis lateralobus elevates dense curvi-pubescentibus apice partita vel emarginata similis M. offcinalis var. biloba basi subrotundata margine repandi-integra; petioli 1. 5 ~ 3. 0 cm longi supra exepresse im-

pressi dense pubescentes, stipulis menbranaeceis caducis; ②ob-vata 6. 5 ~ 9. 5 cm longa et 5. 0 ~ 6. 5 cm lata suora medium latissima apice emargata basi subrotundata similis M. sargentiana; ③late ob-triangulati-subrotundata 11. 5 ~ 18. 0 cm longa et 9. 0 ~ 15. 0 cm lata supra atro-viridia, nitida, costis et nervis lateralibus sub angulo 45° abenibus subtus cinereo-flavo-viridibus dense curvi-pubescentibus costis et nervis lateralibus expresse elevates saepe costis in medio 2-lobis, lobis margins subtriagulatis, utrinque dictyoneuris elevatis, basi late cuneatis margine repande integris; petioli 1. 0 ~ 2. 0 cm cm longi; ④ob-riangulata 15. 0 ~ 18. 0 cm longa et 11. 0 ~ 15. 0 cm lata apice retusis 3-lobis in medio lobis anguste deltatis 2. 0 ~ 2. 5 cm longis et 1. 0 ~ 1. 5 cm latis apice longi-acuminatis, 2-lobis lateralibus late triangulates 2. 0 ~ 3. 0 cm longis et 35 mm latis apice brevi-acuminatis, basi cuneatis margine repande integra; petioli 1. 0 ~ 3. 0 cm longi; ⑤ob-vata apice obtuse cum mucronatis similis M. heptapeta(M. denudata); ⑥rotunlata vel subrotundata 25. 0 ~30. 0 cm longa et 21. 0 ~ 25. 0 cm lata apice obtusa cum mucronatis vel retusa cum mucronatis basi subrotundata; ⑦ovata 7. 0 ~ 9. 0 cm longa, 4. 5 ~ 6. 5 cm lata, apice obtusa cum mucronatis basi cuneata vel rotundata. Stipulis cicatricibus longitudiem ca. 1/3 petiolorum partes aequantibus. Alabastra terminata parva ovioidea apice obtusa 1. 0 ~ 2. 0 cm longa diam. 1. 0 ~ 1. 5 cm; saepe 4 ~ 5-bracteae quoque extus 1 minute rotundi-foliolatis, prime bractea nigri-brunnea sparse concolori-villosis ceter dense cinerei-allbi-vel pallide rotundi-glandacee villosis. Flores ante folia aperti. Tepala 9 raro 8 vel 10 extus 3 calycibus triangustis vel lanceolatis membranaceis flavo-virentiis 1. 0 ~ 5. 0 mm longis rare 1. 0 ~ 1. 5 cm longis intus 6 rare 5 rare vel 7, flavidi-albis petaliformibus spathule ellipticis 5. 0 ~ 9. 0 cm longis et 3. 0 ~ 5. 0 cm latis apice obtusis interdum retusis extus infra medium pallide purpureis in medio; stamina 65 ~ 71, filmentis purpureis; carpelis dense pubescentibus; pedicellis dense villosis. Syncarpia cylindrica 5. 0 ~ 20. 0 cm longa diam. 3. 0 ~ 5. 0 cm longa, carepella maturitatem valvae decidua basi in axibus persistentes. e subtus. cinereo - flavo - virida dense curvi-pubescentes costis et nervis lateralibus .

Henan: Jigongshan. 8. Apr. 1993. T. B. Chao et al. No. 9341841(flos). Typus in Herb. HNAU; ibid. 13. Aug. 1994. T. B. Chao et al., No. 948131(folia et ramula).

落叶乔木。幼枝圆柱状、淡黄绿色,密被短柔毛;小枝紫褐色,具光泽,无毛,稀短柔毛。叶薄革质、革质,侧脉 5~9 对,具 7 种叶型:1.宽椭圆形,或宽卵圆形,长 10.0~19.5 cm,宽 5.5~17.5 cm,上部最宽,表面深绿色,具光泽,沿脉密被短柔毛,主侧脉凹陷,两面网脉隆起,背面淡黄绿色,密被弯曲短柔毛,主侧脉隆起,两面网脉隆起,密被弯曲短柔毛,先端深裂,似凹叶厚朴(M. officinalis var. biliba)叶,基部近圆形,边缘波状全缘,边部波状皱褶;叶柄长 1.5~3.0 cm,表面有明盆凹槽;托叶膜质,早落;2.叶倒卵圆形,长 6.5~9.5 cm,宽 5.0~6.5 cm,上部最宽,先端凹入,似凹叶木兰(M. sargentiana)叶;3.宽三角-近圆形,长 1.5~18.0 cm,宽 9.01~5.0 cm,表面深绿色,具光泽,表面主侧脉夹角呈 45°斜展,背面淡黄绿色,密被弯曲短柔毛,主侧脉显著隆起,通常主脉在中部分成 2 叉,先端凹裂,形成 2 裂,裂片长,近三角形,两面网脉陷隆起,基部近圆楔形,边缘波状全缘;叶柄长 1.0~2.0 cm,表面有明盆凹槽;④倒三角形,长 15.0~18.5 cm,宽 11.0~15.0 cm,上部最宽,先端凹入,全 3 裂,中间裂片狭三角形,长 2.0~2.5 cm,宽 1.0~1.5 cm,先端长渐尖,2 侧裂片宽三角形,边缘全缘,长 2.0~3.0 cm,宽 35 mm,先端短尖,基部楔形,边缘波状全缘;叶柄长 1.0~3.0 cm;⑤倒卵圆形,先端钝圆,具短尖头,似玉兰(M. heptapeta)叶;⑥圆形或近圆形,长 25.0~30.0 cm,宽 21.0~25.0 cm,先端钝圆,具短尖头,或微凹,具短尖头,基部圆形;⑦卵圆形,长 7.0~9.0 cm,宽 4.5~6.5 cm,先端凹入,全 3 裂,中间裂片狭三角形,先端钝圆,具短尖头,基部近楔形或圆形。花蕾顶生枝端,卵圆体状,小,先端钝圆,长 1.5~2.0 cm,径 1.0~1.5 cm,通常具 4~5 苞鳞;第一苞鳞外面黑褐色,疏被同色长柔毛,其余密被灰白色或淡黄棕色长柔毛;每苞鳞有 1 小圆叶。花先叶开放。花被片 9,稀 8,10,外轮花被片 3,萼状,长 1.0~5.0 cm,稀 1.0~1.5 cm 长,淡黄绿色,膜质,三角形或披针形,内轮花被片 6,稀 5,7,花瓣状,匙-椭圆形,长 5.0~9.0 cm,宽 3.0~5.0 cm 长,淡黄绿色,膜质,三角形或披针

形,先端钝圆,有时微凹淡黄白色,外面基部中间被淡紫色晕;雄蕊 65~71,花丝紫色,花药长 8~13 mm,侧向纵裂;雌蕊多数,心皮密被短柔毛;花序梗密被长柔毛。聚合果圆柱状,长 15.0~29.0 cm,径 3.0~5.0 cm;蓇葖果成熟后脱落,其部蓇葖果与果轴结合。花期 4 月中旬;果熟期 8 月上旬。

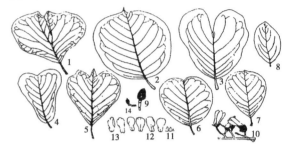

图 1 鸡公玉兰 Maqgnolia jigongshanensis
T. B. Zhao,D. L. Fu et W. B. Sun
1. 宽倒三角-近圆形叶(Latitude obtriangle subbicular);
2. 近圆形叶(Rbicular leaf);3、6. 近椭圆形或卵圆形叶
(Width elliptic or latitude ovate leaf),4. 倒三角形叶,先端凹入(ob-ovate leaf apex emarginate),5. 倒三角形叶,先端凹入,具 3 裂片(ob-triangle leaf apiexemarginated 3-lobes);
7. 倒卵圆形叶,先端钝圆,具短尖头(ob-ovate leaf apes ob-ovate mucronatea);8. 卵圆形叶(ovate leaf);9. 玉蕾(M. heptapeta);10. 花(M. heptapeta);11~13. 花被片(M. heptapeta);14. 雌雄蕊群(M. heptapeta)。

本新种与罗田玉兰(M. piloarpa Z. Z. Zhao et Z. W. Xie)相似,但区别:幼枝淡黄绿色密被短柔毛。叶薄革质、革质,侧脉 5~9 对,背面被弯曲短柔毛。7 种叶型:①宽椭圆形或宽卵圆形,先端凹裂,似凹叶厚朴;②叶倒卵圆形,上部最宽,先端凹入,似凹叶木兰,基部近圆形;③倒三角形,上部最宽,基部楔形,先端凹入,具 3 裂片,2 侧裂片大,先端钝圆,具短尖头,中裂片小,狭三角形,先端渐尖;④宽倒三角-近圆形,上部最宽,主脉在中部通常分叉,形成 2 裂片,裂片较大,三角形,先端具短尖头;⑤倒卵圆形,先端钝圆,具短尖头,似玉兰;⑥圆形或近圆形,先端钝圆或微凹,均具短尖头,基部圆形;⑦卵圆形。花蕾小,卵球状,先端钝圆,长 1.3~2.0 cm,第 1 苞鳞外面黑褐色,疏被同色短柔毛,其余密被浅灰白色,或淡黄棕色长柔毛。花被片 9,外轮花被片 3,萼状,三角形或披针形,通常长 1.0~5.0 mm,稀 1.0~1.5 cm,内轮花被片匙-椭圆形,浅黄白色,外面基部中间淡紫色。雄蕊花丝紫色,心皮密被短柔毛。聚合果基部蓇葖果与果序轴结合。落叶期早 30~40 d。

河南:鸡公山。1993年4月18日。赵天榜等,No.9341(花)。模式标本,存河南农业大学。同地。1994年8月13日。赵天榜等,No.948131(叶和枝)。

2 鸡公玉兰的种级地位

为进一步确定鸡公玉兰的种级地位,作者采

用系统聚类分析方法等6种方法,进行了"河南木兰属玉兰亚属14种植物的数量分类研究"。研究结果如图2所示。

图2明显表明,鸡公玉兰作为种级地位得到证实,与罗田玉兰近似,且很特殊。

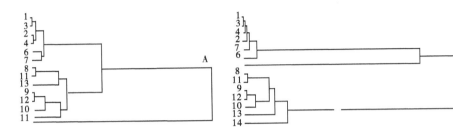

图2 河南木兰属玉兰亚属14种植物系统聚类图(最长距离法)

A. 叶部特征性状聚类(The cluster chart of the characteristics of leaves)

B. 花部特征性状聚类(The cluster chart of the characteristics of flowers)

1.玉兰(M. heptapeta),2.凹叶木兰(M. sargentiana),3.武当木兰(M. sprengeri),4.罗田玉兰(M. pilocarpa),

5.鸡公玉兰(M. jigongshanensis),6.舞钢玉兰(M. wugangensis),

7.朱砂玉兰(M. soulangeana),8.望春玉兰(M. biandii),9.椭圆叶玉兰(M. elliptilimba),

10.黄山玉兰(M. cylindrica),11.河南玉兰(M. honanensis),12.伏牛玉兰(M. funishanensis),

13.腋花玉兰(M. axilliflora),14.木兰(M. quiquepeta)。

致谢:张铭哲教授提出宝贵意见,特致谢意!

参考文献

[1]陈志秀.中国火棘属植物数量分类研究[J].生物数学学报,1995,4(10):185-190.

[2]中国科学院中国植物志编辑委员会.中国植物志[M].1996,30(1):30,108-141.

中国木兰属植物腋花、总状花序的首次发现和新分类群

丁宝章[1]　赵天榜[1]　陈志秀[1]　陈志林[1]　焦书道[1]　高聚堂[1]

张天锡[2]　任云和[2]　王恩礼[2]　魏泽圃[3]　曾庆乐[3]　单瑞敏[3]

(1. 河南农业大学;2. 南召县林业局;3. 河南省林业厅)

摘　要　介绍了木兰属植物腋花与总状花序在我国的首次发现。这种花及花序的花均为两性花,形态结构完全相似,并能正常开花和结实。其开花顺序由顶向下,依次开放,且花期、花径及花被大小、果实依次递减。该发现为进一步研究木兰属植物从顶生花—腋生花—总状花序的进化和遗传理论提供了非常宝贵的研究材料。同时,还发现了2新派、1新种、1新组合种、6新变种。2新派是:河南玉兰派,腋花玉兰派。新种是伏牛玉兰。1新组合种是腋花玉兰。6新变种是白被腋花玉兰、多被腋花玉兰、紫基伏牛玉兰、黄花望春玉兰、宽被望春玉兰、窄被玉兰。

近年来,作者在进行"河南木兰属植物资源调查研究"和编著《木兰及其栽培》中发现,木兰属植物中一些具有腋花和总状花序的植株,以及该属2新派、1新种、1新组合种、6新变种,报道

如下。

一、木兰属植物腋花与总状花序在中国的发现

据报道,木兰科 Magtoliaeeac 木兰亚科 Magnolioideae 中具有顶生花的有 10 个属,具腋生花的有 4 个属。花顶生的有:木莲属 Manglieta、华盖木属 Manglietiastrum、厚壁木属 Pachyiarnax、木兰属 Magnolia、盖裂木属 Talauma、南美盖裂木属 Dugendiodendron、香木兰属 Aromadendron、拟单性木兰属 Parakmeria、单性木兰属 Kmeria、长蕊木兰属 Alcrimandra;花腋生的有:南洋含笑属 Elmerrillia、含笑属 Michelia、合果木属 Paramichelia、观光木属 Tsoongiodendron。

1978~1985 年进行了《河南木兰属植物资源调查研究》,发现了中国木兰属植物中一些具有腋花和总状花序的植株,在目前,国内外有关木兰属植物研究中,尚未见有报道,现详细述如下:

河南木兰属植物中的望春玉兰 Magnolia biondii Pamp.、河南玉兰 M. henanensis B. C. Ding et T. B. Chao 等一些植株的当年生枝中、短花枝枝条上除形成顶花芽外,在叶腋内也能形成较多腋生花芽。同时有些植株的腋生花芽,或顶生花芽内具有 2~4 朵小花芽,且构成总状花序 *。

经过作者多年来的观察,这些腋生花,或总状花序的植株上的花均为两性花,并能正常开花与结实 *。该花的外部形态结构与顶生花的植株上的花结构完全相似,即:花被片 9,稀 7、8、10,外轮 3,萼片状,内 2 轮花被片较大,花瓣状,或花被片 9~12,花瓣状,履状匙形,或长椭圆形,外面被紫色晕或斑点,内面淡黄白色,由多数雄蕊和雌蕊螺旋状排列在伸长的花托上,分别组成雌蕊群和雄蕊群。①总状花序的花,花芽内同时开两朵花;②总状聚合果—顶生总状花序所形成的 4 个果序。

凡具有总状花序的植株上,花的开花顺序是,每一花序的顶生花先开,依次向下开放。该花序上花的花期、花径、花被片大小呈现出顶端花花期早、花径大,花被片也大,而后依次递减;壮枝上的花序,第 1 朵与第 2 朵,有同时开放的机会,但花的形态无明显差异。聚合果亦具有顶大而长,中次而短,依次减小的趋势,同时,聚合果上均具有发育正常的种子。

据此,作者完全同意刘玉壶的“木兰属的内外部形态从原始到进化都有”的观点,并为此提

供了充分的论据。为进一步研究木兰属植物从顶生花进化为腋生花,从单花进化为总状花序的进化理论和遗传理论研究,提供了研究材料。

二、中国木兰属植物的新分类群

(一)木兰属属下分类等级

木兰属植物在全世界约 90 种,隶属于 2 亚属、12 派。分布于中国、日本、马来群岛、北美和中美洲。我国约 30 种,隶属 2 亚属、8 派,其中 2 新派。

1. 木兰亚属 Subgen. Magnolia

该亚属分 7 派,我国产 3 派,即:

(1)常绿木兰派 Sect. Gwillima。该派我国产的种类较多,如山玉兰 M. delavayi、大叶玉兰 M. henryi、绢毛木兰 M. albosericea、香港玉兰 M. championii 等。

(2)皱种木兰派 Sect. Rytiolospermum。该派我国产的种类有长喙厚朴 M. rostrata、厚朴 M. officinalis 等。

(3)欧亚姆木兰派(拟)Sect. Oyama。该派我国产的种类有西康木兰 M. wilsonii、圆叶玉兰 M. sinensis 等。

2. 玉兰亚属 Subgen. Yulania

该亚属分 5 派,我国均产,其中 2 新派,即:

(1)玉兰派 Sect. Yulania。该派我国产的种类较多,如玉兰 M. dendata、武当玉兰 M. sprengeri 等。

(2)紫花玉兰派 Sect. Tulipastrum。该派为我国特产,如紫花玉兰 M. liliflora。

(3)辛夷派。星兰派 Sect. Buergeria。该派在我国的种类有望春玉兰 M. biondii 等。

(4)河南玉兰派。新派 Sect. Trimorphaflora et T. B. Chao,Sect. nov. 该派为我国特有种——河南玉兰 M. henanensis B. C. Ding et T. B. Chao 而建立。该派的主要形态特征是,同树上的花有 3 种花型 *,即:①花被片 9,外轮 3,萼状,内 2 轮花被片呈花瓣状,形状相似,大小不等;②花被片 9,花瓣状,形状相似,大小近相等;③花被片 11 或 12,花瓣状,形状相似,大小相近等。3 种花型的花被片通常 9~12,稀 7、8、10。

(5)腋花玉兰派。新派 Sect. Axilliflora B. C. Ding et T. B. Chao,Sect. nov.。该派为我国特有种,其花为腋生花及顶生花,有些花芽内具 2~4 个小花芽,而构成总状花序为显著特征。

Alabastra axillae et apices, interdum intime 2~4 gemmae florifri raclemis.

该派的模式种为腋花玉兰 Magnolia axillifiora (T. B. Chao,T. X. Zhang et J. T. Gao) T. B. Chao,sp. comb. nov. 。

(二)河南木兰属植物新种和新变种

1. 腋花玉兰　新组合

Magnolia axilliflora(T. B. Chao,T. X. Zhang et J. T. Gao)T. B. Chao,sp. comb. nov.

腋花望春玉兰 M. biondii Pamp. var. axilliflora T. B. Chao,T. X. Zhang et J. T. Gao,var. nov.《河南农学院学报》,1983 年,第 4 期;猴背子望春玉兰 M. biondii Pamp. var. muitalabastra T. B. Chao,J. T. Gao et Y. H. Ren,var. nov.《河南农学院学报》1933 年,第 4 期。

2. 白腋花玉兰　新变种*

Magnolia axillifora (T. B. Chao,T. X. Zhang ct J. T. Gao) T. B. Chao var. alba T. B. Chao,Y. H. Ren et J. T. Gao,var. nov.

该变种与腋花玉兰(原变种)Magnolia axilliflora(T. B. Chao,T. X. Zhang et J. T. Gao)T. B. Chao 的主要区别是,花被片两面皆白色,特别明显。

3. 多被腋花玉兰　新变种

Magnolia axilliflora(T. B. Chao,Z. X. Zhang et J. T. Gao)T. B. Chao var. multitepala T. B. Chao,Y. H. Ren J. T. Gao,var. nov.

该新变种与腋花玉兰(原变种)Magnolia axilliflora(T. B. Chao,Z. X. Zhang et J. T. Gao)T. B. Chao 的主要区别是:花被片 9~12 为显著特征;与河南玉兰 M. henanensis B. C. Ding et T. B. Chao 的主要区别是:花腋生。

A typo recedit axilliflores,tepalis 9~12.

Henan(河南):T. B. Chao, Y. H. Ren et S. D. Zhuao. 20. VI. 1985, No. 855201、855471 flores. Typus in Herb. Henan Agricultural University Conservatus(模式标本,存河南农业大学)。

4. 伏牛玉兰　新种*

Magnolia funiushanensis T. B. Chao, J. T Gao et Y. H. Ren,sp. nov.

落叶大乔木,高 10~15 m。幼枝呈淡黄绿色,疏被短柔毛,后光滑;小枝圆筒状,绿色或紫色。花芽卵球状,较小;苞鳞外密被灰白色丝状长柔毛。叶互生,厚膜质,椭圆形、椭圆–长卵圆形,长

7~8 cm,宽 2.8~7.0 cm,先端渐尖,或长尖,基部窄楔形、近圆形,或楔形,全缘,表面淡黄绿色,具光泽,背面浅绿色;叶柄细短,被密短柔毛。花单生枝顶,两性,先叶开放;花被片 9,稀 8、10,长椭圆–披针形,或椭圆形,长 3.5~7.0 cm,宽 1.3~2.3 cm,上端稍宽,先端钝圆,稀短尖,下部渐狭,叶边部波状,两面白色;雌雄蕊多数螺旋状排列于延伸的花轴上。聚合果圆柱状,稍弯曲,长 15~25 cm;蓇葖果多数发育,内具 2 种子,稀单生。

该新种与河南玉兰 M. henanensis B. C. Ding et T. B. Chao 相似,但主要区别:花被片稀 8、10,窄椭圆状,或倒椭圆形,长 3.5~7.0 cm,宽 1.3~2.3 cm,上部较宽,先端钝圆形,有时具短尖,下部渐狭窄,白色为显著特征。

Species M. henanensis B. C. Ding et T. B. Chao similis, sed tepalis 9, rore 8 vel. 10, anguste ellipticis 3.5~7 cm longis et 1.3~2.3 cm latis, apice subrotundatis vel acutis prope basin angututis, albis.

Arbor usque 10~15 m. ramuli juvenles fulvide viridies, densis sime puberulimox glabrescentes, annotini viridies vel purpure. Flos terminales in alabastra ovata, dense fulvidepuberulis. Folia alterma coracea, oblonga oblongellitica, 6.7~17 cm longa et 2.8~7.0 cm lata, apice acuminata vel longi–acuminata, basi subrotundata vel cuneata, margine integra, supra falvideviridia, glabrescens, subtusviridia; petioli 1~2 cm longi, flores solitarii, termanles, bisexuales, praecocesi;tepale 9, rare 8 vel 9, late elliptici–ovat 3.5~7.0 cm longa et 1.3~2.3 cm lata apice subrotundata vel. acuta prope basin angututa, alba.

Henan(河南):15. VI. 1985. T. B. Chao,J. T. Gao et Y. H. Ren,No. 85019 flores Typas;15. V. 1985,T. B. Chao,Y. H. Ren et S. D. Chuao, No. 855201、855202。Typus in Herb. Henan Agricultural University Conservatus(模式标本,存河南农业大学)。

5. 紫基伏牛玉兰　新变种

Magnolia funiushanensis T. B. Chao, J. T. Gao et Y. H. Ren var. purrpurea T. B. Chao et J. T. Gao,var. nov.

该新变种与伏牛玉兰(原变种)Magnolia funiushanensis T. B. Chao,J. T. Gao et Y. H. Ren 的主要区别是:花被片基部紫色。

A typo recedit tepalis prope busin purpureis.

Henan(河南):15. VI. 1985,T. B. Chao et al., No. 855218、855219 flores Typus in Herb. Henan Agricultural University Conservatus(模式标本,存河南农业大学)。

6.黄花望春玉兰 新变种

Magnolia biondii Pamp. var. flava T. B. Chao, J. T. Gao et Y. H. Ren,var. nov.

该新变种与望春玉兰(原变种)Magnolia biondii Pamp. 的主要区别是:花被片黄色为显著特征。

A typo recedit tepalis flavis.

Henan(河南):15. VI. 1985,T. B. Chao et al., No. 855207、855208、84019 fiores. Typus in Herb. Henan AgHcultural University Conservatus(模式标本,存河南农业大学)。

7.宽被望春玉兰 新变种

Magnolia biondii Pamp. var. tatitepala T. B. Chao et J. T. Gao,var. nov.

该新变种与望春玉兰(原变种)Magnalia biondli Pamp. 的主要区别是:花被片大,宽倒卵圆形,宽3~4 cm,背面紫色晕。

A typo recedit tepalis majoribus lete obovatis, 3~4 cm tatis subtus purpuris.

Henan(河南):7. VI. 1985. T. B. Chao et. J. T. Gao,No. 85471,85472 flores Typus;16. V. 1985. T. B. Chao et S. D. Chuao, No. 855161、855162. Typus in Herb. Agricultural Conservatus

(模式标本,存河南农业大学)。

8.窄被玉兰 新变种

Magnolia dendata Desr. var. angustitepala T. B. Chao et Z. S. Chun,var. nov.

该新变种与玉兰(原变种)Magnolia dendata Desr. 的主要区别是:花白色,花被片较窄,宽1.0~2.0 cm。叶边部波状。

A typo recedit floris albis,tepalis 1.0 ~2.0 cm latis. foliis margine undulates.

Henan(河南):15. V. 1984. T. B. Chao et al. , No. 843151,843512 flores. Typus in Herb. Agricultural Conservatus (模式标本,存河南农业大学)。

注＊:图片不清从略。
T. B. Chao =T. B. Zhao。

参考文献

[1] 丁宝章,赵天榜,等.河南木兰属新种和新变种[J]. 河南农学院学报,1983(4):6-11.
[2] 刘玉壶.木兰科分类系统的初步研究[J].植物分类学报,1984,22(2):89-107.
[3] 郑万钧.中国树木志 第一卷[M].北京:中国林业出版社,1983:440-466.
[4] 丁宝章,王遂义,等.河南植物志第一册[M].郑州:河南人民出版社,1978:508-514.
[5] 中国科学院植物研究所.中国植物照片集[M].1959:331-335.

望春玉兰幼龄树体结构规律

赵天榜 陈志秀 杨凯亮

(河南农业大学)

摘 要 通过对1 250株9年生望春玉兰幼龄树的调查,根据枝条分布状态、主侧枝多少、枝角大小和自然类型,将其划分为疏枝型、密枝型和自然开心型等三种主要树体结构类型,并研究了树体结构的成层规律,成层数与侧枝数分布规律,层枝数、枝角与光照强度的关系,枝量分布规律,冠层内叶片分布规律,植株类型与蒸腾强度的关系,以及根系分布与冠幅的关系。最后,就培养速生丰产树体结构提出了具体技术措施。

望春玉兰(Magnolia biondii Pamp.)是我国特有经济树种之一。其花蕾俗称"辛夷",内含2-

松油二环烯等成分,具有降压、解热、消炎、杀菌等作用。同时,树形美观、花香怡人、木材细致,具香

＊参加野业调查工作的还有乔应常、刘超、杨献国、胡培贵同志,特致谢意!

味,是"四旁"绿化、家具良材等优良树种。目前,望春玉兰管理粗放、树体紊乱、成蕾年龄迟、产量低、质量差等不良现象非常普遍。为了合理采用技术措施,近年来我们进行了望春玉兰幼龄树体结构规律的研究,获得了一些宝贵资料,现初步整理如下,供参考。

一、研究内容与方法

本研究以禹县顺店乡谷北村的 1 250 株望春玉兰的 9 年生幼树为研究对象。其研究内容与方法如下。

1. 树体结构类型划分

以望春玉兰中央树干明显与否、分枝习性、枝角大小、枝条数量、叶片面积、透光情况、成蕾年龄迟早为根据,进行归类,提出划分各类树体结构的标准。

2. 树体结构调查

在各类树体结构归并后,选择具有代表性的标准株,进行树体结构的调查。如树高、干周、冠径,以及各层侧枝数目和分布状态、枝角大小、数量、叶量及层间距、根系、生物量、光照强度、蒸腾强度、土壤含水率等,其研究方法如下:

(1)枝、叶调查。在选择的标准株上分上、中、下三层进行标准枝条数量、叶面积、叶量、枝角大小和层间距等测定。

(2)根系调查。以树干为中心,分别按层次(每层 10 cm)和水平距离(20 cm)进行根系的垂直和水平分布调查。其方法为:采用 20 cm×20 cm×20 cm 冲洗,将根系烘干、称重,按比例绘制根系分布图。

(3)光照强度测定。用 ST-11 型光照计,按树体结构类型,在树冠上、中、下三层设点,从 6 时到 18 时,每 2 h 测定光照强度一次,重复 5 次。

(4)蒸腾强度测定。采用鲜重含水率算量法进行定时测定。每天从 6 时到 18 时,每 2 h 测定一次。重复 5 次。

(5)数据处理。测定所有数据,均按统计计算法进行。

二、树体结构规律

(一)树体结构

望春玉兰幼龄树体结构是由干、枝、叶、根等相互联系、相互依赖,而又相互制约的一个矛盾的统一体,因而其树体结构与功能是分不开的,研究其树体结构规律必须了解它的构成。为了研究方便,先将望春玉兰幼龄树体结构规律初步分为三层:

(1)光合层,也称冠层,是树体结构中最上面的一层,包括所有的绿色叶片、中央主干、侧枝及小枝。在枝条稠密情况下,冠层表面接受阳光全部,中部次之,下部及内部则光照较少,通常光照强度小于 10 000 lx。该层厚度,一般随树龄不同而异。9 年生的望春玉兰,冠层厚度多在 4~6 m,因有很多枝条和叶片,其主要功能是吸收太阳能和 CO_2 进行光合同化作用。

(2)支架层。该层在光合层之下,为伞状分叉支柱,一方面支持光合层,一方面上下运输传导。该层在光合层稠密情况下,完全无光。其主要功能是运输水分、矿物质营养及有机物质。

(3)吸收层,也称根层。其中包括根系、根系周围土壤等。主要功能是吸收水分和养分、支持地上部与生长发育。

根据上述分层方法,将望春玉兰幼龄树体结构分层中的枝、叶、根、干等调查结果,列于图 1。

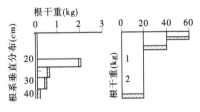

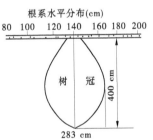

图 1 望春玉兰幼龄树体结构示意图

(二)树体结构类型

通过调查 1 250 株望春玉兰幼龄树体,根据其枝条分布状态、主侧枝多少、枝角大小和自然类型不同,将其树体结构归结为以下 3 种类型:

(1)疏枝型。该类型的树体结构有明显的中央主干,主侧枝排列方式为 4:2:2:1,呈交互排列,层次明显,层间距 80~100 cm,枝角 60°~80°,构成主干直、枝角大、透光良好的树体结构。

(2)密枝型。该类型有较明显的中央主干,主侧枝数常达 10 个以上,分 2~4 层,大部分侧枝集中在第一层,枝角 50°~70°,构成树冠浓密、枝层不清、光照不良的密枝型树体结构。

（3）自然开心型。该类型在主干达到一定高度(约 1 m)后,中央主干不明显,主侧枝 4~8 个,枝层不明显,枝角 70°~80°,构成树冠开张、枝角大、透光良好的自然开心型树体结构。

现以禹县顺店乡 9 年生望春玉兰幼龄树体结构干、枝、叶重量等调查材料,列于表 1。

表 1 材料表明,疏枝型的树体结构是望春玉兰丰产树形。

表 1 望春主兰幼龄树体结构主要类型

结构类型	枝角(°)	冠径(m)	层间枝数比	干枝重(g)
疏枝型	60°~80°	4.59	4:2:2:1	4.95
密枝型	50°~70°	4.05	9:2:1	62.49
自然开心型	70°~80°	5.35	5:0	5.35

（三）树体结构规律

（1）成层规律。成层规律是指树体结构中支架层随着树高生长侧枝在中央主干上成层分布。望春玉兰为速生树种,幼龄期间一般年高生长量达 70~150 cm,并在其顶部抽发 3~5 个近似轮生状的侧枝,构成一层,年复一年,使中央主干上侧枝表现出成层的现象。这种现象通称为"成层规律"。根据调查,望春玉兰幼树成层规律与年高生长量具有明显的相关性,即年生长量越高,成层规律越明显;反之,年生长量越低,则成层规律不明显。同时还表明,望春玉兰幼龄树成层规律与栽培措施有密切关系。如栽后加强管理,树木生长迅速,成层规律明显;反之,在无管理条件下,林木生长弱,成层规律很难表现出来。

（2）成层数与主侧枝数分布规律。树体结构中的支架层内,由于枝层的位置不同,其侧枝分布规律则有明显不同,即从下部向上部的枝层内侧枝呈现出递减规律。如疏枝型的侧枝,在中央主干的分布呈现为 4:2:2:1;密枝型为 9:2:1;平枝型为 7:6:6。同时表明,即使同龄植株同为第一层的侧枝数目也有差异,如密枝型第一层侧枝为 12 个,疏枝型为 4 个,平枝型则为 7 个侧枝。

（3）层枝数与光照强度的关系。望春玉兰 9 年生的各枝层的侧枝数变动很大,最多的达 12~15 个,最少的仅有 3 个,一般为 5~8 个主侧枝。主侧枝数的多少对望春玉兰树体结构中光线的分布影响很大,如图 2 所示。

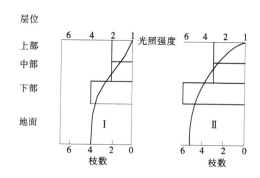

图 2 9 年生望春玉兰冠层枝数与光照强度分布

从图 2 表明,1 号望春玉兰树有 8 个主侧枝,第一层具 4 个主侧枝,且层间距大,第二、三层各为 2 个主侧枝,因而光照充足、分布均匀。据测定,树冠下光照强度平均为 30 000 lx,基本上可以满足小麦在生长育期间对光照的需要。2 号树具 13 个主侧枝,第一层为 6 个主侧枝,第二层 2 个,第三层 4 个,层间距小,主侧枝斜直生长,小枝多,因而冠下光照强度较小,仅平均为 2 000 lx。

（4）枝角与光照强度的关系。枝角是指中央主干上主侧枝着生的角度,是决定望春玉兰树体结构的主导因子,且与冠幅大小、叶片数量与分布、冠内光照强度等因子密切相关。尤其是枝角与冠内光照强度的变化更密切。据测定,望春玉兰由于主侧枝的枝角不同,其冠内光照强度则有明显的差异。3 号树第一层主侧枝枝角为 50°时,光照强度在树冠上、中、下三层的分布分别为 56 000 lx、25 000 lx、18 000 lx,冠下光照强度仅为 15 000 lx;4 号树第一层主侧枝枝角为 70°,在树冠上、中、下三层的光照强度分别为 60 000 lx、37 000 lx、32 000 lx,其冠下则为 30 000 lx。由此可见,开张枝角是增加树体结构中光照强度、提高花蕾产量和质量的主要技术措施之一。

（5）枝量分布规律。望春玉兰幼树树冠多为卵球状,主侧枝从下向上逐渐减少,因此枝量分布也呈现出从下向上逐渐递减的分布规律。调查表明,这种分布规律为 5:2:1。这种分布比例与植株自然类型、树体结构等因素密切相关。平枝类型上、中、下三层枝量比例较小,仅为 3:1:1;密枝型为 6:2:1。

（6）冠层内叶片分布规律。望春玉兰幼树上叶片分布也呈现出规律性变化。如叶重垂直分布与叶面积,从树冠上层到下层逐渐增大,但增大幅度因植株自然类型和树体结构不同而异。密枝型的叶片从上层到下层的叶量和叶面积下降较急,

70%的叶片重量都集中在下层枝上;平枝型的叶片与叶面积从上层到下层的下降较缓,叶片的分布较均匀。

根据测定,叶量与叶面积在同一层上的分布表现为外多内少的分布规律,且与枝角大小有关。如密枝型的叶量与叶面积多分布在外层,而内部较少;腋花型枝角大于80°时,冠层内透光良好,叶量和叶面积分布均匀。

(7)植株自然类型与蒸腾强度的关系。根据测定,蒸腾强度受植株自然类型影响较大。如平枝自然类型的叶片蒸腾强度最大,腋花自然类型的叶片蒸腾强度最小,密枝型的叶片蒸腾强度在一日内出现两个峰值,第一峰值出现在12时左右,第二峰值出现在14~16时,如图3所示。

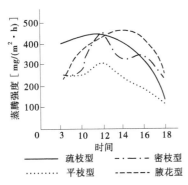

图3 望春玉兰4自然类型叶片蒸腾强度变化图

(8)根系分布与冠幅关系。根据调查,望春玉兰幼树根系数量在土壤中的垂直分布与土层有效层厚度呈反相关规律,即土壤有效层越厚,根系垂直分布越浅;土壤有效层越薄,根系垂直分布越深。如5号树的根系垂直分布仅为0.6 m,而水平分布为4 m,其根系分布深度与树冠高度比例仅为0.15,水平根系分布与冠径比为1.52,如图4所示。

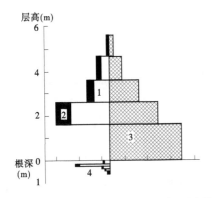

图4 望春玉兰幼树根系分布与树冠比例图

图4表明,望春玉兰幼树根系垂直分布较浅的主要原因是受地下水位(0.5~0.8 m)的影响,所以限制了它的根系垂直分布。

三、培养速生、丰产树体结构的措施

望春玉兰速生、丰产树体结构的形成是由多种因素综合作用的结果,因此在培育速生、丰产树体结构时,必须采用以下技术措施。

1. 适地适树

望春玉兰适应性强,在年平均气温13~18℃、降水量800~1 250 mm的浅山、丘陵、平原上都能正常生长。但以土壤深厚肥沃、排水良好的中性或微酸性土壤上生长良好。因而造林时要把望春玉兰种植在最适宜它生长的土壤上,以充分发挥其生产潜力和经济效益。

2. 选择优良类型

望春玉兰类型较多,类型间差异极大,因而在发展望春玉兰时,要选择优良类型。据调查,腋花型和桃实型具有结蕾年龄早、产蕾量高、抗病虫害能力强等优良特性,是目前值得推广的优良类型。

3. 细致整地

整地是保证造林成活率和幼林生长的重要环节。特别是浅山、丘陵地区和乱石滩地上尤其重要。据调查,乱石滩上经过深翻土地,拣石除根后,造林成活率100%,9年生时平均树高6.2 m,平均胸径12.1 cm;而没有整地的造林成活率35%,平均树高2.7 m,平均胸径2.6 cm。

4. 认真栽植

望春玉兰一般在早春栽植。栽植前,挖穴1 m见方。在有条件的地方穴内适当施入有机肥或填肥土,苗木随起随栽,保证根系完整。栽植时,根系要舒展,苗木要扶直,先用细土放在苗木根系附近,然后提到一定深度后踩实,浇水后,用土封成丘形。

5. 加强管理

(1)抚育措施。造林后当年要及时进行中耕、除草、施肥、浇水和防治病虫害等。

(2)整形措施。根据望春玉兰的树高和树冠的成层规律、树体结构规律,把它培养成一个生长快、成蕾年龄早、产量高的丰产树形。其主要技术措施是:①定干。造林1~2年后,当望春玉兰树高达1 m左右时,于春季萌发前从1 m左右处截去顶梢,破坏树高的顶端生长优势,促进侧芽萌发成枝。已成形的望春玉兰,促进侧芽萌发成枝。

已成形的望春玉兰,根据树体结构的特点,采用锯、拉、撑等方法,把它造成理想的树体结构。如果现有幼树已形成"卡脖",可根据具体情况采用逐年疏枝措施,打开层间距,促进中央主干良好生长。也可去掉中央主干,培养成开心形的树体结构。②整形。为了防止第一层侧枝的"卡脖"现象发生,可在侧芽萌发后,第一层选留 3 个壮芽,使其均匀分布。其分布是:第一个芽位于主干最下部的南方,第二、第三个芽分别与第一个芽成 100°~120°角着生于主干上,构成三大主枝。主枝间距 30~40 cm。以后逐年采用短剪措施,培养骨架枝,开张枝角,培养各种类型的枝组。③病虫害防治。病虫害是影响望春玉兰生长和花蕾产量的因素之一,尤其在速生和花蕾形成期,防治病虫害特别重要,因而要及时做好病虫害防治工作。

河南辛夷品种资源的调查研究

黄桂生[1]　张东安[1]　李留根[1]　焦书道[2]　陈志秀[3]

赵天榜[3]　高聚堂[4]　张天锡[4]　任云和[4]　王恩礼[4]

(1. 鲁山县林业局;2. 郑州市园林研究所;3. 河南农业大学;4. 南召县林业局)

摘　要　本文首次系统报道了"河南辛夷"种质资源 4 种,品种资源 30 个,并记述了它们的主要形态特征,其中选出的腋花玉兰、四季腋花玉兰、紫色望春玉兰等优良品种,为实现"河南辛夷"栽培良种化和城乡观赏树种多样化提供了依据,为提高其产品产量和质量奠定了基础。

一、前言

"河南辛夷"是指河南栽培和分布的木兰属植物中一些树种的花蕾的中药通称。其中,以河南南召、鲁山两县"辛夷"年产量最高、质量最优,居全国之首。据报道,河南南召县"辛夷"中挥发油含量高达 3.0% 以上,湖北五峰县"辛夷"为 1.33%,浙江昌化县"辛夷"为 2.47%,安徽怀宁县"辛夷"为 12.17%,陕西留坝县"辛夷"为 14.5%。因此,"河南辛夷"驰名中外,独享榜誉。

"河南辛夷"栽培范围最广、株数最多、历史最久、品种最好的树种为望春玉兰(Magnolia biondii Pamp.)。据调查,南召县现有成蕾大树 2.0 万余株,幼龄植株 80 万株以上;鲁山县成蕾大树 1.5 万株,幼龄植株 50 万株。同时,豫西伏牛山区还有自然分布。该种在长期系统发育过程中,由于受自然条件影响及长期人工选择和栽培的结果,产生了非常明显的形态变异,形成了一些新的种群和地方栽培品种。"河南辛夷"植物种质资源的研究,直到目前还尚未见有系统的研究与报道,为实现"河南辛夷"栽培良种化和观赏多样化提供优良的种质资源,同时,为建立"河南辛夷"植物种质资源基因库,以及深入开展科学研究创造了有利条件,现将多年来调查、研究的结果,整理如下,供参考。

二、"河南辛夷"品种分类依据

"河南辛夷"植物主要种类计 4 种。其形态变异明显而多样。究竟以何种形态特征作为品种划分的依据,目前还没有解决。作者根据多年来研究望春玉兰、腋花玉兰的形态变异结果,结合"河南辛夷"栽培具体情况,初步提出品种分类的依据如下:

(1)根据"河南辛夷"植物种、变种的模式标本的形态特征描述。

(2)遵照《国际植物命名法规》中"栽培植物的名称"及《国际栽培植物命名法规》中的有关条款。

(3)按"河南辛夷"植物种的形态变异规律与特点,特别是变异明显,易于识别,便于研究和生产上推广的形态特征,如花芽形态、着生部位及花器构造等为品种划分的主要依据。

(4)形态变异的特征与特点必须具有稳定的特征和特性,这些特征和特性在进行无性繁殖和推广中始终保持不变。

(5)尊重群众的习惯与经验,在一定的形态

赵天榜、焦书道、黄桂生执笔。陈新房、张宗尧、李万成等同志参加部分外业调查,特致谢意!

变异范围内,能充分反映出该品种形态变异特点、经济性状和观赏价值。

三、河南辛夷品种资源

"河南辛夷"是由望春玉兰等树种的入药花蕾的通称。其中,以望春玉兰栽培最多、产量最高、品质最好、栽培历史最长,因而品种最多。为此,现分别将其品种主要形态介绍如下。

1. 望春玉兰

Magnolia biondii Pamp.

(1)望春玉兰　新组合栽培品种

Magnolia biondii Pamp. cv. 'Biondii'

该品种花蕾卵球状,顶生,长1.90~3.04 cm,平均2.75 cm,径1.24~1.91 cm,平均1.51 cm,密被白色长柔毛;苞鳞通常4层。花白色,形小,花被片9,外轮3,尊状,线形,长仅为内轮花被片的1/4;内2轮花被片6,匙形,长4~5 cm,宽1.5~2.5 cm,先端圆形;花梗长5~6 mm,密被丝状毛。染色体74。

(2)小蕾望春玉兰　新组合栽培品种

Magnolia biondii Pamp. cv. 'Parvialabastra'

(丁宝章、赵天榜,河南木兰属新种和新变种. 河南农学院学报,4:8. 1983)

该品种花蕾顶生,椭圆-卵球状,淡黄灰褐色,小,长1.60~2.42 cm,平均2.00 cm,径0.74~1.35 cm,平均1.01 cm;苞鳞4层,丝状柔毛比较长,稀疏。花径7.4~3.2 cm;花被片9,外轮3,尊片状,线形或长三角形;内两轮花被片花瓣状,履形、长椭圆形,先端圆形,长4.2~9.6 cm,宽0.9~1.9 cm,内面淡黄白色,外面中、基部紫色,上部具淡紫色小斑点。

产于:河南南召县皇后乡天桥村。选育者:赵天榜、任云和、高聚堂。

(3)平枝望春玉兰　新组合栽培品种

Magnolia biondii Pamp. cv. 'Pianities'

(丁宝章、赵天榜等:河南木兰属新种和新变种. 河南农学院学报,4:10~11. 1987)

该品种花蕾顶生,椭圆状-卵球状,灰白色,花蕾长2.8~2.0 cm,径0.8~1.3 cm;丝状柔毛较短,斜向伸展。花被片9,外轮3片线形;内2轮匙形,先端钝尖或圆形,基部较宽,长6.6~7.2 cm,宽1.9~2.7cm,白色,外面中部淡紫色,基部紫色。树冠稀疏,侧枝少,与主干呈80°~90°角。小枝稀少,近平伸。

产于:河南禹州市顺店乡。选育者:赵天榜、高聚堂。

(4)桃实望春玉兰　新组合栽培品种

Magnolia biondii Pamp. cv. 'Ovata'

(丁宝章、赵天榜等:河南木兰属新种和新变种. 河南农学院学报,4:9~10. 1978)

该品种花蕾单生枝顶,桃-卵球状,淡黄灰绿色,长2.04~3.86 cm,平均3.18 cm,径1.30~2.57 cm,平均1.71 cm;苞鳞通常4层,外密被绢毛。花径10.4~14.5 cm;花被片内面淡黄白色,外面淡紫色,其中、基部紫色;花被片9,稀10、11,外轮3,稀2,呈尊状,线-披针形,大小不等,长0.7~2.5 cm,宽3~8 mm;内2轮花被片花瓣状,较大,长椭圆履形或匙-履形,先端钝圆,基部窄狭,长5.0~9.3 cm,宽2.0~3.2 cm;雄蕊多数;心皮数117;花梗紫褐色,密被短柔毛。

产于,河南南召县小店乡西花园村。选育者,赵天榜、张天锡。

(5)紫色望春玉兰　紫望春玉兰　新组合栽培品种

Magnolia biondii Pamp. cv. 'Purpurea'

(丁宝章、赵天榜等. 河南木兰属新种和新变种. 河南农学院学报,4:10. 1978;刘玉壶等,河南木兰属新植物. 植物研究,4(4):189~194. 1984)

该品种花蕾顶生,较小。花被片9,外轮3,尊状;内2轮花被片花瓣状,长6.5~7.5 cm,宽1.9~2.5 cm,两面均为紫色。雌、雄蕊及伸长的花柱均为紫色。

产于:河南鲁山县鸡冢乡。选育者:赵天榜、黄桂生等。

(6)黄花望春玉兰　新栽培品种

Magnolia biondii Pamp. cv. 'Flava', cv. nov.

(丁宝章、赵天榜等:中国木兰属植物腋花、总状花序的首次发现和新分类群. 河南农业大学学报,39(4):362~363. 1985)

该品种花蕾单生枝顶,卵球状,较小,形似小毛桃,长约2 cm。花被片9,外轮花被片3,尊状;内2轮花被片花瓣状,椭圆形,纯黄色为显著特征。

产于:河南南召县。选育者:赵天榜、高聚堂。

(7)白花望春玉兰　新栽培品种

Magnolia biondii Pmp. cv. 'Baihua', cv.

nov.

该品种花蕾顶生,卵球状,淡黄绿色,长 1.1~2.2 cm,平均 1.6 cm,径 0.7~1.3 cm,平均 1.6 cm,外被丝状柔毛较长。花纯白色,外轮 3,萼状,内 2 轮花被片雪白色为显著特征。

产于:河南南召县小店乡雷音寺村。选育者:赵天榜、王恩礼、高聚堂。

(8)宽被望春玉兰　新组合栽培品种
Magnolia biondii Pamp. cv. 'Latitepala'

(丁宝章、赵天榜等:中国木兰属植物腋花、总状花序的首次发现和新分类群,河南农业大学学报,16:363. 1985)

该品种花蕾顶生,卵球状,先端短,长 2.15~2.86 cm,径 1.50~1.68 cm;苞鳞外密被较长柔毛,斜伸。花淡白色,花被片 9,外轮 3,萼状,内 2 花被片较大,白色,外面淡紫色,宽匙形,长 6~8 cm,宽 3.5~4.5 cm。花及花被片与朱砂玉兰花极为相似。

产于:河南南召县小店乡西花园村。选育者:赵天榜、高聚堂。

(9)鼠皮望春玉兰　新栽培品种
Mgnolia biondii Pamp. cv. 'Shupi', cv. nov.

该新品种花蕾顶生,卵球状,深灰色,或深褐色,长 1.65~2.62 cm,平均 2.33 cm,径 1.21~1.62 cm,平均 1.41 cm;苞鳞 4 层,外被极短丝状柔毛,且密,有些几乎光滑,形似鼠皮,因此而得名。花白色,径 7.8~10.2 cm;花被片 9,外轮 3,披针形,萼片状;内 2 轮花被片花瓣状,履形或长椭圆形基部较宽,先端圆形或突尖,长 5.0~5.7 cm,宽 1.3~2.2 cm,外面基部紫色。

产于:河南南召县皇后乡天桥村。选育者:焦书道。

(10)细枝望春玉兰　新栽培品种
Magnolia biondii Pamp. cv. 'Xizhi', cv. nov.
该新品种枝条细弱,斜伸或下垂。成枝力弱为显著特点。叶膜质。

产于:河南禹州市顺店乡。选育者:赵天榜。

(11)厚叶望春玉兰　新栽培品种
Magnlia biondii Pamp. cv. 'Houye', cv. nov.

该新品种枝细而多,斜上生长,成枝力弱。叶厚革质为其显著特征。

产于:河南南召县皇后乡。选育者:焦书道、张东安。

(12)小桃望春玉兰　小毛桃　新栽培品种
Magnolia biondii Pamp. cv. 'Xiaota', cv. nov.

该品种花蕾单生枝顶,长椭圆-卵圆形,淡黄白色,比桃实望春玉兰小,长 2.10~2.88 cm,平均 2.55 cm,径 0.9~0.45 cm,平均 1.22 cm;苞鳞一般 4 层,外被较短丝状柔毛,斜伸。花较桃实望春玉兰小,花被片 9,有 10、11,外轮 3,萼状,线形;内 2 轮花被片花瓣状,较大,长椭圆-匙形,先端圆形,基部较宽,内面淡黄白色,外面基部紫色,长 5.8~6.5 cm,宽 1.5~2.3 cm;雄蕊多数,心皮数 115。

产于:河南南召县云阳镇下扁村。选育者:高聚堂、任云和、张天锡。

(13)卷毛望春玉兰　大翻毛　新栽培品种
Magnolia biondii Pamp. cv. 'Juanmao', cv. nov.

该品种花蕾顶生,长卵球状,淡黄白灰色,长 2.00~3.36 cm,平均 2.52 cm,径 0.96~1.80 cm,平均 1.40 cm,丝状柔毛,先端恂外反卷为其显著特征。花较大,径 8~11 cm。花被片 9 枚,同形,为宽卵圆-匙形,或长椭圆-履形,先端圆,或突尖;内面淡黄白色,外面基部紫色,花被片长 5.5~6.8 cm。

产于:河南南召县小店乡雷音寺。选育者:高聚堂、王恩礼、张天锡。

(14)小卷毛望春玉兰　小翻毛　新栽培品种
Magnolia bionii Pamp. cv. 'juanmao', cv. nov.

该新品种花蕾顶生,椭圆-卵球状或宽卵球状,先端尖,淡黄灰绿色,小于卷毛望春玉兰,长 1.48~2.42 cm,平均 2.07 cm,径 1.14~1.68 cm,平均 1.31 cm,丝状柔毛长,先端向下反卷。

产于:河南南召县小店乡。选育者:高聚堂、张天锡。

(15)青桃望春玉兰　大青桃　新栽培品种
Magnolia biondii Pamp. cv. 'Qingtao', cv. nov.

该新品种花蕾顶生,宽卵球状,淡黄绿色,长 2.10~2.92 cm,平均 2.56 cm,径 1.25~1.73 cm,平均 1.52 cm;苞鳞通常 3~4 层,丝状柔毛短。

产于:河南南召县皇后乡天桥村。选育者:赵天榜、高聚堂。

（16）尿骚黄望春玉兰　新栽培品种

Magnolia biondii Pamp. cv. 'Naizui', cv. nov.

该品种花蕾顶生，形状、大小、颜色同青桃望春玉兰，区别是：花蕾梗黄色，有尿骚气味。

产于：河南南召县皇后乡天桥村。选育者：高聚堂、焦书道。

（17）奶嘴望春玉兰　驴奶头　新栽培品种

Magnolia biondii Pamp. cv. 'Naizui', cv. nov.

该新品种花蕾顶生，较大，长椭圆-奶嘴形，先端长尖，淡灰色，长2.10～3.35 cm，平均2.85 cm，径0.94～1.66 cm，平均1.33 cm；苞鳞通常4层，外被密而长的丝状毛，斜向伸展。花径8.2～9.0 cm；花披片9，外轮3，萼片状，线形或披针形；内两轮花被片形状差异较大，长4.6～6.4 cm，宽1.5～2.6 cm，长椭圆-匙形、匙形，或宽匙形，其部狭。

产于：河南南召县小店乡西花园村。选育者：赵天榜，焦书道。

（18）晚花望春玉兰　新栽培品种

Magnolia biondii Pamp. cv. 'Wanhua', cv. nov.

该新品种花蕾比其他品种发育晚，盛花期在4月上中旬，为望春玉兰所有品种中开花最晚、果熟最晚的品种之一。

产于：河南鲁山县鸡冢乡。选育者：黄桂生、张东安。

2. 河南玉兰

Magnolia honanensis B. C. Ding et T. B. Chao

（丁宝章、赵天榜等：河南木兰属新种和新变种. 河南农学院学报，4：6～8. 1983）

（1）河南玉兰　新组合品种

Magnolia honanensis B. C. Ding et T. B. Chao cv. 'Honanensis'

该新品种花蕾顶生，窄卵球状，黄白色，长1.90～2.24 cm，平均2.03 cm，径0.90～1.43 cm，平均1.12 cm。花型有三种：①花被片9，外轮3，萼状，内2轮花被片花瓣状；②花被片9，稀8、9，均为花瓣状；③花被片11或12，稀8、9、10，均为花瓣状。三种花型内轮花被片的形状、大小、颜色均相似。

产于：河南南召县。模式标本，采自南召县。

（2）椭圆叶河南玉兰　新组合品种

Magnolia honanensis B. C. Ding et T. B. Chao, cv. 'Elliptilimba'

（刘玉壶等，河南木兰属新植物. 植物研究，4（4）：189～194. 1984）

该品种与河南玉兰相同，其区别是：花被片9～12，无外轮萼状花被片。

（3）腋生河南玉兰　新栽培品种

Magaolia honaaensis B. C. Ding et T. B. Chao cv. 'Axilla', cv. nov.

该新品种花腋生和顶生；花被片9～12，多11，稀9、10、12，为显著特征。

产于：河南南召县云阳镇下扁村。选育者：赵天榜、任云和。

3. 腋花玉兰

Magnolia axillif lora（T. B. Chao, T. X. Zhang et J. T. Gao）T. B. Chao

（丁宝章、赵天榜等：河南木兰属新种和新变种. 河南农学院学报，4：8～9. 1983；丁宝章、陈志秀等：中国木兰属植物腋花、总状花序的首次发现和新分类群. 河南农业大学学报，（4）：360～361. 1985）

（1）腋花玉兰　品种

Magnolia axilliflora（T. B. Chao, T. X. Zhang et J. T. Gao）T. B. Chao, cv. 'Axilliflora'

该品种花蕾腋生和顶生，卵球状，淡灰白色，长1.38～2.58 cm，平均2.20 cm，径1.03～1.62 cm，平均1.35 cm。花径7.0～9.8 cm，花片9，被稀10、11，外轮3，萼片状，披针形，浅黄绿色，长0.6～1.7 cm，宽3～5 cm；内2轮花被片花瓣状，椭圆状履形，长3.7～6.5 cm，宽1.0～2.5 cm；雄蕊数61，心皮数118。

产于：河南南召县云阳镇。模式标本，采自南召县。

（2）白腋花玉兰　新组合栽培品种

Magnoli axilliglora（T. B. Chao, T. X. Zhang et J. T. Gao）T. B. Chao cv. 'Alba'

（丁宝章、赵天榜等：中国木兰属植物腋花、总状花序首次发现和新分类群. 河南农业大学学报，19（4）：360～361.1985）

该品种花蕾腋生和顶生。花被片雪白色为其最主要特征。

产于：河南南召县。选育者：赵天榜、高聚堂、王恩礼。

（3）四季腋花玉兰　新栽培品种

Magnolia axilliflora(T. B. Chao, T. X. Zhang et J. T. Gao) T. B. Chao cv. 'Sij ihua', cv. nov

该新品种花蕾腋生和顶生；顶生花蕾单生。花为杂色，即同时开花。花色有：白色、淡紫色和紫色之分。一年开花多次，即第一次花期：2月中、下旬；第二次花期6~8月，其花的特征与望春玉兰相似；9~11月还有一次开花期。该期花型较小，花被片完全似乒乓球拍形。

产于：河南南召县小居乡马庄。选育者：赵天榜、高聚堂、王恩礼。

（4）序腋花玉兰 新组合栽培品种

Magnolia axilliflora(T. B. Chao, T. X. Zhang et J. T. Gao) T. B. Chao cv. 'Xuhua'

（丁宝章、赵天榜等：河南木兰属新种和新变种. 河南农学院学报,4:9. 1983）

该品种花蕾腋生和顶生，卵球状，或宽卵球状，灰绿色，长 1.64 ~ 2.84 cm，平均 2.30 cm；径 1.11 ~ 2.27 cm，平均 1.50 cm；通常具 4 层苞鳞，每层苞鳞内有一小花芽；每蕾内具 2 ~ 4 个小花芽，外被较短丝状柔毛。花径小，一般 5.8 ~ 7.2 cm；花被片9，稀8、10、11；外轮 2 ~ 3 片，萼状，甚小，披针形，长 0.8 ~ 1.5 cm，宽 3 ~ 4 mm；内轮花被片较大，花瓣状，长 4.5 ~ 5.9 cm，宽 1.5 ~ 2.5 cm，长椭圆形，或长椭圆-履形，先端圆，或突尖，内面浅黄白色，外而基部淡紫色；雄蕊54，心皮数 115。

产于：河南南召县皇后乡天桥村。选育者：赵天榜、高聚堂、任云和。

（5）猴掌腋花玉兰 新组合栽品种

Magnolia alilliflora(T. B. Chao, T. X. Zhang et J. T. Gao) T. B. Chao cv. 'Multialabastra'

（丁宝章、赵天榜等：河南木兰属新种和新变种. 河南农学院学报,4;9.1983）

该品种中、长枝花蕾腋生和顶生。短枝花蕾顶生，腋生花芽单生；顶生花芽2~5 个并生，稀单生。花蕾长卵球状，淡黄灰色，长1.64~3.05 cm，平均2.43 cm，径 0.90~1.95 cm，平均1.22 cm；苞鳞3~4 层，外被密而较短丝状柔毛，斜伸。花径大小差异较大，在 4.5~11.0 cm。花被片9，外轮3，萼状；内轮花被片花瓣状，匙形，匙-履形，或椭圆-履形，先端圆形，长 4.9~9.0 cm，宽 1.6~3.0 cm，内而淡黄白色，外面中、基部浅紫色，中间紫色；雄蕊66，心皮数122。

产于：河南南召县小店乡。选育者：赵天榜、

黄桂生、高聚堂。

（6）卷毛腋花玉兰 串鱼小翻毛 新栽培品种

Magnolia axilliflora(T. B. Chao, T. X. Zhang et J. T. Gao) T. B. Chao cv. 'Juan yehua', cv. nov.

该新品种花蕾腋生和顶生。顶生花蕾单生。花蕾卵球状，大小同小卷毛望春玉兰，外被丝状柔毛向外反卷。

产于：河南鲁山县鸡冢乡。选育者：黄桂生、张东安。

（7）多被腋花玉兰 新栽培品种

Magnolia axilliflora(T. B. Chao, T. X. Zhang et J. T. Gao) T. B. Chao cv. 'Daobe', cv. nov.

该新品种与腋花玉兰花主要区别是：花被片9~12，多11，稀9、10、12。

产于：河南鲁山县鸡冢乡。选育者：黄桂生、焦书道。

4. 伏牛玉兰

Magnolia funiushanensis T. B. Chao, J. T. Gao et Y. H. Ren

（丁宝章、赵天榜等：中国木兰属腋花、总状花序的首次发现和新分类群. 河南农业大学学报,19(4):361~362. 照片5.1985）

（1）伏牛玉兰 品种

Magnolia funiushanensis T. B. Chao, J. T. Gao et Y. H. Ren cv. ' Funiushanensis'

该品种花蕾腋生和顶生，椭圆体状，淡黄白色，长 1.6~2.2 cm，平均 2.4~3.2 cm，外被丝状长柔毛，斜伸。花纯白色；花被片9，稀8、10、11，均花瓣状。

产于：河南南召县。选育者：赵天榜、高聚堂、任云和。

（2）紫基伏牛玉兰 新组合栽品种

Magnolia funiushanensis T. B. Chao, J. T. Gao et Y. H. Ren cv. 'Purpurea'

（丁宝章、赵天榜等：中国木兰属腋花、总状花序的首次发现和新分类群. 河南农业大学学报,19(4):362.1985）

该品种花被片基部有紫色。

产于：河南南召县。选育者：赵天榜、高聚堂、任云和。

注：T. B. Chao = T. B. Zhao。

河南辛夷新优品种区域化试验初报

赵天榜

（河南农业大学，郑州　450002）

"河南辛夷"集中产于河南南召、鲁山两县，有成蕾大树 5 万余株。近 15 年来，新栽幼树达 700 万株以上。为提高"河南辛夷"产品产量和质量，笔者于 1973 年开始进行了新品种的选育工作。其方法是从当地农家品种中选出速生、早蕾、优质、丰产的 5 个"辛夷"新品种进行多点区域化试验研究，试图探其不同栽培条件下的优良品质能否保存下来，并进一步检验其优良品质的真实性和可靠性，从而为扩大其引种栽培范围提供科学依据。经过多年来的区域化试验，新选育的"辛夷"新优品种具有优良的品质和丰产特性。现将试验结果整理如下，供参考。

1　试验地点

为了解立地条件对"辛夷"新优品种的影响，我们分别在鲁山、南召两县选择 6 个地点进行区域化试验。其中，鲁山县 3 个点，南召县 3 个点。6 个试验点有 6 种土壤，即黄壤土、沙壤土、粗骨土、沙土、褐土、黏土。

2　整地与栽植

试验地点确定后，选择具有代表性的地段进行细致整地。南召县云阳镇 2 个点，因多浅山丘陵区，采用抽槽整地，深 80～100 cm，宽 100 cm，填土栽 1 年生实生壮苗，成活后嫁接试验品种；南召县小店乡 1 个点和鲁山县 2 个点，因地势平坦，造林前均采用全面整地，挖 80 cm×80 cm×80 cm 大穴，栽 1 年生实生壮苗，成活后，翌年嫁接试验品种。

3　抚育管理

栽后，分别间作花生、豆类作物。南召县云阳镇北村 1 个点，采用间作小麦与花生，实行以农代抚措施，对其树体生长十分有利。

4　试验结果

4.1　土壤种类对"辛夷"新优品种生长、产蕾的影响

根据在南召县试验，黄壤土、沙壤土等对"辛夷"新优品种生长与产蕾量有明显不同，如表 1 和表 2 所示。

表 1　土壤种类对"辛夷"新优品种生长与产蕾的影响

地点	土壤种类	新品种名称	树龄	树高（m）	20 cm	冠幅	母枝上抽	新枝均长	结蕾枝数	产蕾量（g/株）
南召县小店乡建坪东场	黄壤土	腋花玉兰	6	3.48	6.6	2.02	5～10	61	367	251.0
		桃实望春玉兰	6	3.40	5.98	2.00	6～9	44	211	154.1
		望春玉兰（对照）	6	3.74	5.50	1.43	7～10	52	—	—
云阳镇	沙壤土	四季腋花玉兰	5	4.08	10.9	2.35	6～11	61	1 130	654.2
		腋花玉兰	5	3.74	7.7	1.68	5～9	42	598	304.1
杨西村	粗骨土	桃实望春玉兰	5	2.75	5.0	1.48	6～10	67	192	135.9
		序腋花玉兰	5	2.40	4.9	1.30	4～5	50	163	90.4
		腋花玉兰	5	2.93	6.1	1.90	6～9	58	314	213.0
		望春玉兰	5	2.90	5.5	1.50	4～9	45	6	3.0
皇后乡天桥村	沙壤土	腋花玉兰	4	1.94	3.6	1.00	6～8	49	24	11.8
		桃实望春玉兰	4	1.73	4.2	1.02	5～8	53	21	14.8
		序腋花玉兰	4	1.87	4.2	0.35	4～8	51	21	10.9
		望春玉兰	4	2.04	3.8	0.91	6～9	53	—	—

注：年龄均指嫁接苗年龄。

表 2 土壤种类对腋花玉兰生长与产蕾影响调查表

土壤种类	褐土					黏土					沙土					总计
树龄(a)	6					6					6					
调查组号	1	2	3	4	5	1	2	3	4	5	1	2	3	4	5	
树高(m)	5.0	5.5	3.7	4.7	4.5	5.0	4.5	3.5	4.0	3.1	3.1	2.9	2.3	2.8	4.0	58.6
胸径(cm)	8.0	7.0	5.5	5.0	7.0	6.0	6.8	4.0	5.5	3.5	5.0	4.0	3.5	4.0	3.5	78.5
冠幅(m)	2.8	2.0	2.2	2.5	2.5	2.0	2.5	1.8	2.2	1.7	2.0	1.5	1.2	1.5	1.7	30.1
年产蕾量(g/株)	400	750	500	250	170	95	80	100	75	50	25	50	40	25	45	

为了解表 2 中 3 种土壤条件下对腋花玉兰等生长与产蕾的影响,特进行方差分析和 F 检验。其结果如表 3 所示。

表 3 土壤种类对腋花玉兰新品种生长与结蕾方差分析表

变差来源	自由度	离差平方和	均方	均方比	F_2
组间	3-1=2	485 290	106 472.5	$F=6.11$	$F_2=3.39$
组内	3(5-1)=12	209 000	17 416.67		
总和	15-1=14	634 890			

从表 3 中可看出,$F>F_2$,即由于土壤种类不同,造成了腋花玉兰生长与蕾产量的显著差异。所以,选择"辛夷"栽培的最适的肥沃土壤是决定其早期丰产的主导因子。

4.2 土壤种类对腋花玉兰等产蕾的影响

为了找出褐土、黄黏土和沙土三个水平(产量平均数)之间的差异,特进行了 q 检查的多重比较。其比较结果如表 4 所示。

表 4 土壤种类对"辛夷"产量平均数的比较值

土壤种类	X_1	X_1-X	X_1-X_3	X_1-X_2
褐土	$X_1=414$	377*	344*	
黏土	$X_2=70$	33		
沙土	$X_3=37$			

从表 4 中可看出,褐土和黏土、褐土和沙土间辛夷年产花蕾产量有极显著差异;黏土和沙土间差异不显著。

4.3 土壤种类对腋花玉兰等生长的影响

为了解腋花玉兰等树高、胸径、冠幅在不同土壤上的显著差异性,进行方差分析,如表 5 所示。

表 5 各土壤种类对腋花玉兰等生长的影响

项目	F 值	$F_{0.005}$ 值	比较	差异显著性
树高	3.73	3.89	$F<F_{0.05}$	无显著差异
胸径	3.19	3.89	$F<F_{0.05}$	无显著差异
冠幅	6.67	3.89	$F<F_{0.05}$	有显著性差异

从表 5 中可以看出,在 3 种土壤上,腋花玉兰等树高和胸径生长没有差异,而冠幅大小存在着显著差异。从表 2 材料中也可以看出,褐土上的树体生长好于黏土,黏土好于沙土,而冠幅大小是其优良特性之一。所以,进行区域化的品种,均有冠幅大的特点。因而,加速冠幅生长是获得丰产的主要措施之一。

5 同一土壤对辛夷新品种生长的影响

5.1 干旱沙土对试验品种生长的影响

为证实不同土壤对腋花玉兰等品种生长影响,特对 6 年生的 4 个主栽品种分别进行观测。观测结果如表 6 所示。

表 6 不同品种在干旱沙土上生长情况

品种	树龄幅(a)	株数	平均高(m)	平均胸径(cm)	平均冠幅(m)
腋花玉兰	6	30	3.4	4.8	2.3
桃实望春玉兰	6	30	2.6	5.7	1.9
序腋花玉兰	6	30	3.0	3.6	1.6
望春玉兰	6	30	2.7	5.0	1.5
平均值			2.9	4.8	1.8

从表 6 可看出,在沙质干旱土壤区"辛夷"不同品种生长均受到一定影响,而且差异不大,只有腋花玉兰树高和冠幅稍大于平均数。

5.2 湿润褐土对试验品种生长和产蕾影响

1991 年调查在湿润褐土对 4 个试验品种生长和产蕾情况,如表 7、表 8 所示。

表 7　不同品种在湿润褐土上生长情况

品种	树龄幅（a）	株数	平均高（m）	平均胸径（cm）	冠幅（m）	花蕾产量（g/株）
四季腋花玉兰	6	10	3.4	4.8	2.3	862
桃实望春玉兰	6	10	2.6	5.7	1.9	418
腋花玉兰	6	10	3.0	3.6	1.6	533
望春玉兰	6	10	2.7	5.0	1.5	70

表 8　湿润褐土条件下辛夷品种生长及产蕾量调查

品种	树龄（a）	树高（m）	胸径（cm）	冠幅（m）	年产蕾量（g/株）
四季腋花玉兰	6	3.0	3.5	2.6	500
	6	6.0	5.0	2.9	750
	6	5.5	4.5	2.5	1 000
	6	4.5	6.0	2.7	1 500
	6	3.8	5.5	2.3	560
桃实望春玉兰	6	5.0	7.0	1.5	150
	6	4.0	4.0	2.2	250
	6	6.0	6.5	2.7	500
	6	4.5	6.8	2.0	550
	6	5.5	6.5	2.5	640
腋花玉兰	6	5.3	6.0	2.4	800
	6	4.0	4.0	1.8	550
	6	4.5	5.5	1.5	400
	6	3.5	7.0	2.0	540
	6	5.5	5.7	2.1	450
望春玉兰	6	5.0	5.5	2.0	150
	6	4.6	4.5	1.5	100
	6	3.5	5.5	1.7	50
	6	3.6	4.0	1.5	30
	6	3.6	3.5	1.2	20

表 7、表 8 材料表明,除产蕾量外,其他 3 种生长因子没有大的差异,只有花蕾产量呈明显差异。

为了解其产蕾差异显著性,特进行方差分析,其结果表明,有 99% 的可靠性,$F_{0.01} = 5.29$,如表 10 和表 11 所示。

表 9　腋花玉兰等各生长因子 F 的比较

项目	F 值	$F_{0.005}$ 值	差异显著性
树高	0.67	5.29	$F < 0.01$ 无显著差异
胸径	1.72	5.29	$F < 0.01$ 无显著差异
冠幅	5.77	5.29	$F < 0.01$ 有显著性差异
产蕾量	6.81	5.29	$F < 0.01$ 有显著性差异

用 q 法分别比较冠幅和花蕾产量两个方面的品种间的相互差异,列出冠大小顺序的比较表,如表 10 所示。

表 10　腋花玉兰等冠幅大小比较

品种	X_1	X_1-X	X_1-X_2	X_1-X_3
四季腋花玉兰	$X_1 = 2.6$	1.0*	0.6*	0.4
桃实望春玉兰	$X_2 = 2.2$		0.6*	0.2
腋花玉兰	$X_3 = 2$			0.4
望春玉兰	$X_4 = 1.6$			0.6*

表 10 中,$X_i - X_j > D$ 值的,即有显著差异的是四季腋花玉兰。同时表明,四季腋花玉兰和桃实望春玉兰冠幅生长快,腋花玉兰和望春玉兰冠幅生长较慢。

5.3 腋花玉兰等花蕾产量平均数

按大小排列,如表 11 所示。

表 11　腋花玉兰等花蕾产量平均数排列

品种	X_1	X_1-X	X_1-X_3	X_1-X_2
四季腋花玉兰	$X_1 = 862$	792*	444*	324
桃实望春玉兰	$X_2 = 538$	468*	120	
腋花玉兰	$X_3 = 418$	348		
望春玉兰	$X_4 = 70$			

河南木兰属玉兰亚属植物数量分类的研究

闫双喜[1]　赵天榜[1]　刘国彦[1]　宋留高[1]　田国行[1]　冯述清[2]　赵东方[3]

(1.河南农业大学;2.河南省林业科学研究所;3.郑州市林业工作总站)

摘　要　采用系统聚类分析方法对河南木兰属玉兰亚属14种植物进行研究。研究结果表明,聚类的分类特征性状不同,其结果差异显著。如:①采用叶部分类特征性状聚类,则14种植物明显聚为两大类:木兰类和玉兰类。该亚属玉兰组和望春玉兰组植物的聚类结果与其原分类系统相吻合,而木兰组和望春玉兰组应合并为一组,即木兰组。同时,调整了某些种的归属。②采用花部分类特征性状。③综合38个分类特征特状的聚类结果相一致,不能作为玉兰亚属分组的依据和标准,即难以将14种植物分成几个大的类别。但是,可以作为玉兰亚属种群鉴定、检验与划分的依据和手段。

关键词　河南;木兰属;系统聚类;属下分组

河南木兰属(Magnolia Linn.)玉兰亚属[Subgen. Yulania(Spach)Reichenb.]植物是一类生长迅速、适应性强、分布和栽培范围广、树姿雄伟、花色艳丽、材质优良、用途广的名贵花木,平原绿化、速生用材林和特用经济林的优良树种,并在河南林业生产和园林事业建设中占据重要地位和发挥重要作用,特别是望春玉兰(M. biondii Pamp.)、玉兰(M. denudate Desr.)、厚朴(M. officinslis Rehd. & Wils.)和凹叶厚朴[M. officinalis Rehd. et Wils. ssp. biloba(Rehd. et Wils.)Law]等。其中,"厚朴""河南辛夷"是我国重要的传统出口物资,尤其是"河南辛夷"植物在振兴河南山区经济、充分发挥当地资源优势转变为经济优势中,具有广阔的栽培前途和发展前景。为了克服模式概念和模式方法的随机性和片面性,进一步鉴定与检验玉兰亚属植物种群划分的合理性和正确性,作者在进行"河南木兰属植物资源的调查研究"的基础上,试图采用系统聚类分析法进行该亚属植物的定量分析,为探讨该亚属的分组和种群划分,以及某些种的归属,提供新的手段、依据和标准,使该亚属植物处于一个自然的分类系统内,而避免人为的干预。为此,现将研究结果,报道如下。

1　材料与方法

1.1　分类单位选取

按照陈志秀(1995)的方法,将河南木兰属玉兰亚属14种植物,编为14个分类单位(OTU's),如表1所示。

表1　河南木兰属玉兰亚属14种植物分类单位(OTU's)

分类单位	名称	学名
1	玉兰	*Magnolia denudata* Desr.
2	凹叶木兰	*M. sargentiana* Rehd. et Wils.
3	武当木兰	*M. sprengeri* Pamp.
4	罗田玉兰	*M. pilocarpa* Z. Z. Zhao et Z. W. Xie
5	鸡公玉兰	*M. jigongshanensis* T. B. Chao, Z. X. Chen et W. B. Sun
6	舞钢玉兰	*M. wuganensis* T. B. Chao, Z. X. Chen et W. B. Sun
7	二乔木兰	*M. xsoulangeana* Soul. -Bod.
8	望春玉兰	*M. biondii* Pamp.
9	宝华玉兰	M. zenii Cheng
10	黄山木兰	*M. cylindrica* Wils.
11	河南玉兰	*M. honanensis* B. C. Ding et T. B. Chao
12	伏牛玉兰	*M. funiushanesis* T. B. Chao, J. T. Cao et Y. H. Ren
13	腋花玉兰	*M. axilliflora*(T. B. Chao,Z. X. Chen et J. T. Cao)T. B. Chao
14	木兰	*M. quinquepeta*(Buc,hoz)Dandy

1.2　分类特征性状选取

根据表征学派(Pheneties)的原理(Adansoniana),在选取的分类性状(Characters)时,越多越好。河南木兰属玉兰亚属14种植物分类特征性状的观察与记载,是根据作者多年来在河南伏牛山区的南召和鲁山县、河南鸡公山国家级自然

国际木兰学术讨论会(1998.5)论文(中文稿)。

保护区和郑州市采集的大量标本进行的。在选取其分类特征性状记载时,特别注意从这些植物中选取种内相对稳定的特征性状、种间变异性状及其变异幅度的特征性状的记载,并体现出该亚属植物种群(Popalation concepe)划分的标准性状和代表性状。如鸡公玉兰叶有6种类型,即:①宽椭圆形,或宽卵形,先端凹裂;②倒卵形,先端微凹;③倒卵形,先端钝圆,具短尖头;④倒三角形,上部最宽,先端凹入,具3裂片;⑤宽倒三角–近圆形,主脉中间分2叉,先端2裂;⑥圆形,或近圆形,长25～30 cm,宽21～25 cm,先端钝圆,具短尖头。同时,河南玉兰花有3种花型,舞钢玉兰花有2种花形,以及腋花玉兰、舞钢玉兰花蕾着生位置,蕾内含小蕾数目等分类特征性状……均一一列出。该属亚属植物在分类中的共性,如雌蕊群形状、雌蕊和雄蕊多数等,在作数量分类时,不予入选。最后,经过反复对比,筛选出38个分类特征性状,如表2所示。

表2 河南木兰属玉兰亚属14种植物分类单位特征性状

编号	特征性状	编号	特征性状
1	落叶常绿	20	花蕾长度
2	小枝粗细	21	苞鳞毛被
3	小枝毛被	22	苞鳞小叶
4	小枝颜色	23	花叶开放
5	叶片形状	24	花被数目
6	叶片质地	25	花被形状
7	叶片长度	26	花被颜色
8	叶片宽度	27	花被质地
9	叶片先端	28	花被长度
10	叶片基部	29	花被宽度
11	叶片毛被	30	花被先端
12	主侧脉夹角	31	萼状花被形状
13	主侧脉低平	32	萼状花被大小
14	侧脉弯直	33	萼状花被颜色
15	叶柄粗细	34	雄蕊长度
16	叶柄毛被	35	花药颜色
17	花蕾着生	36	花丝颜色
18	小蕾数目	37	心皮颜色
19	花蕾形状	38	心皮毛被

1.3 数学运算

为使该亚属植物分组及其种群划分的合理性和准确性,作者采用系统聚类方法中的最长距离法等6种方法,对该亚属14种植物38个分类特征性状进行系统聚类分析。其方法步骤如下:

首先,计算河南木兰属亚属14种植物各性状的相关系数矩阵。其计算公式为:

$$r = \frac{cov(x_i x_j)}{\sqrt{v(x_i)v(x_j)}}$$

第二,根据相关矩阵,用Jalob法求其特征根 $\lambda_1, \lambda_2, \cdots, \lambda_m$ 及其对应的特征向量 $l_1, l_2, \cdots, l_m$,并依次选出 λ 较大的 m 特征根及其特征向量,已满足 $\sum_{i=1}^{m}\lambda / \sum_{i=1}^{m}\lambda_i \geq 85\%$ 的要求。

第三,求算玉兰亚属14种植物各点的坐标距离。

第四,采用系统聚类分析方法中的最长距离法等6种方法,对河南木兰属玉兰亚属14种植物进行系统聚类结果,绘出系统聚类图(dendrogram)。

本文数据处理的分析计算均在 IBM PI/xt586 微机上完成。

2 结果与分析

2.1 叶部20个特征性状的聚类

采用系统聚类分析方法中6种方法,对河南木兰属玉兰亚属14种植物进行系统聚类的结果,如图1所示。

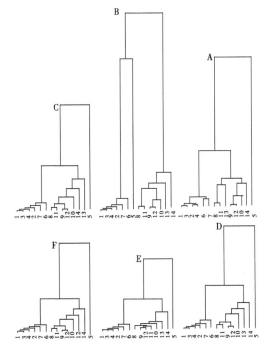

图1 叶部20个特征性状的系统聚类图

树种各名称及编号见表1。

A.最长距离法,B.离差平方和法,C.中间法,

D.重心法,E.最短距离差,F.类平均法。

从系统图 1 中可以得出如下结论：

（1）玉兰亚属 14 种植物。玉兰亚属中 14 种植物作为独立种的处理是正确的、合理的，并得到了数量分类学的支持，且被系统聚类分析方法中 6 种方法所证实。

（2）玉兰亚属分组。《中国植物志》（第三十卷第一分册）（1996）及《THE WORLD OF Magnolias》（D. J. Callaway 1994）等著作中，均在玉兰属属下分为玉兰组 Sect. Yulania（Spach）Dandy、望春玉兰组 Seet. Bbergeria（Sieb. et Zucc.）Dandy 和木兰组 Sect. Tulipastrum（Spach）Dandy 3 组。该亚属属下 3 组的分类系统，在聚类图 1 的 6 种方法均没有得到证实。除鸡公玉兰叶形多变外，其他 13 种植物则明显聚为两大类，即玉兰、凹叶木兰、罗田玉兰、舞钢玉兰、二乔木兰（母本型叶）、武当木兰等 6 种明显为一类，即玉兰类，该类植物根据叶部形态的分组与玉兰组的划分相

吻合；望春玉兰、河南玉兰、腋花玉兰、黄山木兰、伏牛玉兰、宝华玉兰及木兰 7 种明显为一类，即望春玉兰组和木兰组。由此表明，该两组应该合并为一组，即木兰组 Sect. Tulipastrum（Spach）Dandy。

（3）从聚类图 1 中还可明显看出，宝华玉兰被聚类为木兰组内成员，罗田玉兰聚类为玉兰组内一成员。由此表明，宝华玉兰长期以来作为玉兰组的成员，而罗田玉兰作为木兰组（原望春玉兰组）的成员，不相吻合。为此，作者将该两种的隶属关系进行了调整，使其组内成员成为一个自然系统。

2.2 花部 18 个特征性状聚类

采用系统聚类分析法，对河南木兰属玉兰亚属 14 种植物花部 18 个特征性状聚类结果，如图 2 所示。

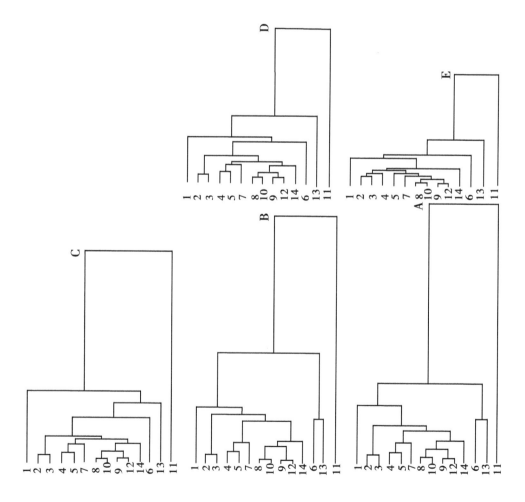

图 2　花部 18 个特征性状聚类

从上述聚类图中可看出,系统聚类分析方法中的 5 种方法,均可作为鉴定与检验该玉兰属植物种群划分的依据和手段。其中,河南玉兰聚类结果极为特殊。但是,玉兰亚属属下的分组,均没有得到系统聚类分析方法中 5 种方法的支持和证实;以花被片性状作为该亚属下分组的主要依据,亦没有得到数量分类学的支持。

2.3 综合 38 个特征性状的聚类

作者将该亚属 14 种植物的叶部和花部等 38 个特征性状综合后进行聚类的结果,如图 3 所示。聚类图 3 表明,系统聚类分析方法的 6 种方法均可作为玉兰亚属 14 种植物种群划分的依据和手段。但是,该亚属 14 种植物没有明显地聚成几类,也就是说,综合 38 个特征性状作为玉兰亚属的分组标准和依据,均没有得到数量分类学的证实。

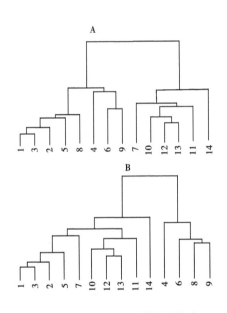

图 3　综合 38 个特征性状的聚类

3　初步结论

3.1　河南玉兰亚属 14 种植物

该类植物作为独立种的处理,均得到了系统聚类分析方法中 6 种方法的聚类结果所证实,尤其是鸡公玉兰、腋花玉兰更为特殊。这表明系统聚类分析方法可以作为鉴定与检验该亚属种群划分的依据和手段。

3.2　河南玉兰亚属 14 种植物的分组

河南玉兰亚属 14 种植物的分组问题,以选择的分类特征性状不同而有显著的差异。其中,以叶部特征性状进行聚类结果最明显,即明显将 13 种植物(鸡公玉兰除外)聚成两大类,即玉兰类和木兰类。该聚类结果与其形态分类的玉兰组和木兰组(包括望春玉兰组)划分基本上相吻合。但是,不支持该亚属下分玉兰组、木兰组和望春玉兰组的传统观点。为此,作者将其 3 组合并为 2 组,即玉兰组 Seet.（Spach）Dandy 和木兰组 Sect. Tulipastrum（Spach）Dandy［包括原望春玉兰组 Sect. Bwergena（Sieb. et Zucc.）Danby］。

3.3　宝华玉兰等归属

通过采用系统聚类分析方法中 6 种方法对玉兰亚属 14 种植物的叶部特征性状进行聚类结果,将玉兰组内的宝华玉兰聚类到木兰组内,罗田玉兰聚类到玉兰组内,是合理的,并符合其自然系统的分类,而没有任何的人为干预。长期以来,将宝华玉兰纳入玉兰组,而将罗田玉兰放入木兰组(原望春玉兰组)内,是人为的归并,不宜采用。

3.4　系统聚类分析方法

应用系统聚类分析方法中的 6 种方法,对玉兰亚属 14 种植物的分类特征性状进行聚类,可以作为该亚属内种群鉴定和检验,以及种群划分的依据和手段。同时,也表明,以花被片特征性状为主进行该亚属属下分组,不宜采用。但是,以叶部和花蕾分类特征性状进行聚类,可以作为该亚属属下分组的依据和手段。

参考文献

[1] 中国科学院中国植物志编辑委员会. 中国植物志 第三十卷 第一分册［M］.北京:科学出版社,1996, 108-141.

[2] 郑万钧. 中国树木学 第一卷［M］.北京:中国林业出版社,1983;440-446.

[3] 赵天榜. 木兰及其栽培［M］.郑州:河南科学技术出版社,1992;8-41.

[4] 陈志秀. 中国火辣属植物数量分类的研究［J］. 生物数学学报,1995,10(4)：185-190.

河南木兰属特有珍稀树种资源的研究

宋留高　　赵天榜　　陈志秀

（河南农业大学,郑州　450002）

摘　要　本文报道了河南木兰属特有珍稀树种资源9种、1亚种、1变种,其中,有3种花型的河南玉兰,2种花型、聚伞花序的舞钢玉兰,6种叶型的鸡公玉兰,花顶生和腋生并存、聚伞花序的腋花玉兰及1年多次开花的四季腋花玉兰等。它们对进一步深入开展木兰属物种形成、花序进化及其亲缘关系、种群分类等理论研究,具有重要的科学价值。同时,还介绍了河南木兰属特有、珍稀18个新优品种,为进一步大力发展和推广其新优品种,提供了科学依据。

关键词　河南;木兰属;特有珍稀树种;新优品种

河南地处中原,地域辽阔,地形复杂,南北气候交汇,具有明显的北亚热带和暖温带的过渡性特性,因而适应多树种生长。如我国木兰属（Magnolia）树种约50种、1亚种。河南自然分布和引种栽培生长良好的树种有20种、1亚种;其中河南伏牛山区的南召、鲁山、内乡县中木兰属树种资源非常丰富,是河南木兰属树种分布和栽培中心,也是我国木兰属树种最大的栽培中心和商品生产基地。河南木兰属特有、珍稀树种资源,共9种、1亚种,如3种花型的河南玉兰（*M. honanensis*）,2种花型、聚伞花序的舞钢玉兰（*M. wugangensis*）,6种花型的鸡公玉兰（*M. jigongshanensis*）,以及花顶生、腋生和簇生并存、呈聚伞花序的腋花玉兰（*M. axilliflora*）等资源的发现,对进一步深入开展木兰属树种:从花顶生→花顶生、腋生和簇生并存→聚伞花序;从单花型→2种花型→3种花型形成的进化理论、遗传理论,以及该属物种形成、系统分类理论和亲缘关系的探讨,具有特别重要的科学价值。同时,四季腋花玉兰〔*M. axilliflora*（T. B. Zhao, T. X. Zhang et J. T. Gao）T. B. Zhao cv. 'Sijihua'〕、塔形玉兰〔*M. heptapeta*（Bu'hoz）Dandy var. *pyramidalis* T. B. Zhao et Z. X. Chen〕、紫花望春玉兰（*M. biondii* Pamp. cv. 'Purpurea'）、红花厚朴（M. offcinalis Rehd. et Wlis. cv. 'Panicea'）等新优品种的选育与推广,具有重要的生产实践意义和绿化观赏价值。为此,现将河南木兰属特有、珍稀树种及其新优品种资源,报道如下,供参考。

Ⅰ. 河南玉兰属特有珍稀树种资源

河南玉兰属特有、珍稀树种资源,共计9种、1亚种。如:

1. 河南玉兰

Magnolia honanensis B. C. Ding et T. B. Zhao

落叶乔木。树冠开展。单叶,互生,纸质,椭圆-长卵圆形。单生枝顶。单花具花被片9~12枚;3种花型极为特殊:①花被片9枚,外轮花被片3枚,萼状,大小不等,形状不一,内2轮花被6,花瓣状,外面基部紫红色,内面白色;②花被片9枚,稀8、10枚,花瓣状;③花被片11枚,或12枚,稀10枚,花瓣状。3种花型的花被片为狭匙状履形,且同形、同色,近相等。

该种是木兰属树种中很特殊的1种,发现于河南伏牛山区的南召县。可能是望春玉兰（*M. biondii*）与宝华玉兰（*M. zenii*）的天然杂种,仅1株,树龄约200年以上,是研究兰属树种中的花型变异、种群演化、物种形成的宝贵材料,应加以保护,严防破坏。

2. 腋花玉兰

Magnolia axilliflora T. B. Zhao, T. X. Zhang et J. T. Gao

落叶乔木。单叶,互生,革纸质,长椭圆形,幼时带深紫色晕。花蕾大,顶生、腋生和簇生并存;有时花蕾内含2~4（6~8）朵小玉蕾,且构成总状聚伞花序,均能开花结实。花先叶开放;花被片9枚,稀8、10、11枚,外轮花被片3枚,萼状,大小不等,形状不一;内轮花被片6枚,稀7、8枚,匙-履形,外面中-基部深紫色,中上都具淡紫小点晕。

该种及其栽培品种产于:河南南召和鲁山县,有500年以上的大树5株。其中,序花腋花玉兰

[*M. axilliflora* (T. B. Zhao, T. X. Zhang et J. T. Gao) T. B. Zhao cv. 'Xuhua']、四季腋花玉兰等, 是研究木兰属从花顶生→花顶生、腋生和簇生并存→伞花序进化和物种形成理论的宝贵材料, 也是"河南辛夷"的优质、高产新优品种和观赏品种。

3. 伏牛玉兰

Magnolia funiushanensis T. B. Zhao, J. T. Gao et Y. H. Ren

落叶乔木。单叶, 互生, 革纸质, 椭圆-长卵形。花单生枝顶, 先叶开放; 花被片9枚, 稀8、10枚, 长椭圆-长卵形, 边缘波状, 白色, 有时带黄色晕。该种发现于产地河南南召县, 仅2株。

4. 椭圆叶玉兰

Magnolia elliptilimba Law et Gao

落叶乔木。单叶, 互生, 长椭圆形, 先端渐尖, 基部宽楔形或钝圆。花顶生, 先叶开放; 花被片9枚, 花瓣状, 匙-圆形, 白色, 外面中基部带淡紫红色晕。

该种产于河南。南召县云阳镇山区有分布。

5. 黄山兰

Magnolia cylindrica Wils.

落叶乔木。单叶, 互生, 薄纸质, 倒卵圆-长圆形, 或倒披针-长圆形。花单生枝顶, 直立, 先叶开放; 花被片9枚, 外轮花被片3枚, 膜质, 萼状; 内2轮花被片6枚, 椭圆-匙形, 先端钝圆, 外面基部稍带红色。

该种特产于我国, 主要分布于安徽黄山等。河南大别山区商城县有自然分布。为名贵观赏树种。因种群极为稀少, 列为国家三级保护植物。

6. 天女木兰

Magnolia siebodii K. Koch

落叶乔木。单叶, 互生, 膜质, 宽倒卵圆形或倒卵圆-长圆形。花单生枝顶, 与叶对生, 俯倾或下垂; 花被片9枚, 外轮花被片3枚, 淡红色, 椭圆形; 内轮花被片6枚, 白色, 卵圆形; 雄蕊紫红色。

该种分布于吉林、辽宁、江西、浙江等省。河南有引种栽培。因其在研究植物区系上有科学价值, 是重要的木兰属种质资源和观赏良种, 加之野生资源稀少, 列为国家三级保护植物。

7. 舞钢玉兰

Magnolia wugangensis T. B. Zhao, W. B. Sun et Z. X. Chen

落叶乔木。单叶, 互生, 革质, 倒卵圆形, 先端钝圆, 具小短尖头。花顶生、腋生, 或簇生并存, 有时花蕾内具2~4朵小花蕾, 构成聚伞花序。花先叶开放。单花具花被片9枚。2种花型: ①花被片9枚, 白色, 宽匙-履形, 外面中基部被紫红色晕或条纹; ②花被片9枚, 萼状, 大小不等, 形状不一, 内2轮花被片6枚, 花瓣状。2种花型的花被片形态近相似、颜色近相、大小近相同。

该种仅1株, 发现于河南舞钢市。因本种的发现, 打破了长期以来木兰属分种检索表的传统格式。该种花期满树银妆, 极为美丽, 是优良的观赏绿化树种。

8. 鸡公玉兰

Magnolia jigongshanensis T. B. Zhao, D. L. Fu et W. B. Sun

落叶乔木。幼枝被密柔毛。单叶, 互生, 革质, 具6种叶型为特殊特征: ①倒卵圆形, 先端钝圆, 具小短尖头, 似玉兰 (*Magnolia heptapeta*) 叶; ②倒卵圆形, 先端钝圆而凹入似凹叶木兰 (*Magnolia sargentiana*) 叶; ③宽椭圆形或宽卵圆形, 先端凹裂, 似凹叶厚朴 (*Magnolia officinalis* var. biloba); ④倒三角形, 上部最宽, 先端突凹入, 呈3裂, 两侧裂片钝圆形, 中具显著的三角形裂片; ⑤倒宽三角-近圆形, 基部宽楔形, 主脉中间分叉, 形成2深裂, 裂片宽大, 先端钝圆, 具钝尖; ⑥圆形, 或近圆形, 长25~30 cm, 宽21~25 cm, 先端钝圆, 或微凹, 均具短尖头, 基部近圆形。花单生枝顶。花先叶开放。单花具花被片9枚, 外轮花被片3枚, 萼状, 极小, 三角形, 淡黄绿色, 大小不等, 内轮花被片6枚, 白色, 花瓣状, 宽匙-履形, 外面基部紫红色; 花梗密被长柔毛。

该种仅1株, 发现于河南省鸡公山国家级自然保护区内杂木林中, 是研究木兰属树种变化机制及其变异规律的宝贵材料, 应严加保护。

9. 厚朴

Magnolia officinalis Rehd. & Wils.

落叶乔木。单叶, 短枝叶集生枝基, 革质, 倒卵圆形或倒卵圆-椭圆形, 背面被白霜, 幼时密被灰色毛; 长枝上春季萌发叶集生枝基, 夏季叶互生, 叶形小。花大, 单生枝顶; 花叶同时开放; 花具花被片9~12枚, 外轮花被片3枚, 宽卵圆-匙形, 盛花后反曲, 内2轮花被片6~9枚, 白色, 近直立, 匙-宽卵圆形, 稍内曲。

该种主要分布于甘肃、陕西、湖北、湖南、四川、浙江等省。河南内乡县有大面积栽培纯林。因本种是木兰属较原始的种, 在研究东亚和北美植物区系上, 具有重要的科学意义。厚朴树皮俗称"厚朴",是重要的中药材,野生资源稀少,列为国家三级保护植物。

9.1 凹叶厚朴

Magnolia officinalis Rehd. & Wils. ssp. *biloba* (Rehd. & Wils.)Law

该亚种叶通常先端凹缺成2纯圆浅裂或V形深缺裂。

该亚种主要分布于浙江、安徽、江西、福建等省(区)。河南内乡县有大面积栽培纯林。因其野生资源稀少,又具科学价值和药用价值,列为国家三级保护植物。

Ⅱ. 河南木兰属特有新优品种

根据多年来研究,作者现将木兰属18个特有新品种,介绍如下:

1. 桃实望春玉兰

Magholia biondii Pamp. cv. 'Ovata'

该品种花蕾大,桃状卵球状。花被片9,外轮花被片3,萼状,线-披针形,大小不等,内2轮花被片6,花瓣状,匙-履形或长椭圆-履形,先端钝圆,基部狭窄。

该品种产于:河南南召县。

2. 紫色望春玉兰

Magholia biondii Pamp. cv. 'Purpurea'

该品种花蕾较小,卵球状。花被片9,外轮花被片3,萼状,内2轮花被片6,花瓣状,匙-履形,两面均为紫色;雌雄蕊群及花柱均为紫色。

该品种产于:河南南召、鲁山县,仅2株。花蕾入药。花紫色,是新优观赏品种。

3. 黄花望春玉兰

Magholia biondii Pamp. cv. 'Flava'

该品种花黄色或淡黄色为显著特征。

该品种产于:河南南召县,仅1株。花蕾入药。也是新优观赏品种。

4. 白花望春玉兰

Magholia biondii Pamp. cv. 'Flava'

该品种花白色为显著特征。

该品种产于:河南南召县,仅1株。花蕾入药。也是新优观赏品种。

5. 小蕾望春玉兰

Magholia biondii Pamp. cv. 'Parvialabatra'

该品种树冠浓密;侧枝斜展;树干通直、圆满。花蕾小,单生枝顶;苞鳞外被绢状短毛,淡灰黄色为显著特征。

该品种产于:河南南召县,仅1株。花蕾入

药。结实多、出子率高,是优良采种母树,也是优良的建筑用材良种。

6. 四季腋花玉兰

Magholia axilliflora (T. B. Zhao, T. X. Zhang)T. B. Zhao cv. 'Sijihua'

该品种花蕾顶生、腋生和簇生并存;有时花蕾内含2~4朵,稀6~8朵小花蕾,呈聚伞花序。花先叶开放花被片9枚,外轮花被片3枚,萼状,内2轮花被片6枚,有:白色、淡紫色和紫色。1年多次开花;9~11月开花花形小,花被片似乒乓球拍形状。

该品种产于:河南南召县。有500年以上大树。花蕾入药,是"河南辛夷"优质、高产新品种之一。5年生幼树年均产蕾量("辛夷")3.5 kg/株,最高达7.5 kg/株。因1年多次开花,也是优良的观赏绿化品种。

7. 白腋花玉兰

Magholia axilliflora (T. B. Zhao, T. X. Zhang)T. B. Zhao cv. 'Alba'

该品种花蕾顶生和腋生并存,花蕾内含2~4朵小花蕾,构成聚伞花序。花被片9枚,内2轮花被片6枚,雪白色为其显著特征。

该品种仅1株,产于河南南召县雷音寺村。其用途与四季腋花玉兰相同。

8. 序腋花玉兰

Magholia axilliflora (T. B. Zhao, T. X. Zhang)T. B. Zhao cv. 'Xuhua'

该品种花蕾顶生、腋生和簇生并存,有时蕾内含2~8朵小花蕾,呈聚伞花序,生于枝端和顶部。

该品种产于河南南召县,有百龄以上大树。其用途与四季腋花玉兰相同。

9. 腋生河南玉兰

Magholia honanensis B. C. Ding et T. B. Zhao cv. 'Axilla'

该品种花蕾顶生和腋生并存;花先叶开放;花被片9枚,稀7、8、10枚,花瓣状,匙-履形、同形、同色,近相等。

该品种产于:河南南召县。花蕾入药,为"河南辛夷"新优品种之一,也是优良的观赏绿化品种。

10. 黄花玉兰

Magholia heptapeta (Buc'hoz) Dandy cv. 'Flava'

该品种花被片9枚,黄色或淡黄色。

该品种产于:河南舞钢市和郑州市。为优良的观赏品种。

11. 红花厚朴

Magnolia offcinalis Rehd. et Wlis. cv.'Punicea'

该品种叶常假轮状簇生枝基,先端深 V 形缺裂。花单生枝顶;后叶开放;花具花被片 9~12 枚,外轮花被片 3 枚,外面紫色或深紫色,常反曲,内 2 轮花被片 6~9 枚,较小,直立或斜展,鲜红色、淡鲜红色或橙红色。

该品种仅 3 株,发现于河南伏牛山区内乡县马山口镇。其树皮入药,称"厚朴"。材质优良,为建筑良材。花大美丽,为优良的观赏品种,也是研究厚朴种群分化的宝贵材料。

12. 紫叶厚朴

Magnolia offcinalis Rehd. et Wlis. cv.'Purpureofolia'

该品种叶紫色或灰紫色,先端微凹缺。

该品种仅 1 株,产于河南内乡县。为优良观赏树种。

13. 厚皮厚朴

Magnolia offcinalis Rehd. et Wlis. cv.'Puniceostipula'

该品种树冠开展;侧枝少、粗、短。树皮灰褐色,比同龄厚朴、凹叶厚朴树皮厚 50% 以上。小枝短粗,年生长量 5~30 cm。托叶长窄三角形,很大,长 7~25 cm,两端较细,呈短棒状。叶常假轮状簇生枝基,先端深 V 形缺裂。

产地:河南内乡县。为优良材、皮兼用良种。

注:T. B/Chao＝T. B. Zhao。

参考文献

[1] 陈嵘.中国树木分类学[M].京华印书馆,中华民国二十六年;283-297.
[2] 赵天榜,等.木兰及其栽培[M].郑州:河南科学技术出版社,1992;845.
[3] 王遂义.河南树木志[M].郑州:河南科学技术出版社,1994;509-514.
[4] 中国科学院中国植物志编辑委员会.中国植物志 第三十卷 第一册[M].北京:科学出版社,1996;108-141.
[5] 中国学院植物研究所.中国珍稀濒危植物[M].上海教育出版社,1989;205-214.
[6] 西南林学.云南树木图志 上册[M].昆明:云南科技出版社,1988;172-190.
[7] 宋朝枢,等.中国珍稀濒危保护植物[M].北京:中国林业出版社,1989;156-164.
[8] 丁宝章,赵天榜,陈志秀,等.河南木兰属新种和新变种[J].河南农学院学报,1983(4);6-11.
[9] 丁宝章,赵天榜,陈志秀,等.中国木兰属植物腋花、总状花序的首次发现和新分类群[J].河南农业大学学报,1985,19(4);356-363.
[10] 刘玉壶,等.河南木兰属新植物[J].植物研究,1984,4(4);129-194.
[11] 黄桂生,等.河南辛夷品种资源的调查研究[J].河南科技,1991(林业论文集 增刊);1991;28-33.
[12] Chen Bao Long, Nooteboom II. P, Notes on Magnolaceae IV. Magnoliaceae of China. Ann. Missouri Bot. Gard. 1993,80(2);999-1028.

木兰属等 3 属芽种类、结构与成枝规律的研究

陈建业[1] 鲁国荣[1] 宁玉霞[2] 赵天榜[3] 陈志秀[3]

(1.许昌职业技术学院,许昌 461000;2.许昌林业科学研究所,许昌 461000;
3.河南农业大学,郑州 450002)

摘 要 为进一步了解木兰亚科植物有顶生分枝、同生分枝的科学性、真实性,及其在该亚科分类系统中的应用前景,选取木兰属、玉兰属和含笑属等 3 属植物的代表种——荷花木兰、玉兰、耐冬含笑,对其芽种类、结构解剖、分枝习性等进行研究。结果表明:①荷花木兰芽有 4 种:育芽、休眠芽、叶芽、混合芽;玉兰芽有 3 种:休眠芽、叶芽、玉蕾;耐冬含笑芽有 4 种:休眠芽、叶芽、花蕾、混合芽。同时,首次发现含笑属有混合芽及单歧聚伞花序。3 属混合芽与玉蕾区别显著,具有系统学意义。②Figlar 提出的预生分枝和同生分枝的基础不同,无可比性,无系统学意义。荷花木兰等植物具有预生分枝及预生–同生分枝,绝无同生分枝的现象。其成枝规律随树种、立地条件、栽培技术、树龄不同,且区别明显。Figlar 以分枝习性不同,将含笑属并入木兰属是不妥的。

关键词 荷花木兰;玉兰;耐冬含笑;芽种类;结构解剖;成枝生长规律

0 引言

自1753年,由Linnaeus[1]创建木兰属(Magnolia Linn.)和鹅掌楸属(Linripdenedron Linn.)后,Jaume建立木兰科(Magnoliaceae Jaume[2])[1-4]至今约260年。其中,不同学者提出不同的分类系统。如Rehder[3]将该科分2属;Dandy[4-5]将该科分2族、12属;Nooteboom[6]将该科分2亚科、2族、12属;陈宝木梁[7]将该科分为2亚科、2族、5属、3亚属、20组;刘玉壶等将该科分2亚科、2族、5亚族、16属、4亚属、11组;Nooteboom[9-10]将该科分2亚科、2属;夏念和刘玉壶[11]将该科分13属。该科分类系统的显著差异,是由作者根据各自的依据和观点不同所形成的,是造成该科分类系统不一致的主要原因。

1998年,Figlar[12]首次提出木兰亚科Magnolioideae植物具有同生分枝(syllepsis)和预生分枝(prolepsis)观点,并将它作为该科分类系统的主要分类性状之一。傅大立[13]将同生分枝和预生分枝作为恢复玉兰属的主要依据之一。近年来,笔者通过对木兰属(Magnolia Linn.)[14]的荷花木兰(Magnolia grandiflora Linn.)[14]、玉兰属(Yulania Spach)[15]的玉兰 Y. denudata(Desr.)D. L. Fu)[13]、含笑属(Michenlia Linn.)[14]的耐冬含笑(M. gelida T. B. Zhao et Z. X. Chen,sp. nov. ined.)等植物的芽种类、结构解剖、分枝习性、成枝生长规律进行观察和研究,证明Figlar提出木兰亚科植物具有同生分枝和预生分枝观点是片面的。同时发现含笑属植物具有混合芽及单歧聚伞花序,并具有系统学意义;研究玉兰属植物分枝习性,促进玉蕾形成,具有重要的经济效益和观赏价值,并提出了一些新的观点和看法,纠正了一些错误,对于有效解决木兰亚科植物分类系统的凌乱、属间界限不清及分类系统长期以来的争论具有重要意义。

1 材料与方法

1.1 试验时间、地点

试验于2006~2010年分别在河南郑州植物园、河南农业大学和许昌县程豪苗圃、河南新郑林业高新技术试验场、长葛市华根生态园等地进行。

1.2 试验材料

试验材料取自河南郑州植物园等试验地点各自引栽的木兰属荷花木兰、玉兰属玉兰、望春玉兰

[Yulania biondii(Pamp.)D. L. Fu][13]、黄山玉兰[Yulania cylindrica(Wils.)D. L. Fu][13]、腋花玉兰[Yulania axilliflora(T. B. Zhao,T. X. Zhang et J. T. Gao)D. L. Fu][16]、舞钢玉兰[Yulania wugangensis(T. B. Zhao,T. X. Zhang et W. B. Sun)D. L. Fu][17]、鸡公玉兰[Yulania jigongshabensis(T. B. Zhao,T. X. Zhang et W. B. Sun)D. L. Fu)D. L. Fu][18]、含笑属的醉香含笑(Michelia macclurei Dandy)[14]、耐冬含笑、白兰(M. alba DC.)[19]。

1.3 试验方法

在不同试验地点选取各自引栽的5~15年生的标准木35株,定期(15天)进行不同物种的芽种类、形态特征及其结构解剖观察,即从2002年开始,每年从5月中旬开始到翌年5月上旬为止,连续5年。观察与测定时,选择不同物种、不同种类的芽,进行其形态特征、结构解剖观察、记载。同时,选择具有代表性的标准枝5枝,每15天测量其生长量(cm),记录其分枝习性与成枝生长规律。最后,根据观察、记录资料和枝条生长量测量资料(平均值)进行整理、分析、总结。

2 结果与分析

2.1 芽种类与结构解剖

2.1.1 荷花木兰的芽种类及其解剖

常绿乔木。当年生枝上芽有4种:盲芽、休眠芽、叶芽和混合芽。盲芽、休眠芽翌年一般不萌发抽枝。叶芽有侧叶芽和顶叶芽2种。混合芽只有顶生,尚未发现腋生混合芽。

(1)顶叶芽形态特征及其解剖。顶叶芽通常着生在当年生细弱的1次新枝(春枝)、2次新枝(夏枝)和3次新枝(秋枝)枝顶。芽体圆柱-锥状,长1.7~2.3 cm,偶有长达3.7 cm,径4~5(~7)mm,中部以上渐细,通常弯曲;最外层1枚芽鳞状托叶外面密被深灰色、棕褐色至灰褐色茸毛,与叶柄离生。

根据解剖结果,荷花木兰顶叶芽具有芽鳞状托叶3~5枚,着生在当年生枝端,最外层1枚包被着第2层密被白色茸毛做芽鳞状托叶,雏叶通常干枯,并由外向内变小;最内1层的内面还有正处在分化发育的雏枝、雏叶、雏托叶和雏芽,且着生在突细、尚未木质化的雏枝上。

(2)侧叶芽形态特征及其解剖。荷花木兰侧叶芽通常着生在当年生1次新枝(春枝)的叶腋

内;2、3次新枝(夏枝、秋枝)上的叶腋内的侧叶芽很少,多数为"盲芽"(叶腋内无芽体表露)。侧叶芽狭卵球状,或短细柱状,长3~10 mm,偶有长达1.7 cm者,最外层1枚芽鳞状托叶灰褐色、薄革质,外面密被短柔毛。

根据解剖结果,侧叶芽最外1枚芽鳞状托叶内包被密被白色短茸毛的第2层芽鳞状托叶,其背面雏叶通常干枯;第2层芽鳞状托叶内有雏枝、雏叶、雏托叶。

(3)混合芽形态特征及其解剖。荷花木兰混合叶芽顶生。芽体通常粗圆锥体状,稀狭卵球状,长1.7~3.5 cm,稀达4.2 cm,径0.6~1.2 cm,先端长渐尖、钝尖,通常不同程度弯曲,具芽鳞状托叶1~5枚,盔帽状、薄革质,外面灰褐色至黑褐色,密被黑褐色→灰褐色→浅黄色茸毛,当年不脱落。

根据解剖结果,该种混合芽外面1~2枚芽鳞状托叶着生在当年生枝端,其内面的纸质芽鳞状托叶着生在雏枝上。雏枝上有雏叶、雏托叶和雏芽表露;其上具明显雏蕾及雏蕾梗;雏蕾具1枚、革质、外面密被浅黄色、白色或灰浅黄白色茸毛的佛焰苞状托叶[20],其内包被着雏花被片、雏雌蕊群、雏雄蕊群及雏花托;雄蕊药隔先端具短的三角状短尖头;无雏雌蕊群柄。

2.1.2 玉兰的芽种类及其解剖

玉兰为落叶乔木。当年生枝上有休眠芽、叶芽(侧叶芽和顶叶芽)、玉蕾[21](拟花蕾[20],过去误称"花蕾")3种。

(1)顶叶芽形态特征及其解剖。玉兰顶叶芽着生在当年生的顶端。芽体狭卵球状,长1.0~1.5 cm,稀达2.0 cm,具芽鳞状托叶2~3枚,最外层1枚、薄革质,外面密被灰褐色至黑褐色短柔毛。

根据解剖结果,顶叶芽内第2、3层芽鳞状托叶外面密被白色长柔毛、雏叶干枯,最内层1枚包被着雏枝、雏芽、雏叶和雏托叶。

(2)侧叶芽形态特征及其解剖。玉兰当年生侧叶着生叶腋内和缩台枝上。芽体椭圆体状,小,长3~10 mm,通常具芽鳞状托叶(过去称"芽鳞"[11]、"苞片"[22])2枚,最外面1枚灰褐色至黑褐色、薄革质,外面密被短柔毛。

根据解剖结果,侧叶芽最外1枚芽鳞状托叶包被密被白色短茸毛的第2层芽鳞状托叶,其内有雏芽、雏枝、雏叶、雏托叶。

(3)玉蕾形态特征及其解剖。玉兰玉蕾顶生。玉蕾是由于外形似花蕾,实质上为混合芽,而

着生在无叶、有芽和芽鳞状托叶包被密被白色短茸毛的"缩台枝"[20]上,明显不同于木兰属植物混合芽内顶生雏蕾及其着生部位,又与含笑属花蕾及混合芽内顶生雏蕾及其着生部位:当年生新枝叶腋内,或顶生,稀聚伞花序,或单歧聚伞花序及其结构组成不同而相区别。

玉兰玉蕾着生在"缩台枝"上的当年生枝顶部,偶有腋生。芽体通常卵球状,其形状与大小差异很大,长1.6~4.0 cm,径1.2~1.6 cm,稀有小于0.8 cm,或大于4.0 cm。玉蕾具芽鳞状托叶3~6枚,着生在"缩台枝"上;最外层1枚薄革质、灰黄褐色→灰褐色→黑褐色,外面密被短柔毛及不很明显的雏叶柄及雏叶脱落痕,当年6月中下旬开始脱落。

根据解剖结果,玉蕾第1层至内层的芽鳞状托叶为薄革质→纸质→膜质,外面密被灰黑色、淡黄色、灰白色长柔毛,通常无雏叶(仅生长期间稀有畸形小叶),直至翌春花前脱落完毕。雏蕾卵球状,外被1枚、膜质、淡黄绿色、疏被长柔毛,稀无毛;佛焰苞状托叶内包被有雏花被片、雏雌蕊群、雏雄蕊群,以及延长的花托;雄蕊药隔先端具三角状短尖头;无雌蕊群柄;单雌蕊及花柱等均清晰可见。

玉兰属植物中的望春玉兰、黄山玉兰等玉蕾内雏形花被片有瓣状和萼状之分;腋花玉兰、舞钢玉兰等玉蕾顶生、腋生和簇生均有,有时其内含2~4枚小玉蕾和小玉蕾状叶芽,最多达12枚构成总状聚伞花序[16],甚至形成1个"缩台枝群"[20]。

此外,笔者在研究玉兰属植物玉蕾过程中,发现个别物种叶畸形或深裂,如鸡公玉兰,以及雌蕊群被雄蕊群包被、同一单株上有2~4种花型的特异现象,如河南玉兰[Yulania honanensis(B. C. Ding et T. B. Zhao)D. L. Fu et T. B. Zhao][23-24]。

2.1.3 耐冬含笑的芽种类及其解剖

耐冬含笑为常绿乔木。当年生枝上有休眠芽、叶芽(顶叶芽和侧叶芽)、混合芽3种。

(1)顶叶芽形态特征及其解剖。耐冬含笑顶叶芽多数着生在当年1~多次新枝的顶端,稀无顶叶芽枝。顶叶芽有2种类型:芽体长圆锥状及卵球状,长1.2~1.7 cm,径5~7 mm,先端长渐尖,弯曲;芽鳞状托叶薄革质,外面密被棕红褐色短柔毛。

根据解剖结果,顶叶芽具有芽鳞状托叶2~5枚,内包含雏枝、雏叶、雏芽及雏托叶。

(2)侧叶芽形态特征及其解剖。耐冬含笑侧

叶芽着生在当年生新枝上叶腋内。侧叶芽有 3 种类型：①芽体圆锥状，与顶叶芽相似；②芽体细圆柱状，长 8~12 mm，径约 3 mm，先端渐长尖；③芽体卵球状，较小，长 3~5（~18）mm。三者芽鳞状托叶薄革质，外面密被棕红褐色短柔毛。根据解剖结果，侧叶芽内包被有：芽鳞状托叶 2~3（~5）枚、雏枝、雏叶、雏托叶。

（3）花蕾形态特征及其解剖。耐冬含笑花蕾着生当年生 1 次新枝（春枝）无叶叶腋内，稀顶生，有时呈聚伞花序，或二歧聚伞花序。花蕾长卵球状，或长椭圆体状，大，长 1.7~2.8 cm，径 1.2~1.7 cm，中部以上渐尖，先端钝圆，基部长 5~10 mm 呈短圆状，具芽鳞状托叶 1~2 枚，薄革质，外面密被棕红褐色短柔毛，或淡绿色短柔毛；佛焰苞状托叶 1 枚，外面密被短柔毛，或无毛；花梗具 2~3 节，密被棕红褐色短柔毛，或棕黄色短柔毛。花前花蕾长卵球状，非常地大，先端长渐尖，基部短圆柱状。

根据解剖结果，花蕾具芽鳞状托叶 1~2（~3）枚，内无雏枝、雏叶、雏芽、雏托叶，仅有雏蕾。雏蕾有：雏佛焰苞状托叶 1 枚、雏瓣状花被片 9~15 枚、雏雄蕊群、雏雌蕊群、雏雌蕊群柄[11]及雏花梗。雌蕊群有 2 种类型：①雄蕊群与雌蕊群近等高；②雌蕊群显著高于雄蕊群；单雌蕊数大于 50 枚，有时具 1~7 枚特异雄蕊。

（4）混合芽形态特征及其解剖。耐冬含笑混合芽着生当年生 2 次枝叶腋内，稀顶生。芽体短圆柱状，长 1.5~2.0 cm，径 5~6 mm，先端钝圆，基部长约 6 mm 呈短圆柱状，具芽鳞状托叶 4 枚。芽鳞状托叶外面被淡绿-黄白色短柔毛，稀无毛，且包被着幼枝。

根据解剖结果，混合芽具芽鳞状托叶 4 枚，内有被白色短柔毛幼枝、无雏叶、无雏托叶，有雏顶叶芽及雏侧叶芽，以及呈半球状的雏蕾。雏蕾有雏佛焰苞状托叶 1 枚、雏瓣状花被片 9~15 枚、雏雄蕊群及雏雌蕊群柄、雏花梗；单雌蕊数<50 枚。

此外，含笑属中的醉香含笑（Michelia macclurei Dandy）[14]等少数种，有时具聚伞花序。

上述结果表明，木兰属荷花木兰植物含有花蕾的"芽"实属混合芽。花蕾着生于当年新枝上，由 1 枚革质雏佛焰苞状托叶、雏花被片、雏雌蕊群、雏雄蕊群、雏花托和雏花梗组成。玉兰属植物玉蕾也属混合芽，但混合芽有显著区别。玉蕾是该属植物特有组织，通常顶生、腋生，或簇生，有时

呈总状聚伞花序。玉蕾由 1 枚雏佛焰苞状托叶、雏花被片、雏雌蕊群、雏雄蕊群、雏花托和雏花托组成。缩合枝是当年生枝端呈现增粗、缩短的变态枝段。该枝段通常具有数节，节短、增粗、无叶（稀有畸形小叶）、密被长柔毛（稀无毛），具叶芽、小玉蕾状叶芽及小玉蕾，通常雏蕾被数枚芽鳞状托叶包被。芽鳞状托叶始于 5~6 月开始脱落，直至翌春开花时脱落完毕。

耐冬含笑芽有 3 种类型：休眠芽、叶芽、花蕾和混合芽。叶芽有 3 种类型。1 年内 2 次开花。花蕾腋生和顶生，稀聚伞花序及单歧聚伞花序。单花具花被片 9~15 枚；2 种雌蕊群类型：①雄蕊群与雌蕊群近等高；②雌蕊群显著高于雄蕊群，且雄蕊多变；雄蕊数 25~50 枚，有时具 1~7 枚特异雄蕊；具雌蕊群柄，微被灰白色短柔毛；花柱长为子房的 2~3 倍。

为了进一步了解荷花木兰、玉兰、耐冬含笑能发育成花的"芽"的区别，现将其解剖结果列于表1。

由表1可知，荷花木兰的混合芽与玉兰的玉蕾、耐冬含笑花蕾及混合芽在形态特征、结构组成等方面具有极大差异，其差异在木兰亚科研究中具有系统学意义。同时，首次发现含笑属植物有混合芽，且顶生和腋生均有，以及二歧聚伞花序。

2.2 芽种类、分枝习性与成枝生长规律

1998 年，美国学者 Figar[12]将木兰亚科植物分枝习性分成同生分枝和预生分枝（见图1）。同生分枝是指当年生 2 次新枝着生于 1 次新枝上；预生分枝是指当年生 2 次新枝着生于前 1 年枝上。由此可见，同生分枝和预生分枝两者提出的基础不同，无可比性。

2.2.1 荷花木兰芽种类、分枝习性与成枝生长规律

（1）侧叶芽。荷花木兰侧叶芽的分枝习性与其成枝规律是：①细弱枝，或中短枝上的侧叶芽通常萌发形成 1 次新枝，在年生长周期中有 1 次生长峰，属预生分枝呈单阶 1 歧生长规律；②壮枝上发育的侧叶芽很少，其比例约占总叶数的 10.0%，绝大多数叶腋内不形成侧叶芽，称"盲芽"。有时粗壮的当年生新枝上侧叶芽萌发抽生 2 次新枝，属预生-同生分枝呈单阶 1 歧生长规律，在年生长周期中仅有 1 次生长值。此外，只有在顶叶芽或上部受到损伤刺激的情况下，荷花木兰侧叶芽才能萌发抽枝。

表 1　荷花木兰等 3 种植物"芽"种类、形态特征及其结构解剖比较

属名	木兰属（Magnolia Linn.）	玉兰属（Yulania Spach）	含笑属（Michenlia Linn.）
种	荷花木兰（Magnolia grandiflora Linn.）	玉兰（Y. denudata（Desr.）D. L. Fu）	耐冬含笑（M. gelida T. B. Zhao et Z. X. Chen）
芽位	混合芽着生在母枝上顶端；花蕾着生在当年生新枝顶端	玉蕾着生在母枝顶端的缩台枝上，偶有腋生；花蕾着生在缩台枝顶端极短的当年生 1 次新枝顶端	花蕾着生在当年生 1~多次新枝上的叶腋内的"花梗枝"上，稀顶生、聚伞花序及二歧聚伞花序。混合芽顶生、腋生
混合芽	具 3~5 枚芽鳞状托叶，革质、纸质、膜质，外面 1~2 芽鳞状托叶，紫褐色→灰褐色，芽鳞密被茸毛，通常着生在当年生枝端，不脱落；芽鳞状托叶翌春发芽时开始脱落，花前脱落完；内面叶的芽鳞状托叶着生在当年生 1 次新枝上。无缩台枝。 着生在当年生枝顶，具芽鳞状托叶约 4 枚，薄革质，外面密被棕褐色短柔毛，发芽时脱落完毕，其内具雏顶叶芽、雏侧叶芽和雏蕾，而雏枝明显，无雏叶，还具有聚伞花序及二歧聚伞花序	玉蕾具 3~6 枚芽鳞状托叶，薄革质、纸质、膜质，灰褐色→黄褐色，雏叶柄及雏叶脱落痕，不明显，最外层 1 枚外面密被短柔毛，始落期 6 月中下旬，直至翌春开花前脱落完毕，其着生在缩台枝上；缩台枝具节间短、增粗、具芽、密被白色长柔毛	花蕾具芽鳞状托叶 2~3 枚，薄革质，灰褐色→黄褐色，外面密被短柔毛，开花前脱落完毕，其侧生于当年生枝上。芽鳞状托叶与佛焰苞状托叶着生在密被短柔毛，或无毛的花梗枝上；花梗枝（1.~）2~3 节，不增粗，且伸长，无叶、无芽，开花后常与不育花同时脱落。
佛焰苞状托叶	1 枚，质厚，薄革质，外面密被茸毛，着生在雏蕾梗顶端	1 枚，膜质，外面疏被长柔毛，着生在密被长柔毛的雏蕾梗顶部	1 枚，薄革质，着生在密被短柔毛的花梗枝顶部，且与芽鳞状托叶无明显区别
花期	花后叶开放，1 次	花先叶开放，1 次	花先叶开放，或叶开放，2 次
花着生部位	花着生在当年生 1 次新顶端较长的花梗上	花着生在缩台枝上极短的 1 次新枝顶端的花梗上	花着生在当年生 1~2 次新枝叶腋内的花梗顶部，或侧生
花被片	单花具花被片 9~12 枚，花瓣状	单花具花被片通常 9 枚，花瓣状	单花具花被片 9~15 枚，花瓣状，变异大
雄蕊	雄蕊>50 枚，药室内向纵裂，药隔先端具极短尖头，花丝紫色	雄蕊>50 枚，药室侧向纵裂，药隔先端具短尖头，花丝紫红色，或黄色	雄蕊>50 枚，有特异雄蕊，药室内向纵裂，药隔先端具短尖头，花丝紫红色，或黄色
雌雄蕊群	雌蕊群显著高于雄蕊群，无雌蕊群柄	雌蕊群显著高于雄蕊群，无雌蕊群柄	雌雄蕊群有：雄蕊群与雌蕊群近等高，雌蕊群类中有变异。雌蕊群柄被微毛
离生单雌蕊	多数，全部发育	多数，部分，或全部发育	少数，或多数，部分发育雌蕊

（2）顶叶芽。荷花木兰顶叶芽通常着生在枝顶。翌春，顶叶芽萌发后形成 1 次新枝（春枝），在年生长周期中仅 1 次生长，其生长量 10.0~30.0 cm，稀达 50.0 cm 以上。枝顶多形成新的混合芽或顶叶芽。1 次新枝上的少数侧叶芽萌发形成 2 次新枝；2 次新枝均形成新的顶叶芽，属预生-同生分枝，呈单阶 1 歧生长规律，在年生长周期中仅 1 次生长值，在年生长周期中有 1 次生长峰，属预生分枝，呈单阶 2 歧生长规律；个别 2 次新枝在生长停止后，于 8 月间破芽出现 3 次新枝的现象，属预生-同生分枝，呈单阶 2 歧生长规律。细弱枝上的顶叶芽，通常于翌春萌发形成的新顶叶芽，而其上侧叶芽均不萌发新枝。这种分枝习性，属预生分枝，呈单阶无歧生长规律。这一规律，在立地条件差的情况下，生长瘦弱的荷花木兰植物极为普遍。

（3）混合芽。荷花木兰混合芽通常于4月中下旬至5月上旬萌发，芽鳞状托叶从外向内依次逐渐脱落，其内雏枝开始生长形成1次新枝（春枝）。1次新枝上通常着生有正常的1~3（~5）枚叶片、密被白色茸毛的芽鳞状托片和花蕾。与花蕾萌动膨大的同时，1次新枝上侧叶芽形成2次新枝（夏枝）。这种分枝习性，称为预生-同生分枝。粗壮枝顶端的顶叶芽萌生的1次新枝和1次新枝侧叶形成2次新枝，它们在年生长周期中，有2次生长现象。这种分枝习性，称为预生-同生分枝，呈单阶2歧生长规律。中等枝上的混合芽，通常干翌春萌发形成的新枝上，开花后其上侧叶芽均不萌发新枝。这种分枝习性，属预生分枝，呈单阶无歧生长规律。

此外，特别指出的是：荷花木兰的休眠芽、叶芽（侧叶芽和顶叶芽）和混芽萌发的新枝，绝无同生分枝及其成枝生长规律的呈现。

2.2.2 玉兰芽种类、分枝习性与成枝生长规律

（1）侧叶芽。玉兰前1年生枝上侧叶芽通常枝端的先萌发抽生1次新枝，多为2~3个枝条；长壮枝上的侧叶芽萌发抽枝较多，通常达5~10个1次新枝，其生长量从上向下依次减弱；基部的侧叶芽，因养分不足或发育不良，则芽体脱落，形成眠芽。这种分枝习性，属预生分枝，呈单阶无歧生长规律，在年生长周期中有1次生长值，其生长量一般为10.0~20.0 cm。长壮枝上的侧叶芽萌发后，形成的1次新枝，年生长量为10.0~30.0 cm，属预生分枝，呈单阶无歧生长规律，稀新的长崩枝上的侧叶芽形成2次新枝（夏枝），属预生-同生分枝，呈单阶1歧生长规律。

（2）顶叶芽。玉兰前1年生枝条壮弱情况不同，而萌发抽枝及其新梢生长也有明显差异，即：①短弱枝上顶叶芽萌发后，多形成1次新枝，其枝顶形成新顶芽或新的玉蕾。这种分枝习性，属预生分枝，呈单阶无歧生长规律，其年生长量多在3.0~15.0 cm；②长壮枝上的顶叶芽萌发后，形成1次新枝，年生长量多在25.0~150.0 cm，稀有80.0 cm以上者；一次新枝上侧叶芽萌发形成二次新枝和新的玉蕾。这种分枝习性，属预生分枝，呈单阶2歧生长规律；个别2次新枝在生长停止后，于8月间破芽出现3次新枝的现象，属预生-同生分枝，呈单阶无歧生长规律，稀新的长萌枝上的顶叶芽，萌发形成2次新枝（夏枝），属预生分枝，呈2阶1歧生长规律。

（3）玉蕾。玉兰玉蕾花先叶开放。花后，不育花自行脱落。从前1年生枝叶芽和"缩台枝"上的小玉蕾状叶芽萌发生长形成1次新枝（春枝）。这种分枝习性，作者称为预生分枝，呈单阶无歧生长规律，而R. B. Figlar称为预生分枝。1次新枝上小玉蕾状叶芽从3月下旬开始萌发生长，直至4月中下旬停止生长，生长期约1个月，生长量通常随立地条件、树龄等不同而有显著差异。如立地条件好、幼树上的1次新枝有时生长量达50.0~80.0 cm，7~8月在新枝顶端有时出现2次新枝（夏枝），或形成新的玉蕾。这种分枝习性，称为预生-同生分枝，呈2阶无歧生长规律。

2.2.3 耐冬含笑芽种类、分枝习性与成枝生长规律

（1）侧叶芽。耐冬含笑前1年生枝上侧叶芽，可分2种：①短弱枝上侧叶芽萌发后，可形成1次短的、具顶芽新枝和1次短的、无顶芽新枝。其分枝属预生分枝，呈单阶无歧生长规律，其年生长量多在2.0~5.0 cm；②长壮枝上的侧叶芽萌发后，形成的1次新枝，年生长量为10.0~30.0 cm，稀有50.0 cm以上者，其上形成新的侧叶芽，而侧叶芽再形成新的长枝、中枝、短枝（夏枝），属预生-同生分枝，呈单阶1歧生长规律。

（2）顶叶芽。耐冬含笑前1年生枝条壮弱情况不同，而萌发抽枝及其新梢生长也有明显差异，即：①短弱枝上顶叶芽萌发后，多形成1次新枝，其枝顶形成新顶芽、新的花蕾或混合芽。这种分枝习性，属预生分枝，呈单阶无歧生长规律，其年生长量多在3.0~15.0 cm；②长壮枝上的顶叶芽萌发后，形成1次新枝，年生长量多在25.0~50.0 cm，稀有80.0 cm以上者，属预生分枝，呈单阶无歧生长规律，稀新的长萌枝上的侧叶芽萌发形成2次新枝（夏枝），属预生-同生分枝，呈2阶1歧生长规律。

（3）花蕾。耐冬含笑花蕾开花后，不育花和具节花梗自行脱落，而育花可结实。但是，具节花梗无芽，不抽生新枝。这种分枝习性，作者称为预生分枝，呈单阶无歧生长规律，而R. B. Figlar称为预生分枝。1次新枝。

（4）混合芽。耐冬含笑混合芽萌发后幼枝生长，其上无叶，雏蕾长成花蕾，新的顶叶芽抽生新枝与叶。这种分枝习性，属预生分枝，呈单阶无歧生长规律，其年生长量多在10.0~20.0 cm。1次新枝上侧叶芽形成新的中枝、短枝（夏枝），属预生-同生分枝,呈单阶1歧生长规律。

此外,潘志刚等编著的《中国主要外来树种引种栽培》中记载:白兰(M. alba DC.)在中国华南1年抽梢3~4次,第1次抽梢在3月中旬,第2次抽梢在5月上中旬,第3次抽梢在6月下旬,第4次抽梢为立秋前后。

3 结论

根据上述材料,木兰亚科中荷花木兰、玉兰、耐冬含笑3种植物的芽种类、分枝习性与成枝生长规律,均具有预生分枝及预生-同生分枝,绝无同生分枝的现象。其成枝生长规律随树种、立地条件、栽培技术、树龄不同而区别明显。同生分枝和预生分枝,在组建木兰亚科研究中无系统学意义。但是,在玉兰属植物作为经济林及观赏树种栽培时,研究其分枝习性,促进玉蕾的形成,具有重要的经济效益和观赏价值。

4 讨论

(1)笔者通过多年、多点的观察研究证实,Figlar将木兰亚科植物分枝习性分成同生分枝和预生分枝的观点具有片面性。基本原因在于:①同为1年生新枝,而着生的基枝不同。预生分枝是1年生新枝着生在1年生的母枝上,而同生分枝是2次新枝着生在当年1次新枝上,两者对比的条件不同。②同一种植物由于立地条件、树龄、抚育措施、芽种类与着生部位等不同,而新枝萌发与其生长规律也截然不同,更不能依其1种新枝萌发与其生长规律作为全面整体规律。笔者多年来通过对荷花木兰、玉兰等观察研究,证实同生分枝和预生分枝的理论不能作为木兰亚科分类系统划分的依据。

(2)通过本研究的结果,发现:①木兰亚科植物绝无同生分枝习性与成枝生长规律,而均有预生分枝与预生-同生分枝,以及芽种类与着生部位不同,而成枝生长规律也不同:预生分枝呈单阶无歧生长规律、预生-同生分枝呈单阶1歧生长规律、预生-同生分枝呈2阶1歧生长规律。②预生分枝与预生-同生分枝观点在园林事业和经济林栽培中具有特别显著的经济效益和生态效益。即根据预生分枝与预生-同生分枝,以及芽成枝生长规律,可以采取营林措施以达到栽培目的。例如,选择肥沃土壤、适时灌溉与施肥、修剪,防治各种灾害,加速新枝生长与多次生长,促进玉兰属

植物玉蕾年产量增加,从而获得显著的经济效益与生态效益。近年来,笔者将研究结果应用于玉兰属望春玉兰、朱砂玉兰[Yulania soulangiana (Soul. -Bod.) D. L. Fu][13]1年生苗木培育中,促使形成大量玉蕾,提高苗木售价的研究成果已推广应用。

参考文献

[1] Linnaeus. Gen. Pl[M]. Stockholm, 1753:535.

[2] Jaume. St. Hilaire[J]. Expos. Fam. Nat, 1805, 2:74.

[3] Rehder A. Manual of Cultivated Trees and Shrubs[J]. Magnoloaceae, 1940:251-255.

[4] Dandy J E. The Genera of. Magnoloaceae[J]. Bull. Mse Inform Kew, 1927(7):257-264.

[5] Dandy J E. Magnoloaceae in Hutchinson J. The Genera of Bull[J]. Mse. Inform Kew, 1927(7):257-264.

[6] Nooteboon H P. Notes on Magnoliaceae[J]. Bumea, 1985, 31:65-121.

[7] Chen B L, Nootboom H P. Notes on Magnoliaceae III: Magnoliaceae of China[J]. Ann. Miss. Bot. Gard, 1993, 80(4):999-1104.

[8] 刘玉壶. 木兰科分类系统的初步研究[J]. 植物分类学报, 1984, 22(2):89-109.

[9] Nooteboon H P. Magnoliaceae. Kubitzki K. The Families and Genera of Flowering Plants[M]. 1993:391-401.

[10] Nooteboon H P. Diferent Looks At The Classification of The Magnoliceae[M]. Proceedding of the International Symposium on the Family Magnoliaceae, 2000:26-37.

[11] Liu Yu-hu(LAW-Yu-WU). Sudies On the Phylogeny of Magnoliceae[M]. Proceedding of the International Symposium On the Family Magnoliaceae, 2000:1-13.

[12] Figlar R B. Proleptic Branch Inttiation In Michelia In Michelia and Magnolia Sungenus Yulania Provides Basis for Combinations in Subfamily Magnoliodeae[M]. Proceeddidgs of The International Symposiu m on the Family Magnoliaceae, 2000:14-25.

[13] 傅大立. 玉兰属的研究[J]. 武汉植物学研究, 2001, 19(3):191-198.

[14] 中国科学院植物志编辑委员会. 中国植物志 第三十卷 第一分册[M]:北京:科学出版社,1996:342-371.

[15] Spach E. Yulania Spach[J]. Hist. Nat. Veg. Pham. Phan, 18397462.

[16] 丁宝章,赵天榜,陈志秀,等. 中国木兰属植物腋花、总状花序的首次发现与新分类群[J]. 河南农业大学学报, 1985, 14(4):356-363.

[17] 赵天榜,孙卫邦,陈志秀,等. 河南木兰属一新种

［J］．云南植物研究，1999，2（2）：170-172．

［18］赵天榜，傅大立，孙卫邦，等．中国木兰属一新种
［J］．河南师范大学学报，2000，26（1）：62-65．

［19］潘志刚，游应天，等．中国主要外来树种引种栽培
［M］．北京：科学技术出版社，1994：336-339．

［20］赵天榜，高炳振，傅大立，等．舞钢玉兰芽种类与成
枝成花规律的研究［J］．武汉植物学研究，2003，21
（1）：81-90．

［21］傅大立，Zhang D L，李芳文，等．四川玉兰属两新种

［J］．植物研究，2010，30（4）：385-389．

［22］刘玉壶．木兰科一新属［J］．植物分类学报，1979，
17（4）：72-74．

［23］丁宝章，赵天榜，陈志秀，等．河南木兰属新种和新
变种［J］．河南农学院学报，1983，4：6-311．

［24］田国行，傅大立，赵东武，等．玉兰属植物资源与新
分类系统的研究［J］．中国农学通报，2006，22（5）：
405-411．

河南木兰属 9 种植物过氧化物同工酶分析

赵天榜[1]　　陈志秀[1]　　傅大立[1]　　赵翠花[2]　　李振卿[2]　　王治全[2]

（1.河南农业大学，郑州　450002；2.河南许昌林业科学研究所，许昌　461000）

摘　要　本文采用聚丙烯酰胺凝胶电泳系统，测定了河南木兰属 8 种、1 变种和 50 多份成熟叶片材料的过氧化物同工酶酶谱。测定结果表明，该属植物 9 种、变种的酶谱均有差异性，每种、变种均有特征酶谱，科间酶谱显著大于种内酶谱。根据其酶谱差异性，可以进行生物种、变种的鉴别和良种的选择。为免除其酶带 Rf 单一指标，种、变种可能出现的问题，作者创立了"酶谱多指标综合判断距离法"分析技术，首次将该属植物种、变种酶谱的酶带数目、Rf、酶带宽度及其活性强弱 4 个因子的差异性，进行编码联机、电脑运算分析，其结果与该属玉兰亚属内的玉兰派和辛夷派的形态分类相吻合。但是，从酶学观点不支持椭圆叶玉兰作为独立种的存在，以作为河南玉兰的变种为宜，也不支持河南玉兰派和腋花玉兰派的成立，以并入辛夷派为佳。

关键词　木兰属；木兰属 9 种植物；过氧化物同工酶；酶谱多指标判断距离法

1 引言

1950 年，Meisssr 首先发现同工酶的存在，Schwarth 于 1960 年将其分析应用于玉米的研究中获得成功。随着近代分子生物科学的迅速发展，人们发现，可以从同工酶酶谱分析中来识别基因的存在和表达，尤其是生物体的遗传性状均由基因控制，等位基因不同，其控制酶谱和表现的相对遗传性状显示不同的差异，这是从分子水平上认识遗传基因存在的精确指标，是了解和认识基因表达的生化指标，是用来研究生物遗传、杂交理论、良种选育，以及鉴别生物种、变种或无性系等研究的重要手段之一，并已得到广泛的应用。但长期以来，很多学者仅根据酶谱的 Rf 指划分相似酶带，采用相似系数法分析，或按 Rf 和活性强弱，将电泳酶谱归类，根据每种谱类出现频率进行分析，显然，这些分析方法均带有不同程度的主观性和随意性，且容易受实验条件及观测方法的影响，不便于科学、简便地反映出物种（变种）间的差异。为克服上述缺陷，获得酶谱多指标综合判断

和检验物种（变种）的科学性和准确性相统一的新技术，本研究在进行河南木兰属（Magnolia）9 种植物过氧化物同工酶测定的基础上，首次将试材酶谱酶带数目、Rf、宽度及其活性强弱 4 个因子的差异性，直输电脑系统，计算酶谱距离，进行聚类分析，获得成功。

2 材料与方法

2.1 试材选用

1992 年 5 月 30 日在河南鲁山县林场建立的河南木兰属植物及"河南辛夷"品种资源基因库内的 5 年生幼龄植株上，采用成熟叶片作试材。试材名称如表 1 所示。

2.2 酶液制备

试材选取后，分别用水、蒸馏水冲洗干净，吸水纸吸取表面水分，各称取 5.0 g，置冷研钵中，加 Tris—HCl 缓冲液（pH 8.6）0.01 L，研成匀浆，过滤后，在 0 ℃冰箱中 1 000 r/min 离心 1 h，取其上清液，储 0～4 ℃冰箱中备用。

＊胡刚元同学参加本研究的部分工作，特致谢意！

表 1 河南木兰属 8 种、1 变种名称

编号	名称	学名
1	玉兰	Magnolia denudata Desr.
1-1	塔形玉兰	var. pyramidal is T. B. Chao et Z. X. Chen
2	宝华玉兰	M. zenii Chen
3	舞钢玉兰	M. wugangeagensis T. B. Chao, J. Y. Chen et G. Y. Zhang
4	望春玉兰	M. biondii Pamp.
5	椭圆叶玉兰	M. elliptilimba Law et Gao
6	河南玉兰	M. honencnsis B. C. Ding et T. B. Chao
7	伏牛玉兰	M. funiushanensis T. B. Chao, J. T. Gao et Y. H. Ren
8	腋花玉兰	M. axilliflora（T. B. Chao, T. X. Zhang et J. T. Gao）T. B. Chao

2.3 试验技术

用聚丙烯酰胺凝胶电泳系统,浓缩胶浓度 1.3%,pH 6.7;分离胶浓度 7.5%,pH 8.9。电泳缓冲液在 20~23 ℃条件下进行。电压 300 V,电泳 15 mA/板。分离胶和聚合胶采用光聚合。电泳后,用 0.16%改良醋酸–联苯胺染色,酶谱现清晰颜色后,倾去色液,蒸馏水漂洗、固定后,测定其酶带数目、宽度、活性强弱以及酶带迁移率 Rf,并拍片保存。

酶谱活性强弱分为 4 级,分别用数字 3.0、2.0、1.0 和<1.0 表示。酶谱宽度为实际量值,以 cm 为单位。

3 结果与分析

3.1 河南木兰属 8 种、1 变种过氧化物同工酶酶谱

根据 1992 年 5 月 16 日进行的酶谱测定结果,该属内种间酶谱均有显著差异,每种均有其特征酶谱或主导酶谱,如表 2 和图 1 所示。

从表 2 和图 1 中首先看出,河南木兰属 8 种、

表 2 河南木兰属 9 种植物过氧化物同工酶分析

树种名称	编号	酶带因子	1	2	3	4	5	6	7	8	9	10	11	12	13	14	15	16	17	18	19	20	21	22	23	24	25	26	27	28	29	30
玉兰	1	活性	1	2					2			2				2			2			0.8										
		Rf	0.02	0.04					0.12			0.18				0.23		0.26	0.29			0.33										
		宽度	0.3	0.2					1.0			0.7				0.6		0.3	0.4			0.5										
塔形玉兰	1-1	活性	1	2		2				1				2					0.8		1											
		Rf	0.02	0.08		0.08				0.15				0.20				0.26	0.29		0.31											
		宽度	0.3	0.1		0.6				0.8				0.6				0.8	0.3		0.2											
宝华玉兰	2	活性	1			3				3				3					3			2										
		Rf	0.02			0.08				0.16				0.21				0.26	0.30			0.34										
		宽度	0.3			0.7				0.9				0.2				0.5	0.5			0.5										
舞钢玉兰	3	活性	3	3		3				3				3					2							1						
		Rf	0.02	0.04		0.07				0.15				0.21				0.26	0.31							0.59						
		宽度	0.3	0.2		0.4				0.8				0.8				0.5	0.6							3.4						
望春玉兰	4	活性				1						3		2													0.8		2			
		Rf				0.08						0.17		0.28													0.69		0.71			
		宽度				1.0						1.0		0.4													4.9		0.2			
椭圆玉兰	5	活性				1						3				2											0.5		2			
		Rf				0.08						0.18				0.24											0.70		0.72			
		宽度				1.0						1.2				0.7											1.6		0.2			
河南玉兰	6	活性				0.8						2				2											0.5		2			
		Rf				0.09						0.18				0.23											0.70		0.72			
		宽度				1.1						0.90				0.5											1.9		0.2			
伏牛玉兰	7	活性																				1										
		Rf				0.08						0.18				0.23						0.53										
		宽度				1.0						1.2				0.6						3.6										
腋花玉兰	8	活性				1								3		2						0.8					0.5		2			
		Rf				0.08								0.20		0.23						0.5					0.74		0.76			
		宽度				1.0								1.2		0.4						3.6					2.4		0.2			

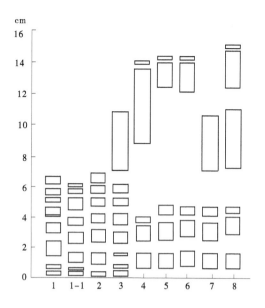

图 1　河南木兰属 8 种、1 变种过氧化物同工酶

1、2、3 及 0.2、0.5、0.8 表示酶谱活度强度，□表示酶谱宽度。
1. 玉兰，1-1. 塔记玉兰，2. 宝华玉兰，3. 舞钢玉兰，4. 望春玉兰，
5. 椭圆叶玉兰，6. 河南玉兰，7. 伏牛玉兰，8. 腋花玉兰。

1 变种共计酶带 30 条。根据各种酶谱特征，可明显分为两大类：其中，玉兰、塔形玉兰、宝华玉兰及舞钢玉兰以 Rf 0.02、Rf 0.26 为共同酶带，Rf 0.29~0.31 为近似酶带组成一类；望春玉兰、椭圆叶玉兰、河南玉兰、伏牛玉兰与腋花玉兰以酶带 Rf 0.08~0.09 和 Rf 0.23~0.24 或 Rf 0.17~0.20 相似组成另一类，这与木兰属玉兰亚属 Subgen. Yulania 内的玉兰派 Sect. Yulania 和辛夷派 Sect. Buergeia 的形态分类相吻合。其次，河南木兰属 8 种、1 变种均有特征酶谱，如腋花玉兰的特征酶谱为 Rf 为 0.56、0.74、0.76，伏牛玉兰为 0.53，河南玉兰为 0.09、0.18，椭圆叶玉兰为 0.24，望春玉兰为 0.17、0.69 及 0.71，舞钢玉兰为 0.07、0.59，宝华玉兰为 0.16、0.30、0.34，塔形玉兰为 0.03，玉兰为 0.12、0.33，…。再次，即使同一 Rf 的酶谱，则其酶带宽度与活性强弱，也有显著区别，如玉兰与塔形玉兰的 Rf 0.26 及 0.29 相同，而其酶活性分别为：1 与 2 及 2 与 0.8，宽度为 0.3 cm、0.8 cm 及 0.4 cm 与 0.3 cm 而区别。

3.2 "酶谱多指标综合判断距离法"分析技术

为获得河南木兰属 8 种、1 变种植物酶谱的多指标综合判断与检验物种的科学性和准确性，我们创立了"酶谱多指标综合判断距离法"分析技术，首次把各种酶谱酶带数目、Rf、酶带宽度及活性强弱 4 个因子的差异性，进行编码联机，电脑运算分析，获得成功。其技术如下。

3.2.1　酶带距离

酶带距离是指根据酶带特征因子（Rf、宽度、活性）的差异性所求出的两条酶带之间的遗传距离，其公式为：

$$d_{iji'j'} = \sqrt{\sum_{k=1}^{3} \left[(X_{jk} - X_{i'j'k}) W_k \right]^2}$$

式中：$d_{iji'j'}$ 为第 i 种酶谱第 j 条酶带与第 i' 种酶谱 j' 条酶带的遗传距离；x_{ijk} 为第 i 种酶谱第 j 条酶带 k 因子指标值；$x_{i'j'k}$ 为第 i' 种酶谱第 j' 条酶带 k 因子指标值；X_k 为因子权重系数（k 可取 1、2、3，分别代表 Rf 值、宽度与活性）。

3.2.2　带谱距离

带谱距离是指任一条酶带与一种酶谱之间的遗传距离，定义为这一种酶带与那一种酶谱的所有酶带之间的最小距离，即：

$$d_{iji'} = min\ d_{iji'j'}(1 \leqslant j' \leqslant T_{i'})$$

式中：$d_{iji'}$ 为第 i 种酶谱第 j 酶带与第 i' 种酶谱的带谱距离；$T_{i'}$ 为第 i' 种酶谱的总酶带数目。

3.2.3　酶谱距离

酶谱距离是指酶谱与酶谱之间的遗传距离，定义为两种酶谱所有酶带的带谱距离的平均值，即：

$$D_{ii'} = \frac{\sum_{j=1}^{T} d_{ij'_i} + \sum_{j'=1}^{T'} d_{i'j'}}{T + T'}$$

式中：$D_{ii'}$ 为第 i 种酶谱与第 i' 酶谱的遗传距离；T'_i 为第 i 种酶谱的总酶带数。

3.2.4　实例分析

采用上述计算步骤，对河南木兰属 8 种、1 变种的过氧化物同工酶进行计算机分析，当 Rf、酶带宽度、活性的权重系数分别取为 $W_1 = 0.997\ 0$、$W_2 = 0.001\ 0$、$W_3 = 0.002\ 0$ 时，相互之间酶谱距离如表 3 所示，并按最短距离法进行聚类分析，结果如图 2 所示。

表 3　河南木兰属 8 种、1 变种酶谱距离

树种编号	1	1-1	2	3	4	5	6	7	8
1	0								
1-1	0.023	0							
2	0.050	0.048	0						
3	0.067	0.068	0.040	0					
4	0.108	0.112	0.117	0.085	0				
5	0.100	0.107	0.110	0.084	0.031	0			
6	0.101	0.112	0.115	0.088	0.033	0.009	0		
7	0.063	0.072	0.074	0.068	0.070	0.068	0.071	0	
8	0.117	0.126	0.128	0.080	0.050	0.037	0.035	0.057 0	0

从图 2 和表 3 结果可看出,河南木兰属 8 种、1 变种的过氧化同工酶酶谱距离明显聚为两大类,即玉兰、塔形玉兰、宝华玉兰、舞钢玉兰组成的玉兰类和望春玉兰、椭圆叶玉兰、河南玉兰、伏牛玉兰、腋花玉兰组成的辛夷类,这两类与木兰属玉兰亚属 Subgen. Yulania 内玉兰派 Sect. Yulania 和辛夷派 Sect. Btergria 的形态分类相吻合。但是,从酶学观点,不支持河南玉兰派 Sect. Trimopgaflora 和腋花玉兰派 Sect. Axilliflora 成立的观点,以并入辛夷派为宜。

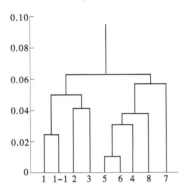

图 2　河南木兰属 8 种、1 变种聚类分析

1.玉兰,1-1.塔形玉兰 8,2.宝华玉兰,3.舞钢玉兰,4.望春玉兰,5.椭圆叶玉兰,6.河南玉兰,7.伏牛玉兰,8.腋花玉兰。

此外,从图 2 和表 2 还可明显看出,椭圆叶玉兰与河南玉兰的两种酶谱十分相近,用"酶谱多指标综合判断距离法"运算的两者距离仅为 0.009(见表 3),聚类分析(见图 2)表明,二者应为种内关系。因此,无论从酶谱差异性还是从"酶谱多指标综合判断距离法"联机的结果,均不支持椭圆叶玉兰作为独立种的存在。根据《国际植物命名法规》有关规定,以并入河南玉兰作为变种为宜,即 M. honanensis B. C. Ding et T. B. Chao var. elliptilimba(Law et Gao)T. B. Chao. var. comb. nov. [M. elliptilimba Law et Gao, sp. nov. ,刘玉壶等. 河南木兰属新植物. 植物研究,1984,(4)4:189-194]。

4　问题讨论

目前,国内外不少学者在同工酶谱测定与应用上都采用 Rf 值作为鉴别,或检验物种、变种的依据,得到公认,普遍采用的是把 Rf 值相同,或相近的酶带作为相似酶带,通过比较相似酶带(或不相似酶带)数目的多少来分析与判断生物种与种、变种与变种之间的关系。作者通过多次试验发现:这种用相似系数来判断,或检验物种间的客观存在,具有一定的局限性,易受试验条件与观测方法的改变而变化,且有很大的主观性,尤其是相似酶带之间,以及不相似酶带之间的差异并不相同,这样,一些系数相同的种与种之间,其酶谱与形态之间却有很大的差异。如江洪等《柏木属植物过氧化物酶同工酶的研究》中,绿干柏与岷江柏木、西藏柏木、干香柏、墨西哥柏木的相似系数均为 0;张相岐等《番茄过氧化物同工酶谱型》中,迈球与房果、樱桃黄、红李、粉大品种的相似值均为 100%;再如杨自湘等《胡桃属十种植物过氧化物同工酶分析》中,核桃和漾濞核桃的酶谱距离为 0,核桃与核桃楸和北加州黑核桃、漾濞核桃与核桃楸和北加州黑核桃、灰核桃与墨西哥黑核桃的酶谱距离均为 0.53。但是,上述试验材料,在形态特征上均为差异极大的种或品种。由此可见,采用相似系数法分析植物的系统发育、遗传育种、形态分类等,难免存在着不确定性和主观性。少数学者,如崔运兴等,"根据主要酶带的电泳迁移率和活性强弱将电泳图谱归类",并根据各酶谱类型出现频率,计算遗传距离,这种方法虽然避免了相似系数法的一些缺陷,但在图谱归类及频率统计时,受主观因素控制的工作量很大,因而更容易受主观因素的影响。通过多年来的研究,笔者提出的"酶谱多指标综合判断距离法",完全可以避免相似酶带或图谱归类排列的主观因素及观测方法对结果的影响,而直接输入电脑处理,把每一条酶带的差异性均考虑进去,从而有效地克服了上述缺陷,是一种比较成功的新的分析方法。

酶谱特征,除酶带数目外,还有酶带宽窄及其活性强弱等因子,它们在酶谱中均占有一定的比重,是同工酶分析技术中不应缺少的因素。尤其是在种下分类单位中更为重要。"酶谱多指标综合判断距离法"成功地把酶谱宽窄及其活性强弱也同时加入分析,并由各自权重系数的大小来控制它们各自在分析中的比重。通过对河南木兰属 8 种、1 变种的分析,其结果与形态分类相吻合。同时,还可以纠正某些错误,从而证实本法用于判断与检验树木形态分类中的种、变种是可行的,可用来作为探讨植物系统发育、物种起源及其分类的重要依据和手段之一。

<hr />

注:T. B. Chao = T. B. Zhao。

参考文献

[1] 赵天榜,等. 木兰及其栽培[M]. 郑州:河南科学技术出版社,1992.

[2] 赵天榜,等. 河南木兰属新种和新变种[J]. 河南农学院学报,1993(4):6-11.

[3] 郑万钧. 中国树木志 第一卷[M]. 北京:中国林业出版社,1993:144-46.

[4] 刘玉壶,等. 河南木兰属新植物[J]. 植物研究,1689,4(4):189-194.

[5] 赵天榜,等. 中国木兰属植物腋花、总状花序的首次发现与新分类群[J]. 河南农业大学报,1986,19(4):359-393.

[6] 吴安仁,张进仁,等. 用过氧化物同工酶对柑橘分类的探讨[J]. 园艺学报,1985,12(2):83-87.

[7] 杨自湘,等. 胡桃属十种植物的过氧化物同工酶分析[J]. 植物分类学报,1989,27(1):53-57.

[8] 杨自湘,顾万春,等. 毛白杨种内过氧化物同工酶变异[J]. 林业科学研究,1995,3(4):335-348.

[9] 赵翠花,赵天榜,等. 毛白杨过氧化物同工酶的研究[C]//赵天榜,等.《河南科技》林业论文集一. 河南科技杂志社,1991:16-18.

[10] 张相歧,王海延,等. 番茄(Lycopersicon)四个种的过氧化物同工酶分析[J]. 植物研究,1987,7(4):133-152.

[11] 韩锦峰,林学悟. 同工酶在作物遗传育种中的应用[J]. 河南农学院学报,1992,1:122-129.

[12] 刘舒芹,等. 龙眼品种过氧化物酶与多酚氧化酶同工分析亲缘关系[J]. 园艺学报,1688,15(4):217-222.

[13] 江洪,等. 柏木属物过氧化物酶同工酶的研究[J]. 植物分类学报,1989,24(4):233-259.

[14] 张忠义,赵天榜. 鄢陵素心蜡梅类品种的模糊聚类分析[J]. 生物数学学报,1998,5(3):129-131.

[15] 崔运兴,等. 中国特有小麦脂肪同工酶[J]. 植物学报,1998,3(3):35-44.

[16] 胡志昂,等. 裸子植物的生化系统学(二)松科植物的过氧化物[J]. 植物分类学报,1963,21(4):423-432.

河南玉兰属 20 种植物过氧化物同工酶综合因子排序分析

赵东武[1]　赵翠花[2]　赵天榜[3]

(1. 河南农大风景园林规划设计研究院,郑州　450002;
2. 河南许昌市农业科学研究所,许昌　461000;3. 河南农业大学,郑州　450002)

摘　要　本文对河南玉兰属 20 种植物过氧化物同工酶综合因子采用排序方法进行研究。其结果表明,玉兰属 20 种植物过氧化物同工酶综合因子采用排序方法,也是进行玉兰属植物鉴定和进行该属分类的方法和手段之一。

关键词　玉兰属;20 种植物;过氧化物同工酶;酶谱排序

0　前　言

为了检验形态分类的科学性和可靠性,作者对玉兰属 20 种植物过氧化物同工酶进行了测定与研究。同时,采用排序方法对它们酶谱综合因子的相似程度进行了分析,试图从分子水平上为该属植物物种鉴定、新品种选育、亲缘关系探讨及其分类系统建立提供新的酶学依据和手段。

1　试验材料和方法

1.1　试验材料

玉兰属 20 种植物名称、学名:1. 腋花玉兰 Yulania axilliflora、2. 四季腋花玉兰 Yulania axilliflora 'Sijihua'、3. 猴掌腋花玉兰 Yulania axilliflora 'Multialabastra'、4. 伏牛玉兰 Yulania funiush-anensis、5. 椭圆叶玉兰 Yulania Y . elliptilimba、6. 石人玉兰 Yulania shirenshanensis、8. 河南玉兰 Yulania henanensis、9. 舞钢玉兰 Yulania wugangensis、10. 夏花玉兰 Y. denudata 'Xiahua'、11. 黄花玉兰 Y. denudate var. flava、12. 晚花玉兰 Y. denudata 'Wanhua'、13. 塔形玉兰 Y. denudate var. pyramidalis、14. 窄被玉兰 Y. denudate var. angustitepala、15. 柱蕾玉兰 Y. denudata 'Zhubei'、16. 玉兰 Y. denudata、17. 飞黄玉兰 Y. feihuangyulan、18. 武当玉兰 Y. sprengeri、19. 罗田玉兰 Y. pilocarpa、20. 鸡公玉兰 Y. jigongshanensis。

1.2　酶液制备

试材选取后,分别用水、蒸馏水洗净,吸水纸吸取表面水分,各取 5.0 g,置冷研钵中,加 Tris/HCl 缓冲液(pH 8.6)0.01 L,研成匀浆,过滤后,用离心机 1 000 r/min 离心 1 h,取合清液,储于冰箱中(0~4 ℃)备用。

1.3 试验技术

用聚丙烯酰胺凝胶电泳系统,浓缩胶浓度 1.3%,pH 7;分离胶浓度 7.5%,pH 8.9。电泳缓冲液在 20~23 ℃条件下进行。电压 300 V,电泳 15 mA/板。分离胶采用光聚合。电泳后,用 0.16%改良醋酸–联苯胺染色,酶谱现清晰颜色后,倾去色液,蒸馏水漂洗、固定后,测定其酶带数目、宽度、活性强弱以及酶带迁移率 Rf,并拍片保存。酶谱活性强弱分为 4 级,分别用数字 3.0、2.0、1.0 和小于 1.0 表示。酶带宽度为实际量值以 cm 为单位。

1.4 酶谱因子测算

按薛应尤方法(1985)和陈志秀(1994)方法进行。

1.5 酶谱因子排序

按江洪等方法(1986)进行。作者采用具体方法略去。

2 结果与分析

2.1 玉兰属 20 种植物的酶谱

其酶谱综合因子测算结果如图 1 所示。

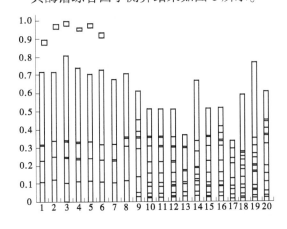

图 1 玉兰属 20 种植物的酶谱图
(编号及名称见试验材料)

2.1.1 特征酶谱

每种、变种或品种均有特征酶谱,或以酶谱因子不同相区别。如腋花玉兰特征酶谱为 2、7、0.90;伏牛玉兰特征酶谱为 2、7、0.93。

2.1.2 Rf 的分类

依据 20 种植物的酶谱 Rf 的差异,可分 2 大类,第一大类的酶谱特点是:酶带数目少(4~5 条)、宽度通常宽、特征酶谱有 2、32~35、0.11~ 0.12、2、(14~)26~28、0.32~0.36 和大于 0.69 的酶带植物。该类植物包括腋花玉兰及其 2 品种、椭圆叶玉兰、伏牛玉兰、望春玉兰、石人玉兰及河南玉兰。该类植物均为望春玉兰组植物的成员。第二大类的酶谱特点是:酶带数目多(7~11 条)、宽度通常小于 30 mm,除罗田玉兰(Rf 0.77)外没有大于 0.67 酶带的物种。该类植物包括玉兰及其 6 变种、品种,飞黄玉兰,武当玉兰,鸡心玉兰和舞钢玉兰为玉兰组的成员。由此表明,20 种植物的分类,恰与玉兰组和望春玉兰组植物的形态分类相吻合。

2.1.3 确定种群位置

罗田玉兰与椭圆叶玉兰的分类位置,与作者的研究相吻合,即罗田玉兰归属玉兰组、椭圆叶玉兰属望春玉兰组。《中国植物志》(第三十卷 第一分册)中将罗田玉兰置于望春玉兰组内,将椭圆叶玉兰纳入玉兰组内,均没有得到酶谱的支持。

2.2 玉兰属 20 种植物的酶谱(Rf)排序

按江洪等方法(Rf)(1986)进行排序结果相吻合。

从图 2 可看出:①作为玉兰属植物分类系统建立的依据:玉兰属 20 种植物分别隶属玉兰组和望春玉兰组。望春玉兰组又分为 3 小类,即:望春玉兰小类,包括望春玉兰、腋花玉兰;石人玉兰小类,包括石人玉兰、椭圆叶玉兰及伏牛玉兰;河南玉兰小类,包括河南玉兰 1 种。玉兰组也分为 3 小类,即:玉兰小类,包括玉兰及其变种和品种、飞黄玉兰和武当玉兰;罗月玉兰小类,包括罗田玉兰及鸡公玉兰;舞钢玉兰小类,仅舞钢玉兰 1 种。玉兰组和望春玉兰组下分类为玉兰属下分类系统的建立提供了酶学的支持。②研究种群内变异的手段。玉兰及其 6 个变种、品种的酶谱综合因子排序结果相近,作为一个种群的处理得到了酶学的支持。但是,根据花色、物候期的不同,而命名的品种名称,虽符合《国际栽培植物命名法规》,但没有得到酶学的支持。③确定种群等级。石人玉兰、飞黄玉兰作为玉兰属新种得到了酶学的支持。孙卫邦将腋花玉兰作为望春玉兰的类群,没有得到酶学的支持。④谱综合因子排序优于酶谱 Rf 排序结果。若采用形态分类酶谱分类等多学科、多种方法相结合,才能获得可靠的结果,而避免不应出现的问题。

注:1. 玉兰亚属及属学名均有改变。
　　2. 主要参考文献从略。

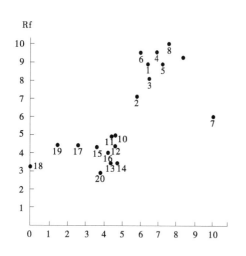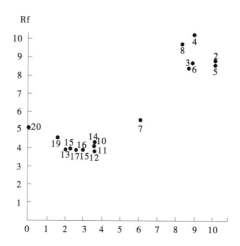

图2 玉兰属20种植物过氧化物同工酶酶谱综合因子排序结果
（名称及编号见试验材料）

玉兰属14种植物分类特征性状系统聚类

赵天榜　陈志秀

（河南农业大学，郑州　450002）

　　玉兰属植物是我国传统名花和特用经济树种。该属植物在木兰科 Magnoliaceae 木兰亚科 subfam. Magnolioideae 分类系统研究中具有重要科学价值，其玉蕾（拟花蕾，过去误称"花蕾"）入中药，称"辛夷"，还是香料的重要原料。近年来，作者在进行玉兰属植物资源调查、采集和研究中，提出了一些新的观点和看法。为了进一步检验这些观点的科学性和可靠性，以及玉兰属植物种群划分的合理性和正确性，作者选用玉兰属14种植物试图采用系统聚类分析方法进行该属植物的定性分析，为探讨其属下分类和种群划分，以及某些种的归属提供新的依据和手段，使该属植物成为一个不受人为干预的自然分类新系统，并获得满意结果。现将研究结果，报道如下。

1　材料与方法

1.1　分类单位的确定

　　按照陈志秀（1995）的方法，将河南玉兰属14种植物作为14个分类单位（OTU's），如表1所示。

表1　玉兰属14种植物的14个分类单位（OTU's）

编号	名称	学名	编号	名称	学名
1	玉兰	Y. denudata	8	望春玉兰	Y. biondii
2	凹叶玉兰	Y. sargentiana	9	宝华玉兰	Y. zenii
3	武当玉兰	Y. sprenger	10	黄山玉兰	Y. cylindrica
4	罗田玉兰	Y. pilocarpa	11	河南玉兰	Y. honanensis
5	鸡公玉兰	Y. Jigongshanensis	12	伏牛宝华玉兰	Y. zenii var. funiushanensis
6	舞钢玉兰	Y. wugangensis	13	腋花玉兰	Y. axilliflora
7	朱砂玉兰	Y. soulangiana	14	紫玉兰	Y. liliflora

1.2 分类特征性状的选取

玉兰属14种植物分类特征性状的观察与记载，是作者根据多年来在河南伏牛山区的南召县和鲁山县、河南省鸡公山国家级自然保护区和郑州市采集的大量蜡叶标本进行的记载。在选取其分类特征性状记载时，特别注意从这些植物中选取种内相对稳定的分类特征性状、种间变异性状及其变异幅度的特征性状的记载，并体现出该属植物种群(Popalation concepe)划分的标准性状和代表性状，如鸡公玉兰叶有6种类型：①宽椭圆形，或宽卵圆形，先端凹裂；②倒卵圆形，先端微凹；③倒卵圆形，先端钝圆，具短尖头；④倒三角形，上部最宽，先端凹入，具3裂片；⑤宽倒三角状近圆形，主脉中部分2叉，先端2裂；⑥圆形，或近圆形，先端钝圆，具短尖头。河南玉兰花有3种花型：①单花具花被花9~12枚，有萼、瓣之分；②单花具花被花9枚，有萼、瓣之分；③单花具花被花11~12枚，花瓣状。舞钢玉兰花有2种花型：①单花具花被花9枚，有萼、瓣之分；②单花具花被花9枚，花瓣状。腋花玉兰、舞钢玉兰玉蕾着生位置，蕾内含小玉蕾数目等分类特征性状……均一一列出。该属14种植物在分类中的共性，如离心皮雌蕊群形状、离生单雌蕊和雄蕊多数等，在作数量分类时，不予入选。最后，经过反复对比，筛选出38个分类特征性状，如表2所示。

表2 玉兰属14种植物分类单位所选取的特征性状

编号	特征性状	编号	特征性状	编号	特征性状	编号	特征性状	编号	特征性状
1	乔木、灌木	9	叶片先端	17	玉蕾着生	25	花被片形状	33	瓣状花被片颜色
2	小枝粗细	10	叶片基部	18	玉蕾数目	26	花被片颜色	34	雄蕊长度
3	小枝毛被	11	叶片毛被	19	玉蕾形状	27	花被片质地	35	花药颜色
4	小枝颜色	12	主侧脉夹角	20	玉蕾长度	28	花被片长度	36	花丝颜色
5	叶片形状	13	主侧脉低平	21	芽鳞状托叶毛被	29	花被片宽度	37	离生单雌蕊颜色
6	叶片质地	14	侧脉弯直	22	芽鳞状托叶	30	花被片先端	38	离生单雌蕊毛被
7	叶片长度	15	叶柄粗细	23	花叶开放期	31	萼状花被片形状		
8	叶片宽度	16	叶柄毛被	24	花被片数目	32	瓣状花被片形状		

1.3 系统聚类方法

为保证该属14种植物分组及其种群划分的合理性、准确性和科学性，作者采用系统聚类方法中的最长距离法等6种方法，对该属14种植物、38个分类特征性状进行系统聚类分析。其方法步骤如下：

第一，计算河南玉兰属14种植物各性状的相关系数矩阵。计算公式如下：

$$r_{ij} = \text{cov}(x_i x_j) / \sqrt{v(x_i) \cdot v(x_j)}$$

第二，根据相关矩阵，用Jacoi法求其特征根 $\lambda_1, \lambda_2, \cdots, \lambda_m$ 及其对应的向量 $l_1, l_2, \cdots, l_m$，并依次选出 λ 较大的 m' 特征根及其特征向量，以满足 $\sum_{i=1}^{m'} \lambda \sum_{i=1}^{m} \lambda_i \geq 85\%$ 的要求。

第三，求算玉兰属14种植物各点的坐标距离。

第四，采用系统聚类分析方法中的最长距离法等6种方法，对玉兰属14种植物分类特征性状进行系统聚类的结果，绘出系统聚类图(system clustering)。

本项研究的数据运算，均在 IBM PI/Xt 586 计算机上完成的。

2 结果与分析

2.1 小枝和叶部22个分类特征性状的聚类

作者采用系统聚类分析方法中6种方法，对玉兰属14种植物小枝和叶部22个分类特征性状进行系统聚类分析结果如图1所示。

从图1中得出如下结论：

(1)提供了该属属下分类系统建立的新依据和手段。系统聚类结果表明，玉兰属中13种植物作为独立种，而伏牛玉兰作为宝华玉兰变种的处理，是正确的、合理的，且被系统聚类分析方法中6种方法所证实。

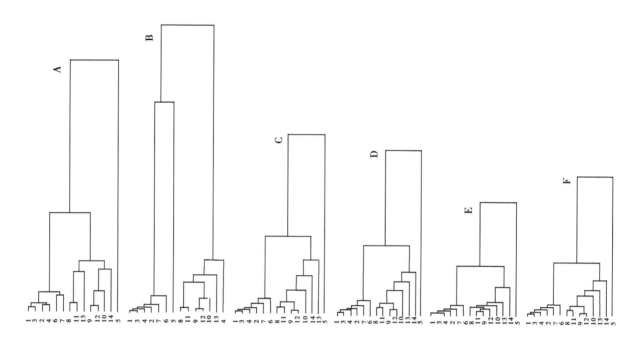

图 1　小枝和叶部 22 个分类特征性状的系统聚类图（树种名称及编号见试验材料）

A. 最长距离法；B. 离差平方和法；C. 中间距离法；D. 重心法；E. 最短距离法；F. 类平均法。

（2）在图 1 的 6 种方法中,除鸡公玉兰叶形多变外,其他 13 种植物则明显聚为 2 大类:①玉兰、凹叶玉兰、罗田玉兰、舞钢玉兰、武当玉兰 6 种（包括朱砂玉兰）明显为一类,即玉兰类。该类植物与玉兰组 Yulania Spach sect. Yulania（Dandy）D. L. Fu 植物的形态分类相吻合;②望春玉兰、河南玉兰、腋花玉兰、黄山玉兰、宝华玉兰、伏牛宝华玉兰及紫玉兰等 5 种、1 变种明显为一类,即渐尖玉兰类（望春玉兰类、紫玉兰类）。该类植物与渐尖玉兰组植物的形态分类相吻合;③朱砂玉兰类（明显区别玉兰类）,仅朱砂玉兰 1 种,则与朱砂玉兰组 Yulania Spach sect. × Zhushayulania（W. B. Sun et T. B. Zhao）D. L. Fu 相吻合;④该 3 类中,玉兰类、渐尖玉兰类和朱砂玉兰类的 3 类划分,恰与玉兰属植物的形态分为玉兰组、渐尖玉兰组和朱砂玉兰组相吻合,从而为该属属下分类系统建立提供了新的依据和手段。

（3）支持望春玉兰组与紫玉兰组合为一组。国内外有关木兰科文献中均将望春玉兰组、紫玉兰组作为 2 个独立组处理,则没有得到系统聚类结果的支持,而支持望春玉兰组与紫玉兰组合并为一组,即渐尖玉兰组 Yulania Spach sect. Tulipastrum（Spach）D. L. Fu。

（4）从图 1 中看出,罗田玉兰（4）聚类为玉兰组内一成员、宝华玉兰（9）聚类到渐尖玉兰组内,则与《中国植物志》（第三十卷　第一分册）把罗田玉兰原作为望春玉兰组的成员、宝华玉兰聚类为望春玉兰组内一成员不吻合。聚类结果将玉兰组内的宝华玉兰聚类到渐尖玉兰组内,罗田玉兰聚类到玉兰组内,是合理的,并符合其自然系统的分类。

2.2　花部 16 个分类特征性状聚类

作者采用系统聚类分析法,对玉兰属 14 种植物花部 16 个分类特征性状进行聚类分析,结果如图 2 所示。

从图 2 中得出如下结论:

（1）玉兰属植物花部 16 个分类特征性状系统聚类分析方法中的 5 种方法（A、B、C、D、E）,均可作为鉴定与检验玉兰属植物种群划分的依据和手段。

（2）花部分类特征性状作为该属属下分组的依据,得到系统聚类结果的支持。如 A 方法明显将玉兰属 14 植物明显分为 4 类:玉兰类（包括玉兰、凹叶玉兰、武当玉兰、罗田玉兰、鸡公玉兰、朱砂玉兰）,望春玉兰类（包括望春玉兰、黄山玉兰、宝华玉兰、伏牛宝华玉兰、紫玉兰）,舞钢玉兰类（包括舞钢玉兰、腋花玉兰）及河南玉兰类（河南玉兰）,与该属属下分类系统的建立相吻合,反而,支持紫玉兰组和望春玉兰组合并为组,即渐尖玉兰组,采用 Yulania Spach sect. Tulipastrum（Spach）D. L. Fu。

2.3　综合38个分类特征性状的聚类

作者将玉兰属14种植物小枝、叶部和花部

38个分类特征性状综合后进行聚类分析,结果如图3所示。

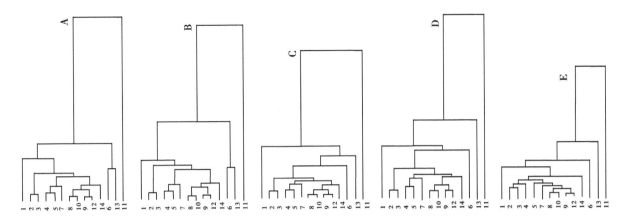

图2　花部16个分类特征性状系统聚类图(树种名称及编号见试验材料)

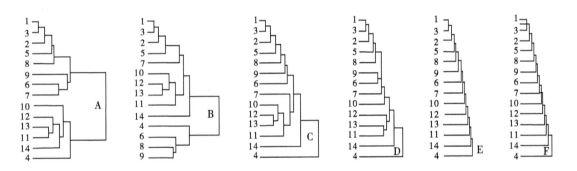

图3　综合38个分类特征性状的系统聚类图(树种名称和编号见试验材料)

从图3中得出如下结论:

(1)系统聚类分析方法中的6种方法聚类结果,可作为玉兰属14种植物种群划分的依据和手段。

(2)该属14种植物的B.离差平方和法、C.中间距离法、D.重心法、E.最短距离法和F.类平均法没有明显地聚成几个类群,也就是说,综合38分类特征性状作为玉兰属的分组标准和依据,均没有得到系统聚类分析方法中的4种方法聚类结果的支持。

(3)该属14种植物的38分类特征性状综合后进行系统聚类结果表明,A最长距离法可作为该属分组的有效方法,而其他几种方法均有其局限性,不宜采用。

3　初步结论

(1)玉兰属14种植物作为独立种,均得到了系统聚类分析方法中6种方法的聚类结果所证实。系统聚类分析方法可以作为该属种群鉴定和划分的依据和手段。

(2)以小枝和叶部分类特征性状进行聚类结果最明显,即将14种植物聚成3大类,即玉兰类、渐尖玉兰类和朱砂玉兰类。该系统聚类结果与其形态分类的玉兰组、渐尖玉兰组(包括望春玉兰组和紫玉兰组)及朱砂玉兰组相吻合。

(3)以小枝和叶部特征性状进行聚类分析,将玉兰组内的宝华玉兰聚类到渐尖玉兰组内,罗田玉兰聚类到玉兰组内,是合理的,并符合其自然系统的分类。长期以来,将宝华玉兰纳入玉兰组,而将罗田玉兰放入渐尖玉兰组(紫玉兰组、望春玉兰组)内,是人为的归并,不宜采用。

(4)以小枝、叶部和花部的综合38分类特征性状进行系统聚类分析,可以作为该属内种群鉴定和检验,以及种群划分的依据和手段,作为该属下分组的依据和手段,尚待进一步研究。这说明任何方法和技术,包括系统聚类分析方法在内,均有其局限性。所以,在研究玉兰属分类系统时,应以形态分类为基础,参照其他学科理论和方法,加以综合应用,才能得到满意的结果。

玉兰属 35 种植物分类特征性状排序的研究

赵东欣[1]　傅大立[2]　赵天榜[3]

(1. 河南工业大学化学化工学院,郑州　450001;
2. 中国林业科学研究院经济林研究开发中心,郑州　450003;3. 河南农业大学,郑州　450002)

摘　要　首次采用形态分类特征性状排序方法对玉兰属 Yulania Spach 35 种植物进行了研究。结果表明,该法可作为该属植物物种鉴定和区别的有效方法之一,并将 35 种植物一一加以区别。同时,还可作为该属新分类群和属下分类系统建立的科学依据。如 35 种植物形态分类特征性状排序结果分为 4 类,其第 1 类至第 3 类,恰与玉兰属植物形态分类的玉兰组 Sect . Yulania、渐尖玉兰组 Sect . Tuplipastrum 和朱砂玉兰组 Sect . Zhushayulania 相吻合;第 4 类,仅朝阳玉兰 Y . zhaoyangyulan 1 个新种。此外,还纠正了一些错误。

关键词　玉兰属;35 种植物;分类特征性状;新方法;分类群;分类系统

玉兰属(Yulania Spach)[1-3] 植物是木兰科 (Magnoliaceae)中的一个重要成员属,在木兰亚科(Magnoliodeae) 分类系统研究中具重要地位和作用,又是城乡园林绿化、经济林和水土保持林的重要树种,具有广阔的开发利用前景。笔者首次采用植物形态分类特征性状的排序方法对玉兰属 35 种植物的形态分类特征性状进行了研究,其目的在于探索该属植物种群划分和属下分类系统建立的合理性和正确性,且获得了良好的效果。

1　材料与方法

1.1　材料

从河南郑州市、长垣县引栽的玉兰属植物中所采的标本(均存河南农业大学),其名称、学名见表 1。

1.2　分类特征性状的选取

玉兰属 35 种植物分类特征性状的观察和记载,是根据笔者采集的标本进行的。其中,笔者没有采到的 4 种植物标本是:渐尖玉兰 Y . acumidata[2,4,6]、柳叶玉兰 Y . salicifolia[2,4,6]、椭蕾玉兰 Y . elliptigemmata (= *Magnolia elliptigemmata*[5])、多花玉兰 Y . multiflora[2-3] (= *Magnolia mulitiflora*[7]) ,它们的分类特征性状取自有关著作[2-7] 中的记载。在选取其分类性状时,特别注意稳定的分类特征性状,并充分体现该物种的代表性和

合理性。其中,各物种的共性,如雄蕊数目、叶背面主侧脉明显突起、聚生蓇葖果[20] 的形状等,在排序时不予入选,最后,筛选出 52 个分类特征性状供排序之用(见表 2) 。

表 1　玉兰属 35 种植物名称、学名

编号	名称	学名	编号	名称	学名
1	滇藏玉兰	Y . campbellii	19	渐尖玉兰	Y . acuminata
2	康定玉兰	Y . dawsoniana	20	时珍玉兰	Y . shizhenii
3	北川玉兰	Y . carnosa	21	望春玉兰	Y . biondii
4	凹叶玉兰	Y . sargentiana	22	黄山玉兰	Y . cylindrica
5	玉兰	Y . denudata	23	日本辛夷	Y . kubus
6	武当玉兰	Y . sprengeri	24	星花玉兰	Y . stellata
7	椭蕾玉兰	Y . elliptigemmata	25	柳叶玉兰	Y . salicifolia
8	青皮玉兰	Y . viridula	26	腋花玉兰	Y . axilliflora
9	玉灯玉兰	Y . pyriformis	27	朝阳玉兰	Y . zhaoyangyulan
10	奇叶玉兰	Y . mirifolia	28	宝华玉兰	Y . zenii
11	多花玉兰	Y . multiflora	29	椭圆叶玉兰	Y . elliptilimba
12	罗田玉兰	Y . pilocarpa	30	天目玉兰	Y . amoena
13	鸡公玉兰	Y . jigongshanensis	31	景宁玉兰	Y . sinostellata
14	舞钢玉兰	Y . wugangensis	32	湖北玉兰	Y . hubeiensis
15	两型玉兰	Y . dimorpha	33	石人玉兰	Y . shirenshanensis
16	信阳玉兰	Y . xinyangyulan	34	河南玉兰	Y . honanensis
17	朱砂玉兰	Y . soulangiana	35	大别玉兰	Y . dabeishanensis
18	紫玉兰	Y . liliiflora			

注:35 种植物名称及学名见文献[1]~[20] 。

基金项目　国家林业局“948” 项目;河南工业大学校博士科研基金(2006BS015) 。

作者简介　赵东欣(1974—) ,女,河南郑州人,博士,从事化学教学和研究工作。

鸣　谢　河南农业大学博士生导师杨秋生教授,朱长山、张忠义教授对论文提出宝贵修改意见。

表 2　玉兰属 35 种植物分类特征性状

编号	形态特征性状	编号	形态特征性状	编号	形态特征性状
1	乔木、灌木	19	叶柄毛被	37	花丝颜色
2	枝条粗、细	20	叶最宽部位	38	花丝与花药宽度
3	枝条颜色	21	托叶痕长度	39	药隔先端
4	枝条毛被	22	芽鳞状托叶[20]数	40	子房毛被
5	幼枝毛被	23	芽鳞状托叶颜色	41	子房颜色
6	叶片形状	24	芽鳞状托叶毛被	42	花柱与柱头颜色
7	叶片质地	25	芽鳞状托叶始落期	43	雌雄蕊群高低
8	叶片先端形状	26	拟花蕾[20]形状	44	蓇葖果形状
9	叶片基部形状	27	拟花蕾着生位置	45	蓇葖果颜色
10	叶边部皱褶	28	拟花蕾花序与否	46	蓇葖毛被
11	叶面颜色	29	每种植物花型	47	蓇葖果疣平
12	叶面毛被	30	花叶开放时期	48	花梗粗细
13	叶面皱平	31	单花花被片数目	49	花梗毛被
14	叶面主脉平凹	32	花被片形状	50	缩台枝粗细
15	叶背面颜色	33	花被片质地	51	缩台枝毛被
16	叶背面毛被	34	花被片长宽	52	缩台枝节数
17	叶背面主侧脉毛被	35	花被片颜色		
18	叶柄粗细	36	雄蕊颜色		

注:35 种植物编号及名称见表 1。

1.3　排序方法

笔者在江洪等[21]、陈志秀[22]和闫双喜等[23]的方法的基础上,首次采用排序方法,对玉兰属 35 种植物分类特征性状进行研究。其具体方法如下:

(1)确定玉兰属 35 种植物分类特征性状综合因子的相似性,即根据该属植物的 52 个分类性状按相同或相近特征性状作为一个等级,排成一个分类特征性状表(见表 2)。

(2)计算玉兰属 35 种植物分类特征性状综合因子的相似性,计算公式为:

相似值(Σ) = [2×甲、乙两个物种分类特征性状相等或相近因子数/甲、乙两个物种分类特征性状因子数]×100

(3)求算玉兰属 35 种植物分类特征性状综合因子不相似值,其求算公式为:

不相似值(Σ') = 100-Σ

(4)将玉兰属 35 种植物分类特征性状综合因子的不相似值构成矩阵表(表略)。

(5)计算玉兰属 35 种植物分类特征性状综合因子不相似值的总和(Σ)。然后,则按江洪等方法,计算出 y、e 和 x,并填入表 3。

具体计算方法如下:

①计算各物种分类特征性状综合因子不相似值的总和(Σ),即矩阵表中横向不相似值和。

②计算坐标图上 y 轴位置上各物种分类特征性状综合因子的不同位点。其计算公式为:

$$y_i = L^2 + D_a^2 - D_b^2 \cdot 2L$$

式中,y_i 为所求各物种分类特征性状综合因子的相似值沿 y 轴对 A 物种分类特征性状综合因子的相似值的距离;L 为 A 种和 B 种间分类特征性状综合因子的相似值;D_a 为 A 种与所求种间分类特征性状综合因子的不相似值;D_b 为 B 种与所求种间分类特征性状综合因子的不相似值。

求算出方法是:找出矩阵表中项的最大值(1 346)为准,横向找出最大不相似值(100)的朱砂玉兰 Y. soulangiana[1-4]。然后,按上式求算出各物种酶谱在 y 轴上的不同位点,填入表 3 中的 Y 项内。

③求算各种分类特征性状综合因子在 y 轴上的吻合性差度值,求算公式如下:

$$e = D_a^2 - y_i$$

求算结果填入表 3 中的 e 项目。

④根据最大值 E(62.3) 的 A′种(舞钢玉兰 Y. wugangensis[2-4,15],以 a' 标记在 x 轴上的 O 位置上,再求出与 A 种最大不相似值的 B′种(腋花玉兰 Y. axilliflora[21-22,13-15])的酶谱 b',标记在 x 轴上的另一端;B′种分类特征性状综合因子的不相似值在 x 轴上的位置为 a' 与 b' 的不相似值(L')。

求算玉兰属其他物种分类特征性状综合因子的相似值在 x 轴上的距离,按下公式计算:

$$x_i = (L')^2 + (D_a')^2 - (D_b')^2 \cdot 2L'$$

式中,x_i 为所求物种分类特征性状综合因子的相似值沿 x 轴对 A′种分类特征性状综合因子的相似值距离;D_a' 为 A′种分类特征性状综合因子的相似值与所求物种分类特征性状综合因子的不相似值;D_b' 为 B′种分类特征性状综合因子的相似值与所求物种分类特征性状综合因子间的不相似值;L' 为 A′种与 B′种分类特征性状综合因子间的不相似值。求算出各物种分类特征性状综合因子的相

似值在 x 轴上距离的结果，填入表3中的 x 项内。

（6）绘制玉兰属35种物种分类特征性状综合因子排序坐标图。根据各物种分类特征性状综合因子计算的数值（y，x）在数轴排序的位置，绘出坐标图（见图1）。

（7）求算出各物种分类特征性状综合因子的相似系数（r）。为了解玉兰属各物种分类特征性状综合因子排序结果的可靠性和相关性，特求出各物种分类特征性状综合因子的排序距离。其求算方法如下公式：

$$x'_i = d^2 y + d^2 x$$

式中，x'_i 为各物种分类特征性状综合因子的排序间距；dy 为在 y 轴上各物种分类特征性状综合因子的间差距；dx 为在 x 轴上各物种分类特征性状综合因子的间差距。再用排序距离（x'_i）与矩阵表中下方不相似值数，求算出相似系数。求算结果：$r=0.968\ 79$。

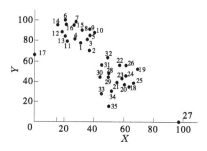

图1　玉兰属35种植物分类特征性状排序
（编号、名称见表1）

注：名称及编号见表2。

表3　玉兰属35种植物分类特征性状排序结果

编号	Σ	y	e	x	编号	Σ	y	e	x
1	1 152	77.8	8.5	31.3	19	959	51.7	5.4	69.3
2	1 221	70.5	11.3	36.9	20	1 058	36.7	10.6	60.1
3	1 124	81.2	9.7	35.3	21	1 164	39.2	23.4	55.6
4	1 029	81.9	29.0	26.6	22	854	56.0	11.0	57.1
5	1 048	85.3	27.3	36.7	23	1 179	42.5	22.7	58.6
6	1 078	100.0	0	20.3	24	967	45.9	15.7	61.6
7	1 160	98.0	19.7	27.3	25	997	38.7	10.6	66.5
8	1 219	89.7	18.3	32.2	26	855	55.6	7.6	61.6
9	994	91.4	18.2	36.7	27	1 443	0	0	97.2
10	1 071	88.0	22.9	40.1	28	890	47.5	5.4	49.9
11	1 302	79.4	29.4	22.0	29	1 129	44.5	27.5	49.9
12	1 233	88.7	22.0	18.2	30	945	44.5	27.5	43.9
13	1 184	84.4	27.3	20.3	31	920	56.0	16.7	45.0
14	1 133	95.6	15.8	15.3	32	1 227	63.0	37.8	49.2
15	1 157	95.4	18.0	26.3	33	1 093	27.7	26.2	44.8
16	1 017	95.2	15.8	21.1	34	1 134	29.9	23.7	51.5
17	1 314	66.8	39.3	0	35	970	16.7	36.8	50.2
18	1 088	34.8	31.2	63.5					

注：编号及名称见表1，表3中仅记 Σ、Y、e、x 4项，其他略之。

2　结果与分析

2.1　玉兰属35种植物分为4大类

由图1可见，玉兰属35种植物明显分为4大类，即：

第1大类（1~16），包括玉兰 Y. denudata[2-4]（5）、信阳玉兰 Y. xinyangyulan（*Magnolia xinyan-*

gyulan[24]）（16）等16个种，恰与玉兰属植物中的玉兰组 Sect. Yulania[2-4,6]相吻合。

第2大类（18~26，28~35），包括紫玉兰 Y. liliiflora[2-4]（18）、大别玉兰 Y. dabeishanensis（=*Magnolia dabeishanensis*[24]）（35）等，恰与玉兰属渐尖玉兰组 Sect. Tulipastrum[1-4,8,14-15]（望春玉兰组和紫玉兰组[4-5]）物种相一致。

第3大类，仅朱砂玉兰[2-4]（17）1种，与朱砂玉兰组 Sect. Zhushanyulania[2,6,8,14]相吻合。

第4大类，仅朝阳玉兰 Y. zhaoyangyulan（27）1种。

总之，玉兰属35种植物分类特征性状的排序结果，为该属属下分类系统的建立提供了新的科学依据和手段。该研究结果，也得到了王亚玲等[9]研究结果的证实。

2.2　鉴定玉兰属物种的有效方法之一

从图1上清楚地看出，每一物种均有其相应的位置，是鉴定和区别该属物种的有效方法之一。如罗田玉兰 Y. pilocarpa[1-2,4,10]（12）、朝阳玉兰 Y. zhaoyangyulan（27）、朱砂玉兰[2-4]（17）等35种植物，在图1中均有各自相应的位点。

2.3　论证玉兰属物种间的亲缘关系远近

由图1可见，有些物种在排序坐标图上的位点相近，如罗田玉兰（12）与鸡公玉兰 Y. jigongshanensis[2,6,12,15]（13）、两型玉兰 Y. dimorpha（=*Magnolia dimorpha*[24]）（15）与信阳玉兰 Y. xinyangyulan（16）位点较近，表明其物种之间亲缘关系相近；有些物种在排序坐标图上的位点相差很远，如鸡公玉兰[2,11,15]（13）、朱砂玉兰（17）和河南玉兰 Y. honanensis（=*Magnolia honanensis*[24]）[14-15]（34），则表明其物种之间的亲缘关系远。

2.4　纠正玉兰属某些种群的位置

《中国植物志》（第三十卷，第一分册）[3]中，将宝华玉兰 Y. zenii[2,4,6,15]（28）置于玉兰组内，将罗田玉兰放在紫玉兰组内，没有得到玉兰属 35 种植物分类特征性状的排序结果支持。而笔者将宝华玉兰、椭圆叶玉兰 Y. elliptilimba[16]（= *Magnolia elliptilimba*[24]）（29）纳入渐尖玉兰组，罗田玉兰置于玉兰组内，则得到了酶学（另文发表）和玉兰属 35 种植物分类特征性状排序结果的支持。

2.5 支持椭蕾玉兰、椭圆叶玉兰作为种级处理

玉兰属 35 种植物分类特征性状的排序结果支持椭蕾玉兰[5]（7）、椭圆叶玉兰（29）作为种级处理。

2.6 支持北川玉兰等新物种成立

玉兰属 35 种植物分类特征性状的排序结果支持北川玉兰 Y. carnosa[6]（3）、两型玉兰（15）、信阳玉兰（16）、湖北玉兰 Y. hubeiensis（= *Magnolia hubeiensis*[24]）（32）、石人玉兰 Y. shirenshanensi[26]（= *Magnolia shirenshanensis*[24]）（33）、大别玉兰 Y. dabeishanensis（35）、朝阳玉兰作为新种处理（新种另文发表）。

参考文献

[1] SPACH E. Yulania Spach[J]. Hist Nat Vég Phan, 1839, 7:462.

[2] 傅大立.玉兰属的研究[J].武汉植物学研究, 2001, 19(3):191-198 .

[3] 中国科学院中国植物志编辑委员会.中国植物志(第三十卷,第一分册)[M].北京:科学出版社, 1996: 126-141.

[4] CALLAWAY D J. The world of Magnolias[M]. Oregen: Timber Press, 1994.

[5] 郭春兰,黄蕾蕾.湖北药用辛夷一新种[J].武汉植物学研究, 1992, 1(4):325-327.

[6] 傅大立.辛夷植物资源及新品种选育研究[D].株州:中南林学院, 2001.

[7] 王明昌,闵成林.陕西木兰属一新种[J].西北植物学报, 1992, 12(1):85-86.

[8] 傅大立,赵天榜,孙卫邦,等.关于木兰属玉兰亚属分组问题的探讨[J].中南林学院学报, 1999, 19(2): 6-11.

[9] 王亚玲,李勇,张寿洲,等.几种玉兰属植物的RAPD 亲缘关系分析[J].园艺学报, 2003, 30(3): 299-302.

[10] 赵中振,谢宗万,沈节.药用辛夷一新种及一变种的新名称[J].药学学报, 1987, 22(10):777-780.

[11] 赵天榜,孙卫邦,陈志秀,等.河南木兰属一新种[J].云南植物学研究, 2000, 21(2):107-172.

[12] 赵天榜,傅大立,孙卫邦,等.中国木兰属一新种[J].河南师范大学学报, 2000, 28(1):62-65.

[13] 丁宝章,赵天榜,陈志秀,等.河南木兰属新种和新变种[J].河南农学院学报, 1983(4):6-11.

[14] 丁宝章,赵天榜,陈志秀,等.中国木兰属植物腋花、总状花序的首次发现和新分类群[J].河南农业大学学报, 1985, 14(4):356-363.

[15] 田国行,傅大立,赵东武,等.玉兰属植物资源与新分类系统的研究[J].中国农学通报, 2006, 22(5): 404-411.

[16] 刘玉壶,高增义.河南木兰属新植物[J].植物研究, 1983, 4(4):10.

[17] 裴宝林,陈征海.浙江木兰属一新种[J].植物分类学报, 1989, 27(1):79-80.

[18] 赵天榜,陈志秀,曾庆乐,等.木兰及其栽培[M].郑州:河南科学技术出版社, 1992:8-45.

[19] 傅大立,田国行,赵天榜.中国玉兰属两新种[J].植物研究, 2004, 24(3):261-264.

[20] 赵天榜,高炳振,傅大立,等.舞钢玉兰芽种类与成枝成花规律的研究[J].武汉植物学研究, 2003, 21(1):81-90.

[21] 江洪,王琳.柏木属植物过氧化酶同功酶的研究[J].植物分类学报, 1986, 24(4):235-259.

[22] 陈志秀.中国火棘属植物的数量分类研究[J].生物数学学报, 1995, 10(4):185-190.

[23] 闫双喜,赵勇,赵天榜.中国黄杨属植物的数量分类研究[J].生物数学学报, 2002, 17(3):382-383.

[24] 赵东武.河南木兰属玉兰亚属植物的研究[D].郑州:河南农业大学, 2006.

玉兰属、亚属、组、亚组、系检索表

赵天榜　　陈志秀

(河南农业大学, 郑州　450002)

1.1 玉兰亚属、组、亚组、系检索表

单株上只 1 种花型。花先叶开放;单花具花被片 9~18（~32）枚,稀 6~8 枚,或 33~48 枚,花瓣状,

通常无萼状花被片；花丝短、宽，通常与花药等宽或稍宽，花隔伸出呈短尖头，稀钝圆；离生单雌蕊无毛，稀有毛；缩台枝、花梗和果枝粗、短，密被长柔毛，稀无毛。种子具橙黄色的拟假种皮。花期为玉兰属植物花期较晚的一类[玉兰亚属 *Yulania Spach subgen. Yulania*(Spach)T. B. Zhao et Z. X. Chen。

 1. 单株上只 1 种花型。
  2. 叶倒卵圆形为主，有椭圆形，或奇形，先端钝圆、微凹，或急尖，不规则形、浅裂，或深裂，基部楔形，稀近圆形
   …………………………………… 玉兰组 Yulania Spach sect. Yulania(Spach)D. L. Fu
  2. 叶倒卵圆形为主，有椭圆形，或奇形，先端钝圆、微凹，或急尖，不规则形、浅裂，或深裂，基部楔形，稀近圆形
   …………………………… 玉兰亚组 Yulania Spach subsect. Yulania(Spach)D. L. Fu et T. B. Zhao
   3. 单花具佛焰苞状托叶 2 枚，1 枚着生在花梗中间，膜质，外面疏被长柔毛，早落，呈 2 节状，另 1 枚
    …………………………… 北川玉兰亚组 Yulania Spach subsect. Carnosa(D. L. Fu)T. B. Zhao et Z. X. Chen
   3. 单花具佛焰苞状托叶 1 枚。
    4. 玉蕾顶生。
     5. 单花具花被片 9~21 枚，稀 6~8 枚，花瓣状。
      6. 叶倒卵圆形、倒卵圆状三角形，或椭圆形、圆形、不规则形。花先叶开放，稀花叶同时开放；花被片近相
      似 …………………………… 玉兰系 Yulania Spach ser. Yulania(Spach)Z. B. Zhao et Z. X. Chen
      6. 玉兰系植物的种间杂种，且具有双亲的形态特征、特性和中间过渡类型
       ………………… 维持玉兰系 Yulania Spach ser. x Veitchiyulan T. B. Zhao et Z. X. Chen
     5. 单花具花被片 9~ 枚，或 12~48 枚。
      7. 单花具花被片(9~)12~48 枚，花瓣状，白色，或亮紫红色
       ………………… 青皮玉兰亚组 Yulania Spach subsect. Viridulayulan T. B. Zhao et Z. X. Chen
      7. 单花具花被片 9 枚，外轮花被片 3 枚，萼状、膜质、早落，内轮花被片 6 枚，肉质，花瓣状；离生单雌蕊无
      毛，或有毛 …………………………………………………………………………… 罗田玉兰组
      Yulania Spach sect. Pilocarpa(D. L. Fuet T. B. Zhao) T. B. Zhao et Z. X. Chen
       ………………… 罗田玉兰亚组 Yulania Spach subsect. Pilocarpa D. L. Fu et T. B. Zhao
    4. 玉蕾顶生、腋生和簇生，有时呈总状聚伞花序，或玉蕾含 1~3 朵花。叶倒卵圆形。单株上 1 种花型。单花
    具花被片 6~12 枚，或 9 枚
     ………………………… 簇花玉兰亚组 Yulania Spach subsect. Cespitosiflora T. B. Zhao et Z. X. Che
 1. 单株上 2 种花型。单花具花被片 9 枚或 9 枚，外轮花被片 3 枚，萼状，内轮花被片花瓣状，匙形，白色，外面中基部
 中间紫红色 ………………… 舞钢玉兰亚组 Yulania Spach subsect. Wugangyulania(T. B. Zhao, W. B. Sunet
 Z. X. Chen)T. B. Zhao, D. L. Fu et Z. X. Chen

2　渐尖玉兰亚属、组、亚组、系检索表

  叶椭圆形、长圆状椭圆形、长卵圆形，以椭圆形为主，稀倒卵圆形，中部通常最宽，先端渐尖、短渐尖，稀钝圆，具短尖头。玉蕾顶生，稀腋生；有具顶生、腋生混合芽。花叶同时开放，或花叶近同时开放，稀花后叶开放，或花先叶开放。单花具花被片 9~12 枚，淡黄色、黄色、白色及紫色，有萼、瓣之分，萼状花被片膜质，稀无萼、瓣之分(宝华玉兰组)；花丝通常细、较长，比花药窄，药隔先端伸出呈短尖头；雌蕊群无雌蕊群柄，稀具雌蕊群柄[渐尖玉兰亚属 Yulania Spach subgen. Tulipastrum(Spach)T. B. Zhao et Z. X. Chen]。

 1. 单株上具 1 种花型。
  2. 玉蕾顶生。单花具花被片 9 枚，稀 12~18 枚，或单花具花被片 12~18 枚，或 9~48 枚。
   3. 单花具花被片 9 枚，稀 12~18 枚。
    4. 单花具花被片 9 枚，有萼、瓣之分。
     5. 叶椭圆形，或心形。
      6. 花先叶开放，或花叶同时开放，花后叶开放。单花具花被片 9 枚，有萼、瓣之分，花瓣状花被片黄色、黄
      绿色，或蓝绿色，以及紫色、紫红色
       ………………… 渐尖玉兰系 Yulania Spach ser. Tulipastrum (Spach)T. B. Zhao et Z. X. Chen
      6. 本系为渐尖玉兰与紫玉兰植物的种间人工杂种，其形态特征和特性，均具有两亲本的形态特征和许多中
      间过渡类型 ………………… 鲁克林玉兰系 Yulania rooklynyulan T. B. Zhao et Z. X. Chen
     5. 叶椭圆形，先端钝圆、钝尖，基部楔形，或近圆形。

7. 单花具花被片 9 枚,外轮花被片 3 枚,萼状、膜质;离生单雌蕊 1 枚,子房无毛

·············· 黄山玉兰组 Yulania Spach sect. Cylindrica(S. A. Spongberg)T. B. Zhao et Z. X. Chen

7. 单花具花被片 9 枚,外轮花被片 3 枚,形状多变,或具特异花被片 1~3 枚;离生单雌蕊 1 枚(2~5)

枚,2 次花多变 ········· 异花玉兰组 Yulania Spach sect. Varians T. B. Zhao,Z. X. ChenetX. K. Li.

4. 单花具花被片 9 枚,花瓣状,无萼状花被片。叶椭圆形,或倒卵圆状椭圆形。花先叶开放

········ 宝华玉兰组 Yulania Spach sect. Baohuayulan(D. L. Fu et T. B. Zhao)T. B. Zhao et Z. X. Chen

3. 单花具花被片 12~18 枚,或 9~48 枚。

8. 单花具花被片 12~18 枚,有萼、瓣之分,或花被片花瓣状

·································· 渐尖玉兰组 Yulania Spach sect. Tulipastrum(Spach) D. L. Fu

8. 单花具花被片 9~48 枚。

9. 单花花被片通常 9 枚,稀 9~48 枚,花被片有萼、瓣之分。拟假种皮颜色较深,紫红色,稀白色

·····望春玉兰亚组 Yulania Spach subsect. Buergeria(Sieb. & Zucc.)T. B. Zhao et Z. X. Chen

望春玉兰系 Yulania Spach ser. Buergeria(Sieb. & Zucc.)T. B. Zhao et Z. X. Chen

9. 本系植物为望春玉兰亚组植物种间杂种,其形态特性具有双亲的形态特征、特性和中间许多过

渡类型 ············ 洛内尔玉兰系 Yulania Spach ser. X Loebneriyulan T. B. Zhao et Z. X. Chen

2. 玉蕾顶生、腋生和簇生均有,有时构成总状聚伞花序。叶长椭圆形、椭圆形,先端钝尖,或长尖,基部近圆形,或

心形。单花具花被片 9 枚,外轮花被片 3 枚,萼状、膜质、早落,内轮花被片花瓣状;离生单雌蕊无毛,稀雌蕊群

与雄蕊群等高

········ 腋花玉兰亚组 Yulania Spach subsect. Axilliflora(B. C. Ding et T. B. Zhao)T. B. Zhao et Z. X. Chen

1. 单株上具 2~4 种花型。

10. 单株上具 2 种花型。叶多变。玉蕾顶生、腋生。单花具花被片 6~12 枚,瓣状花被片多变,

外面中基部中间紫红色

············ 多型叶玉兰亚组 Yulania Spach subsect. Multiformis T. B. Zhao et Z. X. Chen

10. 花先叶开放;单花具花被片 9~12 枚,单株上同时具 3~4 种花型:①单花具花被片 9 枚,有

萼、瓣之分;②单花具花被片 9 枚,花瓣状,近相似;③单花具花被片 12 枚,稀 6~8 枚,或 10

枚,花瓣状,近相似;④单花具花被片 9 枚,花瓣状,外轮花被片明显小于内轮花被片。花瓣

状颜色多种:紫红色、紫色,或白色,外面有不同程度的紫红色晕,或条纹 ···················

河南玉兰 Yulania Spach sect. Trimophaflora(B. C. Ding et T. B. Zhao)T. B. Zhao et Z. X.

Chen ·· 河南玉兰亚组 Yulania Spach subsect.

Trimophaflora(B. C. Ding et T. B. Zhao)T. B. Zhao et Z. X. Chen

3 朱砂玉兰亚属、组、亚组检索表

叶卵圆形、倒卵圆形、椭圆形等。花先叶开放。单花具花被片 9 枚,稀多数,花瓣状,稀有萼、瓣之分

的类群;颜色多种:紫红色、紫色,或白色,外面有不同程度的紫红色晕,或条纹,通常长度为内 2 轮花被

片的 2/3;离生单雌蕊子房无毛······[朱砂玉兰亚属组 Yulania Spach subgen. × Zhushumilaiua(W. B.

Sun et T. B. Zhao) T. B. Zhao et Z. X. Chen。

1. 单花具花被片 9 枚,稀多数,花瓣状,稀有萼、瓣之分的类群;颜色多种。外轮花被片通常长度为内 2 轮花被片的

2/3,稀多数,稀有萼状花被片

·································· 朱砂玉兰组 Yulania Spach sect. × Zhushayuknia(W. B. Sun et T. B. Zhao)D. L. Fu

2. 外轮花被片通常长度为内 2 轮花被片的 2/3 稀多数,花瓣状,稀有萼状花被片

··································· 朱砂玉兰亚组 Yulania Spach subsect. X Zhushayulania

(W. B. Sun et T. B. Zhao) T. B. Zhao et Z. X. Chen

2. 本亚组植物为玉兰组与渐尖玉兰组植物的种间杂交种。其特征、特性兼有亲本的形态特征和特性,以及许多中

间过渡类型 ·········· 多亲本朱砂玉兰组 Yulauia Spai′lt subsect. X Multipurens T. B. Zhao et Z. X. Chen

1. 本亚组植物不知道杂交多亲本玉兰的名称,或者知道其杂交母本名称而不知道其杂交父本玉兰的名称

··············· 不知多亲本玉兰组 Yulania Spach sect. X Ignotimultiparens T. B. Zhao et Z. X. Chen

河南玉兰属植物分种检索表
（不包括人工杂交种）

赵天榜　陈志秀

（河南农业大学,郑州　450002）

1. 单株上具 1 种花型。
 2. 单花具花被片 9 枚,稀 12~15 枚,有瓣状、萼状之分。
  3. 花后叶开放,或花叶同时(包括稍前、稍后开放)。
   4. 单花具花被片 9 枚,存瓣状、萼状之分。
    5. 瓣状花被片纯色;离生单雌蕊,雄蕊白色;雄蕊约 20 枚。叶倒卵圆形。花梗和缩台枝无毛……日本辛夷 Y. kobus（DC.）Spach
    5. 瓣状花被浓紫色、紫色、紫红色,或淡紫红色。单花具花被片 9 枚,稀 12~15 枚……紫玉兰 Y. liliiflora（Desr.）D. L. Fu
   4. 单花具 12 枚,有瓣状、萼状之分;雄蕊白色,花丝红色;雌蕊群红色;离生单雌蕊子房和花梗被白色平伏短柔毛 …………………… 美丽玉兰 Y. coninna(Law et R. Z. Zhou) T. B. Zhao et Z. X. Chen
  3. 花先叶开故。单花具花被片有萼、瓣之分。
    6. 花单生枝顶。单花具花被片 9~12 枚,有萼、瓣之分……柳叶玉兰 Yulania salicifolia（Sieb. & Zucc.）D. L. Fu
   6. 单花具花被片 9 枚;瓣状花被片外面基部被锈色、紫红色或淡紫色等。叶倒卵圆形、宽倒卵圆形,心端钝圆具短尖头。
    7. 离生单雌蕊子房被短柔毛。
     8. 多种叶型,先端钝具短尖头、微凹具短尖头、深裂等……鸡公玉兰 Y. jigongshanensis(T. B. Zhao, D. L. Fu et W, B. Sun) D. L. Fu
     8. 叶倒卵圆形,或长卵圆形。
      9. 叶最宽处在上部,先端凹,具短尖头。单花具花被片 12 枚;离生单雌蕊子房被短柔毛……罗田玉兰 Y. pliocarpa (Z. Z. Zhao et W. Z. Xie) D. L. Fu
      9. 叶先端短尖。单花具花被片 12 枚,稀 6 枚,外轮花被片 3 枚,萼状,不规则形肉质;离生单雌蕊子房无毛……肉萼罗田玉兰 Y. pliocarpa (Z. Z. Zhao et W. Z. Xie) D. L. Fu subsp. camosicalyx T. B. Zhao et Z. X. Chen
    7. 离生单雌蕊子房无毛。
      10. 瓣状花被片外面中、基部紫红色、粉红色。叶倒卵圆形,中部最宽,先端钝圆,或具短尖头。
11. 叶倒卵圆形,先端钝圆,或钝尖。
 12. 瓣状花被片宽匙形,外面中、基部紫红色。
  13. 雌蕊群无柄 ……………………………………… 黄山玉兰 Y. cylindrica（WilS）D. L. Fu
  13. 雌蕊群具柄 ……………………………… 具柄玉兰 Y. gynophora T. B. Zhao, Z. X. Chen et J. Zhao
 12. 瓣状花被被片外面白色,内轮花被片较小,具爪 ……………………… 日本辛夷 Y. kobus（DC.）Spach
11. 短枝叶形多种类型。2 种花型:①单花具花被片 9 枚,有萼、瓣之分;②单花具花被片 11~12 枚,花瓣状,内轮花被片披针形,内弯呈弓形 ……………… 多型叶玉兰 Y. multiformis T. B. Zhao,Z. X. Chen etj. Zhao
      10. 瓣状花被片匙-椭圆形,外面中部以下紫色。叶椭圆形,先端长尖,短尖,或短渐尖 …………………… 望春玉兰 Y.biondii(Pamp.）D. L. Fu
    7. 花顶生、腋生及簇生。单花具花被片 12 枚,有萼、瓣之分。
14. 叶形多种类型。2 种花型:①单花具花被片 9 枚,有萼、瓣之分;②单花具花被片 11~12 枚,花瓣状,内轮花被片披针形,内弯呈弓形 ……………… 多型叶玉兰 Y. multiformis T. B. Zhao,Z. X. Chen et J. Zhao
14. 叶宽椭圆形,或宽倒卵圆形。1 种花型。

15. 宽椭圆形。

   16. 花顶生、腋生、簇生,有时呈总状聚伞花序。单花花被片 9 枚,有萼、瓣之分,瓣状花被片外面中部以下红紫色。叶宽椭圆形 ⋯ 腋花玉兰 Y. axilliflora(T. B. Zhao,T, X. Zhang et J. T. Gao) D. L. Fu

   16. 花顶生。单花具花被片 15~45 枚,有萼、瓣之分,瓣状花被片外面基部粉红色、紫红色

                                      ⋯⋯⋯⋯⋯⋯⋯⋯ 星花玉兰 Y. stellata(Sieb. & Zucc.) D. L Fu

15. 宽倒卵圆形。单花具花被片 9 枚,萼状花被片肉质,或膜质,瓣状花被片外面白色、黄色,基部紫红色

                                      ⋯⋯⋯⋯⋯⋯⋯⋯ 华夏玉兰 Y. cathyana T. B. Zhao et Z. X. Chen

2. 单花具花被片 9~48 枚,稀 6~7 枚,瓣状花被片,无萼状花被片,稀瓣状花被片之间有亮紫红色、肉质条形花被片。

   18. 单花具花被片 9~48 枚,稀 6~7 枚。

      19. 单花具花被片 9~12 枚。叶椭圆形,或倒卵圆形。

         20. 单花具花被片 9~12 枚,白色,花被片形状不近相似,外面带紫色脉纹,皱折,中部以下叶椭圆形状 ⋯⋯⋯⋯⋯⋯⋯⋯ 莓蕊玉兰 Y. fragarigynandria T. B. Zhao,Z. X. Chen et H. T. Dai

21. 单花具花被片 9~12 枚,稀 6~7 枚,白色,外面中、基部亮红色。雌蕊群无雌蕊群柄。单株上具多种类花型。外轮花被片形状、大小多变

   ⋯⋯⋯⋯⋯⋯ 异花玉兰 Yulania varians T. B. Zhao,Z. X. Chen et Z. F. Ren T. B. Zhao,Z. X. Chen et H. T. Dai

21. 单花具花被片 9~12 枚,有萼、瓣之分;雌蕊群具雌蕊群柄。离生单雌蕊少于 20 枚

                        ⋯⋯⋯⋯⋯⋯⋯⋯ 具柄玉兰 Y. gynophora T. B. Zhao,Z. X. Chen et J. Zhao

        20. 单花具花被片 12 枚,白色;花被片外面基部中间微有淡紫色晕;离生单雌蕊子房密被白色短柔毛。叶不规则倒三角形

                ⋯⋯⋯⋯⋯⋯⋯⋯ 奇叶玉兰 Y. miriflora D. L. Fu,T. B. Zhao et Z. X. Chen

      19. 单花具花被片 9 枚。

22. 单花具花被片 9 枚,花被片白色,外面基部具紫红色晕,或亮粉红色。

   23. 花白色,外面基部具紫红色晕、亮粉红色。叶倒卵圆形。

      24. 花白色,外面基部具紫红色晕,花被片不皱折。叶倒卵圆形,背面被短柔毛,主脉、侧脉被短柔毛

                            ⋯⋯⋯⋯⋯⋯⋯⋯ 玉兰 Y. denudata(Desr.) D. L. Fu

   24. 花被片皱折,亮粉红色。叶匙形,先端钝尖

                        ⋯⋯⋯⋯⋯⋯⋯⋯ 楔叶玉兰 Y. cuneatifolia T. B. Zhao,Z. X. Chen et D. L. Fu

   23. 单花具花被片 9 枚,花白色。

      25. 花白色,或深红色,无雌蕊群柄,离生单雌蕊子房无毛。叶椭圆形

                        ⋯⋯⋯⋯⋯⋯⋯⋯ 湖北玉兰 Y. rerrucosa D. L. Fu,T. B. Zhao et S. S. Chen

      25. 花白色,具雌蕊群柄,离生单雌蕊子房疏被短柔毛。叶倒卵圆形

                        ⋯⋯⋯⋯⋯⋯⋯⋯ 华丽玉兰 Y. superba T. B. Zhao,Z. X. Chen et X. K. Li

22. 单花具花被片 9 枚,花被片外面淡紫红色、玫瑰红色,有深紫色脉纹。

   26. 叶椭圆形。

      27. 叶先端突长尖,基部楔形。花丝通常宽于花药⋯⋯⋯⋯⋯ 天目玉兰 Y. amoena(Cheng) D. L. Fu

      27. 叶倒卵圆-椭圆形,先端短尖。花丝细于花药。

        28. 单花具花被片 9 枚,花被片外面淡紫红色 ⋯⋯⋯⋯⋯ 宝华玉兰 Y. zenii (Cheng) D. L. Fu

        28. 单花具花被片 9 枚,花被片外面白色⋯⋯⋯⋯伏牛玉兰 Y. funiushanensis (T. B. Zh ao,J. T. Gao et Y. H. Ren) T. B. Zhao et Z. X. Chen

   26. 叶倒卵圆形。

      29. 单花具花被片 9 枚,花被片玫瑰红色,有深紫色脉纹

           ⋯⋯⋯⋯⋯ 红花玉兰 Y. wufengensis (I. Y. Ma et L. R. Wang) T. B. Zhao et Z. X. Chen

      29. 单花具花被片 9 枚,外面花被片淡紫色,外轮花被片为内轮花被片长的 2/3。叶、玉蕾和花等具有多型性⋯⋯⋯⋯⋯⋯⋯⋯ 朱砂玉兰 Y. soulangiana (SouI. - Bod.) D. L. Fu

   18. 单花具花被片 9~12~48 枚。

      30. 单花具花被片 9~12~17 枚。

31. 单花具花被片 9~15 枚,初花淡紫色,后白色。灌木

                        ⋯⋯⋯⋯⋯⋯⋯⋯ 景宁玉兰 Y. sinostellata (P. L. Chiu et Z. H. Chen) D. L. Fu

31. 单花具花被片 12~17 枚。
32. 单花具花被片 12~17 枚,基部呈爪状,深红色,或粉红色
·········· 滇藏玉兰 Y. campbellii（Hook. f . & Thoms.）D. L. Fu
32. 单花具花被片 12~15 枚,外面玫瑰红色,有深紫色脉纹 ········· 武当玉兰 Y. sprengeri（Pamp.）D. L. Fu
30. 单花具花被片 12~48 枚。叶近圆形、椭圆形。
33. 单花具花被片 12~33 枚,纯白色;离生单雌蕊绿色
·········· 玉灯玉兰 Y. pyriformis（T. D. Yang et T. C. Cui）D. L. Fu
33. 单花具花被片 32~48 枚,外面中基部亮粉红色;离生单雌蕊、雄蕊亮浓红色
·········· 青皮玉兰 Y. viridula D. L. Fu,T. B. Zhao et G. H. Tian
17. 花顶生、腋生和簇生枝端,呈总状聚伞花序。单花具花被片 7~9 枚。
34. 单花具花被片 9 枚。叶宽椭圆形 ·········· 石人玉兰 Y. shirenshanensis D. L. Fu et T. B. Zhao
34. 单花具花被片 7~9 枚,黄色,淡绿色,皱折,或开裂·······飞黄玉兰 Y. feihuangyulan（F. G. Wang）T. B. Zhao et Z. X. Chen
1. 单株上具 2~多种花型。
35. 单株上具 2 种花型。
36. 单花花被片 6~9 枚。单花花被片 9 枚,有萼、瓣之分。
37. 单花花被片 9 枚。
38. 雄蕊群低于雌蕊群。玉蕾顶生、腋生,或簇生。叶倒卵圆形
·········· 舞钢玉兰 Y. wugangensis(T. B. Zhao,W. B. Sun et Z. X. Chen) D. L. Fu
38. 雄蕊群低于雌蕊群,或雄蕊群高于雌蕊群。叶倒卵圆形,背面苍白色
·········· 安徽玉兰 Y. anhueiensis T. B. Zhao, Z. X. Chen et J. Zhao
37. 叶 2 种类型:①宽倒三角形;②近圆形。玉蕾 2 种类型:①长圆锥状,或椭圆体状;②卵球状。花 2
种类型:①单花被片 9 枚,有萼、瓣之分;②单花被片 9 枚,花瓣状,先端无喙,边缘微波状起伏
·········· 两型玉兰 Y. dimorpha T. B. Zhao, Z. X. Chen et H. T. Dai
36. 单花花被片 6~12 枚,花瓣状。
39. 2 种花型。
40. 单花花被片 6~12 枚,花瓣状,白色,外面基部淡紫色;雌蕊群与雄蕊群等高级雌蕊群显著
高于雄蕊群。叶倒卵圆状匙形 ····· 朝阳玉兰 Y. zhaoyangyulan T. B. Zhao et Z. X. Chen
40. 单花花被片 9 枚,内轮花被片 6 枚,花瓣状,白色,外轮花被片 3 枚,肉质,条形;雌蕊群与雄
蕊群显著高于雄蕊群;离生单雌蕊子房疏被短柔毛。叶倒卵圆形,稀椭圆形
·········· 中州玉兰 Y. zhongzhou T. B. Zhao,Z. X. Chen et L. H. Sun
39. 2 种花型。单花具花被片 6~9 枚,雄蕊群高于雌蕊群。叶倒卵圆形、不规则倒三角形
·········· 信阳玉兰 Y. xinyangensis T. B. Zhao,Z. X. Chen et H. T. Dai
35. 单株上具 3~多种类花型。
41. 单株上具 3 种类花型。花白色,花被片外面中部以下中间有紫色
·········· 河南玉兰 Y. honanensis（B. C. Ding et T. B. Zhao）D. L. Fu et T. B. Zhao
41. 单株上具多种类花型。
42. 单株上具 4 种类花型。花紫色,雄蕊群及雌蕊群紫色
·········· 大别玉兰 Y. dabieshanensis T. B. Zhao,Z. X. Chen et H. T. Dai
42. 单株上具多种类花型。
43. 叶椭圆形。单株上 10 种以上花型。花期 3~8 月。花被片外面上部白色,中、基部中间红色
·········· 异花玉兰 Yulania varians T. B. Zhao,Z. X. Chen et Z. F. Ren
43. 叶 2 种类型:椭圆形和倒卵圆形。
44. 花期 3~11 月。玉蕾花有萼、瓣之分;花蕾花被片瓣状,或萼、瓣之分,萼长圆形,肉质;雌雄蕊群 3 种类型;
雌蕊群无雌蕊群·········· 杂配玉兰 Y. hybrida T. B. Zhao,J. T. Chen et X. K. Li
44. 花期 3 月。单花具花被片 9~17 枚,花瓣状,白色,外轮花被片 3 枚, 肉质,宽条形,匙-椭圆形;雌蕊群具
雌蕊群柄,无毛;离生单雌蕊具雌蕊群柄,无毛;离生单雌蕊子房疏被短柔毛
·········· 华豫玉兰 Y. huayi T. B. Zhao,Z. Z. Chen et J. Chen

河南玉兰属两新亚组

赵天榜　　陈志秀

（河南农业大学,郑州　450002）

摘　要　本文收集河南玉兰属 2 新组,即舞钢玉兰亚组和玉兰亚组。

1. 舞钢玉兰亚组(中国农学通报)　舞钢玉兰组(武汉植物学研究)　新亚组

Yulania Spach subsect. Wugangyulan T. B. Zhao,D. L. Fu et Z. X. Chen,subsect. nova Subsect. nova simili-alabastris terminatis et axillaribus cum caespitosis, interdum racemi-cymis. Tepalis 9 in quoque flore 2-formis;tepalis 6 extus 3 sepaliodeis membranaceis caducis;tepalis 9 rare 6~8,10,tepaloideis. Subsect. typus:Yulania wugangyulan(T. B. Zhao,W. B. Sun et Z. X. Chen)D. L. Fu.

本亚组植物拟花蕾(玉蕾)顶生、腋生和簇生,有时构成总状花序。单花具花被片 9 枚,2 种花型:单花具花被片 9 枚,外轮花被片 3 枚,萼状,膜质,早落;单花具花被片 9 枚,稀 6~8 枚,或 10 枚,花瓣状。

本亚组模式:舞钢玉兰 Yulania wugangyulan (T. B. Zhao,W. B. Sun et Z. X. Chen)D. L. Fu。

2. 玉兰亚组　新改隶组合亚组

Yulania Spach subsect. Yulania(Spach)D. L. Fu et T. B. Zhao,subsect. nov. , Yulania Spach, Hist. Nat. Vég. Phan. 1839,7:462。

本亚组植物叶倒卵圆形、椭圆形、圆形、不规则形。花先叶开放;花被片近相似。

本亚组模式:玉兰 Yulania denudata(Desr.) D. L. Fu。

本亚组植物 21 种,分布于中国等。

河南玉兰属一新种——朝阳玉兰

赵天榜　　陈志秀

（河南农业大学,郑州　450002）

摘　要:本文发表河南玉兰属 1 新种,即朝阳玉兰。

朝阳玉兰　新种　图 1

Yulania zhaoyangyulan T. B. Chao et Z. X. Chen,sp. nov. ,fig. 1

Species Yulania viridula D. L. Fu,T. B. Zhao et G. H. Tian similis,sed foliis late obovati-ellipticis apice obtusis. Floribus terminatis. tepalis 6~12 in quoque flore, variantibus, late spathulati-ellipticis,anguste ellipticis apice obtusis,extus infra medium laete persicinis;Digynandriums:①androeciis gynoecum aequantibus vel paulo breviorobus;②androeciis gynoeciem superantibus;disjuncte simplici-pistillis glabris,stylis stigmatibusque pallide cinerei-albis,stylis revolutis;pedicellis glabris apice annulari-villosis ablis.

Arbor decidua. Ramuli hornotini flavo-virides primo pubescentes post glabri. Yulani-labastra terminata ovoidea 2. 5~3. 0 cm longa diam. 1. 2~1. 5 cm,peruli-stipulis 3~5, extus dense longe villosis cinerei-brunneis. Folia late obovati-elliptica 8. 5~13. 0 cm longa et 7. 5~10. 5 cm lata supra viridia nitida,costis et nervis lateralibus initio sparse pubescentibus post glabris subtus pallide viridia initio sparse pubescentibus post glabris costis et nervis lateralibus sparse pubescentibus,apice obtusa,basi cuneata margine integra interdum undulate integra;petioli 1. 5~2. 0 cm longi. glabri, cicatricibus stipulis 3~5 mm longi. Flores terminatrici,ante folia aperti, diam. 12. 0~15. 0 cm;tepala 6~12 in quoque flore, variantibus, late spathulati-ellipticis 6. 5 ~ 10. 5 cm longa et 3. 5~4. 8 cm lata, apice obtusa basi angusti-ungues, extus supra medium pallide persicinis infra medium laete persicinis. Digynandriumis: ①androeciis gynoecum aequantibus vel paulo breviorobus; ②androeciis gynoeciem superantibus; Stamina numerosa 1. 5 ~ 1. 7 cm longa atro-purple-rubris, anthera 1. 1 ~ 1. 5 cm longis dorsaliter purpurascenti-rubris, thecis lateraliter longitudinali-dehiscentiis, filamentis 3 ~ 4 mm longis subovoideis atro-purple-rubris, connetivis apice trianguste mucronatis 1 mm

longis; disjuncte simplici-pistillis numerosis ovariis ovoideis flavo-virentibus, stylis stigmatibusque pallide cinerei-albis, stylis revolultis. androeciis gynoecia carpelligeris superantibus vel aequalibus; pedicelli grossi 5~10 mm longis diam. 8 ~ 10 mm glabri apice annulari-villosisablis. Aggregati-folliculi cylindrici 7. 0~10. 0 cm longi diam. 3. 5~4. 5 cm; folliculis ovoideis supra lenticellis; pedicellis fructibus viridibus dense verrucosis brunneis. Soutai-ramuli grossi purpureo-brunnei.

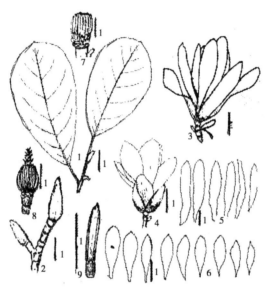

图1　朝阳玉兰 Yulania zhaoyangyulan T. B. Chao et Z. X. Chen
1. 叶;2. 玉蕾;3. 花和叶芽;4. 花、佛焰苞状托叶和芽鳞状托叶;
5. 花型Ⅰ花被片;6. 花型Ⅰ花被片;7~8.2种雌雄蕊群(陈志秀绘)。

Henan: Zhengzhou City. 26-03-2005. T. B. Zhao et Z. X. Chen, No. 200303268 (flos, holotypus hic disignatus, HNAC).

落叶乔木。小枝青绿色,初被短柔毛,后无毛。玉蕾顶生,卵球状,长 2. 0 ~ 3. 0 cm,径 1. 2 ~ 1. 5 cm;芽鳞状托叶 3 ~ 5 枚,外面密被灰褐色长柔毛。叶宽倒卵圆-椭圆形,长 8. 5 ~ 13. 0 cm,宽 7. 5 ~ 10. 5 cm,表面绿色,具光泽,主脉和侧脉初疏被短柔毛,后无毛,背面淡绿色,初疏被短柔毛,后无毛,主脉和侧脉疏被短柔毛,先端钝圆,基部楔形,边缘全缘,有时波状全缘;叶柄长 1. 5~2. 0 cm,无毛;托叶痕长 3 ~ 5 mm。花顶生,先叶开放,径 12. 0 ~ 15. 0 cm。单花具花被片 6 ~ 12 枚,花被片多变异,宽匙-椭圆形、狭椭圆形,长 6. 5 ~ 10. 5 cm,宽 3. 5 ~ 4. 8 cm,亮粉色,先端钝圆,基部狭爪状,外面中部以上淡粉红色,中部以下亮粉红色;2 种雌雄蕊群类型:①雄蕊群与雌蕊群等高,或稍短;②雌蕊群显著超过雄蕊群;雄蕊多数,暗紫红色,长 1. 5 ~ 1. 7 cm,花药长 1. 1 ~ 1. 5 cm,背面具淡紫红色晕,药室

侧向纵裂,药隔先端具长 1 mm 的三角状短尖头,花丝长 3 ~ 4 mm,近卵球状,浓紫红色;离生单雌蕊多数;子房卵球状,浅黄绿色,花柱和柱头灰白色,花柱向外反卷;花梗粗壮,长 5 ~ 10 mm,径 8 ~ 10 mm,无毛,顶端具环状白色长柔毛。聚生合蓇葖果圆柱状,长 7. 0 ~ 10. 0 cm,径 3. 5 ~ 4. 5 cm;蓇葖果卵球状,红色,表面具皮孔;果梗青绿色,密具褐色疣点。缩台枝粗壮,紫褐色,5~6 节。花期 4 月;果实成熟 8 月。

本新种与青皮玉兰 Yulania viridula D. L. Fu, T. B. Zhao et G. H. Tian 相似,但区别:叶宽倒卵圆-椭圆形,先端钝圆。花顶生。单花具花被片 6~12 枚,花被片多变异,宽匙-椭圆形、狭椭圆形,先端钝圆,外面中部以下亮粉红色;2 种雌雄蕊群类型:①雄蕊群与雌蕊群等高,或稍短;②雌蕊群显著超过雄蕊群;离生单雌蕊无毛,花柱和柱头淡灰白色,花柱向外反卷;花梗无毛,顶端具环状白柔毛。

产地:河南省郑州市。2005 年 3 月 26 日。赵天榜和陈志秀,No. 200503268(花)。模式标本,存

河南农业大学。新郑市。2005 年 4 月 2 日。赵天榜和陈志秀, No. 200504023（花）。长葛市。2006 年 3 月 28 日。赵天榜和范军科, No. 2006030282（叶、枝、芽和聚生合蓇葖果）。

用途:本种为优良观赏树种。单株具 2 种花型,在研究花的进化理论中,具有重要意义。

河南玉兰属一新亚种——白花鸡公玉兰

赵天榜　陈志秀　宋留高

（河南农业大学,郑州 450002）

摘　要:本文发表河南玉兰属 1 新种,即白花鸡公玉兰。

白花鸡公玉兰　新亚种

Yulania jigongshanensis（T. B. Zhao, D. L. Fu et W. B. Sun）D. L. Fu subsp. Alba T. B. Zhao, Z. X. Chen et L. H. Song, subsp. nov.

Subspecies Yulania jigongshanensis（T. B. Zhao, D. L. Fu et W. B. Sun）D. L. Fu subsp. Jigongshanensis similis, sed Foliis:①obovatis supra medium latissimis apice obtusis cum acumine vel accisis basi cuneatis;② obtriangulariis apice obtusis cum acumine infra medium anguste cuneatis;③rotundatis apice obtusis cum acumine vel retusis basi rotundatis;④foliis valde variis apice obtusis, obtusis cum acumine, accisis vel mucronatis basi late cuneatis vel subrotundatis. Yulani－alabastris terminatis ovoideis peruli-stipulis 4~5, extus dense villosis fulvi-brunneis. tepalis 9 in quoque folre, exterius 3 sepaliodeia 1. 0~1. 3 cm longis 3~5 mm, albis membranaceis lanceatis, intus 6 petaloideis late spathulati-ovatis 7. 0~9. 0 cm longis 4. 0~5. 0 cm latis apice obtusis albis, vel obtusis cum acumine plerumque involutis albis extus infra medium laete arto-purple-rubris saepe 4~5-nervis apicem; disjuncte simplici-pistillis glabris.

Henan:Zhengzhou Cyty. 2013-03-15. T. B. Zhao et Z. X. Chen, No. 201303155（flos, holotypus hic disignatus, HNAC）. ibid. T. B. Zhao et al., No. 201306233.

本新亚种与鸡公玉兰原亚种 Yulania jigongshanensis（T. B. Zhao, D. L. Fu et W. B. Sun）D. L. Fu subsp. jigongshanensis 的主要区别:叶形有:①倒卵圆形,中部以上最宽,先端钝圆,或凹缺,基部楔形;②倒三角形,先端钝尖,中部以下渐狭呈狭楔形;③近圆形,先端钝尖,或微凹,基部圆形;④不规则圆形,先端钝圆、钝尖、凹缺,或具短尖头,基部宽楔形,或近圆形。玉蕾顶生枝端,卵球状,通常具 4~5 枚芽鳞状托叶,其外面密被黄褐色长柔毛。单花具花被片 9 枚,外轮花被片 3 枚,萼状,长 1. 0~1. 3 cm,宽 3~5 mm,白色,膜质,披针形,内轮花被片 6 枚,花瓣状,宽匙状卵圆形,长 7. 0~9. 0 cm,宽 4. 0~5. 0 cm,先端钝圆,白色;离生单雌蕊子房无毛。缩台枝和花梗密被长柔毛。花期 3 月下旬。

产地:河南。郑州市有栽培。赵天榜和陈志秀, No. 201303155（花）。模式标本,存河南农业大学。

河南玉兰属舞钢玉兰新分类群

赵天榜[1]　陈志秀[1]　赵杰[2]

（1. 河南农业大学;2. 新郑市林业局）

摘　要:本文发表河南玉兰属舞钢玉兰 2 新亚种、3 新变种和 2 新品种,及其形态特征。

1. 多油舞钢玉兰　新变种

Yulania wugangensis（T. B. Zhao, W. B. Sun et Z. X. Chen）D. L. Fu var. duoyou T. B. Zhao, Z. X. Chen et D. X. Zhao, var. nov. A var. recedit Yulani‐alabastris terminatricis, axillaribus et caespitosis. Florentibus facile laesis frigidis. volatili‐oleis continentibus 10.0% in Yulani‐alabastris.

Henan：Chengyuan Xian. 10‐04‐2007. T. B. Zhao et D. X. Zhao, No. 200704106（Yulania‐alabastra, holotypus hic disignatus HNAC）.

本新变种与舞钢玉兰原变种 Yulania wugangensis（T. B. Zhao, W. B. Sun et Z. X. Chen）D. L. Fu var. wugangensis 的区别：玉蕾顶生、腋生和簇生，2 种花型。花初开时，容易遭受早春寒流危害。玉蕾挥发油含量 10.0%，是玉兰属植物玉蕾中挥发油含量最高的一种，很有开发利用前景。

河南：长垣县。2007 年 4 月 10 日。赵天榜和赵东欣, No. 200704106（玉蕾）。模式标本, 采自长垣县, 存河南农业大学。

2. 三型花舞钢玉兰　新变种

Yulania wugangensis（T. B. Zhao, W. B. Sun et Z. X. Chen）D. L. Fu var. triforma T. B. Zhao, et Z. X. Chen, var. nov.

A var. recedit floribus, 3‐formis：①tepalis 6 in quoque flore, extus 3 sepaliodeis carnosis inordinatis intus 6 petaloideis late spathuli‐ovatis albis；②tepulis 9 in quoque flore, petalioideis late elliptici‐ovatis albis apice obtusis cum acumine extus basi in medio minime subroseis；③tepulis 9 in quoque flore, petalioideis late elliptici‐ovatis albis apice obtusis cum acumine.

Henan：Chengyuan Xian. 10. 04. 2007. T. B. Zhao et Z. X. Chen, No. 200704108（flores, holotypus hic disignatus, HNAC）.

本新变种与舞钢玉兰原变种 Yulania wugangensis（T. B. Zhao, Z. X. Chen et W. B. Sun）D. L. Fu var. wugangensis 的区别：3 种花型：①单花具花被片 9 枚, 外轮花被片 3 枚, 萼状、肉质、不规则形, 内轮花被片 6 枚, 花瓣状、白色、宽匙状卵圆形；②单花具花被片 9 枚, 花瓣状, 宽匙状卵圆形, 白色, 先端钝圆, 外面基部中间微有淡粉红色晕；③单花具花被片 12 枚, 花瓣状, 宽匙状卵圆形, 白色, 先端钝圆。

河南：长垣县。2007 年 4 月 10 日。赵天榜和陈志秀, No. 200704108（花）。模式标本, 采自长垣县, 存河南农业大学。

3. 紫花舞钢玉兰　新变种

Yulania wugangensis（T. B. Zhao, W. B. Sun et Z. X. Chen）D. L. Fu var. purpurea T. B. Zhao, et Z. X. Chen, var. nov.

A var. recedit floribusdichroantnis：①tepalis 6 in quoque flore, extus 3 lancedatis membranaleis sepaliodeis, purpurascentibus 1.2～1.7 cm longis, intus 6 rare 7 petalioideis anguste ellipticis purpurascentibus extus infra medium atro‐purpureis intus pallidi‐purpureis vel purpureis；②tepulis 9 rare 8 in quoque flore, petalioideis anguste ellipticis pallidi‐purpureis vel purpureis. Staminis, filamentis et stylis purpurascentibus.

Henan：Xinyang Xian. 25‐04‐1994. T. B. Zhao et Z. X. Chen, No. 944251（flos, holotypus hic disignatus, HNAC）.

本新变种与舞钢玉兰原变种 Yulania wugangensis（T. B. Zhao, Z. X. Chen et W. B. Sun）D. L. Fu var. wugangensis 的区别：单花具花被片 9 枚；2 种花型：①单花具花被片 9 枚, 外轮花被片 3 枚, 膜质, 萼状, 淡紫色, 或紫色, 披针形, 长 1.2～1.7 cm, 宽 2.0～3.5 mm；内轮花被片 6 枚, 稀 7 枚, 花瓣状, 狭椭圆形, 淡紫色, 外面中部以下深紫色, 内面淡紫色；②单花具花被片 9 枚, 花瓣状, 狭椭圆形, 淡紫色, 或紫色。两种花型的雄蕊、花丝和花柱淡紫色。

产地：河南信阳县。1994 年 4 月 25 日。赵天榜和陈志秀, No. 944251（花）。模式标本, 存河南农业大学。

4. 毛舞钢玉兰　新亚种

Yulania wugangensis（T. B. Zhao, W. B. Sun et Z. X. Chen）D. L. Fu subsp. pubescens T. B. Zhao et Z. X. Chen, subspr. nov.

Subspecies Yulania wugangensis（T. B. Zhao, W. B. Sun et Z. X. Chen）D. L. Fu affinis, Yulani‐alabastris sollitariis terminaticis. Floribus 2 formis：①longe conoidei‐ellipsoideis, ②ovoideis. Floribus 2 formis：①tepulis 9 in quoque flore, petalioideis anguste extus infra medium pallide carneis, ②tepalis 7～9 in quoque flore, petalioideis extus 13 anguste lanceolatis albis；simolici0pistillis ovariis dense pubescentibus.

Henan：Zhengzhou City. 28‐03‐2012. T. B. Zhao et Z. X. Chen, No. 201203285（flos, holotypus hic disignatus，HNAC）。

本新新亚种与舞钢玉兰原亚种 Yulania wu-gangensis（T. B. Zhao，Z. X. Chen et W. B. Sun）D. L. Fu subsp. wugangensis 的区别：玉蕾单生枝顶。花有 2 种类型：①单花具花被片 9 枚，花瓣状，外面中部以下淡粉红色；②单花具花被片 6 枚，花瓣状，外面花被片 1~3 枚，披针形，白色。离生单雌蕊子房密被短柔毛。

产地：河南郑州市有栽培。2012 年 3 月 28 日。赵天榜和陈志秀，No. 201203285（花）。模式标本，存河南农业大学。

5. 多变舞钢玉兰　新亚种

Yulania wugangensis（T. B. Zhao，W. B. Sun et Z. X. Chen）D. L. Fu subsp. varians T. B. Zhao et Z. X. Chen，subspr. nov.

Subspecies Yulania wugangensis（T. B. Zhao，W. B. Sun et Z. X. Chen）D. L. Fu affinis，Yulani-alabastris sollitariis terminaticis. Floribus multiformis：tepulis 9 in quoque flore，extus basi purle-rubris，extus 3 multivarintibus lanceolatis non aequilongis；simpleci-pistillis ovariis glabis.

Henan；Zhengzhou City. 28-03-2012. T. B. Zhao et Z. X. Chen，No. 201203285（flos，holotypus hic disignatus，HNAC）。

本新新亚种与舞钢玉兰原亚种 Yulania wu-gangensis（T. B. Zhao，Z. X. Chen et W. B. Sun）D. L. Fu subsp. wugangensis 的区别：玉蕾单生枝顶。花型多变。单花具花被片 9 枚，花瓣状，白色，外面基部紫粉红色；外面花被片 3 枚，多变，披针形，长短不等，淡黄绿色。离生单雌蕊子房无毛。

产地：河南郑州市有栽培。2010 年 4 月 12 日。赵天榜和陈志秀，No. 201203285（花）。模式标本，存河南农业大学。

6. '多被'舞钢玉兰 新品种

Yulania wugangensis（T. B. Zhao，W. B. Sun et Z. X. Chen）D. L. Fu 'Doubei'，cv. nov.

本新品种单花具花被片 16 枚，单花花瓣状，片匙状宽卵圆形，外面被水粉色晕，先端钝圆，中部以下粉红色，内面乳白色。

河南：长垣县有栽培。2011 年 4 月 15 日。选育者：赵天榜、赵杰等。

两型花康定玉兰新亚种

赵天榜[1]　宋留高[1]　高聚堂[2]　田文晓[2]

（1. 河南农业大学，郑州　450002；2. 河南南召县林业局，南召　474650）

1. 两型花康定玉兰　新亚种

Yulania dawsoniana（Rehd. & Wils.）D. L. Fu subsp. dimorphiflora T. B. Zhao，J. T. Gao et W. X. Tian，subsp. nov.

Subspecies nov. Yulania dawsoniana（Rehd. & Wils.）D. L. Fu subsp. dawsoniana similis，sed corticibus atro-brunneis，pernitus dehiscentibus glebosis. tepalis 9~12（~15）in quoque flore，extus 3，lanceolatis，3.0~4.5 cm longis 3~5 mm latis. floribus 2-formis：①androeciis gynoeciem superantibus；②androeciis gynoeciem aequantibus vel paulo brevibus. pediceli 4~5 mm dense pubescentibus albis，apicem circitet 1 villosis albis.

Henan；Nanzhao Xian. 2013-04-20. J. T. Gao et H. Huwang，No. 201304201（flos，holotypus hic disignatus，HNAC）. ibid. J. T. Gao，No. 2014081411（folia et Yulani-alabastra）.

本新亚种与康定玉兰原亚种 Yulania dawsoniana（Rehd. & Wils.）D. L. Fu subsp. dawsoniana 区别：树皮深褐色，深块状开裂。单花具花被片 9~12（~15）枚，外轮 3 枚披针形，长 3.0~4.5 cm，宽 3~5 mm；2 种花型：①雌蕊群显著高于雄蕊群；②雌蕊群与雄蕊群近等高，或略低于雄蕊群；花梗短，长 4~5 mm，密被白色短柔毛，顶端具 1 环状、白色密短柔毛。

产地：河南。南召县有分布。2013 年 4 月 20 日。田文晓和高聚堂，No. 201304201（花）。模式标本，存河南农业大学。

玉兰三新变种

赵天榜　陈志秀

（河南农业大学，郑州　450002）

1. 多被玉兰　新变种

Yulania denudata（Desr.）D. L. Fu var. multitepala T. B. Zhao et Z. X. Chen，var. nov.

A typo recedit tepalis 12～18 in quoque flore，albis vel extra infra medium purpureis，purple-rubris vel striates purple-rubris.

Henan：Zhengzhou City. 05-04-2003. T. B. Zhao et. al.，No. 200304051（flos，holotypus hic disignatus，HNAC）.

本新变种与玉兰原变种 Yulania denudata（Desr.）D. L. Fu var. denudata 区别：单花具花被片 12～18 枚，白色，或白色外面中部以下紫色、紫红色，或淡紫红色脉纹。

产地：本变种产于河南郑州。山东、浙江等有栽培。模式标本（赵天榜等，No. 200304051 花），存河南农业大学。

2. 白花玉兰　新变种

Yulania denudata（Desr.）D. L. Fu var. alba T. B. Zhao et Z. X. Chen，var. nov.

A typo recedit tepalis 9 in quoque flore，albis；simplici-pistillis laete viridibus blabris.

Henan：Zhengzhou City. T. B. Zhao et. al.，No. 20070423（flos，holotypus hic disignatus，HNAC）.

本新变种与玉兰原变种 Yulania denudata（Desr.）D. L. Fu var. denudata 区别：单花具花被片 9 枚，白色；离生单雌蕊子房无毛，花柱和柱头浅白色。

产地：河南郑州。2007 年 4 月 23 日。赵天榜等，No. 200704231（花），存河南农业大学。

3. 毛被玉兰　新变种

Yulania denudata（Desr.）D. L. Fu var. maobei T. B. Zhao et Z. X. Chen，var. nov.

A typo recedit extra tepalis infra medium pubescentibus albis.

Henan：Zhengzhou City. 26-03-2003. T. B. Zhao et. al.，No. 200303268（flos，holotypus hic disignatus，HNAC）.

托叶 1～3 枚。单花具花被片 9 枚，浅黄绿色，或黄色，簸箕状，外面 3 枚花被片基部有时淡紫红色，疏被白色柔毛；离生单雌蕊多数，子房疏被短柔毛；花梗和缩台枝粗，密被灰色柔毛，稀无缩台枝。

产地：河南郑州。模式标本（赵天榜等，No. 20030268 花），存河南农业大学。

玉兰品种群和新品种

赵天榜[1]　陈志秀[1]　赵　杰[2]

（1. 河南农业大学，郑州　450002；2. 河南新郑市林业局，新郑　451150）

Ⅰ. 玉兰品种群

Yulania denudata（Desr.）D. L. Fu Denudata Group

1. '毛梗 小花'玉兰　新品种

Yulania denudata（Desr.）D. L. Fu 'Maogeng Xiaohua'，cv. nov.

本新品种。缩台枝及花梗密被白色柔毛。花小型。单花具花被片 9 枚，匙-长椭圆形，长 4.0～4.6 cm，宽 1.5～2.0 cm，白色，外面基部中间淡粉红色，主脉粉红色直达先端；花药黄白色；花丝紫红色。

产地：本品种产于河南。郑州有引栽。选育者：赵天榜、陈志秀。

2. '光梗 螺托'玉兰　新品种

Yulania denudata（Desr.）D. L. Fu 'Guanggeng Luotuo'，cv. nov.

本新品种叶宽倒卵圆形,最宽处在顶端,从顶部向下渐狭,基部狭楔形,稀近圆形,长 12.5~15.5 cm,宽 11.0~12.5 cm,先端突微凹,具短尖,表面深绿色,具光泽,无毛,背面沿脉密被柔毛;叶柄长 2.0~3.0 cm。单花具花被片 9 枚,白色,外面中、基部淡紫红色。聚生蓇葖果螺旋状圆柱状,长 12.0~15.0 cm,径 3.0~3.5 cm;蓇葖果背面微隆起,呈近方菱状,先端无喙,青绿色;皮孔小,较少,不突起;果梗青绿色,无毛。缩台枝粗壮,密被灰褐色柔毛。缩台枝 3~4 节。

产地:本品种产于河南新郑市。选育者:赵天榜、陈志秀。

3. '毛粗梗'玉兰　新品种

Yulania denudata（Desr.）D. L. Fu 'Maoging'，cv. nov.

本新品种叶宽倒卵圆形,最宽处在顶端,从顶部向下渐狭,基部狭楔形,稀近圆形,长 9.5~19.5 cm,宽 7.0~12.0 cm,先端微凹,具短尖,表面深绿色,具光泽,无毛;叶柄长 1.5~3.0 cm,无毛。单花具花被片 9 枚,白色,外面中、基部淡紫红色。聚生蓇葖果圆柱状,长 15.0~18.0 cm,径 3.0~3.5 cm;蓇葖果背面平,呈近菱状,先端无喙,青绿色;皮孔小,较少,不突起;果梗青绿色,无毛。缩台枝特别粗壮,密灰褐色柔毛。缩台枝 4~5 节。

产地:本品种产于河南新郑市。选育者:赵天榜、陈志秀。

4. '紫被 青果'玉兰　新品种

Yulania denudata（Desr.）D. L. Fu 'Zibei Qingguo'，cv. nov.

本新品种叶宽倒卵圆形,最宽处在顶端,从顶部向下渐狭,基部狭楔形,稀近圆形,长 9.5~13.5 cm,宽 5.0~9.0 cm,先端钝尖,或微凹具短尖,表面深绿色,具光泽,无毛;叶柄长 2.0~2.5 cm,无毛。单花具花被片 9 枚,白色,外面中、基部淡紫红色。聚生蓇葖果圆柱状,长 7.0~10.0 cm,径 3.0~3.5 cm;蓇葖卵球状,先端稍尖,无喙,青绿色;密被突起皮孔。

产地:本品种产于河南新郑市。选育者:赵天榜、陈志秀。

5. '青果'玉兰　新品种　图版3:13

Yulania denudata（Desr.）D. L. Fu 'Qingguo'，cv. nov.

本新品种叶宽倒卵圆形,先端钝尖。单花具花被片 9 枚,白色,外面基部淡紫红色。聚生蓇葖果圆柱状,长 5.0~7.0 cm;蓇葖果卵球状,先端稍尖,无喙,青绿色;密被突起皮孔。

产地:本品种产于河南新郑市。选育者:赵天榜、陈志秀。

6. '宽被'玉兰　新品种

Yulania denudata（Desr.）D. L. Fu 'Kuanbei'，cv. nov.

本新品种单花具花被片 9 枚,匙-宽卵圆形,白色,先端钝圆,基部呈圆匙形,基部外面水粉色,或粉红色,中脉粉色,直达先端;离生单雌蕊子房无毛。

产地:本品种产于河南。选育者:赵天榜和陈志秀。

7. '皱被 水粉'玉兰　新品种

Yulania denudata（Desr.）D. L. Fu 'Zhoubei Shuifen'，cv. nov.

本新品种单花具花被片 9 枚,匙-狭长圆形,淡白色,被水粉色晕,先端钝尖,边部波状起伏,基部外面淡粉色,或粉色;雄蕊黄色,先端微被水粉色晕。

产地:本品种产于河南。选育者:赵天榜、陈志秀。

8. '狭被'玉兰　新品种

Yulania denudata（Desr.）D. L. Fu 'Xiabei'，cv. nov.

本新品种叶倒卵圆形,表面微被短柔毛,沿主侧脉密被短柔毛,背面短柔毛较多,叶柄被短柔毛。玉蕾卵球状。单花具花被片 9 枚,狭椭圆形,白色,先端钝圆,外面基部微有淡粉色晕,内面乳白色;雄蕊黄色,微被水粉色晕;雌蕊群淡黄白色。

产地:本品种产于河南。选育者:赵天榜、陈志秀。

9. '双雌蕊群'玉兰　新品种

Yulania denudata（Desr.）D. L. Fu 'Shuang Ciruiqun'，cv. nov.

本新品种叶倒卵圆形,先端钝尖,基部楔形,边部波状,叶柄被短柔毛。玉蕾卵球-椭圆体状。单花具花被片 9 枚,狭椭圆形,白色,先端钝圆,外面基部微有淡粉色晕,内面乳白色;雄蕊黄色;有时具2枚雌蕊群。

产地:本品种产于河南。选育者:赵天榜、陈志秀。

Ⅱ. 喙果玉兰品种群　新品种群

Yulania denudata (Desr.) D. L. Fu Huiguo Group,group nov.

10. '菱状 喙果' 玉兰　新品种

Yulania denudata (Desr.) D. L. Fu 'Lingzhuang Huiguo',cv. nov.

本新品种叶倒卵圆形、倒卵圆-三角形,最宽处在顶端,从顶部向下渐狭,基部呈狭楔形,长10.5~14.5 cm,宽8.5~9.5 cm,先端钝尖,表面绿色,具光泽;叶柄长1.5~3.0 cm。玉蕾卵球状,长2.0 cm。单花具花被片9枚,白色,外面中、基部淡紫红色。聚生蓇葖果圆柱状,长14.0~17.0 cm,径3.0~3.5 cm;蓇葖果卵球状,背面微隆起,呈菱状,背面背缝线明显,先端具喙,浅红色;无皮孔呈现;果梗和缩台枝粗壮,密被灰褐色短柔毛。

产地:本品种产于河南新郑市。选育者:赵天榜、陈志秀。

11. '小叶 喙果' 玉兰　新品种

Yulania denudata (Desr.) D. L. Fu 'Xiaoye Huiguo',cv. nov.

本新品种叶倒卵圆形、狭倒卵圆形,最宽处在顶端,从顶部向下渐狭,基部呈狭楔形,长9.0~11.5 cm,宽4.5~7.5 cm,先端钝尖,或微凹具短尖,表面浅黄绿色,具光泽,无毛;叶柄长1.5~2.0 cm。玉蕾卵球状,长2.0 cm。单花具花被片9枚,白色,外面中、基部淡紫红色。聚生蓇葖果圆柱状,长10.0~15.0 cm,径4.0~4.5 cm;蓇葖果卵球状,背面背缝线稍明显,先端具喙,浅红色;皮孔很小,不明显;果梗和缩台枝粗壮,密被灰褐色柔毛。

产地:本品种产于河南新郑市。选育者:赵天榜、陈志秀。

12. '异色 花被' 玉兰　新品种

Yulania denudata (Desr.) D. L. Fu 'Yishai Huabei',cv. nov.

本新品种单花具花被片9枚,匙-椭圆形,长6.0~6.5 cm,径3.0~3.5 cm,白色,外面花被片3枚,中、基部微淡黄绿色,内面花被片6枚,中、基部中间淡粉色;雄蕊花丝亮紫色,先端亮紫色;离生单雌蕊子房无毛;花梗淡绿色,被柔毛,顶端具一环状褐色长柔毛。缩台枝被褐色短毛,其上叶

芽芽鳞状托叶被亮白长柔毛及黑色小点突起。

产地:本品种产于河南郑州市。选育者:赵天榜、陈志秀。

Ⅲ. 鹤山玉兰品种群　品种群

Yulania denudata(Desr.)D. L. Fu Heshanensis Group

13. '鹤山' 玉兰　品种

Yulania denudata (Desr.) D. L. Fu 'Heshanensis',孙军等. 玉兰种质资源与分类系统的研究. 安徽农业科学,36(22):1827. 2008;Magnolis heshanensis Law et R. Z. Zhou ined. ,刘玉壶主编. 中国木兰. 72. 彩图(绘). 彩图4幅. 2004。

Ⅳ. 多被玉兰品种群　品种群

Yulania denudata(Desr.)D. L. Fu Multitepala Group

14. '卷被' 玉兰　新品种

Yulania denudata (Desr.) D. L. Fu 'Guanbei',cv. nov.

本新品种花大,白色。单花具花被片12~15枚,花被片外面基部微被浅粉色晕,花被片边缘外卷为显著特征;单雌蕊花柱及柱头微被浅粉色晕。蓇葖果具喙。

产地:本品种产于河南。郑州有栽培。选育者:赵天榜和陈志秀。

15. '微粉 多被' 玉兰　新品种

Yulania denudata (Desr.) D. L. Fu 'Weifen Tobei ',cv. nov.

本新品种玉蕾大,单生枝顶,卵球-锥状;芽鳞状托叶4~5枚,外面密被灰褐色,或黑褐色长柔毛。花大。单花具花被片20~24枚,白色,花被片外面基部微粉色。

产地:本品种产于河南鸡公山。选育者:戴慧堂。

Ⅴ. 白花多被玉兰品种群　新品种群

Yulania denudata (Desr.) D. L. Fu Baihua Duobei Group,group nov.

本新品种群单花具花被片9~14枚,白色;单雌蕊子房无毛。

16. '迟花 多被' 玉兰　新品种

Yulania denudata (Desr.) D. L. Fu 'Chihua Duobei ',cv. nov.

本品种初花年龄很迟。单花具花被片11~12枚,长匙-椭圆形,长7.5~10.0 cm,宽2.8~4.0

cm,白色,先端钝圆,具喙,中部多弓形上翘;雄蕊多数,长1.0~1.8 cm,花丝长2~3 mm,淡粉色,花药浅黄白色;雌雄蕊群长4.0~4.5 cm;离生单雌蕊子房淡灰色,无毛,花柱浅黄白色,花柱内曲;花梗灰绿色,疏被短柔毛,顶端具一环状长柔毛。缩台枝微被短柔毛。

产地:本品种产于河南郑州市。选育者:赵天榜。

Ⅵ. 白花玉兰品种群　新品种群

Yulania denudata (Desr.) D. L. Fu Baihua, group nov.

本新品种群植物单花具花被片9枚,白色;单雌蕊子房无毛。

17.'喙被'玉兰　新品种

Yulania denudata(Desr.)D. L. Fu 'Huibei', cv. nov.

本新品种叶倒卵圆形,表面微被短柔毛,沿主侧脉密被短柔毛,背面短柔毛较多;叶柄被短柔毛。玉蕾卵球状。单花具花被片9枚,匙状鞋形,或匙状圆形,白色,先端钝圆,具尖喙;雄蕊多数,黄色,花丝紫色;离生单雌蕊子房淡黄绿色。

产地:本品种产于新郑市。选育者:赵杰、赵东武、赵天榜。

18.'白花 宽被'玉兰　新品种

Yulania denudata (Desr.) D. L. Fu 'Baihua Kuanbei',cv. nov.

本新品种单花具花被片9枚,匙-卵圆形,白色,先端钝圆;离生单雌蕊子房无毛。

产地:本品种产于河南。选育者:赵天榜、陈志秀。

19.'狭被2'玉兰　新品种

Yulania denudata (Desr.) D. L. Fu 'Xiabei 2',cv. nov.

本新品种单花具花被片9枚,狭椭圆形,白色,长8.0~10.0 cm,宽2.0~2.5 cm,先端钝圆,或钝尖。

产地:本品种产于河南。选育者:赵天榜、陈志秀。

Ⅶ. 塔形玉兰品种群　品种群

Yulania denudata(Desr.)D. L. Fu Pyramidalis Group

20.'窄被'玉兰　品种

Yulania denudata (Desr.) D. L. Fu 'Angustitepala',孙军等. 玉兰种质资源与分类系统的研究. 安徽农业科学,36(22):1828. 2008;Mag-

nolis denudata Desr. Var. angustitepala T. B. Zhao et Z. X. Chen,丁宝章等. 中国木兰属植物腋花、总状花序的首次发现和新分类群. 河南农业大学学报,19(4):363. 1985。

21.'塔形'玉兰　品种

Yulania denudata(Desr.)D. L. Fu 'Pyramidalis',孙军等. 玉兰种质资源与分类系统的研究. 安徽农业科学,36(22):1828. 2008;*Magnolis denudata* Desr. var. *pyramidalis* T. B. Zhao et Z. X. Chen,丁宝章等. 中国木兰属植物腋花、总状花序的首次发现和新分类群. 河南农业大学学报,19(4):11. 1983。

Ⅷ. 紫花玉兰品种群　品种群

Yulania denudata(Desr.)D. L. Fu Zihuayulan Group

22.'多被紫花'玉兰　新品种

Yulania denudata(Desr.)D. L. Fu 'Duobeizihua',cv. nov.

本新品种单花具花被片9~18枚,宽匙状椭圆形,或宽匙状卵圆形,先端钝圆,内曲,外面深紫色,或深紫红色,内面淡紫色晕、脉纹色浓,外轮花被片较短;雄蕊及离生单雌蕊子房紫色,或紫红色。

产地:河南郑州市。选育者:赵天榜、赵杰。

23.'紫花'玉兰　新品种

Yulania denudata(Desr.)D. L. Fu 'Zihua', cv. nov.

本新品种单花具花被片9(~10)枚,匙-椭圆形,长5.0~9.0 cm,宽2.5~3.5 cm,先端钝圆,有时钝尖,外面紫色或淡紫色,内面淡白色,微有淡紫色晕,上部及两侧内曲;花柱及子房近等长,花柱具淡粉红色晕,向内曲;雄蕊多数,淡紫色,花丝紫黑色;雌蕊群紫色。

产地:本品种产于河南新郑市及长垣县。选育者:赵杰、赵天榜。

24.'紫白'玉兰　新品种

Yulania denudata(Desr.)D. L. Fu 'Zibai', cv. nov.

本新品种单花具花被片9枚,匙-长卵圆形,先端钝圆,有时钝尖,外面淡紫色,脉纹紫色明显,内面淡白色,微有淡紫色晕,基部两侧有时具淡紫色晕斑内曲;雄蕊多数,淡紫色,药隔先端紫黑色,花丝紫黑色;雌蕊群淡紫色。

产地:本品种产于河南新郑市及长垣县。选

育者:赵杰、赵东武、赵天榜。

Ⅸ.长叶玉兰品种群 品种群

Yulania denudata（Desr.）D. L. Fu Elongata Group,孙军等．玉兰种质资源与分类系统的研究．安徽农业科学,36(22):1828. 2008。

25.长叶玉兰 品种

Yulania denudata（Desr.）D. L. Fu 'Elongata',Yulania sprengeri（Pamp.）D. L. Fu var. elongata（Rehd. Wils.）D. L. Fu et T. B. Zhao,田国行等．玉兰新分类系统的研究．植物研究,26(1):35. 2006;孙军等．玉兰种质资源与分类系统的研究．安徽农业科学,36(22):1828. 2008;*Magnolia denudata* Desr. var. *elonhata* Rehd. & Wils. in Sargent,Pl. Wils. 1:402. 1913。

本新品种花白色,长圆-倒卵圆形,长倒卵圆形,或匙-长圆形,长 7.0～9.0 cm,宽 2.0～4.0 cm;雄蕊长 1.5～1.8 cm,花药长 4～6 mm,花丝长、红色,药室侧向纵裂,药隔先端稍长,急尖;雌雄蕊群长 3.0～3.5 cm;柱头较模式长。

产地:本品种产于湖北长阳县。

Ⅹ.毛玉兰品种群 品种群

Yulania denudata（Desr.）D. L. Fu Pubescens Group

26.'黑瘤'玉兰 新品种

Yulania denudata（Desr.）D. L. Fu 'Heiliu',cv. nov.

本新品种单花具花被片 9 枚,匙-椭圆形,两侧上翘,长 7.0～8.0 cm,径 2.50～4.0 cm,白色,外面被短柔毛;花梗淡绿色,密被短柔毛。缩台枝被褐色短柔毛,其上叶芽芽鳞状托叶被亮白长柔毛及黑色小点突起。

产地:本品种产于河南郑州市。选育者:赵天榜、陈志秀。

27.'紫枝'玉兰 新品种

Yulania denudata（Desr.）D. L. Fu 'Zizhi',cv. nov.

本新品种小枝紫色,具亮光泽。玉蕾较大,顶生,椭圆体状,先端渐尖;芽鳞状托叶外面密被灰褐色长柔毛。

产地:本品种产于河南。选育者:赵天榜、赵东武。

Ⅺ.黄花玉兰品种群 品种群

Yulania denudata（Desr.）D. L. Fu Flava Group

28.'黄花'玉兰 品种

Yulania denudata（Desr.）D. L. Fu 'Flava',田国行等．玉兰新分类系统的研究．植物研究,26(1):35. 2006;孙军等．玉兰种质资源与分类系统的研究．安徽农业科学,36(22):1828. 2008;*Magnolia denudata* Desr. var. *flava* T. B. Zhao et Z. X. Chen,赵天榜等编著．木兰及其栽培. 15～16. 1992;*Magnolia denudata* Desr. 'Huanghua',刘秀丽. 2011. 中国玉兰种质资源调查及亲缘关系的研究(D). 北京林业大学。

本品种花浅黄色,花被片匙-卵圆形。

产地:河南南召县。选育者:赵天榜、陈志秀、高聚堂和孙军。

Ⅻ.豫白玉兰品种群 品种群

Yulania denudata（Desr.）D. L. Fu Yubai Group

29.'豫白'玉兰 品种

Yulania denudata（Desr.）D. L. Fu 'Yubai',孙军等．玉兰种质资源与分类系统的研究．安徽农业科学,36(22):1829. 2008;*Magnolia denudata* Desr. 'Jiaorong Sanbian',刘秀丽. 2011. 中国玉兰种质资源调查及亲缘关系的研究(D). 北京林业大学。

本品种花大型,径 25.0～28.0 cm。单花具花被片 9 枚,白色,长狭匙-卵圆形,长 12.0～14.5 cm,宽 3.0～4.0 cm,先端钝尖,或短尖;雄蕊多数,花丝紫红色;离生单雌蕊子房鲜绿色,短柔毛。

产地:河南。选育者:赵天榜、陈志秀。

ⅩⅢ.毛被玉兰品种群 新品种群

Yulania denudata（Desr.）D. L. Fu Maobei Group,group nov.

30.'毛被'玉兰 新品种

Yulania denudata（Desr.）D. L. Fu 'Maobei',cv. nov.

本新品种单花具花被片 9 枚,外轮花被片淡绿黄色,疏被白色短柔毛;离生单雌蕊子房疏被短柔毛;花梗和缩台枝粗,密被灰色柔毛,稀无缩台枝。

产地:本新品种产于河南新郑市。选育者:赵天榜、赵杰。

玉兰两新亚种和二十三新品种

赵天榜[1] 李小康[2] 陈俊通[1]

(1. 河南农业大学,郑州 450002;2. 郑州植物园,郑州 450042)

1. 菱形果玉兰 新亚种

Yulania denuda (Desr.) D. L. Fu subsp. rhombea T. B. Zhao, X. K. Li et J. T. Chen *, subsp. nov.

Subspecies nov. foliis obovatis et ovatis, 10. 0 ~ 17. 5 cm longis 5. 5 ~ 11. 0 cm latis, supra atro-viridiis viridiis glrbra ad costas dense pubescentibus, subtus viridulis glabris, costis et nervis lateralibus manifeste elevates ad costas et nervos lateralibus sparse pubescentibus; subtus viridulis, viridiis, costis et nervis lateralibus manifeste elevates ad costas et nervos lateralibus sparse pubescentibus, apice obtusis cum acumine vel acutis basi cuneatis; petiolis 2. 0 ~ 3. 5 cm longis; cicatrcibus stipularum longitudine 1/3 petiolorum partem aequantibus. Aggregati-folliculis cylindricis 14. 0 ~ 20. 0 cm longis diam. 4. 0 ~ 5. 0 cm; pedicelis et Soutai-rumulis grosse validis dense villosis; folliculis rhombeis planis flavo-albis, 4 marginatis minute angulosis, suturis dorsalibus non dehiscentibus suturis dorsalibus non ventralibus dehiscentibus, saepe penitis dehiscentibus.

Henan: Zhengzhou City. 24-07-2014. T. B. Zhao et Z. X. Chen, No. 2014072411 (fola et Aggregati-folliculi, holotypus hic disignatus, HNAC).

本新亚种叶倒卵圆形、卵圆形,长 10. 0 ~ 17. 5 cm,宽 5. 5 ~ 11. 0 cm,表面深绿色、绿色,无毛,背面绿色、淡绿色,主、侧脉明显突起,沿脉疏被短柔毛,先端钝尖,或急尖,基部楔形;叶柄长 2. 0 ~ 3. 5 cm;托叶痕为叶柄长的1/3。聚生蓇葖果圆柱状,长 14. 0 ~ 20. 0 cm,径 4. 0 ~ 5. 0 cm,表面平滑,淡黄白色;蓇葖果菱状,平,不突起,四边接触处为微突棱线,成熟后背缝线不开裂,通常腹缝线开裂;缩台枝和果梗粗壮,密被长柔毛。花期4月;果实成熟期8月。

产地:河南。郑州市有栽培。赵天榜、李小康、陈俊通,No. 2014072411(叶和聚生蓇葖果)。模式标本采自郑州市,存河南农业大学。

2. 两型花玉兰 新亚种

Yulania denudata(Desr.)D. L. Fu subsp. dimorphiflora T. B. Zhao, X. K. Li et J. T. Chen, subsp. nov.

Subspecies nov. foliis obovatis, 8. 0 ~ 12. 5 cm longis 4. 0 ~ 5. 0 cm latis, supra viridiis glrbra, subtus viridulis, subtus viridulis, costis et nervis lateralibus manifeste elevates ad costas et nervos lateralibus sparse pubescentibus, apice obtusis cum acumine vel obtusis basi cuneatis; petiolis 2. 0 ~ 5. 5 cm longis. floribus 2-formis;①tepalis 9 in quoque flore, extus 1 tepalis late linearibus carnosis, extus infra medium roseolis;②tepalis 9 in quoque flore, extus tepalis calycibus linearibus membranaceis. ei tepalis petaloideis spathuli-ellipticis 3. 5 ~ 5. 5 cm longis 2. 0 ~ 3. 0 cm latis apice obtusis, extus infra medium roseolis, costatibus ad apicem.

Henan: Zhengzhou City. 24-03-2012. T. B. Zhao et Z. X. Chen, No. 201203241(flos, Aggregati-folliculi, holotypus hic disignatus, HNAC).

本新亚种叶倒卵圆形,长 8. 0 ~ 12. 5 cm,宽 5. 0 ~ 8. 0 cm,表面绿色,无毛,背面淡绿色,主、侧脉明显突起,沿脉疏被短柔毛,先端钝尖,或钝圆,基部楔形;叶柄长 2. 0 ~ 2. 5 cm。2 种花型:①单花具花被片9枚,外轮花被片1枚,宽条形,肉质,外面中部以下粉红色;②单花具花被片9枚,外轮花被片萼状,条形,膜质。2 种花型花的瓣状花被片匙-椭圆形,长 3. 5 ~ 5. 5 cm,宽 2. 0 ~ 3. 0 cm,先端钝圆,外面中部以下粉红色,主脉粉红色,直达先端。

产地:河南郑州市。2012 年 3 月 24 日。赵天榜、陈志秀,No. 201203241(花)。模式标本,存河南农业大学。

新品种:

1. '疏枝'塔形玉兰 新品种

Yulania denudata(Desr.)D. L. Fu 'Shuzhi', cv. nov.

本新品种树冠塔状;侧枝直立斜展。小枝稀少、直立。叶宽倒卵圆形,先端钝圆,稍凹具短头,基部楔形。单花具花被片9枚。聚生蓇葖果圆柱状,长8.0~12.5 cm;蓇葖果淡粉色,表面光滑、稍突起。

产地:河南郑州市。选育者:李小康、陈俊通、王华。

2.'紫红基'玉兰　新品种

Yulania denudata(Desr.)D. L. Fu 'Zihongji',cv. nov.

本新品种单花具花被片9枚,大型;花被片长9.5~10.0 cm,宽4.5~5.5 cm,外面中、基部紫红色,或紫红色脉纹;雄蕊花丝黑紫色;离生单雌蕊子房疏被短柔毛,花柱、柱头微被水粉色晕;果梗及缩台枝密被短茸毛。聚生蓇葖果圆柱状,长14.0~15.0 cm,径4.0~5.0 cm;蓇葖果菱状,或卵球状,长1.5~2.2 cm,径1.2~2.0 cm,表面平,或突起,棕黄色;果点较大、多、明显、突起,背缝线橙黄色、淡绿色明显,先端喙明显、突起;果梗粗壮,密被长柔毛;缩台枝灰褐色、粗壮,无毛,或被毛。花期4月;果实成熟期8月。

产地:河南郑州市。选育者:赵天榜、陈志秀。

3.'紫粉基'玉兰　新品种

Yulania denudata(Desr.)D. L. Fu 'Zifenji',cv. nov.

本新品种树冠大;侧枝斜直开展。单花具花被片9枚,花被片外面基部微被水粉色晕;雄蕊花丝亮紫红色;离生单雌蕊子房疏被短柔毛;果梗及缩台枝密被短茸毛。

产地:河南郑州市。选育者:赵天榜、陈志秀。

4.'黄蕊'玉兰　新品种

Yulania denudata(Desr.)D. L. Fu 'Huwangzi',cv. nov.

本新品种单花具花被片9枚,白色,长狭匙-椭圆形,8.0~10.5 cm,宽3.0~3.5 cm,先端钝尖;雄蕊多数,花丝与花药淡黄色;离生单雌蕊子房、花柱与柱头淡黄色。

产地:河南。选育者:赵天榜、陈志秀。

5.'异叶'玉兰　新品种

Yulania denudata(Desr.)D. L. Fu 'Yiye',cv. nov.

本新品种叶2种类型:①倒卵圆形,先端钝尖;②楔形,从上部向下渐狭,基部窄楔形。

产地:河南郑州市。选育者:李小康、陈俊通

与赵天榜。

6.'淡紫'两型花玉兰　新品种

Yulania denudata(Desr.)D. L. Fu 'Danzi',cv. nov.

本新品种与两型花玉兰的主要区别:瓣状花被片外面淡粉色。

产地:河南郑州市。选育者:赵天榜、陈志秀。

7.'水粉'两型花玉兰　新品种

Yulania denudata(Desr.)D. L. Fu 'Shu Fen',cv. nov.

本新品种与两型花玉兰的主要区别:瓣状花被片外面上部白色,中、基部水粉色,主脉水粉色,直达先端。

产地:河南郑州市。选育者:赵天榜、陈志秀。

8.'狭被'两型花玉兰　新品种

Yulania denudata(Desr.)D. L. Fu 'Xiabei',cv. nov.

本新品种与两型花玉兰的主要区别:单花具花被片9枚,花被片外面上部白色。

产地:河南郑州市。选育者:赵天榜、陈志秀。

9.'粉基'玉兰　新品种

Yulania denudata(Desr.)D. L. Fu 'Fenji',cv. nov.

本新品种单花具花被片9枚,匙-椭圆形,先端钝圆,外面基部粉色。

产地:河南郑州市。选育者:赵天榜、陈志秀。

10.'粉基红'玉兰　新品种

Yulania denudata(Desr.)D. L. Fu 'Fenjihong',cv. nov.

本新品种单花具花被片9枚,狭匙-椭圆形,先端钝尖,外面上部白色,中部以下粉红色。

产地:河南郑州市。选育者:赵天榜、陈志秀。

11.微粉'玉兰　新品种

Yulania denudata(Desr.)D. L. Fu 'Weifen',cv. nov.

本新品种单花具花被片9枚,狭匙-椭圆形,先端渐尖,外面上部白色,中部水粉色,基部粉红色。

产地:河南郑州市。选育者:赵天榜、陈志秀。

12.'大叶'玉兰　新品种

Yulania denudata(Desr.)D. L. Fu 'Daye',cv. nov.

本新品种叶大,2种叶型:①倒卵圆形,②长24.0~30.0 cm,宽15.0~17.5 cm,先端钝圆,具三角形短尖,上部向下至基部呈狭三角形;②宽椭圆

形,长 21.0~24.0 cm,宽 12.0~15.0 cm,先端钝圆,具三角形短尖,中部与基部近等宽,基部宽圆形。

产地:河南郑州市。选育者:赵天榜、李小康、王华。

13.'疏枝'塔形玉兰 新品种

Yulania denudata (Desr.) D. L. Fu 'Shuzzhi', cv. nov.

本新品种树冠塔状;侧枝直立斜展。小枝稀少、直立。叶宽倒卵圆形,先端钝圆,稍凹具短头,基部楔形。单花具花被片 9 枚。聚生蓇葖果圆柱状,长 8.0~12.5 cm;蓇葖果淡粉色,表面光滑、稍突起。

产地:河南郑州市。选育者:李小康、陈俊通、王华。

14.'紫红基'玉兰 新品种

Yulania denudata (Desr.) D. L. Fu 'Zihongji', cv. nov.

本新品种单花具花被片 9 枚,大型;花被片长 9.5~10.0 cm,宽 4.5~5.5 cm,外面中、基部紫红色,或紫红色脉纹;雄蕊花丝黑紫色;离生单雌蕊子房疏被短柔毛,花柱、柱头微被水粉色晕;果梗及缩台枝密被短茸毛。聚生蓇葖果圆柱状,长 14.0~15.0 cm,径 4.0~5.0 cm;蓇葖果菱状,或卵球状,长 1.5~2.2 cm,径 1.2~2.0 cm,表面平,或突起,棕黄色;果点较大、多、明显、突起,背缝线橙黄色、淡绿色明显,先端喙明显、突起;果梗粗壮,密被长柔毛;缩台枝灰褐色、粗壮、无毛,或被毛。花期 4 月;果实成熟期 8 月。

产地:河南郑州市。选育者:赵天榜、陈志秀。

15.'紫粉基'玉兰 新品种

Yulania denudata (Desr.) D. L. Fu 'Zifenji', cv. nov.

本新品种树冠大;侧枝斜直开展。单花具花被片 9 枚,花被片外面基部微被水粉色晕;雄蕊花丝亮紫红色;离生单雌蕊子房疏被短柔毛;果梗及缩台枝密被短茸毛。

产地:河南郑州市。选育者:赵天榜、陈志秀。

16.'黄蕊'玉兰 新品种

Yulania denudata (Desr.) D. L. Fu 'Huwangzi', cv. nov.

本新品种单花具花被片 9 枚,白色,长狭匙状椭圆形,8.0~10.5 cm,宽 3.0~3.5 cm,先端钝尖;雄蕊多数,花丝与花药淡黄色;离生单雌蕊子房、花柱与柱头淡黄色。

产地:河南。选育者:赵天榜、陈志秀。

17.'异叶'玉兰 新品种

Yulania denudata (Desr.) D. L. Fu 'Yiye', cv. nov.

本新品种叶 2 种类型:①倒卵圆形,先端钝尖;②楔形,从上部向下渐狭,基部窄楔形。

产地:河南郑州市。选育者:李小康、陈俊通、赵天榜。

18.'水粉 两型花'玉兰'水粉'两型花玉兰 新品种

Yulania denudata (Desr.) D. L. Fu 'Shu Fen', cv. nov.

本新品种与'两型花'玉兰的主要区别:瓣状花被片外面上部白色,中、基部水粉色,主脉水粉色,直达先端。

产地:河南郑州市。选育者:赵天榜、陈志秀。

19.'狭被 两型花'玉兰 '狭被'两型花玉兰 新品种

Yulania denudata (Desr.) D. L. Fu 'Xiabei', cv. nov.

本新品种与'两型花'玉兰的主要区别:单花具花被片 9 枚,花被片外面上部白色。

产地:河南郑州市。选育者:赵天榜、陈志秀。

20.'粉基'玉兰 新品种

Yulania denudata (Desr.) D. L. Fu 'Fenji', cv. nov.

本新品种单花具花被片 9 枚,匙-椭圆形,先端钝圆,外面基部粉色。

产地:河南郑州市。选育者:赵天榜、陈志秀。

21.'粉基红'玉兰 新品种

Yulania denudata (Desr.) D. L. Fu 'Fenjihong', cv. nov.

本新品种单花具花被片 9 枚,狭匙-椭圆形,先端钝尖,外面上部白色,中部以下粉红色。

产地:河南郑州市。选育者:赵天榜、陈志秀。

22.大叶不育玉兰 新品种

Yulania denudata (Desr.) D. L. Fu 'Daye buyu', cv. nov.

本新品种落叶乔木。1 年生小枝绿褐色,被较密短柔毛;皮孔明显。单叶,互生,宽卵圆形,长 11.0~19.0 cm,宽 5.5~12.5 cm,先端短尖,边缘全缘,表面绿色,无毛,背面淡绿色,微被短柔毛,沿脉密被柔毛,基部楔形;叶柄长 1.0~2.0 cm,无毛。雌蕊群不发育,长 4.5~6.0 cm,径约 1.5 cm,淡黄绿色,无毛;花梗短,密被白色长柔毛。

河南:郑州植物园。2017 年 8 月 4 日。陈俊通、范永明、王华和赵天榜,No.201708041(枝、叶与不育雌蕊群)。模式标本,存河南农业大学。

23.小叶不育玉兰 新品种

Yulania denudata(Desr.)D. L. Fu 'Daxiaoye buyu',cv. nov.

本新品种落叶乔木。1 年生小枝绿褐色,被较密短柔毛;皮孔明显。单叶,互生,宽卵圆形、卵圆形,长 5.5~13.0 cm,宽 3.2~8.0 cm,先端短尖,边缘全缘,微被缘毛,表面绿色,无毛,沿主脉密被短柔毛,背面淡绿色,微被短柔毛,沿脉密被柔毛,基部楔形;叶柄长 1.0~2.0 cm,被较密短柔毛。雌蕊群不发育,长 4.0~5.0 cm,径约 1.2 cm,淡黄绿色,无毛;花梗与缩台枝密被灰色长柔毛。

河南:郑州植物园。2017 年 8 月 4 日。陈俊通、范永明、王华和赵天榜。

河南玉兰属一新变种

田国行[1] 傅大立[2] 赵天榜[1]

(1. 河南农业大学林学园艺学院,郑州 450002;
2. 中国林业科学研究院经济林研究开发中心,郑州 450003)

摘 要 对毛玉兰新变种 Yulania denudata(Desr.)D. L. Fu var. pubescens D. L. Fu,T. B. Zhao et G. H. Tian 进行了描述。该变种具有离生单雌蕊密被短柔毛,或疏被短柔毛;蓇葖果密被淡灰色细疣点特征,与玉兰原变种 Yulania denudata(Desr.)D. L. Fu var. denudata 具有离生单雌蕊无毛,蓇葖果褐色、具白色皮孔特征相区别。

关键词 河南;玉兰属;毛玉兰;新变种

多年来,作者在采集和整理河南玉兰属植物标本过程中,发现一新变种,现报道如下。

1.毛玉兰 新变种 图1

Yulania denudata(Desr.)D. L. Fu[1-2] var. pubescens D. L. Fu,T. B. Zhao et G. H. Tian, var. nov.,Fig. 1. A typo recedit disjuncte simplici-pistillia dense vel sparse pubescentibus; folliculis dense cinerascentibus variolis.

Henan:Mt. Funiushan and Dabieshan. Zhengzhou. 08- 03- 2001. T. B. Zhao et al., No. 200103081(flos,holotypus hic disignatus,HNAC). Loco dicto. 08-28-2001. T. B. Zhao et al., No. 200108281 (folia,simili – alabastrum et syncarpium).

本新变种与玉兰原变种 Yulania denudata (Desr.)D. L. Fu var. denudata 的主要区别:离生单雌蕊密被短柔毛或疏被短柔毛;蓇葖果密被淡灰色细疣点。玉兰原变种离生单雌蕊无毛[2,4];蓇葖果具白色皮孔[2]。

河南:伏牛山和大别山区有分布。郑州有栽培。2001 年 3 月 28 日。赵天榜、傅大立,No. 200103081(花)。模式标本,存河南农业大学。同地。2001 年 8 月 25 日。赵天榜等,No. 20010825109211(叶、缩台枝[3]、拟花蕾(玉蕾)[3]

图1 **毛玉兰** Yulania denudata(Desr.)D. L. Fu var. pubescens D. L. Fu,T. B. Zhao et G. H. Tian
1.叶、缩台枝、拟花蕾(玉蕾)和聚合果;2.花。

和聚合果)。伏牛山区,南召县乔端林场东曼林区有野生。

参考文献

[1] 傅大立. 玉兰属的研究[J]. 武汉植物学研究,2001,19(3):191-198.

[2] 中国科学院中国植物志编辑委员会. 中国植物志 第三十卷 第一分册[M]. 北京:科学出版社,1996:131-132.

[3] 赵天榜,高炳振,傅大立,等. 舞钢玉兰芽种类与成枝成花规律的研究[J]. 武汉植物学研究,2003,21(1):81-90.

[4] Chen B L,Nooteboom H P. Notes on Magnoliaceae Ⅲ: Magnoliaceae of China[J]. Ann. Miss. Bot. Gard., 1993,80(4):999-1104.

中国玉兰属两新种和三新亚种

宋良红[1]　李小康[1]　陈俊通[2]　赵天榜[2]　陈志秀[2]

（1. 郑州植物园,郑州　450042;2. 河南农业大学,郑州　450002）

摘　要　本文发表中国玉兰属 Yulania Spach 植物 2 新种和 2 新亚种。新种是:华丽玉兰 Y. superba T. B. Zhao,Z. X. Chen et X. K. Li,sp. nov. 和中州玉兰 Y. zhongzhou T. B. Zhao,Z. X. Chen et X. K. Li,sp. nov.。新亚种是:1. 两型花中州玉兰 Y. zhongzhou T. B. Zhao,Z. X. Chen et L. H. Sun subsp. dimorphiflora T. B. Zhao,Z. X. Chen et X. K. Li,var. nov.,2.菱形果玉兰亚种 Y. dendata(Desr.)D. L. Fu subsp. rhombea T. B. Zhao,Z. X. Chen et X. K. Li,subsp. nov. 和 3. 两型望春玉兰亚种 Y. biondii(Pamp.)D. L. Fu subsp. dimorphiflora T. B. Zhao,Z. X. Chen et X. K. Li,sp. nov.。它们均为我国玉兰属植物特有物种,并在该属植物形态变理论、起源理论、杂交育种理论、引种驯化理论等多学科理论研究中具有重要意义。为此,对它们的形态特征等进行了记载,为其开发利用提供参考。

关键词　中国;玉兰属;新种;新亚种;形态特征;开发利用

近年来,作者在进行河南玉兰属 Yulania Spach[1-6]植物资源调查及其引种驯化的研究,从中发现 2 新种和 2 新亚种。两新种是:华丽玉兰 Y. superba T. B. Zhao,Z. X. Chen et X. K. Li,sp. nov. 和中州玉兰 Y. zhongzhou T. B. Zhao,Z. X. Chen et L. H. Song,sp. nov.。新亚种是:菱形果玉兰亚种 Y. denudata(Desr.)D. L. Fu subsp. rhombea T. B. Zhao,Z. X. Chen et X. K. Li,subsp. nov. 和两型花望春玉兰亚种 Y. biondii(Pamp.)D. L. Fu subsp. dimorphiflora T. B. Zhao,Z. X. Chen et X. K. Li,subsp. nov.。现将它们分别记述如下。

1. 华丽玉兰　新种　图 1

Yulania superba T. B. Zhao,Z. X. Chen et X. K. Li,sp. nov.,fig. 1

Species Yulania denudata(Desr.)D. L. Fu[1-7] similis,sed foliis chartaceis diolutis supra medium latissimis supra ad costas dense pubescentibus. Yulani-alabastris terminatis. tepalis 8~9 in quoque flore, rare 1 linearibus,tepalis petaloideis albis;Gymoecis cum gymophoris 5~7 mm longis;gynoecis androecis manifeste elatis;disjuncte simplici-pistillis ovodeis minime pubescentibus;pedicellis dense villosia albis. Soutai-ramulis densepubescentibus.

Arbor deciduas. Ramuli purpureo-brunnei niti-di. Folia obovata late ovata chartacea diolutia,6.5~12.0 cm longa 4.6~7.0 cm lata apice obtusa brevter acuminata mucronatis triangulatis basi cuneata margine integra supra latissimis,supra viridia glrbra ad costas dense pubescentibus,subtus viridulis glabris,costis et nervis lateralibus manifeste elevates ad costas et nervos lateralibus sparse pubescentibus;petioli 2.0~2.3 cm longi supra pubesentes;stipulis membranacies flavo-albis caducis. Yulani-alabastra terminata ovoidea 1.5~2.2 cm longa diam. 1.2~1.7 cm,peruli-stipulis 4,extus primus tenuiter coriaceis nigri-brunneis dense villosis nigri-brunneis,manifeste petiolulis. Flores ante folia aperti. tepala 8~9 in quoque flore,rare 1 linearibus 1.5~2.5 cm longis ca. 5 mm latis,tepalis petaloideis spathulati-ovatis 6.5~8.0 cm longis 2.2~2.5 cm latis,apice obtusis cum acumine utrinque albis;stamina numerosa 1.2~1.5 cm longa thecis 10~13 mm longis dorrsaliter minime purpulrascentibus,filamentis 2 mm longis laete atro-purpuratis;Gynoecia cylindrica viriduli-alba 1.5~2.0 cm longa;disjuncte simplici-pistillis numerosis,ovsriis ovoideis viriduli-albis minime pubescentibus,stylis 5~7 mm longis apice dorsaliter minime carneis;gynoeciis androeciem suprantibus;pediceli dense villosi albi;Soutai-rumuli dense pubescentibus

基金项目:郑科计〔2014〕2 号;项目编号:141 PDGG 195。

第一作者简介:宋良红(1971—),男,河南舞钢市人,高级工程师,从事园林植物研究。

albis. Aggregati-folliculi cylindrici tortuosi 13.0～15.0 cm longi diam. 3.5～4.0 cm;folliculis ellipsoideis, globsis atro-brunneis supra manifeste guttis fructibus parvis, apice rostris; pedicelis fructibus dense villosis;Soutai-rumulis brunneis glabratis.

Henan:Zhengzhou City. 14-03-2014. T. B. Zhao et Z. X. Chen, No. 201403149（flos, holotypus hic disignatus, HNAC）. ibid. T. B. Zhao et Z. X. Chen, No. 201405201.

落叶乔木。小枝紫褐色,无毛,具光泽。叶倒卵圆形、宽卵圆形,薄纸质,长 6.5～12.0 cm,宽 4.6～7.0 cm,先端钝圆、短渐尖,或钝圆,具三角形短尖,基部楔形,边缘全缘,最宽处在叶的上部,表面绿色,无毛,沿主脉密被短柔毛,背面淡绿色,无毛,主脉和侧脉明显隆起,沿脉疏被短柔毛;叶柄长 2.0～2.3 cm,上面疏被短柔毛,托叶膜质,黄白色,早落。玉蕾顶生,长卵球状,长 1.5～2.2 cm,径 1.2～1.7 cm;芽鳞状托叶 4 枚,第 1 枚薄革质,外面黑褐色,密被黑褐色短柔毛,具明显的小叶柄。花先叶开放。单花具花被片 8～9 枚,稀 1 枚,条形,长 1.5～2.5 cm,宽约 5 mm,瓣状花被片匙-圆形,长 6.5～8.0 cm,宽 2.2～2.5 cm,先端钝尖,两面白色;雄蕊多数,长 1.2～1.5 cm,花药长 1.2～1.5 cm,药室长 10～13 mm,背部微有淡紫色晕,花丝长约 2 mm,亮浓紫红色;雌蕊群圆柱状,淡绿白色,长 1.5～2.0 cm,具长 5～7 mm 的雌蕊群柄,无毛,表面具钝纵棱与沟纹;离生单雌蕊多数,子房卵体状,淡绿白色,微被短柔毛,花柱长 5～7 mm,先端背部微有水粉色晕;雌蕊群显著高于雄蕊群;花梗密被白色长柔毛;缩台枝密被白色短柔毛。聚生蓇葖果长圆柱状、多弯曲,长 13.0～15.0 cm,径 3.5～4.0 cm;蓇葖果椭圆体状、球状,暗褐色;果点小,先端具喙;果梗密被柔毛;缩台枝褐色,近无毛。花期 4 月;果实成熟期 8 月。

本新种与玉兰 Yulania denudata（Desr.）D. L. Fu 相似,但区别:叶薄纸质,最宽处在叶的上部,表面沿主脉密被短柔毛。玉蕾顶生。单花具花被片 8～9 枚,稀 1 枚,条形,瓣状花被片白色;雌蕊群具长 5～7 mm 的雌蕊群柄;雌蕊群显著高于雄蕊群;离生单雌蕊子房微被短柔毛;花梗密被白色柔毛;缩台枝密被白色短柔毛。

产地:河南。郑州有栽培。2014 年 3 月 14 日。赵天榜、陈志秀,No. 201403149（花）。模式标本,存河南农业大学。2014 年 5 月 20 日。赵天榜、陈志秀,No. 201405201（枝、叶）。

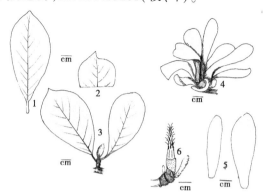

图 1　华丽玉兰 Yulania superba T. B. Zhao, Z. X. Chen et X. K. Li
1. 枝、叶与玉蕾,2～3. 花被片,
4. 夏花外轮花被片,5. 雌雄蕊群(陈志秀绘)。

2. 中州玉兰　新种　图 2

Yulania zhongzhou T. B. Zhao, Z. X. Chen et L. H. Song*, sp. nov., fig. 2

Species Yulania denudata（Desr.）D. L. Fu[1-7] imilis, sed foliis obovatis, subtus et costis sparse pubescentibus. floribus 2-formis:①tepalis 9 in quoque flore, androeciis gynoeciem superantibus;②tepalis 9 in quoque flore, androeciis gynoeciem aequantibus vel paulo brevibus. floribus 2-formis tepalis aequabitibus, extus 3 tepalis linearibus carnosis 1.5～4.0 cm longis rare 4.5 cm longis 5～10 mm latis, intus 6 tapalis longe spathuli-ellipticis ablis 5.0～6.0 cm longis 2.0～2.7 cm latis apice obtusis cum acumine; ovariis disjuncte simplici-pistillis sparse pubescentibus.

Arbor deciduas. Ramuli purpureo-brunnei, nitidi, infra medium sparse pubescentibus. Folia obovata chartacea, 10.0～15.0 cm longa 5.0～9.0 cm lata apice obtusa mucronatis triangulatis basi anguste cuneata rare cuneata margine integra sparse ciliatis insuper latissimis, supra viridia glrbra, subtus viridulis pubescentibus, costis et nervis lateralibus manifeste elevates ad costas et nervos lateralibus sparse pubescentibus; petioli 2.0～2.5 cm longi supra pubesentes; stipulis membranaceis flavo-albis caducis. Yulani-alabastra terminata long ovoidea 1.5～2.2 cm longa diam. 1.2～1.7 cm, peruli-stipulis 4, extus primus tenuiter coriaceis nigri-brunneis dense villosis nigri-brunneis, manifeste petiolulis. Flores ante folia aperti. floribus 2-formis:①tepalis 9 in quoque flore,androeciis gynoeciem superantibus;②tepalis 9 in quoque flore,androeciis gynoeciem aequantibus vel paulo brevibus. floribus 2 - formis tepalis aequabitibus,extus 3 tepalis linearibus carnosis 1.5 ~ 4.0 cm longis rare 4.5 cm longis 5 ~ 10 mm latis, apice obtusis,intus 6 tapalis longe spathuli-ellipticis ablis 5.0 ~ 6.0 cm longis 2.0 ~ 2.7 cm latis apice obtusis cum acumine; stamina numerosa 1.2 ~ 1.5 cm longa thecis 10 ~ 13 mm longis dorsrsaliter minime purpulrascentibus, filamentis 2 mm longis laete atro - purpuratis; Gynoecia cylindrica viriduli - alba 1.5 ~ 2.0 cm longa; disjuncte simpilici-pistillis numerosis, ovsriis ovoideis viriduli-albis sparse pubescentibus, stylis 5 ~ 7 mm longis; pediceli dense villosi albi; Soutai-rumuli dense villosi albi. Aggregati-folliculi cylindrici 1.5 ~ 2.0 cm longi diam. 3.5 ~ 4.0 cm; folliculis ovoideis, ellipsoideis, suturis dorsalibus manifestis, supra viridi - purpuratis, apice rostris; pedicelis fructibus et Soutai-rumulis grossis cinere-brunneis rare villosis vel glabratis.

Henan: Zhengzhou City. 14-04-2014. T. B. Zhao et Z. X. Chen, No. 201404141(flos, holotypus hic disignatus, HNAC). ibid. T. B. Zhao et Z. X. Chen, No. 201405101.

* L. H. Song 系 L. H. Sun 之误。

落叶乔木。小枝紫褐色,具光泽,中部以下疏被短柔毛,中部以上密被短柔毛。叶倒卵圆形,纸质,10.0 ~ 15.0 cm,宽 5.0 ~ 9.0 cm,先端钝圆,具三角形短尖,基部狭楔形,稀楔形,边缘全缘,具稀疏缘毛,最宽处在叶片的上部,表面绿色,具光泽,无毛,背面淡绿色,疏被短柔毛,主脉明显隆起,沿脉疏被短柔毛;叶柄长 2.0 ~ 2.5 cm,上面疏被短柔毛;托叶膜质,黄白色,早落。玉蕾顶生,长卵球状,长 1.5 ~ 2.2 cm,径 1.2 ~ 1.7 cm;芽鳞状托叶 4 枚,第 1 枚薄革质,外面密被黑褐色、灰褐色长柔毛,具明显的小叶柄。花先叶开放。2 种花型:①单花具花被片 9 枚,雌蕊群显著高于雄蕊群;②单花具花被片 9 枚,雌蕊群与雄蕊群近等高,或雄蕊群稍低于雌蕊群。2 种花型花被片相似,外轮花被片 3 枚,条形,肉质,长 1.5 ~ 4.0 cm,稀长 4.5 cm,宽 5 ~ 10 mm,先端钝尖,内轮花被片 6 枚,长狭匙-圆形,白色,长 5.0 ~ 6.0 cm,宽 2.2 ~ 2.7 cm,先端钝尖;雄蕊多数,花药长 1.2 ~ 1.5 cm,药室长 10 ~ 13 mm,背部微有淡紫色晕,花丝长 2

mm、深紫色;雌蕊群圆柱状,淡绿白色,长 1.5 ~ 2.0 cm;离生单雌蕊多数,子房绿白色,疏被短柔毛,花柱长 5 ~ 7 mm;花梗密被白色长柔毛;缩台枝密被白色短柔毛。聚生蓇葖果圆柱状,长 8.5 ~ 10.0 cm,径 3.5 ~ 4.0 cm;蓇葖果卵球状、椭圆体状,长 1.5 ~ 2.5 cm,径 1.2 ~ 1.7 cm,背缝线明显,表面绿紫色,先端具喙;果点小,明显;果梗和缩台枝粗壮,灰褐色,疏被柔毛,或无毛。花期 4 月;果实成熟期 8 月。

本新种与玉兰 Yulania denudata(Desr.)D. L. Fu 相似,但区别:叶倒卵圆形,背面及主脉疏被短柔毛。2 种花型:①单花具花被片 9 枚,雌蕊群显著高于雄蕊群;②单花具花被片 9 枚,雌蕊群与雄蕊群近等高,或雄蕊群稍低于雌蕊群。2 种花型花被片近相似,外轮花被片 3 枚,条形,肉质,长 1.5 ~ 4.0 cm,稀长 4.5 cm,宽 5 ~ 10 mm,内轮花被片 6 枚,花瓣状,长狭匙-圆形,白色,长 5.0 ~ 6.0 cm,宽 2.2 ~ 2.7 cm,先端钝尖;离生单雌蕊子房疏被短柔毛。

产地:河南。郑州有栽培。2014 年 4 月 14 日。赵天榜、陈志秀,No. 201404141(花)。模式标本,存河南农业大学。2014 年 5 月 10 日。赵天榜、陈志秀,No. 201405101(枝、叶)。

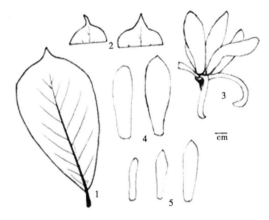

图 2 中州玉兰 Yulania zhongzhou T. B. Zhao, Z. X. Chen et L. H. Song
1. 枝、叶与玉蕾,2. 花,3. 花被片,
4. 雌雄蕊群,5. 雌蕊群柄(陈志秀绘)。

亚种:

1. 两型花中州玉兰 新亚种

Yulania zhongzhou T. B. Zhao, Z. X. Chen et L. H. Sun subsp. dimorphiflora T. B. Zhao, Z. X. Chen et X. K. Li, var. nov.

Subspecies nov. 2 - floriformis:① tepalis 9 in quoque flore,albis—1 flore specie extus 3 linearibus carnosis;1 flore specie extus 3 tepalis. ②tepalis 6～11 in quoque flore,tepalis albis—1 flore specie 11 tepalis linearibus longis carnosis;1 flore specie 6 tepalis spathuli-ellipticis extus basi carneis dilutis.

Henan:Zhengzhou City. 16-04-2014. T. B. Zhao et Z. X. Chen,No. 201404164(flos,holotypus hic disignatus,HNAC). No. 201404165(flos hic disignatus,HNAC).

本新亚种花具 2 种花型:①单花具花被片 9 枚,白色—1 种花外轮花被片 3 枚,长条形,肉质;另 1 种花被片 9 枚状,花瓣状。②单花具花被片 6～11 枚,花瓣状,白色—1 种花花被片 11 枚,长条形,肉质;另 1 种花被片 6 枚,花瓣状,匙-椭圆形,白色,基部微有水粉色晕。

产地:河南。郑州有栽培。2014 年 4 月 16 日。赵天榜和陈志秀,No. 201404164(花)。模式标本,存河南农业大学。同地:2014 年 4 月 16 日。赵天榜和陈志秀,No. 201404165(花),存河南农业大学。

2. 菱形果玉兰　新亚种

Yulania denudata(Desr.) D. L. Fu[1-7,12] subsp. rhombea T. B. Zhao,Z. X. Chen et X. K. Li, subsp. nov.

Subspeciea nov. recedit foliis obovatis et ovatis,10. 0～17. 5 cm longis 5. 5～11. 0 cm latis,supra atro-viridiis, viridiis glabris ad costas dense pubscentibus,sutus viridulis spare villosis,costis et nervis lateralibus manifeste elevates ad costas et nervos lateralibus sparse villosis, apice obtusis cum acumine vela cutis basi cuneatis;petiolis 2. 0～3. 5 cm longis; cicatrcibus stipularum longitudine 1/3 petiolorum partem aequantibus. Aggregati-filliculis 14. 0～20. 0 cm longis diam. 4. 0～5. 0 cm,supra planis;folliculis rhombeis planis flavo-albis et magni-maculatis subroseis, apice acuminates basi acuminatis,supra planis,dorsaliter saturis planis ca. 2 mm latis cinguli-subroseis,4 marginatis minute angulosis,dorsali-suturis et abdomini-suturis dehiscentibus;pedicelis et Soutai-ramulis grossis validis dense villosis;pedicelis et Soutai-rumulis grosse validis dense villosis.

Henan:Zhengzhou City. 24-07-2014. T. B. Zhao et Z. X. Chen,No. 2014072411(fola et Aggregati-folliculi,holotypus hic disignatus,HNAC).

本新亚种与玉兰原亚种 Yulania denudata

（Desr. ）D. L. Fu[1-7,11] subsp. denudata 相似,但区别:叶倒卵圆形、卵圆形,长 10. 0～17. 5 cm,宽 5. 5～11. 0 cm,表面深绿色、绿色、无毛,背面绿色、淡绿色,疏被长柔毛,主、侧脉明显突起,沿脉疏被长柔毛,先端钝尖,或急尖,基部楔形;叶柄长 2. 0～3. 5 cm,托叶痕为叶柄长的 1/3。聚生蓇葖果[10]圆柱状,长 14. 0～20. 0 cm,径 4. 0～5. 0 cm,表面平滑;蓇葖果[10]菱状,淡黄白色和淡粉色大斑块,先端渐光,基部渐尖,表面平展,背缝线平,呈约 2 mm 宽的水粉色带,四边接触处为微突棱线;成熟后背缝线和腹缝线开裂;缩台枝[10]和果梗粗状,密被长柔毛。果点小,明显;果梗和缩台枝粗壮,灰褐色,疏被柔毛,或无毛花期 4 月;果实成熟期 8 月下旬至 9 月中旬。

河南:郑州市有栽培。赵天榜、李小康、陈俊通,No. 2014072411。

3. 两型花望春玉兰　新亚种

Yulania biondii（Pamp. ）D. L. Fu[1-7,12] subsp. dimorphiflora T. B. Zhao,Z. X. Chen et X. K. Li,subsp. nov.

Subspecies nov. Yulania biondii（ Pamp. ）D. L. Fu subsp. biondii siomilis, sed floribus. 2-formis:①tepalis 9 in quoque flore,albis,androeciis gynoeciem superantibus;②tepalis 9 in quoque flore, androeciis gynoeciem aequantibus vel paulob brevibus. Floribus 2-formis tepalis aequabitibus;extus 3 calycibus variantibus manifestis,intus 6 tapalis petaloideis longe spathuli-ellipticis 5. 0～6. 0 cm longis 2. 0～2. 7 cm latis saepe revolutis,extus obscure purpuratis medianis infra medium, sura medium pallide albis; thecis staminibus flavidis, filamentis purpuratis;gynoecis cylindricis; ovariis disjuncte simplici-pistillis globulis flavovirentibus, stylis saepe revolutis;pedicelis et Soutai-rumulis dense villovis albis. Aggregati-folliculis cylindricis 10. 0～14. 5 cm longis diam. 3. 5～4. 0 cm;folliculis globsis ovoideis purple-rubris supra manifeste magni-guttis fructibus, albis apice rostris; pedicelis fructibus grossis dense villosis; Soutai-rumulis brunnei saepe glabratis.

Henan:Zhengzhou City. 14-03-2014. T. B. Zhao et Z. X. Chen,No. 201403149164(flos,holotypus hic disignatus,HNAC).

本新亚种与望春玉兰原亚种 Yulania biondii

（Pamp.）D. L. Fu subsp. biondii 相似，但区别：2种花型：①单花具花被片9枚，雌蕊群显著高于雄蕊群；②单花具花被片9枚，雌蕊群与雄蕊群近等高，或雄蕊群稍低雌蕊群。2种花的亦被片相似，即：外轮花被片3枚，萼状，变化大，内轮花被片9枚，花瓣状，长匙–椭圆、长6.0～6.5 cm，宽2.3～2.7 cm，外面中部以下暗紫色，中部以上淡白色，常反卷；雄蕊花药淡黄色，花丝紫色；雌蕊群圆柱壮[10]，10.0～14.5 cm，径3.5～4.0 cm；蓇葖果[10]球状、卵球状、表面果点大、少、白色、突起明显、先端具短喙；缩台枝褐色，通常无毛；果梗粗壮，密被长柔毛。花期3～4月；果实成熟期8月。

河南：郑州市。2014年3月14日。赵天榜和陈志秀，No. 201403149（花）。模式标本，存河南农业大学。

参考文献

［1］Spach E. Yuhna Spach［J］. Hist Nat. Vég Phan,1839,7:462.

［2］傅大立. 玉兰属的研究［J］. 武汉植物学研究,2001,19(3):191-198.

［3］丁宝章,王遂义,高增义. 河南植物志 第一册［M］.郑州:河南人民出版社,1981:508-514.

［4］朱长山,杨好伟. 河南种子植物检索表［M］. 兰州:兰州大学出版社,1994:116.

［5］赵天榜,田国行,傅大立,等. 世界玉兰属植物资源与栽培利用［M］. 北京:科学出版社,2013.

［6］赵天榜,田国行,任志铎,等. 世界玉兰属植物种质资源志［M］.郑州:黄河水利出版社,2013.

［7］中国科学院中国植物志编辑委员会. 中国植物志 第三十卷 第一分册［M］. 北京:科学出版社,1996:126-141.

［8］傅大立,Dong-Lin ZHANG. 李芳文,等. 四川玉兰属两新种［J］. 植物研究,2020,30(4):385-389.

［9］南京林学院树木教研组. 树木学（上册）［M］. 北京:农业出版社,1956.

［10］赵天榜,高炳振,傅大立,等. 舞钢玉兰芽种类与成枝成花规律的研究［J］. 武汉植物学研究,2003,21(1):81-90.

［11］Desrousseaux L A J. Magnolia denudate Desr. ［J］in Lama.,Encyl. Meth. Bot. 3:675. 1791. Exclude. 81-90.

［12］Pampanini R. Magnolia biondii Pamp［J］. in Nuov. Gioiun. Botl. Tal. New Series 1910, 17: 275, et in Bull. Soc. Tosc. Ortic. Ser. 316:216. 1911,18. t. 3.

河南华夏玉兰新种和六新品种

赵天榜　陈志秀

（河南农业大学,郑州　450002）

摘　要　本文发表河南玉兰属一新种和六品种。新种是：华夏玉兰。品种是：'红基'华夏玉兰、'红基'华夏玉兰、'紫红基'华夏玉兰、'绿星'华夏玉兰、'黄花'华夏玉兰、'两型花'华夏玉兰；形态特征。

关键词　河南;玉兰属;两新种;一新亚种;三新品种;形态特征

1. 华夏玉兰　新种　图1

Yulania cathyana T. B. Zhao et Z. X. Chen, sp. nov., fig. 1

Species nov. 2 – formis foliis：① ellipticis, ②anguste ob-ovatis. hysteranthis Yulani–alabastris diolutis supra medium latissimis supra ad costas dense pubescentibus. Yulani–alabastris terminatis. 2-formis floribus:①tepalis 9 in quoque flore,tepalis petaloideis albis;②tepalis 9 in quoque flore,tepalis petaloideis et calycibus albis. proteranthis floribus alabastris. 2-formis floribus:①tepalis 9 in quoque flore,extus 3 calycibus carnosis linearibus revolutis, in medio tepalis spathulati – ellipticis, intus tepalis anguste oblongis albis;②tepalis 9 in quoque flore, spathulati – ellipticis,anguste ellipticis vel ob–ellipticis,apice obtusis rare emargiantis. mult-formis floribus disjuncte simpilici–pistillis ovsriis minime pilosis;pedicellis et Soutai–ramulis dense pubescentibus.

Arbor deciduas. Ramuli brunnei nitidi. 2–forma folia:① elliptica, ② anguste ob – ovata, crasse chartacea,6.5～12.0 cm longa 4.6～7.0 cm lata, supra atro – viridia glrbra ad costas dense villosis, subtus viridulis rare villosis, costis et nervis lateralibus manifeste elevates ad costas et nervos lateralibus dense villosis, inter se dense dense villosis, apice obtusa vel obtusa cum acuminata basi cuneata margine integra; petioli 1. 0 ~ 2. 0 cm longi supra pubesentes. Yulani – alabastra terminata ovoidea 1. 5 ~ 2. 2 cm longa diam. 1. 2 ~ 1. 7 cm; 4 – peruli – stipulis, extus dense villosis. alabastra terminata in ramulis novitatea longe ovoidea vel globosa, a – Soutai – rumuli, a – peruli – stipulis. Flores Yulani – alabastra ante folia aperti; Flores alabastra proterantha. Yulani – alabastra 2 – forma flores: ①tepalis 9 in quoque flore, petaloideis spathulati – ellipticis albis, 5. 0 ~ 6. 0 cm longis 2. 5 ~ 3. 0 cm latis, apice obtusis; ②tepalis 9 in quoque flore, extus 3 anguste ellipticis 5. 5 ~ 7. 0 cm longa 3. 0 ~ 3. 5 cm lata, apice obtusis. Yulani – alabastra 2 – forma flores tepalis petaloideis, staminibus, filamentis aequabilibus; disjuncte simpilici – pistillis ovariis minime pubescentibus. pedicellis et Soutai – ramulis dense pubescentibus. Alabastra 2 – forma flores: I——①tepalis 9 in quoque flore, petaloideis spathulati – ellipticis albis, 5. 5 ~ 7. 0 cm longis 2. 5 ~ 3. 0 cm latis, apice obtusis; ②tepalis 9 in quoque flore, extus 3 anguste ellipticis vel ob – ellipticis, apice obtusis rare emargiantis carnosis, intus tepalis 6 petaloideis spathulati – ellipticis apice obtusis rare emargiantis. II——tepalis 9 in quoque flore, albis, extus 3 calycibus carnosis linearibus revolutis, in medio tepalis spathulati – ellipticis apice obtusis, intus tepalis anguste oblongis albis apice obtusis cum acuminata. multi – forma flores disjuncte simpilici – pistillis ovsriis minime pubescentibus.

Henan: Zhengzhou City. 14 – 03 – 2014. X. K. Li, T. B. Zhao et Z. X. Chen, No. 201403149 (flos, holotypus hic disignatus, HNAC). ibid. T. B. Zhao, X. K. Li et Z. T. Chen, No. 201405201.

落叶乔木。小枝褐色,具光泽。叶2种类型: ①椭圆形,②狭倒卵圆形。2种叶形,厚纸质,长 10. 0 ~ 14. 0 cm,宽 5. 0 ~ 7. 5 cm,表面深绿色,沿 主脉疏被长柔毛,背面淡绿色,疏被长柔毛,主脉 和侧脉明显隆起,沿脉密被长柔毛,主脉和侧脉夹 角处密被长柔毛,先端钝圆,或钝尖,基部楔形,边 缘全缘;叶柄长 1. 0 ~ 2. 0 cm,疏被短柔毛。玉蕾

顶生,卵球状,长 1. 5 ~ 2. 2 cm,径 1. 2 ~ 1. 7 cm;芽 鳞状托叶4枚,外面密被长柔毛。花蕾顶生当年 生1次枝上,长卵球状,或球状,无缩台枝,也无芽 鳞状托叶。玉蕾花先叶开放;花蕾花后叶开放。 玉蕾花2种花类型: ①单花具花被片9枚,花瓣 状,匙 – 椭圆形,白色,长 5. 0 ~ 6. 0 cm,宽 2. 5 ~ 3. 0 cm,先端钝圆; ②单花具花被片9枚,外轮花被片 3枚,萼状,肉质,条形,反卷,内轮花被片6枚,花 瓣状,匙 – 椭圆形,长 5. 5 ~ 7. 0 cm,宽 3. 0 ~ 3. 5 cm,先端钝圆。2种花类型花的瓣状花被片;雄蕊 花药淡黄色晕,花丝紫红色;雌雄蕊群相同;离生 单雌蕊子房微被短柔毛;花梗与缩台枝密被短柔 毛。花蕾花2种花类型: I——①单花具花被片9 枚,花瓣状,匙 – 椭圆形,白色,长 5. 5 ~ 7. 0 cm,宽 3. 0 ~ 3. 5 cm,先端钝圆; ②单花具花被片9枚,外 轮花被片3枚,狭椭圆形,或倒卵圆形,先端钝尖, 稀凹缺,肉质,内2轮花被片6枚,匙 – 椭圆形,先 端钝圆,稀凹缺。II——单花具花被片9枚,白 色,外轮花被片3枚,萼状,肉质,条形,反卷,中轮 花被片匙 – 椭圆形,先端钝圆,内轮花被片狭长圆 形,先端钝尖。花蕾花离生单雌蕊子房疏被短柔 毛。花期4月。

本新种叶2种类型: ①椭圆形,②狭倒卵圆形。 玉蕾花先叶开放,2种花类型: ①单花具花被片9 枚,花瓣状,白色;②单花具花被片9枚,有萼、瓣之 分,白色。花蕾花后叶开放,2种花类型: ①单花具 花被片9枚,外轮花被片3枚,萼状,肉质,条形,反 卷,中轮花被片匙 – 椭圆形,内轮花被片狭长圆形, 白色;②单花具花被片9枚,匙 – 圆形、狭椭圆形、倒 椭圆形,先端钝圆,稀凹缺。多种花的离生单雌蕊 子房微被柔毛;花梗和缩台枝密被短柔毛。

产地:河南。郑州有栽培。2014 年 3 月 14 日。赵天榜、陈志秀和赵东欣,No. 2014031410 (花)。模式标本,存河南农业大学。2014 年 8 月 20 日。赵天榜、陈志秀和赵东武,No. 201407205 (枝、叶和雌蕊群不孕圆柱状体)。

品种:

2. 1 '红基'华夏玉兰　新品种

Yulania cathyana T. B. Zhao et Z. X. Chen 'Hongji', cv. nov.

本新品种叶倒三角形,先端平,或稍钝圆,基 部狭楔形。单花具花被片9枚,白色,外面3枚花 被片萼状,膜质;内面花被片瓣状6枚,匙 – 倒卵 圆形,先端钝圆,外面基部粉红色;雄蕊花丝淡紫

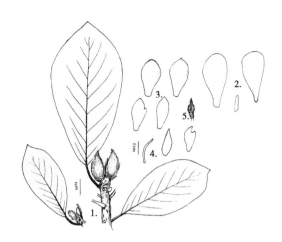

图1　华夏玉兰 Yulania cathyana T. B.
Zhao et Z. X. Chen

1.叶与枝,2~3.瓣状花被片,4.夏花外轮花被片,

5.雌雄蕊群等(陈志秀绘)。

红色。

产地:河南。选育者:赵天榜与陈志秀。

2.2　'肉萼'华夏玉兰　新品种

Yulania cathyana T. B. Zhao et Z. X. Chen
'Rou È',cv. nov.

本新品种单花具花被片9枚,外面3枚花被
片萼状,肉质,内面花被片瓣状6枚,白色,匙-倒
卵圆形,先端钝圆,外面基部中间粉红色;雌蕊群
与雄蕊群近等高;雄蕊紫红色。

产地:河南。2012年3月20日。新郑市有
栽培。选育者:赵天榜、陈志秀与赵杰。

2.3　'淡紫基'华夏玉兰　新品种

Yulania zenii(Cheng)D. L. Fu 'Duanzi',cv. nov.

本新品种单花具花被片12枚,匙-圆形,白
色,外面中部以下中间淡紫色。

产地:河南新郑市。选育者:赵天榜、赵杰。

2.4　'绿星'华夏玉兰　绿星玉兰(棕榈公
司)　新引栽品种

Yulania cathyana T. B. Zhao et Z. X. Chen
'Lusing',cv. inquilin. nov.

本新引种品种玉蕾顶生和腋生,较密。单花
具花被片9枚,外轮花被片3枚,萼状,绿色,内轮
花被片9枚,花瓣状,初绿色,后白色,外面基部
1/3为紫红色,上部具紫红色脉纹。聚生蓇葖果
圆柱状,紫红色。

产地:广东。选育单位:广东棕榈公司。河南
有引栽。

注:据报道,华夏玉兰还有以下2品种:

1.'黄花'华夏玉兰　品种

Yulania cathyana T. B. Zhao et Z. X. Chen
'Huanghua'

本品种单花具花被片9枚,瓣状花被片黄色,
或亮黄色;外轮花被片3枚,萼状。

2.'两型花'华夏玉兰　品种

Yulania cathyana T. B. Zhao et Z. X. Chen
'Liangxinghua'

本品种单花具花被片9枚,瓣状花被片黄绿
色,或亮黄色,外面基部中间鲜红色;外轮花被片
3枚,萼状。花具2种花型:①雌蕊群显著高于雄
蕊群;②雌蕊群与雄蕊群近等高。

河南舞钢玉兰新植物

赵天榜　　陈志秀

(河南农业大学,郑州　450002)

摘　要　本文发表河南玉兰属两新亚种和三新品种。两新亚种是:毛舞钢玉兰和多变舞钢玉兰。三新变种是:多
油舞钢玉兰、三型花舞钢玉兰、紫花舞钢玉兰。五新品种是:'粉红'舞钢玉兰、'多被'舞钢玉兰、'多变'舞钢玉兰、
毛舞钢玉兰、'肉萼'舞钢玉兰;形态特征。

关键词　河南;玉兰属;两新种;一新亚种;三新品种;形态特征

亚种:

1　毛舞钢玉兰　新亚种

Yulania wugangensis(T. B. Zhao,W. B. Sun
et Z. X. Chen)D. L. Fu subsp. pubescens T. B.

Zhao et Z. X. Chen,subps. nov.

Subspecies Yulania wugangensiss(T. B. Zhao,
W. B. Sun et Z. X. Chen)D. L. Fu affinis,Yula-
nia - alabastris solitariis termonaticis. Floribus 2

formis：①longe conoidei-ellipsoideis，②voideis. floribus 2 formis：①tepalis in qouque flore，petaloideis extus infra medium pallide carneis；②tepalis 7~9 in quoque flore，petaloideis extus 1~3 anguste lanceolatis albis；simplici-pistillis ovariis dense pubescentibus.

Henan：Zhengzhou City. 28-03-2012. T. B. Zhao et Z. X. Chen，No. 201203285（flos，holotypus hic pubescentibus）.

本新亚种与舞钢玉兰原亚种 Yulania wugangensis（T. B. Zhao，W. B. Sun et Z. X. Chen）D. L. Fu var. wugangensis 的区别：玉蕾单生枝顶。花有 2 种类型：①单花具花被片 9 枚，花瓣状，外面中部以下淡粉色；②单花具花被片 9 枚，内面花被片 6 枚，花瓣状，外轮花被片 1~3 枚，披针形，白色；离生单雌蕊子房密被短柔毛。

产地：河南郑州市有栽培。2012 年 3 月 28 日。赵天榜、陈志秀，No. 201203285。模式标本，存河南农业大学。

2 多变舞钢玉兰　新亚种

Yulania wugangensis（T. B. Zhao，W. B. Sun et Z. X. Chen）D. L. Fu subsp. varians T. B. Zhao et Z. X. Chen，subps. nov.

Subspecies Yulania wugangensiss（T. B. Zhao，W. B. Sun et Z. X. Chen）D. L. Fu affinis，Yulania-alabastris solitariis termonaticis. Floribus multiformis：tepalis 9 in quoque flore，extus basi puele-rubris，extus 3 multirintibus lanceolatis non aequilongis；simpici-pistillis ovariis blabis.

Henan：Zhengzhou City. 12-04-2010. T. B. Zhao et Z. X. Chen，No. 20100413（flores，holotypus hic pubescentibus）.

本新亚种与舞钢玉兰原亚种 Yulania wugangensis（T. B. Zhao，W. B. Sun et Z. X. Chen）D. L. Fu var. wugangensis 的区别：玉蕾单生枝顶。花型多变。单花具花被片 9 枚，白色，花瓣状，外面基部紫红色，外轮花被片 3 枚，多变，披针形，长短不等，淡黄绿色；离生单雌蕊子房无毛。

产地：河南郑州市有栽培。2010 年 4 月 12 日。赵天榜、陈志秀，No. 201004123（花）。模式标本，存河南农业大学。

变种：

1. 多油舞钢玉兰　新变种

Yulania wugangensis（T. B. Zhao，W. B. Sun et Z. X. Chen）D. L. Fu var. duoyou T. B. Zhao，Z. X. Chen et D. X. Zhao，var. nov.

A var. recedit Yulani-alabastris terminatricis，axillarybus et caespitosis. Florentibus facife laesis frigidis. volatili-oleis continentibus 10.0% in Yulani-alabastris.

Henan：Chengyuan Xian. 10-04-2007. T. B. Zhao et D. X. Zhao，No. 200704106（Yulania-alabastra，holotypus hic disignatus HNAC）.

本新变种与舞钢玉兰原变种 Yulania wugangensis（T. B. Zhao，W. B. Sun et Z. X. Chen）D. L. Fu var. wugangensis 的区别：玉蕾顶生、腋生和簇生。2 种花型：单花具花被片 9 枚，外轮花被片 3 枚，萼状及单花具花被片 9 枚，花瓣状。花初开时，容易遭受早春寒流危害。玉蕾挥发油含量 10.0%，是玉兰属植物玉蕾中挥发油含量最高的一种，很有开发利用前景。

产地：河南长垣县。2007 年 4 月 10 日。赵天榜、赵东欣，No. 200704106（玉蕾）。模式标本，采自长垣县，存河南农业大学。

2. 三型花舞钢玉兰　新变种

Yulania wugangensis（T. B. Zhao，W. B. Sun et Z. X. Chen）D. L. Fu var. triforma T. B. Zhao et Z. X. Chen，var. nov.

A var. recedit floribus 3-formis：①tepalis 9 in qouque flore，extus 3 sepaliodeis carnosis inordinatis intus 6 petaloideis late spathuli-ovatis albis；②tepulis 9 in qouque flore，petalioideis late ellptici-ovatis albis apice obtusis cum acumine extus basi in medio minime subroseis；③tepulis 12 in quoque flore，petalioideis late elliptici-ovatis albis apice obtusis acumine.

Henan：Chengyuan Xian. 10-04-2007. T. B. Zhao et Z. X. Chen，No. 200704108（flores，holotypus hic disignatus HNAC）.

本新变种与舞钢玉兰原变种 Yulania wugangensis（T. B. Zhao，W. B. Sun et Z. X. Chen）D. L. Fu var. wugangensis 的区别：3 种花型：①单花

具花被片9枚,外轮花被片3枚,萼状,肉质,不规则形,内轮花被片6枚,花瓣状,白色,宽匙－卵圆形;②单花具花被片9枚,花瓣状宽匙－卵圆形,白色,先端钝圆,外面基部中间微有淡粉色晕;③单花具花被片12枚,花瓣状,宽匙－卵圆形,白色,先端钝圆。

产地:河南长垣县。2007年4月10日。赵天榜、陈志秀,No. 200704108。模式标本,采自长垣县,存河南农业大学。

3. 紫花舞钢玉兰　新变种

Yulania wugangensis(T. B. Zhao,W. B. Sun et Z. X. Chen) D. L. Fu var. purpurea T. B. Zhao et Z. X. Chen,var. nov.

A var. recedit floribus triformis:①Tepalis 9 in quoque flore, extus 3 sepalis carnosis inordinatis intus 6 petaloideis late spathuli－ovatis albis;②tepulis 9 in quoque flore, petalioideis late ellptici－ovatis albis apice obtusis extus basi in medio minime subroseis;③tepulis 12 in quoque flore, petalioideis late ellioideis late elliptici－ovatis albis apice obtusis .

Henan:Chengyuan Xian. 10-04-2007. T. B. Zhao et t Z. X. Chen, No. 200704108(flores, holotypus hic disignatus HNAC).

本新变种与舞钢玉兰原变种 Yulania wugangensis(T. B. Zhao,W. B. Sun et Z. X. Chen)D. L. Fu var. wugangensis 的区别:3种花型:①单花具花被片9枚,外轮花被片3枚,萼状,肉质,不规则形,内轮花被片6枚,花瓣状,白色,宽匙－卵圆形;②单花具花被片9枚,花瓣状,宽匙－卵圆形,白色,先端钝圆,外面基部中间微有淡粉色晕;③单花具花被片12枚,花瓣状,宽匙－卵圆形,白色,先端钝圆。

产地:河南长垣县。郑州市有栽培。2007年4月10日。赵天榜、陈志秀,No. 200704108。模式标本,采自长垣县,存河南农业大学。

品种:

1. '粉红'舞钢玉兰　新品种

Yulania wugangensis(T. B. Zhao,W. B. Sun et Z. X. Chen)D. L. Fu 'Weifen',cv. nov.

本新品种花花被片花瓣状,长匙－宽卵圆形,

外面被水粉色晕,先端钝圆,中部以下粉红色,内面乳白色。

产地:河南长垣县有栽培。选育者:赵天榜、赵杰等。

2. '多被'舞钢玉兰　新品种

Yulania wugangensis(T. B. Zhao,W. B. Sun et Z. X. Chen)D. L. Fu 'Doubei',cv. nov.

本新品种花花被片16枚,花瓣状,长匙－宽卵圆形,外面被水粉色晕,先端钝圆,中部以下粉红色,内面乳白色。

产地:河南长垣县有栽培。选育者:赵天榜、赵杰等。

3. '多变'舞钢玉兰　新品种

Yulania wugangensis(T. B. Zhao,W. B. Sun et Z. X. Chen)D. L. Fu 'Varians',cv. nov.

本新品种叶大形,倒卵圆形。单花具花被片9枚,外轮花被片长短不齐,常扭曲,内轮花被片长椭圆形,上部白色,中部以下淡黄绿色,中间亮紫红色。

产地:本品种产于河南。郑州市有栽培。选育者:赵天榜、陈志秀。

4. 毛舞钢玉兰　新品种

Yulania wugangensis(T. B. Zhao,W. B. Sun et Z. X. Chen)D. L. Fu 'Mao'＊,cv. nov.

本新品种玉蕾单生枝顶。花有2种类型:①单花具花被片9枚,花瓣状,外面中部以下淡粉红色;②单花具花被片9枚,内面花被片6枚,花瓣状,外轮花被片1~3枚,披针形,白色;离生单雌蕊子房密被短柔毛。

产地:本品种产于河南。郑州市有栽培。选育者:赵天榜和陈志秀。

注:＊系'Varians'之误。

5. '肉萼'舞钢玉兰　新品种

Yulania wugangensis(T. B. Zhao,W. B. Sun et Z. X. Chen)D. L. Fu 'Rou È',cv. nov.

本新品种单花具花被片9枚,外轮花被片1~3枚,萼状,小,白色,或粉色,肉质。

产地:河南。郑州市有栽培。选育者:赵天榜、陈志秀。

紫玉兰两新亚种、两新变种、十三新品种群和十六新品种

赵天榜　　陈志秀

（河南农业大学,郑州　450002）

新亚种:

1. 红花紫玉兰亚种* 　新亚种

Yulania liliflora（Desr.）D. L. Fu subsp. punicea T. B. Zhao et Z. X. Chen,subsp. nov.

Subspecies floris terminalibus et axillaribus. Flores ante folia apeeti. Tepalis 9 in quoque flore, extus 3 sepalis,linearibus 1.0～1.5 cm lnogis 3～4 mm latis, intus tepalis spathulati－ellipticis puniceis vel punicei－ruberis 6.5～8.5 cm longis 3.5～4.5 cm latis, carnosis, apice obtusis cum acumine; staminibus numerosis,filamentis laete ruberis;gynoeciis 1.5～2.0 cm longis, ovariis rufis, stylis laete ruberis.

Henan：Zhengzhou City. 15－04－2013. T. B. Zhao et J. Zhao, No. 201304151（flos, holotypus hic disignatus,HNAC）. ibid. 20－08－2013. T. B. Zhao et Z. X. Chen, No. 201308201.

本新亚种花顶生、腋生。花先叶开放。单花具花被片 9 枚,外轮花被片 3 枚,萼状,条形,长 1.0～1.5 cm,宽 3～4 mm,内轮花被片 6 枚,花瓣状,匙－椭圆形,亮红色,或紫红色,长 6.5～8.5 cm,宽 3.5～4.5 cm,肉质,先端纯尖;雄蕊多数,花丝亮红色;雌蕊群圆柱状,长 1.5～2.0 cm;子房淡红色,花柱亮红色。

产地:河南。郑州市有栽培。2013 年 4 月 15 日。赵天榜和赵杰。No. 201304151（花）。模式标本,存河南农业大学。2013 年 8 月 20 日。赵天榜、陈志秀,No. 201308201（枝、叶和玉蕾）。

2. 两型花紫玉兰亚种* 　新亚种

Yulania liliflora（Desr.）D. L. Fu subsp. dimorphiflora T. B. Zhao et Z. X. Chen,subsp. nov.

Subspecies nov. Yulania liliflora（Desr.）D. L. Fu subsp. siomilis, sed floribus 2-formis：①tepalis 9 in quoque flore, extus 3 calycibus favo－albis;②tepalis 12 in quoque flore, extus 3 calycibus favo－albis. floribus 2-formis tepalis spathuli－ellipticis late roseis; androeciis gynoeciem superantibus; pedicelis et Soutai－rumulis dense pubescentibus.

Henan：Xinzheng City. 27－03－2007. T. B. Zhao et Z. X. Chen, No. 200703279（flos, holotypus hic disignatus, HNAC）.

本新亚种与紫玉兰原亚种 Yulania liliflora（Desr.）D. L. Fu subsp. liliflora 相似,但区别:2 种花型:①单花具花被片 9 枚,外轮花被片 3 枚,萼状,淡黄白色;②单花具花被片 12 枚,外轮花被片 3 枚,萼状,淡黄白色。2 种花的瓣状花被片匙-椭圆形,雌蕊群显著高于雄蕊群;花梗和缩台枝上密被短柔毛。

产地:河南新郑市。2007 年 3 月 27 日。赵天榜、陈志秀,No. 200703279（花）。模式标本,存河南农业大学。

新变种:

1. 白花紫玉兰　新变种

Yulania liliflora（Desr.）D. L. Fu var. alba T. B. Zhao et Z. X. Chen,var. nov.

A typo recedit tepalis 9 in queque flore,6 petalis albis exyus basi pallide persicis.

Henan：Jigongshan. T. B. Zhao, No. 8.（flos, holotypus hic disignatus,HNAC）.

本新变种与紫玉兰原变种 Yulania liliflora（Desr.）D. L. Fu var. liliflora 区别:单花具花被片 9 枚,内轮花被片 6 枚,外面白色,基部中间淡粉红色晕。

产地:河南鸡公山有栽培。采集人:赵天榜,8 号。模式标本,存河南农业大学。

品种群与品种:

Ⅰ.**紫玉兰品种群***（世界玉兰属植物资源与栽培利用）　原品种群

Yulania liliflora（Desr.）D. L. Fu Liliflora Group,赵天榜、田国行等主编.世界玉兰属植物资源与栽培利用:254. 2013。

1.'毛枝'紫玉兰　新品种

Yulania liliiflora（Desr.）D. L. Fu 'Maozhi', cv. nov.

本新品种落叶灌木,常丛生。小枝细,灰褐色,无光泽,被灰褐色柔毛;幼枝嫩绿色,密被柔毛,或疏被白色长柔毛。叶长圆形、椭卵圆形,长7.8~10.8 cm,宽3.0~4.8 cm,先端急尖,或钝圆,基部楔形,两侧不对称,表面绿色,具光泽,无毛,主、侧脉微下陷,背面绿色,具光泽,初疏被短柔毛,后无毛,主、侧脉突起,无毛;叶柄细,长>1.0 cm,疏被短柔毛,托叶膜质,匙状披针形,嫩绿色,密被灰褐色短柔毛;托叶痕长2~3 mm。

河南:新郑市有栽培。选育者:赵天榜、陈志秀。

2.'毛梗'紫玉兰* 新品种

Yulania liliiflora (Desr.) D. L. Fu 'Mao-geng',cv. nov.

本新品种落叶灌木,丛生。小枝紫褐色,具光泽,疏被短柔毛;皮孔很少、很小;幼枝绿色,疏被短柔毛,或无毛。叶纸质,椭圆形,长5.7~10.5 cm,宽3.0~4.7 cm,先端钝圆,基部楔形,表面绿色,稍具光泽,无毛,主、侧脉微下陷,背面绿色,无毛,主、侧脉突起,无毛,侧脉7~10对,边缘向下微卷,基部边缘下延至托叶痕处;叶柄细,长0.5~0.7 cm,微被短柔毛;托叶膜质,匙状条形,嫩绿色,无毛;托叶痕长2~3 mm,为叶柄长度的2/3。玉蕾顶生,长椭圆体状,长1.5~2.0 cm;芽鳞状托叶1~(~3)枚,红褐色,外面密被短柔毛。花先叶开放;花梗长4~6 mm,淡绿色,密被白色柔毛。单花具花被片9枚,外轮花被片3枚,萼状,膜质,不早落,匙状长条形,淡褐绿色,长2.5~3.2 cm,宽3~4 mm,先端钝尖,内轮花被片6枚,花瓣状,直立,匙-椭圆形,长6.0~7.0 cm,宽3.0~3.5 cm,肉质,先端钝圆,外面基部亮紫红色,上部色稍淡,内面白色,具淡粉红色晕,脉纹色稍重;雄蕊多数,长1.0~1.2 cm,紫红色,花丝长2 mm,紫红色,药室侧向纵裂,药隔伸出呈短尖头,稀有1~3枚,长1.3 cm,宽2 mm的弓形特异雄蕊;雌蕊群圆柱状,长1.2~1.5 cm;离生单雌蕊多数,子房淡绿色,无毛,花柱淡紫红色,弯曲,先端稍向外曲;花梗密被灰褐色长短柔毛。缩台枝疏被短柔毛。花期3月底至4月初。

产地:河南。新郑市有栽培。选育者:赵天榜、陈志秀。

3.'无毛'紫玉兰 新品种

Yulania liliiflora(Desr.)D. L. Fu 'Wumao',cv. nov.

本变种落叶灌木,丛生。小枝细,紫褐色,具光泽,仅枝梢被柔毛;皮孔小,椭圆形,微突起,中间纵裂;幼枝嫩绿色,无毛,而基部第1枚叶下1~2个极短节上密被短柔毛。叶纸质,长圆形、椭-卵圆形,长9.0~15.2 cm,宽1.3~5.5 cm,先端短尖,基部楔形,表面绿色,具光泽,无毛,主、侧脉微下陷,背面亮绿色,无毛,主、侧脉突起,无毛;叶柄长2~4 mm,淡褐色,被淡褐色柔毛;托叶膜质,匙状条形,淡褐色,无毛;托叶痕长1~2 mm。玉蕾顶生,长椭圆体状,长1.5~2.0 cm;芽鳞状托叶2~3枚,外面密被短柔毛。花先叶开放;佛焰苞状托叶1枚,淡紫色,膜质,通常仅顶部微有极少柔毛;花梗长4~6 mm,淡绿色,无毛。单花具花被片9枚,外轮花被片3枚,萼状,膜质,不早落,长条形,淡绿紫色,长1.0~1.5 cm,宽约2 mm,先端钝尖,内轮花被片6枚,花瓣状,直立,匙状椭圆形,长4.6~5.5 cm,宽2.5~3.0 cm,肉质,先端钝圆,外面基部黑紫色,上部色稍淡,内面淡紫红色,脉纹色稍重;雄蕊多数,长0.8~1.0 cm,黑紫色,花丝长2 mm,黑紫色;雌蕊群圆柱状,长1.0~1.3 cm;离生单雌蕊多数,子房无毛,花柱淡紫色,弯曲,先端稍向外曲。花期3月底至4月初。

产地:河南。新郑市有栽培。选育者:赵天榜、陈志秀。

Ⅱ.黑紫玉兰品种群 新品种群

Yulania liliflora (Desr.) D. L. Fu Nigra Group,group nov.

本新品种群植物花瓣状花被片两面暗紫色,外面紫色,或紫红色,内面火红色、粉红色,或紫色。

4.'圆被黑'紫玉兰 新品种

Yulania liliiflora (Desr.) D. L. Fu 'Yuan-beihei',cv. nov.

本新品种花黑色;瓣状花被片圆-匙形,两面黑色;雌雄蕊群黑色。

产地:本品种产于中国。河南郑州有栽培。选育者:陈志秀、赵天榜。

5.'长被黑'紫玉兰 新品种

Yulania liliflora (Desr.) D. L. Fu 'Zhang-beihei',cv. nov.

本品种灌木。花较大,黑色。花被片长匙-椭圆形,长6.0~7.5 cm,宽2.5~3.0 cm,先端钝圆,内曲,两面黑色;雌雄蕊群黑色。

产地:本品种产于中国。河南新郑市有栽培。选育者:赵天榜。

Ⅲ.细萼玉兰品种群 新品种群

Yulania liliflora（Desr.）D. L. Fu Gracilis Group,group nov.

本品种植物外轮花被片狭披针形,先端反卷,瓣状花被片两面暗紫色。

6.'夏花'紫玉兰　新品种

Yulania liliiflora(Desr.)D. L. Fu 'Xiahua', cv. nov.

本品种生长期间多次开花。

产地:河南。新郑市有栽培。选育者:赵天榜。

7.'粉红花'紫玉兰　新品种

Yulania liliiflora（Desr.）D. L. Fu 'Fenhong-hua',cv. nov.

本品种瓣状花被片外面浅粉红色,内面白色;萼状花被片浅黄白色。

产地:河南。鸡公山有栽培。选育者:赵天榜、戴天澍。

Ⅳ. 奥尼尔玉兰品种群（世界玉兰属植物资源与栽培利用）　品种群

Yulania liliflora（Desr.）D. L. Fu O'Neill Group,赵天榜、田国行等主编. 世界玉兰属植物资源与栽培利用:257. 2013。

本品种群植物瓣状花被片内面火红色、粉红色,或紫色。

8.'长萼'紫玉兰　新品种

Yulania liliiflora（Desr.）D. L. Fu 'Chang È',cv. nov.

本品种单花具花被片9枚,外轮花被片3枚,萼状,膜质,不早落,长披针形,淡黄绿色,内轮花被片匙-狭椭圆形,先端钝尖,外面紫色,内面乳白色,带微紫色晕;雄蕊紫黑色;雌蕊群淡紫色。

产地:河南。郑州市有栽培。选育者:赵天榜、赵东武。

9.'锥状'紫玉兰　新品种

Yulania liliiflora（Desr.）D. L. Fu 'Zhuizhuang',cv. nov.

本品种初花呈锥状,基部球状,中部以上锥状。单花具花被片9枚,外轮花被片3枚,萼状,膜质,不早落,长披针形,淡黄绿色,内轮花被片匙-长圆形,先端渐尖,基部向外拱起,外面亮紫色;雌雄蕊群黑紫色。

产地:河南。郑州市有栽培。选育者:赵天榜、赵东武。

10.'淡紫'紫玉兰　新品种

Yulania liliiflora（Desr.）D. L. Fu 'Danzi', cv. nov.

本品种单花具花被片9枚,外轮花被片3枚,萼状,膜质,披针形,内轮花被片匙-长椭圆形,先端钝圆,或钝尖,基部外面粉红色,中部以上白色,微有淡粉色晕;雌雄蕊紫红色;花丝黑紫色。

产地:河南。郑州市有栽培。选育者:赵天榜、赵东武。

11.'紫红'紫玉兰　新品种

Yulania liliiflora（Desr.）D. L. Fu 'Zihong', cv. nov.

本品种单花具花被片9枚,外轮花被片3枚,萼状,膜质,披针形,内轮花被片匙-长椭圆形,先端钝圆,或钝尖,两面紫红色。

产地:河南。郑州市有栽培。选育者:赵天榜、赵杰。

Ⅴ. 红花紫玉兰品种群　新品种群

Yulania liliflora（Desr.）D. L. Fu Punicea Group

本品种群单花具花被片9枚,内轮花被片外面亮红色、浅粉红色。

注＊:本新品种群原为红花玉兰品种群,现改为红花紫玉兰品种群。

12.'红花-1'紫玉兰　新品种

Yulania liliiflora(Desr.)D. L. Fu 'Hongzhua-1', cv. nov.

本新品种花顶生、腋生。花先叶开放。单花具花被片9枚,外轮花被片3枚,萼状,条形,长1.0~1.5 cm,宽3~4 mm,内轮花被片6枚,花瓣状,匙-椭圆形,长6.5~8.5 cm,宽3.5~4.5 cm,肉质,外面亮红色,先端纯尖;雄蕊多数,花丝亮红色;雌蕊群圆柱状,长1.5~2.0 cm,子房淡红色,花柱亮红色。

产地:河南。郑州、新郑市有栽培。选育者:赵天榜、陈志秀。

13.'红花-2'紫玉兰　新品种

Yulania liliiflora(Desr.)D. L. Fu 'Hongzhua-2', cv. nov.

本新品种花先叶开放,顶生、腋生。单花具花被片9枚,外轮花被片3枚,萼状,膜质,不早落,内轮花被片6枚,花瓣状,长匙-椭圆形,外面基部亮红色,上部淡粉色。

产地:河南。郑州、新郑市有栽培。选育者:赵天榜、陈志秀。

14.'紫白'紫玉兰　新品种

Yulania liliiflora (Desr.) D. L. Fu 'Zirubei', cv. nov.

本新品种单花具花被片 9 枚,外轮花被片 3 枚,萼状,膜质,不早落,内轮花被片 6 枚,花瓣状,长匙-椭圆形,外面紫红色,内面乳白色。

产地:河南。郑州、新郑市有栽培。选育者:赵天榜、陈志秀。

15. '亮紫红'紫玉兰 新品种

Yulania liliiflora (Desr.) D. L. Fu 'Liangzihong', cv. nov.

本新品种叶狭椭圆形,先端钝尖。单花具花被片 9 枚,外轮花被片 3 枚,萼状,膜质,条形,淡黄白色,内轮花被片 6 枚,花瓣状,长匙-椭圆形,外面亮紫红色,内面白色,具粉紫色晕。雌雄蕊群具粉紫色晕。

产地:河南。郑州、新郑市有栽培。选育者:赵天榜、陈志秀。

16. '四季花'紫玉兰 新品种

Yulania liliflora (Desr.) D. L. Fu 'Sijihua', cv. nov.

本新品种 1 年多次开花。最迟 1 次花期于10 月。

产地:河南。选育者:李小康、王华和赵天榜。

河南望春玉兰新分类群

赵天榜 陈志秀

(河南农业大学,郑州 450002)

亚种:

1. 两型花望春玉兰亚种 新亚种

Yulania biondii (Pamp.) D. L. Fu subsp. dimorphiflora T. B. Zhao, Z. X. Chen et X. K. Li, subsp. nov.

Subspecies nov. Yulania biondii (Pamp.) D. L. Fu subsp. biondii siomilis, sed floribus 2-formis: ①tepalis 9 in quoque flore, androeciis gynoeciem superantibus; ② tepalis 9 in quoque flore, androeciis gynoeciem aequantibus vel paulo brevibus. floribus 2-formis tepalis aequabitibus: extus 3 calycibus variantibus manifestis, intus 6 tapalis longe spathuli-ellipticis 5.0~6.0 cm longis 2.0~2.7 cm latis saepe revolutis, extus obscure purpuratis medianis infra medium, supra medium pallide albis; thecis stsminibus flavidis, filamentis purpuratis; gynoecis cylindricis; ovariis disjuncte simplici-pistillis globulis flavovirentibus, stylis saepe revolutis; pedicelis et Soutai-rumulis dense villovia albis. Aggregati-folliculi cylindrici tortuos 10.0~14.05 cm longi diam. 3.5~4.0 cm; folliculis globsis, ovoideis purple-rubris supra guttis fructibus magnis albis manifeste protuberantibus, apice brevitte rostris; pedicelis fructibus dense villosis; Soutai-rumulis pluries glabratis.

Henan: Zhengzhou City. 14-03-2014. T. B. Zhao et Z. X. Chen, No. 201403149 (flos, holotypus hic disignatus, HNAC).

本新亚种与望春玉兰原亚种 Yulania biondii (Pamp.) D. L. Fu subsp. biondii 相似,但区别:2种花型:①单花具花被片 9 枚,雌蕊群显著高于雄蕊群;②单花具花被片 9 枚,雌蕊群与雄蕊群近等高,或雄蕊群稍低于雌蕊群。2 种花的花被片相似,即:外轮花被片 3 枚,萼状,变化大,内轮花被片 6 枚,长匙-椭圆形,长 6.0~6.5 cm,宽 2.3~2.7 cm,外面中部以下暗紫色,中部以上淡白色,常反卷;雄蕊花药淡黄色,花丝紫色;雌蕊群圆柱状;离生单雌蕊子房淡黄绿色,花柱常反曲;花梗和缩台枝上密被白色长柔毛。聚生蓇葖果圆柱状,长 10.0~14.5 cm,径 3.5~4.0 cm;蓇葖果球状、卵球状,紫红色,表面果点大、少、白色、突起明显,先端具短喙;缩台枝通常无毛;果梗粗壮,密被柔毛。花期 3~4 月;果实成熟期 8 月。

产地:河南郑州市。2014 年 3 月 14 日。赵天榜、陈志秀,No. 201403149 (花)。模式标本,存河南农业大学。

变种:

1. 条形望春玉兰 新变种 图 1

Yulania biondii (Pamp.) D. L. Fu var. linearis T. B. Zhao, Z. X. Chen et X. K. Li, var. nov.

A var. recedit floribus 2-formis：①tepalis 9 in quoque flore，extus 3 calycibus linearibus 1.5~1.7 cm，ca. 2 mm，non deciduis，pallide albis apice revolutis intus 6 petalodeis longe spathli-ellipticis 6.0~6.5 cm longis 2.3~2.7 cm latis，apice obtusis extus obscure purpuratis，infra medium laete subrose-purpureis，supra medium pallide albis minute subrosris，costis impolitis usque ad apicem；②tepalis 12 in quoque flore，eis tepalis formis et al. itidem ①tepalis. thecis stsminibus flavidis apice dorsaliter minime purpurascentibus，filamentis ca. 2 mm，nigri-purpuratis；gynoecis disjuncte carpelligeris cylindricis 1.7~2.0 cm；ovariis disjuncte simplici-pistillis globulis flavovirentibus，stylis brevissimis；pedicelis villosis apice 1 amplectentibus villosis；Soutai-rumulis dense villosis albis.

Henan：Zhengzhou City. 14-03-2014. T. B. Zhao et Z. X. Chen，No. 201403145（flos，holotypus hic disignatus，HNAC）.

本新变种有 2 种花型：①单花具花被片 9 枚，外轮花被片 3 枚，萼状，条形，长度 1.5~1.7 cm，宽度约 2 mm，不早落，淡白色，先端反卷，内轮花被片 6 枚，匙-长椭圆形，长 6.0~6.5 cm，宽 2.3~2.7 cm，先端钝圆，外面中部以下暗紫色、亮粉紫色、中部以上淡白色，微有粉色晕，中脉暗紫色，或淡粉紫色直达先端；②单花具花被片 12 枚，其花被片形状、大小、颜色与①相同。2 种花的雄蕊花药淡黄色，先端背面微有紫晕，花丝长约 2 mm，黑紫色；离生单雌蕊群圆柱状，长 1.7~2.0 cm；离生单雌蕊子房球状、淡黄绿色，花柱极短；花梗被长柔毛，顶端具 1 环状长柔毛；缩台枝上密被白色长柔毛。

产地：河南郑州市。2014 年 3 月 14 日。赵天榜、陈志秀，No. 201403145（花）。模式标本，存河南农业大学。

2. 富油望春玉兰　新变种

Yulania biondii（Pamp.）D. L. Fu var. fuyou D. L. Fu et T. B. Zhao，var. nov.

A var. recedit foliis obovati-ellipticis，basi cuneatis utrinque obliquis. Floribus poculiformibus；tepalis 911 in quoqe flore，extuss seoaliodeis intus tenuiter carnosis spathuli-ellipticis.

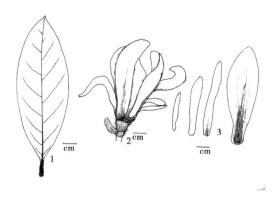

图 1　条形望春玉兰 Yulania biondii（Pamp.）D. L. Fu var. linearis T. B. Zhao，Z. X. Chen et X. K. Li

1. 叶，2. 花，3. 花被片。

Henan：Zhengzhuo. 06-03-2001. T. B. Zhao et D. L. Fu，No. 0103061（flos，holotypus hic disignatus，HNAC）.

本新变种与望春玉兰原变种 Yulania biondii（Pamp.）D. L. Fu var. biondii 区别：叶倒卵圆-椭圆形，基部楔形，两侧不对称。

花杯状。单花具花被片 9~11 枚，外轮花被片萼状，内轮花被片薄肉质，匙-椭圆形。

产地：本变种产于河南郑州市。赵天榜、傅大立，No. 0103061（花）。模式标本，存河南农业大学。同地。2000 年 8 月 16 日。傅大立，No. 0008161（叶和玉蕾）。

品种群与品种：

Ⅰ. 白花望春玉兰品种群　新品种群

Yulania biondii（Pamp.）D. L. Fu Baihua Group，group nov.

本新品种群花白色。

1. '线萼'望春玉兰　新品种

Yulania biondii（Pamp.）D. L. Fu 'Xian È'，cv. nov.

本新品种单花具花被片 9 枚，稀 10 枚，外轮花被片 3 枚，小，萼状，线形，淡黄白色，内轮花被片 6 枚，稀 7 枚，倒卵圆形，白色，先端钝圆，微后反，外面基部中间淡紫色，中脉淡紫色直达先端。

产地：河南南召县。选育者：高聚堂、赵天榜。

Ⅱ. 紫花望春玉兰品种群　品种群

Yulania biondii（Pamp.）D. L. Fu Purpurea Group

2. '两色花'望春玉兰　新品种

Yulania biondii（Pamp.）D. L. Fu 'Shuangsehua'，cv. nov.

本新品种单花具花被片9枚,外轮花被片3枚,萼状,膜质,早落,内轮花被片6枚,匙-椭圆形,白色与紫红色2种颜色。

产地:河南鲁山县。发现者:赵天榜、张东安、高超,发现于原鲁山县国营林场"河南辛夷基因库林"内。

Ⅲ. 狭被望春玉兰品种群　品种群

Yulania biondii (Pamp.) D. L. Fu Angustitepala Group

3. '狭被-1'望春玉兰　新品种

Yulania biondii(Pamp.) D. L. Fu 'Angustitepala-1', cv. nov.

本新品种叶狭椭圆形,薄纸质,先端渐尖。单花具花被片9枚,外轮花被片3枚,萼状,膜质,早落,内轮花被片6枚,狭带形,长5.0~7.0 cm,宽0.8~1.0~1.5 cm,白色,通常向后反卷。

产地:河南郑州市。选育者:赵天榜、陈志秀。

Ⅳ. 多被望春玉兰品种群　新品种群

Yulania biondii (Pamp.) D. L. Fu Duobei Group, group nov.

本新品种群单花具花被片12枚。

4. '多被'望春玉兰　新品种

Yulania biondii(Pamp.) D. L. Fu 'Duobei', cv. nov.

本新品种叶椭圆形,薄纸质,先端钝圆,具突长尖头。单花具花被片15枚,外轮花被片3枚,萼状,膜质,早落,内轮花被片12枚,条形,长6.0~7.5 cm,宽0.8~1.2 cm,白色。

产地:河南南召县。发现者:高聚堂、赵天榜于1985年在南召县小店乡1株'桃实'望春玉兰。其花极似星花玉兰花 Y. stellata (Sieb. & Zucc.) D. L. Fu。

5. '多被 白花'望春玉兰　新品种

Yulania biondii(Pamp.) D. L. Fu 'Duobei Baihua', cv. nov.

本新品种单花具花被片12枚,外轮花被片3枚,萼状,条形,长2.0~3.0 cm,宽4~5 mm,外面白色,内轮花被片9枚,匙-椭圆形,长6.0~8.0 cm,宽3.0~5.0 cm,白色,外面基部中间紫红色,中部以上白色,内面白色。

产地:河南南召县。发现者:高聚堂、赵天榜。

Ⅴ. 多变望春玉兰品种群　新品种群

Yulania biondii (Pamp.) D. L. Fu Doubian Group, group nov.

本新品种群单花具花被片9枚,外轮花被片3枚,多变。

6. '多变'望春玉兰　新品种

Yulania biondii (Pamp.) D. L. Fu 'Doubian', cv. nov.

本新品种单花具花被片9枚,外轮花被片3枚,萼状,多变,长2~32 mm,宽2~4 mm,不早落,内轮花被片6枚,匙-椭圆形,外面中部以下紫红色,上部白色;雄蕊花药淡黄色,花丝紫红色;离生单雌蕊花柱与子房黄色;花梗无毛,仅顶端具1环状柔毛;缩台枝上仅节间处密被1环状白色柔毛。

产地:河南郑州。选育者:赵天榜、陈志秀。

7. '双粉花'望春玉兰　新品种

Yulania biondii (Pamp.) D. L. Fu 'Shuangfenhua', cv. nov.

本新品种单花具花被片9枚,外轮花被片3枚,萼状,条形,长度1.3~1.7 cm,宽度1.5~2 mm,不早落,淡白色,微有淡粉晕,先端反卷,内轮花被片6枚,匙状长椭圆形,长7.5~8.5 cm,宽2.5~3.5 cm,常从中部向后反曲,外面中部以下中间水粉色,上部以上微水粉色,先端钝尖,内面白色,上部以上微被水粉色晕;雄蕊花药淡黄色,花丝紫色;雌蕊群圆柱状,长2.0~2.5 cm;离生单雌蕊子房淡黄绿色,花柱极短,长约1 mm,微有极浅紫晕,先端不外卷;花梗被柔毛,顶端具1环状柔毛;缩台枝上密被白色柔毛。

产地:河南郑川。选育者:赵天榜、陈志秀。

Ⅵ. 长萼品种群　新品种群

Yulania biondii (Pamp.) D. L. Fu Chang È Group, group nov.

本新品种群单花具花被片9枚,外轮花被片3枚,条形。

8. '紫粉花'望春玉兰　新品种

Yulania biondii (Pamp.) D. L. Fu 'Zifenhua', cv. nov.

本新品种单花具花被片9枚,外轮花被片3枚,萼状,条形,长度1.3~1.7 cm,宽度1.5~2 mm,不早落,基部淡粉色,上部微有淡粉晕,先端反卷,内轮花被片6枚,匙-长椭圆形,长6.5~7.5 cm,宽2.0~2.5 cm,常从中部向后反曲,外面中部以下中间亮紫色,紫色中脉直达先端,上部以上水粉色,内面上部以上淡水粉色,上部以下白色;雄蕊花药淡黄色,花丝紫色;雌蕊群圆柱状,长1.7~2.5 cm;离生单雌蕊子房淡黄绿色,花柱极短,长约 1 mm,淡黄绿色,先端不外卷;花梗被柔毛,顶端具 1 环状柔毛;缩台枝上密被白色柔毛。

产地:河南郑川。选育者:赵天榜、陈志秀。

9. '长萼'望春玉兰　新品种

Yulania biondii(Pamp.)D. L. Fu 'Chang È',cv. nov.

本新品种单花具花被片 9 枚,外轮花被片 3 枚,长披针形,膜质,萼状,长度为内轮花被片 1/3,内轮花被片匙-长椭圆形,先端钝圆,外面亮粉红色。

产地:本品种产于郑州市。选育者:赵天榜。

Ⅶ. 两型花望春玉兰品种群　新品种群

Yulania biondii(Pamp.)D. L. Fu Dimorphiflora Group,group nov.

本新品种群花有:2 种花型:①单花具花被片 9 枚,雌蕊群显著高于雄蕊群;②单花具花被片 9 枚,雌蕊群与雄蕊群近等高,或雄蕊群稍低于雌蕊群。

10. 条形望春玉兰　新品种

Yulania biondii(Pamp.)D. L. Fu 'Linearis',cv. nov.

本新品种有 2 种花型:①单花具花被片 9 枚,外轮花被片 3 枚,萼状,条形,不早落,淡白色,先端反卷;②单花具花被片 12 枚,其花被片形状、大小、颜色与①相同。

产地:河南郑州市。选育者:赵天榜、陈志秀。

11. '黄籽'望春玉兰　新品种

Yulania biondii(Pamp.)D. L. Fu 'Huangzi',cv. nov.

本新品种主要形态特征:拟假种皮种子黄色。

产地:河南郑州市。选育者:赵天榜、陈志秀。

12. '狭叶'望春玉兰　新品种

Yulania biondii(Pamp.)D. L. Fu 'Xiayé',cv. nov.

本新品种主要形态特征:叶狭椭圆形,长 7.5~9.5 cm,宽 2.5~3.5 cm,从中部向上长渐尖,先端细尖,外面中部以下呈狭楔形。

产地:河南郑州市。选育者:赵天榜、陈俊通。

13. '卷被 两型花'望春玉兰　新品种

Yulania biondii(Pamp.)D. L. Fu 'Juanbei Lianghua',cv. nov.

本新品种单花具花被片 9 枚,瓣状花被片向后反卷;2 种花型:①雌蕊群显著高于雄蕊群,②单花具花被片 9 枚,雌蕊群与雄蕊群近等高,或雄蕊群稍低于雌蕊群。

产地:河南郑州市。选育者:赵天榜、陈志秀。

14. '塔形'望春玉兰　新品种

Yulania biondii(Pamp.)D. L. Fu 'Tǎháng',cv. nov.

本新品种树冠塔形;侧枝直立。叶狭椭圆形,长 7.5~9.5 cm,宽 2.5~3.5 cm,从中部向上长渐尖,先端细尖,外面中部以下渐狭,基部楔形。

产地:河南郑州市。选育者:赵天榜、陈俊通。

15. '淡粉'望春玉兰　新品种

Yulaniabiondii(Pamp.)D. L. Fu 'Tànfen',cv. nov.

本新品种单花具花被片 9 枚,外轮花被片萼状,小,早落,瓣状花被片椭圆形,先端钝尖,外面中间淡粉色;稀单花具花被片 10 枚,外 2 轮花被片狭椭圆形,或椭圆形。

产地:河南郑州市。选育者:赵天榜、陈志秀。

16. '紫基'望春玉兰　新品种

Yulania biondii(Pamp.)D. L. Fu 'Ziji',cv. nov.

本新品种单花具花被片 9 枚,外轮花被片萼状,小,早落,瓣状花被片椭圆形,外面基部中间紫色,或紫红色,上部白色,微被水粉色晕。

产地:河南郑州市。选育者:赵天榜、陈志秀。

17. '微粉'望春玉兰　新品种

Yulania biondii(Pamp.)D. L. Fu 'Wēlfen',cv. nov.

本新品种单花具花被片 9 枚,外轮花被片萼状,小,早落,瓣状花被片 6 枚,长匙状-椭圆形,先端钝尖,外面中间淡粉色,上部被水粉色晕。

产地:河南郑州市。选育者:赵天榜、陈志秀。

18. '紫红基'望春玉兰　新品种

Yulania biondii(Pamp.)D. L. Fu 'Zihongji',cv. nov.

本新品种单花具花被片 9 枚,外轮花被片萼状,小,早落,瓣状花被片 6 枚,长匙-椭圆形,先端钝尖,外面中间紫红色,主脉紫红色直达先端。

产地:河南郑州市。选育者:赵天榜和陈志秀。

还有 6 新品种:

1. '紫果'望春玉兰　新品种

Yulania biondii(Pamp.)D. L. Fu 'Zigou',cv. nov.

本新品种蓇葖果近球状,表面紫色,具亮光泽为显著特点。

产地:本品种产于河南郑州市。选育者:赵天榜、陈志秀。

2. '卷被'望春玉兰　新品种

Yulania biondii (Pamp.) D. L. Fu 'Guan-bei', cv. nov.

本新品种单花具花被片 9 枚,外轮花被片 3 枚,萼状,披针形,淡白色,微有粉色晕;内轮花被片 7 枚,宽椭圆形,向下反卷,乳白色,外面基部紫红色,中脉紫红色,内面乳白色及中脉紫色;雄蕊背面淡紫色,花丝紫红色,长约 2.5 mm;雌蕊群柄略高于雄蕊群。

产地:本品种产于河南郑州市。选育者:赵天榜、陈志秀。

3. '粉被'望春玉兰　新品种

Yulania biondii (Pamp.) D. L. Fu 'Fenbei', cv. nov.

本新品种单花具花被片 9 枚,外轮花被片 3 枚,披针形,膜质,萼状,水粉色;内轮花被片 6 枚,匙形,先端钝圆,具喙,中部以下呈狭楔形,外面白色,花柱微反卷。

产地:本品种产于郑州市。选育者:陈志秀、赵天榜。

4. '淡紫'望春玉兰　新品种

Yulania biondii (Pamp.) D. L. Fu 'Danzi', cv. nov.

本新品种单花具花被片 9 枚,外轮花被片 3 枚,三角形,膜质,萼状,内轮花被片 6 枚,匙-椭圆形,先端钝圆,外面淡紫色。

产地:本品种产于郑州市。选育者:赵天榜、陈志秀。

5. '亮紫'望春玉兰　新品种

Yulania biondii(Pamp.)D. L. Fu 'Liangzi', cv. nov.

本新品种单花具花被片 9 枚,外轮花被片 3 枚,长披针形,膜质,萼状,内轮花被片 6 枚,匙-椭圆形,先端钝圆,外面亮紫红色,内面乳白色。

产地:本品种产于郑州市。选育者:赵天榜、陈志秀。

6. '喙被'望春玉兰　新品种

Yulania biondii(Pamp.)D. L. Fu 'Huibei', cv. nov.

本新品种单花具花被片 9 枚,外轮花被片 3 枚,膜质,萼状,内轮花被片 6 枚,上部匙-椭圆形,先端钝圆,具喙,基部狭窄,外面淡紫红色。

产地:本品种产于郑州市。选育者:赵天榜、陈志秀。

望春玉兰品种资源与分类系统的研究

孙军[1]　赵东欣[2]　赵东武[3]　高聚堂[1]　赵天榜[4]

(1.河南省南召县林业局,南召　474650;2.河南工业大学化学化工学院,郑州　450001;
3.河南农大风景园林规划设计院,郑州　450002;4.河南农业大学林学园艺学院,郑州　450002)

摘　要　对望春玉兰进行了全面系统的分类、整理和研究,首次根据《国际植物命名法规》《国际栽培植物命名法规》中有关规定,以及望春玉兰品种形态特征,报道了该种有 6 个品种群(包括 1 原品种群、3 新组合品种群、2 新品种群)和 24 个品种(包括 1 原品种、6 新品种、17 新改隶组合品种)。同时,提出望春玉兰新分类系统。该分类系统:种→品种群→品种,为研究其形态变异理论、良种繁育以及开发利用提供了依据。

关键词　望春玉兰;分类系统;新品种;开发利用

望春玉兰 Yulana bicndii (Pamp.) D. L. Fu[1-3]原产我国,具有生长迅速,适应性强,分布和栽培范围广,树姿雄伟,花色鲜艳、清香四溢,寿命长等特性,是我国城乡园林绿化建设中的优良树种和特用经济林树种。根据《国际植物命名法规》[4]国际栽培植物命名法规[5]中有关规定条款,笔者对河南的望春玉兰品种资源进行了分类、鉴定和研究,首次提出望春玉兰品种新分类系统:种→品种群→品种。同时,为望春玉兰开发利用提供了依据。

基金项目　河南工业大学博士科研基金(2006BS015)。

作者简介:孙军(1972—)男,河南南召人,工程师,从事经济林良种繁育和推广工作。

1 试验材料

望春玉兰 Yulania biondii（Pamp.）D. L. Fu[12]（Magholia biondii Pamp.），该种拟花蕾[9]具芽鳞状托叶 4 ~ 6 枚。单花花被片 9 枚，有瓣、萼状，瓣状花被片白色，或白色，外面中基部具不同程度紫色，或浅紫红色。

产地：河南等。河南南召、鲁山县有大面积人工栽培。

2 望春玉兰品种资源与分类系统

2.1 望春玉兰品种群　原品种群

Yulania biondii（Pamp.）D. L. Fu（Biondii group），Magnolia biondii Pamp.（Biondii group）[10]。

该品种群瓣状花被片白色。

2.1.1 望春玉兰　原品种

Yulania biondii（Pamp.）D. L. Fu 'Biondii'

该品种瓣状花被片两面白色。

产地：河南南召、鲁山县（以下从略）。

2.1.2 '小白花'望春玉兰　新品种

Yulania biondii（Pamp.）D. L. Fu 'Alba'，cv. nov.

该品种拟花蕾小，单粒重平均 0.25 g。瓣状花被片白色。

2.2 变紫望春玉兰品种群　新组合品种群

Yulania bodii（Pamp.）D. L. Fu（Bianza group），Magnolia biondii Pamp.（Biana group）[10]

该品种群瓣状花被片白色，外面中、基部具不同程度紫色，或浅紫红色。

2.2.1 变紫望春玉兰　新品种

Yulania biondii（Pamp.）D. L. Fu 'Bianza'，cv. nov.

该品种瓣状花被片白色，外面中基部具不同程度紫色，或浅紫红色。

2.2.2 '鼠皮'望春玉兰　新改隶组合品种

Yulania biondii（Pamp.）D. L. Fu 'Shupi'，cv. transl. nov.，Magnolia biondii Pamp. cv. 'Shupi'[11]。

该品种芽鳞状托叶外面被极短柔毛，或几光滑。

2.2.3 '小蕾'望春玉兰　新改隶组合品种

Yulania biondii（Pamp.）D. L. Fu 'Parvialabastra'，cv. transl. nov.，Magnolia biondii Pamp. var. parvialabastra T. B. Zhao（T. B. Chao）Y. H. Ren et J. T. Gao[12]。

该品种拟花蕾小，俗称"老鼠屎"。瓣状花被片外面中基部紫色，上部具浅紫色。

2.2.4 '平枝'望春玉兰　新改隶组合品种

Yulania biondii（Pamp.）D. L. Fu 'Planities'，cv. transl. nov.，Magnolia biondii Pamp. var. planities T. B. Zhao et Y. C. Qiao[12]。

该品种树冠稀疏，侧枝少，与主枝呈 80° ~ 90°角。小枝稀，近平伸。

产地：河南禹州市。

2.2.5 '桃实'望春玉兰　新改隶组合品种

Yulank biondii（Pamp.）D. L. Fu 'Ovata'，cv. transl. nov.，Magnolia biondii Pamp. var. ovata T. B. Zhao et T. X. Zhang[12]。

该品种拟花蕾桃实状。花梗紫褐色，密被长柔毛。

2.2.6 '宽被'望春玉兰　新改隶组合品种

Yulania biondii（Pamp.）D. L. Fu 'Latitepala'，cv. transl. nov.，Magnolia biondii Pamp. var. latitepala T. B. Zhao J. T. Gao[13]。

该品种瓣状花被片白色，外面基部浅紫色，宽匙形，长 6.0 ~ 8.0 cm，宽 3.5 ~ 4.5 cm。

2.2.7 '细枝'望春玉兰　新改隶组合品种

Yulana biondii（Pamp.）D. L. Fu 'Xizhi'，cv. transl. nov.，Magnolia biondii Pamp. cv. 'Xizhi'[11]。

该品种枝条细柔，斜展，或下垂，成枝力弱为显著特点。叶膜质。产地：河南禹州市。

2.2.8 '厚叶'望春玉兰　新改隶组合品种

Yulana biondii（Pamp.）D. L. Fu 'Houye'，cv. transl. nov.，Magnolia biondii Pamp. cv. 'Houye'[11]。

该品种枝条细而多，斜上生长，成枝力弱。叶厚革质。

2.2.9 '小桃'望春玉兰　新改隶组合品种

Yulania bondii（Pamp.）D. L. Fu 'Xiaotao'，cv. transl. nov.，Magnolia biondii Pamp. cv. 'Xiaotao'[11]。

该品种拟花蕾桃实状，径比'桃实'望春玉兰小。

2.2.10 '卷毛'望春玉兰　新改隶组合品种

Yulania bodii Pamp. cv. 'Juanmao'，cv. transl. nov.，Magnolia biondii Pamp. cv. 'Xiaotao', [11].

该品种拟花蕾, 芽鳞状托叶外面长柔毛, 先端向外反卷。

2.2.11 '小卷毛'望春玉兰 新改隶组合品种

Yulana biondii (Pamp.) D. L. Fu 'Xiaojuanmao', cv. transl. nov. *Magnolia biondii* Pamp. cv. 'Xiaojuanmao' [11].

该品种拟花蕾长小, 芽鳞状托叶外面长柔毛, 先端向下反卷。花梗黄褐色, 疏被银白色短柔毛。

2.2.12 '青桃'望春玉兰 新改隶组合品种

Yulania bondii (Pamp.) D. L. Fu 'QingLao', cv. transl. nov., *Magnolia biondii* Pamp. cv. 'Qingiao' [11].

该品种拟花蕾宽卵球状, 芽鳞状托叶外面被短柔毛。

2.2.13 '尿骚黄'望春玉兰 新改隶组合品种

Yulanabbndii (Pamp.) D. L. Fu 'Niaosaohuang', cv. trand. nov., *Magnolia biondii* Pamp. cv. 'Niaosadiuarg' [11].

该品种缩台枝[10]黄色, 有尿骚味。

2.2.14 '晚花'望春玉兰 新改隶组合品种

Yulania bodii (Pamp.) D. L. Fu 'Wanliua', cv. transl. nov., *Magnolia biondii* Pamp. cv. 'Wanhua' [11].

该品种花期3月下旬, 是望春玉兰品种中花期最晚的一种。

2.2.15 '菩莲'望春玉兰 新品种

Yulania biondii (Pamp.) D. L. Fu 'Pulian', cv. nov.

该品种拟花蕾大型, 花器发育晚, 蕾成空泡状。花开似莲花状。

2.2.16 '铁桃'望春玉兰 新品种

Yulania biondii (Pamp.) D. L. Fu 'Tietao', cv. nov.

该品种拟花蕾长圆球状, 最外1枚芽鳞状托叶质厚而硬, 黑褐色, 外面密被较短黑褐色柔毛。

2.3 富油望春玉兰品种群 新品种群

Yulania bondii (Pamp.) D. L. Fu (Purpurea group) group nov.

该品种群单花花被片9~11枚, 瓣状花被片6~8枚。花梗密被弯曲长柔毛。

2.3.1 '富油'望春玉兰 新品种

Yulania biondii (Pamp.) D. L. Fu 'Fuyou', cv. nov.

该品种拟花蕾挥发油含量7.2%, 而名贵香料——金合欢醇 farnesol 含量占10.9%。瓣状花被片6~8枚; 花梗密被弯曲长柔毛。

产地: 河南郑州。

2.4 紫花望春玉兰品种群 新组合品种群

Yulania biondii (Pamp.) D. L. Fu (Purpurea group), group comb. nov., *Y. quinqupeta* (Buc'hoz) D. L. Fu(Purpurea groups) [14].

该品种群瓣状花被片两面具不同程度紫色晕。

2.4.1 '紫花' 望春玉兰

新改隶组合品种 Ywlania biondii (Pamp.) D. L. Fu 'Purpurea', cv. transl. nov., *Magnolia biondii* Pamp. var. *pupuraa* T. B. Zhao, S. Y. Wang et Y. C. Qiao [11]; *Magnolia biondii* Pamp. f. *purpurascens* Law et Gao [11]; *Magnolia biondii* Pamp. f. *purpurascens* Law et Gao [15].

该品瓣状被片两面、雌雄蕊群均为紫色。花梗被白色长柔毛。

2.4.2 '奶嘴'望春玉兰

Yulank biondii (Pamp.) D. L. Fu 'Naizui', cv. 'Naizui' cv. transl. nov., *Magnolia biondii* Pamp. cv. 'Naizui'

该品种拟花蕾大, 长椭圆体-奶嘴形状。瓣状花被片两面、雌雄蕊群均为浅紫色。

2.4.3 '玫瑰'望春玉兰 新改隶组合品种

Yulania biondii (Pamp.) D. L. Fu 'Rosiflora', cv. transl. nov., *Magnolia biondii* Pamp. cv. 'Rosiflora' [16].

该品种瓣状花被片外面玫瑰红色, 中下部边缘白色, 基部浓玫瑰红色。

2.5 黄花望春玉兰品种群 新组合品种群

Yulania biondii (Pamp.) D. L. Fu (Flava group), group comb. nov., *Y. quinquepeta* (Buc'hoz) D. L. Fu(Flava group) [14].

该品种群瓣状花被片淡黄色至黄色。

2.5.1 黄花望春玉兰 新改隶组合品种

Yulania biondii (Pamp.) D. L. Fu 'Flava', cv. transl. nov., *Magnolia biondii* Pamp. var. *flava* T. B. Zhao, J. T. Gao et Y. H. Ren [12].

该品种瓣状花被片淡黄色至黄色。

2.6 狭被望春玉兰品种群

Yulania biondii(Pamp.) D. L. Fu (Angustitepala group) group nov.

该品种群瓣状花被片狭长, 长5.0~7.0 cm,

宽 1. 0~1. 3 cm,稀 1. 5 cm。

2.7 '狭被'望春玉兰 新品种

Yulania biondii(Pamp.)D. L. Fu 'Angustitepala',cv. nov. ,*Y. biondii* (Pamp.)D. L. Fu var. *angusstotepala* D. L. Fu,T. B. Zhao et D. W. Zhao[17].

该品种瓣状花被片两面白色,通常宽 5~10 mm。

产地:河南鸡公山。

按照望春玉兰品种新分类系统:种→品种群→品种。河南望春玉兰品种资源有 6 个品种群(包括 1 原品种群、3 新组合品种群、2 新品种群)和 24 个品种(包括 1 原品种、6 新品种、17 新改隶组合品种)。研究表明,玉兰属 "辛夷" 挥发油中含名贵香料金合欢醇及抗癌成分 β-榄香烯[18-19],而且望春玉兰具寿命长、生命力旺、适应性强、根系发达、固土力强等特性,是荒山绿化、流域治理、林农间作及 "四旁" 植树、环境美化等重要树种之一[20]。河南南召、鲁山两县有丰富的望春玉兰品种,为望春玉兰的开发利用提供了宝贵的优质资源。

参考文献

[1] SPACH E. Yuhna Spach[J]. Hist Nat. Vég Phan, 1839,7:462.

[2] 傅大立. 玉兰属的研究[J]. 武汉植物学研究,2001, 19(3):191-198.

[3] 中国科学院中国植物志编辑委员会. 中国植物志 第三十卷 第一分册[M]. 北京:科学出版社,1996:136-138.

[4] 朱光华. 国际植物命名法规(圣路易斯法规)[M].北京:科学出版社,2001.

[5] 袁以苇. 国际栽培植物命名法规(1980)[C]//许定发译. 南京中山植物研究论文集,1989,159-174.

[6] PAMPANINI R. Magnolia biondii Pamp. in Nuov. Gioiun[J]. BoL Ital New Series 1910,17:275.

[7] 赵东武. 河南木兰属玉兰亚属植物的研究[D]. 郑州:河南农业大学,2006.

[8] 丁宝章,王遂义,高增义. 河南植物志 第一册[M]. 郑州:河南人民出版社,1981,512-513.

[9] 赵天榜,高炳振,傅大立,等. 舞钢玉兰芽种类与成枝成花规律的研究[J]. 武汉植物学研究,2003,21(1):81-90.

[10] 胡芳名,谭晓风,刘惠民. 中国主要经济林树种栽培与利用[M]. 北京:中国林业出版,2006,454-460.

[11] 黄桂生,焦书道,赵天榜,等. 河南辛夷品种资源的调查研究[J]. 河南科技,1991(S):28-33.

[12] 丁宝章,赵天榜,陈志秀,等. 河南木兰属新种和新变种[J]. 河南农学院学报,1983(4):6-11.

[13] 丁宝章,赵天榜,陈志秀,等. 中国木兰属植物腋花、总状花序的首次发现和新分类群[J]. 河南农业大学报,1985(4):362-363.

[14] 傅大立. 辛夷植物资源分类及新品种选育研究[D]. 株洲:中南林学院,2001.

[15] 刘玉壶,高增义. 河南木兰属新植物[J]. 植物研究,1984,4(4):189-194.

[16] 傅大立. 望春玉兰一新栽培变种[J]. 经济林,2000,18(2):46-47.

[17] 傅大立,赵天榜,赵杰,等. 河南玉兰属两新变种[J]. 植物研究,2007,4(5):525-526.

[18] 陈晓青,蒋新宇,刘佳佳. 中草药成分分离分析技术与方法[M]. 北京:化学工业出版社,2006:278.

[19] 傅大立,赵东欣,孙金花,等. 10 种国产木兰属植物挥发油成分及系统学意义[J]. 林业科学,2005,27(4):68-74.

[20] 赵天榜,陈志秀,曾庆乐,等. 木兰及其栽培[M]. 郑州:河南科学技术出版社,1992.

武当玉兰一新变种

赵天榜[1]　陈志秀[1]　赵东武[2]

(1.河南农业大学,郑州　450002;2.河南农大风景园林规划设计院,郑州　450002)

拟莲武当玉兰 新变种

Yulania sprengeri (Pamp.)D. L. Fu var. pseudonelumbo T. B. Zhao,Z. X. Chen et D. W. Zhao,var. nov.

A typo recedit foliis ob-ovatis parvioribus apice obtusis cum acumine basi cuneatis. tepalis 12~17 in quoque flore,anguste ellipticis apice bveviter acu-minatis extus laete persicinis intus albis lacteis,staminibus et filamentis purpureo-rubris;disjuncte simplici-pistillis stylis et stigmatibus persicinis.

Henan:Zhengzhou. 15-04-2003. T. B. Zhao et al. ,No. 200304151(flos,holotypus hic disignatus,HNAC).

本新变种与武当玉兰原变种 Yulaniasprengeri（Pamp.）D. L. Fu var. sprengeri 区别：叶倒卵圆形，较小，先端钝尖，基部楔形。单花具花被片 12~17 枚，狭椭圆形，先端短渐尖，外面亮粉红色，内面乳白色；雄蕊和花丝紫红色；离生单

雌蕊柱头和花柱粉红色。

河南：郑州市。湖北有分布。2003 年 4 月 15 日。赵天榜等，No. 200304151（花）。模式标本，存河南农业大学。

黄山玉兰新分类群

赵天榜[1]　　陈志秀[1]　　杨建正[2]

（1. 河南农业大学，郑州　450002；2. 河南长垣县园林绿化公司，长垣县　453400）

亚种：

1. 两型花黄山玉兰亚种　新亚种

Yulania cylindrica（Wils.）D. L. Fu subsp. dimorphiflora T. B. Zhao et Z. X. Chen, subsp. nov.

Subspecies nov. Yulania cylindrica（Wils.）D. L. Fu subsp. cylindrica similis, sed foliis anguste ellipticis apice obtusis cum acumine basi cuneatis. 2-formis：① tepalis 9 in quoque flore, petalioideis spathuli-ellipticia；②tepalis 9 in quoque flore, petalioideis et calycibus, calycibus 5~10 mm, ca. 3 mm latis. 2-formis floribus petaloideis spathulati-ellipticis albis extus basi purple-rubris.

Henan：Xinzheng City. T. B. Zhao et Z. X. Chen, No. 201404101（flos, holotypus hic disignatus, HNAC）.

本新亚种与黄山玉兰原亚种 Yulania cylindrica（Wils.）D. L. Fu subsp. cylindrica 主要区别是：叶狭椭圆形，先端钝尖，基部楔形。2 种类型花：①单花具花被片 9 枚，花瓣状，匙－椭圆形；②单花具花被片 9 枚，有萼、瓣状之分，萼状花被片长 5~10 mm，宽约 3 mm。2 种花瓣状花被片匙－椭圆形，白色，外面基部紫红色。

河南：新郑市有栽培。2014 年 4 月 10 日。赵天榜和陈志秀，No. 201404101（花），标本采自河南，存河南农业大学。2014 年 8 月 20 日。赵天榜和陈志秀，No. 201408201（叶和玉蕾）。

变种：

1. 白花黄山玉兰　新变种

Yulania cylindrica（Wils.）D. L. Fu var. ovata T. B. Zhao et Z. X. Chen, var. nov.

A var. recedit Yulani－alabastris majoribus, peruli－stipulis secundis et intus peruli－stipulis extus dense villosis nigri－brunneis. Tepalis 12 in quoque flore, tepalis albis, basi evtus rare dilute subreseis.

Henan：jigongshan. 10-07-2012. T. B. Zhao et Z. X. Chen, No. 200103205（folia, holotypus hic disignatus, HNAC）.

本新变种与黄山玉兰原变种 Yulania cylindrica（Wils.）D. L. Fu var. cylindrica 区别：玉蕾顶生，较大，第 2 枚和以内芽鳞状托叶外面密被黑暗长柔毛。单花具花被片 12 枚，瓣状花被片白色，稀基部外面带粉色晕。聚生蓇葖果卵球状，长 8.0~11.0 cm，径 3.0~4.0 cm；蓇葖果卵球状，突起，成熟时红褐色，表面有小果点，先端具喙；果梗和缩台枝较细，密被短柔毛。

河南：鸡公山。2001 年 3 月 20 日。赵天榜和陈志秀，No. 200103205（花）。模式标本，存河南农业大学。

2. 狭叶黄山玉兰　新变种

Yulania cylindrica（Wils.）D. L. Fu var. angustifolia T. B. Zhao et Z. X. Chen, var. nov.

A var. cylindrica deffert ramulis juvenilibus pubescentibus. foliis anguste ellipticis 10.3~17.3 cm longis 5.3~8.0 cm latis apice acuminates basi cuneatis；petiolis 1.5~2.5 cm longis. Tepaloideis albis extus basi in medio purpurascentibus, non unguibus.

Henan：Mt. Dabieshan. Jigongshan. 10-09-2000. T. B. Zhao, No. 20009105（folia, holotypus hic disignatus, HNAC）.

本新变种与黄山玉兰原变种 Yulania cylindrica（Wils.）D. L. Fu var. cylindrica 区别：幼枝被短柔毛。叶狭椭圆形，长 10.3~17.3 cm，宽 5.3~8.0 cm，先端渐尖，基部楔形；叶柄长 1.5~2.5 cm。瓣状花被片白色，外面基部中间具淡紫色晕，无爪。

产地:河南大别山区。鸡公山。2000 年 9 月 10 日。赵天榜,No. 200009105(叶和玉蕾)。模式标本,存河南农业大学。

3. 狭被黄山玉兰 新变种

Yulania cylindrica(Wils.) D. L. Fu var. angustifolia T. B. Zhao et Z. X. Chen,var. nov.

A var. cylindrica deffert tepalis 10~15 in qouque flore,petaloideis 7~12 ellipticis et lanceolatis, variantibus,rugosis 3.0~6.5 cm longis 4~25 mm latis albis extus basi carneis;androeciis gynoecum subaequantibus.

Henan:Zhengzhou. 31-03-2012. T. B. Zhao et Z. X. Chen,No. 201203311(fosa,holotypus hic disignatus,HNAC).

本新变种与黄山玉兰原变种 Yulania cylindrica(Wils.) D. L. Fu var. cylindrica 区别:单花具花被片 10~15 枚,瓣状花被片 7~12 枚,长椭圆形及披针形等多变,皱折,长 3.0~6.5 cm,宽 4~25 mm,白色,外面基部水粉色;雌蕊群与雄蕊群近等高。

产地:河南新郑市有栽培。鸡公山。2012 年 3 月 31 日。赵天榜和陈志秀,No. 201203311(花)。模式标本,存河南农业大学。

4. 卵叶黄山玉兰 新变种

Yulania cylindrica(Wils.)D. L. Fu var. ovata T. B. Zhao et Z. X. Chen,var. nov.

A var. nov. ovatis apice longe btusis cum acuminatis basi cuneatis. tepalis 9 in quoque flore,intis extus basi purpreis.

Henan:Jigongshan. 10-07-2012. T. B. Zhao et Z. X. Chen,No. 201207101(flos,holotypus hic disignatus,HNAC).

本新变种叶卵圆形,先端长渐尖,基部楔形。单花具花被片 9 枚,内轮花被片 6 枚,花瓣状,外面基部紫色。聚生蓇葖果卵球状,长 8.0~11.0 cm,径 3.0~4.0 cm;蓇葖果卵球状,突起,成熟时红褐色,表面有小果点,先端具喙;果梗和缩合枝较细,密被短柔毛。

河南:鸡公山。2012 年 7 月 10 日。赵天榜等,模式标本采自河南鸡公山国家级自然保护区管理局,存河南农业大学。

5. 白花黄山玉兰 新变种

Yulania cylindrica(Wils.) D. L. Fu var. alba T. B. Zhao et Z. X. Chen,var. nov.

A typo recedit Yulani-alabastris majoribus,peruli-stipulis secundis et intus peruli-stipulis extus dense villosis nigri-brunneis. tepalis 12 in quoque flore,tepalis albis,basi extus rare dilute subreseis.

Henan:Jigongshan. 20-03-2001. T. B. Zhao et Z. X. Chen, No. 201103205(folia, holotypus hic disignatus,HNAC).

本新变种与黄山玉兰原变种 Yulania cylindrica(Wils.) D. L. Fu var. cylindrica 区别:玉蕾顶生,较大;第 2 枚和以内芽鳞状托叶外面密被黑暗长柔毛。单花具花被片 12 枚,瓣状花被片白色,稀基部外面微带粉红色晕。

产地:河南鸡公山。2001 年 3 月 20 日。赵天榜和陈志秀,No. 200103205(花)。模式标本,存河南农业大学。

6. 狭叶黄山玉兰 新变种

Yulania cylindrica(Wils.) D. L. Fu var. angustifolia T. B. Zhao et Z. X. Chen,var. nov.

A var. cylindrica deffert ramulis juvenilibus pubescentibus. foliis anguste ellipticis 10.3~17.3 cm longis 5.3~8.0 cm latis apice acuminatis basi cuneatis;petiolis 1.5~2.5 cm longis. tepaloideis albis extus basi in medio purpurascentibus,non unguibus.

Henan:Mt. Dabieshan. Jigongshan. 10-09-2000. T. B. Zhao,No. 200009105(folia,holotypus hic disignatus,HNAC).

本新变种与黄山玉兰原变种 Yulania cylindrica(Wils.)D. L. Fu var. cylindrica 区别:幼枝被短柔毛。叶狭椭圆形,长 10.3~17.3 cm,宽 5.3~8.0 cm,先端渐尖,基部楔形;叶柄长 1.5~2.5 cm。瓣状花被片白色,外面基部中间具淡紫色晕,无爪。

河南:大别山区。鸡公山。2000 年 9 月 10 日。赵天榜,No. 200009105(叶和玉蕾)。模式标本,存河南农业大学。

7. 狭被黄山玉兰 新变种

Yulania cylindrica(Wils.)D. L. Fu var. angustitepala T. B. Zhao et Z. X. Chen,var. nov.

A var. cylindrica deffert tepalis 10~15 in qouque flore,petaloideis 7~12 ellipticis et lanceolatis, variantibus,rugosis 3.0~6.5 cm longis 4~25 mm latis albis extus basi carneis;androeciis gynoecum subaequantibus.

Henan:Zhengzhou. 31-03-2012. T. B. Zhao et Z. X. Chen, No. 201203311 (fos, holotypus hic disignatus, HNAC).

本新变种与黄山玉兰原变种 Yulania cylindrica (Wils.) D. L. Fu var. cylindrica 区别:单花具花被片 10~15 枚,瓣状花被片 7~12 枚,长椭圆形及披针形等多变,皱折,长 3.0~6.5 cm,宽 4~25 mm,白色,外面基部水粉色;雌蕊群与雄蕊群近等高。

河南:新郑市有栽培。2012 年 3 月 31 日。赵天榜和陈志秀, No. 201203311 (花)。模式标本,存河南农业大学。

品种:

1. '光梗'黄山玉兰　新品种

Yulania cylindrica (Wils.) D. L. Fu cv. 'Guanggeng', cv. nov.

本新品种花梗亮绿色,无毛。缩台枝无毛。

产地:河南长垣县有栽培。选育者:赵天榜、杨建正和王锦恩。

2. '喙果'黄山玉兰　新品种

Yulania cylindrica (Wils.) D. L. Fu cv. 'Huiguo', cv. nov.

本新品种单花具花被片 9 枚,瓣状花被片外面中部以下浅紫褐色。聚生蓇葖果卵球状,或短柱状;蓇葖果卵球状,或椭圆体状,先端具喙,表面光滑。

产地:河南新郑市有栽培。选育者:赵天榜和杨建正。

3. '皱被'黄山玉兰　新品种

Yulania cylindrica (Wils.) D. L. Fu cv. 'Zhoubei', cv. nov.

本新品种叶狭椭圆形,基部圆形。单花具花被片 9 枚,花瓣状,基部外面带粉色晕,先端渐尖,边缘皱折。

产地:河南长垣县有栽培。选育者:赵天榜和杨建正。

4. '卷被'黄山玉兰　新品种

Yulania cylindrica (Wils.) D. L. Fu cv. 'Juanbei', cv. nov.

本新品种单花具花被片 9 枚,外轮花被片 3 枚,萼状,披针形,外面微带粉色晕,内轮花被片 6 枚,淡白色,外面脉纹淡紫色,先端钝圆,向外反卷,基部浓紫色,或微带紫色晕,内面乳白色;雄蕊多数,淡紫色;雌蕊群圆柱状,淡黄白色,雌蕊群与雄蕊群近等高。

产地:河南长垣县有栽培。选育者:赵天榜和王锦恩。

5. '黄花'黄山玉兰　新品种

Yulania cylindrica (Wils.) D. L. Fu cv. 'Huanghua', cv. nov.

本新品种单花具花被片 9 枚,外轮花被片 3 枚,萼状,条形,膜质,外面淡白色,内轮花被片 6 枚,外面中部以上淡黄白色,先端钝圆,中部以下黄色,中间浓紫红色;雄蕊多数,淡紫色,花丝暗紫色;雌蕊群圆柱状,淡黄白色,长 8~10 mm,径约 4 mm;雌蕊群显著高于雄蕊群。

河南:长垣县有栽培。选育者:赵天榜和陈志秀。

6. '亮紫红基'黄山玉兰　新品种

Yulania cylindrica (Wils.) D. L. Fu cv. 'Liangzihongji', cv. nov.

本新品种单花具花被片 9 枚,外轮花被片 3 枚,萼状,条形,膜质,内轮花被片 6 枚,花瓣状,外面中部以上亮白色,先端钝圆,基部亮紫红色。

河南:长垣县有栽培。选育者:赵东方和陈志秀。

7. '紫基'黄山玉兰　新品种

Yulania cylindrica (Wils.) D. L. Fu cv. 'Ziji', cv. nov.

本新品种单花具花被片 9 枚,外轮花被片 3 枚,萼状,条形,膜质,内轮花被片 6 枚,花瓣状,外面中部以上下暗紫色,中部以上白色,先端钝圆,具短尖。

河南:长垣县有栽培。选育者:不详。其花,见刘玉壶主编. 中国木兰:46。

8. '紫红基'黄山玉兰　新品种

Yulania cylindrica (Wils.) D. L. Fu cv. 'Zihongji', cv. nov.

本新品种单花具花被片 9 枚,外轮花被片 3 枚,萼状,条形,膜质,内轮花被片 6 枚,花瓣状,外面中部以下紫红色,中部以上淡黄白色,先端钝尖。

河南:长垣县有栽培。选育者:赵东方和陈志秀。

9. '光梗'黄山玉兰　新品种

Yulania cylindrica (Wils.) D. L. Fu cv. 'Guanggeng', cv. nov.

本新品种花梗亮绿色,无毛。缩台枝无毛。

河南:长垣县有栽培。选育者:赵天榜、杨建正和王锦恩。

10.'喙果'黄山玉兰 新品种

Yulania cylindrica (Wils.) D. L. Fu cv. 'Huiguo', cv. nov.

本新品种单花具花被片9枚,瓣状花被片外面中部以下浅紫褐色。聚生蓇葖果卵球状,或短圆柱状;蓇葖果卵球状,或椭圆体状,先端具短喙,表面光滑。

河南:新郑市有栽培。选育者:赵天榜和杨建正。

11.'皱被'黄山玉兰 新品种

Yulania cylindrica (Wils.) D. L. Fu cv. 'Zhoubei', cv. nov.

本新品种叶狭椭圆形,基部圆形。单花具花被片9枚,花瓣状,基部外面微带粉红色晕,先端渐尖,边缘皱折。

河南:长垣县有栽培。选育者:赵天榜和杨建正。

12.'卷被'黄山玉兰 新品种

Yulania cylindrica (Wils.) D. L. Fu cv. 'Juanbei', cv. nov.

本新品种单花具花被片9枚,外轮花被片3枚,萼状,披针形,外面微带粉红色晕,内轮花被片6枚,淡白色,外面脉纹淡紫色。先端钝圆,向外反卷,基部浓紫色,或微带紫色晕,内面乳白色;雄蕊多数,淡紫色;雌蕊群圆柱状,淡黄白色,雌蕊群与雄雌蕊群近等高。

河南:长垣县有栽培。选育者:赵天榜和王锦恩。

朱砂玉兰组 新杂种组

赵天榜[1] 孙卫邦[2]

(1.河南农业大学,郑州 450002;2.中国科学研究院昆明植物研究所,昆明 650000)

朱砂玉兰组 新杂种组

Yulania Spach sect. × Zhushayulania W. B. Sun et T. B. Zhao, sect. nov., *Magnolia* Linn. sect. × *Zhushayulania* W. B. Sun et T. B. Zhao, sect. nov.

Sect. nov. evidenter distingubiles sect. Tulipastru, sect. Axilliflorae, sect. Trimorphafloraeque plantae. sect. Zhushayulania plantae omnes species hybridae ramili, folia, petiodi, ge mmae, flores, tepala formae, numeri, colores et al., omnes cum parentes plantae aequabiles vel similes, ac adest inter parentes transitivi multiformes plantae.

Sect. type species：Yulania × soulangiana (Soul. -Bod.) D. L. Fu = *Magnolia* × *soulangiana* Soul. -Bod..

Sect. Zhushayulania species hybridae plantae：Yulania × soulangiana Soul. -Bod. et ceteera.

本新组为玉兰亚属的杂种植物组,明显区别于木兰组、玉兰组、河南玉兰组和腋花玉兰组植物。该组植物均为杂种。它们的枝、叶,叶柄、芽、花、花被片形状、数量、颜色,皆与亲本植物组相似,或相同,并且均具有亲本之间中间过渡多种多样类型植物。

本新组模式种:朱砂玉兰 Magnolia × soulangiana Soul. -Bod. 。

本组植物均为玉兰亚属的杂种,有朱砂玉兰等。

朱砂玉兰两新亚种

赵天榜 陈志秀

(河南农业大学,郑州 450002)

摘 要 本文收集朱砂玉兰两亚种。

1.萼朱砂玉兰亚种 新亚种

Yulania soulangiana (Soul. -Bod.) D. L. Fu subsp. èzhushayulan T. B. Zhao et Z. X. Chen, subsp. nov.

Subspecies Yulania soulangiana (Soul. -Bod.) D. L. Fu subsp. soulangiana similis, sed tepalis 9 in quoque flore,2-formis:①tepalis 9 in quoque flore,Calyciformibus et petalis seorsis,extus 3 Calyciformibus parvis;②tepalis 9 in quoque flore,petalis,extus petalis

longitudine 1/3~2/3, intus petalorum partem aequantibus. albis,basi purpurascentibus externis.

Henan:Zhengzhou City. 10-04-2008. T. B. Zhao et Z. X. Chen,No. 10-04-200083(flos,holotypus hic disignatus,HNAC).

本新亚种与朱砂玉兰亚种原亚种 Yulania soulangiana(Soul. -Bod.)D. L. Fu subsp. soulangiana 相似,但区别:单花具花被片 9 枚,2 种花型:①单花具花被片 9 枚,有萼、瓣之分,外轮花被片 3 枚,萼状,小;②单花具花被片 9 枚,花瓣状,外轮花被片长度为内轮花被片的 1/3~2/3,白色,外面基部带紫色晕。

产地:河南。郑州市有栽培。2008 年 4 月 10 日,赵天榜和陈志秀,No. 10-04-20083(花)。模式标本,采自郑州市,存河南农业大学。

2. 变异朱砂玉兰亚种　新亚种

Yulania soulangiana(Soul. -Bod.)D. L. Fu

朱砂玉兰新分类群

赵天榜　　陈志秀

(河南农业大学,河南郑州　450002)

亚种:

1. 变异花朱砂玉兰　亚种

Yulania soulangiana(Soul. -Bod.)D. L. Fu subsp. varia T. B. Zhao et Z. X. Chen,subsp. nov.

Subspecies Yulania soulangiana(Soul. -Bod.)D. L. Fu subsp. soulangiana similis,sed tepalis 9 in quoque flore,extus 3 tepalis calycibus et petalis,variantibus,intus petalis initio flavidis post albis extus basi in medio purpurascentibus.

Henan:Zhengzhou City. 15-04-2010. T. B. Zhao et Z. X. Chen,No. 15-04-20105(flos,holotypus hic disignatus,HNAC).

本新亚种与朱砂玉兰原亚种 Yulania soulangiana(Soul. -Bod.)D. L. Fu subsp. soulangiana 相似,但区别:单花具花被片 9 枚,外轮花被片 3 枚,萼状和瓣状,变化极大,内轮花被片花瓣状,初淡黄色,后白色,外面基部中间紫红色。

产地:河南。郑州市有栽培。2015 年 4 月 15

subsp. varia T. B. Zhao et Z. X. Chen,subsp. nov.

Subspecies Yulania soulangiana(Soul. -Bod.)D. L. Fu subsp. soulangiana similis,sed tepalis 9 in quoque flore,extus 3 calycibus et tepalis,variantibus,intus petalis into flavidis post albis extus basi in medio purpurascentibus.

Henan:Zhengzhou City. 15-04-2010. T. B. Zhao et Z. X. Chen,No. 15-04-20105(flos,holotypus hic disignatus,HNAC).

本亚种新亚种与朱砂玉兰亚种原亚种 Yulania soulangiana(Soul. -Bod.)D. L. Fu subsp. soulangiana 相似,但区别:单花具花被片 9 枚,外轮花被片 3 枚,萼状和瓣状,变化极大,内轮花被片花瓣状,初淡黄色,后白色,外面基部中间紫红色。

产地:河南。郑州市有栽培。2010 年 4 月 15 日,赵天榜和陈志秀,No. 15-04-20105(花)。模式标本,采自郑州市,存河南农业大学。

日,赵天榜和陈志秀,No. 15-04-20105(花)。模式标本,采自郑州市,存河南农业大学。

新品种:

1. '狭被'朱砂玉兰　新品种

Yulania soulangiana(Soul. -Bod.)D. L. Fu cv. ' Xiabei',cv. nov.

本新品种单花具花被片 9 枚,外轮花被片狭匙-椭圆形,宽度为内轮花被片的 1/2,长度为内轮花被片的 2/3,外面中部以上为白色,基部中间亮淡紫红色。

产地:本品种产于河南郑州市。选育者:赵天榜、陈志秀。

2. '正昊'朱砂玉兰　新品种

Yulania soulangiana(Soul. -Bod.)D. L. Fu cv. 'Zhengxao',cv. nov.

本新品种小乔木。小枝灰褐色,被短柔毛;幼枝浅黄绿色,初密被短柔毛。单枝上叶 2 种类型:倒卵圆形及圆形,长 8.5~12.0 cm,宽 7.5~12.0

cm,表面深绿色,通常被短柔毛,沿主脉和侧脉疏被长柔毛,背面淡绿色,被短柔毛,主脉和侧脉明显隆起,沿脉和侧脉疏被长柔毛,先端钝圆,具短尖头,基部圆形及楔形,边缘全缘;叶柄长 1.0～2.0 cm,浅绿色,疏被短柔毛,基部膨大;托叶痕为叶柄长的 1/3。玉蕾顶生、腋生与簇生(3~5 枚),有时呈总状聚伞花序。其形状为椭圆体状,或卵球状,长 1.5~2.5 cm,径 1.1~1.5 cm,先端钝圆,基部钝圆;芽鳞状托叶开花前脱落,第 1 枚芽鳞状托叶外面密被黑褐色短柔毛;第 2~4 枚芽鳞状托叶外面密被灰白色长柔毛;佛焰苞状托叶外面灰棕褐色,外面密被灰色长柔毛。花先叶开放。单花具花被片(8~)9~12 枚,外面先端白色,中部及基部浅紫红色,或紫红色,脉纹紫红色,内面乳白色,花瓣状,匙-椭圆形,或匙-卵圆形,长 4.0～6.5 cm,宽 3.0~5.0 cm,先端钝圆,基部宽楔形,边缘全缘;雄蕊多数,长 1.0～1.5 cm,花药长宽 10~15 mm,花丝长 3~4 mm,宽 2 mm,浓紫色;雌蕊群长圆柱状,长 2.0～1.5 cm;离生单雌蕊多数,子房扁卵球状,无毛;花柱、柱头淡粉红色;花梗淡黄绿色,密被灰白色长柔毛。缩台枝粗壮,紫褐色,密被短柔毛。花期 4 月。

本新品种与'丹馨'朱砂玉兰区别:叶厚纸质,倒卵圆形,长 10.5~15.0 cm,宽 6.5~8.0 cm,先端钝圆,具短尖头,基部宽楔形,单花具花被片 9~12 枚,外面淡紫红色,基部紫红色。

产地:河南。长垣县。选育者:赵天榜、杨建正和王锦恩。

3.'微粉'朱砂玉兰　新品种

Yulania soulangiana(Soul.-Bod.)D. L. Fu cv. 'Weifen',cv. nov.

本新品种单花具花被片 9 枚,外轮花被片长度为内轮花被片长度的 2/3,匙-椭圆形,白色,先端钝圆,稀钝尖,外面基部微被粉色晕。

产地:本品种产于河南。新郑市。选育者:赵天榜和赵杰。

4.'尖被'朱砂玉兰　新品种

Yulania soulangiana(Soul.-Bod.)D. L. Fu cv. 'Jianbei',cv. nov.

本新品种单花具花被片 9 枚,匙-长椭圆形,先端短尖,外面水粉色,基部粉红色。

产地:本品种产于河南。选育者:赵天榜。

5.'宽被 微粉'朱砂玉兰　新品种

Yulania soulangiana(Soul.-Bod.)D. L. Fu

cv. 'Kuanbei Weifen',cv. nov.

本新品种单花具花被片 9 枚,匙-宽卵圆形,外轮花被片长度为内轮花被片长度的 2/3,白色,先端钝圆,外面基部粉红色,中脉粉红色,内面乳白色。

产地:本品种产于河南。选育者:赵天榜。

6.'宽被'朱砂玉兰　新品种

Yulania soulangiana(Soul.-Bod.)D. L. Fu cv. 'Kuanbei',cv. nov.

本新品种单花具花被片 9 枚,匙-宽卵圆形,白色,先端短尖,外面基部粉红色,中脉粉红色。

产地:本品种产于河南。选育者:赵天榜。

7.'多被 淡紫红'朱砂玉兰　新品种

Yulania soulangiana(Soul.-Bod.)D. L. Fu cv. 'Duobei Danzihong',cv. nov.

本新品种单花具花被片 12 枚,匙-椭卵圆形,先端钝圆,或钝尖,外面紫红色,或淡红色,内面白色。

产地:本品种产于河南。选育者:赵天榜和赵东武。

8.'宽被 亮紫'朱砂玉兰　新品种

Yulania soulangiana(Soul.-Bod.)D. L. Fu cv. 'Kuanbei Liangzi',cv. nov.

本新品种单花具花被片 9 枚,匙-椭卵圆形,先端钝圆,或钝尖,外面亮紫色,内面白色。雄蕊多数,花丝紫红色,花药黄色;雌蕊群黄绿色,花柱与柱头具淡紫红色晕。

产地:本品种产于河南。选育者:赵天榜和陈志秀。

9.'淡黄 紫基'朱砂玉兰　新品种

Yulania soulangiana(Soul.-Bod.)D. L. Fu cv. 'Danhuang Ziji',cv. nov.

本新品种单花具花被片 9 枚,匙-椭卵圆形,先端钝圆,或钝尖,外面淡黄色,基部中间紫色。

产地:本品种产于中国。广东有栽培。刘玉壶主编. 2004.《中国木兰》一书中有记载图片。

10.'水粉'朱砂玉兰　新品种

Yulania soulangiana(Soul.-Bod.)D. L. Fu cv. 'Shuifen',cv. nov.

本新品种初花圆柱状,中部以上渐细。单花具花被片 9 枚,匙-卵圆形,先端钝圆,外面中部及基部中间水粉色,内面白色。

产地:本品种产于河南。长垣县有栽培。选育者:赵天榜和赵东武。

11.'亮粉'朱砂玉兰 新品种

Yulania soulangiana (Soul. – Bod.) D. L. Fu cv. 'Liangfen', cv. nov.

本新品种初花圆柱状,中部以上微弯曲。单花具花被片9枚,花被片匙-鞋底形,厚肉质,先端钝尖,外面淡紫色,具光泽,内面白色。

产地:河南。许昌等县有栽培。选育者:赵天榜和范军科。

12.'淡紫'朱砂玉兰 新品种

Yulania soulangiana (Soul. – Bod.) D. L. Fu cv. 'Danzi', cv. nov.

本新品种单花具花被片9枚,花被片匙-卵圆形,先端钝圆,内曲,外面淡紫色,微有白色纵条纹;雌雄蕊群紫红色,或紫色。

产地:本品种产于河南。许昌等县有栽培。选育者:赵天榜和范军科。

13.'淡粉红'朱砂玉兰 新品种

Yulania soulangiana (Soul. – Bod.) D. L. Fu cv. 'Danfenhong', cv. nov.

本新品种单花具花被片9枚,外轮花被片较小,淡粉红色,内轮花被片匙-卵圆形,先端钝尖,外面淡紫红色,内面白色;雄蕊群花丝紫红色;花柱淡紫色。

产地:本品种产于河南。长垣县等有栽培。选育者:赵天榜。

14.'棱被'朱砂玉兰 新品种

Yulania soulangiana (Soul. – Bod.) D. L. Fu cv. 'Lengbei', cv. nov.

本新品种单花具花被片9枚,匙-倒卵圆形,先端钝圆,或钝尖,外面淡粉红色,中间主脉呈棱状突起,内面白色。

产地:本品种产于河南。新郑市有栽培。选育者:赵天榜和赵杰。

15.'紫红白'朱砂玉兰 新品种

Yulania soulangiana (Soul. – Bod.) D. L. Fu cv. 'Zihongbai', cv. nov.

本新品种单花具花被片9枚,匙-卵圆形,先端钝圆,或钝尖,质地薄,外面中部及基部中间淡紫红色,先端边缘色淡,有时呈白色,微有水粉点。

产地:本品种产于河南。许昌等县有栽培。选育者:赵天榜和范军科。

16.'淡紫红'朱砂玉兰 新品种

Yulania soulangiana (Soul. – Bod.) D. L. Fu cv. 'Danzihong', cv. nov.

本新品种初花呈牛角状,弯曲。单花具花被片9枚,花被片匙-卵圆形,先端钝圆,或钝尖,外面淡紫红色,内面白色,外轮花被3枚长度约为内轮花被片的2/3。

产地:本品种产于河南。许昌等县有栽培。选育者:赵天榜和范军科。

17.'紫斑'朱砂玉兰 新品种

Yulania soulangiana (Soul. – Bod.) D. L. Fu cv. 'Ziban', cv. nov.

本新品种单花具花被片9枚,外轮花被片3枚,长度为内轮花被片的2/3,匙-椭圆形,外面中、基部紫红色,或淡紫红色,上部淡粉红色,内面白色、基部两侧具2~4块淡紫色晕斑纹,或淡紫色晕斑纹,侧脉呈淡紫色;雄蕊花丝、花药暗紫红色;离生单雌蕊子房鲜绿色,无毛,微有淡粉红色晕,花柱细,淡粉红色晕,向外反卷;花梗浅色,密被长柔毛。缩台枝粗壮,无毛,紫褐色。

河南:新郑市。选育者:赵天榜和范军科。

朱砂玉兰新品种群与新品种

赵天榜 陈志秀

(河南农业大学,郑州 450002)

Ⅰ.**红花朱砂玉兰品种群** 新品种群

Yulania soulangiana (Soul. – Bod.) D. L. Fu Ruhua Group, group nov.

本品种群花被片外面紫红色、红色,或暗红色。

Ⅱ.**紫花朱砂玉兰品种群** 新品种群

Yulania soulangiana (Soul. – Bod.) D. L. Fu Zihua Group, group nov.

本品种群花被片外面紫色、亮紫色、淡紫色。

1.'两型 紫花'朱砂玉兰 新品种

Yulania soulangiana (Soul. – Bod.) D. L. Fu 'E'xing Zihua', cv. nov.

本新品种花2种类型:1.花具花被片9枚,外轮花被片 3 枚,肉质,条形;2.花具花被片 9 枚,花瓣状,肉质。2 种瓣状花被片外面紫色,或淡紫色。

产地:河南。郑州市有栽培。选育者:赵天榜和陈志秀。

Ⅲ. 白花朱砂玉兰品种群　新品种群

Yulania soulangiana (Soul. −Bod.) D. L. Fu Baihua Group,group nov.

本品种群花被片外面白色,基部微有水粉色、淡紫色晕。

2. '小白花'朱砂玉兰　新品种

Yulania soulangiana (Soul. −Bod.) D. L. Fu 'Xiaobaihua',cv. nov.

本新品种叶倒卵圆形。花期晚。花小,径 3.5~4.0 cm。单花具花被片 9 枚,外轮花被片萼形,内轮花被片匙-椭圆形,白色。聚生蓇葖果短圆柱状,长 8.0~10.0 cm,径 3.5~4.0 cm,淡紫红色;蓇葖果卵球状、椭圆体状;果点明显、突起,先端具短喙;果梗粗壮,密被短柔毛;缩台枝疏被短柔毛。花期 4 月;果实成熟期 8 月。

产地:河南郑州市。选育者:赵天榜和陈志秀。

Ⅳ. 三色花朱砂玉兰品种群　新品种群

Yulania soulangiana (Soul. −Bod.) D. L. Fu Sanhua Group,group nov.

本品种群花被片外面 3 种颜色,即:上部淡黄白色,中部淡紫红色,基部暗紫红色。

Ⅴ. 黄花朱砂玉兰品种群　新品种群

Yulania soulangiana (Soul. −Bod.) D. L. Fu Huanghua Group,group nov.

本品种群单花花被片外面中部以上金黄色、淡黄色,微被水粉色晕,基部紫黑色、金黄色。

Ⅵ. 多被朱砂玉兰品种群　新品种群

Yulania soulangiana (Soul. −Bod.) D. L. Fu Doubei Group,group nov.

本品种群单花花被片 12 枚。

Ⅶ. 变异朱砂玉兰品种群　新品种群

Yulania soulangiana (Soul. −Bod.) D. L. Fu Varia Group,group nov.

本品种群外轮花被片 3 枚,萼状和瓣状,变化极大。

Ⅷ. 萼朱砂玉兰品种群　新品种群

Yulania soulangiana (Soul. −Bod.) D. L. Fu Èzhushayulan Group,group nov.

本品种群外轮花被片 3 枚,萼状,条形。

3. '萼'朱砂玉兰　新品种

Yulania soulangiana (Soul. −Bod.) D. L. Fu, 'Èzhushayulan',cv. nov.

本新品种单花具花被片 9 枚,外轮花被片 3 枚,肉质,淡黄白色,微有淡紫色晕,条形,长 1.5~3.0 cm,宽 2~13 mm,内轮花被片 6 枚,膜质,花瓣状,匙-椭圆形,通常长 5.0~7.5 cm,宽 1.5~2.2 cm,先端钝圆,外面上部淡黄白色,中部以下紫红色。

本新品种为我国首次发现的具有萼状、膜质花被片的朱砂玉兰新品种。

产地:河南。长垣县有栽培。选育者;赵天榜、陈志秀等。

4. '圆萼'朱砂玉兰　新品种

Yulania soulangiana (Soul. −Bod.) D. L. Fu 'Yuan È',cv. nov.

本新品种的主要形态特征:叶长倒卵圆-三角形,长 8.0~12.5 cm,宽 5.0~7.5 cm,先端钝圆,具短尖,上部最宽,从上部向下渐狭,基部楔形,表面深绿色,两面疏被短柔毛,背面主脉和侧脉凸起明显,疏被短柔毛。花先叶开放;单花具花被片 9 枚,外轮花被片 3 枚,萼状,肉质,圆形,长宽约小于 1.0 cm,内轮花被片 6 枚,白色,长匙状宽楔形,长 6.0~7.5 cm,宽 2.5~3.0 cm,先端钝圆。

产地:河南省鸡公山国家级自然保护区有栽培。郑州有引种栽培。选育者:赵天榜。

5. '肉萼'朱砂玉兰　新品种

Yulania soulangiana (Soul. −Bod.) D. L. Fu 'Rou È',cv. nov.

本新品种的主要形态特征:单花具花被片 9 枚,外轮花被片 3 枚,萼状,长 3~5 mm,淡灰白色,内轮花被片 6 枚,外面中部以上白色,基部中间粉紫色,匙-宽卵圆形,先端钝圆。

产地:河南。郑州市有栽培。选育者:赵天榜、陈志秀、李小康。

6. '粉红'朱砂玉兰　新品种

Yulania soulangiana (Soul. −Bod.) D. L. Fu 'Fenhong',cv. nov.

本新品种单花具花被片 9 枚,宽匙-卵圆形,先端钝圆,外面粉红色。

产地:河南。郑州市有栽培。选育者:赵天榜、陈志秀。

7. '亮粉红'朱砂玉兰　新品种

Yulania soulangiana (Soul. −Bod.) D. L. Fu 'Liǎngfenhong',cv. nov.

本新品种单花具花被片 9 枚,花被片匙状-椭圆形,先端钝尖,尖头外折,外面亮紫色。

产地:河南。郑州市有栽培。选育者:赵天榜、陈志秀。

8.'亮紫霞'朱砂玉兰　新品种

Yulania soulangiana (Soul. - Bod.) D. L. Fu 'Liǎng Zixiā', cv. nov.

本新品种单花具花被片 9 枚,内轮花被片宽匙-卵圆形,先端钝圆,外面亮紫色。

产地:河南。郑州市有栽培。选育者:赵天榜、陈志秀。

9.'白花 粉基'朱砂玉兰　新品种

Yulania soulangiana (Soul. - Bod.) D. L. Fu 'Baihuafenji', cv. nov.

本新品种单花具花被片 9 枚,外轮花被片 3 枚,长为内轮花被片的 1/3~2/3,内轮花被片匙-椭圆形,先端钝尖,反曲,外面淡黄色。

产地:河南。郑州市有栽培。选育者:赵天榜、陈志秀。

10.'淡紫 粉基'朱砂玉兰　新品种

Yulania soulangiana (Soul. - Bod.) D. L. Fu 'Dāzi Fenji', cv. nov.

本新品种单花具花被片 9 枚,花被片匙-椭圆形,先端钝尖,反曲,外面上部粉红色,向下为亮红色。

产地:河南。郑州市有栽培。选育者:赵天榜、陈志秀。

11.'宽被 粉基'朱砂玉兰　新品种

Yulania soulangiana (Soul. - Bod.) D. L. Fu 'Kuānbei Fenji', cv. nov.

本新品种单花具花被片 9 枚,花被片匙-卵圆形,先端钝圆,外面淡白色,基部淡黄色,具水粉色晕。

产地:河南。郑州市有栽培。选育者:赵天榜、陈志秀。

12.'橙红'朱砂玉兰　新品种

Yulania soulangiana (Soul. - Bod.) D. L. Fu 'Chēnghong', cv. nov.

本新品种单花具花被片 9 枚,花被片匙-椭圆形,先端钝尖,渐尖,外面橙黄色,中部以下中间橙红色。

产地:河南。郑州市有栽培。选育者:赵天榜、陈志秀。

13.'紫花 萼'朱砂玉兰　新品种

Yulania soulangiana (Soul. - Bod.) D. L. Fu

'Zihua È', cv. nov.

本新品种单花具花被片 9 枚,花被片匙-椭圆形,先端钝圆,外面亮紫色,外轮花被片 3 枚,狭条形,先端钝尖,淡黄白色,或紫色,膜质,或肉质;雄蕊花丝黑紫色。

产地:河南。郑州市有栽培。选育者:李小康、赵天榜。

14.'白花 萼'朱砂玉兰　新品种

Yulania soulangiana (Soul. - Bod.) D. L. Fu 'Baihua È', cv. nov.

本新品种单花具花被片 9 枚,匙-卵圆形,长 7.0~8.5 cm,宽 3.0~4.5 cm,先端钝圆,或钝尖,外面中部以上乳白色,具多条纵钝棱与沟纹,基部淡粉色,带淡黄色晕,内面白色及淡紫色晕和脉纹,外轮花被片 3 枚,多变,有狭条形、匙-椭圆形,先端钝尖,淡黄白色;雄蕊花丝紫色;雌蕊群淡黄白色;子房淡绿色,无毛,花柱与柱头淡黄白色。

产地:河南。郑州市有栽培。选育者:陈志秀、赵天榜。

15.'紫乳白'朱砂玉兰　新品种

Yulania soulangiana (Soul. - Bod.) D. L. Fu 'Zirubai', cv. nov.

本新品种单花具花被片 9 枚,匙-圆形,先端钝圆,或钝尖,外面紫红色,内面乳白色。

产地:河南。郑州市有栽培。选育者:赵天榜、陈志秀。

16.'红 乡村'朱砂玉兰　新引栽品种

Yulania soulangiana (Soul. - Bod.) D. L. Fu 'Rusttica Rubra',赵天榜、田国行等主编. 世界玉兰属植物种质资源与栽培利用:321~322. 2013。

本品种单花具花被片 9 枚,花被片匙-椭圆形,先端钝圆,外面亮紫红色,外面花被片 3 枚,狭条形,先端钝尖,淡黄白色;雄蕊花丝黑紫色。

产地:河南。郑州市有栽培。选育者:李小康、赵天榜。

17.'白兰地'朱砂玉兰　新引栽品种

Yulania soulangiana (Soul. - Bod.) D. L. Fu 'Burgundy',赵天榜、田国行等主编. 世界兰属植物种质资源与栽培利用:327. 2013。

本品种花暗紫色,花期比多数品种早。

产地:美国。河南有栽培。

18.'林奈'朱砂玉兰　'伦纳河'朱砂玉兰

Yulania soulangiana (Soul. - Bod.) D. L. Fu 'Linnei',赵天榜、田国行等主编. 世界兰属植物

种质资源与栽培利用:329～330. 2013；*Magnolia lennei* Topf ex Van Houtte in Floredes. Serr., 16：159. T. 1963/4. 1866；克里斯托弗. 布里克主编. 杨秋生、李振宇主译. 世界园林植物与花卉百科全书. 622. 2004；Magnolia × soulangiana Soul.-Bod. var. Lennei Rehd.，最新园艺大辞典编辑委员会. 最新园艺大辞典第7卷. 昭和五十八年，170。

本品种灌木状。花杯状，花被片匙-球形，外面紫色至鲜红色，内面白色，也可能有暗色花。耐寒。染色体数目 $2n = 133$。

产地:美国。河南有引栽。

19.'皮卡德 鲁比'朱砂玉兰 新引栽品种

Yulania soulangiana (Soul.-Bod.) D. L. Fu 'Pickard's Ruby'，赵天榜、田国行等主编. 世界兰属植物种质资源与栽培利用:337. 2013；*Magnolia* 'Pickard's Ruby' in Magnolia in Issue 37, 20 (1):18. 1984；*Magnolia × soulangiana* Soul.-Bod. 'Pickard's Ruby' in D. J. Cawallay, THE WORLD OF Magnilias. 224. 1994.

本品种树冠塔形。花芳香，球状，大型，径28.0 cm，暗红色。花色似'林奈'朱砂玉兰。花像'鲁比'朱砂玉兰。

产地:英格兰。河南有引栽。

朱砂玉兰品种资源及繁育技术

王建勋[1]　杨 谦[1]　赵 杰[2]　傅大立[3]　赵天榜[4]*

(1. 河南省南召县林业局，南召　474650；2. 河南省新郑市林业局，新郑　451150；
3. 中国林业科学研究院经济林研究开发中心，郑州　450003；
4. 河南农业大学林学园艺学院，郑州　450002)

摘 要 报道了中国朱砂玉兰16个品种(包括6个新品种)的主要形态特征、分布及其繁育技术，为繁育和推广新优品种提供依据。
关键词 中国；玉兰属；朱砂玉兰；品种资源；新品种

近年来，笔者在进行朱砂玉兰 Yulania soulangiana (Soul.-Bod.) D. L. Fu[1-2]引种、选育和快繁技术过程中，整理出16个品种(包括6个新品种)。

1 朱砂玉兰品种资源

1.1 朱砂玉兰 原品种

学名为 Yulania soulangiana (Soul.-Bod.) D. L. Fu 'Soulangiana'[3-4]。

1.2 '长春'朱砂玉兰 品种

学名为 Yulania soulangiana (Soul.-Bod.) D. L. Fu 'Sempa-florescens'[5]。

该品种花顶生，或腋生；单花具花被片9枚，外面淡紫色，内面白色。每年开花2～3次。产地在浙江。该品种系王飞罡选育，河南有栽培。

1.3 '红运'朱砂玉兰 品种

学名为 Yulania soulangiana (Soul.-Bod.) D.

L. Fu 'Hongyun'[6]。该品种单花具花被片9枚，紫红色，内面白色；1年生开花3次。产地在浙江。该品种系王飞罡选育，河南有栽培。

1.4 '丹馨'朱砂玉兰 品种

学名为 Yulania soulangiana (Soul.-Bod.) D. L. Fu 'Darnin'。该品种植株矮状；拟花蕾[6]顶生，或腋生枝端。产地在浙江。该品种系王飞罡选育，河南许昌市有栽培。

1.5 '长花'朱砂玉兰 品种

学名为 Yulania soulangiana (Soul.-Bod.) D. L. Fu 'Changhua'[7]。该品种花被片较长。花期1年3次，第3次花期到晚秋。产地在浙江。该品种系王飞罡选育，河南许昌市有栽培。

1.6 '红霞'朱砂玉兰 品种

学名为 Yulania soulangiana (Soul.-Bod.) D. L. Fu 'Hongxia'[8]。该品种单花具花被片9枚，外面深紫红色。花期从6月末至10月，陆续开

基金项目:国家林业局"948"项目。
作者简介:王建勋(1978—)，男，河南南召人，工程师，从事森林资源清查、退耕还林及林木良种繁育推广工作。

花,花型渐小。产地在陕西。该品种系王亚玲等选育,河南郑州市有栽培。

1.7 '紫霞'朱砂玉兰 品种

学名为 Yulania soulangiana (Soul. -Bod.) D. L. Fu 'Zixia'。该品种幼叶棕红色,叶脉绿色。单花具花被片9枚,外轮花被片比内轮花被片短,亮紫红色。产地在浙江。该品种系王飞罡选育,河南郑州市有栽培。

1.8 '紫斑'朱砂玉兰 新品种

学名为 Yulania soulangiana (Soul. -Bod.) D. L. Fu 'Ziban', cv. nov.。该新品种单花具花被片9枚,外面中、基部紫红色,或淡紫红色,上部淡粉红色,内面基部两侧具2~4块淡紫色晕斑纹,或淡紫色晕斑纹。缩台枝毛[8];花梗密被长柔毛。该品种系赵天榜、傅大立和范军科选育,河南许昌市有栽培。

1.9 '紫二乔'朱砂玉兰 品种

学名为 Yulania soulangiana (Soul. -Bod.) D. L. Fu 'Zierqiao'该品种顶叶上半部或全部红褐色。单花具花被片9枚,基部外面亮紫色,中上部色很浅。产地在西安。河南郑州市有栽培。

1.10 '火炬'朱砂玉兰 品种

学名为 Yulania soulangiana (Soul. -Bod.) D. L. Fu 'Huoju' 该品种单花外轮花被片长度约为内轮花被片的1/2,外面紫红色;花形似'火炬'而得名。产地在西安。由杨廷栋从'红运'朱砂玉兰中选出。

1.11 '正昊'朱砂玉兰 新品种

学名为 Yulania soulangiana (Soul. -Bod.) D. L. Fu 'Zhenghao', cv. nov.

该新品种叶近圆形、宽倒卵圆形。拟花蕾顶生和腋生,顶端丛生。单花具花被片9~12枚,外面淡紫红色,上部边部微具淡紫红色晕,基部亮紫红色;花柱长2倍于子房;花梗密被白色长柔毛。缩台枝密被短柔毛。

产地:在河南长垣县。该品种系赵天榜、傅大立、玉恩锦选育。

1.12 '二色'朱砂玉兰 新品种

学名为 Yulania soulangiana (Soul. -Bod.) D. L. Fu 'Sanshai', cv. nov.

该新品种单花花被片外面上部淡黄白色,中部淡紫红色,基部暗紫红色。产地:陕西。河南长垣县有栽培。

1.13 '鸡公2号'朱砂玉兰品种

学名为 Yulania soulangiana (Soul. -Bod.) D. L. Fu 'Jigongshan 2'

该新品种展叶期晚;叶边缘微波状全缘,表面沿脉被短柔毛,背面沿脉被较密柔毛。产地在河南鸡公山。该品种系赵天榜等选育。

1.14 '圆被'朱砂玉兰 新品种

学名为 Yulania soulangiana (Soul. -Bod.) D. L. Fu 'Yuanbie', cv. nov.

该新品种拟花蕾顶生和腋生。单花具花被片9枚,有萼、瓣之分和瓣状花被片。2种花型。

该品种系赵天榜、傅大立选育,河南长垣县有栽培。

1.15 '白花'朱砂玉兰 新品种

学名为 Yulania soulangiana (Soul. -Bod.) D. L. Fu 'Alba', cv. nov.

该新品种叶椭圆形、倒卵圆形、卵圆形。花期晚。花白色。该品种系赵天榜、傅大立和赵东欣选育,河南郑州市有栽培。

1.16 '紫花'朱砂玉兰 新品种

学名为 Yulania soulangiana (Soul. -Bod.) D. L. Fu 'Zihua', cv. nov.

该新品种单花外轮花被片较短,外面深紫色,内面淡紫色;雌雄蕊群紫色或紫红色。该品种系赵天榜、傅大立选育,河南郑州市有栽培。

2 朱砂玉兰繁育技术

朱砂玉兰通常采用切接法、嵌芽接法[9-10]。这2种方法得到广泛应用,既能培育各种苗本,又能在大树上高接换种。

2.1 切接

2.1.1 砧木选择

选择1年生望春玉兰苗 Y. biondii (Pamp.) D. L. Fu[1-2]或大树上的1年生壮枝为宜。该砧木具有适应性强、生长快、成活率高等特性。

2.1.2 采穗条时期

接穗条可存在树木落叶后到翌春萌动前的休眠期间来采集。落叶后采集的接穗条,应用湿沙贮藏起来,到嫁接时应用,但以随采随接为宜。

2.1.3 采穗条规格

接穗条必须是具备繁育目的的优良品种。采集时,应选择光照充足、发育充实的健壮枝条。接穗条采集后,选用枝条中部的饱芽部分。该部分接穗条上芽饱满、发育良好,利于成活。

2.1.4 采穗条储藏

冬天或早春采集的接穗条,可剪成长 20.0~30.0 cm 小段,30~50 根捆成一捆。储藏地点应选择地势高燥、排水良好的地方。储藏坑深 50.0 cm,其坑大小根据接穗条数量而定。具体方法:坑底铺 10 cm 左右的细沙,其上放一层接穗条,交互放置,直至坑满,用细沙填满,灌水使沙湿润,最后封成土丘。定期检查,坑内温度不得高于 5.0 ℃,严防细沙干燥或过于湿润。

2.1.5 嫁接时期

从 11 月到翌春 3 月上、下旬均可进行嫁接。在温室内嫁接,放在湿沙中储藏,用塑料薄膜覆盖,待接处愈合后,翌春发芽前移栽,成活率较高。各地经验表明,在苗圃地内采用切接方法时,一般以春季 3 月上中旬为宜。

2.1.6 削接穗

当天嫁接用的接穗条应放于湿润的麻包片中,然后削接穗进行嫁接。削接穗的方法为:先在接穗基部 2.0~3.0 cm 处上方芽的两侧切入木质部,下切呈水平状,成双切面,削面平滑,一侧稍厚,另一侧稍薄。削好的接穗最少要保留 2 个芽。

2.1.7 削砧木

砧木苗从根颈上 5.0~10.0 cm 处剪去苗干,断面要平滑,随之选择光滑平整的砧木一侧面,用刀斜削一下,露出形成层,对准露出形成层的一侧,用切接刀从其边部向下垂直切下 2.5~3.5 cm,切伤面要平直。

2.1.8 接法

将削好的接穗垂直插入砧木的接口内,使接穗垂和砧木的形成层上下接触面大且牢固。若砧木和接穗粗细不同,则两者的削面必须有一侧彼此接合。接后,用塑料薄膜绑紧,切忌碰动接穗。通常每个砧木上嫁接一个接穗。若砧木或大树上砧枝过粗(3.0~10.0 cm),则可接多个接穗。同时,用塑料袋套上接穗,以防接穗失水过多,影响成活。

2.1.9 管理

温室内嫁接植株,翌春进行移栽。移栽时,严防碰动接穗,以保证嫁接具有较高成活率。圃地嫁接或移栽成活后,及时用刀破膜使接穗上的芽萌发抽枝生长,并及时除萌、中耕、除草、灌溉、施肥、防治病虫等。若砧木或大树上砧枝过粗(3.0~10.0 cm),则可接多个接穗。同时,用塑料袋套上接穗,以防接穗失水过多,影响成活。

2.2 嵌芽接

2.2.1 选择优良品种

选择朱砂玉兰优良品种植株上生长健壮、发育良好的接穗条。选取接穗条后,用利剪从叶柄基部 0.3~0.5 cm 处剪去叶柄,以备嫁接。

2.2.2 选择砧木

选择生长健壮的望春玉兰 1~2 年生苗,或大树上的 1 年生壮枝作砧木。

2.2.3 嫁接时间

从砧木萌芽前 3 月中下旬到 10 月上中旬,均可进行嫁接。赵杰等试验表明,3 月 10 日嫁接成活率 93.7%,4 月 10 日嫁接成活率 70.7%,5 月下旬至 6 月上旬嫁接成活率 95.7%,7 月 20 日嫁接成活率 66.5%,8 月上旬嫁接成活率 83.3%,9 月中下旬嫁接成活率 95.0%,10 月上中旬嫁接成活率 84.7 %,12 月上旬嫁接成活率 3.0%。

特别提出的是,嫁接前要注意天气预报,嫁接后有雨会影响芽接成活率。

2.2.4 嫁接方法

在砧木的光滑处,用刀斜切深达木质部 3~5 mm,再从切口上方 1.5~2.5 cm 向下斜入木质后直达下切口;在接穗条中部选择饱满芽作为接芽,然后从接芽下方 1.0~1.5 cm 处斜切深达木质部 3~5 mm,再从芽上方 1.0~1.5 cm 向下斜入木质部后顺韧皮层与木部质部间纵切到下方斜切口处,使接芽脱离枝条;取出接芽放入砧木切口内,对准形成层,用塑料薄膜将芽片绑紧,露出接芽。

2.2.5 接后管理

3~6 月嫁接的接芽成活后,适时剪除接芽上的砧木。接芽萌发后,及时绑缚,以防风折。同时,要加强中耕、除草、施肥、灌溉、施肥、防治病虫,及时抹除砧木上的萌芽,加速苗木生长,提高苗木质量。8~9 月,嫁接的接芽成活后,到翌春砧木芽萌发前 10~15 d,从接芽丛 3.0~5.0 cm 处剪去砧木上部枝段,以免剪口距接芽太近,否则会造成芽接上枝段干枯,影响接芽萌发。

参考文献

[1] SPACH E. Yulania[J]. Hist. Nat. Vég. Phan,1839,7:462.

[2] 傅大立. 玉兰属的研究[J]. 武汉植物学研究,2001,19(3):191-198.

[3] 高炳振. 二乔玉兰品种资源初报[J]. 河南林业科技,2001,22(4):29-32.

[4] SOULANGE-BODIN E. Magnolia X soulangiana Soul. -Bod[M]. Paris; Mém. Soc, Linn. 1826;269.

[5] 王飞罡. 一年多次开花的长春二乔玉兰[J]. 植物杂志,1986(4):29.

[6] 赵天榜,高炳振,傅大立,等. 舞钢玉兰芽种类与成枝成花规律的研究[J]. 武汉植物学研究,2003,2(1):81-90.

[7] 王志卉. 玉兰溢香[N]. 中国花卉报,1998-05-24
(1).

[8] 王亚玲,崔铁成,王伟,等. 西安地区木兰属植物的引种、选育与应用[J]. 植物引种驯化集刊,1998(12):35,37.

[9] 赵天榜,郑同忠,李长欣,等. 河南主要树种栽培技术[M]. 郑州:河南科学技术出版社,1994;277-279.

[10] 赵天榜,陈志秀,曾庆东,等. 木兰及某栽培[M]. 郑州:河南科学技术出版社,1992;97-102.

中国玉兰属两新种

赵天榜[1]　　陈志秀[1]　　李小康[2]

(1. 河南农业大学,郑州　450002;2. 郑州植物园,郑州　450042)

摘　要　本文发表玉兰属两新种,即:杂配玉兰 Yulania hybrida T. B. Zhao,Z. T. Chen et X. K. Li,sp. nov. 和华豫玉兰 Yulania huayu T. B. Zhao,Z. X. Chen et J. T. Chen,sp. nov. ,并记述其形态特征。

关键词　河南;玉兰属;新种;杂配玉兰;华豫玉兰;形态特征

1. 杂配玉兰　新种　图1

Yulania hybrida T. B. Zhao,Z. T. Chen et X. K. Li,sp. nov. ,fig. 1

Species nov. 2-formis foliis; ellipticis et obovatis chartaceis. Yulani-alabastris et alabastris terminatis. floribus Yulani-alabastris ante foliis apertis (flores centibus Martio). tepalis 9 in quoque flore, petaloideis vivide purpuratis. floribus alabastris proteranthis. multi-formis floribus; tepalis 9 (frare 5) in quoque flore, intus 6 petaloideis extus purpureis vel supra medium albis basi purpureis vel purpurascentibus, extus 3 tepalis multiformis. Floribus alabastris (florescentibus Majo-Decembri), multiformis floribus; tepalis 9 rare 10 in quoque flore, intus 6 petaloideis extus purpureis vel supra medium albis basi purpureis vel purpurascentibus, petaloideis multi-formis floribus extus purpureis vel supra medium albis basi purpureis vel purpurascentibus, extus 6 (~7) ellipticis, basi truncatis carnosis; 3-formis floribus gynandris; androeciis gynoeciem superantibus, androeciis gynoeciem aequantibus vel paulo brevibus; filamentis purpureis sparse pilosis; pedicellis dense villosis. Soutai-ramulis dense pubescentibus.

Arbor deciduas. Ramuli purpureo-brunnei supra medium dense villosi infra medium glabri nitidi. 2-forma folia: ①elliptica tenuiter chartacea 10. 0~

12. 0 cm longa 4. 6~7. 0 cm lata apice acuminate vel obtuse cum acuminate basi anguste cuneata margine integra in medio latissimis, supra viridia raro pubescentibus ad costas dense pubescentibus, subtus viridulis raro pubescentibus, costis et nervis lateralibus manifeste elevates ad costas et nervos lateralibus dense pubescentibus; petioli 2. 0~3. 0 cm longi supra pubesentes. ②obovata 8. 0~11. 0 cm longa 4. 0~5. 5 cm lata apice mucronata vel obtusa cum acuminate basi anguste cuneata in supra medim latissimis, ea aspecti et ①similia. Yulani-alabastra et alabastra terminata. Yulani-alabastra terminata longe ovoidea 2. 5~3. 5 cm longa diam. 1. 2~1. 7 cm, peruli-stipulis 4, extus primus tenuiter coriaceis nigri-brunneis dense villosis nigri-brunneis, manifeste petiolulis. Flores ante folia aperti. tepala 9 (frare 5) in quoque flore, tepala petaloidea spathulati-ovata 4. 0~5. 0 cm longa 2. 2~2. 5 cm lata, apice obtusis extus purpuratis vel purpurascentibus; tepala calyces linearibus 1. 3~1. 5 cm longa 4~5 mm lata, apice obtusis extus flavda membranacea; stamina numerosa 1. 2~1. 5 cm longa thecis 10~13 mm longa, filamentis atro-purpuratis minime pubescentibus; Gynoecia cylindrica viriduli-alba; disjuncte simplici-pistillis numerosis, ovsriis ovoideis viriduli-albis; gynoeciis androeciem suprantibus; pediceli dense villosi albi;

Soutai-rumuli dense pubescentibus albis. Alabastra terminata anguste ovoidea 2.5~3.5 cm longa diam. 1.2~1.7 cm, peruli-stipulis 1, tenuiter coriaceis extus nigri-brunneis dense villosis nigri-brunneis; spathifomi-stipulis 1, chartacea extus dense villosis. Protterantha. antheses 5~11 menses. multi-forma flores: ①tepala 9 in quoque flore, tepala petaloidea spathulati-elliptica 3.5~4.5 cm longa 2.0~2.5 cm lata, apice obtusis extus supra medium albis infra medium purpuratis vel purpurascentibus; filamentis atro-purpuratis minime pubescentibus; gynoeciis androeciem suprantibus; pediceli dense villosi albi; a Soutai-rumuli. ②tepala 9 rare 10 in quoque flore, intus tepala petaloidea 3 rare 2 spathulati-elliptica saepe involutes 3.0~3.5 cm longa 2.0~2.5 lata, apice obtusis extus basibus extus basibus purpureis vel atro-pururastis supra medium albis vel carneis lnfra medium purpuratis vel purpurascentibus; extus 6, rare 5 vel 7-tepala calyces lineares carnosa flavida 1.2~1.5 cm longa 4~5 mm lata, apice obtusis basi truncata; filamentis atro-purpuratis minime pubescentibus; gynoeciis androeciem suprantibus, androeciis gynoeciem aequantibus vel paulo brevibus; pediceli dense villosi albi; a Soutai-rumuli. Aggregati-folliculi cylindrici 10.0~15.0 cm longi diam. 3.0~4.0 cm; folliculis ellipsoideis, globsis subroeis apice rostris; pedicelis et Soutai-rumulis villosis vel glabris.

Henan: Zhengzhou City. 14-03-2014. T. B. Zhao et Z. X. Chen, No. 201403149 (flos, holotypus hic disignatus, HNAC). ibid. T. B. Zhao et Z. X. Chen, No. 201410203.

落叶乔木。小枝紫褐色,上部以上密被密长柔毛,中部以下无毛,具光泽。叶 2 种类型:①椭圆形,薄纸质,长 10.0~16.5 cm,宽 5.0~7.0 cm,先端渐尖,或钝尖,基部楔形,或狭楔形,边缘全缘,最宽处在叶的中部,表面绿色,微被短柔毛,沿主脉密被短柔毛,背面淡绿色,微被短柔毛,主脉和侧脉明显隆起,沿脉密被柔毛;叶柄长 2.0~3.0 cm,疏被短柔毛。②倒卵圆形,长 8.0~11.0 cm,宽 4.0~5.5 cm,先端短尖,或钝尖,基部狭楔形,最宽处在叶的上部,其他特征与①相同。玉蕾和花蕾顶生。玉蕾顶生,长卵球状,长 2.5~3.5 cm,径 1.2~1.7 cm;芽鳞状托叶 4 枚,第 1 枚薄革质,

外面黑褐色,密被黑褐色短柔毛,具明显的小叶柄。花先叶开放。单花具花被片 9 枚,瓣状花被片 6 枚,匙-椭圆形,长 4.0~5.0 cm,宽 2.0~2.5 cm,先端钝圆,外面紫色,或淡紫色;萼状花被片 3 枚,条形,长 1.3~1.5 cm,宽 4~5 mm,先端钝圆,淡黄色,膜质;雄蕊多数,长 1.2~1.5 cm,花药长 1.0~1.3 cm,花丝浓紫色,微被短柔毛;雌蕊群圆柱状,淡绿白色;离生单雌蕊多数,子房卵体状,淡绿白色;雌蕊群显著高于雄蕊群;花梗密被白色长柔毛;缩台枝密被白色短柔毛。花蕾顶生,狭卵球状,长 2.0~3.5 cm,径 1.2~1.5 cm;芽鳞状托叶 1 枚,薄革质,外面黑褐色,密被黑褐色柔毛;佛焰苞状托叶[5] 1 枚,纸质,外面灰黄色,密被长柔毛。花后叶开放,花期 5 月至 11 月。花 2 种类型:①单花具花被片 9 枚,瓣状花被片匙-椭圆形,长 3.5~4.5 cm,宽 2.0~2.5 cm,先端钝圆,外面中部以上白色,下部紫色,或淡紫色;雄蕊花丝浓紫色,微被短柔毛;雌蕊群显著高于雄蕊群;花梗密被白色长柔毛;无缩台枝。②单花具花被片 9 枚,稀 10 枚,内 1 轮瓣状花被片 3 枚,稀 2 枚,匙-椭圆形,常内卷,长 3.0~3.5 cm,宽 2.0~2.5 cm,先端钝圆,外面中部以上白色,中部以下紫色,或淡紫色;外 1~2 轮花被片 6 枚,稀 5,或 7 枚,椭圆形,长 1.2~1.5 cm,宽 4~5 mm,淡黄色,肉质,先端钝圆,基部截形;雄蕊花丝浓紫色,微被短柔毛;雌蕊群显著高于雄蕊群,雌蕊群与雄蕊群近等高,雌蕊群显著低于雄蕊群;花梗密被白色长柔毛;无缩台枝。花期 3 月~11 月。聚生蓇葖果圆柱状,长 10.0~15.0 cm,径 3.0~4.0 cm;蓇葖果椭圆体状,长 1.5~2.5 cm,径 1.2~1.7 cm,粉红色,先端具喙;果梗和缩台枝粗壮,被柔毛,或无毛。花期 4 月;果实成熟期 8 月。

本新种形态特征:叶 2 种类型,即椭圆形和倒卵圆形,纸质;玉蕾和花蕾顶生;玉蕾花 1 次(花期 3 月中旬)先叶开放,单花具花被片 9 枚,花瓣状,亮紫色,或淡紫色;花蕾花多次(花期 5 月至 11 月中旬)后叶开放,多种花型,即:①单花具花被片 9 枚,内面瓣状花被片 6 枚,外面中部以上白色,基部紫色,或淡紫色,外 1 轮花被片 3 枚,条形,膜质;②单花具花被片 9 枚,稀 10 枚,内轮瓣状花被片 3 枚,外 1~2 轮花被片 6(~7)枚,椭圆形,基部截形,肉质;多种花型瓣状花被片外面中部以上白色,基部紫色,或淡紫色;雌雄蕊群 3 种类型:①雌蕊群与雄蕊群近等高,②雌蕊群显著高

于雄蕊群,③雌蕊群显著低于雄蕊群;雄蕊花丝疏被长柔毛;花梗密被柔毛;缩台枝密被短柔毛。

河南:郑州市有栽培。2014 年 3 月 14 日。赵天榜等,No. 201403149(花)。模式标本,存河南农业大学。2014 年 5 月 20 日。赵天榜和李小康,No. 201405205(枝、叶与花)。2014 年 8 月 20 日。赵天榜和陈俊通,No. 201408201(枝、叶与花)。2014 年 10 月 20 日。赵天榜和和陈俊通,No. 201410203(枝、叶与花)。2014 年 11 月 11 日。赵天榜和李小康等,No. 201411111(玉蕾与花)。

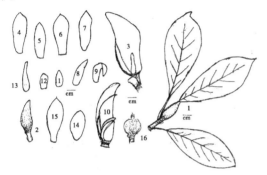

图 1　杂配玉兰 Yulania hybrida T. B. Zhao,
Z. T. Chen et X. K. Li
1.枝、叶与玉蕾,2~3.花花被片,4.夏花外轮花被片,
5.雌雄蕊群(陈志秀绘)。

2. 华豫玉兰　新种

Yulania huayu T. B. Zhao, Z. X. Chen et J. T. Chen, sp. nov.

Species nov. Yulania pyriformis(T. D. Yang et T. C. Cui)D. L. Fu similis, sed tepalis 9~17 in quoque flore, extus tepalis late linearibus carnosis, 2~3-staminibus in tepalis inter tepalis vel 2~3-tepalis in staminibus inter staminibus; Gymoecis cum gymophoris ca. 5 mm longis glabris; disjuncte simplici-pistillis ovodeis minime pubescentibus; pedicellis dense villosis. Soutai-ramulis dense pubescentibus. Is et Y. denudata(Desr.)D. L. Fu var. multitepalis T. B. Zhao et Z. X. Chen similis, sed tepalis 9~17 in quoque flore, extus tepalis late linearibus carnosis, 2~3-staminibus in tepalis inter tepalis vel 2~3-tepalis in staminibus inter staminibus; Gymoecis cum gymophoris ca. 5 mm longis glabris; disjuncte simpici-pistillis ovodeis minime pubescentibus.

Arbor deciduas. Ramuli brunnei glabri; ramulis juvenilibus flavo-virentibus dense pubescentibus post glabris. Folia obovata 9.0 ~ 13.0 cm longa, 6.5~9.5 cm lata, apice obtuse cum acuminate basi angute cuneata in supra medium latissimis; Yulani-alabastra terminate ovoidea 2.5 ~ 3.0 cm longa diam. 1.7~2.0 cm;4~6-peruli-stipulis, extus atro-brunneis dense villosis, manifeste petiolulis. Flores ante folia aperti. tepalis 9 ~17 in quoque flora, intus petaloideis longe spathulati-ellipticis vel oblongis 7.5 ~10.0 cm longis 3.1~5.2 cm latis, apice obtusis vel obtusis cum acuminate flavidi-albis in nedio carneis; extus 3 parvioribus late loratis, 4.5~5.2 cm longis, 1.1~2.5 cm latis, apice obtusis rare 2-lobis flavid-albis; stamen unicum vel 2 intertepalis; tepalum vel 2 interstaminibus. staminibus, filamentis arto-purpuratis; gynoecia carplligera cylindrical 2.5~3.2 cm longis, chorini-albis gynophoris 5 mm longis flavidis glabis; disjuncte simpilici-pistillis ovsriis viridulis rare pubescentibus; pedicellis viridulis rare pubscentibus, Soutai-ramulis dense pubescentibus albis.

Henan:Zhengzhou City. 14-03-2015. T. B. Zhao et Z. X. Chen, No. 201503149(flos, holotypus hic disignatus, HNAC).

落叶乔木。小枝灰褐色,无毛;幼枝淡黄绿色,被较密短柔毛,后无毛。叶倒卵圆形,长 9.0~13.0 cm,宽 6.5~9.5 cm,先端钝尖,基部狭楔形,最宽处在叶的上部。玉蕾顶生,长卵球状,长 2.5~3.0 cm,径 1.7~2.0 cm;芽鳞状托叶 4~6 枚,外面黑褐色,密被黑褐色短柔毛,具明显的小叶柄。花先叶开放。单花具花被片 9~17 枚,内轮花被片匙-长椭圆形,或长圆形,长 7.5~10.0 cm,宽 3.1~5.2 cm,先端钝圆、钝尖,淡黄白色,中间为水粉白色,外轮花被片 3 枚,较小,宽条形,长 4.5~5.2 cm,宽 1.1~2.5 cm,先端钝圆,稀 2 圆裂,淡黄白色;花被片中间有雄蕊 1 枚,或 2 枚;雄蕊中间有花被片;雄蕊多数,花丝黑紫色;雌蕊群圆柱状,长 2.5~3.2 cm,淡绿白色,具长约 5 mm 雌蕊柄,淡黄色,无毛;离生单雌蕊子房卵体状,淡绿色,微被短柔毛;花梗长淡绿色,密被白色长柔毛;缩台枝密被白色短柔毛。聚生蓇葖果不详。

本新种与玉灯玉兰 Yulania pyriformis(T. B. Zhao et T. C. Cui)D. L. Fu 相似,但区别:单花具花被片 9~17 枚,外轮花被片 3 枚,宽条形,肉质;花被片中间有 1~2 枚雄蕊,或雄蕊群中间有

2~3 枚花被片;雌蕊群具长约 5 mm 雌蕊柄,无毛;离生单雌蕊子房微被短柔毛;花梗密被柔毛;缩台枝密被白色短柔毛。聚生蓇葖果不详。它又与多被玉兰 Y. denudata(Desr.)D. L. Fu var. multitepala T. B. Zhao et Z. X. Chen 相似,但区别:单花具花被片 9~17 枚,外轮花被片 3 枚,宽条形,肉质;花被片中间有雄蕊,雄蕊中间有花被片;雌蕊群具长约 5 mm 雌蕊柄,无毛;离生单雌蕊子房微被短柔毛。

河南:郑州市有栽培。2015 年 3 月 14 日。赵天榜、陈志秀,No. 201403149(花)。模式标本,存河南农业大学。

湖北玉兰属两新种

傅大立[1]　　赵天榜[2]　　陈志秀[2]　　陈树森[3]

(1. 中国林业科学研究院经济林研究中心,郑州　450003;2. 河南农业大学,郑州　450002;
3. 中国科学院武汉植物园,武汉　430074)

摘　要　描述了木兰科玉兰属两新种,湖北玉兰(Yulania verrucata D. L. Fu,T. B. Zhao et S. S. Chen,sp. nov.)和楔叶玉兰(Yulania cuneatofolia T. B. Zhao,Z. X. Chen et D. L. Fu,sp. nov.)。湖北玉兰的独特特征是:枝、叶背面、叶柄、托叶、花梗和果梗均无毛;幼枝皮孔疣状突起棕色,狭长椭圆体形。楔叶玉兰的独特特征是:叶楔形;花被片皱曲。
关键词　木兰科;玉兰属;湖北玉兰;楔叶玉兰;新种

1. 湖北玉兰　新种　图 1

Yulania verrucata D. L. Fu,T. B. Zhao et S. S. Chen,sp. nov. ,Fig. 1

Species Y. sprengeri(Pamp.)D. L. Fu[1,2] similis, sed ramulis, foliis et petiolis cum stipulis, pedicellis et pedicelis fructibus onmino glabris. Ramulis lenticellis verrucata anguste longi-ellipsoideis fuscis in juventutibus.

Arbor decidua. Ramuli cinerei - brunnei, glabri, verticali - striatis, lenticellis verruciformibus anguste longi-ellipsoideisnfuscis, in juventute cinerei - viridi nitidi glabri. Ge mmae foliae ellipsoideae ca. 1. 0 cm longae apice obtusae sparse pubescentes. Yulania-alabastra terminate longe ellipsoidea 2. 0 ~ 2. 5 cm longa apice acuminate peruli-stipulis 5 pallide flavo-brunneis in siceo nigris extus sparse villosis interdum glabris saepe apice villosis, pedicelli viriduli glabri. Folia anguste obovati-elliptica 8. 0 ~ 19. 5 cm longa 3. 5 ~ 12. 5 cm lata supra viridia glabra nervis lateralibus elevates manifestis costis aliquantum recaxis,sparse pubescentibus subtus viridula glabra, costis et nervis lateralibus cum dictyoneuris elevates glabis margine integra apice obtuse mucronulata infa nenium gradatim angusta basi cuneata vel anguste cuneata, in juventute atro-purple-rubra post supra viridula subtus viriduli-alba utrinque glabra; petioli 1. 2 ~ 3. 0 cm longi viridula supra minute sulcati glabri, stipulis lanceolatis 2. 5 ~ 3. 5 cm longis flavo-albis apice obtusis glabris caducis, cicatricibus stipularum longitudine 1/3 ~ 1/4 petiolorum partem aequantibus. Flores ante folia apierti; tepala 9 in quoque flore, alba petaloidea spathuli-elliptica 4. 5 ~ 7. 0 cm longa et 1. 5 ~ 3. 5 cm lata apice obtuse cum acumine basi truncatav 3 ~ 5 mm lata; Stamina numerosa 1. 0 ~ 1. 3 cm lata, apice obtusis extus purpuratis vel purpurascentibus; tepala calyces linearibus 1. 3 ~ 1. 5 cm longa 4 ~ 5 mm longa, 1. 5 ~ 2. 0 mm longis pallide albis, antheris 7 ~ 10 mm longis, thecis lateraliter longitudinali - dehiscentibus, connectivis apice trianguste mucrionatis 1 ~ 1. 5 mm longis; Gynoecia carpelligera cylindrica 1. 8 ~ 2. 2 cm longa pillade flavo-alba; disjuncte simplici-pistillis numerosis 3 ~ 5 mm longis, stylis ca. 3 mm longis minute revolutis vel involutes viriduli-albis; pedicellis viridulis. Aggregati-fructus cylindrici 10. 0 ~ 15. 0 cm long, saepe curvati; folliculis discretis supra dense verrucis. Ossei-semina late cordata ca. 1.0 cm lata ca. 0.8 cm longa.

Hubei:Wuhan. 22. 06. 2001. D. L. Fu,No. 2001062201（holotypus, CAF）. ibid. 15. 04. 2000. T. B. Zhao et D. L. Fu, No. 200004151（flora）.

落叶乔木。小枝灰褐色，无毛，具纵裂纹；幼枝淡灰绿色，具光泽，无毛；皮死疣状突起，棕色，狭长椭圆体形。叶芽椭圆体状，疏被短柔毛，先端钝圆，长1.0 cm。玉蕾单生。玉蕾枝顶生，长椭圆体状，长2.0~2.5 cm，先端渐尖；芽鳞状托叶5枚，淡黄褐色，干后黑色，外面疏被长柔毛，有时无毛，通常先端疏被长柔毛。叶狭倒卵圆-椭圆形，长8.0~19.5 cm，宽3.5~12.5 cm，表面绿色，无毛，侧脉明显隆起，无毛，主脉稍凹陷，疏被淡黄色短柔毛，背面淡绿色，无毛，主、侧脉和网脉隆起，无毛，边缘全缘，先端钝圆，具微尖，中部向下渐狭，基部楔形，或狭楔形，幼叶初浓紫红色，后表面淡绿色，背面淡绿白色，两面无毛；叶柄长1.2~3.0 cm，绿色，表面具细槽，无毛；托叶披针形，长2.5~3.5 cm，淡黄白色，先端钝圆，无毛，早落；托叶痕为叶柄长度的1/3~1/4。花先叶开放。单花具花被片9枚，白色，花瓣状，匙-椭圆形，长4.5~7.0 cm，宽1.5~3.5 cm，先端钝尖，基部楔形，宽3~5 mm；雄蕊多数，长1.0~1.3 cm，花丝长1.5~2.0 mm，淡白色，花药长7~10 mm，药室侧向纵

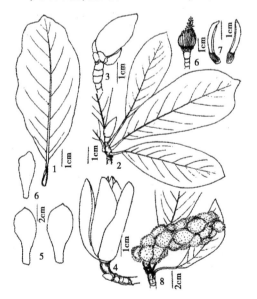

图1 湖北玉兰

1.叶、枝和玉蕾；2.玉蕾；3.花；4.花被片；5.花被片；
6.雌雄蕊群；7.雄蕊；8.叶和聚生蓇葖合果
（选自傅大立等，2010.《植物研究》）.

裂，药隔先端具三角状短尖头，长1~1.5 mm；雌蕊群圆柱状，长1.8~2.2 cm，淡黄白色；离生单雌蕊多数，长3~5 mm，淡黄白色，无毛，花柱长约3 mm，微反曲，或内曲；花柱及柱头淡绿白色；花梗淡绿色，无毛。聚生蓇葖果圆柱状，长10.0~15.0 cm，常因部分蓇葖果不发育而弯曲；蓇葖果相互分离，表面密被疣点。种子宽心状，宽约1.0 cm，高1.2~1.70.8 cm。花期4月；果实成熟期9月。

本新种与武当玉兰［ Y. sprengeri（Pamp.）D. L. Fu[1-2]相似，但其枝、叶、叶柄、托叶、花梗和果梗均无毛；幼枝皮孔疣状突起，棕色，狭长椭圆形，易于识别。

湖北:武汉。2001年6月22日。傅大立，No. 2001062201（枝、叶、果）。模式标本，存中国林业科学研究院。同地，2000年4月15日。赵天榜和傅大立，No. 20004151（花）。

2. 楔叶玉兰 新种 图2

Yulania cuneatofolia T. B. Zhao, Z. X. Chen et D. L. Fu, sp. nov., Fig. 2

Species Y. denudata（Desr.）D. L. Fu[1-2] similis, sed foliis cuneatis; spathacei-bracteis atrobrunneis maximisextus minime pubescentibus. tepalis 9~14 in quoque flore, rugiformibus laete persicinis.

Arbor decidua, 8 m alta. Ramuli atro-brunnei; lenticellis punctiformibus albis sparsis, in juventutibus hornoitini flavo-virides primo pubescentibus post glabri. Yulania-alabastra solitari-terminata ovoidea 2.5~3.5 cm longa diam. 1.2~1.7 cm, peruli-stipulis 3~5, extus dense longe villosis brunneis. Folia cuneata 9.5~15.0 cm longa 5.5~9.5 cm lata supra atro-viridia nitida subtus viridian sparse pubescentes costis et nervis lateralibus pubescentibus densioribus, apice obtuse mucronatis ca. 1.0 cm longa, basi cuneata margine integra nervis lateralibus 8~11-jugis; petioli 1.3~2.0 cm longi. Flores ante folia aperti, deam. 12~15.0 cm; spathacei-nracteis maximis 6.0~7.5 cm longis 3.5~4.2 cm latis extus atro-brunneis minime pubescentibus. Tepala 9~14 in quique flore, late ovati-spatulati-rotunda rugiformes 8.5~11.5 cm longa 2.5~4.5 cm lata laete persiciniis. Stamina numerosa 1.5~1.7 cm longa atro-purpureo-rubris, thecis lateraliter longitudinali-dehiscentiis, connetives apice trianguste mucronatis 1.0~1.5 mm longis; filamentis 2.5~3.0

mm longis subovoideis atro-purpureo-rubris；Gynoecia cylindrical ca. 2.0 cm longa，disjuncte simplici-pistillis numerosis ovariis flavo-virentibus glabris，stylis et stigmatibus pallide cinerei-albis，stylis curvativis；pedicelli grossi，3～10 mm longi dense pubescentibus. Aggregati-fructus non vadi.

Henan：Zhengzhou. 24-03-2005. T. B. Zhao et al., No. 200503241（holotypus hic，HNAC；isotypus，CAF）. Ibid. 18-09-2005. T. B. Zhao et Z. X. Chen，No. 200509181（leaves and Yulanis-alabastrum）.

图2 楔叶玉兰 Yulania cuneatofolia T. B. Zhao，
Z. X. Chen et D. L. Fu

1.叶、枝和玉蕾；2.初开花；3.初开玉蕾、
芽鳞状托叶和畸形叶；4.叶芽和玉蕾；
5.花被片；6.雌蕊群和缩短枝、幼叶；
7.雄蕊（选自傅大立等，2010.《植物研究》）。

落叶乔木，高8 m。小枝暗褐色，具稀疏白色点状皮孔；幼枝黄绿色，初被短柔毛，后无毛。玉蕾单生枝顶，卵球状，长2.0～3.5 cm，径1.2～1.7 cm；芽鳞状托叶3～5枚，外面密被褐色长柔毛。

叶楔形，长9.5～15.0 cm，宽5.5～9.5 cm，表面深绿色，具光泽，背面绿色，疏被短柔无，主脉和侧脉被较密短柔毛，先端近截-圆形，具长约1.0 cm短头尖，基部楔形，边缘全缘；侧脉8～11对；叶柄长1.3～2.0 cm。花先叶开放，径12.0～15.0 cm；佛焰苞状苞片大，长6.0～7.5 cm，宽3.5～4.2 cm，外面黑褐色，被极少短柔毛。单花具花被片9～14枚，宽卵圆-匙圆形，皱曲，长8.5～11.5 cm，宽2.5～4.5 cm，亮粉红色；雄蕊多数，暗紫红色，长1.5～1.7 cm，药室侧向纵裂，药隔先端具长1.0～1.5 mm 的三角状短尖头，花丝长2.5～3.0 mm，近卵球状，浓紫红色；子房浅黄绿色，无毛，花柱和柱头灰白色，花柱内弯；花梗粗壮，长3～10 mm，密被短柔毛。聚生果不详。花期4月；果实成熟期8～9月。

本新种与玉兰 Yulania denudata（Desr.）D. L. Fu[1-2]相似，但区别在于叶楔形；佛焰苞状苞片黑褐色，大，且被极少短柔毛。单花具花被片9～14枚，多皱曲，亮粉红色。

产地：湖北神农架。河南郑州有栽培。模式标本，采自郑州。2015年3月24日。赵天榜等，No. 200503241（花）。主模式标本，存河南农业大学；等模式，存中国林业科学研究院。2005年9月18日。赵天榜和陈志秀，No. 200509181（叶和玉蕾）。

致谢 承蒙中国林业科学研究院树木分类学家洪涛教授提出宝贵修改意见，特致谢意！

参考文献

[1] 傅大立. 玉兰属的研究[J]. 武汉植物学研究，2001，19（3）：191-198.

[2] Xia Nianhe，Liu Yuhu，Hans P. Nooteboom[M]. Magnoliaceae in Flora of China，Beijing：Science Press & St. Louis：Miss Bot. Gard Press，2008，7：71-77.

莓蕊玉兰新种、一新变种和两新品种

田国行[1]　傅大立[1]　赵东武[1]　赵天榜[1]　陈志秀[1]　戴慧堂[2]

（1.河南农业大学，郑州　450002；2.河南省鸡公山国家级自然保护区管理局，信阳　464133）

1.莓蕊玉兰　新种　图1

Yulania fragarigynandria T. B. Zhao，Z. X. Chen et H. D. Dai，sp. nov. fig. 1

Species Yulania cyliadrica（Wils.）D. L. Fu similis，sed foliis obvati-ellipticis subtus cinerei-viridulis basi cordatis，rotundatis rare cuneatis.

Yulania-alabastris terminates vel axillaris maximis turbiantis vel ovoides (basi breviter cylinaricis 8～12 mm longis)2. 0～3. 0 cm longis, diam. 2. 0～2. 5 mm. peruli-stipulis ante anthesin deciduis. Tepalis 9～18 in qoque flore, petaliodeis extus infra medium in medio laete purple-ruberis, insuper 1～3 sarco-tepalis lanceolatis laete purpureo-rubidis; gynanriis fragariformibus propriis diam. 1. 8～2. 3 cm, inter-dum 2～5 gynoecias in qoque flore.

Arbor decidua. Ramuli brannei juveniles flavo-virentes dense pubescentes post glabri vel sparse pubescentes; cicatricibus stipulis manifestis. Folia obovati-elliptica 10. 0～15. 6 cm longa 6. 0～8. 5 lata apice longe acuminate rare obtuse cum acumine basi cordata rare cuneata supra viridian saepe sine pubscentes rare pubscentes costis planis sparse pubscentibus subtus cinerei-viridula sparse pubscentes costis et nervis lateralibus manifeste elevates ad costam sparse pubscentibus, margine integra; petioli 1. 5～2. 5 cm lonhi sparse pubscentes; cicatricibus stipularum longetudine 1/3 petiolorum partem aequantibus. Yulania-alabastra terminate et axillires magna turbinate 2. 0～3. 0 cm longa deam. 2. 0～2. 5 cm lata vel longe ovoidea 2. 5～3. 0 cm longa diam. 1. 0～1. 5 cm(basi breviter cylindrical 8～12 mm longa), peruli-stipulis 4～6 in qoque simili-alabastro extrinsecus 1 tenuiter coriaceis extus dense pubscentibus atro-brunneis, ante anthesin deciduis, cetero peruli-stipulis menbranaceis extus dense villosis. Tepala 9～18 in qoque flore spathuli-elliptica 6. 5～7. 0 cm longa 2. 0～3. 5 cm alba apice obtuse extus infra medium in medio laete purple-rubra, nervis purple-rubra ad apicem, insuper 1～3 sarco-tepalis lanceolatis laete purpureo-rubidis; stamina numerosa 1. 3～1. 6 cm longa extus laete purpurea filamentis 3～4 mm longis grossis dorsaliter purple-rubris, thecis 1. 0～1. 3 cm longis lateraliter longitudinali-dehiscentibus, connectivis apice trianguste mucronatis laete purpureo-rubris; Gynoecia disjuncte carpelligera cylindrical 1. 3～2. 0 cm longa; disjuncte simplici-pistillis numerosis viridulis vel flavo-albis stylis et stigmatibus ca. 3 mm longis flavidi-albis stylis revolutis; Gynandria fragariformes propria 2. 0～2. 5 cm longa diam. 1. 8～2. 3 cm, in-terdum 2～5 gynoecia; pedicelli in medio spathacei-stipulo 1; pedicelli dense villosi albi. Soutai-ramuli graciles dense villosi alibi vel cinerei-brunnei. Aggregati-folliculi non visi.

Henan; Xinyang Xian. Changyuan Xian. Cult. 04-04-2005. T. B. Zhao et Z. X. Chen, No. 200504041(flos, holotypus hic disighnatus, HNAC)、No. 200504045(flos).

落叶乔木。小枝灰褐色;幼枝淡黄绿色,密被短柔毛,后毛,或疏被短柔毛;托叶痕明显。叶椭圆形,长 10. 0～15. 6 cm,宽 6. 0～8. 5 cm,先端钝尖,基部圆形,或宽楔形,表面绿色,通常无短柔毛,稀被短柔毛,主脉平,疏被短柔毛,背面淡灰绿色,疏被白色短柔毛,主脉和侧脉显著隆起,沿主脉疏被短柔毛;叶柄长 1. 5～2. 5 cm,疏被短柔毛,托叶痕为叶柄长度的 1/2。玉蕾顶生和腋生,很大,陀螺状,长 2. 0～3. 0 cm,径 2. 0～2. 5 cm;长卵球状,长 2. 0～2. 5 cm,径 1. 0～1. 5 cm;芽鳞状托叶 2～3 枚,最外面 1 枚密被深褐色短柔毛,薄革质,花前脱落,其余芽鳞状托叶外面疏被长柔毛,膜质。花先叶开放及花后叶开放。单花具花被片 9 枚,花瓣状,亮紫色,或淡紫色;花蕾花多次(花期 5 月至 11 月中旬),后叶开放;多种花型,即:单花具花被片 9～18 枚,匙-椭圆形,长(4. 8～)6. 5～7. 0 cm,宽(0. 8～)2. 0～3. 5 cm,先端钝圆,或渐尖,中部以上皱折,外面中部以下中间亮紫红色,或紫红色脉直达先端,有时具 1～3 枚肉质、披针形、亮紫红色花被片;雄蕊多数,有时很多(336 枚),长 1. 0～1. 6 cm,外面亮紫色,花丝长 3～4 mm,粗壮,背面亮紫红色,药室长 1. 0～1. 3 mm,侧向纵裂,药隔先端伸出呈三角状短尖头,亮紫红色;雌蕊群长 2. 0～2. 3 cm;离生单雌蕊多数,子房淡绿色,或黄白色,无毛,花柱浅黄白色,外卷;雌雄蕊群草莓状而特异,长 2. 0～2. 5 cm,径 1. 8～2. 3 cm,有时具 2～5 枚雌蕊群;花梗中间具 1 枚佛焰苞状托叶;花梗和缩台枝密被白色长柔毛。生长期间开的花,无芽鳞状托叶,无缩台枝,具 1 枚革质、佛焰苞状托叶,稀有 1 枚淡黄白色、膜质、萼状花被片和特异肉质、紫红色花被片。聚生蓇葖果圆柱状,长 7. 5～8. 5 cm,径 4. 5～5. 0 cm;蓇葖果卵球状,表面红紫色,疏被疣点;果梗粗壮,密被灰褐色短柔毛。花期 4 月及 8 月。

本新种与黄山玉兰 Yulania cylindrica(Wils.) D. L. Fu 区别:叶椭圆形,背面灰绿色,基部心形、圆形,稀楔形。玉蕾顶生,或腋生,大,陀螺状,或卵球状(基部短柱状,长 8~12 mm),长 2.0~3.0 cm,径 2.0~2.5 cm;芽鳞状托叶花前脱落。单花具花被片 9~18 枚,花瓣状,花被片外面中部以下中间亮紫红色,有时具 1~3 枚肉质、披针形、亮紫红色花被片;雌雄蕊群草莓状而特异,径 1.8~2.3 cm,有时单花具 2~5 枚雌蕊群。

产地:河南长垣县。2008 年 3 月 11 日。赵天榜和陈志秀,No. 200803115(花)。模式标本,存河南农业大学。新郑市 2008 年 4 月 2 日。赵天榜和赵杰,No. 20100804025(花)。长葛市。2009 年 3 月 28 日。赵天榜和范军科,No. 2009030287(枝、叶与芽)。河南长垣县。2008 年 8 月 2 日。赵天榜等,No. 200808215(枝、叶、芽与聚生蓇葖果)。

用途:本种花大、花被片多、皱折、变异显著,且有特异花被片,有些单花具多雌蕊群,是优良的观赏树种,并在研究玉兰属植物花的变异理论中具有重要意义。

图 1 莓蕊玉兰 Yulania fragarigynandria T. B. Zhao, Z. X. Chen et H. D. Dai (陈志秀绘)
1. 叶;2. 叶、枝和玉蕾,3、4. 玉蕾和缩台枝,
5. 花;6. 花被片;
7. 雌雄蕊群和异形花被片;8. 雄蕊

变种:

1. 变异莓蕊玉兰　新变种

Yulania fragarigynandria T. B. Zhao, Z. X. Chen et H. D. Dai, var. variabiila T. B. Zhao et Z. X. Chen, var. nov.

A var. recedit tepalis (6~)9~11 in quoque flore, petaliodeis 5.0~7.0 cm longis, 2.0~3.5 cm latis, extus infra mrdium in medio laete purple-ru-beris vel costa et nervis purple-ruberis prope apicem; Staminibus propriis 12 in quoque flore, laete purple-rybris. Pedicellis et soutai-ramulis dense villosis albis.

Henan: Changyuan Xian. 24-03-2009. T. B. Zhao et Z. X. Chen, No. 200903245 (flos, holotypus hic disignatus, HNAC).

本新变种与莓蕊玉兰原变种 Yulania fragarigynandria T. B. Zhao, Z. X. Chen et H. D. Dai, var. fragarigynandria 区别:单花具花被片(6~)9~11 枚,匙-椭圆形,长 5.0~7.0 cm,宽 2.0~3.5 cm,外面中部以下中间亮紫红色,或紫红色脉直达先端;雄蕊多数,长 8~10 mm,花丝长约 2 mm,药隔先端及花丝背面亮紫红色,并具有长约 1.5 cm,宽约 3 mm,背面亮紫红色,特异雄蕊 1~2 枚,亮紫红色;雌蕊群长 1.5~2.0 cm;离生单雌蕊多数,子房淡绿色,或黄白色,无毛,花柱浅淡黄白色,微有淡粉红色晕;花梗和缩台枝密被白色长柔毛。

产地:河南长垣县。2009 年 3 月 24 日。赵天榜和陈志秀,No. 200903245。模式标本,存河南农业大学。

品种:

1. '裂被'莓蕊玉兰　新品种

Yulania fragarigynandria T. B. Zhao, Z. X. Chen et H. T. Dai 'Liebei', cv. nov.

本新品种单花具花被片 9 枚,匙-卵圆形,先端钝圆,内曲,边缘波状皱折,具浅裂,外面水粉色,基部粉红色,内面乳白色;雄蕊多数,长 8~10 mm,药隔先端粉红色,花丝粉红色;雌蕊群子房淡黄白色,无毛,花柱浅黄白色。

产地:河南长垣县有栽塔。选育者:赵天榜和赵东武。

2. '九被'莓蕊玉兰　新品种

Yulania fragarigynandria T. B. Zhao, Z. X. Chen et H. T. Dai 'Jiubei', cv. nov.

本新品种单花具花被片 9 枚,匙-卵圆形,肉质,长 4.0~5.5 cm,宽 2.5~3.2 cm,先端钝圆,内曲,边缘全缘,或波状皱折,外面水粉色,基部粉红色,内面乳白色;雄蕊多数,长 8~10 mm,药隔先端粉红色,花丝粉红色;离生单雌蕊子房、花柱粉红色。

产地:河南长垣县。选育者:赵天榜和陈志秀。

河南《鸡公山木本植物图鉴》增补(Ⅱ)

——河南玉兰属两新种

戴慧堂[1*] 李 静[2] 赵天榜[2] 陈志秀[2] 傅大立[3]

(1.河南省鸡公山国家级自然保护区管理局,信阳 464133;2.河南农业大学,郑州 450002;
3.中国林业科学研究院经济林研究开发中心,郑州 450003)

摘 要 描述了河南玉兰属 Yulania Spach 两新种:两型玉兰 Y. dimorpha T. B. Zhao et Z. X. Chen,sp. nov. 和信阳玉兰 Y. xinyangensis T. B. Zhao,Z. X. Chen et H. T. Dai, sp. nov. 。两型玉兰形态特征是:叶2种类型;玉蕾2种类型。花2种类型:①单花花被片9枚,有萼、瓣之分,瓣状花被片先端具喙,边部明显波状起伏;②单花花被片9枚,花瓣状,先端无喙,边缘微波状起伏。信阳玉兰的形态特征是:叶宽倒卵圆-三角形,先端最宽,通常微凹,或具短尖头,有时2裂,或具3个短三角状尖头。玉蕾顶生,小,卵球状,或短柱状,花喇叭型,单花花被片6~9枚,匙形。

关键词 河南;玉兰属;两型玉兰;信阳玉兰;新种

0 引言

河南鸡公山是我国著名的风景名胜区和国家级自然保护区,地处豫、鄂两省交界处的大别山区,具有北亚热带向暖温带过渡的季风气候和山地气候的特征,是我国南北东西多植物区系的汇集地带,因而植物资源非常丰富,且具多样性,也是我国植物引种驯化最佳地区之一。多年来,作者在进行河南鸡公山森林资源清查和外来树种引种试验,以及河南玉兰属 Yulania Spach[2-9]资源调查过程中,发现戴天澍等主编的《鸡公山木本植物图鉴》[10]一书中尚未记载的一些物种。2011年,作者在《鸡公山木本植物图鉴》增补(Ⅰ)一文中,增补有 10 新记录种、7 新记录变种、5 新记录品种和2新变种,但随后又发现了一些新种和新变种。本文记录两型玉兰、信阳玉兰两新种,是对"《鸡公山木本植物图鉴》增补(I)"一文的补充。

1 两型玉兰 新种 图1

Yulania dimorpha T. B. Zhao et Z. X. Chen, sp. nov. ,Fig. 1.

Species Yulania wugangensi(T. B. Zhao,Z. X. Chen et W. B. Sun)D. L. Fu[2,3,13] affinis,sed foliis 2 formis:①late ob-triangulatis,②subrotundatis,nervis lateralibus 5~6-jugis. Yulania-ala-bastris solitariis terminaticus,formis:①longe conoidei-ellipsoideis,②ovoideis. floribus 2 formis:①tepalis 9 in quoque flore extus 3 sepaliodeis,intus 6 petaloideis apice rostellis marginantibus conspicue repandis,②tepalis 9 in quoque flore,petaloideis apice a-rostellis marginantibus minute repandis.

Arbor decidua. Ramuli cinerei-brunnei saepe glabri,in juventure flavo-virentes nitidi dense pubescentes post glabri. Folia crasse chartacea vel tenuiter coriacea,2 formae:①late ob-triangula 10. 0~25. 0 cm longa 11. 0~15. 0 cm lata supra atro-viridia nitida saepe glabra,costis minute recavis glabris subtus pallide viridia sparse pubescentibus costis et nervis later-alibus conspicue elevatis sparse villosis,nervis later-alibus 5~6-jugis,prope apicem latissima,apice obtusa cum acumine basi late cuneata margine integra,in juventute dense pubescentes post glabra,petioli 1. 0~3. 0 cm longi flavo-virentes primo dense pubescentes post glabri vel persistentes,

---

* 通讯联系人,E-mail:jgsdhtang@ 163.com

基金项目:国家林业局 "948" (2003-04-19)。

作者简介:戴慧堂(1962—),男,河南信阳人,高级工程师,从事河南鸡公山国家级自然保护区管理与树木分类学研究。

致谢:河南农业大学朱长山教授对本文提出宝贵修改意见,特致谢意!

②subrotundata 10. 0 ~ 25. 0 cm longa 11. 0 ~ 20. 5 cm lata apice obtusa cum acumine basi cuneata, ceterum cum foliis late ob‐triangulis aequantibus, stipulis dense villosis helvolis, cicatricibus stipularum longitudine 1/3 petiolorum partem aequantibus. Yulania‐alabastra solitaria terminata, 2 formae: ①longe conoidei‐ellipsoidea magna supra medium gradatim parva, longe acuminata minute curva 3. 5 ~ 4. 1 cm longa diam. 1. 3 ~ 1. 5 cm apice obtusa prope basin abrupte minuta, ②ovoidea parva 1. 2 ~ 1. 5 cm longa diam. 1. 0 ~ 1. 2 apice obtusa, peruli‐stipulis 3 ~ 4 (~ 5) extux dense cinerei‐glandacei‐villosis. Tepala 9 in qouque flore, 2 formae: ①tepala 9 extus 3 sepaliodeia membranacea lanceolata deciduas 6 ~ 12 mm longa 2 ~ 3 mm lata rare 1. 5 ~ 2. 0 cm longa 4 ~ 6 mm lata intus 6 petaloidea spathuli‐elliptica vel spathuli‐otundata 4. 0 ~ 4. 5 cm longa 3. 5 ~ 4. 5 cm lata rare 1. 5 ~ 2. 5 cm lata apice obtusa rostrato basi cuneata prope basin abrupte contracti‐petioliformibus latis margine integra marginantia conspicue repanda extus basi pallide persicina, ②tepalis 9 petaloildea spathuli‐elliptica vel spathuli‐subrotundata 4. 0 ~ 4. 5 cm longa 3. 5 ~ 4. 5 cm lata rare 1. 2 ~ 1. 5 cm lata intus 6 petaloildea apice obtusa a‐rostellato basi cuneata margine integra marginantia minute repanda extus basi sine pallidi‐ru‐bescentes. Stamina numerosa 1. 2 ~ 1. 5 cm longa filamentis 2 ~ 3 mm longis persicinis antheris 8 ~ 12 mm longis, thecis lateraliter longitudinali‐dehiscentibus, connectivis apice purpurasceentibus triangusti‐mucronatis. Gynoecia carplligera longe ovoidea virida 1. 5 ~ 2. 0 cm longa, simplici‐pistillis numerosis ovariis glabris stylis et stigmatibuis cum thecis persicinis. Aggregati‐olliculi cylindrici 15. 0 ~ 20. 0 cm longi diam. 3. 0 ~ 5. 0 cm glabri; Soutai‐ramuli et pedunculi fructus villosis, folliculis subglobsis 1. 2 ~ 1. 5 cm longis diam. 8 ~ 12 mm glabris.

Henan: Xinyang Xian. Mt. Dabieshan. 25. 04. 1994. T. B. Zhao et al. , No. 944251 (fols, holotypus hicdisignatus HEAC).

落叶乔木。小枝灰褐色,通常无毛;幼枝浅黄绿色,具光泽,密被短柔毛,后无毛。叶厚纸质,或薄革质,2种类型:①宽倒三角形,长 10. 0 ~ 25. 0 cm,宽 11. 0 ~ 15. 0 cm,表面深绿色,具光泽,通常无毛,主脉微下陷,无毛,背面淡绿色,疏被短柔毛,主脉和侧脉明显隆起,沿脉疏被长柔毛,侧脉 5 ~ 6 对,近顶部最宽,先端钝尖,基部宽楔形,边缘全缘、幼叶密被短柔毛,后脱落;叶柄长 1. 0 ~ 3. 0 cm,浅黄绿色,初密被短柔毛,后无毛或宿存毛。②近圆形,长 10. 0 ~ 25. 0 cm,宽 11. 0 ~ 20. 5 cm,先端钝尖,基部楔形,其他与宽倒三角形叶相同;托叶密被棕黄色长柔毛,托叶痕约为叶柄长度的 1/3。玉蕾[2-14]单生枝顶,2 种类型:①长圆锥状、卵球状,大,中部以上渐小,长渐尖,微弯,长 3. 5 ~ 4. 1 cm,径 1. 3 ~ 1. 5 cm,先端钝圆,近基部突然变细。②卵球状,小,长 1. 2 ~ 1. 5 cm,径 1. 0 ~ 1. 2 cm,先端钝圆。芽鳞状托叶[15-16] 3 ~ 4(~ 5)枚,外面密被灰黄棕色长柔毛。单花花被片 6 ~ 9 枚,2 种类型:①单花花被片 9 枚,外轮花被片 3 枚,萼状,膜质,早落,披针形,长 6 ~ 12 mm,宽 2 ~ 3 mm,稀长 1. 5 ~ 2. 0 cm,宽 4 ~ 6 mm,内轮花被片 6 枚,花瓣状,匙‐椭圆形,或匙‐近圆形,长 4. 0 ~ 4. 5 cm,宽 3. 5 ~ 4. 5 cm,稀 1. 2 ~ 1. 5 cm 宽,先端钝圆,具喙,基部楔形,边缘全缘,边部稍反卷,基部外面具淡粉红色;②9 枚,匙‐椭圆形,或匙‐近圆形,长 4. 0 ~ 4. 5 cm,宽 3. 5 ~ 4. 5 cm,稀 1. 2 ~ 1. 5 cm 宽,先端钝圆,无喙;内轮花被片花瓣状,先端钝圆,无喙,边缘微波状,边部稍反卷,基部外面无淡红色晕;雄蕊多数,长 1. 2 ~ 1. 5 cm,花丝长 2 ~ 3 mm,粉红色,花药长 8 ~ 12 mm,药室侧向纵裂,药隔先端淡紫红色,具三角状短尖头;雌蕊群长卵球状,绿色,长 1. 5 ~ 2. 0 cm;离生单雌蕊[16]多数,子房无毛,花柱、柱头、药室先端淡粉红色。聚生蓇葖果[16]圆柱状,长 15. 0 ~ 20. 0 cm,径 3. 0 ~ 5. 0 cm,无毛。缩台枝[16]和果梗被长柔毛。蓇葖果近球状,长 1. 2 ~ 1. 5 cm,径 8 ~ 12 mm,无毛。花期 4 月,果熟期 8 ~ 9 月。

本新种与舞钢玉兰 Yulania wugangensis (T. B. Zhao, Z. X. Chen et W. B. Sun) D. L. Fu[2,3,13]近似,但有区别:叶 2 种类型:①宽倒三角形、②近圆形,侧脉 5 ~ 6 对。玉蕾单生枝顶,2 种类型:①长圆锥状,或椭圆体状、②卵球状。花 2 种类型:①单花花被片 9 枚,外轮花被片 3 枚,萼状,内轮花被片 6 枚,花瓣状,先端具喙,边部明显波状起伏②单花花被片 6 枚,或 9 枚,花瓣状,先端无喙,边缘微波状起伏。

河南:信阳县。1994 年 4 月 25 日。赵天榜等,No. 944251 (花)。模式标本,存河南农业大学。同地。1997年8月20日。赵天榜等,No. 978201(叶、玉蕾和聚生蓇葖果)。

两型玉兰为新种,形状见图1。

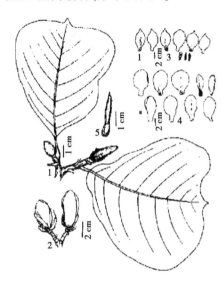

图1 两型玉兰

Yulania dimorpha T. B. Zhao et Z. X. Chen

1. 叶2种类型,玉蕾2种类型;2. 初花2种类型;

3~4. 2种花型的花被片;5. 雄蕊(陈志秀绘)

2 信阳玉兰 新种 图2

Yulania xinyangensis T. B. Zhao, Z. X. Chen et H. T. Dai, sp. nov.

Species Yulania denudata (Desr.) D. L. Fu[1,2,4,5] similis, sed foliis serotinis 15~20 d. foliis late obovati-triangustis nervis lateralibus 5~6-jugis. Yulania-alabastris 2-formais, terminatis ellipsoideis parvis 1.3~1.5 cm longis, diam. 8~10 mm. floribus tubaeformibus, 2-formis teplis 6 vel. 9 in quoque flore, typis:①teplis 6 in quoque flore, ②teplis 9 in quoque flore, anguste ellipticis.

Arbor decidua. Rumuli purple-brannei saepe glabri nitidi rare pubescentes, juveniles viriduli dense pubescentes post glabri. Folia chartatea obovata, late obtriangulati-ovata, 9.5~20.5 cm longa et 5.2~12.3 cm lata supra atro-viridia nitida minute pubes-centibus costis et nervis lateralibus minute impressis dense pubescentibus subtus viridula spasre pubescentes costis et nervis lateralibus conspicue elevatis ad costam dense curvi-pubescentibus sparse albi-villosis, nervis lateralibus 5~6-ugis apice latissima saepe emarginata vel mucronata 1.2 cm

longa interdum 2-loba vel 3-loba breviter trianguste mucronatis basi cuneata margine integra, folia juveniles dense pubescentes alba post glabra, petioli 1.5~3.7 cm longi flavo-virentes primo sparse pubescentes post glabri vel dense curvi-pubescentes, cicatricibus stipularum longitudine 1/3 petiolorum partem aequantibus. Yulania-alabastra solitaria terminatia ovoidea vel cylindrica 1.3~1.5 cm longa diam. 8~10 mm apice obtusa, peruli-stipulis 3~5 extus cinerei-brunneis sparse villosis. Yulania-alabastra 2-formae. Flores ante folia aperti. Flores tupaeformes. 2-ormae. tepala 6~9 in quoque flore, 2-typi:①tepalis 6 in quoque flore, ②tepulis 9 in quoque flore, petalioideis anguste ellipticis albis. staminis, filamentis et stylis purpurascentibus. spathuli-elliptica alba extus basi supra medium laete purpurascentes 6.1~11.5 cm longa et 2.6~4.5 cm lata apice obtusa cum acumine basi in petioli-formibus, margine irregulariter serrulatis vel integris. Stamina 55~72, 0.8~1.3 cm longa purpurea filamentis 2~3 mm longis dorsaliter purpureis, antheris 7~9 mm longis, thecis lateraliter longitudinali-dehiscentibus, connoctivis apice obtusis. Gynoecia carplligera cylindrica 2.2~2.5 cm longa diam. 1.0~1.2 cm viridia; disjuncte simplici-pistillis ca. 100, ovariis viridulis dense pubescentibus stylis 4~6 mm longis apice revolutis minute purpurascentibus, pedicelli et Soutai-ramuli dense villosi. Aggregati-folliculi cylindrici parvi 10.5~14.5 cm longi diam. 3.5~4.5 cm. folliculis a-rostris.

Henan: Xinyang Xian. Mt. Dabieshan. 25.03. 2000. T. B. Zhao et Z. X. Chen, No. 200003251 (fols, holo-typus hic disignatus HNAC). ibdim. 05. 10. 1999. T. B. Zhao et D. L. Fu, No. 199910051(folia, Yulania-alabastrum).

落叶乔木。小枝紫褐色,通常无毛,具光泽,稀有短柔毛;幼枝淡绿色,密被短柔毛,后无毛。叶纸质,倒卵圆形、宽倒三角-卵圆形,长9.5~20.5 cm,宽5.2~12.3 cm,表面深绿色,具光泽,微被短柔毛,主脉和侧脉微下陷,密被短柔毛,背面淡绿色,疏被短柔毛,主脉和侧脉显著隆起,沿主脉密被弯曲短柔毛,疏被白色长柔毛,侧脉5~6对,先端最宽,通常微凹,或短尖头,尖长约1.2 cm,有时2裂,或具3裂,呈短三角状尖头,基部

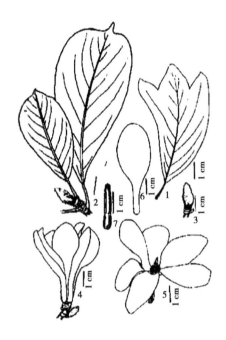

图 2　信阳玉兰 Yulania xinyangensis T. B. Zhao,
Z. X. Chen et H. T. Dai

1. 叶, 2. 叶、枝和玉蕾, 3. 玉蕾, 4~5. 花, 6. 花被片, 7. 雄蕊

楔形,边缘全缘;幼叶密被白色短柔毛,后无毛;叶柄长 1.5 ~3.7 cm,浅黄绿色,初疏被短柔毛,后无毛,或密被弯曲短柔毛;托叶痕为叶柄长度的 1/3。玉蕾[4]单生枝顶,卵球状,或圆柱状,长 1.3~1.5 cm,径 8 ~10 mm,先端钝圆,具芽鳞状托叶[5-6] 3~5 枚,外面灰褐色,疏被长柔毛。花先叶开放,花喇叭形。单花具花被片 6 枚,或 9 枚。单株上 2 种花型:①单花具花被片 6 枚,花瓣状;②单花具花被片 9 枚,花瓣状,狭椭圆形,白色,基部外面中基部亮浅紫色,长 6.1 ~11.5 cm,宽 2.6~4.5 cm,先端钝尖,基部呈柄状,边缘呈不规则的小齿状,或全缘;雄蕊 55 ~72 枚,长 0.8~1.3 cm,紫色,花丝长 2 ~3 mm,背面紫色,花药长 7 ~9 mm,药室侧向纵裂,药隔先端钝圆;雌蕊群圆柱状,长 2.2~2.5 cm,径 1.0~1.2 cm,淡绿色;离生单雌蕊 6 约 100 枚;子房浅绿色,密被短柔毛,花柱长 4~6 mm,浅白色,内曲,微有淡紫色晕;花梗和缩台枝密被长柔毛。聚生蓇葖果圆柱状,稍弯曲,长 10.5~14.5 cm,径 3.0~4.5 cm。蓇葖果卵球状,无喙。花期 3~4 月,果熟期 8~9 月。

本新种与玉兰 Yulania dendata(Desr.) D. L. Fu[1,3,4,6]近相似。但有区别:展叶期晚 15~20 d。叶宽倒卵圆——三角形,侧脉 5~6 对。玉蕾顶生,小,椭圆体状,长 1.3~1.5 cm,径 8 ~10 mm。单株上 2 种花型。花喇叭型。单花具花被片 6

枚,或 9 枚,狭椭圆形。

河南:信阳县。2000 年 3 月 25 日。赵天榜和陈志秀, No. 200003251 (花)。模式标本,存河南农业大学。同地。1999 年 10 月 5 日。赵天榜等, No. 199910051 (叶和玉蕾)。

用途:本种为优良观赏树种。单株具 2 种花型,在研究花的进化理论中具有重要意义。

变种:

1. 狭被信阳玉兰　新变种

Yulania xinyangensis T. B. Zhao, Z. X. Chen et H. T. Dai var. angutitepala T. B. Zhao et Z. X. Chen, var. nov.

A var. recedit foliis ob-ovatis. Yulani-alabastris 2-formis. Flores terminat, ante folia aperti. Tepalis 6~9 in quoque flore, 2-flori-formis:1. tepalis 6 in quoque flore;2. tepalis 9 in quoque flore, petalioideis anguste elliptici-spathulatis 10.0 ~12.5 cm longis 2.5 ~3.5 latis apice obtusis vel obtusis cum acumine basi ca. 1.0 cm latis purpurascentibus;staminibus numerosis filamentis 5~6 mm longis antheris 5~7 mm longis;disjuncte simplici-pistillis numerosis ovariis cinereo-viridulis 2~3 mm longis spare pubescentibus, stylis 5~7 mm longis retortis vel revolutis;pedicellis viridulis dense pubescentibus apicem annulatim villosis Soutai-ramulis dense villosis.

Henan:Zhengzhou City. 01-04-2004. T. B. Zhao et Z. X. Chen, No. 200404011 (fols, holotypus hic disignatus HNAC). Ibdin. 15.09.2004. T. B. Zhao et Z. X. Chen, No. 200409153 (folia, Yulani-alabastrum).

本新变种与信阳玉兰 Yulania xinyangensis T. B. Zhao, Z. X. Chen et H. T. Dai var. xinyangensis 区别:叶倒卵圆形。花先叶开放。单花具花被片 6~9 枚。单株上 2 种花型:①单花具花被片 6 枚,花瓣状;②单花具花被片 9 枚,花瓣状,狭椭圆-匙形,长 10.0 ~12.5 cm,宽 2.5~3.5 cm,先端钝圆,或钝尖,基部宽约 1.0 cm,淡紫色;雄蕊多数,花丝长 5 ~6 mm,花药长 5 ~7 mm;离生单雌蕊多数;子房长 23 mm,淡灰绿色,疏被短柔毛,花柱长 5~7 mm,弯曲,或反卷,淡灰白色;花梗淡灰绿色,密被短柔毛,顶端具环状长柔毛。缩台枝密被长柔毛。

产地:河南郑州市。2004 年 4 月 1 日。赵天榜和陈志秀, No. 200404011 (花)。模式标本,存河南农业大学。同地。2004 年 9 月 15 日。赵天榜等，No. 200409153（叶和玉蕾）。

参考文献

[1] 宋朝枢. 鸡公山自然保护区科学考察集[M]. 北京：中国林业出版社，1994.

[2] Spach E. Yulania Spach[J]. Hist Nat Vég Phan, 1839 (7)：1462.

[3] 傅大立. 玉兰属的研究[J]. 武汉植物学研究，2001，19(3)：191-198.

[4] Desrousseaux L A J. Magnolia denudata desr in lamarck [J]. Encycl Meth Bot, 1791(3)：675.

[5] 中国科学院中国植物志编委会. 中国植物志. 第三十卷 第一分册[M]. 北京：科学出版社，1988：366-368.

[6] 丁宝章，王遂义，高增义. 河南植物志 第一册[M]. 郑州：河南科学技术出版社，1981：509-514.

[7] 朱长山，杨好伟. 河南种子植物检索表[M]. 兰州：兰州大学出版社，1994：115-116.

[8] 卢炯林，余学友，张俊朴. 河南木本植物图鉴[M]. 北京：新世纪出版社，1998：23-28.

[9] 丁宝章，赵天榜，陈志秀，等. 河南木兰属新种和新变种[J]. 河南农学院学报，1983(4)：641.

[10] 戴天澍，敬根才，张清华，等. 鸡公山木木植物图鉴[M]. 北京：中国林业出版社，1991：93-94.

[11] 戴慧堂，李静，赵天榜，等. 《鸡公山木本植物图鉴》增补(I)[J]. 信阳师范学院学报(自然科学版)，2011，24(4)：476-479.

[12] 田国行，傅大立，赵东武，等. 玉兰属植物资源与新分类系统的研究[J]. 中国农学通报，2006，22(5)：404-411.

[13] 赵天榜，孙卫邦，陈志秀，等. 河南木兰属一新种[J]. 云南植物研究，1999，2(2)：170-172.

[14] 傅大立，Zhang D L，李芳文，等. 四川玉兰属两新种[J]. 植物研究，2010，30(4)：85-398.

[15] 南京林学院树木学教研组. 树木学. 上册[M]. 北京：农业出版社，1961：139-146.

[16] 赵天榜，高炳振，傅大立，等. 舞钢玉兰芽种类与成枝成花规律的研究[J]. 武汉植物学研究，2003，2(1)：81-89.

玉兰属植物资源与新分类系统的研究

田国行[1]　傅大立[2]　赵东武[1]　赵杰[3]　赵天榜[1]

(1. 河南农业大学林学园艺学院，郑州　450002；
2. 中国林业科学研究院经济林研究开发中心，郑州　450002；3. 新郑市林业局，新郑　451150)

摘　要　报道了作者对玉兰属植物进行了全面系统地分类、整理和研究，对该属植物杂种按照《国际植物命名法规》中有关规定，进行了新改隶组合，提出该属植物新分类系统。新分类系统：属→组→亚组→种。其中有 3 组、6 亚组(新改隶组合亚组、新亚组)、40 种(包括 15 新种)。为该属植物分类系统、亲缘关系和良种选育等多学科理论研究提供了科学依据。

关键词　玉兰属；属补充描述；物种资源；新分类系统；新分类群；新改隶组合类群

　　玉兰属 Yulania Spach[1]是木兰科 Magnoliaceae 植物中重要的分类群之一，在该科分类系统等多学科理论研究中具有重要意义。它又是一类速生林、特用经济林、水土保持林和城乡风景生态林的优树良种，很有发展和开发利用前景。长期以来，作者在全国河南、湖北、湖南、广东、四川、陕西等 20 省(区、市)进行了玉兰属植物资源调查、采集和引种栽培。近年来，作者对历年采集的玉兰属植物标本进行了分类、整理和研究，对发表的该属植物种间杂交种进行新改隶组合，从而避免

基金项目：国家林业局"948"项目"木兰科新品种引种与繁育技术的研究"(2003-4-19)。

第一作者简介：田国行，男，1975 年出生，河南封丘人，河南农业大学副教授，博士学历，从事园林设计与园林植物研究。E-mail：wanglv6016@163.com。

致谢：河南农业大学博士生导师杨秋生教授、朱长山教授对本文提出宝贵修改意见，特致谢意！

了杂种、杂交变种和杂交品种均用'…'符号的混乱局面,使其杂种与自然种成为一个自然谱系。其研究结果表明,玉兰属植物总计40种。北美洲南部及东南部各国和日本仅有4种,其余36种均产中国,其种数占玉兰属植物总种数的90.0%,仅滇藏玉兰 Y. campbellii(Hook. f. & Thoms.) D. L. Fu 在印度东北部、缅甸北部、不丹、尼泊尔、锡金[3]也有分布。由此可见,中国是世界玉兰属植物起源中心、分布中心、繁衍中心和多样性中心。现将研究结果报道如下,供参考。

1 玉兰属植物形态特征与属补充描述

1.1 玉兰属(武汉植物学研究)

Yulania Spach,Hist. Nat. Vég. Phan. 7:462, 1839[1-5].

落叶树种。小枝上具环状托叶痕。花先叶开放、花叶同时开放,稀后叶开放;外轮花被片有时稍小,或萼状;药室侧向长纵裂,或近侧向长纵裂,药隔先端呈短尖头;离心皮雌蕊群[6,7]无柄。菁葵果先端钝圆,或具短喙。

属模式:玉兰 Yulania denudata(Desr.)D. L. Fu[4]。

1.2 玉兰属植物补充描述

Descr. Gen. Add.:Folia multiformes vel irregulares. Simili-alabastra interdum caespitosa racemi-cymae. id constata:Soutai-ramulo, peruli-stipulis, ramulo juvenili et ge mmis juvenlibus cum simili-alabastris jurenlibus. Quaeque species 1 forma flore rare 2~4-formae flores;1 stipula spathaceo rare 2 vel sine et tepala 9~18 rare 6~8 vel 32~48 in quoque flore;disjuncte simplicipitillis androecia et gynoecia disjuncte carpelligera aequantes vel superantia. Gynoecia disjuncte carpelligera rare gynophora.

Descr. species add.:Yulania mirifolia D. L. Fu,T. B. Zhao et Z. X. Chen[5],Y. wugangensis (T. B. Zhao, W. B. Sun et Z. X. Chen) D. L. Fu[4],etc.

补充描述:叶多种类型,2 裂或深裂,不规则形[8]。拟花蕾[6]顶生或腋生,有时簇生呈总状聚伞花序[7]。拟花蕾有:缩台枝、雏芽鳞状托叶[6-7]、雏佛焰苞状托叶、雏枝、雏芽和雏蕾组成[6]。缩台枝[6]通常 3~5 节,稀 1~2 节,或 6~8 节,明显增粗,稀纤细,密被长柔毛,稀无毛。拟花蕾具芽鳞状托叶 3~5 枚,稀 1~2 枚,或 6~8 枚,

始落期从 6 月中下旬开始,至翌春开花前脱落完毕,稀花前脱落。每种植物具 1 种花型,稀 2~4 种花型;单花具佛焰苞状托叶[6]1 枚,稀 2 枚,其中 1 枚肉质,外面无毛,有时无佛焰苞状托叶。单花具花被片 9~18 枚,稀 6~8 枚,或 32~48 枚[8];雄蕊多数,药隔先端呈短尖头,稀钝圆;离生单雌蕊[6]被短柔毛或无毛,有时雄蕊和离生单雌蕊紫红色,或亮粉红色;雄蕊群与离心皮雌蕊群[7]等高,或包被离心皮雌蕊群;离心皮雌蕊群无雌蕊群柄,稀具雌蕊群柄。

补充描述物种:奇叶玉兰 Yulania mirifolia D. L. Fu,T. B. Zhao et Z. X. Chen[8]、舞钢玉兰[4]等。

本属植物 40 种、11 种新改隶组合种间杂种。渐尖玉兰 Y. acumidata Linn.)D. L. Fu[4]产于北美洲南部及东南部各国,日本产日本辛夷 Yulania kobus(DC.)Spach[4]、柳叶玉兰 Y. salicifolia (Sieb. & Zucc.)D. L. Fu[4]和星花玉兰 Y. stellata(Sieb. & Zucc.)D. L. Fu[27]种。其余 36 种均产中国,仅滇藏玉兰 Y. campbellii(Hook. f. & Thoms.)D. L. Fu 在印度东北部、缅甸北部、不丹、尼泊尔、锡金也有分布。种间杂种玉兰泛栽培于欧美各国。

用途:本属植物作观赏、特用经济林等树种。拟花蕾入中药(称"辛夷"),还是优质香精原料,并在花序进化、形态变异、亲缘关系、分类系统及遗传育种等多学科理论研究中具有宝贵的科学价值和重要的生产实践意义。

2 玉兰属植物新分类系统

根据《国际植物命名法规》[9]和玉兰属植物分类性状、亲缘关系远近和起源不同,提出玉兰属新分类系统。新分类系统:属→组→亚组→种。

玉兰属 Yulania Spach

2.1 玉兰组(中国植物志)

Yulania Spach Sect. Yulania(Spach)D. L. Fu[1,4,5]

本组植物叶以倒卵圆形为主,最宽处在顶部或上部,先端钝圆、钝尖、微凹,或急尖,不规则形、浅裂或深裂,基部楔形,稀近圆形,背面主、侧脉分离处与主脉等高;叶柄基部通常膨大。花先叶开放,稀花后叶同时开放;雄蕊花丝通常与花药等宽,或稍宽,花隔先端呈短尖头,稀钝圆;离生单雌蕊无毛,稀有毛。种子具橙黄色的拟假种皮。花

期为玉兰属植物较晚的一类。染色体数目 $2n = 114$。

组模式：玉兰 Yulania denduata (Desr.) D. L. Fu

本组植物 22 种（不包括种间杂种玉兰），均产中国。

2.1.1 玉兰亚组 新改隶组合亚组

Yulania Spach Subsect. Yulania (Spach) D. L. Fu et T. B. Zhan, Subsect. camb. nova[1].

本亚组植物叶倒卵圆形、椭圆形、圆形、不规则形。花先叶开放；花被片近相似。

亚组模式：玉兰 Yulania denudata (Desr.) D. L. Fu

本亚组植物 19 种，分布中国。其中，滇藏玉兰在缅甸等国家有分布。维特奇杂种玉兰 Yulanlia × veitchi (Bean) D. L. Fu, sp. hyrb. transl. nov. ined.，广泛栽培于欧美各国。

2.1.2 罗田玉兰亚组 新亚组

Yulania Spach Subsect. Pilocarpa D. L. Fu et T. B. Zhao, Subsect. nov.

Subsect. nova floliis ob-ovatis, obovati-ellipticis, subrotundti-obovatis vel subrotundatis apice obtusis cum acumine, lobatis val partitis. tepaios 9 in quoque flore extus 3 sepaliodeis membranaceis daducis intra 6 petaloideis; disjuncte simplici - pistillis glabris vel pubescentibus.

Susect. typus: Yulania pilocarpa (Z. Z. Zhao et Z. W. Xie) D. L. Fu[4]

Subsect. plants: Yulania pilocarpa (Z. Z. Zhao et Z. W. Xie) D. L. Fu, Y. jigongshanensis (T. B. Zhao, W. B. Sun et Z. X. Chen) D. L. Fu

本亚组植物叶薄革质，或厚纸质，倒卵圆形，或近圆形，先端钝尖、浅裂，或深裂。单花具花被片 9 枚，有萼、瓣之分；离生单雌蕊无毛，或被短柔毛。

亚组模式：罗田玉兰 Yulania pilocarpa (Z. Z. Zhao et Z. W. Xie) D. L. Fu。

本亚组植物 2 种：鸡公玉兰[4]、②罗田玉兰[4]，分布于河南与湖北交界的大别山山区。

2.1.3 舞钢玉兰亚组 舞钢玉兰组（武汉植物学研究新亚组） 新亚组

Yulania Spach Subsect. Wugangyulan T. B. Zhao, D. L. Fu et Z. X. Chen, Subsect. nova[6].

Subsect. nova simili - alabastris terminatis et axillaribus cum caespitosis, interdum racemi-cymis.

Tepalis 9 in quoque flore, 2-formis; tepalis 6 extus 3 sepaliodeis membranaceis caducis; tepalis 9 rare 6 ~ 8, 10, tepaloideis.

Subsect. typus: Yulania wugangensis (T. B. Zhao, W. B. Sun et Z. X. Chen) D. L. Fu

本亚组植物拟花蕾顶生、腋生和簇生，有时构成总状聚伞花序。单花具花被片 9 枚，2 种花型：单花具花被片 9 枚，外轮花被片 3 枚，萼状、膜质，早落；单花具花被片 9 枚，稀 6 ~ 8 枚，或 10 枚，花瓣状。

亚组模式：舞钢玉兰。

本亚组植物 3 种：舞钢玉兰、两型玉兰 Yulania dimorpha D. L. Fu et T. B. Zhao, sp. nov. ined.、信阳玉兰 Y. xinyangensis D. L. Fu, T. B. Zhao et Z. X. Chen, sp. nov. ined.。其分布在河南和湖北两省交界的大别山山区。

2.2 木兰组（中南林学院学报）

Yulania Spach Sect. Tulipastrum (Spach) D. L. Fu[1,2,6,10,11]

本组植物叶椭圆形、长卵圆形，稀倒卵圆形，中部通常最宽，主脉与侧脉分离处侧脉显著低于主脉；叶柄细，基部不显著膨大。花先叶开放、花叶同时开放，稀花后叶开放。每种植物具 1 种花型，稀 3 种或 4 种花型。单花花被片有萼、瓣之分和瓣状之别；花丝通常细、较长，比花药窄；离生单雌蕊无毛。种子颜色较深紫红色。染色体数目 $2n = 38$，稀为 76。

组模式：紫玉兰 Yulania liliflora (Desr.) D. L. Fu[4]。

本组植物 17 种、杂种玉兰 9 种。北美洲南部各国产渐尖玉兰，日本产日本辛夷 Yulania kobus (DC.) Spach[4]、星花玉兰 Yulania stellata (Sieb. & Zucc.) D. L. Fu[27]和柳叶玉兰 Yulania salicifolia (Sieb. & Zucc.) D. L. Fu[4]，其他 13 种均产于中国。杂种玉兰广泛栽培于欧美各国。

2.1 渐尖玉兰亚组 新改隶组合亚组

Yulania Spach Subsect. Tulipastrum (Spach) D. L. Fu et T. B. Zhao, Subsect. transl. nova[1,2].

本亚组植物叶椭圆形、长卵圆形、稀倒卵圆形，中部最宽。花先叶开放，花叶同时开放，或花后叶开放。单花具花被片 9 ~ 12 枚，稀达 48 枚，花被片有萼、瓣之分；花丝细于花药。

亚组模式：渐尖玉兰 Yulania acuminata

（Linn.）D. L. Fu。

本组植物3种,杂种玉兰4种。它们是:渐尖玉兰,紫玉兰 Y. liliiflora[4]、时珍玉兰 Y. shizhenii D. L. Fu,sp. nov. ined.、布鲁克林杂种玉兰 Yulania × broouly－nenjis（Kamb.）D. L. Fu sp. hyrb. transl. nov. ined.、洛内尔杂种玉兰 Y. X loeneri（Kache）D. L. Fu et T. B. Zhao et T. B. Zhao,sp. hyrb. transl. nov. ined.、凯武杂种玉兰 Y. × kwensis（Pcarce）D. L. Fu et T. B. Zhao,sp. hyrb. Transl. nov. ined.、普鲁托斯卡规杂种玉兰 Y. × roctoriana（Rehd.）D. L. Fu et T. B. Zhao, sp. hyrb. transl. nov. ined.

2.2.2 宝华玉兰亚组 新亚组

Yulania Spach Subsect. Baohuayulan D. L. Fu et T. B. Zhao,Subsect. nov.

Subsect. nova folia elliptica vel ob－ovata. Flores arte folia aperti. Tepalis 9 rare 12～18 in quoque flore,petaloideis sine sepaliodeis.

Subsect. typus：Yulania zenii（Cheng）D. L. Fu[1,4,5]

Subset. plantae 5 species：Yulania zenii（Cheng）D. L. Fu, Y. ameena（Cheng）D. L. Fu[1,4,5], Y. sinostellata（P. L. Chia et Z. H. Chen）D. L. Fu[4], Y. shirenshanensis D. L. Fu et T. B. Zhao,sp. nov. ined.

本亚组植物叶椭圆形,或倒卵圆－椭圆形。花先叶开放;单花无萼状花被片。

亚组模式:宝华玉兰 Yulania zenii（Cheng）D. L. Fu[4]。

本亚组植物 3 种:宝华玉兰[4]、天目玉兰 Yulania amoena（Cheng）D. L. Fu[4]、景宁玉兰 Y. sinostellata（P. L. Chiu et Z. H. Zhen）D. L. Fu[4],分布于中国。

2.2.3 河南玉兰亚组 河南玉兰派（河南农业大学学报）新改隶组合亚组

Yulania Spach Subsect. Trimorphaflora（B. C. Ding et T. B. Zhao）T. B. Zhao,D. L. Fu et Z. X. Chen, Subsect. transl. nova[11-12].

本亚组植物拟花蕾顶生;单花具花被片 9～12 枚;3～4 种花型:花被片 9 枚,外轮花被片 3 枚,萼状;花被片 9 枚,花瓣状,近相似;花被片 9 枚,外轮花被片小于内轮花被片;花被片 12 枚,或 10、1 枚,瓣状。

亚组模式:河南玉兰 Yulania honanensis（B.

C. Ding et T. B. Zhao）D. L. Fu et T. B. Zhao, sp. transl. nova[11-12]

本亚组植物 3 种:河南玉兰、大别玉兰 Y. dabieshanensis D. L. Fu et T. B. Zhao,sp. nov. ined.、石人玉兰 Y. shirenshanensis D. L. Fu et T. B. Zhao,sp. nov. ined.。其分布在河南大别山区和伏牛山区。

2.3 朱砂玉兰组（中南林学院学报）

Yulania Spach Sect. × Zhushayulania（W. B. Sun et T. B. Zhao）D. L. Fu[2,6,11].

本组植物叶卵圆形、倒卵圆形、椭圆形等。花先叶开放;单花具花被片 9 枚,花瓣状,颜色多种,通常外轮花被片稍短,稀有萼状、膜质或肉质的花被片;离生单雌蕊无毛。

本组植物为玉兰组与渐尖玉兰组植物的种间杂种,具有双亲形态特征和中间过渡类型。染色体数目 2n = 95,133,123,143,156[1,4,5]。

组模式:朱砂玉兰 Yulania soulangiana（Soul.－Bod.）D. L. Fu[4]。

本组植物 12 种:除朱砂玉兰外,其他 11 种种间杂种玉兰,如伊丽莎白杂种玉兰 Y. × lizabeth（E. Koerting）D. L. Fu et T. B. Zhao,sp. hyrb. transl. nov. ined. 等,欧美各国广泛栽培。中国仅有朱砂玉兰。

3 玉兰属植物资源

根据研究,玉兰属植物 40 种(包括 15 新种)。

3.1 玉兰

Yulania denudata（Desr.）D. L. Fu[4,13].

本种叶倒卵圆形,基部楔形。单花具花被片 9 枚,瓣状,白色,或白色,外面基部带紫红色晕;离生单雌蕊无毛。

产地:中国。欧美各国有引栽。

3.2 滇藏玉兰

Yulania cambepllii（Hook. f. & Thoms.）D. L. Fu[4,14].

本种叶椭圆形。单花具花被片 12～17 枚,深玫瑰色,或淡红色,基部具爪;离生单雌蕊花柱与柱头红色。

产地:中国云南和西藏。尼泊尔等有分布。模式标本,采自锡金。

3.3 凹叶玉兰

Yulania sargentiana（Rehd. & Wils.）D. L.

Fu[2,15].

本种叶先端通常凹缺。单花具花被片 10~14 (~17)枚,近相似,淡粉红色,或淡紫红色;离生单雌蕊无毛,花柱和柱头紫色。蓇葖果具短喙。

产地:云南、四川。模式标本,采自四川瓦山。

3.4　康定玉兰

Yulania dawsoniana(Rehd. & Wils.)D. L. Fu[2,15].

本种叶倒卵圆形,或宽倒卵圆-椭圆形,先端钝尖、短尖头,或短渐尖,稀微凹。花先叶开放;单花具花被片 9~12 枚,白色,外面白色带红色晕,形状近相似。果梗粗壮,无毛。蓇葖果倒卵圆-球形,先端钝圆,无喙,或具短喙。

产地:四川。模式标本,采自四川德钦。

3.5　武当玉兰

Yulania sprengeri(Pamp.)D. L. Fu[2,16].

本种叶倒卵圆形,先端钝尖。单花具花被片 12(~14)枚,花瓣状,淡粉红色或白色,有时具紫红色至暗紫色条纹;雄蕊花丝扁宽,紫红色;离生单雌蕊花柱与柱头玫瑰红色。

产地:河南、湖北等。模式标本,采自湖北武当山。

3.6　青皮玉兰

Yulania viridula D. L. Fu,T. B. Zhao et G. H. Tian[8].

本种叶椭圆形,或宽椭圆形。单花具花被片 33~48 枚,外面中部以下亮浅桃红色,基部亮浓桃红色,内面雪白色;雄蕊背面亮紫红色;离生单雌蕊无毛,花柱和柱头亮桃红色。

产地:陕西。河南有引栽。模式标本,采自河南新郑。

3.7　奇叶玉兰

Yulania mirifolia D. L. Fu,T. B. Zhao et Z. X. Chen[8].

本种叶不规则倒三角形,先端不规则形、2 圆裂,或 2 宽三角形,基部楔形。拟花蕾具芽鳞状托叶 1 枚,稀 2 枚。单花具花被片 12 枚,花瓣状;离生单雌蕊密被白色短柔毛。

产地:河南。模式标本,采自河南信阳县。

3.8　玉灯玉兰

Yulania pyriformis(T. D. Yang et T. C. Cui) D. L. Fu[4,17].

本种叶圆形,或宽倒卵圆形。花纯白色;单花具花被片 12~33 枚;离生单雌蕊群淡黄绿色,微

被短柔毛。

产地:陕西。模式标本,采自陕西西安植物园。

3.9　多花木兰

Yulania multiflora(M. C. Wang et C. L. Min)D. L. Fu[4,18].

本种拟花蕾密被淡黄色长柔毛,顶生,含 1~3 朵花。单花具花被片 12~14(~15)枚,狭倒卵圆形,或倒披针形,白色,外面下部淡红色。

产地:陕西。模式标本,采自陕西宁陕县。

3.10　罗田玉兰

Yulania pilocarpa(Z. Z. Zhao et Z. W. Xie) D. L. Fu[4,19].

本种单花具花被片 9 枚,外轮花被片萼状,内轮花被片白色,外面中部以下锈色;离生单雌蕊被白色短柔毛。

产地:湖北、河南。模式标本,采自湖北罗田县。

3.11　鸡公玉兰

Yulania jigongshanensis(T. B. Zhao, D. L. Fu et W. B. Sun)D. L. Fu[4,20].

本种叶特殊,具 7 种叶型:①宽椭圆形,或宽卵圆形,②倒卵圆形,③宽倒三角-近圆形,④倒三角形,⑤倒卵圆形,先端钝尖,⑥圆形,或近圆形,⑦卵圆形。单花具花被片 9 枚;离生单雌蕊密被短柔毛。

产地:河南。模式标本,采自鸡公山。

3.12　舞钢玉兰

Yulania wugangenisis(T. B. Zhao, W. B. Sun et Z. X. Chen)D. L. Fu[4,21].

本种单花具 2 种花型:①花被片 9 枚,有萼、瓣之分;②花被片 9 枚,稀 7,或 10 枚,花瓣状,有时外轮花被片稍小。

产地:河南。模式标本,采自河南舞钢市。

3.13　望春玉兰

Yulania biondii(Pamp.)D. L. Fu[4,22].

本种叶长卵圆形。单花具花被片 9 枚,有萼、瓣之分,内轮花被片白色,有淡紫色晕。

产地:河南、湖北等。模式标本采自湖北? 河南南召、鲁山县有大面积人工栽培。

3.14　黄山玉兰

Yulania cylindrica(Wils.)D. L. Fu[4,23,24].

本种单花具花被片 9 枚,大小不相等,有萼、瓣之分,内轮花被片外面中部以下中间亮淡红紫

色晕,基部具爪;离生单雌蕊无毛。蓇葖果成熟时带棕红色。

产地:安徽、河南等。模式标本,采自安徽黄山。

3.15 日本辛夷

Yulania kobus(DC.)Spach[1,4,25].

本种单花具花被片 9 枚,有萼、瓣之分,内轮花被片白色,较小;雄蕊花丝紫红色。

产地:日本及朝鲜半岛。模式标本,采自日本。我国山东、河南等省有引种栽培。

3.16 星花玉兰

Yulania stellata (Sieb. & Zucc.) D. L. Fu[4,26,27].

本种单花具花被片 9 ~ 48 枚,有萼、瓣之分,内轮花被片 6 ~ 45 枚,稀 45 枚,白色至玫瑰色。蓇葖果具短喙。

产地:日本。模式标本,采自日本。中国山东、河南有引种。

3.17 柳叶玉兰

Yulania salicifolia (Sieb. & Zucc.) D. L. Fu[4,28].

本种灌木乔木或大灌木。叶卵圆形,稀椭圆形。单花具花被片 9 ~ 12 枚,有瓣、萼之分;离生单雌蕊白色或乳黄色;花梗无毛。染色体数目:$2n = 38$。

产地:日本。模式标本,采自日本。

3.18 腋花玉兰

Yulania axilliflora (T. B. Zhao, T. X. Zhang et J. T. Gao) D. L. Fu[4,12,29].

本种拟花蕾腋生和顶生,或簇生,有时构成总状聚伞花序。单花具花被片 9 枚,萼状花被片大小、形状不同。

产地:河南。模式标本,采自河南南召县。

3.19 天目玉兰

Yulania amoena(Cheng)D. L. Fu[4,30]

本种叶长椭圆形,先端短尾尖。单花具花被片 9 枚,粉红色,或淡粉红色;雄蕊花丝紫红色。

产地:浙江、福建等。模式标本,采自浙江天目山。

3.20 景宁玉兰

Yulania sinostellata (P. L. Chiu et Z. H. Chen) D. L. Fu[4,31].

本种落叶灌木。单花具花被片 12 ~ 15(~ 18) 枚,初开时淡紫红色,后变白色,仅外面中下部,或

中间紫红色。

产地:浙江。模式标本,采自浙江景宁县。

3.21 宝华玉兰

Yulania zenii(Cheng)D. L. Fu[4,32].

本种叶倒卵圆-长圆形,先端急尖,或尾状渐尖。单花具花被片 9 枚,初开时外面紫红色;雄蕊药室侧向长纵裂。

产地:江苏。模式标本,采自江苏句容县宝华山。

3.22 紫玉兰

Yulania liliiflora(Desr.) D. L. Fu[4,32].

本种落叶灌木。单花具花被片有萼、瓣之分,内轮花被片外面紫色、红紫色;离心皮雌蕊群淡紫色。蓇葖果具短喙。

产地:湖北等。模式标本,采自中国华中(?)。

3.23 渐尖玉兰

Yulania acuminata(Linn.)D. L. Fu[4,33,34].

本种落叶灌木或乔木。叶椭圆形。单花具花被片 9(~12)枚,外轮花被片萼状,内轮花被片黄色至黄绿色,常具紫青色晕。

产地:美国。模式标本,采自美国。

3.24 河南玉兰 新改隶组合种

Yulania honanensis (B. C. Ding et T. B. Chao) D. L. Fu et T. B. Zhao, sp. transl. nova[29].

本种单花具花被片 9 ~ 12 枚;3 种花型:①花被片 9 枚,外轮 3 枚,萼状,大小不等,形状不一;②花被片 9 枚,花瓣状;③花被片 10 ~ 12 枚,其形状与大小近似。3 种花型的内轮花被片花瓣状形状、大小、颜色一致。

产地:河南。模式标本,采集河南南召县。

3.25 朱砂玉兰

Yulania soulangiana (Soul. - Bod.) D. L. Fu[4,35].

本种单花具花被片 9 枚,外轮花被片 3 枚,为内轮花被片长度的 2/3,外面淡红色,或淡紫色、玫瑰色,内面黄白色。

产地:中国。Soulange-Bodin 用玉兰与紫玉兰杂交成功,在欧美各国广泛栽培。

4 玉兰亚属植物的种间杂交种与杂交种

4.1 维特奇杂种玉兰(新拟)

Yulania×veitchii (Bean) D. L. Fu, sp. hybr. transl. nova[36].

本杂种速生,像滇藏玉兰 Yulania campbellii[4]。叶大。花橙粉红色,倒向下像梨形。

产于:英格兰。杂种亲本:滇藏玉兰 × 玉兰。品种:'Alba','Isca'[2]。

4.2 凯武杂种玉兰(新拟)

Yulania×kewensis(S. A. Pearce)D. L. Fu et T. B. Zhao,sp. hybr. transl. nova[2,37]。

本杂种花纯白色;单花具花被片9枚,内轮花被片6枚,比柳叶玉兰 Yulania salicifolia[4],外轮花被片3枚,萼状。

产于:英国。杂种亲本:日本辛夷 Yulania kobus[2] × 柳叶玉兰。品种:'Parson Clone','Wda,s Memory'[2]。

4.3 洛内尔杂种玉兰(新拟)

Yulania×loebner(P. Kache)D. L. Fu et T. B. Zhao, sp. hybr. transl. nova[38,39]。

本杂种丛生大灌木至单干小乔木,高 7.8 m。花径 10.0~15.0 cm;单花具花被片 11~16 枚,花被片窄狭,白-粉红色。

产于:德国。

杂种亲本:日本辛夷 × 星花玉兰 Y. stellata(Sieb. & Zucc.)D. L. Fu)[27]。品种:'Ballerina','Dr. Van Fleet','Encore','Leonard Messel','Snowdrift','Super Star','Willowwood','Donna','Merrill','Spring Snow','Powder Puff','Star Bright','White Rose','Neil McEachern'[2]。

4.4 普鲁斯托莉杂种玉兰(新拟)

Yulania× proctoriana(Rehd.)D. L. Fu et T. B. Zhao,sp. hybr. transl. nova[2,40]。

本杂种乔木。树冠塔形。叶比柳叶玉兰小而宽。花白色,多瓣,像星花玉兰。

产于:美国。杂种亲本:柳叶玉兰 × 星花玉兰。品种:'Slavin's Snowy'[2]。

4.5 星紫杂种玉兰(新拟)

Yulania× george-henry-ken(C. E. Kern)D. L. Fu et T. B. Zhao,sp. hybr. transl. nova[2]。

本杂种单花具花被片 8~10 枚,花被片外面浓红-蔷薇色,内面颜色较浅,宽 8.0~10.0 cm。

产于:美国。杂种亲本:星花玉兰 × 紫花玉兰 Y. liliiflora[4]。品种:'George Henry Kern','Ann','Judy','Randy','Ricki','Pinkie','Betty','Su-san'[2]。

4.6 布鲁克林杂种玉兰(新拟)

Yulania× brooklynensis(G. Kalmb.)D. L. Fu,sp. hybr. transl. nova[41]。

本杂种很像紫玉兰。花期很长,5 月中下旬至 6 月中旬。

产于:美国。杂种亲本:渐尖玉兰 Yulania acuminata×紫玉兰。品种:'Evamaria','Golden Girl','Hattie Carthan','Woodsman'[2]。

4.7 玉柳杂种玉兰(新拟)

Yulania× wada,s-sn,ow-white(K. Wada)D. L. Fu et T. B. Zhao,sp. hybr. transl. nova[2]。

本杂种生活力强。开花年龄早。花白色,芳香。

产于:日本。杂种亲本:玉兰×柳叶玉兰。

4.8 滇紫杂种玉兰(新拟)

Yulania × early-rose(O. Blumhardt)D. L. Fu et T. B. Zhao,sp. hybr. transl. nova[2]。

本杂种花粉红色,形状像滇藏玉兰。

产于:新西兰。杂种亲本:滇藏玉兰 × 紫玉兰。品种:'Apolloo','Vulcan'[2]。

4.9 伊丽莎白杂种玉兰(新拟)

Yulania× lizabeh(E. Koerting)D. L. Fu,sp. hybr. trans. nova[42]。

本杂种为塔形树冠。叶倒卵圆形,深绿色,幼叶铜绿色。花期早;花黄色,芳香。单花具花被片 9 枚,匙形;雄蕊蔷薇-红色,似玉兰。树形、叶像渐尖玉兰。

产于:美国。杂种亲本:玉兰 × 渐尖玉兰。品种:'Yellow Garland','Ivory Chalice','Yellow Fever','Sundance','Butterflies','Goldfinch'[2]。

4.10 黑饰杂种玉兰(新拟)

Yulania× dark-raiment(T. Gresham)D. L. Fu et T. B. Zhao,sp. hybr. trans. nova[2]。

本杂种乔木,生长健壮。叶厚革质,背面有时具紫罗兰色。花深红-紫罗兰色;单花具花被片 12 枚,外轮花被片像杯状,内轮花被片 4 枚,像滇藏玉兰。

产于:美国。杂种亲本:紫玉兰 × 维特奇杂种玉兰 Yulania × eitchii。品种:'Peppermint Stich','Vin Rouge','Heaven Scent','Royal Grown','Sayonara','Raspberry Ice'[2]。

4.11 格雷沙姆杂种玉兰(新拟)

Yulania× gresham-hybrid(T. Grasham)D. L.

Fu et T. B. Zhao,sp. hybr. trans. nova[2].

本杂种单花具花被片9枚,外轮花被片基部蔷薇色,从基部至先端有1条玫瑰色条纹,先端白色,中轮花被片稍小,颜色与外轮花被片相似,但稍微暗条纹,内轮花被片基部具深蔷薇-紫色条纹。

产于:美国。杂种亲本不详。品种:'Candy Cane','Dark Shadow','Full Eclipse','Jon Jon','Phelan Bright','Pink Goblet','Sangreal','Winelight'[2]。

5 玉兰属植物新种

根据作者调查、整理和分类鉴定有15新种:1.两型玉兰 Yulania dimopha D. L. Fu et al.,2.信阳玉兰 Yulania xinyangensis D. L. Fu et al.,3.具柄玉兰 Yulania gynophora D. L. Fu et al.,4.湖北玉兰 Yulania hubeiensis D. L. Fu et al.,5.华龙玉兰 Yulania hualongyulan D. L. Fu et al.,6.莓蕊玉兰 Yulaniafragarigy-nanria D. L. Fu et al.,7.贵妃玉兰 Yulania quifeiyulan D. L. Fu et al.,8.黄玉兰 Yulania huangyulan D. L. Fu et al.,9.安徽玉兰 Yulania anhuiensis D. L. Fu et al.,10.北川玉兰 Yulania vcarnosa D. L. Fu,11.时珍玉兰 Yulania shizhnii D. L. Fu,12.四川玉兰 Yulania sichuanensis D. L. Fu,13.怀宁玉兰 Yulania huainingensis D. L. Fu et al.,14.石人玉兰 Yulania shirenshanensis D. L. Fu et al.,15.大别玉兰 Yulania dabieshanensis D. L. Fu et al.(玉兰属植物新种另文发表)。

参考文献

[1] Spach E. Yulania Spach, Hist[J]. Nat. Vég. Phan. 1839,7:462.

[2] Callaway D J. The world of Magnolias[M]. Oregen:T inber press,1994:135-231.

[3] 中国科学院中国植物志编辑委员会. 中国植物志 第三十卷 第一分册[M]. 北京:科学出版社,1996:126-141.

[4] 傅大立. 玉兰属的研究[J]. 武汉植物研究,2001,19(3):191-198.

[5] Dandy J E. Magnolia Subgenus Yulania Section Yulania (Spach) Dandy, Camellias and Magnolias Con. Rep. 1950:72.

[6] 赵天榜,高炳振,傅大立,等. 舞钢玉兰芽种类与成枝成花规律的研究[J]. 武汉植物学研究,2003,21(1):81-90.

[7] 南京林学院树木学教研组. 树木学 上册[M]. 北京:农业出版社,1961:139-146.

[8] 傅大立,田国行,赵天榜. 中国玉兰属两新种[J]. 植物研究,2004,24(3):261-264.

[9] 朱光华译. 杨亲二,俸宇星校. 国际植物命名法规(圣路易斯法规中文版)[M]. 北京:科学出版社,2001:94-100.

[10] Siebold F A M v,Zuccacarini J G. Buergeria Sieb. & Zucc[J]. in Abh. Math.-Phys. Cl. Akad. Wiss. 1843,4(2):187(1. Jap. Fam. Nat. 1:79).

[11] 傅大立,赵天榜,孙卫邦,等. 关于木兰属玉兰亚属分组问题的探讨[J]. 中南林学院学报,1999,19(2):6-11.

[12] 丁宝章,赵天榜,陈志秀,等. 中国木兰属植物腋花、总状花序的首次发现和新分类群[J]. 河南农业大学学报,1985,19(4):356-363.

[13] Desrousseaux L A J, Magnolia denudata Desr. in Lama. Encycl. Me th. Bot. exclud. Syn. "mokkwuren fl. albo" kaempfe,1791,3:675.

[14] Hooker J D, Magnolia campbellii Hook. f. & Thoms. Flora Indica 1855,1:77.

[15] Sargent C S,Plantae Wilsonianae. Vol. I[M]. Cambridge:The Cambridge. University Press, 1913:391-409.

[16] Pampanini R, Magnolia sprengeri Pamp. in Nouv. Giorn. Bot. Ital. new. ser. 1915,22:295.

[17] 杨廷栋, 段铁成. 玉兰的一新变种[J]. 广西植物,1993,13(1):7.

[18] 王明昌,闵成林. 陕西木兰属一新种[J]. 西北植物学报,1992,12(1):85-86.

[19] 赵中振,谢万宗,沈节. 药用辛夷一新种及一新变种的新名称[J]. 药学学报,1987,22(10):777-780.

[20] 赵天榜,傅大立,孙卫邦,等. 中国木兰属一新种[J].河南师范大学学报,2000,28(1):62-65.

[21] 赵天榜,孙卫邦,陈志秀,等. 河南木兰属一新种[J].云南植物研究,1999,21(2):170-172.

[22] Pampanini R. Magnolia biondii. Pamp[J]. in Nuov. Giorn. Bot. Ital. N. ser. 1911,17:275. 1910,18:t. 3.

[23] Wilson E H. Magnolia cylindrica Wils[J]. in Journ. Am. Arb. 1927,8:109.

[24] 郑万钧. 黄山木兰 Magnolia cylindrica Wils[J]. 中国植物学杂志,1934,1:299.

[25] De Candolle. Magnolia kobus DC., nom. Cons. Prop., Syst. Nat. 1817,1:456.

[26] Thunberg C P, Magnolia tomentosa Thunb. in Trans. Linn. Soc. Bot. 1794,2:336.

[27] Siebold F A M v,Zuccacarini J G, Buergeria stellata

Sieb. & Zucc., Abh. Math. –Phys. Cl. Konigi. Bayer. Akad. Wiss. 1845,4,2:186. t. IIa.

[28] Buergeria salicifolia Sieb. & Zucc. in Abh. Math. – Phys. Cl. Akad. Wiss. MU nch. 1843,4(2):187(Fl. Jap. Fam. Nat. 1:79.

[29] 丁宝章,赵天榜,陈志秀,等. 河南木兰属新种和新变种[J]. 河南农学院学报,1983,4:6-11.

[30] 郑万钧. 天目木兰 Magnolia amoena Cheng[J]. 中国科学社生物研究所丛刊,1933,9:280-281. f. 28.

[31] 裴宝林,陈征海. 浙江木兰属一新种[J]. 植物分类学报,1989, 27(1):79-80.

[32] Cheng,Magnolia zenii Cheng in Contr. Biol. Lab. Sci. Soc. China Bot. 1933, 8:291. f. 20.

[33] Desrousseaux L A J. Magnolia liliiflora Desr. in Lam. Encycl. Bot. Exclude. Syn. "mokkwuren fl. albo" kaempfer 1791,3:675.

[34] Linnaeus C. Magnolia virginiana Linn. (var.) e. acuminata Linn. ,Sp. Pl. 1753,536.

[35] Linnaeus C. Magmolia acuminata Linn., Syst. Nat. ed. 1759,10(2):1082.

[36] Soulange-bodin E, Magnolia X soulangiana Soulo. – Bod. in Me m. Soc. Lim. Paris, 1826, 1826:269 (Nouv. Esp. Magnolia).

[37] Bean W J,Magnolia Xveitchii Bean In Veitch Journal of the Royal Horticultural Society 1921,46:321. fig. 190.

[38] Pearce S A, Magnolia X kewensis Pearce Gardenere Chronicle,1952,132:154.

[39] Kache P, Magnolia X loebneri Paul Kache in Garten Shonh,1920,1:20.

[40] Spongberg S A, Magrololiaceae hardy in temperate North A. merica. Jour. Arn. Arb. 1976,57:250-312.

[41] Reholer A, Magnolia proctoriana. New Species, varieties and combinations from. the collections of the Arnold Arboretum[J]. Journal of the Arnold Arboretum, 1939,20:412-413.

[42] Kalmbacher G, Magndia X brooklynensis Kalmbacher Newsletter of the American Magnolia Society 1972, 8 (2):7-8.

[43] Linnaeus C,Magnolia Elizabeth L. E. Koerting in Journ. Magnolia Soc, 1977,13(2):21~22. Plate 115-116.

玉兰新分类系统的研究

田国行[1]　傅大立[2]　赵天榜[1]　赵东武[3]

(1. 河南农业大学林学园艺学院,郑州　450002;
(2. 中国林业科学研究院经济林研究开发中心,郑州　450003;
(3. 河南农业大学风景园林规划设计院,郑州　450002)

摘 要　作者对多年来采集的玉兰植物标本进行了分类、整理和研究。结果表明,玉兰是个野生和栽培兼有、形态多样性的复合型种群,并首次提出玉兰种下新分类系统。该新系统是:种—亚种,其中包括 2 亚种(1 新组合亚种)、6 变种(1 新变种和 3 新改隶组合变种)。为进一步深入开展玉兰形变理论、新品种选育和开发利用等研究提供了科学依据。

关键词　玉兰;新分类系统;新分类群;种质资源

玉兰 Yulania denudata(Desr) D. L. Fu[1-3]特产我国,是个生长迅速、适应性很强、分布和栽培范围很广的特用优良树种。因其具有树形优美、花大芳香、材质优良、用途广泛等特性,在营造速生用材林、特用经济林、环境生态林和城乡园林绿化建设事业中具有重要的意义。为此,作者从1972 年开始至今,在河南、湖北、湖南等 20 个省(区、市)进行了全国性玉兰植物资源的调查研究,采集了一批玉兰植物标本,收集了一批文献资料。近年来,作者对采集的玉兰植物标本进行了分类、整理和研究。现将研究结果报道如下。

1　材料与方法

1.1　供试材料

供试材料系作者多年来在全国 20 个省(区、市)采集的玉兰植物标本(存河南农业大学植物标本室 HNAC)和河南省新郑林业高新技术试验

基金项目:河南省科技攻关项目"河南省鄢陵县绿色产业生态示范工程建立技术研究"资助项目(项目编号:6224050019)。

第一作者简介:田国行(1964—),男,博士,副教授,从事景观设计与园林植物研究。

场引种的玉兰种质资源植株,以及收集的有关玉兰分类的文献资料[1-26]。

1.2 研究方法

根据植物分类学原理和方法,按照《国际植物命名法规》[4]中有关规定条款,对所采集的玉兰植物标本逐份进行观察和记载。然后,提出不同类群(亚种、变种)的标志性形态特征,并根据不同类群植物的标志性特征,提出玉兰种下分类的依据及新分类系统。

2 结果与分析

根据玉兰形态多样性研究的结果,作者遵循植物分类学原理、形变理论和《国际植物命名法规》中有关规定条款,将玉兰植物 360 余份标本,归纳为 2 大类(亚种)、6 小类(变种)。

2.1 玉兰(读史订疑)[1]

Yulania denudate (Desr.) D. L Fu,武汉植物学研究,2001,19(3):191~198[1,2];*Magnolia denudata* Desr. in Lama Encycl Méth Bot. 3:675. 1971,exclud syn "Mokkwuren" Kaempfer[5-9];中国植物志 第30卷 第1分册:131~132. 1996.

落叶树种。拟花蕾[10]通常具芽鳞状托叶[10-11]3~6 枚,始落期 6 月中下旬。花先叶开放。单花具花被片 9 枚,花瓣状;离生单雌蕊[10,12]无毛;花梗和缩台枝[10]显著膨大、密被淡黄色绢毛等。

产地:原产于我国。目前,栽培范围很广。

用途:拟花蕾入中药作"辛夷"用[3,5,13-15],还是特用经济林、用材林和园林绿化建设事业中的优树良种。

2.2 玉兰 新改隶组合亚种

Yulania denudata (Desr) D. L. Fu subsp. denudata(Desr) D. L. Fu et T. B. Zhao, subsp. trans. nova, *Magnolia denudata* Desr. in Lama Encycl Méth Bot. 3:675. 1971.

本亚种主要特征:花白色,花被片外面具有不同程度紫色,或淡紫红色晕;离生单雌蕊无毛。

2.2.1 玉兰 变种

Yulania denudata(Desr.)D. L. Fu var. denudata

本变种单花具花被片通常 9 枚,稀 21 枚,白色。

产地:本变种在河南、河北、湖北等省各地栽培很广。河南伏牛山区的南召县有天然分布。

2.2.2 黄花玉兰[16] 新改隶组合变种

Yulania denudata (Desr.) D. L. Fu var falva D. L. Fu,T. B. Zhao et Z. X. Chen, var. trans. nova, *Magnolia denudata* Desr. var. *flava* T. B. Zhao et Z. X. Chen,赵天榜等编. 木兰及其栽培. 15~16. 1992。

A type recedit floribus flavidis ad flavos,tepalis spathulati-ovatis.

Henan:Nanzhao Xian. 1990 - 03 - 15. T. B. Zhao et al. ,No. 903158(flos,hobtypus hic disignatus,HNAC).

新变种花淡黄色至黄色;花被片匙-卵圆形。

产地:河南南召县。1990 年 3 月 15 日。赵天榜等,No. 903158(花)。模式标本,存河南农业大学。

2.2.3 塔形玉兰[17] 窄被玉兰 新改隶组合变种

Yulania denudata (Desr.) D. L. Fu var pyraimidalis(T. B. Zhao et Z. X. Chen) D. L. Fu,T. B. Zhao et Z. X. Chen, var. transl nova, *Magnolra denudata* Desr. var. *pyramidalis* T. B. Zhao et Z. X. Chen,河南农学院学报,17(4):11. 1983;*M. denudata* Desr. var. *angustitepala* T. B. Zhao et Z. X. Chen(=Z. S. Chun),河南农业大学学报,19(4):363. 1985.

本变种树冠塔形;侧枝细、少,与主干呈 25°~30°角着生。小枝细,直立向上生长。单花具花被片 9 枚,白色,外面中基部中间有紫色晕。

产地:河南。模式标本,采自郑州,存河南农业大学。

2.2.4 淡紫玉兰[19] 新改隶组合变种

Yulania denudata (Desr.) D. L. Fu var purpuraseens(Z. W. Xie et Z. Z. Zhao)D. L. Fu,T. B. Zhao et G. H. Tian var transl. nova, *Magnolia conspicua* Salish var. *purpurascens* Maxin. in Bull. Acad Sci. St. Pdersbourg,XVII 419. 1872[20];*M. denudata* Desr. var. *purpuruscens* (Maxm) Rehd & Wils. Sargent Pl. Wils. 401~402. 1913[21];*M. denudata* Desr. var. *dilutipurpurascens* Z. W. Xie et Z Z. Zhao,药学学报,1997,22(10):778.

本变种中花具花被片 9 枚,外面淡紫色,或紫色。

产地:浙江、陕西等省有分布和栽培。

2.2.5 长叶玉兰(新拟)[3,9,21,22] 新改隶组合变种

Yulania denudata(Desr.) D. L. Fu var. elongata（Rehd. & Wils.）D. L. Fu et T. B. Zhao，var. trans. nova；*Magnolia denudata* Desr. var. *elongata* Rehd. & Wils. in Sargent Pl. Wils. 1：402～403. 1913；中国植物志 第 30 卷 第 1 分册. 128. 1996；*M. sprengeria* Pamp. var. *elongata*（Rehd. & Wils.）Bean，Trees Shrubs Brit. Isl. 3：225. 1933；*M. sprengeria* Pamp. var. *elongata*（Rehd. & Wils.）Bean Stapf in Bot. Mag. 152：t. 9116. 9[2] in nota 1927；湖北植物志第 1 卷. 423～424. 1976.

本变种：乔木，高 12～15 m，胸径 1～2 m。小枝直立开展。叶无毛，长圆-倒卵圆形，先端稍短尖，基部楔形，长 12.0～15.0 cm，宽 4.5～6.0 cm。花白色，芳香；萼状和瓣状花被片长圆-倒卵圆形，或匙-长圆形，长 7.0～9.0 cm，宽 2.0～4.0 cm；雄蕊群长 1.5～1.8 cm，花丝长 4～6 mm，红色，药隔先端长急尖；雌蕊群同部分雄蕊长 3.0～3.5 cm，柱头比模式较长。果实像模式。

产地：湖北。模式标本，采自长阳县。

说明：根据本变种的原始记载[20,21]和作者在湖北采集的标本（No. 0008161）观察结果，与湖北植物志 第一卷[22]和 D. J. Callwar[7-8]记载本变种的形态特征做比较后，作者认为：本变种实属玉兰种类范围，而不宜作武当玉兰的变种处理，故做上述处理。

2.3 毛玉兰[23]　新组合亚种

Yulania denudata（Desr.）D. L. Fu subsp. pubescens（D. L. Fu，T. B. Zhao et G. H. Tian）D. L. Fu，T. B. Zhao et G. H. Tian subsp. comb. nova，*Y. denudata*（Desr.）D. L. Fu，T. B. Zhao et G. H. Tian，武汉植物学研究，25（3）：261～262. 2004.

本亚种离生单雌蕊被短柔毛。

2.3.1 毛玉兰　变种

Yulania denudata（Desr.）D. L. Fu var. pubescens D. L. Fu，T. B. Zhao et G. H. Tian

本变种离生单雌蕊被短柔毛。

产地：河南、陕西、安徽、山东省。河南伏牛山区有分布。模式标本，采自河南郑州。

2.4 玉兰 2 个类群（种）的处理

2.4.1 玉灯玉兰[24]

Yulania pyriformis（D. L. Fu，T. B. Zhao et G. H. Tian）D. L. Fu[1,2,14]，sp. comb. nova，*Magnolia denudata* Desr. var. *pyriformis* T. D.

Yang et T. C. Cui 是杨廷栋等在广西植物 13（1）：7. 1993 发表的玉兰新变种[24]；王亚玲等用 RAPD 技术对几种玉兰亚属植物的研究结果，也证实了玉灯玉兰作为种级处理是合理的、正确的[25]。

2.4.2 飞黄玉兰

Yulania feihangyulan（F. G. Wang）T. B. Zhao et Z. X. Che[1,2,14]，sp. comb. nova

飞黄玉兰是王志卉 1998 年 5 月 23 日在中国花卉报 59 期上（彩照）发表的新品种。

根据作者多年来观察，飞黄玉兰具有叶近圆形，或圆形，表面多皱。拟花蕾[10]顶生、腋生均有。单花具花被片 9 枚，淡黄色至黄色，基部宽，呈簸箕状；离生单雌蕊[10,12]疏被短柔毛，与玉兰显著不同，作为玉兰种群内的成员，似乎不妥。为此，作者把它作为种级处理，即飞黄玉兰 Yulania feihangyulan D. L. Fu et T. B. Zhao，sp. nov. ined。这一观点，得到了王亚玲等研究结果[25]所证实。

3　初步小结

玉兰原产于我国，分布与栽培很广。

玉兰形态特征变异非常广泛，是个野生和栽培兼有、形态多样性的复合型种群，其中不同类型之间具有显著而稳定的标志性形态特征。这些形态特征是玉兰种下分类划分的依据。

玉兰种下新分类系统是：种—亚种—变种。其中，包括 2 亚种（1 新组合亚种）、6 变种（1 新变种和 3 新改隶组合变种）。

参考文献

[1] 傅大立. 玉兰属的研究[J]. 武汉植物研究，2001，19（3）：191-198.

[2] Spach E. Yulania　Spach, Hist. Nat. Vég. Phan. 1839，7：462.

[3] Callaway D J. The world of Magnolias. Oregen：T inber press. 1994：135-231.

[4] 中国科学院中国植物志编辑委员会. 中国植物志 第三十卷 第一分册[M]. 北京：科学出版社，1996：131-132.

[5] 朱光华译. 杨亲二，俸宇星校. 国际植物命名法规（圣路易斯法规中文版）1979[M]. 北京：科学出版社，2001.

[6] （清）吴其濬. 植物名实图考长编（卷九十）辛夷[M]. 上海：商务出版社，1959：1042-1044.

［7］Desrousseaux L A J. Magnolia denudata Desr［J］. in La-
ma. Encycl. Méth. Bot, 1791,3:675.

［8］Callaway J D. The world of Magnilia Oregon［M］. Tinber
press,1994:135-139.

［9］Chen Bao Liang,Hans P. Nooteboom,Notes on Magnoli-
aceae III:The Magnoliaceae of China Ann. Miss. Bot.
Garden,1993,80（4）:1021-1023.

［10］Rehder A. Bibliography of Cultivated Trees and Shrubs
USA:Harvard University,1949:182

［11］赵天榜,高炳振,傅大立,等. 舞钢玉兰芽种类与成
枝成花规律的研究［J］. 武汉植物学研究,2003,21
（1）:81-90.

［12］南京林学院树木学教研组. 树木学 上册［M］. 北
京:农业出版社,1961:139-146.

［13］中国科学院植物研究所. 中国高等植物图鉴(第一
册)［M］. 北京:科学出版社,1983:786.

［14］李时珍. 本草纲目(1578)［M］. 北京:人民卫生出
版社,1983:1935-1936.

［15］傅大立. 辛夷植物资源分类及新品种选育研究
［D］. 株洲:中南林学院,2001.

［16］中华人民共和国卫生部药典委员会. 中华人民共和
国卫生部药典(1 部)［M］. 北京:人民卫生出版社,
1992:153-154.

［17］赵天榜,陈志秀,曾庆乐,等. 木兰属及其栽培
［M］. 郑州:河南科学技术出版社,1992:15-16.

［18］丁宝章,赵天榜,陈志秀,等. 河南木兰属新种和新
变种［M］. 河南农学院学报,1983,4:6-11.

［19］丁宝章,赵天榜,陈志秀,等. 中国木兰属植物腋
花、总状花序的首次发现和新分类群［J］. 河南农业
大学学报,1985,19（4）:356-363.

［20］赵中振,谢万宗,沈节. 药用辛夷一新种及一新变
种的新名称［J］. 药学学报,1987,22（10）:777-780.

［21］Salisbury R A. Mqgnolia conspicua Salisb. var. pur-
purascen Maxim. in Bull. Acad. Sci. St. Pdersb.
1872,17:419（in mel. Biol. 8:509）.

［22］Sargent C S Plantae Wilsonianae Cambridge the Univer-
sity press,1913:399-402.

［23］湖北省植物研究所. 湖北植物志(第一卷)［M］. 武
汉:湖北人民出版社,1976:423-424.

［24］田国行,傅大立,赵天榜. 河南玉兰属一新变种［J］.
武汉植物学研究,2004,24（3）:261-264.

［25］杨廷栋,段铁成. 玉兰的一新变种［J］. 广西植物,
1993,13（1）:7.

［26］王亚玲,李勇,张寿洲,等. 几种玉兰亚属植物
RAPD 亲缘关系分析［J］. 园艺学报,2003,30（3）:
200-302.

中国玉兰属两新种

傅大立[1] 田国行[2] 赵天榜[2] 陈志秀[2]

(1. 中国林业科学研究院经济林研究开发中心,郑州 450003;2. 河南农业大学,郑州 450002)

摘 要 描述了中国木兰科玉兰属两新种:奇叶玉兰（Yulania mirfolia D. L. Fu,T. B. Zhao et Z. X. Chen,sp.
nov.）和青皮玉兰（Yulania viridula D. L. Fu,T. B. Zhao et G. H. Tian,sp. nov.）的形态特征和分布情况,并与近缘
种进行了比较。

关键词 木兰科;玉兰属;奇叶玉兰;青皮玉兰;新种

1. 奇叶玉兰 新种 图1

Yulania mirifolia D. L. Fu T. B. Zhao et Z.
X. Chen,sp. nov. ,Fig. 1

Species Yulania sprengeri（Pamp.）D. L. Fu
similis,sed foliis irregulariter obtriangularibus,apice
irregularibus vel 2 late triangulates,costis apice
secundis,vel e basibus vel in medio 2-furcatis. Ala-
bastris parvis ovoideis 1. 5~2. 0 cm longis;perulis 1

（2）,crasse coriaceis extus dense villosis;floribus
ante folia apertis;tepalis 12 in quoque flore,albis
extus in medio basis minute purpurascentibus;pistil-
lis viridulisense albo-pubescentibus. Pedicellis
dense flavo-villosis.

Arbor decidua,ca. 8 m alta. Ramuli anniculi
purpureo-brunnei nitidi primum flavovirentes dense
flavo-pubescentes demum glabri vel persistentes;

基金项目:国家林业局"948"项目资助(项目编号:2003-04-19)。

第一作者简介:傅大立(1965—)男,博士,从事林木种质资源分类与遗传育种研究。

致谢:承蒙中国林业科学研究院树木分类学洪涛教授和河南农业大学植物分类学家朱长山教授提出宝贵修改意见,特致谢意!

stipulis longe lanceolatis 1. 5 ~ 2. 0 cm longis extus dense argent-pubescentibus apice obtusis, cicatricibus stipularum expressis. Folia irregulariter obtriangula 9. 2 ~ 16. 5 cm longa 7. 0 ~ 11. 5 cm lata, supra flavo-virentia vel politiviridia glabra, costis et nervis lateralibus leviter impressis ad costas pubescentibus, subtus viridula primum densius pubescentia, costis et nervis lateralibus expressi-elevatis pubescentibus, utrinque conspiciretinevia, apice irregularia 2-rotundilobata vel 2 late triangulate basi cuneata margine integra costis genereliter secundis vel e basibus vel in medio bifurcaties, nervis lateralibus 6 ~ 9-jugis; petioli 1. 5 ~ 2. 5 (~ 5) cm longi pubescentes, cicatiieibus stipularum longitudine 1/5 petiolorum parte brevioribus. Alabastra terminalia parva ovoidea 1. 5 ~ 2. 0 cm longa diam. 1. 0 ~ 2. 0 cm apice obtusa; perulis 1 rare 2 crasse coriaceis extus dense pallide brunnei-villosis. Flores ante folia aperti; tepala 12 in quoque flore, alba petaliformias spathuli longi-elliptica 5. 5 ~ 6. 5 cm longa 2. 5 ~ 3. 2 cm lata apice obtusa basi anguste cuneata extus in medio basis minute purpurascentia; stamina numerosa 6 ~ 8 mm longa antheiis 4 ~ 6 mm longis thecis lateraliter longitudinali-dehiscentibus connectivis apice acutis cum mucronatis ca. 1. 5 mm longis, filamentis ca. 2 mm longis extus politi-purpurascentibus; gynoecia disjuncte carpelligera cylindrica 1. 2 ~ 2. 0 cm longa viridula vel viridia; pistillis numerosis dense albo-pubescentibus, stylis et stigmatibus viridulis 5 ~ 6 mm longis, supra stigmatibus serrulotiformibus. Pedicellis dense flavo-villosis. Aggregati-folliculi non visi.

Henan: Xinyang Xian. Mt. Dabieshan. 2000-03-22. T. B. Zhao et D. L. Fu, No. 20003221 (flos holo Typus hic designatus CAF). ibid. 2000-09-10. T. B. Zhao et D. L. Fu, No. 20009106 (folia et alabastrum).

落叶乔木,高约8 m。1 年生小枝紫褐色,具光泽,初淡黄绿色,密被淡黄色短柔毛,后无毛,或宿存;托叶长披针形,长 1. 5 ~ 2. 0 cm,外面密被银白色短柔毛,先端钝圆;托叶痕明显。叶不规则倒三角形,长 9. 2 ~ 16. 5 cm,宽 7. 0 ~ 11. 5 cm,表面黄绿色,后亮绿色,无毛,主脉和侧脉微凹入,沿主脉被短柔毛,背面淡绿色,被较密短柔毛,主脉和

侧脉显著隆起,被短柔毛,两面网脉明显,先端不规则形,2 圆裂,或 2 宽三角形,基部楔形通常主脉先端偏向一侧,或从基部,或在中部分成 2 叉,侧脉6~9 对;叶柄长 1. 5 ~ 2. 5 cm,稀达 5. 0 cm,被短柔毛;托叶痕短于叶柄长度的 1/5。花蕾顶生,卵球状,小,长 1. 5 ~ 2. 5 cm,径 1. 0 ~ 1. 2 cm,先端钝圆;苞鳞 1 枚,稀 2 枚,厚革质,外面密被淡褐色长柔毛,开花时脱落。花先叶开放;每花具花被片 12 枚,花瓣状,白色,外面基部中间微有淡紫色晕;雌蕊淡绿色,密被白色短柔毛。花梗密被淡黄白色长柔毛。聚合蓇葖果不详(图 1)。

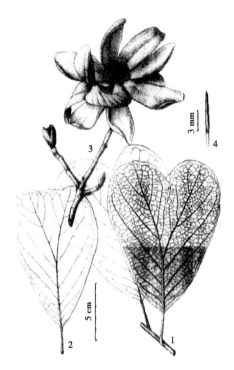

图 1　奇叶玉兰 Yulania mirifolia D. L. Fu,
T. B. Zhao et Z. X. Chen
1. 2. 叶;3. 花枝(部分)4. 雄蕊(鹰宝绘)

本新种与武当玉兰 Yulania spaengeri (Pamp.) D. L. Fu[1-3] 近相似,但区别在于:叶不规则状倒三角形,先端不规则形,先端 2 圆裂,或 2 宽三角形,主脉先端偏向一侧,或从基部或在中部分成 2 叉。花蕾小,卵球状,长 1. 5 ~ 2. 0 cm;苞鳞 1 枚,稀 2 枚,厚革质,外面密被长柔毛,开花时脱落。每花具花被片 12 枚,白色,外面基部中间微有淡紫色晕;雌蕊淡绿色,密被白色短柔毛。花梗密被淡黄色长柔毛。

河南:信阳县。河南大别山区。模式植株生长在海拔约 600 m 的杂木林内,主要伴生树种有枫香 (Liquidamubar formosana Hance)、麻栎

（Queacus acutissima Carr.）等。2000 年 3 月 22 日。赵天榜和傅大立，No. 20003221（花）。模式标本，存中国林业科学研究院（CAF）。同地。2009 年 9 月 10 日。赵天榜和傅大玉，No. 2009106（叶和花蕾）。

2. 青皮玉兰　新种　图 2

Yulania viridula D. L. Fu，T. B. Zhao et G. H. Tian sp. nov.，Fig. 2.

Species Yulania campbellii（Hook. f. & Thoms.）D. L. Fu similis，sed ramulis perennibus viiidulis. Foliis roundatis ellipticis vel late ellipticis. Cicatricibus stipularum longitudine 1/3 petiolorum partem aequantibus. Alabastris ellipsoideis vel ovoideis. Pedicellis prope apicem anncelis dense incanivillosis instructis interdum infra medium pubescentibus vel glabiis. tepalis 33～48 in quoque flore petaliformibus anguste ellipticis extus infra medium vivide persicinis；staminibus stylis stigmatibusque laete persicinis.

Arbor decidua. Ramuli anniculi grossi diam. ca. 1. 0 cm viriduli primo plus minusve pubescentes，glabri interdum pubescentes，cicatricibus stipularum manifeste elevatis ad bilaterem dense pubescentibus annulifo rmibus lenticellis manifeste elevatis. Alabastra ellipsoidea vel ovoidea；ea flavoviventes 2. 0～2. 5 cm longa diam. 1. 4～1. 6 cm；perulis 3～4 extemis extus denseflavo－vel brunnei－villosis internis extus dense villosis cinerei－albis. Folia late elliptica vel elliptica chartacea 15. 0～19. 5 cm longa 11. 5～15. 5 cm lata apice obtusa rare mucronata，basi rotundata vel cordata supra atrovitentia glabra，costis planis saepe pubescentibus，subtus cinerei－viridia glabra，costis conspicue elevatis ad costas et nervos laterales longe villosis，nervis lateralibus 6～9－jugis cum costis sub angulo 45°～70°；Petioli 3. 5～4. 5 cm longi sparse pubescentes vel glabri cicatricibus stipularum longitudine 1/3 petiolorum partem aequantibus. Flores ante folia aperti；tepala 33～48 in quoque flore，petaliformia anguste elliptica 5. 7～7. 2 cm longa 1. 7～2. 5 cm lata apice obtusa basi anguste cuneata，externa extus infra medium laete persicina basi laete atro－persicina，intra nivea，sub finem anthesis extus revoluta；stamina numerosa ca. 80，1. 3～1. 5 cm longa filamentis ca. 3 mm longis extra purpureo－rubris thecis lateraliter longitudinali－dehis-

centibus，connectivis apice ca ca. 3. 0 cm longa，pistillis numerosis viridibus glabis，stylis stigmatibusque laete persicinis involutis，in quoque flore spathacei－bractea 1 membranacea nigri－brunnea extus dense villis pallide cinereis. pedicelli prope apicem annulis dense inoarivillosis instructi infra medium saepe glabri vel pubescentes. Aggregati－folliculi non visi.

Henan：Xinzheng. 2003－03－26. T. B. Zhao et al.，No. 200303261（flos，holotypushic designatus CAF）. ibid. 2002－10－20. T. B. Zhao et al.，No. 200210201（folia et alabastrum）；Shanxi：Han Zhong，Mt. Dabashan. Xi' an. 2001－03－16. D. L. Fu，No. 200103161（flos）. ibid. 2001－09－08，D. L. Fu No. 2001090801（folia）.

落叶乔木。1 年生小枝粗壮，径约 1. 0 cm，淡黄绿色，具光泽，初疏被短柔毛至密被短柔毛，后无毛，有时宿存；托叶痕明显突起沿其两侧环状密被淡黄绿色，长 1. 5～2. 5 cm，径 1. 7～2. 5 cm；苞鳞 3～4 枚，外面密被淡黄色、褐色或灰白色长柔毛。叶圆形、椭圆形，或宽椭圆形，纸质，长 15. 0～19. 5 cm，宽 11. 5～15. 5 cm，先端钝圆，稀具短尖头，基部圆形，或心形，表面深绿色，无毛，主脉平坦，沿主脉疏被短柔毛，背面灰绿色，无毛，主脉显著隆起沿主脉和侧脉被长柔毛；侧脉 6～9 对，与主脉呈 45°～70°角开展；叶柄长 3. 5～4. 5 cm，疏

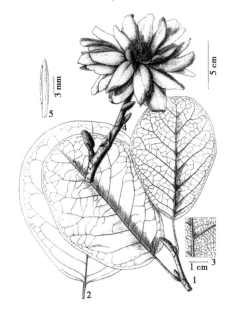

图 2　青皮玉兰 Yulania viridula D. L. Fu，T. B. Zhao et G. H. Tian
1、2. 叶；3. 叶背面部分放大（示毛及脉），
4. 花枝；5. 雄蕊（鹰宝绘）

被短柔毛,托叶痕为叶柄长度的1/3。花先叶开放;每花具花被片33~48枚,狭椭圆形,长5.7~7.2 cm,宽1.0~1.5 cm,白色,先端钝圆,基部狭楔形,外面中部以下亮浅桃红色,基部亮浓桃红色,内面雪白色,开花末期外轮花被片反卷,雄蕊多数,约80枚,长1.3~1.5 cm,花丝长约3 mm,背面亮紫红色,药室侧向纵裂,药隔先端具长约1 mm的短尖头;雌蕊群圆柱状,长约3 cm;雌蕊多数,绿色,无毛,花柱和柱头亮桃红色,向内弯曲;每花具佛焰苞状苞片1枚,膜质,黑褐色,外面密被浅灰色长柔毛;花梗顶端环状密被灰白色长柔毛,中部以下通常无毛,或被短柔毛。花期3月中下旬。聚合蓇葖果未见。

本新种与滇藏玉兰 Yulania campbellii(Hook. f. & Thoms.) D. L. Fu[1-3]相似,但主要区别:多年生淡绿色,无毛。叶圆形、椭圆形,或宽椭圆形;托叶痕为叶柄长度的1/3。花蕾椭圆体状,或卵球状。花梗近顶端环状密被灰白色长柔毛,有时中部以下无毛,或被短柔毛。每花具窄椭圆形花被片33~48枚,外面中部以下亮桃红色;雄蕊、花柱和柱头亮桃红色。

河南:新郑市有引栽。2003年3月26日。赵天榜等,No. 200303261(花)。模式标本在中国林业科学研究院(CAF)。同地。2002年10月20日。赵天榜等,No. 200210201(叶和花蕾)。陕西:汉中市。大巴山脉海拔700 m左右的杂木林中,主(Quercus acutissima Carr.)、千金榆(Carpinus cordata Bl. f)等。宝鸡市有分布,西安有栽培。2001年3月16日。傅大立,No. 20010316(花)。同地。2001年9月8日。傅大立,No. 2001090810(叶)。

参考文献

[1] 傅大立. 玉兰属的研究[J]. 武汉植物学研究,2001, 19(3):191-198.

[2] 中国科学院中国植物志编辑委员会. 中国植物志 第30卷(第一分册)[M]. 北京:科学出版社,1996:128-129.

[3] Callaway D J. The world of Magnolias[M]. Oregon: Timber press,1994.

河南玉兰属珍稀濒危植物的研究

宋良红¹　陈俊通²　李小康¹　王华¹　赵天榜²*

(1. 郑州植物园,河南郑州　450042;2. 河南农业大学林学院,河南郑州　450002)

摘　要　报道了河南玉兰属特有珍稀濒危植物25种,即楔叶玉兰、青皮玉兰、奇叶玉兰、信阳玉兰、朝阳玉兰、华丽玉兰、中州玉兰、鸡公玉兰、两型玉兰、舞钢玉兰、华夏玉兰、宝华玉兰、伏牛玉兰、天目玉兰、石人玉兰、腋花玉兰、黄山玉兰、安徽玉兰、具柄玉兰、莓蕊玉兰、异花玉兰、河南玉兰、大别玉兰、多型叶玉兰、杂配玉兰25种。同时,记述其主要形态特征,并且提出保护措施和开发与利用建议。

关键词　河南;玉兰属;特有珍稀濒危植物;保护措施;开发与利用

河南处于我国中原地区,地形与地貌复杂;大部地区处于暖温带;四季分明,春旱多风沙,夏季炎热多雨,秋季凉爽日照充足,冬寒少雨雪,属大陆性季风气候;土壤类型多样,植物资源丰富。据最近统计,河南玉兰属植物具有四大特点:①种质资源丰富。全国玉兰属植物总计56种(不包括引种栽培的人工杂种),而河南该属植物有3亚属、9组(1新组)、4亚组、3系、56种(4新种、8杂交种、1新改隶组合种)、5亚种(9新亚种)、83变种(2新变种、3新组合变种、2新改隶组合变种、2新引栽变种)、41品种群(15新品种群)、234品种(61新品种、2新组合品种、19新改隶组合品

基金项目:省科技高速公路路域景观"高效节约"和稳定性关键技术研究(142107000101);郑州市重大科技项目"郑州地区玉兰种质资源的引种与应用研究"(N2014N0767)。

作者简介:宋良红(1962—),男,河南信阳人,工程师,从事植物引种驯化与植物分类学方面的研究。

*通讯作者:赵天榜,教授,从事森林培育学等教学与植物分类学方面的研究。

鸣谢:在进行河南玉兰属特有珍稀濒危植物资源调查、标本采集、标本鉴定、文献收集等过程中,苏金乐、田国行教授等给予大力支持。

种、33 新引栽品种、4 无性系)。河南省是全国省(区、市)中物种最多的一个省。②河南(南召县和鲁山县)是全国乃至世界上辛夷植物栽培面积最大(12 万 hm² 以上)、株数最多(700 万 株以上)的"辛夷"基地。③河南两县"辛夷"年产量最高(50.0 万 kg 以上)、品质最优,居全国之首、世界第一。赵东欣等研究表明,望春玉兰 Y. biondii(Pamp.)D. L. Fu "辛夷"挥发油中桉叶油醇(Eudesmol)含量 15.75% ~ 50.27%;腋花玉兰 Y. axillifora(T. B. Zhao, T. X. Zhang et J. T. Gao)D. L. Fu "辛夷"挥发油中桉叶油醇 15.871% ~ 39.662%,其中,桉叶油醇含量达 15.75% ~ 50.27%,为全国乃至世界"辛夷"所罕见。据报道,桉叶油醇在治疗癌症方面具有显著的疗效。同时,"辛夷"挥发油中金合欢醇(Famesol)含量 5.95% ~ 15.59%。金合欢醇为名贵香料,有极大的开发利用潜力。河南玉兰属植物中特异珍稀濒危种类居全国之首(河南 25 种),如异花玉兰 Y. varians T. B. Zhao, Z. X. Chen et Z. F. Ren 有混合芽、玉蕾、花蕾 3 种,玉蕾花 6 种类型,混合芽花 5 种类型;1 次花蕾花 2 种类型,2 次花蕾花 6 种类型。该种多种花型的花被片大小、形状、质地、颜色等多变异,有雄蕊瓣化、雌雄蕊群通常发育不良等。这些特异珍稀濒危种类在开展该属形变理论、起源理论、良种选育、开发利用等多学科理论研究中具有重要意义。

1 河南玉兰属特有珍稀濒危植物资源

河南玉兰属特有珍稀濒危植物资源是指中国珍稀濒危物种分布或栽培于河南的物种、模式标本采集于河南、植株数量通常少于 10 株的物种。据 2014 年统计,河南玉兰属植物总计 56 种,而特有珍稀濒危物种 25 种。

1.1 楔叶玉兰

Yulania cuneatfolia T. B. Chao, Z. X. Chen et D. L. Fu[1-13].

该种叶通常楔形,背面疏被短柔毛,主脉和侧脉被较密短柔毛,先端近截状圆形,具短尖头,基部楔形。佛焰苞状托叶大,外面疏被长柔毛。单花具花被片 9~14 枚,匙-宽卵圆形,皱折,亮粉红色;雄蕊暗紫红色,花丝浓紫红色;离生单雌蕊子房浅黄绿色,花柱和柱头灰白色,花柱内弯;花梗粗壮,密被短柔毛。花期 4 月;果熟期 8~9 月。产地在河南。郑州市有引栽。

1.2 青皮玉兰

Yulania viridula D. L. Fu, T. B. Zhao et G. H. Tian[11-14].

该种小枝粗壮,青色,具光泽。玉蕾椭圆体状,为玉兰属种最大的一种,淡黄绿色。叶宽卵圆形或宽椭圆形,先端钝圆,或具短尖、凹缺,基部圆形,或楔形,表面深绿色(幼时淡紫色),沿主脉疏被短柔毛,背面灰绿色,沿主脉和侧脉被长柔毛;叶柄疏被短柔毛。单花具花被片 33~48 枚,狭椭圆形,白色或粉色,外面上部亮桃红色,基部亮浓桃红色,先端钝圆,基部狭楔形;雄蕊花丝背面亮紫红色;离生单雌蕊子房绿色,花柱和柱头亮桃红色,花柱向内弯曲;花梗顶端具环状密被浅灰色长柔毛。缩台枝密被浅灰色短柔毛。花期 3 月中下旬;果实成熟期 8~9 月。

产地在河南。郑州市等地有引栽,陕西也有栽培。

1.3 奇叶玉兰

Yulania mirfolia D. L. Fu, T. B. Zhao et Z. X. Chen[5-16].

该种叶特异呈不规则倒三角-圆形,表面亮绿色,主脉和侧脉微凹入,沿主脉被短柔毛,背面浅绿色,被较密短柔毛,先端不规则形、2 圆裂,或 2 宽三角形裂,基部楔形,通常主脉先端偏向一侧,或从基部至中部分成 2 叉;叶柄被短柔毛。玉蕾顶生,卵球状,小;芽鳞状托叶 1 枚,稀 2 枚,厚革质,外面密被淡褐色短柔毛,花前脱落。单花具花被片 12 枚,匙-长椭圆形,白色,外面基部中间微有淡紫色晕,先端钝圆,基部狭楔形;花丝外面亮淡紫色;离生单雌蕊子房密被白色短柔毛,花柱和柱头淡绿色;花梗和缩台枝密被淡黄白色长柔毛。花期 3~4 月。产地在河南。鸡公山有栽培。

1.4 信阳玉兰

Yulania xinyangensis T. B. Zhao, Z. X. Chen et H. T. Dai[6-18].

该种叶倒卵圆形、宽倒三角-卵圆形,表面深绿色,主脉和侧脉微下陷,密被短柔毛,背面淡绿色,疏被短柔毛,沿主脉密被弯曲短柔毛,或疏被白色长柔毛,先端具短尖头,稀微凹,有时 2 裂或具 3 裂,呈短三角形尖头,基部楔形;叶柄浅黄绿色,无毛,或被密生弯曲短柔毛。玉蕾卵球状,或圆柱状,先端钝圆。花喇叭状。2 种花型有:①单花具花被片 6 枚,花瓣状;②单花具花被片 9 枚,花瓣状,狭椭圆形,白色,外面基部淡亮紫色,先端钝尖,基部呈柄状,边缘呈不规则的小齿状,或全缘;雄蕊紫色,花丝背面紫色;离生单雌蕊子房密被短柔毛,花柱长,浅白色,内曲,微有淡紫色晕;花梗和缩台枝密被长柔毛。花期3~4月;果实成熟期8~9月。产在河南。鸡公山有栽培。

1.5 朝阳玉兰

Yulania zhaoyangyulan T. B. Zhao et Z. X. Chen[7,11-13].

该种顶叶芽大型,无毛,灰绿色。叶宽倒卵圆-椭圆形,表面绿色,具光泽,背面淡绿色,两面无毛,背面主脉和侧脉疏被短柔毛,边缘有时波状。花具花被片6~12枚,宽匙-椭圆形、狭椭圆形,形状多样,上部浅粉色,中部以下亮粉色;雌雄蕊群有雄蕊群与雌蕊群等高,或稍短,及雌蕊群显著超过雄蕊群2种类型。雄蕊暗紫红色,花丝浓紫红色;离生单雌蕊子房卵球状,花柱和柱头灰白色,花柱向外反卷;花梗顶端具环状白色长柔毛。缩台枝紫褐色,5~6节。花期4月;果实成熟期8月。产地在河南。郑州市有引栽。

1.6 华丽玉兰

Yulania superba T. B. Zhao, Z. X. Chen et X. K. Li[11].

该新种叶窄椭圆形,或倒卵圆形,薄纸质,先端钝圆,或短渐尖,具三角形短尖,基部楔形,上部最宽,表面绿色,沿主脉密被短柔毛,背面淡绿色,主脉和侧脉明显隆起,沿脉疏被短柔毛;叶柄疏被短柔毛。玉蕾顶生,长卵球状。单花具花被片8~9枚,稀10枚,匙-椭圆形、条形,先端钝尖,白色;雄蕊花药背部微有淡紫色晕,花丝亮浓紫红色;雌蕊群圆柱状,青绿色,具长5~7 mm的雌蕊群柄;雌蕊群柄具钝纵棱、沟纹与短柔毛;离生单雌蕊子房微被短柔毛;雌蕊群显著高于雄蕊群;花梗密被白色长柔毛。聚生蓇葖果果梗密被柔毛;蓇葖果表面疣点大而明显。缩台枝褐色,近无毛。花期4月;果实成熟期8月。产地在河南。郑州市有引栽。

1.7 中州玉兰

Yulania zhongzhou T. B. Zhao, Z. X. Chen et L. H. Sun[11].

该种叶宽倒卵圆形,先端钝圆,具小短尖,基部楔形,边缘具稀疏缘毛,表面无毛,背面疏被短柔毛,主脉明显隆起;叶柄疏被短柔毛。玉蕾顶生,卵球状。花型2种:①单花具花被片9枚,外轮花被片3枚,萼状,小,条形,先端钝圆,内轮花被片6枚,匙-椭圆形,白色,背面近基部浅红色,先端钝尖;②单花具花被片9枚,外轮花被片3枚,长条形,内轮花被片6枚,长狭匙-椭圆形,白色,先端钝尖;雄蕊花丝深紫色;雌雄蕊群2种:雌蕊群显著高于雄蕊群,雌蕊群稍高或近等高雄蕊群。离生单雌蕊子房疏被短柔毛;花梗密被白色长柔毛。聚生蓇葖果果梗粗壮,灰褐色,疏被柔毛或无毛。缩台枝密被白色短柔毛。花期4月;果实成熟期8月。产地在河南。郑州市有引栽。

1.8 鸡公玉兰

Yulania jigongshanensis (T. B. Zhao, D. L. Fu et W. B. Sun) D. L. Fu[1~19].

该种叶特殊,具7种叶型:①宽椭圆形或宽卵圆形;②倒卵圆形,先端凹入;③宽倒三角-近圆形,边缘波状全缘;④倒三角形,上部最宽,先端凹入,呈3裂,中间裂片狭三角形,先端长渐尖,两侧裂片宽三角形,边缘全缘,先端短尖,基部楔形,边缘波状全缘;⑤倒卵圆形,先端钝圆,具短尖头;⑥圆形,或近圆形,先端钝圆,具短尖头,或微凹,基部圆形;⑦卵圆形,先端钝圆,具短尖头,基部楔形,或圆形。玉蕾芽鳞状托叶外面具有一小圆叶。花先叶开放。单花具花被片9枚,稀8、10枚,外轮花被片3枚,萼状,浅黄绿色,膜质,三角形,或披针形,内轮花被片6枚,稀5、枚,花瓣状,匙-圆形,先端钝圆,有时微凹,浅黄白色,外面基部被淡紫色晕;雄蕊花丝紫色;离生单雌蕊子房密被短柔毛。花梗和缩台枝密被长柔毛。花期4月中旬;果实成熟期8~9月。产地在河南。鸡公山有栽培。

1.9 两型玉兰

Yulania dimorpha T. B. Zhao et Z. X. Chen[11-13,17-18].

该种叶宽倒三角形和近圆形2种类型。玉蕾2种类型:①长圆锥状,大,长渐尖,微弯,先端钝圆,近基部突然变细;②卵球状,小,先端钝圆;单生枝顶。芽鳞状托叶3~4(~5)枚,外面密被灰黄棕色长柔毛。单花花被片6~9枚,2种类型:①单花具花被片9枚,外轮花被片3枚,萼状,条形,膜质,早落,内轮花被片6枚,花瓣状,匙-椭圆形,或匙-近圆形,先端钝圆,具喙,基部楔形,边部稍反卷,外面基部具淡粉红色;②单花具花被片9枚,白色,匙-椭圆形,或-匙状近圆形,先端钝圆,无喙,基部截形,边缘微波状,边部稍反卷;雄蕊花丝粉红色;离生单雌蕊子房无毛。缩台枝和果梗被长柔毛。花期4月;果实成熟期8~9月。产地在河南。鸡公山有栽培。

1.10 舞钢玉兰

Yulania wugangensis(T. B. Zhao,W. B. Sun et Z. X. Chen)D. L. Fu[11-13,16-20].

该种叶倒卵圆形 或宽卵圆形,表面深绿色,具光泽,背面浅黄绿色,密被短柔毛,先端钝圆,或微凸,具短尖头,基部楔形,边缘稍反卷;叶柄黄褐色,被黄锈色柔毛。玉蕾顶生、腋生,或簇生。单花具花被片9~12枚。2种花型:①单花具花被片9枚,外轮花被片3枚,萼状,条形,黄绿色,或黄白色,先端渐尖;内轮花被片6枚,白色,匙-长椭圆形,先端钝圆,或微凸,具短尖头,基部近圆形,外面基部有时具淡紫色晕;②单花具花被片9枚,稀7、8、10枚,花瓣状,有时外轮花被片稍小,形状和颜色同前。缩台枝、果梗密被灰褐色长柔毛。花期4月;果实成熟期8月。产地在河南。舞钢市、郑州市有栽培。

1.11 华夏玉兰

Yulania cathyana T. B. Zhao et Z. Chen[11].

该种叶倒卵圆形,纸质,先端钝尖,或具三角形短尖,基部楔形,或圆形,两面微有短柔毛,表面绿色,背面淡绿色,主脉和侧脉明显隆起,沿脉疏被长柔毛;叶柄疏被短柔毛。玉蕾顶生,卵球状;芽鳞状托叶外面密被亮黄色长柔毛。单花具花被片8~9枚,外轮3枚花被片,萼状,外卷,内轮花被片5~6枚,匙-椭圆形,先端钝圆,具短尖头或缺刻,外面中部以上及2侧边部浅青绿色,中部以下鲜红色,内面白色;雄蕊花药具淡黄色晕,花丝亮浓紫红色;离生单雌蕊子房微被短柔毛;花梗密被白色长柔毛。缩台枝密被白色短柔毛。花期4月;果实成熟期8月下旬至9月下旬。产地在河南。郑州市有栽培。

1.12 宝华玉兰

Yulania zenii(Cheng)D. L. Fu[1,6-17].

该种叶倒卵圆-长圆形,或长圆形,先端突尖、尾状渐尖,基部常宽楔形,表面暗绿色,背面浅绿色,沿脉被弯曲长柔毛;叶柄稀被长柔毛。单花具花被片9枚,近匙-椭圆形,先端钝圆,或急尖,初开时外面红紫色,后上部白色,中部以下淡红紫色,内轮花被片较窄小;雄蕊花丝紫红色;花梗密

被长柔毛。蓇葖果近球状,表面具疣点突起。花期3~4月;果实成熟期8~9月。产地在江苏。河南南召县有分布,郑州市有栽培。

1.13 伏牛玉兰

Yulania funiushanensis(T. B. Zhao,J. T. Gao et Y. H. Ren)T. B. Zhao et Z. X. Chen[2,11-13].

该种玉蕾[10]卵球状,较小。叶椭圆形、长卵圆形,先端渐尖,或长尖,基部楔形,或近圆形,表面淡黄绿色,背面浅绿色;叶柄细短,密被短柔毛。单花具花被片9枚,稀8、10枚,长椭圆-披针形或椭圆形,上部稍宽,先端钝圆,稀短尖,常反卷,下部 渐狭,边缘波状,两面白色;雄蕊花药先端白色,基部橙黄色,花丝白色。聚生蓇葖果圆柱状,稍弯曲;蓇葖果多数发育,稀单生。产地在河南。南召县有分布。

1.14 天目玉兰

Yulania amoena(Cheng)D. L. Fu[3,11-13,16].

该种叶倒卵圆形至倒卵圆-椭圆形、长椭圆形、倒披针-长圆形,先端短尾尖、急尖,或长渐尖,基部楔形,有时偏斜,或圆形,表面暗绿色,背面沿主脉和侧脉疏被白色 弯曲长柔毛;叶柄无毛。单花具花被片9枚,粉红色,或淡粉红色,形状相近似,倒宽披针形、匙形;雄蕊花丝紫红色;离生单雌蕊花柱向上直伸;花梗被淡黄色短柔毛。缩台枝和果梗粗壮,宿存白色长柔毛。花期4~5月;果实成熟期9月。产地在浙江、福建、安徽等。河南新郑市有栽培。

1.15 石人玉兰

Yulania shirenshanensis D. L. Fu et T. B. Zhao[4,11-13].

该种叶纸质,椭圆形等,表面深绿色,具光泽,主脉下陷,背面淡绿色,主脉和侧脉明显隆起,沿脉疏被弯曲长柔毛,先端钝尖,或长尾尖,基部宽楔形,或近圆形,边缘波状,边部皱波状起伏;叶柄无毛,或宿存毛;长枝叶宽椭圆形,先端钝尖,基部心形,边缘波状起伏,表面具皱纹,浅黄绿色,或深绿色,具光泽,背面淡绿色,主脉和侧脉明显隆起;叶柄无毛。玉蕾顶生、腋生及簇生,有时2~4枚小玉蕾呈总状花序。单花具花被片9枚,匙状椭圆形,先端钝圆,具突短尖头,基部宽楔形,外面中部以上白色,中部以下中间亮淡紫色;雄蕊背面淡粉红色,花丝宽厚,背面淡粉红色;离生单雌蕊子房无毛;花梗和缩台枝密被白色长柔毛。花期3~

4月。产地在河南。鲁山县有分布与栽培。

1.16　腋花玉兰

Yulania axilliflora（T. B. Zhao, T. X. Zhang et J. T. Gao）D. L. Fu[1-17].

该种玉蕾腋生、顶生与枝顶部簇生,卵球状。每蕾内含2~4枚小玉蕾,有时多达12枚小玉蕾,构成总状聚伞花序。叶长椭圆形,先端短尖,稀渐尖,基部圆形,稀楔形,表面深绿色,主脉凹入,背面主脉明显隆起,沿脉密被短柔毛,脉腋密被片状短柔毛;幼叶紫色,具光泽;叶柄被短柔毛。单花具花被片9枚,稀10~14枚,外轮花被片3枚,萼状,大小不等,形状不同;内轮花被片6枚,稀7、8枚,匙-椭圆形,中部狭窄,先端钝圆,基部渐狭,外面基部深紫色;雄蕊粉红色,花丝紫色;离生单雌蕊子房无毛。花期3~4月;果实成熟期8~9月。产地在河南。南召县有分布与大面积栽培。

1.17　黄山玉兰

Yulania cylindrica（Wils.）D. L. Fu[11-13,16-17].

该种玉蕾卵球状,先端尖。叶椭圆形、倒卵圆形、狭倒卵圆-长圆形,最宽处在中部以上,先端渐尖、钝尖,稀急尖,或短尾尖,基部楔形,表面深绿色,主脉凹入,沿脉疏被短柔毛,背面苍白色或淡绿色,疏被短柔毛,沿脉被黄褐色短柔毛;叶柄被短柔毛。单花具花被片9枚,大小不相等,外轮花被片3枚,膜质,萼状,条形;内2轮花被片6枚,宽匙-倒卵圆形,先端钝圆,基部具爪,外面中部以下中间为亮紫红色、亮粉紫色,中脉及其两侧紫红色直达先端;雄蕊花丝紫红色;离生单雌蕊子房无毛;花梗密被浅黄色长柔毛。聚生蓇葖果卵球状等;蓇葖果间棱线不明显,成熟时带亮橙红色,表面果点突起。产地在安徽、河南等。河南新县有分布,鸡公山、郑州市有栽培。

1.18　安徽玉兰

Yulania anhueiensis T. B. Zhao, Z. X. Chen et J. Zhao[11-13,16-17].

该种叶椭圆形,或舟状椭圆形,通常下垂,先端钝尖,基部常近圆形,或宽楔形,表面深绿色,疏被短柔毛,主脉和侧脉隆起明显,被短柔毛,背面灰绿色被短柔毛,主脉和侧脉疏被短柔毛,边缘微波状;叶柄被短柔毛。玉蕾顶生和腋生,卵球状。单花具花被片9枚,外轮花被片3枚,萼状,条形,内轮花被片6枚,宽卵圆-匙形,先端钝圆,稀具短尖,内面白色,外面基部亮紫色,具数条亮紫色脉纹,主脉亮紫红色,直达先端,基部楔形;雄蕊紫红色;离生单雌蕊子房无毛,花柱长度为子房的2倍;花梗和缩台枝密被短柔毛。花期4月。产地在安徽。河南新郑市有栽培。

1.19　具柄玉兰

Yulania gynophora T. B. Zhao, Z. X. Chen et J. Zhao[6,11-13].

该种叶椭圆形,先端钝圆,基部楔形,边部具微波皱,表面深绿色,具光泽,无毛,主脉基部被短柔毛,背面淡绿白色,疏被短柔毛,主脉和侧脉明显隆起,沿脉疏被短柔毛;叶柄被短柔毛。玉蕾顶生和腋生,卵球状,或椭圆-卵球状。单花具花被片9枚,外轮花被片3枚,萼状,膜质,长三角形,内轮花被片6枚,宽卵圆-匙形,先端钝尖,或钝圆,通常内曲,外面中部以下亮浓紫红色,通常具4~5条放射状深紫红色脉纹,直达先端;雄蕊花药背部具紫红色晕,中间有1条浓紫红色带,花丝亮浓紫红色;雌蕊群圆柱状,淡黄白色,具长8~10 mm的雌蕊群柄,无毛;离生单雌蕊子房疏被白色短柔毛;雄蕊群包被雌蕊群;花梗和缩台枝细,密被白色短柔毛。产地在河南。新郑市有栽培。

1.20　莓蕊玉兰

Yulania fragarigynandria T. B. Zhao, Z. X. Chen et H. T. Dai[11-13,16,27].

该种叶椭圆形,先端钝尖,基部圆形,或宽楔形,表面绿色,通常无毛,主脉平,疏被短柔毛,背面淡灰绿色,疏被白色短柔毛,主脉和侧脉显著隆起;叶柄疏被短柔毛。混合芽顶生、腋生。玉蕾顶生,或腋生,大,陀螺状,或长卵球状。玉蕾花先叶开放;混合芽花后叶开放。单花具花被片9~18枚,匙-椭圆形,先端钝圆,或渐尖,中部以上皱折,外面中部以下中间亮紫红色,或紫红色脉直达先端,有时具1~3枚肉质、宽条形、亮紫红色花被片;雄蕊外面亮紫色,花丝粗壮,背面亮紫红色;离生单雌蕊子房无毛;雌雄蕊群草莓状而特异,有时具2~5枚雌蕊群;花梗中间具1枚佛焰苞状托叶;花梗和缩台枝密被白色长柔毛。混合芽花无芽鳞状托叶,无缩台枝,具1枚革质、佛焰苞状托叶,稀有1枚淡黄白色、膜质、萼状花被片和特异肉质、紫红色花被片。蓇葖果卵球状,表面红紫色,疏被果点;果梗粗壮,密被灰褐色短柔毛。花期4月。产地在河南。长垣县有栽培。

1.21 异花玉兰

Yulania varians T. B. Zhao, Z. X. Chen et Z. F. Ren[11-13,16-17].

该种叶椭圆形，或卵圆椭圆形，先端钝尖，或钝圆，基部楔形，背面沿脉疏被短柔毛。混合芽、玉蕾顶生或腋生。花蕾顶生。玉蕾花先叶开放；混合芽花与花蕾花后叶开放。玉蕾花6种类型。单花具花被片(5～)9～12枚，匙状狭披针形，其形状、大小多变，先端内曲，肉质；有瓣化雄蕊；无缩台枝。花蕾1次花有2种类型：单花具花被片9枚，花瓣状，或有瓣萼之分。花被片瓣状匙-卵圆形，先端内曲；雌雄蕊群发育不良；无缩台枝。花蕾2次花有6种类型：单花具花被片9～12枚，瓣状花被片外面具紫色、淡紫色脉纹；内轮花被片萼状，大小、形状、质地多变，雄蕊多数，有瓣化雄蕊；无缩台枝。花期4～8月。产地在河南。郑州市有栽培。

1.22 河南玉兰

Yulania honanensis (B. C. Ding et T. B. Zhao) D. L. Fu et T. B. Zhao[11-13,16-17].

该种玉蕾卵球状，较大。短枝叶椭圆形，或椭圆-长卵圆形，先端急尖，长渐尖或长尾尖，基部近圆形、稍偏斜，或楔形，表面深绿色，具光泽，背面浅绿色，无毛，或被稀疏短柔毛；叶柄被较密短柔毛。长枝叶宽卵圆形、长椭圆-倒卵圆形，革质，或厚纸质。单花具花被片9～12枚：3种花型：①花被片9枚，稀8、10、11枚，外轮3枚，较小，呈萼状，大小不等，形状不一，内2轮较大；②花被片9枚，稀8、10、11枚，外轮3枚，较大，花瓣状，先端圆形，或具短尖头，近基部渐狭窄；③花被片11枚，或12枚，稀10枚，其形状与大小近似。3种花型的内轮花被片花瓣状形状、大小、颜色一致；雌雄蕊无明显区别；雄蕊花丝紫色，花药黄色；离生单雌蕊子房无毛，柱头先端向内微弯曲，全发育，或大部分发育。花期3月；果实成熟期9月。产地在河南。南召县有分布。

1.23 大别玉兰

Yulania dabieshanensis T. B. Zhao, Z. X. Chen et H. T. Dai[6-17].

该种玉蕾单生枝顶，卵球状。叶卵圆形，表面无毛，背面沿脉密被短柔毛，先端急尖，或渐尖，基部楔形，边缘有时波状，被缘毛。单花具花被片9枚，有4种花型，主要为外轮3枚花被片差异较大。①外轮花被片3枚，萼状，膜质，三角形，或长三角形；②外轮花被片3枚，萼状，多形状，肉质，紫红色；③外轮花被片3枚，花瓣状，其长度约为内轮花被片长度的2/3，形状和颜色与内轮花被片相同；④外轮花被片与内轮形状大小相近。所有花型瓣状花被片为匙-长圆形，或匙-宽卵圆形，先端钝圆，或尖，外面紫红色，具明显的浓紫红色脉纹，基部浓紫红色，内面肉色，脉纹明显下陷，多皱纹；雄蕊背面具淡紫红色晕，花丝浓紫红色；离生单雌蕊子房淡黄绿色，花柱和柱头微紫红色晕，花柱微内卷。花期3月。产地在河南。鸡公山与郑州市有栽培。

1.24 多型叶玉兰

Yulania varians D. L. Fu, T. B. Zhao et Z. X. Chen[11].

该种叶多种类型：①倒卵圆形；②近圆形；③卵圆-椭圆形，即一侧半圆形，另一侧半椭圆形；④椭圆形，先端2深裂，2裂片先端钝圆；⑤近倒三角形，先端2深裂，裂片长三角形，先端2深裂，裂片三角形，一大，一小，近等于叶片1/2长度。玉蕾单生枝顶，椭圆体状。2种花型：①单花具花被片9枚，外轮花被片3枚，萼状，膜质，条形；内轮花被片6枚，花瓣状，匙-椭圆形等，基部外面具淡粉红色；花柱和柱头微被粉红色；②单花具花被片11～12枚，瓣状花被片匙-椭圆形等，白色；内轮花被片3枚，长条形，内卷曲呈弓形，先端锐尖，外面基部中间亮紫色；雄蕊花丝浓紫红色。缩台枝和花梗密被灰白色短柔毛。花期4月；果实成熟期8～9月。产地在河南。郑州市有栽培；山东青岛市也有栽培。

1.25 杂配玉兰

Yulania hybrida T. B. Zhao, J. T. Chen et X. K. Li[11].

该新种叶椭圆形和倒卵圆形2种类型，纸质。玉蕾和花蕾顶生；玉蕾花(花期3月中旬)先叶开放。单花具花被片9枚，花瓣状，亮紫色，或淡紫色。花蕾花多次(花期5～11月中旬)，后叶开放。多种花型，即：①单花具花被片9枚，内面瓣状花被片6枚，外面中部以上白色，基部紫色，或淡紫色，外一轮花被片3枚，条形，膜质；②单花具花被片9枚，稀10枚，内轮瓣状花被片3枚，外1～2轮花被片6(7)枚，椭圆形，基部截形，肉质。多种花型瓣状花被片外面中部以上白色，基部紫色，或淡紫色。雌雄蕊群3种类型:①雌蕊群与雄蕊群近等高;②雌蕊群显著高于雄蕊群;③雌蕊群显著低于雄蕊群。雄蕊花丝疏被长柔毛。花梗密被柔毛。缩台枝密被短柔毛。产地在河南。郑州市有栽培。

2 河南玉兰属特有珍稀濒危植物保护措施

河南玉兰属特有珍稀濒危植物均具植株分散、株数很少、形态特异、花色鲜艳、花期长等特点,很易遭受危害。为此,应采取保护措施如下:①就地保护。就地保护是将植株分散、株数很少的特有珍稀濒危植物采取就地保护措施,即在其物种四周设置保护栏杆或保护网,并有保护牌。其牌上写明保护物种名称、意义、管理人员等,还有抚育管理措施。特别指出的是,加强对现有玉兰属植物古树的保护。②迁地保护。迁地保护是将植株分散、株数很少的特有珍稀濒危植物集中于一地进行保护,如建立玉兰属特有珍稀濒危植物基因库或建立玉兰属特有珍稀濒危植物区。该措施优于就地保护措施。该基因库或植物区便于保护管理、开展科学研究和良种选育以及特有珍稀濒危植物物种的保存。

3 河南玉兰属特有珍稀濒危植物开发与利用

玉兰属植物玉蕾、混合芽与花蕾共存,顶生、腋生和簇生,有时呈总状聚伞花序;一种植物具有多种花型、单花有雄蕊群超过雌蕊群,或与雌蕊群等高、单花具1~5枚雌蕊群,如异花玉兰、多型叶玉兰等。进一步深入开展该属植物形态理论等多学科理论研究具有重要的学术意义。

辛夷植物在我国已有两千多年的利用历史。特别是现代医药科学研究表明,"辛夷"中挥发油具有发散解表、理气止痛、活血化瘀、利尿、祛痰、消炎、止咳及预防哮喘、杀虫抗菌等作用。其中,β-桉叶油醇(β-eudesmol)具有抗癌病变和抑制癌细胞增长活性等功能;而金合欢醇[Z,E]-ane-sol含量达10.9%~15.59%,是著名的香精原料。这为玉兰属植物的开发利用提供了宝贵的优质资源和利用前景。

玉兰属植物生长快、适应性强、树姿雄伟、花色丰富且鲜艳、淡雅清香。它在当前各类园林绿地如城市公园、风景区、庭院、居住区、城市街道和厂矿企业等的绿化建设与景观营建中已发挥巨大的作用。同时,它根系发达,固土护坡能力强,是水土保持林、水源涵养林的主要树种,以及绿化、美化荒山和平原的重要速生用材树种。

参考文献

[1] Spack E. Yulania spach [J]. Hist. Nat. Vég. Phan, 1839,7:462.

[2] 傅大立. 玉兰属的研究[J]. 武汉植物学研究,2001, 19(3):191-198.

[3] 丁宝章,王遂义,高增义. 河南植物志 第一册[M]. 郑州:河南人民出版社,1981.

[4] 朱长山,杨好伟. 河南种子植物检索表[M]. 兰州:兰州大学出版社,1994.

[5] 卢炯林,余学友,张俊朴. 河南木本植物图鉴[M]. 北京:新世纪出版社,1998:23-28.

[6] 中国科学院中国植物志编辑委员会. 中国植物志 第三十卷 第一册[M]. 北京:科学出版社, 1996:126-141.

[7] 傅大立,赵东欣,孙金花,等. 10种国产木兰属植物挥发油成分及系统学意义[J]. 林业科学, 2005,41(3):68-74.

[8] 赵东欣,卢奎. 腋花玉兰辛夷挥发油的化学成分分析[J]. 应用化学,2011,28(S1):332-333.

[9] 赵天榜,高炳振,傅大立,等. 舞钢玉兰芽种类与成枝成花规律的研究[J]. 武汉植物学研究,2003,21(1):81-90.

[10] 傅大立,ZHANGDL,李芳文,等. 四川玉兰属两新种[J]. 植物研究,2010,30(4):385-389.

[11] 赵天榜,宋良红,田国行,等. 河南玉兰栽培[M]. 郑州:黄河水利出版社,2014.

[12] 赵天榜,田国行,傅大立,等. 世界玉兰属植物资源与栽培利用[M]. 北京:科学出版社,2013.

[13] 赵天榜,田国行,任志锋. 世界玉兰属植物种质资源志[M]. 郑州:黄河水利出版社,2013.

[14] 傅大立,赵天榜,陈志秀,等. 湖北玉兰属两新种[J]. 植物研究,2010,27(5):641-644.

[15] 傅大立,田国行,赵天榜. 中国玉兰属两新种[J]. 植物研究,2004,24(3):261-264.

[16] 田国行,傅大立,赵东武,等. 玉兰属植物资源与新分类系统的研究[J]. 中国农学通报,2006,22(5):405-411.

[17] 赵东武,赵东欣. 河南玉兰属植物种质资源与开发利用的研究[J]. 安徽农业科学,2008,36(22):9488-9491.

[18] 戴慧堂,李静,赵天榜,等. 河南鸡公山木本植物图鉴增补(Ⅱ)——河南玉兰属两新种[J]. 信阳师范

学院学报,2012,25(4):482-485,489.

[19] 赵天榜,傅大立,孙卫邦,等. 中国木兰属一新种
[J]. 河南师范大学学报,2000,26(1):62-65.

[20] 赵天榜,孙卫邦,陈志秀,等. 河南木兰属一新种
[J]. 云南植物研究,1999,2(2):170-172.

[21] 郑万钧. 宝华玉兰 Magnolia zenii Cheng[J]. 中国科
学院生物研究所丛刊,1933(8):291.

[22] 丁宝章,赵天榜,陈志秀,等. 中国木兰属植物腋
花、总状花序的首次发现和新分类群[J]. 河南农
业大学学报,1985,19(4):356-363.

[23] 郑万钧. 天目玉兰 Magnolia amoena Cheng[J]. in
Biol. Lab. Science Soc China, Bot. ser. ,1934,9:
280-281.

[24] ZHAO D X, ZHAO T B, FU D L. International con-
fernce on agricultural and nstural rewsoures enginering
(ANRE2011)[J]. Singapore,2011,3:91-94.

[25] 丁宝章,赵天榜,陈志秀,等. 河南木兰属新种和新
变种[J]. 河南农学院学报,1983(4):6-11.

[26] 赵东武. 河南玉兰亚属植物的研究[D]. 郑州:河南
农业大学,2005.

[27] 戴慧堂,李静,赵天榜,等. 河南玉兰属两新种[J].
信阳师范学院学报,2012,25(3):33-335.

中国玉兰属特有珍稀物种——莓蕊玉兰资源与栽培利用研究

赵东武[1]   范永明[2]   陈志秀[3]   赵天榜[*3]

(1. 河南农大风景园林规划设计院,郑州 450002;2. 北京林业大学园林学院,北京 100083;
3. 河南农业大学,郑州 450002)

摘 要 本文着重介绍了中国玉兰属特有珍稀物种——莓蕊玉兰资源与栽培利用研究。其内容有:莓蕊玉兰、变异莓蕊玉兰及'裂被'莓蕊玉兰、'九被'莓蕊玉兰的形态特征、生态特性、繁育与栽培技术要点,尤其是开发利用前景及科学理论研究意义。

关键词 中国;特有珍稀物种;莓蕊玉兰;资源;栽培利用;科学理论意义

0 前言

玉兰属 Yulanis Spach[1]植物生长迅速,适应性强,分布与栽培范围广,寿命长,树姿雄伟,花色艳丽,芳香四溢,材质优良,用途广泛,栽培利用历史悠久,是重要的园林绿化美化树种,也是特用经济林树种,在速生用材林、药用经济林、城乡风景林、水土保持林、庭院美化等方面具有重要作用。为此,作者对莓蕊玉兰形态特征、繁育与栽培技术要点,尤其是开发利用前景等进行了调查与研究。现将调查与研究结果,报道如下,供参考。

1 莓蕊玉兰资源

1.1 莓蕊玉兰

Yulania fragarigynandria T. B. Zhao, Z. X. Chen et H. T. Dai[2-6]

落叶乔木。叶椭圆形,先端钝尖,基部圆形,或宽楔形,表面通常无毛,稀被短柔毛,沿脉疏被短柔毛,背面疏被白色短柔毛,沿主脉疏被短柔毛;叶柄疏被短柔毛。混合芽顶生、腋生。玉蕾顶生,或腋生。玉蕾花先叶开放;混合芽花后叶开放,花着生于新枝顶端。玉蕾顶生和腋生,很大,陀螺状,或长卵球状;芽鳞状托叶最外面1枚外面密被深褐色短柔毛,薄革质,花前脱落,其余芽鳞状托叶外面疏被长柔毛,膜质。单花具花被片9~18枚,匙状椭圆形,先端钝圆,或渐尖,中部以上皱折,外面中部以下中间亮紫红色,或紫红色脉直达先端,有时具1~3枚肉质、条形、亮紫红色花被片;雄蕊多数,有时很多(336枚),外面亮紫色,花丝粗壮,背面亮紫红色,药隔先端亮紫红色;离生单雌蕊子房无毛,花柱浅黄白色,外卷;雌雄蕊群草莓状而特异,长2.0~2.5 cm,径1.8~2.3 cm,有时具2~5枚雌蕊群;花梗中间具1枚佛焰苞状托叶;花梗和缩台枝密被白色长柔毛。生长期间

科研基金项目:河南省科技厅项目:"高速公路陆域景观'高效节约'和稳定性关键技术研究"(142107000101)。

作者简介:赵东武,男,1970年出生,河南郑州市人,工程师,主要从事园林规划设计与园林植物研究。

*通讯作者:赵天榜(1935—),教授。主要从事森林培育学等教学与植物分类研究。

开的花(夏花),无芽鳞状托叶,无缩台枝,具1枚革质、佛焰苞状托叶,稀有1枚淡黄白色、膜质、萼状花被片和特异肉质、紫红色花被片。聚生蓇葖果卵球状;蓇葖果卵球状,表面红紫色,疏被疣点;果梗粗壮,密被灰褐色短柔毛。花期4月及8月。

产地:河南。赵天榜等,模式标本采自长垣县,存河南农业大学。

1.2 变种:

1.2.1 莓蕊玉兰 原变种

Yulania fragarigynandria T. B. Zhao, Z. X. Chen et H. T. Dai var. fragarigynandria

1.2.2 变异莓蕊玉兰 变种

Yulania fragarigynandria T. B. Zhao, Z. X. Chen et H. T. Dai var. variabilis T. B. Zhao et Z. X. Chen[3,5]

本变种单花具花被片(6~)9~11枚,匙状椭圆形,长5.0~7.0 cm,宽2.0~3.5 cm,外面中部以下中间亮紫红色,或紫红色脉直达先端;雄蕊多数,长8~10 mm,花丝约2 mm,药隔先端及花丝背面亮紫红色,并具有长约1.5 cm,宽约3 mm,背面亮紫红色;1~2枚特异雄蕊,亮紫红色;雌蕊群长1.5~2.0 cm;离生单雌蕊多数,子房淡绿色,或黄白色,无毛,花柱浅黄白色,微有淡粉红色晕;花梗和缩台枝密被白色长柔毛。

产地:河南。赵天榜等,模式标本采自长垣县,存河南农业大学。

1.3 品种

1.3.1 莓蕊玉兰 原品种

Yulania fragarigynandria T. B. Zhao, Z. X. Chen et H. T. Dai 'Fragarigynandria'

1.3.2 '裂被'莓蕊玉兰 品种

Yulania fragarigynandria T. B. Zhao, Z. X. Chen et H. T. Dai 'Libei'[3]

本品种单花具花被片9枚,匙状卵圆形,先端钝圆内曲,边缘波状皱折,具浅裂,外面水粉色,基部粉红色,内面乳白色;雄蕊多数,长8~10 mm,药隔先端粉红色;离生单雌蕊子房淡黄白色,无毛,花柱浅黄白色。

产地:河南长垣县。选育者:赵天榜和赵东武。

1.3.3 '九被'莓蕊玉兰 品种

Yulania fragarigynandria T. B. Zhao, Z. X. Chen et H. T. Dai 'Jiubei'[6]

本品种单花具花被片9枚,匙状卵圆形,肉质,长4.0~5.5 cm,宽2.5~3.2 cm,先端钝圆,内曲,边缘全缘,或波状皱折,外面水粉色,基部粉红色,内面乳白色;雄蕊多数,长8~10 mm,药隔先端粉红色,花丝粉红色;离生单雌蕊子房、花柱粉红色。

产地:河南长垣县。选育者:赵天榜和陈志秀。

2 繁育与栽培技术

2.1 播种育苗[6]

2.1.1 种子采集与处理

采种母树要选择现有成龄的莓蕊玉兰生长健壮、发育良好、结实多、骨质种子品质好的孤立树木。适时采种,即聚生蓇葖果先端有少数蓇葖果开裂后,及时采种。采集的聚生蓇葖果,放在通风、干燥处摊开,使蓇葖果全部开裂后,取出拟假种皮种子后,投入水中浸泡1~2天后,捞出反复搓揉,冲净种皮,捞出骨质种子,阴干后进行储藏。

2.1.2 骨质种子储藏

实践证明,经过层积沙藏的骨质种子,发芽率达90.0%以上。其方法是:储藏坑选择在背风向阳、地势高燥、排水良好、无鼠害的地方。储藏坑挖好后,坑底铺湿润细沙约10.0 cm,并竖放1~2束秸秆,利于通气,沙上放入混有湿润细沙的骨质种子(3:1)。当混有湿润细沙的骨质种子放到距地表15.0~20.0 cm处时,覆细沙后,盖土,使其高出地面。然后,在储藏坑四周挖排水沟,以防坑内积水。层积沙藏的种子,供翌春进行播种育苗时用。

2.1.3 播种育苗

要选择土层深厚,土壤肥沃、疏松、湿润排水良好的沙壤土,或黏壤土作为育苗地;②细致整地。整地要求床面平整,深度适宜,深浅一致,土壤下实,土块细碎,无杂根及石块。翌春土壤解冻后,施入基肥,要消灭地下害虫。③播种技术。播种时间,可在春季晚霜期前10~15天进行。播种方法,以营养袋育苗为佳。④幼苗高15.0 cm左右,可按30.0~20.0 cm株行距移栽。⑤移栽成活后,适时、适量灌溉,严防病虫危害。适时中耕、除草,为苗木速生和根系发育创造条件。速生期应灌溉、施肥、中耕、除草,排涝防害,保证苗木健壮生长。

2.2 芽接技术[6]

芽接技术是:①芽接时间。从3月中下旬到9月上中旬,均可进行嫁接。嫁接成活率达95.0%以上;②选择砧木。1年生望春玉兰实生壮苗为佳。③选用发育充实的1年生壮枝中间饱满芽的枝段。④芽接后7~10天无雨为佳,芽接成活率达95.0%以上。⑤芽接技术。接芽削成长2.0~3.0 cm的芽片。芽片不要太厚,里侧稍带薄的木质部为宜。削砧木在地面10.0 cm左右地方,刻"T"字形口,拨开皮层,将削好的接芽插入皮层内,上切口对齐,使两者形成层相互密接后,用塑料薄膜绑紧。接芽外露,上切口处也绑紧,以防雨水入内,影响成活率。⑥接后管理。接芽成活后,适时剪除接芽上的砧木。接芽萌发后,及时绑缚,以防风折。同时,加强中耕、除草、施肥、灌溉、防治病虫,及时抹除砧木上的萌芽,加速苗木生长,提高苗木质量。

2.3 栽培技术[6]

2.3.1 适地适树

莓蕊玉兰为喜光树种,不耐阴。要求土壤肥沃、疏松、排灌良好的沙壤土,或粉沙壤土。

2.3.2 栽培技术

(1)大穴疏栽。为加速其生长,通常采用5.0 m上株行距,1.0 m×1.0 m×1.0 m的植穴带土栽,覆土要混加腐熟有机肥。栽后封土,大水灌溉。

(2)栽植方式。栽植可分单株栽植、行栽(1~2行)、带状栽植(3行以上)、片状栽植。

(3)混交栽植。混栽可分乔灌草混栽、乔灌混栽、乔与乔混栽。

(4)抚育管理。栽后,莓蕊玉兰植株要设支架,以防倒伏。树干要缠草绳,以防树皮灼伤。生长期间及时中耕、除草、施肥、灌溉、防治病虫。

3 科学理论价值

莓蕊玉兰在科学理论研究中具有重要科学价值。这一特异新物种的发现,证实嫁接可以获得新物种,而无性繁殖保持其特性不变。

3.1 起源理论

莓蕊玉兰是河南农业大学赵天榜教授于2008年在5年生的玉兰嫁接苗群体中发现的。

这一特异新物种的发现,证实嫁接可以获得新物种,而无性繁殖保持其特性不变的理论如何解释呢?为什么会在玉兰嫁接苗群体中,发现这一特异新物种?尚待进一步研究。

3.2 形变理论

形变理论是指形态变异理论。莓蕊玉兰的特异特征是:①混合芽顶生、腋生。玉蕾顶生,或腋生。玉蕾花先叶开放;混合芽花后叶开放,花着生于新枝顶端。②玉蕾顶生和腋生,很大,陀螺状,或长卵球状。③单花具花被片9~18枚,有时具1~3枚肉质、条形、亮紫红色花被片;雄蕊有时很多(336枚)。④雌雄蕊群草莓状而特异,有时具2~5枚雌蕊群。⑤花梗中间具1枚佛焰苞状托叶。⑥生长期间开的花(夏花),无芽鳞状托叶,无缩台枝,具1枚革质、佛焰苞状托叶,稀有1枚淡黄白色、膜质、萼状花被片和特异肉质、紫红色花被片。

这些是特异特征是玉属植物中极为特异珍稀的物种,是研究该物种形变规律及其产生多变的理论依据。

3.3 分类系统理论

莓蕊玉兰特异特征是创建玉兰属新分类系统的有力依据。如异花玉兰组[6] Yulania Spach sect. Varians T. B. Zhao, Z. X. Chen et X. K. Li,就是根据异花玉兰[6] Y. varians T. B. Zhao, Z. X. Chen et Z. F. Ren 和莓蕊玉兰[6]创建的。还有待进一步研究。

参考文献

[1] 傅大立. 玉兰属的研究[J]. 武汉植物学研究,2001, 19(3):191-198.

[2] 田国行,傅大立,赵东武,等.玉兰属植物资源与新分类系统的研究[J].中国农学通报,2006,22(5):410.

[3] 赵天榜,田国行,傅大立,等.世界玉兰属植物资源与栽培利用[M].2013:236-238.

[4] 戴慧堂,李静,赵天榜,等.河南玉兰属二新种[J].信阳师范学院学报(自然科学版),2008,25(3):334.

[5] 赵天榜,任志锋,田国行,等.世界玉兰属植物种质资源志[M].2013:81-82. 图 3-37.

[6] 赵天榜,宋良红,田国行,等.河南玉兰栽培[M].2015:270-272. 图 3-37.328-427.

具柄玉兰一新组

范永明　赵东武　赵天榜*

（河南农业大学林学院，郑州　450002）

摘　要　本文根据作者对河南玉兰属 Yulania Spach 三种特异珍稀物种：1. 具柄玉兰 Yulania gynophora T. B. Zhao, Z. X. Chen et J. Zhao；2. 华丽玉兰 Yulania superba T. B. Zhao, Z. X. Chen et X. K. Li；3. 华豫玉兰 Yulania huayu T. B. Zhao, Z. X. Chen et J. T. Chen 进行的调查与研究，比较其特异形态特征发现异同，以 3 种植物雌蕊群均具雌蕊群柄，花先叶开放，建立具柄玉兰组 Yulania Spach sect. gynophora T. B. Zhao, Z. X. Chen et Y. M. Fan。同时，也为玉兰亚科 Magnoliaceae subfam. Yulanialioideae D. L. Fu et T. B. Zhao 的建立提供了新的证据。3 种形态特征的异同在其形变理论、起源理论研究中，具有重要科学价值与作用。

关键词　河南；玉兰属；3 种特异种；新组；具柄玉兰组；科学价值；应用与保护

新组的建立有利于对亲缘关系较近的物种进行综合研究，同时对于其起源理论的研究具有重要意义，为其上级分类系统补充新的、更有力的证据。具柄玉兰组 Yulania gynophora T. B. Zhao, Z. X. Chen et J. Zhao[1-6] 的建立对研究具柄玉兰 Yulania gynophora T. B. Zhao, Z. X. Chen et J. Zhao[1-6] 与华丽玉兰 Yulania superba T. B. Zhao, Z. X. Chen et X. K. Li[7] 和华豫玉兰 Yulania huayu T. B. Zhao, Z. X. Chen et J. T. Chen[5] 三种形变理论和起源理论具有重要意义，同时，也为玉兰亚科的建立提供了新的证据。

1　具柄玉兰组建立的依据

1.1　理论依据

玉兰属植物分类等级的建立，应遵照形态理论、系统分类理论、特征分析和模式理论、模式方法及《国际植物命名法规》中的有关规定。

形态理论主要是指研究植物的形态变异及其变异规律，根据其形态变异显著性的不同，决定不同类群的划分，是新的分类群建立的理论基础。

系统分类理论主要指研究植物的形成及其形成规律，使建立的新的分类系统能充分反映出生物进化的历史过程，并从这一过程中分析得出物种共同起源、分支发展和阶段发展组成的系统分类学的理论基础。

模式理论主要是指形态相似的个体所组成的物种，同种个体符合于同一"模式"。但这一理论是建立在物种不变的理论基础上的。因而会出现，同一物种，不同学者采用不同的命名等级的情况。所以，"模式理论"受到世界上大多进化论者的批判。但其作为植物分类实践中的一种方法和手段，得以普遍应用，且在《国际植物命名法规》中有明确规定。

1.2　形态学依据

形态学依据主要是指该属植物主要分类性状的变异，如乔木与灌、树形变异、叶片形状、玉蕾、花期、花型种类、花的变异、果的变异等[5]。

2　具柄玉兰组　新组

Yulania Spach sect. gynophora T. B. Zhao, Z. X. Chen et Y. M. Fan, sect. nov.

Sect. nov. gynoeciis subter gynostegiis glabris.

Sect. typus：Yulania gynophora T. B. Zhao, Z. X. Chen et J. Zhao.

Sect. plant：3 species. Yulania gynophora T. B. Zhao, Z. X. Chen et J. Zhao；Yulania superba T. B. Zhao, Z. X. Chen et X. K. Li.

本组植物叶椭圆形、倒卵圆形、卵圆形；花先叶开放，单花具花被片 8～17 枚，稀 1 枚，玉蕾顶生或腋生，雌蕊群具雌蕊群柄，无毛；花梗密被白色柔毛。

本新组模式种：Yulania Spach sect. gynophora T. B. Zhao, Z. X. Chen et Y. M. Fan。

本新组 3 种：具柄玉兰、华丽玉兰和华豫玉兰，特产河南。

3 开发利用与保护措施

3.1 学术价值

具柄玉兰、华丽玉兰和华豫玉兰三种雌蕊群具雌蕊群柄而特异。它在其形变理论、起源理论研究中，具有重要科学价值与作用。同时，为创建具柄玉兰组 Yulania Spach sect. gynophora T. B. Zhao, Z. X. Chen et Y. M. Fan 提供了依据，也为玉兰亚科 Magnoliaceae subfam. Yulanialioideae D. L. Fu et T. B. Zhao[5,7]的建立提供了新的证据。

3.2 观赏价值

具柄玉兰、华丽玉兰和华豫玉兰三种单花具花被片形状、大小、颜色与雌蕊群具雌蕊群柄而特异，是优良的园林绿化与美化树种。

3.3 保护措施

具柄玉兰与华丽玉兰为玉兰属植物中特有珍稀物种,已栽培于河南郑州植物园玉兰属基因库林内,加以保护。

参考文献

[1] 赵东武. 河南玉兰亚属植物的研究[D]. 郑州:河南农业大学,2005.

[2] 赵东武,赵东欣. 河南玉兰属植物种质资源与开发利用研究[J]. 安徽农业科学,2008,36(22):9488-9491.

[3] 赵天榜,田国行,傅大立,等. 世界玉兰属植物资源与栽培利用[M]. 北京:科学出版社,2013.

[4] 赵天榜,田国行,任志锋. 世界玉兰属植物种质资源志[M]. 郑州:黄河水利出版社,2013.

[5] 赵天榜,宋良红,田国行,等. 河南玉兰栽培[M]. 郑州:黄河水利出版社,2015.

[6] 田国行,傅大立,赵东武,等. 玉兰属植物资源与新分类系统的研究[J]. 中国农学通报,2006,22(5):408.

具柄玉兰

赵天榜[1]　陈志秀[1]　赵　杰[2]

(1. 河南农业大学林学院,郑州　450002;2. 新郑市林业局,新郑　451150)

具柄玉兰　新种　图1

Yulania gynophora T. B. Zhao, Z. X. Chen et J. Zhao, sp. nov., fig. 9-33, *Magnolia gynophora* D. L. Fu et T. B. Zhao, sp. nov. ined., 赵东武. 2005 河南玉兰亚属植物的研究(D). 河南农业大学。

Species Yulania cylindrica (Wils.) D. L. Fu similis, sed foliis ellipticis in medio latissimis supra prope basin costiaque pubescentibus margine minute revolutis cicatricibus stipularum longitudine 1/3 ~ 1/2 petiolorum partem aequantiaus. Yulani-alabastris terminatis et axillaris. Ante anthesin ciciduis peruli-stipulis petaliodeis extus infra medium laete purple-rubribus sime ungulibus; Gymoecis disjuncte carpelligeris gymophoris 8 ~ 10 mm longis, gynoecis androecis circumdais; disjuncte simplici - pistillis ovodeis sparse pubescentibus albis; pedicellis gracilibus non aucti - grossis dense villosia laete albis. Soutai-ramulis dense villosia laete albis.

Arbor deciduas. Ramuli in juventute flavo-vi-rescentes dense pubescentes demumflavo - brunnei glabri vel persistetes. Folia elliptica chartacea 6.0 ~ 11.5 cm longa 5.5 ~ 7.5 cm lata apice obtusa basi cuneata margine integra anguste marginatis revolutis, in medio latissimis supra atro - viridia nitida glabra prope basin et costis pubescentibus, subtus viridulialba spasre pubeseentes, costis et nervis lateralibus manifeste elevates ad et nervos lateralibus sparse pubescentibus; petioli 2.0 ~ 2.3 cm longi pubesentes; stipulis membranacies flavo-albis caducis, cicatritibus stipularum lingritudine 1/3 ~ 1/2 petidorum partem aequantibus. Yulani-alabastra terminata axillaresque ovoidea vel ellipsoidei - ovoidea 1.8 ~ 4.5 cm longa diam. 8 ~ 18 mm, peruli-stipulis 4, extus primus tenuiter coriaceis nigri - brunneis dense villosis nigri-brunneis, manifeste petiolulis, ante anthesin caducis, alter non petiolatis manifestis chartaceis extra dense villosis nigri-brunneis, tertius membranaceis viridulis villosis denioribus nigri - brunneis, intra juventi-ge mmatis et juventi-simili-alabastris cum juventi peruli-stipulis omnino dense villosis nigri-brunneis, quartus membranceis viridalis grabris circunexi-junenti-simili-alanastro. Flores ante folia aperti, eo apice Soutai-ramuli crescentes. Tepala 9 in quoque flore extus 3 triangustis 1.2~2.0 cm longis 1~3 mm latis flavo-albis sepaliodeis membranaceis caducis intus 6 petaloideis late spathulati-ovatis 7.0~7.5 cm longa 4.0~4.5 cm latis apice obtusis vel obtusis cum acumine plerumque involutis albis extus infra medium laete arto-purple-rubris saepe 4~5-nervis apicem; stamina numerosa 1.0~1.2 cm longa thecis 8~10 mm longis laterliter lonhitudinali-dehiscentibus dorrsaliter purpule-rubris in medio oni-loratis atro-purple-rubris, connectivis apice trianguste macronatis ca. 1.5 mm longis, filamentis 2 mm longis dorsaliter laete atro-purple-rubris; Gynoecia disjuncte carpelligera cylindrica flavo-alba 1.0~1.5 cm longa, gynophoris 8~12 mm longis glabris; disjuncte simpilici-pistillis numerosis ovoideis pallide albis sparse albo-pubescentibus albis, stylis 2~3 mm longis dorsaliter purple-rubris, gynoecis androecia circumdatas; Soutai-rumuli et pediceli graciles non aucti-grossi dense villosi laete albi. Aggregati-folliculi non visi.

Henan: Xin Xian. Mt. Dabieshan. 2002-03-13. T. B. Zhao et J. Zhao, No. 200203131 (flos, holotypus hic disignatus, HNAC). ibid. T. B. Zhao et J. Zhao, No. 200108235, No. 200309187.

落叶乔木。幼枝淡黄色，被短柔毛，后无毛，宿存。叶椭圆形，纸质，长6.0~11.5 cm，宽5.5~7.5 cm，先端钝圆，基部楔形，边缘全缘，具微反卷的狭边，最宽处在叶的中部，表面深绿色，具光泽，无毛，主脉基部被短柔毛，背面淡绿白色，疏被短柔毛；主脉和侧脉明显隆起，沿脉疏被短柔毛；叶柄长2.0~2.3 cm，被短柔毛；托叶膜质，黄白色，早落；托叶痕为叶柄长度的1/3~1/2。玉蕾顶生和腋生，卵球状，或椭圆-卵球状，长1.8~4.5 cm，径8~10 mm；芽鳞状托叶4枚，第1枚薄革质，外面黑褐色，密被黑褐色短柔毛，具明显的小叶柄，翌春开花前脱落；第2枚纸质，没有明显的小叶柄，密被黑褐色长柔毛；第3枚膜质，淡绿色，被较

密黑褐色长柔毛，包被着无毛的雏芽、雏枝及雏芽鳞状托叶；第4枚膜质，淡绿色，无毛，包被着无毛的雏蕾。花先叶开放；单花具花被片9枚，外轮花被片3枚，萼状，膜质，长三角形，长1.2~2.0 cm，宽1~3 mm，淡黄白色，早落，内轮花被片6枚，花瓣状，宽卵圆-匙形，长7.0~8.5 cm，宽4.0~4.5 cm，先端钝尖，或钝圆，通常内曲，内面白色，外面中部以下亮浓紫红色，通常具4~5条放射状深紫红色脉纹，直达先端；雄蕊多数，花药长1.0~1.2 cm，药室长8~10 mm，侧向长纵裂，背部具紫红色晕，中间有1条浓紫红色带，药隔先端具三角状短尖头，长约1.5 mm，花丝长2 mm，亮浓紫红色；离心皮雌蕊群圆柱状，淡黄白色，长1.0~1.5 cm，具长8~10 mm的雌蕊群柄，无毛；离生单雌蕊多数，子房卵体状，淡白色，疏被白色短柔毛，花柱长2~3 mm，背部淡紫红色；雄蕊群包被雌蕊群；花梗和缩台枝细，密被白色短柔毛。聚生蓇葖果未见。

本新种与黄山玉兰 Yulania cylindraca (Wils.) D. L. Fu 相似，但区别：叶椭圆形，最宽处在叶的中部，表面近基部主脉被短柔毛，边缘微反卷；托叶痕为叶柄长度的1/3~1/2。玉蕾顶生和腋生。开花时芽鳞状托叶脱落。瓣状花被片外面中部以下亮浓紫红色，基部无爪；离心皮雌蕊群具长8~10 mm的雌蕊群柄，无毛，且被雄蕊群包被；离生单雌蕊淡白色，疏被白色短柔毛；花梗和缩台枝细，密被白色短柔毛。聚生蓇葖果未见。

产地：中国河南新县。赵天榜和赵杰，No. 200203131（花）。模式标本，存河南农业大学。

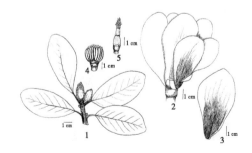

图1 具柄玉兰 Yulania gynophora T. B. Zhao, Z. X. Chen et J. Zhao

1. 枝、叶与玉蕾，2. 花，3. 花被片，
4. 雌雄蕊群，5. 雌蕊群柄（赵天榜绘）。

玉兰属及其分类系统

赵天榜　陈志秀

（河南农业大学,郑州　450002）

一、玉兰属（武汉植物学研究）

Yulania Spach in Hist. Nat. Vég. Phan. 7: 462. 1839;傅大立. 玉兰属的研究. 武汉植物学研究,19(3):191~198. 2001;田国行等. 玉兰属植物资源与新分类系统的研究. 中国农学通报,22(5):405. 2006;赵东欣. 河南玉兰亚属植物种质资源与开发利用的研究. 安徽农业科学,36(2):9488. 2008;赵天榜、任志锋、田国行主编. 世界玉兰属植物种质资源志;6~7. 2013。

落叶乔木,或灌木。小枝上具环状托叶痕。叶多种类型:倒卵圆形、椭圆形、圆形,或奇形等,先端钝圆、钝尖、微凹、急尖,或不规则形,2浅裂,或深裂,基部楔形,稀近圆形。玉蕾顶生、腋生、簇生,有时呈总状聚伞花序。混合芽顶生,或腋生。玉蕾顶生,或腋生,稀有花蕾。玉蕾形状、大小不等,由缩台枝、芽鳞状托叶、雏枝、雏芽和雏蕾组成。缩台枝通常3~5节,稀1~2节,或>6节,明显增粗,稀纤细,密被长柔毛,稀无毛。每种具1种花型,稀2~多种花型;每花具佛焰苞状托叶1枚,稀2枚,有时无佛焰苞状托叶。玉蕾花先叶开放,或花叶同时开放;混合芽花、花蕾花后叶开放,花着生于新枝顶端。单花具花被9~21(~32)枚,稀6~8枚,或33~48枚,稀外轮花被片稍小,或呈萼状;雄蕊多数,花丝短、宽,通常与花药等宽,或稍宽;雌蕊群显著高于雄蕊群,或雄蕊群与雌蕊群等高,或包被雌蕊群;雌蕊群无雌蕊群柄,稀具雌蕊群柄;离生单雌蕊子房无毛、被短柔毛;缩台枝、花梗和果枝粗、短,密被长柔毛,稀无毛。聚生蓇葖果常因部分单雌蕊不发育而弯曲;蓇葖果先端钝圆,或具短喙。

本属模式:玉兰 Yulania denudata(Desr.)D. L. Fu。

本属植物50种和51杂交种、20亚种、98变种。其中,中国分布与栽培51种(包括引种栽培的4种、引种栽培的1杂交种);日本分布3种;美洲仅分布渐尖玉兰1种。滇藏玉兰1种在印度、锡金等有分布。本属植物杂交种广泛栽培于欧美各国。

二、玉兰属新分类系统

(一)玉兰亚属（世界玉兰属植物资源与开发利用）　亚属

Yulania Spach subgen. Yulania(Spach)T. B. Zhao et Z. X. Chen,赵天榜、田国行等主编.世界玉兰属植物资源与栽培利用:190. 2013;赵天榜、任志锋、田国行主编. 世界玉兰属植物种质资源志:7~8. 2013; Yulania Spach, Hist. Nat. Vég. Phan. 7:462. 1839; *Magnolia* Linn. subgen. *Yulania*(Spach) Reichenbach in Der Dectsche Bot. , 1(1):192. 1841.

本亚属植物叶倒卵圆形、倒卵圆-三角形、椭圆形、圆形,或奇形,薄革质、纸质,以倒卵圆形为主的叶片,最宽处在顶部,或上部,先端钝圆、钝尖、微凹,或急尖,或不规则形、浅裂,或深裂,基部楔形,稀近圆形,背面主、侧脉明显隆起,被长柔毛,稀无毛,侧脉通常斜展,分离处与主脉等高,叶柄基部通常膨大,被短柔毛,稀无毛。玉蕾卵球状,中部以上渐细,通常长度>3.0 cm,具芽鳞状托叶3~5枚,稀1~2枚,最外层1枚,外面密被短柔毛,稀无毛。单株上只1种花型。花先叶开放;单花具花被片9~18(~32)枚,稀6~8枚,或33~48枚,花瓣状,通常无萼状花被片;花丝短、宽,通常与花药等宽,或稍宽,花隔伸出呈短尖头,稀钝圆;离生单雌蕊无毛,稀有毛;雌蕊群无雌蕊群柄,稀具雌蕊群柄;缩台枝、花梗和果枝粗、短,密被长柔毛,稀无毛。种子具橙黄色的拟假种皮。花期3~4月,为玉兰属植物花期较晚的一类。

本亚属模式:玉兰组 Yulania Spach sect. Yulania(Spach)D. L. Fu。

本亚属植物种类:28种(不包括杂交种),均产于中国。河南分布与栽培23种。

Ⅰ. 玉兰组（中国植物志）　组

Yulania Spach sect. Yulania(Spach)D. L.

Fu,傅大立.玉兰属的研究.武汉植物学研究,19（3）:191~198.2001;田国行等.玉兰属植物资源与新分类系统的研究.中国农学通报,22（5）:405.2006;赵天榜、任志锋、田国行主编.世界玉兰属植物种质资源志:8~9.2013;*Magnolia* Linn. sect. *Yulania*（Spach）Dandy in Camellias and Magnolias. Rep. Conf. 72. 1950;*Magnolia Linn.* sect. *Yulania*（Spach）Dandy）W. B. Sun et Zhao, syn. nov. in Liu Y H et al., ed. Proc. Interational Symp. Family. Magnoliaceae 2000. 52~57. Beijing:Science press. 2000.

本组植物以叶倒卵圆形为主,有椭圆形,或奇形,先端钝圆、微凹,或急尖,不规则形、浅裂,或深裂,基部楔形,稀近圆形。单株上只1种花型。花先叶开放;单花具花被片9~18（~32）枚,稀6~8枚,或33~48枚,花瓣状,无萼状花被片;花丝短、宽,通常与花药等宽,或稍宽;离生单雌蕊无毛,稀有毛;缩台枝、花梗和果枝粗、短,密被长柔毛,稀无毛。种子具橙黄色的拟假种皮。

本组模式:玉兰 Yulania denudata（Desr.）D. L. Fu。

本组植物共计20种（不包括种间杂交种）。河南分布与栽培有:滇藏玉兰 Y. campbellii（Hook. f. & Thoms.）D. L. Fu、武当玉兰 Y. sprengeri（Pamp.）D. L. Fu、玉兰 Y. denudata（Desr.）D. L. Fu、楔叶玉兰 Y. cuneatofolia T. B. Zhao, Z. X. Chen et D. L. Fu、青皮玉兰 Y. viridula D. L. Fu, T. B. Zhao et G. H. Tian、奇叶玉兰 Y. mirifolia D. L. Fu, T. B. Zhao et Z. X. Chen、信阳玉兰 Y. xinyangensis T. B. Zhao, Z. X. Chen et H. T. Dai、朝阳玉兰 Y. zhaoyangyulan T. B. Chao et Z. X. Chen、华丽玉兰 Y. superba T. B. Zhao, Z. X. Chen et X. K. Li, sp. nov.;中州玉兰 Y. zhongzhou T. B. Zhao, Z. X. Chen et L. H. Sun, sp. nov.。

1. 玉兰亚组（中国农学通报） 亚组

Yulania Spach subsect. Yulania（Spach）D. L. Fu et T. B. Zhao,田国行等.玉兰属植物资源与新分类系统的研究.中国农学通报,22（5）:405. 2006;赵天榜、田国行等主编.世界玉兰属植物资源与栽培利用:169. 2013;赵天榜、任志锋、田国行主编.世界玉兰属植物种质资源志:9. 2013。

本亚组植物叶倒卵圆形、倒卵圆-三角形,或椭圆形、圆形、不规则形。花先叶开放,稀花叶同时开放;花被片近相似。单花具花被片9~21枚,稀6~8枚,花瓣状。

本亚组模式:玉兰 Yulania denudata（Desr.）D. L. Fu。

本亚组植物14种。如滇藏玉兰、凹叶玉兰 Y. sargentiana（Rehd. & Wils.）D. L. Fu、康定玉兰 Y. dawsoniana（Rehd. & Wils.）D. L. Fu、武当玉兰、椭蕾玉兰 Y. elliptige mmata（C. L. Guo et L. L. Huang）N. H. Xia、红花玉兰 Y. wufengensis（L. Y. Ma et L. R. Wang）T. B. Zhao et Z. X. Chen、湖北玉兰 Y. verrucosa D. L. Fu, T. B. Zhao et S. S. Chen、玉兰、华丽玉兰、南召玉兰,均分布在中国。人工杂种6种,如维特奇玉兰 Y. × veitchii（Bean）D. L. Fu,广泛栽培于欧美各国。

1）玉兰系（世界玉兰属植物资源与栽培利用） 原系

Yulania Spach ser. Yulania（Spach）Z. B. Zhao et Z. X. Chen,赵天榜、田国行等主编.世界玉兰属植物资源与栽培利用:169. 2013;赵天榜、任志锋、田国行主编.世界玉兰属植物种质资源志:9. 2013。

本系植物叶倒卵圆形、倒卵圆-三角形,或椭圆形、圆形、不规则形。花先叶开放,稀花叶同时开放;花被片近相似,花瓣状。单花具花被片9~21枚,稀6~8枚,花瓣状。

本系模式:玉兰 Yulania denudata（Desr.）D. L. Fu。

本系植物14种,分别是:滇藏玉兰、凹叶玉兰、康定玉兰、武当玉兰、椭蕾玉兰、红花玉兰、湖北玉兰、玉兰、飞黄玉兰 Y. fëihuangyulan（F. G. Wang）T. B. Zhao et Z. X. Chen、楔叶玉兰、怀宁玉兰 Y. huainingensis D. L. Fu, T. B. Zhao et S. M. Wang、华丽玉兰、南召玉兰,均分布在中国。

2）维持玉兰系（世界玉兰属植物资源与栽培利用） 系

Yulania Spach ser. × Veitchiyulan T. B. Zhao et Z. X. Chen,赵天榜、田国行等主编.世界玉兰属植物资源与栽培利用:169. 2013;赵天榜、任志锋、田国行主编.世界玉兰属植物种质资源志:9. 2013。

本系植物均为玉兰系植物的种间杂种,且具有双亲的形态特征、特性和中间过渡类型。

本系模式:维特奇玉兰 Yulania × veitchii（Bean）D. L. Fu。

本系植物有 6 杂交种,广泛栽培欧美各国。河南无引种栽培。

2. 北川玉兰亚组(世界玉兰属植物资源与栽培利用) 亚组

Yulania Spach subsect. Carnosa(D. L. Fu)T. B. Zhao et Z. X. Chen,赵天榜、田国行等主编. 世界玉兰属植物资源与栽培利用:169. 2013;赵天榜、任志锋、田国行主编. 世界玉兰属植物种质资源志:9~10. 2013;Yulania Spach sect. Carnosa D. L. Fu,sect. ined.,傅大立. 辛夷植物资源分类与新品种选育研究(D). 中南林学院博士论文。

本亚组植物单花具佛焰苞状托叶 2 枚,1 枚着生在花梗中间,膜质,外面疏被长柔毛,早落,呈 2 节状,另 1 枚顶生,花瓣状,肉质,淡蔷薇色。

本亚组模式:北川玉兰 Yulania carnosa D. L. Fu et D. L. Zhang。

本亚组植物 1 种:北川玉兰分布于四川。

3. 青皮玉兰亚组(世界玉兰属植物资源与栽培利用) 亚组

Yulania Spach subsect. Viridulayulan T. B. Zhao et Z. X. Chen,赵天榜、田国行等主编. 世界玉兰属植物资源与栽培利用:169. 2013;赵天榜、任志锋、田国行主编. 世界玉兰属植物种质资源志:10. 2013。

本亚组植物单花具花被片(9~)12~48 枚,花瓣状,白色,或亮紫红色。

本亚组模式:青皮玉兰 Yulania viridula D. L. Fu,T. B. Zhao et G. H. Tian。

本亚组植物 2 种:青皮玉兰和玉灯玉兰 Y. pyriformis(T. D. Yang et T. C. Cui)D. L. Fu。其分布与栽培于陕西和河南。

4. 簇花玉兰亚组(世界玉兰属植物资源与栽培利用) 亚组

Yulania Spach subsect. Cespitosiflora T. B. Zhao et Z. X. Chen,赵天榜、田国行等主编. 世界玉兰属植物资源与栽培利用:169. 2013;赵天榜、任志锋、田国行主编. 世界玉兰属植物种质资源志:10. 2013。

本亚组植物玉蕾顶生、腋生和簇生,有时呈总状聚伞花序,或玉蕾含 1~3 朵花。叶倒卵圆形。单花具花被片 6~12 枚,或 9 枚。

本亚组模式:多花玉兰 Yulania multiflora(M. C. Wang et C. L. Min)D. L. Fu。

本亚组植物 1 种:多花玉兰。其分布与栽培

于陕西。

5. 特异玉兰亚组(世界玉兰属植物资源与栽培利用) 亚组

Yulania Spach subsect. Mira T. B. Zhao et Z. X. Chen,赵天榜、田国行等主编. 世界玉兰属植物资源与栽培利用:170. 2013;赵天榜、任志锋、田国行主编. 世界玉兰属植物种质资源志:10. 2013。

本亚组植物单花花被片花瓣状,具有 2 种雌雄蕊群类型:①雄蕊群与雌蕊群等高,或稍短;②雌蕊群显著超过雄蕊群。有时具特异叶形。

本亚组模式:朝阳玉兰 Yulania zhaoyangyulan T. B. Zhao et Z. X. Chen。

本亚组植物有 3 种:朝阳玉兰、奇叶玉兰、信阳玉兰 Y. xinyangensis T. B. Zhao,Z. X. Chen et H. T. Dai,河南均有栽培。

Ⅱ. 罗田玉兰组(世界玉兰属植物资源与栽培利用) 组

Yulania Spach sect. Pilocarpa(D. L. Fu et T. B. Zhao)T. B. Zhao et Z. X. Chen,赵天榜、田国行等主编. 世界玉兰属植物资源与栽培利用:169. 2013;赵天榜、任志锋、田国行主编. 世界玉兰属植物种质资源志:10. 2013。

本组植物叶倒卵圆形、倒卵圆-椭圆形、近圆-倒卵圆形,或近圆形,先端钝尖、浅裂,或深裂。单花具花被片 9 枚,外轮花被片 3 枚,萼状、膜质、早落,内轮花被片 6 枚,肉质,花瓣状;离生单雌蕊无毛,或有毛。

本组模式:罗田玉兰 Yulania pilocarpa(Z. Z. Zhao et Z. W. Xie)D. L. Fu。

本组植物 2 种:鸡公玉兰 Y. jigongshanensis(T. B. Zhao,D. L. Fu et W. B. Sun)D. L. Fu、罗田玉兰,其分布与栽培于河南与湖北。

1. 罗田玉兰亚组(中国农学通报) 亚组

Yulania Spach subsect. Pilocarpa D. L. Fu et T. B. Zhao,田国行等. 玉兰属植物资源与新分类系统的研究. 中国农学通报,22(5):405~406. 2006;赵天榜、任志锋、田国行主编. 世界玉兰属植物种质资源志:10~11. 2013。

本亚组植物形态特征:与罗田玉兰组植物形态特征相同。

2. 舞钢玉兰亚组(中国农学通报) 舞钢玉兰组(武汉植物学研究) 亚组

Yulania Spach subsect. Wugangyulania(T. B.

Zhao,W. B. Sun et Z. X. Chen）T. B. Zhao,D. L. Fu et Z. X. Chen,田国行等. 玉兰属植物资源与新分类系统的研究. 中国农学通报,22（5）: 406. 2006；赵天榜、任志锋、田国行主编. 世界玉兰属植物种质资源志：11. 2013；*Yulania* Spach sect. *Wugangyulaniae* T. B. Zhao,D. L. Fu et Z. X. Chen,赵天榜等. 舞钢玉兰芽种类与成枝成花规律的研究. 武汉植物学研究,21（3）:83. 2003。

本亚组植物单株上同时具 2 种花型。玉蕾顶生、腋生和簇生,有时玉蕾内有 2～4 个小玉蕾构成总状聚伞花序。单花具花被片 9 枚,外轮花被片 3 枚,萼状,内轮花被片花瓣状,匙形,白色,外面中基部中间紫红色。

本亚组模式:舞钢玉兰 *Yulania wugangensis* （T. B. Zhao,W. B. Sun et Z. X. Chen）D. L. Fu。

本亚组植物有 1 种:舞钢玉兰,其分布与栽培于河南。

（二）渐尖玉兰亚属（世界玉兰属植物资源与开发利用） 亚属

Yulania Spach subgen. Tulipastrum（Spach）T. B. Zhao et Z. X. Chen,赵天榜、田国行等主编. 世界玉兰属植物资源与开发利用:243. 2013；赵天榜、任志锋、田国行主编. 世界玉兰属植物种质资源志：11. 2013；*Tulipastram* Spach,Hist. Nat. Vég. Phan. 7:481.1839.

本亚属植物落叶灌木,或乔木。叶椭圆形、长圆-椭圆形、长卵圆形,以椭圆形为主,稀倒卵圆形,中部通常最宽,先端渐尖、短渐尖,稀钝圆,具短尖头。幼嫩部分（叶、枝、芽）疏被长柔毛,稀短柔毛,后无毛,或偶有残存毛,主脉与侧脉夹角 50°～60°,侧脉基部多弯弓形斜展,中脉与侧脉分离处侧脉显著低于主脉,沿脉疏被长柔毛;叶柄细,初疏被长柔毛,后脱落,基部不显著膨大。玉蕾顶生,小。花叶同时开放,或花叶近同时开放,稀花后叶开放。单花具花被片 9～12 枚,淡黄色、黄色、白色及紫色,有萼、瓣之分,萼状花被片膜质,稀无萼、瓣之分（宝华玉兰组）;花丝通常细、较长,比花药窄,药隔先端伸出呈短尖头;雌蕊群无雌蕊群柄,稀具雌蕊群柄;离生单雌蕊 20～100 枚以上,子房无毛;花梗和缩台枝被长柔毛,稀无毛。聚生蓇葖果卵球状。

本亚属模式:渐尖玉兰组 *Yulania* Spach sect. Tulipastrum（Spach）D. L. Fu。

本亚属植物有 20 种。河南分布与栽培 20 种。

Ⅰ．宝华玉兰组（世界玉兰属植物资源与开发利用） 宝华玉兰亚组（中国农学通报） 亚组

Yulania Spach sect. Baohuayulan（D. L. Fu et T. B. Zhao）T. B. Zhao et Z. X. Chen,赵天榜、田国行等主编. 世界玉兰属植物资源与栽培利用:171. 2013；赵天榜、任志锋、田国行主编. 世界玉兰属植物种质资源志：11～12. 2013；*Yulania* Spach subsect. *Baohuayulan* D. L. Fu et T. B. Zhao,田国行等. 玉兰属植物资源与新分类系统的研究. 中国农学通报,22（5）:406～407. 2006。

本亚组植物叶椭圆形,或倒卵圆状椭圆形。花先叶开放;单花具花被片 9 枚,稀 12～18 枚,花瓣状,无萼状花被片。

本组模式:宝华玉兰 *Yulania zenii*（Cheng）D. L. Fu。

本组植物 4 种:宝华玉兰、天目玉兰、伏牛玉兰、景宁玉兰河南有分布与引种栽培。

Ⅱ．渐尖玉兰组（武汉植物学研究） 紫玉兰组（中国植物志） 木兰组（中南林学院学报） 组

Yulania Spach sect. Tulipastrum（Spach）D. L. Fu,傅大立. 玉兰属的研究. 武汉植物学研究,19（3）:198. 2001;田国行等. 玉兰属植物资源与新分类系统的研究. 中国农学通报,22（5）:406. 2006；赵天榜、任志锋、田国行主编. 世界玉兰属植物种质资源志:12. 2013；*Magnolia* Linn. sect. *Tulipastrum*（（Spach）Dandy）Sun et Zhao in Proc. Internat. Symp. Fam. Magnoliaceae 2000. 52～57. 2000；*Magnolia* Linn. sect. *Tulipastrum*（Spach）Dandy in Camellias and Magnolias Rep. Conf. 74. 195。

本组植物叶以椭圆形为主,稀倒卵圆形,中部通常最宽,先端渐尖、短渐尖,稀钝圆,具短尖头。玉蕾顶生,小。花先叶开放,稀花叶同时开放,或近同时开放,偶有花后叶开放。单花具花被片 9～12 枚,淡黄色、黄色、白色及紫色,有萼、瓣之分,或花被片瓣状;雄蕊花丝通常细、较长,比花药窄,药隔先端伸出呈短尖头;离生单雌蕊多数,子房无毛;花梗和缩台枝被长柔毛,稀无毛。聚生蓇葖果卵球状,或圆柱状;蓇葖果通常无喙,稀具喙。

本组模式:渐尖玉兰 *Yulania acuminata*（Linn.）D. L. Fu。

本组植物有 11 种。

（1）渐尖玉兰亚组（中国农学通报）亚组

Yulania Spach subsect. Tulipastrum（Spach）D. L. Fu et T. B. Zhao，田国行等. 玉兰属植物资源与新分类系统的研究. 中国农学通报，22（5）：406. 2006；赵天榜、任志锋、田国行主编. 世界玉兰属植物种质资源志：12~13. 2013。

本亚组植物叶以椭圆形为主，稀倒卵圆形，中部通常最宽，先端渐尖。花先叶开放，花叶同时开放，或花后叶开放。单花具花被片 9~12 枚，稀达 48 枚，外轮花被片 3 枚，萼状、膜质、早落，内轮花被片薄肉质，质地较软；花丝通常细于花药；花梗和缩台枝疏被长柔毛。

本亚组模式：渐尖玉兰 Yulania acuminata（Linn.）D. L. Fu。

本亚组植物天然种有 3 种，人工杂种 4 种。它们是：渐尖玉兰、紫玉兰、美丽玉兰 Y. concinna（Law et R. Z. Zhou）T. B. Zhao et Z. X. Chen，以及布鲁克林玉兰 Yulania × brooulynenjis（G. Kalmbacher）D. L. Fu、洛内尔玉兰 Y. × loeneri（Kache）D. L. Fu et T. B. Zhao、凯武玉兰 Y. × kwensis（Pcarce）D. L. Fu et T. B. Zhao、普鲁托斯卡娅玉兰 Y. × proctoriana（Rehd.）D. L. Fu et T. B. Zhao。渐尖玉兰、紫玉兰、美丽玉兰河南有引种栽培。

1）渐尖玉兰系（世界玉兰属植物资源与栽培利用）原系

Yulania Spach ser. Tulipastrum（Spach）T. B. Zhao et Z. X. Chen，赵天榜、田国行等主编. 世界玉兰属植物资源与栽培利用：173. 2013；赵天榜、任志锋、田国行主编. 世界玉兰属植物种质资源志：13. 2013；Tulipastrum Spach, Hist. Nat. Vég. Phan. 7：481. 1839.

本系植物叶椭圆形，或心形。花先叶开放，或花叶同时开放，花后叶开放。单花具花被片 9 枚，有萼、瓣之分，花瓣状花被片黄色、黄绿色，或蓝绿色，以及紫色、紫红色。

本系模式：渐尖玉兰 Yulania acuminata（Linn.）D. L. Fu。

本系植物有 4 种。如渐尖玉兰、紫玉兰等。

2）布鲁克林玉兰系（世界玉兰属植物资源与栽培利用）系

Yulania Spach ser. × brooklynyulan T. B. Zhao et Z. X. Chen，赵天榜、田国行等主编. 世界玉兰属植物资源与栽培利用：173. 2013；赵天榜、任志锋、田国行主编. 世界玉兰属植物种质资源志：13. 2013。

本系植物系渐尖玉兰与紫玉兰植物的种间人工杂种，其形态特征和特性，均具有两亲本的形态特征和许多中间过渡类型。

本系模式：布鲁克林玉兰 Yulania × brooklynensis（G. Kalmbacher）D. L. Fu。

本系植物 1 种：布鲁克林玉兰。河南无引种栽培。

2. 望春玉兰亚组（世界玉兰属植物资源与栽培利用） 望春玉兰组（中国植物志） 星花玉兰组（中南林学院学报） 亚组

Yulania Spach subsect. Buergeria（Sieb. & Zucc.）T. B. Zhao et Z. X. Chen，赵天榜、田国行等主编. 世界玉兰属植物资源与栽培利用：173. 2013；赵天榜、任志锋、田国行主编. 世界玉兰属植物种质资源志：13~14. 2013；Buergeria Sieb. & Zucc. in Abh. Math. - Phys. Cl. Akad. Wiss. Münch.，4（2）：187.（Fl. Jap. Fam. 1：79）. 1843；Yulania Spach sect. Buergeria（Sieb. & Zucc.）D. L. Fu，傅大立. 玉兰属的研究. 武汉植物学研究，19（3）：198. 2001；Magnolia Linn. sect. Buergeria（Sieb. & Zucc.）Dandy in Camellias and Magnolias，Rép. Conf. 73. 1950；Magnolia Linn. subgen. Yulania sect. Buergeria（Sieb. & Zucc.）Baillon in D. J. Callaway, The World of Magnolias. 154. 167. 1994；Magnolia Linn. subgen. Yulania（Spach）Reichenbach subsect. Buergeria Y. L. Wang，sect. nov. ined. 及 subsect. Buergeria（Sieb. & Zucc.）Dandy，王亚玲等. 玉兰亚属植物形态变异及种间界限探讨. 西北林学院学报，21（3）：40. 2006。

本亚组植物叶以椭圆形为主，稀倒卵圆形，先端渐尖、短渐尖，稀钝圆，具短尖头。花先叶开放。每物种具 1 种花型。单花花被片通常 9 枚，稀 9~48 枚，花被片有萼、瓣之分；花丝通常细、较长，比花药窄，药隔先端伸出呈短尖头；离生单雌蕊子房无毛；花梗和缩台枝被长柔毛，稀无毛。拟假种皮颜色较深，紫红色。

本亚组模式：星花玉兰 Yulania stellata（Sieb. & Zucc.）D. L. Fu。

本亚组植物有 4 种：日本辛夷 Y. kobus（DC.）Spach、星花玉兰、柳叶玉兰 Y. salicifolia

（Sieb. & Zucc.）D. L. Fu 及望春玉兰。人工杂交种均广泛栽培于欧美各国。

1）望春玉兰系（世界玉兰属植物资源与栽培利用）系

Yulania Spach ser. Buergeria（Sieb. & Zucc.）T. B. Zhao et Z. X. Chen，赵天榜、田国行等主编. 世界玉兰属植物资源与栽培利用：174. 2013；赵天榜、任志锋、田国行主编. 世界玉兰属植物种质资源志：14. 2013。

本系植物叶椭圆形，或倒卵圆形。花先叶开放，但比玉兰组早。单花具花被片9枚，稀9~48枚，外轮花被片3枚，萼状、膜质、早落，内轮花被片花瓣状，外面中基部具不同程度的紫色、紫红色等晕，或条纹，稀白色。

本系模式：星花玉兰 Y. stellata（Sieb. & Zucc.）D. L. Fu。

本系植物有4种：望春玉兰、日本辛夷、星花玉兰和柳叶玉兰及8人工杂种。

2）洛内尔玉兰系（世界玉兰属植物资源与栽培利用）系

Yulania Spach ser. × Loebneriyulan T. B. Zhao et Z. X. Chen，赵天榜、田国行等主编. 世界玉兰属植物资源与栽培利用：174. 2013；赵天榜、任志锋、田国行主编. 世界玉兰属植物种质资源志：14. 2013。

本系植物为望春玉兰亚组植物种间杂种，其形态特性具有双亲的形态特征、特性和中间许多过渡类型。

本系模式：洛内尔玉兰 Yulania × loeneri（Kache）D. L. Fu。

本系植物有8人工杂交种。它们是：凯武玉兰 Yulania × kewensis（Pearce）D. L. Fu、洛内尔玉兰 Y. × loebner（Kache）D. L. Fu et T. B. Zhao、玛丽林玉兰 Y. × marillyn（E. Sperber）T. B. Zhao et Z. X. Chen、金星玉兰 Y. × gold-star（Ph. J. Savage）T. B. Zhao et Z. X. Chen、普鲁斯托莉玉兰 Y. × proctoriana（Rehd.）D. L. Fu et T. B. Zhao、紫星玉兰 Y. × george-henry-kern（C. E. Kern）D. L. Fu T. B. Zhao、麦星玉兰 Y. × maxine-merrill（Ph. J. Savage）T. B. Zhao et Z. X. Chen、阳光玉兰 Y. × solar-flair（Ph. J. Savage）T. B. Zhao et Z. X. Chen。除紫星玉兰外，其他杂交种河南均无引种栽培。

3. 腋花玉兰亚组（世界玉兰属植物资源与栽培利用）亚组

Yulania Spach subsect. Axilliflora（B. C. Ding et T. B. Zhao）T. B. Zhao et Z. X. Chen，赵天榜、田国行等主编. 世界玉兰属植物资源与栽培利用：174. 2013；赵天榜、任志锋、田国行主编. 世界玉兰属植物种质资源志：14~15. 2013；Yulania Spach sect. Axilliflora（B. C. Ding et T. B. Zhao）D. L. Fu，傅大立. 玉兰属的研究. 武汉植物学研究，19（3）：198. 2001；Magnolia Linn. sect. Axilliflora B. C. Ding et T. B. Zhao，丁宝章等. 中国木兰属植物腋花、总状花序的首次发现和新分类群. 河南农业大学学报，19（4）：360. 1985。

本亚组植物叶长椭圆形、椭圆形，先端钝尖，或长尖，基部近圆形，或心形。玉蕾顶生、腋生和簇生均有，有时构成总状聚伞花序。单花具花被片9枚，外轮花被片3枚，萼状、膜质、早落，内轮花被片花瓣状；离生单雌蕊无毛，稀雌蕊群与雄蕊群等高。

本亚组模式：腋花玉兰 Yulania axilliflora（D. C. Ding et T. B. Zhao）D. L. Fu。

本亚组植物有2种：腋花玉兰、安徽玉兰 Y. anhueiensis T. B. Zhao，Z. X. Chen et J. Zhao。河南有分布与栽培。

Ⅲ. 黄山玉兰组（世界玉兰属植物资源与栽培利用）组

Yulania Spach sect. Cylindrica（S. A. Spongberg）T. B. Zhao et Z. X. Chen，赵天榜、田国行等主编. 世界玉兰属植物资源与栽培利用：175. 2013；赵天榜、任志锋、田国行主编. 世界玉兰属植物种质资源志：15. 2013；Magnolia Linn. sect. Cylindrica S. A. Spongberg in Arnoldia Boston，52：1. 1976；Magnolia Linn. subgen. Yulania（Spach）Reichenbach subsect. Cylindrica Y. L. Wang，subsect. nov. ined.，王亚玲、马延康、张寿洲，等. 2002. 玉兰亚属植物形态变异及种间界限探讨. 西北林学院学报，21（3）：37~40。

本组植物叶椭圆形，较小，先端钝圆、钝尖，基部楔形，或近圆形。玉蕾顶生。花单花型，或多种类型。花先叶开放，或花先叶开放。单花具花被片9枚，有萼、瓣之分，或5~18枚，外轮花被片花瓣状，或萼状大小、形状、质地、颜色等多变，内轮花被片花瓣状；离生单雌蕊子房无毛，或被短柔毛。稀单花具特异花被片1~3枚及1~5枚雌雄蕊群,或在雄蕊群混有离生单雌蕊。

本组模式:黄山玉兰 Yulania cylindrica (Wils.)D. L. Fu。

本组植物有 3 种:黄山玉兰、安徽玉兰 Y. an-hueiensis T. B. Zhao,Z. X. Chen et J. Zhao 及具柄玉兰 Y. gynophora T. B. Zhao,Z. X. Chen et J. Zhao,特产于中国。河南有分布与引种栽培。

Ⅳ. 异花玉兰组　新组

Yulania Spach sect. Varians T. B. Zhao,Z. X. Chen et X. K. Li,sect. nov.

Sect. nov. Yulania Spach sect. Cylindrica(S. A. Spongberg)T. B. Zhao et Z. X. Chen similis, sed ge mmis mixomorphis et Yulani–alabastris co mmunibus. ge mmis mixomorphis axillaribus et api-cibus;alabastris apicibus et axillaribus;Yulani–ala-bastris apicibus et axillaribus ovoideis et laonge ovoi-deis. Floribus Yulani–alabastris ante folia aperti; floribus post folia aperti in ge mmis mixomorphis et alabastris. Floribus Yulani–alabastris, floribus ge mmis mixomorphis, ter et quater floribus alabastris multiformis. Floribus Yulani–alabastris 6–formis,te-palis 6~18 in qouque flore, extus tepalis calycibus et tepalis, eis amplitudinibus et formis et substantiis, coloribus et al. multi–variantibus;ovariis disjuncte simplici–pistillis sparse pubescentibus, interdum 2–gynoeciis disjuncte simplici – pistillis appositis in qouque flore, vel 2–Yulani–alabastris parvis id est 2 floribus in 1 Yulani–alabastris;disjuncte simplici–pistillis mixtis et 2 ~ 5–simplici–pistillis cespitosis vel 2–gynoeciis in androeciis, rare staminibus peta-loideis;filamentis laete rubellis et thecis subae-quilongis;pedicellis et Soutai–ramulis dense villosis albis. floribus in Yulani–alabastris ovoideis gynan-dries similaribus a–disjuncte simplici–pistillis. flori-bus alabastris multiformis,5~12 in qouque flore, te-palis formis et magnitudinibus et substantiis, colori-bus et al. manifeste variantibus;rare staminibus pet-aloideis;ovariis disjuncte simplici – pistillis glabris rare 2–gynandriis in qouque flore;pedicellis 1~2–nodulis glabris;Soutai–ramulis nullis.

Sect. typus:Yulania varians T. B. Zhao,Z. X. Chen et Z. F. Ren.

Sect. plant:2 species. Yulania varians T. B. Zhao,Z. X. Chen et Z. F. Ren;Y. fragarigynan-dria T. B. Zhao,Z. X. Chen et H. T. Dai.

本新组与黄山玉兰组 Yulania Spach sect. Cy-lindrica(S. A. Spongberg)T. B. Zhao et Z. X. Chen 形态特征相似,但区别:混合芽与玉蕾共存。混合芽腋生与顶生。花蕾顶生与顶生。玉蕾顶生与腋生,卵球状、长卵球状。玉蕾花先叶开放;混合芽、花蕾花后叶开放。玉蕾花、混合芽花、3 次与 4 次花蕾花具多种类型。玉蕾花 6 种花型;单花具花被片 6~18 枚,外面花被片萼状及花瓣状,其大小、形状、质地与颜色等多变;离生单雌蕊子房疏被短柔毛;有时单花内具 2 枚并生雌蕊群,或 1 枚玉蕾中有 2 枚小玉蕾,即 2 朵花;雄蕊群中混有离生单雌蕊,许多 2~5 枚呈簇的离生单雌蕊,或 2~5 雌蕊群,稀有雄蕊瓣化;花丝亮淡红粉色与花药近等长;花梗和缩台枝密被白色长柔毛。球状玉蕾的花内的雌雄蕊群相似,但无离生单雌蕊。花蕾花有多类型;单花具花被片 5~12 枚,花被片形状、大小、颜色等有显著多变;稀雄蕊瓣化;离生单雌蕊子房无毛,稀单花内具 2 枚雌雄蕊群;花梗 1~2 节,无毛;无缩台枝。

本新组模式:异花玉兰 Yulania varians T. B. Zhao,Z. X. Chen et Z. F. Ren。

本新组植物有 2 种:异花玉兰、莓蕊玉兰。特产于河南。

Ⅴ. 河南玉兰组(世界玉兰属植物资源与栽培利用)组

Yulania Spach sect. Trimophaflora(B. C. Ding et T. B. Zhao)T. B. Zhao et Z. X. Chen,赵天榜、田国行等主编. 世界玉兰属植物资源与栽培利用:175. 2013;赵天榜、任志锋、田国行主编. 世界玉兰属植物种质资源志:15. 2013;*Magnolia* Linn. sect. *Trimophaflora* B. C. Ding et T. B. Zhao,丁宝章等. 中国木兰属植物腋花、总状花序的首次发现和新分类群. 河南农业大学学报,19(4):359~360. 1985。

本组植物叶倒卵圆形、椭圆形等。玉蕾顶生。花先叶开放;单花具花被片 9~12 枚,单株上同时具 3~4 种花型:①单花具花被片 9 枚,有萼、瓣之分;②单花具花被片 9 枚,花瓣状,近相似;③单花花被片 12 枚,稀 6~8 枚,或 10 枚,花瓣状,近相似;④单花具花被片 9 枚,花瓣状,外轮花被片明显小于内轮花被片。花瓣状颜色多种:紫红色、紫色,或白色,外面有不同程度的紫红色晕,或条纹。

本组模式:河南玉兰 Yulania honanensis(B.

C. Ding et T. B. Zhao）D. L. Fu et T. B. Zhao。

本组植物有4种：河南玉兰、大别玉兰Y. dabieshanensis T. B. Zhao，Z. X. Chen et H. T. Dai、多型叶玉兰Y. multiformis T. B. Zhao，Z. X. Chen et J. Zhao、两型玉兰Y. dimorpha T. B. Zhao et Z. X. Chen。河南均有分布与栽培。

1. 河南玉兰亚组（中国农学通报）　亚组

Yulania Spach subsect. Trimophaflora（B. C. Ding et T. B. Zhao）T. B. Zhao，D. L. Fu et Z. X. Chen，田国行等. 玉兰属植物资源与新分类系统的研究. 中国农学通报，22（5）：407. 2006；赵天榜、任志锋、田国行主编. 世界玉兰属植物种质资源志：16. 2013。

本亚组植物叶倒卵圆形、椭圆形等。玉蕾顶生。花先叶开放；单花具花被片9~12枚，单株上同时具3~4种花型：①单花具花被片9枚，有萼、瓣之分；②单花具花被片9枚，花瓣状，近相似；③单花具花被片12枚，稀6~8枚，或10枚，花瓣状，近相似；④单花具花被片9枚，花瓣状，外轮花被片明显小于内轮花被片。花瓣状颜色多种：紫红色、紫色，或白色，外面有不同程度的紫红色晕，或条纹。

本亚组模式：河南玉兰 Yulania honanensis（B. C. Ding et T. B. Zhao）D. L. Fu et T. B. Zhao。

本亚组植物有2种：①河南玉兰、②大别玉兰。河南有分布与栽培。

2. 多型叶玉兰亚组（世界玉兰属植物资源与栽培利用）　亚组

Yulania Spach subsect. Multiformis T. B. Zhao et Z. X. Chen，赵天榜、田国行等主编. 世界玉兰属植物资源与栽培利用：176. 2013；赵天榜、任志锋、田国行主编. 世界玉兰属植物种质资源志：16. 2013。

本亚组植物单株上叶2种形状，或多变，同时具2种花型。玉蕾顶生、腋生。单花具花被片6~12枚，瓣状花被片多变，外面中基部中间紫红色。

本亚组模式：多型叶玉兰 Yulania multiformis T. B. Zhao，Z. X. Chen et J. Zhao。

本亚组植物有2种：①多型叶玉兰、②两型玉兰Y. dimorpha T. B. Zhao et Z. X. Chen。河南有分布与引种栽培。

（三）朱砂玉兰亚属（世界玉兰属植物资源与开发利用）　亚属

Yulania Spach subgen. × Zhushayulania（W. B. Sun et T. B. Zhao）T. B. Zhao et X. Z. Chen，赵天榜、田国行等主编. 世界玉兰属植物资源与栽培利用：319. 2013；赵天榜、任志锋、田国行主编. 世界玉兰属植物种质资源志：16. 2013。

本亚属植物叶卵圆形、倒卵圆形、椭圆形等。花先叶开放。单花具花被片9枚，稀多数，花瓣状，稀有萼、瓣之分的类群；颜色多种：紫红色、紫色，或白色，外面有不同程度的紫红色晕，或条纹；外轮花被片通常长度为内2轮花被片的2/3；离生单雌蕊子房无毛。

本亚属植物为玉兰亚属 Yulania Spach subgen. Yulania（Spach）T. B. Zhao et Z. X. Chen 与渐尖玉兰亚属 Yulania Spach subgen. Tulipastrum（Spach）T. B. Zhao et Z. X. Chen 的种间杂交种，因而其特征、特性兼有亲本的形态特征和特性，以及许多中间过渡类型。

本亚属模式：朱砂玉兰组 Yulania Spach sect. × Zhushayulania（W. B. Sun et T. B. Zhao）D. L. Fu。

本亚属植物有51杂交种（不包括朱砂玉兰、杂配玉兰）。它们主要广泛栽培欧美各国。中国广泛栽培1种朱砂玉兰与引种栽培的星紫玉兰Y. × george-henry-kern（C. E. Kern）D. L. Fu et T. B. Zhao 1种。河南2种均有栽培。

Ⅰ. 朱砂玉兰组（中南林学院学报）　组

Yulania Spach sect. × Zhushayulania（W. B. Sun et T. B. Zhao）D. L. Fu，傅大立. 玉兰属的研究. 武汉植物学研究，19（3）：198. 2001；赵天榜、任志锋、田国行主编. 世界玉兰属植物种质资源志：16~17. 2013；田国行等. 玉兰属植物资源与新分类系统的研究. 中国农学通报，22（5）：407. 2006；*Magnolia* Linn. sect. × *Zhushayulania* W. B. Sun et T. B. Zhao，傅大立等. 关于木兰属玉兰亚属分组问题的探讨. 中南林学院学报，19（2）：27. 1999。

本组植物叶卵圆形、倒卵圆形、椭圆形等。花先叶开放。单花具花被片9枚，稀多数，花瓣状，稀有萼、瓣之分的类群；颜色多种：紫红色、紫色，或白色，外面有不同程度的紫红色晕，或条纹；外轮花被片通常长度为内2轮花被片的2/3；离生单雌蕊子房无毛。

本组植物为玉兰组与渐尖玉兰组、望春玉兰组植物的种间杂交种,因而其特征、特性兼有亲本的形态特征和特性,以及许多中间过渡类型。

本组模式:朱砂玉兰 Yulania soulangiana (Soul. -Bod.)D. L. Fu。

本组植物的杂交种(不包括朱砂玉兰)。它们主要广泛栽培于欧美各国。中国广泛栽培 1 种朱砂玉兰,而星紫玉兰 Y. × george-henry-kern (C. E. Kern)D. L. Fu et T. B. Zhao 1 种,为我国引种栽培。

1. 朱砂玉兰亚组(世界玉兰属植物资源与栽培利用) 亚组

Yulania Spach subsect. × Zhushayulania (W. B. Sun et T. B. Zhao)T. B. Zhao et Z. X. Chen,赵天榜、田国行等主编. 世界玉兰属植物资源与栽培利用:177. 2013;赵天榜、任志锋、田国行主编. 世界玉兰属植物种质资源志:17. 2013;*Yulania* Spach sect. × *Zhushayulania*(W. B. Sun et T. B. Zhao) D. L. Fu,傅大立. 玉兰属的研究. 武汉植物的研究,19(3):198. 2001;*Magnolia* Linn. sect. × *Zhushayulania* W. B. Sun et T. B. Zhao,傅大立等. 关于木兰属玉兰亚属分组问题的探讨. 中南林学院学报,19(2):27. 1999。

本亚组植物叶卵圆形、倒卵圆形、椭圆形等。花先叶开放。单花具花被片 9 枚,稀多数,花瓣状,稀有萼、瓣之分的类群;颜色多种:紫红色、紫色,或白色,外面有不同程度的紫红色晕,或条纹;外轮花被片通常长度为内轮花被片的 2/3;离生单雌蕊子房无毛。

本亚组模式:朱砂玉兰 Yulania soulangiana (Soul. -Bod.)D. L. Fu。

本亚组植物的杂交种(不包括朱砂玉兰)。它们主要广泛栽培于欧美各国。中国广泛栽培 1 种朱砂玉兰,而紫星玉兰 Yulania × george-henry-kern(C. E. Kern)T. B. Zhao et Z. X. Chen 1 种,为我国引种栽培。

2. 多亲本朱砂玉兰亚组(世界玉兰属植物资源与栽培利用) 亚组

Yulania Spach subsect. × Multiparens T. B. Zhao et Z. X. Chen,赵天榜、田国行等主编. 世界玉兰属植物资源与栽培利用:177. 2013;赵天榜、任志锋、田国行主编. 世界玉兰属植物种质资源志:17. 2013。

本亚组植物为玉兰组与渐尖玉兰组植物的种间杂交种,因而其特征、特性兼有亲本的形态特征和特性,以及许多中间过渡类型。

本亚组模式:黑饰玉兰 Yulania × dark-raimen (T. Gresham)T. B. Zhao et Z. X. Chen。

本亚组植物 18 种,如黑饰玉兰、拂晓玉兰 Y. × daybreak (A. Kehr) T. B. Zhao et Z. X. Chen 等。河南均无引种栽培。

3. 不知多亲本玉兰组(世界玉兰属植物种质资源志) 组

Yulania Spach sect. × Ignotimultiparens T. B. Zhao et Z. X. Chen,赵天榜、任志锋、田国行主编. 世界玉兰属植物种质资源志:18. 2013。

本亚组植物不知道其杂交多亲本玉兰的名称,或者知道其杂交母本名称而不知道其杂交父本玉兰的名称。如格蕾沙姆玉兰 Yulania × gresham-hybrid(T. Gresham)D. L. Fu et T. B. Zhao。河南均无引种栽培。

注:1. 凡是不知多亲本本植物杂交种,暂归入其类,待研究后,再确定归属。如格蕾沙姆玉兰 Yulania × gresham-hybrid(T. Gresham)D. L. Fu et T. B. Zhao。

特别指出的是:该属亚属、组、亚组、系之间的亲缘关系的处理问题是个复杂的问题,特别是杂交种、多亲本杂交种及复合杂交种的形态特征变化极大,通常处理时比较困难。作者认为,以花为主,叶辅之为佳。如杂交种单花花被片为花瓣状、叶倒卵圆形时,该杂交种置于玉兰组内;单花具花被片有萼、瓣之分时,该杂交种置于渐尖玉兰组的罗田玉兰亚组内。如杂交种单花具花被片为花瓣状、叶椭圆形时,该杂交种置于玉兰组的宝华玉兰亚组内。再如杂交种具有 2 种以上花型时,叶倒卵圆形时,该杂交种置于河南玉兰组的舞钢玉兰亚组内,反之,叶椭圆形时,该杂交种置于河南玉兰组的河南玉兰亚组内。这样处理,可以解决该属杂交种,特别是多亲本杂交种及复合杂交种的形态特征变化极大处理时困难问题。为清楚了解玉兰属分类系统演化关系,现用图 1 表示。

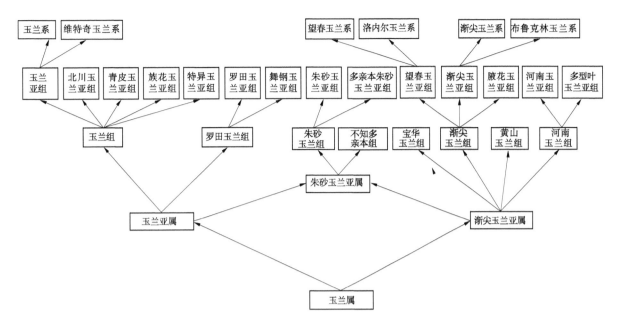

图1 玉兰属分类系统演化关系示意图(李静、胡艳芳绘)
注:凡是不知多亲本植物杂交种,暂归入其类,待研究后,再确定归属。

飞黄玉兰及其两新品种

赵天榜　陈志秀

(河南农业大学,郑州　450002)

1.飞黄玉兰(中国花卉报、园艺学报、安徽农业科学) 黄宝石玉兰(安徽农业科学) 新改隶组合种 图1

Yulania fëihuangyulan (F. G. Wang) T. B. Zhao et Z. X. Chen,sp. transl. nov. fig. 1

Yulania fëihuangyulan T. B. Zhao et Z. X. Chen,sp. nov. ined.,赵东武等. 河南玉兰属植物种质资源与开发利用的研究. 安徽农业科学,36(22):9490. 2008;*Magnolia* 'Feihang' 王亚玲等. 几种王兰亚属植物的 RAPD 亲缘关系的分析. 园艺学报,30(3):299. 2003;飞黄玉兰 中国花卉报,59 期. 彩照. 1998 年 5 月 23 日;*Magnolia denudata* (Desr.) D. L. Fu 'Fenling',刘秀丽. 2011. 中国玉兰种质资源调查及亲缘关系的研究(D). 北京林业大学博士论文。

Species Yulania denudata (Desr.) D. L. Fu similis, sed ramulis primo pubescentibus, hornotinis glabtis vel sparse pubescentibus. foliis ob–ovatis vel ovatis utrinque dense flavo–pubescentibus. Yulani-

alabastris terminatis vel axillaris, peruli–stipulis 1~3. tepalis 9 ~ 12 rare 7 in quoque Flore, flavo–virentibus vel flavis winnowiformibus extus tepalis basi longe villosis vel glabris;ovariis disjuncte simplici–pistillis sparse pubescentibus;pedicellis and soutai–ramulis dense villosis albis, rare a–soutai–ramulis.

Arbor decidua. Ramuli juveniles flavo–viventes dense pubescentes, anniculi cinerei–brunnei nitidi glabri vel minime pubescentes; cicatricibus foliis paulo expressis glabris. Ge mmae foliae ellipsoideae (0.5~)1.0~2.2 cm longae diam. 3~10 mm apice obtusae vel obtusae cum acunime, nigri–brunneae dense pubescentes. petiolis expressis, foliis exsiccatis caducis in juventute. folia ob–ovata vel ovata crasse chartacea 11.5~13.5 cm longa 10.5~13.0 cm lata vitrentia nitida saepe minute pubescentes cotis expressis basi ad costam pubescentibus subtus viridula pubescentibus densiora, costis et nervis lateralibus expressi-elevatis ad costam et nervos laterales pubescentibus densioribus, nervis lateralibus 7~9-jugis apice obtusa vel obtusa cum acumine basi subrotundata utrique non aequalibus margine repandi-integra crispi-marginatis; petioli grossi 1.0~1.5 cm longi sparse pubescentes, cicatricibus stipularum longitudine 1/3 potiolorum partem aequantibus. Yulani-alabastera terminata vel axllares longe ellipsoidea 1.5~2.3 cm longa, diam. 1.2~1.7 apice et basi gradatim tenues apice obtusa, peruli-stipulis 1~3, extus 1 nigri-brunneis dense pubescentibus deciduis in junventute, ceter peruli-stipulis extus dense villosis cinere-brunneis vel flavo-brunneis, ante anthesin omnino deciduis. Tepala 9~12 rare 7 in quoque flava ad flaidos crasse carnosa elliptici-spathalata 4.5~8.5 cm longa 2.5~4.5 cm lata apice obtusa basi lata extrinsecus tepalis extus basi villosis albis vel cinereo-albis vel glabra; stamina numerosa 1.1~1.3 cm longa filamentis 2~3 mm longis antherem quam latioribus thecis lateraliter longituinali-dehiscentibus connectivis apice mucronatis; gynoecia disjuncte corpelligera cylindrica viridia vel viridula 1.5~2.2 cm longa; disjuncte simplici-pistillis numerosis flavo-albis vel flavo-viridulis, ovariis sparse pubescentibus, stylis et stigmatibus flavo-arbis stylis paulo involutis; pedicelli et soutai-ramuli tenui dense villosi cinereo-albi, rare sine soutai-ramuli. Aggregati-folliculi cylindraci 8.0~15.0 cm, diam. 3.0~4.5 cm.

Henan: Xinzheng. 26-03-2003. T. B. Zhao et Z. X. Chen, No, 200303268 (flos, holotypus hic disignatus, HNAC). Nanzhao Xian. 15-08-2003. T. B. Zhao et Z. X. Chen, No. 200308153 (folia, ramulum et simili-alabastrum).

落叶乔木。幼枝粗壮,淡黄绿色,密被短柔毛;1年生枝粗壮,棕褐色,具光泽,无毛,或宿存极少短柔毛;叶痕稍明显,无毛。叶芽椭圆体状,长 1.0~2.2 cm,径 3~10 mm,先端钝圆,或钝尖;大叶芽的芽鳞状托叶黑褐色,密被短柔毛;叶柄明显,雏叶干枯脱落。叶倒卵圆形,或卵圆形,厚纸质,长 11.5~13.5 cm,宽 10.5~13.0 cm,绿色,具光泽,通常微有短柔毛,主脉明显,基部沿脉被短柔毛,背面淡绿色,被较密短柔毛,主脉和侧脉凸起明显,沿脉被较密短柔毛,侧脉 7~9 对,先端钝

圆,或钝圆具短尖,基部近圆形,两侧不对称,边缘波状全缘;叶柄粗,长 1.0~1.5 cm,疏被短柔毛,托叶痕为叶柄长度的 1/2。玉蕾顶生,或腋生,长椭圆体状,长 1.5~2.3 cm,径 1.2~1.7 cm,两端渐细,先端钝圆,具芽鳞状托叶 1~3 枚,第 1 枚黑褐色,密被短柔毛,6 月中下旬脱落,其余芽鳞状托叶外面密被灰褐色,或黄灰褐色长柔毛,且于花开时脱落完毕。单花具花被片 9~12 枚,稀 7 枚,黄色至淡黄色,厚肉质,椭圆-匙形,长 4.5~8.5 cm,宽 2.5~4.5 cm,先端钝圆,基部宽,最外层花被片外面基部被白色,或灰白色长柔毛,或无毛;雄蕊多数,长 1.1~1.3 cm,淡粉红色,花丝长 2~3 mm,淡粉红色,花丝宽于花药,药室侧向长纵裂,药隔先端伸出呈短尖头;离心皮雌蕊群圆柱状,绿色,或淡绿色,长 1.5~2.2 cm;离生单雌蕊多数,淡黄白色,或淡黄绿色,子房疏被短柔毛,花柱和柱头淡黄白色,花柱稍弯曲;花梗和缩台枝细,且密被灰白色长柔毛,稀无缩台枝。聚生蓇葖果圆柱状,长 8.0~15.0 cm,径 3.0~4.5 cm。花期 3~4 月。

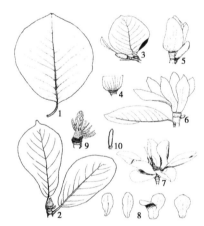

图 1 飞黄玉兰 Yulania fēihuangyulan(F. G. Wang)

T. B. Zhao et X. Z. Chen(赵天榜绘)

1. 叶,2、3. 叶、玉蕾和缩台枝,4. 花被片基部毛,
5. 初花,6~7 花,8. 花被片,
9. 雌蕊群、缩台枝和雄蕊,10. 雄蕊。

本新种与玉兰 Yulania denudata (Desr.) D. L. Fu 区别:幼枝初被短柔毛;1 年生小枝无毛,或疏被短柔毛。叶倒卵圆形,或卵圆形,两面密被淡黄短柔毛。玉蕾顶生和腋生,具芽鳞状托叶 1~3 枚。单花具花被片 9~12 枚,稀 7 枚,淡黄色,或黄色,簸箕状,外层 3 枚花被片基部被白色长柔毛;离生单雌蕊子房疏被短柔毛;花梗和缩台枝细,密被白色长柔毛。

河南:本新种产于浙江。河南郑州市有栽培。2003 年 3 月 26 日。赵天榜和陈志秀,No. 200303268（花）。模式标本,存河南农业大学。南召县:2003 年 8 月 15 日。赵天榜和陈志秀,No. 200308153(叶、枝和玉蕾)。

注1:本新种原产于浙江,系王飞罡从白玉兰(玉兰)的芽变植株中选出的新品种——飞黄玉兰。其品种权号 20000008。作者根据飞黄玉兰的起源、形态特征与玉兰形态特征明显区别,特作新种处理。

品种:

1)'多被'飞黄玉兰　新品种

Yulania fëihuangyulan (F. G. Wang) T. B. Zhao et Z. X. Chen 'Duobei',cv. nov.

本新品种单花顶生,具花被片 12 枚,稀 10、11 枚,初开时,外轮花被片淡绿黄色,具光泽,上部颜色稍浅,其长度稍短于内轮花被片,内轮花被片黄白色,长 7.0~9.5 cm,宽 4.0~6.3 cm,匙状卵圆形,先端钝圆,基部微有极浅的粉红色晕;雄蕊花丝紫色,背部至先端微有浅紫红色晕;离生单雌蕊浅绿白色,柱头斜展,微外弯,被有极浅粉晕。

产地:河南许昌市。选育者:赵天榜、赵杰、范军科。

2)'六被'飞黄玉兰　新品种

Yulania fëihuangyulan (F. G. Wang) T. B. Zhao et Z. X. Chen 'Liubei',cv. nov.

本新品种花淡黄色;单花具花被片 6 枚。1 年多次开花。

产地:河南新郑市。选育者:赵天榜、赵杰。本品种系从飞黄玉兰嫁接苗芽变植株中选出。

飞黄玉兰两新品种

赵天榜　陈俊通　范永明

(河南农业大学,郑州　450002)

1.'无果'飞黄玉兰　新品种

Yulania feihuangyulan (F. G. Wang) T. B. Zhao et Z. X. Chen 'Wuguo',cv. nov.

本新品种叶大。雌蕊群不孕,呈圆柱状,长 6.0~8.0 cm。

产地:河南郑州植物园。2017 年 8 月 14 日。选育者:赵天榜、陈俊通和范永明。

2.'小叶无果'飞黄玉兰　新品种

Yulania feihuangyulan (F. G. Wang) T. B. Zhao et Z. X. Chen 'Xiaoye Wuguo',cv. nov.

本新品种叶小。比'无果'飞黄玉兰小 1/2 以上。

产地:河南郑州植物园。2017 年 8 月 14 日。选育者:赵天榜、陈俊通和范永明。

玉兰两新亚种、两新变种、新品种群及新品种

赵天榜　陈志秀

(河南农业大学,郑州　450002)

亚种:

1.菱形果玉兰　新亚种

Yulania denudata (Desr.) D. L. Fu subsp. rhombea T. B. Zhao, X. K. Li et J. T. Chen *, subsp. nov.

Subspecies nov. foliis obovatis et ovatis,10.0~17.5 cm longis 5.5~11.0 cm latis,supra atro-viridiis viridiis glabra ad costas dense pubescentibus, subtus viridulis glabris, costis et nervis lateralibus manifeste elevates ad costas et nervos lateralibus sparse pubescentibus;subtus viridulis, viridiis, costis et nervis lateralibus manifeste elevates ad costas et nervos lateralibus sparse pubescentibus apiceobtusis cum acumine vel acutis basi cuneatis;petiolis 2.0~

3. 5 cm longis; cicatrcibus stipularum longitudine 1/3 petiolorum partem aequantibus. Aggregati-folliculis cylindricis 14.0~20.0 cmlongis diam. 4.0~5.0 cm; pedicelis et Soutai-rumulis grosse validis dense villosis; folliculis rhombeis planis flavo-albis, 4 marginatis minute angulosis, suturis dorsalibus non dehiscentibus suturis dorsalibus non ventralibus dehiscentibus, saepe penitis dehiscentibus.

Henan: Zhengzhou City. 24-07-2014. T. B. Zhao et Z. X. Chen, No. 201472411 (fola et Aggregati-folliculi, holotypus hic disignatus, HNAC).

本新亚种叶倒卵圆形、卵圆形, 长 10.0~17.5 cm, 宽 5.5~11.0 cm, 表面深绿色、绿色, 无毛, 背面绿色、淡绿色, 主、侧脉明显突起, 无毛, 先端钝尖, 或急尖, 基部楔形; 叶柄长 2.0~3.5 cm; 托叶痕为叶柄长的 1/3。聚生蓇葖果圆柱状, 长 14.0~20.0 cm, 径 4.0~5.0 cm, 表面平滑, 淡黄白色; 蓇葖果卵球状, 平, 不突起, 四周接触处为微突棱线, 成熟背缝棱线不开裂, 通常腹缝线开裂; 缩台枝和果梗粗壮, 密被灰褐色短长柔毛。花期 4 月; 果实成熟期 8 月。

产地:河南。郑州市有栽培。赵天榜、李小康、陈俊通, No. 2014072411 (叶和聚生蓇葖果)。模式标本, 采自郑州市, 存河南农业大学。

2. 两型花玉兰 新亚种

Yulania denudata(Desr.)D. L. Fu subsp. dimorphiflora T. B. Zhao, X. K. Li et J. T. Chen, subsp. nov.

Subspecies nov. foliis obovatis, 8.0~12.5 cm longis 4.0~5.0 cm latis, supra viridiis glabra, subtus viridulis glabris, costis et nervis lateralibus manifeste elevates ad costas et nervos lateralibus sparse pubescentibus, apice obtusis cum acumine vel obtusis basi cuneatis; petiolis 2.0~5.5 cm longis. Floribus 2-formis: 1 tepalis 9 in quoque flore, extus 1 tepalis late linearibus carnosis, extus infra medium roseolis; 2 tepalis 9 in quoque flore, extus calycibus linearibus membranaceis. ei tepalis petaloideis spathuli-ellipticis 3.5~5.5 cm lonhis 2.0~3.0 cm latis apice obtusis, extus infra medium roseolis, costatibus ad apicem. ventralibus dehiscentibus, saepe penitis dehiscentibus.

Henan: Zhengzhou City. 24-03-2012. T. B. Zhao et Z. X. Chen, No. 201203241 (fola et Ag-

gregati-folliculi, holotypus hic disignatus, HNAC).

本新亚种叶倒卵圆形, 长 8.0~12.5 cm, 宽 5.0~8.0 cm, 表面绿色, 无毛, 背面淡绿色, 主、侧脉明显突起, 沿脉疏被短柔毛, 先端钝尖, 或钝圆, 基部楔形; 叶柄长 2.0~2.5 cm。2 种花型: 1. 单花具花被片 9 枚, 外轮花被片 1 枚, 宽条形, 肉质, 外面中部以下粉红色; 2. 单花具花被片 9 枚, 外轮花被片萼状, 条形, 肉膜。2 种花型花的瓣状花被片匙-椭圆形, 长 3.5~5.5 cm, 宽 2.0~3.0 cm, 先端钝圆, 外面中部以下粉红色, 主脉粉红色, 直达先端。

产地:河南郑州市。赵天榜和陈志秀, No. 201203241 (花)。模式标本, 存河南农业大学。

变种:

1. 白花玉兰 新变种

Yulania denudata (Desr.) D. L. Fu var. alba T. B. Zhao et Z. X. Chen, var. nov.

A typo recedit tepalis 9 in quoque flore, albis; simpici-pistillis laete viridibus glabris.

Henan: Zhengzhou City. T. B. Zhao et D. L. Fu, No. 200704231 (flos holotypus hic disignatus. HANC).

本新变种与玉兰原变种 Yulania denudata (Desr.) D. L. Fu var. denudata 区别:单花具花被片 9 枚, 白色; 离生单雌蕊子房无毛, 花柱和柱头灰白色。

产地:河南郑州市。2007 年 4 月 23 日。赵天榜等, No. 200704231 (花), 存河南农业大学。

2. 毛被玉兰 新变种

Yulania denudata (Desr.) D. L. Fu var. maobei T. B. Zhao et Z. X. Chen, var. nov.

A typo recedit tepalis infra medium pubescentibus albis.

Henan: Zhengzhou City. 26-03-2003. T. B. Zhao et al., No. 200704231303268 (flos holotypus hic disignatus. HANC).

本新变种小枝粗壮, 浅黄色而特殊, 具光泽。叶近圆形, 或倒卵圆形, 两面密被浅黄色短柔毛。玉蕾顶生和腋生; 芽鳞状托少 13 枚。单花具花被片 9 枚, 浅黄绿色, 或黄色, 簸箕状, 外层 3 枚花被片基部有时淡红色, 疏被白色柔毛; 离生单雌蕊多鲜, 子房疏被短柔毛; 花梗和缩台枝粗, 密被灰色柔毛, 稀无缩台枝。

产地:河南新郑市。模式标本(赵天榜等,

No. 200303268 花),存河南农业大学。

新品种群与新品种：

Ⅰ.玉兰品种群 原品种群

Yulania denudata (Desr.) D. L. Fu Denudata Group

1.'毛梗 小花'玉兰 新品种

Yulania denudata (Desr.) D. L. Fu 'Maogeng Xiaohua', cv. nov.

本新品种缩台枝及花梗密被白色柔毛。花小型。单花具花被片9枚,匙-长椭圆形,长4.0~4.6 cm,宽1.5~2.0 cm,外面基部中间淡粉红色,主脉淡粉红色直达先端;花药黄白色,花丝紫红色。

产地:本品种产于河南。郑州有栽培。选育者:赵天榜和陈志秀。

2.'光梗 螺托'玉兰 新品种

Yulania denudata (Desr.) D. L. Fu 'Guanggeng Luotuo', cv. nov.

本新品种叶宽倒卵圆形,最宽处在顶端,从顶部向下渐狭,基部成狭楔形,稀近圆形,长12.5~15.5 cm,宽11.0~12.5 cm,先端突微凹,具短尖,表面深绿色,具光泽,无毛,背面沿脉密被柔毛;叶柄长2.0~3.0 cm。单花具花被片9枚,白色,外面中、基部淡紫红色。聚生蓇葖果螺旋状圆柱状,长12.0~15.0 cm,宽3.0~3.5 cm;蓇葖果背面微隆起,呈近方菱形,先端无喙,青绿色;皮孔小,较少,不突起;果梗青绿色,无毛。缩台枝3~4节,粗壮,密被灰褐色柔毛。

产地:本品种产于河南新郑市。选育者:赵天榜和陈志秀。

3.'毛粗梗'玉兰 新品种

Yulania denudata (Desr.) D. L. Fu 'Maogeng', cv. nov.

本新品种叶宽倒卵圆形,最宽处在顶端,从顶部向下渐狭,基部成狭楔形,长9.5~19.5 cm,宽7.0~12.0 cm,先端微凹,具短尖,表面深绿色,具光泽,无毛;叶柄长1.5~3.0 cm。单花具花被片9枚,白色,外面中、基部淡紫红色。聚生蓇葖果圆柱状,长15.0~18.0 cm,径3.0~3.5 cm;蓇葖果背面平,呈近菱状,先端无喙,青绿色;皮孔小,较多,不突起;果梗和缩台枝特别粗壮,密被灰褐色柔毛。缩台枝4~5节。

产地:本品种产于河南新郑市。选育者:赵天榜和陈志秀。

4.'紫被 青果'玉兰 新品种

Yulania denudata (Desr.) D. L. Fu 'Zibei Qingguo', cv. nov.

本新品种叶宽倒卵圆形,最宽处在顶端,从顶部向下渐狭,基部成狭楔形,长9.5~13.5 cm,宽5.0~9.0 cm,先端钝尖,或微凹,具突短尖,表面深绿色,具光泽,无毛;叶柄长2.0~2.5 cm,无毛。单花具花被片9枚,白色,外面中、基部紫红色。聚生蓇葖果圆柱状,长7.0~10.0 cm,径3.0~3.5 cm;蓇葖果卵球状,先端稍尖,无喙,青绿色;密被突起皮孔。

产地:本品种产于河南新郑市。选育者:陈志秀、赵天榜。

5.'青果'玉兰 新品种

Yulania denudata (Desr.) D. L. Fu 'Qingguo', cv. nov.

本新品种叶宽倒卵圆形,先端钝尖。单花具花被片9枚,白色,外面基部淡紫红色。聚生蓇葖果圆柱状,长5.0~7.0 cm;蓇葖果卵球状,无喙,青绿色;密被突起皮孔。

产地:本品种产于河南新郑市。选育者:陈志秀、赵天榜。

6.'宽被'玉兰 新品种

Yulania denudata (Desr.) D. L. Fu 'Kuanbei', cv. nov.

本新品种单花具花被片9枚,匙-宽卵圆形,白色,先端钝圆,基部呈圆匙形,基部外面水粉色,或粉红色,中脉粉色,直达先端;离生单雌蕊子房无毛。

产地:本品种产于河南。选育者:赵天榜和陈志秀。

7.'皱被 水粉'玉兰 新品种

Yulania denudata (Desr.) D. L. Fu 'Zhoubei Shuifen', cv. nov.

本新品种单花具花被片9枚,匙-狭长圆形,淡白色,被水粉色晕,先端钝尖,边部波状起伏,基部外面淡粉色,或粉色;雄蕊黄色,先端微被水粉色晕。

产地:本品种产于河南。选育者:赵天榜和陈志秀。

8.'狭被'玉兰 新品种

Yulania denudata (Desr.) D. L. Fu 'Xiabei', cv. nov.

本新品种叶宽倒卵圆形,表面微被短柔毛,沿主侧脉密被短柔毛,背面密被短柔毛较多;叶柄被短柔毛。玉蕾卵球状。单花具花被片9枚,狭椭圆形,白色,先端钝圆,外面基部微有淡粉色晕,内面乳白色;雄蕊黄色,微被水粉色晕;雌蕊群淡黄白色。

产地:本品种产于河南。选育者:赵天榜和陈志秀。

9.'双雌蕊群'玉兰 新品种

Yulania denudata(Desr.)D. L. Fu 'Xiabei', cv. nov.

本新品种叶倒卵圆形,先端钝尖,基部楔形,边缘波状;叶柄被短柔毛。玉蕾长卵球-椭圆体状。单花具花被片9枚,狭椭圆形,白色,先端钝圆,外面基部微有淡粉色晕,内面乳白色;雄蕊黄色,有时具2枚雌蕊群。

产地:本品种产于河南。选育者:赵天榜和陈志秀。

Ⅱ.喙果玉兰品种群 新品种群

Yulania denudata(Desr.)D. L. Fu Denudata Group

本新品种群单花具花被片9枚。蓇葖果浅红色,先端具喙。

10.'菱状喙果'玉兰 新品种

Yulania denudata (Desr.) D. L. Fu 'Lingzhuang Huiguo',cv. nov.

本新品种叶倒卵圆形、倒卵圆-三角形,最宽处在顶部,从顶部向下渐狭,基部成狭楔形,长10.5~14.5 cm,宽8.5~9.5 cm,先端钝尖,表面绿色,具光泽;叶柄长1.5~3.0 cm。玉蕾卵球状,长2.0 cm。单花具花被片9枚,白色,基部淡紫红色。聚生蓇葖果圆柱状,长14.0~17.0 cm,径3.0~3.5 cm;蓇葖果卵球状,背面微隆起,呈菱状,背面背缝线明显,先端无喙,浅红色;无皮孔呈现;果梗和缩台枝粗壮,密被灰褐色短柔毛。

产地:本品种产于河南新郑市。选育者:赵天榜和陈志秀。

11.'小叶喙果'玉兰 新品种

Yulania denudata (Desr.) D. L. Fu 'Xiaoye Huiguo',cv. nov.

本新品种叶倒卵圆形、狭倒卵圆形,最宽处在顶部,从顶部向下渐狭,基部成狭楔形,长9.5~11.5 cm,宽4.5~7.5 cm,先端钝尖,或微凹具短尖,表面浅黄绿色,具光泽,无毛;叶柄长1.5~3.0 cm。玉蕾卵球状,长2.0 cm。单花具花被片9

枚,白色,外面中、基部淡紫红色。聚生蓇葖果圆柱状,长10.0~15.0 cm,径4.0~4.5 cm;蓇葖果卵球状,背面背缝线稍明显,先端具喙,浅红色;皮孔很小,不明显;果梗和缩台枝粗壮,密被灰褐色柔毛。

产地:本品种产于河南新郑市。选育者:赵天榜和陈志秀。

12.'异色花被'玉兰 新品种

Yulania denudata (Desr.) D. L. Fu 'Yishai Huabei',cv. nov.

本新品种单花具花被片9枚,匙-椭圆形,长6.0~6.5 cm,径3.0~3.5 cm;白色,外面花被片3枚,中、基部淡黄绿色,内面花被片6枚,中、基部中间淡粉色;雄蕊花丝亮紫色;离生单雌蕊子房无毛;花梗淡绿色,顶端具一环状褐色长柔毛。缩台枝被褐色短毛,其上芽鳞状托叶被亮白色长柔毛及黑色小点突起。

产地:本品种产于河南郑州市。选育者:赵天榜、陈志秀。

Ⅲ.鹤山玉兰品种群

Yulania denudata(Desr.)D. L. Fu Heshanensis Group

Ⅳ.多被玉兰品种群

Yulania denudata(Desr.)D. L. Fu Heshanensis Group

13.'卷被'玉兰 新品种

Yulania denudata (Desr.) D. L. Fu 'Guanbei',cv. nov.

本新品种花大,白色。单花具花被片12~15枚,花被片外面基部微被浅粉色晕,花被片边缘外卷为显著特征;单雌蕊花柱及柱头微被浅粉色晕。蓇葖果具喙。

产地:本品种产于河南。郑州有栽培。选育者:赵天榜和陈志秀。

14.'微粉多被'玉兰 新品种

Yulania denudata (Desr.) D. L. Fu 'Weifen Tobei',cv. nov.

本新品种玉蕾大,单生枝顶,卵球-锥状;芽鳞状托叶4~5枚,外面密被灰褐色,或黑褐色长柔毛。花大。单花具花被片20~24枚,白色,花被片外面基部微粉色。蓇葖果具喙。

产地:本品种产于河南鸡公山。选育者:戴慧堂。

Ⅴ.白花多被玉兰品种群

Yulania denudata (Desr.) D. L. Fu Baihua

Duobei Group

本新品种群单花具花被片 9~14 枚,白色;单雌蕊子房无毛。

15.'迟花 多被'玉兰 新品种

Yulania denudata (Desr.) D. L. Fu ' Chihua Duobei ' , cv. nov.

本新品种初花年龄很迟。单花具花被片 11~12 枚,长匙-椭圆形,长 7.5~10.0 cm,径 2.8~4.0 cm,白色,先端钝圆,具喙,中部多弓形上翘;雄蕊多数,长 1.0~1.8 cm,花丝长 2~3 mm,淡粉色,花药浅黄白色;雌雄蕊群长 4.0~4.5 cm;离生单雌蕊子房淡灰色,无毛,花柱浅黄白色,花柱内曲;花梗灰绿色,疏被短柔毛,顶端具一环状长柔毛。缩台枝微被短柔毛。

产地:本品种产于河南新郑市。选育者:赵天榜。

Ⅵ.**白花玉兰品种群** 新品种群

Yulania denudata (Desr.) D. L. Fu Baihua Group , nov. group

本新品种群单花具花被片 9 枚,白色;单雌蕊子房无毛。

16.'喙被'玉兰 新品种

Yulania denudata (Desr.) D. L. Fu ' Huibei ' , cv. nov.

本新品种叶倒卵圆形,表面微被短柔毛,沿主侧脉密被短柔毛,背面短柔毛较多,叶柄被短柔毛。玉蕾卵球状。单花具花被片 9 枚,匙-鞋形,或匙-圆形,白色,先端钝圆,具尖喙;雄蕊多数,黄色,花丝紫色;雌蕊群淡黄绿色。

产地:本品种产于河南新郑市。选育者:赵杰、赵东武、赵天榜。

17.'白花 宽被'玉兰 新品种

Yulania denudata (Desr.) D. L. Fu ' Baihua Kuanbei ' , cv. nov.

本新品种单花具花被片 9 枚,匙-卵圆形,白色,先端钝圆;离生单雌蕊子房无毛。

产地:本品种产于河南。选育者:赵天榜和陈志秀。

18.'狭被 2'玉兰 新品种

Yulania denudata (Desr.) D. L. Fu ' Xiabei 2 ' , cv. nov.

本新品种单花具花被片 9 枚,狭椭圆形,白色,长 8.0~10.0 cm,径 2.0~2.5 cm,先端钝圆,或钝尖。

产地:本品种产于河南。选育者:赵天榜和陈志秀。

Ⅶ.**塔形玉兰品种群** 品种群

Yulania denudata (Desr.) D. L. Fu Pyramidalis Group

19.'狭被'玉兰 新品种

Yulania denudata (Desr.) D. L. Fu ' Angustipala ' , cv. nov.

本新品种单花具花被片 9 枚,匙-狭椭圆形,宽 1.0~2.0 cm,白色,外面基部具淡紫色晕,边部波状起伏为显著特征;离生单雌蕊子房无毛。

产地:河南。选育者:赵天榜、陈志秀。

20.'塔形'玉兰 新品种

Yulania denudata (Desr.) D. L. Fu ' Pyramidalis ' , cv. nov.

本新品种树冠塔形。单花具花被片 9 枚,花被片边部波状起伏,白色,外面中、基部中间有紫色晕。

产地:河南。选育者:赵天榜、陈志秀。

Ⅷ.**紫花玉兰品种群** 品种群

Yulania denudata (Desr.) D. L. Fu Zihuayulan Group

本品种群植物单花具花被片 9 枚,花淡紫色至浓紫色,外面基部淡紫色;单雌蕊子房无毛。

21.'多被 紫花'玉兰 新品种

Yulania denudata (Desr.) D. L. Fu ' Duobeizihua ' , cv. nov.

本新品种单花具花被片 9~18 枚,宽匙-圆形,或宽匙-卵圆形,先端钝圆,内曲,外面深紫色,或深紫红色,内面淡紫色晕-脉纹色浓,外较花被片较短;雄蕊及离生单雌蕊子房紫色,或紫红色。

产地:河南郑州市。选育者:赵天榜、赵杰。

22.'紫花'玉兰 新品种

Yulania denudata (Desr.) D. L. Fu ' Zihua ' , cv. nov.

本新品种单花具花被片 9(~10) 枚,匙-椭圆形,长 5.0~9.0 cm,宽 2.5~3.5 cm,先端钝圆,有时钝尖,外面紫色,或淡紫色,内面淡白色,微有淡紫色晕,上部及两侧内曲;花柱及子房近等长;花柱具淡粉红色晕,向内曲;雄蕊多数,淡紫色,花丝紫黑色;雌蕊群紫色。

产地:本品种产于河南新郑市及长垣县。选育者:赵杰、赵天榜。

23. '紫白'玉兰　新品种

Yulania denudata(Desr.)D. L. Fu 'Zibai', cv. nov.

本新品种单花具花被片 9 枚,匙-长卵圆形,先端钝圆,有时钝尖,外面淡紫色,脉纹紫色明显,内面淡白色,微有淡紫色晕,基部两侧有时具淡紫色晕,内曲;雄蕊多数,淡紫色,花药先端紫黑色;雌蕊群淡紫色。

产地:本品种产于河南新郑市及长垣县。选育者:赵杰、赵东武、赵天榜。

Ⅸ. 长叶玉兰品种群　品种群

Yulania denudata(Desr.)D. L. Fu Elongata Group

本品种群植物仅 1 种长叶玉兰。单花具花被片 9 枚,白色,花被片外面基部淡紫色晕。

Ⅹ. 毛玉兰品种群　品种群

Yulania denudata(Desr.)D. L. Fu Pubescens Group

本品种群植物单花具花被片 9 枚,外面中、基部紫红色,或紫红色脉纹。离生单雌蕊子房被短柔毛。

24. '黑瘤'玉兰　新品种

Yulania denudata(Desr.)D. L. Fu 'Heiliu', cv. nov.

本新品种单花具花被片 9 枚,匙-椭圆形,长 7.0~8.0 cm,宽 2.5~4.0 cm,白色,外面被短柔毛;花梗淡绿色,密被短柔毛。缩台枝被褐色短柔毛,其上叶芽芽鳞状托叶被亮白色柔毛及黑色小点突起。

产地:河南郑州市。选育者:赵天榜、陈志秀。

25. '紫枝'玉兰　新品种

Yulania denudata(Desr.)D. L. Fu 'Zizhi', cv. nov.

本新品种小枝紫色,具亮光泽。玉蕾较大,顶生,椭圆体状,先端渐尖;芽鳞状托叶外面密被灰褐色长柔毛。

产地:河南。选育者:赵天榜和赵东武。

Ⅺ. 黄花玉兰品种群　品种群

Yulania denudata(Desr.)D. L. Fu Flava Group

本品种群植物花浅黄色至黄色。离生单雌蕊子房被短柔毛。

26. '黄花'玉兰　新品种

Yulania denudata(Desr.)D. L. Fu 'Flava i', cv. nov.

本新品种浅黄色至黄色,花被片匙-卵圆形。

产地:河南南召县。选育者:赵天榜、陈志秀、高聚堂和孙军。

27. '大黄花'玉兰　新品种

Yulania denudata(Desr.)D. L. Fu 'Dahuanghua i',cv. nov.

本新品种花大型,径 15.0~20.0 cm,黄色,具光泽,浓香,花被片匙-宽卵圆形,长 7.5~10.5 cm,宽 5.0~6.0 cm,先端钝圆,稍内曲,两侧上翘,似舟状。

产地:河南南召县。选育者:赵天榜、高聚堂和孙军。

28. '密枝'玉兰　新品种

Yulania denudata(Desr.)D. L. Fu 'Mizhi i', cv. nov.

本新品种小枝稠密为显著特征。叶长倒卵圆形,或宽倒卵圆形。玉蕾通常顶生,7~8 月偶有开花者。单花具花被片 9 枚,浅黄白色,花被片稍皱褶。

产地:河南。选育者:赵天榜、陈志秀。

29. '舟被'玉兰　新品种

Yulania denudata(Desr.)D. L. Fu 'Zhoubei',cv. nov.

本新品种花被片匙-卵圆形,或匙-长圆形,长 6.5~7.0 cm,宽 3.0~5.0 cm,先端钝圆、内曲,基部宽楔形,底宽 4~8 mm,基部中间浅黄绿色,上部白色,两侧上翘,似舟状;雄蕊多数,长 1.5~1.8 cm,浅黄色,花丝扁宽,长 5~7 mm,背面红紫色,花品长 17~8 mm,药隔先端短尖头长约 2 mm,浅黄白色;雌蕊群长 2.3~2.7 cm,径约 1.0 cm;离生单雌蕊多数;子房绿色,花柱与柱头浅黄白色。缩台枝粗壮,通常具 2 节,密被较长柔毛。

产地:陕西。河南郑州市栽培。选育者:赵杰和赵天榜。

Ⅻ. 豫白玉兰品种群　品种群

Yulania denudata(Desr.)D. L. Fu Yubai Group

本品种群植物花白色。离生单雌蕊子房鲜绿色,被短柔毛。

30. '豫白'玉兰　新品种

Yulania denudata(Desr.)D. L. Fu 'Yubaiyulan',cv. nov.

本新品种花大型,径 25.0~28.0 cm;单花具花被片 9 枚,白色,长狭匙-椭圆形,长(5.0~)12.0~14.5 cm,宽 2.0~2.5 cm,先端钝尖,或短尖;雄蕊多数,花丝紫红色;离生单雌蕊子房鲜绿色,被短柔毛。花期长、花大而美丽,香味甚浓。

产地:河南郑州市栽培。选育者:赵天榜、陈志秀。

31. '小白花'玉兰　新品种

Yulania denudata (Desr.) D. L. Fu 'Xiaobaihua', cv. nov.

本新品种花大小型,径通常小于 5.0 cm;单花具花被片 9 枚,白色,狭椭圆形,长 2.5~3.5 cm,宽 2.0~2.5 cm,先端钝圆。

产地:河南郑州、新郑市栽培。选育者:赵天榜等。

32. '黄蕊'玉兰　新品种

Yulania denudata(Desr.) D. L. Fu 'Huwangzi', cv. nov.

本新品种单花具花被片 9 枚,白色,长狭匙-椭圆形,长 8.0~10.5 cm,宽 3.0~3.5 cm,先端钝尖;雄蕊多数,花丝与花药淡黄色;离生单雌蕊子房、花柱与柱头淡黄色。

产地:河南郑州市栽培。选育者:赵天榜、陈志秀。

Ⅷ. 毛被玉兰品种群　新品种群

Yulania denudata (Desr.) D. L. Fu Maobei Group, group nov.

本品种群单花外轮花被片被短柔毛。

33. '毛被'玉兰　新品种

Yulania denudate (Desr.) D. L. Fu 'Maobei', cv. nov.

本新品种单花具花被片 9 枚,外轮花被片淡绿黄色,疏被白色短柔毛;离生单雌蕊子房疏被短柔毛;花梗和缩合枝粗,密被灰色柔毛,稀无缩合枝。

产地:本品种产于河南新郑市。选育者:赵天榜、赵杰。

34. '异叶'玉兰　新品种

Yulania denudate (Desr.) D. L. Fu 'Yiye', cv. nov.

本新品种叶 2 种类型:①倒卵圆形,先端钝尖;②楔形,从上部向下部渐狭,基部窄楔形。

产地:河南新郑市。选育者:李小康、陈俊通与赵天榜。

XV. 两型花玉兰品种群

Yulania denudata(Desr.) D. L. Fu Dimorphiflora Group, Group nov.

35. '淡紫'两型花玉兰　新品种

Yulania denudata(Desr.) D. L. Fu 'Danzi', cv. nov.

本新品种与两型花玉兰的主要区别:瓣状花被片外面淡粉色。

产地:河南郑州市。选育者:赵天榜和陈志秀。

36. '水粉'两型花玉兰　新品种

Yulania denudata (Desr.) D. L. Fu 'Shui Fen', cv. nov.

本新品种与两型花玉兰的主要区别:瓣状花被片外面上部白色,中、基部水粉色,主脉水粉色,直达先端。

产地:河南郑州市。选育者:赵天榜和陈志秀。

37. '狭被'两型花玉兰　新品种

Yulania denudata(Desr.) D. L. Fu 'Xiabei', cv. nov.

本新品种与两型花玉兰的主要区别:单花具花被片 9 枚,花被片外面上面白色。

产地:河南郑州市。选育者:赵天榜和陈志秀。

38. '粉基'玉兰　新品种

Yulania denudata (Desr.) D. L. Fu 'Fenji', cv. nov.

本新品种单花具花被片 9 枚,匙-椭圆形,先端钝圆,外面基部粉色。

产地:河南郑州市。选育者:赵天榜和陈志秀。

39. '粉基红'玉兰　新品种

Yulania denudata (Desr.) D. L. Fu 'Fenjihong', cv. nov.

本新品种单花具花被片 9 枚,匙-椭圆形,先端钝尖,外面上部白色,中部以下粉红色。

产地:河南郑州市。选育者:赵天榜和陈志秀。

40. '微粉'玉兰　新品种

Yulania denudata(Desr.) D. L. Fu 'Wēifen', cv. nov.

本新品种单花具花被片 9 枚,匙-椭圆形,先端渐尖,外面上部白色,中部水粉色,基部粉红色。

产地:河南郑州市。选育者:赵天榜和陈志秀。

尚待归属新品种:

1.'大叶'玉兰 新品种

Yulania denudata(Desr.)D. L. Fu 'Daye', cv. nov.

本新品种叶大,2种叶型:①倒卵圆形,长24.0~30.0 cm,宽15.0~17.5 cm,先端钝圆,具三角形短尖,从上部向下至基部成狭三角形;②宽椭圆形,长21.0~24.0 cm,宽12.0~15.0 cm,先端钝圆,具三角形短尖,中部与基部近等宽,基部宽圆形。

产地:河南新郑市。选育者:赵天榜、李小康、王华。

2.'疏枝'塔形玉兰 新品种

Yulania denudata(Desr.)D. L. Fu 'Shuzhi', cv. nov.

本新品种树冠塔形;侧枝直立斜展。小枝稀少、直立。叶宽倒卵圆形,先端钝圆,稍凹具短尖,基部楔形。单花具花被片9枚。聚生蓇葖果圆柱状,长8.0~12.5 cm;蓇葖果淡粉色,表面光滑,稍突起。

产地:河南新郑市。选育者:李小康、陈俊通、王华。

3.'紫红基'玉兰 新品种

Yulania denudata(Desr.)D. L. Fu 'Zihongji', cv. nov.

本新品种单花具花被片9枚,大型;花被片长9.5~10.0 cm,宽4.5~5.5 cm,外面中、基部紫红色,或紫红色脉纹;雄蕊花丝黑紫色;离生单雌蕊子房疏被短柔毛,花柱、柱头微被水粉色晕;果梗和缩台枝密被短茸毛。聚生蓇葖果圆柱状,长14.0~15.0 cm,径4.0~5.0 cm;蓇葖果菱状,或卵球状,长1.5~2.2 cm,径1.2~2.0 cm;表面平,或突起,棕黄色;果点较大、多、明显、突起,背缝线棕黄色,淡绿色明显,先端喙明显,突起;果梗粗壮,密被长柔毛。缩台枝灰褐色,粗壮,无毛,或被密被毛。花期4月;果实成熟期8月。

产地:河南郑州市。选育者:赵天榜、陈志秀。

4.'紫粉基'玉兰 新品种

Yulania denudata(Desr.)D. L. Fu 'Zifenji', cv. nov.

本新品种树冠大;侧枝斜直开展。单花具花被片9枚,花被片外面基部微被水粉色晕;雄蕊花丝亮紫红色;离生单雌蕊子房疏被短柔毛。果梗和缩台枝密被短茸毛。

产地:河南郑州市。选育者:赵天榜、陈志秀。

5.'黄蕊'玉兰 新品种

Yulania denudata(Desr.)D. L. Fu 'Huwangzi', cv. nov.

本新品种单花具花被片9枚,白色,长狭匙-椭圆形,长8.0~10.5 cm,宽3.0~3.5 cm,先端钝尖;雄蕊多数,花丝与花药淡黄色;离生单雌蕊子房,花柱与柱头淡黄色。

产地:河南郑州市。选育者:赵天榜、陈志秀。

凹叶玉兰一新改隶组合变种

赵天榜 陈志秀

(河南农业大学,郑州 450002)

1.健凹叶玉兰 新改隶组合变种

Yulania sargentiana(Rehd. & Wils.)D. L. Fu var. robusta(Rehd. & Wils.)T. B. Zhao et Z. X. Chen, var. transl. nov., *Magnolia sargentiana* Rehd. & Wils. var. *robusta* Rehd. & Wils. in Sargent,Pl. Wils. I:399. 1913;D. J. Callaway,THE WORLD OF Magnolias. 151. 1994.

本变种叶较长和较狭,长圆-倒卵圆形,长14.0~21.0 cm,宽5.0~8.5 cm。玉蕾镰刀-椭圆体状。芽鳞状托叶2裂片。花大型,径20.3~30.5 cm。单花具花被片16枚,粉红色、亮粉红色。聚生蓇葖果较大,长12.0~18.0 cm;蓇葖果长1.5~1.8 cm,具短喙。染色体数目$2n=114$。

产地:四川。模式标本 E. H. Wilson, No. 923a,采自四川瓦山。

玉兰属一新种——怀宁玉兰

赵天榜　陈志秀

（河南农业大学,郑州　450002）

1. 怀宁玉兰　新种　图1

Yulania huainingensis D. L. Fu,T. B. Zhao et S. M. Wang,sp. nov. ,fig. 9~10;*Y. huainingensis* D. L. Fu,T. B. Zhao et S. M. Wang,sp. nov. ined. ,赵东武等. 河南玉兰属植物种质资源与开发利用的研究. 安徽农业科学,36(22):9490. 2008;傅大立. 辛夷植物资源分类及新品种选育研究(D). 2001 年。

Species Yulania denudata(Desr.)D. L. Fu et Y. wugangensi(T. B. Zhao,Z. X. Chen et W. B. Sun)D. L. Fu similis,sed foliis dorsualibus,petiolis et pedcellis cum ovariis disjuncte simplici－pistillis dense tomentosis. floribus terminatis axillaribusque. tepalis 9 in quoque flore;ovariis flavo－viridulis pubescentibus.

Arbor decidua,10 m altus. Ramuli crassi purple－brunnei aliquantum nitidi sparse tomentosis vel dense tomentosis. Folia late ob－ovata,elliptica vel rotundata,chartacea 7. 0~18. 5 cm longa 6. 9~14. 0 cm lata supra atro－viridia glabra nitidia costis planis sparse pubescentibus dictyoneuris rotusis subtus cinerei－viridula dense curvi－tomentosis costis nervisque lateralibus manifeste elevatis dense curvi－villosis apice obtusa cum acumine vel emariginata margine integra minuti－repandis supra latissima basi anguste cuneata vel rotundata nervis lateralibus 6~10-jugis;petioli 3. 0~4. 5 cm longi densiori－tomentosi; cicatricibus stipularum longitudine 1/3~1/2 petiolorum partem aequantibus. Yulani－alabastra terminata axillia et caespitosa,longe ellipsoidea magna 2. 5~2. 8 cm longa diam. ca. 1. 5 cm supra medium gradatim minutis apice obtusa;Yulani－alabastra axillaribus parva ovoidea 1. 4~1. 8 cm longa diam. 9~11 mm;peruli－stipulis 3~5 extremum 1 atro－cinerei－brunneis crassis dense tomentosis, interius membranaceis extus dense longe villosis cinerei－albis. Flores ante folia aperti. tepala 9 in qouque flore,spathuli－elliptica 9. 5~10. 5 cm langa 3. 5~4. 2 cm lata albis apice obtusa extus infra medium in medio laete purpurascentibus extra tepalis 3 basi latis intra(5~)6 aliquantum angustatis apice obtusa cum acumine basi cuneata;Stamina numerosa 1. 4~1. 7 cm longa anthetis 1. 0~1. 2 cm longis thecis lateraliter longitudinali dehiscentibus, connectivis apice triangule mucronatis filamentis applanatis et latis, antherarum aequantibus, atro－purpureis; Gynoecia carpelligera cylindrica 2. 5~2. 8 cm longa, disjuncte simplici－pistillis numerosis ovariis flavo－viridulis pubescentibus,stylis 5~7 mm longis revolutis;pedicelli crassi dense vollisis. Aggregati－follicali cylindraci 8. 5~20. 0 cm,diam. 2. 0~4. 5 cm , pluries simplici－pistillis partialibus sterilibus.

Anhui:Huaining Xian. 27－09－2001. D. L. Fu,No. 0009271(holotypus hic disignatus,CAF). 31－03－2001. D. L. Fu, No. 20010315(CAF).

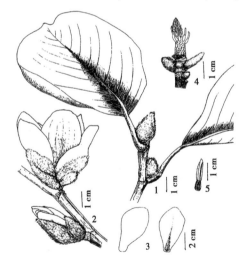

图1　怀宁玉兰 Yulania huainingensis D. L. Fu, T. B. Zhao et S. M. Wang

1.叶、枝和玉蕾;2. 花枝、芽鳞状托叶;3. 花被片;4. 雌蕊群、缩台枝、叶芽和玉蕾状叶芽(赵天榜绘)。

落叶乔木,高 10. 0 m。小枝粗壮,紫褐色,稍具光泽,疏被茸毛,或密被茸毛。叶宽倒卵圆形、椭圆形、圆形,纸质,长 7. 0~18. 5 cm,宽 6. 9~

14.0 cm,表面深绿色,无毛,具光泽,主脉平坦,疏被短柔毛,网脉下陷,背面灰淡绿色,密被弯曲茸毛,主脉、侧脉明显隆起,密被弯曲长柔毛,先端钝尖,或微凹,边缘微波状全缘,上部最宽,基部狭楔形、圆形,侧脉 6~10 对;叶柄长 3.0~4.5 cm,被较密茸毛;托叶痕为叶柄长度的 1/3~1/2。玉蕾顶生和腋生;顶生玉蕾,长椭圆体状,大,长 2.5~2.8 cm,径约 1.5 cm,中部以上渐细,先端钝圆;腋生玉蕾卵球状,小,长 1.4~1.8 cm,径 9~11 mm;芽鳞状托叶 3~5 枚,第 1 枚深灰褐色,质厚,密被短茸毛;其余膜质,外面密被灰白色长柔毛。花先叶开放。单花具花被片 9 枚,匙状椭圆形,长 9.5~10.5 cm,宽 3.5~4.2 cm,白色,先端钝圆,外面中部以下中间亮淡紫色,外轮花被片 3 枚,基部宽,内轮花被片(5~)6 枚,稍狭,先端钝尖,基部楔形;雄蕊多数,长 1.4~1.7 cm,花药长 1.0~1.2 cm,药室侧向纵裂,药隔先端具三角状短尖头,花丝宽扁,宽于药隔,与花药近等长,浓紫色;雌蕊群圆柱状,长 2.5~2.8 cm;离生单雌蕊多数;子房淡黄绿色,被短柔毛,花柱长 5~7 mm,向内弯曲;花梗粗壮,密被长柔毛。聚生蓇葖果圆柱状,长 8.5~20.0 cm,径 2.5~4.5 cm。花期 3~4 月。

产地:安徽怀宁县。2001 年 9 月 27 日。傅大立,No. 000291。模式标本,存中国林业科学研究院(CAF)。2001 年 3 月 31 日。傅大立,No. 20010315(CAF)。

用途:本种玉蕾入药,称"辛夷",是我国传统的中药材品种之一。其主要分布于安徽怀宁县海螺山,是怀宁及其附近各县"辛夷"产区的主要栽培树种之一,也称"海螺望春花"。

玉兰属两新种

赵天榜　　陈志秀　　赵东武

(河南农业大学,郑州　450002)

1. 华龙玉兰　新种

Yulania hualogyulan T. B. Zhao et Z. X. Chen,sp. nov.

Species Yulania denudata(Desr.)T. B. Zhao, Z. X. Chen,sed foliis ellpticis basi rotundatis simili-alabastris basi cylindricis 34 mm longis. Peruli-stipulis ante anthesin caducis. Floribus ante folis apertis vel synanthis. tepalis 69,saepe 78 in quoque flore,flavo-virentibus post flavo-albis,manifeste plicatis,margine lobatis vel partititris basi cylis vel superimpositis vel anomalis rare sepaloideis;disjiuncte simplici-pistillis laeteviridibus spare pubescentibus; pedicellis dense pubescentibus vel glabris,in medio cicatricibus annulatis spathacei-stipulis,villosis vel glabris.

Arbor decidua. Ramuli anniculi-brunnei spasre pubescentes vel glabri sine nitidi,in juventute laete virides dense pubescentes post flavo-virentes cel flovo-brunnei glabri vel spasre pubescentes;stipulis 5.0~6.0 cm longis flavidi-albis villosos. Gemmae foliae elliosoideae cinerei-brunneae 1.5~1.7 cm langae dense pubescentibus. Simili-alabastra terminate rare axillaria ovoidea parva 1.2~1.7 cm longa,diam. ca. 7 mm,supra mediam gradatim basi saepe breviter cylindrical 3~4 mm longa,peruli-tipulis 34 mm logis,peruli-stipulis 3~4 extreemum 1extus dense pubescentibus flavo-viremtentibus vel basi glabris intra peruli-stipulis 3~4 extreemum 1 extus dense pubescentibus flavo-viremtentibus vel basi glabris intra peruli-stipulus extus villosis flav-viretibus vel cinerei-viridulis intine 1 extus sparse villosis,omnino ante anthesin cadocis. Flores ante foia aperti vel synanthi. Soutai-ramuli dense villosi cinerei-brunnei. Folia elliptica chartacea 7.0~15.0 cm longa 6.5~12.5 cm lata apice acuminate basi rotundata margine integra supra atro-virodia vel viridian primo dense pubescentes post glabra costis et nervis lateralibus recavis sparse pubescentibus subtus viridula vel flavo-virentes spsrse pubescentes costis et nerves lateralibus elevates manifestis sparse pubcsentibus;petioli 1.0~1.5 cm longi primo dense pubescentites post glabri;cicatricibus stipulis parvis 3~5 mm longis longitudine 1/3~1/4 petiolorum partem aequantibus. Flores ante folia aperti vel synanthi tepala 6~9 saepe 7~8 in quoque flore late spathuli-ovata, spathulata vel naviculi-spathulata 8.5~10.0 cm longa 4.5~5.5 cm lata, apice obtuse vel acuminate utrinque sursum supera naviculiformia basi subrotundata vel cinecata 3~5 mm latis saepe rugosa margine partita, lobata vel superimposita primo laete flavidi-alba post viridi-flava supra medium flavidi-alba; stamina numerosa 1.5 cm longia filamentis ca. 2 mm longis laete mucronatis; Gynoecia disjuncte carpelligera 2.0~2.5 cm longa diam. ca. 8 mm; disjuncte simplici-pistillis numerosis laete viridibus spsrse pubescentibus styliws ovariis 1.5~2.0 plo longioribus flavidi-albis, stylis introrsis; pedicelli laete virides dense pubescentes vel glabri in medio cicatricibus annulatis spathacei-stipulis, villosis annulotis. Agreggati-follicali cylindrici 8.0~15 cm longi diam. 3.0~4.5 cm follicalis arostris.

Henan. Zhengzhou. 06-04-2005. T. B. Zhao et al., No. 200504065 (flos, branchlet and leaves, holotypus hic disignatus, HNAC). Ibid. 10-06-2005. T. B. Zhao et al., 31-03-2001. No. 2005060105(leaves and branchlet). No. 200408251 (leaves and simili-alabastrum).

落叶乔木。1 年生小枝灰褐色,疏被短柔毛,或无毛,无光泽;幼枝鲜绿色,密被短柔毛,后变为淡黄绿色,黄褐色,疏被短柔毛逐渐脱落,或宿存;托叶披针形,长 5.0~6.0 cm,淡黄白色,外面疏被长柔毛。叶芽椭圆体状,长 1.5~1.7 cm,灰褐色,密被短柔毛。拟花蕾顶生,稀腋,卵球体状,小,长 1.2~1.7 cm,径约 7 mm,上部渐细,基部通常长 3~4 mm,呈短柱状,具芽鳞状托叶 3~4 枚,最外层 1 枚的外面密被淡黄绿色短柔毛,或基部无毛,内面的芽鳞状托叶外面密被淡黄绿色,或灰绿色,密被长柔毛,最内层 1 枚,外面疏被长柔毛,花开前脱落。缩台枝稍粗,灰褐色,密被长柔毛。叶椭圆形,纸质,长 7.5~15.0 cm,宽 6.5~12.5 cm,先端渐尖,基部圆形,边缘全缘,表面深绿色,或绿色,初密被短柔毛,后无毛,主脉和侧脉明显凹入,疏被短柔毛,背面淡绿色,或黄绿色,初密被短柔毛,后无毛,主脉和侧脉明显隆起,疏被短柔毛;叶柄长 1.0~1.5 cm,密被短柔毛,后无毛;托叶痕小,长 35 mm,其长度为叶柄的 1/4~1/3。花后叶开放,或同时开放,径 12.0~17.5 cm。单花具花被片 6~9 枚,通常 7~8 枚,宽匙-卵圆形,匙形,

舟状匙形,长 8.5~10.0 cm,宽(4.6~).5.0~5.5 cm,先端钝圆,或渐尖,两侧上翘,呈船形,基部近圆形,宽楔形,宽 5~10 mm,花被片通常皱褶,且有深裂、浅裂、叠生及萼状的特异现象,红色,花药淡黄白色,药室侧向长纵裂,药隔先端具短尖头;离心皮雌蕊群圆柱状,长 2.0~2.5 cm,径约 8 mm;离生单雌蕊多数,嫩绿色,疏被短柔毛,花柱长为子房长度的 1.5~2.0 倍,淡黄白色,花柱内曲;花梗嫩绿色,密被短柔毛,或无毛;佛焰苞状托叶着生在花梗中部。聚生蓇葖果长圆柱状,长 8.0~15.0 cm,径 3.0~4.5 cm。蓇葖果圆球状,无喙。

本新种与玉兰 Species Yulania denudata (Desr.) D. L. Fu 相似,但区别:叶椭圆形,基部圆形。拟花蕾基部圆柱状,柱片 34 mm;芽鳞状托叶花前脱落。花后叶开放,或同时开放。单花具花被片 6~9 枚,通常 7~8 枚,初开时亮绿色、亮淡黄绿色,后淡黄白色,明显皱褶,边缘有时浅裂、深裂、叠生,稀有萼状、肉质的花被片;离生单雌蕊嫩绿色,疏被短柔毛;花梗密被短柔毛,中间具环状佛焰苞状托叶脱落痕,并具有环状长柔毛,或无毛。

河南:郑州。2005 年 4 月 6 日。赵天榜等,No.00504065(花和叶)。模式标本,存河南农业大学。

2. 贵妃玉兰 新种

Yulania quifeiyulan T. B. Zhao et Z. X. Chen, sp. nov.

Species Yulania denudata(Desr.) D. L. Fu similis, sed foliis spathulatis vel late obovatit. Tepalis 9 in quoque flore, petaloidis spathulati-rotundata vel laete obovati-rotundatis rugiformibus apice obtusis extus infra medium laete persicinis; androeciis gynoecisw disjunte carpelligeris suoerantibus vel gynociis disjuncte carpelligeris androecis persicinis; androeciis gynoecis disjunte carpeigeris superantibus vel gynoeciis disjuncte carpelligeris androcia superantibus; disjuncte simplici-pistillis dense pubescentibus stylis stigmatibusque pallide cinerei-albis, stylis revolutis.

Arbor decidu. Ramuli hornotini flavo-virides primo pubescentes post glabri, lenticellis ellipticis albis elevates raria, cicatricibus stipulis. Simili-alabastra solitaria teminata ovoidea 2.0~3.5 cm longa diam. 1. 2~1. 7 cm, peruli-stipulis 35, extus dense longe villosis cinerei-brunneis. Folia solitaria alterna rotundati-spathuulata vel late obovati-spathuolata 9. 5~16. 0 cm longa 5. 5~9. 5 cm lata suprab medium patiossimis supra viridis nitidia, costis et nervis lateralibus initio sparse pubscentibus post glabris subtus pallide viridian sparse pubescentes costis et nervis lateralibus pubscentibus densioribus, apice obtuse vel obtuse cum acumine, basi cuneata margine integra interdum undulate integra; petioli 1. 3~2. 0 cm longi. Flores ante folia aperti, diam. 12. 0~15. 0 cm; tepala 9 in quoque flore petaloidea late spathuli-elliptica rugiformes 8. 5~11. 5 cm longa 2. 5~4. 5 cm lata, laete pericinis apice obtusa vel obtusa cum acumine, extus suora medium pallide persicinis infra medium laete persicinis. Stamina numerosa 1. 5~1. 7 cm loga arto-purple-rubris, anthera 1. 1~1. 5 cm longis dorsaliter purpurascenti-rubris, thecis latersliter longitudinali-dehiscentiis, filamentis 2. 5~3. 0 cm subovoideis atro-purple-rubris, connetivis, apice tranguste mucronatis 1~1. 5 mm longis; disjuncte simplicipistillis numerosis ovariis flovo-virentibus, stylis stigmatibusque pallide cinerei-albis stylis revolultis. Androeciis gynoecia disjuncte carpelligera subperantis vel gynoecis gynoeciis dijsjuncte carpelligeris androeca subperantisus. Aggregati-flooiculi non sivi.

Henan; Mt. Dabieshan. Jigongshan. 24-03-2005. T. B. Zhao et al. , No. 200503241(flos, holotypus hic disignatus, HNAC). Jigongshan. 18-09-2005. T. B. Zhao et Z. X. Chen, No. 200509181

（folia et alabastrum）。

　　落叶乔木。小枝黄褐色,初被短柔毛,后无无;皮孔椭圆形,白色,明显,稀少,具托叶痕。拟花蕾单生枝顶,卵球状,长 2. 0~3. 5 cm,径 1. 2~1. 7 cm,芽鳞状托叶 3~5 枚,外面密被灰褐色长柔毛。单叶,互生,匙-圆形、或宽倒卵圆-匙形,长 9. 5~15. 0 cm,宽 5. 5~9. 5 cm,上部最宽,表面绿色,具光泽,沿脉初被短柔毛,后无毛,背面淡绿色,疏被短柔毛,沿脉被较密短柔毛,先端钝尖,基部楔形,边缘全缘,有时波状全缘;叶柄长 1. 3~2. 0 cm。花先叶开放,径 12. 0~15. 0 cm。单花具花被片 9 枚,花瓣状,宽卵圆匙-圆形,皱褶,长 8. 5~11. 5 cm,宽 2. 5~4. 5 cm,亮粉色,先端钝圆,或钝尖,外面中部以上浅粉红色,外面中部以下亮粉红色;雄蕊多数,长 1. 5~1. 7 cm,暗紫红色,花药长 1. 1~1. 5 cm,背面具浅紫红色晕,药室侧向氏纵裂,药隔先端具长 1~1. 5 mm 的三角状短尖头,花丝长 2. 5~3. 0 mm 近卵球状,浓紫红色;离生单雌蕊多数;子房淡黄绿色,花柱和柱头灰白色,花柱向外反卷。雄蕊群超过雌蕊群,或雌蕊群超过雄蕊群。聚生膏葖果圆不详。花期 3~4 月。

　　本新种与玉兰 Species Yulania denudata（Desr.）D. L. Fu 相似,但区别:叶匙-圆形、或倒卵圆-匙形。花顶生。单花具花被片 9 枚,宽匙椭圆形,多皱褶,先端钝圆,外面中部以下亮粉红色;雄蕊群超过雌蕊群,或雌蕊群超过雄蕊群。离生单雌蕊被短柔毛;花柱和柱头灰白色,花柱向外反卷。

　　河南:郑州。2005 年 3 月 24 日。赵天榜等,No. 00503241（花）。模式标本,存河南农业大学。

宝华玉兰一变种、一新变种和一新品种

赵天榜　　陈志秀

（河南农业大学,郑州　450002）

1. 伏牛宝华玉兰　图 1

Yulania zenii（Cheng）D. L. Fu var. funiushanensis（T. B. Zhao, J. T. Gao et Y. H. Ren）T. B. Zhao et Z. X. Chen

　　本变种落叶大乔木,高 10. 0~15. 0 m。幼枝淡黄绿色,疏被短柔毛,后无毛;小枝圆柱状,绿色,或紫色。玉蕾卵球状,较小;芽鳞状托叶外面密被灰白色长柔毛。叶互生,厚膜质,椭圆形、椭圆状长卵圆形,长 7. 0~8. 0 cm,宽 2. 8~7. 0 cm,先端渐尖,或长尖,基部窄楔形,近圆形,或楔形,边缘全缘,表面淡黄绿色,具光泽,背面浅绿色;叶柄细短,密被短柔毛。花单生枝顶,先叶开放。单花具花被片 9 枚,8、10 枚,长椭圆-披针形,或椭圆形,长 3.5~7.0 cm,宽 1.3~2.3 cm,上端稍宽,先端钝圆,稀短尖,常反卷,下部渐狭,边部波状,两面白色,或淡黄色;雌雄蕊多数螺旋状排列于延伸的花托上;雄蕊 53~63 枚,花药长 6~7 mm,先端白色,基部橙黄色,花丝长 2~3 mm,白色;离生雌蕊群长 1.6~2.5 cm。聚生蓇葖果圆柱状,稍弯曲,长 15.0~25.0 cm;蓇葖果多数发育,稀单生。

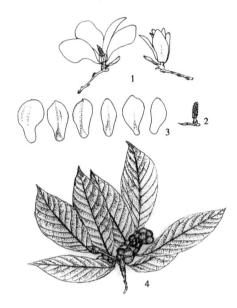

图 1　伏牛宝华玉兰 Yulania zenii(Cheng)
D. L. Fu var. funiushanensis(T. B. Zhao,
J. T. Gao et Y. H. Ren)T. B. Zhao et Z. X. Chen
1. 花;2. 花被片;3. 幼果序;
4. 叶、枝和聚生蓇葖果(陈志秀绘)。

产地:本变种产于河南南召县。模式标本(赵天榜等, No. 85019 花),采自河南南召县,存河南农业大学。

2. 白花宝华玉兰　新变种

Yulania zenii(Cheng)D. L. Fu var. alba T. B. Zhao et Z. X. Chen,var. nov.

A var. recedit foliis ovatis apice obtusis cum acumine basi rotundatis. tepalis 9 in quoque flore, albis apice obtusis basi cuneato-angustatis.

Henan:Jigongshan. 28-03-2001. T. B. Zhao et al. No. 200103281(flos, holotypus hic disigantus,HNAC).

本新变种与宝华玉兰原变种 Yulania zenii(Cheng)D. L. Fu var. zenii 区别:叶卵圆形,先端钝尖,基部圆形。单花具花被片 9 枚,匙-椭圆形,白色,先端钝圆,基部狭楔形。

产地:河南。2001 年 3 月 28 日。赵天榜等, No. 200103281(花),采自河南南召县,存河南农业大学。

3. '多被'宝华玉兰　新品种

Yulania zenii(Cheng)D. L. Fu 'Duobei',cv. nov.

本新品种单花具花被片 12 枚,匙-椭圆形,白色,先端钝圆,或钝尖,基部狭楔形,外面中部以上淡白色,基部中间淡紫色。

产地:本品种产于新郑市。选育者:赵天榜、赵杰。

青皮玉兰新变种和新品种

赵天榜　　陈志秀

(河南农业大学,郑州　450002)

变种:

1. 琴叶青皮玉兰　新变种

Yulania viridula D. L. Fu,T. B. Zhao et Z. X. Chen var. pandurifolia T. B. Zhao, Z. X. Chen et D. W. Zhao,var. nov.

A typo recedit foliis panduratis apice obtusis basi subrotundatis; petiolis gracilibus saepe pendulis. foliis juvenilibus laete purpureis subtus caespitosi-villosis albis in nerve-axillis. tepalis 18 in quoque flore,tepalis et staminibus cum ovariis laete persicinis.

Henan:Xinzheng City. 20-04-2003. T. B. Zhao et Z. X. Chen,No. 200304201(flos,holotypus hic disignatus,HNAC).

本新变种与青皮玉兰原变种 Yulania viridula D. L. Fu,T. B. Zhao et Z. X. Chen var. viridula 区别:叶琴形,先端钝圆,基部近圆形;叶柄细,通常下垂;幼叶亮紫色,背面脉腋被白色簇状长柔毛。单花花被片 18 枚,花被片、雄蕊和子房亮粉红色。

河南:新郑市。2003 年 4 月 20 日。赵天榜和陈志秀,No. 200304201(花),存河南农业大学。

2. 多瓣青皮玉兰　多瓣木兰(中国木兰)新变种

Yulania viridula D. L. Fu,T. B. Zhao et C. Z. Chen var. multitepala(Law et Q. W. Zeng)T. B. Zhao et Z. X. Chen,var. transl. nov.,*Magnolia glabrata* Law et R. W. Zhou var. *multitepala* Law et Q. W. Zeng ined.,刘玉壶主编. 中国木兰. 62. 彩图 2 幅. 2004。

A typo recedit ge mmis et Yulani-alabastris villosis albis. foliis juvenilibus purple-rubris ellipticis vel obvatiiellpticis. 24~30 in quoque flore, extus basi purple-rubris supra medium neveris purpurscebtibus intus albis. stylis longioribus ovarium aequantibus.

Locus natalis:Hunan,Hubei. Locus classicus, collector and numerus ignota(holotypus hic disignatus,SCIB).

本新变种与青皮玉兰原变种 Yulania viridula D. L. Fu,T. B. Zhao et Z. X. Chen var. viridula 区别:芽和玉蕾被白色长柔毛。嫩叶紫红色,椭圆形,或倒卵圆状椭圆形。单花具花被片 24~30 枚,花被片外面基部紫红色,上部具淡红色脉纹,内面白色;花柱与子房等长。

产地:本变种产于湖南、湖北。模式标本,采自地点等不详,存中国科学院华南植物研究所(IBSC)。

品种:

1. 青皮玉兰　原品种

Yulania viridula D. L. Fu,T. B. Zhao et C. Z. Chen 'Viridula'

2. '粉花'青皮玉兰　新品种

Yulania viridula D. L. Fu,T. B. Zhao et C. Z. Chen 'Fenhua',cv. nov.

本新品种单花花被片狭椭圆形,先端钝圆,外面基部淡粉色,上部白色。

产地:河南。长垣县有栽培。选育者:赵东方和陈志秀。

3. '白花'青皮玉兰　新品种

Yulania viridula D. L. Fu,T. B. Zhao et C. Z. Chen 'Baihua',cv. nov.

本新品种单花具花被片 9 枚,白色;夏花白色。

产地:河南。长垣县有栽培。选育者:赵东方和陈志秀。

玉灯玉兰及其四新品种

赵天榜　　陈志秀

(河南农业大学,郑州　450002)

1. 玉灯玉兰(广西植物)　图 1

Yulania pyriformis(T. D. Yang et T. C. Cui) D. L. Fu,傅大立. 玉兰属的研究. 武汉植物学研究,19(3):198. 2001;赵东武等. 安徽农业科学,22:9489. 2008;赵天榜、田国行等主编. 世界玉兰属植物资源与栽培利用:229. 2013;赵天榜、任志锋、田国行主编. 世界玉兰属植物种质资源志:40~41. 图 3-14. 2013;*Magnolia denudata* Desr. var. *pyriformis* T. D. Yang et T. C. Cui,杨廷栋等. 玉兰的一新变种. 广西植物,13(1):7. 1993;*M. denudata* Desr. cv. Lamp,王亚玲等. 西安地区木兰属植物引种、选育与应用. 植物引驯化集刊,12:34~38. 1998;*M. denudata denudata* Desr.

'Pyriformis',刘秀丽. 2011. 中国玉兰属种质资源及亲缘关系的研究(D). 北京林业大学博士论文。

Descr. Add.:Arbor deciduas. Ramuli flavo-brunnei,cinereo-brunnei nitidi glabri, in juventute pallide flavo-virentibus pubescentibus post glabris. Ge mmae longe ovoideae. Folia rotundata vel subrotundata,tenuiter coriacea 8. 5~15. 5 cm longa 8. 0~14. 0 cm lata supra viridian nitida glabra,costis pubescentibus subtus pallide viridian ad costam et nervos lateralibus pubescentibus,nervis lateralibus 7~11-jugis,apice obtuse mucronata ca. 3 mm longis basi rotundata rare late cuneata,cordata rare subrotundata; petiole gracile pallide brunnei 1.0～2.0 cm longi saepe penduli. Folia longe ramula subrotundata ca. 15.0 cm longi ca. 4.8 cm lata, apice emarginata mucronata basi subcordata supra atro-viridia rugosa pubescentibus ad costam et nervos lateralibus dense pubescentibus subtus sparse pubescentibus costis et nervis lateralibus conspicuo elevates sparse curvis vel non curvis pubescentibus; petiole 2.0～3.0 cm laongi dense pubescentes, cicatricibus stipularum cruvis villosis. Yulani-alabastra ovoidea apice conica saepe tntra 1 - rare 2 - Yulani - alabastris. Flores ante folia aperti; flores candidi-alba dim. 10.0～15.0 cm. Tepala 12～33 in quoque flore, 7.5～8.5 cm longa 3.0～4.5 cm lata tenuiter carnosa obovati-spathulata apice obtuse intus gradatum parva longe elliptica vel connectives apice trianguste mucironatis 1.0～1.5 mm longis flavidi-albis; gynoecia disjuncte carpelligera cylindrica; dis juncte simplici-pistillis ovaries pallide flavo-albis minute pubescentibus; pedicelli et Soutai-ramuli pallide flavor-pubibus. Aggregate - folliculi cylindruci; folliculis sphaeroideis.

Type: T. C. Cui(崔铁成) No. 1249(Typus, XBGH).

补充描述:落叶乔木。小枝黄褐色、灰褐色,具光泽,无毛;幼枝浅黄绿色,初疏被短柔毛,后无毛。芽长卵球状,被短柔毛。叶圆形,或近圆形,薄革质,长8.5～15.5 cm,宽8.0～14.5 cm,先端钝圆,具长约3 mm的短尖头,基部圆形,稀宽楔形、心形,表面绿色,具光泽,无毛,主脉被短柔毛,背面浅绿色,沿脉疏被短柔毛,侧脉7～11对,先端钝尖,基部近心形,叶柄淡褐色,长1.0～2.0 cm,通常拱形下垂;托叶痕长2～7 mm。长枝叶圆形,稀宽楔形,长15.6～25.0 cm,宽12.5～20.5 cm,先端微凹,具短尖头,基部近心形,表面深绿色,皱折,疏被短柔毛,沿主侧脉疏被短柔毛,背面疏被短柔毛,主、侧脉显著隆凸,疏被短柔毛;叶柄长2.0～3.0 cm,密被短柔毛;托叶痕被弯曲短柔毛。玉蕾卵球状,先端锥形,通常具1枚小玉蕾,稀具2枚小玉蕾。花先叶开放;花纯白色,径10.0～15.0 cm。单花具花被片12～33枚,长7.5～8.5 cm,宽3.0～4.5 cm,薄肉质,倒卵圆形,先端钝圆,内几轮花被片渐狭小,长椭圆形,或倒披针形;雄蕊、花丝粉红色,药室侧向纵裂,药隔伸

出短尖头;雌蕊群圆柱状;离生单雌蕊子房淡黄绿色,微被短柔毛;花梗和缩台枝密被浅黄色毛。聚生蓇葖果圆柱状;蓇葖果扁球状。花期3月中下旬;果实成熟期8月。

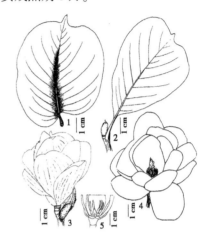

图 1 玉灯玉兰 Yulania pyriformis
(T. D. Yang et T. C. Cui) D. L. Fu
1.叶,2.枝叶与玉蕾,3.4.花,
5.雌雄蕊群与花梗(陈志秀绘)。

产地:陕西。杨廷栋等,模式标本 T. C. Cui, 1249,采自西安植物园,存西安植物园。河南许昌、郑州市有引种栽培。

品种:

1.'狭被'玉灯玉兰 新品种

Yulania pyriformis(T. D. Yang et T. C. Cui) D. L. Fu 'Xiabei', cv. nov.

本新品种单花具花被片30～35枚,白色,狭椭圆形、披针形,长4.5～5.7 cm,宽1.5～3.0 cm,先端钝圆,或钝头,基部楔形,外层花被片反卷,内层花被片内曲;雄蕊多数,淡黄白色,花丝深紫色;离心皮雌蕊群圆柱状淡绿色;离生单雌蕊子房淡黄绿色,疏被短柔毛,花柱和柱头淡黄白色;花梗密被灰白色长柔毛;缩台枝密被短柔毛。聚生蓇葖果圆柱状,长14.0～16.0 cm,径4.0～5.0 cm;蓇葖果卵球状、椭圆体状,红褐色。花期3月中下旬;果实成熟期8月。

产地:河南郑州市。选育者:赵天榜、李小康。

2.'白牡丹'玉灯玉兰 新品种

Yulania pyriformis(T. D. Yang et T. C. Cui) D. L. Fu 'Baimudan', cv. nov.

本新品种叶近圆形,先端钝尖,基部心形,边部波状起伏。单花具花被片33枚左右,白色,或浅黄白色,披针形,或狭椭圆形,长4.5～5.0 cm,宽1.5～2.2 cm,先端钝圆;雌蕊群圆柱形,长1.8～2.0

cm;离生单雌蕊子房绿色,无毛,花柱长 3~4 mm;花梗密被长柔毛。缩合枝突细。

产地:本新品种产于陕西。河南新郑市有引栽。选育者:赵杰、赵天榜。

3.'裂被'玉灯玉兰　新品种

Yulania pyriformis(T. D. Yang et T. C. Cui) D. L. Fu 'Leibei',cv. nov.

本新品种叶先端通常微凹。单花具花被片 9 枚,匙-椭圆形,或匙-卵椭圆形,白色,外面基部被粉色晕,内面白色,先端钝圆,通常内曲,边缘波状起伏,或微裂;雌雄蕊群暗紫色。

产地:本新品种产于河南郑州市。选育者:赵杰、赵东武。

4.'粉基'玉灯玉兰　新品种

Yulania pyriformis(T. D. Yang et T. C. Cui) D. L. Fu 'Fenji',cv. nov.

本新品种单花具花被片 20 ~ 26(~ 43)枚,匙-卵圆形,或匙-椭圆形,先端钝圆,或钝尖,基部狭楔形,或基部,白色,外面基部淡粉色晕。

产地:本新品种产于河南鸡公山。选育者:戴慧堂等。

玉兰属一新种

赵天榜　陈志秀

(河南农业大学,郑州　450002)

石人玉兰　新种　图 1

Yulania shirenshanensis D. L. Fu et T. B. Zhao sp. nov. fig. 1

Species Yulania zenii Cheng similis, sed foliis ellipticis,supra rugosis marginantibus crispis. Simili-alabastris terminates axillaibusque interdum caespitosis raceme-cymis. Tepalis apice obtusis saepe briter rostris extus infra medio laete purpurascentibus.

Arbor decidua. Ramuli cinerei-brunnei glabri in sicco nigri tantum cicatricibus stipulis sparse pubscebtibus, in juventute flavi-virescentes primitus sparse pubecentis post glabri. Folia chartacea elliptica vel ovati-elloptica 12.0~19.5 cm longa 65.5~9.5 cm lata supra atro-viridia glabra nitidia costis recavis glabris　subtus virella primitus spaese pubescentes post glabra costis et nervis lateralibus conspicue elevatlis sparse curvi-villosis in sicco utrinque dictyoneuri elevates apice obtuse cum acumine vel longe caudate basi late cuneata vel subrotundata utrinque non aequilatera margine repandi-integra marginantibus crispis;petioli 1.4~ 3.5 cm longi flavo-virentes primitusn sparse villosi posr glabri vel persistentes;stipulis membranceis sparse villosis flavidi-albis caducis, cicatricibus stipularum longitudine 1/5 ~ 1/3 petiolorum partem aequantibus. Folia

surcula crasse chartacea vel tenuiter coriacea late elliptica 16.5 ~ 25.0 cm longa 15.0 ~ 21.0 cm lata apice obtuse cum acomine basi cordata margine crispa supra rugosa flavo-virentes vel atro-viridia nitidia prim(tus sparse pubescentes post glabra subtus viridula costis et nervis lateralibus conspicue elevates saprse curvi-villosis post glabris; petioli 1.5~ 2.5 cm longi primitus villosi postn glabri; cicatricibus stipularum longitudine ca. 1/2 petiolorum partem aequantibus. Smili-alabastra terminate caespitose et axillares interdum 2~4 simil-alabastris parvis caespitosis raceme-cymis. Simili-alabstra ovoides 1.5~ 2.8 cm longadiam. 1.2 ~ 1.8 cm apice obtuse vel abrupte brevi-rostra;peruli-stipulis 46,cinerei-brunneis vel nigri-brunneis extus dense villosis cinerei-Albis. Flores ante folisa aperti. Tepala 9 in quoque flore petaloidea spathuli-ellipticav 5.0~7.0 cm longa 2.5~3.5 cm lata apice obtuse abrupte mucronata basi cuneata margine integra extus supra medium albis infra medium in medio laete purpurascentibus;antheris 8~12 mm longis thecis lateraliter longitudinali-dehiscentibus,connectivis apice purpurascentibus triangsti-mucronatis filamentis 3.5 mm longis lati-crassis dorsaliter subroseis; Gynoecia dijuncte carpelligera cylincira 1.5~2.5 cm longa;disjuncte simplici-pistillis numerosis viriduli-albis glabris stylis et stigmatibus flavidi-albis;pedicelli etsoutai-ramuli dense villosi albi. Aggregati-folliculi non vis .

Henan:Mt. Funiushan. Lushan Xian. 26-03-2000. T. B. Zhao et al. ,No. 2003261(flos,holotypus hic disignatus,HNAC). Ibid. 25-08-2000. D. L. Fu et T. B. Zhao, No. 20008251.

落叶乔木。小枝灰褐色,无毛,干后黑色,仅托叶环痕处被短柔毛;幼枝淡黄绿色,初疏被柔毛,后脱落。叶纸质,椭圆形、卵圆-椭圆形、圆形,长 12.0~19.5 cm,宽 5.5~9.5 cm,表面深绿色,具光泽,无毛,主脉下陷,沿脉无毛,背面淡绿色,初疏被弯短柔毛,后无毛,主脉和侧脉明显隆起,沿脉疏被弯曲长柔毛,干后两面网脉隆起,先端钝尖,或长尾尖,基部宽楔形,或近圆形,两侧不对称,边缘波状全缘,边部皱波状起伏最宽;叶柄长 1.5~3.5 cm,淡黄绿色,疏被长柔毛,后无毛,或宿存;托叶膜质,疏被淡黄色长柔毛,早落。托叶痕为叶柄长度的 1/5~1/3。玉蕾卵球体状,长 1.5~2.8 cm,径 1.2~1.8 cm,先端钝圆,或突尖呈短喙状;芽鳞状托叶 4~6 枚,灰褐色,或黑褐色,外面密被灰白色长柔毛。花先叶开放。单花具花被片 9 枚,花瓣状,匙-椭圆形,长 5.0~7.0 cm,宽 2.5~3.5 cm,先端钝圆,具短尖头,基部宽楔形,边缘全缘,外面中部以上白色,中部以下中

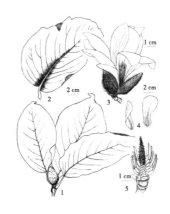

图 1　石人玉兰 Yulania shirenshanensis
D. L. Fu et T. B. Zhao
1. 叶枝和玉蕾, 2. 叶, 3. 花,
4. 花被片, 5. 雌雄蕊群(陈志秀绘)。

间亮淡紫色;雄蕊多数,长 1.0~1.5 cm,背面淡粉红色;花药长 8~12 mm,药室侧向长纵裂,药隔先端具三角状短尖头,花丝长 3.5 mm,宽厚,背面淡粉红色;离心皮雌蕊群圆柱状,长 1.5~2.5 cm;离生单雌蕊多数,淡绿白色,无毛,花柱及柱头淡黄白色;花梗和缩台枝密被白色长柔毛。聚生菁葖果不详。

河南:伏牛山区石人山。2000 年 4 月 20 日。赵天榜等,No. 0004201(花)。模式标本,存河南农业大学。

多花玉兰一新变种

傅大立　赵天榜

(河南农业大学,郑州　450002)

1. 多被多花玉兰　新变种

Yulania multiflora (M. C. Wang et C. C. Min)D. L. Fu var. multitepala D. L. Fu et T. B. Zhao,var. nov.

A var. foliis ellpticis. vel ob-ovatis. Yulanialabastris parvis ter mmatis axillaribusque, peruli-stipulis 4~5 extremum 1 nigri-brunneis extus pubescentibus densioribus intus extus dense villosis flavidi-albis. tepalis 9~14 in quoque flore, extremam peruli-stipulis extus basi dense villosis flavidi-albis;ovariis disjuncte simplici-pistillis sparse pubescentibus.

Sichuan:Chengdou City. 9-10-2000. D. L.

Fu, No. 2000904。Anqing:3-03-2001. D. L. Fu, No. 20009104 (fols, holotypus hic disignatus, HNAC).

本新种与多花玉兰原变种 Yulania multiflora (M. C. Wang et C. C. Min)D. L. Fu var. multiflora 相似,但是区别:叶椭圆形,或倒卵圆形。玉蕾小,顶生和腋生,芽鳞状托叶 4~6 枚,最外面 1 枚外面被较密短柔毛,内层几枚外面密被淡黄白色长柔毛。单花具花被片 9~14 枚;离生单雌子房疏被短柔毛。

四川:成都。2000 年 9 月 10 日。傅大立,No. 0009104。2001 年 3 月 3 日。安庆。傅大立,No. 200103032(花)。模式样本,存河南农业大学。

玉兰属一新改隶组合种

赵天榜　陈志秀

（河南农业大学，郑州　450002）

1. 美丽玉兰　美丽紫玉兰（中国木兰）　新改隶组合种　图1

Yulania concinna（Law et R. Z. Zhou）T. B. Zhao et Z. X. Chen, sp. transl. nov. , *Magnolia concinna* Law et R. Z. Zhou ined. , 刘玉壶主编. 中国木兰. 44~55. 彩图. 彩照. 2004。

Species Yulania liliflora（Desr. ）D. L. Fu similis, sed arboribus deciduis. Gremmis foliis, Yulani-alabasratis cum petiolis pubrescentibus adpressi-albis. foliis ellipticis subtus costis et nervis lateralibus pubescentibus adpressi-albis. Flores ante folia aperti vel synanthi; tepala 12 in quoque folre, exterius 3 sepaliodeia lanceolatis intra 9 petaloidia extus basi purpurascentibus supra medium nervis buris; staminibus albis, filamentis et gynoeciis carpelligeris buris; ovariis disjuncte simplici-pistillis et pedicellis pubrescentibus adpressi-albis.

Arbor decidua. cortex cinerei-brunnei. Ge mmis foliis pubrescentibus adpressi-albis. Yulani-alabastra pubrescentibus adpressi-albis. Folia chartacea elliptica, ovati-elliptica 11. 0~19. 0 cm longa et 5. 0~9. 0 cm lata supra viridia nervis lateralibus depressis subtus cinerei-viridia nervis lateralibus depressis costis et nervis lateralibus elevatis pubrescentibus adpressi-albis nervis lateralibus 11~13-jugis, apice obtusa vel breviter acuminata, basi late cuneata margine integra; petioli 1. 5~3. 0 cm longi pubrescentibus adpressi-albis cicatricibus stipularum longitudine 1/3 petiolorum partem aequantibus. Flores ante folia aperti vel synanthi. tepala 12 in quoque folre, extus 3 sepaloidea membranacea lanceolata viridula caduca, intus 9 petaloidea elevata obovati-elliptica, obovati-spathulata carnosa 8. 0 cm longa 3. 5 cm lata, apice obtusa extus basi pallide rubris supra middle nerviis atro-purple-rubris. stamina numerosa alba 1. 4 cm longa, antheris 9 mm longis, thecis lateraliter longitudinali-dehiscentibus,

connectivis flavidis apice trianguste mucronatis 1~1. 5 mm longis filamentis 4 mm longis rubris; Gynoecia carpelligera cylindrica rubra 1. 0~1. 5 cm longa; disjuncte simplici-pistillis numerosis ovariis pubrescentibus adpressi-albis. pedicelli villosi cinerei-flavi. Aggregati-folliculi cylindrici vel longe ellipsoidei 5. 0~10. 0 cm longi pallide brunnei; folliculis subglobosis apice breviter rostyis.

Fujan: Wuyeshan. Trypus: Gather No. and Collector not detailed enough（flos, holotypus hic disignatus, IBSC）。

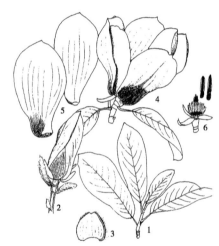

图1　美丽玉兰 Yulania concinna
（Law et R. Z. Zhou）T. B. Zhao et Z. X. Chen
1. 叶、枝; 2. 初花和叶芽; 3. 芽鳞状托叶; 4. 花枝和叶;
5. 花被片; 6. 雌雄蕊群和萼状花被片;
7. 雄蕊（描自刘玉壶主编, 2004.《中国木兰》）。

落叶乔木，高10. 0 m。树皮灰褐色。叶芽、玉蕾被白色平伏短柔毛。叶纸质，椭圆形、倒卵圆-椭圆形，长11. 0~19. 0 cm，宽5. 0~9. 0 cm，先端钝圆，或短渐尖，基部宽楔形，边缘全缘，表面绿色，侧脉凹入，背面灰绿色，主脉和侧脉隆起，被白色平伏短柔毛，侧脉11~13对；叶柄长1. 5~3. 0 cm，被白色平伏短柔毛，托叶痕为叶柄长度的1/3。花先叶开放，或花叶同时开放，杯状，稍芳香。单花具花被片 12 枚,外轮花被片 3 枚,萼状,披针形,淡绿色,先端尖,膜质,内轮花被片 9 枚,花瓣状,直立,倒卵圆形-椭圆形、倒卵圆-匙形,长约 8.0 cm,宽约 3.5 cm,肉质,先端纯圆,外面基部淡红色,中上部紫红色脉;雄蕊多数,白色,长约 1.4 cm,花丝长约 4 mm,红色,花药长约 9 mm,药室侧向纵裂,药隔淡黄色,先端伸出呈短尖头;雌蕊群圆柱状,红色,长 1.0~1.5 cm;离生单雌蕊多数;子房被白色平伏短柔毛;花梗被灰黄色平伏长柔毛。聚生蓇葖果圆柱状,或长椭圆体状,长 5.0~10.0 cm,淡褐色;蓇葖果近球状,先端具短喙,成熟后背裂。花期 3~4 月;果熟期 8~9 月。

产地:福建。模式标本,采自福建武夷山,存中国科学院华南植物园。

用途:本种为优良观赏树种。

日本辛夷一新变种

赵天榜　　陈志秀

(河南农业大学,郑州　450002)

1. 变异日本辛夷　新变种

Yulania kobus (DC) Spach var. variabilis T. B. Zhao et Z. X. Chen,var. nov.

A typo recedit tepalis 9 in quoqe flore,extus 3 sepaliodeis membranceis anguste lanceolatis 0.8~1.2 cm longis et 2 mm latis,intra 6 petaloideis tenuiter carnosis albis interdum extus basin purpureo-rubris ad costan purpureo-rubris prope apicem;androeciis gynoecia carpelligeris superantibus;pedicellis glabris apicem 1 annulatim villosis albis. Soutai-ramulis glabris.

Henan:Xinzheng City. 26-03-2008. T. B. Zhao et al.,No. 200803267(flos,holotypus hic disignatus,HNAC).

本新变种与日本辛夷原变种 Yulania kobus (DC.) Spach var. kobus 区别:单花具花被片 9 枚,外轮花被片 3 枚,萼状,膜质,窄披针形,长 0.8~1.2 cm,宽 2 mm,内轮花被片花瓣状,薄肉质,白色,有时外面基部紫红色,沿中脉紫红色直达先端;雄蕊群高于雌蕊群;花梗无毛,仅顶端具 1 环状、白色长柔毛。缩台枝无毛。

河南:新郑市。2008 年 3 月 26 日。赵天榜等,No. 200803267(花)。模式标本,存河南农业大学。2007 年 7 月 25 日。赵天榜等,No. 20077255(枝和叶)。

补充描述:落叶乔木。小枝细弱,绿色,无光泽,无毛;皮孔小,椭圆体状,突起;幼枝嫩绿色,无毛;托叶匙状披针形,嫩绿色,无毛。叶纸质,卵圆形、宽卵圆形,长 5.0~11.0 cm,宽 3.5~6.5 cm,中部最宽,先端急尖,稀钝圆,基部圆形,或宽楔形,两侧不对称,表面绿色,稍具光泽,无毛,主、侧脉微下陷,背面绿色,无毛,主、侧脉突起,无毛,侧脉 8~10 对;叶柄细,长 0.8~1.8 cm,无毛;托叶膜质,匙-披针形,嫩绿色,无毛;托叶痕长 2~3 mm。花枝细弱。玉蕾顶生,小,卵球状,长 1.3~1.5 cm;芽鳞状托叶 2~3 枚,膜质,黑褐色,外面密被长柔毛;佛焰苞状托叶黑褐色,外面密被长柔毛。刚萌发幼叶椭圆形,鲜绿色,表面无毛,背面沿脉微有毛。花先叶开放,径 7.0~9.0 cm。单花具花被片 9 枚,稀 11 枚,外轮花被片 3 枚,萼状,淡黄绿色,窄披针形,长 0.8~1.2 cm,宽 2 mm,内轮花被片质薄,6 枚,稀 8 枚,白色,有时外面基部紫红色,沿中脉紫红色直达先端,倒卵圆形,长 4.5~5.0 cm,宽 2.0~2.5 cm,内轮花被片有时稍窄;雄蕊群高于雌蕊群;雄蕊多数,长 8~13 mm,花丝长 1~2 mm,紫红色,花药长 6~10 mm,浅黄色,背部具淡紫色脉纹,药室侧向纵裂,或近侧长纵裂,药隔伸出呈三角状短尖头;雌蕊群圆柱状;离生单雌蕊子房绿色,长 1.0~1.2 cm,花柱极短,长约 1 mm,浅黄色;花梗无毛,仅顶端具 1 环状、白色长柔毛。缩台枝无毛。缩台枝与花梗之间具有很短 1 节,其上密被白色柔毛。

河南玉兰属一新种——异花玉兰

赵天榜　陈志秀

（河南农业大学,郑州　450002）

1. 异花玉兰　新种　图1

Yulania varians T. B. Zhao, Z. X. Chen et Z. F. Ren, sp. nov. , fig. 1

Species Yulania fragarigynandria T. B. Zhao, Z. X. Chen et H. T. Dai similis, sed verni-floribus 5-formis：①tepalis 9 in qouque flore, spathuli-elliptica；②tepalis 9 in qouque flore, extus 3 calycibus ca. 3 mm, ca. 2 mm latis；③tepalis 9 in qouque flore, extus 3 calycibus anguste lanceolatis membranaceis；④tepalis 12 in qouque flore, extus 3 calycibus lanceolatis membranaceis, 1. 5～2. 5 cm longis, 2～3 mm；⑤tepalis 11 in qouque flore, extus 3 calycibus lanceolatis membranaceis maximi-variantibus 0. 3～6. 5 cm longis 0. 2～2. 0 cm latis. Tepalis floribus 5-formis spathulati-ellipticiis vel spathulati-oblongis apice obtusis cum acumine vel acuminates basi cuneatis extus infra medium medietatibus laete purpureo-rubidis；disjuncte simplici-pistillis numerosis ovariis flavo-albis sparse pilosis. interdum 2-gynoeciis appositis in qouque flore, vel in staminibus disjuncte simplici-pistillis et staminis mixtis, vel filamentis laete rubellis et thecissubaequilongis. Gynandriis 2-formis：①androeciis gynoecium aequantibus；②gynoeciis androeciem superantibus. aestivi-floribus 3-formis：tepalis 5, 9, 12 in qouque flore, anguste spathuli-lanceolatis, involutis, carnosis. 3-floribus disjuncte simplici-pistillis ovariis glabris.

Arbor decidua. Ramuli brannei, cinerei-brannei, in juveniles flavo-virentes dense pubescentes post glabri vel sparse pubescentes. Folia elliptica vel obovati-elliptica 10. 0～15. 6 cm longa, 6. 0～8. 5 cm lata apice obtusa cum acumine vel obtusa rare basi cuneata supra viridia saepe sine pubescentes rare pubescentes costis sparse pubescentibus subtus cinerei-viridula sparse pubescentes costis et nervis lateralibus manifeste elevatis ad costam sparse pubescentibus；petioli 1. 0～2. 0 cm longi sparse pubescentes；cicatricibus stipularum longetudine 1/3 petiolorum partem aequantibus. Yulania-alabastra ter-

minata longe ovoidea 1. 8～2. 5 cm longa diam. 2. 0～2. 5 cm lata；peruli-stipulis 3～4 in qouque, extrinsecus 1 extus dense pubescentibus atro-brunneis, tenuiter coriaceis, ante anthesin deciduis, cetero peruli-stipulis membranaceis extus dense villosis. Flores ante folia aperti. floribus 5-formis：①tepalis 9 in qouque flore, spathuli-elliptica；②tepalis 9 in qouque flore, extus 3 calycibus ca. 3 mm, ca. 2 mm latis；③tepalis 9 in qouque flore, extus 3 calycibus anguste lanceolatis membranaceis；④ tepalis 12 in qouque flore, extus 3 calycibus lanceolatis membranaceis, 1. 5～2. 5 cm longis, 2～3 mm；⑤tepalis 11 in qouque flore, extus 3 calycibus lanceolatis membranaceis maximi-variantibus 0. 3～6. 5 cm longis 0. 2～2. 0 cm latis. Floribus 5-formis extus 3 tepalis habitibus, magnitudonibus et consistentiis magnopere variationibus, intus tepalis habitibus, magnitudonibus et consistentiis similaribus；spathulati-ellipticiis vel spathulati-oblongis apice obtusis cum acumine vel acuminates basi basi cuneata extus infra medium medietatibus laete purpureo-rubidis；stamina numerosa 1. 0～1. 3 cm longa extus purpurea filamentis 2～3 mm longis purpureis, thecis 1. 0～1. 3 cm longis lateraliter longitudinali-dehiscentibus, connectivis apice trianguste mucronatis purpureis. Gynoecia disjuncte carpelligera 2. 0～2. 5 cm longa, interdum 2-gynoeciis appositis in qouque flore, vel in staminibus disjuncte simplici-pistillis et staminis mixtis, vel filamentis laete rubellis et thecissubaequilongis；disjuncte simplici-pistillis numerosis ovariis flavo-albis sparse pilosis, stylis pallide purpureis；pedicelli et Soutai-ramuli dense villosi alabi. gynandriis 2-formis：① androeciis gynoecium aequantibus；② gynoeciis androeciem superantibus. aestivi-floribus 3-formis：①tepalis 5 in qouque flore, anguste spathuli-lanceolatis, involutis 3. 0～5. 5 cm longis 4～6 mm latis, carnosis；②tepalis 9 in qouque flore, petalioideis involutis 5. 0～7. 0 cm longis 4～16 mm latis, carnosis；③epalis 12 in qouque flore,petalioideis involutis 5.0~7.0 cm longis 4~16 mm latis,carnosis;3-floribus disjuncte simplici-pistillis ovariis glabris. Aggregati-folliculi non visi.

Henan:Zhengzhou. 22-03-2013. T. B. Zhao et Z. X. Chen,No. 201303222(flos,holotypus hic disighnatus,HNAC).

落叶乔木。小枝褐色、灰褐色;幼枝黄绿色,密被短柔毛,后无毛,或疏被短柔毛。叶椭圆形,或卵圆-椭圆形,长 8.0~10.6 cm,宽 5.0~7.5 cm,先端钝尖,或钝圆,基部楔形,表面绿色,通常无短柔毛,稀被短柔毛,主脉疏被短柔毛,背面灰绿色,疏被白色短柔毛,主脉和侧脉显著隆起,沿主脉疏被短柔毛;叶柄长 1.0~2.0 cm,疏被短柔毛,托叶痕为叶柄长度的 1/3。玉蕾顶生,长卵球状,长 1.8~2.5 cm,径 2.0~2.5 cm;芽鳞状托叶 3~4 枚,最外面 1 枚外面密被深褐色短柔毛,薄革质,花前脱落,其余芽鳞状托叶外面疏被长柔毛,膜质。花先叶开放。花 5 种类型:①单花具花被片 9 枚,匙-椭圆形;②单花具花被片 9 枚,有萼、瓣状之分,萼状花被片 3 枚,小型,长约 3 mm,宽约 2 mm;③单花具花被片 9 枚,外轮 3 枚花被片狭披针形,长 3.5~6.5 cm,宽 3~5 mm,膜质;④单花具花被片 12 枚,外轮 3 枚花被片披针形,长 1.5~2.5 cm,宽 2~3 mm,膜质;⑤单花具花被片 11 枚,外轮 3 枚花被片披针形,变化极大,长 0.3~6.5 cm,宽 0.2~2.0 cm,膜质。花 5 种类型的外轮 3 枚花被片形状、大小及质地变化极大;内轮花被片除大小差异外,其形状、质地、颜色均相同,即:匙-椭圆形,或匙-长椭圆形,长 5.0~6.5 cm,宽(0.8~)2.0~3.5 cm,先端钝尖,或渐尖,基部楔形,外面中部以下中间亮紫红色;雄蕊多数,长 1.0~1.3 cm,外面紫色,花丝长 2~3 mm,紫色,药室长 1.0~1.3 cm,侧向纵裂,药隔先端伸出呈三角状短尖头,紫色;有时单花具 2 枚并生雌蕊群,或在雄蕊中混杂有离生单雌蕊,以及花丝亮粉色与花药近等长;离生单雌蕊多数,子房黄白色,疏被短柔毛,花柱淡紫色;花梗和缩台枝密被白色长柔毛。雌雄蕊群两种类型:①雄蕊群与雌雄蕊群近等高;②雌蕊群显著高于雄蕊群。夏季花 3 种类型:①单花具花被片 5 枚,匙-狭披针形,内卷,长 3.0~5.5 cm,宽 4~6 mm,肉质;②单花具花被片 9 枚,花瓣状,匙-狭披针形,内卷,长 5.0~7.0 cm,宽 4~16 mm,肉质;③单花具花被片 12 枚,花瓣状,匙状狭披针形,内卷。3 种花离生单雌蕊多数,子房无毛。聚生菁葵果未见。花期 3 月。

本新种与莓蕊玉兰 Yulania fragarigynandria T. B. Zhao,Z. X. Chen et H. T. Dai 相似,但区别:春季花 5 种类型:①单花具花被片 9 枚,匙-椭圆形;②单花具花被片 9 枚,有萼、瓣状之分,萼状花被片长约 3 mm,宽约 2 mm;③单花具花被片 9 枚,外轮 3 枚花被片狭披针形,长 3.5~6.5 cm,宽 3~5 mm,膜质;④单花具花被片 12 枚,外轮 3 枚花被片披针形,长 1.5~2.5 cm,宽 2~3 mm,膜质;⑤单花具花被片 11 枚,外轮 3 枚花被片披针形,变化极大,长 0.3~6.5 cm,宽 0.2~2.0 cm,膜质。5 种花类型的外轮 3 枚花被片形状、大小及质地变化极大,膜质;内轮花被片匙-椭圆形,或匙-长椭圆形,先端钝尖,或渐尖,基部楔形,外面中部以下中间亮紫红色;离生单雌蕊子房疏被短柔毛;有时单花具 2 枚并生雌蕊群,或在离生雄蕊中混杂有离生单雌蕊,以及花丝亮粉色与花药近等长。雌雄蕊群两种类型:①雄蕊群与雌雄蕊群近等高;②雌蕊群显著高于雄蕊群。夏季花 3 种类型:单花具花被片 5 枚、9 枚、12 枚,花瓣状,匙-狭披针形,内曲,肉质;离生单雌蕊多数,子房无毛。

产地:河南。郑州市有引种栽培。2013 年 3 月 22 日。赵天榜和陈志秀,模式标本,No. 201303221(花),采自河南郑州市,存河南农业大学。

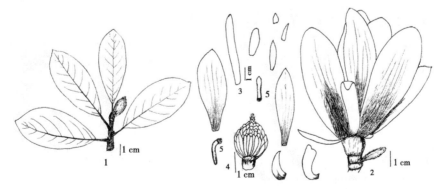

图 1 异花玉兰 Yulania varians T. B. Zhao,Z. X. Chen et Z. F. Ren

1.枝、叶与玉蕾,2.花,3.各种外部花被片,4.雌雄蕊群,5.雌蕊(赵天榜绘)。

玉兰属两新种

赵天榜　陈志秀

（河南农业大学,郑州　450002）

1. 安徽玉兰　新种　图 1

Yulania anhueiensis T. B. Zhao, Z. X. Chen, Z. X. Chen et J. Zhao, sp. nov., fig. 1

Species Yulania cylindrica (Wils.) D. L. Fu similis, sed foliis ellipticis chartaceis supra sparse pubescentibus; petiolis sine angusti-sulcis, cicatricibus stipularum longitudine 1/3 petiolorum partem aequantiaus. Yulani-alabastris terminatis et axillaris ovoideis nigri-brunneis dense villosis nigri-brunneis. tepalis sepaliodeis majoribus 3. 0 ~ 3. 5 cm longis 7 ~ 10 mm latis late ovati-spathulatis extus infra medium laete purple-rubris costis laete purpurei-rubris basi sine unguibus; thecis, filamentis dorsualibas purpure-rubris; rare androeciis gynoecum aequantibus, stylis ovariism 2-plo longioribus. Soutai-ramulis et pedicellis dense pubescentibus.

Arbor deciduas. Ramuli anniculi cinerei-brunnei spasre pubsentes sine nitidi, in juventute cinerei-flavo-virentes, cinerei-flavi dense pubescentes. Folia elliptica vel naviculi-elliptica saepe pendulia chartacea 9. 0 ~ 18. 0 cm longa 6. 5 ~ 10. 5 cm lata apice obtusa cum acumine basi saepe rotundata rare late cuneata supra atro-viridia spasre pubescentes costis et nervis lateralibus spasre pubescentibus, subtus cinerei-viridula spasre pubeseentes costis et nervis lateralibus elevates manifestis pubescentibus margine repandi-integra; petioli 1. 9 ~ 2. 0 cm longi sine minute salcati spasre pubesentes, cicatricibus stipularum lingritudine 1/3 petidorum partem aequantibus. ge mmae foliae ellipsoideiae 1. 0 ~ 1. 3 cm longae cinerei-brunneae pubescentes. Yulani-alabastra terminata et axillares ovoidea 1. 5 ~ 2. 0 cm longa diam. 1. 0 ~ 1. 3 cm, peruli-stipulis 3 ~ 4, extus primus nigri-brunneis dense pubescentibus, intus dense villosis. Flores ante folia aperti, diam. 10. 0 ~ 15. 0 cm; tepala 9 in quoque flore extus 3 sepaliodea membranacea lanceolata 3. 0 ~ 3. 5 cm longa 7 ~ 10 mm lata supra medium purpurascentes caducias, interna 6 petaloidea late ovati-spathulata 6. 0 ~ 8. 5 cm longa 2. 0 ~ 4. 0 cm lata apice obtusa rare mueronata extus supra medium laete purple-rubris prope apicem costis laete purpureis-rubras basi cuneata sine ungua; stamina numerosa 1. 2 ~ 1. 5 cm longa filamentis 2 ~ 3 mm longis purpule-rubris antheris dorsualibus purpureis intus pallide flavo-albis, thecis lateraliter longitudineli-dehiscentibus, connectivis apice trianguste mucrionatis purpureis ca. 1. 5 mm longis; rare androeciis gynoecum aequantibus; Gynoecia disjuncte carpelligera cylindrica 1. 3 ~ 1. 5 cm longa; disjuncte simpilici-pistillis numerosis glabris, stylis ovariis 2-plo longioribus. Ovariis dorsualibus et stylis cum stig-matibus purpureis; soutai-rumuli et pediceli dense pubesentes. Aggregati-folliculi non visi.

Henan: Xinzheng City. 30-03-2005. T. B. Zhao et Z. X. Chen, No. 200503301 (flos, holotypus hic disignatus, HNAC). 20-03-2004. T. B. Zhao et J. Zhao, No. 200403201 (folia, ramulum et simili-albastrum); 18-08-2004. T. B. Zhao et D. L. Fu, No. 2004081814. No. 2004081810. Jigongshan. 15-08-2001. T. S. Dai, No. 200108151.

落叶乔木。小枝灰褐色,疏被短柔毛,无光泽;幼枝灰黄绿色、灰黄色,密被短柔毛。叶椭圆形,或舟状-椭圆形,通常下垂,纸质,长 9. 0 ~ 18. 0 cm,先端钝尖,基部通常近圆形,稀宽楔形,表面深绿色,疏被短柔毛,主脉和侧脉隆起明显,被短柔毛,背面灰绿色,被短柔毛;主脉和侧脉疏被短柔毛,边缘微波状全缘;叶柄长 1. 5 ~ 2. 0 cm,被短柔毛;托叶痕为叶柄长度的1/3。叶芽椭圆体状,长 1. 0 ~ 1. 2 cm,灰褐色,被短柔毛。玉蕾顶生和腋生,卵球状,长 1. 5 ~ 2. 0 cm,径 1. 0 ~ 1. 3 cm;芽鳞状托叶 3 ~ 4 枚,第 1 枚外面黑褐色密被短柔毛,其余外面黑褐色,密被黑褐色长柔毛,始落期 6 月中下旬开始,至翌春花开前脱落完毕。花先叶开放,径 10.0～15.0 cm;单花具花被片 9 枚,外轮花被片 3 枚,萼状,披针形,长 3.0～3.5 cm,宽 7～10 mm,淡黄白色,外面基部有浅色晕,早落,内轮花被片 6 枚,花瓣状,宽卵圆-匙形,长 6.0～8.5 cm,宽 2.0～4.5 cm,先端钝圆,稀具短尖,内面白色,外面中基部亮紫色,具数条亮紫色脉纹,主脉亮紫红色,直达先端,基部楔形,无爪;雄蕊多数,长 1.2～1.5 cm,花丝长 2～3 mm,全紫红色,花药背部紫红色,腹部淡黄白色,药室侧向长纵裂,药隔先端具短尖头,紫色,长约 1.5 mm;离心皮雌蕊群圆柱状,长 1.3～1.5 cm,稀雌蕊群与雄蕊群等高;离生单雌蕊多数,子房椭圆体状,无毛,花柱长度为子房的 2 倍,子房背面、花柱和花柱紫色;花梗和缩台枝密被短柔毛。聚生蓇葖果未见。

图 1 安徽玉兰 Yulania anhueiensis T. B. Zhao, Z. X. Chen et J. Zhao

1. 叶,2. 叶、枝和玉蕾;3. 花,4. 花被片,
5. 雌雄蕊群,6. 雄蕊(陈志秀绘)。

本新种与黄山玉兰 Yulania cylindrica(Wils.) D. L. Fu 相似,但区别:叶椭圆形,纸质,表面疏被短柔毛;叶柄无狭沟,托叶痕为叶柄长度的 1/3。玉蕾顶生、腋生,黑褐色,密被黑褐色柔毛。萼状花被片较大,长 3.0～3.5 cm,宽 7～10 mm,瓣状花被片宽卵圆-匙形,外面中基部亮紫红色,主脉亮紫红色直达先端,基部楔形,无爪;雄蕊花丝和花药背部红紫色,稀雌蕊群与雄蕊群等高;花柱长度为子房的 2 倍;花梗和缩台枝粗壮,密被柔毛。

河南:新郑市。2005 年 3 月 30 日。赵天榜

和陈志秀,No. 200503301(花)。模式标本,存河南农业大学。2004 年 3 月 20 日。赵天榜、赵杰,No. 200503301(叶、枝和玉蕾)。2004 年 8 月 18 日。赵天榜等,No. 2004081814、No. 2004081810(叶、枝和玉蕾)。本种在安徽及河南大别山区也有分布,生于海拔 800 m 的天然杂木林中。

2. 大别玉兰(安徽农业科学) 新种 图 2

Yulania dabieshanensis T. B. Zhao, Z. X. Chen et H. T. Dai, sp. nov., fig. 2

Species Yulania honanensi(B. C. Ding et T. B. Zhao)D. L. Fu similis, sed floribus solitariis terminatis. tepalis 9 in quoque flore, floribus 4-formis:①tepalis 9 extus 3 membranaceis sepaliodeis flavovirentibus caducis;②tepalis 9 extus 3 carnosis sepaliodeis persistentibus multiformibus extus apice carneis vel purple-rubris nitidis extus infra medium atro-purple-rubris intus purpurascentirubris;③tepalis 9 extus 3 petaloideis carnosis longitudine ca. 2/3 intus tepalorum partem aequantibus, formibus et coloribus aeque intus tepalis;④tepalis 9 petaloideis apice obtusis vel obtusis cum acumine in medio latissimis extus supar medium purparascenti-rubris costis et nervis atro-purple-rubris extus infra medium atro-purple-rubris intus carneis, nervis manifeste depressionibus supra rugatis, antheris et filamentis atro-prurple-rubris;stylis stigmatibusque purpurascenti-rubris.

Arbor decidua. cortex cinerceo-brunnei levigati. Ramuli hornotini viridia glabri, lenticellis ellipticis albis elevatis ruris, cicatricibus stipulis. Yulania-alabastra solitaria terminata ovoidea 1.5～2.0 cm longa diam. 7～13 mm apice obtusa cum acumine, peruli-stipulis 3～4, extus dense villosis cinere-brunneis. Folia ovata rare elliptica 9.0～1.50 cm longa 3.5～5.5 cm lata supra atro-viridia nitida, costis et nervis lateralibus initio sparse pubescentibus post glabris subtus pallide viridia costis et nervis lateralibus dense pubescentibus, apice acuta vel acuminata, basi cuneata margine integra interdum undulati-integra ciliata;petioli 1.5～2.0 cm longi. Flores ante folia aperti, diam 12～15 cm;tepala 9 in quoque folre, 4 formae;①tepala 9 extus 3 sepaliodeas membranacea triangula vel longe triangula 5～15 mm longa 3～5 mm lata flavo-viridula caduca, apice acuta vel acuminata intus petaloidea aeque;

②tepala 9 extus 3 sepaliodeas carnosa multiformia 1~1.5 cm longa;③tepala 9 extus 3 petaloidea 2.5~3.5 cm longa 1.2~2.5 lata,ea longitudine ca. 2/3 intus tepalorum partem aequantibus,formibus et coloribus aeque intus tepalis;④tepala 9 petaloidea spathuli-oblonga vel spathuli-lati ovata 5.5~9.0 cm longa 2.5~4.5 cm lata,apice obtusa vel obtusa cum acumine,prope apicem latissima,extus supra medium purpurascenti-rubra nerviis atro-purple-rubris,infra medium atro-purple-rubra intus carnea nervis valde depressionibus rugosis. stamina numerosa 1.2~1.5 cm longa,antheris 9~11 mm longis,doraliter purpurascenti-rubris,thecis lateraliter longitudinali-dehiscentibus,connectivis apice trianguste mucronatis 1~1.5 mm longis filamentis subovatis 2.5~3.0 mm longis atro-purple-rubris;disjuncte simplici-pistillis numerosis flavo-virentibus,stylis stigmatibusque minute purpurascenti-ruberis,stylis minute involutis.

Henan:Mt. Jigongshan. 24-02-1999. T. B. Zhao et Z. X. Chen, No. 992241(flos, holotypus hic disignatus,HNAC). Jigongshan. 18-07-1999. T. B. Zhao,No. 997181(folia).

落叶乔木;树皮灰褐色,光滑。小枝绿色,无毛;皮孔椭圆形,白色,隆起明显,稀少,具托叶痕。玉蕾单生枝顶,卵球状,长1.5~2.3 cm,径7~13 mm;芽鳞状托叶3~4枚,外面密被灰褐色长柔毛。叶卵圆形,稀椭圆形,长9.0~15.0 cm,宽3.5~5.0 cm,表面绿色,具光泽,沿主脉和侧脉初被疏短柔毛,后无毛,背面淡绿色,沿脉密被短柔毛,先端急尖,或渐尖,基部楔形,边缘全缘,有时波状全缘,被缘毛;叶柄长1.5~2.0 cm。花先叶开放,径12.0~15.0 cm;单花具花被片9枚,有4种类型:①花被片9枚,外轮花被片3枚,萼状,膜质,三角形,或长三角形,长5~15 mm,宽3~5 mm,淡黄绿色,早落,先端急尖,或渐尖,内轮花被片花瓣状,其他与④种花相同;②花被片9枚,外轮花被片3枚,萼状,多形状,肉质,长1.0~1.5 cm,0.5~1.2 cm,紫红色、浓紫红色,或浅紫红色,内轮花被片花瓣状,其他与④种花相同;③花被片9枚,外轮花被片3枚,花瓣状,长2.5~3.4 cm,宽1.2~2.5 cm,其长度约为内轮花被片长度的2/3,形状和颜色与内轮花被片相同;④花被片9枚,花瓣状,匙-长圆形,或匙-宽卵圆形,长5.5~

9.0 cm,宽2.5~4.5 cm,上部最宽,先端钝圆或尖,外面中部以上浅紫红色,具明显的浓紫红色脉纹,中部以下浓紫红色,具光泽,内面肉色,脉纹明显下陷,多皱纹;雄蕊多数,长1.2~1.5 cm,花药长9~11 mm,背面具浅紫红色晕,药室侧向长纵裂,药隔先端具长1~1.5 mm的三角状尖头,花丝长2.5~3.0 mm,近卵球状,浓紫红色;离生单雌蕊多数,淡黄绿色,花柱和柱头微紫红色晕,花柱微内卷。

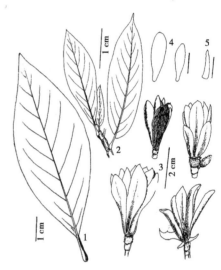

图2 大别玉兰Yulania dabieshanensis T. B. Zhao, Z. X. Chen et H. T. Dai
1.叶,2.短枝、叶,3. 4种花型,4.花被片,
5.萼状花被片(陈志秀绘)

本新种与河南玉兰Yulania honanensis(B. C. Ding et T. B. Zhao) D. L. Fu et T. B. Zha。相似,但区别:花顶生。单花具花被片9枚;花有4种类型:①单花具花被片9枚,外轮花被片3枚,萼状,膜质,淡黄绿色,早落;②单花具花被片9枚,外轮花被片3枚,萼状,肉质,不落,多种形状,先端外面肉色,或紫红色,外面中部以下浓紫红色,内面浅紫红色;③单花具花被片9枚,外轮花被片3枚,花瓣状,肉质,其长度为内轮花被片长度的2/3左右,形状和颜色与内轮花被片相同;④单花具花被片9枚,花瓣状,先端钝圆,或钝尖,中部最宽,外面中部以上淡紫红色,有浓紫红色脉纹,外面中部以下浓紫红色,内面肉色,脉纹明显下陷,表面多皱纹;雄蕊花药和花丝深紫红色;花柱和柱头具微紫红色晕。

河南:鸡公山。1999年2月24日。赵天榜和陈志秀,No.992241(花)。模式标本,存河南农业大学。1999年7月18日。同地。赵天榜和戴慧堂,No.997181(枝、叶和玉蕾)。

罗田玉兰新分类群

赵天榜　陈志秀

（河南农业大学，郑州　450002）

亚种：

1. 罗田玉兰　原亚种

Yulania pilocarpa（Z. Z. Zhao et Z. W. Xie）
D. L. Fu subsp. pilocarpa

2. 肉萼罗田玉兰亚种　新亚种　图1

Yulania pilocarpa（Z. Z. Zhao et Z. W. Xie）
D. L. Fu subsp. carnosicalyx T. B. Zhao et Z. X.
Chen，subsp. nov. ，fig. 1

Subspecies Yulania pilocarpa（Z. Z. Zhao et
Z. W. Xie）D. L. Fu　similis，sed Yulani-alabas-
tris ad apicem. Floribus albis. tepalis 9~12 in quo-
que folre，exterius 3 sepaliodeia 8~13 mm longis ro-
tundatis，non aeguilongis，carnosis intra tepalis ma-
joribus supra minute sulcatis apice obtusis；stamina
antheris flavidi-alabis，filamentis atro-purpureis，
disjuncte simplici-pistillis glabris.

Arbor decidua. Ramuli rubri-brannei vel cine-
reo-brannei cylindrici pubescentes vel glabri，in ju-
veniles pubescentes. Folia chartacei late ovata，ob-
ovata vel longe ob-ovata 5.0~13.5 cm longa 4.0~
7.5 cm lata apice retusa mucronata basi cuneata su-
pra viridia costis basi frequenter pubescentibus，sub-
tus viridula sparse pubescentes margine integra；peti-
oli 1.0~2.0 cm longi pubescentes. Yulani-alabas-
tra terminata. Flores ante folia aperti. Tepala 9~12
in qouque flore 3 sepaliodeas 8~13 mm rotundatis
non aeguilongis，carnosis，intra tepalis majoribus
spathulati-eiilpticis vel spathulati-ovatis 5.0~9.0
cm longa 3.5~7.0 cm lata extus alba basi pallide
purpuple-rubri supra minute sulcatis apice obtusis；
stamina numerosa 8~13 mm longa，antheris flavidi-
alabis apice trianguste mucronatis filamentis atro-ru-
bris. Gynandria cylindrica ca. 2.5 cm longa，dis-
juncte simplici-pistillis numerosa，ovariis glabris，
stylis viridibus. Aggregati-folliculi non visi.

Henan；Zhengzhou City. 10-04-2011. T. B.
Zhao et Z. X. Chen，No. 20080070411（folia et Ag-
gregati-follicule，holotypus hic disignatus，HNAC）.

落叶乔木。小枝赤褐色，或灰褐色，圆柱状，被短柔毛，或无毛；幼枝被短柔毛。单叶，纸质，宽卵圆形、倒卵圆形，或长倒卵圆形，长 5.0~13.5 cm，宽 4.0~7.5 cm，先端短尖，基部楔形，表面绿色，主脉基部常被短柔毛，背面淡绿色，疏被短柔毛，边缘全缘；叶柄长 1.0~2.0 cm，被短柔毛。玉蕾卵球状，单生枝顶。花先叶开放。单花具花被片 9~12 枚，外轮花被片 3 枚，萼状，长 8~13 mm，圆形，或不规则形，肉质，内轮花被片较大，匙-椭圆形，或匙-卵圆形，长 5.0~9.0 cm，宽 3.5~7.0 cm，外面白色，基部带淡紫红色，表面有细沟纹，先端钝圆；雄蕊多数，长 8~13 mm，花药淡黄白色，药隔伸出呈短尖头，花丝深紫色；雌蕊群圆柱状，长约 2.5 cm；离生单雌蕊多数，子房无毛；花柱绿色。聚生蓇葖果不详。花期4月。

图1　肉萼罗田玉兰 Yulania pilocarpa
（Z. Z. Zhao et Z. W. Xie）D. L. Fu subsp.
carnosicalyx T. B. Zhao et Z. X. Chen
1.叶、枝和玉蕾；2.花；3.4.萼状花被片；
5.6.瓣状花被片；7.雌雄蕊群（陈志秀绘）。

本新亚种与罗田玉兰原亚种 Yulania pilocar-pa（Z. Z. Zhao et Z. W. Xie）D. L. Fu subsp pilo-carpa 近似，但区别：玉蕾卵球状，顶生。花白色。单花具花被片 9~12 枚，外轮花被片 3 枚，萼状，长 8~13 mm，圆形，或不规则形，肉质，内轮花被片表面有细沟纹，先端钝圆；雄蕊花药淡黄白色；离生单雌蕊子房无毛。

产地:河南郑州市。2007 年 4 月 10 日。赵天榜和陈志秀,No.200704109(花),模式标本,存河南农业大学。河南长垣县。2008 年 4 月 20 日,赵天榜 No.200704201(花)。河南许昌市。2011 年 9 月 10 日,赵天榜,No.201109101(枝叶和玉蕾)。

变种:

1.肉萼罗田玉兰 原变种

Yulania pilocarpa(Z. Z. Zhao et Z. W. Xie)D. L. Fu subsp. carnosicalyx T. B. Zhao et Z. X. Chen var. carnosicalyx.

2.紫红花肉萼罗田玉兰 新变种

Yulania pilocarpa(Z. Z. Zhao et Z. W. Xie)D. L. Fu subsp. purpule-rubra T. B. Zhao et Z. X. Chen var purpureo-rubra T. B. Zhao et Z. X. Chen,var. nov.

A typo recedit foliis ob-ovatis. floribus purpule-rubris. tepalis 9 in quoque flore,extus 3 calyciformibus carnosis purpureo-rubidis longis 1.0~1.5 cm.

Henan:Changyuan Xian. 07-04-2007. T. B. Zhao et Z. X. Chen, No. 200704075(flos,holotypus hic disignatus,HNAC).

本新变种与肉萼罗田玉兰原变种 Yulania pilocarpa(Z. Z. Zhao et Z. W. Xie)D. L. Fu subsp. carnosicalyx T. B. Zhao et Z. X. Chen var. carnosicalyx 区别:叶倒卵圆形。花紫红色。单花具花被片 9 枚,有萼、瓣之分,外轮花被片 3 枚,萼状,肉质,紫红色,长度 1.0~1.5 cm。

产地:河南。长垣县有栽培。2007 年 4 月 7 日。赵天榜和陈志秀,No.200704075(花)。模式标本,采自长垣县,存河南农业大学。

3.白花肉萼罗田玉兰 新变种

Yulania pilocarpa(Z. Z. Zhao et Z. W. Xie)D. L. Fu subsp. Alba T. B. Zhao et Z. X. Chen var alba T. B. Zhao et Z. X. Chen,var. nov.

A typo recedit foliis ob-ovatis. floribus albis. tepalis 9 in quoque flore,extus 3 calyciformibus carnosis vel inaequalibus albis longis et latis 1.0 cm,intus 6 petaloideis albis spathulati-oblongis;ovariis glabris.

Henan:Changyuan Xian. 07-04-2007. T. B. Zhao et Z. X. Chen,No. 200704078(flos,holotypus hic disignatus,HNAC).

本新变种与肉萼罗田玉兰原变种 Yulania pi-

locarpa(Z. Z. Zhao et Z. W. Xie)D. L. Fu subsp. carnosicalyx T. B. Zhao et Z. X. Chen var. carnosicalyx 区别:叶倒卵圆形。花白色。单花具花被片 9 枚,外轮花被片 3 枚,萼状,肉质,圆形,或不规则形,白色,长度和宽度 1.0 cm,内轮花被片 6 枚,白色,匙状长圆形;子房无毛,基部两侧偏斜。

产地:河南。长垣县有栽培。2007 年 4 月 7 日。赵天榜和陈志秀,No.200704078(花)。模式标本,采自长垣县,存河南农业大学。

4.宽被罗田玉兰 新变种

Yulania pilocarpa(Z. Z. Zhao et Z. W. Xie)D. L. Fu var. latitepala T. B. Zhao et Z. X. Chen,var. nov.

A typo recedit floribus albis. tepalis 9 in quoque flore,extus 3 calyciformibus, intus petalioideis albis late spathuli-ovatis vel spathuli-rotundatia 4.5~5.0 cm longis et 3.0~4.0 cm latis.

Henan:Changyuan Xian. 02-04-2008. T. B. Zhao et Z. X. Chen,No.200804025(flos,holotypus hic disignatus,HNAC).

本新变种与罗田玉兰原变种 Yulania pilocarpa(Z. Z. Zhao et Z. W. Xie)D. L. Fu var. pilocarpa 区别:花白色。单花具花被片 9 枚,外轮花被片 3 枚,萼状,内轮花被片花瓣状,匙-卵圆形,或匙-圆形,长 4.5~5.0 cm,宽 3.0~4.0 cm。

产地:河南。长垣县。2008 年 4 月 2 日。赵天榜和陈志秀,No.200804025(花)。模式标本,采自鸡公山,存河南农业大学。

品种:

1.罗田玉兰 原品种

Yulania pilocarpa(Z. Z. Zhao et Z. W. Xie)D. L. Fu 'Pilocarpa'

2.'革叶'罗田玉兰 新品种

Yulania pilocarpa Z. Z. Zhao et Z. X. Chen 'Geye',cv. nov.

本新品种叶宽倒卵圆形,厚革质,先端最宽,基部宽楔形,或近圆形,侧脉 7~9 对,背面被较密短柔毛。单花具花被片 9 枚,稀 10 枚,内轮花被片 6 枚,匙-长圆形,浅黄白色,外面基部淡灰紫色。

产地:河南鸡公山。选育者:赵天榜和陈志秀。

3. '少脉'罗田玉兰 新品种

Yulania pilocarpa(Z. Z. Zhao et Z. W. Xie)
D. L. Fu 'Shuamai',cv. nov.

本新品种叶长倒三角形,稀倒卵圆形,侧脉5~6对,背面沿主脉及侧脉疏被弯曲长柔毛。单花具花被片9枚,内轮花被片6枚,外面中部以下亮淡粉红色或紫红色;雄蕊亮紫红色;雌蕊群基部密被白色环状长柔毛。

河南:大别山区。信阳县。选育者:赵天榜和陈志秀。

4. '茸毛'罗田玉兰 新品种

Yulania pilocarpa(Z. Z. Zhao et Z. W. Xie)
D. L. Fu 'Rongmao',cv. nov.

本新品种叶纸质,倒卵圆形,背面密被弯曲茸毛,基部两侧偏斜。玉蕾先端喙状。

安徽:怀宁县。选育者:傅大立。

5. '红基'罗田玉兰 新品种

Yulania pilocarpa(Z. Z. Zhao et Z. W. Xie)

D. L. Fu 'Hongji',cv. nov.

本新品种单花具花被片9枚,外轮花被片3枚,萼状,三角形,长1.5~1.5 cm,宽5~10 mm,不早落,内轮花被片花瓣状,宽匙-卵圆形,或匙-圆形,长7.0~8.0 cm,宽5.0~6.0 cm,白色,外面基部红色,先端钝圆,近基部楔形,基部具长3~4 mm、宽3~4 mm 爪;花药淡黄白色,微有淡红色晕,花丝紫红色;离生单雌蕊花柱淡紫色。

产地:河南。鸡公山。选育者:戴慧堂。

6. '粉花'罗田玉兰 新品种

Yulania pilocarpa(Z. Z. Zhao et Z. W. Xie)
D. L. Fu 'Fenhua',cv. nov.

本新品种单花具花被片9枚,外轮花被片3枚,萼状,肉质,不规则形,内轮花被片花瓣状,宽匙-卵圆形,内面白色,外面淡粉色。

产地:河南。长垣县有栽培。选育者:赵天榜和陈志秀。

鸡公玉兰一新亚种

赵天榜 陈志秀

(河南农业大学,郑州 450002)

1. 白花鸡公玉兰 新亚种

Yulania jigongshanensis(T. B. Zhao, D. L. Fu et W. B. Sun)D. L. Fu subsp. Alba T. B. Zhao,Z. X. Chen et L. H. Song,subsp. nov.

Subspecies Yulania jigongshanensis(T. B. Zhao,D. L. Fu et W. B. Sun)D. L. Fu subsp. Jigongshanensis similis, sed Foliis:①obovatis supra medium latissimis apice obtusis cum acumine vel accisis basi cuneatis;②obtriangulariis apice obtusis cum acumine infra medium anguste cuneatis;③rotundatis apice obtusis cum acumine vel retusis basi rotundatis;④foliis valde variis apice obtusis,obtusis cum acumine,accisis vel mucronatis basi late cuneatis vel subrotundatis. Yulani-alabastris terminatis ovoideis peruli-stipulis 4~5,extus dense villosis fulvi-brunneis. tepalis 9 in quoque folre,exterius 3 sepaliodeia 1.0~1.3 cm longis 3~5 mm,albis membranaceis lanceatis,intus 6 petaloideis late spathulati-ovatis 7.0~9.0 cm longis 4.0~5.0 cm latis apice obtusis albis,vel obtusis cum acumine plerumque involutis albis extus infra medium laete arto-purple-rubris saepe 4~5-nervis apicem;disjuncte simplici-pistillis glabris.

Henan:Zhengzhou city. 2013-03-15. T. B. Zhao et Z. X. Chen, No. 201303155(flos, holotypus hic disignatus,HNAC). ibid. T. B. Zhao et al. ,No. 201306233.

本新亚种与鸡公玉兰原亚种 Yulania jigongshanensis(T. B. Zhao,D. L. Fu et W. B. Sun)D. L. Fu subsp. jigongshanensis 的主要区别:叶形有:①倒卵圆形,中部以上最宽,先端钝圆,或凹缺,基部楔形;②倒三角形,先端钝尖,中部以下渐狭呈狭楔形;③近圆形,先端钝尖,或微凹,基部圆形;④不规则圆形,先端钝圆、钝尖、凹缺,或具短尖头,基部宽楔形,或近圆形。玉蕾顶生枝端,卵球状,通常具4~5枚芽鳞状托叶,其外面密被黄褐色长柔毛。单花具花被片9枚,外轮花被片3枚,萼状,长1.0~1.3 cm,宽3~5 mm,白色,膜质,披针形,内轮花被片 6 枚,花瓣状,宽匙-卵圆形,长 7.0~9.0 cm,宽 4.0~5.0 cm,先端钝圆,白色;离生单雌蕊子房无毛。缩台枝和花梗密被长柔毛。花期 3 月下旬。

产地:河南。郑州市有栽培。赵天榜和陈志秀,No. 201303155(花)。模式标本,存河南农业大学。

腋花玉兰形态特征补充描述与一新品种

赵天榜　　陈志秀

(河南农业大学,郑州　450002)

1. 腋花玉兰(河南农业大学学报)　图 1

Yulania axilliflora(T. B. Zhao,T. X. Zhang et J. T. Gao)D. L. Fu,傅大立. 玉兰属的研究. 武汉植物学研究,19(3):198. 2001;丁宝章等. 中国木兰属植物腋花、总状花序的首次发现和新分类群. 河南农业大学学报,19(4):360. 照片 1.2. 1985。

Descr. Add. :Arbor decidua. Ramuli cinereo-brunnei,virelli-brunnei vel atro-purpuri nitidi glabri,in juventute viridibus vel flavo-virentibus pubescentibus post glabris. Yulani-alabastra axillares et terminata vel in ramulis ad apicem caespitulis, ovoideae 2. 1~3. 0 cm longa diam. 0. 8~1. 2 cm; peruli-stipulis extus flavidi-villosis. 2~4-Yulani-alabastra in quoque Yulani-alabastro, interdum 12-Yulani-alabastra racemi-cyme. Folia alternis,coriaceis vel chartacea longe elliptica rare longe oblongi-elliptica,oblongi-lanceata 8. 0~24. 0 cm longa 3. 0~ 10. 0 cm lata, apice mucronata rare acuminata basi rotunda margine supra atro-viridia nitida costis depressionibus, subtus costis consoicuo elevatis, ad costam et nervis lateralibus dense pubescentibus;folia in juventute purpurea nitida; petioli pubescentes. Flores ante folia aperti;tepala 9 in quoque flore,rare 9~14,extus 3 calyciformis magnitudinibus aequalibus,formis non similibus 1. 1~2. 4 cm longa 4. 5~7. 0 cm lata,intra 6 rare 7. 8,tepalis spathulati-ellipticis in medio angustis 4. 9~9. 0 cm longis 1. 6~3. 0 cm latis extus in medio et basin atro-purpureis, apice acuminata;Stamina persicina, filamentis purpureis,thecis longtudinali-dehiscentibus, connectivis apice trianguste mucrionatis;Gynoecia catpelligera cylindrica;ovariis disjuncte simplici-pistil-lis pallide flavo-albis glabris. Aggregati-folliculi longe cylindruli 15. 0~23. 0 cm longi; folliculis sphaeroideis supra cinerascentibus variolis.

Descr. Add. :Type,T. B. Zhao et al. (赵天榜等),No. 83816(HEAC)、83815.

落叶乔木。小枝灰褐色、绿褐色,或深紫色,具光泽,无毛;幼枝绿色,或淡黄绿色,初疏被短柔毛,后无毛。玉蕾腋生和顶生,或枝顶部簇生,卵球状,长 2.1~3.0 cm,径 0.8~1.2 cm;芽鳞状托叶外面被淡黄色长柔毛。每蕾内含 2~4 枚小玉蕾,有时多达 12 枚小玉蕾,构成总状聚伞花序,均能开花、结果,是玉兰属植物中极为特殊的类群之一。叶互生,革质,或纸质,长椭圆形,稀长圆状-椭圆形、长椭圆-披针形,长 8.0~24.0 cm,宽 3.0~ 10.0 cm,先端短尖,稀渐尖,基部圆形,稀楔形,边缘全缘,表面深绿色,具光泽,主脉凹入,背面主脉明显隆起,沿脉密被短柔毛,脉腋密被片状短柔毛;幼叶紫色,具光泽;叶柄被短柔毛。花先叶开放。单花具花被片 9 枚,稀 9~14 枚,外轮花被片 3 枚,萼状,大小不等,形状不同,长 1.1~2.4 cm,宽 4.5~7.0 mm,内轮花被片 6 枚,稀 7、8 枚,花瓣状,匙-椭圆形,中部狭窄,长 4.9~9.0 cm,宽 1.6~3.0 cm,先端钝圆,基部渐狭,外面中基部深紫色,先端长渐尖;雄蕊粉红色,花丝紫色,药室侧向纵裂,药隔先端具短尖头;雌蕊群圆柱状,离生单雌蕊子房浅黄绿色,无毛。聚生蓇葖果长圆柱状,长 15.0~23.0 cm,径 2.3~3.5 cm;蓇葖果球状,表面具灰色细疣点。花期 2~3 月;果熟期 9~10 月。

用途:本种玉蕾入中药,称"河南辛夷",是优良的经济林、水土保持林和绿化观赏良种。腋花玉兰也是玉兰属植物中特殊种群中 1 种。它具有花顶生、腋生和簇生兼备,蕾内含 2~4(~12)枚小玉蕾构成总状聚伞花序的特性,在研究玉兰属植

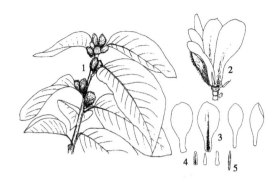

图 1　腋花玉兰 Yulania axilliflora
(T. B. Zhao, T. X. Zhang et J. T. Gao(D. L. Fu)
1. 叶、枝和玉蕾;2. 花;
3、4. 花被片;5. 雄蕊(陈志秀绘)。

物花从顶生花→腋生花→簇生花→聚伞花序的进化理论、物种形成及变异理论方面具有重要的意义。同时,亦是"河南辛夷"的优质、高产和观赏良种。据傅大立等测定,玉蕾挥发油中含有桉叶

油醇(eucalyptol)35.50%、金合欢醇(farneso)3.43%等,很有开发利用前景。

产地:本种产于河南。赵天榜等,83816。模式标本,采自河南南召县,存河南农业大学。

品种:

1. '簇蕾'腋花玉兰　新品种

Yulania axilliflora(T. B. Zhao,T. X. Zhang et J. T. Gao)D. L. Fu 'Culei',cv. nov.

本新品种玉蕾顶生,宽卵球状,灰褐色,先端钝圆;每蕾内通常具4~6个小玉蕾。单花具花被片9枚,外轮花被片2~3枚,萼状,小,披针形,内轮花被片较大,花瓣状,长5.5~6.3 cm,宽2.0~2.5 cm,长椭圆形,或长椭圆-履形,先端圆,内面浅黄白色,外面基部淡紫色。

产地:本品种产于河南南召县。选育者:赵天榜、高聚堂、任云和。

舞钢玉兰两新亚种、三新变种与五新品种

赵天榜　陈志秀

(河南农业大学,郑州　450002)

亚种:

1. 毛舞钢玉兰　新亚种

Yulania wugangensis(T. B. Zhao,W. B. Sun et Z. X. Chen)D. L. Fu subsp. pubescens T. B. Zhao et Z. X. Chen,subsp. nov.

Subspecies Yulania wugangensi(T. B. Zhao, W. B. Sun et Z. X. Chen)D. L. Fu affinis, Yulania-alabastris solitariis terminaticus. Floribus 2 formis:① longe conoidei-ellipsoideis,② ovoideis. floribus 2 formis:①tepalis 9 in quoque flore, petaloideis extus infra medium pallide carneis,②tepalis 9 in quoque flore,petaloideis extus 1~3 anguste lanceolatis albis;simplici-pistillis ovariis dense pubescentibus.

Henan:Zhengzhou City. 28-03-2012. T. B. Zhao et Z. X. Chen,No. 201203285(flos,holotypus hic disignatus,HNAC).

本新亚种与舞钢玉兰原亚种 Yulania wugangensis(T. B. Zhao,Z. X. Chen et W. B. Sun)D. L. Fu subsp. wugangensis 区别:玉蕾单生枝顶。

花有2种类型:①单花具花被片9枚,花瓣状,外面中部以下淡粉红色;②单花具花被片7~9枚,花瓣状,外轮花被片1~3枚,披针形,白色;离生单雌蕊子房密被短柔毛。

河南:郑州市有栽培。2012年3月28日,赵天榜和陈志秀,No. 201203285(花)。模式标本,存河南农业大学。

2. 多变舞钢玉兰　新亚种

Yulania wugangensis(T. B. Zhao,W. B. Sun et Z. X. Chen)D. L. Fu subsp. varians T. B. Zhao et Z. X. Chen, subsp. nov.

Subspecies Yulania wugangensi(T. B. Zhao, W. B. Sun et Z. X. Chen)D. L. Fu affinis, Yulani-alabastris solitariis terminaticus. Floribus multiformis:tepalis 9 in quoque flore, extus basi purplerubris, extus 3 multivarintibus lanceolatis non aequilongis;simplici-pistillis ovariis glabis.

Henan:Zhengzhou City. 12-04-2010. T. B. Zhao et Z. X. Chen, No. 20100413(flores,holotypus hic disignatus,HNAC).

本新亚种与舞钢玉兰原亚种 Yulania wugangensis(T. B. Zhao,W. B. Sun et Z. X. Chen)D. L. Fu subsp. wugangensis 区别:玉蕾单生枝顶。花型多变:单花具花被片 9 枚,白色,外面基部紫红色,外轮花被片 3 枚,多变,披针形,长短不等,淡黄绿色;离生单雌蕊子房无毛。

河南:郑州市有栽培。2010 年 4 月 12 日。赵天榜和陈志秀,No. 201004123(花)。模式标本,存河南农业大学。

变种:

1. 多油舞钢玉兰　新变种

Yulania wugangensis(T. B. Zhao,W. B. Sun et Z. X. Chen)D. L. Fu var. duoyou T. B. Zhao, Z. X. Chen et D. X. Zhao,var. nov.

A var. recedit Yulani-alabastris terminatricis, axillarybus et caespitosis. Florentibus facile laesis frigidis. volatili-oleis continentibus 10. 0% in Yulani-alabastris.

Henan:Changyuan Xian. 10- 04- 2007. T. B. Zhao et D. X. Zhao, No. 200704106(Yulania-alabastra,holotypus hic disignatus HNAC).

本新变种与舞钢玉兰原变种 Yulania wugangensis(T. B. Zhao,W. B. Sun et Z. X. Chen)D. L. Fu var. wugangensis 的区别:玉蕾顶生、腋生和簇生,2 种花型。花初开时,容易遭受早春寒流危害。玉蕾挥发油含量 10. 0%,是玉兰属植物玉蕾中挥发油含量最高的一种,很有开发利用前景。

河南:长垣县。2007 年 4 月 10 日。赵天榜和赵东欣,No. 200704106(玉蕾)。模式标本,采自长垣县,存河南农业大学。

2. 三型花舞钢玉兰　新变种

Yulania wugangensis(T. B. Zhao,W. B. Sun et Z. X. Chen)D. L. Fu var. triforma T. B. Zhao et Z. X. Chen,var. nov.

A var. recedit floribus,3-formis:①tepalis 6 in quoque flore,extus 3 sepaliodeis carnosis inordinatis intus 6 petaloideis late spathuli-ovatis albis;②tepulis 9 in quoque flore,petalioideis late elliptici-ovatis albis apice obtusis cum acumine extus basi in medio minime subroseis;③tepulis 9 in quoque flore,petalioideis late elliptici-ovatis albis apice obtusis cum acumine.

Henan:Changyuan Xian. 10-04-2007. T. B.

Zhao et Z. X. Chen,No. 200704108(flores,holotypus hic disignatus,HNAC).

本新变种与舞钢玉兰原变种 Yulania wugangensis(T. B. Zhao,Z. X. Chen et W. B. Sun)D. L. Fu var. wugangensis 的区别:3 种花型:①单花具花被片 9 枚,外轮花被片 3 枚,萼状,肉质,不规则形,内轮花被片 6 枚,花瓣状,白色,宽匙-卵圆形;②单花具花被片 9 枚,花瓣状,宽匙-卵圆形,白色,先端钝圆,外面基部中间微有淡粉红色晕;③单花具花被片 12 枚,花瓣状,宽匙-卵圆形,白色,先端钝圆。

河南:长垣县。2007 年 4 月 10 日。赵天榜和陈志秀,No. 200704108(花)。模式标本,采自长垣县,存河南农业大学。

3. 紫花舞钢玉兰　新变种

Yulania wugangensis(T. B. Zhao,W. B. Sun et Z. X. Chen)D. L. Fu var. purpurea T. B. Zhao et Z. X. Chen,var. nov.

A typo recedit floribus dichroantnis:①tepalis 9 in quoque flore,extus 3 lancedatis membranaleis sepaliodeis,purpurascentibus 1. 2~1. 7 cm longis,intus 6 rare 7 petalioideis anguste ellipticis purpurascentibas extus infra medium atro-purpureis intus pallidi-purpureis vel purpureis;②tepulis 9 rare 8 in quoque flore,petalioideis anguste ellipticis pallidi-purpureis vel purpureis. Staminis,filamentis et stylis purpurascentibus.

Henan:Xinyang Xian. 25-04-1994. T. B. Zhao et Z. X. Chen,No. 944251(flos,holotypus hic disignatus,HNAC).

本新变种与舞钢玉兰原变种 Yulania wugangensis(T. B. Zhao,W. B. Sun et Z. X. Chen)D. L. Fu var. wugangensis 区别:单花具花被片 9 枚;花 2 种类型:①单花具花被片 9 枚,外轮花被片 3 枚,膜质,萼状,淡紫色,或紫色,披针形,长 1. 2~1. 7 cm,宽 2~3. 5 mm,内轮花被片 6 枚,稀 7 枚,花瓣状,狭椭圆形,淡紫色,外面中部以下深紫色,内面淡紫色;②单花具花被片 9 枚,稀 8 枚,花瓣状,狭椭圆形,淡紫色,或紫色。两种花型的雄蕊、花丝和花柱淡紫色。

河南:信阳县。1994 年 4 月 25 日。赵天榜和陈志秀,No. 944251(花)。模式标本,存河南农业大学。

品种：

1.'粉红'舞钢玉兰 新品种

Yulania wugangensis(T. B. Zhao,W. B. Sun et Z. X. Chen)D. L. Fu 'Weifen',cv. nov.

本新品种单花花瓣状,匙-宽卵圆形,外面被水粉色晕,先端钝圆,中部以下粉红色,内面乳白色。

河南：长垣县有栽培。选育者：赵天榜、赵杰等。

2.'多被'舞钢玉兰 新品种

Yulania wugangensis(T. B. Zhao,W. B. Sun et Z. X. Chen)D. L. Fu 'Duobei',cv. nov.

本新品种单花具花被片 16 枚,花瓣状,匙-宽卵圆形,外面被水粉色晕,先端钝圆,中部以下粉红色,内面乳白色。

河南：长垣县有栽培。选育者：赵天榜、赵杰等。

注：'多被'玉兰发表在赵天榜、田国行等主编的《世界玉兰属植物资源与开发利用》一书 311 页。

3.'多变'舞钢玉兰 新品种

Yulania wugangensis(T. B. Zhao,W. B. Sun et Z. X. Chen)D. L. Fu 'Varians',cv. nov.

本新品种叶大型,倒卵圆形。单花具花被片 9 枚,外轮花被片长短不齐,常扭曲,内轮花被片长椭圆形,上部白色,中部以下淡黄绿色,中间亮紫红色。

产地：本品种产于河南。河南郑州市有栽培。选育者：赵天榜和陈志秀。

4.毛舞钢玉兰 新品种

Yulania wugangensis(T. B. Zhao,W. B. Sun et Z. X. Chen)D. L. Fu 'Varians',cv. nov.

本品种玉蕾单生枝顶。花有 2 种类型：①单花具花被片 9 枚,花瓣状,外面中部以下淡粉红色；②单花具花被片 6 枚,花瓣状,外轮花被片 1~3 枚,披针形,白色,离生单雌蕊子房密被短柔毛。

产地：本品种产于河南。河南郑州市有栽培。选育者：赵天榜和陈志秀。

5.'肉萼'舞钢玉兰 新品种

Yulania wugangensis(T. B. Zhao,W. B. Sun et Z. X. Chen)D. L. Fu 'Rou È',cv. nov.

本新品种单花具花被片 9 枚,外轮花被片 1~3 枚,萼状,小,白色,或粉色,肉质。

产地：河南。郑州市有栽培。选育者：赵天榜、陈志秀。

两型玉兰三新品种

赵天榜　陈志秀

（河南农业大学,郑州　450002）

1.'淡紫'两型玉兰 新品种

Yulania denudata(Desr.)D. L. Fu 'Danzi',cv. nov.

本新品种与两型玉兰的主要区别：瓣状花被片外面淡粉色。

产地：河南郑州市。选育者：赵天榜和陈志秀。

2.'水粉'两型玉兰 新品种

Yulania denudata(Desr.)D. L. Fu 'Shuǐ fen',cv. nov.

本新品种与两型玉兰的主要区别：瓣状花被片外面上部白色,中、基部水粉色,主脉水粉色,直达先端。

产地：河南郑州市。选育者：赵天榜和陈志秀。

3.'狭被'两型玉兰 新品种

Yulania denudata(Desr.)D. L. Fu 'Xiabei',cv. nov.

本新品种与两型花玉兰的主要区别：单花具花被片 9 枚,花被片外面上部白色。

产地：河南郑州市。选育者：赵天榜和陈志秀。

多型叶玉兰新种及一新变种

赵天榜　陈志秀

(河南农业大学,郑州　450002)

1. 多型叶玉兰　新种　图1

Yulania multiformis T. B. Zhao, Z. X. Chen et J. Zhao, sp. nov. , fig. 1

Species Yulania cyliadrica (Wils.) D. L. Fu similis, sed foliis multiformibus: ob-ovatis, ovoideis, ovati - ellipicis, ellipicis, subobtriangustatis, supra viridiis glabris subtus cinerei-viridulis dense guttulis cinereis spasre pubeseentes costis et nervis lateralibus pubescentibus densioribus; foliis ellipticis in longe ramulis, apice saepe dimidiis obtusa alii-dimidiis tri-angustatis, foliis juvenilibus atro-purpureis. Floribus 2-formis: ①tepalis 9 extus 3 sepaliodeis, intus 6 petaloideis basi truncatis; staminibus numerosis, thecis extus et apice pallide flavidi-albis; ②tepalis 11 ~ 12 petaloildeis intus 3 anguste lanceolatis arcuatis involutis. staminibus thecis extus et apice pallide susroseis.

Arbor decidua. Ramuli cinerei-brunnei in juventure flavo-virentes dense pubescentes post glabri. Folia chartacea, multi-typi: ①ob-ovata 9.0 ~ 12.0 cm longa et 3.0~5.0 cm lata supra viridia saepe glabra, subtus pallide viridia dense guttula cinerea sparse pubescentibus costis et nervis lateralibus conspicue elevatis sparse villosis, nervis lateralibus 5~6-jugis, apice saepe dimidiis obtusa alii-dimidiis triangustatis basi cuneata margine integra, in juventute dense pubescentes post glabra; petioli 1.0~2.0 cm longi flavo-virentes primo dense pubescentes post glabri vel persistentes; ②ovoidea parva 1.2 ~ 1.5 cm longa et 1.0~1.2 cm tala apice obtusa; ③ovati-ellipica, saepe dimidiis ellipica alii-dimidiis rotundata basi rotundata margine integra; ④ellipica apice bipartita, bilobis half-ovatis apice obtusis; ⑤subobtriangustata apice bipartita bilobis longe triangustata, 1 magnis, 1 parvis, lobis folium 1/2 longis subaequantibus, basi cuneata. Yulani-alabastra solitaria terminata, ellipsoidea 2.3~3.0 cm longa diam.

1.3 ~ 1.6 cm apice obtusa; primus peruli-stipulis extus dense cinerei-brunneis pubescentibus; secundus~tertius extus dense cinerei-albis villosis, interdum minime foliolis; spathacei-stipulis cinerei-fusci-brunneis extus laxe cinereis villosis. Yulani-alabastra 2-formae. Flores terminatrici, ante folia aperti. 2-flori-formae: ①tepala 9 extus 3 sepaliodeia membranacea lanceolata deciduas 8~12 mm longa et 2~3 mm lata intus 6 petaloidea spathuli-elliptica vel spathuli-rotundata 6.0 ~ 10.0 cm longa et 3.5 ~ 4.5 cm lata alba apice obtusa basi cuneata margine integra extus basi pallide persicina; Stamina numerosa 8~15 mm longa pallide flavidi-alba filamentis 2~3 mm longis purpureo-rubrubris; Gynoecia carplligera cylindrica pallide virida 2.0 ~ 2.5 cm longa; disjuncte simplici-pistillis numerosis stylis et stigmatibuis minine subroseis. ②tepalis 11 ~ 12 petaloildea intus verticillis spathuli-elliptica vel spathuli-subrotundata 6.0 ~ 10.0 cm longa et 3.5 ~ 4.5 cm lata apice obtusa vel obtusa cum acumine intus verticillis anguste lanceolata 3.0~7.0 cm et 1.2~1.5 cm lata arcuata involuta, apice triangusta basi unguibus, alba extus basi in medio laete purpuratis. Stamina numerosa 8~12 mm longa pallide flavidi-alba filamentis atro-purpureis antheris dorsalibus et apice minine pallide subroseis trimucronatis; Gynoecia carplligera longe cylindrica pallide virida 2.2 ~ 2.5 cm longa; disjuncte simplici-pistillis numerosis, stylis et stigmatibuis viriduli-albis; Soutai-ramula flavidi-viridibus dense cinerei-albisis spasre pubeseentes. Aggregati-folliculi ovoidea 7.0 ~ 10.0 cm longi diam. 4.0 ~ 5.5 cm subroseis; folliculis subglobsis 8~11 mm longis, flavo-virentibus.

Shandong: Qingdao. Henan Xinzheng. 25-04-2008. T. B. Zhao et Z. X. Chen, No. 200804253 (fols, holotypus hic disignatus, HNAC). ibdim. 20-08-1997. T. B. Zhao et Z. X. Chen, No. 978201 (folia,Yulan-alabastrum et Aggregati-follicule).

落叶乔木。小枝灰褐色;幼枝浅黄绿色,密被短柔毛,后无毛。叶纸质,多种类型:①倒卵圆形,长9.0~12.0 cm,宽3.0~5.0 cm,表面绿色,通常无毛,背面淡绿色,密被灰色油点,疏被短柔毛,主脉和侧脉明显隆起,沿脉疏被长柔毛,侧脉5~6对,先端通常1侧钝圆,另1侧三角形,基部楔形,边缘全缘;幼叶密被短柔毛,后脱落;叶柄长1.0~2.0 cm,浅黄绿色,初密被短柔毛,后无毛,基部楔形;②近圆形,长5.0~7.0 cm,先端钝圆,基部圆形;③卵圆-椭圆形,即1侧半圆形,另1侧半椭圆形,长9.0~12.0 cm,基部圆形;④椭圆形,先端2深裂,2裂片先端钝圆;⑤近倒三角形,先端2深裂,裂片长三角形,先端2深裂,裂片三角形,1大,1小,近等于叶片1/2长度,基部楔形。玉蕾单生枝顶,椭圆体状,长2.3~3.0 cm,径1.3~1.6 cm,先端钝圆;第1枚芽鳞状托叶外面密被灰黑色短柔毛;第2~3枚芽鳞状托叶外面密被灰色长柔毛,或灰白色长柔毛,有时具极小的小叶;佛焰苞状托叶灰棕褐色,外面疏被灰色长柔毛。花顶生,先叶开放。2种花型:①单花具花被片9枚,外轮花被片3枚,萼状,膜质,披针形,长8~12 mm,宽2~3 mm,内轮花被片6枚,花瓣状,匙-椭圆形,或匙-卵圆形,长4.0~4.5 cm,宽3.5~4.5 cm,先端钝圆,基部楔形,边缘全缘,基部外面具淡粉红色;雄蕊多数,长8~15 mm,淡黄白色,花丝长2~3 mm,紫红色;雌蕊群长圆柱形,淡绿色,长2.0~2.5 cm;离生单雌蕊多数,花柱和柱头微被粉红色。②单花具花被片11~12枚,花瓣状,外轮花被片匙-椭圆形,或匙-近圆形,长6.0~10.0 cm,宽3.5~4.5 cm,白色,先端钝圆,或钝尖,内轮花被片3枚,狭披针形,长3.0~7.0 cm,宽1.2~1.5 cm,向内卷曲呈弓形,先端三角形,基部具爪,白色,外面基部中间亮紫色;雄蕊多数,长8~13 mm,淡黄白色,花丝浓紫红色,花药背面及先端微被淡粉红色晕,具三角状短尖头。雌蕊群长圆柱状,淡绿色,长2.2~2.5 cm;离生单雌蕊多数,花柱和柱头淡绿白色。缩台枝和花梗淡黄绿色,密被灰白色短柔毛。聚生蓇葖果卵球状,长7.0~10.0 cm,径4.0~5.5 cm;蓇葖果近球状,长8~11 mm,浅黄绿色。花期4月,果熟期8~9月。

本新种与黄山玉兰原种 Yulania cylindrica (Wils.)D. L. Fu 相似,但区别:短枝叶形多种类型:倒卵圆形、卵圆形、椭圆形、近倒三角形、卵

圆-椭圆形等,表面绿色,无毛,背面灰绿色,密被灰色油点,疏被短柔毛,脉上较密。长枝叶倒卵圆形,先端通常1侧钝圆,另1侧三角形。幼叶暗紫色。2种花型:①单花具花被片9枚,外轮花被片3枚,萼状,内轮花被片6枚,花瓣状,基部截形;雄蕊花药淡黄白色。②单花具花被片11~12枚,花瓣状,内轮花被片3枚,披针形,内弯呈弓形;雄蕊花药背面和先端被淡粉色晕。

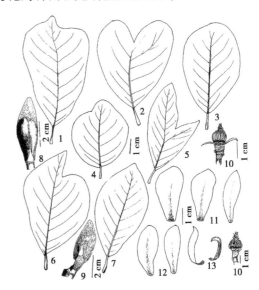

图1 多型叶玉兰 Yulania multiformis T. B. Zhao, Z. X. Chen et J. Zhao
1~7.叶;8.9.玉蕾;10.雌雄蕊群;11.花型Ⅰ花被片;12.13.花型Ⅱ花被片(陈志秀绘)。

产地:山东青岛。河南郑州有引栽。2008年4月25日。赵天榜和陈志秀,模式标本,No. 200208075(花),采自河南郑州市,存河南农业大学。山东青岛。1997年8月20日。赵天榜和陈志秀,No.978201(叶和玉蕾)。新郑市。2008年8月12日。赵天榜,No.2008121(叶,玉蕾和聚生蓇葖果)。

变种:

1. 白花多型叶玉兰 新变种
Yulania multiformis T. B. Zhao, Z. X. Chen et J. Zhao var. alba T. B. Zhao et Z. X. Chen, var. nov.

A var. recedit foliis ob-ovatis vel ellipticis, subtus dense guttula. Yulani-alabastris 2-formis. tepalis 6 vel 9 in quoque flore,2-formis:①tepalis 6 in quoque flore,extus 3 sepaliodeis,intus 6 petaloideis;②tepulis 9~10 in quoque flore,petalioideis elliptici-spathulatis apice obtusis vel obtusis cum acu-

435

mine basi cuneata. Petaloideis albis extus basi minine subroseis.

Henan: Jigongshan. 10 - 04 - 2001. T. B. Zhao et Z. X. Chen, No. 200104101 (fols, holotypus hic disignatus HNAC). ibdin. 10. -09 -2001. T. B. Zhao et Z. X. Chen, No. 200109103 (folia, Yulania-alabastrum).

本新变种与多型叶玉兰原变种 Yulania multiformis T. B. Zhao et Z. X. Chen var. multiformis 区别：叶卵圆形，或椭圆形，背面灰绿色，密被灰色油点。玉蕾 2 种类型。单花具花被片 9 枚，或

11~12 枚,2 种花型：①单花具花被片 9 枚，外轮花被片 3 枚，萼状，内轮花被片 6 枚，花瓣状；②单花具花被片 9~10 枚，花瓣状。花瓣状花被片白色，外面基部微被淡粉色晕。

产地：河南。鸡公山有引栽。2001 年 4 月 10 日。赵天榜和陈志秀，No. 200104101（花）。模式标本，采自河南鸡公山，存河南农业大学。同地。2001 年 9 月 10 日。赵天榜和陈志秀，No. 200109103（folia, Yulani-alabastrum et Aggregati-follicule）。

河南玉兰属两新变种

傅大立[1]　赵天榜[2]　赵杰[3]　赵东武[4]

（1. 中国林业科学研究院经济林研究开发中心，郑州　450003；2. 河南农业大学，郑州　450002；
3. 新郑市林业局，新郑　451150；4. 河南农大风景园林规划设计院，郑州　450002）

摘　要　发表河南玉兰属两新变种，即：1. 狭被望春玉兰(Yulania biondii(Pamp.)D. L. Fu var. angustitepala D. L. Fu,T. B. Zhao et D. W. Zhao,var. nov.；2. 椭圆叶罗田玉兰Y. pilocarpa Z. Z. Zhao et Z. W. Xie)D. L. Fu var. ellipticifolia D. L. Fu, T. B. Zhao et J. Zhao,var. nov.

关键词　玉兰属；狭被望春玉兰；椭圆叶罗田玉兰；新变种

近年来，作者在采集和整理河南玉兰属植物标本过程中，发现两新变种，报道如下。

1. 狭被望春玉兰　新变种

Yulania biondii(Pamp.)D. L. Fu[1-5] var. angustitepala D. L. Fu,T. B. Zhao et D. W. Zhao, var. nov. , Plate I：A,B.

A typo recedit foliis ellipticis apice obtusis cumacumine. tepalis 9 in quoque flore extus 3 sepaloideis caducis intus 6 lanceoiatis 5. 0~6. 5 cm longis 0. 8~1. 3（~1. 5 cm）latis albis extra prope basin minute purpurascentibus.

Henan：Mt. Dabieshan. Jigongshan. 20 -03 - 2001. T. B. Zhao, No. 200103201 (Hos, holotypushie disignatus, HEAC. ibid. 21 -09 -2002. T. B. Zhao, No. 200209211 (folia et peruli -alabastrum).

本新变种与望春玉兰原变种 Yulania biondii（Pamp.）D. L. Fu var. biondii 的主要区别为：叶椭圆形，先端钝圆而具尖头。单花具花被片 9 枚，外轮花被片 3 枚，萼状，早落，内 2 轮花被片 6 枚，披针形，长 5. 0~6. 5 cm，宽 0. 8~1. 3（~1. 5 cm），白色，外面近基部微有淡紫色晕。

河南：本新变种在大别山山区有分布。鸡公山有栽培。2001 年 3 月 20 日。赵天榜，No. 200103201（花）。模式标本存河南农业大学。同地。2002 年 9 月 21 日。赵天榜，No. 200209211（叶和玉蕾）。

2. 椭圆叶罗田玉兰　新变种

Yulania pilocarpa(Z. Z. Zhao et Z. W. Xie) D. L. Fu[4-6] var. ellipticifolia D. L. Fu, T. B. Zhao et J. Zhao,var. nov. ,Plate I：C,D.

A typo recedit ramulis gracilibus flexuosis densepubescentibus post glabris. Foliis parvis ellip-

---

基金项目：国家林业局基金项目"木兰科优良品种及无性繁殖技术引进"（项目编号：2003-4-19）。

第一作者简介：傅大立(1965 —)，男，博士，研究员，从事林木种质资源分类与遗传育种研究。

ticis rareob-triangulis subtus pubescentibus densioribus. Floribus parvis intra tepalia 6 petaloidibus albis 5.0～7.0 cm longis 2.0～3.2 cm latis.

　　Henan：Mt. Funiushan. Xinzheng City. 23-03-2002. T. B. Zhao et al.，No. 200203231（flos，holotypus hie disignatus，HEAC）；ibid. 21-09-2002. T. B. Zhao et al. ，No. 200209211（folia，ramulus et peruli-alabastrum）.

　　本新变种与罗田玉兰原变种 Yulania pilocarpa(Z. Z. Zhao et Z. W. Xie)D. L. Fu var. pilocarpa 的主要区别：小枝细，弯曲，密被短柔毛，后无毛。叶小，椭圆形，稀倒三角形，背面被较密的短柔毛。花小；内轮瓣状花被片 6 枚，白色，长 5.0～7.0 cm，宽 2.0～3.2 cm。

　　河南：伏牛山区有本新变种分布。新郑市有引栽。2002 年 3 月 23 日。赵天榜等，No. 200203231（花）。模式标本，存河南农业大学。

　　同地。2002 年 9 月 21 日。赵天榜等，No. 200209211（叶、枝和玉蕾）。

参考文献

[1] 傅大立.玉兰属的研究[J].武汉植物学研究,2001, 19(3):191-198.
[2] Spach E. Yulania Spach[J]. Hist Nat Vég. Phan, 1839,7:462.
[3] 中国科学院中国植物志编辑委员会.中国植物志:第 30 卷,第 1 分册[M].北京:科学出版社,1996:131-138.图版 34:1-10.
[4] Chen Bao Liang,H. P. Nooteboom. Notes on Magnoliaceae Ⅲ：The Magnoliaceae of China Ann Miss Bot Gard,1993,80(4):1023-1024.
[5] Pampanini R. Magnolia biorulii Pamp. in Nuov Giorn [J]. Bot Ital New series,1910,17:275.
[6] 赵中振,谢宗万,沈节. 药用辛夷一新种及一变种的名称[J]. 药学学报,1987,22(10):777-780.

滇藏玉兰一新亚种和两新品种群

赵天榜　　陈志秀

（河南农业大学,郑州　450002）

新亚种：

1. 两型花康定玉兰　新亚种
Yulania dawsoniana(Rehd. & Wils.) D. L. Fu subsp. dimorphiflora T. B. Zhao,J. T. Gao et W. X. Tian,subsp. nov.

Subspecies nov. Yulania dawsoniana(Rehd. & Wils.) D. L. Fu subsp. dawsoniana similis, sed corticibus atro-brunneis,pernitus dehiscentibus glebosis. tepalis 9～12(～15)in quoque flore,extus 3, lanceolatis,3.0～4.5 cm longis 3～5 mm latis. floribus 2-formis：①androeciis gynoeciem superantibus； ②androeciis gynoeciem aequantibus vel paulo brevibus. pediceli 4～5 mm dense pubescentibus albis, apicem circitet 1 villosis albis.

　　Henan：Nanzhao Xian. 2013-04-20. J. T. Gao et H. Huwang,No. 201304201(flos,holotypus hic disignatus,HNAC). ibid. J. T. Gao,No. 2014081411(folia et Yulani-alabastra).

　　本新亚种与康定玉兰原亚种 Yulania dawsoniana(Rehd. & Wils.) D. L. Fu subsp. dawsoniana 区别：树皮深褐色,深块状开裂。单花具花被片 9～12(～15)枚,外轮 3 枚披针形,长 3.0～4.5 cm,宽 3～5 mm；2 种花型：①雌蕊群显著高于雄蕊群；②雌蕊群与雄蕊群近等高,或略低于雄蕊群；花梗短,长 4～5 mm,密被白色短柔毛,顶端具 1 环状、白色密短柔毛。

　　产地：河南。南召县有分布。2013 年 4 月 20 日。田文晓和高聚堂,No. 201304201(花)。模式标本,存河南农业大学。

新品种群：

1. 白花滇藏玉兰品种群　新品种群
Yulania campbellii(Hppk. f. & Thoms.)D. L. Fu Alba Group,group nov.
　　本新品种群植物花白色。

2. 柔毛滇藏玉兰品种群　新品种群
Yulania campbellii(Hppk. f. & Thoms.)D. L. Fu Mollicomata Group,group nov.
　　本新品种群玉蕾伸长。花大型,灰白色；花梗密被黄色茸毛。

玉兰属两新种和一新亚种

赵天榜　　陈志秀

（河南农业大学，郑州　450002）

1. 华丽玉兰　新种　图1

Yulaniasuperba T. B. Zhao, Z. X. Chen et X. K. Li, sp. nov. , fig. 1

Species Yulania denudata（Desr.）D. L. Fu similis, sed foliis chartaceis diolutis supra medium latissimis supra ad costas dense pubescentibus. Yulani-alabastris terminatis. tepalis 8~9 in quoque flore, rare 1 linearibus, tepalis petaloideis albis; Gymoecis cum gymophoris 5~7 mm longis; gynoecis androecis manifeste elatis; disjuncte simplici-pistillis ovodeis minime pubescentibus; pedicellis dense villosia albis. Soutai-ramulis dense pubescentibus.

Arbor deciduas. Ramuli purpureo-brunnei nitidi. Folia obovata late ovata chartacea diolutia, 6.5~12.0 cm longa 4.6~7.0 cm lata apice obtusa brevter acuminata mucronatis triangulatis basi cuneata margine integra supra latissimis, supra viridia glrbra ad costas dense pubescentibus, subtus viriduli glabris, costis et nervis lateralibus manifeste elevates ad costas et nervos lateralibus sparse pubescentibus; petioli 2.0~2.3 cm longi supra pubesentes; stipulis membranacies flavo-albis caducis. Yulani-alabastra terminata ovoidea 1.5~2.2 cm longa diam. 1.2~1.7 cm, peruli-stipulis 4, extus primus tenuiter coriaceis nigri-brunneis dense villosis nigri-brunneis, manifeste petiolulis. Flores ante folia aperti. tepala 8~9 in quoque flore, rare 1 linearibus 1.5~2.5 cm longis ca. 5 mm latis, tepalis petaloideis spathulati-ovatis 6.5~8.0 cm longis 2.2~2.5 cm latis, apice obtusis cum acumine utrinque albis; stamina numerosa 1.2~1.5 cm longa thecis 10~13 mm longis dorrsaliter minime purpulrascentibus, filamentis 2 mm longis laete atro-purpuratis; Gynoecia cylindrica viriduli-alba 1.5~2.0 longa; disjuncte simpilici-pistillis numerosis, ovsriis ovoideis viriduli-albis minime pubescentibus, stylis 5~7 mm longis apice dorsaliter minime carneis; gynoeciis androeciem suprantibus; pediceli dense villo-si albi; Soutai-rumuli dense pubescentibus albis. Aggregati-folliculi cylindrici tortuosi 13.0~15.0 cm longi diam. 3.5~4.0 cm; folliculis ellipsoideis, globsis atro-brunneis supra manifeste guttis fructibus parvis, apice rostris; pedicelis fructibus dense villosis; Soutai-rumulis brunneis glabratis.

Henan: Zhengzhou City. 14-03-2014. T. B. Zhao et Z. X. Chen, No. 201403149（flos, holotypus hic disignatus, HNAC）. ibid. T. B. Zhao et Z. X. Chen, No. 201405201.

落叶乔木。小枝紫褐色，无毛，具光泽。叶倒卵圆形、宽卵圆形，薄纸质，长 6.5~12.0 cm，宽 4.6~7.0 cm，先端钝圆、短渐尖，或钝圆，具三角形短尖，基部楔形，边缘全缘，最宽处在叶的上部，表面绿色，无毛，沿主脉密被短柔毛，背面淡绿色，无毛，主脉和侧脉明显隆起，沿脉疏被短柔毛；叶柄长 2.0~2.3 cm，上面疏被短柔毛；托叶膜质，黄白色，早落。玉蕾顶生，长卵球状，长 1.5~2.2 cm，径 1.2~1.7 cm；芽鳞状托叶 4 枚，第 1 枚薄革质，外面黑褐色，密被黑褐色短柔毛，具明显的小叶柄。花先叶开放。单花具花被片 8~9 枚，稀 1 枚，条形，长 1.5~2.5 cm，宽约 5 mm，瓣状花被片匙-椭圆形，长 6.5~8.0 cm，宽 2.2~2.5 cm，先端钝尖，两面白色；雄蕊多数，长 1.2~1.5 cm，花药长 1.2~1.5 cm，药室长 10~13 mm，背部微有淡紫色晕，花丝长约 2 mm，亮浓紫红色；雌蕊群圆柱状，淡绿白色，长 1.5~2.0 cm，具长 5~7 mm 的雌蕊群柄，无毛，表面具钝纵棱与沟纹。离生单雌蕊多数，子房卵体状，淡绿白色，微被短柔毛，花柱长 5~7 mm，先端背部微有水粉色晕；雌蕊群显著高于雄蕊群；花梗密被白色长柔毛；缩台枝密被白色短柔毛。聚生蓇葖果长圆柱状、多弯曲，长 13.0~15.0 cm，径 3.5~4.0 cm；蓇葖果椭圆体状、球状，暗褐色；果点小，先端具喙；果梗密被柔毛；缩台枝褐色，近无毛。花期 4 月；果实成熟期 8 月。

本新种与玉兰 Yulania denudata（Desr.）D. L. Fu 相似，但区别：叶薄纸质，最宽处在叶的上部，表面沿主脉密被短柔毛。玉蕾顶生。单花具花被片 8~9 枚,稀 1 枚,条形,瓣状花被片白色;雌蕊群具长 5~7 mm 的雌蕊群柄;雌蕊群显著高于雄蕊群;离生单雌蕊子房微被短柔毛;花梗密被白色柔毛;缩台枝密被白色短柔毛。

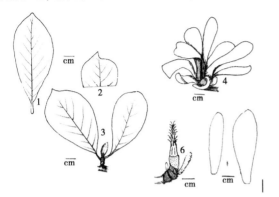

图 1　华丽玉兰 Yulania superba
T. B. Zhao, Z. X. Chen et X. K. Li
1. 枝、叶与玉蕾, 2~3. 花花被片,
4. 夏花外轮花被片, 5. 雌雄蕊群(陈志秀绘)。

产地:河南。郑州有栽培。2014 年 3 月 14 日。赵天榜和陈志秀, No. 201403149(花)。模式标本,存河南农业大学。2014 年 5 月 20 日。赵天榜和陈志秀, No. 201405201(枝、叶)。

2. 中州玉兰　新种　图 2

Yulania zhongzhou T. B. Zhao, Z. X. Chen et L. H. Sun, sp. nov., fig. 2

Species Yulania denudata(Desr.)D. L. Fu similis, sed foliis obovatis, subtus et costis sparse pubescentibus. floribus 2-formis:①tepalis 9 in quoque flore, androeciis gynoeciem superantibus;②tepalis 9 in quoque flore, androeciis gynoeciem aequantibus vel paulo brevibus. floribus 2-formis tepalis aequabitibus, extus 3 tepalis linearibus carnosis 1.5~4.0 cm longis rare 4.5 cm longis 5~10 mm latis, intus 6 tapalis longe spathuli-ellipticis ablis 5.0~6.0 cm longis 2.0~2.7 cm latis apice obtusis cum acumine;ovariis disjuncte simplici-pistillis sparse pubescentibus.

Arbor deciduas. Ramuli purpureo-brunnei, nitidi, infra medium sparse pubescentibus. Folia obovata chartacea, 10.0~15.0 cm longa 5.0~9.0 cm lata apice obtusa mucronatis triangulatis basi anguste cuneata rare cuneata margine integra sparse ciliatis insuper latissimis, supra viridia glrbra, subtus viridulis pubescentibus, costis et nervis lateralibus manifeste elevates ad costas et nervos lateralibus sparse pubescentibus;petioli 2.0~2.5 longi supra pubesen-

tes;stipulis membranacies flavo-albis caducis. Yulani-alabastra terminata long ovoidea 1.5~2.2 cm longa diam. 1.2~1.7 cm, peruli-stipulis 4, extus primus tenuiter coriaceis nigri-brunneis dense villosis nigri-brunneis, manifeste petiolulis. Flores ante folia aperti. floribus 2-formis:①tepalis 9 in quoque flore, androeciis gynoeciem superantibus;②tepalis 9 in quoque flore, androeciis gynoeciem aequantibus vel paulo brevibus. floribus 2-formis tepalis aequabitibus, extus 3 tepalis linearibus carnosis 1.5~4.0 cm longis rare 4.5 cm longis 5~10 mm latis, apice obtusis, intus 6 tapalis longe spathuli-ellipticis ablis 5.0~6.0 cm longis 2.0~2.7 cm latis apice obtusis cum acumine;stamina numerosa 1.2~1.5 cm longa thecis 10~13 mm longis dorsrsaliter minime purpulrascentibus, filamentis 2 mm longis laete atro-purpuratis;Gynoecia cylindrica viriduli-alba 1.5~2.0 cm longa;disjuncte simplici-pistillis numerosis, ovsriis ovoideis viriduli-albis sparse pubescentibus, stylis 5~7 mm longis;pediceli dense villosi albi;Soutai-rumuli dense villosi albi. Aggregati-folliculi cylindrici 1.5~2.0 cm longi diam. 3.5~4.0 cm;folliculis ovoideis, ellipsoideis, suturis dorsalibus manifestis, supra viridi-purpuratis, apice rostris;pedicelis fructibus et Soutai-rumulis grossis cinere-brunneis rare villosis vel glabratis.

Henan:Zhengzhou City. 14-04-2014. T. B. Zhao et Z. X. Chen, No. 201404141(flos, holotypus hic disignatus, HNAC). ibid. T. B. Zhao et Z. X. Chen, No. 201405101.

落叶乔木。小枝紫褐色,具光泽,中部以下疏被短柔毛,中部以下上密被短柔毛。叶倒卵圆形,纸质,10.0~15.0 cm,宽 5.0~9.0 cm,先端钝圆,具三角形短尖,基部狭楔形,稀楔形,边缘全缘,具稀疏缘毛,最宽处在叶片的上部,表面绿色,具光泽,无毛,背面淡绿色,疏被短柔毛,主脉明显隆起,沿脉疏被短柔毛;叶柄长 2.0~2.5 cm,上面疏被短柔毛;托叶膜质,黄白色,早落。玉蕾顶生,长卵球状,长 1.5~2.2 cm,径 1.2~1.7 cm;芽鳞状托叶 4 枚,第 1 枚薄革质,外面密被黑褐色、灰褐色长柔毛,具明显的小叶柄。花先叶开放。2 种花型:①单花具花被片 9 枚,雌蕊群显著高于雄蕊群;②单花具花被片 9 枚,雌蕊群与雄蕊群近等高,或雄蕊群稍低于雌蕊群。2 种花型花被片相似,外轮花被片 3 枚,条形,肉质,长 1.5~4.0 cm,稀长 4.5 cm,宽 5~10 mm,先端钝尖,内轮花被片 6 枚长狭匙状椭圆形,白色,长 5.0~6.0 cm,宽 2.2~2.7 cm,先端钝尖;雄蕊多数,花药长 1.2~1.5 cm,药室长 10~13 mm,背部微有淡紫色晕,花丝长 2 mm、深紫色;雌蕊群圆柱状,淡绿白色,长 1.5~2.0 cm;离生单雌蕊多数,子房绿白色,疏被短柔毛,花柱长 5~7 mm;花梗密被白色长柔毛;缩台枝密被白色短柔毛。聚生蓇葖果圆柱状,长 8.5~10.0 cm,径 3.5~4.0 cm;蓇葖果卵球状、椭圆体状,长 1.5~2.5 cm,径 1.2~1.7 cm,背缝线明显,表面绿紫色,先端具喙;果点小,明显果梗和缩台枝粗壮,灰褐色,疏被柔毛,或无毛。花期 4 月;果实成熟期 8 月。

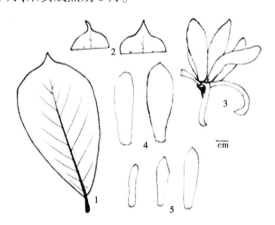

图 2　中州玉兰 Yulania zhongzhou
T. B. Zhao,Z. X. Chen et L. H. Sun
1. 枝、叶与玉蕾,2. 花,3. 花被片,
4. 雌雄蕊群,5. 雌蕊群柄(陈志秀绘)。

本新种与玉兰 Yulania denudata(Desr.)D. L. Fu 相似,但区别:叶倒卵圆形,背面及主脉疏被短柔毛。2 种花型:①单花具花被片 9 枚,雌蕊群显著高于雄蕊群;②单花具花被片 9 枚,雌蕊群与雄蕊群近等高,或雄蕊群稍低于雌蕊群。2 种花型花被片近相似,外轮花被片 3 枚,条形,肉质,长 1.5~4.0 cm,稀长 4.5 cm,宽 5~10 mm,内轮花被片 6 枚,花瓣状,长狭匙状椭圆形,白色,长 5.0~6.0 cm,宽 2.2~2.7 cm,先端钝尖;离生单雌蕊子房疏被短柔毛。

产地:河南。郑州有栽培。2014 年 4 月 14 日。赵天榜和陈志秀,No. 201404141(花)。模式标本,存河南农业大学。2014 年 5 月 10 日。赵天榜和陈志秀,No. 201405101(枝、叶)。

亚种:

2.1　两型花中州玉兰　新亚种

Yulania zhongzhou T. B. Zhao,Z. X. Chen et L. H. Sun subsp. dimorphiflora T. B. Zhao,Z. X. Chen et X. K. Li,subsp. nov.

Subspecies nov. 2 - floriformis:①tepalis 9 in quoque flore,albis—1 flore specie extus 3 linearibus carnosis;1 flore specie extus 3 tepalis. ②tepalis 6~11 in quoque flore,tepalis albis—1 flore specie 11 tepalis linearibus longis carnosis;1 flore specie 6 tepalis spathuli-ellipticis extus basi carneis dilutis .

Henan:Zhengzhou City. 16-04-2014. T. B. Zhao et Z. X. Chen,No. 201404164(flos,holotypus hic disignatus,HNAC). No. 201404165(flos hic disignatus,HNAC).

本新亚种花具 2 种花型:①单花具花被片 9 枚,白色——1 种花外轮花被片 3 枚,长条形,肉质;另 1 种花被片 9 枚状,花瓣状。②单花具花被片 6~11 枚,花瓣状,白色——1 种花花被片 11 枚,长条形,肉质;另 1 种花被片 6 枚,花瓣状,匙-椭圆形,白色,基部微有水粉色晕。

产地:河南。郑州有栽培。2014 年 4 月 16 日。赵天榜和陈志秀,No. 201404164(花)。模式标本,存河南农业大学。同地:2014 年 4 月 16 日。赵天榜和陈志秀,No. 201404165(花),存河南农业大学。

玉兰属一新种——华夏玉兰

赵天榜　　陈志秀

(河南农业大学,郑州　450002)

1. 华夏玉兰　新种　图 1

Yulania cathyana T. B. Zhao et Z. X. Chen,

sp. nov.,fig. 1

Species nov. 2-formis foliis:①ellipticis,②anguste ob-ovatis. hysteranthis Yulani-alabastris diolutis supra medium latissimis supra ad costas dense pubescentibus. Yulani-alabastris terminatis. 2-formis floribus:①tepalis 9 in quoque flore,tepalis petaloideis albis;②tepalis 9 in quoque flore, tepalis petaloideis et calycibus albis. proteranthis floribus alabastris. 2-formis floribus:①tepalis 9 in quoque flore,extus 3 calycibus carnosis linearibus revolutis, in medio tepalis spathulati-ellipticis, intus tepalis anguste oblongis albis;②tepalis 9 in quoque flore, spathulati-ellipticis, anguste ellipticis vel ob-ellipticis,apice obtusis rare emargiantis. mult-formis floribus disjuncte simpilici-pistillis ovsriis minime pilosis;pedicellis et Soutai-ramulis dense pubescentibus.

Arbor deciduas. Ramuli brunnei nitidi. 2-forma folia:① elliptica,② anguste ob-ovata, crasse chartacea,6. 5~12. 0 cm longa 4.6~7. 0 cm lata, supra atro-viridia glrbra ad costas dense villosis, subtus viridulis rare villosis,costis et nervis lateralibus manifeste elevates ad costas et nervos lateralibus dense villosis,inter se dense dense villosis, apice obtusa vel obtusa cum acuminata basi cuneata margine integra;petioli 1. 0~2. 0 cm longi supra pubesentes. Yulani-alabastra terminata ovoidea 1. 5~2. 2 cm longa diam. 1. 2~1. 7 cm;4-peruli-stipulis,extus dense villosis. alabastra terminata in ramulis novitatea longe ovoidea vel globosa, a-Soutai-rumuli, a-peruli-stipulis. Flores Yulani-alabastra ante folia aperti;Flores alabastra proterantha. Yulani-alabastra 2-forma flores:①tepalis 9 in quoque flore,petaloideis spathulati-ellipticis albis,5. 0~6. 0 cm longis 2. 5~3. 0 cm latis, apice obtusis;②tepalis 9 in quoque flore, extus 3 calycibus carnosis linearibus revolutis,intus tepalis 6 petaloideis spathulati-ellipticis 5. 5~7. 0 cm longa 3. 0~3. 5 cm lata, apice obtusis. Yulani-alabastra 2-forma flores tepalis petaloideis,staminibus,filamentis aequabilibus;disjuncte simpilici-pistillis ovsriis minime pubescentibus. pedicellis et Soutai-ramulis dense pubescentibus. Alabastra 2-forma flores:I——①tepalis 9 in quoque flore,petaloideis spathulati-ellipticis albis,5. 5~7. 0 cm longis 2. 5~3. 0 cm latis;②tepalis 9 in quoque flore, extus 3 anguste ellipticis vel ob-ellipticis,apice obtusis rare emargiantis carnosis,intus tepalis 6 petaloideis spathulati-ellipticis apice obtusis rare emargiantis. II——tepalis 9 in quoque flore,albis,extus 3 calycibus carnosis linearibus revolutis,in medio tepalis spathulati-ellipticis apice obtusis,intus tepalis anguste oblongis albis apice obtusis cum acuminata. multi-forma flores disjuncte simpilici-pistillis ovsriis minime pubescentibus.

Henan:Zhengzhou City. 14-03-2014. X. K. Li, T. B. Zhao et Z. X. Chen, No. 201403149 (flos, holotypus hic disignatus, HNAC). ibid. T. B. Zhao,X. K. Li et Z. T. Chen,No. 201405201.

落叶乔木。小枝褐色,具光泽。叶2种类型:①椭圆形,②狭倒卵圆形。2种叶形,厚纸质,长10. 0~14. 0 cm,宽5. 0~7. 5 cm,表面深绿色,沿主脉疏被长柔毛,背面淡绿色,疏被长柔毛,主脉和侧脉明显隆起,沿脉密被长柔毛,主脉和侧脉夹角处密被长柔毛,先端钝圆,或钝尖,基部楔形,边缘全缘;叶柄长1. 0~2. 0 cm,疏被短柔毛。玉蕾顶生,卵球状,长1. 5~2. 2 cm,径1. 2~1. 7 cm;芽鳞状托叶4枚,外面密被长柔毛。花蕾顶生当年生1次枝上,长卵球状,或球状,无缩台枝,也无芽鳞状托叶。玉蕾花先叶开放;花蕾花后叶开放。玉蕾花2种花类型:①单花具花被片9枚,花瓣状,匙-椭圆形,白色,长5. 0~6. 0 cm,宽2. 5~3. 0 cm,先端钝圆;②单花具花被片9枚,外轮花被片3枚,萼状,肉质,条形,反卷,内轮花被片6枚,花瓣状,匙-椭圆形,长5. 5~7. 0 cm,宽3. 0~3. 5 cm,先端钝圆。2种花类型花的瓣状花被片;雄蕊花药淡黄色晕,花丝紫红色;雌雄蕊群相同;离生

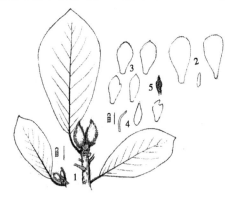

图1 华夏玉兰 Yulania cathyana
T. B. Zhao et Z. X. Chen
1. 叶与枝,2、3. 瓣状花被片,
4. 夏花外轮花被片,5. 雌雄蕊群等(陈志秀绘)。

单雌蕊子房微被短柔毛;花梗与缩台枝密被短柔毛。花蕾花2种花类型:Ⅰ——①单花具花被片9枚,花瓣状,匙-椭圆形,白色,长5.5~7.0 cm,宽3.0~3.5 cm,先端钝圆;②单花具花被片9枚,外轮花被片3枚,狭椭圆形,或倒卵圆形,先端钝尖,稀凹缺,肉质,内2轮花被片6枚,匙-椭圆形,先端钝圆,稀凹缺。Ⅱ——单花具花被片9枚,白色,外轮花被片3枚,萼状,肉质,条形,反卷,中轮花被片匙状椭圆形,先端钝圆,内轮花被片狭长圆形,先端钝尖。花蕾花离生单雌蕊子房疏被短柔毛。花期4月。

本新种叶2种类型:①椭圆形,②狭倒卵圆形。玉蕾花先叶开放,2种花类型:①单花具花被片9枚,花瓣状,白色;②单花具花被片9枚,有萼、瓣之分,白色。花蕾花后叶开放,2种花类型:①单花具花被片9枚,外轮花被片3枚,萼状,肉质,条形,反卷,中轮花被片匙状椭圆形,内轮花被片狭长圆形,白色;②单花具花被片9枚,匙状椭圆形、狭椭圆形、倒椭圆形,先端钝圆,稀凹缺。多种花的离生单雌蕊子房微被柔毛;花梗和缩台枝密被短柔毛。

产地:河南。郑州有栽培。2014年3月14日。赵天榜、陈志秀和赵东欣,No. 2014031410(花)。模式标本,存河南农业大学。2014年8月20日。赵天榜、陈志秀和赵东武,No. 201407205(枝、叶和雌蕊群不孕圆柱状体)。

宝华玉兰一新变种和一新品种

赵天榜[1]　陈志秀[1]　赵　杰[2]

(河南农业大学,郑州　450002;2.新郑县林业局,河南新郑　451150)

变种:

1. 白花宝华玉兰　新变种

Yulania zenii(Cheng) D. L. Fu var. alba T. B. Zhao et Z. X. Chen,var. nov.

A var. recedit foliis ovatis apice obtusis cum acumine basi rotundatis. Tepalis 9 in quoque flore, albis apice obtusis basi cuneato-angustatis.

Henan:Jigongshan. 28-03-2001. T. B. Zhao et al., No. 200103281(flos, holotypus hic disigantus,HNAC).

本新变种与宝华玉兰原变种 Yulania zenii(Cheng)D. L. Fu var. zenii 区别:叶卵圆形,先端钝圆,基部圆形。单花具花被片9枚,匙-椭圆形,白色,先端圆形,基部狭楔形。

产地:河南。2001年3月28日。赵天榜等,No. 200103281(花),采集河南南召县,存河南农业大学。

品种:

1.'多被'宝华玉兰　新品种

Yulania zenii(Cheng)D. L. Fu 'Duobei',cv. nov.

本新品种单花具花被片12枚,匙-椭圆形,白色,先端钝圆,或钝尖,基部狭楔形,外面中部以上中间淡白色,基部中间淡紫色。

产地:河南新郑市。选育者:赵天榜、赵杰。

美丽玉兰

赵天榜　陈志秀

(河南农业大学,郑州　450002)

美丽玉兰　美丽紫玉兰(中国木兰)　新改隶组合种　图1

Yulania concinna(Law et R. Z. Zhou)T. B. Zhao et Z. X. Chen, sp. transl. nov., *Magnolia concinna* Law et R. Z. Zhou ined., 刘玉壶主编. 中国木兰. 44~55. 彩图. 彩照. 2004。

Species Yulania liliflora (Desr.) D. L. Fu similis, sed arboribus deciduis. Gre mmis foliis, Yulani-alabasratis cum petiolis pubrescentibus adpressi-albis. foliis ellipticis subtus costis et nervis lateralibus pubrescentibus adpressi-albis. Flores ante folia aperti vel synanthi; tepala 12 in quoque folre, exterius 3 sepaliodeia lanceolatis intra 9 petaloidia extus basi purpurascentibus supra medium nervis buris; staminibus albis, filamentis et gynoeciis carpelligeris buris; ovariis disjuncte simplici-pistillis et pedicellis pubrescentibus adpressi-albis.

Arbor decidua. cortex cinerei - brunnei. Ge mmis foliis pubrescentibus adpressi-albis. Yulani-alabastra pubrescentibus adpressi-albis. Folia chartacea elliptica, ovati-elliptica 11. 0~19. 0 cm longa et 5. 0~9. 0 cm lata supra viridia nervis lateralibus depressis subtus cinerei - viridia nervis lateralibus depressis costis et nervis lateralibus elevatis pubrescentibus adpressi-albis nervis lateralibus 11~13-jugis, apice obtusa vel breviter acuminata, basi late cuneata margine integra; petioli 1. 5~3. 0 cm longi pubrescentibus adpressi - albis cicatricibus stipularum longitudine 1/3 petiolorum partem aequantibus. Flores ante folia aperti vel synanthi. tepala 12 in quoque folre, extus 3 sepaloidea membranacea lanceolata viridula caduca, intus 9 petaloidea elevata obovati-elliptica, obovati-spathulata carnosa 8. 0 cm longa 3. 5 cm lata, apice obtusa extus basi pallide rubris supra middle nerviis atro - purple - rubris. stamina numerosa alba 1. 4 cm longa, antheris 9 mm longis, thecis lateraliter longitudinali-dehiscentibus, connectivis flavidis apice trianguste mucronatis 1 ~ 1. 5 mm longis filamentis 4 mm longis rubris; Gynoecia carpelligera cylindrica rubra 1. 0~1. 5 cm longa; disjuncte simplici-pistillis numerosis ovariis pubrescentibus adpressi-albis. pedicelli villosi cinerei-flavi. Aggregati-folliculi cylindrici vel longe ellipsoidei 5. 0~10. 0 cm longi pallide brunnei; folliculis subglobosis apice breviter rostyis.

Fujian: Wuyeshan. Trypus: Gather No. and Collector not detailed enough (flos, holotypus hic

disignatus, IBSC)。

落叶乔木，高 10.0 m。树皮灰褐色。叶芽、玉蕾被白色平伏短柔毛。叶纸质，椭圆形、倒卵圆-椭圆形，长 11.0~19.0 cm，宽 5.0~9.0 cm，先端钝圆，或短渐尖，基部宽楔形，边缘全缘，表面绿色，侧脉凹入，背面灰绿色，主脉和侧脉隆起，被白色平伏短柔毛，侧脉 11~13 对；叶柄长 1.5~3.0 cm，被白色平伏短柔毛，托叶痕为叶柄长度的 1/3。花先叶开放，或花叶同时开放，杯状，稍芳香。单花具花被片 12 枚，外轮花被片 3 枚，萼状，披针形，淡绿色，先端尖，膜质，内轮花被片 9 枚，花瓣状，直立，倒卵圆-椭圆形、倒卵圆-匙形，长约 8.0 cm，宽约 3.5 cm，肉质，先端钝圆，外面基部淡红色，中上部紫红色脉；雄蕊多数，白色，长约 1.4 cm，花丝长约 4 mm，红色，花药长约 9 mm，药室侧向纵裂，药隔淡黄色，先端伸出呈短尖头；雌蕊群圆柱状，红色，长 1.0~1.5 cm；离生单雌蕊多数；子房被白色平伏短柔毛；花梗被灰黄色平伏长柔毛。聚生菁葖果圆柱状，或长椭圆体状，长 5.0~10.0 cm，淡褐色；菁葖果近球状，先端具短喙，成熟后背裂。花期 3~4 月；果熟期 8~9 月。

产地：福建。模式标本，采自福建武夷山，存中国科学院华南植物园。

用途：本种为优良观赏树种。

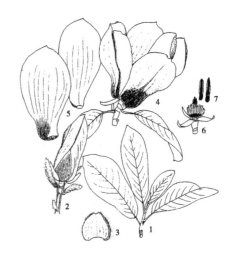

图 1 美丽玉兰 Yulania concinna
(Law et R. Z. Zhou) T. B. Zhao et Z. X. Chen
1. 叶、枝, 2. 初花和叶芽, 3. 芽鳞状托叶,
4. 花枝和叶, 5. 花被片, 6. 雌雄蕊群和萼状花被片,
7. 雄蕊 (描自刘玉壶主编, 2004.《中国木兰》)。

望春玉兰叶面积公式测算的研究

赵天榜[1]　陈志秀[1]　张万庆[1]　高聚堂[2]　张天锡[2]　任云和[2]

(1. 河南农业大学；2. 南召县林业局)

一、前言

望春玉兰 Magnolia biondii Pamp. 花蕾通称"辛夷"，是我国重要中药材和珍贵香料经济树种，也是传统的出口物资之一，在整个生长发育过程中，叶担负着重要的生理功能，是制造有机物质、建立躯体，以及成蕾、开花、结实和繁衍后代的综合加工器。所以，其单位叶面积上制造有机物质的能力及积累物质的多少与植株生长、发育和"辛夷"产量密切相关，尤其在丰产栽培中，是制定栽培技术和抚育管理制度的重要科学依据之一，是研究望春玉兰丰产树体结构不可缺少的一项重要生理指标。为此，我们采用方格法等着重研究了叶面积与叶长度、宽度的相关规律，建立了它们之间的相关回归方程，并编制出望春玉兰叶面积表，供使用时参考。

二、研究材料与方法

根据我们多年来研究，河南木兰属 Magnolia Linn. 树种有望春玉兰、腋花玉兰 M. axilliflora (T. B. Chao, T. X. Zhang et J. T. Gao) T. B. Chao、河南玉兰 M. henanensis B. C. Ding et T. B. Chao 等。我们从中选取具有代表性叶片203片，分4种叶形，如图1所示。然后，分别测量，测量叶片长度与最大宽度，并使其组成椭圆形，测出长度与宽度。同时，用方格法实测其面积作为标准值。

图1　望春玉兰的4种叶片形状

图1中Ⅰ、Ⅱ叶形，剪去先端，构成极近似的椭圆形；Ⅲ、Ⅳ叶形，沿中脉一侧分为两部分，使其构成与椭圆形相似的图形，然后采用 $S = 0.785\,4AB$ 公式测算叶面积。

通过测算，求出叶面积(S)与叶长度(A)×宽度(B)的回归截距(a)和回归系数(b)，建立回归方程。

最后，验证所测公式的使用范围及相对误差，计算叶面的校正值，编出望春玉兰叶面积表。

三、研究结果

根据数理统计原理，建立望春玉兰叶面积的回归方程如下：

1. 建立叶面积与叶长×宽的回归方程

首先，选用腋花玉兰及望春玉兰的3个变种中的203片叶，进行测算。根据数理统计原理，用最小二乘法建立种与变种叶面积的回归方程，如表1所示。

表1　腋花玉兰及望春玉兰3变种叶面积测算公式

种或变种	测算方程	相关系数	剩余标准差
腋花玉兰	$S = 0.621\,5 + 0.675\,0D$	0.992 0	2.801 3
桃实望春玉兰	$S = -0.214\,3 + 0.657\,6D$	0.989 7	2.557 8
小蕾望春玉兰	$S = -2.735\,7 + 0.612\,7D$	0.958 1	6.246 0
望春玉兰	$S = 0.261\,1 + 0.654\,1D$	0.980 9	4.335 8

注：D＝叶长度(A)×叶宽(B)。

从表1看出，实测叶面积与按公式测算的叶面积之间有差异。其中，腋花玉兰叶面积差异小，相关系数0.992 0；小蕾望春玉兰较大差异，相关系数0.958 1。

为使工作方便，作者将上述所采集的全部叶片的有关数据，建立综合方程，即：

$$S = 0.261\,1 + 0.654\,1D$$

相关系数 $r = 0.980\,9$，剩余标准差＝4.335 8。

采用该公式测算望春玉兰的叶面积，因其种、变种及其叶形不同，而有区别，如表2和表3所示。

本研究承廖晓海副教授审阅，特此致谢！

表 2 腋花玉兰、望春玉兰 3 变种叶面积用测量公式测量的误差

名称	测算公式	实测值（cm）	测算值（cm）	绝对误差	相对误差（%）
腋花玉兰	$S=-0.621\ 5+0.675\ 0D$	86.42	84.90	1.52	1.759
望春玉兰	$S=0.261\ 1+0.654\ 1D$		82.61	3.81	4.409
桃实望春玉兰	$S=-0.214\ 3+0.657\ 6D$	74.25	71.36	2.89	3.892
望春玉兰	$S=0.261\ 1+0.654\ 1D$		71.00	3.25	4.377
小蕾望春玉兰	$S=2.735\ 7+0.612\ 7D$	55.53	56.04	-0.51	-0.918
望春玉兰	$S=0.261\ 1+0.654\ 1D$		56.81	-1.28	-2.305

表 3 望春玉兰主要叶形面积测算方程

叶形	测算方程	相关系数	剩余标准差
I	$S=5.061\ 4+0.586\ 5D$	0.949 5	5.620 9
I	$S=-0.709\ 9+0.6756D$	0.993 5	2.728 3
I 或 IV	$S=-1.568\ 9+0.660\ 8D$	0.994 4	2.154 7
混合叶形	$S=0.261\ 1+0.654\ 1D$	0.980 9	4.335 8

表 4 望春玉兰等叶面积测算公式相关系数表

种、变种	测算公式	相关系数（r）	$R_{0.01}$	R 与 $R_{0.01}$ 的关系
腋花玉兰	$S=-0.621\ 5+0.675\ 0D$	0.992 0	0.489 6	$r>r_{0.01}$
桃实望春玉兰	$S=-0.214\ 3+0.657\ 6D$	0.989 7	0.254 0	$r>r_{0.01}$
小蕾望春玉兰	$S=2.735\ 7+0.612\ 7D$	0.958 1	0.301 7	$r>r_{0.01}$
I	$S=5.061\ 4+0.586\ 5D$	0.949 5	0.283 0	$r>r_{0.01}$
II	$S=-0.769\ 9+0.675\ 6D$	0.993 5	0.283 0	$r>r_{0.01}$
III 或 IV	$S=-1.563\ 9+0.660\ 8D$	0.994 4	0.392 2	$r>r_{0.01}$
综合测算	$S=0.261\ 1+0.654\ 1D$	0.999 9	0.182 0	$r>r_{0.01}$
椭圆形测算叶面积	$S=0.785\ 4AB$	0.999 9	0.182 0	$r>r_{0.01}$

从表 2 和表 3 看出：种、变种及其叶形不同，其叶面积测算公式也有所不同，才能获得较高精度的效果。若采用 $S=0.261\ 1+0.654\ 1D$ 测算望春玉兰叶面积，只有叶形变化较小情况下，应用方便，精度也高。

2. 用公式 $S=0.785\ 4AB$ 测算叶面积

为了克服应用叶长、叶宽乘积回归方程测算叶面积的缺点，我们试用椭圆形面积公式 $S=0.785\ 4AB$ 测算望春玉兰等叶面积，效果令人满意。

根据作者实测 203 片叶面积结果，发现：用公式 $S=0.785\ 4AB$ 测算与方格法计算叶面积具有高度相关性，即相关系数为 0.999 9，剩余标准差为 0.277 7，测算结果如表 4 所示。

从表 4 可以看出，腋花玉兰、望春玉兰变种的叶面积用椭圆形面积公式 $S=0.785\ 4AB$ 测算叶面积具有高度精确性，与方格法相比，其绝对误差不超过 ±0.67，相对误差平均为 ±1.197%。

3. 腋花玉兰、望春玉兰叶面积表的编制

为了迅速测定望春玉兰叶面积，我们应用 $S=0.785\ 4AB$ 编制出望春玉兰叶面积表。其表编制是 A 值从 5.0~19.0 cm、B 值从 3.0~10.0 cm 编制的，其结果如表 5~表 7 所示。使用时，只要测出叶片长度和中央宽度，查表即得所求叶面积。

表 5 望春玉兰叶面积查对表（$S=0.7854\ AB,R=0.01$）（一） （单位：cm, cm²）

B / A	3.0	3.2	3.4	3.6	3.8	4.0	4.2	4.4	4.6	4.8	5.0	5.2	5.4	5.6	5.8	6.0
5.0	11.78	12.57														
5.2	12,25	13.07	13.89	14.70												
5.4	12,72	13.57	14.42	15.27	16.12	16.96										
5.6	13.19	14.07	14.95	15.83	16.71	17.59	18.47	19.35								
5.8	13.67	14.58	15.49	16.40	17.31	18.85	19.13	20.04	20.95	21.87						
6.0	14.14	15.08	16.02	16.96	17.91	18.85	19.79	20.73	21.68	22.62	23.56					
6.2	14.61	15.58	16.56	17.53	18.50	19.48	20.45	21.43	22.40	23.37	24.35	25.32				

B\A	3.0	3.2	3.4	3.6	3.8	4.0	4.2	4.4	4.6	4.8	5.0	5.2	5.4	5.6	5.8	6.0
6.4	15.08	16.08	17.09	18.10	19.10	20.11	21.11	22.12	23.12	24.13	25.13	26.14	27.14			
6.6	15.55	16.59	17.62	18.66	19.70	20.73	21.77	22.81	23.84	24.88	25.92	26.95	27.99	29.03		
6.8	16.02	17.09	18.16	19.23	20.29	21.36	22.43	23.50	24.57	25.64	26.70	27.77	28.84	29.91	30.98	
7.0	16.49	17.59	18.89	19.79	20.89	21.99	23.09	24.19	25.59	26.39	27.49	28.58	29.69	30.79	31.89	32.99
7.2	16.96	18.10	19.23	20.36	21.49	22.62	23.75	24.88	26.10	27.14	28.27	29.41	30.54	31.67	32.80	33.93
7.4	17.44	18.60	19.76	20.92	22.09	23.25	24.41	25.57	26.73	27.90	29.06	30.22	31.38	32.55	33.71	34.87
7.6	17.91	19.10	20.29	21.49	22.68	23.88	25.07	26.26	27.46	28.65	29.85	31.04	32.23	33.43	34.62	35.81
7.8	18.38	19.60	20.83	22.05	23.28	24.50	25.73	26.95	28.18	29.41	30.63	31.86	33.08	34.31	35.53	36.76
8.0	18.85	20.11	21.36	22.62	23.88	25.13	26.39	27.65	28.90	30.16	31.42	32.67	33.93	35.19	36.44	37.70
8.2	19.32	20.66	21.90	23.18	24.47	26.76	27.05	28.34	29.63	30.91	32.20	33.49	34.78	36.07	37.35	38.64
8.4	19.79	21.11	22.43	23.75	25.07	26.39	27.71	29.03	30.35	31.67	32.99	34.31	35.63	36.95	38.26	39.58
8.6	20.26	21.61	22.97	24.32	25.67	27.02	28.37	29.72	31.79	32.42	33.77	35.12	36.47	37.82	39.18	40.53
8.8	20.73	22.12	23.50	24.88	26.26	27.65	29.03	30.41	31.07	33.18	34.56	35.94	37.32	38.70	40.09	41.47
9.0	21.21	22.62	24.03	25.45	26.86	28.27	29.69	31.10	32.52	33.93	35.34	36.77	38.17	39.58	41.00	42.41
9.2			24.57	26.01	27.46	28.90	30.35	31.79	33.24	34.68	36.13	37.57	39.02	40.46	41.91	43.35
9.4					28.05	29.53	31.10	32.48	33.96	35.44	36.91	38.39	39.87	41.34	42.82	44.30
9.6						31.67	33.18	34.38	36.16	37.70	39.21	40.72	42.22	43.73	45.24	
9.8						32.33	33.87	35.41	36.95	38.48	40.02	41.56	43.10	44.64	46.18	
10.0						32.99	34.56	36.13	37.70	39.27	40.84	42.41	43.98	45.55	47.12	
10.2							36.85	38.45	40.00	41.66	43.26	44.86	46.46	48.07		
10.4							37.57	39.21	40.84	42.47	44.11	45.72	47.38	49.01		
10.6							38.30	39.96	41.63	43.29	44.96	46.62	48.29	49.95		
10.8							39.02	40.72	42.41	44.11	45.80	47.50	49.20	50.89		
11.0							39.74	41.47	43.20	44.92	46.65	48.38	50.11	51.84		
11.2									43.98	45.72	47.50	49.26	51.02	52.78		
11.4									44.77	46.56	48.35	50.14	51.93	53.72		
11.6									45.55	47.38	49.20	51.02	52.84	54.66		
11.8									46.34	48.19	50.05	51.90	53.55	55.61		

表6　望春玉兰叶面积查对表（$S=0.785\,4AB$，$R=0.01$）（二）　　　　　（单位：cm、cm²）

B\A	6.2	6.4	6.6	6.8	7.0	7.2	7.4	7.6	7.8	8.0	8.2	8.4	8.6	8.8	9.0
12.0	58.43														
12.2	59.41	61.32													
12.4	60.38	62.33	64.28												
12.6	61.36	63.33	65.31	67.29											
12.8	62.33	64.34	66.35	68.36	70.37										
13.0	63.30	65.35	67.39	69.43	71.47	73.51									
13.2	64.28	66.35	68.42	70.50	72.57	74.64	76.72								
13.4	65.25	67.36	69.46	71.57	73.67	75.78	77.88	79.98							
13.6	66.22	68.36	70.50	72.63	74.77	76.91	79.04	81.18							
13.8	67.20	69.37	71.53	73.70	75.87	78.04	80.20	82.37	84.54	86.71					

B	6.2	6.4	6.6	6.8	7.0	7.2	7.4	7.6	7.8	8.0	8.2	8.4	8.6	8.8	9.0
A															
14.0	68.17	70.37	72.57	74.77	76.97	79.17	81.37	83.57	85.77	87.06	90.16				
14.2	69.15	71.38	73.61	75.84	78.07	80.30	82.53	84.76	86.99	89.22	91.45	93.68			
14.4	70.12	72.38	74.64	76.91	79.17	81.43	83.69	85.95	88.22	90.48	92.74	95.00	97.26		
14.6	71.09	73.39	75.68	77.91	80.27	82.56	84.85	87.15	89.44	91.73	94.03	96.32	98.61	100.91	
14.8	72.07	74.39	76.72	79.04	81 37	83.89	86.02	88.34	90.67	92.99	95.32	97.64	99.97	102.29	104.62
15.0	73.04	75.40	77.75	80.11	82.47	84.82	87.18	89.54	91.89	94.25	96.60	98.96	101.32	103.67	106.03
15.2	74 02	76.40	78.79	81.81	83.57	85.95	88.34	90.79	93.12	95.50	97.89	100.28	102 67	105.03	107.44
15.4	75.96	77.41	79.83	82.25	84.67	87.08	89.05	91.92	94.34	96.76	99.18	101.60	104.02	106.44	108.86
15.6	76.94	78.41	80.86	83.32	85.77	88.22	90.67	93.13	95.57	98.02	100.47	102.92	105.37	107.82	110.27
15.8		79.42	81.90	84.38	86.87	89.35	91.83	94.31	96.79	99.22	101.76	104.24			
16.0	80.42	82.94	85.45	87.96	90 48	92 99	95.50	98.02	100.53						
16.2		83.97	86.52	89.06	91.61	94.15	96.70	99.24	101.79						
16.4			87.50	90.16	92.74	95.32	97.89	100.47	103.04						
16.6			88.66	91.26	93.87	96.48	99.09	101 69	104.30						
16.8			89.72	92.36	95.00	97.64	100.28	102.92	105.56						
17.0				90.79	93. 46	96.13	98.80	101.47	104.14	106.81	109.48	112.15	114.83	117.50	120.17
17.2										108.07	110.77	113.47	116.18	118.88	121.58
17.4										109.33	112.06	114.79	117.53	120.26	122.99
17.6										110.58	113.35	116.11	118.88	121.64	124.41
17.8										111.84	114.64	117.43	120.23	123.02	125.82
18.0										113.10	115.92	118.75	121.58	124.41	127.23
18.2															128.65
18.4															130.06
18.6															131.48
18.8															132.89
19.0															134.30

表7　望春玉兰叶面积查对表($S=0.785\ 4\ AB$, $R=0.01$)（三）　　　　（单位：cm、cm²）

B	9.2	9.4	9.6	9.8	10.0	B	9.2	9.4	9.6	9.8	10.0
A						A					
15.0	108.28	110.74	113.10	115.45	117.81	17.2	124.48	126.98	129.68	132.39	135.09
15.2	109.83	112.22	114.61	116.99	119.38	17.4	125.73	128.46	131.19	133.93	136.66
15.4	111.28	113.69	116.11	118.83	120.05	17.6	127.17	129.94	132.70	135.47	138.23
15.6	112.72	115.17	117.62	120.07	122.25	17.8	128.62	131.41	134.21	137.00	139.80
15.8	114.17	116.65	119.13	121.61	124.09	18.0	130.06	132.89	135.72	138.54	141.37
16.0	115.61	118.12	120.64	123.15	125.66	18.2	131.51	134.37	137.22	140.08	142.94
16.2	117.06	119.60	122.15	124.69	127.23	18.4	132.95	135.84	138.73	141.62	144.61
16.4	118.50	121.08	123.65	126.23	128.81	18.6	134.40	137.32	140.24	142.16	147.65
16.6	119.95	122.55	125.16	127.77	130.38	18.8	135.84	138.80	141.75	144.07	147.65
16.8	121.39	124.03	126.67	129.31	131.95	19.0	137.29	140.27	143.26	146.24	149.23
17.0	122.84	125.51	128.18	130.85	133.52						

舞钢玉兰芽种类与成枝成花规律的研究

赵天榜[1]　高炳振[2]　傅大立[3]　周惠茹[2]　陈志秀[1]

(1. 河南农业大学,郑州　450002;2. 许昌市园林绿化管理处,许昌　461000;
3. 中国林业科学研究院经济林研究开发中心,郑州　450003)

摘　要　报道了舞钢玉兰芽的种类、分枝习性与成枝生长规律,拟花蕾、着生位置、解剖结构及其分化发育成花规律。从中发现:①当年生枝上有休眠芽、叶芽(侧叶芽和顶叶芽)、拟花蕾 3 种;②拟花蕾有缩台枝、芽鳞状托叶、雏枝、雏芽及雏蕾组成,因其外形似“花蕾”,称为“拟花蕾”;③缩台枝是枝与花着生的中间过渡枝变阶段,是由母枝顶端节间缩短、增粗的枝段和当年由雏枝生长的 1 次极短新枝所组成;④4～5 月及 7～8 月前后两批形成的拟花蕾,均经过未分化发育期、花被分化发育期、雄蕊群分化发育期及离心皮雌蕊群分化发育期,各期均依次递后交错进行,但不逆转,也不能截然分开,直到翌春花分化发育全部结束,开花后才能结实;⑤芽鳞状托叶是托叶的变态,最外层薄革质,外面密被短柔毛,始落期 6 月中下旬,其余纸质—膜质,外面密被或疏被长柔毛,翌春开花时脱落完毕;⑥雏蕾有雏梗、雏花及包被雏花的佛焰苞状托叶组成;⑦分枝习性与成枝生长规律为预生分枝及预生—同生分枝呈单阶无歧、单阶 1 歧生长规律,稀有单阶 2 歧生长规律。

关键词　舞钢玉兰;芽种类;拟花蕾;缩台枝;生长习性;拟花蕾分化;玉兰属

舞钢玉兰 Yulania wugangensis(T. B. Zhao, W. B. Sun et Z. X. Chen)D. L Fu 是我国特有经济树种之一,也是美化香化庭院和城乡园林化建设事业的名贵观赏树木良种[1-3]。因其具有生长迅速、适应性强、高产优质、经济效益显著等特性,是我国传统的“辛夷”生产和提取挥发油的优质良种之一。该种拟花蕾顶生、腋生和簇生均有,有时内含 2~4 个小拟花蕾和几个小拟花蕾状叶芽,构成总状聚伞花序。缩台枝上的侧叶芽形成的拟花蕾经多次开花后呈现出缩台枝群的特异分类特征性状。花、芽鳞状托叶着生在缩台枝上。分枝习性属预生分枝[4]呈单阶无歧及单阶 1 歧生长规律和预生—同生分枝呈单阶无歧、单阶 1 歧及单阶 2 歧生长规律而特异,并在研究花由顶生→腋生→簇生→总状聚伞花序的进化理论、玉兰属 Yulania Spach 的恢复及其属下分类系统等方面具有重要的意义[2-3];在经济林集约栽培和园林化建设事业中具有广阔的开发利用前景。为此,多年来作者对舞钢玉兰芽的种类拟花蕾及其着生位置与解剖、分枝习性与成枝生长规律、拟花蕾分化发育与成花规律等进行了全面系统的研究,获得了一些新的宝贵材料。现报道如下。

1　材料与方法

1.1　供试材料

选用河南农业大学和河南省新郑林业高新技术试验场内引栽的 3~7 年生舞钢玉兰植株,作为观察、测定和研究材料。

1.2　研究方法

在供试植株上,按枝条生长发育的不同进行分类,选用不同枝类上的叶芽,分组、编号、定时、定位进行新枝生长规律的观察和测定。在新枝生长停止后,每 5~10 d,选取不同枝类上芽,在解剖镜下观察拟花蕾分化发育与成花规律。10 月中旬及翌春开花前,分别对 4~5 月及 7~8 月前后两批形成的拟花蕾进行形态特征观察和内部结构解剖。最后,对观察、测定和研究结果,绘制和拍照有关图表,作为研究结论的依据。

2　结果与分析

2.1　芽种类

根据作者观察,舞钢玉兰当年生枝条上有:休眠芽(无明显的芽体表露)、叶芽(侧叶芽和顶叶芽,图版 I:1,6)及拟花蕾(过去误称“花蕾”)3 种。拟花蕾有顶生、腋生和簇生(图版 I:1～5,7,14,19),有时内含 2~4 个小拟花蕾和几个小拟花

基金项目:中国林业科学研究院基金课题“提高辛夷产量综合培育技术研究”。
作者简介:赵天榜(1935—),男,教授,从事林木培育学等教学及树木分类研究。

蕾状叶芽(指外形似小拟花蕾,其内为叶芽,图版I:3,10~12,25)构成总状聚伞花序(图版I:3,25)。

拟花蕾是玉兰属植物的特有分类特征性状之一,是指该属植物能发育成花,或总状聚伞花序的芽。它在过去文献著作中记载为"花蕾"[1,3-17],我们认为是错误的,不合乎科学含义。其原因在于拟花蕾的芽鳞状托叶外面被柔毛,外形似花蕾,而内部结构由缩台枝、芽鳞状托叶、雏枝、雏芽和雏蕾组成。缩台枝上密被柔毛,具侧叶芽,无正常叶片,稀具畸形小叶,芽鳞状托叶和小拟花蕾状叶芽。因其结构与"花蕾"及"混合芽"有显著的区别,我们称为"拟花蕾"。

2.2 拟花蕾着生位置

拟花蕾因其着生在枝条上位置的不同,可分3种:①顶生拟花蕾。单个拟花蕾着生在当年生枝顶端(图版I:2,5,7)。②腋生拟花蕾。拟花蕾着生在当年生枝上的叶腋内(图版I:1~3,14,19,25)。③簇生拟花蕾。拟花蕾簇生在当年生枝端,或枝顶部叶腋内,通常构成总状聚伞花序。缩台枝上的侧叶芽,连续多年形成的拟花蕾经多次开花后,呈现出缩台枝群的特有分类特征性状(图版I:7,25)。该性状在其高产栽培和园林化建设事业中具有特别重要的生产实践意义和观赏价值,并在研究花由顶生→腋生→簇生→总状聚伞花序的进化理论中具有重要意义。

从图版I中明显看出,舞钢玉兰拟花蕾着生位置及其构成总状聚伞花序的分类特征性状,是玉兰属中特殊种群的代表,是建立舞钢玉兰组 Yulania Spach Sect. Wugangyulaniae T. B. Zhao, D. L. Fu et Z. X. Chen, Subsect. nov. ined. 的重要依据之一,并对玉兰属属下分类乃至木兰属 Magnolia Linn. ,甚至木兰亚科 Magnolioideae 的分类系统研究具有极其重要的作用。

1985 年, Nooteboom 指出:"含笑属(Micheia Linn.)的腋生单花是顶生于侧生短枝上,与木兰属的顶生单花相比,两者实质上都是顶生"的观点[5,18],李捷[6]及 Figr[4]赞同这一观点,而不同意刘玉壶以花顶生和腋生作为木兰亚科分为木兰簇 Trib. Magnolieae DC. 和含笑族 Trib. Michelieae Law 的依据[4,6]。

笔者认为,从植物发育学的观点出发,提出木兰亚科的"腋生单花是顶生于侧生短枝上"的观点是正确的,是植物分类学的重要基础理论之一。但是,植物分类学是"区分植物种类,探讨植物间亲缘关系,阐明植物界自然系统的科学"[12],是以其形态特征作为植物分类的理论依据和标准的,并不是以发育学的观点来处理和解决植物分类学中的一切问题。如木兰亚科植物的花被片、雄蕊和离生单雌蕊都是叶的变态[10],是由叶原基分化发育而成,是同源而异形。同源是研究植物分类学的重要理论基础之一,但不是唯一的;异形是研究植物分类学的理论基础、依据和标准,而不是不考虑植物间的亲缘和系统发育。因此,在木兰亚科研究中,既要考虑顶生单花的客观存在,也要正视腋生单花和簇生花,乃至总状聚伞花序特异性的事实,才是正确的,否则都是片面的。

2.3 拟花蕾解剖

舞钢玉兰拟花蕾卵球状,长 2 5~ 4.0 cm,径 1.2~ 1.8 cm,有 4~ 6 层芽鳞状托叶(图版I:1~5,8,9)、缩台枝、雏枝、雏芽和雏蕾组成(图版I:10~12,21)。

2.3.1 芽鳞状托叶

芽鳞状托叶是托叶的变态[19-20],从外向内为薄革质→纸质→膜质,最外层 1 枚灰褐色至淡黄绿色,外面密被短柔毛,雏叶干枯脱落,始落期 6 月中下旬,其余的芽鳞状托叶外面密被、疏被长柔毛,淡黄绿色,纸质—膜质大,匙-半卵圆形(图版I:8,9),花开时为棕褐色,着生在缩台枝上(图版I:15~18,20~24),与着生在枝条上的膜质、小、披针形、淡黄白色、疏被短柔毛的托叶相区别,故采用"芽鳞状托叶"[19-20]。过去文献中把它写作"苞片"[7,16,21,22]、"芽鳞"[7]、"佛焰苞状苞片"[7,15-17]、"佛焰苞"[3,15-17]、"佛焰苞片"[16]是不符合科学含义的,笔者不予采用。

此外,需要指出的是:雏花外面包被的膜质、疏被长柔毛、灰棕褐色、透明的托叶,着生在花梗顶端,呈单片状,或 2 裂,有时具畸形小叶(图版I:15~18),与芽鳞状托叶同属托叶的变态,是同源,为与着生在缩台枝上的芽鳞状托叶相区,作者称为"佛焰苞状托叶",而不采用"芽鳞状托叶"或"佛焰苞状苞片"或"佛焰苞"等。

2.3.2 缩台枝

缩台枝是母枝(前 1 年生枝)顶端增粗、缩短的枝段与当年生由雏枝抽生的极短 1 次新枝(长度<10 mm,2~ 3 节)组成的变态枝段,是枝与花着生的中间过渡阶段(图版I:10~13,21~24)。该枝段具有数节、节短、增粗、无叶(稀有畸形小叶)、密被长柔毛,具有叶芽、小拟花蕾状叶芽及小拟花蕾,以及芽鳞状托叶及其环痕上密被长柔

毛分类特征性状。为与蔷薇科 Rosaceae 的苹果 Malus pumila Mill. 1 年生成的果台枝[23]（Abrelliated fruit-branchlet）和樟科 Lauraceae 的山胡椒属 Lindera Thunb. 和木姜子属 Lifstea Lam.[24,25] 1 年生成的缩短枝（Shortenea branchlets）相区别，故称"缩台枝"（Suotai-branchlet）。

舞钢玉兰拟花蕾内的雏蕾（花）在缩台枝上有 2 种着生方式：①单个拟花蕾中的雏蕾着生在雏枝枝顶。翌春，花先叶开放后，不育花（包括花梗）自行脱落，育花不脱落，缩台枝上的叶芽萌发形成 1 次新枝（图版 I：24），小拟花蕾状叶芽萌发形成 2 次新枝，2 次新枝上形成新的拟花蕾和新的缩台枝（图版 I：13，23，24）。②总状聚伞花序上的顶生拟花蕾，有少数于 7~8 月 2 次开花后，其侧生小拟花蕾膨大形成总状聚伞花序（图版 I：10，20，25），稀有当年生新形成的腋生拟花蕾中也有 2 次开花者（图版 I：13，23，24）。

2.3.3 雏蕾

解剖表明，舞钢玉兰雏蕾由雏梗、雏佛焰苞状托叶、雄蕊群、离心皮雌蕊群[10]，以及延长、膨大的圆锥状花托组成。雏梗长 3~4 mm，径 4~6 mm，淡绿白色，密被长柔毛，顶端着生 1 枚膜质、疏被长柔毛的雏佛焰苞状托叶，包被着雏蕾（花）（图版 I：11，15~18）。根据雏花花被片的形状不同，分 2 种花型[1]：①花被片 9 枚，稀 7、8 枚，外轮花被片 3 枚，稀 1 枚，披针形，长 9~10 mm，宽 2~3 mm，内轮花被片 6 枚，稀 5 枚，长 2~21 mm，宽 3~5 mm；②花被片 9 枚，稀 7、8 枚，花瓣状 2 种花型花的雄蕊均为多数，长 5~10 mm，花丝长约 1 mm，药室侧向纵裂，先端具短尖头；离生单雌蕊多数，长 2~7 mm，花柱及柱头长 2~3 mm 等，从外观上看清晰可见。

为进一步了解舞钢玉兰拟花蕾着生位置、解剖结构及 2 种花型的区别，以图 1 表示。

从图版 I 和图 1 明显看出，舞钢玉兰拟花蕾组成中有 4 种特征为玉兰属所特有的分类特征性状，即：①拟花蕾；②缩台枝；③拟花蕾最外层 1 枚芽鳞状托叶始落期于 6 月中下旬；④缩台枝群。

2.4 分枝习性与成枝生长规律

舞钢玉兰因其芽种类着生位置，以及枝条生长发育状况的不同，其分枝习性与成枝生长规律则有显著的不同。

2.4.1 叶丛枝

该类枝通常由叶丛枝、短枝[23,26-28]上的叶芽及中枝、长枝[23,26-28]中部以下的侧叶芽萌发生成，在年生长周期中只有 1 次生长，其年生长量小于 5 cm，具 3~5 枚叶片，其中初生叶片为畸形小叶。新的叶丛枝顶端形成新的顶叶芽或新的拟花蕾（图版 I：4~7），稀形成新的中枝或短枝，枝顶形成新的拟花蕾（图版 I：2~5，7）。这种分枝习性，Figar 称为预生分枝[4]。其分枝习性与成枝生长规律，笔者称为预生分枝呈单阶无歧生长规律。该类枝寿命较短，通常 3（2~5）年，或拟花蕾采摘后很快枯死，是造成舞钢玉兰树冠内膛光秃的主要原因之一。

2.4.2 短枝

该类枝通常由短枝上叶芽、缩台枝上叶芽和小拟花蕾状叶芽，以及中枝、长枝上的中下部侧叶芽萌发形成，在年生长周期过程中也只有 1 次生长，其年生长量为 5~15 cm，属预生分枝呈单阶无歧生长规律（图版 I：4~7）。当年生春季由母枝上叶芽萌发生成的 1 次新枝（春枝）及由缩台枝上叶芽，或小拟花蕾状叶芽萌发生成的 2 次新枝上形成的新的拟花蕾，有少数于 7~8 月 2 次开花后，在新的缩台枝上的叶芽萌发生成 2 次，或 3 次新枝，并在枝顶形成新的拟花蕾。这种 1~2 次新枝，均有 1 次生长，其生长量 2~5 cm。这种分枝习性及成枝生长规律，笔者称为预生—同生分枝呈单阶无歧，或单阶 1 歧生长规律（图版 I：4~7，13，21~24）。R. B. Figar 没有观察到这一分枝特性，将玉兰属原称玉兰亚属 Magnolia Linn. Subgen. Yulania（Spch）Reichenbach 的分枝习性，称为预生分枝是片面的，笔者特予纠正。

2.4.3 中枝

该类枝通常由中枝、长枝上的上中部的侧叶芽萌发生长，稀有短枝上顶叶芽萌发生成，在年生长周期过程中也只有 1 次生长，其生长量为 15~30 cm，稀超过 50 cm。其中，分枝习性与成枝生长规律有：①短枝、中枝上部的叶芽萌发后，多形成新的中枝，其上形成新的拟花蕾，属预生分枝呈单阶无歧生长规律；新的中枝中部以上的侧叶芽和顶叶芽经分化发育成新的顶生和腋生拟花蕾（图版 I：1~5，7，19），其下部的侧叶芽多无芽体表露，呈休眠状态（图版 I：4，5，7）：②粗壮中枝上的上中部侧叶芽多形成 1 次新的中枝或长枝，其上侧叶芽多形成新的拟花蕾，顶端多形成簇生拟花蕾，有时为总状聚伞花序（图版 I：3，14，19，25）。新的拟花蕾稀有于 7~8 月开花后，在新的缩台枝上新的小拟花蕾状叶芽萌发生长 2 次新枝、新的拟花蕾和 2 次新的缩台枝（图版 I：13，21，23~

25)，稀有 3 次新枝、新的拟花蕾和新的缩台枝。这种分枝习性，笔者称之为预生—同生分枝呈单阶 1 歧及单阶 2 歧生长规律。

2.4.4　长壮枝

该类枝由休眠芽、截干苗的侧叶芽或休眠芽和嫁接苗的接芽。粗壮枝上的顶叶芽萌发生长，在年生长周期过程中有 2 种情况，其生长量>1.0 m，有时达 2.5 m 以上。2 种情况是：①长壮枝、苗干在年生长周期过程中有 2 次峰值，其间有一段缓慢生长阶段，呈马鞍状曲线生长，属预生分枝呈单阶无歧生长规律；②粗壮的徒长枝，或苗干的上中部饱满侧叶芽，有的于 7～8 月萌发形成新枝，属预生—同生分枝，呈单阶 1 歧生长规律。新枝上有新的腋生拟花蕾和顶生拟花蕾的形成，稀有 3 次新枝的形成这种 3 次连续新枝形成的分枝习性，作者称为预生—同生分枝呈单阶 2 歧生长规律。

2.4.5　缩台枝

缩台枝分枝习性与成枝生长规律有 2 种情况，即：①由缩台枝上小拟花蕾状叶芽萌发生成 1 次新枝（春枝），枝顶形成新的拟花蕾，属预生分枝呈单阶无歧生长规律（图版 1:4,5,7）。立地条件差，弱细枝上通常形成顶叶芽。②立地条件好，粗壮中枝、短枝上多形成拟花蕾（图版 I :7,25），有时在新的缩台枝上的叶芽形成 2 次新枝和新的拟花蕾（图版 I:13,17,24）。这种分枝习性，笔者称为预生—同生分枝呈单阶 1 歧生长规律。

综上所述，舞钢玉兰属预生分枝呈单阶无歧、单阶 1 歧生长规律及预生—同生分枝呈单阶 1 歧生长规律，稀有单阶 2 歧生长规律，为玉兰属的特有分枝习性与成枝生长规律，也是建立舞钢玉兰组的重要依据之一。

2.5　拟花蕾分化发育与成花规律

2.5.1　拟花蕾分化发育始期

观察表明，舞钢玉兰拟花蕾依据分化发育始期的不同，可分为两大类。第一类：该类为 1 次新枝和缩台枝上由小拟花蕾状叶芽萌发的 2 次新枝，多于 4 月中下旬至 5 月上旬停止生长后枝顶形成的拟花蕾，6 月中下旬最外层 1 枝芽鳞状托叶开始脱落，内部雏蕾（花）内各部已分化发育成雏形，其余芽鳞状托叶相继脱落，直到翌春开花时脱落完毕；第二类：该类为第一类拟花蕾中有的于 7～8 月 2 次开花后（图版 I :13,24），由新的缩台枝上的小拟花蕾状叶芽萌发生成 2 次新枝和 2 次新的拟花蕾，其最外层 1 枚芽鳞状托叶脱落和离

心皮雌蕊群[10]均已分化发育完毕，芽鳞状托叶相继脱落，直到翌春开花时脱落完毕。

舞钢玉兰前后两批形成的拟花蕾除其分化发育始期不同外，均需经历未分化发育期、花被分化发育期、雄蕊群分化发育期和离心皮雌蕊群分化发育期[27-28]，直到越冬后，花器各部（包括雌雄配子体）发育完毕，才能开花结实，但不同的是，第一批形成的拟花蕾的各个分化发育期均早于第二批形成拟花蕾的各个分化发育期 30～60 d，各期均依次递后进行。

（1）未分化发育时期。指当年生前后两批（指 4～5 月及 7 月上中旬）萌发的新枝上的顶叶芽或侧叶芽呈现出绿豆粒状膨大，基部为圆球状，中部以上渐尖呈锥状弯曲，膜质托叶淡黄白色，在解剖镜下一般不容易区别出叶原基芽鳞状托叶原基与花被原基等，故称为未分化发育期。

（2）花被分化发育期。通常于 5 月上中旬，或 7 月上中旬新枝上的顶叶芽，或侧叶芽膨大，呈卵球状芽体，长 3～5 mm，径 2～3 mm，在解剖镜下，能观察到芽鳞状托叶原基的微凸，直到 5 月下旬，或 7 月下旬，花被原基呈微突表露，称该期为花被原基分化发育期。

（3）雄蕊群分化发育时期。该期始于 5 月下旬至 6 月上旬，花被原基相继分化发育，有花被雏形表露，长约 1 mm，其内花托伸长，周围有雄蕊原基呈现微突，直至 6 月下旬至 7 月上旬，雏形花被片长 5～10 mm，雄蕊相继分化发育，其花丝、药隔等均能分辨出来，故称雄蕊群分化发育期。第二批拟花蕾的雄蕊群分化发育时期，通常在 7 月下旬至 8 月上中旬表现出来。

（4）离心皮雌蕊群分化发育期。在雄蕊群分化发育的同时，离心皮雌蕊群也相继分化发育，6 月下旬至 7 月中旬，雏形花被片长 1.5～2.5 mm，雄蕊长 0.8～1.3 mm，花柱长 1～2 mm；7 月下旬至 8 月下旬，第二批拟花蕾中的离心皮雌蕊群分化发育表露出来，同时，第一批形成的拟花蕾有少数于 7 月下旬至 8 月下旬开花者，但花而不实。其原因可能是雌雄配子发育不好，或因天气炎热，气温高，不利于授粉。

近年来对舞钢玉兰拟花蕾分化发育期与成花、成枝生长规律进行观察。结果表明（见图2），舞钢玉兰前后两批形成的拟花蕾，除分化发育始期不同外，均按未分化发育期、花被分化发育期、雄蕊群分化发育期、离心皮雌蕊群分化发育的进程，依次递后交错进行，但不逆转，也不能截然分

451

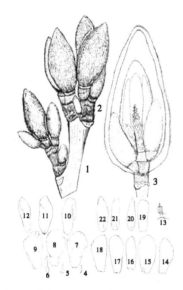

图1 舞钢玉兰拟花蕾着生位置、解剖结构及2种花型区别

1. 拟花蕾呈总状聚伞花序；2. 缩台枝；

3. 拟花蕾纵剖面；4~12. 花型1及花被片；

13. 雌雄蕊群；14~22. 花型1及花被片

（1.2×1.5；3×4；4~12，14~22×2.5；13×0.5）

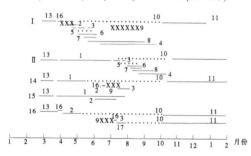

图2 舞钢玉兰玉蕾分化发育期与成枝生长规律

（I. 玉蕾分化发育期与成枝规律，II. 分枝习性与成枝生长规律）

1. 1次枝；2. 2次枝；3. 芽鳞状托叶；4. 芽鳞状托叶始落期；

5. 未分化发育期；6. 花被分化发育期；7. 雄蕊群分化发育期；

8. 雌蕊群分化期；9. 开花期；10. 玉蕾期；11. 越冬期；

12. 3次枝；13. 母枝；14. 叶芽；15. 长壮枝；

16. 缩台枝；17. 4次枝（赵天榜绘）。

开，各期相隔时间通常在 30~60 d。前后两批形成的拟花蕾，只有经过冬季，翌春开花后，才能结实。同时，还可以看出，叶丛枝、长壮枝和缩台枝等不同枝类的成花成枝生长规律则有显著差异。

3 小结

（1）舞钢玉兰当年生枝上有休眠芽、叶芽（顶叶芽和侧叶芽）和拟花蕾（顶生、腋生和簇生拟花蕾）3种，有时拟花蕾呈现总状聚伞花序在过去文献中，称"聚伞花序"[7,29]，或"总状花序"[30]不妥。

（2）拟花蕾由芽鳞状托叶、缩台枝、小拟花蕾及小拟花蕾状叶芽、雏枝及雏蕾等组成，过去把它

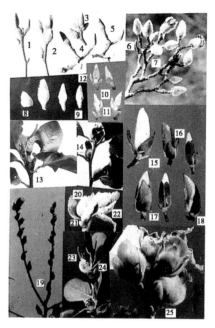

图版 I 舞钢玉兰芽、芽位、解剖、分枝习性与成枝生长规律

1. 侧叶芽；2. 腋生拟花蕾；3. 簇生拟花蕾；4,5. 顶生拟花蕾，属预生分枝呈单阶无歧生长规律；6. 顶叶芽；7. 缩台枝群；8,9. 1~4 层芽鳞状托叶；10. 拟花蕾解剖；11. 雏小拟花蕾；12. 雏叶芽；13. 二次开花后的新缩台枝、幼果，属预生－同生分枝；14. 拟花蕾上芽鳞状托叶具畸形小叶；15,17. 绽开花、佛焰苞状托叶2裂及幼果；16. 佛焰苞状托叶上具畸形叶；18. 绽开花、花梗及叶芽，属预生－同生分枝呈单阶1歧生长规律；19. 腋生拟花蕾属预生分枝呈单阶无歧生长规律；20. 芽鳞状托叶、小拟花蕾；21. 缩台枝；22. 雌雄蕊群；23,24. 二次开花后的雌雄蕊群及预生同生分枝呈单阶2歧生长规律；25. 簇生拟花蕾呈总状聚伞花序。

称为"花蕾"是错误的。因其外形似花蕾，内部结构也不同于混合芽，故称拟花蕾。

（3）芽鳞状托叶是托叶的变态，不是叶片的变态，过去把它称为"苞片""芽鳞""苞鳞""佛焰苞状苞片""佛焰苞"是不合乎科学含义的，是概念的错误。

（4）缩台枝是由母枝枝端的变态枝段与当年生由雏枝萌发成极短（长<10 mm，2~3 节）的1次新枝组成，是枝与花着生的中间过渡变态枝段，并具数节、节短增粗无叶（稀有畸形小叶），具芽及被毛等特征性状，在外形上与枝、花梗有显著区别，还与当年形成的果台枝、短枝、缩短枝不同，故称"缩台枝"。

（5）舞钢玉兰分枝习性与成枝生长规律是：由母枝上叶芽萌发形成的1次新枝，属预生分枝呈单阶无歧生长规律，稀为（徒长枝或苗干）预生分枝

呈单阶 1 歧生长规律;缩台枝上的小拟花蕾状叶芽及母枝上侧叶芽萌发生成的 1 次新枝,为预生分枝呈单阶无歧生长规律;缩台枝上缩短的 1 次新枝上小拟花蕾状叶芽萌生的 2 次新枝,稀有 3 次新枝,笔者称之为预生—同生分枝呈单阶 1 歧、单阶 2 歧生长规律,从而纠正了 R. B. Figar 提出的木兰属玉兰亚属分枝习性仅属预生分枝的片面观点。

(6)拟花蕾分化发育始期有二:4~5 月及 7~8 月。前后两批形成的拟花蕾均按未分化发育期、花被片分化发育期、雄蕊群分化发育期、离心皮雌蕊群分化发育期,依次递后进行,各期前后均有交错,但不逆转,也不能截然分开,只有越冬的拟花蕾,才能开花、结实。

(7)芽鳞状托叶始落期为 6 月中下旬,直至翌春开花时脱落完毕。这一特性也是玉兰属特有的分类特征性状之一,稀有拟花蕾于 7~8 月开花。

(8)拟花蕾、缩台枝、芽鳞状托叶始落期、佛焰苞状托叶,以及分枝习性属预生分枝呈单阶无歧或单阶 1 歧生长规律及预生—同生分枝呈单阶 1 歧,稀单阶 2 歧生长规律,为玉兰属恢复的新证据。

(9)拟花蕾预生、腋生和簇生,有时内含 2~4 小拟花蕾及小拟花蕾状叶芽,构成总状聚伞花序,以及 2 种花型的不同,是建立舞钢玉兰组的重要依据。

(10)舞钢玉兰拟花蕾的形成与解剖结构特征,在研究花由顶生→腋生→簇生→总状聚伞花序的进化理论及木兰亚科分类系统研究中具有重要意义,在其经济林集约栽培和园林化建设事业中具有广阔的开发利用和推广前景。

参考文献

[1] 赵天榜,孙卫邦,宋留高,等. 河南木兰属一新种[J]. 云南植物研究,1999,21(2):170-172.

[2] Spach E. Yulania Spach[J]. Hist Nat Veg. Phan, 1839,1. 462.

[3] 傅大立. 玉兰属的研究[J]. 武汉植物学研究,2001, 19(3):191-198.

[4] Figar R B. Proleptic branch initiation in Michelia and Magnolia subgenus Yulania Provides Basis for Combinations in Subfamily Magnolioideae[A]. In: Liu Y H ed. Proc. Interant Symp. Fam. Magnoliaceae 2000[C]. Beijing Science Press,2000:14-25.

[5] Nooteboom H P. Notes on Magnoliaceae I [J]. Blumea,1985,31:65-121.

[6] 李捷. 木兰科植物的分支分析[J]. 云南植物研究, 1997,19(4):342-356.

[7] 中国科学院中国植物志编辑委员会. 中国植物志:第 30 卷 第 1 册[M]. 北京:科学出版社,1996:108-141.

[8] 刘玉壶. 木兰科分类系统的初步研究[J]. 植物分类学报,1994,22(2):89-109.

[9] Liu Y H,Study on the phylogeny of Magnoliaceae [C]// Liu Y H ed. Proc. Interant Symp. Fam. Magnoliaceae 2000. Beijing:Science Press,2000:3-13.

[10] 中国科学院植物研究所. 中国高等植物图鉴(第 1 册)[M]. 北京:科学出版社,1983,1031.

[11] 南京农学院,华南农学院. 植物学[M]. 上海:上海科学技术出版社,1978:145.

[12] 辞海编辑委员会. 辞海 生物分册[M]. 上海:辞书出版社,1995:8.

[13] 陈封怀. 广东植物志(第 1 卷)[M]. 广州:广东科技出版社,1987:7.

[14] 陈嵘. 中国树木分类学[M]. 南京:京华印书馆, 1937(中华民国二十六年):282-297.

[15] 刘玉壶,高增义. 河南木兰属新植物[J]. 植物研究,1984,4(4):189-193.

[16] 刘玉壶. 中国木兰科一新属[J]. 植物分类学报, 1979,11(4):72-74.

[17] 刘玉壶. 广西木兰科一新种[J]. 植物研究,1982,2 (4):133-134.

[18] 傅大立. 辛夷植物资源分类与新品种选育研究 [D]. 株洲:中南林学院,2001:3.

[19] 南京农学院. 植物学基础与植物地理学(第 1 部分: 植物学基础)[M]. 北京:高等教育出版社,1961: 48- 52,91-92,165-1 67.

[20] 南京林学院树木学教研组. 树木学(上册)[M]. 北京:农业出版社,1961:139-146.

[21] 赵振中,谢宗石,沈苹. 药用辛夷一新种及一新变种的新名称[J]. 药学学报,1987,22(10):777-780.

[22] 丁宝章,赵天榜,王遂义,等. 河南木兰属新种和新变种[J]. 河南农学院学报,1983(4):7-11.

[23] 河北农学院. 果树栽培学(下册)[M]. 北京:农业出版社,1963:21-37.

[24] 崔鸿宾. 山胡椒属系统的研究[J]. 植物分类学报, 1987,25(3):161-171.

[25] 崔鸿宾. 中国樟科植物志资料(二)[J]. 植物分类学报,1987,16(4):63-69.

[26] 中国科学院中国植物志编辑委员会. 中国植物志(第 31 卷)[M]. 北京:科学出版社,1982,256.

[27] 陈志秀. 蜡梅成枝成花规律的研究[J]. 北京林业大学学报,1995(增刊 1):114-117.

[28] 郭正刚,五林正宪. 关于梅花花芽形态形成的研究 [J]. 北京林业大学学报,1995(增刊):27-61.

[29] 王明昌,闵成林. 陕西木兰属一新种[J]. 西北植物学报,1992,12(1):85-86.

[30] 丁宝章,赵天榜,陈志秀,等. 中国木兰属植物腋花、总状花序的首先发现和新分类群[J]. 河南农业大学学报,1985,19(4):256-364.

河南辛夷良种推广技术经验

赵天榜[1] 陈志秀[1] 戴丰瑞[1] 宋留高[1] 黄桂生[2] 顾朝玺[2]
张东安[2] 李留根[2] 高聚堂[3] 张天锡[3] 任云和[3] 王恩礼[3]

(1.河南农业大学;2.鲁山县林业局;3.南召山县林业局)

一、推广依据

"辛夷"是我国特有的经济药用树种,其中"辛夷"中的腋花玉兰、河南玉兰等系我国特产珍稀树种。因其生长迅速、适应性强、栽培广泛、历史悠久、经验丰富,同时树姿优美、花朵色艳,是我国经济、用材及绿化兼备的优良树种。

"河南辛夷"是木兰属中望春玉兰、腋花玉兰、河南玉兰及伏牛玉兰四种树木的花蕾作中药的通称。其中以望春玉兰占绝对优势。河南是望春玉兰的主要产区之一,其花蕾质量和数量等居全国首位。但在长期生长发育过程中,受立地条件、自然选择和人工选择及长期栽培的结果,形成了很多形态变异的类型,产生了许多优良的品种,其中不少类型生长较慢,花蕾较少,且产量不高,未能充分发挥优良品种的作用,从而影响了河南省发展"河南辛夷"良种任务的完成。迅速推广其良种,是当前发展河南省经济林及中药生产中一个急需解决的问题。为此,我们选择河南农业大学及南召县林业局等单位共同研究,并获1983年河南省人民政府重大科技成果三等奖的"望春玉兰的研究"科技成果选出的腋花玉兰、桃实望春玉兰及猴背子望春玉兰三个优良无性系,后又选出四季腋花玉兰等良种,应用在河南省林业建设和经济药用林生产中去。为实现"河南辛夷"良种标准化、栽培良种化、管理集约化提供科学依据。

二、推广情况

该项目在全省推广开始于1983年,是在各市、县党政领导的大力支持下,由河南农业大学、南召及鲁山等县林业局及有关单位参加,于1983年组成河南辛夷优良无性系推广协作组,共同拟订方案,分工负责,进行"河南辛夷"良种选育、培育壮苗和推广试验。1983～1990年,在南召、鲁山、桐柏、内乡、西峡等15个县的范围内,有计划、有组织、有步骤地开展全省性的群众繁殖和推广河南辛夷工作。同时,"河南辛夷"向北京、山东、河北、江苏、浙江、江西等省(市)推广。据统计,全省范围内推广面积达10万亩以上,推广株数300万株以上,已建成初具规模的"河南辛夷"商品生产基地5万亩。同时建立全国性第一个"辛夷"基因库林、密植矮化丰产林500余亩,繁育推广新的优良品种50万株以上。此外,推广其良种种子2万kg、壮苗800万株以上,使"河南辛夷"推广范围比计划大百倍以上。

为了迅速推广"河南辛夷"中的优良品种,近年来,南召、鲁山等县共投资80万元,其中,国家投资29.5万元。

三、推广措施

为使"望春玉兰的研究"这一科技成果及早在林业生产中充分发挥最大的经济效益和社会效益,在该项目推广时,我们采取了以下主要措施。

1.建立组织,加强领导

协作组除有关重点县林业局参加外,还特邀了生产、科研、大专院校等单位参加。南召、鲁山等县林业局先后成立了有领导和技术人员参加的推广协作组。如南召县协作组,由县长亲自抓,并由抓林业的副县长、林业局局长、科委主任、各乡的科技乡长组成,从而加强了与各单位的横向联合,发挥各自优势,开展技术协作,并进行定期检查评比,从而保质保量完成了推广任务,1983～1990年,共造林140万株,繁育、推广新品种50万株以上。鲁山县林业局为了抓好推广工作,专门成立了五人领导小组,由一名副局长专抓育苗、造林工作,造林季节齐上阵,分工负责,保质保量完成推广任务。由于县乡齐上阵、上下齐动员、高标准、严要求,使"河南辛夷"良种推广工作扎扎实实,仅1988年一年栽植"辛夷"40万株以上,成活率达95%以上。

2. 落实林业政策

保证优良品种的繁育与推广。推广优良品种时,我们首先解决群众在推广良种中权、责、利归属问题。推广良种造林,也像农业生产负责制一样,实行大包干,签订合同到户,实行谁的地、谁栽植、谁管护、谁收益,对积极推广良种的专业户、重点户,除了在政策上引导、生产上服务、经济上扶持、法律上保护,并在工作中做到五优先,即计划上优先安排、种苗上优先供应、技术上优先培训、经济上优先扶持、种苗销售上优先帮助,从而调动了群众繁育和栽培良种壮苗的积极性。南召县育苗专业户梁玉峰,连续五年,每年培育"辛夷"优良品种壮苗5亩,共出圃良种苗8万株,经济收入2.5万元,在梁玉峰同志的带动下,全村积极繁育望春玉兰的优良品种,大搞群众造林运动。

3. 培养骨干,普及技术

为搞好"河南辛夷"优良品种推广工作,我们采用多种形式,培训推广技术人员。1983~1990年,南召、鲁山县林业局的推广技术人员进行技术培训,共计1 000多人次。负责培训乡林业专业户、重点户、科技户的推广技术人员。为了更进一步使广大推广人员熟练掌握技术、应用技术的能力,还编发了《辛夷育苗技术》《望春玉兰类型研究》等8种推广技术资料,共计4万多份,发到有关推广单位及技术人员。然后,把这些技术人员分到各乡辛夷育苗单位进行技术指导。由于这支推广队伍熟练地掌握了望春玉兰优良品种育苗、造林、管理和病虫防治的基本技术,为迅速推广良种做出了贡献。

4. 抓好推广示范点

为使推广"河南辛夷"优良品种建立在稳步可控的基础上,我们首先抓好推广示范点的建设。1984年,以南召县为推广示范点。1987年以鲁山、内乡县为推广示范点。其中以县林场苗圃为骨干,林业专业户、重点户为依托,建成良种繁育基地。几年来,2个重点县共繁育良种壮苗1 000万株,造林10万亩以上;鲁山县以县林扬为推广示范点,高标准营造丰产林500亩。通过层层抓点,用事实教育群众。采用一个点、带一片、连一串的示范作用。这样使"河南辛夷"优良品种推广工作在河南省迅速发展,已遍及全省山区县。

5. 加强林木管护

"造林一时,管护千日"。为保证推广成果顺利进行,建立了相应的林木管护制度,除了谁的地、谁栽树、谁管护外,还设置护林人员。护林员实行岗位责任制,一年检查三次,进行评比,使造林后优良林保存完整、生长良好。南召县为把护林工作落到实处,县林业局向乡、村发放《森林法》1 500多本,县政府张贴护林布告,制订乡、村护林公约,并定期以召开会议、广播、放电影等形式进行广泛宣传,教育群众护林为光荣的新风尚。这样有力地加强了林木管理,使造林成活率达95%以上。

四、几点意见

为使"河南辛夷"栽培及早实现苗木标准化、栽培良种化、造林驻地化、集约经营化,特提如下几点建议:

1. 大力发展"河南辛夷"新品种

发展"河南辛夷"优良品种,在河南省林业生产建设中具有重要的地位,应当广泛地宣传,建立良种繁育基地,并采用新的育苗技术,培育大批优质壮苗。

2. 增拨对发展"河南辛夷"的投资

各级林业部门要拿出一定比例的投资用于其良种的繁育和造林推广上,争取在1995年内,建成15万亩以上良种丰产林基地。

3. 抓好林业区划,因地制宜发展

如果以生产药材为目的,应多发展腋花玉兰、桃实望春玉兰;如果以观赏绿化为目的,多发展河南农业大学等新选出的四季腋花玉兰、紫花望春玉兰等良种。从外地引种未经过推广示范的品种,切不可盲目应用于生产。

4. 建立良种繁育基地

为了今后大力发展优良品种,以免混杂,影响生产,已在南召、鲁山等县建成良种繁育基地50亩,为周围群众繁存良种种苗(条)创造了条件。

5. 加强科学研究

"河南辛夷"作为传统药材而驰名中外,为了提高其产量和质量,必须进行综合化利用的研究。

河南辛夷新优品种区域化试验初报

赵天榜[1]　高聚堂[2]　黄桂生[3]

(1. 河南农业大学,郑州　450002;2. 河南南召县林业局,南召　474650;3. 河南鲁山县林业局,鲁山　467300)

"河南辛夷"集中产于河南南召、鲁山两县,有成龄大树 5 万余株。近 15 年来,新栽幼树达 700 万株以上。为提高"河南辛夷"产品产量和质量,我们于 1973 年开始进行了新品种的选育工作,其方法是从当地农家品种中选出速生、早蕾、优质、丰产的 5 个"辛夷"新品种进行多点区域化试验研究,试图探究在不同栽培条件下的优良品质能否保存下来,并进一步检验其优良品质的真实性和可靠性,从而为扩大其引种栽培范围提供科学依据。经过多年来的区域化试验,新选育的"辛夷"新优品种具有优良的品质和丰产的特性。现将试验结果整理如下,供参考。

1　试验地点

为了解立地条件对"辛夷"新优品种的影响,我们分别在鲁山、南召两县选择 6 个地点进行其区域化试验。其中,鲁山县 3 个点,南召县 3 个点。6 个试验点有 4 种土壤,即黄壤土、沙壤土、粗骨土、沙土等。

2　整地与栽植

试验地点确定后,选择具有代表性的地段进行细致整地。南召县云阳镇 2 个点,因系浅山丘陵区,采用抽漕整地,深 80~100 cm,宽 100 cm,填土栽 1 年实生壮苗,成活后嫁接试验品种;南召县小店乡 1 个点和鲁山县 2 个点,因地势平坦,造林前均采用全面整地,挖 30 cm×80 cm×30 cm 大穴,栽植 1 年生壮苗,成活后,翌年嫁接试验品种,其栽植株行距 3 m×4 m。

3　抚育管理

栽后,分别间作花生、豆类作物。南召县云阳镇北村 1 个点,采用间作小麦与花生,实行以农代抚指施,对其树体生长发育十分有利。

4　试验结果

4.1　土壤种类对"辛夷"新优品种生长、产蕾的影响

根据在南召县试验表明,黄壤土、沙壤土等对"辛夷"新品种生长和产蕾量的影响有明显不同,如表 1、表 2 所示。

表 1　土壤种类对"辛夷"新品种生长和产蕾量的影响

地点	土壤种类	新品种 (cv.)	树龄 (a)	树高 (m)	冠幅 (m)	母枝上枝 (个)	新枝均长 (cm)	蕾数 (个/株)	产蕾量 (g/株)
小店乡	黄壤土	腋花玉兰	6	3.48	6.60	5~10	61	267	251.0
		桃实望春玉兰	6	3.40	5.98	6~9	44	211	154.7
云阳镇	沙壤土	望春玉兰	6	3.74	5.50	7~10	51	—	—
		四季腋花玉兰	5	4.08	10.9	6~11	61	1 130	654.2
		腋花玉兰	5	3.74	7.7	5~9	42	598	304.1
杨西村	粗骨土	桃实望春玉兰	5	2.75	5.0	6~10	67	192	135.0
		序腋花玉兰	5	2.40	4.9	4~5	50	163	90.4
		腋花玉兰	5	2.93	6.1	6~9	58	314	213.0
		望春玉兰	5	2.90	5.5	4~9	45	6	3.0
天桥村	沙壤土	腋花玉兰	4	1.94	3.6	6~8	49	24	11.8
		桃实望春玉兰	4	1.73	4.2	5~8	53	21	14.8
		序腋花玉兰	4	1.87	4.2	4~8	51	21	10.9
		望春玉兰	4	2.04	3.8	6~9	52	—	—

注:南召县。

表2 土壤种类对腋花玉兰生长和产蕾量的影响调查

土壤种类	褐土					黏土					黏土					总计
树龄(a)	6					6					6					
组号	1	2	3	4	5	1	2	3	4	5	1	2	3	4	5	
树高(m)	5.0	5.5	3.7	4.7	4.5	5.0	4.5	3.5	4.0	3.1	3.2	2.9	2.3	2.8	4.0	58.6
胸径(cm)	8.9	7.0	5.5	5.0	7.0	6.0	6.8	4.0	5.5	3.5	5.0	4.0	3.5	4.0	3.5	78.5
冠幅(m)	2.8	2.0	2.3	2.5	2.5	2.0	2.5	1.8	2.2	1.7	2.0	1.5	1.2	1.5	1.7	30.1
年产蕾量(g/株)	400	750	500	250	170	95	80	100	75	50	25	50	40	25	45	2 655

为了解表2中3种土壤条件下对腋花玉兰等生长和产蕾量的影响,特进行了方差分析和 F 检验,其结果如表3所示。

表3 不同土壤种类对腋花玉兰新品种生长和结蕾量方差分析表

变差来源	自由度	离差平方和	均方	均方比	F_2
组内	3-1=2	485 290	106 472.5	F=6.11	F_2=6.11
组间	3×(5-1)=12	209 000	17 416.67		
总和	15-1=14	634 890			

从表3中表明,$F>F_2$,即由于土壤种类不同,造成了腋花玉兰生长与产蕾量的显著性差异。所以,选择"辛夷"栽培的最适造林的肥沃土壤是决定其早期丰产的主导因子。

4.2 土壤种类对腋花玉兰等产蕾量的影响

为了找出褐土、黄黏土和沙土三个水平(产量平均数)之间的差异,特进行了 q 检查的多重比较。其比较结果如表4所示。

表4 各土壤对"辛夷"产量平均数的比较值

土壤种类	X_i-X_j	X_i-X_3	X_i-X_2
褐土	414	377*	344*
黏土	70	33	
沙土	37		

从表4中可看出褐土和黏土间辛夷年花蕾产量有极显著性差异,黏土和沙土间差异不显著。

4.3 土壤种类对腋花玉兰等生长的影响

为了解腋花玉兰等树高、胸径、冠幅在不同土壤上的差异显著性,进行方差分析,如表5所示。

表5 各土壤对腋花玉兰等生长的影响

项目	F值	$F_{0.05}$值	比较	差异显著性
树高	3.73	3.89	$F<F_{0.05}$	无显著差异
胸径	3.19	3.89	$F<F_{0.05}$	无显著差异
冠幅	6.67	3.89	$F<F_{0.05}$	有显著差异

从表5可以看出,在3种土壤上,腋花玉兰等树高和胸径生长没有差异,而冠幅生长存在显著差异。从表2材料中也可以看出,褐土上的树体生长好于黏上,黏土生长好于沙土,而冠幅大小是其优良特性之一。所以,进行区域化试验的品种,均有冠幅大的特点。因而,加速冠幅生长是获得丰产的主要措施之一。

4.4 同一土壤对辛夷新品种的生长的影响

4.4.1 干旱沙土对试验品种生长的影响

为证实不同土壤对腋花玉兰等品种生长影响,特对6年生的4个主栽品种分别进行了观测。观测结果如表6所示。

表6 不同品种在干旱沙土上的生长情况

品种	树龄(a)	株数	平均高(m)	平均胸径(cm)	平均冠幅(m)
腋花玉兰	6	30	3.4	4.8	2.3
桃实望春玉兰	6	30	2.6	5.7	1.9
序腋花玉兰	6	30	3.0	3.6	1.6
望春玉兰	6	30	2.7	5.0	1.5
平均值			2.9	4.8	1.8

表6说明,在沙质干旱土壤区"辛夷"不同品种生长均受到一定影响,而且差异不大,只有腋花玉兰的树高和冠幅稍大于平均数。

4.4.2 湿润褐土对试验品种生长和产蕾的影响

1991年调查在湿润褐土上的4个试验品种的生长和产蕾情况,如表7、表8所示。

表7 不同品种在湿润褐土上的生长和产蕾情况

品种	树龄(a)	株数	平均高(m)	平均胸径(cm)	冠幅(m)	花蕾产量(g/株)
四季腋花玉兰	6	10	3.4	4.8	2.3	862
桃实望春玉兰	6	10	2.6	5.7	1.9	418
腋花玉兰	6	10	3.0	3.6	1.6	533
望春玉兰	6	10	2.7	5.0	1.5	70

表8　湿润褐土条件下辛夷品种生长及产蕾量调直表

品种	树龄 （a）	树高 （m）	胸径 （cm）	冠幅 （m）	年产蕾量 （g/株）
四季腋 花玉兰	6	3.0	3.5	2.6	500
	6	6.0	5.0	2.9	750
	6	5.5	4.5	2.5	1 000
	6	4.5	6.0	2.7	1 500
	6	3.8	5.5	2.3	560
桃实望 春玉兰	6	5.0	7.0	1.5	150
	6	4.0	4.0	2.2	250
	6	6.0	6.5	2.7	500
	6	4.5	6.8	2.0	550
	6	5.5	6.5	2.5	640
腋花玉兰	6	5.3	6.0	2.4	800
	6	4.0	4.0	1.8	550
	6	4.5	5.5	1.5	400
	6	3.5	7.0	2.0	540
	6	5.5	5.7	2.1	150
望春玉兰	6	5.0	5.5	2.0	150
	6	4.6	4.5	1.5	100
	6	3.5	5.5	1.7	50
	6	3.6	4.0	1.5	30
	6	3.6	3.5	1.2	20

表7、表8材料表明，除花蕾产量外其他3种生长因子没有大的差别，只有花蕾产量呈明显差异。

为了解其产蕾差异显著性，特进行方差分析，其结果表明有99%的可靠性，$F_{0.01}=5.29$，如表9~表11所示。

表9　腋花玉兰各生长因子 F 值的比较表

因子	F 值	$F_{0.01}$ 值	差异显著性比较
树高	0.67	5.29	$F<F_{0.01}$ 无显著差异
胸径	1.72	5.29	$F<F_{0.01}$ 无显著差异
冠幅	5.77	5.29	$F<F_{0.01}$ 有显著性差异
产蕾量	6.81	5.29	$F<F_{0.01}$ 有极显著差异

表10　腋花玉兰等冠幅比较表

品种	X_i	X_1-X_4	X_1-X_3	X_1-X_2
四季腋花玉兰	$X_1=2.6$	1.0 *	0.6 *	0.1
桃实望春玉兰	$X_2=2.2$	0.6 *	0.2	
腋花玉兰	$X_3=2.0$	0.4		
望春玉兰	$X_4=1.6$			

从表10 $[X_1-X_3]>D$ 值的，即有显著差异的是四季腋花玉兰。同时表明，四季腋花玉兰和桃实望春玉冠幅生长快；腋花玉兰和望春玉冠幅生长较慢。

4.5　腋花玉兰等花蕾产量平均数排列

腋花玉兰等花蕾产量平均数按大小排列，如表11所示。

表11　腋花玉兰等花蕾产量平均数排列

品种	X_i	X_1-X_4	X_1-X_3	X_1-X_2
四季腋花玉兰	$X_1=862$	792 *	444 *	321
桃实望春玉兰	$X_2=538$	468 *	120	
腋花玉兰	$X_3=418$	348		
望春玉兰	$X_4=70$			

望春玉兰与农作物间作栽培群体结构

赵天榜[1]　陈志秀[1]　高聚堂[2]　黄桂生[3]

（1.河南农业大学，郑州　450002；2.河南南召县林业局，南召　474650；3.河南鲁山县林业局，鲁山　467300）

望春玉兰是我国传统的药用和观赏树种之一，为落叶乔木，冠大叶密，树形壮观；花大美丽，香味宜人，寿命长，材质好，是河南豫西伏牛山区荒山绿化、"四旁"造林，以及营造水土保持林、经济林和园林建设中重要的优质、速生用材树种之一。望春玉兰玉蕾挥发油含率达3.0%~5.0%，最高达7.2%，还是我国多种香味制品的重要原料之一。

河南南召、鲁山两县是我国"河南辛夷"的主产区，栽培历史悠久，并有丰富的品种资源和栽培经验，为进行望春玉兰的栽培群体结构及其林粮间作的研究提供了非常宝贵的经验。

一、试验地概况

（一）禹州市顺店乡

试验地位于河南中部平原地区禹州市顺店乡谷北村的沿岸滩地上。该地区气候温和，年平均气温14.4℃，年平均降水量728.3 mm。土壤为细沙壤土，肥力很差，但灌溉方便，地下水位1.0~1.5 m，pH 7.2，植被覆盖率很低（<3.0%）。1975

年,选择平坦滩地 2.0 km²,按 6.0 m×6.0 m 的栽植密度,采用 1.0 m × 1.0 m × 1.0 m 的大穴整地。整地时,拣出卵石块,每穴施有机肥约 30.0 kg,并与细沙混匀,用 1 年生望春玉兰实生壮苗(高 0.8~1.0 m,地径 1.5~2.0 cm)穴植。栽后,及时灌水,防止牲畜危害,确保栽植成活率 100.0%。望春玉兰栽植后,间种作物年限和抚育措施同,而分为 3 区,即:

(1)集约栽培管理区。该区与当年秋末冬初在 1/3 的试验地上,进行全面垦复,即深翻 70.0 cm,拣出所有卵石块,整修成宽 6.0 m、长度 15.0 m 的大型苗床。从第二年开始,每年在望春玉兰行间种植小麦 Triticum aestivum Linn.、落花生 Arachis hypogaea Linn、甘薯 Ipomoea batatas (Linn.) Lam.,或油菜 Brassica campestris Linn. 等,结合作物的管理,每年灌溉 5~8 次不等,分别施基肥 2~3 次(每次每亩施有机肥料约 1 000 kg),追肥 5~7 次(每次每亩追施化肥 5.0~7.5 kg)。该区望春玉兰生长良好,9 年生平均树高 6.1 m,胸径 12.1 cm,冠幅 5.6 m,郁闭度 0.7。

(2)一般栽培管理区。该区当年秋末冬初在 1/3 的试验地上,进行全面垦复,其基本措施与(1)区相同,仅间种作物 4 年,望春玉兰较差,9 年生平均树高 4.1 m,胸径 5.2 cm,冠幅 2.5 m。

(3)无抚育管理区。该区为 1983 年秋末冬初进行垦复区。因在望春玉兰栽后的 9 年中,没有采取任何一项措施,因而其生长最差。据调查,9 年生望春玉兰平均树高 2.7 m,胸径 3.6 cm,冠幅 1.6 m。

(二)南召县云阳镇

该区位于河南豫西南伏牛山区南坡的浅山、丘陵区,年平均气温 14.8 ℃,年平均降水量 800.0 mm。该区土壤为沙壤土,肥力中等,排灌方便。望春玉兰常栽植在坡基、河旁、路旁及梯田地坎上,行距 10.0~15.0 m,株距 3.0~5.0 m,树龄 9~15 生,树高 5.0~10.0 m,干粗 10.0~30.0 cm。抚育管理措施,多与间种作物的管理相结合进行。2000 年 5 月 28~30 日与 8 月 25~30 日在南召县云阳镇西花园的河岸旁梯田上进行小麦、玉米等间作的调查研究。

(三)鲁山县国营林场

该场位于鲁山县国营林场小集林区,靠近河沙,年平均气温 14.8 ℃,1 月平均气温 0.7 ℃,绝对最低气温 -18.1 ℃,7 月平均气温 28.1 ℃,绝

对最高气温 42.4℃,年平均降水量 824.0 mm,集中在 7~9 月。全年无霜期 215 d。土壤为粗沙土,土壤干旱、瘠薄,保肥、保水能力极差,地下水位<1.0 m,有昭平台北干渠流经林场,灌溉极为方便。该试验区原为沿河沙地刺槐 Robinia pseudoacacia Linn. 人工林,皆伐后经过整地营造河南"辛夷"林面积 66.6 km²。栽植行株距为 3.0 m×1.5 m。植苗选用 1 年生望春玉兰实生壮苗按 1.0 m×1.0 m×1.0 m 穴栽。栽后及时灌溉,确保成活率 100.0%,并进行农林间作,实行以农代抚措施,确保其正常生长和良好发育。

二、研究内容与方法

(一)望春玉兰生长调查

在不同的试验地段上,选择具有代表性的标准木 15~30 株,分别确定树龄后,进行每木树高、胸径、冠幅和单株产蕾量的调查。最后,求出平均树高、胸径,或干径(指树干离地 30.0 cm 处的直径)、冠幅及单株产蕾量。

(二)农田小气候观测

为了解望春玉兰栽培群体及农林间作中小气候的变化规律,在不同的试验区内设置小气候临时观测点。按照要求分别在不同时期、不同时间,进行气温、地温、空气相对湿度、水分蒸发量、土壤含水率,以及光照强度的测定。

(三)小麦及其产量测定

不同试验区,选择具有代表性的小麦 Triticum aestivum Linn. 标准木 5~10 株,每株在冠下东、南、西、北 4 个方向以树基为中心,确定不同距离点(以 1.0 m 为准)进行取样调查。每点取小麦 30 株,分别测定株高、穗长、穗重、粒数,并测定千粒重等,最后计算每亩产量,并分析望春玉兰冠下小麦生长发育及其产量分布规律,为今后进行大面积的望春玉兰间作提供科学依据。

(四)玉米等作物生长及产量测定

玉米 Zea mays Linn. 的测定,按距树干基部不同距离测定其株高、穗长、穗重,并计算其增产幅度。每次 5~10 株,重复 5~10 次,最后求出所需数据。芝麻 Sesamum indicum Linn.、油菜 Brassica pekinensis(Lour.)Popr. 测定和玉米相同,但每次所测株数 10~15 株,测定其株高、每平方米产量(g),计算亩产量,并有对照。甘薯 Ipomoea batatas(Linn.)Lam. 仅作株产调查,计算出亩产量。

三、研究结果

(一)管理措施对望春玉兰生长的影响

在禹州市顺店乡谷北村的小河沿岸的同一细沙滩地上,栽培的9年生望春玉兰由于管理措施不同,其生长调查结果如表1所示。

从表1材料看出,同一立地条件、同龄的望春玉兰栽植后,由于抚育管理措施的不同,则其生长差异明显。所以,栽植的林木,必须采取集约管理措施,这是加速望春玉兰生长的关键技术措施,否则很难达到预期的目的。

(二)望春玉兰等种、品种对其生长与产蕾量的影响

为进一步了解望春玉兰与农作物间作群体内生长与产蕾量,对望春玉兰等2种、3个品种的生长及产蕾量进行调查。调查结果如表2所示。

表1　栽培抚育措施对望春玉兰生长的影响

抚育措施	林龄 (a)	树高 (m)	胸径 (cm)	冠幅 (m)	平均生长量			增长率(%)		
					树高 (m)	胸径 (cm)	冠幅 (m)	树高	胸径	冠幅
集约栽培管理	9	6.2	12.1	5.6	0.69	1.34	0.62	230.0	462.1	350.0
一般栽培管理	9	4.1	5.2	2.5	0.40	0.58	0.28	153.3	200.1	136.3
无抚育管理	9	2.7	2.6	1.6	0.30	0.29	0.18	100	100.0	100.0

注:赵天榜及杨凯亮等于1983年5月28日调查材料。

表2　望春玉兰等在间作群体内对其生长与产蕾量的比较

立地条件	名称	树龄 (a)	树高 (m)	胸径 (cm)	冠幅 (m)	产蕾量 (g/株)	增长率(%)			
							树高	胸径	冠幅	产蕾量
Ⅰ.溪旁 梯田黏壤土	腋花玉兰	52	20.5	93.4	24.5	187.0	154.9	147.2	181.6	359.6
	望春玉兰	52	20.1	78.0	17.1	104.0	151.1	122.6	125.6	200.0
	'桃实'望春玉兰	52	13.3	63.6	11.3	100.0	100.0	100.0	100.0	100.0
Ⅱ.沿河沙地 50 cm深下 为黏土	腋花玉兰	10	6.0	13.9	4.2	12.5	111.1	86.9	110.5	403.2
	'四季'腋花玉兰	10	5.5	11.8	3.4	0.80	101.9	73.7	89.5	254.8
	望春玉兰	10	4.6	11.0	3.1	0.36	85.2	68.8	81.5	116.1
	'桃实'望春玉兰	10	5.8	13.1	4.0	0.51	107.4	81.9	105.3	164.5
	'小桃'望春玉兰	10	5.4	16.0	3.8	0.31	100.0	100.0	100.0	100.0

注:赵天榜等调查材料。Ⅰ.1983年在南召县皇后乡调查材料;Ⅱ.1998年在鲁山县国营林场调查材料。

从表2可以看出,望春玉兰等生长随立地条件而有区别,即使是在同一立地条件下的同龄和同样管理技术下,由于品种不同,其生长也有很大的差异。例如,在黏壤土条件下,52年生的腋花玉兰比望春玉兰单株产蕾量(1983年)高159.6%,比'桃实'望春玉兰单株产蕾量(1983年)高259.6%;在粗沙土壤条件下,10年生的腋花玉兰比望春玉兰产蕾量高303.2%等。由此可见,望春玉兰栽培时,选用优良品种,不仅提高其植株的成蕾年龄,还可以提高其成蕾量,增加经济效益。

(三)望春玉兰与农作物间作群体内小气候观测

1.光照强度等的测定

光照强度的测定是在禹州市顺店乡、南召县云阳镇、鲁山县国营林场的人工林中分别进行的。由于试验位置、抚育措施不同,测定时期也不一致,因此测定结果必然有明显的差异。观测点不同、测定时期不同,而每日都是从6时开始至18时进行的。每2 h测定1次。测定结果如表3和表4所示。

表 3　望春玉兰与农作群体内光照强度等测定

测定时间 （h）	集约抚育区		一般抚育区		无抚育区	
	光照强度 （klx）	透光率 （%）	光照强度 （klx）	透光率 （%）	光照强度 （klx）	透光率 （%）
6	1.0	7.7	3.4	26.2	13.0	100
8	19.2	32.0	50.0	83.3	60.0	100
10	24.1	29.4	72.0	87.7	82.0	100
12	12.7	14.8	67.0	77.9	86.0	100
14	20.9	25.5	77.0	93.9	82.0	100
16	2.4	11.4	80.0	38.1	21.0	100
18	0.7	13.7	3.2	62.7	5.1	100
平均	11.6	19.2	40.1	67.1	49.9	100

注：赵天榜及杨凯亮等于1983年5月28日至6月3日测定；林分在禹州市顺店乡谷北村沿河滩地；林龄9年；栽植密度为6.0 m×6.0 m。测定点在树行及株距中间。

表 4　望春玉兰与农作物间作群体内的太阳辐射分布（透光率）

测定时间 （h）	太阳辐射 ［Mol/（m² · h）］	透光率（%）						
		东侧 0.5 m	东侧 1.0 m	东侧 1.5 m	东侧 2.0 m	西侧 1.5 m	西侧 1.0 m	西侧 0.5 m
7	0.228	68.6	67.2	68.2	59.2	73.6	61.9	64.7
8	1.085	49.2	45.8	51.5	49.1	54.5	49.6	51.2
9	1.105	54.6	50.4	56.7	54.2	58.8	54.2	56.1
10	3.033	63.2	58.4	64.7	59.9	65.6	61.3	63.3
11	4.765	67.8	62.1	61.1	63.1	72.0	66.5	68.4
12	1.978	64.1	49.5	68.5	69.0	75.4	68.9	61.0
13	5.678	36.9	66.1	80.9	75.1	80.7	61.8	45.5
14	5.591	74.9	42.9	80.7	69.4	57.0	46.6	71.9
15	5.558	79.5	73.7	75.5	59.8	80.2	74.6	68.5
16	3.870	69.6	66.5	73.8	68.2	68.7	54.8	42.8
17	2.173	61.9	59.0	65.7	60.1	61.9	56.7	58.5
18	1.247	51.6	48.7	54.5	50.6	54.6	49.6	50.8

注：傅大立于2000年5月24~25日在鲁山县林场测定。望春玉兰林分为1987年造林，树高4.5 m，冠幅2.8 m，栽植密度为3.0 m×1.5 m；沿河滩地；7年后，林分未抚育管理，杂草丛生。测点在树林中间，距东西树行不同距离处。

（1）光照强度分配。根据观测结果发现，望春玉兰与作物间作群体内中，光照强度分配具有明显的变化规律。这种变化，是受多种因素、相互作用密切联系、彼此制约的综合结果，如树龄、物候期、树冠大小、栽培密度，以及太阳高度和方位角等。其中，光照强度分配占主导因素，因而也是影响作物生长发育和产量的主导因子。

（2）抚育管理措施不同，林内光照强度变化。表4材料表明，不同立地条件下，望春玉兰林分内的光照强度透光率有明显变化，即使是同一立地条件下的不同抚育管理的林分内，其光照强度亦大不相同。如集约栽培的望春玉兰林分平均光照

强度为11.6 klx，透光率19.2 %；一般抚育管理的林分内，光照强度、透光率分别为40.1 klx、67.1 %；无抚育管理的林分内，则分别为49.9 klx、100 %。由于集约栽培抚育管理区内的望春玉兰基本达到郁闭，林分光照强度及透光率比较低，间作作物的间作已经停止，而一般抚育管理区和无抚育管理区，还能间种小麦、花生、油菜等。

（3）不同树龄的树冠下光照强度等的变化。望春玉兰树龄不同，必然要通过它的冠幅大小表现出来。在通常条件下，幼龄期间（5年生）的望春玉兰树冠较小，枝叶较少，所以光照强度40 klx，透光率<50.0 %；随着树龄的增大，冠幅逐渐

增大,光照强度、透光率则相应降低,树龄达25~100年生时,正是望春玉兰成蕾盛期,生长缓慢,抽生萌壮枝的能力很弱,冠幅趋于比较稳定状态,因而在树冠下的光照强度和透光率,也趋于相对稳定状态,其冠下光照强度为5.2~8.0 klx,透光率一般6.3%~8.0%;百龄后,随树龄的增大,树势仍很正常,尚无枯枝焦梢现象出现,因而光照强度和透光率变化不大,如表5所示。同时表明,10年生的望春玉兰人工林已不能进行间作。

表5 望春玉兰树龄与光照强度和透光率关系

树龄 (a)	树高 (m)	胸径 (cm)	冠幅 (m)	光照强度 (klx)	透光率 (%)
5	4.1	5.7	2.6	40.0	40.1
10	6.3	15.0	5.9	11.6	19.2
25	8.0	24.0	8.0	8.0	8.0
70	15.3	40.3	14.2	5.2	6.3
120	17.1	60.7	19.7	3.3	4.7
200	19.1	95.0	24.3	3.0	4.3

注:赵天榜及杨凯亮等于1983年6月1~5日在禹州市测定。测定点在树冠投影中间点。

(4)树冠投影面积与光照强度的变化。为进一步了解望春玉兰树冠投影面积的日变化规律,我们选定10年生的年生孤立植株进行了树冠投影面积等日变化的测定。测定结果如表6所示。

表6 望春玉兰树冠投影面积、光照强度和透率测定

测定时间 (h)	6	8	10	12	14	16	18	平均
树冠投影 面积(m²)	7 380	3 450	1 070	8 476	1 160	2 310	7 290	4 419
光照强度 (klx)	1 350	10 500	14 000	5 750	8 500	11 000	2 000	7 586
透光率 (%)	8.9	18.4	19.2	6.8	10.1	18.3	5.0	12.4

注:赵天榜及杨凯亮等于1983年6月1~5日在禹州市测定。

从表6可以看出,在望春玉兰树冠下光照强度日平均为7 586 klx,透光率达12.40%,其冠下基本不能满足作物生长发育对光照强度的需要。

2. 气温、地温等测定

为了解望春玉兰间作群体内气温与地温的日变化规律,作者于1983年5月28日至6月3日、2000年5月28日至6月3日及2000年8月25~30日,对望春玉兰不同林分的气温与地温做了测定。测定结果如表7所示。

表7 望春玉兰不同抚育措施林分内气温、地温等测定

抚育措施	气温(℃)			地温(℃)					空气相对湿度(%)		蒸发量(mm)	
	日均	13:01pm	日均 降低	10 cm处	15 cm处	20 cm处	日均	日均 降低	日均	日均 降低	日均	日均 降低
集约措施	27.5	32.2	1.9	21.8	21.5	19.8	21.0	4.0	55.7	806	88.3	45.3
一般措施	28.5	33.2	0.9	13.7	22.4	21.3	21.3	2.5	52.0	4.7	173.3	88.8
无措施	29.4	34.5	0	26.1	24.7	24.0	25.0	0	47.3	0	195.0	100

注:赵天榜及杨凯亮等于1983年5月28日至6月3日测定。

表7材料表明,不同抚育管理措施区的望春玉兰林分内日平均气温、地温、空气相对湿度及蒸发量也有不同变化。其中,以集约栽最低,一般管理区次之,无抚育管理区最高。

为进一步了解望春玉兰与农作物间作群体中不同措施区内的气温及空气相对湿度的日变化,现将测定结果绘于图1、图2。

(四)望春玉兰间作群体对小麦等生长及产量影响

1. 小麦

(1)望春玉兰与小麦间作群体内小麦生长发育与产量的测定。根据调查,立地条件对小麦产量有明显影响,如表8所示。

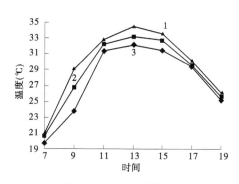

图1 气温日变化曲线
1.集约管理区;2.一般管理区;
3.无管理区(赵天榜绘)

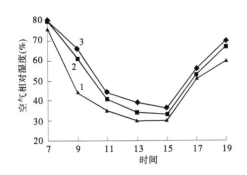

图 2　空气相对湿度日变化曲线

1. 集约管理区;2. 一般管理区;3. 无管理区(赵天榜绘)

表 8 材料表明,立地条件好(沙壤土),则望

春玉兰生长好,而小麦减产幅度就大。随着树龄的增大,冠幅的增大,对小麦千粒重和产量的影响相应地明显。望春玉兰栽群内小于 10 年生时,可进行间作。

(2)望春玉兰间作群体内小麦生长与产量的分布。了解望春玉兰与小麦间作群体结构内小麦生长与产量的分布规律,对于制定栽培措施、选用作物品种,进行科学而合理的间作具有重要意义。

据多年来观察,结果表明,望春玉兰冠下小麦生长、千粒重与年龄呈反相关规律,即随着树龄的增大,冠下小麦生长、千粒重和产量也相应降低。

表 8　立地条件对望春玉兰间作群体内小麦产量的影响

调查地点	调查日期(年-月-日)	土壤种类	望春玉兰生长状况				小麦千粒重		小麦产量	
			树龄(a)	株行距(m)	树高(m)	冠幅(m)	千粒重(g)	减少率(%)	产量(kg)	减产率(%)
禹州市顺店乡	1983-05-28 1983-06-01	沙土	9	6×6	3.8	2.7	32.1	18.5	246.1	3.1
		粗沙土	9	6×6	6.3	5.9	27.1	31.2	90.9	64.2
南召县云阳镇	2005-05-24	沙壤土	6	4×5	3.5	2.5	11.0	14.4	241.5	7.2
		沙壤土	10	5×7	5.7	4.0	34.7	11.7	184.9	50.7

注:赵天榜及高聚堂等在禹州市及南召县测定。

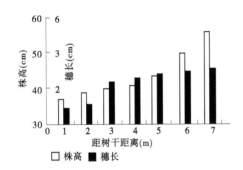

图 3　望春玉兰冠下小麦株高、穗长分布

(选自赵天榜等,1991.《木兰及其栽培》)

从表 7、表 8 和图 3 可看出,望春玉兰冠下小麦生长、千粒重和产量等,与距树干距离也呈反相关规律,即距树干越近,小麦生长越差,其千粒重和产量越低;反之,随着距树干距离的增加,小麦生长越好,其千粒重和产量也越高。冠下小麦的这种分布规律与树龄密切相关,即在 40 年生以上的大树,其冠下胁地范围一般可达 8.5 m 左右。调查还表明,望春玉兰冠下小麦生长与产量依冠下的方向不同而有区别。一般南北行栽植的望春玉兰其冠下两侧对小麦生长和产量的影响不太显著,而东西行栽植的望春玉兰冠下南北两侧的小麦生长发育和产量的影响比较显著。

表 9　望春玉兰与农作物间作群体内冠下小麦生长发育和产量的分布规律

距树行距离(m)	株高(m)	穗长(cm)	秆重(g/m)	穗重(g/m)	粒重(g/m)	千粒重(g)	亩产量(kg)
0.5	31.4	1.2	2.4	2.3	1.51	16.8	15.3
1.5	38.4	1.5	5.2	4.7	3.26	20.5	38.0
2.5	40.3	1.8	6.8	6.7	5.43	26.8	45.2
3.5	42.1	2.0	7.0	8.2	6.35	27.2	45.2
4.5	46.3	1.8	7.7	8.6	6.77	27.6	49.6
5.5	45.3	2.0	9.6	9.7	7.40	27.6	58.6
6.5	46.6	1.9	9.8	10.1	8.07	26.4	72.8
7.5	46.4	2.7	10.4	11.0	8.50	30.2	81.9
8.5	49.4	3.0	10.9	13.6	8.98	30.2	90.1
9.5	50.4	3.3	16.1	20.0	15.91	33.3	149.6
10.5	57.1	3.2	20.2	22.5	18.13	33.7	184.4

注:赵天榜及高聚堂等于 1983 年 5 月 28 日在南召县调查材料。望春玉兰树龄 9 年生株行距 6.0 m×6.0 m,冠幅 4.8 m,枝下高 1.1 m。

表 10　望春玉兰与农作物间作群体内冠下南北两侧距离
对小麦生长发育和产量的影响

编号	距树干距离（m）	株数（株）	株高（m）	穗长（cm）	粒数（个/株）	粒重（g/株）	亩产（kg）	千粒重（g）
南6	2.55	52	67.7	5.9	31	8.8	330.7	40.14
南5	1.75	50	67.1	5.6	28	6.4	265.8	52.59
南4	1.25	48	63.4	5.4	29	6.4	260.0	31.74
南3	0.80	43	64.1	5.6	29	5.9	230.8	32.87
南2	0.50	38	61.9	5.7	27	5.5	201.1	33.41
南1	0.30	28	59.6	5.1	21	4.4	134.8	31.78
植株	—	—	—	—	—	—	—	—
北1	0.30	33	52.8	4.2	13	4.7	66.9	23.47
北2	0.50	33	53.5	4.4	13	5.2	74.7	33.00
北3	0.80	35	56.8	4.7	14	5.8	89.7	33.09
北4	1.25	36	62.5	5.4	19	8.8	131.7	33.38
北5	1.40	35	65.7	5.7	25	11.0	171.2	33.55
北6	1.60	35	64.5	6.0	24	11.0	171.7	34.70
北7	1.80	35	93.2	6.0	24	13.0	202.3	36.51
北8	2.25	36	61.9	6.0	24	14.0	198.0	39.09

注：赵天榜及高聚堂等于2000年5月24日，在南召县西花园村调查材料。品种"桃实"望春玉兰林。树龄：10年生，平均树高5.7 m，冠幅4.0 m，枝下高2.0 m，东西行：行间距7.0 m，株距5.0 m。林地土壤：沙壤土。

2. 玉米

望春玉兰与玉米间作也是望春玉兰间作群体中的一个重要栽培模式。为了解望春玉兰间作群体对玉米生长发育和产量的影响，于2000年8月28～30日在南召县云阳镇西花园村的山地基部梯田的沙壤土上进行了调查。调查结果如表11和图4所示。

表 11　望春玉兰与农作物间作群体内冠下
玉米生长发育和产量关系

望春玉兰	距树干距离（m）	株高（cm）	穗长（cm）	穗重（g）	增产幅度（%）
树龄15a 株距5.0 m 树高7.2 m 干径29.8 cm 冠幅6.5 m 株产蕾9 440个	北1.0	2.67	12.7	43.8	100.0
	北1.9	2.40	14.7	70.1	160.1
	北2.9	2.20	16.7	97.5	222.6
	北3.9	2.20	18.3	128.7	293.6
	北4.3	2.20	19.0	163.0	372.1
	北5.3	2.13	20.0	170.1	365.8
	北6.0	2.17	21.6	178.3	407.1
	北7.1	2.13	21.8	185.5	423.6
	北8.7	2.19	21.0	190.6	435.1
	北9.8	2.18	21.7	199.0	454.3
	北10.7	2.20	20.7	193.4	441.6
树龄12a 株距3.5 m 树高5.1 m 干径13.5 cm 冠幅4.3 m 株产蕾2 676个	北1.6	1.78	6.0	51.0	100.0
	北2.6	2.00	12.1	79.4	155.7
	北3.3	2.12	18.6	131.1	256.9
	北4.1	2.10	19.0	165.3	324.1
	北5.0	2.26	21.0	193.0	378.4
	南0.0	2.01	10.4	30.1	110.0
	南1.0	2.14	12.6	223.7	67.4
	南1.8	2.22	14.2	98.3	326.6
	南2.5	2.48	19.8	180.3	599.0
	南3.3	2.44	20.1	180.7	600.3
	南3.8	2.67	21.5	190.1	631.3

注：2000年9月20日，赵天榜及高聚堂等在南召县西花园村调查材料。玉米株行距30.0 cm×60.0 cm。

表 12　望春玉兰间作群体内西侧不同距离
对玉米生长发育和产量的影响

距树干距离（m）	西1.0	西1.8	西2.8	西3.5	西4.2	西4.9
株高（m）	1.62	1.81	1.95	2.10	2.10	2.10
穗长（cm）	1.44	18.0	18.7	19.3	20.0	20.4
穗重（g）	90.1	125.3	140.1	170.8	180.6	183.1
增产幅度（%）	100.0	139.1	155.5	189.6	200.5	203.1

注：2000年9月20日，赵天榜及高聚堂等在南召县西花园村调查材料。

3. 其他作物

为了进一步了解秋季作物与望春玉兰间作群体内的效果,作者于2002年8月在河南鲁山县国营林场的"河南辛夷基因库林"下,对间作的芝麻 Sesamum indicum Linn.、落花生、甘薯与油菜进行了调查。调查结果如表13所示。芝麻与望春玉兰间作群体。

表13 望春玉兰与农作物间作群体内油菜等间作调查

调查日期	5月上旬						8月中旬							
望春玉兰			油菜				芝麻				落花生			
树高（m）	胸径（cm）	冠幅（m）	株高（m）	1 m² 产量（g）	亩产（kg）	对照（kg）	株高（m）	1 m² 产量（g）	亩产（kg）	对照（kg）	株高（cm）	1 m² 产量（g）	亩产（kg）	对照（kg）
4.10	5.30	2.5	0.73	88.7	35.5	30.4	1.73	106.3	48.9	50.3	35.1	183.3	73.3	53.3

注:望春玉兰为6年生;行株距:6.0 m×6.0 m。林地:沙土。抚育管理措施及时。赵天榜及高聚堂等于1996年在南召县西花园村调查材料。

此外,1996年9月上旬,还对望春玉兰林内间种的甘薯进行了调查。调查结果:间种的甘薯每株平均重0.81 kg,亩产(0.81 kg×3 055株)24 750.0 kg,而对照甘薯产量(1.03 kg×3 055株)3 146.7 kg。还有在林间进行育苗。林下种木耳、中药材植物等。

（五）结论

望春玉兰栽培群体与作物间作经验,归纳如下:

（1）适地适树。望春玉兰造林,必须选择土壤肥沃、疏松的沙壤土、黏壤土。特别是在山地营造望春玉兰林时,应先修筑梯田后,再进行栽植。特别干旱、瘠薄的沙地,重黏土地不宜选用。

（2）选择适宜的结构类型。河南南召、鲁山两县的望春玉兰栽培群体主要有4种类型:①以望春玉兰为主的栽培群体,通常采用3.0 m×5.0 m的株行距,在间作作物3~5年后,不再间种,成为以生产"辛夷"为主的经济纯林。②望春玉兰与农并重的栽培群体,通常采用5.0 m×7.0 m的株行距。一般在10年以内进行间作,10年后随着望春玉兰生长,严重影响农作物的生长发育和"辛夷"产量,而不再进行间种,成为以生产"辛夷"为主的经济林。③以农为主的望春玉兰栽培群体,行距通常大于10.0 m,株距3.0~5.0 m,种植作物通常可达15年,或更长时间。④农耕地上散生类型。农耕地上零星栽植望春玉兰,每亩栽2~5株,以农业生产为主,种植作物通常可达50年以上。

（3）选用望春玉兰等良种。选用望春玉兰等良种,可以提高"辛夷"产量,发展当地经济。河南南召县在进行望春玉兰栽植时,选用腋花玉兰和'桃实'望春玉兰2个良种进行单株间栽。前者成蕾年龄早、成蕾多,可提早获得效益;后者10~15年前生长较快、成蕾迟,产量也低;15年以后,则产蕾较高。两个品种可以互补,并在建立望春玉兰特种经济林时,有特殊的意义和作用。

（4）选用适宜作物品种。在适宜的密度下,选用适宜作物,是提高经济效益、建立农林混合生态体系的重要措施之一。其中,以小麦、落花生、油菜、豆类(包括大豆、绿豆等)等作物为宜。也有选用玉米间作。近年来,南召、鲁山两县不少的农民,在望春玉兰林分内培育木耳、香菇,或蔬菜等,也获得了可喜的效果。

（5）加强抚育管理。加强抚育管理,是获得望春玉兰间作效果不可缺少的技术措施。如适时施肥、灌溉、中耕、除草、防治病虫害,以及整形修剪疏枝等工作。用70.0%的灭蚁灵粉消灭。在蚁路和蚁巢处喷70.0%的灭蚁灵粉剂。

参考文献

[1] 赵天榜,孙卫邦,宋留高,等. 河南木兰属一新种[J]. 云南植物研究,1999,21(2):170-172.

[2] Spach E. Yulania Spach[J]. Hist Nat Veg. Phan,1839(1):462.

[3] 傅大立. 玉兰属的研究[J]. 武汉植物学研究,2001,19(3):191-198.

[4] Figar R B. Proleptic branch initiation in Michelia and Magnolia subgenus Yulania Provides Basis for Combinations in Subfamily Magnolioideae[C]//Liu Y H ed. Proc. Interant Symp. Fam. Magnoliaceae 2000. Beijing:Science Press,2000,14-25.

[5] Nooteboom H P. Notes on Magnoliaceae I [J]. Blumea,1985,31:65-121.

[6] 李捷. 木兰科植物的分支分析[J]. 云南植物研究, 1997,19(4):342-356.

[7] 中国科学院中国植物志编辑委员会. 中国植物志:第 30卷 第1册[M]. 北京:科学出版社,1996:108-141.

[8] 刘玉壶. 木兰科分类系统的初步研究[J]. 植物分类 学报,1994,22(2):89-109.

[9] Liu Y H. Study on the phylogeny of Magnoliaceae [C]// Liu Y H ed. Proc. Interant Symp. Fam. Magnoliaceae 2000. Beijing:Science Press,2000:3-13.

[10] 中国科学院植物研究究所. 中国高等植物图鉴(第 1册)[M]. 北京:科学出版社,1983:1031.

[11] 南京农学院,华南农学院. 植物学[M]. 上海:上海 科学技术出版社,1978:145.

[12] 辞海编辑委员会. 辞海 生物分册[M]. 上海:辞书 出版社,1995:8.

[13] 陈封怀. 广东植物志(第1卷)[M]. 广州:广东科 技出版社,1987:7.

[14] 陈嵘. 中国树木分类学[M]. 南京:京华印书馆, 1937(中华民国二十六年):282-297.

[15] 刘玉壶,高增义. 河南木兰属新植物[J]. 植物研 究,1984,4(4):189-193.

[16] 刘玉壶. 中国木兰科一新属[J]. 植物分类学报, 1979,11(4):72-74.

[17] 刘玉壶. 广西木兰科一新种[J]. 植物研究,1982,2 (4):133-134.

[18] 傅大立. 辛夷植物资源分类与新品种选育研究

[D]. 株洲:中南林学院,2001:3.

[19] 南京农学院. 植物学基础与植物地理学(第1部分: 植物学基础)[M]. 北京:高等教育出版社,1961: 48-52,91-92,165-167.

[20] 南京林学院树木学教研组. 树木学(上册)[M]. 北 京:农业出版社,1961:139-146.

[21] 赵振中,谢宗石,沈苹. 药用辛夷一新种及一新变种 的新名称[J]. 药学学报,1987,22(10):777-780.

[22] 丁宝章,赵天榜,王遂义,等. 河南木兰属新种和新 变种[J]. 河南农学院学报,1983(4):7-11.

[23] 河北农学院主编. 果树栽培学(下册)[M]. 北京: 农业出版社,1963:21-37.

[24] 崔鸿宾. 山胡椒属系统的研究[J]. 植物分类学报, 1987,25(3):161-171.

[25] 崔鸿宾. 中国樟科植物志资料(二)[J]. 植物分类 学报,1987,16(4):63-69.

[26] 中国科学院中国植物志编辑委员会. 中国植物志 (第31卷)[M]. 北京:科学出版社,1982:256.

[27] 陈志秀. 蜡梅成枝成花规律的研究[J]. 北京林业 大学学报,1995(增刊1):114-117.

[28] 郭正刚,五林正宪. 关于梅花花芽形态形成的研究 [J]. 北京林业大学学报,1995(增刊):27-61.

[29] 王明昌,闵成林. 陕西木兰属一新种[J]. 西北植物 学报,1992,12(1):85-86.

[30] 丁宝章,赵天榜,陈志秀,等. 中国木兰属植物腋花、 总状花序的首先发现和新分类群[J]. 河南农业大 学学报,1985,19(4):256-364.

河南辛夷新优品种及快繁技术

赵天榜[1]　陈志秀[1]　焦书道[2]　高聚堂[3]　张东安[4]　黄桂生[4]

(1. 河南农业大学;2. 郑州市园林研究所;3. 南召县林业局;4. 鲁山县林业局)

摘　要　本文报道了"河南辛夷"品种资源、新优品种及其快繁技术,为发展和推广其新优品种和加速其出口商品 生产基地建设提供了依据。

关键词　河南;辛夷资源;新优品种;快繁技术

"河南辛夷"是指以望春玉兰为主的一些树 种花蕾入药的通称。它们具有适应性强、生长迅 速、栽培广泛、寿命长久、树姿优美、花色鲜艳、材 质优良、用途极广等特性,是名贵花木、重要药材、 香料原料、优质用材等多种用途材种,因而在河南 省林业建设和城乡绿化中具有重要作用。为此, 多年来我们开展了河南辛夷植物资源及其新优品

种选育和快繁技术等研究,获得了良好效果。

1　河南辛夷植物资源及分布

河南辛夷主产区为南召和鲁山两县。据调 查,现有成蕾大树4.5万余株,且有350多年的大 树。该树高24.9 m,胸径1.41 m,冠幅28.5 m, 年产"辛夷"186~200 kg,实属全国"辛夷"之王。

近年来,新栽幼树 380 万株以上,河南辛夷年产量 10 万~15 万 kg,约占全国"辛夷"总产量的 60 % 以上。据测定,河南辛夷挥发油含率 3.87 %,比湖北、陕西、安徽等省"辛夷"含油率高 1~2 倍,因而河南辛夷驰名中外,是我国重要的传统出口商品之一。经过 30 年来的调查与收集,现已查清河南辛夷植物资源计 11 种、14 变种。

河南辛夷植物主要为望春玉兰,其年产量约占河南辛夷年产量 95 %以上,且蕾大、个匀、色泽好、含油率高、药效显著,被《中药药典》列为"辛夷"的上品。玉兰、伏牛玉兰、腋花玉兰、河南玉兰、舞钢玉兰也占一定数量,有些良种很有发展前途。

2 "河南辛夷"新优品种

经初步调查,"河南辛夷"有 35 个品种,其中主要新优品种 6 个,可以在生产中推广。

2.1 "桃实"望春玉兰

花蕾顶生,似幼桃状,长 2.04~3.86 cm,径 1.30~2.57 cm,苞鳞密被丝状淡黄色毛,具光泽;花被片 9,外轮 3,萼状,大小不等,内轮 6,瓣状,长椭圆-履形,先端钝圆,外面淡紫色,内面淡黄白色,具香味。

适应性强,生长迅速,成蕾年龄早。如新栽嫁接苗,当年有 50 %以上植株成蕾,10 年生株产"辛夷" 5~7 kg,且具蕾大、个匀、毛好、含油率高、病虫少等特点,颇受到外商喜爱。主要栽培于南召、鲁山县。目前,正在繁殖推广,仅南召县新栽幼树达 10 万株以上,已建成 5 万 km² 面积的"河南辛夷"出口商品生产基地。此外,引种栽培在河北、北京等,生长良好,足可向华北、华中、华南及陕西等地推广。

2.2 紫色望春玉兰

花被片两面均为紫色或淡紫色;雌蕊及雄蕊花丝白紫色;是优良观赏品种。其特性与桃实望春玉兰同。

2.3 河南玉兰

花蕾顶生。花型 3 种:①花被片 9,外轮 3,萼状;②花被片 9,花瓣状;③花被片 12,花瓣状。3 种花型的花被片,除①外轮为萼外,其他花被片形状、大小、颜色均相似。

该品种为我国特有,主产南召县,具有适应性强、耐干旱瘠、生长迅速、树冠大、立体结构、成蕾年龄早、丰产等特性,同时是速生用材林、特用经济林和观赏三者兼备的优良品种。目前,南召、鲁山、内乡、伊川等县正在繁殖推广。此外,还可在华北地区及陕西等省推广。

2.4 腋花玉兰

花蕾顶生和腋生,倒卵球状,长 1.83~2.85 cm,径 1.03~1.62 cm,均粗 1.35 cm;花径 7.0~9.8 cm,花被 9,外轮 3,萼状;内轮花被 6,椭圆-匙形,长 3.7~6.5 cm,宽 1.05~2.50 cm。幼叶紫褐色,具光泽为显著特征。适应性强,生长迅速,成蕾龄早,立体结构,产蕾量高,且高产稳产。据测定,24 年生母树年产蕾 50~70 kg;6 年生丰产林内平均株年产量 7~10 kg,最高单株为 15 kg。目前,南召县已发展 150 万株以上,鲁山县推广 70 万株以上,10 万 km² 面积的"河南辛夷"生产基地初具规模,且有向华北及其邻近地区发展的趋势。

2.5 '四季'腋花玉兰

该品种与'腋花玉兰'相似,除 2~3 月开花外,从 6 月中下旬开始到 12 月上中旬,陆续花开飘香,花一开,即从茎部萌生 4~8 个新蕾,其产"辛夷"量比'腋花玉兰'高 4~8 倍,是"河南辛夷"品种中最优的一个品种。同时,还是用材、药用和观赏三者兼备的新优品种,也是研究木兰属花序进化理论和种群亲缘关系与系统分类的宝贵材料。已在南召、鲁山县建立母条区 1.5 km² 的面积,专门经营,供繁殖和推广所需之种条。特别是在华北地区,甚至长江以南各省(区)的城乡绿化建设中,具有重要作用。

2.6 舞钢玉兰

花蕾顶生和腋生;每蕾内又含 2~4 朵花蕾,构成聚伞花序;花型 2 种:①花被片 9,外轮 3,萼状;②花被片 9,花瓣状,长椭圆-匙形,近等大,白色,仅外面基部具紫色晕。

花型特殊,为 2 型花,是我国特有新品种。同时，还具有蕾多、花大、花密的特点，花期满树银妆、香飘满院，构成极为壮观的特异景色。主产河南舞钢市，目前正在繁殖推广，除华北地区外，还可在长江流域以南各省(区)推广，具有代替玉兰作为观赏树种的潜在趋势。

3 "河南辛夷"新优品种快繁技术

3.1 留蕾采种

留蕾采种可以做到有计划、有目的保证"河南辛夷"育苗需要的种源，而不受市场的影响。留蕾时应选择结籽率高的优树。每株留蕾数应根据种籽需求量确定，在南召县一般每株留3%左右即可满足本县育苗造林要求。

3.2 确保种子质量

望春玉兰留种母树种子成熟时及时采摘。采种时期为果实上(俗称龙爪)蓇葖果开裂，鲜色或红棕色、具光泽的拟假种外露时为宜。采后，堆放、及时处理。严防堆放时发热霉烂，降低种子品质。种子处理后，及时用1%碱水，搓搓拟假种皮，洗净、阴干，及时用湿沙层积储藏。储藏期间，严防鼠害和霉烂。

3.3 早播早栽

早播早栽，是培育"河南辛夷"当年出圃苗的关键。为此，应在1~2月催芽后，播于营养钵，置于温室或半地下的塑棚内，加强管理，待苗高10 cm左右，及时移入圃内，并覆盖地膜，防晚霜、寒流为害。苗高10~15 cm时，及时摘心，加强管理，加速粗生长，5月中下旬及时进行芽接，当年可以达到出圃标准。

3.4 改良嫁接技术

"河南辛夷"新优品种均为腋花芽，因而在成蕾枝上很难采到所需的中庸枝条作接穗用。为此，我们采用3种措施：一是建立种条区，专门培育所需的品种优质种条；二是在成蕾树上，萌芽前剪截成蕾枝组成重截短花枝，促使萌生成长枝；三是改良芽接技术。这三种措施均获得良好效果。

现将改良的芽接技术介绍如下：

(1)夹片芽接。该法具有技术简便、嫁接期长、成活率高、便于推广等优点。其方法是：选择当年生苗成壮枝作砧木，良种中庸枝作接穗，在砧木叶柄下2~4 cm间的光滑处，斜切深达木质部1~4 mm，并从其切口上1.5~2.0 cm处，斜刀向下深达木质部约2 mm的纵切面；用同样方法取接芽，其芽片稍带木质部。将接芽插入砧木接口内，对准形成层和下切口，绑紧，严防雨水入浸，10~15天，接芽成活后，松绑，及时抹芽，防治病虫，加强水、肥管理，成活率可达95%以上。当年生苗高60~100 cm。若2年生出圃，苗高可达1.5~2.5 m。

(2)两刀芽接技术。实践证明，两刀芽接成活率可达90%以上。其技术是：①晴天进行，接后5~7天无雨为佳。②砧木在叶柄下光滑处，采用一刀削成，其削面形状为长椭圆形，其长1.5~2.0 cm稍带木质部，即为削成砧木接口；用同法削接芽，其接芽芽片稍小于砧木接口，然后将接芽放入砧木接口上，朝叶柄一端和一侧对准形成层，绑紧，露出接芽片上芽，严防雨水入浸。10~15天，松绑，成活率达90%以上。采用该法，可获得当年播种、当年嫁接、当年出圃的目的。

(3)梗芽嫁接。采用成蕾树上的中庸枝多为花蕾，用其嫁接成活率很低。为使培养幼树提早成蕾开花，满足园林化建设的需要，特采用花梗芽嫁接试验，效果良好，其成活率可达90%。其方法是：均采用倒直角技术取芽或进行砧木刻接口处。取接芽是：在接芽上0.5 cm处横切，深达木质0.3~0.4 cm(依花梗粗细而定)，再从芽下部1~1.5 cm或1.0 cm以内处入刀向上推，直达横刀处，取其接芽。其接芽呈正三角形；用同法在砧木叶柄下1.5~2.0 cm处开接口。然后，将接芽放入砧木接口处，一侧对准形成层，绑紧，严防雨水入浸，10~15天，松绑，及时抹芽、剪砧，加强管理，其成活率达95%以上。

十四、蜡梅科 Calycanthaceae

河南蜡梅属植物的研究 *

陈志秀[1]　丁宝章[1]　赵天榜[1]　宋留高[1]　李振卿[2]
刘春元[3]　于水中[3]　任素兰[4]　周凤鸣[5]　焦书道[5]

(1. 河南农业大学;2. 许昌林业研究所;3. 鄢陵县园艺场;
4. 河南省科委;5. 郑州市园林研究所)

摘　要　报道了河南蜡梅属植物计 8 种、2 亚种、3 变种、3 变型,其中发现 1 新种和 2 新变种,并提出蜡梅系统分类为 2 亚种——蜡梅栽培亚种和蜡梅野生亚种。蜡梅栽培亚种又分 3 大品种群、17 个栽培品种,并选出圆被蜡梅、晚花蜡梅等新品种,发掘出早已"失传"的蜡梅珍品——蜡素金莲花蜡梅等,野梅野生亚种分 6 变种,其中 2 新变种。

关键词　蜡梅属;分类

一、前言

蜡梅属 Chimonantus Lindl. 植物是特用经济林和水土保持林的灌木树种。蜡梅 Ch. praecox (Linn.) Lindl. 花大色艳,清香四溢,凌霜傲雪,风姿高雅,是我国园林花卉中的珍品。其切花插瓶别具一格。也是中药及珍贵香料出口物资之一。

蜡梅栽培始于唐代,因栽培范围广,立地和气候各异,加之栽培历史悠久,品种很多,在我国有大面积天然林分布,尤以鄢陵蜡梅最佳,素有"鄢陵蜡梅冠天下"之称。为加速我国园林建设事业的发展,实现蜡梅栽培良种化、品种多样化和造型特异化,1978 年,我们在调查摸清河南蜡梅属植物资源的基础上,对其进行了分类研究,共整理鉴定出河南蜡梅属植物计 8 种、2 亚种、6 变种、3 变型,其中发现 1 新种、1 新改级亚种、2 新变种;并研究了蜡梅花的变异,提出了蜡梅系统分类的意见。

此外,还引种了亮叶蜡梅、浙江蜡梅等,以及蜡梅品种——'十月黄'蜡梅、杭州蜡梅等品种,为今后深入开展该属植物的开发、利用奠定了基础。现将研究的结果,整理如下。

二、蜡梅属的形态特征

丛生灌木。小枝近圆柱状,或四棱状,幼时被柔毛。叶芽小,裸露,鳞片外密被短毛;花芽球状,单生叶腋。单叶,对生,纸质或近革质,表面粗糙,或光滑,无毛或疏生硬毛;具短柄。花具香味,花被片 15～27,长宽不等,黄白色、黄色、白色,具紫色条纹或晕,有时为紫色,蜡质或膜质,具光泽;雄蕊 5～8,着生杯状花托上,花丝基部宽,且连生,被柔毛;具少数或多数退化雄蕊,长圆柱状,被柔毛;雌蕊 5～15,离生,生于花托顶部。果托坛状,外密被短黄褐色柔毛,宿存,孔裂,收缩,或不收缩;瘦果长椭圆体状,果皮紫褐色,革质,具光泽,内含 1 粒种子。

属模式种:蜡梅 Chimonantlius praecox (Linn.) Link。

* 王印证、高致明、叶永忠、蔡国胜、王幸德等同志参加部分野外调查,特致谢意!

分种检索表

1. 常绿灌木。
  2. 叶背面无毛,无白粉。果托口部不收缩或收缩不呈颈状。
    3. 果托钟状,口部不收缩,稀微收缩。叶椭圆-披针形,先端长渐尖,基部通常楔形,表面平滑无毛。内部花被片几无爪 ·· 西南蜡梅 Ch. campanulatus K. H. Chang et C. S. Ding
    3. 果托坛状,口部收缩或不收缩。
      4. 果托口部不收缩,退化雄蕊突起直伸,表面网纹极隆起。内部花被片窄披针形,基部无爪
      ·· 突托蜡梅 Ch. gra mmatus M. C. Liu.
      4. 果托口部收缩,不呈颈状。
        5. 叶卵圆-椭圆形、宽卵圆形,表面叶脉通常下陷,纸质,先端渐尖。内部花被片长披针形,先端狭长渐尖,全缘 ·································· 浙江蜡梅 Ch. zhejiangensis M. C. Liu
        5. 叶卵圆-披针形、披针形,表面叶脉通常无下陷,边缘有时被缘毛;叶柄被柔毛内部花被片卵状披针形、宽菱形,先端钝尖 ·································· 亮叶蜡梅 Ch. nitens Oliv.
  2. 叶背面被柔毛,具白粉。果托先端渐缩呈颈状。中部及内部花被片窄披针形,先端渐长尖、尾尖,边部起伏,具细疏齿缘及缘毛 ·································· 安徽蜡梅 Ch. anhimensis T. B. Chao et Z. S. Chen,sp. nov.
1. 落叶或半常绿灌木。
      6. 叶椭圆-披针形至线-披针形,背面疏生短柔毛及白粉。中部及内部花被片窄长,先端尖至尾尖,外面被毛状体。果托口部不收缩 ··························· 柳叶蜡梅 Ch. salicifolius S. Y. Hu
      6. 叶卵圆形、椭圆形、卵圆-披针形,背面有疏毛,先端急尖、渐尖,稀尾尖。果托口部收缩或不收缩。
        7. 叶卵圆形、椭圆形。中部及内部花被片卵圆形、椭圆形、长椭圆形,先端纯圆,稀尖
        ·································· 蜡梅栽培亚种 Ch. praecox(Linn.)Link subsp. praecox
        7. 中部花被片卵圆-披针形、卵圆-椭圆形,稀卵圆形。
          8. 叶表面粗糙无毛,背面沿脉被疏毛,或硬毛。果托上部渐收缩呈颈状
          ·················· 蜡梅野生亚种 Ch. praecox(Linn.)Lindl. subsp. intermedius(Makno) B. C. Ding et T B. Chao, subsp. comb. nov.
          8. 叶两面脉上被毛。花丝密被白柔毛,或硬毛。果托上部突缩呈颈状
          ·················· 保康蜡梅 Ch. baokangensis D. M. Chen et Z. I. Dai

三、河南蜡梅属植物

1. 蜡梅 Chimonanthus praecox(Linn.)Link

1)蜡梅栽培亚种　新改级亚种

Chimonanthus praecox（Linn.）Link subsp. praecox

（Chimonanthus praecox（Linn.）Link, Znum. Pl. Hert. Berol. 2:66. 1822）

（1）蜡梅品种群 Subsp. praecox（Praecox group）

1.1　蜡梅　cv.‘Praecox’

落叶丛生灌木。幼技被柔毛。单叶,对生,纸质至薄革质,卵圆形、椭圆-卵圆形,长 5～16 cm,宽 2～8 cm,先端渐尖、急尖,有时尾尖,基部近圆形至楔形,全缘,表面深绿色,粗糙,具光泽,背面沿脉疏生长毛或硬毛;叶柄短。花单生叶腋,先叶开放,具芳香;花被片多数,外部花被片灰褐色,外密被短毛;中部花被片匙-椭圆形,长圆形,长 5～20 mm,宽 3～5 mm,蜡质,淡黄色,具光泽;内部花被片黄色、黄白色,具紫条纹或晕,具爪;雄蕊 5～8,有退化雄蕊,被柔毛;雌蕊多数,离生;子房基部被疏毛及硬毛,花柱细长。果托坛状,口部收缩,宿存退化雄蕊,内含瘦果数个,稀 14;瘦果长椭圆体状,果皮紫褐色,具光泽,内含种子 1 粒。花期 11 月至翌年 2 月;果熟期 6 月。

（2）罄口蜡梅品种群 Subsp. praecox（Grandiflora groups）

（Ch. fragrans Lindl. βgrandiforos Lindl. Bot. Reg. 6:t. 451. 1820）

该品种群花型大,盛花时半张半合,形如"罄状",内部花被片浓紫色,香味极浓。

1.2　罄口蜡梅　cv.‘Grandiflorus’

该品种花大,径 2.5～4.0 cm,香味浓;中部花被片金黄色,具光泽,宽椭圆形,或长椭圆形,先端钝圆,盛开时为"罄状",之后先端反曲;内部花被片卵圆形、匙-卵圆形,深紫色或具紫色条纹与边

图 1 蜡梅栽培亚种

1. 花枝;2. 花纵切面;3. 雄蕊;4. 花托顶端;
5. 果枝;6. 果托;7. 果实;8. 花图式

缘;雄蕊6~8,有退化雄蕊,花丝紫色,被柔毛。为蜡梅一珍品。

河南:各地有栽培。其他省(市)也有栽培。

1.3　檀香蜡梅　cv.'Penitipurpureus'

该品种与馨口蜡梅相似,其区别:花被片蜡黄色,不为金黄色。

河南:各地有栽培。其他省(市)也有栽培。

1.4　虎蹄蜡梅　cv.'Cotyiformus'

该品种中部花被片淡黄白色,长椭圆形,先端钝圆,具皱褶状突起,边部波状起伏,极开展,状如"虎蹄",内部花被片卵圆形、长卵圆形,淡白色,边部起伏,具紫色或淡紫色条纹。

河南:各地有栽培。其他省、市也有栽培。

1.5　晚花蜡梅　cv.'Cserotiniflorus'新品种

本新品种与虎蹄蜡梅相似,其区别:花被片金黄色;花期2~3月,是蜡梅中花期最晚的一种。

该品种1984年由赵天榜、陈志秀选出。河南郑州有栽培。

1.6　冰素金莲花蜡梅　cv.'Albo-nitidus'

该品种花型大,钟状。

1.7　杭州蜡梅　cv.'Hung-zhuau'

该品种花型较小,香味淡,花被片淡黄白色,内部花被片具淡紫色晕,极易识别。该品种系1980年由杭州引入郑州。

(3)素心蜡梅品种群

Subus. Praecox(Conolor groups)(Ch. Praecox (Linn.) Link. var. concolor Makino《Bot. Mag. Tokyo,23:23．1909)

该品种群花被片单色,如黄白色、金黄色、白

色等,无紫色条纹或晕。

1.8　素心蜡梅　cv.'Concolor'

该品种花大,清香味浓;中部花被片淡黄色、黄白色、长卵圆形、椭圆形,先端钝尖,盛开后反曲;内部花被片卵圆形、宽卵圆形,淡黄白色;雄蕊5~8,有退化雄蕊,花药近白色。

河南:鄢陵县栽培最多,行销全国。

1.9　小花素心蜡梅　cv.'Parviconoloi'　新品种

该品种花径小于1 cm;中部花被片匙-椭圆形,先端钝圆,不反卷;内部花被片匙-卵圆形,先端反曲。

该品种于1983年由赵天榜、陆子斌等选出,是蜡梅稀有品种之一。河南鄢陵县有栽培。

1.10　尖被素心蜡梅　cv.'Acuticoncolor'新品种

该品种花径1~1.8 cm;中部花被片黄色,匙-窄披针形,先端长渐尖;内部花被片长卵圆形、卵圆形,淡黄白色。

该品种于1983年由赵天榜和陈志秀选出。河南郑州有栽培。

1.11　圆被素心蜡梅　cv.'Rotundiconcolor'新品种

该品种花径1~1.2 cm;中部花被片圆形、近圆形,黄色,长6~10 mm,宽4~7 mm,先端钝圆,不反曲;内部花被片近圆形,黄白色,先端不反曲。

该品种由赵天榜、陆子斌选出。河南鄢陵县有栽培。

1.12　卷被素心蜡梅　cv.'Cirrhasiconcolor'新品种

该品种花径2~2.5 cm,中部花被片金黄色或黄色,具光泽,长椭圆形、长椭圆-披针形,先端长尖,反曲达1/3~1/2,边部波状起伏;内部花被片长卵圆形,先端反曲。

该品种系1982年由赵天榜、陈志秀选出。河南郑州有栽培。

1.13　蜡素金莲花蜡梅　cv.'Ceraceus'

该品种花径2.5~4.0 cm;香味极浓;花盛开时呈"馨口",开后花被片先端反曲;中部花被片蜡黄色,具光泽,宽楠圆形、长椭圆形,先端钝圆;内部花被片蜡黄色,卵圆形、宽卵圆形,先端反卷。

该品种为发掘出早已"失传"的蜡梅珍品。河南郑州有栽培。

1.14　十月黄蜡梅　cv.'October'

该品种花型较小,花被片淡黄白色或淡黄色,花期11月(农历10月)。

河南:各地有引种栽培。

1.15 重庆蜡梅 cv.'Zhung-chung'

该品种中部花被片极开张,淡黄白色,先端内曲,边部波状起伏,香味淡。因从重庆引进,故称之。

河南:鄢陵县有栽培。

1.16 金桃花蜡梅 cv.'Aureus'

该品种花被片15~17,金黄色,具光泽,宽卵圆形,极开展,形状桃花,故称金桃花。

该品种为发掘出"失传"的珍品之一。河南南召县有栽培。

1.17 冰素蜡梅 cv.'Chystallinus'新品种

该品种与冰素金莲花蜡梅相似,其区别:中部与内部花被片白色似冰,具光泽,但无紫色条纹与晕。

该品种系1984年由赵天榜选出。河南郑州有栽培。

2)蜡梅野生亚种 新改级亚种 图2

Subsp. intermedius(Makino)B. C. Ding et T. B. Chao,subsp. comb. nov.

[Ch . praecox (Linn.) Link var. intermedius Makino in. Bot. Mag. Tokyo,24:300. 1910]

根据研究和报道,Ch. praecox (Lirm.) Link var. intermedius Makino 在湖北、陕西山区有大面积纯林和混交灌丛。按照生物进化观点,我们拟它升为亚种比较合理,即 Ch. praecox (Linn.) Link subsp. intermedius(Makino) B. C. Ding et T. B. Chao,subsp. comb. nov.

该野生亚种:叶长卵圆形、卵圆-披针形,或椭圆-披针形,先端渐尖,或尾尖,基部狭楔形、楔形或近圆形,表面粗糙,沿主脉被疏毛或硬毛,背面疏生疣状突起倒钩状刺毛,沿脉及边缘疏生硬毛。花单生叶腋;中部花被片卵圆-披针形,淡黄色、黄白色,先端渐钝尖;内部花被片紫色、浓紫色,或紫色条纹。果托长卵球状,基部渐狭呈柄状,上部渐缩呈喙状,口部收缩,宿存木质化的退化雄蕊。

(1)蜡梅亚种 Subsp. intermedius(Makino)B. C. Ding et T. B. Chao var. intermedius

形态同蜡梅野生亚种。

(2)白花蜡梅 新变种

Subsp. intermedius (Makino) B. C. Ding et T. B. Chao var. albus T. B. Chao et Z. S. Chen, var. nov.

图2 蜡梅野生亚种
1.枝,2.果枝

该新变种花被片窄披针形,白色,先端渐尖。

A typo recedit tepalis anguste lanceolatis albis apice acutis.

Henan(河南):Zheng-Zhou Shi(郑州市). 27. XII. 1984. T. B. Chao No. 84104、84105. Typus in Herb. Henan Agricultural University Conservatus.

(3)卵被蜡梅 新变种

Subsp. intermedius(Makino)B. C. Ding et B. T. Chao var. ovatus T. B. Chao, var. nov.

该新变种花被片卵圆形,或宽卵圆形,先端钝圆。

A typo recedit tepalis ovatis vel late ovatis.

Henan(河南):Yan-Ling Xian(鄢陵县). 27. XII. 1983. T. B. Chao et al. ,No. 83108、83109. Typus in Herb. Henan Agricultural University Conservatus.

(4)小花蜡梅 变种

Subsp. intermedius(Makino)B. C. Ding et T. B. Chao var. parviflorus Turrill. .

该变种花径通常小于1.0 cm为显著特点。

河南:鄢陵县有栽培。

(5)紫花蜡梅 变种

Subsp. intermedius(Makino)B. C. Ding et T. B. Chao var. patens Turrill.

该变种花紫色,或淡紫色,极为珍贵。

河南:郑州有栽培。

2. 安徽蜡梅 新种 图3

Chimonanthus anhuiensis T. B. Chao et Z. S. Chen,sp. nov.

Species Ch. zhejiangensis M. C. Liu affinis, scd foliis et petiolis dense pubentibus, ad costam pubentem subtus dense pubentibus. tepalis albis vel atro-striatis, triangulatis apice longe acuminatis, dense pubentibus, intra glabris, margine repandis serratis et pilosis. Receptaenlis oyatis vel longe ovatis apice rostratis 0.5~1.0 cm longis. Persistentibus staminodiis deflexis, aneniis pilosis.

Frutex sempervirens, ramuli juveniles dilute flavo-brunnei vel flavo-viridiani dense pubentes, lanticellis distinete elevatis, annotini griseo-brunnei, glabri. Folia opposita chartacea ovata vel late ovata, 4.0~8.5 cm longa et 2.0~3.5 cm lata, supra muricata viridia, lucida, glabra ad nervos pilosos, subtus griseo-viridia dense pubentibus, apice acuminata vel acuta, basi cuneata vel late cuneata, margine reyoluti rare pilosi; petioli 0.5~1.0 cm longi dense breviter pubentes. Flores 1.0~2.0 cm diam. flava vel fiavo-alba. Tepala breviter pubentes, media anguste triangusta apice longe acuminata 0.5~1.7 cm longa et 0.2~0.3 cm lata, flava vel flavo-alba, dense pubentes, margine repandia raro serrata et pilosa. Stamina 5~8, staminodia pubescentes. carpidia libera, stylis apice exsertis pilosis. Receptalula urceolata vel ovata 2.5~4.0 cm longa 1.0~2.0 cm diam. apice acuminate rostrata. achenia elliptica 0.9~1.2 cm longa et 0.5 cm diam. Griseo-brunnea lucida pubencentia.

Anhui(安徽): Huang-Shan(黄山). 4. X. 1985. T. B. Chao, No. 851041、851042、851043. Typus in Herb. Henan Agricultural University Conservatus.

常绿灌木。幼枝绿色,或淡绿色,微具棱线,密被短柔毛;小枝黄褐色,或栗褐色;皮孔椭圆形,散生,突起明显,有时被短柔毛。单叶,对生,纸质,或薄革质,卵圆形、宽卵圆形,长4~8.5 cm,宽2~3.5 cm,表面稍粗糙,绿色,具光泽,无毛,沿主脉疏生柔毛,背面灰绿色,微被白粉及短柔毛,先端渐尖,或短尖,基部楔形、近圆形,或宽楔形,边缘稍向下反曲,疏生硬缘毛;叶柄长5~10 mm,密被短柔毛。长枝叶长椭圆形,长15 cm,宽4.5 cm,先端长渐尖,基部近圆形、宽楔形,表面深绿色,具光泽,背面灰绿色,微被白粉及短柔毛;叶柄长5~10 mm,密被短柔毛。单花腋生;径1~1.5 cm,外部花被片近菱-圆形,褐色,外被短柔毛,中部及内部花被片窄三角-披针形,白色或淡黄白色,有时具黑色条纹,长5~1.7 cm,宽2~3 mm,有时外被疏毛,先端长渐

尖,边部波状起伏,具细疏齿及疏硬毛;雄蕊5~8个,长2 mm,花丝被短柔毛,花药长柱状,长于花丝1~2倍;退化雄蕊长1.5~1.7 mm,被短柔毛;雌蕊数个,离生,先端被短柔毛,花柱细长。果托卵球状、长卵球状,长2.5~4.1 cm,径1~2 cm,上部渐细呈喙状,口部收缩,宿存反曲的木质化的退化雄蕊,下部渐狭呈长柄状,内2~8个瘦果;瘦果长椭圆体状,长0.9~1.2 cm,径4 mm左右;果皮革质,栗褐色,具光泽,疏生短柔毛。花期9月至翌年2月;果熟期6~7月。

新种与浙江蜡梅近似,但有区别:叶卵圆形、宽卵圆形,背面被白粉及短柔毛,边部微向下反曲,具细疏齿及疏硬毛。中部及内部花被片窄三角-披针形,边部波状起伏,边缘具细疏齿及疏硬毛。果托上部渐缩呈长喙状,口部收缩,宿存反曲的木质化的退化雄蕊,下部渐缩呈长柄状。

安徽:黄山。1985 年 10 月 4 日。赵天榜。No. 851041、851042、851043。模式标本存河南农业大学。

图 3 安徽蜡梅
1. 果枝, 2. 叶枝, 3. 果托外形

3. 保康蜡梅 Chimonanthus baokangensis D. M. Chen et Z. I. Dai

(1)保康蜡梅 原变种 图 4 var. baokangensis

落叶或半常绿小乔木。幼枝四方形,红褐色。叶对生,椭圆-卵圆形至卵圆-披针形,长6.3~28.7 cm,宽3.2~11.2 cm,先端渐尖,基部圆形至楔形,表面祖糙,沿脉疏生柔毛,背面沿脉疏生硬毛,中脉尤多,边缘疏生硬毛,革质至纸质,密布油点;叶柄密被毛。花单生叶腋,花被片15~21,外部花被片先端密被褐色短柔毛;中部花被片椭圆形,长9~14.7 mm,宽5~6 mm,先端钝圆,或急尖,黄色、黄白色、白色,边缘疏生硬毛;内部花被片卵圆形,具爪,满布斑点状紫色条纹;雄蕊5~8,退化雄蕊7~9,花丝密被白柔毛和散生硬毛;雌蕊数个,离

生,基部及花柱密被硬毛。果托坛状,长 1.2~6.0 cm,口部收缩,外密被褐色短毛,内含瘦果 3~11;瘦果椭圆体状,或肾状,栗褐色,具光泽,果脐周围隆起。花期 11 月至翌年 2 月;果熟期 6~9 月。

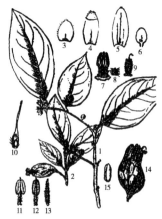

图 4　保康蜡梅

1. 叶花枝,2. 果枝,3. 苞片,4~6. 花被片,7. 雄蕊及花盘,8. 花丝部分,示柔毛及硬毛,9. 退化雄蕊及雌蕊,10. 雌蕊纵切面,11、12. 雄蕊,13. 退化雄蕊,14. 果托,15. 瘦果

（2）玉瓶蜡梅　变种　var. rupinensis D. M. Chen et Z. I. Dai

该变种果托细长,颈部收缩呈咽喉状,分成大小两半,长 5~6 cm,径 1.5 cm,外密被绒电状柔毛,无突起之网脉。

（3）紫蕊蜡梅　变型　f. porphyretepalis D. M. Chen et Z. I. Dai

该变型内部花被片深紫色,满布紫纹,有黄、白 2 色。

（4）紫条蜡梅　变型　f. porphyrotaenius D. M. Chen et Z. I. Dai

该变型内部花被片上紫纹成条状。

（5）淡蕊蜡梅　变型　f. perpallidus D. M. Chen et Z. I. Dai

该变型内部花被片仅基部或边缘具少许紫纹。

（6）纯片蜡梅变型　f. obtusus D. M. Chen et Z. I. Dai

该变型内部花被片先端钝圆,呈广椭圆形。

河南:引种栽培有该种及其变种、变型。

4. 柳叶蜡梅　图 5　Chimonanthus salicifolius Hu

半常绿灌木。小枝细,被硬毛。单叶,对生,薄革质,长椭圆形、长卵圆形、长卵圆-披针形或长圆-披针形,长 6~13 cm,宽 1~2.5 cm,先端渐尖,基部楔形,表面深绿色,具光泽,无毛,背面淡绿色,被白粉及短柔毛,边缘及中脉疏生硬毛;叶柄长 3~6 mm。花单生于叶腋,径 7~10 mm,黄色或黄白色,花被片 15~17 个,外部花被片卵圆形,外被柔毛;中部花被片卵圆-披针形、长卵圆形,长 7~15 mm,宽 7.5~10 mm,疏生毛;内部花被片小,长卵圆形,具爪;雄蕊 4~5,花丝被短柔毛;雌蕊 6~8,离生,基部及花柱基部疏生硬毛。果托坛状,长 2~4 cm,口部收缩,外被短柔毛,内含数粒瘦果;瘦果长 1~1.4 cm,果皮革质,深褐色,具光泽,被短疏柔毛。

河南:该种有引种栽培。

图 5　柳叶蜡梅

1. 果枝,2. 内花被片,3. 中花被片,4. 外花被片,5. 果实

5. 亮叶蜡梅　图 6　Chimonanthus nitens Oliv.

常绿灌木,高 1~3 m。单叶,对生,革质或薄革质,卵圆-披针形、椭圆-披针形,长 5~13 cm,先端窄渐尖或尾尖,基部楔形,表面亮绿色,略粗糙,基部有时疏生腺毛,背面灰绿色,无毛,有白粉;叶柄长 6~8 mm。花单生叶腋,径小,仅 7~10 mm;花被片 20~24,淡黄色,圆形、卵圆-披针形、长圆形,雄蕊 5,有退化雄蕊,被短柔毛;雌蕊数个,离生,基部被疏硬毛。果托坛状,长 2~5 cm,灰褐色,被密短柔毛;瘦果椭圆体状,紫褐色,长 1~1.3 cm。花期 10 月至翌年 1 月;果熟期 4~7 月。

河南:各地有引种。

6. 突托蜡梅　图 7　Chimonanthus grammatus M. C. Liu

常绿灌木,或小乔木,高 2~6 m。1 年生枝细小,光滑,具棱,皮孔突起。叶对生,革质,较大,长 7~18 cm,宽 5~8 cm,椭圆-卵圆形,或宽椭圆形,先端细,急尖或短尾尖,基部宽楔形,或圆形,表面

· 474 ·

图 6　亮叶蜡梅

1. 果枝;2. 花的纵切面;3~5. 花被片的内观;6. 花托的
纵切面,示雄蕊、退化雄蕊和雌蕊的着生位置;7. 雄蕊背
面观;8. 雄蕊侧面观;9. 雄蕊腹面观;10. 退化雄蕊;11.
子房的纵切面,示胚珠的着生

图 7　突托蜡梅

1. 果枝,2. 内花被片,3. 中花被片,4. 外花被片

绿色,具光泽,背面淡绿色,无毛,无白粉,每边具侧脉 7~9 条,表面网脉隆起;叶柄长 0.7~1.2 cm左右,粗壮,无毛。花单生叶腋,花被片 25~27,淡黄色,无光泽,外面被极短柔毛;外部花被片 4,卵圆形,或卵圆-椭圆形,长 3~9 mm,宽 3~5 mm;中部花被片约 13,条状披针形,先端渐尖,长 1~1.7 cm,宽 2~3 mm;内部花被片约 9,窄长披针形,长 6~10 mm,宽 1~2 mm,具爪;雄蕊 6~8,退化雄蕊 14~16,被淡白色疏柔毛。果托厚,钟状,长 2.5~4 cm,径 2~2.7 cm,外具极隆起的粗网纹,先端不收缩,裂口宽大,其周围有木质退化雄蕊直伸;瘦果长圆-椭圆体状,长 1~1.6 cm,径 6~8 mm;果皮革质,暗褐色,具光泽,果脐周围领状隆起。花期 12 月;果熟期 6 月。

河南:各地有引种。

7. 浙江蜡梅　图 8　*Chimonantlius zhejiangensis* M. C. Liu

常绿丛生灌木,有香味。老枝灰褐色;幼枝淡黄褐色;皮孔散生,隆起;1 年生枝栗褐色或灰褐色,纤细,微具棱,无毛,有时被疏柔毛。叶对生,革质,长 5~13 cm,宽 2.5~4 cm,卵圆-椭圆形,或宽卵圆形,稀倒卵圆-披针形,先端渐尖,稀长渐尖,基部楔形,或宽楔形,表面绿色,具光泽,背面淡绿色,无白粉,无毛,每边具有侧脉 6~8 条,表面网脉隆起;叶柄长 5~8 mm,无毛,稀被短柔毛。花单生叶腋;花被片 15~19,淡黄色,无光泽,外面被短柔毛;外部花被片 2~4,卵圆形,或长圆-椭圆形,长 6~10 mm,宽 4~6 mm;中部花被片 7~9,

条-披针形,先端渐尖,长 1.8~2.0 cm,宽 3~5 mm,内部花被片 4~6,长 0.8~1.4 cm;宽 1~3 mm,披针形,全缘,先端尖渐尖,或长渐尖,基部具爪;雄蕊 5~7,退化雄蕊 8~15,钻状,被淡白色柔毛;雌蕊 6~9,离生,两面隆状突起,花柱极细,细线状。果托薄而小,长 2.5~3.5 cm,宽 1.4~1.8 cm,网脉微隆起,钟状、梨状,口部不收缩或微收缩,具木质化退化雄蕊直伸;瘦果长圆-椭圆体状,长 1~1.3 cm,径 4~5 mm,两侧具肋;外果皮革质,亮暗褐色,被柔毛,果脐周围颈状隆起。花期 10~12 月;果熟期翌年 6 月。

河南:各地有引种。

图 8　浙江蜡梅

1. 花枝;2. 花纵剖面(除去花被片);3. 内花被瓣;
4. 中花被瓣;5. 外花被瓣;6. 果托;7. 瘦果

8. 西南蜡梅　图 9　*Chimonanthus campanulatus* R. H. Chang et C. S. Ding

常绿灌木。小枝密被短柔毛。叶椭圆-披针形,长 6.3~13.5 cm,宽 1.8~4.2 cm,先端渐长尖,基部通常楔形,稀微圆,薄革质至纸质,两面平滑,

无毛;叶柄长 5~8 mm。花单生叶腋,径约 1.8 cm;花被片 18~20,外部淡褐黄色,近圆形,外密被白细柔毛;中部花被片长椭圆形,或长椭圆-披针形,长 7~12 mm,宽 2~4 mm,淡黄色;内部花被片卵圆形、斜方形,长 3~5 mm,宽 1.5~3 mm,淡黄色,先端尖或钝,基部近无爪,边缘微有疏毛;雄蕊 5,退化雄蕊 7~9,花药淡黄色,花丝淡白色;雌蕊 3~4,稀稍多,离生,花柱丝状。果托钟状,长 4~6 cm,径 2.3~3.7 cm,顶部有 4~6 木质化退化雄蕊,口部不收缩,稀微收缩,外密被褐色短毛,内含 3~4 粒瘦果;瘦果椭圆体状,栗褐色,具光泽,基部被极短疏柔毛。花期 10~12 月;果熟期翌年 9~10 月。

河南:许昌市有引种。

图 9　西南蜡梅
1.具果托的花蕾枝,2.花,
3~8.花被片自外向内,9.雄蕊,10.雌蕊,11.果

参考文献

[1] 胡先骕.经济植物手册[M].北京:科学出版社,1953.
[2] 裴鉴,等.中国药用植物志(第六册)[M].北京:科学出版社,1958.
[3] 中国科学院中国植物志编辑委员会.中国植物志:第三十卷(第二分册)[M].北京:科学出版社,1979.
[4] 中国科学西北植物研究所.秦岭植物志:第一卷(第二册)[M].北京:科学出版社,1974.
[5] 刘春茂.蜡梅属的研究[J].南京林学院学报,1984(2):78-82.
[6] 张若惠,等.中国蜡梅科植物的幼苗形态及蜡梅属一新种[J].植物分类学报,1980,18(3),328-332.
[7] 中国科学院植物研究所.中国植物照片集[M].1959(1):345.
[8] 国际栽培植物命名委员会.国际栽培植物命名法规[M].北京:科学出版社,1966.
[9] SaHeri F A,等.国际植物命名法规[M].赵士洞译.北京:科学出版社,1984.
[10] WILSON E. H.:PLANTAN WILSONIANAE VOLUME—I. 1907:419-420.
[11] Smith W W. in Not. Bot. Corg. Edin. 1914(8):182.
[12] Nicely K A. A monographic study of the celycanthaceac in castanea,1965(30):38-81.

蜡梅品种分类系统的研究

赵天榜[1]　陈志秀[1]　宋留高[1]　傅大立[1]　任素兰[2]　李振卿[3]　陈建业[3]
王幸德[3]　李水祥[3]　焦书道[4]　高拐振[5]　杨丙聚[5]　冯滔[6]　王飞[7]
(1.河南农业大学;2.河南省科学技术情报研究所;3.许昌林业研究所;
4.郑州市园林研究所;5.许昌市绿化管理处;6.许昌市林业局;7.信阳林校)

摘　要　本文介绍了我国特产名贵花木——蜡梅。我国蜡梅栽培历史源于唐代,比林奈发表蜡梅新种早千余年,比 Lindlay 发表磬口蜡梅、牧野发表素心蜡梅早 700 年以上;并提出蜡梅品种分类系统是:种—品种群—品种型—品种。其中,蜡梅种下分:I. 蜡梅品种群:①蜡梅型,②红心蜡梅型,③素心蜡梅型④变色蜡梅型;II. 白花蜡梅品种群:①白花蜡梅型②白紫蜡梅型③银红蜡梅型④冰素蜡梅型;III. 绿花蜡梅品种群:①绿花蜡梅型,②绿紫蜡梅型,

本文承蒙陈俊愉教授、丁宝章教授、王其超高级工程师、刘春茂副教授审阅,特致谢意!
陆子斌同志参加部分外业调查,致以谢意!

③翠朱蜡梅型;Ⅳ.紫花蜡梅品种群:因品种少,暂不分型。各品种型下有不等数目的栽培品种。最后,提出了蜡梅品种群、型的演化途径的意见。

蜡梅属 Chimonanthus Lindl. 植物特产我国,是园林建设中绿化、美化、香化庭院和装饰室景的名贵花木,是特用经济灌木树种。蜡梅 Ch. prae-cox(Linn.)Link 寒冬腊月,傲霜斗雪,迎风怒放,清香四溢,品种颇多,千姿百态,确为我国观赏植物中一珍品。它适应性强,分布很广,栽培历史悠久,品种"惟鄢陵著名",素有"鄢陵蜡梅冠天下"之称。多年来,作者在广泛收集全国蜡梅品种资源基础上,进行了蜡梅良种选育和品种分类的研究,在许昌市建立了全国第一个蜡梅属植物种质资源及蜡梅品种资源基因库,为深入开展蜡梅属植物,尤其是蜡梅研究创造了有利条件,奠定了基础。为此,现将蜡梅品种分类系统的研究结果,整理如下。

一、蜡梅分类历史简介

蜡梅特产我国,栽培历史悠久。据记载,蜡梅栽培始于唐代.如唐杜牧之(803—853)有:"蜡梅迟见三年花"的七言散句。宋大文学家苏轼(1037—1101)有颂蜡梅七言诗:"天公点酥作梅花,此有蜡梅禅老家"。宋黄庭坚(1045—1105)在《山谷集》诗序中记述:"京洛间,有一种花,香气似梅,花亦五出,而不能品明,类女工燃蜡而成,京洛人因谓:蜡梅。"宋杨成斋咏蜡梅诗:"江梅珍重雪衣裳,薄缃红梅学杏妆,渠独卜参黄西老,额开艳艳发金光。"

我国劳动人民发现及栽培蜡梅始于唐代,比 Linn.(1762)发表新种蜡梅 Calycanthus praecox Linn. 早千年以上;蜡梅种下分类及品种选育历史,比 Lindl.(1802)发表蜡梅新变种馨口蜡梅 Ch. fragaus Lindl. grandiflorus Lindl.,比牧野(1909)发表素心蜡梅 Ch. praecox(Linn.)Link var. concolor Makino 早 700 多年。如宋范成大(1126—1193)在《梅谱》中记述:蜡梅本非梅类,以其与梅同时,香又相近,色酷似蜜脾,故名蜡梅。凡三种,以子种出不经接,花小、香淡。其品种最作下,俗谓之:"狗蜡梅"。经接花疏,虽盛开花常半含,名馨口梅,言似僧馨之口也。最先开,色深黄,如紫花,蜜檀香浓,名'檀香梅',此品最佳。蜡梅香极清芳,……"嗣后,Tarrill. 相继发表蜡梅变种小花蜡梅 var. parviflorus Tarrill. 及张花蜡梅

var. patens Tarrill.;1985 年,陈德懋等发表保康蜡梅 Ch. baokungensis D. M. Chen et Z. I. Dai,变种玉瓶蜡梅 var. yupinensis D. M. Chenet Z. I. Dai,变型:紫蕊蜡梅 f. porphyrotepalis D. M. Chen et Z. I. Dai,紫条蜡梅 f. porphyro-taenius D. M. Chen et Z. I. Dai,淡蕊蜡梅 f. perpallidus D. M. Chen et Z. I. Dai,钝片蜡梅 f. obtusus D. M. Chen et Z. I. Dai;同年,冯菊思等发表《苏州腊梅的调查》中,提出按花期、花心颜色、花被片形状、颜色及开张状况、花径、香气,进行蜡梅品种分类。以后,沈雪华等在《上海蜡梅栽培情况及资源调查报告》中,采用花部性况编码鉴定法,以花部 6 个性状,4 个数,将蜡梅分为 65 种不同性状组合类型。如 224123,即黄冠、红心迹、冠蝶形、早花期、花被片长方形,大花蜡梅……

1987 年,陈志秀等在《河南蜡梅属植物的研究》中,首次将蜡梅分为蜡梅栽培亚种 Ch. Prae-cox(Linn.)Link subsp. praecox 和蜡梅野生亚种 Ch. Praecox(Linn.)Link subsp. Intermedius (Makino)B. C. Ding et B. T. Chao。蜡梅野生亚种有 5 变种:野蜡梅 var. intermedius,白花蜡梅 var. albus T. B. Chao et Z. X. Chen,卵被蜡梅 var. ovatus T. B. Chao,小花蜡梅 var. paviflorus Tarrill.,张花蜡梅 var. patens Tarrill.;蜡梅栽培亚种有:蜡梅品种群:subsp. preaecox(Praecox groups),馨口蜡梅品种群:subsp. preaecox(Grani-flora groups),素蜡梅品种群:subsp. preaecox(Concolo groups)。各品种群下有品种。

二、蜡梅品种分类系统

近年来,随着蜡梅品种资源的收集地区范围不断扩大,其品种数量明显增多。根据进一步观察和研究,作者1987年进行蜡梅分类,不能满足需要。为此,现将蜡梅品种分类系统的修正意见,介绍如下。

蜡梅

Chimonanthus praecox(Linn.)Link

Ⅰ.蜡梅品种群

Chimonanthus praecox(Linn.)Link(Praecox groups)

(Calycanthus praecox Linn. Sp. Pl. ed. 2.

718. 1762；Chimonanthus praecox（Linn.）Link，Eunm. Pl. Hert. Berol，2：66. 1882；陈志秀等：河南蜡梅属植物的研究. 河南农业大学学报，21（4）：413~415. 1987）

本群蜡梅中部花被片蜡黄色、金黄色、黄色；内部花被片蜡黄色、金黄色、黄色、淡黄色，或紫褐色、紫色、浅紫色，或具其不同程度颜色的条纹与边缘。

根据本群蜡梅花的花被片颜色，分为：

1. 蜡梅品种型　新组合型

Forma Praecox（Calycanthus praecox Linn. Sp. Pl. ed. 2. 718. 1762；Chimonanthus praecox（Linn.）Link，Eunm. Pl. Hert. Berol，2：66. 1882）

本型蜡梅内部花被片紫褐色、紫色、浅紫色，或具其不同程度颜色的条纹与边缘。如蜡梅、尖被蜡梅、檀香蜡梅等。

2. 红心蜡梅型　新型

Forma Rubeus，f. nov.

A typo recedit tepalis penitisrubeis，pallide rubies vel. fasciariis marginque ribeis.

Henan：Yanling Xian. 12. 12. 1989. T. B. Chao et al.，No. 891212. Typus in Herb. HAU.

本型蜡梅内部花被片红色、浅红色，或具其色的条纹与边缘。如尖红心蜡梅、红丝蜡梅等。

河南：鄢陵县。1989 年 12 月 12 日。李振卿，No. 8912121。模式标本，存河南农业大学。

3. 素心蜡梅型　新组合型

Forma Concolor

（Calycanthus praecox（Linn.）Link var. concolor Makino，Bot. Mag. Tokyo，23：32. 1909）

本型蜡梅花被片均为蜡黄色、金黄色、黄色、淡黄色等。如素心蜡梅、卷被蜡梅、蜡素蜡梅等。

4. 变色蜡梅型　新型

Forma Varians，f. nov.

A typo recedit tepalis penitis flavis vel. flasvdis variat fasciariis margine rubies vel. rbunneis.

Henan：Yanling Xian. T. B. Chao，No. 145. Typus in Herb. HAU.

本型蜡梅内部花被片黄色、淡黄色，后出现红色或淡红色的条纹与边缘，有时变为褐色。如变色蜡梅、杭州蜡梅等。

河南：鄢陵县。赵天榜等，No. 8412101145。模式标本，存河南农业大学。

Ⅱ. 白花蜡梅群　新组合品种群

Chimonanthus praecox（Linn.）Link（Albus

groups）

（Calycanthus praecox（Linn.）Link subsp. intermedius（Makino）B. C. Ding et T. B. Chao var. albus T. B. Chao et Z. X. Chen，陈志秀等：河南蜡梅属植物的研究. 河南农业大学学报，21（4）：419. 1987）

本群蜡梅中部花被片白色、灰白色，或冰色；内部花被片白色、灰白色、冰色、紫褐色、紫色、红色，或具其不同颜色的条纹与边缘。

根据本群蜡梅内部花被片颜色，分为：

1. 白花蜡梅型　新组合型

Forma Albus，f. comb. nov.

（陈志秀等：河南蜡梅属植物的研究，河南农业大学学报，2（4）：419. 1978）

本型蜡梅花被片为白色、灰白色，如白花蜡梅等。

2. 白紫蜡梅型　新型

Forma Albo-purpureus，f. nov.

A typo recedit tepalis penitis purpure is vel. fasciariis marg ineque purpure is.

Henan：Zhengzhou. 18. 12. 1989. T. B. Chao et al.，No. 8912181. Typu s in Herb. HAU.

本型蜡梅内部花被片紫褐色、紫色、淡紫色，或具其不同色条纹与边缘。如尖紫蜡梅、银铃蜡梅等。

河南：郑州。赵天榜等。No. 68。模式标本，存河南农业大学.

3. 银红蜡梅型（白红蜡梅型）　新型

Forma Inhong，f. nov.

A typo recedit tepalis penitis rubeis vel. fasciariis marg ineque rubeis.

Hubei：Zhoushan Xian. 12. 1990. Z. Q. Li et al.，No. 74. Typus in Herb. HAU.

本型蜡梅内部花被片红色、浅红色，或具其色条纹与边缘。如银红蜡梅、红丝虎蹄蜡梅等。

湖北：竹山县。1988 年 12 月 11 日、赵天榜、李振卿。No. 65。模式标本，存河南农业大学。

4. 冰素蜡梅型　新组合型

Forma Chystallinus，f. comb. nov.

（陈志秀等：河南蜡梅属植物的研究，河南农业大学学报，21（4）：419. 1987）

A typo recedit tepalis chystallinis vel. penitis chystallinis vel. purpureis vel. margine fasc iariisque purpureis vel. rubeis.

Henan：Yanling Xian. 10. 12. 1984. T. B. Chao et al. , No. 8412101. Typus in Herb. HAU；T. B. Chao et al. ,No. 8612101.

本型蜡梅花中部花被片冰色,透明,内部花被片冰色、紫色、紫褐色,或具其不同色条纹与边缘。如冰素蜡梅、冰素金莲花蜡梅等。

河南:鄢陵县。1984 年 I2 月 10 日。赵天榜等，No. 8412101。模式标本,存河南农业大学。

Ⅲ. 绿花蜡梅品种群　新品种群

Chimonanthus praecox (Linn.) Lnik (Viridiflorus groups) ,groups nov.

（李振卿等:蜡梅一新栽培变种,河南科技（林业论文集）:38. 1991）

本群蜡梅中部花被片绿色、浅绿色;内部花被片绿色、浅绿色、紫色、红色,或具其不同色的条纹与边缘。

产地:江苏南京、四川成都及重庆、湖北保康县等。

1. 绿花蜡梅型　新型

Forma Viridiflorus, f. nov .

A typo recedit tepalis yiridibus.

Jiangsu：Suzhouo. 19. 2. 1989，Z. Q. Li et al. ,No. 8912191. Typus in Herb. HAU.

本型蜡梅花被片均为绿色、浅绿色。如尖被绿花蜡梅、绿花蜡梅等。

江苏:杭州。1989 年 12 月 19 日。李振卿等。No. 8912191。模式标本,存河南农业大学。

2. 绿紫蜡梅型　新型

Forma Luzihua,f. nov.

A typo rececit tepalis med iis viridibus, penitis purpureis.

Jiangsu；Suzhou. 2. 1. 1990. Z. Q. Li et al. ,

No. 901211. Typus in Herb. HAU.

本型蜡梅花中部花被片绿色、淡绿色;内部花被片紫色,或具其条纹与边缘。如绿紫蜡梅、蜀绿蜡梅等。

江苏:苏州。1990 年 1 月 2 日。李振卿等。No. 901211。模式标本,存河南农业大学。

3. 翠朱蜡梅型（绿红蜡梅型）　新型

Forma Luhonghua,f. nov.

A typo recedit tepalis mediis viridibus, penitis rubeis.

Hubei；Xiangfan. 10. 12. 1990. D. C. Xug, No. 9012101. Typus in Herb. HAU.

本型蜡梅品种,仅 1 种。其主要形态特征:中部花被片绿色;内部花被片红色。

湖北:襄樊市。1990 年 12 月 10 日。许德臣，No. 9012101。模式标本,存河南农业大学。

Ⅵ. 紫花蜡梅品种群　新品种群

Chimonantlus praecox (Linn.) Link (Purpureus groups) groups nov.

A typo recedit tepalis purpureis vel. atropurpureis vel. tepalis mediis purpureis lanceolatis fasciariis flavis.

Henan；Yanling Xian. 1. 2. 1983. T. B. Chao et Z. B. Lu, No. 83221. Typus in Herb. HAU.

本群蜡梅花被片紫色、暗紫色,或具有黄色条纹。

河南:鄢陵县。1983 年及 1984 年,由赵天榜及陆子斌分别于姚家花园及鄢陵县园艺场内发现。

三、蜡梅品种群、型演化途径

为了解蜡梅品种分类系统及其演化关系,用图表示如下（见图1）,供参考。

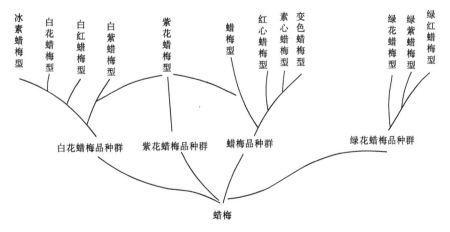

图 1　蜡梅品种分类系统及其演化途径示意图

中国蜡梅属一新种

赵天榜[1]　陈志秀[1]　李振卿[2]　王幸德[2]

(1. 河南农业大学;2. 许昌地区林业科学研究所)

摘 要 本文发表了蜡梅属一新种即簇花蜡梅 Chimonanthus caespitosus T. B. Chao,Z. X. Chen et Z. Q. Li,sp. nov.

簇花蜡梅　新种　图1

Chimonanthus caespitosus T. B. Chao,Z. X. Chen et Z. Q. Li,sp. nov. ,fig. 1

Species Ch. Zhejiangense M. C. Liu affinis, sed foliis late ovatis majoribus;pctiolis et ramulis juvcntibus dtnse pubentifcus. Flcres 2 ~ 6, axillares caespitosis;tepalis cxternis rhombice ovatis flarobrunneis glabris,apice obtusis,receptaculo fructificatione ovato vel longe ovato,prope apicem saepe acuminato,5~10 cm longo,rostro.

Frutex sempervirens(?)1 ~ 2 m altus. Ramuli tcretisuli badie-brunnei,interdum sparse grosse pubscentes,lcnticcllis flaro-brunneis elevatis manifestis;juveniles lavo-brunnei leniter angulosi,dense ferrugineo-pubescentes. Folia opposita chartacea vel crasse chartacea,ovata,longe ovata,late ovata vel late elliptica,4~10. 5 cm longa,2. 2~4. 8 cm lata, supra viridia vel pallide flavo-viridia,sparse breyiter hispida dilute nitida,costa media supra impressis, lateralibus leviter elevatis,subtus pallide viridia, nervis costis latcralibusque manifeste elevatis,apice acuminata vel breviter acuminata rare obtusa,basi cuneata vel late cuneata margine integra dilute revoluta;petioli 3 ~ 6 mm longi,supra mediis sulcatis, breviter pubentibus. Surculi dense ferrugineo-pubentes. Folia late elliptica,9 ~ 13 cm longa,4. 5 ~ 6. 5 cm lata,supra atro-viridia nitida,subtus pallide cinereo-viridia,apice longe acuminate vel acuta rare obtusa,basi late cuneata vel subrotundate cuneata, margine integra dilute revoluta;petioli dense breviter ferrugineo-pubentes. Flores 2 ~ 6, axillares caespitosi;tepala externa rhomice ovata,1. 5 ~ 3. 0 mm longa,apice obtusa,flavo-brunnea glabra nitida;mediis longe lanceo-lata,1. 2 ~ 1. 7 cm longa,2 ~ 3 mm lata, pallide flavo-alba, menbranacea, 5-nervis, apice longe acuminata vel caudata,margine integri-repanda,in basi margine sparse pilosis;internis longe ovata,longi-ovate spathulata,6 ~ 7 mm longa,apice caudata, basi latior non unguiculata, margine sparse denticulata,ad apicem dentis pubentes. Staminia 5 ~ 7,filamentis liberibus dense pubentibus,apice acuminatis,antheris flavo-albis glabris medifixis;staminodia 3 ~ 5,staminibus aequilonga vel leviter longiora, anguste linearia, dense pubentes. Carpella 5 ~ 9, ovaris glabra,stylo glabro. Receptacula fructificatione ovata vel longe ovata prope apice saepe acuminata,5 ~ 10 cm longa,rostra.

Anhui:Xung-Shan. alt. 600 m. 10. X. 1987. X. D. Wang et al. ,No. 8710103 et 8710104 (Typus in Herb. Henan Agricultural University Conservatus).

常绿(?)灌木,高1~2 m。小枝圆柱状,栗褐色,有时疏被短柔毛;皮孔黄褐色,突出明显;幼枝黄褐色,微具棱,被锈褐色柔毛。单叶,对生,纸质,或厚纸质,卵圆形、长卵圆形、宽卵圆形,长4~10. 5 cm,宽2.2~4.8 cm,表面绿色,或淡黄绿色,粗糙,疏被粗短柔毛,稍具光泽,中脉凹入,侧脉微凸;背面淡绿色,中脉凸起明显,侧脉稍凸起,被短柔毛,先端渐尖,或短渐尖,稀钝圆,基部楔形,或宽楔形,边缘全缘,微向下卷;叶柄长3~6 mm,表

本文承蒙陈俊愉教授、丁宝章教授审阅,并提出宝贵意见,宋留高、焦书道等同志参加部分工作,特致谢意!

面中间具浅槽,被短淡黄绿色柔毛。萌枝密被锈色柔;叶长宽,长 9~13 cm,宽 4.5~6.5 cm,表面淡绿色,具光泽,背面淡灰绿色,先端渐长尖,或急尖,基部楔形,或近圆–楔形;叶柄密被短柔毛,花 2~6 朵,簇生叶腋;外部花被片菱–卵圆形,长 1.5~3 mm,先端钝圆尖,黄棕色,具光泽,无毛;中部花被片长披针形,长 1.2~1.7 cm,宽 2~3 mm,淡黄白色,膜质,具脉 5 条,先端长渐尖,或尾尖,边缘为波状全缘,其基部具较多疏柔毛;内部花被片长卵形,匙–长卵圆形,长 6~7 mm,先端长尾尖,基部较宽、无爪,边缘具角状小齿,齿上被柔毛。雄蕊 5~7,花丝密被短柔毛,尖端尖;花药着生于花丝中上部一侧,无毛;雄蕊 3~5,窄线形,密被短菜毛;雌蕊 5~9,分离,子房光滑,花柱细长,无毛。果托卵球状,或长卵球状,长 2.5~3.5 cm,近先端渐收缩呈喙状,其长 5~10 mm。

本种与浙江蜡梅 Chimonanthus zhejiangnsis M. C. Liu 相似,但主要区别:叶宽卵圆形,卵圆形,较大。叶柄和幼枝密被栗褐色短柔毛。花 2~6 朵,簇生叶腋。花的外部花被片菱–卵圆形,先端钝圆尖,外部黄棕色,具光泽,无毛;内部花被片先端长尾尖,边缘具角状小齿,齿上被短柔毛,基部无爪。果托卵球状,或长卵球状,近先端收缩为渐尖,呈喙状,长 5~10 mm。

图 1　簇花蜡梅 Chimonanthus caespitosus T. B. Chao, Z. X. Chen et Z. Q. Liu,sp. nov.

1. 果枝(1X)、2. 果托(1X)、3. 瘦果(2.5X)、4. 花蕾簇生(2X)、5. 雌蕊(7X)、6、7. 外部花被片(4X)、8. 中部花被片(4X)、9. 内部花被片(4X)、10. 雄蕊(7X)、11. 退化雄蕊

安徽:黄山,海拔高 600 m。1987 年 10 月 10 日。王幸德等。标本号:8710103 和 8710104。模式标本,存河南农业大学。

蜡梅新优品种

赵天榜　　陈志秀

(河南农业大学)

本文收集了蜡梅 55 个新优品种,介绍如下:

1. '尖被'蜡梅　新品种　cv. Intermedius

该品种花径 2.0~2.5 cm;中部花被片 12~14,披针形、宽披针形,长 1.2~1.5 cm,宽 4~5 mm,金黄色,无毛;内部花被片 6,长卵圆形,先端尖,反曲,基部具爪,下部具紫色条纹,边缘有时被极稀疏柔毛;雄蕊 5~8,花丝被疏柔毛,与花药近等长;雄蕊多数,分离,具疏柔毛。

地点:河南郑州。选集者:赵天榜、陈志秀。

2. '黄墨'蜡梅　新品种　cv. Huangmo,cv. nov.

该品种花径 1.5~2.0 cm;中部花被片 9,黄色,长椭圆形,长 1.1~1.3 cm,宽 4~5 mm,先端渐尖,不反曲或反曲;内部花被片 6,卵圆形,长 4~6 mm,先端钝尖,稍反曲,紫褐色、墨褐色及条纹,基部具爪;雄蕊 5,花药椭圆体状,长约为花丝淤 1/2,花丝先端钝尖;雄蕊多数,离生。

地点:河南鄢陵县。选育者:赵天榜。

3. '尖虎蹄'蜡梅　新品种　cv. Jianhuti

该品种花径 2.0~2.5 cm;中部花被片 9,黄色,长椭圆–披针形,长 1.1~1.7 cm,宽 4~6 mm,先端长渐尖;内部花被片 6,长卵圆形,具深紫色条纹与紫色边缘,先端渐尖,基部具爪;雄蕊 5~8,花丝被疏柔毛;雄蕊多数,分离,基部被疏柔毛。

地点:河南郑州市。选育者:赵天榜、焦书道。

4.'黄龙紫'蜡梅 新品种 cv. Huanglong-zi,cv. nov.

该品种花径1.2~1.6 cm;中部花被片6~7,黄色,披针形,长7~9 mm,宽3~4 mm,先端渐长尖,微外弯,边缘稍向上曲,形成长舟-披针形;内部花被片9,深紫色、紫色或紫色斑块及条纹,卵-披针形,先端微外曲;雄蕊5~7,具退化雄蕊;雄蕊多数,离生。

地点:河南鄢陵县。选育者:赵天榜、宋留高。

5.'斜被紫'蜡梅 新品种 cv. Xiebeizi,cv. nov.

该品种花径1.0~1.5 cm;中部花被片9~12,黄色,披针-长椭圆形,长1.1~1.3 cm,宽3~4 mm,先端渐尖,斜展,稀反曲;内部花被片6,深紫色,卵圆形、长卵形,长4~8 mm,宽3~4 mm,先端钝,微反曲,基部紫色,具爪;雄蕊7,花药椭圆体状,较粗,先端钝,花丝先端具短尖头;雄蕊多数,离生。

地点:河南郑州。选育者:赵天榜、陈志秀。

6.'金殿紫'蜡梅 新品种 cv. Jindianzi,cv. nov.

该品种花径小,1.0~1.2 cm;中部花被片6,黄色,长椭圆形,长9~12 mm,宽3~4 mm,先端渐尖,不反曲,金黄色,具光泽;内部花被片9,卵圆形、长卵圆形,长3~6 mm,先端钝、钝尖,微反曲,具黑紫色晕;雄蕊5,花药椭圆体状,先端钝,花丝具短尖头;雄蕊多数,离生。

地点:河南郑州。选育者:赵天榜、焦书道。

7.'金凤还巢'蜡梅 新品种 cv. Jinfeng Huancao,cv. nov.

该品种花径1.2~1.5 cm;中部花被片6,蜡黄色,宽披针形,长9~12 mm,宽3~4 mm,先端长渐尖;内部花被片6,卵圆形,长3~5 mm,宽2~3.5 mm,先端钝尖,具紫晕和紫条纹,基部具爪;雄蕊5,花药椭圆体状,先端钝,花丝被柔毛;雄蕊多数,离生。

地点:河南郑州。选育者:赵天榜、焦书道。

8.'金龙紫厉'蜡梅 新品种 cv. Jinlong Zixue,cv. nov.

该品种花径1.5~2.0 cm;中部花被片9,淡黄色、黄白色,长椭圆形,长0.9~1.3 cm,宽4~5 mm,先端钝,不反曲;内部花被片9,浅紫色或淡紫色纹,卵圆形,长4~8 mm,宽3~4 mm,先端短尖,不反曲或反曲,具紫爪;雄蕊5~7,具退化雄

蕊;雄蕊多数,离生。

地点:河南鄢陵县。选育者:赵天榜。

9.'多被黄赀'蜡梅 新品种 cv. Duobei Huangzi,cv. nov.

该品种花径1.3~1.7 cm;中部花被片18,黄色,宽卵圆形、椭圆形,长0.8~1.4 cm,宽3~5 mm,先端突尖,反曲;内部花被片7,紫色,椭圆形,长0.5~1.2 cm,宽3~5 mm,先端突尖;雄蕊5,具退化雄蕊;雄蕊多数,离生。

地点:河南郑州。选育者:赵天榜、焦书道。

10.'蜡莲'蜡梅 品种 cv. Lalian,cv. nov.

该品种花径1.9~2.2 cm;中部花被片9,蜡黄色、金黄色,长椭圆形,长1.2~1.5 cm,宽6~9 mm,先端钝,具小短尖,稍反曲;内部花被片8,紫褐色,卵圆形、长卵圆形,长0.5~1.2 cm,宽3~6 mm,先端钝,或具小短尖,反曲,基部具紫爪;雄蕊8,花药椭圆体状,长为花丝1/2,先端尖,花丝被短疏柔毛,先端具小突尖;雄蕊多数,离生。

地点:河南郑州。选育者:赵天榜、陈志秀。

11.'双黄紫'蜡梅 品种 cv. Shuanghuangzi

该品种花径1.5~1.8 cm;中部花被片6,蜡黄色,外1层3片,匙-长卵形,长8~9 mm,先端内曲,而内1层3片,长椭圆形,长0.8~1.2 cm,宽5~6 mm,先端钝尖,斜展;内部花被片9,深紫色,匙-卵圆形,长5~7 mm,先端钝,或具短尖,稍反曲,基部具紫色爪;雄蕊5~7,花药黄色,花丝紫色,具退化雄蕊;雄蕊多数,离生。

地点:湖北襄樊市。选引者:赵天榜、陆子斌。

12.'拟玉彩'蜡梅 品种 cv. Niyücai

该品种花小,径1.0 cm;中部花被片9,深紫红色,匙-长卵形,长7~9 mm,宽4~6 mm,先端钝,内曲,具紫爪;雄蕊5~6,具退化雄蕊;雄蕊多数,离生。

地点:湖北襄樊市。选引者:赵天榜、陆子斌。

13.'檀香'蜡梅 檀香梅 品种 cv. Penitipurpureus

该品种花径2.0~3.5 cm;中部花被片9,蜡黄色、黄色,具光泽,长椭圆形、宽卵圆形,长1.2~1.7 cm,宽5~12 mm,先端钝,多内曲,基部被淡紫色晕;内部花被片9,宽卵圆形或近圆形,长5~7 mm,先端钝,基部具爪,浓紫色,边缘疏生缘毛;雄蕊5~78,花丝基部淡紫色,被柔毛,短于花药或近等长,退化雄蕊密被柔毛,花药有时疏生毛;雄

蕊数个,离生,具紫晕,有柔毛。

地点:河南郑州。采集者:赵天榜。

14.'虎蹄'蜡梅 品种 cv. Cotyiformus

该品种花径2.0~3.0 cm,有时达4.5 cm;中部花被片9,淡黄白色,长椭圆形,长1.2~2.2 cm,宽5~9 mm,先端钝,且具皱褶状突起,边部波状起伏,极开展,似盘状;内部花被片淡白色,微带淡黄色晕,长卵圆形、卵圆形,边部起伏,具爪,带紫色或淡紫色条纹;雄蕊5~7,花丝有时疏生柔毛,与花药等长,或稍短,有退化雄蕊;雄蕊多数,离生,基部被毛。

该品种特点是:花被片状如虎蹄,故称'虎蹄'蜡梅。

地点:河南郑州。采集者:赵天榜。

15.'洛阳'蜡梅 新品种 cv. Luoyang, cv. nov.

该品种花径1.2~1.5 cm;中部花被片9,黄色,宽卵圆形、长椭圆形,长0.3~1.2 cm,宽3~6 mm,先端钝圆、渐尖,边缘内曲;内部花被片9,紫黑色,椭圆形,长5~9 mm,宽2~4 mm,先端渐尖或钝,多反曲;雄蕊6,具退化雄蕊;雄蕊多数,离生。

地点:河南洛阳市。选引者:赵天榜。

16.'多被'蜡梅 品种 cv. Duobei

该品种花径1.8~2.5 cm;中部花被片24,卵圆形、椭圆形,黄色,长0.4~1.4 cm,宽4~5 mm,先端突尖,或钝,反卷;内部花被片9,淡紫色,椭圆形,长6~9 mm,宽3~4 mm,先端钝,微内曲;雄蕊6,具退化雄蕊;雄蕊多数,离生。

地点:河南郑州。选育者:赵天榜、焦书道。

17.'紫心磬口'蜡梅 新品种 cv. Zixin Qingkuo, cv. nov.

该品种花径1.5~1.7 cm,喇叭形;中部花被片9,椭圆形、长椭圆形,长1.1~1.4 cm,宽4~6 mm,先端钝,内曲,灰黄色,具光泽;内部花被片9,卵圆形、长卵圆形,长3~7 mm,先端钝圆,内曲,具紫黑色晕及条纹,基部具爪;雄蕊7,花药基部粗,向上渐细,先端钝,长约为花丝1/2,花丝先端钝尖;雄蕊多数,离生。

地点:河南郑州。选育者:赵天榜、陈志秀。

18.'晚花'蜡梅 大花狗牙梅 品种 cv. Serotiniflorus

该品种花径2.5~3.7 cm;中部花被片9,金黄色,具光泽,长椭圆-卵圆形,长1.2~1.8 cm,宽5~8 mm,先端钝尖,边部波状上卷,中下部有时具淡紫色晕或条纹;内部花被片9,宽卵圆形,先端钝圆,基部有紫色晕及条纹,具爪;雄蕊多个,离生,被短柔毛。花期2月下旬至3月下旬,直至4月中旬。

地点:河南郑州。该品种系赵天榜、陈志秀于1984年选育。

19.'墨云'蜡梅 新品种 cv. Moyun, cv. nov.

该品种花径约2.0 cm,碗形;中部花被片9,浅灰黄色,具黑褐色晕,匙-椭圆形,长7~10 mm,宽4~6 mm,先端钝,边缘黑褐色,微上曲;内部花被片9,匙-卵圆形,长5~7 mm,宽4~5 mm,先端钝,反曲,稀反卷,具黑褐色与边缘或条纹;雄蕊5~7,具退化雄蕊,黑褐色;雄蕊多数,离生。

地点:河南。选育者:赵天榜、焦书道。

20.'剑紫'蜡梅 新品种 cv. Jianzi, cv. nov.

该品种花径约1.5 cm;中部花被片9~11,淡黄色,舟-披针形,长1.3~1.6 cm,宽4~5 mm,2/3边缘波状皱褶,先端渐长尖,斜展,稍反曲;内部花被片6,卵圆形、长卵圆形,长7~9 mm,宽2.5~4 mm,先端短尖,反曲,基部具爪,有淡紫色晕、条纹及边缘,雄蕊5,花药椭圆体状,约等于花丝1/2;雄蕊多数,离生。

地点:河南郑州。选育者:赵天榜、宋留高。

21.'被舟紫丝'蜡梅 品种 cv. Beizhou Zisi

该品种花径1.5~2.0 cm,开展;中部花被片6,黄色,长披针形,长1.0~1.5 cm,宽3~4 mm,先端长渐尖,反曲,边部向内曲,呈舟状;内部花被片6,具紫色条纹及边缘,长7~9 mm,先端反曲部分黄白色,基部具紫色条纹,内1层卵圆形,具紫色条纹及边缘,先端反曲;雄蕊5~7,黄白色,具退化雄蕊;雄蕊多数,离生。

地点:河南郑州。选育者:赵天榜、陈志秀。

22.'卵被'蜡梅 品种 cv. Ovatus

该品种中部花被片卵圆形或宽卵圆形,先端钝;内部花被片边缘淡紫色及具条纹。

产地:河南鄢陵县。选育者:赵天榜、刘春元。

23.'小金红'蜡梅 品种 cv. Xiaojinhong

该品种花径不足1.0 cm;中部花被片7,金黄色,具光泽,长椭圆形、窄披针-椭圆形,长7~13 mm,宽3.5~4.5 mm,先端长渐尖,或钝;内部花被片6,卵圆形、狭卵圆形,红色,长4~6 mm,宽

2~3 mm,先端长渐尖,或钝尖,基部具爪;雄蕊5,花药椭圆体状,先端钝圆,花丝先端钝尖;雄蕊多数,离生。

地点:河南郑州。选育者:赵天榜、焦书道。

24.'黄红剑'蜡梅　品种　cv. Huang-hongjian

该品种花径1.2~1.5 cm;中部花被片9,黄色,长椭圆-披针形,长0.8~1.2 cm,宽4~5 mm,先端钝长尖,边部稍向上曲;内部花被片9,长卵圆形,紫红色,或具紫红色条纹及边缘,长5~7 mm,先端渐尖,不反曲,具爪;雄蕊5~7,花药黄色,具退化雄蕊;雄蕊多数,离生。

地点:河南郑州。选育者:赵天榜、陈志秀。

25.'早红'蜡梅　新品种　cv. Zaohong, cv. nov.

该品种花径1.5~2.0 cm;中部花被片9~10,淡黄色,长椭圆形、匙-长椭圆形,长0.9~1.4 cm,宽3~5 mm,先端钝,或突尖,斜展,稀反曲,上部边部微内曲;内部花被片6,卵-椭圆形,具深红色条纹、晕斑及边缘,长0.7~1.1 cm,宽3~6 mm,先端斜展,稀反曲;雄蕊5~6,黄白色,具退化雄蕊;雄蕊多数,离生。花期12月上旬。

地点:河南鄢陵县。选育者:李振卿、赵天榜。

26.'金红磐口'蜡梅　品种　cv. Jinhong Qingkou

该品种花径1.2 cm;中部花被片9,金黄色,具光泽,宽卵圆-匙形,稀椭圆形,长1.1~1.3 cm,宽6~9 mm,先端短尖,或钝尖,有时反曲;内部花被片8,红色,或具红色条纹,匙-卵圆形,先端短渐尖,内曲,长3.5~8 mm,宽3~5 mm,基部具爪;雄蕊5,花药椭圆体状,花丝先端具短尖头;雄蕊多数,离生。

地点:河南郑州。选育者:赵天榜。

27.'尖被素心'蜡梅　品种　cv. Acuticon-color

该品种花径1.0~1.8 cm;中部花被片黄色,匙-窄披针形,长1.0~1.3 cm,宽3~4 mm,先端长渐尖;内部花被片长卵圆形、卵圆形,淡黄色,基部具爪;雄蕊58,有退化雄蕊,花丝与花药近等长,被疏柔毛;雄蕊多数,离生。

地点:河南郑州。该品种系赵天榜与陈志秀于1983年选出。

28.'舟被'蜡梅　新品种　cv. Zhoubei, cv. nov.

该品种花径小,1.2~1.5 cm;中部花被片6,舟-长椭圆形,长1.2~1.5 cm,宽5~6 mm,先端渐尖,反曲,边部向上翘,黄色,具光泽;内部花被片9,黄色、浅黄色,具光泽,花后期有褐晕,匙-卵圆形,长4~6 mm,先端钝尖,微反曲,基部具爪;雄蕊7,花药椭圆体状,花丝先端突尖;雄蕊多数,离生。

地点:河南郑州。选育者:赵天榜、陈志秀。

29.'金盘微波'蜡梅　新品种　cv. Jinpan Weibo, cv. nov.

该品种花径1.5~2.0 cm,开展;中部花被片9,浅黄白色,长卵圆-披针形,长0.9~1.2 cm,宽4~5 mm,先端钝尖,通常反曲,或反卷,边部波状起伏;内部花被片9,长卵圆形,浅黄色,有时具褐色晕,或为褐色条纹,长5~8 mm,先端反曲,基部具爪;雄蕊5~7,具退化雄蕊;雄蕊多数,离生。

地点:河南郑州。选育者:赵天榜、焦书道。

30.'大花素心'蜡梅　新品种　cv. Grand-iconcolor, cv. nov.

该品种花径4.0~4.7 cm,有时达5 cm;中部花被片米黄色,长椭圆形,长1.5~1.7 cm,宽6~8 mm,先端钝尖,通常反曲;内部花被片匙-卵圆形,黄白色,先端渐尖,反曲,基部具爪;雄蕊5~7,花丝短,被疏柔毛,长为花药的1/2,先端具尖头或无,具退化雄蕊被柔毛;雄蕊多数,离生,被疏柔毛,花柱及柱头无毛。

地点:湖北襄樊市。选育者:赵天榜、陆子斌。

31.'玉蝶'蜡梅　新品种　cv. Yüdie, cv. nov.

该品种花径3.0~4.0 cm,花型开展,似盘状;中部花被片7,杏黄色,透明,长椭圆形,长1.3~1.8 cm,宽6~7 mm,先端渐尖,有时反曲卷,中部以上边缘波状起伏;内部花被片9,杏黄色,匙-卵圆形、长卵圆形,长6~7 mm,宽4~5.5 mm,先端钝尖、渐长尖,反曲,基部具爪;雄蕊5,花药椭圆体状,先端钝,淡黄色。

地点:河南郑州。选育者:赵天榜。

32.'金发女郎'蜡梅　品种　cv. Jinfa Nülang

该品种花径3.0~4.0 cm;中部花被片9~11,金黄色,具浅绿色晕,长椭圆形,长1.3~1.6 cm,宽6~7 mm,先端反卷;内部花被片8,浅黄色,卵圆形、长卵圆-圆形,长3~8 mm,宽3~5 mm,先端短尖,基部具爪;雄蕊6,长约1.5 mm,花药卵球体状,先端尖,花丝被柔毛,退化雄蕊柱状,被柔毛;雄蕊多数,离生,花柱短于雄蕊。

地点:河南鄢陵县。选育者:赵天榜。

33.'卷被素心'蜡梅 品种 cv. Cirrhoconcolor

该品种花径2.0~2.5 cm;中部花被片9,金黄色,或淡黄色,具光泽,长椭圆形、长椭圆-披针形,长1.3~1.5 cm,宽4~5 mm,先端渐尖,常反卷达1/3~1/2,边部波状起伏;内部花被片6,淡黄色,长卵圆形,先端反卷,基部具爪;雄蕊5~8,近白色,花丝有柔毛,与花药近等以,先端具尖头,有退化雄蕊;雄蕊多数,离生,被疏柔毛。

地点:河南郑州。该品种系赵天榜与陈志秀于1982年选出。

34.'金桃花'蜡梅 品种 cv. Aureus

该品种花径2.0~2.5 cm,花被片开展,似桃花,金黄色,故有"金桃花"之称;中部花被片6,宽卵圆形或椭圆形长1.0~1.3 cm,宽6~8 mm,先端钝,不反曲;内部花被片6,卵圆形,先端渐尖,基部具爪;雄蕊多数,离生。

地点:河南南召县。采集者:赵天榜。

35.'金花'蜡梅 新品种 cv. Jinhua, cv. nov.

该品种花径1.3~1.5 cm;中部花被片9,米黄色、黄色,具光泽,匙-椭圆形,长0.8~1.2 cm,宽4~6 mm,先端钝圆,内曲;内部花被片6,米黄色,卵圆形,长6~9 mm,宽4~6 mm,先端钝圆,内曲,稀反曲;雄蕊5~8,米黄色,具退化雄蕊;雄蕊多数,离生。

地点:河南鄢陵县园艺场。选育者:赵天榜、刘春元。

36.'金喇叭'蜡梅 品种 cv. Jinlaba

该品种花径2.0~2.5 cm,喇叭形;中部花被片9,黄色,具光泽,长椭圆形,长1.5~1.8 cm,宽5~7 mm,先端钝,有时具小突尖,突反卷,边缘波状;内部花被片9,黄色,圆形、长椭圆形,长0.5~1.1 cm,宽4~6 mm,先端钝,或具小尖;雄蕊5~7,花药卵球体状,长为花丝1/2,先端钝,花丝被短疏柔毛,先端钝,具退化雄蕊;雄蕊多数,离生。

地点:河南鄢陵县。选育者:赵天榜。

37.'圆被素心'蜡梅 品种 cv. Rotundaticoncolor

该品种花径较小,通常达2.5~3.2 cm;中部花被片9,蜡黄色,圆形,长1.3~1.6 cm,宽4~7 mm,先端钝,内曲;内部花被片6,近圆形,蜡黄色,先端不反曲,基部具爪;雄蕊5~8,花丝被疏柔毛,有退化雄蕊;雄蕊多数,离生,被柔毛。

地点:河南鄢陵县。该品种系1983年赵天榜选出。

38.'蜡素金莲'蜡梅 蜡素金莲花 品种 cv. Ceraceus

该品种花径2.5~4.0 cm,香味极浓,花盛开时半张半合,如磬口状,开后花被片先端反曲;中部花被片9,蜡黄色,宽椭圆形、长椭圆形,或匙-长卵形,长1.2~1.8 cm,宽5~7 mm,先端钝;内部花被片,蜡黄色,卵圆形、宽卵圆形,先端反曲,基部具爪;雄蕊6~8,花丝短,约为花药的1/3~1/2,花药先端钝,或具尖头,无毛,基部有时被柔毛,有退化雄蕊;雄蕊多数,离生,基部被疏短柔毛。

该品种主要特征:花型大,蜡黄色,闪金光,香味最浓,为发掘的早已"失传"的蜡梅一珍品。

地点:郑州市有栽培。采集者:赵天榜、宋留高。

39.'早黄'蜡梅 十月黄 品种 cv. October

该品种花径早,多于11月上中旬开花。花径1.5~2.0 cm;中部花被片9,浅黄色,具光泽,长卵圆-匙形,长1.0~1.2 cm,宽3~4 mm,先端钝,不反卷;内部花被片6,近卵圆形,先端钝尖,浅黄白色,不反曲,基部具爪;雄蕊5~7,花丝基部微有毛,短于花药,雄蕊多数,离生,基部被柔毛。

地点:浙江、河南有栽培。采集者:焦书道、赵天榜。

40.'多被素心'蜡梅 品种 cv. Duobei Suxin

该品种花径2.0~2.6 cm,花型开展;中部花被片21,金黄色,具光泽,膜质,圆形、椭圆形,长0.5~1.5 cm,宽5~7 mm,先端钝,或渐尖,稀突短尖,反卷;内部花被片13,黄白色,椭圆形,长0.5~1.2 cm,宽3~4 mm,先端钝,或突短尖,靠外花被片反曲;雄蕊6,具退化雄蕊,雄蕊多数,离生。

地点:河南郑州。选育者:赵天榜、焦书道。

41.'黄变紫'蜡梅 品种 cv. Huangbianzi

该品种花径2.0~2.5 cm;中部花被片9,黄色,长狭椭圆形,长0.8~1.2 cm,宽3~4 mm,先端渐尖;内部花被片6,稀9,卵圆形,初淡黄色,后具淡紫红色条纹,先端钝尖,具爪;雄蕊5~7;具退化雄蕊;雄蕊多数,离生。

地点:河南郑州。选育者:赵天榜、陈志秀。

42.'白花'蜡梅 新改级品种 cv. Albus,

cv. comb. nov.

该品种花径1.0~1.2 cm,喇叭形;中部花被片6,白色,长窄披针形,长0.8~1.0 cm,宽3~4 mm,先端渐长尖,边部微向上翘;内部花被片6,卵圆形,白色、浅白色,长4~6 mm,先端渐尖,微内曲,具爪;雄蕊5~6;具退化雄蕊;雄蕊多数,离生。

地点:河南郑州。选育者:赵天榜、陈志秀。

43.'银铃'蜡梅 品种 cv. Yinling

该品种花径1.0~1.5 cm,铃形;中部花被片9,白色,长椭圆形,长1.0~1.5 cm,宽4~5 mm,先端渐长尖,反曲;内部花被片6,淡白色,长卵圆形,长4~7 mm,宽3~5 mm,先端渐尖,微反曲,具爪;雄蕊5~7;具退化雄蕊;雄蕊多数,离生。

地点:河南郑州。选育者:赵天榜、焦书道。

44.'白卷'蜡梅 品种 cv. Baijuan

该品种花径1.3~1.5 cm;中部花被片9,淡黄白色,长披针形,长1.1~1.5 cm,宽4~5 mm,先端长渐尖,弓形反卷,边部波状起伏;内部花被片6,长狭卵圆形,长5~7 mm,宽3~4 mm,先端尖,通常反曲,具爪;雄蕊5~7;具退化雄蕊;雄蕊多数,离生。

地点:河南郑州。选育者:赵天榜、陈志秀、赵杰。

45.'白龙爪'蜡梅 新品种 cv. Bailongzhao, cv. nov.

该品种花径1.3~1.8 cm,钟形;中部花被片9,匙-长卵圆形、匙-椭圆形,白色,长1.2~1.6 cm,宽5~7 mm,先端渐尖,内曲,边部向上曲呈舟状;内部花被片6,白色,长卵圆形,长5~7 mm,先端微内曲;雄蕊5;具退化雄蕊;雄蕊多数,离生。

地点:河南郑州。选育者:赵天榜、陈志秀。

46.'银紫'蜡梅 品种 cv. Yinzi

该品种花径约0.95 cm;中部花被片9,白色,椭圆形,长7~9 mm,宽3~4 mm,边缘微内曲;内部花被片6,卵圆形,淡紫色,具浓紫色条纹与边缘;雄蕊6,花药椭圆体状,花丝先端具钝尖头;雄蕊多数,离生。

地点:湖北竹山县。选育者:赵天榜、李振卿。

47.'雪紫'蜡梅 新品种 cv. Xuezi, cv. nov.

该品种花径1.5~1.6 cm;中部花被片9,灰白色,匙-圆形,长1.1~1.5 cm,宽3~6 mm,边缘微内曲,先端长渐尖,反曲;内部花被片6,紫色或紫色条纹,卵圆形,长4~7 mm,宽3~5 mm,先端短尖,基部爪;雄蕊5,花药椭圆体状,先端钝,花

丝先端无短钝尖头;雄蕊多数,离生。

地点:河南郑州。选育者:赵天榜、陈志秀。

48.'虎素'蜡梅 新品种 cv. Husu, cv. nov.

该品种花径1.8~2.2 cm;中部花被片9,白色,微带黄色晕,长椭圆形,长1.4~1.8 cm,宽4~6 mm,先端钝尖,稍反曲,基部呈楔形,内面基部具红色晕或条纹;内部花被片卵圆形、长卵圆形,红色或红色条纹,长3.5~5 mm,先端钝尖,反曲;雄蕊5,花药椭圆体状,先端钝,为花丝长的3/5,花丝先端钝;雄蕊多数,离生。

地点:湖北竹山县。选育者:赵天榜、李振卿。

49.'剑红'蜡梅 新品种 cv. Jianhong, cv. nov.

该品种花小,径0.8~1.2 cm;中部花被片9,白色,长宽卵圆形,长0.8~1.2 cm,宽约3 mm,先端渐尖,反曲或反卷;内部花被片6,红色,匙-长卵圆形,长5~8 mm,先端渐尖,不反曲,具爪;雄蕊5~6,具退化雄蕊;雄蕊多数,离生。

地点:湖北竹山县。选育者:赵天榜、李振卿。

50.'二乔'蜡梅 新品种 cv. Erqiao, cv. nov.

该品种花径1.3~1.5 cm,球形;中部花被片9,白色,匙-椭圆形,长0.7~1.0 cm,宽4~6 mm,先端钝,内曲;内部花被片9,具淡红色条纹,长卵圆形,长5~7 mm,宽4~5 mm,先端钝圆,反曲,基部具爪;雄蕊5~7,花丝紫红色,具退化雄蕊;雄蕊多数,离生。

地点:河南郑州。选育者:赵天榜、宋留高。

51.'冰素'蜡梅 品种 cv. Chystallinus

该品种花径2.0~2.5 cm,冰色,香味淡,花被片不开张似钟状;中部花被片舟-长椭圆形,长1.0~1.5 cm,宽6~9 mm,先端钝尖,内曲,似匙状,冰色,具光泽,透明;内部花被片卵圆形,冰色,透明,具光泽,先端钝圆,基部具爪;雄蕊5~8,花丝短粗,被柔毛,与花药近等长或稍短,花药有时有毛;雄蕊多数,离生,有时基部被柔毛。

地点:河南郑州。该品种系1987年由赵天榜、陈志秀选出。

52.'冰玉紫'蜡梅 新品种 cv. Bingyüzi, cv. nov.

该品种花径2.0~2.5 cm,碗形;中部花被片12,白色,透明,具光泽,匙-椭圆形,长1.0~1.5 cm,宽5~7 mm,先端钝尖,内曲,稀反曲,边部微

波状;内部花被片9,白色,具紫色晕、条纹与边缘,长卵圆形,长5~8 mm,先端钝尖,内曲,或稍反曲,基部具紫爪;雄蕊5~8,花丝紫色,具退化雄蕊;雄蕊多数,离生。

地点:湖北武汉。选育者:赵天榜、李振卿。

53.'冰素金莲花'蜡梅 品种 cv. Albonitidus

该品种花形钟状,径2.0~2.5 cm;中部花被片9,冰色,匙-椭圆形,长1.5~1.7 cm,宽7~9 mm,不开展,先端钝尖,反曲;内部花被片卵圆形,紫色,或浓紫色条纹与边缘,先端钝尖,反曲,基部具爪;雄蕊5~8,花丝粗短,被柔毛,与花药等长或稍短,退化雄蕊较长;雄蕊多数,离生,有时基部被柔毛。

该品种主要特征:中部花被片9,冰色;内部花被片紫色,或淡紫色条纹,故称'冰素金莲花'蜡梅,为发掘的鄢陵县早已"失传"的蜡梅一珍品之一。

地点:河南郑州。采集者:赵天榜、焦书道。

54.'紫花'蜡梅 品种 cv. Purpureus

该品种花径1.2~1.5 cm,喇叭形;中部花被片9,紫色,长卵披针形,长0.8~1.2 cm,宽3~4 mm,先端渐长尖,反卷,具黄色斑,边部波状起伏;内部花被片6,淡紫色,长窄卵圆形,先端反曲,基部具爪;雄蕊5~7,具退化雄蕊;雄蕊多数,离生。

地点:河南鄢陵县园艺场。1984年发现者:赵天榜、陆子斌。

55.'紫珠'蜡梅 新品种 cv. Zizhu, cv. nov.

该品种花径1.0~1.2 cm,球形;外部花被片紫色、紫褐色;中部花被片6,深紫色、紫色,半球形,长6~9 mm,先端渐钝,内曲;内部花被片6,卵圆形,先端钝,内曲;雄蕊5~8,花药具紫色晕或条纹,花丝浓紫色,具退化雄蕊;雄蕊多数,离生。

地点:河南鄢陵县。1984年发现者:赵天榜、陆子斌。

蜡梅近熟枝棚插试验初报

李振卿[1] 赵天榜[2] 陈建业[1] 李水祥[1]

(1.许昌林业科学研究所,许昌 467770;2.河南农业大学,郑州 450002)

摘 要 本文首次报道了用蜡梅催根素50 mg/L处理蜡梅近熟枝,于8月5日至9月5日插栽在塑料棚内,加强管理,其生根率达81.1%,且插苗生长发育良好,可作为快繁蜡梅优良品种的一项有效措施,加以推广应用。

关键词 蜡梅;近熟枝;棚插

蜡梅Chimonanthus praecox(Linn.)Link傲寒斗雪,迎风怒放,黄冠晶堂,清香四溢,金红配置,别具风格,是我国特产名贵花木和特用经济树种,在园林建设、室内置景、造型艺术和开发利用中具有重要意义。长期以来,蜡梅良种均采用传统分蘖、切接繁殖,不能满足当前需要。作者于1987~1990年连续进行蜡梅扦插育苗试验,获得较好效果,其中用蜡梅催根素处理的蜡梅近熟枝插条生根率达80%以上,为蜡梅良种快速繁殖提供了一个新的途径。

为此,现将试验结果,初步报道如下,供参考。

一、内容与方法

1.试验设置

试验地选择背风向阳、灌溉方便,透光率30%~40%树阴下,用新砖砌成长4 m、高0.4 m、宽1 m插床。床内下部填碎砖或粗砂,其上铺25 cm厚的洗净细沙。插前,用0.5% $KMnO_4$ 消毒,以防蜡梅插条感菌腐烂。

2.插条剪取

供试插条,均取鄢陵县园艺场栽植的2年生素心蜡梅植株上的1年生基部萌发近熟枝条,或半木质化枝条。插条剪成长10~12 cm、粗6~8 mm,剪口上平、下斜,平滑勿裂,上端留2对叶片,

本文承陈俊愉教授审阅,并提供宝贵意见,特此致谢!

插条剪取后,分粗细、部位放置、处理和插栽。

3. 激素处理

选植物激素有 2,4-D、2 号、3 号、4 号及蜡梅催根素 5 种。试验时,分别将蜡梅插条置于不同浓度的药液中浸 24 h,取出插栽于沙床内,喷水与其密接。为探索蜡梅扦插适期提供依据。1988~1990 年作者分别用 2 号 25 mg/L、50 mg/L 及蜡梅催根素 50 mg/L 处理蜡梅插条进行试验。

4. 栽管措施

用植物激素处理的各试验组合,均取 4 cm×10 cm 株行距,开沟直放插条,其留叶高于床面 3~5 cm 喷水栽实。栽后,搭成高 60~80 cm 弓形塑棚。棚内湿度,采用晴天 9、11、13 时各喷 1 次水,保持其空气相对湿度 80% 以上;插棚气温过高,及时揭塑棚两端通气,或棚内喷水、棚上遮阴

降温,气温保持 20~28 ℃,相继 30~40 天,经植物激素处理的蜡梅插条,部分生根成活,11 月下旬至 12 月上旬,进行调查。调查后,即行插栽。

二、结果与分析

1. 植物激素

通过几年来的试验表明,植物激素种类、浓度不同对蜡梅插条生根具有不同的作用,如表 1 所示。

从表 1 材料明显看出,植物激素种类、浓度不同对蜡梅插条生根具有不同的作用,其中 2 号以 50 mg/L、100 mg/L 处理的效果较好,其生根率分别为 45.5%、41.1%;3 号次之,50 mg/L 处理的生根率 43.3%,4 号及 2,4-D 效果较差。特别是 1990 年 6 月 1 日,用蜡梅催根素 50 mg/L 处理的蜡梅近熟枝插条生根率达 81.1%。

表 1 植物激素对蜡梅插条生根的影响

植物激素	浓度(mg/L)	扦插期(月-日)	供试插条数	生根率(%)	生根数(数/插条)		苗高(cm)	
					总数	平均生根数		最多
对照	水	07-26	60	5.0	6	2.0	3.0	3.0
2,4-D	100	07-26	90	15.4	65	5.0	7.0	9.1
	150		90	16.6	67	4.5	9.0	10.3
催根素 2 号	25	07-26	90	38.8	315	9.0	23.0	20.7
	50		90	45.5	431	12.0	25.0	31.1
	100		90	41.1	412	11.4	24.0	20.9
	150		90	36.6	268	8.1	19.0	22.7
催根素 3 号	25	07-26	90	25.5	139	6.0	16.0	25.7
	50		90	43.5	352	9.0	23.0	30.6
	100		90	27.7	91	5.6	18.0	23.4
催根素 4 号	50	07-26	90	24.4	159	7.2	19.0	17.2
	100		90	18.8	105	5.0	21.0	18.9
	150		90	12.2	45	4.1	21.1	18.9
蜡梅催根素	50	07-26	53	81.1	539	12.5	17.0	3.5
对照	水	07-26	53	7.6	9	1.3	2.0	3.0

2. 插条部位

据报道,插条部位对其生根成活率具有明显作用。为探求提高蜡梅插条成活率,我们于 1988 年 8 月 5 日,用 25 mg/L 的 2 号处理蜡梅基部萌发的近熟枝不同部位插条进行插栽试验。试验表明,梢部插条生根率 63.3%,中部插条为 46.5%,基部插条为 30.0%。由此可见,选用蜡梅基部萌发的近熟枝的梢部枝条作插条具有较高成活率。

3. 扦插适期

为探求蜡梅扦插的最佳时期,我们于 1989 年从 6 月 24 日开始至 10 月 4 日为止的一段时期内,按不同日期用 50 mg/L 的 3 号处理蜡梅半木

质化插条进行试验。试验结果表明,8 月上旬至 9 月上旬为蜡梅扦插适宜时期,如表 2 所示。

表 2 蜡梅扦插时期试验调查

扦插期(月-日)	扦插数(个)	生根数(个)	生根率(%)	苗高(cm)
06-25	60	14	23.30	15.9
07-26	90	41	45.50	13.5
08-05	60	38	63.30	12.51
08-15	60	31	51.60	11.0
09-05	60	32	53.30	7.5
09-15	60	24	40.00	4.0
10-04	60	17	28.20	2.0

表3材料表明,蜡梅扦插苗与分株苗在生长发育过程中,没有显著差异。所以,我们认为:选用蜡梅基部萌发近熟枝,用 50 mg/L 蜡梅催根素处理,塑棚内插栽,加强管理,是快速繁殖蜡梅良种壮苗的一种有效途径,可试验推广。

表3 蜡梅扦插苗与分株苗生长发育调查

栽期(年-月)	苗源	株数	1年生苗		2年生苗				3年生苗			
			株高	地径	株高	地径	枝数	蕾数	株高	地径	枝数	蕾数
1983-03	插苗	31	1.51	1.25	2.90	4.01	5.6	79.0	2.65	5.81	50.8	327.8
1983-03	分株苗	30	1.47	1.19	2.25	3.89	5.1	59.0	2.58	5.70	47.3	308.9
1989-03	插苗	32	1.48	1.21	2.50	3.50	18.1	199.0				
1989-03	分株苗	32	1.44	1.17	2.10	3.78	16.9	152.0				
1990-03	插苗	25	2.55	1.67								
1990-03	分株苗	25	2.50	1.75								

注:株高 1 m,地径 1 cm。

十五、海桐花科 Pittosporaceae

崖花海桐 新变种

赵天榜 陈志秀 王正用

摘 要 本文发表了崖花海桐一新变种,即河南崖花海桐 Pittosporum sahnianum Gowda var. henanensis T. B. Chao, Z. X. Chen et Z. Y. Wang,var. nov.

河南崖花海桐 新变种

Pittosprum sahnianum Gowda var. henanensis T. B. Chao, Z. X. Cnen et Z. Y. Wang, var. nov.

A var. Sahniano recedit foliis atrovi-ridibus, supra intense lucid is, apice longi-acuminatis vel. caudatis, margine repandis. Capsulis 3-valvibus, una tanturn ortho fssciarie pubescentibus gilyis valde prominentibus.

Henan: NeiXiang Xian. Natural reserve of Bao-tianmem. alt. 800 m. 28. 8. 1989. T. B. Chao, No. 898283. Typus in Herb. Henan Agricultural University Conservatus.

本新变种与原变种区别:叶深绿色,表面具金属光泽,先端长渐尖或尾尖,边缘深波状。蒴果3瓣裂,其中仅1另具一纵带状很明显的暗黄色短柔毛。

河南:内乡县,宝天曼自然保护区。海拔800米。1989年8月28日。赵天榜,No。898283。模式标本,存河南农业大学。

十六、金缕梅科 Hamamelideceae

小蚊母两新变种和两新栽培品种

赵天榜[1]　范永明[1]　郭欢欢[2]

(1. 河南农业大学,郑州　450002;2. 郑州植物园,郑州　450042)

摘　要　本文发表小叶蚊母 Distylium buxifolium(Hance) Merr. 两新变种和两新栽培品种。两新变种是:三色小叶蚊母 Distylium buxifolium(Hance) Merr. var. tricolour T. B. Zhao,H. H. Guo et Y. M. Fan,var. nov. 和密枝小叶蚊母 Distylium buxifolium(Hance) Merr. var. densiramula T. B. Zhao,H. H. Guo et Y. M. Fan,var. nov.。两新栽培品种是:'椭圆叶'小叶蚊母 Distylium buxifolium(Hance) Merr. cv. 'Tuoyuanye' cv. nov. 和'弯叶'小叶蚊母 Distylium buxifolium(Hance) Merr. cv. 'Wangye' cv. nov.。形态特征。

1. 三色小叶蚊母　新变种

Distylium buxifolium(Hance) Merr. var. tricolour T. B. Zhao,H. H. Guo et Y. M. Fan,var. nov.

A var. nov. ramulis purpureo-rubris. Foliis anguste lanceolatis 3. 0~6. 5 cm longis,1. 3 ~1. 6 cm latis,supra atrovirentibus nitidis glabris;foliis juvenilibus purpuratis denique margine purpuratis,denique. Atrovirentibus.

Henan:20171025. H. H. Guo et T. b. Zhao, No. 201710251(HNAC).

本新变种小枝紫红色。叶狭披针形,长 3.0~6.5 cm,宽 1.3~1.6 cm,表面深绿色,具光泽,无毛;幼叶紫色,后边缘紫色,最后深绿色。

产地:郑州植物园。2017 年 10 月 25 日。郭欢欢、范永明和赵天榜,No. 201710251(存河南农业大学)。

2. 密枝小叶蚊母　新变种

Distylium buxifolium(Hance) Merr. var. densiramula T. B. Zhao,H. H. Guo et Y. M. Fan,var. nov.

A var. nov. ramulis brevibus densis et chloroticis. foliis anguste lanceolatis 1. 5 ~3. 0 cm longis,7~11 mm latis,supra flavis nitidis glabris.

Henan:20171025. H. H. Guo et T. b. Zhao,

No. 201710254(HNAC).

本新变种小枝短而密。叶狭披针形,长 1.5~3.0 cm,宽 1.3~1.6 cm,表面淡黄绿色,具光泽,无毛。

产地:郑州植物园。2017 年 10 月 25 日。郭欢欢、范永明和赵天榜,No. 201710254(存河南农业大学)。

3. '椭圆叶'小叶蚊母　新栽培品种

Distylium buxifolium (Hance) Merr. cv. 'Tuoyuanye',cv. nov.

本新栽培品种小枝灰褐色。叶椭圆形,长 2.0~5.0 cm,宽 0.7~2.0 cm,表面深绿色,具光泽,无毛,先端钝圆,基部楔形,不对称,边缘疏被星状毛。

产地:郑州植物园。2017 年 8 月 25 日。郭欢欢、范永明和赵天榜。

4. '弯叶'小叶蚊母　新栽培品种

Distylium buxifolium (Hance) Merr. cv. 'Wanye',cv. nov.

本新栽培品种叶狭披针形,弯曲,表面深绿色,具光泽,无毛,背面主脉基部疏被星状毛,先端短尖,基部楔形,边缘疏被缘毛。

产地:郑州植物园。2017 年 8 月 25 日。郭欢欢、范永明和赵天榜

十七、悬铃木科 Platanaceae

二球悬铃木两新栽培品种

赵天榜　陈志秀　范永明

（河南农业大学）

摘　要　本文发表二球悬铃木一新栽培品种：'金叶'二球悬铃木 Platanus occidentalis Linn. cv. 'Zhengzhou-1' cv. nov. 。形态特征。

'金叶'二球悬铃木　新栽培品种

Platanus occidentalis Linn. cv. 'Zhengzhou-1', cv. nov.

本新栽培品种叶黄色。

产地：河南、郑州市。2017 年 8 月 25 日。赵天榜、陈志秀和范永明。

十八、蔷薇科 Rosaceae

河南火棘属两新种

陈志秀　赵天榜

（河南农业大学，郑州　450002）

摘　要　发表了河南火棘属两新种，即匍匐火棘 Pyracantha stoloniformis T. B. Chao et Z. X. Chen, sp. nov. ；异型叶火棘 Pyracantha heterophylla T. B. Chao et Z. X. Chen, sp. nov.

关键词　火棘属；匍匐火棘；异型叶火棘

1. 匍匐火棘　新种　图 1

Pyraeantha stoloniformis T. B. Chao et Z. X. Chen, sp. nov. fig. 1

Species frutibus minimis, caudicibus emittetibus stolonibus, 30 cm alt. . ramis gracilibus stolonibus ramuli-spinis dense tomentosis. foliis oblongis vel rotundatis minutissimis 3~11 mm longis, 2~6 mm latis, apice obtusis 3~5-serratis, basi rotundatis inae-qualibus, margine integris.

Frutes sempervirentes minimi, caudex emittenes stolones, 30 cm alti. , Rarhuli graciles stoloniformibus fusto-trunnei dense tomentosi vel subglabri nitidi, juveniles dense atro-brunnei tomentosi ramuli-spini minuti-longi dense atro-brunnei tomentosi interdum sublabri. Folia oblongi vel rotundati soricei minutissimi 3~11 mm longi et 2~6 mm lati, apice obtusis 3 ~ 5-serratis, basi rotundatis inaequalibus, margine integris, supra atro-viridibus subter viridulis, costa supra minite impressis infra exprassis, utraque glabris juvenilibus laxe pilosis; petoilis brevitissimis < 1 mm longis subglabris vel glabris, juvenilibus pilosis. composite corymbi, pedunculi 3 ~ 4 mm longi glabri; pedicellis 2 ~ 3 mm longis glabris. Flores diam. 4~6 mm; calycibus tubis campanulatis pilosis, calycibus deltais pilosis; tepalis subrotundatis albis 3 ~ 4 mm longis et 3 ~ 4 mm latis; staminibus 20, filamentis 2 ~ 3 mm longis, antheris flavidis; stylis 5, liberis staminibus aequantibus, ovariis albis pilosis。 fructus globosi diam. 3 ~ 4 mm aurantiaci, calycibus residuis.

Henan: Tongbai Xian. Xuchang Buid parks and Manage. Custivate. 15. 4. 1994. T. B. Chao et al., No. 944158. Typus in Herb. HNAU.

常绿灌木,丛生,匍匐茎,高 30 cm。小枝纤细,匍匐状,棕褐色,密被茸毛,或近光滑,具光泽; 刺细长,密被暗褐色茸毛,有时近无毛;幼枝密被暗褐色茸毛。叶长圆形,或圆形,革质,很小,长 3 ~ 11 mm,宽 2 ~ 6 mm,先端钝圆,具 3 ~ 5 细尖齿,基部近圆形,偏斜,边缘全缘,表面深绿色,中脉微凹,背面淡绿色,中脉突起,两面无毛,幼时疏生柔毛;叶柄很短, < 1 mm,无毛或近无毛,幼时被柔毛。复伞房花序,花序梗长 3 ~ 4 mm,无毛;花梗长 2 ~ 3 mm,无毛;花径 4 ~ 6 mm;萼筒钟状,被柔毛;萼三角形,外被柔毛;花瓣近圆形,白色,长 3 ~ 4 cm,宽 3 ~ 4 mm;雄蕊 20,花丝长 2 ~ 3 mm,花药黄色;花柱 5,离生,与雄蕊等长;子房被白柔毛。果球状,径 3 ~ 4 mm,橘黄色,萼宿存。

本新种植株丛生,矮小,茎匍匐,高 30 cm。小枝纤细,匍匐状;枝和枝刺密被茸毛。叶长圆形,或圆形,很小,长 3 ~ 11 mm,宽 2 ~ 6 mm,先端钝圆,具 3 ~ 5 细尖齿,基部圆形,偏斜,边缘全缘。

河南:桐柏县。河南许昌市绿化管理处有引种栽培。1994 年 4 月 15 日。赵天榜等,No. 944158。模式标本,存河南农业大学。

2. 异型叶火棘　新种　图 2

Pyracantha heterophylla T. B. Chao et Z. X. Chen, sp. nov. fig. 2

Species P. stoloniformis T. B. Chao, Z. X. Chen et S. L. Li et P. crenulata (D. Don) Roem., a qua caulibus stoloniformibus vel crectis.

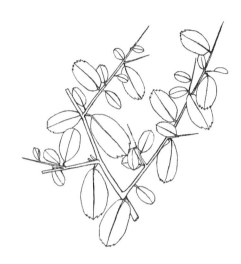

图 1　匍匐火棘 Pyraeantha stoloniformis T. B. Chao et Z. X. Chen, sp. nov.

Erecti - cauliter ramulis reclinatis, ramuli - spinisminutis et longis. follis 3—formibus: 1. oblongis apice obtusis cum acumine basi subro-tundatis vel cordatis, margine serrulatis apice in trorsis; 2. oblongis 4 ~ 11 mm longis 3 ~ 5 mm latis apice 5 ~ 7-serrulatis margine integris basi rotundatis; 3. lanceolatis apice obtusis cumacumine basi anguste cuneatis margine serrulatis.

Frutes sempervirentes alt. >1 m, partim caules stoloniformes. erecte caules ramuli graciles saepe reclinati atro-brunnei distineti longe tudinali strii glabri interdum residuis dense atro-brunrei, juveniles dense albi tomentosi, ramuli-spini minuti et longi. folia 3-formes: 1. oblongi 6 ~ 15 mm longi et 3 ~ 10 mm lati supra atro-virides subter viriduli, apice obtusis cumacumine basi subrotundatis vel cordatis margine crenatis apice introrsis subbasi integris utraque glabris, juvenlibub raro pilosis; 2. lanceolati 15 ~ 25 mm longi et 5 ~ 8 mm lati supra atro-virides subter viriduli, apice obtusis cum acumite basi anguste cuneatis margine serrulatis apice introrsis utrinque glabris. juvenlibus supra raro pilosis subter glabris; 3. elliptici 4~11 mm longi et 3 ~ 5 mm latis apice 5 ~ 7-serrulatis, margine integris basi rotundatis. composite corymi, pedunculis 3 ~ 4 mm longis glabris; pedicellis 2 ~ 3 mm longis glabris vel subglabris. flores diam. 3 ~ 4 mm. calycibus tubis campanulatis pilosis; calycibus deltais 1 ~ 1. 2 mm longis pilosis vel subglabris; tepalis rotundatis albis 1. 8 ~ 2. 2 mm longis latisque; staminibus 20, filamentis 1 ~ 2. 0 mm longis, antheris pallide flavidis; stylis 5 liberis, staminibus aequantibus ovariis albis pi-losis. frunctus globosi diam. 3 mm. aurantiaci, calycibus residuis.

Henan;Tongbai Xian. Xuchang Buid parks and manage. Cultivate. 15. 4. 1994. T. B. Chao et al.,No. 9441515. typus in Herb. HNAU.

常绿灌木,株高>1 m,有部分匍匐茎。直立茎上小枝纤细,通常拱形下垂,暗褐色,具长细纵皱纹,无毛,有时宿存暗褐色茸毛;幼枝密被白茸毛,枝刺细长。叶3型:1.长圆形,长6~15 mm,宽3~10 mm,表面暗绿色,背面淡绿色,先端钝圆,具小尖头,基部近圆形,或心形,边缘具细锯齿,齿端内曲,近基部全缘,两面光滑,幼时疏被柔毛;叶柄长2~3 mm。2.椭圆形,长4~11 mm,宽3~5 mm,先端具5~7细锯齿,边缘全缘,基部圆形;叶柄长1 mm。3.披针形,长15~25 mm,宽5~8 mm,表面暗绿色,背面淡绿色,先端钝圆,具小尖头,基部狭楔形,边缘具细小锯齿,齿端不内曲,两面光滑,幼时表面疏生柔毛,背面无毛;叶柄短。复伞房花序,序梗长3~4 mm;花梗长2~3 mm,无毛或近无毛;花径3~4 mm;萼筒钟状,被柔毛;萼三角形,长1~1.2 mm,被柔毛,或近无毛;花瓣圆形,白色,长与宽为1.8~2.2 mm;雄蕊20,花丝长1.5~2 mm,花药淡黄色;花柱5,离生,与雄蕊等长;子房被白柔毛。果实球状,径3 mm,橘黄色,萼宿存。

本新种与匍匐火棘和细圆齿火棘近似,但区别:茎匍匐状或直立。直立茎上小枝拱形下垂,枝刺细长。叶3型:1.长圆形,先端钝圆,具小尖头,基部近圆形或心形,边缘细锯齿,齿端内曲;2.椭圆形,较小,长4~11 mm,宽3~5 mm,先端具5~7细尖齿,边缘全缘,基部圆形;叶柄长1 mm。3.披针形,先端钝圆,具小尖头,边缘细锯齿,基部狭楔形。

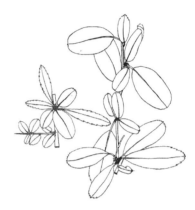

图2 异型叶火棘 Pyraeantha heterophylla T. B. Chao et Z. X. Chen,sp. nov.

河南:桐柏县。河南许昌市绿化管理处有引种栽培。1994年4月15日。赵天榜等。No. 9441515。模式标本,存河南农业大学。

河南火棘四新品种

赵天榜[1]　李小康[2]　王华[2]　王珂[2]

(1.河南农业大学,郑州　450002;2.郑州植物园,郑州　450042)

1.'大果'火棘　新品种

Pyracantha fortuneana (Maxim.) Li 'Daguo', cv. nov.

本新品种果实球状,径5~7 mm,橙红色,成熟期9月。

产地:河南。郑州市有栽培。选育者:赵天榜、李小康、王华。郑州市紫荆山公园有栽培。

2.'红果'火棘　新品种

Pyracantha fortuneana (Maxim.) Li 'Hongguo', cv. nov.

本新品种果实红色,具光泽。

产地:河南。选育者:玉华、王珂和赵天榜。

3.'小果'火棘　新品种

Pyracantha fortuneana (Maxim.) Li 'Xiangguo', cv. nov.

本新品种果实很小,径约4 mm,绿色。

产地:河南。选育者:玉华、王珂和赵天榜。

4.'黄果'火棘　新品种

Pyracantha fortuneana (Maxim.) Li 'Huangguo', cv. nov.

本新品种果实较大,多,长、径5~6 mm,橙黄色,具光泽。

产地:河南。2019年10月5日。选育者:赵天榜和陈志秀。

河南火棘属一新种

赵天榜[1]　陈志秀[1]　赵东方[2]

(1. 河南农业大学,郑州　450002;2. 郑州市林业工作总站,郑州　450006)

摘　要　本文发表河南火棘属一新种,即:银叶火棘 Pyracanha argenteifolia T. B. Zhao,Z. X. Chen et D. F. Zhao, sp. nov.。新种为落叶匍匐灌木。枝细,褐色。叶狭披针形,银白色,无毛。花序梗上具苞片2枚等。

银叶火棘　新种　图1

Pyracanha argenteifolia T. B. Zhao, Z. X. Chen et D. F. Zhao, sp. nov.

Deciduous humifusis fruticibus , 50 cm. ramulis minutis nigris, glabris. nudis spinosis ramulis, apice sparse pilosis, ramulis nov. foliis etinflorescentiis. foliis anguste lanceolatis, obovatis, rare loratis, argenteis, glabris,0.7~1.8 cm longis,0.2~0.6 mm latis, apice acuminatis longis, vel obtusis, base anguste cuneatis, superne margine serrulatis vel integris, a ciliatis. inflorescenitts fasciculatis in nov. ramulis apice; pedicellis longissimis 2-bracteis extus pnbescentibus.

Henan: Zhengzhou City. 20200530. T. B. Zhao et Z. X. Chen, No. 20200530(HNAC).

落叶匍匐灌木,高50.0 cm。枝细、黑色、无毛;枝刺上具节,先端疏被柔毛,有新枝、叶及花序。叶狭披针形、倒卵圆形,稀带形,银白色,无毛,长0.7~1.8 cm,宽0.2~0.6 mm,先端长渐尖,或钝圆,基部狭楔形,上部边缘具细锯齿,或全缘,无缘毛。花序簇生于新枝顶端,无;花梗极长,具2枚苞片,苞片外面被短柔毛。花与果不详。

河南:郑州市有栽培。2020年5月30日。赵天榜、陈志秀等,No. 202005301。模式标本,存河南农业大学。

图1　银叶火棘

参考文献

[1] 中国科学院中国植物志编辑委员会. 中国植物志:第三十六卷[M].北京:科学出版社,1987.
[2] 中国科学院植物研究所. 中国高等植物图鉴:第二册[M].北京:科学出版社, 1972.
[3] 丁宝章,王遂义. 河南植物志(第二册)[M]. 郑州:河南科学技术出版社,1981.
[4] 朱长山,杨好伟. 河南种子植物检索表[M].兰州:兰州大学出版社, 1981.
[5] 卢炯林,余学友,张俊朴. 河南木本植物图鉴[M]. 香港:新世纪出版社,1998.

山楂三新变种

赵天榜[1]　王　华[2]　王　珂[2]

(1. 河南农业大学,郑州　450002;2. 郑州植物园,郑州　450042)

1. 木质果山楂　新变种

Crataegus pinnatifida Bunge var. ligne-carpa T. B. Zhao,H. Wang et Z. Y. Wang,var. nov.

A var. fructibus obellipsoideis gilvis; lenticellis in fructibus densis nigricantibus.

Henan:20160910. H. Wang, K. Wang et T.

B. Zhao,No. 201609101(HNAC).

本新变种果实倒椭圆体状,暗黄色;果点密,淡黑色。

产地:河南。郑州植物园。2016 年 9 月 10 日。王华、王珂和赵天榜。模式标本,No. 201609101,存河南农业大学。

2. 黄果山楂　新变种

Crataegus pinnatifida Bunge var. flavicarpa T. B. Zhao,H. Wang et Z. Y. Wang,var. nov.

A var. fructibus globosis luteis nitidis.

Henan:20160910. H. Wang, K. Wang et T. B. Zhao,No. 2016091013(HNAC).

本新变种果实球状,黄色,具光泽。

产地:河南。郑州植物园。2016 年 9 月 10 日。王华、王珂和赵天榜。模式标本,No. 2016091013,存河南农业大学。

3. 羽裂叶山楂　新变种

Crataegus pinnatifida Bunge var. pinnatiloba T. B. Zhao,H. Wang et Z. Y. Wang,var. nov.

A var. foliis margine partitis. Fructibus globosis complanis,atro-aurantiis.

Henan:20160910. H. Wang, K. Wang et T. B. Zhao,No. 2016091015(HNAC).

本新变种叶边缘深裂。果扁球状,暗橙黄色。

产地:河南。郑州植物园。2016 年 9 月 10 日。王华、王珂和赵天榜。模式标本,No. 2016091015,存河南农业大学。

石楠四新栽培品种

赵天榜　　陈志秀　　范永明

(河南农业大学,郑州　450002)

1. '倒卵圆叶'石楠　新栽培品种

Photinia serralata Lindl. 'Daoluan Yuanye', cv. nov.

本新栽培品种叶倒卵圆形,深绿色,具光泽。

产地:河南。选育者:赵天榜、陈志秀和范永明。

2. '线齿'石楠　新栽培品种

Photinia serralata Lindl. 'Xianchi',cv. nov.

本新栽培品种叶边缘具线齿。

产地:河南。选育者:赵天榜、陈志秀和范永明。

3. '波边'石楠　新栽培品种

Photinia serralata Lindl. 'Bobian',cv. nov.

本新栽培品种叶边缘波状,无锯齿。

产地:河南。选育者:赵天榜、陈志秀和范永明。

4. '红叶'石楠　新品种

Photinia serralata Lindl. 'Hongye',cv. nov.

本新品种幼枝、幼叶淡红色。

产地:河南。选育者:陈俊通、陈志秀和赵天榜。郑州市紫荆山公园有栽培。

木瓜族　新族

赵天榜[1]　　陈志秀[1]　　范永明[2]

(1. 河南农业大学,郑州　450002;2. 北京林业大学园林学院,北京　100083)

1. 木瓜族　新族

Pseudochaenomelieae T. B. Zhao,Z. X. Chen et Y. M. Fan,tribus nov.

Descr. Add. :Arboribus deciduis,rare fruticibus,semperviretibus. Ramulis absque spinis ramulis vel spinis ramulis. Foliis alternis veol fasculatis,serratis vel crenatis,rare integis. Floribus singularis in ramulis novellis apicibus vel 1~multi-flore caespitosis in 2~3-ramulis aetatibus vel anthesis,synanthis rare floribus multireclusis. Floribus bisexualis;calycibus campanulatis, subcylindricis, crateriformibus, 5 – , 10 ~ 40 – petalis multiformibus; floribus: 1-coloribus, dichrois, versi-coloribus; 40 ~ 60 – staminibus, petalis multiformatis. Fructibus multiformatis, megaloformis et parviformis conspicuo differentibus.

形态特征:落叶乔木、灌木,稀常绿灌木。枝无枝刺,式具枝刺。单叶互生,或簇生,边缘有锯齿,或圆锯,稀全缘,具缘毛。花单生新枝顶端,或多枚簇生 2~3 年生以上枝上。花后叶开放,或先叶开放、同时开放,稀多次开花。花两忭;萼筒钟状、近柱状、碗状。单花具花瓣 5 枚、10～40 枚以上,形状多样;有单色花、2 色花及多色花;雄蕊 40~60 枚,有瓣化雄蕊为多形状花瓣。果实多形状,大小差异非常悬殊。

木瓜族植物有:木瓜属 Pseudochaenomeles Carr.,贴梗海棠属 Chaenomoles Lindl.,假光皮木瓜属× Jiaguangpimugua T. B. Zhao, Z. X. Chen et Y. M. Fan,西藏木瓜属× Cydo-chaenomeles T. B. Zhao, Z. X. Chen et Y. M. Fan。

木瓜属形态特征补充描述

赵天榜[1]　陈志秀[1]　范永明[2]

(1. 河南农业大学,郑州　450002;2. 北京林业大学园林学院,北京　100083)

木瓜属形态特征补充描述:

Pseudochaenomeles Carr.

Suupplememtary adaescription:

Deciduous trees, 5. 0 to 20. 0 m tall. Trunks with m = numerous blunt eges and grooves. As well as most protruding wood nodule, or smooth; Bark grayish brown, dark green, yellow brown, brown, exfoliated. Its drop mark leaf shape of cloud. A branch with long, short, shortened branches and fruit table branches, with or without spines. Young branches densely tomentose, pilose, or glabrous. Bud divided into terminal leaf bud, axillary leaf bud, dormant bud and mixed bud. Mixed buds with twigs, leaves, stipules, dormant buds, and mixed buds with branches, leafless, leaves, stipules, dormant buds, rare with very dhort branches no stipules, and dormant buds. Leaves are large, ovoid, oval, near circular, ect. , rare rhombohedral oval, deformed lobules with yellowish white narrow edges and pointed serrated edges with glandular vertex or double pointed serrate at the end of the teeth. The young leaves yellowish green, densely pubescence on the bark. The back of the petiole is curved with pilose and glandular point, hairy stipe glandular point and branched hairy stipe glandular point. After flowering, the leaves open. Flowers solitary in the top shoots, no axillary flowers. Two species of hermapgrodite flower; infertile androgynous flower and fertile hermaphrodite flower. Single flower with 5 petals, spoon-shaped oval, rare 1 to 3 stamens, pink, white, red, ect. Sepals reflexed, margun ciliate, spiny pointed serrate and glandular and glandular teeth. The fruits with many typesare mostly large and small ones are very rare. Such as long ellipsoid, spherical, and rod like, etc. Wood pulp.

形态特征补充描述:

落叶乔木,高 5.0~20.0 cm;树干具饶纵棱与深沟,以及多数突起的木瘤,或光滑;树皮灰褐色、深绿色、黄褐色、褐色,呈片状剥落,落痕云片状。小枝有长枝、短枝、缩短枝及果台枝之分,具枝刺,或无枝刺。幼枝密被茸毛,或柔毛,后无毛。芽有顶生叶芽、腋生叶芽、休眠芽、混合芽。混合芽有枝、有叶、无叶、有托叶、休眠芽及有枝、有叶、无叶、有托叶、休眠芽,稀有极短枝、无叶、无托叶及休眠芽。叶大型,卵圆形,椭圆形、近圆形等,稀菱-卵圆形及畸形小叶,边缘具淡黄白色窄边及尖锯齿,齿端具腺点,或重尖锯齿;幼叶淡黄绿色,背面密被茸毛;叶柄密被弯曲长柔毛及腺点、具毛柄腺点及分枝毛柄腺点。花后叶开放。花单生于当年枝顶端,无腋生花。花两性,有不孕两性花及可孕两性花 2 种。单花具花瓣 5 枚,匙状椭圆形,稀 1~3 枚雄蕊瓣化,粉红色、白色、红色等;萼片反折,边缘具缘毛、刺芒状尖锯齿及腺点与腺齿。果实大型,稀小型,具多种类型:长椭圆体状、球状及棒状等。果肉木质。

本属模式种:木瓜 Pseudochaenomeles sinensis (Thouin) Carr. = *Chaenomeles sinensis* (Thouin) E. Koehne。

本属植物 1 种:木瓜。

产地:木瓜特产中国。

木瓜属三新亚种

赵天榜[1]　陈志秀[1]　范永明[2]

(1. 河南农业大学,郑州　450002;2. 北京林业大学园林学院,北京　100083)

摘　要　本文发表木瓜三新亚种:1. 枝刺木瓜,2. 红花木瓜,3. 白花木瓜。

1. 枝刺木瓜　新亚种

Pseudochaenomeles sinensis (Thouin) Carr. subsp. ramuli-spina T. B. Zhao,Z. X. Chen et Y. M. Fan,subsp. nov.

Subsp. nov. ramuli-spinis in truncis, ramis grossis, ramulis et ramulis juvenilibus. 2～3-nodis in ramuli-spinis, ramuli-spinis in nodis. Ge mmis foliolis et ge mmis mixtis.

Henan:Zhengzhou City. 2017-04-25. T. B. Zhao,Z. X. Chen et Y. M. Fan, No. 201804251 (branches,leaves and flowers. HANC).

本新亚种树干、粗枝、小枝及幼枝均有枝刺。枝刺具 2～3 节,节上有小枝刺。枝刺仁有叶芽、混合芽。

河南:郑州市有栽培。2017 年 4 月 25 日。赵天榜、陈志秀和赵东方,No. 201704251。模式标本,存河南农业大学。

2. 红花木瓜　新亚种

Pseudochaenomeles sinensis (Thouin) Carr. subsp. rubriflora T. B. Zhao,Z. X. Chen et Y. M. Fan,subsp. nov.

Subsp. nov. 5-,vel 5～10-petalis in quoque flore, rare 5～10-petalis deformibus,spathulati-rotundatis evtus arto-rubidis,intus subroseis,unguibus albis.

Henan:Zhengzhou City. 2018-04-20. T. B. Zhao,Z. X. Chen et D. F. Zhao, No. 201804201 (branches,leaves and flowers. HANC).

本新亚种单花具花瓣 5 枚,或 5～10 枚,稀有 5～10 枚畸形花瓣,匙-椭圆形,外面深粉红色,内面粉红色,爪白色。

河南:郑州市有栽培。2018 年 4 月 20 日。赵天榜、陈志秀和赵东方,No. 201804201。模式标本,存河南农业大学。

3. 白花木瓜　新亚种

Pseudochaenomeles sinensis (Thouin) Carr. subsp. rubriflora T. B. Zhao,Z. X. Chen et Y. M. Fan,subsp. nov.

Subsp. nov. 5,5～10-petalis in quoque flore, spathulati-rotundatis vel multo formis, albis, unguibus albis.

Henan:Zhengzhou City. 2018-04-20. T. B. Zhao,Z. X. Chen et Y. M. Fan, No. 201804201 (branches,leaves and flowers. HANC).

本新亚种单花具花瓣 5 枚、10～15 枚,匙-圆形,或多形状,白色,爪白色。

河南:郑州市有栽培。2018 年 4 月 20 日。赵天榜、陈志秀和范永明,No. 201804201。模式标本,存河南农业大学(HANC)。

木瓜六新变种和十四新栽培品种

赵天榜[1]　陈志秀[1]　范永明[2]

(1. 河南农业大学,郑州　450002;2. 北京林业大学园林学院,北京　100083)

摘　要　本文发表木瓜六新变种和八新栽培品种。六新变种是:1. 小叶毛木瓜、2. 大叶毛木瓜、3. 红花木瓜、4. 帚状木瓜、5. 塔状木瓜、6. 小果木瓜。八新栽培品种：1. '弹花锤果' 木瓜、2. '三型果' 木瓜、3. '长椭圆体' 木瓜、4. '大球果' 木瓜、5. '棱球果' 木瓜、6. '小果' 木瓜、7. '纵棱小球果' 木瓜、8. '小柱果' 木瓜。

变种：

1. 小叶毛木瓜　新变种

Pseudocydonia sinensis（Touin）Soehned. var. parvifolia T. B. Zhao，H. Wang et Y. M. Fan，var. nov.

A var. nov. ramuli－spinosis et ramosispinis. Ramulis ramulis juvenilibus flavis dense villosis tortuosis. foliis parvis 1. 5～8. 6 cm longis，0. 9～4. 9 cm latis，subtus ad costis et nervis lateralibus rare glabris. fructibus 2－factis：1. ovoideis longis 8. 5 cm，diam. 6. 0 cm，2. Ellipsoideis longis，8. 5～11. 0 cm longis，5. 5～6. 0 cm diam.

Henan：Zhengzhou City. 19－07－2017. T. B. Zhao et Z. X. Chen，No. 2017071914（HNAC）.

本新变种具枝刺和分枝刺。小枝、幼枝淡黄绿色，密被弯曲长柔毛。叶小，长 4. 4～5. 5 cm，宽 2. 8～3. 2 cm，背面沿脉密被弯曲长柔毛，稀无毛。果实 2 种类型：1. 长球状，长 8. 5 cm，径 6. 0 cm；2. 长椭圆体状，长 8. 0～11. 0 cm，径 5. 5～6. 0 cm。

河南：郑州植物园。2017 年 7 月 19 日。赵天榜、范永明和陈俊通。模式标本，No. 2017071914，存河南农业大学。

2. 大叶毛木瓜　新变种

Pseudocydonia sinensis（Touin）Soehned. var. magnifolia＊T. B. Zhao，H. Wang et Y. M. Fan，var. nov.

A var. nov. ramuli－spinosis et ramosispinis foliis rotundatis. ramulis brunneis nitidis dense villosis tortuosis；ramulis juvenilibus flavis dense villosis tortuosis. foliis ellipticis 2. 5～8. 0 cm longis，3. 0～6. 0 cm latis，supra atro－viridis nitidis glabris subtus pallide viridibus glabria ad costis dense villosis tortuosis；petiolis dense villosis tortuosis et glandulis nigris，glandulis nigris，glandulis nigris longe petiolulis. Fructibus ellipsoideis，11. 0～12. 0 cm longis，diam. 9. 0 cm. Flavi-viridibus nitidis ne planuis tumoribus et foveis，sulcatis nullis et angulosis obtusis. Fructibus 400. 0～500. 0 g.

Henan：Zhengzhou City. 20170822. T. B. Zhao et Z. X. Chen，No. 201708224（HNAC）.

本新变种具枝刺和分枝刺，具小圆叶。小枝褐色，具光泽，密被弯曲长柔毛。叶椭圆形，稀圆形，长 2. 5～8. 0 cm，宽 3. 0～6. 0 cm，表面浓绿色，无毛，具光泽，背面淡灰绿色，无毛，沿主脉密被弯曲长柔毛；叶柄被，稀弯曲长柔毛及黑色腺体、具长柄黑色腺体。果实椭圆体状，长 11. 0～12. 0 cm，径 9. 0 cm，淡黄绿色，具光泽，不平滑，具瘤突及小凹，无纵钝棱与浅沟；萼洼浅，萼片脱落，四周具微浅沟纹及纵宽钝棱；梗洼浅，四周具微浅沟纹及纵宽钝棱。单株重 400. 0～450. 0 g。

河南：郑州市、郑州植物园。2017 年 8 月 22 日。赵天榜、陈志秀和赵东方。模式标本，No. 201708224，存河南农业大学。

3. 红花木瓜　新变种

Pseudocydonia sinensis（Touin）Soehned. var. rubriflos T. B. Zhao，H. Wang et Y. M. Fan，var. nov.

A var. nov. floribus solitatiis in ramulis novis apicibus. Petalis extus atro－subroseis intus subroseis.

Henan：20130421. T. B. Zhao et Z. X. Chen，No. 201304216（HNAC）.

本新变种花单生当年生新枝顶端。花瓣外面深粉红色，内面粉红色。

河南：郑州市、郑州植物园。2013 年 4 月 22 日。赵天榜和陈志秀。模式标本，No. 201304216，存河南农业大学。

4. 帚状木瓜　新变种

Pseudocydonia sinensis（Touin）Soehned. var. fastigiata T. B. Zhao，Z. X. Chen et Y. M. Fan，var. nov.

A var. nov. comis fastigiatis；lateri－ramis rectis obliquis. Floribus subroseis.

Henan：201704255. T. B. Zhao et Z. X. Chen，No. 201704255（HNAC）.

本新变种树冠帚状；侧枝直立斜展。花淡粉红色。

河南：郑州市、郑州植物园。2017 年 4 月 25 日。赵天榜、陈志秀和范永明。模式标本，No. 201704255，存河南农业大学。

5. 塔状木瓜　新变种

Pseudocydonia sinensis（Touin）Soehned. var.

pyramidalis T. B. Zhao, Z. X. Chen et Y. M. Fan, nov. nov.

A var. nov. comis pyramidalibus; lateri−ramis horizontalibus. Floribus subroseis.

Henan: 201704255. T. B. Zhao et Z. X. Chen, No. 201704257(HNAC).

本新变种树冠帚状;侧枝直立斜展。花淡粉红色。

河南:郑州市、郑州植物园。2017 年 4 月 25 日。赵天榜、陈志秀和范永明。模式标本, No. 201704257,存河南农业大学。

6. 小果木瓜 新变种

Pseudocydonia sinensis(Touin) Soehned. var. multicarpa T. B. Zhao, Z. X. Chen et D. W. Zhao, var. nov.

A var. nov. foliis parvis, 1. 5~8. 6 cm longis, rare 10. 5 cm longis, 0. 9~4. 9 cm latis, rare 6. 6 cm latis, subtus ad costis et nervis lateralibus dense villosis. Fructibus parvis multiformibus.

Henan: Zhengzhou City. 19−07−2017. T. B. Zhao, Z. X. Chen et Y. M. Fanm, No. 201707191 (HNAC).

本新变种叶小型,长 1. 5~8. 6 cm,稀氏 10. 5 cm,宽 0. 9~4. 9 cm,稀宽 6. 6 cm,树冠帚状;侧枝直立斜展。花淡粉红色。

河南:郑州市、郑州植物园。2017 年 4 月 25 日。赵天榜、陈志秀和范永明。模式标本, No. 201704257,存河南农业大学。

品种:

7. '弹花锤果'木瓜 新栽培品种

Pseudocydonia sinensis (Touin) Soehned. 'Danhuachui Guo', cv. nov.

本新栽培品种果实弹花锤状,大型,中部以下呈细柱状,似弹花锤,故称'弹花锤果'木瓜。

河南:郑州市、郑州植物园。选育者:赵天榜、陈志秀和赵东武。

8. '三型果'木瓜 新栽培品种

Pseudocydonia sinensis (Touin) Soehned. 'Sanxing Guo', cv. nov.

本新栽培品种果实有圆柱状、椭圆体状、长茄果状 3 种类型。

河南:郑州市、郑州植物园。2017 年 7 月 19 日。选育者:赵天榜、范永明和温道远。

9. '长椭圆体'红花木瓜 新栽培品种

Pseudocydonia sinensis (Touin) Soehned. 'Honghua Chang Tuoyuanti Guo', cv. nov.

本新栽培品种单花具花瓣 5 枚,红色。果实长椭圆体状,长 9. 0~11. 0 cm,径 5. 0~6. 0 cm,绿色。单果重 126. 0~ 200. 0 g。

河南:郑州市、郑州植物园。2017 年 7 月 19 日。选育者:赵天榜、陈志秀和赵东欣。

10. '大球果'木瓜 新栽培品种

Pseudocydonia sinensis (Touin) Soehned. 'Da Qiuguo', cv. nov.

本新栽培品种果实有 2 种类型:1. 果实球状,长 17. 0~19. 0 cm,径 15. 0~18. 0 cm。果实重 890. 0~1330. 0 g。2. 特异果实,果实近球状,具 5 枚钝圆棱与明显沟,长 10. 0 cm,径 9. 0 cm。单果重 450. 0 g。

河南:郑州植物园。2015 年 10 月 22 日。选育者:赵天榜、陈志秀和赵东武。

11. '棱球果'木瓜 新栽培品种

Pseudocydonia sinensis (Touin) Soehned. 'Leng Qiuguo', cv. nov.

本新栽培品种果实近球状,具 6 条钝圆棱与明显沟。单果重 450. 0 g。

河南:郑州植物园。2015 年 10 月 22 日。选育者:赵天榜、陈志秀和赵东武。

12. '小果'木瓜 新栽培品种

Pseudocydonia sinensis(Touin) Soehned. 'Xiaoguo', cv. nov.

本新栽培品种果实有 2 种类型:1. 椭圆体状,小型。单果重 115. 0 g。2. 狭椭圆体状,小型。单果重 91. 0 g。

河南:郑州植物园。2017 年 7 月 19 日。选育者:赵天榜、范永明和温道远。

13. '纵棱小球果'木瓜 新栽培品种

Pseudocydonia sinensis (Touin) Soehned. 'Zongleng Xiao Qiuguo', cv. nov.

本新栽培品种小枝褐色,密被弯曲长柔毛。果实球状,长、径 5. 0~6. 0 cm,橙黄色;果梗粗壮,长约 5 mm,褐色,密被弯曲长柔毛。单果重 52. 0~70. 0 g。

河南:郑州市、郑州植物园。2017 年 7 月 30 日。选育者:赵天榜、范永明和温道远。

14. '小柱果'木瓜 新栽培品种

Pseudocydonia sinensis(Touin) Soehned. 'Xiao Zhuguo',cv. nov.

本新栽培品种果实短圆柱状、球状,长、径 4.0~5.1 cm,径 3.5~4.7 cm。单果重 30.0~

72.0 g。

河南:郑州市、郑州植物园。2017 年 7 月 4 日。选育者:赵天榜、范永明和温道远。

中国木瓜属植物资源的研究

路夷坦[1]   范永明[2]   赵东武[3]   陈志秀[4]   赵天榜[4]*

(1.黄河水利出版社,郑州   450003;2.北京林业大学园林学院,北京   100083;

3.河南农大风景园林规划设计院,郑州   450002;4.河南农业大学林学院,郑州   450002)

摘   要   首次提出恢复木瓜属 Pseudochaenomeles Carr. 及木瓜 Pseudochaenomeles sinensis(Thouin)Carr. 依据,并纠正了我国植物学专著中关于木瓜形态特征的错误记载,发现一些新的形态特征,同时创建木瓜新分类系统,即:种、变种、栽培群及栽培品种。其中有 10 新变种、7 新改隶组合变种及 4 新栽培品种代表,并记载木瓜属、木瓜、新变种、新改隶组合变种及新栽培品种的形态特征。

关键词   中国;木瓜属;木瓜;新变种;新栽培品种;形态特征;中国

木瓜 Pseudochaenomeles sinensis (Thouin) Carr.[1],为我国特有种, 生长适应性强, 栽培范围广泛。现代研究发现木瓜果实含有皂甙、黄酮类、维生素 C、苹果酸等,具有舒筋络、暖胃化湿等作用,特别是含有齐墩果酸,对伤寒杆菌、痢疾杆菌和金色葡萄球菌有较强的抑制作用,可主治腰腿酸痛、四肢抽搐并有止痢等作用[8-12]。

为了大力发展和推广木瓜良种,近年来笔者对河南各地栽培的木瓜进行调查研究,发现其形态特征与资料记载有明显不符之处,对广大植物爱好者及木瓜科研工作者对木瓜的认识和研究产生不利影响。鉴于此,笔者对木瓜的形态特征进行了补充描述,另外还发现一些新的尚未记载的形态特征,因此还记载了木瓜属、木瓜、新变种、新改隶组合变种及新栽培品种的形态特征。

1   木瓜属与木瓜学名的更正

根据《国际植物命名法规》中有关"优先权"的规定[13],应恢复木瓜属属名为 Pseudochaenomeles Carr., 而木瓜种名为 Pseudochaenomeles sinensis(Thouin)Carr.。因为木瓜属学名为 Pseudochaenomeles Carr., Revue Hort.

1882:238. t. 52~55. 1882[1,14]. 木瓜学名为 Pseudochaenomeles sinensis (Thouin) Carr., Revue Hort. 1882:238. t. 52~55. 1882,而其学名均为异名,如:1. *Malus sinensis* Dumont.、2. *Cydonia sinensis* Thouin、3. *Pyrus sinensis* Poiret、4. *Pyrus sinensis* Sprengel、5. *Pyrus chinensis* Bunge、6. *Malus communis* ζ. Chinensis Wenzig、7. *Chaenomeles sinensis*(Thouin) E. Koehne、8. *Chaenomeles sinensis* E. Koehne、9. *Pseudocydonia sinensis*(Thouin) Schneider、10. *Chaenomeles sinensis* Schneider、11. *Cydonia vulgaris* sensu Pavolini、12. *Chaenomeles sinensis* Koehne、13. *Cydonia sinensis* Thunb.。

2   木瓜形态特征的错误记载

近年来,作者在调查研究木瓜种质资源与品种资源形态特征时,发现我国一些植物志中,如《中国植物志》第三十六卷[1]、《中国高等植物图鉴 第二册》[2]、《云南植物志 第十三卷(种子植物)》[3]、《河南植物志》(第二册)[4] 等著作中,关于"枝无刺""花单生叶腋""花腋生"的记载是错误的。

基金项目:河南省科技厅项目"高速公路陆域景观'高效节约'和稳定性关键技术研究"(142107000101)。

作者简介:路夷坦(1981—),男,河南长葛市人,编辑,主要从事园林植物编辑出版和树木新品种选育工作。

*通讯作者:赵天榜教授。主要从事森林培育学等教学与植物分类研究。

3 木瓜新的形态特征

近年来,在调查研究木瓜种质资源与品种资源形态特征时,发现木瓜一些尚末记载的新形态特征,如木瓜树形有塔状、帚状、球状等,无中央主干;侧枝有平展与弓形下垂。树干具钝纵棱与深沟,以及多数突起的木瘤,或光滑;树皮灰褐色、深绿色、黄褐色、橙黄色,呈片状剥落,落痕云片状。粗枝上具枝刺,或分枝刺。小枝有长枝、短枝、缩短枝及果台枝之分。小枝又有无叶、有托叶小枝,有有叶、有托叶小枝,有有叶、有托叶、无托叶小枝。小枝无毛,或密被茸毛。芽有"顶芽(叶芽、混合芽)和腋芽。混合芽有腋生、顶生,稀着生于多年生枝干上。混合芽有叶混合芽、无叶混合芽及两者兼有混合芽,稀无叶、无芽,少托叶(托叶1~3对)混合芽4种。叶绿色,或淡黄色;叶柄被弯曲长茸毛,有无柄黑色腺体、有柄黑色腺体。有柄腺体又分多细胞柄黑色腺体及枝状柄黑色腺体。花单生于当年生新枝顶端,花两性,有2种:不孕两性花及可孕两性花。单花具花瓣5枚,稀10枚,或具畸形花瓣3~10枚,花色有淡粉红色、红色,以及白色与粉红色;稀4月中旬有2次花,其单花具花瓣5~10枚,具畸形花瓣3~10枚,淡粉红色,爪白色,无雌雄蕊群。萼筒有2种类型:①钟状(不孕两性花),其内花柱通常不发育;②卵-圆柱状(可孕两性花),其内花柱通常与雄蕊等高,或显著高于雄蕊。2种花的萼片先端渐尖,反折,边缘具腺齿及缘毛,内面密被浅褐色茸毛,外面无毛;雄蕊多数,花丝长短不等;花柱5枚,稀3枚,中部合生处被短柔毛,基部无毛;柱头头状,有不明显分裂;花梗短,密被长茸毛。果实大型,稀小型,具多种类型;长椭圆体状、球状及棒状等。

4 新变种

根据作者初步调查研究,木瓜新变种资源如下。

4.1 白花木瓜 新变种

Pseudochaenomeles sinensis (Thouin) Carr. var. alba T. B. Zhao Z. X. Chen et D. W. Zhao, var. nov.

A var. nov. petalis 5 in quoque flore, albis, unguibus albis.

Henan: Zhengzhou City. 18-04-2016. T. B.

Zhao, Z. X. Chen et D. W. Zhao, No. 201604185 (branches, leaves and flowers)

该新变种单花具花瓣5枚,白色,爪白色。

河南:郑州市、长垣县。2016年4月18日。赵天榜、陈志秀和赵东武,No. 201604185(枝、叶和花)。模式标本,存河南农业大学。

4.2 垂枝木瓜 新变种

Pseudochaenomeles sinensis (Thouin) Carr. var. pendula T. B. Zhao, Z. X. Chen et Y. M. Fan, var. nov.

A var. nov. comis latis et maximis; lateri-ramis reclinatis. ramulis longis pendulis. apice petiolis 1~2-glandibus ramiformibus glabris.

Henan: Changyuan Xuan. 05-04-2017. T. B. Zhao et Z. X. Chen, No. 201604053 (ramulus, folium et flos, holotypus hic disignatus, HNAC).

该新变种与木瓜原变种 Pseudochaenomeles sinensis(Thouin) Carr. var. sinensis 区别:树冠宽大;侧枝长,开展,拱垂。长枝下垂。叶柄先端具1~2枚枝状无毛腺体。

河南:长垣县有栽培。2016年4月5日。赵天榜和陈志秀。No. 201604053(枝、叶与花)。模式标本,存河南农业大学。河南郑州市有栽培。

4.3 双色花木瓜 新变种

Pseudochaenomeles sinensis (Thouin) Carr. var. bicolorflora T. B. Zhao, Z. X. Chen et D. W. Zhao, var. nov.

A var. nov. floribus albis et subroseis. petalis 5, rare petalinis in quoque flore; 2-formis tubis calycibus: ①campanulatis (sexuafloris), stylis 5 saepe non crescentibus; ②cylindricis (bisexuafloris), supra grossis, in medio pusillis accisis, basibus aliquantum grossis; pistillis et androeciis aequalibus vel tylis longe androeciis; 5-stylis in pistillis, dense villosis albis in consociatis.

Henan: Changyuan Xuan. 15-04-2015. T. B. Zhao et Z. X. Chen, No. 201504157 (HNAC).

该新变种与木瓜原变种 Pseudochaenomeles sinensis(Thouin) Carr. var. sinensis 区别:花有2种颜色,即白色和粉色。单花具花瓣5枚,稀有雄蕊瓣化。萼筒有2种类型:①钟状(不孕两性花),其内花柱5枚,通常不发育;②圆柱状(可孕两性花),上部较粗,中部稍凹,基部稍粗,其内花柱通常与雄蕊等高,或显著高于雄蕊;雌蕊具花柱

5 枚,合生处被白色长柔毛。

河南:郑州市绿博园、长垣县。2015 年 4 月 15 日,赵东武、赵天榜和陈志秀。No. 201504157。模式标本,存河南农业大学。

4.4 棱沟干木瓜 新变种

Pseudochaenomeles sinensis (Thouin) Carr. var. anguli-sulcata T. B. Zhao,Z. X. Chen et D. W. Zhao,var. nov.

A var. nov. truncis conspicuo obtuse angulis et sulcatis. 5～8-petalis in quoque flore raro 2～3-praesertim petalis, subroseis, unguibus albis, supra striatis subroseis radiatis. bis floribus in mediis 4-mensibus. 5～10-petalis in quoque flore raro 3～10-praesertim petalis, subroseis, unguibus albis, gynoeciis nullis.

Henan:Zhengzhou City. 15-04-2015. T. B. Zhao et Z. X. Chen,No. 201504159(ramulus, folium et flos,holotypus hic disignatus,HNAC).

该新变种与木瓜原变种 Pseudochaenomeles sinensis(Thouin)Carr. var. sinensis 区别:树干具显著钝纵棱与较深沟。单花具花瓣 5～8 枚,稀有 2～3 枚畸形花瓣,粉红色,爪白色,其上具粉红色线纹。2 次花 4 月中旬。单花具花瓣 5～10 枚,具畸形花瓣 3～10 枚,淡粉红色,爪白色,无雌雌蕊群。

河南:郑州市、郑州植物园。2015 年 4 月 15 日。赵东武、赵天榜和陈志秀,No. 201504159(枝,叶和花)。模式标本,存河南农业大学。

4.5 金叶木瓜 新变种

Pseudochaenomeles sinensis (Thouin) Carr. var. aurea T. B. Zhao,Z. X. Chen et Y. M. Fan,var. nov.

A var. nov. cotegibus piece frustris post tangerinis. foliis flavo-virentibus,flavidis,aureis,costis et nervis lateralibus viridibus glabris, subtus dense tomentosis,post glabris,ad costis dense villosis tortuosis.

Henan:Zhengzhou City. 23-07-2017. T. B. Zhao et Z. X. Chen,No. 201707234(HNAC).

该新变种与木瓜原变种 Pseudochaenomeles sinensis(Thouin)Carr. var. sinensis 区别:树皮片状剥落,落痕呈橙黄色。叶淡黄绿色、淡黄色、金黄色,叶脉为绿色,无毛,背面密被茸毛,后无毛,沿主脉疏被弯曲长柔毛。

产地:河南。郑州市有栽培。山东荷泽市也有栽培。2017 年 7 月 23 口。赵天榜、范永明和陈志秀,No. 201707234,模式标本,存河南农业大学。

4.6 瘤干木瓜 新变种

Pseudochaenomeles sinensis (Thouin) Carr. var. lignosi-tumor T. B. Zhao Z. X. Chen et D. W. Zhao,var. nov.

A var. nov. comis latis et maximis;lateri-ramis horizontalibus. macro-gangliibus in truncis. ramulis rare villosis curvativis, ramulis juvenilibus dense villosis curvaivis.

Henan:Zhengzhou City. 15-04-2015. T. B. Zhao et Z. X. Chen,No. 201504155(HNAC).

该新变种与木瓜原变种 Pseudochaenomeles sinensis(Thouin)Carr. var. sinensis 区别:树冠宽大;侧枝开展;树干上具很多突起木瘤。1 年生小枝褐色,疏被弯曲长柔毛;幼枝密被弯曲长柔毛。

河南:郑州市、郑州植物园。2015 年 4 月 15 日。赵东武、赵天榜和陈志秀,No. 201504155。模式标本,存河南农业大学。

4.7 球果木瓜 新变种

Pseudochaenomeles sinensis (Thouin) Carr. var. globosa T. B. Zhao,Z. X. Chen et Y. M. Fan,var. nov.

A var. nov. megalocarpis globosis sub globosis,17. 0～19. 0 cm longis, diam. 12. 0～18. 0 cm. fructu 890. 0～1330. 0 g.

Henan:Zhengzhou City. 20150828. T. B. Zhao et Y. M. Fan,No. 201508281(HNAC).

该新变种与木瓜原变种 Pseudochaenomeles sinensis(Thouin)Carr. var. sinensis 相似,但区别:果实大、球状、近球状,长 17. 0～19. 0 cm,径 12. 0～18. 0 cm。单果重 890. 0～1330. 0 g。

河南:郑州市、郑州植物园、长垣县。2015 年 8 月 28 日。赵天榜、陈志秀和范永明,No. 201508281。模式标本,存河南农业大学。

4.8 柱果木瓜 新变种

Pseudochaenomeles sinensis (Thouin) Carr. var. cyliricarpa T. B. Zhao,Z. X. Chen et Y. M. Fan,var. nov.

A var. nov. fructibus cylindricis longis,10. 0～10. 5 cm longis,diam. 6. 5～7. 0 cm. fructu 250. 0 g.

Henan:Zhengzhou City. 20150828. T. B.

Zhao et Y. M. Fan, No. 201508285(HNAC).

该新变种与木瓜原变种 Pseudochaenomeles sinensis(Thouin) Carr. var. sinensis 相似,但主要区别:果实长圆柱状,长 10.0~10.5 cm,径 6.5~7.0 cm。单果重 250.0 g。

河南:郑州市、郑州植物园、长垣县。2015 年 8 月 28 日。赵天榜、陈志秀和范永明,No. 201508285。模式标本,存河南农业大学。

4.9 两色叶木瓜 新变种

Pseudochaenomeles sinensis (Thouin) Carr. var. bicolorfolia T. B. Zhao Z. X. Chen et F. D. Zhao,var. nov.

A var. nov. ramulis brunneis, dense villosis curvaivis. foliis flavo-virentibus, viridibus. fructibus cylindricis longis,7.0~11.0 cm longis,diam. 6.0~8.0 cm.

Henan:Zhengzhou City. 2017-10-07. T. B. Zhao et Y. M. Fan, No. 201710074(HNAC).

该新变种与木瓜原变种 Pseudochaenomeles sinensis(Thouin) Carr. var. sinensis 相似,但主要区别:小枝棕褐色,密被弯曲长柔毛。叶淡黄绿色、绿色。果实长圆柱状,长 7.0~11.0 cm,径 6.0~8.0 cm。

产地:河南。郑州市有栽培。2017 年 10 月 7 日。赵天榜、陈志秀和赵东方,No. 201710074。模式标本,存河南农业大学。

4.10 细锯齿木瓜 新变种

Pseudochaenomeles sinensis (Thouin) Carr. var. serrulatisa T. B. Zhao,Z. X. Chen et Y. M. Fan,var. nov.

A var. nov. foliis 2-formis:① ellipticis, apece obtusis;② anguste ellipticis, apice acuminatis;subtus pubescentibus brevissimis,margine serrulatis abciliatis et non glandulis. megalocarpis globosis sub globosis.

5-petalis in quoque flore,albis,margine repandis.

Henan:Zhengzhou City. 20150828. T. B. Zhao,Z. X. Chen et Y. M. Fan, No. 201508281（HNAC).

该新变种与木瓜原变种 Pseudochaenomeles sinensis(Thouin) Carr. var. sinensis 相似,但区别:叶 2 种类型:① 椭圆形,先端钝圆;② 狭椭圆形,先端渐尖;背面密被短柔毛,边缘细锯齿,无缘毛、

无小腺体。单花具花瓣 5 枚,白色,边缘波状起伏。

产地:河南。长坦县有栽培。2015 年 8 月 28 日。赵天榜、陈志秀和范永明,No. 201508281。模式标本,存河南农业大学。

5 新改隶组合变种

5.1 红花木瓜 新改隶组合变种

Pseudochaenomeles sinensis (Thouin) Carr. var. rubriflora T. B. Zhao, Z. X. Chen et X. K. Li, var. trans. nov., *Pseudocydonia sinensis* (Thouin) Schneider var. *rubriflos* T. B. Zhao, Z. X. Chen et X. K. Li.

该变种单花具花瓣 5~6 枚,稀有 1~2 枚畸形花瓣,匙-椭圆形,外面深粉红色,内面粉红色,爪白色;萼筒狭圆柱状,无毛;萼片 5 枚,表面密被白色茸毛,背面无毛,边缘无缘毛,或疏被缘毛,无小腺齿。

河南:郑州植物园、河南农业大学等有栽培。2013 年 4 月 21 日。赵天榜和陈志秀,No. 201304216(枝、叶与花)。模式标本,存河南农业大学。

5.2 小叶毛木瓜 新改隶组合变种

Pseudochaenomeles sinensis (Thouin) Carr. var. parvifolia(T. B. Zhao,Z. X. Chen et Y. M. Fan)T. B. Zhao,Z. X. Chen et Y. M. Fan,var. trans. nov.; *Pseudocydonia sinensis* (Thouin) Schneid. var. *parvifolia* T. B. Zhao,Z. X. Chen et Y. M. Fan.

该变种具枝刺及分枝枝刺。小枝、幼枝淡黄绿色,密被弯曲长柔毛。叶小,长 4.4~5.5 cm,宽 2.8~3.2 cm,背面沿脉密被弯曲长柔毛,稀无毛。果实 2 种类型:① 长卵球状,长 8.5 cm,径 6.0 cm;② 长椭圆体状,长 8.5~11.0 cm,径 5.5~6.0 cm。

产地:河南。郑州市有栽培。2015 年 4 月 15 日。赵天榜和陈志秀,No. 201504151。2017 年 7 月 19 日。赵天榜、范永明和陈俊通,No. 2017071914。模式标本,存河南农业大学。

5.3 大叶毛木瓜 变种

Pseudochaenomeles sinensis (Thouin) Carr. var. magnifolia T. B. Zhao,Z. X. Chen et Y. M. Fan, var. trans. nov.; *Pseudocydonia sinensis* (Thouin) Schneider var. *parvifolia* ＊ T. B. Zhao,

Z. X. Chen et Y. M. Fan.

该变种具枝刺及分枝枝刺,具小圆叶。小枝褐色,具光泽,密被弯曲长柔毛。叶椭圆形,稀圆形,长2.5~8.0 cm,宽3.0~6.0 cm,表面浓绿色,无毛,具光泽,背面淡绿色,无毛,沿主脉密被弯曲长柔毛;叶柄被弯曲柔毛及黑色腺体及长柄黑色腺体。果实椭圆体状,长11.0~12.0 cm,径9.0 cm,淡黄绿色,具光泽,不平滑,具瘤突及小凹,无纵钝棱与浅沟;萼洼浅,萼片脱落,四周具微浅沟纹及纵宽钝棱;梗洼浅,四周微具浅沟纹及纵宽钝棱。单果重400.0~450.0 g。

河南:郑州市、郑州植物园。2017年8月22日。赵天榜、陈志秀和赵东方,No. 201708224。模式标本,存河南农业大学。

5.4 帚状木瓜 新改隶组合变种

Pseudochaenomeles sinensis(Thouin)Carr. var. fastigiata T. B. Zhao, Z. X. Chen et Y. M. Fan, var. trans. nov. , *Pseudocydonia sinensis*(Thouin)Schneider var. *fastigiata* T. B. Zhao, Z. X. Chen et Y. M. Fan.

该变种帚状树冠;侧枝直立斜展。单花具花瓣5枚,两面淡粉红色,爪白色;萼片5枚,反折,表面密被白色茸毛,背面无毛,边缘无缘毛;雄蕊多数,花丝长短悬殊。

河南:郑州市、郑州植物园有栽培。2017年4月25日。赵天榜、陈志秀和范永明,No. 201704255(枝、叶与花)。模式标本,存河南农业大学。

5.5 塔状木瓜 新改隶组合变种

Pseudochaenomeles sinensis(Thouin)Carr. var. pyramidalis(T. B. Zhao, Z. X. Chen et Y. M. Fan)T. B. Zhao, Z. X. Chen et Y. M. Fan, var. trans. nov. , *Pseudocydonia sinensis*(Thouin)Schneider var. *pyramidalis* T. B. Zhao, Z. X. Chen et Y. M. Fan.

该变种树冠塔状。小枝平展。单花具花瓣5枚,匙状椭圆形,外面粉色,内面白色,爪白色;雄蕊多数,花丝长短悬殊,浅白色;花柱5枚,长于雄蕊为可孕花;不孕花,花柱仅高2~5 mm。

产地:河南。郑州市、郑州植物园有栽培。2017年4月25日。赵天榜、陈志秀和范永明,No. 201704255(枝、叶与花)。模式标本,存河南农业大学。

5.6 小果木瓜 新改隶组合变种

Pseudochaenomeles sinensis(Thouin)Carr.

var. multicarpa T. B. Zhao, Z. X. Chen et D. W. Zhao, var. trans. nov. , *Pseudocydonia sinensis*(Thouin)Schneider var. *multicarpa* T. B. Zhao, Z. X. Chen et D. W. Zhao.

该新改隶组合叶小,长1.5~8.6 cm,稀长10.5 cm,宽0.9~4.9 cm,稀宽6.6 cm,背面沿主脉疏被弯曲长柔毛。果实小,多类型。

5.7 野木瓜 新改隶组合变种

Pseudochaenomeles sinensis(Thouin)Carr. var. yemugua(Shao Zexia et al.)T. B. Zhao, Z. X. Chen et F. D. Zhao, var. trans. nov. ; Chaenomeles × sp.

A var. trans. nov. fretgibus deciduatibus, 2.0~4.0 m. ramis magis rectis. ramulis raro tomemtosis, ramispinis.

Yunnan:Weixi, Lijiang, Lushui Sino = Myanmar border area.

该新改隶组合变种与木瓜原变种 Pseudochaenomeles sinensis(Thouin)Carr. var. sinensis 相似,但主要区别:丛生落叶灌木,株高2.0~4.0 m。枝多直立。小枝疏被茸毛,具枝刺。

产地:云南。2003年。发现者:陆斌、邵则夏、宁德鲁。

6 栽培品种资源

根据作者初步调查研究,木瓜栽培品种资源有76栽培品种。现介绍5新栽培品种。

6.1 '两型果'木瓜 新栽培品种

Pseudochaenomeles sinensis(Thouin)Carr. 'Èrxing Guo', cv. nov.

该新栽培品种果实有:①椭圆体状,②茄状,小、中型,长9.5~10.5 cm,径5.5~7.5 cm,深绿色,平滑,无光泽,背面淡绿色,具光泽,先端钝圆;萼凹小,浅平,四周无明显钝棱与沟,萼脱落,萼凹具小痕,柱基宿存;近基部较细;梗洼浅平,四周微具钝棱与沟;果梗长约5 mm,深褐色,被较多短柔毛。单果重163.0~270.0 g。

产地:河南。郑州植物园。2017年7月19日。选育者:赵天榜、范永明、路夷坦。

6.2 '椭圆体状果'木瓜 新栽培品种

Pseudochaenomeles sinensis(Thouin)Carr. 'Tumnyuanti Guo', cv. nov.

该新栽培品种果实椭圆体状,小、中型,长7.7~8.5 cm,径6.0~7.0 cm,深绿色,具光泽,表面平滑,具不明显瘤突,先端钝圆;萼凹小,浅,四周具梢明显钝棱与沟,萼脱落,小痕,柱基宿存;近基部较粗,呈半球状;梗洼浅,四周微具钝棱与沟;果梗3 mm,深褐色,无毛。单果重170.0~203.0 g。

产地:河南。郑州植物园。2017年7月19日。选育者:赵天榜、范永明、路夷坦。

6.3 '柱果'木瓜 新栽培品种

Pseudochaenomeles sinensis (Thouin) Carr. 'Zhuguo',cv. nov.

该新栽培品种果实圆柱状,长6.9 cm,径5.9 cm,绿色,具光泽,表面稀有凸点,果点不明显,先端凹,萼脱落,梗洼浅;果梗褐色,密被弯曲柔毛。平均单果重155.0 g。

产地:河南。郑州市有栽培。2017年7月30日。选育者:赵天榜、范永明和温道远。

6.4 '亮黄斑皮'木瓜 新栽培品种

Pseudochaenomeles sinensis (Thouin) Carr. 'Lianghuangbanpi',cv. nov.

该新栽培品种树干无纵钝棱与纵沟;树皮深绿色,具光泽,块片状剥落,落痕黄色,具亮光泽。小枝灰褐色、紫褐色,微被短柔毛。单叶,互生,卵圆形、椭圆形、近圆形;幼叶卵圆形、椭圆形、近圆形,表面黄绿色,无毛,具光泽,背淡灰绿色,疏被短柔毛,沿主脉密被弯曲柔毛,边缘具淡黄色长狭齿,齿端具腺体,齿间具缘毛;叶柄密被长柔毛及具柄腺。单花具花瓣5枚,稀有1枚畸形者,匙-椭圆形,两面浅粉色,内面基部粉色。花两型:可孕花与不孕花。

产地:河南。长垣县有栽培。2017年4月22日。选育者:赵天榜、范永明和陈志秀。

参考文献

[1] 中国科学院中国植物志编辑委员会. 中国植物志:第三十六卷[M]. 北京:科学出版社,1987:348.
[2] 中国科学院植物研究所. 中国高等植物图鉴:第二册[M]. 北京:科学出版社,1972:243.
[3] 1994年,云南植物研究所. 云南植物志:第十三卷[M]. 1996:412-413.
[4] 丁宝章,王遂义. 河南植物志:第二册[M]. 郑州:河南科学技术出版社,1981:350-351.
[5] 郑万钧. 中国树木志:第二卷[M]. 北京:中国林业出版社,1985:1027-1028.
[6] 中国科学院植物研究所. 江苏南部种子植物手册[M]. 北京:科学出版社,1959:352.
[7] 中国科学院西北植物研究所. 秦岭植物志:第一卷 种子植物(第二册)[M]. 北京:科学出版社,1974:542. 图438.
[8] 张桂荣. 木瓜[M]. 北京:中国农业科学技术出版社,2009.
[9] 郭帅. 观赏木瓜种质资源的调查、收集、分类与评价[D]. 泰安:山东农业大学,2003.
[10] 郑林. 中国木瓜属观赏品种调查与分类与[D]. 泰安:山东农业大学,2008.
[11] 邵则夏,陆斌,刘爱群,等. 云南木瓜资源、栽培与加工利用专题 云南的木瓜种质资源[J]. 云南林业科技,1993(3):32-36,42.
[12] 陆斌,邵则夏,宁德鲁. 云南木瓜资源与果实营养成分[J]. 云南林业科技,2003,32(5):62-63.
[13] 朱光华泽. 杨亲二,俸宇星校. 国际植物命名法规(圣路易斯法规 中文版)[M]. 北京:科学出版社,1990:186-189.
[14] 赵天榜,宋良红,杨芳绒,等. 郑州植物园种子植物名录[M]. 郑州:黄河水利出版社,2018:123-126.

贴梗海棠属分类系统

赵天榜[1]　陈志秀[1]　范永明[2]

(1. 河南农业大学,郑州　450002;2. 北京林业大学园林学院,北京　100083)

Ⅰ. 贴梗海棠属
形态特征补充描述

Chaenomeles Lindl.

Suupplememtary adaescription:

Deciduous bush, or small trees. The bark is brown and smooth. Branchlets spiny which is termi-naal, or axillary, it usually has no leaves, no buds, rare leaves, sprouts with buds. 2-year = old branches without wood nodule, or with wood nodule rarely. Leaf buds terminal, or axillary,small,apexacute,bud scales glabrous outside, or pubescent shortly. Flower buds solitary, or 2 to 5(30) clustered in axils of the upper leaves of annual branches, or at the tip of branches of the leafy plexus, rarely growing on the base of a branch, or on a spur. Leaves alternate, or clustered, ovoid, oval, needlshaped, apex obtuse, or blunt, base cuneate, margin obtuse, or obtuse, full-margin. Young leaves pubescent on the back, or glabrous. Petiole pubescent, or glabrous. Stipules suborbicular, reniform, large, thick papery, margin broadly pointed serrate, base with short and broad stipe, not caduceus. After flowering, the leaves open, or before flowering, the leaves open. Hermaphroditism(with infertile and fertile bisexual flowers). Flowers solitary, or 2 to 5(to 6), were clustered into 2 to 5 year branch, or terminal phyllome branch end, both sides of the base or thorn. summer, autumn and winter flowers (October), solitary, or inflorescence. Single flower with 5 petals, rare 15 to 55, obovate, spoon round, brick red, orange, pink, white light green and multicolored, apex obtuse, concave. Stamens 40, rare 60 or dilute 60, filaments unequal in length, 2 rounds arranged, sparse scattered, style 5, dilute 11, base connate dilated, pubescent, or glabrous, nearly as long as stamens, or longer than stamens; Multiple ovule per ovary, calyx tube campanulate, cup-shaped, bowl shaped and bell shaped-terete, outside glabrous. Sepals suborbicular, shorter than calyx tube, both surfaces glabrous, not reflexed margin ciliate. The shape of fruit divided into large and small. Large fruit spindle-shaped, fusiform-shaped, or terwte, 3. 5 to 6. 0 cm in diameter. Small fruit spheroidal, globose, 2. 0 to 3. 0 cm in diameter. The calyx falls off, or the persistent calyx in fleshy and tuberculate. Fruit with many seeds, rare without seeds.

形态特征补充描述:

落叶丛生灌木,或小乔木;树皮褐色,光滑。小枝具枝刺;枝刺顶生,或腋生,其上通常无叶、无芽,稀有叶、有芽的芽;2 年生枝无瘤状突起,稀具瘤状突起。叶芽顶生,或腋生,小,先端急尖,芽鳞外面无毛,或被短柔毛。花蕾单生,或 2~5(~30)枚簇生于 2~5(~8)年生枝上叶腋处,或生于叶丛枝顶端,稀枝刺基部两侧,或枝刺上。叶互

生,或簇生、卵圆形、椭圆形、披针形、先端钝圆,或钝尖,基部楔形,边部下延边缘具钝锯齿,或重钝锯齿,全缘;幼叶背面被短柔毛,或无毛;叶柄被短柔毛,或无毛;托叶近圆形、肾形、大、厚纸质,边缘具宽尖锯齿,基部具短而宽栖,不早落。花先叶开放,或花两性(有不孕两性花与可孕两性花)。花单生,或 2~5(~6)枚簇生于 2~5 年生枝上,或顶生叶丛枝端、枝刺基部两侧,或枝刺上。有夏花、秋花与冬花(10 月),单生,或呈花序状花。单花具花瓣 5 枚,稀 15~55 枚,倒卵圆形、匙状圆形等多形状、砖红色、橙色、粉红色、白色、淡绿色及多色,先端钝圆,凹;雄蕊 40~60 枚,稀 60 枚以上,花丝不等长,2 轮排列,稀散生;花柱 5 枚,稀 11 枚,基部合生处膨大,被短柔毛,或无毛,与雄蕊近等长,或长于雄蕊;每子房室多胚珠;萼筒钟状、杯状、碗状与钟状-圆柱状,外面无毛;萼片近圆形,比萼筒短,两面无毛,不反折,边缘具缘毛。果实分大型、小型。大型果卵球状、纺锤状,或圆柱状,长 3.5~6.0 cm;小型果卵球状、环状,或圆柱状,长 2.0~3.0 cm;萼脱落,或宿萼肉质化呈瘤状突起。果实具多数种子,稀无种子。

本属模式种:日本贴梗海棠 Chaenomeles japonica (Thunb.) Lindl. ex Spach Pyrus japonica Thunb. 。

本属植物 7 种、6 杂交种。

产地:日本、中国等。

Ⅱ. 多瓣白花贴梗海棠亚属　新亚属

Chaenomeles Lindl. subgen. multipetala T. B. Zhao, Z. X. Chen et D. F. Zhao, subgen. nov.

Subgen. nov. 10~15-petalis, rare 5~12-petalis in quoque flora. Staminibus a-petalinis, saepe 3~5-petalinis.

Henan: Zhengzhou City. 2018-03-25. T. B. Zhao et Z. X. Chen, No. 201803251 (holotypus, HNAC).

本新亚属单花具花瓣 10~15 枚,稀 5~12 枚;雄蕊通常无瓣化,稀 3~5 枚瓣化。

河南:郑州市有栽培。2018 年 3 月 25 日。赵天榜和陈志秀, No. 201803251(枝、叶与花)。模式标本,存河南农业大学。

Ⅲ. 多瓣红花贴梗海棠亚属　新亚属

Chaenomeles Lindl. subgen. multipetalirubra T. B. Zhao, Z. X. Chen et D. F. Zhao, subgen. nov.

Subgen. nov. 10 ~ 45 – petalis, rare 5 ~ 12 – petalis in quoque flora. staminibus a–petalinis, saepe 3~5–petalinis. floris rubris.

Henan:Zhengzhou City. 2018–03–25. T. B. Zhao et Z. X. Chen,No. 2018032801 * (holotypus, HNAC).

本新亚属单花具花瓣 10~45 枚,稀 5~12 枚;雄蕊通常无瓣化,稀 3~5 枚瓣化。花红色。

河南:郑州市有栽培。2018 年 3 月 25 日。赵天榜和陈志秀,No. 2018032801(枝、叶与花)。模式标本,存河南农业大学。

1. 亮粉红花贴梗海棠　新变种

Chaenomeles speciosa(Sweet)Nakai var. laetisalmonea * T. B. Zhao,Z. X. Chen et H. Wang, var. nov.

A var. nov. floribus 5 ~ 15 petalis in quoque flore, rotundatis spathulatis; petalis atrypicis polymorphis.

Henan: Zhengzhou City. 20170407. T. B. Zhao et Z. X. Chen,No. 201704075(HNAC).

本新变种单花具花瓣 5 ~ 15 枚,匙-近圆形, 有畸形,亮粉红色;畸形花瓣形态多样。

河南:郑州市、郑州植物园。2017 年 4 月 7 日。赵天榜、陈志秀和赵东方。模式标本,No. 201704075(枝、叶与果实),存河南农业大学。

注:* 系 multi-petala 之改正。

Ⅳ. 橙黄色花贴梗海棠亚属　新亚属

Chaenomeles Lindl. subgen. citronella * T. B. Zhao,Z. X. Chen et D. F. Zhao,subgen. nov.

Subgen. nov. 10~25–petalis, vel 5–petalis in quoque flora. staminibus a–petalinis, saepe 3~5–petalinis. floris citrinella.

Henan:Zhengzhou City. 2018–04–20. T. B. Zhao et Z. X. Chen,No. 201804201(holotypus, HNAC).

本新亚属单花具花瓣 10~25 枚,或 5 枚;雄蕊通常无瓣化。花橙黄色。

河南:郑州市有栽培。2018 年 4 月 20 日。赵天榜和陈志秀,No. 201804201(枝、叶与花)。模式标本,存河南农业大学。

1. 五瓣橙黄色花贴梗海棠　新变种

Chaenomeles speciosa(Sweet)Nakai var. pentapetala T. B. Zhao,Z. X. Chen et D. F. Zhao, var. nov.

Var. nov. 5–petalis in quoque flore. staminibus a–petalinis. floris pentapetalis.

Henan:Zhengzhou City. 2018–04–20. T. B. Zhao et Z. X. Chen, No. 201804203(holotypus, HANC).

本新变种单花具花瓣 5 枚;雄蕊通常无瓣化。花橙黄色。

河南:郑州市有栽培。2018 年 4 月 20 日。赵天榜和陈志秀,No. 201804203(枝、叶与花)。模式标本,存河南农业大学。

Ⅴ. 贴梗海棠亚属新亚属

1. 异果贴梗海棠　新变种

Chaenomeles speciosa(Sweet)Nakai var. triforma T. B. Zhao et Z. X. Chen, var. nov. A var. nov. fructibus 3–formis:①globosis, ②ovaideis, ③obellipsoideis, flavo – virentibus, conspicuo angulis obtusus.

Henan:Zhengzhou City. 2015–08–25. T. B. Zhao,Z. X. Chen et Y. M. Fan, No. 201508251 (HANC).

本新变种与贴梗海棠原变种 Chaenomeles speciosa(Sweet)Nakai var. speciosa 主要区别:果实 3 种类型:1. 球状,2. 卵球状,3. 倒椭圆体状。黄绿色,具明显纵钝棱。

产地:河南。郑州市有栽培。2015 年 4 月 5 日。赵天榜和陈志秀,No. 201504059(枝、叶与花)。2015 年 8 月 25 日。赵天榜和陈志秀,No. 201508251(枝、叶与果实)。模式标本,存河南农业大学。

2. 小果贴梗海棠　新变种

Chaenomeles speciosa(Sweet)Nakai var. parvicarpa T. B. Zhao et Z. X. Chen,var. nov.

A var. nov. fructibus subglobosis 2.0~ 3.0 cm longis,diametibus 2.0~ 3.5 cm,atrovirentibus, conspicuo angulis et sulcatis. Fructibus 5.0~ 10.0 g.

Henan:Zhengzhou City. 2015–08–25. T. B. Zhao,Z. X. Chen et Y. M. Fan, No. 201508251 (HANC).

本新变种与贴梗海棠原变种 Chaenomeles speciosa(Sweet)Nakai var. speciosa 主要区别:果实近球状,长 2.0~3.0 cm,径 2.0~3.5 cm,深绿色,具明显钝纵棱与浅沟纹。单果重 5.0~ 10.0 g.

产地:河南。郑州市有栽培。2017 年 8 月 25

日。赵天榜、陈志秀和范永明, No. 201708251（枝、叶与果实）。模式标本，存河南农业大学。

3. 常绿贴梗海棠　新变种

Chaenomeles speciosa(Sweet) Nakai var. sempervirens T. B. Zhao, Z. X. Chen et Y. M. Fan, var. nov.

A var. nov. fructibus sempervirentibus cespitosis ca. 1. 5 m altis. Ramulosis cespitosis plerumque obliquis curvis. Foliis ellipticis et ovatibus, 3. 0 ~ 5. 0 cm longis 2. 5 ~ 3. 0 cm latis, supra atrovirentibus, glabris subtus viridulis apice obtusos basi cuneatis margine serrlatis. Flotibus ante foliis apertis. 1-floribus 5-petalis in quoque flore, spathulati-rotundatis rubris.

Henan: Zhengzhou City. 2017-04-20. T. B. Zhao, Z. X. Chen et Y. M. Fan, No. 201704201（HANC）.

本新变种与贴梗海棠原变种 Chaenomeles speciosa(Sweet) Nakai var. speciosa 主要区别：植株为常绿灌丛，高约 1. 5 m。丛生枝通常细，斜弯曲。叶椭圆形，卵圆形，长 3. 0~5. 0 cm，宽 2. 5~3. 0 cm，表面深绿色，无毛，背面浅绿色，先端钝圆，基部楔形，边缘具尖锯齿。花先叶开放。花单生。单花具花瓣 5 枚，匙-圆形，红色。

产地：河南。郑州市有栽培。2017 年 4 月 20 日。赵天榜、陈志秀和范永明, No. 201704201（枝、叶与花）。模式标本，存河南农业大学。

4. 密毛贴梗海棠　新变种

Chaenomeles speciosa(Sweet) Nakai var. densivillosa T. B. Zhao, Z. X. Chen et D. F. Zhao, var. nov.

A var. nov. ramulis brunneis, laxe villosis; ramulis in juvenilibus dense villosis. Foliis ellipticis, anguste ellipticis, 2. 5 ~ 5. 5 cm longis, 1. 7 ~ 2. 3 cm latis, supra viridiis sparse villosis, subtus viridiia dense villosis, apice obtusis cum acumine, acuminatis, basi cuneatis margine crenatis; petiolis 1. 0 ~ 1. 3 cm longis, dense viridiis. Foliis in juvenilibus dense villosis. 5-petalis in quoque flore, rubris. Frutibus ovatis 3. 0 ~ 5. 0 cm longis cinerei-albis, supra imparibus, 5-angulis conspicuis obtusis; calycibus deciduis vel conservatism.

Henan: Zhengzhou City. 2017-04-20. T. B. Zhao, Z. X. Chen et D. F. Zhao, No. 201704201（HANC）.

本新变种与贴梗海棠原变种 Chaenomeles speciosa(Sweet) Nakai var. speciosa 主要区别：小枝褐色，疏被长柔毛，幼枝褐色，密被褐色长柔毛。叶椭圆形、狭椭圆形，长 2. 5~5. 5 cm，宽 1. 7~2. 2 cm，表面绿色，疏被长柔毛，背面浅绿色，密被长柔毛，先端钝尖、渐尖，基部楔形，边缘具钝重锯齿。花先叶开放。花单生。单花具花瓣 5 枚，匙-圆形，红色。

产地：河南。郑州市有栽培。2017 年 4 月 20 日。赵天榜、陈志秀和范永明, No. 201704201（枝、叶与花）。模式标本，存河南农业大学。

5. 绿花贴梗海棠　新变种

Chaenomeles speciosa(Sweet) Nakai var. densivillosachloroticflora T. B. Zhao, Z. X. Chen et D. F. Zhao, var. nov.

A var. nov. fruticosis defoliatinibus. hysteranthis, syanthis. Singulari-floribus vel 3 ~ 5-floribus cespitosis inramulis biennibus vel spinis ramulis. (3 ~)5(~6)-petalis in 1-floribus, 810 mm longis, 68 mm latis, spathulati-rotundatis, pallide viridi-albis; calycubus ob-campanulatis, pallide viridis, glabris, splendentibus, 5-stylis, angulosis, glabris in conjunstis; multisraminibus 2-verticillatis; 5-sepalis apice obtusis, extus glabris intus raro pubescentibus, margine sparse ciliatis; obtus angulis rotundatis.

Henan: Zhengzhou City. 2012-04-05. T. B. Zhao, Z. X. Chen et D. F. Zhao, No. 201204051（HANC）.

本新变种为落叶丛生灌木。花先叶开放，或花叶同时开放。花单生，或 3~5 朵簇生于 2 年生枝或枝刺上。单花具花瓣（3~）5（~6）枚，长 8~10 mm，宽 6~8 mm，匙-圆形，淡绿色；萼筒倒钟状，淡绿色，无毛，具光泽；花柱 5 枚，具纵棱，合生处无毛；雄蕊多数，2 轮排列；萼片 5 枚，先端钝圆，外面无毛，内面疏被短柔毛，边缘疏被缘毛；花梗具环状钝棱。

河南：郑州市有栽培。2012 年 4 月 5 日。赵天榜、陈志秀和赵东方, No. 201204051（枝、叶与花）。模式标本，存河南农业大学。

6. 大叶贴梗海棠　新变种

Chaenomeles speciosa(Sweet) Nakai var. megalophylla T. B. Zhao, H. Wang et Y. M. Fan, var. nov.

A var. nov. rariramis patintibus. Margnifollis late obellipticis. Bis floribus in mense. Floribus rubris. Megalocarpis longe ellipsoideis atrovirentibus laetis lenticellis albis in fructibus. Carnosis fructibus prasinis.

Henan:Zhengzhou City. 15-04-2015. T. B. Zhao et Z. X. Chen, No. 201504159(HNAC).

本新变种枝稀少,平展。叶大型,宽倒椭圆形。7月有2次花。花红色。果实长椭圆体状,大型,表面深绿色,具光泽,果点白色。单果重82.0～110.0 g。果肉翠绿色,质细、汁多、味酸。

河南:郑州市、郑州植物园。2017年8月25日。赵天榜、陈志秀和范永明。模式标本,No. 201708251,存河南农业大学。

7. 小叶贴梗海棠　新变种

Chaenomeles speciosa(Sweet)Nakai var. parvifolia T. B. Zhao, H. Wang et Y. M. Fan, var. nov.

A var. nov. fruticibus, ramosis erectis brevissimis. follies parvis ovatis, rotundatis. Fructibus subglobosis, 4.0～5.0 cm longis, daim. 4.5～ 5.0 cm, flavi-albis niridis angulosis nullis, lenticellis albis in fructibus. Fructu 10.0～ 15.0 g.

Henan:Zhengzhou City. 20170804. T. B. Zhao et Z. X. Chen, No. 201708043(HNAC).

本新变种丛生灌木,分枝多,直立,很短。叶小型,卵圆形、圆形。果实近球状,长4.0～5.0 cm,径4.5～5.0 cm,表面淡黄白色,具光泽,无棱,果点白色,明显。单果重10.0～15.0 g。

河南:郑州市、郑州植物园。2017年8月4日。赵天榜、陈志秀和范永明。模式标本,No. 201708043(枝、叶与果实),存河南农业大学。

8. 棱果贴梗海棠　新变种

Chaenomeles speciosa(Sweet)Nakai var. angulicarpa T. B. Zhao, Z. X. Chen et H. Wang, var. nov.

A var. nov. framulis brunmneis glabris. fructibus subglobosis, 2.0～3.0 cm longis, daim. 2.0～3.5 cm, attovirentibus conspicuo obtusangulis et sulcatis. fructu 5.0～10.0 g.

Henan:Zhengzhou City. 27-08-2017. T. B. Zhao et Z. X. Chen, No. 201708279(HNAC).

本新变种小枝褐色,无毛。果实近球状,长2.0～3.0 cm,径2.0～3.5 cm,表面深绿色,具明显的钝纵棱与纵沟纹。单果重5.0～10.0～20.0～26.0 g。

河南:郑州市、郑州植物园。2017年8月27日。赵天榜、陈志秀和王华。模式标本,No. 201708279(枝、叶与果实),存河南农业大学。

9. 多瓣贴梗海棠　新变种

Chaenomeles speciosa(Sweet)Nakai var. multi-petala T. B. Zhao, Z. X. Chen et H. Wang, var. nov.

A var. nov. floribus 15 petalis in quoque flore, rotundatis spathulatis pallide albis, filiformibus subroseis et laminaribus; petaloideis in staminibus, filamentis flavi-albis.

Henan:Zhengzhou City. 20170407. T. B. Zhao et Z. X. Chen, No. 201704071(HNAC).

本新变种单花具花瓣15枚,匙圆形,淡白色,具淡粉色线纹及纵条块;雄蕊有瓣化;花丝淡黄色。

河南:郑州市、郑州植物园。2017年4月7日。赵天榜、陈志秀和赵东方。模式标本,No. 201704071(枝、叶与果实),存河南农业大学。

栽培群、栽培品种资源:

Ⅵ. 贴梗海棠栽培群　原栽培群

Chaenomeles speciosa(Sweet)Nakai, Speciosa Group

1. '大果'贴梗海棠　新栽培品种

Chaenomeles speciosa(Sweet)Nakai 'Daguo', cv. nov.

本新栽培品种为落叶小灌木。主干少,无枝刺;侧枝少,平伸。2年生枝具短尖枝刺。叶椭圆形,或椭宽倒卵圆形,长6.0～8.0 cm,宽4.0～6.0 cm,绿色,先端钝圆,基部狭楔形,下延,边缘具尖脱重锯齿;托叶肾形,先端尖。花单生,或2～5朵簇生于2年生以上短枝上。花径3.5～4.5 cm。单花具花瓣5枚,匙-圆形,深红色,不平展,具短爪;萼筒长圆柱状,阳面深红色,外面无毛;萼片5枚,半圆形;花有可孕花和不孕花。果实长椭圆体状,长4.5～6.0 cm,宽4.0～5.0 cm,深绿色,果点明显,先端钝圆;萼洼大而深,褐色,洼周具棱;萼片宿存,或脱落。花期4月,稀5月2次开花。果实成熟期9～10月。

产地:河南。郑州市有栽培。选育者:赵天榜、陈志秀和范永明。

2. '椭圆体果'贴梗海棠　新栽培品种

Chaenomeles speciosa(Sweet)Nakai 'Tuoyuanti Guo', cv. nov.

本新栽培品种为落叶丛生灌木, 高达 2.5 m。干、枝少, 平展。叶宽椭圆-倒卵圆形, 长 2.0~3.5 cm, 宽 1.5~2.0 cm, 先端钝圆, 基部楔形。花先叶开放。花单生, 或 3~5 朵簇生于二年生以上枝上。花具花瓣 5 枚, 倒卵圆形, 长 1.0~1.7 cm, 宽 8~12 mm, 红色, 不平展, 具短爪; 萼筒长圆柱状, 阳面深红色, 外面无毛; 萼片 5 枚, 半圆形; 花有可孕花和不孕花。果实椭圆体状, 长 5.0 cm, 径 4.0 cm, 深绿色、绿色, 微具不明显浅纵沟, 果点白色、明显; 萼洼偏斜、深凹, 四周具明显棱与沟; 萼宿存; 梗洼深凹, 浅黄白色, 四周具稍有明显的宽棱与沟纹。单果重 43.0 g。

产地: 河南。郑州植物园有栽培。2017 年 6 月 24 日。选育者: 赵天榜和陈志秀。

3. '小叶大果'贴梗海棠　新栽培品种

Chaenomeles speciosa (Sweet) Nakai 'Xiaoye Daguo', cv. nov.

本新栽培品种为落叶丛生灌木, 高 1.5 m。幼枝被较密弯毛, 具枝刺。小枝斜展, 紫褐色, 无毛。叶近长圆形, 长 2.5~4.0 cm, 宽 2.5~3.5 cm, 表面深绿色, 无毛, 具光泽, 背面淡黄绿色, 无毛, 先端钝圆、微凹, 基部宽楔形, 边缘具钝锯齿, 齿两具小点, 托叶肾形。花单生, 或 3~5 朵簇生于短枝上。花两型: ① 可孕花, 圆筒状, 绿色, 无毛, 长约 2.0 cm; 萼片 5 枚, 近圆形, 边缘疏被缘毛。可孕花, 雄蕊多数, 两轮着生杠萼筒内面上部, 花丝无毛, 花柱无毛, 高于雄蕊, 或与雄蕊齐平。② 不可孕花, 萼筒倒锥状, 其他与①相同。不孕花, 雄蕊多数, 两轮着生杠萼筒内面上部, 花柱极短, 不发育。单花具花瓣 5 枚, 匙-近圆形, 红色, 花瓣长 2.0~2.5 cm, 宽 1.0~1.5 cm, 具 4~8 mm 长爪; 萼筒长圆柱状, 阳面深红色, 外面无毛; 萼片 5 枚, 半圆形。花期 3 月下旬。果实椭圆体状, 长 6.5~7.5 cm, 径 5.0~6.0 cm, 淡黄绿色, 稍具光泽, 表面微具纵钝棱与沟纹; 萼洼深, 四周微具纵钝棱与沟纹; 萼宿存, 或干枯不脱落; 梗洼深, 四周微具纵钝棱与沟纹。果重 87.0~124.0 g。

产地: 河南。郑州植物园有栽培。2017 年。选育者: 范永明、赵天榜和赵东方。

4. '小叶大果-1'贴梗海棠　新栽培品种

Chaenomeles speciosa (Sweet) Nakai 'Xiaoye Daguo-1', cv. nov.

本新栽培品种为落叶丛生灌木, 高 1.0 m。小枝黑褐色, 密被短柔毛, 具枝刺。叶圆形, 小型, 长 2.0~2.5 cm, 宽 2.0~2.5 cm, 表面深绿色, 无毛, 具光泽, 背面淡绿色, 无毛, 先端钝圆, 基部楔形, 边缘具钝锯齿, 无缘毛, 托叶肾形, 无毛。花单生, 或 3~5 朵簇生于短枝上。花两型: ① 可孕花, 圆筒状, 绿色, 无毛, 长约 2.0 cm; 萼片 5 枚, 近圆形, 边缘疏被缘毛。可孕花, 雄蕊多数, 两轮着生杠萼筒内面上部, 花丝无毛, 花柱无毛, 高于雄蕊, 或与雄蕊齐平。② 不可孕花, 萼筒倒锥状, 其他与①相同。不孕花, 雄蕊多数, 两轮着生杠萼筒内面上部, 花柱极短, 不发育。单花具花瓣 5 枚, 匙-近圆形, 红色, 花瓣长 2.0~2.5 cm, 宽 1.0~1.5 cm, 具 4~8 mm 长爪; 萼筒长圆柱状, 阳面深红色, 外面无毛; 萼片 5 枚, 半圆形。花期 3 月下旬。果实球状, 长 5.0~7.0 cm, 径 5.0~6.5 cm, 淡橙黄色, 平滑, 无纵钝棱与沟纹, 果点黑色、明显; 萼片脱落; 萼洼深, 黑色, 无柱基, 四周无纵钝棱与沟纹; 梗洼平, 四周无纵钝棱与沟纹。果重 68.0~95.0~166.0 g。

产地: 河南。郑州植物园有栽培。2017 年。选育者: 范永明、赵天榜和赵东方。

5. '棱扁果'贴梗海棠　新栽培品种

Chaenomeles speciosa (Sweet) Nakai 'Leng Bianguo', cv. nov.

本新栽培品种为落叶丛生灌木, 高约 50.0 cm。小枝斜展, 褐色, 无毛。叶近圆形, 长 2.0~3.0 cm, 宽 1.5~2.5 cm, 表面深绿色, 无毛, 具光泽, 背面淡黄绿色, 无毛, 先端钝圆, 基部宽楔形, 边缘具钝锯齿, 托叶肾形。花单生, 或 3~5 朵簇生于 2 年生短枝上。花两型: ① 可孕花, 圆筒状, 绿色, 无毛, 长约 2.0 cm; 萼片 5 枚, 近圆形, 边缘疏被缘毛。可孕花 * 雄蕊多数, 两轮着生杠萼筒内面上部, 花丝无毛, 花柱无毛, 高于雄蕊, 或与雄蕊齐平。② 不可孕花, 萼筒倒锥状, 其他与① 相同。不孕花 * 雄蕊多数, 两轮着生杠萼筒内面上部, 花柱极短, 不发育。单花具花瓣 5 枚, 匙-近圆形, 红色, 花瓣长 2.0~2.5 cm, 宽 1.0~1.5 cm, 具 4~8 mm 长爪; 萼筒长圆柱状, 阳面深红色, 外面无毛; 萼片 5 枚, 半圆形。果实扁球状, 小型, 长 2.5~3.5 cm, 径 3.0~4.0 cm, 橙黄色, 平滑, 微具纵钝棱与沟纹, 果点不明显; 萼洼圆形, 褐色; 萼片脱落; 柱基宿存, 被较密短柔毛, 四周具稍明显纵钝棱与沟纹; 梗洼平, 四周无纵钝棱与沟纹。果重 10.0~28.0 g。

产地:河南。郑州植物园有栽培。2017 年。选育者:赵天榜、陈志秀和赵东方。

6. '棱扁果-1'贴梗海棠 新栽培品种

Chaenomeles speciosa(Sweet)Nakai 'Leng Bianguo-1',cv. nov.

本新栽培品种为落叶丛生灌木,高约50.0 cm。幼枝密被弯曲柔毛。小枝斜展,褐色,密被小黑点,无毛。叶宽椭圆形、椭圆形,长 1.0~1.5~3.0 cm,宽1.5~ 2.5 cm,表面深绿色,无毛,具光泽,背面淡黄绿色,无毛,先端钝圆,基部宽楔形,边缘具钝锯齿,齿间具小点;托叶肾形。花单生,或 3~5 朵簇生于 2 年生短枝上。花两型:①可孕花,②不可孕花。单花具花瓣 5 枚,匙-近圆形,红色,其他与'棱扁果'贴梗海棠相同。果实扁球状,小型,长 2.5~3.5* cm,径 3.5~4.0 cm,橙黄谈绿色,平滑,果点不明显,具纵钝棱与沟纹,果点不明显;萼洼圆形,褐色;萼片脱落;柱基宿存,被短柔毛,四周具稍明显纵钝棱与沟纹;梗洼平,四周具纵钝棱与沟纹。果重 22.0~35.0 g。

产地:河南。郑州市有栽培。2017 年。选育者:范永明、赵天榜和赵东方。

7. '棱扁果-2'贴梗海棠 新栽培品种

Chaenomeles speciosa (Sweet) Nakai 'Leng Bianguo-2',cv. nov.

本新栽培品种为落叶丛生灌木,高约50.0 cm。小枝褐色,被较密短柔毛。叶椭圆形,长 1.5~3.0 cm,宽1.5~ 2.5 cm,表面淡黄绿色,无毛,具光泽,背面淡黄绿色,无毛,先端钝圆,基部楔形,边缘具钝锯齿,齿间具小点,无缘毛;托叶肾形,无毛。花单生,或 3~5 朵簇生于 2 年生短枝上。花两型:① 可孕花,② 不可孕花。单花具花瓣 5 枚,匙-近圆形,红色,其他与'棱扁果'贴梗海棠相同。果实扁球状,小型,长 3.0~3.5 cm,径3.5~4.0 cm,橙黄色,平滑,果点不明显,具稍明显纵钝棱与沟纹;萼洼圆形,深,褐色;萼片脱落;无柱基宿存,四周具稍明显纵钝棱与沟纹;梗洼平,四周稍具纵钝棱与沟纹。果重 20.0~25.0 g。

产地:河南。郑州市有栽培。2017 年。选育者:范永明、赵天榜和赵东方。

8. '扁果'贴梗海棠 新栽培品种

Chaenomeles speciosa (Sweet) Nakai 'Bianguo',cv. nov.

本新栽培品种为落叶丛生灌木,高约50.0 cm。小枝褐色,被较密短柔毛。叶椭圆形,长 1.5~3.0 cm,宽 1.5~ 2.5 cm,表面淡黄绿色,无毛,具光泽,背面淡绿色,无毛,先端钝圆,基部楔形,边缘具钝锯齿,齿间具小点,无缘毛;托叶肾形,无毛。花单生,或 3~5 朵簇生于短枝上。花两型:① 可孕花,② 不可孕花。单花具花瓣 5 枚,匙-近圆形,红色,其他与'棱扁果'贴梗海棠相同。果实扁球状,小型,长 3.0~4.0 cm,径 3.5~4.0 cm,深绿色,平滑,果点小,白色,多,无纵钝棱与沟纹;萼洼浅,褐色,无纵钝棱与沟纹;萼片脱落,稀宿存,无柱基;梗洼平,四周稍具纵钝棱与沟纹。果重 34.0~40.0 g。

产地:河南。郑州市有栽培。2017 年。选育者:范永明、赵天榜和赵东方。

9. '扁果-1'贴梗海棠 新栽培品种

Chaenomeles speciosa (Sweet) Nakai 'Bianguo-1',cv. nov.

本新栽培品种为落叶丛生灌木,高约1.0 m。小枝黑褐色,密被小黑点,疏被短柔毛,具枝刺。叶椭圆形,长 2.5~5.0 cm,宽 1.5~ 3.3 cm,表面绿色,无毛,具光泽,背面淡绿色,沿主脉疏被柔毛,先端短尖、钝圆,基部楔形,边缘具钝锯齿,无缘毛;托叶肾形,无毛。花单生,或 3~5 朵簇生于短枝上。花两型:① 可孕花,② 不可孕花。单花具花瓣 5 枚,匙-近圆形,红色,其他与'棱扁果'贴梗海棠相同。果实球状,小型,长 3.5~4.0 cm,径 3.5~4.5 cm,橙黄色、淡绿黄色,具显著纵钝棱与沟,并有许多瘤状突起;萼洼深,黑褐色,无柱基,具明显纵钝棱与沟纹;萼片脱落;梗洼深,四周具明显纵钝棱与沟纹。果重 24.0~37.0 g。

产地:河南。郑州市有栽培。选育者:范永明、赵天榜和赵东方。

10. '瘤突果'贴梗海棠 新栽培品种

Chaenomeles speciosa (Sweet) Nakai 'Liūtuguo',cv. nov.

本新栽培品种为落叶丛生灌木,高约1.0 m。小枝黑褐色,密被短柔毛,具枝刺。叶椭圆形、圆形,小型,长 2.0~4.0 cm,宽 2.0~ 3.0 cm,表面深绿色,无毛,具光泽,背面淡绿色,无毛,先端钝尖,基部楔形,边缘具钝锯齿及微波状齿,无缘毛;托叶肾形,无毛。花单生,或 3~5 朵簇生于短枝上。花两型:① 可孕花,② 不可孕花。单花具花瓣 5 枚,匙-近圆形,红色,其他与'棱扁果'贴梗海棠相同。果实 2 种类型:① 扁球状,长 4.0~

5.0 cm,径4.5～5.5 cm,淡绿黄色,具光泽,具显著纵钝棱与沟,并有许多瘤状突起;萼洼深,黑褐色,无柱基,四周具明显纵钝棱与沟纹;萼片脱落;梗洼较深,四周具明显纵钝棱与沟纹。果重38.0～65.0 g。②扁球状,长4.0 cm,径5.0 cm,淡绿色,光滑,无纵钝棱与沟纹;萼洼深,淡黄白色;柱基突起,淡黄白色,微被疏短柔毛,四周无纵钝棱与沟纹;萼片脱落,梗洼浅平,四周具微纵钝棱与沟纹。单果平均重39.0 g。

产地:河南。郑州市有栽培。2017年。选育者:范永明、赵天榜和赵东方。

11.'尖嘴突果'贴梗海棠　新栽培品种

Chaenomeles speciosa(Sweet)Nakai 'Jianzuitu Gou',cv. nov.

本新栽培品种为落叶丛生灌木,高约1.0 m。小枝黑褐色,具光泽,密被小黑点,疏被短柔毛,具枝刺。叶椭圆形、圆形,小型,长2.0～4.0 cm,宽2.0～3.0 cm,表面深绿色,无毛,具光泽,背面淡绿色,无毛,先端钝尖,基部楔形,边缘具钝锯齿及微波状齿,无缘毛,托叶肾形,无毛。花单生,或3～5朵簇生于短枝上。花两型:①可孕花,②不可孕花。单花具花瓣5枚,匙-近圆形,红色,其他与'棱扁果'贴梗海棠相同。果实椭圆体状,长6.0～6.5 cm,径4.5～5.0 cm,淡绿黄色,具光泽,不平,微具纵钝棱与沟,稀有不显著瘤突,先端稍细;萼洼稍深,黑褐色,无柱基,四周具较著显纵钝棱与沟纹;萼片脱落;梗洼较深,四周具明显纵钝棱与沟纹。果重60.0～65.0 g。

产地:河南。郑州市有栽培。2017年。选育者:范永明、赵天榜和赵东方。

12.'两型果'贴梗海棠　新栽培品种

Chaenomeles speciosa(Sweet)Nakai 'Liang Xing Gou',cv. nov.

本新栽培品种单花具花瓣5枚,匙-近圆形,鲜红色。果实2种类型:①秤锤状,绿黄色与黄色混生,表面不平,有圆状突起及微钝纵棱;萼筒肉质化,突起呈瘤状;萼洼深,黑色;梗洼浅平,四周无明显纵钝棱与沟。②果实秤锤状,与①不同点:萼洼特异,呈扁横沟槽状。单果124.0～195.0 g。

产地:河南长垣县。2017年9月13日。选育者:赵天榜、陈志秀和范永明。

13.'两型果-1'贴梗海棠　新栽培品种

Chaenomeles speciosa(Sweet)Nakai 'Liang Xing Gou-1',cv. nov.

本新栽培品种单花具花瓣5枚,匙-近圆形,红色。果实2种类型:球状、扁球状,橙黄色,具灰绿色晕,表面不平,阳面具紫红色晕,有窄沟纹;萼脱落,柱基宿存,稀柱基突起呈瘤状增大,长1.3 cm,径1.2 cm,四周具稍明显纵钝棱与沟纹;梗洼浅平,四周无明显纵钝棱与沟。单果重57.0～162.0 g。

产地:河南长垣县。2017年9月13日。选育者:赵天榜、陈志秀和范永明。

14.'橙色'贴梗海棠　新栽培品种

Chaenomeles speciosa(Sweet)Nakai 'Chengse',cv. nov.

本新栽培品种花单生,或3～5朵簇生于2年生短枝上。单花具花瓣5枚,橙色,匙-近圆形,具短爪;雄蕊多数,2轮排列,花丝亮红色,多药亮黄色;雌蕊发育,或不发育,花柱合生处无毛;萼筒短,三角-漏斗状,无毛;花萼5枚,边缘被缘毛。花期3月。

产地:河南。郑州市有栽培。2018年3月22日。选育者:赵天榜、陈志秀和赵东方。

15.'小花 小瓣'贴梗海棠　新栽培品种

Chaenomeles speciosa(Sweet)Nakai 'Xiaohua Xiaoban',cv. nov.

本新栽培品种为落叶丛生灌木,高约1.0 m。小枝黑褐色。叶圆形、椭圆形,长1.5～3.0～4.5 cm,宽1.0～2.0 cm,先端钝圆、钝尖,基部楔形、近圆形,边缘具尖锯;叶柄片0.5～1.0 cm。花径1.5～2.0 cm。花单生,或3～5朵簇生于短枝上。单花具花瓣5枚,长5～10 mm,宽4～6 mm,橙色;雄蕊多数,花丝长短不等;雌蕊不发育;萼筒倒三角钟状,长约5 mm;花萼5枚,边缘无缘毛。

产地:河南。长垣县有栽培。2018年3月22日。选育者:赵天榜、陈志秀和赵东方。

16.'白果'贴梗海棠　新栽培品种

Chaenomeles speciosa(Sweet)Nakai 'Baiguo',cv. nov.

本新栽培品种花单生,或3～5朵簇生于短枝上。单花具花瓣5枚,匙-圆形,长5～10 mm,宽4～6 mm,白色。果实球状,白色。单果重10.0～12.0 g。

产地:河南。郑州市有栽培。2018年8月25日。选育者:赵天榜、陈志秀和赵东方。

17.'金叶'贴梗海棠　新栽培品种

Chaenomeles speciosa(Sweet)Nakai 'Jinye',

cv. nov.

本新栽培种为落叶丛生灌木。叶淡黄色、金黄色,具光泽。单花具花瓣5枚,浅粉色及橙粉色。

产地:河南郑州市有栽培。2017年8月5日。选育者:赵天榜、陈志秀和范永明。

18.'肉萼'贴梗海棠 新栽培品种

Chaenomeles speciosa(Sweet)Nakai 'Roue',cv. nov.

本新栽培种为丛生落叶灌木。小枝中上部疏被柔毛,基部和幼枝密被柔毛。叶狭椭圆形,稀卵圆形、披针形,淡绿色,边缘具钝尖锯,齿端具腺体。果实球状;萼洼平,四周具不明显细沟纹;果萼肉质,宿存。

产地:河南郑州市有栽培。2012年8月5日。选育者:赵天榜、陈志秀。

19.'两色'贴梗海棠 新栽培品种

Chaenomeles speciosa(Sweet)Nakai 'Liangse',cv. nov.

本新栽培种为丛生落叶灌木。叶绿色、淡绿色。单花具花瓣5枚,两种花色:白色、粉色及橙粉色。

产地:河南郑州市有栽培。2017年4月5日。选育者:赵天榜、陈志秀和范永明。

Ⅶ.多瓣贴梗海棠栽培群 新栽培群

Chaenomeles speciosa(Sweet)Nakai,Multipetal Group,Group nov.

本新栽培群中栽培品种单花具花瓣多枚、多种颜色;雄蕊无瓣化。

1.'三色花'贴梗海棠 新栽培品种

Chaenomeles speciosa(Sweet)Nakai 'Sansehua',cv. nov.

本新栽培品种为丛生落叶灌木。叶绿色、淡绿色。单花具花瓣5枚,花白色、浅黄色、粉色。

产地:河南郑州市有栽培。2017年4月5日。选育者:赵天榜、陈志秀和范永明。

2.'多瓣 橙花'贴梗海棠 新栽培品种

Chaenomeles speciosa(Sweet)Nakai 'Duoban Chenghua',cv. nov.

本新栽培品种为丛生落叶灌木。小枝褐色,无毛,具枝刺。叶椭圆形,长4.0~6.0 cm,宽2.0~3.0 cm,表面暗绿色,无毛,具光泽,背面淡黄色,无毛,先端钝圆,基部楔形,边缘弯曲钝锯齿,齿端、齿间具腺体;托叶肾形。花单生,或3~5朵簇生于短枝上。花先叶开放。单花具花瓣5枚或10~15枚,匙-圆形,长1.0~1.5 cm,宽1.0~1.5 cm,橙黄色,略带粉色晕,爪长2~3 mm;萼筒倒三角钟状,长1.0~1.5 cm,径7~9 mm,阳面紫色;萼片5枚,半圆形,紫色,边缘被缘毛;雄蕊多数,花丝浅粉色;雌蕊不发育。花期3月。

产地:河南。郑州市有栽培。2018年4月20日。选育者:赵天榜、陈志秀和赵东方。

河南贴梗海棠属一新种和三新变种

范永明[1] 赵东方[2] 陈志秀[3] 赵天榜[3]

(1.北京林业大学园林学院,北京 100083;2.郑州市林业工作总站,郑州 450006;3.河南农业大学林学院,郑州 450002)

摘 要 本文发表河南贴梗海棠属一新种和三新变种,即雄蕊瓣化贴梗海棠 Chaenomeles stamini-petalina T. B. Zhao,Z. X. Chen et D. F. Zhao,sp. nov.。三新变种是:1. 小花雄蕊瓣化贴梗海棠 var. parviflori-petalina T. B. Zhao,Z. X. Chen et D. F. Zhao,var. nov.、2. 多瓣雄蕊瓣化贴梗海棠 var. multi-stamini-petalina T. B. Zhao,Z. X. Chen et D. F. Zhao,var. nov. 和3. 小花碎瓣贴梗海棠 var. parviflori-petalina T. B. Zhao,Z. X. Chen et D. F. Zhao,var. nov.。同时,简述其主要形态特征。

关键词 中国;木瓜属;木瓜;新变种;新栽培品种;形态特征

1 雄蕊瓣化贴梗海棠 新种

Chaenomeles stamini-petalina T. B. Zhao,Z. X. Chen et Y. M. Fan,sp. nov.

Sp. nov. staminis fere petalinis,petalini-staminis quam 40-petalinis,formis polymorphis,rare 1~3

–staminis non petalinis. pistillis non praegnantibus.

Henan: Changyuan Xian. T. B. Zhao, Z. X. Chen et Y. M. Fan, No. 2018032210 (holotypus, HANC).

本新种单花雄蕊几乎全瓣化,瓣化数达40枚以上,瓣化形态多变,稀有雄蕊1~3枚不瓣化。雌蕊不发育。

产地:河南。长垣县。2018年3月22日。赵天榜、陈志秀和范永明,No. 2018032210(枝与花),模式标本。存河南农业大学。

形态特征补充描述:

落叶丛生小灌木,高约1.5 m。小枝灰褐色,无毛。叶椭圆形,长3.5~5.0 cm,宽1.0~1.3 cm,先端钝尖,边缘具尖锯齿;叶柄长0.5~1.0 cm。花径2.0 cm,长10.0 cm,宽7.5 cm,2.5 cm。花单朵,或2~4朵簇生于短枝上。单花具花瓣5枚,匙-圆形,有畸形花瓣,长7~10 mm,宽6~11 mm,白色、粉红色,或白色具粉红色晕;雄蕊瓣化45枚以上,不瓣化雄蕊1~3枚;雌蕊花柱5枚,合生处无毛;萼筒倒钟状,长约5 mm;萼片5枚,阳面紫色,边缘疏被缘毛。

产地:河南。长垣县有栽培。2018年3月22日。赵天榜、陈志秀和赵东方,No. 2018032220,模式标本。存河南农业大学。

2 变种

2.1 雄蕊瓣化贴梗海棠 原变种

Chaenomeles stamini-petalina T. B. Zhao, Z. X. Chen et D. F. Zhao, var. stamini-petalina

2.2 小花雄蕊瓣化贴梗海棠 新变种

Chaenomeles stamini-petalina T. B. Zhao, Z. X. Chen et D. F. Zhao, var. parviflori-petalina T. B. Zhao, Z. X. Chen et D. F. Zhao, var. nov.

A nov. ramulispusillis, brevispinis. Diametris floribus < 2.0 cm. staminis mnino petaloideis, formis petaloideis polymorphis. pistillis non praegnantibus.

Henan: Changyuan Xian. T. B. Zhao, Z. X. Chen et D. F. Zhao, No. 2018032215 (holotypus, HANC).

本新种变与雄蕊瓣化贴梗海棠原变种 Chaenomeles stamini-petalina T. B. Zhao, Z. X. Chen et D. F. Zhao, var. stamini-petalina 主要区别:小枝条细,枝刺短、细。花径约2.0 cm。单花

具雄蕊全瓣化,瓣化形态多变。雌蕊不发育。

产地:河南。长垣县。2018年3月22日。赵天榜、陈志秀和赵东方,No. 2018032215(枝与花),模式标本。存河南农业大学。

2.3 多瓣雄蕊瓣化贴梗海棠 新变种

Chaenomeles stamini-petalina T. B. Zhao, Z. X. Chen et D. F. Zhao, var. multi-stamini-petalina T. B. Zhao, Z. X. Chen et D. F. Zhao, var. nov.

A var. nov. diametris floribus 4.0~5.0 cm. petalinis 10~15 in quoque flore, spathulati-rotundatis, albis, subroseis; 2~3-staminis petalinis multiformibus; 5-stylis, locis combinatis dense pubescentibus.

Henan: Changyuan Xian. T. B. Zhao, Z. X. Chen et D. F. Zhao, No. 2018032218 (holotypus, HANC).

本新变种与雄蕊瓣化贴梗海棠原变种 Chaenomeles stamini-petalina T. B. Zhao, Z. X. Chen et D. F. Zhao, var. stamini-petalina 主要区别:花径4.0~5.0 cm。单花具花瓣10~15枚,匙-近圆形,白色,具粉红色晕;雄蕊瓣化2~3枚,形态多变;雌蕊花柱5枚,中部合生处被短柔毛。

产地:河南。长垣县。2018年3月22日。赵天榜、陈志秀和赵东方,No. 2018032218(枝与花),模式标本。存河南农业大学。

2.4 小花碎瓣贴梗海棠 新变种

Chaenomeles stamini-petalina T. B. Zhao, Z. X. Chen et D. F. Zhao var. parviflori-petalina T. B. Zhao, Z. X. Chen et D. F. Zhao, var. nov.

A var. nov. diametris floribus 2.0~2.5 cm., petalinis 5 in quoque flore, multicoloribus; >45-petalinis in flore, non 3~5- petalinis.

Henan: Changyuan Xian. 2018-032220. T. B. Zhao, Z. X. Chen et D. F. Zhao, No. 2018032220(holotypus, HANC).

本新变种与雄蕊瓣化贴梗海棠原变种 Chaenomeles stamini-petalina T. B. Zhao, Z. X. Chen et D. F. Zhao, var. stamini-petalina 主要区别:花径2.0~2.5 cm。单花具花瓣5枚,多色;雄蕊瓣化45枚以上,不瓣化雄蕊3~5枚。

参考文献

[1] 赵天榜,宋良红,田国行,等. 中国木瓜族植物资源与栽培利用研究[M]. 郑州:黄河水利出版社,2019.

木瓜贴梗海棠五新变种

赵天榜[1]　陈志秀[1]　范永明[2]　赵东武[3]

(1.河南农业大学,郑州　450002;2.北京林业大学园林学院,北京　100083;
3.河南农大风景园林规划设计研究院,郑州　450002)

摘　要　本文发表木瓜贴梗海棠五新变种。五新变种是:1.球瘤果木瓜贴梗海棠、2.大果木瓜贴梗海棠、3.小花木瓜贴梗海棠、4.紫花木瓜贴梗海棠、5.棱果木瓜贴梗海棠。

1.球瘤果木瓜贴梗海棠　新变种

Chaenomeles cathayensis (Hemsl.) Schneid. var. tumorifructa T. B. Zhao, Z. X. Chen et J. T. Chen, var. nov.

A var. nov. ramulis purpureo-brunneis dense villosis; ramuli-spinosis grossis, plerumque 25-nodis in nodis; foliis, ge mmis, rare alabastris. Foliis longe ellipsoideis supra sparse pubescentibus basi costis dense villosis subtus viridulis longe villosis, costis dense villosis. Tepalis 5 in quoque flors, rubellis et albis; tubis calycibus 2 formis: ①Tubis calycibus breviter; ②Tubis calycibus conoidei-trianguliformis. Fructibus longe ovoideis; calycibus perdurantibus carosis tumescentibus ovoideis supra multi-sphaero-tumoribus manifestis; angulis rotundatis in tubiss calycibus et calycbus.

Henan: Zhengzhou City. 2012-04-20. T. B. Zhao et Z. X. Chen, No. 201204201 (HNAC).

本新变种小枝紫褐色,密被长柔毛。枝刺通常具23节;长壮枝刺上有叶、芽,稀有花蕾。叶长椭圆形,表面疏被柔毛,主脉基部密被长柔毛,背面淡绿色,被长柔毛,主脉密被长柔毛。单花具花瓣5枚,水粉红色及白色;萼筒2种类型:①短圆筒状,②萼筒圆锥三角状。果实长卵球状;萼筒宿存,肉质化,膨大,呈球状,表面具多枚突起小瘤;萼筒与萼片间具1环状钝棱。单果重108.0 g。

河南:郑州市、郑州植物园;山东:泰安市。2012年4月20日。赵天榜、陈志秀。模式标本,No. 201204201,存河南农业大学。

2.大果木瓜贴梗海棠　新变种

Chaenomeles cathayensis (Hemsl.) Schneid. var. ellipsoidata T. B. Zhao, Y. M. Fan et G. Z. Wang, var. nov.

A var. nov. fructibus ellipsoideis 9. 0 ~ 13. 0 cm longis, diam. 7. 5 ~ 9. 0 cm supra gongylodibus multis angulis, longe obtusis et sulcatis; calycibus perdurantibus carnosis tumescentibus ovoideis supra multi-sphaero-tumoribus manifestis; angulis rotundatis in tubis calycibus et calycibus; impressis calycibus rare 2-impressis calycibus rotundatis.

Henan: Zhengzhou City. 2017-07-31. T. B. Zhao et Z. X. Chen, No. 201707312 (HNAC).

本新变种果实椭圆体状,长9.0~13.0 cm,径7.5~9.0 cm,表面具不规则稍明显瘤突,以及浅纵饨纵棱与沟;萼洼稀有2个圆形萼洼。单果重224.0~338.0 g。

河南:郑州市、郑州植物园。2017年7月31日。范永明、王建郑和赵天榜。模式标本,No. 201707312(果实),存河南农业大学。

3.小花木瓜贴梗海棠　新变种

Chaenomeles cathayensis (Hemsl.) Schneid. var. parviflora * T. B. Zhao, Z. X. Chen et Y. M. Fan, var. nov.

A var. nov. foliis ellipticis parvis 1. 0 ~ 1. 5 cm longis, 1. 2 ~ 1. 5 cm latis. Floribus parvis diam. 1. 5 ~ 2. 0 cm. albis subroseis.

Henan: Zhengzhou City. 2017-03-14. T. B. Zhao et Z. X. Chen, No. 201703145 (flora, holotypus, HNAC).

本新变种叶椭圆形,小,长1.0~1.2 cm,宽1.2~1.5 cm。花小,径1.2~1.5 cm,白色,带粉色晕。

河南:郑州市、郑州植物园。2017年3月14日。赵天榜、陈志秀和范永明。模式标本,No. 201703145,存河南农业大学。

注:* 原为 parviflores。

4.紫花木瓜贴梗海棠　新变种

Chaenomeles cathayensis (Hemsl.) Schneid.

var. purlleflora T. B. Zhao,Z. X. Chen et D. W. Zhao,var. nov.

A var. typo foliis longe ellipsoideis utrique glabris. Tepalis 5 rare 4 in quoque flore,purpureis intua albis;tubis calycibus 2 formis;① tubis calycibus cylindricis;② Tubis campanulatis calycibus;calycibus 5, rare 7, extus rubris vel purple – rubris rare pubscentibus. Fructibus longe fusiformibus 5 ~ 10 - angulosis obtusis et sulcatis manifesto vel non manifesto, apice manifeste gongylodibus globosis 1.0 ~ 1.5 cm longis in marginatis multi-verrucis.

Henan:Zhengzhou City. 2012-03-20. T. B. Zhao et Z. X. Chen,No. 2012030205(flora,holotypus hic disignatus HNAC).

本新变种叶长椭圆形,两面无毛。单花具花瓣 5 枚,稀 4 枚,紫色,内面白色;萼筒 2 种类型:①萼筒圆柱状,②萼筒钟状;萼片 5 枚,稀 7 枚,外面粉红色,或紫红色,内面紫红色,微被短柔毛。果实长纺锤状,具 5~10 枚显著,或不显著纵钝棱与沟,先端明显呈瘤状(长 1.0~1.5 cm)突起,其边部具多枚圆球状瘤。

河南:郑州市、郑州植物园、长垣县。2013 年 3 月 20 日。赵天榜、赵东武和陈志秀。模式标本,No.2012030205(花),存河南农业大学。

5. 棱果木瓜贴梗海棠 新变种

Chaenomeles cathayensis(Hemsl.)Schneid. var. anguli-carpa T. B. Zhao,Y. M. Fan et Z. X. Chen,var. nov.

A var. nov. fructibus globosis,5.5 ~ 7.0 cm longis,diam. 5.0~6.0 cm,flovi–viridibus,magis lenticellis nigris in fructibus;supra multi-angulis rotundatis et sulcatis;calycibus caducis, deperssis calycibus,basibus stylis glabris manifestis,multi-angulosis obtusis et multi-sulcatis manifestis in circeum-soriptibus;deperssis pedicellis in circumsoriptibus multi-angulosis obtusis et multi-sulcatis manifestis.

Henan:Zhengzhou City. 2017-08-22. T. B. Zhao,Z. X. Chen et Y. M. Fan,No. 201708225 (HNAC).

本新变种果实球状,长 5.5 ~ 7.0 cm,径 5.0~6.0 cm,表面不平,淡黄绿色,果点黑色,多;具多条钝纵棱与沟;萼片脱落。单果重 122.0 ~ 130.0 g。

河南:郑州市、郑州植物园、长垣县。2017 年 8 月 22 日。赵天榜、陈志秀和范永明。模式标本,No.201708225,存河南农业大学。

河南木瓜贴梗海棠新植物的研究

赵东武[1] 赵东方[2] 范永明[3] 陈志秀[4] 赵天榜[4]*

(1.河南农大风景园林规划设计研究院,郑州 450002;2.郑州市林业工作总站,郑州 450006; 3.北京林业大学园林学院,北京 100083;4.河南农业大学,郑州 450002)

摘 要 本文首次发表河南木瓜贴梗海棠 Chaenomoles cathayensis(Hemsl.)Schneid. 新植物 2 亚种(2 新亚种)、20 变种(11 新变种、5 新记录变种和 2 新改隶组合变种)。2 新亚种:多瓣木瓜贴梗海棠 Chaenomoles cathayensis (Hemsl.) Schneid. subsp. multipetala T. B. Zhao,Z. X. Chen et D. W. Zhao,sp. nov. 和碎瓣木瓜贴梗海棠 Chaenomeles cathayensis(Hemsl.)Schneid. subsp. frustilli-petala T. B. Zhao,Z. X. Chen et D. W. Zhao,sp. nov.。11 新变种,如白花木瓜贴梗海棠 Chaenomoles cathayana(Hemsl.)Schneid. var. alba T. B. Zhao,Z. X. Chen et Y. M. Fan.,var. nov. 等。同时,对其形态特征进行了简要描述。

关键词 河南;木瓜贴梗海棠;新亚种;新变种;新改隶组合变种;变种;形态特征

一、前言

木瓜贴梗海棠 Chaenomeles cathayensis (Hemsl.) Schneid. 特产于中国。山东、陕西、湖北、江西、湖南、河南、贵州、浙江、广东、广西、云南、湖北、山东、四川等省(区、市)有分布与栽培。河南长垣县有大面积栽培,主要栽培供观赏,可做各种特异盆景,还是特用经济树种之一。果实入药,有驱风、舒筋、活络、镇痛、消肿、顺气之效。

近年来,作者对河南各地栽培做木瓜贴梗海

棠进行调查研究,发现一些尚未记载的新植物,现报道如下。

二、亚种、变种资源

I.木瓜贴梗海棠　原亚种

Chaenomeles cathayensis (Hemsl.) Schneid. subsp. cathayensis

1.木瓜贴梗海棠　原变种

Chaenomeles cathayensis (Hemsl.) Schneid. var. cathayensis;Chaenomeles cathayensis(Hemsl.) Schneid. Ⅲ. Nandb. Laubh. 1:730. f. 405. p-p. f. 406. e-f. 1906;陈嵘著. 中国树木分类学:426. 1937

本变种为丛生灌木,高 4.0~6.0 m。叶深绿色,具光泽,背面密被黄褐色茸毛,易擦掉。花期早。单花具花瓣 5 枚,肉红色。果实卵球状,长9.0~13.5 cm,金黄色和红色。

产地:湖北。Mo-his-mien。1910 年 10 月。模式标本 4120。

2.白花木瓜贴梗海棠　新变种

Chaenomoles cathayana(Hemsl.)Schneid. var. alba T. B. Zhao,Z. X. Chen et Y. M. Fan. ,var. nov.

A var. nov. tepalis 5 in quoque flore, albis; tubis calycibus cylindricis, intus spars pubescentibus;5-calycibus margine dense ciliatis intu glabris.

Henan:Zhengzhou City. 2015-04-05. T. B. Zhao et Z. X. Chen et al. ,No. 201504053(flores, holotypus,HANC).

本新变种与 Chaenomoles cathayana(Hemsl.) Schneid. var. cathayana 相似,但区别:单花具花瓣 5 枚,乳白色;萼筒圆柱状,外面微被短柔毛;萼片 5 枚,边缘密具缘毛,内面无毛。

河南:郑州市、郑州植物园。2015 年 4 月 5日。赵天榜、陈志秀和范永明,No. 201504053。模式标本,存河南农业大学。

3.柳叶木瓜贴梗海棠　新变种

Chaenomeles cathayensis (Hemsl.) Schneid. var. salicifolia T. B. Zhao,Z. X. Chen et D. W. Zhao,var. nov.

A var. nov. foliis anguste lanceolatis cum Salici-foliis(Salix matsudana Koidz.)5.0~8.0 cm longis 1.0~2.5 cm latis supra atro-viridibus glabris, subtus pallide viridulis, minute pubescentibus vel glabris,apice longi-acuminatis basi angusti-cuneatis plerumque decurrentibus. tepalis 5 in quoque flore, rubris vel subroseis, apice obtusis, marginatis integris,basi cordatis unguibus;staminibus filamentibus carneis vel albis non aeguilongis. Fructibus ovoideis vel cylindricis supra multi-obtusi-angulis et multi-sulcatis aliquantum manifestis.

Henan:Zhengzhou City. 2011-04-15. T. B. Zhao,Z. X. Chen et D. W. Zhao, No. 201104154 (flora,holotypus hic disignatus HANC). 2013-07-05. T. B. Zhao et Z. X. Chen, No. 201307053 (fructus,HANC).

本新变种叶狭披针形似柳叶(旱柳 Salix matsudana Koidz.),长 5.0~8.0 cm,宽 1.0~2.5 cm,表面深绿色,无毛,背面淡绿色,微被短柔毛,或无毛,先端长渐尖,基部窄楔形,下延。单花具花瓣 5 枚,红色,或粉红色,先端钝圆,边缘全缘,基部心形,具爪;雄蕊花丝水粉色,或白色,不等长;萼筒 2 种类型:① 钟状,② 圆柱状;萼筒宿存,肉质化,不膨大,具多枚明显瘤凸。果实卵球状,或圆柱状。

河南:郑州市有栽培。2011 年 4 月 15 日。赵天榜,陈志秀和赵东武,No. 201104154。模式标本(花),存河南农业大学。2013 年 7 月 5 日。赵天榜和陈志秀,No. 201307053。模式标本(果实),采自郑州市,存河南农业大学。

4.球瘤果木瓜贴梗海棠　新变种

Chaenomeles cathayensis (Hemsl.) Schneid. var. tumorifructa T. B. Zhao,Z. X. Chen et J. T. Chen,var. nov.

A var. nov. ramulis purpureo-brunneis dense villosis;ramuli-spinosis grossis, plerumque 25-nodis in nodis;foliis, ge mmis, rare alabastris. Foliis longe ellipsoideis supra sparse pubescentibus basi costis dense villosis subtus viridulis longe villosis, costis dense villosis. Tepalis 5 in quoque flors, rubellis et albis; tubis calycibus 2 formis:① Tubis calycibus breviter;② Tubis calycibus conoidei-trianguliformis. Fructibus longe ovoideis;calycibus perdurantibus carosis tumescentibus ovoideis supra multi-sphaero-tumoribus manifestis;angulis rotundatis in tubiss calycibus et calycbus.

Henan:Zhengzhou City. 2012-04-20. T. B. Zhao et Z. X. Chen,No. 201204201(HNAC).

本新变种小枝紫褐色,密被长柔毛。枝刺通常具23节;长壮枝刺上有叶、芽,稀有花蕾。叶长椭圆形,表面疏被柔毛,主脉基部密被长柔毛,背面淡绿色,被长柔毛,主脉密被长柔毛。单花具花瓣5枚,水粉红色及白色;萼筒2种类型:① 短圆筒状,② 萼筒圆锥三角状。果实长卵球状;萼筒宿存,肉质化,膨大,呈球状,表面具多枚突起小瘤;萼筒与萼片间具1环状钝棱。单果重108.0 g。

河南:郑州市、郑州植物园;山东:泰安市。2012年4月20日。赵天榜、陈志秀。模式标本,No. 201204201,存河南农业大学。

5. 蜀红木瓜贴梗海棠 ‘蜀红’ 新组合变种

Chaenomeles cathayensis (Hemsl.) Schneid. var. shuhong (Zang De‑kui) T. B. Zhao, Z. X. Chen et Y. M. Fan, var. comb. nov. , 赵天榜等主编. 郑州植物园种子植物名录:131. 2018; Chaenomeles cathayensis (Hemsl.) Schneid. ‘Shuhong’, 臧德奎等. 我国木瓜观赏品种的调查与分类, 林业科学, 43 (6):72~76. 2007.

A var. typo foliis ellipsoideis. Tepalis 5 in quoque flore, rubeis; tubis calycibus cylindris. Fructibus parvis breviter cylindricis in medio pusillis. Calycibus caducis vel perdurantibus.

Henan: Zhengzhou City. 2012‑03‑02. T. B. Zhao et Z. X. Chen, No. 2012030205 (flora, holotypus hic disignatus HANC). 2013‑07‑05. T. B. Zhao et Z. X. Chen, No. 201307058 (fructus , HANC).

本新组合变种叶椭圆形。单花具花瓣5枚,红色;萼筒圆柱状。果实较小,短圆柱状,中部较细;萼脱落,或宿存。

河南:郑州市。赵天榜和陈志秀, No. 2012030205 (flora, holotypus hic disignatus HANC)。模式标本,存河南农业大学。2013‑07‑05. T. B. Zhao et Z. X. Chen, No. 201307058 (fructus , HANC)。

6. 密毛木瓜贴梗海棠 新变种

Chaenomoles cathayensis (Hemsl.) Schneid. var. densivillosa T. B. Zhao, Z. X. Chen et Y. M. Fan, var. nov.

A var. nov. foliis et ramulis dense villosis albis. follis ellipticis 2. 0~3. 0 longis 1. 2~1. 5 cm latis. Floribus parvis diam. 1. 2~1. 5 cm, albi‑

subroseis.

Henan: Changyuan Xian. 2016‑04‑10. T. B. Zhao, Z. X. Chen et Y. M. Fan, No. 201604101 (ramulus et folia juvenilibus, holotypus hic disignatus HANC).

本新变种:叶与枝密被白色长柔毛。叶椭圆形,长2. 0~3. 0 cm,宽1. 2~1. 5 cm。花小,径1. 2~1. 5 cm,白粉色晕。

河南:长垣县有栽培。2016年4月10日。赵天榜、陈志秀和范永明, No. 201604101 (幼枝和幼叶)。模式标本,存河南农业大学。

7. 两色花木瓜贴梗海棠 新变种

Chaenomeles cathayensis (Hemsl.) Schneid. var. bicoloriflora T. B. Zhao, Z. X. Chen et D. W. Zhao, var. nov.

A var. nov. floribus 2‑formis:① floribus albis—tepalis 5 in quoque flore, albis suboptundatis, 2. 0~2. 5 cm longis 2. 0~2. 5 cm latis, apice obtusis, rare accisis, basi unguibus albis. ② floribus roseis—tepalis 5 in quoque flore, carneis rotundalis spathulatis, 1. 5~2. 0 cm longis 1. 2~1. 7 cm latis, apice obtusis, basi unguibus subroseis; tubis calycibus, cylindricis et poculiformibus.

Henan: Zhengzhou City. 2013‑04‑14. T. B. Zhao, Z. X. Chen et D. W. Zhao, No. 201304149 (flores, holotypus hic disignatus HANC).

本新变种:花色2种类型:① 白色类型—单花具花瓣5枚,白色,近圆形,长2. 0~2. 5 cm,宽2. 0~2. 5 cm,先端钝圆,稀凹裂,基部爪白色。②淡红色类型—单花具花瓣5枚,淡红色,匙状近圆形,长1. 5~2. 0 cm,宽1. 2~1. 7 cm,先端钝圆,基部爪浅粉红色;萼筒有2种类型:圆柱状和钟状。

河南:郑州市有栽培。2013年4月14日。赵天榜、陈志秀和赵东武, No. 201304149 (幼枝、幼叶和花)。模式标本,存河南农业大学。

8. 粉花木瓜贴梗海棠 新变种

Chaenomeles cathayensis (Hemsl.) Schneid. var. subrosea Y. M. Fan, T. B. Zhao et Z. X. Chen, var. nov.

A var. nov. tepalis 5 in quoque flore, subroseis rotumndatis, 2. 2~2. 7 cm longis 2. 0~2. 5 cm latis, apice obtusis, basi bifrontibus et unguibus subroseis.

Henan: Zhengzhou City. 2017‑03‑28. T. B.

Zhao et Y. M. Fan, No. 201703281（Ramulis folia et flores, holotypus hic disignatus HANC）.

本新变种:单花单具花瓣 5 枚,粉红色,近圆形,长 2.2~2.7 cm,宽 2.0~2.5 cm,先端钝圆,基部两面和爪粉红色。

河南:郑州市、郑州植物园。2017 年 3 月 28 日。赵天榜、范永明和陈志秀, No. 201703281（枝、叶与花）。模式标本,存河南农业大学。

9. 无毛木瓜贴梗海棠　新变种

Chaenomoles cathayana（Hemsl.）Schneid. var. glabra Y. M. Fan, Z. X. Chen et T. B. Zhao, var. nov.

A var. nov. ramulis et ramulis juvenilibus glabris. foliis anguste lanceolatis, chartaceis, 5.0~7.0 cm longis 1.5~2.5 cm latis bifrontibus glabris; petiolis glabris. foliis juvenilibus purpurascentibus vel purpuratis bifrontibus glabris.

Henan:Changyuan Xian. 2016-04-22. T. B. Zhao, Z. X. Chen et Y. M. Fan, No. 201604221（ramulus et folia juvenilibus, holotypus hic disignatus HANC）.

本新变种:小枝、幼枝无毛。叶狭披针形,纸质,长 5.0~7.0 cm,宽 1.5~2.5 cm,两面无毛;叶柄无毛。幼叶淡紫色,或紫色,两面无毛。

产地:河南长垣县。2016 年 4 月 22 日。赵天榜、陈志秀和范永明, No. 201604221（枝、叶与花）。模式标本,存河南农业大学。

10. 多色木瓜贴梗海棠　新变种

Chaenomeles cathayensis（Hemsl.）Schneid. var. multicolora T. B. Zhao, Z. X. Chen et D. F. Zhao, var. nov.

A var. nov. tepalis 5 in quoque flore, rare petalinis, spathulati-rotundatis, margine basiis rare parvilobis. floribus albis, vivide subroseis, pallide subroseis, vel subroseis multformis piece frustris; stylis 5, rare 7, dealbatis, basi glabris.

Henan:Zhengzhou City. 2017-04-25. T. B. Zhao, Z. X. Chen et D. F. Zhao, No. 201704255（holotypus hic disignatus HANC）.

本新变种:单花具花瓣 5 枚,稀有雄蕊瓣化,匙-圆形,稀基部边缘有小裂片。花白色、亮粉红色、淡粉色,或淡粉色,具粉红色不同形状斑块;花柱 5 枚,稀 7 枚,粉白色,基部无毛。

产地:河南。郑州市有栽培。2017 年 4 月 25

日。赵天榜、陈志秀和赵东方 No. 201704255。模式标本,存河南农业大学。

Ⅱ. 多瓣木瓜贴梗海棠　新亚种

Chaenomoles cathayensis（Hemsl.）Schneid. subsp. multipetala T. B. Zhao, Z. X. Chen et D. W. Zhao, sp. nov.

Subsp. nov. ramulis juvenilibus villosis curvis. foliis ellipticis, longe ellipticis, purpureis in juvenilibus. petalis 15~65 in quoque flore, aurantiacis, subroseis, albis, albi-subroseis vel pallide carneis, rubris et aurantiis et al.; stylis 5, localibus connatis glablis.

Henan:Zhengzhou City. 2017-04-15. T. B. Zhao, Z. X. Chen et D. W. Zhao, No. 201704153（flores, holotypus, HANC）.

本新亚种:幼枝疏被弯曲柔毛。叶椭圆形、长椭圆形,幼时具紫色晕。单花具花瓣 15~65 枚,橙红色、粉红色、白-粉色,或淡红色,瓣化雄蕊撕裂状条形、不规则形;花柱 5 枚,合生处无毛。

产地:河南长垣县。2017 年 4 月 15 日。赵天榜、陈志秀和赵东武, No. 201704153（花）。模式标本,采自河南郑州市,存河南农业大学。

11. 多瓣白花木瓜贴梗海棠　新变种

Chaenomeles cathayensis（Hemsl.）Schneid. var. multipetalialba T. B. Zhao, Z. X. Chen et Y. M. Fan, var. nov.

A var. nov. tepalis 15 in quoque flore, albis extus apice minute subroseis; tubis calycibus cylindricis, base longistrorsum angulatis, intus dense pubescentibus; inter tubis calycibus et calycibus 1 angulato obtuse annulatis; stylis 5~11 in quoque flore, locis consociatis dense pubescentibus albis. fructibus longe ellipsoideis; calycibus perdurantibus carnosis tumescentibus, globosis, supra multi-rotundati-tumoribus, tubis calycibus et calycibus inter 1-annuliformibus obtuse prismaticis.

Henan:Zhengzhou City. 2013-04-14. T. B. Zhao, Z. X. Chen et X. K. Li, No. 201304149（flores, holotypus, HANC）.

本新变种:单花具花瓣 15 枚,花白色,外面先端带粉色晕;萼筒圆柱状,基部具纵棱,内面密被短柔毛;萼筒与萼片间具 1 环状钝棱;花柱 5~11 枚,合生处密被白色短柔毛。果实长椭圆体状;萼筒宿存,肉质,膨大,呈球状,表面具多枚突起小瘤。单果重 100.0 g。

河南:郑州市、郑州植物园。2013 年 4 月 14 日。赵天榜、陈志秀和范永明,No. 201304149(花)。模式模本,存河南农业大学。

12. 披针叶木瓜贴梗海棠　新变种

Chaenomeles cathayensis (Hemsl.) Schneid. var. lanceolatifolia T. B. Zhao, Z. X. Chen et D. F. Zhao, var. nov.

A var. nov. ramulis juvenilibus dense villosis longitortuosis. foliis juvenilibus purpurei-rubris, margine obtusicrenatis apice et in obtusicrenatis glandibus. foliis lanceolatis, supra viridibus glabris, subtus pallide viridulis, glabris, apice longi-acuminatis basi angusti-cuneatis, margine obtusicrenatis apice et in obtusicrenatis glandibus. tepalis 15 in quoque flore, subrotundatis multideformibus, albis, lacteis, subroseis, apice obtusis, accisis et multiformibus, basi cuneatis; calycibus: ① campanulatis, ② cylindraceis; glabris, margine ciliatis.

Henan:Zhengzhou City. 2018-03-22. T. B. Zhao, Z. X. Chen et D. F. Zhao, No. 201803221 (Ramosa, folia et flora, holotypus hic disignatus HANC).

本新变种:幼枝疏被弯曲长柔毛。幼叶紫红色,边缘锯齿齿端、齿间具腺体。叶披针形,表面绿色,无毛,背面淡绿色,无毛,先端长渐尖,基部狭楔形,边缘锯齿齿端、齿间具腺体。单花具花瓣 15 枚,近圆形、多畸形,白色、乳白色、粉红色,先端钝圆、凹裂等多形状,基部楔形;萼筒 2 种类型: ① 钟状,② 圆柱状;萼筒无毛,边缘具缘毛。

河南:郑州市有栽培。2018 年 3 月 22 日。赵天榜、陈志秀和赵东方,No. 201803221。模式标本(枝、叶和花),存河南农业大学。

13. 牡丹木瓜贴梗海棠　牡丹木瓜　新改隶组合变种

Chaenomeles cathayensis (Hemsl.) Schneid. var. mudan G. R. Zhang et X. T. Liu ex Y. M. Fan, Z. X. Chen et T. B. Zhao, var. trans. nov., 2004 年,张继山、刘希涛,光皮木瓜珍稀品种—牡丹木瓜. 专业户,6:43-44;2004 年,张继山、刘希涛,光皮木瓜珍稀品种—牡丹木瓜. 农村百事通,9:31;牡丹木瓜;张桂荣著. 木瓜:15. 2009

A var. trans. nov. florescentiis 3~5-florescentibus in annuis. florescentibus Martionibus~Januari-

onibus. multitepalis 5 in quoque flore. floribus puniceis in primum florescentibus;floribus rubris et carneis in secundis florescentibus;floribus rubrisviriduli-albis vel albis in tertiis~quintis florescentibus.

Shandong et Henan:Changyuan Xian. 2016-04-22. Y. M. Fan, T. B. Zhao et Z. X. Chen, No. 201604221(holotypus hic disignatus HANC).

本新改隶组合变种:1 年生开花 3~5 次。花期 3 月下旬至 7 月下旬。单花具多枚花瓣。初花为鲜红色,次花期为红色、淡红色,再开花为绿白色,或白色。

产地:山东和河南。长垣县有栽培。2016 年 4 月 22 日。赵天榜、范永明和陈志秀,No. 201704221(枝、叶与花),标本存河南农业大学。

Ⅲ. 碎瓣木瓜贴梗海棠　新亚种

Chaenomeles cathayensis (Hemsl.) Schneid. subsp. frustilli-petala T. B. Zhao, Z. X. Chen et D. W. Zhao, sp. nov.

Subsp. nov. petalis 15~45 in quoque flore, aurantiacis, subroseis, albis, albi-subroseis vel pallide carneis;staminibus petalinis fasciariis, non regulregularibus.

Henan:Zhengzhou City. 2017-04-15. T. B. Zhao, Z. X. Chen et D. W. Zhao, No. 201704153(flores, holotypus, HANC).

本新亚种:单花具花瓣 15~45 枚,橙红色、粉红色、白粉色,或淡红色,瓣化雄蕊撕裂状带形、不规则形。

14. 小花多色多瓣木瓜贴梗海棠　新变种

Chaenomeles cathayensis (Hemsl.) Schneid. var. parviflori-multicolori-multipetala T. B. Zhao, Z. X. Chen et D. F. Zhao, var. nov.

A var. nov. foliis juvenilibus purpureis. floriis parvis diam < 2.5 cm. 40-petalis laceris et non aequabilis. floribus mult-coloribus, albis, flavis, carneis.

Henan:Changyuan Xian. 2017-04-20. T. B. Zhao, Z. X. Chen et D. F. Zhao, No. 201704205(holotypus hic disignatus HANC).

本新变种:幼叶紫色。花小,径小于 2.0 cm。单花具花瓣 40 枚,撕裂状条形、不规则形。花白色、淡黄色、淡粉色。

产地:河南。郑州市有栽培。2017 年 4 月 20 日。赵天榜、陈志秀和赵东方 No. 201704205。模式标本,存河南农业大学。

15. 大花碎瓣木瓜贴梗海棠　新变种

Chaenomeles cathayensis（Hemsl.）Schneid. var. grandiflori-petalina T. B. Zhao, Z. X. Chen et D. F. Zhao, var. nov.

A var. nov. ramulis et foliis juvenilibus glabris. 5-petalis in quoque flore, 10~55-staminibus petalinis, laceris et non aequabilis. floribus albis vel albi-subroseis. 2-formis: ① obcampanulatis, ca. 5 mm longis; ② cylindricis.

Henan: Changyuan Xian. 2018-03-22. T. B. Zhao, Z. X. Chen et D. F. Zhao, No. 201803225（holotypus hic disignatus HANC）.

本新变种:幼枝、小枝无毛。单花具花瓣5枚;雄蕊多数,瓣化10~55枚,撕裂状条形、不规则形。花白色,或白色-粉红色;萼筒2种类型:① 倒钟状,长约5 mm;② 圆柱状。

产地:河南。长垣县有栽培。2018年3月22日。赵天榜、陈志秀和赵东方,No. 201803225。模

式标本,存河南农业大学。

16. 多萼碎瓣木瓜贴梗海棠　新变种

Chaenomeles cathayensis（Hemsl.）Schneid. var. multicalyx-petalinia T. B. Zhao, Z. X. Chen et D. F. Zhao, var. nov.

A var. nov. 10-petalis in quoque flore, spathulati-rotundatis albis; 10~15-petalis floribus secundis in quoque flore, albis, 15~20-calycibus petalinis.

Henan: Changyuan Xian. 2018-03-22. T. B. Zhao, Z. X. Chen et D. F. Zhao, No. 201803225（holotypus hic disignatus HANC）.

本新变种:单花具花瓣10枚,匙状圆形,白色;2次花—单花具花瓣10~15枚,白色,具萼片15~20枚,呈花瓣状。

河南:郑州植物园、长垣县。2018年3月22日。赵天榜、陈志秀和赵东方,No. 201803225。模式标本,存河南农业大学。

木瓜贴梗海棠栽培群、栽培品种

陈志秀[1]　赵天榜[1]　范永明[2]

（1. 河南农业大学,郑州　450002;2. 北京林业大学园林学院,北京　100083）

Ⅰ. 木瓜贴梗海棠　原栽培群

木瓜贴梗海棠原亚种 Chaenomelesis（Hemsl.）Schneid. Cathayensis

1. 木瓜贴梗海棠　原栽培品种

2. ‘棱果’木瓜贴梗海棠　新栽培品种

Chaenomeles cathayensis（Hemsl.）Schneid. ‘Lengguo’, cv. nov.

本新栽培品种果实球状,长5.5~7.0 cm,径5.0~6.0 cm,表面不平,淡黄绿色,果点黑色,多;具多条纵钝棱与沟;萼片脱落;萼洼深,四周具明显钝纵棱与沟,柱基宿存,突起,无毛;梗洼深,四周具明显钝纵棱与沟。单果重122.0~130.0 g。

河南:郑州市、郑州植物园、长垣县。选育者:赵天榜、陈志秀和范永明。

3. ‘多色’木瓜贴梗海棠　新栽培品种

Chaenomeles cathayensis（Hemsl.）Schneid.

‘Duose’, cv. nov.

本新栽培品种单花具花瓣5枚,白色、微紫色、水粉色;萼筒圆柱状,阳面紫色,微被短柔毛;花药黄色,花丝淡粉色;雄蕊、萼筒内下部亮紫红色、亮紫色;花柱5枚,淡粉红色,合生处长1.0~1.2 cm,密被短柔毛。

河南:郑州植物园、长垣县。选育者:范永明、赵天榜、陈志秀。

4. ‘称锤果’木瓜贴梗海棠　新栽培品种

Chaenomeles cathayensis（Hemsl.）Schneid. ‘Chengchui Guo’, cv. nov.

本新栽培品种丛生落叶灌木,高2.0~4.0 m;幼枝微被短柔毛,后无毛,具枝刺,枝刺粗壮。小枝黑褐色,有小点状,无毛。叶狭椭圆形,长7.0~8.0 cm,宽1.8~2.5 cm,表面深绿色,无毛,背面沿主脉疏被短柔毛,边缘具细锯齿、钝波状

齿、局部全缘;幼叶背面银灰色,密被银灰色柔毛;叶柄无毛;托叶肾形,尤毛。花期4月上旬。花单生,或2~3朵簇生;萼筒圆柱状,长1.5~1.7 cm,径5~7 mm,阳面及5枚萼片紫色,边缘具缘毛。单花具花瓣5枚,匙-圆形,长、宽1.2~1.5 cm,外边上部紫色、淡紫色,下部白色,内面上部淡紫色,下部白色;雄蕊多数着生于萼筒内部边缘;花丝淡紫色;雌蕊花柱5枚,分裂处下部合生,上边1/2处密被白柔毛,下部1/2处无毛。果实2种类型:①称锤状,黄绿色与黄色混生,表面不平;果洼浅平,四周无明显钝纵棱与沟;②果实与①相同,不同点:萼洼特异,呈扁横沟槽状。单果重124.0~195.0 g。

产地:河南长垣县。选育者:赵天榜、范永明和陈志秀。

5.‘单瓣白’木瓜贴梗海棠 新栽培品种
Chaenomeles cathayensis(Hemsl.)Schneid. ‘Danban Bai’,cv. nov.

本新栽培品种幼枝淡黄绿白色,具光泽,无毛。小枝黑褐色,具枝刺,枝刺有长与短两种。叶狭长椭圆形、椭圆形,具畸形小叶,长3.5~7.0 cm,宽1.8~2.5 cm,表面淡黄绿色,无毛,背面淡绿色,无毛,先端钝尖,或钝圆,基部楔形,无毛,边缘具尖锯齿,稀重锯齿,无缘毛;叶柄长5~15 mm,无毛;托叶半心形,长约3 mm,淡绿色,边缘具尖锐锯齿,或重尖齿。花期4月上旬。花小型,单生,或2~3朵簇生于2年生枝上,或枝刺上。单花具花瓣5枚,匙-圆形,先端钝圆,两面白色,具水粉色晕,爪长约1 mm,白色。不孕花:萼筒短漏斗状长0.8~1.0 cm,径0.8~1.0 cm,阳面深紫色,背面淡绿色,无毛;萼片5枚,阳面深紫色,背面淡绿色,具光泽,边缘被缘毛;雄蕊多数,着生于萼筒内面;雌蕊花柱不发育,无。可孕花:萼筒圆柱状,长1.5~1.8 cm,径5~7 mm,阳面绿色,有紫色晕,具光泽,无毛;萼片5枚,基部合生,阳面深紫色,边缘具缘毛;雄蕊多数,着生于萼筒内面;花丝亮粉色;雌蕊花柱5枚,分裂处下部合生上部被白色柔毛,下部膨大,无毛。

产地:河南长垣县。选育者:赵天榜、范永明和陈志秀。

6.‘水粉花’木瓜贴梗海棠 新栽培品种
Chaenomeles cathayensis(Hemsl.)Schneid. ‘Shuifenhua’,cv. nov.

本新栽培品种幼枝淡黄绿白色,具光泽,无毛。小枝黑褐色,具枝刺,枝刺短。叶狭披针形,长2.5~5.5 cm,宽7~15 mm,表面绿色,无毛,背面淡绿色,无毛,沿主脉疏被短柔毛,先端渐尖,或钝圆,基部楔形,无毛,边缘具尖锯齿,无缘毛;叶柄长5~10 mm,疏被柔毛。花期4月上旬。花小型,单生,或2~3朵簇生于2年生枝上,通常具1枚、长约7 mm畸形小叶。单花具花瓣5枚,匙-圆形,两面水粉色,长1.5~1.8 cm,宽5~6 mm,爪长4~6 mm,水粉色、粉色。①不孕花:萼筒短碗状,长约7 mm、径约10 mm,阳面黑紫色,无毛;萼片5枚,黑紫色,具光泽,边缘被缘毛;雄蕊多数,着生于萼筒内面;花丝长短不齐,亮紫红色;雌蕊花柱不发育,或无。②可孕花:萼筒圆柱状,长1.5~1.8 cm,径6~7 mm,绿色,具光泽,无毛;萼片5枚,基部合生,阳面黑紫色,无毛,边缘具缘毛;雄蕊多数,着生于萼筒内面;花丝亮紫织色;雌蕊花柱5枚,下部合生处密被白色柔毛。

产地:河南长垣县。选育者:赵天榜、范永明和陈志秀。

7.‘圆柱果’木瓜贴梗海棠 新栽培品种
Chaenomeles cathayensis(Hemsl.)Schneid. ‘Yuanzhu Gou’,cv. nov.

本新栽培品种果实圆柱状,通常中间稍凹,长5.0~10.0 cm,径3.5~5.0 cm,淡绿色,或暗绿色,光滑;萼肉质,宿存;萼洼深约1.0 cm,四周具稍明显钝纵棱与沟;萼洼凹入;梗洼深,四周具稍明显钝纵棱与沟。单果重39.0~85.0 g。

产地:河南长垣县。选育者:赵天榜、范永明和陈志秀。

8.‘淡红 多色’木瓜贴梗海棠 新栽培品种
Chaenomeles cathayensis(Hemsl.)Schneid. ‘Danhong Duoshai’,cv. nov.

本新栽培品种主要识别要点:落叶小乔木。单花具花瓣5枚,匙-圆形,白色、微紫色、水粉色,长1.5~2.0 cm,宽1.2~1.7 cm,先端钝圆,基部楔形,具长4~5 mm爪,边缘微波状皱折;萼筒圆柱状,长1.5~2.0 cm,上部钟状,阴面淡绿色,阳面紫色,微被短柔毛,中部以下渐细,呈圆锥状;萼片5枚,钝三角形,先端钝圆,边缘密被缘毛,内面无毛;雄蕊40枚左右,2轮排列于萼筒内面上部,花药黄色;花丝淡粉色;萼筒内下部亮紫红色、亮紫色;花柱5枚,淡粉红色,与雄蕊近等高,合生处长1.0~1.2 cm,密被短柔毛。

产地:河南。郑州植物园有栽培。选育者:范永明、赵天榜、陈志秀。

9.'两色'木瓜贴梗海棠 新栽培品种

Chaenomeles cathayensis(Hemsl.)Schneid. 'Liangse',cv. nov.

本新栽培品种为落叶丛生小灌木,高约2.5 m。幼枝淡绿色,无毛。小枝灰褐色,无毛。叶长椭圆形、椭圆形,长3.5~5.5 cm,宽1.2~1.6 cm,先端钝尖,或钝圆,边缘具三角形钝尖锯齿,齿端、齿间具腺点;叶柄长0.5~1.0 cm。花单朵,或2~5(~7)朵簇生于2年生枝上。单花具花瓣5枚,匙-圆形,长2.0~2.5 cm,宽1.7~2.0 cm,白色,或白色具粉红色斑块,或粉红色晕,爪长3~4 mm;雄蕊多数,花丝淡黄白色、淡粉红色,长短不等;雌蕊花柱5枚,合生处密被短柔毛;萼筒2种类型:① 倒钟状,长约5 mm;②圆柱状,中间微凹,长1.0~1.5 cm;萼片5枚,阳面紫色,边缘疏被缘毛。

产地:河南。长垣县有栽培。选育者:赵天榜、陈志秀和赵东方。

10.'两型果-1'木瓜贴梗海棠 新栽培品种

Chaenomeles cathayensis(Hemsl.)Schneid. 'Liang Xing Guo-1',cv. nov.

本新栽培品种果实球状、短椭圆体状,长9.0~10.0 cm,径8.0~10.0 cm,表黄绿色与绿黄色混生,果点黑色,少;萼洼深,褐色,四周具浅纵棱与沟纹;梗洼深1.0 cm以上,或微凸起,四周无钝纵棱与沟,或具钝纵棱与沟。单果重189.0~264.0 g。

产地:河南长垣县。选育者:范永明、赵天榜和陈志秀。

11.'两型果-2'木瓜贴梗海棠 新栽培品种

Chaenomeles cathayensis(Hemsl.)Schneid. 'Liang Xing Guo-2',cv. nov.

本新栽培品种果实2种类型:球状、扁球状、橙黄色,具灰绿色晕,表面不平,阳面具紫红色晕,

有窄沟纹;萼脱落,柱基宿存,无毛,稀柱基突起呈瘤状增大,长1.3 cm,径1.2 cm,四周具稍明显钝纵棱与沟纹;梗洼浅平,四周无明显钝纵棱与沟。单果重57.0~162.0 g。

产地:河南长垣县。选育者:范永明、赵天榜和陈志秀。

12.'两型果-3'木瓜贴梗海棠 新栽培品种

Chaenomeles cathayensis(Hemsl.)Schneid. 'Liang Xing Guo-3',cv. nov.

本新栽培品种果实球状、卵球状,长5.5~7.0 cm,径6.0~6.5 cm,表面淡黄绿色,具淡绿色晕,微具钝纵棱与沟纹;萼洼深,四周具钝纵棱与沟纹;萼脱落;梗洼深,四周具浅钝纵棱与沟。单果重79.0~129.0 g。

产地:河南长垣县。选育者:范永明、赵天榜和陈志秀。

13.'密枝'木瓜贴梗海棠 新栽培品种

Chaenomeles cathayensis(Hemsl.)Schneid. 'Mizhi',cv. nov.

本新栽培品种植株丛生,枝多、直立。小枝褐色,无毛,具枝刺。叶椭圆形,长5.5~7.5 cm,宽2.5~3.0 cm,表面深绿色,无毛,具光泽,先端钝圆,基部楔形,边缘具尖锯齿,叶柄无毛。果实圆柱状,长8.5 cm,径6.0~6.5 cm,表面黄绿色,凸凹不平,具很不规则浅沟纹及钝纵棱;萼筒肉质化,呈瘤状凸起;萼片枯存。单果平均重131.0 g。

产地:河南长垣县。选育者:范永明、赵天榜和陈志秀。

14.'球果'木瓜贴梗海棠 新栽培品种

Chaenomeles cathayensis(Hemsl.)Schneid. 'Qiuguo',cv. nov.

本新栽培品种果实球状,橙黄色,长6.0~7.0 cm,径6.0~6.5 cm,表面微有窄沟纹纹;果点黑色,明显;萼洼四周具稍明显钝纵棱与沟纹;柱基宿存,无毛,稀柱基突起呈瘤状增大,长1.3 cm,径1.2 cm,四周微具钝纵棱与沟纹;梗洼浅平,四周微具钝纵棱与沟。单果重98.0~100.0 g。

产地:河南长垣县。选育者:范永明、赵天榜和陈志秀。

15.'球果-1'木瓜贴梗海棠 新栽培品种

Chaenomeles cathayensis(Hemsl.)Schneid.

'Qiuguo-1',cv. nov.

本新栽培品种果实球状,长 5.5~7.0 cm,径 5.0~6.0 cm,表面不平,淡黄绿色,果点黑色,多,明显,具多条钝纵棱与沟纹;萼片脱落;萼洼深,四周具明显钝纵棱与沟;柱基宿存,突起,无毛;梗洼深,四周具明显钝纵棱与沟。单果重 122.0~130.0 g。

产地:河南长垣县。选育者:范永明、赵天榜和陈志秀。

16.'瘤柱'木瓜贴梗海棠　新栽培品种
Chaenomeles cathayensis（Hemsl.）Schneid. 'Liuzhu',cv. nov.

本新栽培品种叶椭圆形、宽椭圆形,长 9.5~10.5 cm,宽 4.5~6.5 cm,表面深绿色,无毛,具光泽,背面淡绿色,无毛,沿主脉疏被弯曲长柔毛,先端短尖,基部近圆形,边缘具尖锯齿,稀重锯齿,齿雨 U 形,无缘毛;叶柄疏被短柔毛。果实椭圆体状,长 9.0~11.0 cm,径 7.0~9.0 cm,表面橙黄色、淡绿黄色,不平,具明显凹坑、瘤状与细线沟纹;萼洼深达 1.0~1.5 cm,四周具稍明显钝纵棱与沟;柱基宿存,大而明显,呈瘤状,径 5~7 mm,无毛;梗洼浅平,四周具钝纵棱与沟。单果重 182.0~317.0 g。

产地:河南长垣县。选育者:范永明、赵天榜和陈志秀。

17.'扁球果'木瓜贴梗海棠　新栽培品种
Chaenomeles cathayensis（Hemsl.）Schneid. 'Bian Qiuguo',cv. nov.

本新栽培品种果实扁球状,长 7.5~8.0 cm,径 7.0~9.0 cm,表面橙黄色与蓝绿黄色相间,不平,具多条明显钝纵棱与浅沟纹;萼脱落,萼洼深达 1.0 cm 以上,四周具多条稍明显钝纵棱与沟纹;梗洼浅平,四周无钝纵棱与沟。单果重 222.0~245.0 g。

产地:河南长垣县。选育者:范永明、赵天榜和陈志秀。

18.'扁球果-1'木瓜贴梗海棠　新栽培品种
Chaenomeles cathayensis（Hemsl.）Schneid. 'Bian Qiuguo-1',cv. nov.

本新栽培品种果实扁球状,长 5.5 cm,径 6.5 cm,表面橙黄色与蓝绿黄色相间,不平,具较多黑色点;萼脱落,萼洼深,四周无钝纵棱与沟纹;萼肉质化,突起;萼片脱落。单果平均重 104.0 g。

产地:河南长垣县。选育者:范永明、赵天榜和陈志秀。

19.'扁球果-2'木瓜贴梗海棠　新栽培品种
Chaenomeles cathayensis（Hemsl.）Schneid. 'Bian Qiuguo-2',cv. nov.

本新栽培品种果实特大,倒椭圆体状,长 16.0~19.0 cm,径 10.0~11.0 cm,表面橙黄色、淡灰绿色,凸凹不平,具很浅沟纹与钝纵棱,先端最粗,向基部渐细;萼洼深,褐色,四周无明显钝纵棱与沟纹,或具微钝纵棱与沟纹;梗洼浅平,或微凸起,四周稀具钝纵棱与沟。单果重 522.0~551.0 g。

产地:河南长垣县。选育者:范永明、赵天榜和陈志秀。

20.'扁球果-3'木瓜贴梗海棠　新栽培品种
Chaenomeles cathayensis（Hemsl.）Schneid. 'Bian Qiuguo-3',cv. nov.

本新栽培品种果实 3 种类型:①果实球状,长 7.0~8.0 cm,径 7.5~8.0 cm,表面不平,黄绿色,果点黑色,少;萼洼浅,四周具瘤状突起,萼脱落;梗洼深,四周无钝纵棱与沟,或微钝纵棱与沟。单果重 134.0~218.0 g。②果实短椭圆体状,表面不平,黄绿色,果点黑色,少;萼筒肉质化,长 1.5~2.0 cm,四周具圆瘤状突起,萼片脱落。单果重 283.0~328.0 g。③果实扁球椭圆体状,表面黄绿色,果点黑色,大,较多;萼洼 1 侧突凹,1 侧突起,呈凹沟状,使果实呈长馒头状;梗洼 1 侧高、1 侧低,四周具明显瘤突。单果平均重 647.0 g。

产地:河南长垣县。选育者:范永明、赵天榜和陈志秀。

Ⅱ. 多瓣木瓜贴梗海棠栽培群　新栽培群
Chaenomeles cathayensis（Hemsl.）Schneid. ,
Multipetala Group,Group nov.

本新栽培群单花具花瓣 5~18~25 枚。

1.'水粉'木瓜贴梗海棠　新栽培品种
Chaenomeles cathayensis（Hemsl.）Schneid. 'Shuifen',cv. nov.

本新栽培品种单花具花瓣 5~12 枚,匙状近圆形,白色,外面微有水粉色晕。可孕花萼筒圆柱状,不孕花萼筒宽漏斗状。

河南:郑州植物园。长垣县。选育者:赵天榜、范永明和陈志秀。

2. '两次白花'木瓜贴梗海棠 新栽培品种

Chaenomeles cathayensis (Hemsl.) Schneid. 'Liangci Baihua',cv. nov.

本新栽培品种为落叶丛生灌木。幼枝淡黄绿白色,具光泽,无毛。小枝黑褐色,无毛,具枝刺,枝刺有长与短两种。叶狭长椭圆形、椭圆形,具畸形小叶,长 3.5～7.0 cm,宽 1.5～2.5 cm,表面淡黄绿色,无毛,背面淡绿色,无毛,先端钝圆,或钝尖,基部楔形,无毛,边缘具尖锯齿,稀重锯齿,无缘毛;叶柄长 5～ 15 mm,无毛,托叶半心形,长约 3 mm,淡绿色,疏被柔毛,边缘具尖锯齿,甙重尖齿。花期 4 月上旬。花小型,单生,或 2～4 朵簇生于 2 年生枝上,或枝刺上。15～20 枚,匙-圆形,先端钝圆,两面白色,或水粉色晕,爪长约 1 mm,白色。不孕花:萼筒短漏斗状,长 0.8～1.0 cm,径 0.8～1.0 cm,阳面深紫色,背面淡绿色,无毛;萼片 5 枚,阳面深紫色,背面淡绿色,具光泽,边缘被缘毛;雄蕊多数,着生于萼筒内面;花丝长短不齐,亮淡黄白色;雌蕊花柱不发育,或无。可孕花:萼筒圆柱状,长 1.5～1.8 cm,径 5～7 mm,阳面绿色,有紫色晕,具光泽,无毛;萼片 5 枚,基部合生,阳面深紫色,边缘具缘毛;雄蕊多数,着生于萼筒内面;花丝亮粉色;雌蕊花柱 5 枚,分裂处下部与合生处上部被白色柔毛,下部膨大,无毛。2 次花 8 月上旬开花。单花具花瓣 10～15 枚,匙状圆形,先端钝圆,两面白色,或具水粉色晕;萼筒碗状,径 2.0～2.5 cm;萼片 15～20 枚而特异。

产地:河南长垣县。选育者:赵天榜、范永明和陈志秀。

3. '长垣-7'木瓜贴梗海棠 新栽培品种

Chaenomeles cathayensis (Hemsl.) Schneid. 'Changyuan-7',cv. nov.

本新栽培品种为落叶丛生灌木。小枝黑褐色,无毛,具枝刺,枝刺粗壮。叶卵圆形、椭圆形,具畸形小叶,长 1.0～2.0 cm,宽 1.0～1.5 cm,表面深绿色,无毛,具光泽,背面淡绿色,无毛,具光泽,先端钝圆,基部圆形,边缘具尖锐锯齿,无缘毛;叶柄长 2～ 3 mm,无毛。花单生,或 2～3 朵簇生于 2 年生枝上。单花具花瓣 5～12 枚,匙-圆形,长 1.3～1.7 cm,宽 1.0～2.0 cm,两面白色,外面微有水粉色晕,爪长 3～5 mm,白色。可孕花:萼筒圆柱状,长 1.0～1.5 cm,径 5～6 mm,阳面深紫色,背面亮绿色,无毛;萼片 5 枚,阳面淡绿色,边缘疏被缘毛;雄蕊多数,着生于萼筒内面上部;花丝亮粉色、亮白色;雌蕊花柱 5 枚,分裂处下部无毛;不孕花:萼筒宽漏斗状,长约 8 mm,径约 8 mm,无毛;萼片、雄蕊与可孕花相同;雌蕊花柱不发育,未见。花期 4 月上旬。

产地:河南长垣县有栽培。选育者:赵天榜、范永明和陈志秀。

4. '瓣萼化'木瓜贴梗海棠 新栽培品种

Chaenomeles cathayensis (Hemsl.) Schneid. 'BanÈhua',cv. nov.

本新栽培品种小枝黑褐色,无毛,具枝刺。叶椭圆形,长 1.5～6.0 cm,宽 1.0～1.8 cm,表面绿色,无毛,具光泽,背面淡绿色,无毛,先端钝尖,基部圆形,边缘具尖锐锯齿,无缘毛;叶柄长 5～10 mm,无毛。9 月中旬开 2 次花。花单生,具花梗。单花具花瓣 10 枚,匙-圆形,先端钝圆,稀缺裂,白色,两面具紫红色边带、片状晕,爪长约 3 mm,花不孕;萼筒碗状,长 1.2～2.0 cm,径 1.5～2.0 cm,淡绿色,无毛;花瓣萼片化 15～20 枚,薄膜质,淡绿色,具光泽,边缘被缘毛;雄蕊多数,着生于萼筒内面;花丝淡紫色;雌蕊不发育,无雌蕊。

产地:河南长垣县。选育者:赵天榜和陈志秀。

华丽贴梗海棠亚属

陈志秀[1] 赵天榜[1] 范永明[2]

(1.河南农业大学,郑州 450002;2.北京林业大学园林学院,北京 100083)

华丽贴梗海棠亚属 新亚属

Chaenomeles Lindl. subgen. × Superba (Frahm) T. B. Zhao,Z. X. Chen et Y. M. Fan, subgen. trans. Comb. nov.

Subgen. trans. comb. nov. fretgibus deciduatibus. Floribus ante foliis aperti vel floribus et foliis simultaneis. 5 - vel 1525 - petalis in quoque flore rare pluyimissimis. Staminibus multis distichis, rare tristichis vel dispersis; 511 - stylis non aequilongis.

Henan: Zhengzhou City. 2017-10-07. T. B. Zhao et Y. M. Fan, No. 20171074(HNAC).

本新亚属为落叶灌木、丛生。花先叶开放，或花叶同时开放。单花具花瓣 5 枚，或 15~25 枚，稀更多；雄蕊多数，2 轮排列，或散生；花柱 5~11 枚，长短不等。

Supplenmentary Description:

Deciduous bush, cluster, about 1.5 m high, crown width 2.0 m. Branches with branching prickles; current year branchlets are leaflees. Twigs of more than 2 years old having solitary or clustered buds, mixed buds and leaf buds. Leaves alternate, or clustered, ovoid to oblong, surface dark green, glossy, apex pointed, or obtuse rounded, base cuneate, margin pointed serrate, orblunt teeth. Flowers solitary or 35 flowered in axils of leaves, branchlets, or sides of basal branches of twigs at or above 2 years old. After flowering, the leaves open, or open at the same time. Single flower with 5 petals, or 15 to 25 flowers, Spoon-circle, 1.5 to 2.0 cm long, 1.0 to 1.7 cm wide, white or dark red, etc. , apex obtuse rounded, margin usually entire, base with long claws, Stanmens numerous in 2 - wheeled, rare 3 - wheeled, or scattered. Tte anthers are golden in color, the length of filaments are different, and the lowest scattred stamens are hooklike inner-curved, and their dispersing stages are nit consistent; style 5 to 11, varying in length, some apex in head shape, some in headlees shape. Calyx tube campanulate, cupshaped, or bowl-shaped, glabrous outside; sepals 5, obtuse roud, margin purplish red, margin ciliate, large sepal spacing. Pedicel 1 to 2 mm. Fuit globose, yellow.

形态特征补充描述：

落叶灌木，丛生，高 1.5 m 左右，冠幅 2.0 m。枝具枝刺。当年生枝刺上无叶、无蕾；2 年生以上枝刺上有单生，或簇生花蕾及叶丛枝和叶芽。叶互生，或簇生，卵圆形至长圆形，表面暗绿色，具光泽，先端尖，或钝圆，基部楔形，边缘尖锯齿，或钝锯齿。花单生，或 3~5 朵簇生于 2 年生以上枝的叶腋、枝刺上，或枝刺基部两侧。花先叶开放，或花叶同时开放。单花具花瓣 5 枚，或 15~25 枚，稀更多，匙状圆形，长 1.5~2.0 cm，宽 1.0~1.7 cm，白色，或深红色等，先端钝圆，边缘通常全缘，基部具长爪；雄蕊多数，2 轮排列，稀 3 轮排列，或散生，花药金黄色，花丝长短不等，最下面散生的雄蕊呈钩状内弯，其散粉期不一致；花柱 5~11 枚，长短不等，有的先端呈头状，有的无头状；萼筒钟状、杯状，或碗状等，外面无毛；萼片 5 枚，钝圆，边部紫红色，边缘具缘毛，萼片间距大；花梗长 1~2 mm。果实球状，黄色。

本新亚属模式种：华丽贴梗海棠 Chaenomeles × superba(Frahm)Rehder。

本新亚属植物 6 种、1 亚种。

产地：美国、法国等。中国山东、河南等省(市)引种栽培。

用途：主要用于栽培观赏。

河南华丽贴梗海棠品种资源与栽培利用研究

赵天榜[1]* 陈志秀[1] 范永明[2]

(1. 河南农业大学林学院，郑州 450002；2. 北京林业大学园林学院，北京 100083)

摘 要 本文首次报道河南省华丽贴梗海棠 Chaenomeles × superba Ch. Brickell. 及其 6 新优良品种。新优良品种

基金项目：河南省科技厅项目"高速公路陆域景观'高效节约'和稳定性关键技术研究"(142107000101)。

第一作者简介：范水明，男，1962 年出生，河南漯河市人，主要从事植物引种驯化与植物分类学研究。

* 通讯作者：赵天榜，男，1935 年出生，河南邓州市人，教授，主要从事森林培育学等教学与植物分类学研究。

是:1.'红宝石'华丽贴梗海棠'Hong Baoshi',2.'大富贵'华丽贴梗海棠'Da Fugui',3.'长寿乐'华丽贴梗海棠'Changshou Le',4.'绿宝石'华丽贴梗海棠'Lü Baoshi',5.'富贵绵'华丽贴梗海棠'Fuse',6.'猩红与金黄'华丽贴梗海棠'Clrimlon and Gold'。同时,介绍了它们的形态特征、繁育与栽培技术要点、优良特性及其开发应用。

关键词 河南;华丽贴梗海棠;品种资源;形态特征;繁育与栽培技术要点;开发应用

近年来,作者对河南引种栽培的华丽贴梗海棠 Chaenomeles × superba Ch. Brickell.[1] 及其品种资源进行了调查研究。结果发现:华丽贴梗海棠及其品种均为河南新记录种和新记录变种[2-5],鉴于它们在我国园林建设事业中具有重要作用,现将其调查研究结果、繁育与栽培技术要点、开发与利用等,报道如下。

一、华丽贴梗海棠(傲大贴梗海棠) 河南新纪录种

Chaenomeles × superba(Ch. Japonica × lagenaria)(Frahm)Rehder in Jour. Arnold Arb. 2:58. 1920;Ch. × superba Christopher Brickell,Emcyclopedia of Garden Plants,1996.

落叶灌木,丛生,高 1.5 m 左右,冠幅 2.0 m。枝具枝刺,当年生枝枝刺上无叶,2 年生以上刺上有单生或簇生花蕾及叶丛枝和叶芽。叶互生或簇生,卵圆形至长圆形,表面暗绿色,具光泽,先端尖或钝圆,基部楔形,边缘尖锯齿,或钝锯齿。花单生或 3~5 朵簇生于 2 年生以上枝叶腋处,枝刺上或枝刺基部两侧。花先叶开放或花叶同时开放。单花具花瓣 5 枚或 15~25 枚,匙状圆形,长 1.5~2.0 cm,宽 1.0~1.7 cm,白色或深红色等,先端钝圆,边缘通常全缘,基部具长爪,雄蕊多数,2 轮排列,稀 3 轮排列,或散生,花药金黄色,花丝长短不等,最下面散生雄蕊呈钩状内弯,其散粉期不一致;花柱 5~11 枚,长短不等,有的先端呈头状,有的无头状;萼筒有钟状、杯状或碗状等,外面无毛;萼片 5 枚,钝圆,边部紫红色,边缘具缘毛,萼片间距大;花梗长 1~2 mm。果实球状,黄色。

起源:贴梗海棠 Chaenimoles speciousa (Sweet)Nakai × 日本贴梗海棠 Ch. japonica (Thoub.)Lindl.。

产地:美国。山东有引栽。河南郑州市有栽培。

用途:主要用于栽培观赏。果实入药,还可加工罐头。

二、栽培群、栽培品种资源

Ⅰ.华丽贴梗海棠栽培群 原品种群

Chaenimoles × superba * (Frahm)Rehder. Supera Group,Group nov.

本栽培群的栽培品种单花具花瓣 5 枚。

1. 华丽贴梗海棠 原栽培品种

Chaenimoles × superba * (Frahm)Rehder. 'Superba'

本栽培品种单花具花瓣 5 枚。

Ⅱ.半重瓣华丽贴梗海棠栽培群 新品种群

Chaenimoles × superba (Frahm)Rehder. Banchong Group,Group nov.

本栽培群的栽培品种单花具花瓣 5~10 枚。

Ⅲ.重瓣华丽贴梗海棠栽培群 新品种群

Chaenimoles × superba (Frahm)Rehder. Chongban Group,Group nov.

本栽培群的栽培品种单花具花瓣 10~15 枚,稀 5~15 枚。

Ⅵ.复重瓣华丽贴梗海棠栽培群 新品种群

Chaenimoles × superba (Frahm)Rehder. Fuchongban Group,Group nov.

本栽培群的栽培品种单花具花瓣 15~25 枚,稀 25~35 枚。

1.'两色多瓣'华丽贴梗海棠 新栽培品种

Chaenimoles × superba (Frahm)Rehder. 'Erse Duoban',cv. nov.

本新栽培品种为落叶丛生灌木,高约 1.5 m 左右。叶宽圆形,长 5.0~6.5 cm,宽 2.0~3.0 cm,深绿色,先端急尖,基部楔形,边缘具圆钝锯齿。花先叶开放。单花具花瓣 15 枚,匙-圆形,橙黄色、浅紫色,基部具短爪;萼筒钟状,萼片 5 枚,绿色,半圆形至三角形;雄蕊多枚,花丝黄色。花期 3~4 月。

产地:河南。郑州市有栽培。2016 年 4 月 25 日。选育者:赵天榜。

无子贴梗海棠 新种

赵天榜[1]　陈志秀[1]　范永明[2]

(1. 河南农业大学,郑州　450002;2. 北京林业大学园林学院,北京　100083)

无子贴梗海棠　新种

Chaenimoles sine-semina　T. B. Zhao,Z. X. Chen et Y. M. Fan,sp. nov.

Sp. nov. raamulis caespitisi-erectis reclinati-pendulis. Foliis ellipticis vel anguste ellipticis,tenuiter chartaceis apice obtusis vel. Acominates, basi anguste cuneatis marginatibus decursiviis, margine crenatis vel. bicrenatis,apice serratis et crenatis inter niri-glanduleres acerisis. A-stipulis in treviter ramulis. foliis breviter ramulis stipulis nullis, longe ramulis stipulis semirotundis. Petalis 5 in quoque flore,flavidi-albis minute carneis;staminosis ultra 80 in quoque flore, sparsis in tubis calycibus;filamentis non aequilongis;stylis in medio combinatis, coalescentibus dense pubescentibus basi minutis glabratis;calycibus late triangulis apice obtusis intus dense pubescentibus, margine a-crinitis, fructis breviter tereti-globosi super 5 (~8) obtusangulis manifestis calycibus non decidis,nanifeste inspissatis staminosis et stylis induviatis. Fructibus self-steribus sine seminibus.

本新种与贴梗海棠 Chaenomeles speciosa (Sweet) Nakai 相似,但区别为:丛生直立枝纤细,拱状下垂。叶椭圆形、狭椭圆形,薄纸质,先端饨圆,或渐尖,基部狭楔形,其边缘下延,边缘具钝锯齿,或重钝锯齿,齿端及钝锯齿之间具针刺状黑色小腺点尖。短枝上叶无托叶;长枝上叶无托叶半圆形。单花具花瓣5枚,淡黄白色,疏被水粉色晕;雄蕊80枚以上,散生于萼筒内;宽三角,先端钝圆,内面被短柔毛,边缘无缘毛。果实通常多种类型。自花不孕。果实无种子。

Descr. Add. :

Fruter decidua magni,2. 0 ~2. 5 m alta,dlam. 2. 0~3. 0 m. Ramuli caespitisi-eracti tenui et longi,cinerei-brunnei vel purpurei glabrati, reclinati, sine stipulis in ramulis, stipulis in lobge ramulis semirotundatis vel reniformibus 5 ~10　mm longis,

8 ~21 mm latis, supra viridis, utrinque minite pubescetibus glabris, margne obtuse-crenatis, apice ternminalis spicolatus apicem minime nargi-glandulis; petiolulatis stipulis latis et brevibus utrinque minite pubescentibus. Folia elliptica,anguste elliptica,tenuiter chartacea,3. 5 ~8. 5 cm longa,2. 0 ~4. 5 cm lata,supra viridula, paulatum pubescentibus,costis retusis, saepe glabris, subtus pallide viridula, paulatum pubescentibus, costis manifeste elevates sparse pubescentibus, nervi laterals manifestis, apice obtuse vel acuminata, basi anguste cuneata, marginantibus decurrentia, margne obtuse-crenata vel obtuse-bicrenata, apice terminalis spiculatus apicem minime nargi-glandulis, inter obtusu-crenatos minime nargi-glandulis;petiola 5 ~15 mm longa, supra minute sulaetis, glabris. Flore ante folia aperti vel synabthii. 1-flos vel 2~ 3-flore caespitose. Petalis 5 in quoque flore,spathulati-rotundatatis,1. 3 ~1. 7 cm longis 1. 5 ~1. 7 cm latis flavidi-albus minite craneis minute carneis apice obtuse basi anguste cuneatis unguibus;staminosis ultra 80 in quoque flore, sparsis in tubis calycibus,flavidis,filamentis non aequilongis, antheris pollenibus liberates tempis non aequabilibus;basi tubis calycibus aliquantum grossis, extus viriduli-purpurascentibus glabris, intrasparse pubescentibus;calycibus 5 in quoque flore, triangulatis 4~ 6 mm longis apice acutis extus glabris intus dense pubescentibus margine a-ciliatis; stylis 5,supra medium glabris, medio combinatis coalescentibus marnis dense pubescentibus basi minutis glabratis; pedicellis brevibus, ca. 1. 0 cm longis glabris. Fructus breviter tereti-globosi 5. 0 ~ 6. 0 cm longi diam. 4. 0~ 5 0 cm, flavidi vel flavi nitidus aceraceus super 5(~8) obtusangulis manifestis;calycibus non decidis, nanifeste inspissatis, staminosis et stylis induviis; concavis calycibus non profundis manifestis obtusangulis manifestis multis et

longistrorsis multi–fossis; concavis fructi–pedicellis parvis manifestis obtusangulis manifestis multis et longistrorsis multi–fossis. Fructus self–steriles sine seminibus.

Henan: Zhengzhou City. T. B. Zhao et Z. X. Chen, No. 201204251 (holotypus, HANC).

形态特征补充描述:

落叶丛生灌木,高 2.0 ~ 2.5 m,冠径 2.0 ~ 3.0 m。丛生直立枝细坟,灰褐色,或紫褐色,无毛,拱形下垂。小枝细短,灰褐色,或紫褐色,无毛,无枝刺。小枝上无叶;长枝上托叶半圆形或肾形,长 5~ 10 mm,宽 8~21 mm,表面绿色,两面微被短柔毛,边缘具钝锯齿,齿端具针状刺,其先端具黑色小腺点;托叶宽而短,两面被短柔毛。叶椭圆形、狭椭圆形,薄纸质,长 3.5~8.5 cm,宽 2.0~4.5 cm,表面绿色,微被短柔毛,主脉凹入,通常无毛,背面淡绿色,微被短柔毛,主脉显著突起,微被短柔毛,侧脉明显,先端钝圆,或渐尖,基部狭楔形,边缘下延,边缘具钝锯齿,或重锯齿,齿端具针状刺,其先端具黑色小腺点;钝锯齿之两具针状刺,其先端具黑色小腺点;叶柄长 5~15 mm,表面具细纵槽,无毛,或疏短柔毛。花先叶开放,或花叶同时开放。花单生,或 2 ~ 5 朵簇生于 2 年生枝叶腋。单花具花瓣 5 枚,匙状圆形,长 2.0~2.7 cm,宽 1.5~2.5 cm,淡黄白色、白色、粉红色,微被淡色晕,或外面花瓣白色,内面花瓣粉色,先端钝圆,内曲,边缘全缘,有时皱圹,基部狭楔形,或圆形,具长 2~5 mm 粉色爪;雄蕊 80 枚以上,散生于萼筒内上部,淡黄色,花丝长短不等,上面水粉色,下面亮粉色,有瓣化雄蕊;药室撒粉期不一致;雄蕊群与雌蕊群近等高,或雄蕊群显著高于雌蕊群;萼筒 2 种:1. 上部碗状,下部倒三角锥状,两者近等长,微被毛,或无毛,淡绿色,具有等长的细柄,柄上具节,基部稍膨大,具环痕,外面淡绿紫色,无毛,内面疏被短柔毛,花柱干高于雄蕊,花柱

合生处长 5~6 mm,下部无毛,稀具长柔毛;2. 钟状,淡绿色,具短柄,柄上无节,基部稍膨大,具环痕,外面淡绿紫色,无毛,内面疏被短柔毛;萼筒具萼片 5 枚,宽三角形,长 4~6 mm,先端钝圆,外面微被毛,或无毛,内面密被短柔毛,边缘具缘毛两者近等长,微被毛,或无毛,淡绿色,具有等长的细柄,柄上具节,基部稍膨大,具环痕,外面淡绿紫色,无毛,内面疏被短柔毛,花柱干高于雄蕊,花柱合生处长 5~6 mm,下部无毛,稀具长柔毛部紫红色,边缘全缘,具片缘毛;花柱 5 枚,柱头头状膨大,长 2.0 cm,上部无毛,合生处膨大达 2/3,被白色短柔毛,基部突细呈短柱状,无毛;雄蕊群与雌蕊群近等高,或雄蕊群显著高于雌蕊群;花梗短,长约 1.0 cm,具环棱,无毛。果实通常分 4 类型:① 果实卵球状、扁球状、长圆柱–球状,长 5.0~6.0 cm,径 4.0~5.0 cm,淡绿色、淡黄色,或黄色,具光泽,无蜡质,果点不明显;宿存萼增厚,边缘深波状,外面无毛;雄蕊与花柱凋存;萼洼浅,萼痕显著,径 3~ 4 mm,四周具多条不显著钝棱及多条小纵沟;梗洼小而显著,四周具多条显箸钝棱及多条小纵沟。果实小,无种子。单果重 18.0~33.0 g,稀 45.0 g。② 果实卵球状、长圆柱状,长 4.0~6.0~7.5 cm,径 3.0~4.0 cm,淡绿色、淡黄绿色,或黄色,具光泽,无蜡质,果点不明显;萼脱落,或宿存。果实重 18.0~53.0 g,稀 45.0 g。③果实卵球状,长 4.0~4.5 cm,径 3.0~3.5 cm,淡黄绿色,或黄色,无光泽,无蜡质,果点不明显。④其他类型有 2 种,如扁球状、不规则体状。其果实形态特征与① 类型相同。自花不孕;果实无种子。

产地:河南。郑州碧沙岗公园。2012 年 4 月 25 日。赵天榜和陈志秀,No. 201204251。2011 年 10 月 30 日。赵天榜和王建郑,No. 201110303(果实无种子),存河南农业大学。

雄蕊瓣化贴梗海棠

赵天榜[1]   陈志秀[1]   赵东方[2]

(1. 河南农业大学,郑州　450002;2. 郑州市林业工作总站,郑州　450006)

雄蕊瓣化贴梗海棠　新种

Chaenimoles stamina–petalina T. B. Zhao, Z.

X. Chen et D. F. Zhao, sp. nov.

Sp. nov. staminis fere petalinis, petalini–staminis quam 40-petalinis, formis polymorphis, rare 1~3-staminis. Pistillis non praegnantibus.

Henan：Changyuan Xian. T. B. Zhao, Z. X. Chen et D. F. Zhao, No. 2018032210（holotypus, HANC）.

本新种单花具雄蕊几乎全瓣化，瓣化数达40枚以上，瓣化形态多变，稀有雄蕊瓣枚。雌蕊不发育。

产地：河南。长垣县。2018年3月22日。赵天榜、陈志秀和赵东方，No. 2018032210（枝与花），模式标本，存河南农业大学。

Ⅰ. 雄蕊瓣化贴梗海棠　原亚种

Chaenimoles stamina-petalina T. B. Zhao, Z. X. Chen et D. F. Zhao, subsp. stamina-petalina

1. 雄蕊瓣化贴梗海棠　原变种

Chaenimoles stamina-petalina T. B. Zhao, Z. X. Chen et D. F. Zhao, var. stamina-petalina

2. 小花雄蕊瓣化贴梗海棠　新变种

Chaenimoles stamina-petalina T. B. Zhao, Z. X. Chen et D. F. Zhao, var. parviflori-petalina T. B. Zhao, Z. X. Chen et D. F. Zhao, var. nov.

A nov. ramulis pusillis, brevipinis. Diametris floribus<2.0 cm. staminis mnino petaloideis, formis prtaloideis polymorphis. Pistillis non praegnantibus.

Henan：Changyuan Xian. T. B. Zhao, Z. X. Chen et D. F. Zhao, No. 2018032215（holotypus, HANC）.

本新变种与雄蕊瓣化贴梗海棠 Chaenimoles stamina-petalina T. B. Zhao, Z. X. Chen et D. F. Zhao, var. stamina-petalina 主要区别：小枝条细，枝刺短、细。花径约2.0 cm。单花雄蕊全瓣化，瓣化形态多变。雌蕊不发育。

产地：河南。长垣县。2018年3月22日。赵天榜、陈志秀和赵东方，No. 2018032215（枝与花），模式标本，存河南农业大学。

3. 多瓣雄蕊瓣化贴梗海棠　新变种

Chaenimoles stamina-petalina T. B. Zhao, Z. X. Chen et D. F. Zhao, var. multi-stamini-petalina T. B. Zhao, Z. X. Chen et D. F. Zhao, var. nov.

A nov. diametris floribus 4.0~5.0 cm. petalinis 10~15 in quoque flora, spathulati-rotundatis, albis, subroseis; 23-staminis petalinis multiformibus; 5-stylis, locis combinatis dense pubescentibus.

Henan：Changyuan Xian. T. B. Zhao, Z. X. Chen et D. F. Zhao, No. 2018032218（holotypus, HANC）.

本新变种与雄蕊瓣化贴梗海棠 Chaenimoles stamina-petalina T. B. Zhao, Z. X. Chen et D. F. Zhao, var. stamina-petalina 主要区别：花径4.0~5.0 cm。单花花瓣10~15枚，匙-近圆形，白色，具粉色晕；雄蕊瓣化23枚，形态多变。雌蕊花柱5枚，中部合生处被短柔毛。

产地：河南。长垣县。2018年3月22日。赵天榜、陈志秀和赵东方，No. 2018032218（枝与花），模式标本，存河南农业大学。

4. 小花碎瓣瓣贴梗海棠　新变种

Chaenimoles stamina-petalina T. B. Zhao, Z. X. Chen et D. F. Zhao, var. parviflori-petalina T. B. Zhao, Z. X. Chen et D. F. Zhao, var. nov.

A var. nov. diametris floribus 2.0~2.5 cm, petalinis 5 in quoque flora, multicoloribus；>45-petalinis in flore, non 3~5-petalinis.

Henan：Changyuan Xian. 2018-03-22. T. B. Zhao, Z. X. Chen et D. F. Zhao, No. 2018032220（holotypus, HANC）.

本新变种与雄蕊瓣化贴梗海棠 Chaenimoles stamina-petalina T. B. Zhao, Z. X. Chen et D. F. Zhao, var. stamina-petalina 主要区别：花径2.0~2.5 cm。单花花瓣5枚，多色；雄蕊瓣化45枚以上，不瓣化雄蕊3~5枚。

形态特征补充描述：

落叶丛生小灌木，高约1.5 m。小枝灰褐色，无毛。叶椭圆形，长3.5~5.0 cm，宽1.0~1.3 cm，先端钝圆，边缘具尖锯齿；叶柄长0.5~1.0 cm。花径2.0~2.5 cm。花单朵，或2~4朵簇生于短枝上。单花具花瓣5枚，匙-圆形，有畸形花瓣，长7~10 mm，宽6~11 mm，白色、粉红色，或白色具粉红色晕；雄蕊45枚以上，不瓣化雄蕊3~5枚；雌蕊花柱5枚，合生处无毛；萼筒倒钟状，长约5 mm；萼片5枚，阳面紫色，边缘疏被缘毛。

产地：河南。长垣县有栽培。2018年3月22日。赵天榜、陈志秀和赵东方，No. 2018032220，模式标本，存河南农业大学。

Ⅱ. 多瓣少瓣化贴梗海棠　新亚种

Chaenimoles stamina-petalina T. B. Zhao, Z. X. Chen et D. F. Zhao, subsp. multipetali-paucipetalina T. B. Zhao, Z. X. Chen et Y. M. Fan, subsp. nov.

Subsp. nov. 5 ~ 12 ~18-petalinis in quoque flore, spathulati - rotundatis; staminibus paucipetalinis.

Henan:Changyuan Xian. 2018-03-22. T. B. Zhao,Z. X. Chen et D. F. Zhao, No. 201704259 (holotypus,HANC).

本新亚种单花花瓣 5 ~12 ~18 枚,匙-圆形;雄蕊有少数瓣化者。

产地:河南。长垣县有栽培。2017 年 4 月 25 日。赵天榜、陈志秀和赵东方,No. 201704259(枝与花),模式标本,存河南农业大学。

1. '多瓣白花' 贴梗海棠　新栽培品种

Chaenimoles stamina-petalina T. B. Zhao,Z. X. Chen et D. F. Zhao, 'Duoban Baihua', cv. nov.

本新栽培品种为落叶丛生小灌木。小枝褐色,无毛,具枝刺。叶椭圆形,长 3. 5 ~6. 5 cm,宽 1. 7~2. 5 cm,表面绿色,无毛,具光泽,背面淡绿色,无毛,先端钝圆,基部楔形,边缘具弯曲钝锯齿,齿端具腺体,无缘毛。花单生,或 2~5 朵簇生于短枝上。花先叶开放。单花具花瓣 15 枚,匙-圆形,长 1. 0~1. 4 cm,宽 0. 8~1. 3 cm,白色,略带粉红色晕,畸形花瓣 2~3 枚,爪长 2~3 mm;萼筒钟状,长 1. 0~1. 1 cm,宽 7~9 mm,阳面紫色;萼片 5 枚,半圆形,紫色,边缘疏被缘毛;雄蕊多数,有瓣化,花丝亮白色;雌蕊 5 枚,合生处被很少短柔毛。花期 3 月下旬。

产地:河南。长垣县有栽培。2018 年 3 月 25 日。赵天榜、陈志秀和赵东方。

2. '多瓣白花-1' 贴梗海棠　新栽培品种

Chaenimoles stamina-petalina T. B. Zhao,Z. X. Chen et D. F. Zhao, 'Duoban Baihua-1', cv. nov.

本新栽培品种为落叶丛生小灌木,高约 2. 0 m。小枝褐色,无毛,具枝刺。叶圆形、长椭圆形,长 3. 0~5. 2 cm,宽 1. 0~2. 3 cm,先端钝圆,基部楔形,边缘具锐锯齿;叶柄长 0. 5~ 1. 0 cm。花单生,或 2~5 朵簇生于短枝上。花径 3. 0 ~5. 0 cm。单花具花瓣 19 枚,匙-圆形,有畸形花瓣 2~3 枚,白色,稀粉红色斑,或粉红色晕;雄蕊多数,花丝长短不等;雌蕊 5 枚,合生处老毛;萼筒倒三角状,长约 7 mm;萼片 5 枚,边缘被很少缘毛。

产地:河南。长垣县有栽培。2018 年 3 月 25 日。赵天榜、陈志秀和赵东方。

3. '多色 多瓣' 贴梗海棠　新栽培品种

Chaenimoles stamina-petalina T. B. Zhao,Z. X. Chen et D. F. Zhao, 'Duose Duoban', cv. nov.

本新栽培品种为落叶丛生小灌木,高约 2. 0 m。小枝褐色,无毛。叶圆形、长椭圆形,长 3. 5~5. 0 cm,宽 1. 0~2. 3 cm,先端钝圆,基部楔形,边缘具锐锯齿;叶柄长 0. 5~ 1. 0 cm。花单生,或 2~5 朵簇生于短枝上。花径 3. 0 ~5. 0 cm。单花具花瓣 19 枚,匙-圆形,有畸形花瓣 2~3 枚,艳红色、橙黄色、粉黄色及白色,径 3. 0 ~ 5. 0 cm;雄蕊多数,花丝长短不等;雌蕊 5 枚,不发育。

产地:河南。郑州市有栽培。2017 年 4 月 20 日。选育者:赵天榜、陈志秀和赵东方。

Ⅲ. 多瓣瓣化贴梗海棠　新亚种

Chaenimoles stamina-petalina T. B. Zhao,Z. X. Chen et D. F. Zhao, subsp. multipetali-petaloidea T. B. Zhao,Z. X. Chen et Y. M. Fan,subsp. nov.

Subsp. nov. 10 ~30-petalinis in quoque flore, staminibus 10 ~15-petaloideis.

Henan:Zhengzhou City. 2018-04-20. T. B. Zhao,Z. X. Chen et Y. M. Fan, No. 201804201 (holotypus,HANC).

本新亚种单花花瓣 10 ~30 枚;雄蕊通常瓣化 10 ~15 枚。

产地:河南。郑州市有栽培。2018 年 4 月 20 日。赵天榜、陈志秀和范永明, No. 201804201(枝、叶与花),模式标本,存河南农业大学。

1. 多瓣瓣化贴梗海棠　原变种

Chaenimoles stamina-petalina T. B. Zhao,Z. X. Chen et D. F. Zhao var. multipetali-petaloidea

2. 白花多瓣瓣化贴梗海棠　新变种

Chaenimoles stamina-petalina T. B. Zhao,Z. X. Chen et D. F. Zhao var. alba T. B. Zhao,Z. X. Chen et Y. M. Fan,var. nov.

A var. nov. 10 ~ 20-petalis in quoque flore. Staminibus saepe 10 ~15-petaloideis.

Henan:Zhengzhou City. 2018-04-20. T. B. Zhao,Z. X. Chen et Y. M. Fan, No. 201804201 (holotypus,HANC).

本新变种单花花瓣 10 ~20 枚,白色;雄蕊通常瓣化 10 ~15 枚。

产地:河南。郑州市有栽培。2018 年 4 月 20 日。赵天榜、陈志秀和范永明,No. 201804201

（枝、叶与花），模式标本，存河南农业大学。

3. 两色多瓣瓣化贴梗海棠 新变种

Chaenimoles stamina-petalina T. B. Zhao, Z. X. Chen et D. F. Zhao var. bicolor T. B. Zhao, Z. X. Chen et Y. M. Fan, var. nov.

A var. nov. 10 ~ 20-petalis in quoque flore. Albis et aurantiacis. staminibus saepe 10 ~ 25-petaloideis, mudtiformibus.

Henan：Zhengzhou City. 2018-04-20. T. B. Zhao, Z. X. Chen et Y. M. Fan, No. 201804205 (holotypus, HANC).

本新亚种单花花瓣 10 ~ 20 枚，白色及橙黄色；雄蕊通常瓣化 10 ~ 25 枚，多种类型。

产地：河南。郑州市有栽培。2018 年 4 月 20 日。赵天榜、陈志秀和范永明, No. 201804205（枝、叶与花），模式标本，存河南农业大学。

4. 红花多瓣瓣化贴梗海棠 新变种

Chaenimoles stamina-petalina T. B. Zhao, Z. X. Chen et D. F. Zhao var. rubriflorar T. B. Zhao, Z. X. Chen et Y. M. Fan, var. nov.

A var. nov. 20 ~ 30-petalis in quoque flore. rubris. staminibus saepe 20 ~ 30-petaloideis, mudtiformibus.

Henan：Zhengzhou City. 2018-04-20. T. B. Zhao, Z. X. Chen et Y. M. Fan, No. 201804207 (holotypus, HANC).

本新亚种单花花瓣 20 ~ 30 枚，白色；雄蕊通常瓣化 20 ~ 30 枚，多种类型。

产地：河南。郑州市有栽培。2018 年 4 月 20 日。赵天榜、陈志秀和范永明, No. 201804207（枝、叶与花），模式标本，存河南农业大学。

日本贴梗海棠种质资源与栽培品种资源

赵天榜[1]　陈志秀[1]　赵东方[2]

（1.河南农业大学，郑州　450002；2.郑州市林业工作总站，郑州　450006）

1. 日本贴梗海棠 原变种

Chaenomeles japonica (Thounb.) Lindl. ex Spach var. japonica

2. 序花葡匐日本贴梗海棠 新变种

Chaenomeles japonica (Thounb.) Lindl. ex Spach var. florescentia T. B. Zhao, Z. X. Chen et Y. M. Fan, var. nov.

A var. secundis floribus inflorescentifactis, pedicellis 1.0~2.5 cm longis；secundis fructibus inflorescentifactis, pedicellis fructibus 5.0 ~ 10.0 cm longis. Fructibus ellipsoideis, cinerei-virellis.

Henan：Zhengzhou city. 2015-04-20. Y. M. Fan, T. B. Zhao et Z. X. Chen, No. 201504206 (ramulus et flos, holotypus hic disignatus, HANC).

本新变种 2 次花呈花序状，花梗长 1.0~2.5 cm。2 次果呈果序状，果序梗氏 5.0~10.0 cm。果实椭圆体状，灰绿色。

产地：河南郑州市。2015 年 4 月 20 日。范永明、陈志秀和赵天榜, No. 201504206（枝与花），模式标本，存河南农业大学。

Ⅰ. 日本贴梗海棠栽培品种群 原栽培品种群

Chaenomeles japonica (Thounb.) Lindl. ex Spach Japonica goup

1. '橙红'日本贴梗海棠 新栽培品种

Chaenomeles japonica (Thounb.) Lindl. ex Spach 'Chenghong', cv. nov.

本新栽培品种为落叶丛生灌木。枝条斜展，灰褐色，无毛，密被褐色小点，具细、短刺枝。短枝叶倒卵圆形，小型，长 0.5~1.5 cm，宽 5~10 mm，表面淡黄绿色，无毛，具光泽，背面淡黄绿色，无毛，先端钝圆，基部楔形，边缘具钝锯齿。花单生，或 2~3 朵簇生于 2 年生短枝上。单花具花瓣 5 枚，橙红色，或浅橙粉色，具光泽，匙-圆形，长 1.5~2.0 cm，宽 1.5~1.7 cm，具 2~3 mm 长爪；萼筒短漏斗状，长约 5 mm，淡灰绿色，无毛；雄蕊多数，两轮着生在萼筒内面上部，花丝长短不等，花柱 5 枚，合生处无毛；萼片 5 枚，淡灰绿色，无毛，边缘红褐色，密被长缘毛。花期 3 月下旬。

地点：河南郑州市有栽培。2018 年 3 月 22 日。选育者：赵天榜、陈志秀和赵东方。

Ⅱ.多瓣日本贴梗海棠栽培品种群* 新栽培品种群

Chaenomeles japonica (Thounb.) Lindl. ex Spach Multipetala Group,Group nov.

2.'碎瓣'日本贴梗海棠 新栽培品种

Chaenomeles japonica (Thounb.) Lindl. ex Spach 'Suiban',cv. nov.

本新栽培品种为落叶丛生灌木,高约 2.0 m。小枝褐色,无毛。花单朵,或 2～3 朵簇生于 2 年生短枝上。单花具花瓣 5 枚,匙-圆形,有畸形花瓣,长 8～10 mm,宽 6～10 mm,白色,或白色具粉红色晕,花径 1.3～2.0 cm;雄蕊多数,瓣化 35 枚,形状多样;雌蕊不发育;萼筒倒钟状,长约 5 mm,阳面紫色;萼片 5 枚,阳面紫色,边缘疏被缘毛。

地点:河南。长垣县有栽培。2018 年 3 月 25 日。选育者:赵天榜、陈志秀和赵东方。

3.'多碎瓣'日本贴梗海棠 新栽培品种

Chaenomeles japonica (Thounb.) Lindl. ex Spach 'Duosuiban',cv. nov.

本新栽培品种为落叶丛生灌木,高约 2.0 m。小枝褐色,无毛。叶椭圆形,长 3.0～5.0 cm,宽 1.2～1.5 cm,先端钝圆,边缘具尖锯齿;叶柄长 0.5～1.0 cm。花单朵,或 2～3 朵簇生于短枝上。单花具花瓣 5 枚,匙-圆形,有畸形花瓣,长 10～15 mm,宽 10～11 mm,白色、粉红色,或白色具粉红色晕,花径 3.0～4.0 cm;雄蕊多数,瓣化 45 枚以上,形状多样,不瓣化雄蕊 3～5 枚;雌蕊花柱 5 枚,无合生处;萼筒倒钟状,长约 5 mm;萼片 5 枚,阳面紫色,边缘疏被缘毛。

地点:河南。长垣县有栽培。2018 年 3 月 25 日。选育者:赵天榜、陈志秀和赵东方。

4.'小花'日本贴梗海棠 新栽培品种

Chaenomeles japonica (Thounb.) Lindl. ex Spach 'Xiaohua',cv. nov.

本新栽培品种为落叶丛生灌木,高约 2.0 m。小枝褐色,无毛。叶椭圆形,长 3.0～4.5 cm,宽 1.0～1.5 cm,先端钝圆,边缘具尖锯齿;叶柄长 0.7～1.2 cm。花单朵,或 2～3 朵簇生于短枝上。单花具花瓣 20 枚,匙-圆形,有畸形花瓣,长 1.0～1.5 cm,宽 1.0～1.3 cm,白色、粉红色,或白色微具粉红色晕,花径 1.7～2.0 cm;雄蕊多数,无瓣化;雌蕊不发育;萼筒倒钟状,长约 5 mm;萼片 5 枚,边缘疏被缘毛。

地点:河南。长垣县有栽培。2018 年 3 月 25 日。选育者:赵天榜、陈志秀和赵东方。

杂种贴梗海棠

赵天榜[1] 陈志秀[1] 范永明[2]

(1.河南农业大学,郑州 450002;2.北京林业大学园林学院,北京 100083)

1.大理杂种贴梗海棠 大理木瓜 1 号 新杂交种

Chaenomeles × daliensis (Z. X. Shao et B. Liu) T. B. Zhao, Z. X. Chen et Y. M. Fan, sp. hybr. nov. ,1995 年,邵则夏、陆斌. 云南的木瓜. 果树科学,12 增刊:155～156;2011 年,杜淑辉. 木瓜属新品种 DUS 测试指南及已知品种数据库的研究(D)。大理木瓜 1 号,2015 年,罗思源. 綦江木瓜资源圃木瓜品种的形态学鉴定和指纹图谱分析(D)。

Descr. Add. :

Species× ramulis purpure-brunneis,spinis ramulis. foliis juveilibus flavo - virentibus margine rubric-brunneis. Foliis ellioticis longis vel elliptici-lanceolatis,3.0～9.0 cm longis,2.5～4.5 m latis, apice acutis basi cuneatis margine biserratis. 1-flos vel 2～5-flores caespitosis in breviter ramulis. 5-petalis in quoque flore,rotundtia subroseis to albis. fructibus cylinsis,ellipsoideis,5～7-sulcis non profundis ad fructus 1/4～1/3 longis.

本新杂交种 10 年生树高 5.0 m,冠幅 5.0～6.0 m。小枝紫褐色,具枝刺。幼叶黄绿色,无毛,边缘红褐色。叶长椭圆形,或椭圆-披针形,长 3.0～9.0 cm,宽 2.5～4.5 cm,先端急尖,基部楔形,边缘具锐重锯齿。花单生,或 2～5 朵簇生于短枝上。单花具花瓣 5 枚,花瓣近圆形,淡粉红色至白色;雌蕊长于花瓣 1/2,花柱 5 枚,基部合生。果圆柱状、椭圆体状;萼洼四周具 5～7 条浅沟,达果长 1/4~1/3。

产地:云南大理。本新杂交种系小桃红木瓜(贴梗海棠)与毛叶海棠(木瓜贴梗海棠)天然杂种。发现者:邵则夏、陆斌。

亚种:

1. 大理杂种贴梗海棠　原亚种

Chaenomeles × daliensis (Z. X. Shao et B. Liu)T. B. Zhao,Z. X. Chen et Y. M. Fan,subsp. × daliensis

2. 洱源杂种贴梗海棠　新改隶组合无性亚种

Chaenomeles × daliensis (Z. X. Liu)T. B. Zhao,Z. X. Chen et Y. M. Fan, subsp. +eryuanensis(Z. X. Shao et B. Liu)T. B. Zhao,Z. X. Chen et Y. M. Fan, subsp. trans. nov.

Descr. Add.：

ramulis juvenilibus fusci-brunneis,rare tomentosis,spinis ramulis. foliis albis to ferrugineis,apice acuminatis, basi cuneatis, margine pungentibus, biserratis. Floribus anticis. 25-floribus caespitosis in breviter ramulis. 5-petalis in quoque flore,rotundatis,ovatiis subroseis subroseis.

Yunnan:Dali. 2003. Shao Ze et al.

本新无性杂交亚种树势强,半开张,主干 3~5个。幼枝棕褐色,稀被茸毛,具枝刺。叶披针形至宽披针形,长 3.0~11.0 cm,宽 2.0~3.5 cm,光滑,密被白色茸毛至锈色茸毛,先端渐尖,基部楔形,边缘具锐锯齿、重锯齿,齿整齐。花先叶开放。花 2~5 朵簇生于 2 年枝上。花径 2.0~4.0 cm。单花具花瓣 5 枚,圆形、卵圆形,粉红色;雄蕊多数。果圆球状、椭圆体状;萼洼先端突起。单果重 600.0~700.0 g,最大果重 900.0 g。

云南:大理。2003 年。发现者:邵则夏、陆斌。

碗筒杂种贴梗海棠

赵天榜[1]　　陈志秀[1]　　范永明[2]

(1.河南农业大学,郑州　450002;2.北京林业大学园林学院,北京　100083)

碗筒杂种贴梗海棠　新无性杂交种

Chaenomeles+crateriforma T. B. Zhao,Z. X. Chen et Y. M. Fan,sp. + hybr. nov.

Descr. Add.：

Species+hybridis nov. 10~15-petalis in qouque flore,phoeniceis;calycis tubus crateriformis extus pallide chlorinis obtuse-angulosis et canaliculatis;pedicellis 2.0~3.5 cm longis,glabris.

Henan:Zhengzhou City. 2015-04-21. Y. M. Fan,T. B. Zhao et Z. X. Chen, No. 20150421 (flores et ramulis)(HANC).

本新无性杂交种单花具花瓣 10~15 枚,鲜红色至白色;萼筒碗状,淡灰绿色,表面具钝棱与沟;花梗长 2.0~3.5 cm,无毛。

产地:河南郑州。2015 年 4 月 21 日。范永明、陈志秀和赵天榜,No. 201504215(花枝)。模式标本,存河南农业大学。

变种:

1.碗筒杂种贴梗海棠　原变种

Chaenomeles+crateriforma T. B. Zhao,Z. X. Chen et Y. M. Fan var. crateriformasp.

2.白花碗筒杂种贴梗海棠　新变种

Chaenomeles+crateriforma T. B. Zhao,Z. X. Chen et Y. M. Fan var. alba T. B. Zhao,Z. X. Chen et Y. M. Fan var. nov.

A var. nov. 15~20-petalis in quoque flore,albis,plureis petali-deformibus.

Henan:Zhengzhou City. 2015-04-20. Y. M. Fan,T. B. Zhao et Z. X. Chen, No. 201504206 (ramulus et flos,holopytus hic disignatus,HANC).

本新变种单花具花瓣 15~20 枚,白色,常有畸形花瓣。

产地:河南郑州。2016 年 4 月 25 日。范永明、陈志秀和赵天榜,No. 201604251(花)。模式标本,存河南农业大学。

畸形果贴梗海棠

赵天榜[1]　陈志秀[1]　范永明[2]

(1. 河南农业大学,郑州　450002;2. 北京林业大学园林学院,北京　100083)

畸形果贴梗海棠　新无性杂交种

Chaenomeles+deformicarpa T. B. Zhao, Z. X. Chen et Y. M. Fan, sp. +hybr. nov.

Descr. Add. :

Species + hybridis nov. foliis ellipticis, 3. 0~5. 0 cm longis, 1. 5~2. 0 cm latis, supra arto-viridis, apice obtusis basi cuneatis margine serratis. Floribus ante foliis aperientibus. 1-floribus in ramulis biennibus. 10~15-petalis in quoque flore, rotundati-spathulatis puniceis; fructibus breviter cylindricis 4. 5~5. 0 cm longis, 3. 5~4. 0 cm latis, supra confragosis, breviter angulis obtusis, manifeste lenticellis. Floribus exsiccates prsistentibus; pedicelli-carpicis 2. 0 cm longis, glabris.

Henan; Zhengzhou City. 2017-10-20. Y. M. Fan, T. B. Zhao et Z. X. Chen, No. 201710208(folia, carpa et ramulis)(HANC).

本新无性杂种叶椭圆形,长 3.0~5.0 cm,宽 1.5~2.0 cm,表面深绿色,先端钝圆,基部楔形,边缘具锐锯齿。花先叶开放。花单朵着生于 2 年生枝上。单花具花瓣 10~15 枚,匙-圆形,鲜红色。果实短柱状,长 4.5~5.0 cm,径 3.5~4.0 cm,表面凸凹不平,具短钝棱与沟,果点白色,显著;花干后宿存;花梗长 2.0 cm,无毛。

地点:河南郑州。2017 年 10 月 20 日。范永明、陈志秀和赵天榜,No. 201710205(枝,叶与果实)。模式标本,存河南农业大学。

假光皮木瓜属

赵天榜[1]　陈志秀[1]　范永明[2]

(1. 河南农业大学,郑州　450002;2. 北京林业大学园林学院,北京　100083)

假光皮木瓜属　新杂交属

× Jiaguangpimugua T. B. Zhao, Z. X. Chen et Y. M. Fan, gen. hybr. nov.

Descr. Add. :

Gen. hybr. nov. arboribus deciduis parvis, 3. 0~5. 0 m altis. Foliis lanceolatis, tamquam Salis matsudana Koidz. Semi-coriaceis, margine serratis. Floribus 1-vel 25-floribus caespitosis in breviter ramulis; 5-petalis in qupque flore, multisubriseis, unguibus.

Shandong; Wang Jia Xang et al.

形态特征:落叶小乔木,高 3.0~5.0 m。叶狭长披针形,似细柳叶,半革质,边缘具尖锐锯齿。花单生,或簇生。单花具花瓣 5 枚,多粉色,具爪。果实长 8.0~12.0 cm,径 7.0~9.0 cm,果皮粗糙,厚而硬,果肉薄,质较粗。

地点:山东。发现者:王嘉祥、王侠礼、管兆国等。

注1:本新杂种属系木瓜属 Pseudochaenomeles Carr. 与贴梗海棠属 Chaenomeles Lindl. 之间杂种属。

假光皮木瓜　新组合杂交种

Jiaguangpimugua × shandongensis (J. X. Wang et al.)T. B. Zhao, Z. X. Chen et Y. M. Fan, sp. comb. hybr. nov.

形态特征与属形态特征相同。

西藏木瓜属

赵天榜[1]　陈志秀[1]　范永明[2]

(1. 河南农业大学,郑州　450002;2. 北京林业大学园林学院,北京　100083)

西藏木瓜属　新杂交属

× Cydo-chaenomeles T. B. Zhao,Z. X. Chen et Y. M. Fan,gen. hybr. nov.

Descr. Add.：

Gen. hybr. nov. fruticibus deciduis,vel arbusculis. Ramosis in juvenilibus dense tomentosis brunneis. Foliis coriaceis,margine integris rare apice pauciserratis,subtus tomentosis brunneis；petiolis in juvenilibus dense tomentosis brunneis. Stipulis subtus tomentosis brunneis. Stylis basin dense tomentosis cinerei-albis.

产地:中国西藏。

形态特征:本新杂交属为落叶灌木,或小乔木。叶革质,边缘全缘,稀先端有数细齿,背面密被褐色茸毛;叶柄幼时褐色茸毛,逐渐脱落;托叶背面被褐色茸毛。雌花花柱 5 枚,基部合生处密被灰白色茸毛。

新杂交属模式种:西藏木瓜 Cydo-chaenomeles × thibetica（Yü）T. B. Zhao,Z. X. Chen et Y. M. Fan。

产地:中国西藏。2019 年河南农业大学有引种栽培。

河南梨属两新变种及一新栽培品种

赵天榜[1]　陈志秀[1]　李小康[2]

(1. 河南农业大学林学院,郑州　450002;2. 郑州植物园,郑州　450042)

摘　要　本文首次报道河南梨属 Pyrus Linn. 两新变种,即:金叶白梨、多瓣梨树和'多瓣'白梨。同时,介绍了它们的形态特征,为其开发利用提供了新资源。

关健词　河南;梨属;新变种;形态特征

1. 金叶白梨　新变种

Pyrus bretschneideri Rehd. var. pauciflora T. B. Zhao et Z. X. Chen,var. nov.

A var. nov. recedit:ramulis cinerei-brunneis, glabris. ramulis juvenilibus dense pubscentibus. Foliis flavidis vel aureis bifrontibus glabris,supra ad costas sparse purpureo-claviformibus margine serratis sparse ciliatis longis；petiolis apice sparse pubescentibus.

Henan:XiaXian. 2016-07-07. T. B. Zhao et al.,No. 201607072（ramulus,folia et ranulus,holotypus hic disighnatus HNAC）.

本新变种小枝灰褐色,无毛。幼枝淡黄色,密被短柔毛。叶淡黄色,或金黄色,两面无毛,表面主脉上有少数紫色棒状体,边缘细锯齿,疏被长缘毛;叶柄仅顶端疏被短柔毛。展叶期 3 月中旬,比梨树展叶期早 15~20 天。

产地:河南。西峡县有栽培。2016 年 7 月 7 日。赵天榜等,No. 201607072(枝和叶)。模式标本,存河南农业大学。

2. 多瓣西洋梨　新变种

Pyrus co mmuis Linn. var. multitepala T. B. Zhao,Z. X. Chen et X. K. Li,var. nov.

A var. nov. recedit:foribusis proteranthis albis. petalis 5~8 in quoque flore,spathulati-ellipticis rugosis apice obtusis vel retusis.

Henan:Zhengzhou City. 2015-04-03. T. B. Zhao et al.,No. 201504031（ramulus,folia et flores, holotypus hic disighnatus HNAC）.

本新变种花后叶开放,白色。单花具花瓣 5~8 枚,瓣匙-椭圆形,多皱折,先端钝圆,微凹。展叶期3月中旬。

产地:河南。郑州植物园有栽培。2015年4月3日。赵天榜和陈志秀等,No. 201504031(枝和叶)。模式标本,存河南农业大学。

3.'多瓣'白梨　新栽培品种

Pyrus bretschneideri Rehd. 'Duoban',cv. nov.

本新栽培品种单花具花瓣10～15枚。

产地:河南郑州市。选育者:赵天榜和陈志秀。

参考文献

[1] 丁宝章,王遂义. 河南植物志:第二册[M]. 郑州:河南科学技术出版社,1988:187-189.

垂丝海棠四新变种

赵天榜　陈志秀

(河南农业大学,郑州　450002)

摘　要　本文发表垂丝海棠三新变种:1. 多瓣垂丝海棠、2. 白花垂丝海棠、3. 小果垂丝海棠。

1. 多瓣垂丝海棠　新变种

Malus halliana Anon. var. parvicarpa T. B. Zhao et Z. X. Chen,var. nov.

A var. nov. 10-petalis in quoque flore,subroseis.

Henan:2014-09-20. T. B. Zhao et Z. X. Chen,No. 201409201(HNAC).

本新变种单花具花瓣10枚,粉色。

河南:郑州市。2014年9月20日。赵天榜和陈志秀。模式标本,No. 201409201,存河南农业大学。

2. 白花垂丝海棠　新变种

Malus halliana Anon. var. alba T. B. Zhao et Z. X. Chen,var. nov.

A var. nov. floribus albis.

Henan:2014-09-20. T. B. Zhao et Z. X. Chen,No. 201409203(HNAC).

本新变种单花具花瓣5枚,白色。

河南:郑州市。2014年9月20日。赵天榜和陈志秀。模式标本,No. 201409203,存河南农业大学。

3. 小果垂丝海棠　新变种

Malus halliana Anon. var. parvicarpa T. B. Zhao et Z. X. Chen,var. nov.

A var. nov. floribus globosis parvis,diam. 3 mm;pedicellis fructibus 2. 0～2. 5 cm longis.

Henan:2014-09-20. T. B. Zhao et Z. X. Chen,No. 201409205(HNAC).

本新变种果实球状,小,径3 mm;果梗长2. 0～2. 5 cm。

河南:郑州市。2014年9月20日。赵天榜和陈志秀。模式标本,No. 201409205,存河南农业大学。

4. 黄皮海棠　新变种

Malus spectabilis(Ait.)Borkh. var. flava T. B. Zhao,Z. X. Chen et D. F. Zhao,var. nov.

A var. nov. corticibus aurantiacis. Fructibus luteis.

Henan:Zhengzhou City. 2014-09-20. T. B. Zhao,Z. X. Chen et D. F. Zhao,No. 201409201(HNAC).

本新变种树皮橙叶黄色。果实黄色。

河南:郑州市、郑州植物园。2014年9月20日。选育者:赵天榜、陈志秀和赵东方。模式标本,No. 201409201,存河南农业大学。

河南山杏两新变种

赵天榜[1]　陈志秀[1]　范永明[2]

(1. 河南农业大学,郑州　450002;2. 北京林业大学园林学院,北京　100081)

摘　要　本文发表河南山杏两新变种,即:1. 小叶山杏 Armeniaca vulgaris Lam. var. parvifolia T. B. Zhao,Z. X.

Chen et Y. M. Fan, var. nov. ;2.红褐色山杏 Armeniaca vulgaris Lam. var. rubribrunea T. B. Zhao et Z. X. Chen,var. nov.。同时,记载其主要形态特征。

1. 小叶山杏　新变种

Armeniaca vulgaris Lam. var. parvifolia T. B. Zhao,Z. X. Chen et Y. M. Fan,var. nov.

A var. foliis ovatis, 3. 5 ~ 7. 0 cm longis 2. 5 ~ 4. 0 cm latis, apice acuminatis longis, basi rotundatis, supra atrovirentibus, glabris, subtus viridulis glabris, ad costas et nervos lateralibus rare pilosis, margine serratis glandulis, basi margine 1 ~ 3 - glandulis et pubescentibus. fructibus ellipsoideis dense pubescentibus.

Henan：Zhengzhou City. 20150515. T. B. Zhao et al. ,No. 201505153(HNAC).

本新变种叶卵圆形,长3.5~7.0 cm,宽2.5~4.0 cm,先端长渐尖,基部近圆形,表面深绿色,无毛,背面淡绿色,无毛,脉腋具疏柔毛,边缘具腺锯齿,基部边缘具1~3枚腺点及疏短柔毛。果实椭圆体状,稍扁,长2.5~3.0 cm,宽1.2~1.5 cm,厚约2.0 cm,密被短柔毛。果熟期6月中旬。

河南:郑州市有栽培。2015年5月15日。赵天榜、陈志秀和范永明,No. 20150153(枝、叶与果实)。模式标本,存河南农业大学。

2. 红褐色山杏　新变种

Armeniaca vulgaris Lam. var. rubribrunea T. B. Zhao et Z. X. Chen,var. nov.

A var. ramulis juvenilibus rubribruneia villosis tortusis. foliis rotundatis 3. 5 ~ 5. 0 cm longis 3. 5 ~ 5. 0 cm latis, apice acuminatis longis, basi leviter cordatis , supra flavovirentibus, glabris, subtus viridulis, ad costas et nervos lateralibus rare sparse villosis, margine crenularis glandibus non parilibus et ciliatis; petiolis rubribruneiavillosis. , in medio 2 tumoribus spharicis niglis vel a tumoribus spharicis.

Henan：Zhengzhou City. 20200430. T. B. Zhao et Z. X. Chen, No. 202004305(HNAC).

本新变种幼枝红褐色,被穹曲长柔毛。叶圆形,长3.5~5.0 cm,宽3.5~5.0 cm,先端长渐尖,基部浅心形,表面黄绿色,无毛,背面淡绿色,沿主脉和侧脉疏弯曲柔长毛,边缘具不等的腺圆齿和缘毛;叶柄红褐色,被长柔毛,中间有2个黑色圆球状瘤,或无球状瘤。

河南:郑州市有栽培。2020年4月30日。赵天榜、陈志秀,No. 202004305(枝与叶)。模式标本,存河南农业大学。

十九、豆科 Leguminosae

胡枝子一新变种——圆叶胡枝子

赵天榜[1]　赵东方[2]　陈志秀[1]

(1. 河南农业大学林学院,郑州　450002;2.郑州市林业工作总站,郑州　450006)

摘　要　本文发表山东山胡枝子一新变种,即圆叶胡枝子 Lespedeza bicolor Turcz. var. rotundata T. B. Zhao, Z. X. Chen et D. F. Zhao,var. nov.。同时,还记其主要形态特征。

1. 圆叶胡枝子　新变种

Lespedeza bicolor Turcz. var. rotundata T. B. Zhao,Z. X. Chen et D. F. Zhao,var. nov.

A nov. ramulis tenuebus viridibus,pauci-pilosis. folis rotundatis, 2.0 ~ 3.0 cm longis, 1.5 ~ 3.0 cm latis, apice excavatis, basi cuneatis latis, supra virentibus glabris, subtus cinereis aolbis sparsim villosis, costis et nerviws lateralibus glabris, manifeste repandis ciliatis nullis; petioplis dense pubescentibus. floribus et carpis ominois.

Shandong: Laoshan. T. B. Zhao, Z. X. Chen et D. F. Zhao, No. 201810051(holotypus, HANC).

本新变种与胡枝子原变种 Lespedeza bicolor Turcz. var. bicolor 相似，但主要区别：小枝纤细，绿色，被很少柔毛。叶圆形，长 2.0 ~ 3.0 cm，宽 1.5 ~ 3.0 cm，先端凹入，基部宽楔形，表面绿色，无毛，背面浅灰白色，疏被长柔毛，主侧脉绿色，无毛，边缘波状，无缘毛；叶柄疏密；小叶柄密被短柔毛。花与果实未见。

产地：山东。崂山地质公园。2018 年 10 月 5 日。赵天榜、陈志秀和赵东方，No. 201810051（枝与叶），模式标本。存河南农业大学。

参考文献

[1] 中园科学院植物研究所: 中国高等植物图鉴[M]. 北京: 科学出版社, 1983: 294, 图 6001.
[2] 中国科学院植物志编辑委员会. 中国植物志: 第四十一卷[M]. 北京: 科学出版社, 1998: 143.
[3] 丁宝章, 王遂义, 高增义. 河南植物志: 第一册[M]. 郑州: 河南人民出版社, 1981.
[4] 朱长山, 杨好伟. 河南种子植物检索表[M]. 兰州: 兰州大学出版社, 1981: 216.
[5] 李法曾. 山东植物精要 [M]. 北京: 科学出版社, 2004: 314. 图 1109.
[6] 陈汉斌. 山东植物志(下卷)[M]. 上海: 上海科学技术出版社, 1990.

槐树二新变种——独籽槐树、二次花果槐树

赵天榜[1]　陈志秀[1]　赵东方[2]

(1. 河南农业大学林学院, 郑州, 450002; 2. 郑州市林业工作总站, 郑州　450006)

摘　要　本文发表山东槐树两新变种, 即独果独子槐树 Sophora japonica Linn. var. solitaria T. B. Zhao, Z. X. Chen et D. F. Zhao, var. nov. 和二次花果槐 Sophora japonica Linn. var. biflori-carpica T. B. Zhao, Z. X. Chen et D. F. Zhao。同时, 还记其主要形态特征。

1. 独子槐树　新变种

Sophora japonica Linn. var. solitaria T. B. Zhao, Z. X. Chen et D. F. Zhao, var. nov.

A var. nov. folis ellipticis, 2.7 ~ 3.5 longis, 1.5 ~ 2.7 cm latis, apice obtusis, basi obtusis. 1- leguminibus in inflorescentiis fructibus; 1 - spermis in 1- leguminibus.

Shandong: Kongmiao. T. B. Zhao, Z. X. Chen et D. F. Zhao, No. 201810041(holotypus, HANC).

本新变种与槐树变种 Sophora japonica Linn. var. japonica 相似, 但主要区别; 叶椭圆形, 长 2.7 ~ 3.5 cm, 宽 1.5 ~ 2.7 cm, 先端钝圆, 基部钝圆。果序中荚果单个; 单果内含 1 粒种。

产地：山东。孔庙内有栽培。2018 年 10 月 4 日。赵天榜、陈志秀和赵东方，No. 201810041（枝与叶），模式标本。存河南农业大学。

2. 二次花果槐树　新变种

Sophora japonica Linn. var. biflori-carpica T. B. Zhao, Z. X. Chen et D. F. Zhao, var. nov.

A var. nov. bi floris et bi carpicis in intus 1 annis.

Henan: Zhengzhou. T. B. Zhao, Z. X. Chen et D. F. Zhao, No. 201710211(holotypus, HANC).

本新变种与槐树变种 Sophora japonica Linn. var. japonica 相似, 但主要区别; 一年开 2 次花; 结 2 次果。

河南：郑州市。2018 年 10 月 21 日。赵天榜、陈志秀和赵东方，No. 201710041（枝与叶），模式标本。存河南农业大学。

合欢两新栽品种

赵天榜　陈志秀　陈俊通

（河南农业大学,郑州　450002）

1. 黄花合欢　新栽品种

Albizia juliobrissin Durazz. ' Huanghua ', cv. nov.

本新栽品种花黄色。

河南:郑州市、郑州植物园。选育者:赵天榜、陈志秀和陈俊通。

2. 红花合欢　新栽品种

Albizia juliobrissin Durazz. ' Honghua ', cv. nov.

本新栽品种花红色。

河南:郑州市、郑州植物园。选育者:赵天榜、陈志秀和陈俊通。

二十、苏木科 Caesalpiniaceae

中国紫荆属新植物

范永明[1]　陈俊通[1]　赵天榜[2*]　陈志秀[2]

（1. 北京林业大学园林学院,北京　100083;2. 河南农业大学,郑州　450002）

摘　要　本文报道了作者对紫荆属 Cercis Linn. 植物资源、引种驯化、良种选育、栽培技术、开发利用及其保护措施进行了调查研究。其结果表明:紫荆属可分两组,即紫荆组 sect. Cercis(Linn.) T. B. Zhao,Z. X. Chen et J. T. Chen,sect. comb. nov. 和长花序紫荆组 sect. longipeduncula T. B. Zhao,Z. X. Chen et J. T. Chen,sect. nov.。紫荆属植物有 5 种:Ⅰ. 紫荆 C. chinensis Bunge 有 4 新变种:小果紫荆 C. chinensis Bunge var. parvocarpa T. B. Zhao, Z. X. Chen et J. T. Chen,var. nov.;密花紫荆 var. densiflora T. B. Zhao, Z. X. Chen et J. T. Chen,var. nov.;密毛紫荆 var. densipubescentia T. B. Zhao,Z. X. Chen et J. T. Chen,var. nov.;无毛紫荆 var. glabra T. B. Zhao,Z. X. Chen et J. T. Chen,var. nov.。Ⅱ. 湖北紫荆有 4 新变种:小果湖北紫荆 C. glabra Pamp. var. parvicarpa T. B. Zhao, Z. X. Chen et J. T. Chen,var. nov.;毛湖北紫荆 var. parvicarpa T. B. Zhao,Z. X. Chen et J. H. Mi,var. nov.;垂枝湖北紫荆 var. pendens T. B. Zhao,Z. X. Chen et J. T. Chen,var. nov.;密弯毛湖北紫荆 var. dendiflexipubens T. B. Zhao,Z. X. Chen et J. T. Chen,var. nov.。Ⅲ. 乔木紫荆 C. chinensis Bunge var. glabra T. B. Zhao,Z. X. Chen et J. T. Chen,var. nov.。Ⅳ. 加拿大紫荆 C. canadensis Linn. 1 新记录品种:紫叶加拿紫荆 C. Canadensis Linn. ' Golden Stem'。同时,记述某形态特征,为进一步开发利用该属植物提供了重要科学依椐和宝贵经验。

基金项目:河南省科技厅项目"高速公路陆域景观'高效节约'和稳定性关键技术研究"(142107000101)。

第一作者简介:范永明,男,1992 年出生,河南漯河市人。北京林业大学博士研究生,主要从事植物分类与新品种研究。

＊通讯作者:赵天榜,男,1935 年出生,河南邓州市人,教授,从事森林培育学等教学和植物分类学研究。

一、引言

中国是亚洲面积最大的国家,地形与地貌复杂而多样,有高山、峡谷、丘陵、沙漠与平原;气候跨寒带、温带和亚热带,因而四季分明。同时,具有多种土壤类、土壤型与土种,因而植物资源非常丰富[1-2]。据作者统计,世界紫荆属[3-8]植物有10种[3-8],中国紫荆属植物有7种(包括引种栽培3种)。因此说,中国是紫荆属植物资源起源与分布中心之一。为了进一步开发利用该属植物资源,多年来作者进行了中国紫荆属植物种质资源的调查、引种驯化、良种选育与栽培利用的研究。其结果表明,广西、广东、湖南、福建、贵州、江西、河南、安徽、重庆等省(区、市)山区有野生的湖北紫荆 C. glabra Pamp.[12-13]、紫荆 C. chinensis Bunge、黄山紫荆 C. chingii Chun[12-13]、垂丝紫荆 C. racemosa Oliv.、广西紫荆 C. chuniana Metc.[12-13]分布。平原地区有大面积范围内栽培的紫荆、湖北紫荆、黄山紫荆、毛果紫荆 C. pubicarpa T. B. Zhao, J. T. Chen et J. H. Me[1]、加拿大紫荆 C. canadensis Linn. 及其变种和品种[12-13]。上海及新疆引种栽培的有南欧紫荆 Cercis siliquastrum Linn.[12-13]。同时,还开展了紫荆属新植物的研究。现将研究结果,报道如下。

二、中国紫荆属新植物分类新系统

1. 紫荆组　原组

Cercis Linn. sect. Cercis

本组植物花,或总状花序簇生;总状花序梗长度通常不超过 2.0 cm。

本组模式种:南欧紫荆 Cercis siliquastrum Linn.。

本组植物有 8 种:紫荆、黄山紫荆、毛果紫荆 C. pubicarpa T. B. Zhao, J. T. Chen et Y. M. Fan、湖北紫荆 4 种产于中国;加拿大紫荆、北美紫荆、肾叶紫荆 C. reniformis Engelm. 3 种产于北美洲;南欧紫荆 1 种,产于欧洲南部和东部。

2. 紫荆系　新组合系

Cercis Linn. sect. Cercis (Linn.) T. B. Zhao, Z. X. Chen et J. T. Chen, ser. Cercis (Linn.) T. B. Zhao, Z. X. Chen et J. T. Chen, ser. comb. nov.

本新组合系荚果具狭翅,喙细小而弯曲,成熟后,裂瓣不开裂。小枝无毛,或密被短柔毛。叶背面沿主脉、基部脉腋间有短柔毛,或簇毛。花 5~8 朵簇生,或短总状花序;花梗、果梗无毛。

本系植物有 7 种:紫荆、毛果紫荆 C. pubicarpa J. T. Chen, T. B. Zhao et G. H. Mi、湖北紫荆 4 种产于中国;加拿大紫荆、北美紫荆、肾叶紫荆 3 种产于北美洲;南欧紫荆 1 种,产于欧洲南部和东部。

3. 黄山紫荆系　新系

Cercis Linn. sect. Cercis (Linn.) T. B. Zhao, Z. X. Chen et J. T. Chen, ser. Chingii T. B. Zhao, Z. X. Chen et J. T. Chen, ser. nov.

本新系荚果无翅,喙粗直,硬木质,成熟后开裂,裂瓣常扭曲。叶边缘全缘,具疏缘毛,表面无毛,背面沿脉上常有背面沿脉上常有短柔毛,或无毛。

本新系模式种:黄山紫荆 Cercis chingii Chun。

本新系植物有 1 种:黄山紫荆,产于中国。

4. 长花序梗紫荆组　新组

Cercis Linn. sect. longipeduncula T. B. Zhao, Z. X. Chen et J. T. Chen, sect. nov.

Sect. nov. racemis; pedunculis conspiocuis, 2.0~10.0 cm longis.

Sect. typus: Cercis racemosa Oliv.

Sect. species: Cercis racemosa Oliv.、C. chuniana Metc.

本组植物为总状花序梗明显,长度 2.0~10.0 cm。

本组模式种:垂丝紫荆 C. racemosa Oliv。

本组植物有 2 种:垂丝紫荆、广西紫荆均产于中国。

三、中国紫荆属新植物

Ⅰ. 紫荆　Cercis chinensis Bunge

1. 紫荆　原变种

Cercis chinensis Bunge var. chinensis

2. 密花毛紫荆　新变种

Cercis chinensis Bunge var. densiflora T. B. Zhao, Z. X. Chen et J. T. Chen, var. nov., 赵天榜等主编. 河南省郑州市紫荆山公园木本植物志谱:227~228. 2017。

A var. nov. recedit: 1~2-ramulis, ramulis juvenilibus et petiolis dense pubescentibus. foliis subtus praecipue nervis dense pubescentibus. 3~5-floribus fasciculatis. 10~35-fasciculis in arboricolis 1 magnopere nodis. Floribus purpurascentibus, ovariis basi glandulis parvis.

Henan: Zhengzhou City. 2014 - 05 - 04. T. B. Zhao, Z. X. Chen et al., No. 201405041(branchlet et multi - fasciculatis, holotypus hic disighnatus HNAC).

本新变种 1~2 年生枝、幼枝、叶柄密被短柔毛。叶背主脉密被短柔毛,基部具紫褐色腺斑。花 3~5 朵簇生;10~35 簇生于主干大型木瘤上。花淡紫色;子房基部具小腺点。

产地:河南郑州市有栽培。2014 年 4 月 5 日。赵天榜、陈志秀等,No. 201405041(枝和多数花簇)。模式标本存河南农业大学。

3. 短毛紫荆 毛紫荆 变种 河南新记录变种

Cercis chinensis Bunge var. pubescens Z. F. Wei, 卫兆芬. 中国无优花属、仪花属和紫荆资料. 广西植物,3(1):15. 1983。

本新变种落叶灌木。幼枝密被短柔毛。小枝淡褐色,密被淡褐色短柔毛。叶近圆形,长 6.0~8.5 cm,宽 6.0~8.0 cm,表面深绿色,具光泽,5~7 出脉,沿脉有少数柔毛,背面淡绿色,密被短柔毛,先端短尖,基部心形,边缘全缘;叶柄长 2.0~3.5 cm,密被短柔毛。花先叶开放。花 3~5 朵簇生,紫色、淡紫色。荚果带状,压扁,长 5.0~7.0 cm,宽 1.0~1.2 cm,先端尖,喙细长而尖,基部狭楔形;果翅宽约 1 mm,无毛;果梗长 1.0~1.5 cm。花期 4 月;果实成熟期 9 月。

产地:江苏、浙江、上海等。河南伏牛山区有分布,各地有栽培。河南省郑州市紫荆山公园有栽培。

4. 小果紫荆 新变种

Cercis chinensis Bunge var. parvocarpa T. B. Zhao, Z. X. Chen et Y. M. Fan, var. nov.

A var. nov. Cercis chinensis Bunge var. chinensis recedit: fruficibus deciduis. Ramulis, ramulis juvenilibus, petiolis juvenilibus et subtus in praecipue nervis sparse pubescentibus; ramulis brunneis sparse pubescentibus. foliis rotundis parvis 3.5~7.2 cm longis, 3.0~6.0 cm latis, utrinque glabris margine ciliatis paucis basi margine ciliatioribus. floribus purpurascentibus vel subruseis; basi ovariis dense pubescentibus. leguminibus parvis 2.0~5.0 cm longis, 1.0~1.2 cm latis, apice filirostellatis longis, curvativis, basi anguste cuneatis,

angulosis utrinque alis fructibus pubescentibus; pedicellis fructibus sparse pubescentibus et glandibus.

Henan: Zhengzhou City. 24 - 06 - 2015. T. B. Zhao, Z. X. Chen et al., No. 201506241(leafs, branch et pods, holotypus hic disighnatus HNAC). 10 - 04 - 2016. T. B. Zjhao, Z. X. Chen et al., No. 201604101(floral branchlet).

本新变种为落叶灌木,高 3.0 m。小枝、幼枝、幼叶柄及幼叶背面沿脉疏被短柔毛。叶近圆形,小,长 3.5~7.2 cm,宽 3.0~6.0 cm,两面无毛,边缘很少具缘毛,基部边缘具较密缘毛。花淡紫红色,或粉红色;子房基部密被短柔毛。荚果小,长 2.0~5.0 cm,宽 1.0~1.2 cm,先端喙细长而弯曲,基部狭楔形,果翅两边棱上被短柔毛;果梗疏被腺点与短柔毛。

产地:河南。郑州市有栽培。2015 年 6 月 24 日。赵天榜、陈志秀等,No. 201506241(叶、枝与果)。模式标本,存河南农业大学。2016 年 4 月 10 日。赵天榜、陈志秀等,No. 201604101(花枝)。

5. 无毛紫荆 新变种

Cercis chinensis Bunge var. glabra T. B. Zhao, Z. X. Chen et J. T. Chen, var. nov.

A var. nov. fruficibus deciduis. 10~25 - racemuis caespitosis in magni - ganglioneis truncis. ramulis et ramulis juvenilibus glabris. foliis utrinque glabris, subtus basi aggregati - glandibus purpure - brunneis, margine anguste marginantibus purpureis a - ciliatis. 8~15 - floribus in racemis. 1~3 - bracteolis extus dense pubescentibus; ovariis paululum glandulis. leguminibus 5.0~11.0 cm longis, 1.0~1.5 cm latis; pedicellis fructibus sparse glandulis glabris.

Henan: Zhengzhou City. 05 - 04 - 2014. T. B. Zhao, Z. X. Chen et al., No. 201504051(leafs, branchlet et cyma racemiformis, holotypus hic disighnatus HNAC); 08 - 06 - 2015. T. B. Zhao, Z. X. Chen et al., No. 201506081(leafs, branchlet et pods).

本新变种与紫荆原变种 Cercis chinensis Bunge var. chinensis 主要区别:落叶灌木。10~25 枚总状花序簇生于主干大型木瘤上。小枝、幼枝无毛。叶两面无毛,背面基部具紫褐色腺斑,边缘具紫色狭边和疏腺点、无缘毛;叶柄紫色,无毛。总状花序具花 8~15 朵。雄花花丝基部具小苞片

1~3枚,外面密被短柔毛,无缘毛;子房具很少小腺点;荚果长5.0~11.0 cm,宽1.0~1.5 cm;果梗疏具腺点,无毛。

产地:河南。郑州市有栽培。2014年4月5日。赵天榜、陈志秀等,No. 20140451(幼枝、叶与花序)。模式标本,存河南农业大学。2015年6月8日。赵天榜、陈志秀等,No. 201506081(枝、叶与果实)。

6. 蔷薇红紫荆(广西植物) 变型 河南新纪录变型

Cercis chinensis Bunge f. rosea Hsu,徐炳声. 中国东南部植物区系资料,I. 植物分类学报,11(2):193. 1966;卫兆芬. 中国无忧花属、仪花属和紫荆属资料. 广西植物,3(1):15. 1983。

本变种花粉红色至紫红色。

产地:河南各地有栽培。

7. 白花紫荆 变型 河南新记录变型

Cercis chinensis Bunge f. alba Hsu,徐炳生. 中国东南部植物区系资料,I. 植物分类学报,11(2):193. 1966.

本新变型主要形态特征:落叶灌木。幼枝、幼叶柄及幼叶背面沿脉密被短柔毛;小枝褐色,密被短柔毛。花白色;花梗长1.0~1.5 cm,疏具小腺点。

产地:上海。河南省郑州市紫荆山公园有栽培。

8. 粉红紫荆 变型 河南新记录变型

Cercis chinensis Bunge f. rosea,徐炳生. 中国东南部植物区系资料,I. 植物分类学报,11(2):193. 1966.

本新变型小枝、幼枝、叶柄密被短柔毛。花小苞片外面密被短柔毛,具缘毛。花紫红色;雄蕊花丝粉红色,基部疏被短柔毛;子房亮淡绿色,无毛,花柱淡粉色,无毛;花梗淡粉色,疏被短柔毛。

产地:上海等。河南省郑州市紫荆山公园有栽培。

品种:

1. '小果'毛紫荆 新品种

Cercis chinensis Bunge 'Xiaoguo',cv. nov.,赵天榜等主编. 河南省郑州市紫荆山公园木本植物志谱:228. 2017。

本新品种花淡紫红色,或粉红色;子房基部密被短柔毛。荚果小,长2.0~3.5 cm,宽1.0~1.2 cm,先端喙细长而弯曲,基部狭楔形,果翅两边棱

上被短柔毛;果梗疏被腺点与短柔毛。

产地:河南。郑州市有栽培。2015年6月24日。选育者:米建华、赵天榜、陈志秀等。

2. '瘤密花'毛紫荆 新品种

Cercis chinensis Bunge 'Liu Mihua',赵天榜等主编. 河南省郑州市紫荆山公园木本植物志谱:228. 图版32:6. 2017。

本新品种为落叶灌木。1~2年生枝、幼枝、幼叶柄密被短柔毛。叶背面无毛,沿主脉密被短柔毛,其基部具紫褐色腺斑;叶柄紫色,密被短柔毛。多数总状花序簇生于主干大型木瘤上。总状花序及苞片密被短柔毛。花淡紫色;子房基部具小腺点。坐果率不及1.0 %。荚果小,长3.0~5.0 cm,宽1.0~1.3 cm,先端长尖,基部狭楔形。

产地:河南。郑州市有栽培。2015年4月5日。选育者:赵天榜、陈志秀等。

3. '无毛瘤密花'紫荆 新品种

Cercis chinensis Bunge 'Wumao Liu Mihua',cv. nov.,赵天榜等主编. 河南省郑州市紫荆山公园木本植物志谱:228. 2017。

本新品种1025枚总状花序簇生于主干大型木瘤上。小枝、幼枝无毛。叶两面无毛,背面基部具紫褐色腺斑,边缘具紫色狭边和疏腺点、无缘毛;叶柄淡紫色,无毛。花8~15朵呈簇。多簇集生于主干1个大型木瘤上。雄花花丝基部具小苞片1~3枚,外面密被短柔毛,无缘毛。子房具很少小腺点。荚果长5.0~11.0 cm,宽1.0~1.5 cm;果梗疏具腺点,无毛。

产地:河南。郑州市有栽培。2015年4月5日。选育者:赵天榜、陈志秀等。

4. '大果'毛紫荆 新品种

Cercis chinensis Bunge 'Daguo',cv. nov.,赵天榜等主编. 河南省郑州市紫荆山公园木本植物志谱:228. 2017。

本新品种小枝灰褐色,密被短柔毛;幼枝绿色,密被短柔毛。叶近圆形,纸质,背面脉上密被短柔毛,先端短尖,基部楔形、心形,边缘全缘,具疏缘毛;叶柄长2.0~3.0 cm,密被短柔毛。花簇生,淡紫色。荚果宽带状,无毛,长6.5~7.5 cm,宽1.5~2.0 cm,果翅宽约2 mm,无毛,基部狭楔形;果梗长1.5~1.8 cm,无毛。

产地:河南。郑州市紫荆山公园有栽培。2015年6月18日。选育者:米建华等。

5. '两季花'毛紫荆 新品种

Cercis chinensis Bunge 'Erjihua', cv. nov., 赵天榜等主编. 河南省郑州市紫荆山公园木本植物志谱:229. 2017。

本新品种小枝灰褐色,疏被黑色小点状毛。芽鳞密被棕色短柔毛。叶近圆形、心形。两面无毛;叶柄疏被黑色小点状毛。花簇生。每簇具花3~5朵,稀1朵、6~8朵。花淡紫色;雄花花丝淡红色,无毛;子房亮淡绿色,花柱淡粉色。荚果带状,微被短柔毛,长6.0~8.0 cm,宽1.2~1.5 cm,先端渐长尖,具长约3 mm的针状喙;果梗长1.5~1.8 cm,疏被黑色小点状毛。

产地:河南。郑州市有栽培。2015年9月20日。选育者:赵天榜、陈俊通等。

6. '紫果'毛紫荆 新品种

Cercis chinensis Bunge 'Ziguo', cv. nov., 赵天榜等主编. 河南省郑州市紫荆山公园木本植物志谱:229. 2017。

本新品种小枝灰褐色,密被短柔毛;幼枝绿色,密被短柔毛。叶近圆形,背面脉上密被短柔毛,先端短尖,基部心形,边缘全缘,具疏缘毛;叶柄长2.0~3.0 cm,密被短柔毛。花簇生,淡紫色。荚果带状,紫红色,初被短柔毛,后无毛。

产地:河南。郑州市紫荆山公园有栽培。2015年6月18日。选育者:赵天榜、陈志秀、陈俊通。

7. '金帆'紫荆 河南新记录品种

Cercis chinensis Bunge 'Jinfan', 赵天榜等主编. 河南省郑州市紫荆山公园木本植物志谱:229. 2017。

本品种叶近圆形、心形,两面无毛,淡黄色,或淡绿黄色。

产地:河南。郑州市、遂平县有栽培。郑州市紫荆山公园有栽培。

8. '毛枝 小果'紫荆 新品种

Cercis chinensis Bunge 'Maozhi Xiaoguo', cv. nov.

本新品种幼枝、幼叶柄及幼叶背面沿脉疏被短柔毛;小枝褐色,疏被短柔毛。叶圆形,两面无毛,边缘全缘,很少具缘毛,基部边缘缘毛较密。总状花序梗长度小于5 mm,密被短柔毛;花序具花1~7朵,簇生于2年生枝上。花淡紫红色,或粉红色,龙骨瓣具深红色斑纹;子房无毛。荚果小,无毛,狭带状,长3.0~5.0 cm,宽1.0~1.2

cm,果翅边缘被很短柔毛;果梗疏被腺点、短柔毛。

产地:河南。郑州市有栽培。2015年6月24日。选育者:赵天榜、陈志秀等。

9. '无毛 小果'紫荆 新品种

Cercis chinensis Bunge 'Wumao Xiaoguo', cv. nov.

本新品种小枝、幼枝、幼叶柄及幼叶背面沿脉无毛。叶圆形、心形,稀三角形,两面无毛,边缘全缘,无缘毛。总状花序梗长度小于1.0 cm,密被短柔毛。花淡紫红色,或粉红色。荚果小,绿色,微有紫色晕,无毛,狭带状,先端喙细长而弯曲;果翅边缘无毛;果梗无毛。

产地:河南。郑州市有栽培。2014年10月5日。选育者:赵天榜、陈志秀和赵东方。

10. '弯果'紫荆 新品种

Cercis chinensis Bunge 'Wanguo', cv. nov.

本新品种小枝、幼枝密被短柔毛。叶近圆形,边缘全缘,具疏缘毛,两面无毛。总状花序梗密被短柔毛和各级分枝疏被短柔毛。花淡紫色,或水粉色。荚果狭长带状,弯曲,长5.0~7.0 cm,背、腹缝线不等长,背缝线具翅,无毛,腹缝线边缘疏具小腺点;果梗无毛,疏具小腺点。

产地:河南。郑州市有栽培。2015年5月23日。选育者:赵东方、赵天榜等。

11. '紫红花'毛紫荆 新品种

Cercis chinensis Bunge 'Zihonghua', cv. nov.

本新品种小枝、幼枝、叶柄密被短柔毛。花先叶开放。花8~15朵呈簇。花小苞片外面密被短柔毛,具缘毛。花紫红色;雄蕊花丝淡粉色,基部疏被短柔毛;子房亮淡绿色,无毛,花柱淡粉色,无毛;花梗淡粉色,疏被短柔毛。

产地:河南。郑州市紫荆山公园有栽培。2016年3月28日。选育者:赵天榜和陈俊通。

12. '重阳'紫荆 河南新记录品种

Cercis chinensis Bunge 'Chongyang', 河南名品彩叶苗股份有限公司。名品彩叶:30. 彩片4幅;植物新品种权证书,证书号:第938号;品种权号:20140128。

本品种落叶小乔木,或灌木。小枝下垂,深紫色、黑紫褐色;幼枝紫红色、紫色,具光泽,无毛。叶心形,长(3.0~)4.5~10.5 cm,宽5.5~11.0 cm,先端短尖,基部心形,5出脉,边缘全缘,表面绿色,具光泽,主脉基部具紫色腺斑,主脉与网脉红色,无毛,背面淡绿色,无毛,主脉基部两侧疏被短柔毛及基部脉腋间有疏短柔毛;叶柄细长,长2.0~4.0 cm,淡粉色,两端稍膨大,无毛。花先叶开放,或花后叶开放。总状花序;花序总梗长5~10 mm,密被短柔毛、多节;苞片密被短柔毛。总状花序具花5~11朵,簇生于2年生枝上。花萼暗紫红色,长约4 mm,无毛;花小,紫红色、粉紫色,长1.0~1.2 cm;花丝紫色,无毛;花梗细,紫红色,长1.0~1.5 cm,无毛。无荚果。花期4月。

产地:河南遂平县有栽培。培育人:王华明、石海燕等。

13. '少花'紫荆　新品种

Cercis chinensis Bunge 'Shaohua', cv. nov.

本新品种落叶小灌木。小枝少,灰褐色,无毛。叶近圆形,先端短尖,基部心形,边缘全缘,表面淡黄绿色,具光泽;叶柄细长,无毛。花叶同时开放。花很少,(1~)1~5朵簇生于2年生枝上。花小,淡水粉色,长1.0~1.2 cm;花丝粉色,无毛;花梗细,水粉色,长1.0~1.5 cm,无毛。

产地:河南。卢氏县有栽培。选育人:田国行、赵天榜。

14. '毛白花'紫荆　新品种

Cercis chinensis Bunge 'Mao Baihua', cv. nov.

本新品种落叶小灌木。小枝灰褐色,密被短柔毛。叶近圆形,先端钝圆,基部心形,边缘全缘,表面淡绿色,具光泽,沿脉疏被短柔毛,背面稍淡,疏被短柔毛,沿脉密被短柔毛;叶柄细长,密被短柔毛。花叶同时开放。花小,白色;花梗细,密被短柔毛。

产地:河南。许昌、郑州市有栽培。选育人:赵天榜、陈俊通。

15. '毛枝 小果'紫荆　新品种

Cercis chinensis Bunge 'Maozhi Xiaoguo', cv. nov.

本新品种小枝、幼枝、幼叶柄及幼叶背面沿脉疏被短柔毛。荚果小,无毛,狭带状,长3.0~5.0 cm,宽1.0~1.2 cm,果翅宽1~1.5 mm,边缘被很短柔毛;果梗长1.0~1.2 cm,疏被腺点、短柔毛。

产地:河南。郑州市有栽培。2015年6月24日。选育者:赵天榜、陈志秀等。

II. 湖北紫荆　巨紫荆、云南紫荆

Cercis glabra Pamp. in Nuov. Giorn. Bot. Ital. n. s. 17:393. 1910

产地:湖北、河南、陕西、四川等。模式标本,采自湖北。河南伏牛山区有分布,平原地区多栽培。

注:陈德昭等在湖北紫荆记述中,首先将巨紫荆作为湖北紫荆异名。

亚种、变种:

1. 湖北紫荆　原亚种

Cercis glabra Pamp. subsp. glabra

2. 湖北紫荆　原变种

Cercis glabra Pamp. var. glabra

3. 全无毛湖北紫荆　新变种

Cercis glabra Pamp. var. omni-glabra T. B. Zhao, Z. X. Chen et J. T. Chen, var. nov., 赵天榜等主编. 河南省郑州市紫荆山公园木本植物志谱:221~222. 2017.

A var. nov. recedit: ramulis juvenilibus glabris. foliis juvenilibus et petiolis juvenilibus purpureo-rubidis. Racemis 13~15-floribus, pedunculis 5~10 mm. floribusis subroseis, pedicellis, ovariis et fructibus juvenilibus omni-glabris; calycibus crateriformibus glabris; 5-lolobis purple-rubris, glabris; pedicellis 1.8~2.5 cm subroseis vel purple-rubris.

Henan: Zhengzhou City. 15-06-2015. T. B. Zhao, J. T. Chen et J. T. Chen, No. 201506151 (leaf-, branchlet-et pods-juvenile, holotypus hic disighnatus HNAC); 05-04-2015. T. B. Zhao et al., No. 201504051 (branchlet et raceme, flower).

本新变种与湖北紫荆原变种 Cercis glabra Pamp. var. glabra 主要区别:幼枝无毛。幼叶、幼叶柄紫红色。总状花序,具花13~15朵;总花梗长5~10 mm。花粉色,花梗、子房、幼果完全无毛;萼筒碗状,黑紫色,无毛;萼裂5枚,紫红色,无毛;花梗长1.8~2.2 cm,粉色,或紫红色。

产地:河南。郑州市有栽培。2015年6月15日。赵天榜和陈志秀等,No. 201506151(幼枝、叶与幼果)。模式标本,存河南农业大学。2016年6月5日。赵天榜、陈俊通等,No. 201604061(枝、叶与幼果)。

4. 紫果湖北紫荆　新变种

Cercis glabra Pamp. var. purpureofructa T. B. Zhao, Z. X. Chen et J. T. Chen, var. nov.

A var. nov. recedit: ramulis pendulis ramulis juvenilibus glabris. foliis juvenilibus ad sparse villosis albis. floribusis purpureo-rubis. fructibus juvenilibus purpureoruris nitidis.

Henan:Zhengzhou City. 15-05-2015. T. B. Zhao,Z. X. Chen et J. T. Chen, No. 201505151 (leaf-, branchlet - et pods-juvenile, holotypus hic disighnatus HNAC).

本新变种与湖北紫荆原变种 Cercis glabra Pamp. var. glabra 主要区别:小枝下垂。幼枝无毛。幼叶背面沿脉疏被白色长柔毛。花紫红色。幼果紫红色,具光泽。

产地:河南。郑州市有栽培。2015 年 5 月 15 日。赵天榜和陈志秀等,No. 201505151(幼枝、叶与幼果)。模式标本,存河南农业大学。2016 年 4 月 1 日。赵天榜、陈俊通等,No. 201604011(枝与总状花序与花)。

5. 小果湖北紫荆 新变种

Cercis glabra Pamp. var. parvocarpa T. B. Zhao,Z. X. Chen et J. T. Chen,var. nov.

A var. nov. ramis juvenilibus purpureo-rubidis dense pubescentibus. foliis juvenilibus et petiolis juvenilibus purpureo-rubidis vivide bnitidis,subtus in praecipue nervis sparse pubescentibus. floribus purpureo - rubidis vel purpureis. leguminibus parvis purpureo-rubidis vel rubidis 2.5~5.0 cm longis, 4 ~5 mm latis, apice longe acuminatis, ca. 5 mm longis fili-rostellatis curvatis, basi anguste cuneatis. alis fructibus angustis 1 mm latis;pedicellis fructibus purpureis nodulis basalibus sparse pubescentibus.

Henan:Zhengzhou City. 15-05-2015. T. B. Zhao, J. T. Chen et al. , No. 201505153 (leaf-, branchlet- et pods-juvenile,holotypus hic disighnatus HNAC);05 - 04 - 2015. T. B. Zhao,Z. X. Chen et al. ,No. 201504051(branchlet et raceme).

本新变种幼枝紫红色,具亮光泽,密被短柔毛。幼叶、幼叶柄紫红色,具亮光泽,背面沿主脉疏被短柔毛。花紫红色。荚果小,紫红色,或紫色,长 2.5~5.0 cm,宽 4~5 mm,先端长渐尖,具长约 5 mm 丝状弯曲喙,基部狭楔形;果翅狭,宽 1 mm;果梗紫色,基部节疏被短柔毛。

产地:河南。郑州市有栽培。2015 年 5 月 15 日。赵天榜和陈俊通等,No. 201505153(幼枝、叶与幼果)。模式标本,存河南农业大学。2015 年 4 月 5 日。赵天榜和陈志秀等,No. 201504051(枝与花序)。

6. 垂枝湖北紫荆* 新变种

Cercis glabra Pamp. var. purpureofructa pendens T. B. Zhao,Z. X. Chen et J. T. Chen,var. nov.

A var. nov. recedit:ramis nutantibus, ramulis pendulis. ramulis juvenilibus et ramulis dense pubescentibus. foliis subtus in praecipue nervis sparse pubescentibus,inter se magnopere punctatis glandulosis,supra et subtus in juvenilibus densioribus,margine integris dense ciliatis. floribus pallide purpureo-rubidis;pedicellis minutis, 1.0~2.5 cm,sparse pubescentibus et glandulis. leguminibus purpureo-rubidis vel minute purpureis 7.0~14.0 cm longis, 1.0~1.5 cm latis, apice longe acuminatis basi anguste cuneatis. alis fructibus angustis 1~1.5 mm latis; pedicellis fructibus purpureis basi 1 - nodis sparse pubescentibus vel glabris.

Henan:Zhengzhou City. 15-04-2014. T. B. Zhao,Z. X. Chen et al. , No. 201404151 (flos et branch);20-06-2015. T. B. Zjhao,Z. X. Chen et al. ,No. 201506201(leaf,branchlet et pods,holotypus hic disighnatus HNAC).

本新变种与湖北紫荆原变种 Cercis glabra Pamp. var. glabra 主要区别:侧枝低垂;长枝下垂。幼枝、小枝密被短柔毛。叶背面主脉基部脉腋间具紫色腺斑,沿主脉疏被短柔毛;幼时两面被较密短柔毛,边缘全缘,密具缘毛。花淡紫红色、水粉色;花梗细,长 1.0~2.5 cm,疏被短柔毛及小腺点。荚果紫红色,或微带紫色,长 7.0~14.0 cm,宽 1.0~1.1 cm,先端渐长尖,基部狭楔形;果翅宽 1.0~1.5 mm;果梗紫色,基部 1 节疏被短柔毛,或无毛。

产地:河南。郑州市有栽培。2014 年 4 月 15 日。赵天榜和陈志秀等,No. 201404151(花枝)。2015 年 6 月 20 日。赵天榜和陈志秀等,No. 201506201(枝、叶与果序)。模式标本,存河南农业大学。

7. 弯毛湖北紫荆 新变种

Cercis glabra Pamp. var. tortuosa T. B. Zhao, Z. X. Chen et J. T. Chen,var. nov.

A var. nov. recedit:ramulis, subtus costis et pedicellis fructibus dense pubescentibus tortuosis.

Henan:Zhengzhou City. 17-05-2015. T. B. Zhao,Z. X. Chen et al. , No. 201505175(branch, folia et inflorescentia fructus).

本新变种幼枝、1~2 年生枝密被弯曲长柔毛和密被弯曲短柔毛。叶表面主脉疏被柔毛,背面主脉基部脉腋间及主脉疏被弯曲短柔毛。花水粉色,干后白色;花丝白色;花梗细,长 1.5~2.3 cm。荚果绿色,有时具淡紫色晕,长 7.0~9.5 cm,宽 1.0~1.3 cm,先端渐尖,基部楔形;果梗 3 节,淡紫色,上节与下节膨大,密被弯曲短柔毛,中部 1 节疏被短柔毛。

产地:河南。郑州市有栽培。2015 年 5 月 17 日。赵天榜和陈志秀等,No. 201505175(枝、叶与果序)。模式标本,存河南农业大学。

8. 紫果湖北紫荆　新变种

Cercis glabra Pamp. var. purpureofructa T. B. Zhao, Z. X. Chen et J. T. Chen, var. nov.

A var. nov. recedit: ramulis pendulis, ramulis juvenilibus glabris. foliis juvenilibus ad sparse villosis albis. floribusis purpureo-rubis. Fructibus purpureoruris nitidis.

Henan: Zhengzhou City. 15-05-2014. T. B. Zhao, Z. X. Chen et J. T. Chen, No. 201405153 (flos branchlet, holotypus hic disighnatus HNAC).

本新变种与湖北紫荆原变种 Cercis glabra Pamp. var. glabra 主要区别:小枝下垂。幼枝无毛。幼叶背面沿脉疏被白色长柔毛。花紫红色。果实紫红色,具光泽。

产地:河南。郑州市有栽培。2014 年 5 月 15 日。赵天榜和陈志秀等,No. 201405153(花枝)。模式标本,存河南农业大学。2016 年 4 月 1 日。赵天榜、陈俊通等,No. 201604011(枝、叶与总状花序与花)。

注:河南省巨紫荆栽培工程技术研究中心、河南四季春园林艺术工程有限公司,称四季春-1 号紫荆,2014。

9. 毛湖北紫荆　毛紫荆(河南植物志)　新改隶组合变种

Cercis glabra Pamp. var. pubescens (S. Y. Wang) T. B. Zhao, Z. X. Chen et J. T. Chen, var. trans. nov. , 毛紫荆 C. pubescens S. Y. Wang, 丁宝章等主编. 河南植物志(第二册):287~288. 图 1107. 1988。

本新改隶组合变种落叶乔木,或灌木,高 3.0~10.0 m;树皮灰褐色,细纹裂。小枝灰褐色,密被短柔毛;幼枝灰褐色,密被短柔毛。叶近圆形,长 6.0~8.5 cm,宽 6.0~8.0 cm,先端短尖,基部近心形,5~7 出脉,边缘波状全缘,表面叶脉稍凹下,几光滑,或沿脉有少数散生毛,背面密生短柔毛,沿主脉被较密短柔毛,边缘全缘,具很少缘毛;叶柄长 2.0~3.5 cm,密被短柔毛。花紫红色,或紫色,簇生。荚果带状,长 5.0~7.0 cm,宽 1.0~1.2 cm,紫红色,或紫色带绿色晕,簇生,先端尖,具喙,基部渐狭如柄,腹缝线具翅,翅宽约 1 mm;果梗长 1.0~1.5 cm,基部 1 节上下密被短柔毛,中部以上很少被短柔毛。花期 4 月;果实成熟期 9 月。

产地:河南。河南伏牛山区的西峡、卢氏、栾川等县有分布。模式标本,采自栾川龙峪湾。河南各地、市均有栽培。鄢陵县有大面积栽培。

10. 少花湖北紫荆　少花紫荆(中国树木志)　新记隶组合变种

Cercis chinensis Bge. var. pauciflora (H. L. Li) T. B. Zhao, J. T. Chen et J. T. Chen, var. transl. nov. , Cercis pauciflora H. L. Li in Bull. Torrey Bot. Club 71: 422. 1944; Cercis pauciflora Li, 郑万钧. 中国树木志. 1229~1230. 1985。

本新记隶组合变种落叶小乔木。小枝无毛。叶近圆形、心形。总状花序;花序梗密被短柔毛;花序具花 1~3(~5)朵,簇生于 2 年生或 2 年生枝以上。花淡紫色,或水粉色。

产地:四川。模式标本,采自四川峨眉山。河南郑州市紫荆山公园有栽培。

11. 啮齿叶湖北紫荆　新变种

Cercis glabra Pamp. var. erosa * T. B. Zhao, Z. X. Chen et J. T. Chen, var. nov. , 赵天榜等主编. 郑州植物园种子植物名录:160. 2018.

A var. nov. recedit: ramulis juvenilibus purplenigris sparse pauci-puberulis brevissimis vel glabris. Foliis juvenilinus supra purpureis vel virelli-purpureis, 7-nervis atro-purpureis glabris subtus purple-rubidis, nervis nigri-purpureis sparse flavidi-pubescentibus, basi inter nervis sparse pubescentibus curvativis, apicibus mucronatis basi truncates vel cordatis, margine basibus integris, in medio non aequalibus erosis, in parte superiore undulates minutis; petiolis 2.0~3.0 cm apice lnodulis grossis nigri-purpureis glabris.

Henan: Xixia Xian. 2015-08-20. T. B. Zhao, Z. X. Chen et al., No. 201508201 (folia et branchramula,holotypus hic disighnatus HNAC）.

本新变种幼枝紫黑色,疏被很少极短柔毛,或无毛。幼叶表面紫色,或淡绿紫色,7出脉,脉黑紫红色,无毛,背面紫红色,主脉紫黑色,疏被黄色短柔毛,基部脉腋间疏被弯曲短柔毛,先端具短尖头,基部截形,或心形,基部边缘呈波状全缘,中部边缘呈啮齿状锯齿,上部边缘呈微波状齿;叶柄长2.0~3.0 cm,先端1节膨大,黑紫色,无毛。

河南:西峡县。2015年8月20日。赵天榜和陈志秀等,模式标本,No.201508201(叶和枝),存河南农业大学。

注*:在赵天榜等主编.《郑州植物园种子植物名录》一书中,啮齿叶湖北紫荆 Cercis glabra Pamp. var. pubescens（S. Y. Wang）T. B. Zhao, Z. X. Chen et J. T. Chen var. crosa T. B. Zhao, Z. X. Chen et J. T. Chen,var. nov. 中有错误。现将错误用斜体表示,并在此处去掉。

12. 膜叶湖北紫荆　新变种

Cercis glabra Pamp. var. membranacea J. T. Chen,var. nov.,赵天榜等主编. 郑州植物园种子植物名录:160. 2018.

A var. nov. recedit:ramulis minutis, diametibus 1~2 mm,glabris. foliis rotundatis tenuiter membranaceis,3.5~7.5 cm longis,4.5~8.5 cm latis, bifrontibus glabris apice obtusis cum acumine rare truncatis;petiolis minutis glabris.

Henan:Zhengzhou City. 2016 - 05 - 10. J. Zhang et al., No. 201605101（ramula et racemue, holotypus hic disighnatus HNAC）.

本新变种小枝纤细,径1~2 mm,无毛。叶近圆形,薄膜质,长3.5~7.5 cm,宽4.5~8.5 cm,两面无毛,先端钝尖,基部心形,稀截形;叶柄纤细,长2.5~4.0 cm,无毛。

河南:栾川县山区有分布。郑州市有栽培。2016年5月10日。张杰、陈俊通户等,模式标本No.201605101(枝与叶),存河南农业大学。

注*:在赵天榜等主编.《郑州植物种子植物名录》一书中,膜叶湖北紫荆 Cercis glabra Pamp. var. glabra（Pamp.）T. B. Zhao,Z. X. Chen et J. T. Chen var. membranacea J. T. Chen,var. nov. 中有错误。现将错误用斜体表示,并在此处去掉。其学名应用 Cercis glabra Pamp. var. membranacea J. T. Chen。

13. 两种毛湖北紫荆　新变种

Cercis glabra Pamp. var. dimorphotricha * T. B. Zhao,Z. X. Chen et J. T. Chen,var. nov.,赵天榜等主编. 郑州植物园种子植物名录:161. 2018.

A var. nov. recedit:ramulis juvenilibus et 1~2- ramulis dense pubescentibus curvaturis et dense villosis longis unciformibus. foliis chartaceis, supra nervibus spare pubescentibus subtus in praecipue nervis et inter se sparse pubescentibus tortuosis; petiolis apice 1-nodis grossis flavo-virentibus dense villosis, inferrne sparsepubescentibus, glandibus paucis. floribuscarneis denique;filamentis albis; pedicellis minutis 1.5~2.3 cm longis. leguminibus viridulis interdum pallide purpureis 7.0 ~9.5 longis, 1.0~1.3 llatis, apice acuminatis, basi anguste cuneatis;pedicellis fructibus pallide purpureis supra et subter 2-nodis grossis sparse pubescentibus,in medio sparse glabris rare-paululum pubescentibus.

Henan:Zhengzhou City. 2014-04-15. T. B. Zhao,J. T. Chen et al., No. 201404155（flos et branch）;2015-06-17. T. B. Zhao,Z. X. Chen et al., No. 201506175（leaf,branchlet et pods,holotypus hic disighnatus HNAC）.

本新变种幼枝、1~2年生枝密被弯曲长柔毛和密被钩状长柔毛。叶厚纸质,表面主脉疏被短柔毛,背面主脉基部脉腋间及主脉疏被弯曲短柔毛;叶柄先端1节膨大、淡绿色,密被长柔毛,下部疏被短柔毛,腺点极少。花粉红色,干后白色;花丝白色;花梗细,长1.5~2.3 cm。荚果淡绿色,有时具淡紫色晕,长7.0~9.5 cm,宽1.0~1.3 cm,先端尖,基部狭楔形;果梗淡紫色,上部与下部节膨大,疏被短柔毛,中部通常无毛,稀被很少短柔毛。

河南:郑州市有引种栽培。2014年4月15日。赵天榜和陈志秀等,模式标本,No.201404155(花枝)。2015年6月17日。赵天榜和陈志秀等,No.201506175(枝、叶与果序),存河南农业大学。

注*:在赵天榜等主编.《郑州植物种子植物名录》一书中,两种毛湖北紫荆 Cercis glabra Pamp. var. pubescens（S. Y. Wang）T. B. Zhao, Z. X. Chen et J. T. Chen var. membranacea J. T.

Chen,var. nov. 中有错误。现将错误用斜体表示,并在此处去掉。其学名应用 Cercis glabra Pamp. var. dimorphotricha T. B. Zhao, Z. X. Chen et J. T. Chen。

14. 小果湖北紫荆 新变种

Cercis glabra Pamp. var. parvocarpa T. B. Zhao,Z. X. Chen et J. T. Chen,var. nov.

A var. nov. ramulis juvenilibus purpureo-rubidis dense pubescentibus. foliis juvenilibus et petiolis juvenilibus purpureo-rubidis vivide bnitidis, subtus in praecipue nervis sparse pubescentibus. floribus purpureo-rubidis vel purpureis. leguminibus parvis purpureo-rubidis vel rubidis 2.5 ~ 5.0 cm longis, 4 ~ 5 mm latis, apice longe acuminatis, ca. 5 mm longis fili-rostellatis curvatis, basi anguste cuneatis. alis fructibus angustis 1 mm latis;pedicellis fructibus purpureis nodulis basalibus sparse pubescentibus.

Henan:Zhengzhou City. 15-05-2015. T. B. Zhao,J. T. Chen et al. , No. 201505153(leaf-, branchlet- et pods-juvenile,holotypus hic disighnatus HNAC);05-04-2015. T. B. Zhao,Z. X. Chen et al.,No. 201504051(branchlet et raceme).

本新变种幼枝紫红色,具亮光泽,密被短柔毛。幼叶、幼叶柄紫红色,具亮光泽,背面沿主脉疏被短柔毛。花紫红色。荚果小,紫红色,或紫色,长 2.5 ~ 5.0 cm,宽 4 ~ 5 mm,先端长渐尖,具长约 5 mm 丝状弯曲喙,基部狭楔形;果翅狭,宽 1 mm;果梗紫色,基部节疏被短柔毛。

产地:河南。郑州市有栽培。2015 年 5 月 15 日。赵天榜和陈俊通等,No. 201505153(幼枝、叶与幼果)。模式标本,存河南农业大学。2015 年 4 月 5 日。赵天榜和陈志秀等,No. 201504051(枝与花序)。

15. 弯毛湖北紫荆 新变种

Cercis glabra Pamp. var. tortuosa T. B. Zhao, Z. X. Chen et J. T. Chen,var. nov.

A var. nov. ramulis juvenilibus et 1 ~ 2 ramulis dense villosis tortuosis et dense pubescentibus tortuosis. Foliis supra ad costos sparse pubescentibus, subtus basi in medio costis et costis sparse pubescentibus tortuosis. Floribus subroseie, ultimo albis. filamentis albis;pedicelis minutis,1.5 ~ 2.3 cm longis.

Henan:Zhengzhou City. 17-05-2015. T. B.

Zhao Z. X. Chen et al. ,No. 201505175(HNAC).

本新变种幼枝、1 ~ 2 年生枝密被弯曲长柔毛和密被弯曲短柔毛。叶表面主脉疏被短柔毛,背面主脉基部脉腋间及主脉疏被弯曲短柔毛。花水粉色,干后白色;花丝白色;花梗细,长 1.5 ~ 2.3 cm。

产地:河南。郑州市有栽培。2015 年 5 月 17 日。赵天榜和陈志秀等,No. 201505175。模式标本,存河南农业大学。

16. 无毛垂枝湖北紫荆 新变种

Cercis glabra Pamp. var. glabra T. B. Zhao, Z. X. Chen et J. T. Chen,var. nov.

A var. nov. longiramulis pendulis. juvenilibus et ramulis glabris. , subtus basi in medio costis et costis sparse pubescentibus tortuosis. Floribus dilute purple rubies vel salmoneis;pedicelis minutis, 1.0 ~ 2.5 cm longis,sparse pubescentibus.

Henan:Zhengzhou City. 23-06-2015. T. B. Zhao Z. X. Chen et al. ,No. 201506231(HNAC).

本新变种长枝下垂。幼枝、小枝无毛。叶主脉基部脉腋间及主脉疏被弯曲短柔毛。花淡紫红色,或粉色;花梗细,长 1.0 ~ 2.5 cm,疏被短柔毛。

产地:河南。郑州市有栽培。2015 年 6 月 23 日。赵天榜和陈志秀等,No. 201506231。模式标本,存河南农业大学。

Ⅲ. 广西紫荆(广西植物)

Cercis chuniana F. P. Metc. in Lingnan Sci. Journ. 19:551. 1940.

Ⅳ. 垂丝紫荆(中国树木分类学、中国植物志、中国树木志)

Cercis racemosa Oliv. in Hook. Icon. Pl. 19: t. 1894. 1899.

Ⅴ. 黄山紫荆(中国树木分类学)

Cercis chingii Chun in Journ. Arn. Arb. 8: 20. 1927.

产地:浙江、安徽、广东。河南郑州市紫荆山公园有引种栽培。

Ⅵ. 加拿大紫荆 河南新记录种

Cercis canadensis Linn.

产地:加拿大。河南各地市均有栽培。

1. 加拿大紫荆 原变种

Cercis canadensis Linn. var. canadensis

2. 紫叶加拿大紫荆 河南新记录变种

Cercis canadensis Linn. var. purpurea ?

落叶乔木。叶圆形，具紫红色狭边，表面初紫色、紫绿色，后渐变为淡紫绿色，具光泽，主脉基部具紫色腺斑。幼叶、柄及表面主脉紫红色、紫绿色，具光泽。总状花序；花序总梗紫红色，长 5~15 mm，密被短柔毛、多节；节下苞片，苞片具缘毛，节上密被短柔毛。

产地：加拿大。河南各地市均有栽培。

Ⅶ.南欧紫荆 河南新记录种

Cercis siliquastrum Linn. Judas－Tree. ;——A. Rehder, MANUAL OF CULTIVATED TREES AND SHRUBS Hardy in North America. 484. 1951.

落叶乔木，高 10.0 m。小枝深紫色、紫褐色，具光泽，无毛；幼枝紫红色、紫色，具光泽，无毛。叶圆形，先端微凹，长 7.0~12.0 cm,across,deeply 心形，无毛，宽 5.5~10.5 cm,先端短尖、钝尖，基部心形,5 出脉，边缘全缘，表面紫色、紫绿色、淡黄绿色，具光泽，主脉基部具腺斑，很少短柔毛，背面淡紫绿色，无毛，主脉基部沿脉被疏短柔毛及基部脉腋间有疏短柔毛；叶柄细长，长 2.0~4.0

cm,两端稍膨大，上端稍膨大处疏被短柔毛，它处无毛。幼叶、柄及表面主脉紫红色、紫绿色，具光泽。花先叶开放。总状花序；花序总梗紫红色，长 5~8 mm,密被短柔毛；苞片密被短柔毛。总状花序具花 3~5 朵，簇生于 2 年生枝上。萼暗紫红色，长约 4 mm,具缘毛；花 3~6 朵，玫瑰紫色，长 1.8~2.0 cm;花梗细，紫红色，长 0.8~1.2 cm,无毛，其基部具 1~4 节，具短柔毛；苞片被缘毛。荚果长 7.0~10.0 cm。花期 4~5 月；果熟期 10 月。

产地：加拿大。河南各地市均有栽培。

1. 南欧紫荆 原变种

2. 白花南欧紫荆 河南新记录变种

Cercis siliquastrum L. Judas－Tree. var. alba West. ; A. Rehder, MANUAL OF CULTIVATED TREES AND SHRUBS Hardy in North America. 484. 1951;*C. siliquastrum* L. Judas–Tree. f. *albida* Schneid. ,A. Rehder,MANUAL OF CULTIVATED TREES AND SHRUBS Hardy in North America. 484. 1951.

本变种花白色。

河南紫荆属一新种

陈俊通[1]　范永明[2]　戴慧堂[3*]　赵天榜[2]　陈志秀[2]

(1. 北京林业大学园林学院,北京　100083;2. 河南农业大学,郑州　450002;
3. 信阳市森林病虫害防治检疫站,信阳　6400464)

摘　要　本文发表了中国紫荆属 Cercis Linn. 一新种，即毛果紫荆 C. pubicarpa J. T. Chen,T. B. Zhao et Y. M. Fan,sp. nov.。本新种与紫荆 C. chinensis Bunge 和湖北紫荆 C. glabra Pamp. 相似，但主要区别：落叶小乔木。幼枝、小枝无毛。叶近圆形、心形，或五角状圆形,5~7 出脉。花簇生及总状花序。总状花序 2~3 枚簇生；花序梗密被棕色短柔毛。花子房密被毛；花梗无毛。荚果中部以上疏被短柔毛，中部以下疏被短柔毛及密被星状毛；荚果总梗密被棕色短柔毛。

关键词　中国:河南;紫荆属;新种;毛果紫荆

毛果紫荆　新种　图 1

Cercis pubicarpa J. T. Chen,T. B. Zhao et Y. M. Fan,sp. nov. ,fig. 1

Species nov. Cercis chinensis Bunge et C. glabra Pamp. similis, sed arbusculis deciduis parvis. ramulis etramulis juvenilibus glabris foliis rotundis, cordatis vel 5－angulasti－rotundis, basi 5~7－nervis nervisequentibus. floribusis caespitosis et racemis. 2~3－racemis caespitosis, rare 1－racemus; pedunculis dense pubescentibus aurantiis. ovariis dense pilosis pedicellis glabris. leguminibus supra medium sparse pubescentibus, infra medium dense stellato－

第一作者简介:陈俊通(1993—),男,硕士研究生,研究方向为园林植物与观赏园艺。E-mail:1596804389@ qq. com.

通讯作者 ＊:戴慧堂,男,高级工程师。E-mail:jgsdhtang@ 136. com。

pilis et sparse pubescentibus; pedicellis fructus glabris. pedunculi-leguminibus dense pubescentibus.

Arbuscula 5.0~6.0 m alta; cortice cinerei-albi vel cinerei-brunnei. ramuli cinerei vel cinerei-brunnei glabri in juvenilibus flavidi glabri. folia rotunda, cordata vel 5-angulasti-rotunda chartacea 5.0~8.0 cm longa 4.5~8.0 cm lata apice mucronata basi rotunda, cordata et truncata, basi 5~7-nervis, margine integra saepe a-ciliatis rare paululum ciliates brevissimis, surpa viridia glabra nitida subtus viridulia glabra, ad costam dense pilosis; petioli 2.5~4.0 cm longi viriduli glabri, apice nodules aliquantum grossiis flavo-viridulis glabris. flores ante folia aperti. flores caespitosi et racemi. 2~3-racemes caespitosis, rare 1-racemus; pedunculis 5~8 mm longis dense pubescentibus helvolis. 3~8-flores in inflorescentiis. floribus saepe 3~5-caespitosis. flores purpurascentibus; ovariis dense pubescentibus; pedicelli glabri. legumina fasciarii 5.0~10.5 cm longi 1.0~1.3 cm lati virides vel pallide purpurei, supra medium sparse pubescentibus, infra medium dense stellato-pilosis et sparse pubescentibus, apice acuminatis rostratis, basi anguste cuneatis; pedicelli fructus 1.5~2.0 cm longi glabri. pedunculi-leguminibus dense pubescentibus.

Henan: Yanling Xian. 28-08-2015. T. B. Zhao, Y. M. Fan et J. T. Chen, No. 201508281 (leafs, branchlet et legumina, holotypus hic disighnatus HNAC). 15-04-2015. T. B. Zhao et al., No. 201504151 (flores et ramulus).

落叶小乔木,高5.0~6.0 m;树皮灰白色,或灰褐色,光滑。小枝灰色,或灰褐色,无毛;幼枝淡黄色,无毛。叶近圆形、心形,或五角-近圆形,纸质,长5.0~8.0 cm,宽4.5~8.0 cm,先端短尖,基部圆形、心形、截形,基部5~7出脉,边缘全缘,通常无缘毛,稀具很少极短缘毛,表面绿色,无毛,具光泽,背面淡绿色,无毛,沿脉密被长柔毛;叶柄长2.5~4.0 cm,绿色,无毛,先端关节稍粗,淡黄绿色。花先叶开放。花簇生及总状花序。总状花序2~3枚簇生,稀1枚总状花序;花序梗长5~8 mm,密被棕黄色短柔毛;每花序具花3~8朵。花簇生通常具花3~5朵。花淡紫色;子房密被短柔毛;花梗无毛。荚果带状,长5.0~10.5 cm,宽1.0~1.3 cm,绿色,或淡紫色,中部以上疏被短柔毛,中部以下密被簇生星状毛及疏被短柔毛,先端渐尖,具喙尖,基部狭楔形;果梗长1.5~2.0 cm,无毛。总果梗密被棕黄色短柔毛。花期4月;果实成熟期9月。

本新种与紫荆 Cercis chinensis Bunge 和湖北紫荆 C. glara Pamp. 相似,但主要区别:落叶小乔木。幼枝、小枝无毛。叶近圆形、心形,或五角-近圆形,5~7出脉,沿脉疏被长柔毛。花簇生及总状花序。总状花序2~3枚簇生;花序梗密被棕黄色短柔毛,稀1枚总状花序。花子房密被毛;花梗无毛。荚果中部以上疏被短柔毛,中部以下疏被短柔毛及密被星状毛,果梗无毛;荚果总果梗密被棕黄色短柔毛。

产地:河南省。鄢陵县。2015年8月28日。赵天榜、范永明、陈俊通,No. 201508281。模式标本(枝、叶与荚果),存河南农业大学。郑州市有栽培。2015年4月15日。赵天榜和陈志秀,No. 201504151(花枝),存河南农业大学。

图1 毛果紫荆 Cercis pubicarpa J. T. Chen, T. B. Zhao et Y. M. Fan.
Ⅰ.叶形, Ⅱ.果序, Ⅲ.叶和果形, Ⅳ.荚果毛被, Ⅴ.总状花序, Ⅵ.叶腋毛。

参考文献

[1] 丁宝章,王遂义. 河南植物志:第二册[M]. 郑州:河南人民出版社,1981:288. 图1108.

[2] 王遂义. 河南树木志[M]. 郑州:河南科学技术出版社,1994:318~319 图.

[3] 卢炯林,余学友,张俊朴. 河南木本植物图鉴[M]. 香港:新世纪出版社,1998:111 图.

[4] 郑万钧. 中国树木志 第二卷[M]. 北京:中国林业出版社,1985:1228-1229. 图 558.

[5] 中国科学院中国植物志编辑委员会. 中国植物志:第三十九卷[M]. 北京:科学出版社,1988:144~145. 图版 48:5-7.

[6] 中国科学院中国植物志编辑委员会. 中国高等植物图鉴:第二册[M]. 北京:科学出版社,1983:332. 图 2394.

[7] 李顺卿. 中国森林植物学[M]. 上海:商务印书馆, 1935:628. 图版 No. 175.

[8] 陈嵘. 中国树木分类学[M]. 上海:商务印书馆, 1937:521. 第 418 图.

[9] 傅立国,陈潭清,郎楷永,等. 中国高等植物:第七卷[M]. 青岛:青岛出版社,2001:389-390.

[10] Bunge. Cercis chinensis Bunge in Mém. Div. Sav. Acad. Sci. St. Pétersb. Sab. Etrang. 1833,2:95.

[11] Pampanini R. Cercis glabra Pamp. in Nouv. Giorn. Bot. Ital. 1910,17:193.

二十一、苦木科 Simaroubaceae

河南臭椿属观赏类型的研究

朱秀谦[1] 张平安[2] 陈建业[3] 赵天榜[4]

(1. 漯河市孟南工业区园林环卫管理处,漯河　462300;2. 禹州市林业技术推广中心,禹州　452570; 3. 许昌林业科学研究所,许昌　461000;4. 河南农业大学,郑州　450002)

摘　要　本文报道了河南臭椿属 6 个观赏类型(变种):1. 千头臭椿,2. 红果臭椿,3. 塔形臭椿,4. 白材臭椿,5. 赤叶刺臭椿,6. 扭垂枝臭椿。描述了其主要形态特性、生物学特性及繁殖技术等,为发展和推广臭椿属优良观赏类型 (变种)提供了依据。

关键词　河南;臭椿属;观赏类型

臭椿属(Ailanthus Desf.)树种具有生长迅速、适应性强、繁殖容易、病虫害少、材质优良、用途广泛等特性,是我国北部黄土丘陵区和石质山区的主要造林先锋树种和林粮间作良种。因树形优美、抗污染、耐旱瘠、耐盐碱,是城乡、工矿区、铁路沿线和盐碱地造林,以及园林化建设的主要优良树种。为满足河南各地园林化建设和林业生产的需要,作者自 1991 年开始进行了"河南臭椿属树种资源的调查研究",获得了良好效果。现将河南臭椿属 6 个优良观赏类型(变种)报道如下,供参考。

1　河南臭椿属树种种质资源

据《河南植物志》(第二册)记载,河南臭椿属树种共 4 种、5 变种和 1 变型,即 1. 臭椿 Ailanthus altissima (Mill.)Swingle:①臭椿 var altissima;②小叶臭椿 var. microphylla B. C. Ding et T. B. Chao;

③红果臭椿 var. erythroarpa(Carr.)Rehd. ;④千头臭椿 var. myriocephala B. C. Ding et T. B. Chao; ⑤白材臭椿 var. leucoxyia B. C. Ding et T. B. Chao;⑥垂叶臭椿 f. pendulifolia (Dipp.) Rehd. ; 2. 毛臭椿 A. giraldii Dode; 3. 大果臭椿 A. sutchuenensis Dode; 4. 刺臭椿 A. vilmorimana Dode。

据最近观察,大果臭椿除花序和果序直立、翅果较大外,其他形态特征均在臭椿种群的形态变异范围内,故赞同将它作为臭椿的变种处理,即学名为:A. altissima(Mill.)Swingle var. sutchuenen-sis(Dode) Rehd. et Wils.,1987 年,陈建业等发表了刺臭椿一新变种,即赤叶刺臭椿 A. vilmoriniana Dode var. henanensis J. Y. Chen et L. Y. Jin。以上就是河南臭椿属树种种质资源情况。

2 河南臭椿属观赏类型(变种)资源

2.1 千头臭椿 千头椿 新变种

Ailanthus altissima (Mill.) Swingle var. myriocephala B. C. Ding et T. B. Chao, var. nov.

本新变种与臭椿(原变种) Ailanthus altissima (Mill.) Swingle var. altissima 主要区别:树冠浓密。小枝很多、直立为显著特征。

A typo recedit coma ramorissimis confertifoliis, ramuliis erectis insignis.

河南:睢县、卢氏、郑州市等地有栽培。1977年8月14日。卢氏县。赵天榜,778142(模式标本 Typus var.! 存河南农学院)。

该新变种具有适应性很强、耐干旱、耐瘠薄、耐高温、抗污染、生长较快、病虫害少等特性。因树姿优美,是城乡园林化建设和庭院置景的优良观赏品种。

2.2 红果臭椿 变种

Ailanthus altissima (Mill.) Swingle var. erythrocarpa (Carr.) Rehd.

本变种树冠稀疏。侧枝少,开展或平展。幼叶红色。开花时,子房及幼果鲜红色。翅果鲜红色,或红褐色为显著特征。

红果臭椿适应性强,耐干旱、耐瘠薄。河南伏牛山区的南召、卢氏县和太行山的林州市山区有野生,是河南黄土丘陵区、石质山地的造林先锋树种,也是风景林营造和城乡园林化建设的良种。可采用插根和嫁接繁殖。

2.3 白材臭椿 白椿 新变种

Ailanthus altissima (Mill.) Swingle var. leucoxyla B. C. Ding et T. B. Chao, var. nov.

本新变种与臭椿(原变种) Ailanthus altissima (Mill.) Swinge 的主要区别:小枝稀少,细长,近轮状着生。叶稀;小叶腺点无臭味;幼叶不具苦味,俗称"甜椿"。翅果较大,黄白色。木材白色,又称"白椿"。

A typo recedit ramulis longis subver-ticillatis, foliis rare glandulis. leucoxy-lis insignis.

河南:西部卢氏、洛宁等县栽培极多。1978年8月。卢氏县城关公社。赵天榜、兰战和金书亭(模式标本 Typus var.! 存河南农业大学)。

该变种树干通直、生长快、材质好,是臭椿中一个速生、材优的良种。因木材细致、耐用,俗语有"白椿气死槐"之说。

2.4 小叶臭椿 新变种

Ailanthus altissima (Mill.) Swinge var. microphylla B. C. Ding et T. B. Chao, var. nov.

本新变种与臭椿(原变种) Ailanthus altissima (Mill.) Swingle 的主要区别:小叶卵圆-披针形,很小,长 3~7 cm,宽 1.2~2.8 cm。每年开花、结实 2 次。翅果较大,长 4.5~5 cm,宽 1.5~2.5 cm,先端钝圆,开展,不扭曲,一侧中部呈半圆状突起特别明显,易于区别。

A typo recedit laminis pavris 1.2~8.0 longis et 1.5~2.5 latis, saraacatis majoribus apice rotundato-obtusis planis non tortsis, a lateribas medianis rotundato-lobatis vtilde insignis.

产于:河南黄河岸边。山西平陆县也有分布。1977年7月23日。山西平陆县城关公社东郊旁路边。赵天榜和金书亭,77801(模式标本 Typus var.! 存河南农学院)。1977年8月19日。三门峡市北黄河岸边。赵天榜 778191、778192。

本新变种适生环境、用途与臭椿相同,唯生长较缓慢。

2.5 扭垂枝臭椿 新品种

Ailanthus altissima (Mill.) Swingle 'Torti-pendula', cv. nov.

本栽培品种树冠伞形。侧枝平展,或拱形下垂。树干通直,无中央主干。小枝短,弯曲,呈长枝状扭曲下垂。

河南:南阳市宛城区北郊有栽培。因树形特异而美观,是城乡园林化建设的良种。采用插根和嫁接繁殖。选育者:赵天榜。

2.6 塔形臭椿 新品种

Ailanthus altissima (Mill.) Swingle 'Pyramidalis', cv. nov.

本新栽培品种树冠塔状。侧枝和小枝直立斜展。中央主干不明显。

河南:郑州市有栽培。塔形臭椿生物学特性、用途和繁殖与白材臭椿相同。选育者:赵天榜。

2.7 赤叶刺臭椿 变种

Ailanthus vilmoriniana Dode var. henanensis J. Y. Chen et L. Y. Jin

本变种幼叶红色为显著特点。

河南:内乡县有栽培。其生物学特性、用途和繁殖技术与臭椿各品种相同。

3 河南臭椿属观赏类型繁殖技术

3.1 插根繁殖

繁殖臭椿属良种的主要方法,其要点如下:①选良种壮苗或优树,于落叶后挖根,截成长 15~20 cm、地径 1.0~2.5 cm 的插根,两端削光,利于其发芽和生根。②削好后的插根,分级后进行湿沙储藏。储藏时严防其腐烂。③翌春土壤解冻后,在催芽坑内进行催芽。插根萌芽后,按 50 cm × 50 cm 的株行距进行垄栽,后覆塑料薄膜。④插根垄栽后,保持一定温度和湿度,严防害虫,并及时进行除萌、中耕、除草、施肥和浇水等抚育管理。当年生苗高达 2.0~2.5 m,可出圃造林。

3.2 嫁接繁殖

繁殖臭椿属良种的有效方法之一。其要点如下:①选 1~2 年生地径粗 1.5~2.5 cm 的臭椿实生苗作砧木。②选优良品种的 1 年生发育充实的壮苗作接穗。接穗随采随接,不需储藏。③嫁接方法,通常采用劈接。可在砧木落叶后挖出,在室(棚)内进行。劈接时,接穗双削面长 20~25 cm,光滑、平,对准形成层后绑紧,湿沙储藏。翌春土壤解冻后移入地内,加强管理,确保嫁接成活率和接苗生长。也可在春季砧木萌芽前,进行劈接。

参考文献

[1] 丁宝章,等. 河南植物志:第二册[M]. 郑州:河南科学技术出版社,1988.

[2] 赵天榜,等. 河南主要树种栽培技术[M]. 郑州:河南科学技术出版社,1994.

[3] 李淑玲,等. 树木良种繁育学[M]. 郑州:河南 科学技术出版社,1996.

[4] 陈建业,等. 臭椿地膜覆盖埋根育苗[J]. 河南林业科技,1989,9(1):43.

二十二、楝科 Meliaceae

河南香椿两新变种

丁宝章　赵天榜　王遂义

(河南农学院,郑州　450002)

1. 油香椿　新变种

Toona sinensis (A. Juss.) Roem. var. carmesinixylon D. C. W. ,var. nov.

本新变种与香椿(原变种)Toona sinensis(A. Juss.)Roem. var. sinensis 近似,但主要区别:幼枝、幼叶及幼叶柄无毛;幼叶紫红色,表面密被油质状光泽,香味特浓。生长慢。木材细致、坚实、红褐色,具光泽为显著特征。

A typo recedit ramulis、foliis petiolisque glabris,foliis juvenilibus purpureo-rubescentibus,supra oleose vernicosis,aromaticisssimis insignis.

河南各地均有栽培。1980 年 6 月 10 日。河南农业大学教学实验农场。赵天榜 806(模式标本 Typus! 存河南农业大学)。该新变种材质优良,嫩芽幼叶香味浓,是香椿种一个材、蔬两用的良种,应大力发展和推广。

2. 毛香椿　新变种

Toona sinensis(A. Juss.)Roem. var. schensis D. C. W. var. nov.

本新变种与香椿(原变种)Toona sinensis(A. Juss.)Roem. var. sinensis 区别:小叶两面被柔毛,背面脉上尤密。花序被柔毛。

A typo recedit:foliolis bigrontubus pubescentibus,subtus costis et nervis lateralibus densioribus. Inflorescentiis petiolisque glabris, foliis juvenilibus purpureo-rubescentibus pubescentibus.

河南各地均有栽培。1980 年 6 月 10 日。河南农业大学教学实验农场。赵天榜 806(模式标本 Typus！存河南农业大学）。

注：D. C. W. 系：D 丁宝章、C 赵天榜、W 王

遂义代号。

河南香椿属一新种、两新变种和两新栽培品种

赵天榜　陈志秀　陈俊通

（河南农业大学，郑州　450002）

摘　要　本文发表河南香椿属 1 新种、2 新变种和 1 新栽培品种。

1. 密果香椿　新种

Toona densicapsula T. B. Zhao, Z. X. Chen et D. F. Zhao, sp. nov.

Subsp. nov. ramulis dense villosis. folis ellipticis et ovatibus, 3.0~6.0 cm longis, (1.5~) 2.5~3.5 cm latis, apice acuminatis, basi late cuneatis, bifrontibus viridibus, basi costis dense pubescentibus, margine basilaribus dense ciliatis; petiolis dense villosis. carpis 2 – formis, 2 – bicoloribus：1. rutilis, sphaericis, longis et diameteribus 5 mm; 4–calycibus carpis, margine serratis et rare ciliatis. 2. piceis, sphaericis, apice verrucosis minutis, longis et diameteribus 3 ~4 mm; 4–calycibus carpis, margine serratis et rare ciliati longis.

Shandong: Penglai City. T. B. Zhao, Z. X. Chen et D. F. Zhao, No. 201809291（holotypus, HANC）.

本新种与香椿 Toona sinensis（A. Juss.）Roem. 近似；但主要区别：树皮片状剥落。幼枝被柔毛。小枝被白粉层，后亮黑紫色，无毛；叶痕三角-心形。芽鳞黑紫色，先端外面及边部被较密柔毛。叶为偶数羽状复叶，长 28.0~70.0 cm；叶轴无毛，仅顶端异形节上疏被柔毛。小叶 8~18 枚，长狭椭圆形、长圆形至狭披针形，纸质，长 5.0~18.0 cm，宽 2.5~3.5 cm，先端渐尖，基部宽楔形，两面无毛，主脉两边侧脉不对称，背面脉腋簇生短柔毛，边缘基部全缘、中部边缘具疏圆波状齿、上部边缘具疏锯齿，有时齿端具腺体。果序短，长 20.0~25.0 cm。蒴果长小于 2.0 cm，密集，褐色。

产地：河南。郑州市有栽培。2017 年 10 月 5 日。赵天榜等，No. 201710053。模式标本，存河南农业大学。

2. 垂枝香椿　新变种

Toona sinensis（A. Juss.）Reom. var. pendula T. B. Zhao, Z. X. Chen et J. T. Chen, var. nov.

A var. ramulis et paripinnatis pendulis.

Henan: Zhengzhou City. 2015 – 10 – 05. T. B. Zhao, Z. X. Chen et J. T. Chen, No. 201510055 （HANC）.

本新变种枝和偶数羽状复叶下垂。

河南：郑州市。2015 年 10 月 5 日。赵天榜、陈志秀和陈俊通。模式标本，No. 201510055，存河南农业大学。

3. '粗皮'香椿　新栽培品种

Toona sinensis（A. Juss.）Roem. 'Cupi', cv. nov.

本新栽培品种树皮灰褐色，光滑，细纹裂缝。

河南：郑州市。选育者：赵天榜、陈志秀和陈俊通。

4. '光皮'香椿　新品种　图版 35：16

Toona sinensis（A. Juss.）Roem. 'Guangpi', cv. nov.

本新品种树皮光滑，灰白色。

河南：郑州市有栽培。选育者：陈俊通、赵天榜、米建华。

二十三、大戟科 Euphorbiaceae

河南乌桕六新变种

丁宝章　赵天榜　王遂义

（河南农学院，郑州　450002）

1. 复序乌桕 ** 　鸡爪桕　木子树　图1

Sapium sebiferum（Linn.）Roxb. var. multiracemosum B. Z. Ding ex S. Y. Wang et T. B. Chao, var. nov.（图1394）

乔木，高 7.0~15.0 m。树皮灰色，浅纵裂。小枝浅褐色，无毛。叶互生，纸质，菱-卵圆形，长 4.0~8.0(~10.0) cm，宽与长近等，先端渐尖，或尾尖，基部楔形，全缘，两面无毛；叶柄长 2.0~5.0 cm，无毛，顶端常有 2 个腺体。花序二型，顶生穗状总状花序全部为雄花，开花早，脱落后，由雄花序基部侧芽抽出数个具叶或无叶（果期叶脱落）穗状总状花序，基部为雌花，上部为雄花，复合成具叶或无叶复穗状总状花序；每苞腋有雄花 3~10 余朵，雄花梗长 1~2 mm；萼杯状，3 浅裂，通常雄蕊 2~3 个；雌蕊单生苞腋，梗长 2~3 mm；萼 3 深裂；子房光滑，3 室。果序总状，具 2 至数个分枝。

图1　复序乌桕 Sapium sebiferum（Linn.）Roxb. var. multiracemosum B. Z. Ding ex S. Y. Wang et T. B. Chao, var. nov.

1. 花枝，2. 雄花序，3. 果序，4. 果实和种子

蒴果近球状，直径达 1.5 cm，室背开裂，种子有白色蜡质层。花期 6~7 月；果熟期 10~11 月。

本变种与乌桕（变种）Sapium sebiferum（Linn.）Roxb 区别：花序二型，顶生穗状总状花序全部为雄花，花期早，脱落后，由顶生雄花序基部的侧芽抽出数个具叶或无叶（果期叶脱落）穗状总状花序，雌花在基部，雄花在上部，复合成有叶或无叶复穗状总状花序。果序为复点状，有 2 至数个分枝，形如鸡爪。

A typo recedit spicis masculiis caducis ab basi innovantibus 2~9 spicis bise-xualibus. infructescentiis ungulatis insignis recogrosit.

产河南伏牛山、大别山及桐柏山区；多为栽培，少为野生，常见于山沟、河边、村旁、路边。内乡县，1958 年 5 月，任正叶，30；5681（地点及采集人不详）。南召县，1958 年 10 月，丁宝章，无号；伏牛山，1959 年 6 月 17 日，中国科学院植物研究所，774；2274（地点及采集人不详）；商城县伏山公社，1978 年 10 月，王遂义，无号（模式标本 Typus var. 现存河南农业大学植物标本室）。分布及用途同乌桕。

2. 大别乌桕　新变种

Sapium sebiferum（Linn.）Roxb. var. dabeshanensis B. Z. Ding et T. B. Chao, var. nov.

本变种与复序乌桕（变种）var. multiracemosa B. Z. Ding ex T. B. Chao et S. Y. Wang 的主要区别：叶大，三角-圆形，长 5~8 cm，宽 3.5~7 cm，先端突长尖，基部圆形，表面浓绿色。蒴果球状，较大，易于区别。

A typo recedit grandifoliis triangulo-rotundatis 5~8 cm longis et 3.5~7 cm latis apice subito longi-acuminatis basi rotundatis supra viridissimis. cupsulis rotundatis major.

产于河南大别山区；生于山沟、河边、路旁。商城县四固墩公社，1978 年 8 月 24 日，赵天榜 78149（模式标本 Typus var. ！现存河南农业大学植物标本室）。用途同乌桕。

3. **垂枝乌桕　新变种**

Sapium sebiferum(Linn.)Roxb. var. penduia B. Z. Ding et T. B. Chao, var. nov.

A lateri-ramis reclinatis. Ramulis et fructibus inflorescentiis pendulis.

Henan:Zhengzhou City. 2015-10-05. T. B. Zhao, Z. X. Chen et J. T. Chen, No. 201510059 (HANC).

本新变种侧枝拱形下垂。小枝和果序下垂。

河南：郑州市。2015 年 10 月 5 日。赵天榜、陈志秀和陈俊通。模式标本，No. 201510059 存河南农业大学。

4. **大叶乌桕　新变种**

Sapium sebiferum(Linn.)Roxb. var. magnifolia T. B. Zhao, Z. X. Chen et J. T. Chen, var. nov.

A var. ramulis patentibus. foliis late rhombeis, 7.0 ~ 12.0 cm longis, 5.0~10.0 cm latis.

Henan:Zhengzhou City. 2015-10-05. T. B. Zhao, Z. X. Chen et J. T. Chen, No. 201510055 (HANC).

本新变种小枝开展。叶大，菱形，长 7.0~12.0 cm, 宽 5.0~10.0 cm。

河南：郑州市。2015 年 10 月 5 日。赵天榜、陈志秀和陈俊通，模式标本，No. 201510055，存河南农业大学。

5. **小果乌桕　新变种**

Sapium sebiferum(Linn.)Roxb. var. magnicarpa T. B. Zhao, Z. X. Chen et J. T. Chen, var. nov.

A var. ramulis minutis minutis, brevibus foliis rhombeis. 3.0~5.0 cm longis, 3.0~5.0 cm latis. Fructibus globosis parvis, diam. 1.0 cm.

Henan:Zhengzhou City. 2015-10-05. T. B. Zhao, Z. X. Chen et J. T. Chen, No. 201510057 (HANC).

本新变种小枝细而短。叶菱形，长 3.5~5.0 cm, 宽 3.0~6.0 cm。果实球状，小，1.0 cm。

河南：郑州市。2015 年 10 月 5 日。赵天榜、陈志秀和陈俊通，模式标本，No. 201510057，存河南农业大学。

6. **两次花乌桕　新变种**

Sapium sebiferum(Linn.)Roxb. var. bitempiflora T. B. Zhao, Z. X. Chen et J. T. Chen, var. nov.

A var. ramulis patentibus, bifloribus in annotinis.

Henan:Zhengzhou City. 2015-10-05. T. B. Zhao, Z. X. Chen et J. T. Chen, No. 2015100511 (HANC).

本新变种小枝开展。1 年内开 2 次花。

河南：郑州市。2015 年 10 月 5 日。赵天榜、陈志秀和陈俊通，模式标本，No. 2015100511，存河南农业大学。

二十四、漆树科 Anacardiaceae

黄栌三新变种

赵天榜　　陈志秀　　范永明

（河南农业大学，郑州　450002）

摘　要　本文发表河南黄栌三新变种，即：1. 紫序黄栌；2. 紫毛黄栌；3. 小叶黄栌。形态特征要点。

1. 紫序黄栌 新变种

Cotinus coggyria Scop. var. purple-inflorescentia T. B. Zhao,Z. X. Chen et Y. M. Fan,var. nov.

A var. inflorescentis dense villosis purpurascentibus. Fructibus juvenilibus purpurascentibus.

Henan:Zhengzhou City. 2015-10-05. T. B. Zhao et Z. X. Chen,No. 2015100511(HNAC).

本新变种花序密被淡紫色长柔毛。幼果淡紫色。

河南:郑州市。2015 年 10 月 5 日。赵天榜、陈志秀和陈俊通。模式标本,No. 2015100511,存河南农业大学。

2. 紫毛黄栌 新变种

Cotinus coggyria Scop var. purpureo-villosa T. B. Zhao,Z. X. Chen et D. W. Zhao,var. nov.

A var. nov. recedit:pedunculis et pedicellis dense villosis purpureo-vel purpureo-subroseis strictis. pubescentiis multi-ramulosis in villosis.

Henan:Wenxian. 2016-04-21. T. B. Zhao et Z. X. Chen, No. 201604213 (ramulus, folia, inflorescentiis et fructus, holotypus hic disighnatus HNAC).

本新变种花序梗、花梗密被紫色,或紫粉色长柔毛。长柔毛具多分枝短柔毛。

产地:河南。温县宝泉风景游览区。2016 年 4 月 21 日。赵天榜等,No. 201604212(枝、叶、花序和果实)。模式标本,存河南农业大学。

3. 小叶黄栌 新变种

Cotinus coggyria Scop var. parvifolia T. B. Zhao,Z. X. Chen et D. W. Zhao,var. nov.

A var. nov. recedit:ramulis et foliis juvenlibus sparse cineracei-albis pubescentibus. foliis parvis rotundatis 2.0~3.0 cm longis,2.0~3.0 cm latis. peduculis et pedicellis sparse cineracei-albis pubescentibus. masculis!

Henan:Wenxian. 2016-04-21. T. B. Zhao et Z. X. Chen, No. 201604213 (ramulus, folia, inflorescentiis,holotypus hic disighnatus HNAC).

本新变种幼枝、幼叶疏被淡灰白色短柔毛。叶小,圆形,长 2.0~2.5 cm,宽 2.0~2.5 cm。花序梗、花梗疏被淡灰白色短柔毛。雄株!

产地:河南。温县宝泉风景游览区。2016 年 4 月 21 日。赵天榜等,No. 201604213(枝、叶、花序)。模式标本,存河南农业大学。

二十五、冬青科 Aquifoliaceae

河南枸骨四新变种

李占红[1]　陈建业[1]　赵天榜[2]　宁玉霞[3]

(1.许昌职业技术学院;2.河南农业大学;3.许昌林科所)

摘　要　描述了河南枸骨 4 新变种:1. 紫枝枸骨(*Ilex cornuta* Lindl. ex Paxt. var. *purpureoramula* T. B. Zhao et J. Y. Chen var. nov.),2. 紫序枸骨(*Ilex cornuta* Lindl. ex Paxt. var. *trispinoso-duris* T. B. Zhao et J. Y. Chen var. nov.),3. 刺齿枸骨(*Ilex cornuta* Lindl. ex Paxt. var. *spina* T. B. Zhao var. nov.),4. 多刺枸骨(*Ilex cornuta* Lindl. ex Paxt. var. *ultraspins* J. Y. Chen et T. B. Zhao var. nov.);形态特征。

关键词　河南;冬青属;枸骨;紫枝枸骨;紫序枸骨;刺齿枸骨;多刺枸骨;新变种

作者简介:李占红(1973-),女,讲师,硕士,长期从事树木育种、分类、栽培教学和科研。

枸骨（*Ilex cornuta* Lindl. et Paxt.）[1-4]为常绿灌木或小乔木，又名猫儿刺（本草纲目）、老虎刺、八角刺（中国高等植物图鉴）、鸟不宿（云南植物志）、狗骨刺（江西福安）、猫儿香、老鼠树（江苏植物志）。其株型紧凑，叶形奇特，碧绿光亮，四季常青，入秋后红果满枝，经冬不凋，色艳可爱，是优良的观叶、观果树种，在城镇园林绿化中应用越来越多。叶、果实是滋补强壮中药。树皮含羽扇豆醇 Lupeol、咖啡因 Caffeine，具有抗肿瘤、抗高血压和降血糖[5]作用。作者在进行河南枸骨调查研究过程中，发现《河南植物志》（第二册）[6]、《河南种子植物检索表》[7]、《河南木本植物图鉴》[8]、《河南树木志》[9]中，一些尚未记载的新类群。现报道如下。

1. 紫枝枸骨　新变种

Ilex cornuta Lindl. ex Paxt. var. purpureoramula T. B. Zhao et J. Y. Chen var. nov.

A typo recedit ramulis purpureis, angulosis et nitidis glabris. foliis basi late cuneatis, margine saepe 6-dendatis duris rare 4, apice 1 dendatis duris retrorsus circa 90°, in medio 2 denhatis duris 3~5 mm lobgis retrorsus > 90°, dendatis apice et margine cum spinis laete rubidis vel laete purpureorubidis, utrinque costis purpureorubidis; petiolis purpuraeorubidis.

Henan: Changyuan Xian. 07. 11. 2007. T. B. Zhao et al., No. 20071171 (holotypus hic disignatus, HNAC).

本新变种与枸骨原变种 Ilex cornuta Lindl. ex Paxt. var. cornuta 区别：小枝紫色，具棱和光泽，无毛。叶基部宽楔形，边缘通常硬齿牙6枚，稀4枚，顶端1枚，反折呈90°角开展，中部2枚，长3~5 mm，反射>90°角开展。齿牙先端、边缘和刺金亮红色或亮紫红色，两侧中脉红色；叶柄紫红色。

产地：河南大别山区有分布。2007年11月7日。河南长垣县有栽培。赵天榜等，No. 20071171。模式标本，存河南农业大学。

2. 紫序枸骨　新变种

Ilex cornuta Lindl. ex Paxt. var. trispinosoduris T. B. Zhao et J. Y. Chen var. nov.

A typo recedit ramulis viridulis, angulosis, glabris. basi rotundatis rare 1~2-spinis crica 1 mm longis non retrocurvis; apice 3-dendatis duris triangulis 8~10 mm longis 6~8 mm latis in medio 1 dendatis duris triangulis parvioribus retrorsus ciraca 45°, spinis flavidi-albis; petiolis viridulis. Inflerescentis in ramulis hornotinis et ramulis annotinis cespitosis laete parpureis vellaete rutilis.

Henan: Changyuan Xian. 07. 11. 2007. T. B. Zhao et al., No. 20071177 (holotypus hic disignatus, HNAC).

本新变种与枸骨原变种 Ilex cornuta Lindl. ex Paxt. var. cornuta 区别：小枝淡绿色，具棱，无毛。叶基部圆形，边缘全缘，稀具1~2枚小刺，刺长约1 mm，平伸，顶端具硬的齿牙3枚，长8~10 mm，宽68 mm，中间1枚，反折呈45°角开展，刺黄白色；叶柄淡绿色。花序簇生在当年生枝和去年生的枝上，亮紫色，或亮红色。

产地：河南大别山区有分布。2007年11月7日。河南长垣县有栽培。赵天榜等，No. 20071177。模式标本，存河南农业大学。

3. 刺齿枸骨　新变种

Ilex cornuta Lindl. ex Paxt. var. spina T. B. Zhao var. nov.

A typo recedit ramulis compressi-cylindricis viridulis, angulosis glabris. foliis basi late truncates margine in utroque 2~4-denticulatis duris, in medio 1~2 spinis crica 1 mm longis retrocurvis vel non retrocurvis rare a-spinis, apice # dendatisduris rare1 dentatisparvioribuscirca 45°, rarehorizonatalibus, spinisflavidi-albis; petiolis flavidi-albis. Foliis rare ellipticiscris crica 4.5 cm longis crica 2~3 cm latis apice rotundatis spinis basi 2 spinis horizonatalibus.

Henan: Changyuan Xian. 07. 11. 2007. T. B. Zhao et al., No. 20071171 (holotypus hic disignatus, HNAC).

本新变种与枸骨原变种 Ilex cornuta Lindl. ex Paxt. var. cornuta 区别：小枝扁柱状，淡绿色，具棱，无毛。叶基部宽楔形，边缘具2~4枚硬的齿牙，不反折，中间具12枚刺，刺长约1 mm，稀无刺，顶端具3枚硬齿牙，稀1枚，长8~13 mm，宽8~13 mm，中间1枚较小，反折呈45°~90°，或不反折，稀无刺，顶端具硬的齿牙3枚，长8~13 mm，宽8~13 mm，中间1枚反折约45°，刺黄白色；叶柄淡黄白色，其下棱特别突出。叶稀有椭圆形,长约 4.5 cm,宽约 2.3 cm,先端钝圆,具刺,基部具 2 枚刺。

产地:河南大别山区有分布。2007 年 11 月 7 日。郑州、许昌有栽培。赵天榜等, No. 200711713。模式标本,存河南农业大学。

4. 多刺枸骨　新变种

Ilex cornuta Lindl. ex Paxt. var. multraspins J. Y. Chen et T. B. Zhao var. nov.

A typo recedit ramulis leviter quadro ramulis cylindricis, purpureis rubrum, cumore, glabris (iuvenes ramis est Micro－mollilana). foliis oblongis, tenbris viridis, 5 ~ 8 cm longis, 3 ~ 3.6 cm latis, tip hamatis dentes; margine reflexis, cum 8 ~ 14 paris difficile hamatis dentes omniis a hamatis dentes ad dorsiovilis > 90°, in aliis hanatis dentes; a picalibus de spinis dente est cum velative angusto, reflexis < 45°. cereus, glabris, subtus microvillis et sparse album setae; flovo－viridis dorsi principale rena sparse album setae: flavo－viridis dorsi principale vena prope ptiolum quidam purpuris rubrum; venis lateralibus 6 ~ 10 paris, infolium marginibus et principalis vena iuxta medio network nde in folium superficiem foliis superficie attollitur. Petolis 46 mm longis purpureis, margine verticalis.

Henan: Songshan montes distribution. Deng－feng Xian. Xuchang Culyura. 5. 11. 2009. J. Y. Chen et al., humilis montes. Altitdo 350 m. No. 2009110501(holotypus hic disignatus, HNAC).

本新变种与枸骨原变种 Ilex cornuta Lindl. ex Paxt. var. cornuta 区别:小枝略呈四棱状,淡紫红色,具棱,无毛(幼枝条微被毛)。叶长椭圆形,深绿色,长 5~8 cm,宽 3~ 3.6 cm,基部楔形,或长楔形,叶尖

具刺齿,叶缘反卷,具 8~14 对硬的刺齿,每隔 1 刺齿向叶背反折> 90°,其他刺齿不反折;反折刺齿较短小,叶尖的刺齿比较狭长,反射< 45°。叶面光滑,无毛,叶背微被茸毛及疏被白色毛刺,叶背主脉黄绿色,近叶柄部分淡红紫色;侧脉 6~10 对,于叶缘与主脉中间附近网结,在叶面及背面均凸出;叶柄长 4~6 mm,紫红色,具纵棱。

产地:河南嵩县地区有分布。低山丘陵,海拔 350 m。登封、许昌有栽培。2009 年 11 月 5 日。陈建业等, No. 2009110501。模式标本,存河南农业大学。

参考文献

[1] Lindler J. et Paxon J. Flow. Garn. : 43. Fig. 27. 1850, et in Garn. Chron. 1850, 311. 1850.

[2] 中国科学院中国植物志编辑委员会. 中国植物志:第四十五卷 第二分册[M]. 北京:科学出版社,1909:85-86. 图版 11:5-8.

[3] 中国科学院植物研究所. 中国高等植物图鉴:第二册[M]. 北京:科学出版社,1972:650. 图 3029.

[4] 中国科学院昆明植物研究所. 云南植物志:第四册[M]. 北京:科学出版社,1986:237.

[5] 周家驹,谢桂荣,严新建. 中药原植物化学成分手册[M]. 北京:化学工业出版社化学与应用化学出版中心,2004:118,546.

[6] 丁宝章,等. 河南植物志:第二册[M]. 郑州:河南科学技术出版社,1990:509. 511.

[7] 朱长山,等. 河南种子植物检索表[M]. 兰州:兰州大学出版社,1994:239.

[8] 卢炯林,佘学友,张俊朴. 河南木本植物图鉴[M]. 香港:新世纪出版社,1998:273. 图 819.

[9] 王遂义. 河南树木志[M]. 郑州:河南科学技术出版社,1994:386. 图 401:2-3.

河南枸骨资源的研究

赵东武[1]　陈志秀[2]　赵天榜[2]

(1. 河南农大风景园林规划院,郑州　450002;2. 河南农业大学,郑州　450002)

摘　要　本文描述了河南省枸骨 6 变种、1 品种。1. 枸骨,2. 三齿枸骨,3. 长叶枸骨,4. 皱叶枸骨,5. 全缘枸骨,6. 两型叶枸骨,7. '弯枝'枸骨;形态特征。

枸骨 Ilex cornuta Lindl. et Paxt. 为常绿灌木或小乔木。冬季具有绿叶、红果形态特征,是重要

的绿化观赏树种。叶、果实是滋补强壮中药。树皮含羽扇豆醇 Lupeol、咖啡因 Caffeine,具有抗肿

瘤、抗高血压和降血糖作用。作者在进行河南枸骨调查研究过程中,发现《河南植物志》(第二册)、《河南种子植物检索表》、《河南木本植物图鉴》、《河南树木志》中一些尚未记载的新类群。现报道如下。

1. 枸骨 原变种

Ilex cornuta Lindl. et Paxt. var. cornuta, Ilex cornuta Lindl. et Paxt. Flow. Garn. 1:43. Fig. 27. 1850;中国植物志 第四十五卷 第二分册:1999,85～88;中国高等植物图鉴 第二分册:1983,650;秦岭植物志 第一卷 种子植物(第二分册):1974,325;湖北植物志 第一卷:1976,399。

常绿灌木,或小乔木。叶硬革质,矩圆-近四方形,长4.0～8.0 cm,宽2.0～4.0 cm,表面深绿色,具光泽,顶端扩大,有硬而尖的三角状刺齿3枚,刺长1.5～2.0 cm,基部平截,两侧各具硬而尖的三角状刺齿1～2枚。花黄绿色。果球状,红色。

产地:甘肃、湖南、湖北、安徽等省。河南大别山、桐柏山和伏牛山区有天然分布。郑州、许昌、开封等有栽培。

2. 三齿枸骨 新变种

Ilex cornuta Lindl. et Paxt. var. trispinoso-duris T. B. Zhao et D. W. Zhao, var. nov.

A typo recedit ramulis viridulis, angulosis. foliis basi rotundatis, margine integris rare 1～2-spinoso-duris circa 1 mm lognis triangulis; apice 1～2-spinoso-duris parvi-triangulis, apice 3-spinoso-duris triangulis parvioribu 8～10 mm longis 6～8 mm, in medio 1-spinoso-duris parvioribus retrorsus circa 45°, spinis flavidi-albis; petiolis viridulis. Inflorescentiis cespitosis, laete purpureis vel rutilis.

Henan:Changyuan Xian. 07. 11. 2007. T. B. Zhao et al., No. 200711077 (holotypus hic disignatus, HNAC).

本新变种与枸骨原变种 Ilex cornuta Lindl. et Paxt. [1] var. cornuta 区别:小枝淡绿色,具棱。叶基部圆形,边缘全缘,稀具1～2枚小三角形针状刺,刺长约1 mm,先端具3枚硬的三角形刺齿,长8～10 mm,宽6～8 mm,中间1枚,向背面与叶片呈约45°开展,刺齿黄白色;叶柄淡黄白色。花序簇生,亮紫色,或亮红色。

产地:河南。郑州、开封、许昌等有栽培。2007年11月7日。河南长垣县有栽培。赵天榜,No. 200711077。模式标本,存河南农业大学。

3. 长叶枸骨 新变种

Ilex cornuta Lindl. et Paxt. var. longofolia T. B. Zhao et D. W. Zhao, var. nov.

A typo recedit ramulis viridulis, angulosis. foliis rectangularibus viridulis 4.8～8.5 cm longis, basi truncatis margine in utroque 4～6-spinoso-duris triangulis horizontalibus rare retrocurvis, apice 3-spinoso-duris triangulis, in medio 1-spinoso-duris triangulis retrocus circa 90°, spinis flavidi-albis; petiolis viridulis.

Henan:Changyuan Xian. 09. 11. 2007. T. B. Zhao et al., No. 20071191 (holotypus hic disignatus, HNAC).

本新变种与枸骨原变种 Ilex cornuta Lindl. et Paxt. var. cornuta 区别:小枝淡绿色,具棱。叶长方形,淡绿色,长4.8～8.5 cm,基部楔形,边缘两侧具4～6枚三角状针状刺,平展,稀反折,先端具3枚硬的三角形刺齿,中间1枚反折约呈90°角,刺齿黄白色;叶柄淡绿色。

产地:河南。郑州、开封、许昌等有栽培。2007年11月9日。河南长垣县有栽培。赵天榜,No. 20071191。模式标本,存河南农业大学。

4. 皱叶枸骨 新变种

Ilex cornuta Lindl. et Paxt. var. rugosifolia T. B. Zhao et Z. X. Chen, var. nov.

A typo recedit ramulis viridulis, angulosis. foliis rectangularibus viridulis supra nervis lateralibus depressionibus utroque revolutis basi late truncatis vel rotundatis margine in utroque 2～3-spinoso-duris triangulis horizontalibus rare retrocurvis, apice 3-spinoso-duris triangulis, in medio 1-spinoso-duris triangulis retrocus circa 90°, spinis flavidi-albis; petiolis viridulis.

Henan:Changyuan Xian. 09. 11. 2007. T. B. Zhao et al., No. 20071175 (holotypus hic disignatus, HNAC).

本新变种与枸骨原变种 Ilex cornuta Lindl. et Paxt. var. cornuta 区别:小枝淡绿色,具棱。叶长方形,淡绿色,表面侧脉下陷,多皱,两侧反卷,基部宽楔形,或圆形,边缘两侧具2～3枚三角形针状刺,平展,稀反折,先端具3枚硬的三角形刺齿,中间1枚反折约呈90°角,刺齿黄白色;叶柄淡绿色。

产地:河南。郑州、开封、许昌等有栽培。2007年11月9日。河南长垣县有栽培。赵天榜,No. 20071175。模式标本,存河南农业大学。

5. 全缘枸骨　新变种

Ilex cornuta Lindl. et Paxt.[1] var. integrifolia Z. X. Chen et T. B. Zhao, var. nov.

A typo recedit foliis integris basi rotundatis.

Henan: Yanleng Xian. 09. 11. 2007. T. B. Zhao al. , No. 200711095（holotypus hic disignatus, HNAC）.

本变种与枸骨原变种 Ilex cornuta Lindl. et Paxt. var. cornuta 区别:叶全缘,基部圆形。

产地:河南。郑州、开封、许昌等有栽培。2007 年 11 月 9 日。赵天榜,No. 200711095。模式标本,存河南农业大学。

6. 两型叶枸骨　新变种

Ilex cornuta Lindl. et paxt. var. biformifolia T. B. Zhao, Z. X. Chen et J. T. Chen, var. nov.

A var. foliis 2-formis:1. Margine spinis duris, 2. Margine integris.

Henan: Zhengzhou City. 2015 - 10 - 10. T. B. Zhao, Z. X. Chen et J. T. Chen, No. 201510101（HNAC）.

本新变种叶 2 种类型:1. 叶边缘具硬刺,2. 叶边缘全缘。

河南:郑州市。2015 年 10 月 10 日。赵天榜、陈志秀和陈俊通。模式标本,No. 201510101,存河南农业大学。

7. '弯枝'枸骨　新品种

Ilex cornuta Lindl. et paxt. ' Wanzhi ', cv. nov.

本新品种小枝拱形下垂,稍弯曲。

产地:'弯枝'枸骨河南郑州市紫荆山公园有栽培。选育者:赵天榜、陈俊通和米建华。

二十六、黄杨科 Buxaceae

河南黄杨属植物的研究

田国行　赵天榜　董惠英　赵东武　陈志秀

（河南农业大学林学园艺学院,郑州　450002）

摘　要　该文对《河南植物志》(第二册)、《河南树木志》和《河南木本植物图鉴》中黄杨属植物进行了修订与增补。其主要内容为:① 补充了黄杨属花的形态描述;② 纠正了锦熟黄杨和雀舌黄杨的错误鉴定,两者在河南均无栽培,后者也无野生;③ 报道了 1 新记录变种——越桔叶黄杨;④ 发表了黄杨属 1 新亚属——异雄蕊黄杨亚属、1 新种——河南黄杨和 1 新变种——雌花黄杨,并采用系统聚类和同工酶分析技术的研究结果,支持异雄蕊黄杨亚属的建立和河南黄杨种级地位的确定。

关键词　河南;黄杨属;花补充描述;资源与增补;新分类群;系统聚类;过氧化物同工酶

据《河南植物志》(第二册)[1]、《河南树木　　　志》[2]和《河南木本植物图鉴》[3]记载,河南黄杨

河南省科技攻关项目:"河南省鄢陵绿色产业生态示范工程建立技术研究"（0224050019）资助。

第一作者:田国行,男,1964 年生,博士生,副教授。主要研究方向:园林设计与园林植物。E-mail:tgh-6408@ 163. com。

注:① 212(1)号标本,采集人:冯雨勤。采集地点:河南开封。采集时间:1955 年 7 月 30 日。② 813(2)号标本,采集人不详。采集地点:河南开封禹王台园。采集时间不详。鉴定人:姚鹏凌。鉴定时间:1964 年 4 月 6 日。③ 358 号标本,采集人:芟哲新。采集地点:河南开封禹王台公园。采集时间:1952 年 2 月 8 日。鉴定人:芟哲新。上述标本中均鉴定为黄杨、锦熟黄杨学名:B. sempervirens Linn.。

属植物有 3 种、1 变种,即:锦熟黄杨 Buxus sempervirens Linn.、雀舌黄杨 B. harlandii Hance、黄杨 B. sinica(Rehd et Wils.)Cheng ex M. Cheng 及其变种——小叶黄杨 B. sinica(Rehd et Wils.)Cheng ex M. Cheng var. parvifolia M. Cheng。多年来,作者在调查、采集和整理鉴定河南黄杨属植物标本过程中,发现一些尚未记载和鉴定错误的植物,现整理报道如下。

1 黄杨属植物花补充描述

Descr. fl. add.: Monoici vare flores feminei unisexuales. Racemi, 3-fyrmae:① racemi masculi-flores, ② racemi feminei-flores,③ racemi feminei-masculi-flores, terminales axillaresque. Flores 2-formae:① masculi- et ② feminei-flores. flores feminei 2-formae:effecti- et sterili-feminei-flores. flores effecti-feminei saepe uni-flore rare 2- vel 3-flores ad apicem raceorum, vel ad apicem ramorum vel axillaris foliis, interdum cum masculi-floribus vel femineis floribus co mmiscentibus; flores masculi saepe stamini bus 4~5, rare 2,3,6, minime 7, sterili-pistillis sepalis 1~4-plo longioribus interdum apice 2-lobis partitis, lobis linguiformibus; sepalis 4~6 rare 8 in quoque flore; flore uni-effecti-femineio sepaloioribus. racemi mascueli-flores rarissinii. racemi feminei-flores 2~5-floribus flores, sterili-femineis saepe 2-carpellis 2-stycis vel uni-capello uni-stylo.

Descr. fl. add. See.: Buxus henanensis T. B. Zhao, Z. X. Chen et G. H. Tian, B. sinica(Rehd. et Wils.)Cheng ex M. Cheng var. femineiflora T. B. Zhao et Z. X. Chen.

Patria:China; Henan; Mt. Dabieshan; Cult. in Zhengzhou.

花补充描述:雌雄同株,稀单性雌花。总状花序有 3 种类型:① 雄花总状花序,② 雌花总状花序,③ 雌雄花总状花序;顶生和腋生。花有 2 种类型:雄花和雌花。雌花有 2 种类型:发育雌花和不育雌花。发育雌花通常 1 朵,稀 2~5 朵着生于总状花序的顶端,或顶生枝端,或腋生,有时与雌花,或雄花混生。雄花通常具雄蕊 4~5 枚,稀 2、3、6 枚,罕有 7 枚;雄花中不育雌蕊为萼片长度的 1~4 倍,有时不育雌蕊先端 2 深裂,裂片舌形,每花具萼片 4~6 枚,稀 8 枚;发育雌花单生时萼片较多;雄花总状花序很少;雌花总状花序具雌花 2

~5 朵;不育雌花通常为 2 心皮、2 花柱,或 1 心皮、1 花柱。

花补充描述依据:河南黄杨 Buxus hinanensis T. B. Zhao, Z. X. Chen et G. H. Tian 和雌花黄杨 B. sinica(Rehd. et Wils.)Cheng var. femineijlora T. B. Zhao et Z. X. Chen。

产地:河南黄杨产于中国,河南大别山区有野生,郑州市有栽培。

2 河南黄杨属植物错误鉴定种类

2.1 雀舌黄杨(中国树木分类学)

Buxus harlandii Hance in Joum. Linn. Soc. Bot. 13:123. 1873, p. p. Mij.;陈嵘著. 中国树木分类学[4]:639. 1973;中国高等植物图鉴 第二册[5]:629. 图 2987. 1983;中国高等植物图鉴 补编 第二册[6]:190. 1983。

据《河南植物志》(第二册)和《河南树木志》记载,本种在"河南郑州、开封、洛阳、新乡、南阳、信阳、许昌等地有栽培;伏牛山南部及大别山区有野生"。多年来,作者在河南各地尚未采到和见到有符合本种形态特征的标本。为此,作者认为,河南不产本种,亦无栽培。《河南植物志》(第二册)和《河南树木志》记载的"细叶黄杨、雀舌黄杨 B. harlandii Hance",实属匙叶黄杨 B. bodinieri Lévl. 之错误鉴定。

2.2 锦熟黄杨(中国树木分类学)

Buxus sempervirens Linn. Sp. P1. 983. 1753;陈峰著. 中国树木分类学:637. 图 531. 1937.

据《河南植物志》(第二册)记载,本种"在河南郑州、开封、洛阳、新乡、许昌、南阳、信阳等地有栽培"。作者在采集和鉴定河南黄杨属植物标本过程中,尚未发现有符合本种形态特征的标本。河南农业大学植物标本室藏存的 212(1)、813(2)、358(3)等号黄杨植物标本,均鉴定为"锦熟黄杨(黄杨 B. semperyirerai Linn.)";经作者核定均属黄杨 B. sinica(Rehd. et Wils.)Cheng ex M. Cheng 之错误鉴定。因此,作者认为,河南无锦熟黄杨的栽培。锦熟黄杨:雄花中不育雌蕊高度低于萼片长度 1/2。黄杨:雄花中不育雌蕊高度为萼片长度的 2/3,或与萼片长度近等长。

3 河南黄杨属植物种类

3.1 黄杨

Buxus sinica(Rehd. et Wils.)Cheng ex M. Cheng,植物分类学报[7],17(3):100. 1979;B.

sinica(Rehd. et Wils.)Cheng,南京林学院树木学教研组主编. 树木学上册[8]:318~319. 1965;B. microphylla Sieb. et Zucc. var. sinica Rehd. et Wils. in Sargent,PI. Wils.[9] HW:165. 1914;中国植物志 第四十五卷 第一分册[10]:37~38. 1980。

3.1.1 黄杨(原变种)

Buxus sinica(Rehd. et Wils.)Cheng ex M. Cheng var. sinica

《河南植物志》(第二册)和《河南树木志》记载,"河南大别山区和伏牛山南部各山区具有本种的天然分布"。郑州、开封等地有本种原变种栽培佐证标本:赵天榜等,No. 92278 号,现存河南农业大学。

3.1.2 小叶黄杨(植物分类学报)

Buxus sinica(Rehd. et Wils.)Cheng ex M. Cheng var. parvifolia M. Cheng,植物分类学报,17(3):98. 图 7:4. 1979;中国植物志 第四十五卷 第一分册:38. 1980。

据《河南植物志》(第二册)记载,本变种"产河南大别山区的新县"。作者尚未采到和查到有关新县产的野生小叶黄杨标本。郑州市有本变种的引种栽培,如赵天榜等,No. 974201、No. 974221、No. 983151 等号标本,现存河南农业大学。

3.1.3 匙叶黄杨(中国植物志)

Buxus bodinieri Lévl. in Fedde,Rep. Sp. Nov. 11. 549. 1913.

据《中国植物志》(第四十五卷 第一分册)和《云南植物志》(第一卷)[11]记载,本种在河南有分布。

《河南植物志》(第二册)和《河南树木志》均无本种在河南有分布的记载。《河南木本植物图鉴》记载,河南有本种栽培。作者在调查、采集和整理鉴定河南黄杨属植物标本过程中,发现和采到有符合本种形态特征的栽培植物,如赵天榜等,No. 974223、No. 982281、No. 982282 等号标本,现存河南农业大学。

4 河南黄杨属植物新记录

4.1 越桔叶黄杨(植物分类学报)新记录变种

Buxus sinica(Rehd. et Wils.)Cheng ex M. Cheng var. vacciniifolia M. Cheng,植物分类学报,17(3):98. 图版 7:3. 1979;热带亚热带植物学报[12],7(1):32~33. 1999。《河南植物志》(第二

册)和《河南树木志》均无本变种记载。1997 年 6 月 13 日,作者在郑州采集的 No. 976133 号标本,符合本变种的形态描述,标本现存河南农业大学。林祁[13]曾将本变种归入皱叶黄杨 B. rugulosa Hatusima。作者根据采集的标本观察和聚类分析结果认为,该变种归入皱叶黄杨处理似不妥,故暂保持其为黄杨的变种地位。

5 河南黄杨属新植物

5.1 异雄蕊黄杨亚属 新亚属

Buxus Linn. Subgenus Heterostaminae T. B. Zhao, Z. X. Chen et G. H. Tian,Subgenus nov.

Subgenus novum Buxi Linn. folia multiformes. racemi 3-formae:① racemi masculiflores,② racemi feminei-flores,③ racemi feminei-masculi-flores. uni-flore effecti-femineo rare 2- vel 3-floribus ad apicem racemorum vel ad apicem ramorum vel axillaris foliis,interdum cum floribus masculis vel floribus sterili-femines co mmiscentibus. flores feminei 2-formae:sterili- et effecti-feminei-flores. stylis floreibus effecti-femineis. divaricatis,stigmatibus tumescentibus revolutis,stylis et ovariis sparse minutipubescentibus;flores masculi staminibus 4~5, rare 2,3,6, minime 7, sterili-pistillis sepalis 1~4-plo longioribus.

Subgenus typus:Buxus henanensis T. B. Zhao,Z. X. Chen et G. H. Tian.

本新亚属叶形多变. 总状花序,有 3 种类型,即:① 雄花总状花序,② 雌花总状花序,③ 雌雄花总状花序。发育雌花单朵,稀 2 朵,或 3 朵着生花序顶端,或着生于枝端,或叶腋内,有时同雄花或雌花混生。雌花有发育雌花和不育雌花 2 种。发育雌花花柱极开展,柱头膨大,反卷,花柱和子房微被疏细短柔毛。雄花中具雄蕊 4~5 枚,或 2、3、6 枚,稀 7 枚;发育雌花单生时萼片较多;雄花中不育雌蕊为萼片长度的 1~4 倍。

本新亚属模式:河南黄杨 B. henanensis T. B. Zhao,Z. X. Chen et G. H. Tian。

河南黄杨特产于中国,河南大别山山区有分布,郑州市有栽培。本亚属仅河南黄杨 1 种。

5.2 河南黄杨 新种 图 1 图 2:1~4

Buxus henanensis T. B. Zhao,Z. X. Chen et G. H. Tian,sp. nov.,Fig. 1. Fig. 2:1~4

Species Buxo bodinieri Lévl. affinis, sed foliis-

multiformibus. racemis 3-formis:① floribus masculi-,
② floribus feminei-,③ floribus feminei-masculi-ra-
cemis. floribus masculis staminibus 4~5, rare 2,3,
6, minine 7; sepalis 4~6, rare 8 in quoqueflore; uni-
floreeffecti-fmeno spalioribus; floribus masculis sterili
-pistillis sepalis 1~4-plolongioirbus.

Frutex sempervirens, 0.5~1.5 m altus. Ramuli
graciles densissimi viridia trapezoidei sparse pubes-
centes. Folia crasse coriacea, multi-formae:
① spathuli-latielliptica,② oblonga,③ rhombi-ova-
ta,④ lanceolata,⑤ anguste elliptici-lanceolata,
⑥ subrotundata,⑦ obovati-triangula. 1.2~4.5 cm
longa 1.0~2.8 cm lata apice obtusa vel emarginata
vel retusa, rare obtusa cumacumine membranaceo vel
longi-acuminata, siipra arto-viridia nitida ad costam
sparse pubescentibus subtus viridia ad costam eleva-
tas dense albo-cystolithis, in juventute sparse pubes-
centibus, in sicco corticibus evidenter corugatis, mar-
gine integra revoluta, basi cuneate vel angustate cu-
neata; petioli 1~2 mm longei pubescentes; racemi, 3-
formae:① racemi masculi-flores,② racemi feminei-
flores,③ racemi feminei-masculiflores. 9~11-flores
in quoque racemo, saepe uni-flore rare 2-vel 3-flores
effecti-feminei. ad apicem racemorum vel ad apicem
ramulorum vel axillaris; bracteis trianguste ovatis 2~3
mm longis apice acuminatis testaceis dorsaliter sparse
pubescentibus; sepalis 4~6 rare 8 in quoque flore;
uni-flore effecti-femineis axillaris vel terminalibus
spalioribus; spalis spathuli-ovatis 1~2 mm longis api-
ce obtusis involutis margine tenuiter membranaceis
dorsaliter sparse pubescentibus flavo-abili vel testa-
ceis; ovariis 1~3 mm longis minute pubescentibus,
stylis divaricatissimis sparse minute pubescentibus;
ovariis cum stylis aequilongis vel longitudinem 1/2
ovariarum partes aequantibus; stigmatibus anguste
sulcatis apice tumescentiubs revolutis; flores masculi
saepe staminibus 4~5, rare 2,3,6, minime 7; sepalis
2~3 mm longis; flore masculo sterilipistillis 6~10 mm
longis, apice manifeste inilatis 1~4-plo longioribus
quam sepalioribus. Capsulae subglobosae 1.2~1.5
cm longae diam. 1.0~1.2 cm; stylis remanentibus
3~4 longis divaricatissimis sparse minute pubescenti-
bus post glabris.

Henan: Mt. Dabieshan. Cult. in Zhengzhou.

12.03.1998. T. B. Zhao et al., No. 199803124
(flores et folia, holo. Typus hie designatus,
HNAC).

常绿灌木,高 0.5~1.5 m。小枝细,密集,绿
色,近四棱状,疏被短柔毛。叶厚革质,形状多变,
有:① 匙-宽椭圆形,② 长圆形,③ 菱-卵圆形,
④ 披针形,⑤ 狭椭圆-披针形,⑥ 近圆形,⑦ 倒卵
圆-三角形。叶长 1.2~4.5 cm,宽 1.0~2.8 cm,
先端钝圆,或微缺,或平截,稀钝圆,具膜质短尖
头,或长渐尖,表面浓绿色,具光泽,沿中脉疏被短
柔毛,背面淡绿色,沿隆起中脉密被白色钟乳体,
幼时疏被短柔毛,干后表皮层明显隆起,具皱纹,
边缘全缘,反卷,基部楔形、狭楔形;叶柄长 1~2
mm,被短柔毛。总状花序,腋生和顶生;每花序具
花 9~11 朵;总状花序有 3 种类型:① 雄花总状
花序,② 雌花总状花序,③ 雌雄花总状花序。雌
花有 2 种:发育雌花和不发育雌花。发育雌花通
常单朵,稀 2 朵,或 3 朵着生花序顶端,或枝顶或
腋生;苞片三角-狭卵圆形,长 2~3 mm,先端渐
尖,淡棕黄色,背面疏被短柔毛;每花具萼片 4~6
枚,稀 8 枚;发育雌花单朵着生时萼片较多,
匙状-圆形,长 1~2 mm,先端钝圆,内曲,边缘薄
膜质,背面疏被黄白色,或淡棕黄色短柔毛;子房
长 1~3 mm,被微细短柔毛;花柱极开展,疏被微
细短柔毛,花柱与子房近等长,或为子房长度的
1/2;柱头狭沟状,先端膨大,反卷;雄花具雄蕊
4~5 枚,稀 2、3、6 枚,罕有 7 枚;花萼片长 2~3
mm。雄花中不育雌蕊长 6~10 mm,先端明显膨
大,其高度为萼片长度的 1~4 倍。蒴果近球状,
长 1.2~1.5 cm,径 1.0~1.2 cm,宿存花柱长 3~
4 mm,极开展,疏被微细短柔毛,后无毛。

与匙叶黄杨 B. bodinieri Lévl. 近相似,但区
别在于本新种叶形多变。总状花序,有 3 种类型:
① 雄花总状花序,② 雌花总状花序,③ 雌雄花总
状花序。雄花具雄蕊 4~5 枚,稀 2、3、6 枚,罕有 7
枚;不育雌蕊长 6~10 mm,为花萼片长度 1~4
倍。每花具萼片 4~6 枚,稀 8 枚,发育雌花单朵
着生时萼片较多。

河南:大别山区有分布,郑州市有栽培。1998 年
3 月 12 日。赵天榜等,No. 199803124。模式标本,存
河南农业大学。

5.3 雌花黄杨 新变种 图 2:5

Buxus sinica (Rehd. et Wils.) Cheng ex M.
Cheng var. femineiflora T. B. Zhao et Z. X.

Chen, var. nov. , Fig. 2:5

A typo recedit foliis crasse coriaceis ellipticis rninioribus 1.0~1.5 cm longis 8~10 mm latis. hiemalibus utrinque purpureis. femineis! Racemis femineis 2~5-floribus;floribus effecti-femineis saepe uni-flore axillaribus vel terminaibus, rare 2-vel 3-effecti-feminei-floribus ad apicem racemiorum;ovariis globosis viridibus 1 ~ 1.5 mm longis glabris, stylis ca. 1 mm longis erectis apice inflatis;sepalis 6 vel 8 in quoque flore;floribus femineis sterili-pistilis saepe 2-carpellis 2-stylis linguifonnibus interdum 2-partitis vel uni-carpello uni-stylo minimo. Capsulis subglobosis rninioribus 8~10 mm longis glabris.

Henan;Mt. Dabieshan. Cult. in Zhengzhou. 12.03.1998. T. B. Zhao et al. , No. 199803122 (floreset folia,holo. Typus hie designatus,HNAC).

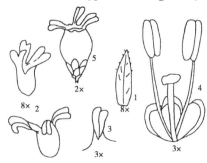

图 1 河南黄杨 Buxus henanensis T. B. Zhao,
Z. X. Chen et G. H. Tian
1. 萼片,2. 雌蕊,3. 柱头,4. 不发育雌花,5. 蒴果

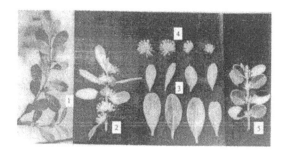

图 2 河南黄杨 Buxus henanensis T. B. Zhao,Z. X.
Chen et G. H. Tian **及雌花黄杨** B. sinica
(Rehd. et Wils.)Cheng ex M. Cheng var.
femineiflora T. B. Zhao et Z. X. Chen
1. 果枝和叶形,2. 花枝和叶形,3. 叶形,
4. 总状花序,5. 雌花黄杨花序和叶形

本新变种与黄杨原变种 Buxus sinica(Rehd. et Wils.)Cheng ex M. Cheng var. sinica 的区别在于叶厚革质,椭圆形,较小,长 1.0~1.5 cm,宽 8~

10 mm。冬季叶两面紫色。雌性! 雌花序具花 2~5 朵;发育雌花通常 1 朵,腋生,或顶生,稀 2 朵,或 3 朵着生于花序顶端;子房球状,长 1 ~ 1.5 mm,绿色,无毛;花柱长约 1 mm,直立,先端膨大;每花具萼片 6 枚,或 8 枚;雌花中不育雌蕊通常为 2 心皮、2 花柱,花柱舌状,有时 2 深裂,或 1 心皮、1 花柱,花柱很小。蒴果近球状,较小,无毛。

此外,作者还观察和解剖了雌花黄杨 835 朵花,其结果是:发育雌花 475 朵,占总花数的 56.89 %;雌花中不育雌蕊 2 心皮、2 花柱的花有 173 朵,占总花数的 20.72 %;1 心皮、1 花柱的不育雌蕊花有 187 朵,占总花数的 22.40 %;没有发现雄花的花朵。

河南:本新变种在河南大别山山区有分布。郑州市有栽培。1998 年 3 月 12 日。赵天榜等,No. 199803122。模式标本,存河南农业大学。

6 确定河南黄杨和建立异雄蕊黄杨亚属依据

长期以来,河南黄杨一直被误认为是匙叶黄杨 B. bodinieri Lévl. 。作者经过多年来的观察和研究发现,河南黄杨确属 1 新种,并以该种为模式建立异雄蕊黄杨新亚属。其主要依据如下。

6.1 花形态解剖

1995~1999 年,作者先后解剖了河南黄杨及匙叶黄杨的花,结果如下:① 解剖河南黄杨花 1 755 朵,其中雌花 216 朵,占总花数的 12.31%;雄花 1 539 朵,占总花数的 87.69%。雄花中 2 雄蕊花 49 朵,占总花数的 2.79%;3 雄蕊花 140 朵,占总花数的 7.98%;4 雄蕊花 1 089 朵,占总花数的 62.05%;5 雄蕊花 211 朵,占总花数的 12.02%;6 雄蕊花 41 朵,占总花数的 2.34%;7 雄蕊花 9 朵,占总花数的 0.51%。② 解剖了匙叶黄杨 500 朵花的结果是:雌花 75 朵,占总花数的 15.00%;雄花 425 朵,占总花数的 75.00%。雄花中 4 雄蕊花 420 朵,占雄花数的 98.82%;3 雄蕊花 5 朵,占雄花数的 1.18%。据报道[1-14],该属其他种黄杨雄花均具有 4 枚雄蕊。由此可见,河南黄杨雄花中雄蕊数目,与其他种黄杨雄花中雄蕊数目存在显著的差异。这一差异,是确定河南黄杨种级地位和建立异雄蕊黄杨亚属的主要依据之一。

6.2 系统聚类

为进一步检验与确定异雄蕊黄杨亚属和河南黄杨的分类等级和地位,作者(赵天榜等)采用陈志秀方法(1995),对中国黄杨属植物 21 种、亚种

和变种的 67 个分类特征性状进行了系统聚类研究[14]。其结果表明,河南黄杨在系统聚类 6 种分析方法中,均表现出特异特性,作为新种处理是合理的。同时,以该种为模式建立的异雄蕊黄杨亚属 Subgenus Heterostaminae T. B. Zhao, Z. X. Chen et G. H. Tian, Subgenus nov. 也得到了数量分类学的支持。

6.3 过氧化物同工酶酶谱

为确立河南黄杨的种级地位,作者采用同工酶分析技术[14],对河南黄杨和匙叶黄杨的成熟叶片进行了过氧化物同工酶的测定。测定结果表明,两者酶谱差异非常明显,即:① 匙叶黄杨有 7 条酶谱带 Rf:A,0.48,16;B,0.56,10;C,0.62,7;B,0.65,5;C,0.73,7;D,0.78,6;E,0.88,8。②河南黄杨有 5 条酶谱带 Rf:A,0.48,14;B,0.58,12;D,0.67,10;D,0.78,14;C,0.98,1[A,B,C,D,E 代表酶带活性级,0.26,0.38,0.44,…,0.98 为 Rf 值,1,4,5,…,14 为酶带宽度(mm)]。由此表明,河南黄杨作为种级的处理,也得到了酶学的证实。

参考文献

[1] 丁宝章,王遂义. 河南植物志:第二册[M]. 郑州:河南科学技术出版社,1988:492-495.

[2] 王遂义. 河南树木志[M]. 郑州:河南科学技术出版社,1994:373-375.

[3] 卢炯林,佘学友,张俊朴. 河南木本植物图鉴[M]. 香港:新世纪出版社,1998:150.

[4] 陈嵘. 中国树木分类学[M]. 南京:京华印书馆,1937:636-638.

[5] 中国科学院植物研究所. 中国高等植物图鉴:第二册[M]. 北京:科学出版社,1983:628-629.

[6] 中国科学院植物研究所. 中国高等植物图鉴:补编第 2 册[M]. 北京:科学出版社,1983:188-191.

[7] 郑勉. 中国黄杨科的新植物并某些种的讨论[J]. 植物分类学报,1979,17(3):97-103.

[8] 南京林学院树木学教研组. 树木学:上册[M]. 北京:农业出版社,1965:318.

[9] Sargent C S. PLANTAE WILSONIANAE:Vol. Q[M]. Cambridge:Cambridge University Press,1914:165-169.

[10] 中国科学院中国植物志编辑委员会. 中国植物志:第四十五卷 第一分册[M]. 北京:科学出版社,1980:16-41.

[11] 云南省植物研究所. 云南植物志:第一卷[M]. 北京:科学出版社,1977:140-149.

[12] 林祁. 国产黄杨科六种植物的考订[J]. 热带亚热带植物学报,1999,7(1):31-33.

[13] 闫双喜,赵勇,赵天榜. 中国黄杨属植物数量分类的研究[J]. 生物数学学报,2002,17(3):380-383.

[14] 陈志秀. 中国蜡梅植物过氧化物同工酶的研究[J]. 生物数学学报,1994,9(4):169-175.

[15] 陈志秀. 中国火棘属植物的数量分类的研究[J]. 生物数学学报,1955,10(4):185-190.

中国黄杨属植物数量分类的研究

闫双喜 赵 勇 赵天榜

(河南农业大学,郑州 450002)

摘 要 本文采用系统聚类分析方法对中国黄杨属植物 20 种、3 亚种和 2 变种进行了分类学研究,研究结果表明:营养器官的 32 个特征性状、繁殖器官的 35 个特征性状和总的 67 个特征性状的系统聚类结果与该属植物形态分类结果相吻合,从而为该植物新分类群的建立,种、亚种和变种的鉴定,以及某些划分不合理的种群的纠正提供了一种新的科学依据和手段。

关键词 黄杨属;种质资源;系统聚类;OTU's

0 引言

黄杨属(Buxus Linn.)植物为常绿灌木,稀小乔木,全球约 70 余种,适应多种生态环境,自然分布和栽培范围很广。该属植物主要用于园林绿化,其中黄杨木材细密、坚韧、不翘裂,为工艺品的优良用材。

近年来,作者在调查采集和整理鉴定河南黄

作者简介:闫双喜(1963—),男,河南卫辉人,河南农业大学讲师,硕士。

杨属植物过程中,发现一些尚未记载过的植物,并和中国黄杨属的其他植物一起采用系统聚类分析方法进行了分类学研究,目的在于为中国黄杨属植物类群的合理划分提供新的科学依据和手段,并进一步检验该属植物形态分类的正确性。现将研究结果报道如下。

1 材料与方法

1.1 分类单位的确定

按陈志秀[9]等方法,将中国黄杨属植物 20 种、3 亚种和 2 变种作为分类单位(OTU's),如表 1 所示。

1.2 特征性状的选取

该属植物特征性状的观察和记载,是作者根据河南农业大学收藏的黄杨属植物标本和郑州市栽培的黄杨属植物的实地观察,河南不产的黄杨属植物种类的特征性状取自《中国植物志》[1]、《云南植物志》[2]、《中国高等植物图鉴》[3]和陈嵘著《中国树木分类学》[4]等专著[5-9]黄杨属植物各类特征性状记载内容,如表 2 所示。

表 1 中国黄杨属植物的 25 个分类单位(OTU's)

编号	名称	学名
1	大花黄杨	Buxus henry
2	毛枝黄杨	B. pubiramea
3	柱黄杨	B. latistyla
4	南黄杨	B. hainanensis
5	杨梅黄杨	B. myrica
6	滇南黄杨	B. austi-yunnanensis
7	大叶黄杨	B. mgistophylla
8	软毛黄杨	B. mollicula
9	毛果黄杨	B. henecarpa
10	皱叶黄杨	B. rugulosa
11	平卧皱叶黄杨	ssp. Prostrate
12	岩生皱叶黄杨	ssp. Rupicola
13	狭叶黄杨	B. stenophylla
14	头花黄杨	B. cephalantha
15	崔舌花杨	B. harlandii
16	线叶黄杨	B. linearifolia
17	匙叶黄杨	B. bodinieri
18	宜昌黄杨	B. ichangensis
19	锦熟黄杨	B. sempervirens
20	河南黄杨	B. henanensis
21	黄杨	B. sinica
22	雌花黄杨	var. femineiflora
23	尖叶黄杨	ssp. aemulans
24	小叶黄杨	var. parvifolia
25	拟匙叶黄杨	B. sp.

表 2 中国黄杨属植物 20 种、3 亚种和 2 变种的特征性状表

编号	名称	编号	名称
1	株高	34	总花梗毛否
2	小枝疏密	35	雌花朵数
3	2 年生枝色	36	雌蕊数目
4	小枝形状	37	雌蕊长度
5	小枝毛否	38	雄蕊蜜腺
6	小枝粗度	39	花柱长度
7	节间长短	40	花柱毛否
8	小枝颜色	41	花柱直展
9	叶片排列	42	花柱长与子房比例
10	叶片质地	43	柱头形状
11	叶片形状	44	柱头下延比例
12	叶片长度	45	子房毛否
13	叶片宽度	46	子房形状
14	先端钝圆	47	子房棱否
15	先端凹尖	48	苞片数目
16	先端狭边	49	苞片形状
17	先端平头	50	苞背毛否
18	先端缘毛	51	萼片数目
19	表面色泽	52	萼片形状
20	表面毛无	53	萼背毛否
21	表面中侧脉夹角	54	雌花数目
22	背面颜色	55	雄蕊数目
23	背面侧细脉显否	56	花丝长度
24	背面中脉毛无	57	不育雌蕊形状
25	背面中脉钟乳体	58	不育雌蕊高度
26	边缘反卷	59	不育雌蕊与萼片比例
27	叶面平皱与匙否	60	不育雌蕊毛否
28	叶基形状	61	蒴果形状
29	叶基下延与否	62	蒴果长度
30	叶柄有无	63	蒴果毛否
31	叶柄长度	64	蒴果棱沟
32	叶柄毛否	65	宿存花柱长度
33	花序着生	66	宿存花柱直展
		67	宿存花柱毛否

1.3 数量分类方法的选择

数量分类是根据聚类分析数学模型,求得类间距离矩阵,然后采用系统聚类方法进行聚类分析。

设有 N 个 M 维样本数据: $X_{ij}, i = 1/2, \cdots, N$, $j = 1, 2, \cdots, M$。首先计算样本间的标准欧氏距离的平方。

$$Dk = \sim Xk_j^2 / S_j$$

其中 S_j 为第 j 变量的方差。把每个样本看成一类,将相距最短的两类合并成一个新类。聚类分析分营养器官、繁殖器官和两者的总和三类进行。本项研究的数据运算在 IBM PI/Xt586 计算机上完成。

2 结果与讨论

2.1 黄杨属植物营养器官特征性状的聚类分析

中国黄杨属 25 个 ODU's 的营养器官的特征性状的聚类分析结果如图 2 所示。

2.2 黄杨属植物繁殖器官特征性状的聚类分析

中国黄杨属 20 种、3 亚种和 2 变种植物的繁殖器官的特征性状的聚类分析结果如 2 所示。

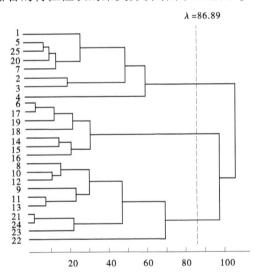

图 1 中国黄杨属 20 种、3 亚种和 2 变种营养器官特征性状的聚类图

此图表明:

(1)聚类结果与该属植物采用经典分类方法进行的种群的划分一致。结果基本吻合。如平卧皱叶黄杨(11)和岩生皱叶黄杨(12)属于皱叶黄杨(10)的种下分类,作为亚种处理比较合理。尖叶黄杨(23)和小叶黄杨(24)不宜作为种处理,因其与黄杨(21)的花器构造十分相似,仅叶形有差异,形态特征分类与聚类结果一致,作为黄杨(21)的种内等级比较恰当。

(2)河南黄杨(20)和拟匙叶黄杨(25)的聚类结果与其他种类相差较大,作为新分类群处理是合理的,得到了数量分类学的支持,且与营养器官伽聚类结果相吻合。

(3)在繁殖器官特征性状的聚类结果中也有个别情况与其形态分类不吻合,如大花黄杨(1)和宜昌黄杨(18)聚为一类,皱叶黄杨(10)和雀舌黄杨(15)聚为一类,其原因待进一步研究。

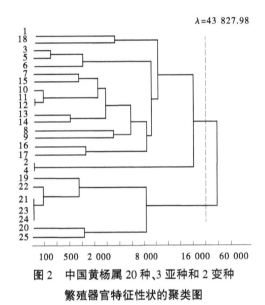

图 2 中国黄杨属 20 种、3 亚种和 2 变种繁殖器官特征性状的聚类图

2.3 黄杨属植物总的特征性状的聚类分析

中国黄杨属 25 个 OTU's 的营养和繁殖器官总的 67 个特征性状的聚类结果如图 3 所示。此图表明:

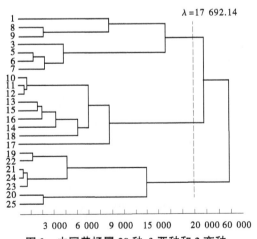

图 3 中国黄杨属 20 种、3 亚种和 2 变种总的 67 个特征性状的聚类图

（1）小叶黄杨（24）和尖叶黄杨（23）宜作为黄杨（21）的种内单位，与营养和繁殖器官单独聚类结果吻合。

（2）河南黄杨（20）和拟匙叶黄杨（25）的聚类结果极为特殊，可作为新分类群处理，即异雄蕊杨亚属 Subgen. Heteristaminae T. B. Chao et Sh. X. Yan, Subgen. nov.

参考文献

[1] 中国植物志编辑委员会. 中国植物志[M]. 北京:科学出版社,1980:6-41.

[2] 云南省植物研究所. 云南植物志[M]. 北京:科学出版社,1977:2-147.

[3] 中国科学院植物研究所. 中国高等植物图鉴 第二册[M]. 北京:科学出版社,1983:628-629.

[4] 陈嵘. 中国树木分类学[M]. 南京:北京印书馆,1937:636-638.

[5] 丁宝章,王遂义. 河南植物志[M]. 郑州:河南科学出版社,1988:492-495.

[6] 韦直. 浙江植物志[M]. 杭州:浙江科学技术出版社,1993:498-499.

[7] 郑勉. 中国黄杨的新植物并某些种的讨论[J]. 植物分类学报,1979,17(3):97-103.

[8] 陈志秀. 中国火棘属植物数量分类的研究[J]. 生物数学学报,1985,10(4):185-190.

[9] 宋留高,赵东方,焦书道. 河南茸毛白蜡无性的数量分类的研究[J]. 武汉植物学院研究,1998,(1):17-20.

二十七、槭树科 Aceraceae

槭属十二新变种

赵天榜[1]   陈志秀[1]   陈俊通[1]   米建华[2]

（1. 河南农业大学,郑州   450002;2. 河南省郑州市紫荆山公园,郑州   450001）

1. 垂枝三角枫　新变种

Acer buergerianum Miq. var. pendula J. T. Chen, T. B. Zhao et J. H. Mi, var. nov.

A var. nov. recedit:ramulis cinerei－purpureis glabris; ramulis juvenilibus dense pubescentibus. Foliis obqangul－ovatis 3.5 ~ 5.0 cm longis, 1.5 ~ 5.0 cm latis apice non lobis rare 3－lobis margine intrgris, subtus viridulis dense pubescentibus; pedunculis fructilis 1.5 ~ 2.0 cm longis, dense pubescentibus. dense pubescenlibus.

Henan:Zhengzhou City. 23－06－2016. J. T. Chen et al., No. 201606235(leaf, branchlet et fruit, holotypud hic disighnatus HNAC).

本新变种小枝细,灰紫色,无毛;幼枝灰绿色,密被短柔毛。叶倒三角-卵圆形,长3.5~5.0 cm,宽1.5 ~ 5.0 cm,先端不裂,或三裂,边缘全缘,背面淡绿色,密被短柔毛;叶柄无毛。总果梗片1.5~2.0 cm,密被短柔毛。

产地:河南郑州市。2016 年 6 月 23 日。陈俊通和赵天榜,No. 201606235。模式标本(枝、叶和果实),存河南农业大学。郑州市紫荆山公园有栽培。

2. 两型叶三角枫　新变种

Acer buergerianum Miq. var. biforma T. B. Zhao, Z. X. Chen et H. Wang, var. nov.

A var. foliis 2－formis:① foliis margine integris, ② foliis margine 3－lobis.

Henan:Zhengzhou City. 2015－10－10. T. B. Zhao, Z. X. Chen et J. T. Chen, No. 201510101 (HNAC).

本新变种①叶边缘全缘，②叶边缘具3枚裂片。

河南:郑州市。2015年10月10日。赵天榜、陈志秀和陈俊通，模式标本 No.201510101,存河南农业大学。

3.大翅三角枫 新变种

Acer buergerianum Miq. var. magniala T. B. Zhao et Z. X. Chen,var. nov.

A var. foliis 2-formis:① foliis margine integris,② foliis margine 3-lobis.

Henan:Zhengzhou City. 2015-10-10. T. B. Zhao,Z. X. Chen et J. T. Chen,No. 201510101 (HNAC).

本新变种①叶长卵圆形，先端长渐尖，边缘全缘，②叶似菱形，3裂，中裂片稍大，三角形，基部三角形，边缘全缘。果翅大，翅长2.0 cm,宽9 mm。

产地:河南郑州市。2015年10月10日。赵天榜、陈志秀和陈俊通，模式标本 No.201510101,存河南农业大学。

4.三红鸡爪槭 新变种

Acer palmatum Thunb. var. trirufa J. T. Chen,T. B. Zhao et J. H. Mi,var. nov.

A var. nov. recedit:foliis parvis ca. 4.0 cm longis et latis. Ramulis,petiolis et alatis rufis.

Henan:Zhengzhou City. 23-06-2016. J. T. Chen,No.201606239(leaf,branchlet et fruit,holotypud hic disighnatus HNAC).

本新变种小，叶长、宽约4.0 cm,5掌状深裂。小枝、叶柄和果翅淡红色。

产地:河南各地有栽培。2016年6月23日。陈俊通和赵天榜，No.201606239。模式标本(枝、叶和果实),存河南农业大学。郑州市紫荆山公园有栽培。

5.密齿鸡爪槭 新变种

Acer palmatum Thunb. var. densi-serrata Y. M. Fan,T. B. Zhao et Z. X. Chen,var. nov.

A var. foliis atratis lobis margine dense serrstis.

Henan:Zhengzhou City. 2017-08-10. T. B. Zhao,Z. X. Chen et J. T. Chen,No. 201708101 (HNAC).

本新变种叶裂片边缘密具细锯齿。

河南:郑州市。2017年8月10日。范永明、赵天榜和陈志秀，模式标本，No. 201708101,存河南农业大学。

6.金叶葛萝槭 新变种 图1

Acer grosseri Pax. var. auratifolia T. B. Zhao,Z. X. Chen et D. F. Zhao,var. nov. var. purpureo-brunneis ramulis juvenilibus. foliis auratis.

Henan:Sunxian. 2019-07-30. T. B. Zhao,Z. X. Chen et al.,No. 201907305(HNAC).

本新变种幼枝紫褐色。叶金黄色。

产地:河南。2015年10月10日。赵天榜和陈志秀等，模式标本，No. 201510101,存河南农业大学。

图1 金叶葛萝槭

7.两色叶葛萝槭 新变种 图2

Acer grosseri Pax. var. bicolorifolia T. B. Zhao,Z. X. Chen et D. F. Zhao,var. nov.

A var. foliis bicoloris:luteili-albis et herbeis.

Henan:Sunxian. 2019-07-30. T. B. Zhao,Z. X. Chen et al.,No.201907305(HNAC).

本新变种叶2种颜色:淡黄白色和草绿色。

产地:河南。2015年10月10日。赵天榜和陈志秀等，模式标本，No. 201510105,存河南农业大学。

8.红褐色边元宝槭 新变种

Acer truncatum Bunge var. rubribrunnea T. B. Zhao,Z. X. Chen et D. F. Zhao,var. nov.

A var. ramulis juvenilibus purpurei-brunneis, glabis. Foliis bifrotibus 2-coloribus:bubalini-albis

图 2 两色叶葛萝槭

et prasinis, aliquantum rubri－brunneis, costis et nervis lateralibus rubri－brunneis; petiolis rubri－brunneis grabis.

Henan:Zhengzhou. 2020－04－15. T. B. Zhao, Z. X. Chen et al.,No. 202004151(HNAC).

本新变种幼枝紫褐色,无毛。叶表面 2 种颜色:淡黄白色和草绿色,具红褐色晕,叶脉红褐色;叶柄红褐色,无毛。

河南:郑州。2020 年 4 月 15 日。赵天榜和陈志秀等,模式标本,No. 202004151,存河南农业大学。

9.长花序三叶梣叶槭　新变种

Aces negundo Linn. var. longiinflorescentia T. B. Zhao,Z. X. Chen et D. F. Zhao,var. nov.

A var. nov. ramulis et ramulis juvenilibus glabris. 3－folis in folis,rare 1－folis,3－lobis. folis parvis ellipticis glabris,3. 0~7. 0 cm longis,2. 0~4. 0 cm latis, apice acuminatis longis,basi cuneatis vel inaequalibus, margine integris, rare ciliatis longis. practeis floribus pubescentibus. Fructificatibus glabis. Florescentiis medio Aprilis flor.

Henan:Zhengzhou. 2020－04－15. T. B. Zhao, Z. X. Chen et al.,No. 20200415120(HNAC).

新变种小枝及幼枝绿色,无毛。叶具 3 小叶,稀单叶,3 裂。小叶椭圆形,无毛,长 3. 0~7. 0 cm,宽 2. 0~4. 0 cm,先端长渐尖,基部楔形,或不对称,边缘全缘,疏被弯曲长缘毛;背面沿主脉疏被短柔毛;叶柄疏被弯曲长柔毛。花序顶生,或着生于无叶短枝上,长 5. 0~15. 0 cm,绿色、粉红色,无毛。花苞片被柔毛。幼果果翅无毛。花期 4 月

中旬。

产地:河南。2020 年 4 月 15 日。赵天榜和陈志秀等,模式标本,No. 20200415120,存河南农业大学。

10.三小叶梣叶槭　新变种　图 3

Aces negundo Linn. var. trifoliola T. B. Zhao,Z. X. Chen et D. F. Zhao,var. nov.

A var. nov. ramulis et ramulis juvenilibus glabris. 3－folis in folis,rare 1－folis,3－lobis. folis parvis ovatibus,3. 0~7. 0 cm longis,2. 0~4. 0 cm latis, apice acuminatis longis,basi cuneatis vel inaequalibus, margine supra medium ad costatis rare pubescentibus. petiolis glabis, petiolulatis sparse pubescentibus tortuosis. bifrothub inflorescentiis vel breviter a foliis,5. 0~12. 0 cm,viridibus,dealbatirubris,glabris. Florescentiis medio Aprilis flor.

Henan:Zhengzhou. 2020－04－15. T. B. Zhao, Z. X. Chen et al.,No. 20200415125(HNAC).

新变种小枝及幼枝绿色,无毛。叶具 3 小叶,稀单叶,3 裂。小叶卵圆形,长 3. 0~7. 0 cm,宽 2. 0~4. 0 cm,先端长渐尖,基部楔形,或不对称,边缘上部具圆锯齿,被疏长弯曲缘毛;两面沿主脉被较密长柔毛;叶柄无毛。小叶柄密长柔毛。花序顶生,或着生于无叶短枝上,长 5. 0~12. 0 cm,绿色、粉红色,无毛。花期 4 月中旬。

产地:河南。2020 年 4 月 15 日。赵天榜和陈志秀等,模式标本,No. 20200415125,存河南农业大学。

图 3　三小叶梣叶槭

11. 瘤花梗三小叶槭叶槭　新变种

Aces negundo Linn. var. papill-pedicella T. B. Zhao,Z. X. Chen et D. F. Zhao,var. nov.

A var. nov. ramulis et ramulis juvenilibus glabris. 3-folis in folis. 3-lobis. folis parvis ovatibus, obtriangularibus, ellipticis 6. 5 ~ 11. 5 cm longis, 3.5~7.0 cm latis,apice acuminatis longis,basi cuneatis vel inaequalibus, margine superne dentatis sparse ciliatis longis tortuosis : bifrotibus ad nervos dense villosis . petiolis glabis,petiolulatis sparse pubescentibus. inflorescentiis apicalis vel ramulis breviter a foliis,11. 0 ~ 11. 5 cm,viridibus,dealbatirubris,glabris. Florescentiis medio Aprilis flor.

Henan:Zhengzhou. 2020-04-15. T. B. Zhao, Z. X. Chen et al. ,No. 20200415128(HNAC).

新变种小枝及幼枝绿色,无毛。叶具 3 小叶。小叶卵圆形、倒三角形、椭圆形,长 6.5~11.5 cm,宽 3.5~7.0 cm,先端长渐尖、短尖,基部楔形、近圆形,或不对称,边缘上部具钝锯齿,被疏长弯曲缘毛;两面沿主脉密被长柔毛;叶柄疏被柔毛。花序顶生,或着生于无叶短枝上,长 11.0~11.5 cm,绿色、粉红色,无毛。花期 4 月中旬。

产地:河南。2020 年 4 月 15 日。赵天榜和陈志秀等,模式标本,No. 20200415128,存河南农业大学。

二十八、七叶树科 Hippocastanaceae

河南七叶树新植物

赵天榜[1]　范永明[1]　陈俊通[1]　王　华[2]　李小康[2]

(1. 河南农业大学,郑州　450002;2. 郑州植物园,郑州　450042)

1. 毛七叶树　新变种

Aesculus chinensis Bunge var. pubens Y. M. Fan,T. B. Zhao et H. Wang,var. nov.

A var. petiolis et petiolulatis dense pubipubentibus. foliis subteribus pubipubentibus. inflorescentiis dense pubipubentibus brevissimis.

Henan:20170804. T. B. Zhao,Y. M. Fan et H. Wang,No. 201708041(HANC).

本新变种叶柄和小叶柄密被很短柔毛。叶背面疏被短柔毛。果序密被很短柔毛。密被很短柔毛。

河南:郑州市、郑州植物园。2017 年 8 月 4 日。范永明、赵天榜和王华。模式标本,No. 201708041,存河南农业大学。

2. 星毛七叶树　新变种

Aesculus chinensis Bunge var. stellato-pilosa X. K. Li,J. T. Chen et H. Wang,var. nov.

A var. ramulis rare pubipubentibus. petiolis et petiolulatis dense pubipubentibus. foliis subteribus cinerei-viridibus, dense stellato-pilosis sinuosis, margine serratis;petiolulatis sparse pubipubentibus. pedunculis fructibus et pedicellis fructibus dense pubipubentibus brevissimis.

Henan:20170804. X. K. Li,J. T. Chen et H. Wang,No. 201708047(HANC).

本新变种小枝疏被很短柔毛。叶背面灰绿色,密被短星状毛,毛弯曲,边缘具尖锯齿;小叶柄疏被短柔毛。果序轴及果梗密被很短柔毛。

河南:郑州市、郑州植物园。2017 年 8 月 4 日。李小康、陈俊通和王华。模式标本,No. 201708047,存河南农业大学。

3. '秋红'七叶树　新栽培品种

Aesculus chinensis Bunge ' Qiuhong ', cv. nov.

本新栽培品种小枝无毛。叶两面无毛,秋季叶变为红褐色;小叶柄疏被极短柔毛。果序轴及果梗密被很短柔毛。

河南:郑州市、郑州植物园。选育者:李小康、陈俊通和王华。

4.'大叶'七叶树　新栽培品种

Aesculus chinensis Bunge 'Daye',cv. nov.

本新栽培品种小叶长椭圆形,长 7.0～17.5 cm,宽 3.5～7.0 cm;叶柄密被短柔毛。果序轴淡黄绿色,表面褐色,密被极短柔毛。果实球状,锈褐色,密被凹状小突起及锈褐色短柔毛,3 棱明显,或具不明显棱;果梗片 2.0～3.0 cm,密被很短柔毛。

河南:郑州市、郑州植物园。2017 年 8 月 4 日。选育者:李小康、范永明和王华。

5.'狭叶'七叶树　新栽培品种

Aesculus chinensis Bunge 'Xiaye',cv. nov.

本新栽培品种 1 年生小枝无毛;皮孔大而多,突起,橙黄色。小叶 6 枚,狭长椭圆形,长 14.0～23.0 cm,宽 5.0～8.0 cm,先端长渐尖,两面深绿色,无毛;叶柄疏被极短柔毛。果序轴疏被极短柔毛。果实球状,密被凹状小突起及锈褐色很短柔毛,3 钝棱与沟纹明显;果梗密被很短柔毛。

河南:郑州市、郑州植物园。2017 年 8 月 4 日。选育者:李小康、范永明和王华。

6.'紫叶'七叶树　新栽培品种

Aesculus chinensis Bunge 'Ziye',cv. nov.

本新栽培品种小叶、叶柄紫色。

河南:郑州市、郑州植物园。2017 年 8 月 4 日。选育者:李小康、王华和王珂。

7.'反柄'七叶树　新栽培品种

Aesculus chinensis Bunge 'Fanbing',cv. nov.

本新栽培品种小叶向反向开展。

河南:郑州市、郑州植物园。2017 年 8 月 4 日。选育者:李小康、王华和王珂。

二十九、无患子科 Sapindaceae

栾树四新栽培品种

赵天榜[1]　范永明[1]　陈志秀[1]　李小康[2]　王　华[2]　王　珂[2]

(1.河南农业大学,郑州　450002;2.郑州植物园,郑州　450042)

1.'金叶'栾树　新栽培品种

Koelreuteria paniculata Laxm. 'Jinye',cv. nov.

本新栽培品种叶金黄色、黄色。

河南:郑州市、郑州植物园。2017 年 8 月 4 日。选育者:李小康、王华和王珂。

2.'紫红果'栾树　新栽培品种

Koelreuteria paniculata Laxm. 'Zihongguo', cv. nov.

本新栽培品种果实紫色、紫红色。

河南:郑州市、郑州植物园。2017 年 8 月 20 日。选育者:赵天榜、范永明和陈俊通。

3.'红果'栾树　新栽培品种

Koelreuteria paniculata Laxm. 'Hongguo',cv. nov.

本新栽培品种果实鲜红色。

河南:郑州市、郑州植物园。2017 年 8 月 20 日。选育者:赵天榜、范永明和陈志秀。

4.'粉果'栾树　新栽培品种

Koelreuteria paniculata Laxm. 'Fenguo',cv. nov.

本新栽培品种果实粉红色、淡粉色。

河南:郑州市、郑州植物园。2017 年 8 月 15 日。选育者:赵天榜、范永明和陈志秀。

三十、番木瓜科 Caricaceae

番木瓜三新亚种

范永明[1]　赵天榜[1]　陈志秀[1]　赵东欣[2]

(1. 河南农业大学,郑州　450002;2. 河南工业大学,郑州　450000)

1. 雄性番木瓜　新亚种

Crica papaya Linn. subsp. mascula Y. M. Fan,T. B. Zhao et Z. X. Chen,subsp. nov.

Subspeciebus nov. inflorescentiis stamineis：①inflorescentiis stamineis longis,20. 0~120. 0 longis；② inflorescentiis stamineis mediocribus,5. 0~20. 0 cm longis；③breviter inflorescentiis stamineis 5. 0 cm longis vel 2~3-floribus caespitosis；④inflorescentiis stamineis nullis,1-flore, vel 2~3-floribus caespitosis,rare 5-floribus caespitosis.

Hainan：Tunchang Xian. 20160216. T. B. Zhao,Z. X. Chen et D. X. Zhao, No. 201602161 (HNAC).

本新亚种与番木瓜原亚种主要区别:花均为雄花。雄花序有:① 长雄花序,其长 20. 0~120. 0 cm,每花序具花 10 余朵至几十朵;并有具 1~3 枚短雄花序簇生;② 一般雄花序长 5. 0~20. 0 cm 与 1~3 枚短雄花序簇生;③ 短雄花序长小于 5. 0 cm,或 2~3 枚短雄花序簇生。每花序具雄花 5~11 朵组成多岐伞房花序;④ 无花序,其花单生,或 2~3 朵,稀 5 朵簇生。

海南:屯昌县。郑州植物园有栽培。2016 年 2 月 16 日。赵天榜,陈志秀和赵东欣。模式标本,No. 201602161,存河南农业大学。

2. 雌性番木瓜　新亚种

Crica papaya Linn. subsp. feminea T. B. Zhao et Z. X. Chen,subsp. nov.

Subspeciebus nov. inflorescentiis feminis. 1-flore,vel 2~3-floribus cynis.

Hainan：Tunchang Xian. 201602201. T. B. Zhao,Z. X. Chen et D. X. Zhao, No. 201602201 (HNAC).

本新亚种与番木瓜原亚种主要区别:花均为雌花。花单生,或 2~3 朵组成聚伞花序。花型肥大,花瓣 5 枚,长圆形,或椭圆形,长 2. 5~3. 2 cm,径 1. 8~2. 2 cm,乳黄色,或黄白色,表面具显著纵钝棱,基部合生;子房卵球状,或椭圆体状,长 2. 0~2. 5 cm,径 1. 5~1. 8 cm,乳白色,由 5 心皮组成,表面具 5 枚纵钝棱,无毛;花柱 5 枚,柱头多裂呈近流苏状;萼片 5 枚,长 5~9 mm,绿色,长线一三角形。

海南:屯昌县。2016 年 2 月 20 日。赵天榜,陈志秀和赵东欣。模式标本,No. 201602201,存河南农业大学。

3. 杂性番木瓜　新亚种

Crica papaya Linn. subsp. polygama T. B. Zhao et Z. X. Chen,subsp. nov.

Subspeciebus nov. floribus polygamis.

Hainan：Tunchang Xian. 201602251. T. B. Zhao,Z. X. Chen et X. D. Zhao, No. 201602251 (HNAC).

本新亚种与番木瓜原亚种主要区别:花杂性,是指雄花、雌花和两性花同生于一株植物上。

根据调查:杂性番木瓜植株稀少。作者在调查的 358 株中,只发现 3 株具有杂性花植株。

海南:屯昌县。2016 年 2 月 25 日。赵天榜,陈志秀和赵东欣。模式标本,No. 201602251,存河南农业大学。

番木瓜一新亚种和两新变种

赵天榜　　陈志秀

（河南农业大学,郑州　450002）

1. 两性花番木瓜　新亚种

Crica papaya Linn. subsp. bisexualis T. B. Zhao et Z. X. Chen, subsp. nov.

Subspeciebus nov. non aequalibus：floribus bisexualibus. staminatis：① staminatis evolutis, tubifloris magnis extus 10 angulis et 10 sulcatis et ② floribus sterilibus：tubifloris parvis a angulis et sulcatis. floribusfemineis：① floribus femineisevolutis et ② floribus sterilibus, ovariis sterilis. fructibus globosis et al. extus multis angulis et sulcatis.

Hainan：Tunchang Xian. 20160216. T. B. Zhao, Z. X. Chen et D. X. Zhao, No. 23(HNAC).

本新亚种与番木瓜原亚种不同：花两性。雄花有：①发育雄花,即花冠筒大,外面有 10 条纵棱与 10 条沟,②败育雄花,即花冠筒小,外面无纵棱与沟；雌花有：①发育雌花,②败育雌花,即子房败育。果实球状等,表面多条棱与沟。

海南：屯昌县。2016 年 2 月 16 日。赵天榜、陈志秀、赵东欣。模式标本,No. 23 号(图片),存河南农业大学。

2. 卵锥果番木瓜　新变种

Crica papaya Linn. var. ovaticonica T. B. Zhao et Z. X. Chen, var. nov.

A var. nov. dichasii-racemibus；pedicellis 1.5~2.0 cm longis, glabris. tubifloris ca. 1.5 cm, lobis 5 flavi-albis, supra angulis longitudianlibus et sulcatis. fructibus ovati-pyramidilibus, 9.0 cm longis, diametris, cinerei-viridibus, basi sphaericis, supra medium conicis.

Hainan：Tunchang Xian. 20160216. T. B. Zhao, Z. X. Chen et D. X. Zhao, No. 11(HNAC).

本新变种为二岐聚伞花序的总状花序；花序梗长 1.5~2.0 cm,无毛。花管筒长约 1.5 cm,裂片 5 枚,淡黄白色,表面具纵钝棱与浅沟。果实卵球-锥状,长 9.0 cm,径 7.0 cm,灰绿色,基部球状,中部以上锥状。

海南：屯昌县。2016 年 2 月 16 日。赵天榜、陈志秀、赵东欣。模式标本,No. 11 号(图片),存河南农业大学。

3. 棱沟果番木瓜　新变种

Crica papaya Linn. var. bisexualis T. B. Zhao et Z. X. Chen, var. nov.

A var. nov. ramulis cinerei-purpureis, splendentibus. fructibus ovati-fusiformibus, 12.0~15.0 cm longis, diam. 7.5~9.0 cm, apice obtusis triangulatis, 1.5~2.0 cm longis atrovirentibus, 5-angulis conspicuis et sulcatis atropurpureis.

Hainan：Tunchang Xian. 20160216. T. B. Zhao, Z. X. Chen et D. X. Zhao, No. 12(HNAC).

本新变种幼枝灰紫色,具光泽。果实卵球-纺锤状,长 12.0~15.0 cm,径 7.5~9.0 cm,先端钝圆,具三角状短尖头,长 1.2~1.5 cm,深绿色,具 5 条明显钝棱与黑紫沟纹。

海南：屯昌县。2016 年 2 月 16 日。赵天榜、陈志秀、赵东欣。模式标本,No. 12 号(图片),存河南农业大学。

三十一、鼠李科 Rhamnaeceae

枣农间作群体结构的光照及效益研究

赵天榜[1]　吴增琪[1]　赵国全[2]　陈炳坤[2]　杨万成[2]　马文贤[2]　张国卿[2]

赵　杰[2]　高玉敏[2]　袁雷生[3]　蒋绍曾[4]　董兆武[4]　冯绍孟[5]　王长德[6]

（1.河南农学院园林系;2.新郑县枣树研究所;3.河南省林业厅;
4.开封地区林业局;5.开封地区科委;6.新郑县孟庄公社林站）

枣树具有适应性强、分布广,生长慢、寿命长、耐干旱瘠薄、耐低湿盐碱、耐风吹沙打,繁殖容易,收益早,发芽晚、落叶早,枝疏叶稀、透光良好等优良特点,是华北平原地区一个极为优良的农果间作树种。枣树进入农田,实行大面积的枣农间作,是我国沙区劳动人民长期以来与风、沙、旱、涝、碱等自然灾害作斗争的一个创举。全省枣农间作面积达110万亩,主要分布在河南的新郑、内黄、永城等县,其中以新郑、内黄栽培面积最大、株数最多,经验也很丰富。山东乐陵、茌聊、邹藤等县,以及河北、山西等地也有栽培。

为了探讨枣农间作群体结构中光照强度的分配规律,研究其经济效益和防护效益,总结其栽培经验,以便把它建立在比较合理的科学基础之上,我们于1980~1982年在新郑县谢庄公社进行了枣农间作的调查和研究。调查研究方法采用定位观测。调查研究的主要内容有:枣农间作群体结构中光照强度的分配,枣农间作的防护效益、经济效益等。现将三年来调查研究的初步资料,整理如下,供参考。

一、枣农间作群体结构中光照强度的分配

根据三年来观测,我们发现:枣树—农作物人工栽培群体结构中,光照强度分配具有明显的变化规律。这种变化规律,是随着枣树树冠结构的变化而呈现出规律性的变化。枣树树冠结构的变化,是受多种因素相互作用、彼此制约的综合结果,如树龄、物候期、树冠大小、形状、栽植密度、林带走向,以及太阳的高度和方位角等,其中树龄、物候期和林带走向,则是影响枣农间作群体结构中光照强度分配的主要因素,因而也是影响作物生长发育和产量的主要因子。

1.树龄对光照强度分配的影响

枣树树龄不同,必然要通过它的冠幅大小而表现出来。枣树生长很慢,寿命也长,因而15年生以前,树冠较小,枝少叶稀,所以光照强度和透光率很高;随着树龄的增长,树冠逐渐增大,而光照强度和透光率则相应地降低。树龄达50~80年生时,枣树正是结果盛期,生长很慢,抽枝萌生壮枝的能力也很弱,冠幅趋于稳定状态,因而在树冠下的光照强度和透光率,也趋于比较相对稳定的阶段;百年后,随着树龄的增长,树势逐渐衰弱,且有枯枝焦梢现象相继出现,冠幅则相应地退缩变小,"天窗"随着增多、加大,因而光照强度和透光率也相应地有所增高,如表1所示。

表1　枣树树龄与光照强度和透光率变化调查

树龄 （a）	平均树高 （m）	平均冠幅 （m）	光照强度 （lx）	透光率 （%）
对照			62 000	100
5～10	3.21	2.1	56 000	90.32
15～20	4.65	3.93	50 000	80.65
25～30	5.38	4.50	50 000	70.79
35～40	5.71	5.37	40 000	64.51
45～50	6.10	5.92	33 000	53.23
55～60	6.42	6.28	32 000	51.61
65～70	6.73	6.54	28 000	45.16
75～80	7.04	6.79	27 000	43.54
85～90	7.12	6.45	30 000	48.39
95～100	6.47	6.04	34 000	54.84
105～110	6.10	5.71	36 000	58.06
115～120	5.96	4.92	30 000	62.90
125～130	5.41	4.67	42 000	67.74

注：1980年6月3～8日测定。

从表1看出，枣树树龄与光照强度和透光率具有明显的阶段性变化规律，即：枣树树龄在5～60年间的枣农间作群体结构中，树龄与光照强度和透光率呈反相关规律；60～90年间，其群体结构中的光照强度和透光率变化不大，基本上趋于比较稳定状态；随着树龄的增长，则光照强度和透光率呈现出正相关规律。同时表明，枣树树龄与光照强度和透光率之间的相关规律，对于指导合理地进行枣农间作、确定间作年限、选择适宜的作物种类和制定合理的耕作栽培制度及措施具有重要意义。

2. 枣树栽植密度对光照强度分配的影响

枣农间作群体结构中，枣树栽植密度，是影响光照强度分配的决定因素。根据测定，枣树栽植密度越稠，则光照强度越小，透光率越少；反之，栽植密度越稀，光照强度和透光率越高，并呈现出光照强度和透光率与栽植密度呈反相关规律，如表2所示。

3. 林带走向对光照强度分配的影响

枣农间作群体结构中，枣树树冠投影变化

表2　枣树栽植密度对光照强度和透光率的影响

栽植密度（m）	测定株数	平均树高（m）	平均冠幅（m）	光照强度（lx）		透光率（%）	
				9时	13时	9时	13时
对照				56 000	162 000	100	100
4×4	36	6.43	4.10	124 500	44 600	43.75	71.93
4×6	32	6.50	4.73	125 600	46 400	45.71	74.84
4×8	32	6.80	5.01	127 600	49 600	49.28	80.00
4×10	33	6.93	5.42	129 200	52 000	52.14	83.87

注：1980年6月4日测定。

对光照强度分配具有明显的作用。这种作用，除受太阳高度角和方位角影响外，其林带走向则是构成影响光照强度分配的主导因子。这是由于枣农间作群体结构中林带走向，对光照强度分配具有明显的规律性影响结果。

（1）单冠型枣树树冠投影下光照强度的分配。根据观测，枣农间作群体结构中，以农为主的枣农间作类型中，南北走向林带内大株行距的枣树树冠投影变化，呈单冠型树冠投影的变化规律。

据测定，一日中，单冠型枣树树冠投影面积（S），受太阳高度角（H）、纬度（A）、测定时间（T）和树冠冠幅面积（S'）的影响，即：

$$S = K \frac{S'}{\sin H} = K \frac{L \times D}{\sin H} \qquad (1)$$

$$\sin H = \sin A \cdot \sin Q + \cos Q \cdot \cos T \qquad (2)$$

式中：H 为太阳高度角；A 为纬度；Q 为赤纬；T 为测定树冠投影面积时的时间；K 为不同时间测定树冠投影面积与树冠垂直投影面积之比值。

从式（1）和式（2）中看出，在进行农枣间作规划设计和农业生产实践中，了解和掌握枣树树冠投影变化规律，对于确定枣树栽植密度、实行科学轮作、选择间作作物种类和制定栽培措施具有重要意义。

为了进一步了解枣树树冠投影的日变化规律，我们于1980年5月18～20日选定单冠型枣树进行了树冠投影日变化的测定。其结果与李树人等测定的泡桐单冠型树冠投影日变化相似，如图1所示。

从图1看出，单冠型枣树树冠投影，上午偏于枣树位置的西南，中午位于树干中心稍偏向东北，下午则出现于枣树位置的东南方。同时，树冠投影面积随着太阳高度角和树高的不同而

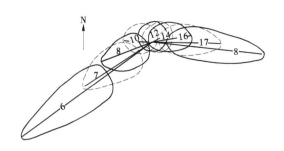

注:分别于6、7、8、10、12、14、16、17、18时测定的树冠投影面积。

图1 单冠型枣树树冠投影日变化辩律

异。如1981年5月18日选择平均树高6.3 m,冠幅5.5 m的30株60年生左右的枣树,分别于6、7、8、10、12、14、16、17、18时测定,其平均树冠投影面积相应为:63.4、36.0、30.8、27.2、24.2、28.3、32.2、35.3、52.9 m²。

枣树树冠投影面积的变化与枣农间作群体结构中光照强度和透光率的关系极为密切,如图2所示。

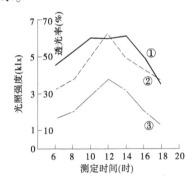

①对照;②透光率;③光照强度

图2 枣树树冠投影面积与光照强度和透光率日变化关系

从图2中看出,大面积的枣农间作群体结构中,单冠型枣树树冠下,光照强度一般为2万~3万lx,透光率达36%~60%,基本上可以满足夏熟作物生长发育对光照强度的需要。

（2）东西走向林带下光照强度的分配。在东西走向林带的农枣间作群体结构中,枣树树冠投影的变化,主要是受季节变化的影响,而日变化较小。一年中,遮阴面积随着林带宽度和树冠冠幅的增大,而相应地增多。据测定,一日中,单行东西走向的林带,其带冠投影随着日变化的不同,则林带投影带,由行南转向行中,后复转行南,并呈现出带状轨迹而构成一个遮阴带。遮阴带宽度一般为2～3 m,其南侧宽0.8~1.0 m,北侧宽1.2~2.0 m。

根据1980年和1981年两年的观测表明,东西走向林带带冠下遮阴时间长、光照强度弱、透光率也少,因而在该林带带冠下便形成一个作物生长不良、产量较低的减产区。为此,今后在大面积的平沙耕地上,营造枣树林网和进行枣农间作的规划设计时,应尽量少用或不用东西走南的枣树林带;反之,在风沙危害严重的沙地上,设置东西走向林带,则具有良好的防护效益。

（3）南北走向林带下光照强度的分配。南北走向林带的特点是:枣树树冠相互衔接,形成一条防护林带,而该林带的带冠投影为南北带状投影,而不同于单冠型枣树树冠投影。

南北走向林带的带冠投影下光照强度和透光率的变化主要表现为日变化。该林带投影下的光照强度和透光率,除冬春和夏秋具有明显不同外,其他时间内则变化很小。在日变化中,林带投影带上午在林带西侧,随着太阳的逐渐升高,则带冠投影的宽度逐渐缩小,直到中午,林带投影带的宽度最小,基本上与林带宽度相重叠,下午其投影带转向东侧,随着时间的增长,则投影带的宽度逐渐增大。由此可知,林带投影带的宽度,随着林带宽度和太阳高度角不同而变化。

表3 南北走向林带投影带下光照强度和透光率的日变化

测定时间(时)		6	8	10	12	14	16	18
林带东侧	光照强度(lx)				23 000	23 000	18 000	18 000
	透光率(%)				32.14	35.29		
林带西侧	光照强度(lx)	20 000	31 000	26 000				
	透光率(%)	40.00	59.04	46.43				
对照	光照强度(lx)	50 000	52 000	56 000	60 000	62 000	56 000	51 000
	透光率(%)	100	100	100	100	100	100	100

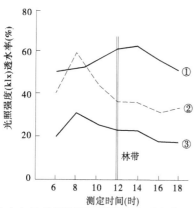

图3 南北走向林带投影下光照强度和透光率日变化规律

根据测定,林带投影带最宽时为早上6时和下午18时,其宽度可达20.0 m左右;中午12时最窄,其林带投影带宽度等于林带的宽度。

南北走向林带投影的日变化,必然影响到投影带下光照强度和透光率的变化,如表3和图3所示。

从表3和图3看出,南北走向林带带冠下光照强度和透光率变化,是随着带冠投影日变化而变化的,且呈"一"字形规律。同时表明,林带带冠下遮阴时间与遮阴强度呈正相关规律,即林带两侧遮阴时间越短,则遮阴强度越小;反之,遮阴时间越长,则遮阴强度越强。遮阴时间、遮阴强度,则与农作物产量呈反相关规律,即遮阴时间越长,遮阴程度越强,则作物生长发育越差,而产量越低;反之,则越高。

二、枣农间作的防护效益

各地经验证明,实行枣农间作是获得枣麦增产的主要技术措施之一。枣农间作可以防风固沙,改善农田小气候,提高光能利用率,为小麦生长发育创造适宜的生态环境条件,是提高沙区农业生产的重要技术措施之一。现将三年来进行枣农间作的防护效益观测的初步材料,整理如下。

1. 改善农田小气候

枣农间作可以改善农田小气候,为小麦生长发育创造有利条件。据河北沧州地区观测,枣农间作的人工栽培群体结构中,可以降低风速30%,水分蒸发量减少10%以上,空气相对湿度提高10%,株行距越密,这种作用越明显。根据1980年和1982年我们在新郑县观测,枣农间作可以降低风速20.9%~62.1%,降低气温1.2~5.8℃,空气相对湿度提高0.5%~11.3%,土壤含水率增高4.5%~5.1%,蒸发量降低8.0%~

44.7%。如表4所示。

表4 枣农间作对农田小气候的影响

项目	观测时间	栽植密度(m)				对照
		4×4	4×6	4×8	4×10	
气温(℃)	1980年6月上旬	24.1	24.4	24.8	24.8	26.0
	1981年5月中旬	25.2	27.0	28.0	29.5	30.0
	1981年6月中旬	71.4	69.4	67.4	65.1	60.1
空气相对湿度(%)	1981年5月中旬	60.0	57.4	55.1	53.8	53.1
	1981年6月上旬	67.0	65.0	64.3	63.5	63.0
风速降低(%)	1980年6月上旬	62.1	43.2	26.5	20.9	100
蒸发量降低(%)	1981年5月中旬	44.7	29.0	19.2	12.8	100
	1980年6月上旬	18.7	12.7	10.8	8.0	100
土壤含水率(%)	1981年6月中旬	21.3	21.2	21.7	21.8	16.7

枣树林带对于降低气温、风速和提高空气相对湿度具有明显的作用。为了解枣树防护林带在改善农田小气候的作用,以便为建立新的枣树防护林网提供科学依据。我们曾进行过调查。调查结果如表5所示。

表5 枣树防护林带的防护作用

测点距林带距离(m)	气温(℃)	空气相对湿度(%)	降低风速(%)
林带内	23.5	74.1	62.1
15	28.0	73.4	57.6
25	28.5	—	37.6
50	28.3	68.2	29.4
75	28.1	—	20.9
100	28.8	67.1	15.3
125	29.0	66.3	9.5
对照	29.1	66.5	100

从表5中看出,枣树林带的防护效益,从距林带处开始到50 m处比较明显,125 m远处,则与对照处的气象条件几乎相同。由此可见,在平沙区营造枣树农田林网时,其带距一般应以100~150 m为宜。

2. 减轻干热风危害

华北平原地区,从5月底至6月初经常出现干热风天气,严重地影响着小麦的生长发育,甚至形成小麦部分青干枯死,造成不同地区、不同程度的减产。如1981年5月中旬河南全省普遍出现一次干热风天气,严重地影响着小麦的生长和发育。根据调查,在没有种植枣树的沙耕地上的小麦千粒重为22 g,而在枣麦间作的沙耕地上,小麦生长发育良好,千粒重达36.51 g,亩产达231.5斤(1斤的0.5 kg,下同)。此时,枣树已抽枝放叶,在提高空气相对湿度,降低风速,防御干热风和干旱、风沙等灾害中发挥了重要作用。

3. 提高了光合产物的积累

枣树具有枝疏叶稀、发芽晚、落叶早、透光良好等生物学特性。根据调查,30～60年生的枣树平均冠幅4.5～6.3 m,透光率平均51.61%～70.97%,树冠下光照强度日平均为23 550 lx,因而枣农间作群体结构中种植小麦基本上可以满足小麦在生长发育期间对于光照的需要。同时,枣树生育期短(150～160天),与小麦的生育期基本错开,减少了枣树对小麦光合作用的影响,如图4所示。

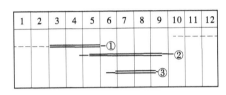

①小麦;②枣树;③玉米

图4 枣树、小麦、玉米生育期比较

小麦在生长发育过程中,由于不同的生育阶段对于光照强度的要求也不一致。如在灌浆期间至成熟前这一阶段中,小麦要求最适宜的光照强度,一般为2万～3万 lx。根据1980年6月10日测定,晴天时对照处的光照强度平均为50 900 lx,最高达80 000 lx以上,而枣农间作群体结构中的麦枣间作地内光照强度平均21 300 lx,基本上可以满足小麦对光照强度需要,从而延长了小麦光合作用的有效时间,增加了干物质积累,提高了小麦的产量,如表6和图5所示。

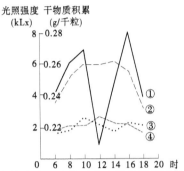

图5 光照强度日变化对小麦干物质积累的影响

①对照光照强度;②对照小麦干物质积累;
③间作地内光照强度;④间作地内对小麦干物质积累

表6 光照强度对小麦干物质积累的影响

测定时期	内容测定	光照强度和干物质积累的日变化							
		6时	8时	10时	12时	14时	16时	18时	平均
1980年6月10日	对照间作	光照强度（lx）	35 000	52 000	60 000	60 000	62 000	56 000	31 000	50 900
		干物质积累（g/千粒）	0.216 37	0.218 50	0.226 14	0.219 40	0.182 60	0.227 06	0.223 42	1.243 51
		光照强度（lx）	18 000	20 200	21 300	26 400	23 000	22 700	17 700	21 300
		干物质积累（g/千粒）	0.240 00	0.263 00	0.273 70	0.208 0	0.245 00	0.280 10	0.241 60	1.751 40
1981年5月18日	对照间作	光照强度（lx）	51 000	52 000	60 000	60 000	62 000	56 000	56 000	56 700
		干物质积累（g/千粒）		0.811 00	0.972 60	0.173 35	0.206 70	0.464 60	0.307 5	2.935 8
		光照强度（lx）	17 800	21 100	28 200	25 000	25 000	24 000	17 600	22 674
		干物质积累（g/千粒）		1.181 3	1.018 1	0.839 5	0.719 1	0.688 3	0.536 50	5.757 5

据报道,河北河间县小孙庄大队1978年间种小麦30亩进行试验,平均亩产580斤,而对照地平均亩产401斤(200.5 kg),增产42.14%。

农作物由于种类不同,对光照强度的要求也不一致,尤其是秋作物需光量较大,因而常造成枣农间作群体结构中秋作物大幅度减产。因此,选择适宜的作物种类进行间作,也是获得枣农间作中枣粮双丰收的主要技术措施之一。

4. 合理利用了土壤中的水分和养分

为了解枣树和小麦等作物根系在沙土中分布的规律,以便为枣农间作选择适宜的作物种类提供可靠依据。我们从1978年以来4年中,进行了枣树、小麦、玉米、芝麻、谷子、花生等根的调查。调查结果如表7和图6所示。

表 7 枣树、小麦等根系分布调查

土层深度 （cm）	枣树 （g）	小麦 （g）	玉米 （g）	谷子 （g）	芝麻 （g）	落花生 （g）
0～10		13.5	32.6	5.4	11.4	9.5
10～20		11.7	13.2	3.8	2.61	3.0
20～30		10.3	3.1	0.5	0.9	0.3
30～40	118.1	0.8	1.50	0	0	0
40～50				154.7	0.2	0.5
50～60					0	0.2
60～80	55.9				0.1	
80～100	21.3					
100～120		6.6				
120～140		5.9				
140～160		3.4				
160～180	0					

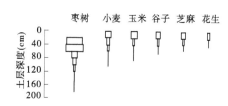

图 6 枣树、小麦等根系垂直分布图

从表 7 和图 6 中看出，枣树和小麦等作物的根系，在土层中分布相差比较明显，即枣树根系多分布在 30~80 cm 土层中，而小麦等作物多分布在 0~30 cm 的土层内，从而有利于它们从不同深度的土层内吸收水分和养分，解决了枣树与作物争水、争肥之间的矛盾，有利于小麦的生长发育，促进小麦产量的提高。同时表明，枣树与秋作物之间的主要矛盾不是它们对土层中水分和养分供需之间的矛盾，而主要表现在它们对光照的要求之间的矛盾，是影响其生长发育和产量的主导因子。

为了进一步了解枣农间作群体结构中土壤水分和养分的变化，我们曾进行了枣农间作群体结构中土壤水分和养分的测定。测定结果如表 8 所示。

从表 8 材料中看出，枣农间作地内的土壤含水率比对照地高 9.4%~17.31%，氮、磷分别高于

表 8 枣农间作对土壤水分和养分的影响

土层深度(cm)		10	30	60
枣农间作 （沙地）	土壤含水率 （%）	10.70	21.36	18.81
	土壤养分 （mg/kg） 氮	10.63	24.43	21.23
	磷	25.00	18.80	25.00
	钾	60.00	60.00	60.00
对照 （沙地）	土壤含水率 （%）	1.30	4.05	3.51
	土壤养分 （mg/kg） 氮	21.50	17.50	12.88
	磷	12.50	12.10	7.50
	钾	60.00	60.00	60.00

注：（1）土壤养分为 1980 年测定结果；（2）土壤含水率为 1981 年 5 月中旬测定。

对照 6.5 mg/kg 和 12.23 mg/kg。由于土壤中含水率和养分含量高于对照地。加之小麦、芝麻在生育期间需要养分及水分比其他作物种类为低，所以在枣农间作群体结构中，进行枣麦间作和枣芝麻间作是比较理想的人工栽培群体，而对高粱、玉米、棉花等作物影响较大，应尽量少种或不种为宜。

三、枣农间作的经济效益

为了总结枣农间作人工栽培群体结构在防风固沙、保障农业生产及其栽培经验，为今后建立大面积枣农间作和生产枣果的基地，促使枣农间作生态体系发挥更大的作用，提供一些科学数据。我们曾进行了枣农间作经济效益的调查研究。调查结果分述如下。

1. 林带走向对作物生长发育和产量的影响

根据调查，沙区林带走向，以立地条件不同而有明显的差异。一般在风沙危害较重的沙耕地上，林带走向呈东西走向，与当地主要害风方向垂直或有 30° 左右的偏角，基本符合防风固沙林带设置的原则。在风沙危害较轻的农耕沙地上，林带多呈南北走向配置，并以单行大株行距栽植在田间。这种走向不同的林带对小麦的生长发育和产量具有明显的影响。其中，单行南北走向的宽行大株距林带对小麦没有明显的影响，而单行东西走向的林带，则形成 2~3 m 宽的投影带，造成 2~3 m 宽的减产区。根据调查统计，该区内平均每亩减产 66.6~129.9 斤，减产幅度为 32.3%~62.9%，如表 9 所示。

表 9　不同走向的单行型林带对小麦生长发育及产量的影响

林带走向		距枣树距离（m）	株高（m）	秆重（g）	穗重（g）	穗长（cm）	株数	千粒重（g）	亩产（斤）
东西走向林带	南侧	1.5	0.99	142.5	150.0	5.21	360	37.81	199.8
		1.2	0.87	112.5	105.0	5.28	345	36.37	139.9
		0.8	0.81	75.0	95.0	5.14	265	25.57	126.5
		0.5	0.66	67.5	67.5	5.00	180	21.53	89.9
	北侧	0.5	0.67	58.5	57.5	3.88	200	21.18	76.6
		0.8	0.75	90.0	82.5	4.85	325	29.23	109.9
		1.2	0.84	112.5	105.0	5.06	375	36.22	139.9
		1.5	0.93	127.5	127.5	5.35	350	37.49	169.8
		1.0	0.94	160.0	162.5	5.72	360	38.72	216.5
	对照		0.77	144.5	155.1	5.70	351	38.77	206.5
南北走向林带	对照		0.80	181.1	161.3	4.95	225	36.55	214.9
		1.0	0.81	186.5	163.5	5.05	307	36.22	217.8
		2.0	0.83	206.5	161.5	5.18	275	36.49	215.1
		3.0	0.84	190.0	158.5	5.06	272	36.22	211.1
		4.0	0.82	205.1	166.5	5.39	307	38.83	221.8

注：1980 年 6 月上旬调查材料。

从表 9 中看出，南北走向林带比东西走向林带好。南北走向的大株行距林带对小麦生长发育、千粒重和产量的影响均不明显；东西走向林带由于带冠下形成一个 2～3 m 宽的遮阴带，对小麦的影响比较明显，即距树干 0.5～0.8 m 处，千粒重减少 29.32%～44.13%，每亩减产 80～129.9 斤；1.2～1.5 m 处，千粒重少 2.42%～6.38%，每亩减产 66.6～76.6 斤；林带遮阴带以外的地方，不仅不影响小麦产量，反而有增产，一般增产幅度 9.7%～22.44%，每亩增产 19.1～44.2 斤，平均每亩增产 32.7 斤。其原因在于枣农林网及枣麦群体结构利于小麦生长发育的结果。

根据 1981 年调查材料，枣农群体结构中对间种秋作物的生长发育具有明显的影响，如表 10 所示。

表 10　枣农间作对秋作物生长发育和产量的影响

间种作物名称	株高（m）	茎粗（m）	穗长（cm）	叶片数（个）	果数（个）	千粒重（g）	亩产（斤）
玉米	2.18	1.39	11.90			21.4	245.4
对照	2.37	1.93	19.00			35.68	540.1
谷子	1.23		11.11			2.21	437.5
对照						2.35	455.9
芝麻	0.89			39.0	26.6	3.01	77.7
对照	1.06			29.8	30.1	3.30	82.2
红薯							1 300
对照							2 300
花生							50
对照							100

从表 10 中看出，枣间作群体中种植玉米影响

较大，其平均百粒重减少 14.28%，每亩平均减产 294.6 斤。花生、红薯减产也较明显，其减产幅度为 76.9% 及 43.47%。由此可见，秋季间种的作物品种，以谷子、芝麻为宜。

2. 不同宽度林带下对作物生长发育和产量的影响

调查和了解不同宽度林带下作物生长发育状况及其产量的高低，是充分利用枣树的优良特性、提高土壤生产潜力的重要措施之一。因此，进行林带下作物生长状况及其产量调查，是选择作物种类、进行合理间作、制定栽培措施的重要依据。为此，三年来，我们选择了 4 个宽度的林带，即 5 m（单行）、15 m（3 行）、20 m（4 行）、25 m（5 行）和对照进行调查。调查结果如表 11 和表 12 所示。

表 11　不同宽度林带下对小麦生物量和产量的影响

林带宽度（m）	株高（m）	秆重（g）	穗重（g）	穗长（cm）	千粒重（g）	亩产量（斤）
对照	0.76	214.6	191.7	5.70	38.77	323.6
5	0.76	210.3	170.3	5.63	37.97	227.6
15	0.76	182.5	149.0	5.52	36.36	229.0
20	0.83	221.3	141.3	6.88	38.09	238.5
25	0.77	116.3	121.3	5.25	36.53	219.8

表 12　不同宽度林带下对谷子、玉米、芝麻和红薯产量的影响

作物名称	林带宽度(m)									
	5		15		20		25		对照	
	斤/亩	%	斤/亩	%	斤/亩	%	斤/亩	%	斤/亩	%
玉米	497.1	92.5	461.5	85.8	302.3	56.4	207.1	38.5	537.6	100
芝麻	83.4	101.5	76.1	92.6	68.5	83.3	60.7	75.2	82.2	100
谷子	401.8	97.8	380.0	94.1	352.3	83.8	331.9	78.9	420.3	100
红薯	2 100	91.3	1 840	80.0	1 660	72.2	1 540	67.0	2 300	100

从表 11 和表 12 材料中可以明显看出，林带带冠下无论对于任何一个作物种类均有影响，但以小麦、谷子、芝麻影响较小，平均每亩减产分别为 31.9 斤(东西林带)、35.2 斤及 10.0 斤。对玉米减产影响较大，其平均每亩减产 148.3 斤，减产幅度 7.5%～61.5%。

3. 林带间距对作物生长发育和产量的影响

枣树生长慢、寿命长、枝疏叶稀、透光良好，因而林带的防护距离较小。为了进一步了解林带间距对作物生长发育的影响，我们曾进行过调查研究，其结果如表 13～表 15 所示。

表 13　枣树林带间距对小麦生物量及产量的影响

距林带边缘的距离(m)	株高(cm)	秆重(g)	穗重(g)	穗长(cm)	千粒重(g)	亩产(斤)
对照	64.8	230.0	231.5	5.50	36.08	197.5
3～5	60.7	208.8	213.0	4.53	35.90	215.4
25	61.9	218.1	208.0	4.85	37.74	226.4
50	57.1	227.5	221.3	4.60	39.25	235.5
75	59.3	270.0	253.0	5.15	40.30	241.8
100	66.8	281.5	275.0	5.44	40.27	241.6
125	62.0	250.0	241.3	5.05	38.32	223.9
135	63.4	222.5	213.3	5.15	39.10	216.6
对照	63.1	215.7	205.0	5.30	36.28	205.7
3～5	61.8	237.7	227.5	5.37	40.81	244.9
25	62.8	277.5	271.7	5.60	40.88	245.3
50	62.1	321.5	308.3	5.83	40.95	245.7
75	58.4	290.0	273.8	5.37	37.97	227.8
对照	80.7	295.0	261.3	5.92	38.80	232.8
1	82.3	242.5	220.0	5.40	36.70	220.2
25	90.0	311.3	307.5	6.37	43.90	263.4
50	82.4	241.0	229.4	5.81	42.90	252.6
对照		230.0	241.0		22.12	75.1
25		272.5	254.0		34.32	211.1
75		270.0	250.0		35.73	170.4
100		225.2	221.5		27.80	102.7

表 14　林带间距对玉米生长和产量的影响

距林带距离(m)	株高(m)	茎粗(cm)	穗长(cm)	千粒重(g)	亩产(斤)
林带下	1.90	1.08	8.70	14.10	147.1
4	2.08	1.40	13.73	38.21	302.3
25	2.27	1.96	18.23	36.85	537.6
50	2.24	1.64	16.37	38.21	583.0
75	2.17	1.73	15.40	38.53	588.3
100	2.20	1.97	21.70	24.41	580.7
125	2.10	1.50	15.10	33.10	530.1

表 15　林带间距对谷子生长和产量的影响

距林带距离(m)	株高(m)	穗长(cm)	千粒重(g)	亩产(斤)
林带下	0.98	15.50	2.21	350.7
3	1.05	16.30	2.20	363.7
25	1.12	16.86	2.42	360.9
50	1.19	18.22	2.11	370.8
75	1.10	17.35	2.14	387.4
对照	1.25	18.10	2.25	420.3

从表 13～表 15 中材料看出，距林带距离不同，对小麦、玉米和谷子的生长发育和产量也有不同的影响，其中对小麦影响较小，一般每亩增产 19.1～44.2 斤，平均每亩增产 32.7 斤，增产幅度为 9.7%～22.44%，而 1981 年在干热风危害较重的情况下，增产幅度达 30.7%～180.96%。对玉米和谷子的增产作用没有对小麦的作用明显，一般增产幅度 5%～10%。

此外，还可以看出，增产范围(一侧)以 3～75 m 比较明显，这与枣树林带的防护范围是完全吻合的。所以，今后在营造农田林网时，枣树林带间距一般以 100～150 m 为宜。如果在风沙危害比较严重的泛沙农耕地上，林带间距可采用 50 m 左右较好。

4. 枣树栽植密度对作物生长发育和产量的影响

枣农间作地区，由于以往受小农经济的限制，枣农群体结构中枣树的行株距大小不等，方向也不一致。据调查，河南新郑县枣农间作群体结构中枣树栽植密度，一般行距 6～10 m，株距 4～6 m。为了解枣农间作群体结构中枣树栽植密度对作物生长发育和产量的影响，我们曾做过调查，调

查结果如表16～表17所示。

表16 枣树栽植密度对小麦生长发育和产量的影响

调查日期	栽植密度(m)	株高(m)	株数	秆重(g)	穗重(g)	穗长(cm)	千粒重(g)	亩产(斤/亩)	鲜果产量(斤) 株	亩
1980年	对照	0.51		81.1	61.3	4.95	35.90	94.4		
	4×4	0.47		80.3	57.0	4.09	27.30	97.3	20.3	755.4
	4×6	0.57		122.7	98.3	5.20	29.80	206.3	40.6	792.6
	4×8	0.59		155.4	121.2	5.03	32.90	228.2	37.3	589.0
	4×10	0.58		140.6	102.6	6.15	34.10	169.9	40.2	467.4
1981年	对照		241.0	255.2	102.7		22.12	78.1		
	4×4		243.8	260.4	210.0		23.34	157.2	39.3	1 627
	4×6		234.4	330.4	246.0		25.74	222.4	68.2	1 027
	4×8		263.6	330.0	294.8		23.38	215.8	35.3	608
	4×10		235.0	264.0	194.4		25.32	169.2	42.3	584

表17 栽植密度对玉米、芝麻、谷子生长发育和产量的影响

栽植密度(m)	4×4	4×6	4×8	4×10	对照	注
玉米 株高(m)	1.94	2.16	2.26	2.35	2.54	
茎粗(cm)	1.25	1.32	1.41	1.50	1.88	
穗长(cm)	9.45	11.00	12.65	14.30	16.30	
千粒重(g)	168.5	196.0	213.5	267.8	356.5	
产量(斤/亩)	150.4	210.8	270.1	350.3	537.6	
芝麻 株高(m)	0.93	0.81	0.94*		1.06	*4×9
叶片数	27.5	27.8	31.7		29.8	
果数	24.1	25.9	29.8		30.1	
千粒重(g)	2.52	3.08	3.10	3.35	3.30	
产量(斤/亩)	61.9	71.1	75.4	88.9	100.2	
谷子 株高(m)	1.14	1.21	1.23	1.24	1.25	
穗长(cm)	18.5	18.19	19.80	19.96	18.70	
千粒重(g)	2.21	2.20	2.21	2.23	2.24	
产量(斤/亩)	360.9	371.9	416.3	462.5	490.3	

从表16和表17中看出,枣农间作群体结构中,麦枣间作的适宜密度以4 m×6 m、4 m×8 m最好,4 m×10 m较次,4 m×4 m的密度对小麦产量影响比较明显。在1981年干热风严重的情况下,对小麦产量具有明显的增产作用。对秋作物玉米等的生长发育和产量影响特别明显;对谷子、芝麻影响较小。所以,在进行枣农间作时,以农业生产为主的枣农间作群体,枣树栽植密度以4 m×6 m、4 m×8 m或4 m×10 m较宜,以生产枣果和防风固沙为主的枣农间作群体,则枣树栽植密度以4 m×4 m较好。

三十二、梧桐科 Sterculiaceae

梧桐播种育苗丰产经验总结
——创亩产13万9千株的全国新记录

赵天榜 孙养正

(河南农学院林学系林业站)

一、前言

梧桐(Firmiana simplex W. F. Wight.)为落叶阔叶树种,树干高大,通直无节,树皮绿色,叶大如扇,非常美观。因此,梧桐是庭院及城市和居民区绿化方面的重要树种之一。此外,梧桐的材质坚韧,纹理细致,易于加工,也是细木工用材树种之一。近几年来,随着轻工业的迅速发展,梧桐不仅作为木本油料作物而提出,而且也是人造纤维的主要原料树种之一。因此,梧桐的栽培,在今后将有进一步的发展。

梧桐在以前即采用播种方法进行育苗。但是,由于它的种皮较厚,发芽迟缓,苗木出土常参差不齐,因而影响苗木的产量和质量。为此,我站曾

于 1955 年、1957 年和 1958 年进行了三次育苗试验，特别是 1958 年，由于我们充分掌握了梧桐播种育苗的特点，从而获得了亩产 139 719 株的高额丰产，其中每平方米的最高产苗量为 358 株，每亩合计产苗量为 238 643 株。现将我站梧桐播种育苗的经验，初步加以整理，公布于下，以作参考。

二、圃地整理

播种地的前茬，是一年生的榆树和苦楝地。土壤为粉沙壤土，pH 7.5，耕作层一般达 25 cm。1958 年 2 月 20 日起苗后，随即进行整地。整地的方法，是用铁锨进行深翻 30～40 cm，并将树根除去，立即整平，筑成东西长 10 m、宽 1 m 的畦（低床），步道宽 30 cm，高出床面 15 cm，同时每畦施入马粪 50 kg，用锨翻入地下作为基肥，然后把畦搂平，做好进行播种的准备工作。

三、种子处理及播种

播种用的种子，系 1954～1956 年三年所采集的种子。根据种子品质检查结果，种子纯度为 97%，每升种子有 3 479 粒，重 480 g，千粒重为 136.75 g，圃场发芽率为 59.28%。

播种前种子的处理，分两种方法进行。一种是在播种前一月混沙储藏，坑深 30 cm，长、宽也各为 30 cm，其混合比例为 1:1，然后把种子放入坑内，每天用清水冲洗一次，并用手均匀搅拌，以免种子发芽不齐，而影响播种工作；另一种方法是在播种前 20 天用清水浸种，每隔 3～5 天换水一次，以免因时间过长而发臭，使种子腐烂。以上两种方法均坚持到播种时为止。若遇冷天，则将种子移于室内（混沙储藏的种子则用蒲苞等物覆盖），待种皮膨胀且绝大部分微裂达到催芽目的后，再进行播种。播种方法用 5 行条播。每 10 m² 的面积上播种量分别为 1.0 L、1.2 L、1.4 L、1.6 L、1.8 L。播种后，立即覆土，覆土厚度为 3 cm 左右，并进行镇压，使土壤与种子密接。

四、苗木抚育

1958 年 4 月 13 日播种。15 天以后，开始发芽出土，3 星期内基本上出齐。种子发芽时系幼茎首先出土，子叶尚在土中。在这种情况下，若遇干旱天气，由于地表受太阳的照射，温度高，幼芽常遭灼热之害，而引起幼苗大量死亡。为了避免幼苗遭受灼热之害，以保证幼苗出土整齐，而提高

单位面积的产苗量，我们采用了"勤浇、少浇"的灌溉原则，即每隔 3～5 天灌溉一次，经常保持床面潮润，促进了幼苗早日发芽出土整齐。苗木基本出齐后，即可减少灌溉次数。如果幼苗长期出土不齐，不宜用小耙（或小锄）进行松土，以免伤害未出土的幼芽。播种后 5 天（4 月 18 日），即发现在苗床内有蝼蛄的为害，为了消灭蝼蛄对苗木的为害，我们采用毒谷进行诱杀，连续 3～5 次，即可根除虫害。

为了保证苗木的良好生长，我们于 1958 年 6、7、8 月三个月，分别每畦每次施硫酸铵 150 g；7 月 22 日又施马粪 150 kg；8 月下旬、9 月上旬和下旬，用 2% 的过磷酸钙溶液进行根外追肥三次。每次每亩合计追过磷酸钙 2.5 kg；9 月 7 日每畦又追施草木灰一次，合计每亩施草木灰 25 kg，以促进苗木幼茎的充分成熟，保证苗木的质量。

梧桐无论大树，或者苗木均具有怕水的特点，因此在雨季还进行了两次排水工作，以排除过多的积水，免除了水害，保证了苗木的良好生长。

五、苗木的产量

1957 年由于我们还没有掌握梧桐播种育苗的特点，因此每亩产苗量为 23 000 余株，而且生长不良，一般苗高均在 15 cm 以下。1958 年我们初步掌握了梧桐播种育苗的特点，因而获得了亩产 13.3 万株的高额丰产。

关于苗木的计算方法，是在播种面积上，即每畦的中央，选取 2 m²，然后掘苗分级统计实际产量。最后再推算出每亩的产苗量。为了查明不同播种量对苗木质量的影响，我们将苗木分成四级进行比较，一般区别是：苗高 51 cm 以上，地际径 0.5 cm 以上者为Ⅰ级；41～50 cm，地际径 0.4～0.5 cm 为Ⅱ级；21～40 cm，地际径 0.3～0.4 cm 为Ⅲ级；20 cm 以下，地际径 0.3 cm 以下的苗木为Ⅳ级。现将各种播种量的苗木分级情况，列于表 1。

表 1　梧桐播种量与苗木产量、质量关系表

播种量（L）	Ⅰ	Ⅱ	Ⅲ	Ⅳ	株数（m）	产苗数（万株/亩）
1.0	63	57	120	120		8.0
1.2	86	77	86	39	146	10.0
1.4	210	140	40		195	13.0
1.6	184	123	111	40	229	15.2
1.8	195	344	104	72	358	23.8

六、初步小结

梧桐播种育苗,我们认为有以下五点经验:

(1)深翻土地。深翻土地,可以疏松土壤,改变土壤的物理化学性质,增强土壤的吸收和保水能力,从而给苗木创造出良好的生长条件,所以深翻土地是梧桐育苗获得丰产的主要技术措施之一。

(2)种子催芽。进行种子催芽,是决定种子发芽的关键。如果播种前不进行催芽,种子发芽不齐,苗木生长大小悬殊,影响苗木的质量。

(3)适时灌溉。种子发芽后,天气炎热,应勿使畦面过度干燥,否则将使幼苗遭受灼热之害。为此,每隔3~5天即应灌溉一次,可以保证种子迅速发芽,整齐出土,从而保证苗木的产量。

(4)增施追肥。增施追肥是提高苗木质量的关键,因此在苗木生育期间,应该增加追肥次数,减少施肥量,即采用"量少,次多"的施肥原则,这样会使绝大部分养分被根部所吸收,从而保证了苗木的质量。

(5)及时进行排水工作。梧桐无论大树,或小苗,如遇过多积水,均会发生死亡。如我站1957年移植的梧桐,因当时对排水工作没有给予高度重视,结果全部苗木被淹死。所以,排除过多的积水是保证育苗成败的关键之一。因此,在雨季及时地进行排水工作,免除了水害,保证了苗木的良好生长,从而获得了丰产。

以上五点,就是我们于1958年对于梧桐播种育苗能够获得比较丰产所采用的主要技术措施。但由于我们理论水平和实际经验有限,所以错误之处在所难免,希望大家多多提出指正意见,以期改进今后的工作。

致谢:此文承栗耀岐教授、吕国梁讲师给予修正,特此致谢!

参考文献

[1] 姜文荣. 森林种子学及苗圃学讲义.
[2] 吕国梁. 造林学讲义.
[3] 林业部. 国营苗圃育苗技术规程.

三十三、仙人掌科 Cactaceae

河南仙人掌植物引种资源及其栽培技术的调查研究工作报告

田国行　赵天榜

(河南农学院园林系)

一、研究目的

仙人掌植物,尤其是花仙人掌植物,是世界性著名的观赏植物新秀。因株体大小悬殊、体态千奇百态,花色多样而艳丽,适应性强,用途广,因而在世界各地广泛引种栽培。近年来,河南各地广泛引种栽培,生长良好,是河南省大力发展和普及家庭花卉植物种类的一个优良类群,具有广阔的发展前途和较高的经济效益与社会效益。由于引种单位从不同地方进行引种栽培,种类名称极为混乱,从而给河南省仙人掌植物的生产、教学和科研带来了很大困难。为了解决这一问题,给河南大力发展和推广仙人掌植物优良品种提供科学依据,我们进行调查研究。

二、河南仙人掌植物调查研究范围及主要内容

本项调查研究范围,以河南各地为主,其中以郑州、开封、许昌、洛阳、新乡等地市为重点调查研究的地区范围。同时,以邻近省市引种栽培的仙人掌植物为辅点,以作为进行河南省引种栽培仙人掌植物属、种名称时参考。调查研究内容主要有:引

种地区的仙人掌植物属、种名称、引种驯化、良种选育、生态特性、栽培技术等。如在开封调查时，查清开封市引种栽培的仙人掌植物计46属、410个种、变种及品种，每种有形态特征记述和彩色照片。

三、仙人掌植物的调查研究方法

为了解河南仙人掌植物的引种栽培资源，我们从1986年开始，到1988年为止的3年中，对开封市人民公园及其9个专、市进行了详细调查，并拍摄彩色照片355张，计410个种、变种及品种。同时，对郑州市河南中医学院实验药场、河南轻工业学院温室、河南财经学院花圃、郑州航空学院花圃、郑州市人民公园，以及郑州市七里阁等8个仙人掌植物个体栽培户进行了调查研究，共拍摄彩色照片560张，计715种及变种、品种。在调查研究时，采取定点、定时、定人进行，以免由于人为的影响而出现错误。调查前，统一进行调查内容的记载要求、拍摄照片的基本训练，然后分工包片进行调查工作。此外，我们分别到南京植物园、北京植物园、上海植物园，以及广州植物所进行资料收集和仙人掌植物种的查对工作。

四、基本查清了河南仙人掌植物资源

通过1986～1988年进行河南引种栽培仙人掌植物的调查，共拍摄彩色照片815张、黑白照片487张，共计1 302张。经过半年来的分类鉴定，初步整理河南引种栽培仙人掌植物46属、731种，以及197变种、品种。首次，基本上摸清了河南仙人掌植物引种栽培资源。

同时，根据有关报道材料，初步了解到全国引种类栽培仙人掌植物计150属、1 428种、变种和品种，比全国现有记述仙人掌植物最多的一书《仙人掌花卉类栽培》（徐民生编著）记载47属、125种、变种要多几倍，是我国目前仙人掌植物记载内容最丰富、彩图最多的研究专题。

五、了解仙人掌植物的主要生态特性

在对河南仙人掌植物引种栽培资源进行调查研究工作过程中，初步进行了仙人掌植物的生态特性观察。通过观察，初步掌握了仙人掌植物的一些主要生态特性，为河南大力发展仙人掌植物花卉的引种栽培提供了初步依据。如河南郑州市冬季仙人掌入室后要保持盆土呈干润状态；不能多浇水。如1986年冬季，作者栽培的仙人掌植物

因浇水过多，90%以上腐烂死亡，其余则锈病危害严重，生长极为不良。同时发现：一些珍贵的仙人掌植物品种，如杨贵妃、锦锈玉、光淋玉等对外界环境条件要求严格，在强光、干旱、瘠薄土壤条件下，生长发育不良；在低温条件下易遭冻害，甚至在温室内体色、刺色也有很大变化，使其失去美丽的光泽；有些仙人掌则具有很强的适应能力和耐寒力。如黄毛掌、仙人掌等植物，不仅能在室外背风向阳处生长，还能在郑州市邙陵公园的丘陵陡崖上安全越冬；甚至在-5℃以下，不致受冻死亡。同时，还查明仙人掌植物有些品种能在雪地生长、开花，这为河南引种栽培耐寒种、品种，实现仙人掌植物露地栽培提供了初步依据。

六、介绍仙人掌植物引种驯化及良种选育技术

我国栽培的仙人掌植物均为引种，仅有少数种在我国海南、广东、云南、四川等省的部分地区有大面积逸生群落，因其气候暖和，雨量充沛，为室外露地栽培。河南因冬季气候寒冷，多数种类不能在室外越冬，为了保持河南省引种栽培仙人掌植物的安全越冬，根据其主要生态特性，提出了实现越冬的条件和采取的技术措施，同时简要介绍了塑料棚保温、防寒的技术和方法，为河南各地广泛引种栽培仙人掌植物，使其安全越冬提供了经验。

其次，详细介绍了仙人掌植物的良种选育方法和技术。仙人掌植物具有不同的开花习性。有单朵独放，也有成株、成片群开的特性；有白天开放，也有夜间开放的花朵；有自花受粉、它花受粉及闭花受精等特性。根据这些特性，进行人工杂交，获得杂种，是选育仙人掌植物新品种的主要技术，并较详细地介绍世界著名仙人掌植物育种专家伊滕芳夫的育种经验。近二三十年来，他用属间杂交，获得仙人掌植物新属20属以上，新种及新品种300种以上。这为河南今后进行仙人掌育种及良种选育提供了非常宝贵的经验。同时，还介绍了仙人掌植物选择育种的科学依据和技术，以及实生选择育苗的方法。

再次，根据河南地区的立地环境条件和气象特点，初步提出河南适应大力发展和推广的仙人掌植物珍贵种、品种有：金琥、翁丸、杨贵妃、白斜子、光淋玉、花盛丸、黑玉冠等50种以上。

七、仙人掌植物快速繁育技术

为了大力发展和推广仙人掌植物优良种及品

种,详细地介绍了仙人掌植物的扦插繁殖、嫁接方法、仔球繁殖,以及播种方法。同时,介绍了繁殖仙人掌植物珍贵种、品种所采用的砧木,以红花团扇仙人掌、袖浦为最佳。此外,还介绍了快速繁殖砧木的技术,为大批进行珍贵品种的生产,提出了快速繁殖砧木的经验和技术。特别强调的是:仙人掌植物盆景造型艺术的价值高低、作用大小的关键技术——多姿态、多体色、多花色进行错综复杂的嫁接方法。

八、总结介绍了河南各地栽培仙人掌植物的经验

根据多年来的调查研究,比较系统地总结介绍了河南引种栽培仙人掌植物的经验。其主要是:① 栽培环境。气候温暖、湿润、阳光充分的环境。②忌强光照射。仙人掌植物虽喜光照充足条件,但强光不仅影响生长发育,而且可以引起灼害。因此,栽培环境应是 20 时前及 15 时能充分得到光照的照射,10~15 时,以遮阴或树木、栅下为宜。③忌多湿。仙人掌植物多数种喜欢湿润的条件,才能生长发育良好。但是生长期,也不能浇水过多,或环境内湿度过大,而引起腐烂死亡;冬季严格控制水量,保持适当干燥为宜。同时,一些毛类或强刺类仙人掌植物,浇水时必须慎重进行,以免发生不良后果。④忌寒冷。仙人掌植物绝大多数怕寒冷,尤其是珍贵品种,为此冬季必须及注意进行保温、防寒,并提出了一些简便易行的方法和技术。⑤严防病虫。对仙人掌植物危害最大的是腐烂病、锈病、介壳虫等,必须及时防治。

九、发展仙人掌植物效益很大

根据调查研究,结果表明,引种栽培仙人掌具有投资少、时间短、效益高的特点。如南阳市东环路仙人掌植物专业户刘长清每年投资 1 000~1 500 元,但年终收益通常达 20 000~25 000 元;郑州市七里阎一专业户,每年仅引种栽培仙人掌植物达 250 余种及品种,投资 1 500~2 000 元,但每年经济收益达 2.5 万~3.0 万元。同时,每家每户,男女老少都喜欢栽培,所以是观赏植物中社会效益较高的一类名花。

十、存在问题及其意见

河南仙人掌植物的引种驯化、良种选育、繁殖栽培,目前我们还没有一个完善的研究机构和研究基地;再者,还有研究资金。美国、日本、墨西哥等国家都有不少的专门研究机构和公司,从事于仙人掌植物的开发利用研究、良种选育及外地联系。为此,我们建议:河南应成立一个仙人掌植物研究机构,研究仙人掌植物的抗癌作用,以及加工利用。建立实验基地收集仙人掌植物资源,建立基因库,进行其开发利用研究等,为今后深入进行仙人掌植物及其利用研究奠定可靠的基础。

三十四、柿树科 Ebenaceae

特异柿树一新亚种

赵天榜　　陈志秀　　陈俊通

(河南农业大学,郑州　450002)

1. 特异柿树　新亚种

Diospyros kaki Thunb. subsp. insueta T. B. Zhao,Z. X. Chen et J. T. Chen,subsp. nov.

Subspecies nov. ramis pendulis. Ramulis fla-vovirentibus in juvenilibus dense villosis. Ramulis in serum autumnum puirpureo-brunneis nitidis dense vilolosis. Fructibus in serum autumnum parvis globosis planis, ca. 1. 5 cm longis diameteribus 1. 5~

1.8 cm, lobis calycibus sub post extus pilosis, intus dense villosis. Fructibus basibus in circumnexis 4~8-tunmoribus, marginibus rumpenibus pluri tunmoribus supra pilosis.

Henan: Zhengzhou City. 2015-09-24. T. B. Zhao, J. H. Mi et J. T. Chen, No. 201509241 (ramula fola et fructibus, holotypus hic disignatus, HANC).

本新亚种枝下垂,无毛。幼枝黄绿色,密被长柔毛;晚秋枝紫褐色,具光泽,密被长柔毛。秋季果小,扁球状,长约 1.5 cm,径 1.5~1.8 cm,萼裂片向后反,外面疏被柔毛,内面密被长柔毛。果周具 4~8 枚肉瘤状突起,边缘分裂成多个扁瘤突,表面疏被柔毛。

产地:郑州市紫荆山公园有栽培。2015 年 9 月 24 日。赵天榜和米建华,No. 201509241(枝、叶和秋果)。模式标本,存河南农业大学。

形态特征补记:特异柿树落叶乔木;树皮灰黑色,鳞片状开裂。小枝下垂,紫褐色,具光泽,尤毛;皮孔小而密,黄色突起,具顶芽;晚秋枝紫褐色,具光泽,密被长柔毛;皮孔小而密,紫红色突起,具亮光泽。顶芽鳞片密被橙黄色长柔毛。单叶互生,革质,椭圆形、椭圆-卵圆形等,边缘全缘,被缘毛,表面绿色,具光泽,沿脉密被橙黄长柔毛,表背面绿色,密被橙黄色长柔毛。雌花梗、萼筒密被柔毛。果实浆果扁球状,长、宽约 5.0 cm,肉质,外面常被白蜡层,基部具增大而宿存花萼 4 枚。第 2 次生于 2 次枝顶部叶腋。果小,扁球状,长约 1.5 cm,径 1.5~1.8 cm,花柱小,黑色;萼 4~5 裂片,裂片长、宽 1.0~1.5 cm,向后反,表面疏被柔毛,背面密被长柔毛。果周具 4~8 枚肉瘤状突起,似边缘分裂成多个扁瘤突,表面疏被柔毛;果梗长 1.0~1.5 cm,密被黄锈色柔毛。

河南君迁子两新变种

赵天榜　　陈志秀

(河南农业大学,郑州　450002)

1. 无核君迁子　新变种

Diospyros lotus Linn. var. a-nuclea T. B. Zhao et Z. X. Chen var. nov.

A var. nov. a-nucleis in carpicis.

Henan: Shangcheng Xian. 10-09-1987. T. B. Zhao, No. 0, HNAC.

本新变种与君迁子原变种 Diospyros lotus Linn. var. lotus 主要区别:果实无核。

河南:商城县。1987 年 9 月 10 日。赵天榜,无号,存河南农业大学。

2. 多核君迁子　新变种

Diospyros lotus Linn. var. multi-nuclea T. B. Zhao et Z. X. Chen var. nov.

A var. nov. multi--nucleis in carpicis.

Henan: Chang Yuan Xian. 10-10-2017. T. B. Zhao, No. 0, HNAC.

本新变种与君迁子原变种 Diospyros lotus Linn. var. lotus 主要区别:果实内具 5~6 核。

河南:长垣县。2017 年 10 月 10 日。赵天榜和陈志秀,无号,存河南农业大学。

三十五、木樨科 Oleaceae

河南白蜡树属植物的研究

宋良红[1]　陈俊通[2]　李小康[1]　赵天榜[2]　陈志秀[2]　王　华[1]

(1.郑州植物园,郑州　450042;2.河南农业大学,郑州　450002)

摘　要　为了给园林绿化、用材林、经济林、水源涵养林等提供白蜡树属优良树种,对河南白蜡树属 Froxinus Linn. 植物资源、良种选育等问题系统地进行了研究,并对该属植物资源进行了调查和引种驯化研究,并初步提出河南白蜡树属分类系统。结果表明,该属植物分类系统为:属、亚属、组、亚组、种、亚种、变种;河南白蜡树属植物种质资源有:2 亚属、5 组、2 亚组、18 种、1 亚种、6 变种,其中有:2 新记录亚属、5 新记录组、1 新亚组、5 新记录种、1 新记录亚种、2 新记录变种、2 变种及 2 新变种。同时,还记述该属植物的优良特性和主要用途等。

关键词　河南;白蜡树属;分类系统;种质资源;新记录植物;新变种;优良特性;主要用途

0　引言

白蜡树属 Fraxinus Linn.[1-8] 植物种类多,分布与栽培很广。如水曲柳 F. mandschurica Rupr.、花曲柳 Frhynchophyllas Hance 等为中国温带针阔叶混交林和阔叶林主要树种;白蜡树 F. chinensis Roxb. 等是沙区造林、用材林、防护林、经济林、水土保持林和庭院园林化的一类主要树种;对节白蜡 F. hupehensis Ch'ii,Shang et Su 还是优良盆景树种。该属植物材质优良,为建筑等优质良材。河南尚无学者系统研究该属植物资源、良种选育等问题。为此,多年来笔者开展了河南白蜡树属植物资源的调查和引种驯化研究,现将研究结果,报道如下。

1　材料与方法

1.1　试验时间、地点

本研究于 2009 年 3 月在郑州植物园进行白蜡树属植物引种驯化试验。同时,进行河南白蜡树属植物种质资源调查,以及该属分类系统的文献资料工作。

1.2　试验材料

本试验材料因其种类不同而异。如光蜡树 Fraxinus griffithii C. B . Clarke[11],从湖北神农县引进行种子育苗栽植,现有植株 10 年生,树高 8.0~9.0 m,胸径 7.0~12.0 cm,无病虫危害。其他种类,多为郑州市园林局从外省及河南各地引栽大树。

1.3　试验方法

白蜡树属分类系统文献资料,是从外国有关该属文献收集。引栽的种类通过普查后,将其不同的种类进行编号,即标准木。然后,分花期、叶与果期,采集标本。最后,进行标本鉴定,确定其种类归属。

2　结果与分析

2.1　白蜡树属植物形态特征

白蜡树属(河南植物志、中国树木志、中国植

基金项目:河南省科技厅项目"高速公路陆域景观'高效节约'和稳定性关键技术研究"142107000101)。

第一作者简介:宋良红,男,1971 年生,河南舞钢市人,高级工程师,本科,主要从事植物引种驯化与植物分类学研究。E-mail:zz.zwy@126.com。

通讯作者:赵天榜,男,1935 年生,河南邓州市人,教授,主要从事森林培育学等教学与植物分类学研究。

物志)梣属(中国植物志)。

Fraxinus Linn. Sp. Pl. [1-4].

落叶稀常绿,乔木,稀灌木。芽具芽鳞2~4对,裸芽。奇数羽状复叶;小叶(3~)5~7(~11)枚,对生,稀单叶、顶生3小叶簇生,叶缘具锯齿,稀全缘。圆锥或总状花序,或花簇生。花单性、两性或杂性;花萼钟状,或杯状,4裂,稀无花萼;花瓣4枚,稀6枚或1枚,白色,或无花瓣;雄蕊2枚,稀较多,着生于花瓣基部;子房上位,柱头2裂。翅果。

产地:该属植物约60种以上,分布很广。中国产该属植物32种、1亚种、8变种。河南该属植物有2亚属、5组、2亚组、19种、1亚种、6变种。

2.2 白蜡树属分类系统

2.2.1 苦枥木亚属(中国植物志) 河南新记录亚属

Fraxinus Linn. subgen. Orwws (Boehm.) Peterm. [4].

本亚属花序顶生枝端,或腋生当年生枝上。花后叶开放,或花叶同时开放。花萼4裂,具花冠,或无花冠。

本亚属模式种:花梣 Fraxinus orwms Linn. [9].

本亚属植物2组、约25种。中国有21种、1变种。河南有8种、2新记录种、1新变种。

苦枥木组(中国植物志) 河南新记录亚属

Fraxinusn Linn. sect. Orwws (Neck.) DC. [4,9].

花后叶开放。花具花冠。

本组模式种:花梣 Fraxinus orwms Linn. [9].

本组植物约20种。中国有16种、1变种。河南有7种、1新变种。

苦枥木亚组 原亚组 河南新记录亚组

Fraxinus Linn. subsect. Morwms Koehne & Lingelsh. [10].

本组落叶乔木。花序。花后叶开放。花具花冠。

本组模式种:花梣 Fraxinus Fraxinus orwms Linn. [9].

本组植物约20种。中国有16种、1变种。河南有7种、1新变种。

裸芽白蜡树亚组 新亚组

Fraxinus Linn. subsect. Gymwoge mma T. B. Zhao,Z. X. Chen et X. K. Li,subsect. nov.

本亚组小叶边缘全缘。裸芽。花序顶生及腋生当年生枝上。花后叶开放。花序枝上苞状叶片宿存。

本亚组模式种:光蜡树 Froxinus griffithii C. B. Clarke[11].

本亚组植物3种、1变种。中国均产。河南引栽有1种、1变种。

白蜡树组(中国植物志) 河南新记录组

Fraxinus Linn. sect. Orwoster (Koehne & Lingelsh.) V. Vassil。

本组花与叶同时开放。花无花冠。

本组模式种:白蜡树 Fraxinus /wewS/S Roxb. [4].

本组植物约6种。中国有5种、3变种。河南有4种、2变种。

2.2.2 欧梣亚属(中国植物志) 河南新记录亚属

Fraxinus Linn. subgen. Fraxinus Peterm. [4].

本亚属花序侧生于前1年生枝上;花序下无叶。花后叶开放,或花叶同时开放。花萼小,不显著或无花萼;无花冠。

本亚属模式种:欧梣 Fraxinus excelsior Linn. [9].

本亚属植物5组、约35种。中国有3组、6种、1亚种、2变种。河南有3组、5种、1亚种、2变种。

椒叶梣组(中国植物志) 河南新记录组

Fraxinus Linn. sect. Sciadarhus (Coos. et Dur.)Z. Wei[4].

本组叶轴具狭翅。小叶较小。花序短,花密集。花具花萼,无花冠。

本组模式种:椒叶梣 Fraxinus xanrhoxyloides (G. Don) DC. [4].

本组植物约2种。中国有2种。河南有2种。

象蜡树组(中国植物志) 河南新记录组

Fraxinus Linn. sect. Me//o/deS (Endl.) V. Vassil. [4]

本组叶轴无狭翅。小叶较大。花序长,花疏离。花具花萼,无花冠。翅果不扭曲。

本组后选模式种:Froxinus carolinina Mill. [4]

本组植物约15种。中国有2种、2变种。河南有2种、2变种。

欧梣组(中国植物志) 河南新记录组

Fraxinus Linn. sect. Bumeliodes (Endl.) V. Vassil.[4]

本组叶轴无狭翅。小叶较大。花序长,花疏离。花具花萼,无花冠。翅果不扭曲。

本组后选模式种:Fraxinus caroliniana Mill.[4]

本组植物约15种。中国有2种、1变种。河南有1种、1变种。

2.3 河南白蜡树属植物种质资源

河南白蜡树属植物种质资源总计19种、1亚种、6变种。其中有:河南新记录6种、1新记录亚种、2新记录变种、新变种。

2.3.1 光蜡树(中国树木分类学) 常绿白蜡树(俗称) 河南新记录种

Fraxinus griffithii C. B. Clarke in Hook,f. Fl. Brit. Ind. 3;605. 1882[3-5,7,12-13].

常绿或半常绿乔木。树皮呈薄片状剥落。裸芽,被锈色糠秕状毛。奇数羽状复叶;小叶柄着生处具关节;小叶5~7(~11)枚,长圆形、卵圆形至长卵圆形,先端渐尖,基部楔形,或稍圆形,边缘近全缘,略反卷,背面具黑色小腺点。混合芽顶生及腋生枝端。圆锥花序顶生于当年生枝端;叶状苞片匙-线形;花序梗圆柱状,被细柔毛。花萼杯状,萼齿宽三角形;两性花,花冠4裂片,舟形,花冠裂片与雄蕊等长。坚果圆柱状。花期5月;果熟期11月。

产地:湖北、广东、台湾等,以及日本、菲律宾印度尼西亚及印度。河南郑州市有栽培。

密果光蜡树(新变种)Fraxinus griffithii C. B. Clarke var. densi-fructus T. B. Zhao,X. K. Li et H. Wang,var. nov.

A var. nov. paniculis densissimis 5. 0 ~ 10. 0 cm longis. Multifloris densis. Fructibus juvenilibus roseolis. Fructuosis inflorescentibus apice in ramulis annuis acromis, 10. 0 ~ 15. 0 longis. Samaris densis 2. 0~2. 5 cm longis.

Henan:Zhengzhou City. 07-12-2014. T. B. Zhao et H. Wang,No. 201412071(folium et fructi-ramulosus,holotypus hic disignatus,HANC).

本新变种圆锥花序极短,长5. 0 ~10. 0 cm。花多而密;花梗长2 mm。幼果粉红色。果序顶生于当年生枝端,长10. 0~ 15. 0 cm。翅果稠密,长2. 0~2. 5 cm。

河南:郑州市有栽培。2014 年 12 月 7 日。赵天榜与王华等,No. 201412071(叶和果枝),存河南农业大学。

2.3.2 秦岭白蜡树(中国树木分类学、河南植物志)秦岭梣(中国植物志)

Froxinus paxiana Lingelsh.[2-6,12-14].

落叶乔木。冬芽芽鳞2对,被锈色糠秕状毛。奇数羽状复叶;小叶7~9枚,长圆形、卵圆-长圆形,或披针形,先端渐尖,基部圆形,或下延,边缘具钝锯齿,背面沿主脉疏被柔毛;无柄或具短柄;叶轴与小叶柄之间有锈色束毛。圆锥花序长10. 0~25. 0 cm。花与叶同时开放。花杂性;花萼杯状,4裂;雄蕊比花瓣裂片稍长,或等长;两性花子房密被锈色糠秕状毛。翅果先端钝,或微凹。花期5~7月,果熟期9月。

产地:中国湖北、陕西、四川、河南有分布与栽培。

2.3.3 云南梣(中国植物志) 云南白蜡树(云南植物志) 河南新记录种

Frox/nus lingesheimii Rehd.[3-5,15].

落叶乔木。冬芽芽鳞外被锈色糠秕状毛,内侧被黄色茸毛。幼枝被茸毛。奇数羽状复叶,叶轴微被长柔毛,小叶着生处具关节,簇生锈色茸毛;小叶7~9枚,长椭圆形,或卵圆-披针形,先端渐尖,或尾尖,基部钝圆,或宽楔形,边缘具钝锯齿,背面疏被长柔毛。圆锥花序顶生,或腋生前1年生枝梢。花先叶开放。花单性,无花瓣;花萼4~5齿裂,萼齿二角形;雌花柱头2裂,红色。翅果被褐色糠秕状毛,先端微凹;花柱与萼宿存。

产地:中国云南。河南各地有栽培。

2.3.4 茸毛白蜡(中国主要树种造林技术) 河南新记录种

Froxinus velutina Torr. in Emory,Not. Reconn. Leavenworth to San Diego 149. 1848.[4,17]

落叶乔木。冬芽芽鳞棕红色,被茸毛。奇数羽状复叶;小叶7~9枚,通常5枚,狭卵圆形,先端渐尖,或尾尖,基部宽楔形,边缘具钝锯齿,背面被茸毛。雌雄异株。花先叶开放。圆锥花序腋生前1年生枝上。花萼4~5齿裂,萼齿二角形;无花瓣;雌花柱头2裂,红色。翅果先端微凹;萼宿存。

产地:北美洲。河南各地有栽培。

2.3.5 疏花梣 (中国植物志、河南种子植物检索表)

Fraxinus depouperota (Lingelsh.) Z. Wei[4,17-18].

落叶乔木。冬芽密被棕色茸毛。小枝上节处膨大，叶痕增厚。奇数羽状复叶；小叶（3~）5~7枚，卵圆–披针形，或椭圆形，顶生小叶较大，先端长渐尖，基部钝圆形，或宽楔形，边缘具整齐粗锯齿，背面呈红色，密有小腺点，沿主脉疏被曲柔毛。圆锥花序顶生及腋生当年生枝上。花先叶开放。花单性，具花冠；雌雄异株；花萼钟状，萼齿二角形，宿存；雄花花冠裂片伸出花冠之外。翅果先端钝圆。

产地：中国湖北、陕西、湖南。河南伏牛山区有分布。

2.3.6 苦枥木（中国树木分类学、中国高等植物图鉴） 河南新记录种

Froxinus insularis Hemsl. [3-5,7,12,19].

落叶乔木。冬芽密被黑褐色茸毛。奇数羽状复叶；小叶（3~）5~7枚，长圆形、椭圆–披针形，顶生小叶与侧生小叶近等大，先端渐尖、急尖、尾尖，基部圆形，或狭楔形，边缘具疏锯齿，或全缘，两面无毛，背面具腺点。圆锥花序顶生及腋生当年生枝上。花后叶开放。花单性，具白色花冠；雌雄异株；花萼钟状，先端4钝齿，或近全缘；雄蕊比花冠长。翅果红色至褐色，条状，先端钝圆，或微凹。

产地：中国长江以南各省（区）。河南有栽培。

齿缘苦枥木（中国植物志、河南种子植物检索表） 湖北苦枥木（秦岭植物志）

Fraxinus insularis Hemsl. var. henryana (Oliv.) Z. Wei[4,6,7,20].

本变种落叶乔木。小叶披针形，边缘具整齐锯齿，两面无毛。

产地：中国长江以南各省（区）。河南大别山与伏牛山区有分布。

2.3.7 尖萼梣（中国植物志、河南种子植物检索表）

Fraxinus odontocalyx Hand.-Mazz.[4,17]

落叶乔木。冬芽芽鳞2~3对，外侧密被红褐色糠秕状脉毛。奇数羽状复叶，叶轴具深沟被毛，小叶着生处具关节，呈之字曲折；小叶（3~）5（~7）枚，披针形，或长椭圆形，先端长渐尖，基部狭楔形，边缘具内曲粗锯齿，背面散生小腺点，基部疏柔气。圆锥花序顶生及腋生当年生枝上。花先叶开放。花具花冠；雄花与两性花异株；花萼杯，萼齿二角形；雄蕊2枚，藏于花冠之内；两性花雄蕊与雌蕊近等长。翅果先端斜凹，紫色花柱及花

萼宿存。

产地：中国长江以南各省（区）。河南大别山、桐柏山区有分布。

2.3.8 宿柱白蜡树（河南植物志） 宿柱梣（中国植物志、河南种子植物检索表）

Fraxinus stylosa Lingelsh.[2-4,6-7,17,21].

落叶乔木。奇数羽状复叶，叶轴表面具窄沟，小叶着生处具关节；小叶3~5枚，长圆形，或宽披针形，先端长渐尖，基部近圆形，或宽楔形，边缘具疏细锯齿，背面脉上被细柔毛，无腺点。圆锥花序侧生于当年生枝叶腋；花序梗扁平，无毛。花后叶开放。花单性，淡黄色；花冠4深裂，裂片线形。花萼杯状，4裂，裂片窄二角形与萼筒等长；雄蕊2枚比花冠裂片稍长。翅果先端通常钝圆，或微凹。

2.3.9 小叶白蜡树（河南植物志、中国树木志） 苦枥、秦皮、小叶梣（中国高等植物图鉴） 小叶白蜡（中国树木志） 小叶梣（河南种子植物检索表）

Fraxinus bungeana DC.[2-4,9,14,17,19].

落叶小乔木，或灌木状。冬芽内侧密被黑色弯曲柔毛和腺毛。奇数羽状复叶，叶轴表面具窄沟，被茸毛；小叶（3~）5~7枚，宽卵圆形、菱形、倒卵圆形，先端短渐尖、尾尖，基部宽楔形，边缘钝锯齿，两面无毛；小叶具柄。圆锥花序顶生，或腋生前1年枝梢；花序梗被茸毛。雄花与两性花异株；雄花花萼小，杯状，4裂，萼齿二角形；花冠裂片线形；两性花花萼大，花冠裂片长过8 mm；雌蕊柱头2浅裂。翅果狭长圆状，先端钝，或微凹；花萼宿存。

产地：中国南北各省（区）多为栽培。河南有栽培。

2.3.10 河北白蜡树 河南新记录种

Fraxinus hopeiensis Tang[22-23].

落叶小乔木。小枝灰色，无毛。奇数羽状复叶，叶轴无毛；小叶3~5枚，宽卵圆形、长圆–椭宽圆形，或近圆形，先端短渐尖、尾尖，基部边缘膜质，渐狭呈楔形，边缘具圆细锯齿，背面无毛，主脉基部被锈色短柔毛；小叶柄长（1~）2~3 mm。圆锥花序顶生，或腋生前1年枝上。完全花，花梗无毛；花萼无毛，萼裂片尖锐；花瓣线形，先端锐尖，或近钝圆；雌蕊与花瓣近等长，子房无毛。翅果线形状，通常柱头宿存。

2.3.11 尖叶梣（河南种子植物检索表） 尖叶白蜡树（中国树木分类学）

Fraxinus szatoawa Lingelsh.[4,17,22].

落叶乔木。冬芽外侧密被黄褐色茸毛和白色腺毛。奇数羽状复叶,叶轴表面具窄深沟,小叶着生处具关节;小叶3~5(~7)枚,卵圆-披针形,先端长渐尖至尾尖,基部圆形,或狭楔形,边缘具锐锯齿,背面沿主脉基部及两侧疏被淡黄色与白色柔毛。圆锥花序顶生及腋生当年生枝梢,花序分枝基部有时具叶状苞片及长柔毛和糠秕状毛。花与叶同时开放。花单性,无花冠;雄花与两性花异株;花萼杯状,萼齿二角形。翅果先端钝。萼宿存。

产地:中国长江与黄河流域各省(区)有分布。河南各山区有分布,而各地有栽培。

2.3.12 大叶白蜡树(中国树木分类学、河南植物志) 花曲柳(河南种子植物检索表、中国植物志)

Fraxinas rhynchophylla Hance[2-7,12-14,17,27-28].

落叶小乔木。冬芽内侧密被棕色弯曲柔毛。奇数羽状复叶,叶轴表面具窄深沟,小叶着生处具关节;节上有时具簇生棕色弯曲柔毛;小叶5~7枚,宽卵圆形、倒卵圆形,或卵圆-披针形,顶生小叶显著大于侧生小叶,先端短渐尖、尾尖,基部宽楔形,或近圆形,边缘具不整齐粗钝锯齿,通常基部全缘,两面无毛,通常沿脉被柔毛;小叶具。圆锥花序顶生,或腋生当年白枝上。花与叶同时开放。两性花与雄花异株;花萼浅杯状,开展,花无花冠;两性花柱头2叉深裂。翅果条形;花萼宿存。

产地:中国黄河以北各省(区)有分布栽培。河南有分布与栽培。

2.3.13 白蜡树(中国树木分类学) 梣、青榔木、白荆树(中国高等植物图鉴) 白蜡(河南植物志)

Fraxinus chinensis Roxb.[2-7,12,17].

落叶乔木。冬芽被黄褐色茸毛和白色腺毛。奇数羽状复叶;小叶5~7(~9)枚,卵圆形、卵圆-椭圆形至披针形,先端锐尖至渐尖,基部钝圆,或楔形,边缘具整齐锯齿,两面无毛,有时背面沿中脉基部两侧被白色长茸毛。圆锥花序顶生,或腋生当年生枝上。花单性异株,或同株;雄花密集,花萼小,钟状,无花冠;雌花花萼大,杯状,4浅裂;花柱细长,柱头2裂。翅果匙状,先端锐尖,常呈犁头状,基部渐狭,翅平展;坚果圆柱状;宿存萼紧贴于坚果基部,常在一侧开口深裂。

产地:中国南北各省(区)多为栽培。河南各地有栽培。

圆叶白蜡树 河南新记录变种。

Fraxinus chinensis Roxb. var. rotundata Lingelsh.[4,29].

本变种小叶近圆形,或宽椭圆形,先端钝圆,基部近圆形。

产地:河南。郑州市有栽培。

尖叶白蜡树(中国高等植物图鉴) 河南新记录变种

Fraxinus chinensis Roxb. var. acuminate Lingelsh.[4,29].

本变种小叶3~5枚,长6.0~7.0 cm,宽.5~2.0 cm,先端长渐尖,基部狭楔形。

产地:陕西、湖北、河南等省有分布与栽培。

2.3.14 披针叶白蜡树(秦岭植物志) 狭叶梣(中国植物志) 窄叶白蜡树(中国树木志) 细叶白蜡树(秦岭植物志) 河南新记录种

Fraxinus baroniana Diels[3-4,6-7,30].

落叶乔木。冬芽芽鳞边缘被细腺毛。奇数羽状复叶,叶轴具窄翅,小叶着生处具关节;小叶7~9枚,狭披针形,两端长渐尖,边缘略反卷,具整齐疏锯齿,背面主脉基部两侧被白色,或黄色髯毛。圆锥花序顶生,或腋生当年生枝上。花单性,雌雄异株;花萼钟状,萼齿二角形;无花冠;雌花花柱舌状,2裂。翅果先端钝,或微凹;萼宿存。

产地:中国陕西、甘肃、四川省。河南有栽培。

2.3.15 美国白蜡树(中国树木分类学、河南植物志) 洋白蜡(河南植物志) 大叶白蜡(中国主要树种栽培技术) 美国白梣(中国植物志)

Fraxinus americana Linn.[1-4,12,14,17].

落叶小乔木。奇数羽状复叶;小叶5~9枚,通常7枚,卵圆形,或卵圆-披针形,先端渐尖,基部近圆形,或宽楔形,边缘具钝锯齿,或近全缘,背面具腺点,沿主脉被柔毛,或无毛。圆锥花序侧生前1年枝上。花先叶丁放。花单性,花冠4裂。雌雄异株;雄花密集,花萼钟状,4裂;雌花萼深裂;雄蕊比花瓣长。翅果先端钝或微凹。

产地:北美洲。中国南北各省(区)多为栽培。河南有栽培。

2.3.16 对节白蜡(植物分类学报) 湖北梣(中国植物志) 河南新记录种

Fraxinus hupehensis Ch'ii,Shang et Su[3-4,30].

落叶乔木;树皮纵裂。长壮枝具棘刺状,小枝被细茸毛,或无毛。奇数羽状复叶;小叶7~9(~11)枚,卵圆-披针形,或披针形,先端渐尖,基部楔形,边缘具锐锯齿,表面无毛,背面沿主脉基部被柔毛。聚伞-圆锥花序簇生于去年生枝上。花杂性、两性花。花萼钟状;雄蕊2枚。果实圆柱状。

产地:湖北。河南郑州市有栽培。

2.3.17 美国红梣(中国植物志、河南种子植物检索表) 洋白蜡、毛白蜡(中国植物志) 毛白蜡树(秦岭植物志) 红梣、毛白蜡树(陕西树木志)

Fraxinus pennsylvaica Marsh. [3-4,6-7,27,31].

落叶乔木。小枝红棕色。冬芽被褐色糠秕状毛。奇数羽状复叶,叶轴密被灰黄色柔毛;小叶(5~)7~9枚,长圆-披针形,狭卵圆形,或椭圆形,先端渐尖或急尖,基部宽楔形,叶缘具圆锯齿,或近全缘,背面疏被白色柔状毛,脉上较密。圆锥花序侧生于去年生枝上;花序梗短,被茸毛;花与叶同时开放;雄花与两性花异株,无花冠;雄花花萼小,萼齿不规则深裂;两性花花萼杯状,花柱细,柱头2裂。翅果狭倒披针状;坚果圆柱状,脉棱明显。

产地:北美洲。中国引种栽培。河南有栽培。

美国绿梣(中国树木志、中国植物志) 青梣、洋白蜡(河南植物志) 绿梣(陕西树木志)

Fraxinus pennsylvanica Marsh. var. subintegerrima (Vahl.) Fem. [2-4,7,12,14,32].

落叶乔木。奇羽状复叶;小叶7~9(~11)枚,长圆-椭圆形,或披针形,叶缘具不规则锯齿,两面无毛,背面疏被柔毛。圆锥花序短,无毛;花萼不规则多裂或4裂。

产地:北美洲。中国引种栽培。河南有栽培。

2.3.18 象蜡树(中国树木分类学、河南植物志、河南种子植物检索表) 宽果梣(河南植物志)

Fraxinus platypoda Oliv. [2-4,7,14,17,33].

落叶小乔木。冬芽密被褐色糠秕状毛。奇数羽状复叶,叶轴无毛,或沟内被柔毛;叶柄基部囊状膨大;小叶着生处具关节;小叶7~11枚,椭圆-长圆形,或卵圆-披针形,先端短渐尖,基部楔形,或圆形,边缘具不明显细锯齿,背面主脉基部具乳突及疏被长柔毛。聚伞-圆锥花序腋生前1年枝上。花杂性异株,无花瓣。两性花花萼钟状,萼齿二角形。

产地:甘肃、陕西、湖北与四川等省。河南伏牛山区有分布与栽培。

卷叶象蜡树 新变种

Fraxinus platypoda Oliv. var. volutifolia T. B.

Zhao, Z. X. Chen et J. T. Chen, var. nov.

A var. nov. Foliolatis revolutis. ramosis pendulis. foliis volutis. inflorescentiis fructis axillaribus in ramulis biennibus.

Henan: Zhengzhuo City. 10-09-2010. T. B. Zhao et Z. X. Chen, No. 201009108 (folium et fructi-ramulosus, holotypus hic disignatus, HNAC).

本新变种叶反卷。圆锥花序极短,长5.0~10.0 cm。花多而密;花梗长2 mm。幼果粉红色。果序顶生当年生枝端,长10.0~15.0 cm。翅果稠密,长2.0~2.5 cm。

产地:河南。郑州市有栽培。2010年9月10日。赵天榜和陈志秀,No. 201009108。模式标本(叶和果枝),存河南农业大学。

2.3.19 水曲柳(中国树木分类学、河南植物志、河南种子植物检索表) 当河槐(河南植物志)

Fraxinus mandschurica Rupr. [2-3,6-7,12,14,17,34].

落叶小乔木。小枝4棱状,节膨大,无毛。冬芽芽鳞边缘与内侧密被褐色弯曲柔毛。奇数羽状复叶,叶轴沟棱呈狭翅;小叶7~11(~13)枚,卵圆-长圆形,或椭圆-披针形,先端长渐尖,或尾尖,基部楔形,或钝圆形,边缘具锐齿,背面沿脉与小叶基部密被黄褐色茸毛。圆锥花序腋生前1年枝上,花序轴具狭翅。花先叶开放。雄花与两性花异株,无花萼,也无花冠;雄花密集。翅果扭曲,无宿萼。

产地:中国黄河流域、东北及陕西、甘肃各省有分布。河南伏牛山区有分布。

短梗水曲柳(西北植物学报) 河南新记录亚种

Fraxinus mandshurica Rupr. subsp. brevipedicellata S. Z. Qu et T. C. Cui [2,35].

本亚种幼枝与叶轴常为紫褐色,叶轴小叶着生处疏被白柔毛或无毛。奇数羽状复叶;小叶长圆-椭圆形。果柄长3~7 mm。

产地:中国陕西、甘肃、山西有分布。河南伏牛山区有分布。

3 白蜡属植物的优良特性与开发利用

3.1 分布很广

白蜡属植物具有分布很广的优良特性,但不同树种分布范围差异极大,如美国白蜡树、茸毛白蜡、美国红梣[2,22]等分布于北美洲;欧梣 *Fraxinus* excelsior Linn.[9]等分布于欧洲;光蜡树分布于中国湖北、广东、台湾等,以及日本、菲律宾印度尼西亚及印度;水曲柳[2-4,14,17]在中国黑龙江及河南伏牛山区有大面积天然林分布。白蜡树、小叶白蜡树[2-4,14,17]等中国各省(区、市)均有栽培。

3.2 适应性很强

白蜡属植物在多种气候及立地条件下均能生长发育良好,如水曲柳、小叶白蜡树能耐-40 ℃以下的严寒,大叶白蜡能在-36.8 ℃条件下生长;光蜡树、云南桦等能在中国云南、广东、台湾等高温高湿气候条件下良好生长。该属植物对土壤也有广泛的适应能力,如茸毛白蜡能在土壤pH 10左右的重盐地上生长良好;白蜡树等能在干旱土壤瘠薄的沙地生长,同时对土壤质地及肥力则有广泛的适应性。

3.3 繁育技术容易

白蜡属植物萌芽、生根力很强,耐台刈。可进行播种、扦插育苗及植苗造林[36-37]。

3.4 中庸树种、生长速度较快

白蜡属植物幼龄期耐阴,随后逐渐喜光,生长速度中等,寿命长,可培育优质大径材。该属植物还可营造用材林、经济林、农林间作、水源涵养林及水土保持林。

3.5 材质优良,用途广泛

白蜡属植物通常树干通直、材质优良、纹理细直、富有弹性等,是优质的胶合板用材,用于运动器械如杠木、滑雪板等尤佳。其木材还是室内装修、造船、车辆、家具等优质用材[17]。

该属植物树形优美,有的秋叶金黄灿烂,是"四旁"绿化、防风固沙林、护岸林等优良树种。对节白蜡是制作盆景的优良材料。其树木木材细致、坚硬耐用,具有弹性、耐腐蚀,成为建筑、工具、农具和运动器械的优质材料。白蜡树条子柔软质密,萌蘖能力强,耐台刈,是良好的编制材料,可在沙区上大面积培育白蜡条子、白蜡杆,其经济、生态效益和社会效益明显;白蜡树幼叶含粗蛋白13.3%、粗脂肪3.16%、粗纤维21.6%等,是优质饲料和肥料[45],还可用其饲养白蜡虫,所分泌的白蜡,被广泛用于化工、工业、医药等行业,是优质的经济树种。该属的苦枥木的树皮入中药,称"秦皮"。《本草纲目》中说:"秦皮,治目病,惊痫,取其平木也,治下痢崩带,取其收涩也。又能治男子少精,取其涩而补也。"

4 结论与讨论

(1)基本查清河南白蜡属植物2亚属、5组、2亚组、19种、1亚种、6变种,其中有:2新记录亚属、5新记录组、1新亚组、5新记录种、1新记录亚种、2新记录变种、2变种及2新变种。

(2)了解了白蜡属分类系统研究概况及其分类系统,初步提出河南白蜡属分类系统,并将河南白蜡属植物归入其分类系统内。同时,用2种文字(中文和拉丁文)首次发表河南白蜡属植物2新变种,即密果光蜡树和卷叶象蜡树。

(3)尚待进一步研究的是:①河南白蜡属植物的天然分布及各林种的营造面积生长规律林木蓄积生态效益尚待进一步深入开展调查和研究。②河南白蜡属植物资源丰富,除了赵东方等发表《郑州白蜡树自然类型研究》,该属植物新品种的调查和新优品种的选育工作,尚无开展。③有些新的类型和优株,如速生白蜡树(类型)、迟落叶白蜡树(类型)、卷叶象蜡树等,具有显著的经济效益和社会效益及科学价值,还没引起有关单位或学者的重视。④河南白蜡属植物的栽培技术,除赵天榜等在《河南主要树种栽培技术》中"白蜡树"外,目前全省各地还没有开展白蜡属植物的研究(育苗例外)。⑤建议省有关林业单位与城建园林单位等合作,设置专项研究基金,建立白蜡属植物基因库林,积极开展河南白蜡属植物综合研究,为该属植物造福于人民提供科学理论依据、新优品种资源以及大量优质建筑用材和环境优美的生态环境。

致谢:河南农业大学博士生导师杨秋生、田国行教授提出宝贵修改意见。

参考文献

[1] Linn. Fraxinus Linn. Sp. Pl.[M]. 1753,1057.

[2] 丁宝章,王遂义. 河南植物志:第三册[M]. 郑州:河南科学技术出版社,1997:233-237.

[3] 中国树木志编委会. 中国树木志:第四卷[M]. 北京:农业出版社,2004:4389-4405.

[4] 中国科学院植物研究所. 中国植物志:第六十一卷[M]. 北京:科学出版社,1992:5-39.

[5] 中国科学院昆明植物研究所. 云南植物志:第四卷(种子植物)[M]. 北京:科学出版社,2006:603-612.

[6] 中国科学院西北植物研究所. 秦岭植物志:第一卷 种子植物(第四册)[M]. 北京:科学山版社,1983:66-73.

[7] 牛春山. 陕西树木志[M]. 陕西:兰州大学出版社,

1990:981-993.

[8] 孙三省. 中国梣属植物的研究(一)[J]. 植物研究, 198,5(1):37-70.

[9] DC. Fraxinus Linn. sect. Ornus(Neck.)DC. in DC. & Lam.[J]. Fl. Françeed,1805,3(3):496.

[10] Koehne, Lingelsh. Fraxinus Linn. subsect. Euornus Koehne & Lingelsh.[J]. in Mitt. Deutsch. Dendr. Ges,1906,15:66.

[11] C. B. Clarke. Fraxinus griffithii C. B. Clarke[J]. in Hook. f. Fl. Brit. Ind.,1882,3:605.

[12] 陈嵘. 中国树木分类学[M]. 南京:京华印书馆, 1937:1057-1064.

[13] 中国科学院植物研究所. 中国高等植物图鉴:第三册[M]. 北京:科学出版社,1974:343-347.

[14] Lingelsh. Fraxinuspaxiana Lingelsh[J]. in Bot. Jahrb,1907,40:213.

[15] 卢炯林,余学友,张俊朴. 河南木本植物图鉴[M]. 香港:新世纪出版社,1997:347-351.

[16] Rehd. Fraxinus lingelsheimii Rehd.[J]. in Proc. Amer. Acad,1917,53:206.

[17] 中国树木志编委会. 中国主要树种造林技术[M]. 北京:农业出版社,1987:780-797.

[18] 朱长山,杨好伟. 河南种子植物检索表[M]. 兰州:兰州大学出版社,1994:316-317.

[19] Lingelsh. Fraxinus paxiana Lingelsh. var. depaperata Lingelsh.[J]. in Engl. Pflanzenreuch,Heft.,1920, 72(IV-243):22-23,29.

[20] Hemsl. Fraxinus insularis Hemsl.[J]. in Journ. Linn. Soc. Bot,1889,26:86.

[21] Hand. - Mazz. Fraxinus odontocalyx Hand. - Mazz. [J]. in Oesterr. Bot. Zeitschr,1941,90:125.

[22] DC. Fraxinus bungeana DC.[J]. Prodr.,1844,8: 276.

[23] Tang. Fraxinus hopeiensis Tang[J]. in Bull. Fan Mem. Inst. Biol,1931,2:101.

[24] H. F. Chow. Fraxinus hopeiensis Tang. The Familiiar Trees of Hopei[M]. Peking;Published by the Peking Natural History Bulletin,1934,349-351.

[25] 山西省林业科学研究院. 山西树木志[M]. 北京: 中国林业出版社,2001:627-633.

[26] 贺士元,尹祖堂. 北京植物志下册(1984 年修正版) [M]. 北京:北京出版社,1984:723.

[27] Lingelsh. Fraxinus szaboana Lingelsh[J]. in Bot. Jahrb,1907,40:217.

[28] Hance. Fraxinus rhyachophylla Hance[J]. in Journ. Bot.,1869,7:164.

[29] 华北树木志编写组. 华北树木志[M]. 北京:农业 出版社,1984:566-567.

[30] Diels. Fraxinus baroniana Diels[J]. in Bot. Jahrb, 36, Beibl,1905,82:86.

[31] 曲式曾,向其柏. 湖北白蜡属一新种[J]. 植物分类学报,1980,18(3):316.

[32] Marsh. Fraxinus pennsylvanica Marsh.[J]. Ark. Amer.,1785,92.

[33] Oliv. Fraxinus platypoda Oliv.[J]. in Hook. Icon, Pl. 20:t,1929,1890.

[34] Rupr.,Fraxinus mandshurica Rupr. in Bull[J]. Phys. Math. Acad. Sci. St. Petersb,1857,15:371.

[35] 曲式曾,王开运,崔铁成. 黄杉属一新种和梣属一新亚种[J]. 西北植物学报,1988(2):130-131.

[36] 赵天榜,郑同忠,李长欣,等. 河南主要树种栽培技术[M]. 郑州:河南科学技术出版社,1994:203-212.

[37] 刘泽勇,王玉忠,王连洲,等. 速生白蜡育苗技术[J]. 河北林业科技,2012(6):96-101.

狭翅白蜡树一新变种

赵天榜　　陈志秀　　陈俊通

(河南农业大学,郑州　450002)

狭翅白蜡树　新变种

Fraxinus chinensis Roxb. var. angustisamara T. B. Zhao,Z. X. Chen et J. T. Chen,var. nov.

A var. niv. Receditsamaris frutibus anguste loratis,apice mucronatis.

Henan:Zhengzhou City. 15 - 09 - 2015. T. B. Zhao,Z. X. Chen et J. T. Chen,No. 201510052 (ramula,folia et inflorescentibus fructibus,holotypus hic disighnatus HNAC).

本新变种与白蜡树 Fraxinus chinensis Roxb. var. chinensis 主要区别:果翅狭带状,先端短尖。

产地:河南。郑州市有栽培。2015 年 10 月 5 日。赵天榜等,No. 201510052(枝、叶和果序)。模式标本,存河南农业大学。

河南光蜡树一新变种

赵天榜　陈志秀　陈俊通

（河南农业大学,郑州　450002）

摘　要　本文发表河南光蜡树一新变种,即:密果光蜡树 Fraxinus griffithii C. K. Clarke var. densicarpa T. B. Zhao, Z. X. Chen et J. T. Chen,var. nov.。同时,记载其主要形态特征。

密果光蜡树

Fraxinus griffithii C. K. Clarke var. densicarpa T. B. Zhao,Z. X. Chen et J. T. Chen,var. nov.

A var. nov. inflorescentibus fructibus brevissimis. Sacsris parvis;pedicellis fructibus e brevissimis.

Henan;20150804. T. B. Zhao Y. M. Fan et H. Wang,No. 201508041(HNAC).

本新变种果序很短。翅果小;果梗很短。

河南:郑州植物园。2015 年 8 月 4 日。赵天榜、陈俊通和王华。模式标本,No. 201508205,存河南农业大学。

河南白蜡树属一新种

赵天榜　陈志秀

（河南农业大学,郑州　450002）

摘　要　本文发表河南白蜡树一新种,即:垂枝白蜡树 Fraxinus pendula T. B. Zhao et Z. X. Chen,sp. nov.。同时,记载其主要形态特征。

垂枝白蜡树　新种

Fraxinus pendula T. B. Zhao et Z. X. Chen, sp. nov.

A var. ramulis juvenilibus subquadrangulis sparse glandulis. foliis parvis anguste lanceolatis, 5.0~8.0 cm longis 1.2~2.5 cm latis,apice acuminatis longis,acuminatis basi cuneatis,anguste cuneatis,basi margine integris sparse ciliatis brevibus;petiolulatis sparse glandulis et pubescentibus.

Henan: Zhengzhou City. 20190918. T. B. Zhao et Z. X. Chen,No. 201909185(ramulus, impsripinnatus et fructi-inflorescentia,HNAC).1

本新种树冠球状,无中央主干;侧枝弓形下垂。小枝下垂,灰褐色,无毛;皮孔小,点形,白色。芽黑色,球状,无毛。叶为奇数羽状复叶,对生,长 25.0~39.0 cm,叶轴无毛,上面具浅沟。小叶 7 枚,稀 3 枚,长椭圆形,长 5.0~13.0 cm,宽 2.2~4.2 cm,顶生小叶大,长 11.0~13.0 cm,宽 4.2~5.0 cm,稀无顶生小叶,表面绿色,无毛,背面淡绿色,无毛,先端长渐尖,基部宽楔形,边缘中部以下全缘,以上疏细锯齿,无缘毛;小叶柄长 2~5 mm,淡绿色,无毛。果序着生于 2 年生枝上,果序长 5.0~12.0 cm。翅果长 2.2~3.8 cm,宽 5~6 mm,种子长度 1.0~2.0 cm。

河南:郑州市有栽培。2019 年 9 月 18 日。赵天榜和陈志秀,No. 201909185（枝、叶与果序）。模式标本,存河南农业大学。

河南连翘两新变种

赵天榜[1]　　陈志秀[1]　　李小康[2]

(1. 河南农业大学,郑州　450002;2. 郑州植物园,郑州　450042)

摘　要　本文发表河南连翘两新变种,即:耐冬连翘 Forsythia suspensa (Thunb.) Vahl var. frigida T. B. Zhao,Z. X. Chen et X. K. Li,var. nov. 和二色花连翘 Forsythia suspensa(Thunb.) Vahl var. bicolour T. B. Zhao,Z. X. Chen et X. K. Li,var. nov. 。同时,记载其主要形态特征。

1. 耐冬连翘　新变种

Forsythia suspensa(Thunb.) Vahl　var. frigida T. B. Zhao,Z. X. Chen et X. K. Li,var. nov.

A var. bis florescentiis:① April,② Decembr. Floribus aureis.

Henan:20150804. T. B. Zhao,J. T. Chen et H. Wang,No. 201512041(HANC)

本新变种花期2次:1.4月,2. 12月。花金黄色。

河南:郑州植物园。2015 年 12 月 4 日。赵天榜、陈俊通和王华。模式标本,No. 201512041,存河南农业大学。

2. 二色花连翘　新变种

Forsythia suspensa(Thunb.) Vahl var. bicolour T. B. Zhao,Z. X. Chen et X. K. Li,var. nov.

A var. floribus aureis et erythro-fasciariis.

Henan:20150415. T. B. Zhao,J. T. Chen et H. Wang,No. 201504151(HANC)

本新变种花金黄色,并有红色带。

河南:郑州市、郑州植物园。2015 年 4 月 15 日。赵天榜、陈俊通和王华。模式标本,No. 201504151,存河南农业大学。

河南木樨两新品种

赵天榜　　陈志秀

(河南农业大学,郑州　450002)

摘　要　本文发表河南木樨两新品种,即:狭叶木樨 Osmanthus fragrans(Thunb.) Lour. cv. 'Xiaye',cv. nov. 和椭圆叶木樨 Osmanthus fragrans(Thunb.) Lour. cv. 'Tuoyuanye',cv. nov. 。同时,记载其主要形态特征。

1. 狭叶木樨　新品种

Osmanthus fragrans (Thunb.) Lour. cv. 'Xiaye ,cv. nov.

本新品种叶狭披针形,长 4. 0～6. 5 cm,宽 1. 0～1. 8 cm,革质,两面具光泽,先端长渐尖,基部狭楔形。

产地:嵩县。2019 年 7 月 30 日。选育者:赵天榜和陈志秀等。

2. 椭圆叶木樨　新品种

Osmanthus fragrans (Thunb.) Lour. cv. 'Tuoyuanye',cv. nov.

本新品种叶有3种类型:1. 椭圆形,长 6. 0～6. 5 cm,宽 2. 0～3. 2 cm,革质,两面具光泽,先端长渐尖、短尖,基部狭楔形;2. 椭圆形,长 6. 0～6. 5 cm,宽 3. 0～4. 0 cm,革质,两面具光泽,先端钝圆,基部宽楔形;3. 圆形,长 3. 0～4. 0 cm,宽 3. 0～4. 0 cm,革质,两面具光泽,先端钝圆,基部近圆形。

产地:嵩县。2019 年 7 月 30 日。选育者:赵天榜和陈志秀等。

河南小蜡两新品种

赵天榜　陈志秀

（河南农业大学,郑州　450002）

摘　要　本文发表河南小蜡两新品种,即:金叶小蜡 Ligustrum sinense Lour. cv. 'Jinye',cv. nov. 和紫叶小蜡 Ligustrum sinense Lour. cv. 'Ziye',cv. nov.。同时,记载其主要形态特征。

1. 金叶小蜡　新品种

Ligustrum sinense Lour. cv. 'Jinye',cv. nov.

本新品种叶淡黄色,微被淡绿色晕。

产地:嵩县。2019 年 7 月 30 日。选育者:赵天榜和陈志秀等。

2. 紫叶小蜡　新品种

Ligustrum sinense Lour. cv. 'Ziye',cv. nov.

本新品种幼枝、幼叶紫色,具光泽。

产地:嵩县。2019 年 6 月 25 日。选育者:赵天榜和陈志秀等。

三十六、旋花科 Convolvulaceae

河南打碗花属一新种

范永明[1]　戴慧堂[2]　赵天榜[1*],陈志秀[1]

（1. 河南农业大学林学院,郑州　450002;2. 信阳市森林病虫害防治检疫站,信阳　640064）

摘　要　该文描述了在河南鸡公山国家自然保护区发现的打碗花属 Calystegia R. Br. 一新种,即河南打碗花 Calystegia henanensis T. B. Zhao et Y. M. Fan sp. nov.。该新种在形态上与篱打碗花 Calystegia sepium (Linn.) R. Br. 相似,但主要区别:聚伞花序,具 2 花,着生于叶腋内;花序梗疏被长柔毛;花梗纤细,具细条纹或狭翅,疏被柔毛;花苞片边缘全缘、波状起伏或具细圆锯齿,疏被缘毛;萼长匙状卵圆形或长椭圆形,被短柔毛,先端长渐尖;花柱线状,很长,先端微被短柔毛,柱头头状,疏被短柔毛。

Herbae, caules terietes tenuies volubies flavo-virescenteus in juventute villosis post glabris vel persistentibus; stipulis trianguste ovatis persistentibus sparse pilosis. folia trianguste ovata 6. 0～9. 0 cm longa 4. 0～7. 0 cm lata, apice longe acuminata margine integra ciliatis, basi cuneati－hastata saepe in utroque 4 lateri－lobis; lobis deltatis majoribus supra viridia subtus viridula, in juventute sparse villosis

---

第一作者简介:范永明(1993—),男,河南农业大学在读硕士研究生,研究方向:树木分类与树木育种学。E-mail:fym126@126.com。

*通讯作者简介:赵天榜(1935—),男,河南邓州市人,河南农业大学,教授,从事森林培育学等教学与植物分类学研究。

post glabris costis elevatis sparse pilosis; petioli graciles 2. 5 ~ 4. 5 cm longi saepe petoli folia aequqtia vel eis breviora, sparse pilosis. Cymae, 2-flores, axillares; pedunculi 1 ~ 2 mm longi sparse villosis; pedicellis gracilibus 2. 0~4. 0 cm longis pusilli-striatis vel anguste alatis sparse pilosis; bracteis floribus 2 foliiformibus viridibus late ovati-rotundatis 2. 0 ~ 2. 5 cm longis 1. 8 ~ 2. 3 cm latis apice acutis margine integris repandis vel crenulatis sparse ciliatis; calycibus 5 longe spathulati-ovatis vel longe ellipticis subaequilihus pubescentibus 1. 2 ~ 1. 8 cm longis 2 ~ 3 mm latis apice longe acuminatis margine supra medium ciliatis; corollis infundibuliformibus 5. 0 ~ 8. 0 cm longis purpurascentibus vel purpureis; staminibus 5 filamentis infra medium sufflatis pubescentibus et dense squamulosis, antheris longe ovoideis vel longe ellipsoideis, pollinis granulis ovoideis, discis annulatis, ovariis subglobulosis glabris, stylis filiformibus longissimis 2. 2 ~ 3. 7 cm longis apice minute pubescentibus; stigmatibus capitatis diam. ca. 1 mm 2 - lobis, lobis semi - globulosis saepe sparse pubescentibus.

Henan: Mt. Jigongshan. 20-07-1999. T. H. Dai et al., No. 199007202 (folia et flores, holotypus hie disignatus, HNAC).

草本植物。茎圆柱状,纤细,缠绕,淡黄绿色;幼时被长柔毛,后无毛,或宿存;托叶三角状卵圆形,宿存,疏被柔毛。叶三角形,长 6. 0~9. 0 cm,宽 4. 0~7. 0 cm,先端长渐尖,边缘全缘,具缘毛,基部楔-戟形,通常两侧具 4 枚裂片;裂片三角形,较大,表面绿色,背面淡绿色,通常无毛,幼时疏被长柔毛,后无毛,主脉凸起,疏被柔毛;叶柄纤细,长 2. 5~4. 5 cm,通常叶柄短于叶片,或与于叶片等长,疏被柔毛。聚伞花序,花 2 朵,着生在叶腋内;花序梗长 1~2 mm,疏被长柔毛;花梗纤细,长 2. 0~4. 0 cm,具细条纹,或狭翅,疏被柔毛;花苞片 2 枚,叶状,绿色,宽卵圆-圆形,长 2. 0~2. 5 cm,宽 1. 8~2. 3 cm,先端急尖,边缘全缘、波状起伏,或具细圆锯齿,疏生缘毛;萼片 5 枚,长匙-卵圆形,或长椭圆形,被短柔毛,长 1. 2~1. 8 cm,宽 2~3 mm,先端长渐尖,边缘中部以上具缘毛;花冠漏斗状,长 5. 0~8. 0 cm,淡紫色,或紫色,长 5. 0~8. 0 cm;雄蕊 5 枚,花丝中部以下膨大,被短柔毛

和密被小鳞片,花药长卵球状,或长椭圆体状,花粉粒球状,花盘环形;子房近球状,无毛,花柱线状,很长,长 2. 2~3. 7 cm,先端微被短柔毛;柱头头状,径约 1 mm,2 裂,裂片半球状,疏被短柔毛。

本新种与篱打碗花 Calystegia sepium(Linn.) R. Br. [1-6]相似,但区别:聚伞花序,具 2 花,着生于叶腋内;花序梗长 1~2 mm,疏被长柔毛;花梗纤细,长 2. 0~4. 0 cm,具细条纹,或狭翅,疏被柔毛;花苞片 2 枚,叶状,宽卵圆-圆形,边缘全缘、波状起伏,或具细圆锯齿,疏生缘毛;萼长匙-卵圆形,或长椭圆形,被短柔毛,先端长渐尖;花柱线状,很长,长 2. 2~3. 7 cm,先端微被短柔毛,柱头头状,疏被短柔毛。

河南:鸡公山。1990 年 7 月 20 日。戴慧堂等,No. 199007202(叶和花)。模式标本,存河南农业大学。

1. 聚伞花序、叶和茎,2. 花,3. 花苞片,4. 萼片,
5. 雄蕊,6. 雌蕊,7. 托叶(陈志秀绘)

图 1 河南打碗花

参考文献

[1] 中国科学院中国植物志编辑委员会. 中国植物志:第六十四卷 第一分册[M]. 北京:科学技术出版社,1983:525-527.

[2] 丁宝章,王遂义. 河南植物志:第三册[M]. 郑州:河南科学技术出版社,1981:297-298.

[3] 朱长山,杨好伟. 河南种子植物检索表[M]. 兰州:兰州大学出版社,1994:331-332.

[4] 中国科学院植物研究所. 中国高等植物图鉴:第三册[M]. 北京:科学技术出版社 1983:525-527.

[5] Linne Carl von, Convolvulus sepium Linn. Sp. Pl. [M]:153. 1753.

[6] Brown R,Calystegia sepium(Linn.)R. Br., Prodr. FI. Nov. Holl. [M]:438. 1910.

三十七、马鞭草科 Verbernaceae

海州常山两新变型

张东安[1]　黄桂生[1]　赵天榜[2]　张宗尧[3]　杨　谦[3]

(1.鲁山县林业局;2.河南农业大学;3.南召县乔端林场)

摘　要　本文发表了海州常山两新变型,即白萼海州常山 Clerodendrum trichotomum Thunb. f. alba T. B. Chao et D. A. Zhang,f. nov. 和萼海州常山 Clerodendrum trichotomum Thunb. f. alba T. B. Chao et D. A. Zhang,f. nov.

1. 白萼海州常山　新变型

Clerodendrum trichotomum Thunb. f. alba T. B. Chao et D. A. Zhang,f. nov.

A f. tichomo differet folis triangule ovatis basi cunatis;calycibus albis,aln-ceolatis,albis.

Henan:Lushan Xiaia. 10. 9. 1990. T. B. Chao et D. S. Huang, No. 9909101. Typius, in Herb. Henan Agricultural University).

本新变型与海州常山原变型的主要区别:叶三角-卵圆形,基部楔形。花萼白色,披针形;花冠白色。

河南:鲁山县。1990 年 9 月 10 日。赵天榜、张东安和黄桂生,No. 909101。模式标本,存河南农业大学。

2. 萼海州常山　新变型

Clerodendrum trichotomum Thunb. f. alba T. B. Chao et D. A. Zhang,f. nov.

A f. trichomo differt foliis triangule oyat is basi cuneat is;calycibus albis,lanceolatis,corollis albis.

Henan:Lushan Xian. 10. 9. 1990. T. B. Chao, D. A. Zhang et Q. S. Huang, No. 9909101. Typius in Herb. Henan Agricultural University Conservatus.

本新变型与原变型的主要区别:叶三角状卵形,基部楔形。花萼白色,披针形;花冠白色。

河南:鲁山县。1990 年 9 月 10 日。赵天榜、张东安和黄桂生。No. 909101。模式标本,存河南农业大学。

三十八、紫葳科 Bignoniaceae

河南梓树属两新变种

陈俊通[1]　米建华[2]　赵天榜[1]　陈志秀[1]

(1.河南农业大学林学院,郑州　450002;2.郑州市紫荆山公园,郑州　450041)

摘　要　本文发表河南梓树属两新变种,即:褶裂楸树 Catalpa bungei C. A. Mey. var. plicata T. B. Zhao,Z. X.

Chen et J. T. Chen,var. nov. 及白花灰楸 Catalpa farghesii Bureau var. alba T. B. Zhao,Z. X. Chen et J. H. Mi,var. nov.。同时,记载其主要形态特征。

1. 褶裂楸树　新变种

Catalpa bungei C. A. Mey. var. plicata T. B. Zhao,Z. X. Chen et J. T. Chen,var. nov.

A var. nov. recedit:floribus albis,superne corpusculis pauci-carneis in tubis floribus,inferne carneis;5-lobis plicatis,subter lobis basi 2-lobulus albis,2-variegatis luteolis et aciculatis purpurascentibus et subroseis in faucibus.

Henan:Zhengzhou City. 2016-04-15. T. B. Zhao et al. ,No. 201604155(ramulus,folia et flores,holotypus hic disighnatus HHNAC).

本新变种花白色,冠筒上面被很少水粉色微粒,下面水粉色;喉部5枚裂片皱褶,下面中部裂片基部具2枚白色小裂片;喉部具2枚淡黄色斑块,且有淡紫色和粉红色线纹。花期4月上旬。

产地:河南。伏牛山区有分布。郑州市有栽培。2016年4月15日。赵天榜、陈志秀等,No. 201604155(枝、叶与花序)。模式标本,存河南农业大学。

2. 白花灰楸　新变种

Catalpa farghesii Bureau var. alba T. B. Zhao,Z. X. Chen et J. H. Mi,var. nov.

A var. recedit:foliis triangulis 7. 0~10. 0 cm longis,4. 5~6. 0 cm latis apice acuminatis basi cordatis,trinervis,glantibus paribus brunneis in dorsalibus;petiolis 4. 0~8. 0 cm longis. floribus albis,superne corpusculis pauci-carneis in tubis floribus,inferne albis;2-variegatis luteolis et aciculatis purpurascentibus in faucibus.

Henan:Zhengzhou City. 2016-04-07. T. B. Zhao et al. ,No. 201604071(ramulus,folia et flores,holotypus hic disighnatus HHNAC).

本新变种叶三角形,长 7. 0~10. 0 cm,宽 5.5~6.0 cm,先端渐尖,基部楔形,三出脉,背面被较密分枝毛,腋间具褐色腺斑;叶柄长 4.0~8.0 cm。花白色,冠筒上面被很少水粉色微粒,下面白色;喉部具2枚淡黄色斑块,且有淡紫色线纹。

产地:河南。伏牛山区有分布。郑州市有栽培。2016年4月7日。陈俊通、赵天榜、米建华,No. 20160472(枝、叶与花序)。模式标本存河南农业大学。

河南楸树两新变种和一新栽培品种

赵天榜　　陈志秀　　陈俊通

(河南农业大学,郑州　450002)

摘　要　本文发表河南楸树4新变种、1新栽培品种,即:1. 密毛楸树 Catalpa bungei C. A. Mey. var. densipubescens T. B. Zhao et Z. X. Chen,var. nov. ;2. 紫红花楸树 Catalpa bungei C. A. Mey. var. purpureorubra T. B. Zhao,Z. X. Chen et J. T. Chen,var. nov. ;3. '绿斑'楸树 Catalpa bungei C. A. Mey. cv. Viridiglandifera。同时,记载其主要形态特征。

1. 密毛楸树　新变种

Catalpa bungei C. A. Mey. var. densipubescens T. B. Zhao et Z. X. Chen,var. nov.

A var. recedit:ramulis juvenilibus dense pubescentibus. foliis rhomboideis, ovatis, latitriangularibus,5. 0~12. 5 cm longis,4. 5~6. 0~10. 0 cm, basi margine integris,supra glabris,laete glandulis; petiolis dense pubescentibus. latis glabris bifrontibus. floribus albis.

Henan:Zhengzhou City. 2015-05-03. T. B. Zhao et Z. X. Chen,No. 201505035(ramulus,folia et inflorescentiis, holotypus hic disighnatus HHNAC).

本新变种幼枝密被短柔毛。叶对生,稀3枚近轮生,近圆形,长 5.0~11.0 cm,宽 6.0~10.0 cm,表面深绿色,无毛,具亮腺点,主脉被很少短柔毛,背面绿色,很少短柔毛,先端短尖、长渐尖、长尾尖,具长约 1.0 cm 尖头,偏向一侧,基部圆形、平截,稀宽楔形,或近柄处两侧,具黑色腺斑;其基部脉腋具 2~3 枚腺体,边缘波全缘;叶柄长 4.0~8.0 cm,淡绿色,密被短柔毛。花序顶生,长 8.0~15.0 cm,花序梗淡绿色,无毛,其上具 1~2 枚、膜质、淡灰白色、无毛、条形苞片长。花序具花 5~7 朵,花白色,外面微有水粉点晕,旗瓣内面白色,其他有紫色线条、紫色斑点及 2 块淡黄色斑块;雄蕊 4 枚,2 强、2 弱;子房绿色,无毛。

河南:郑州市有栽培。2015 年 5 月 3 日。赵天榜和陈志秀, No. 201505035(枝、叶、花与花序)。模式标本,存河南农业大学。

2. 紫红花楸树　新变种

Catalpa bungei C. A. Mey. var. purpureorubra T. B. Zhao, Z. X. Chen et J. T. Chen, var. nov.

A var. nov. recedit:floribus purpureo-rubris, superne vittatis densis purpureo-rubris in tubis floribusis, inferne albis; 5-lobis plicatis, 2-variegatis luteolis et vittatis luteolis vel luteis et vittatis purpurascentibus in faucibus.

Henan:Zhengzhou City. 2016-04-07. T. B. Zhao et al., No. 201604071(ramulus, folia et flores, holotypus hic disighnatus HNAC).

本新变种花紫红色,冠筒上面密被紫红色纵线纹,下面水粉色;喉部 5 枚裂片皱折,并具 2 枚

淡黄色,或黄色斑块,且有淡紫色线纹。花期 4 月上旬。

产地:河南。郑州市有栽培。2016 年 4 月 15 日。赵天榜等, No. 201604151(枝、叶和花序)。模式标本,存河南农业大学。

3. '绿斑'楸树　绿斑楸　新栽培品种

Catalpa bungei C. A. Mey. cv. Viridiglandifera,赵天榜等主编. 河南主要树种栽培技术:176. 1994。

本栽培品种叶小,先端渐尖,基部心形,叶背面腺斑线绿色,不为紫色。

河南:郑州市有栽培。1993 年 8 月 1 日。选育者:赵天榜和陈志秀。

参考文献

[1] 丁宝章,王遂义,高增义. 河南植物志:第三册[M]. 郑州:河南科学技术出版社,1997:455 . 图 1992 1-5. 455 . 图 1991 6-8.

[2] 王遂义. 河南树木志[M]. 郑州:河南科学技术出版社,1994:566. 图 597 1-5. 图 596 6-8.

[3] 卢炯林,余学友,张俊朴. 河南木本植物图鉴[M]. 香港:新世纪出版社,1998:367. 图 1099. 366. 图 1098.

[4] 中国科学院中国植物志编辑委员会. 中国植物志 第六十九卷 第一分册[M]. 北京:科学出版社,1990: 16~17. 图版 1:45.

三十九、泡桐科　Paulowniaceae

泡桐属新分类系统与新植物

范永明[1]　赵天榜[2]

(1. 北京林业大学园林学院,北京　100083;2. 河南农业大学,郑州　450002)

摘　要　本文发表了泡桐属新分类系统与新植物,即:泡桐属新分类系统为 2 亚属:泡桐亚属 Paulownia Sieb. & Zucc. subgen. Paulownia 和齿叶泡桐亚属 Paulownia Sieb. & Zucc. subgen. Kawakamii(S. Y. Hu)Y. M. Fan et T. B. Zhao,subgen. comb. nov. 。泡桐亚属分为 3 组,即:泡桐组 Paulownia Sieb. & Zucc. sect. Paulownia;大花泡桐组 Paulownia Sieb. & Zucc. sect. Fortuneana Dode;杂种泡桐组 Paulownia Sieb. & Zucc. sect. hybrida Y. M. Fan et T. B. Zhao,sect. nov. 。同时,记录了该属 1 组、19 种、2 亚种、7 变种,其中有 1 新组、6 新种、2 新亚种和 7 新变种,及

其形态特征。

一、泡桐属新分类系统

泡桐属

Paulownia Sieb. & Zucc.

（一）泡桐亚属　原亚属

Paulownia Sieb. & Zucc. subgen. Paulownia

Paulownia Sieb. & Zucc. Fl. Jap. 1：25. t. 10. 1835；S. Y. Hu. Quart. Journ. Taiw. Mus. 12：no. 1 et 2. 1～52. 1959；龚彤. 植物分类学报，14（2）：38～50. 1976；陈嵘著. 中国树木分类学. 1105. 1937；云南省植物研究所. 云南植物志 第二卷：698. 1979；中国植物志编辑委员会. 中国植物志 第 67 卷　第二册：28～29. 1979；河南省革命委员会农林局，等. 泡桐图志：3～4. 1975；龚彤. 发表中国泡桐属植物的研究. 植物分类学报，1976，14（2）：39～40；中国科学院西北植物研究所编著. 秦岭植物志　第 1 卷　第 4 册：317. 1983；大井次三郎. 日本植物志：1030. 昭和二十八年；浙江植物志编辑委员会. 卷主编. 郑朝宗. 浙江植物志 第六卷：4. 1993；蒋建平主编. 泡桐栽培学：25～26. 1990；郑万钧主编. 中国树木志 第四卷：5088. 2004；牛春山主编. 陕西树木志：1066～1067. 1990。

形态特征：落叶乔木，稀常绿。树皮灰色，或灰褐色至黑灰色；幼时树皮平滑；皮孔明显。树冠卵球状至伞形。侧枝为假二叉分枝。小枝粗壮，髓腔大。枝上多具毛。冬芽(叶芽)小，具2～3对鳞片。顶芽常于冬季枯萎，或形成花序。单叶对生，稀轮生，或互生，叶大，卵圆形、宽卵圆形、近圆形或长卵圆形，多毛，具长柄，柄空，边缘全缘、波状或2浅裂，稀具细锯齿，或3～5枚三角形齿。蕾序有叶或无叶，花(1～)3～5(～8)朵成聚伞花序；花序梗长短不一。花蕾卵球状、倒长卵体状、棱状。花大，白色、淡紫色、紫色、深紫色；花管漏斗状，基部狭缩，内面常有紫色、深紫色斑点，或淡黄色晕，有时具纵皱褶；花萼钟状或盘状，肥厚；萼齿5枚，不等大；花冠唇形，上唇2裂，反卷，下唇3裂，直伸或微卷，常具黄色条纹及紫斑；雄蕊4枚，二强，着生于花冠筒基部，不伸出，花丝近基部扭曲，花药分叉；花柱上端微弯，约与雄蕊等长；子房三角-卵球状，由2心皮组成，2室，中柱胎座，

胚珠多数。蒴果卵球状、椭圆体状、长圆球状，成熟后室背开裂，2片裂，或不完全4片裂，果皮木质化；种子小而多，具膜翅，少量胚乳。

本属模式：毛泡桐 Paulownia tomentosa (Thunb.) Steud.。

分布：中国、日本、越南等有分布。

Supplementary description of morphological characteristics of Paulownia：

Young branches are green, densely glandular hairs, and rarely branched hairs. Buds are born side by side and superposed. Leaves rarely evergreen, slightly wavy entire and 5～7 horned teeth, covered with long glandular hairs, short glandular hairs, dendritic villous, pilose, stellate hairs; petiole hollow, covered with long glandular hairs、glandular spots, sparsely dendritic villous. The flowering branches with small leaves. Inflorescence branchs usually have branches; branches with cymes. The cyme has 3 to 6 flowers and rarely 1 to 2. When flowering, the tube is rarely covered with glandular hairs, the upper lip extending, the margin undulating and slightly lilac; the lower lip is white, curved, with dendritic hairs and glandular hairs on the edges, and the abdomen is usually free of purple spots and intermittent purple spots. Fruit calyx discoid, 5－lobed, spreading. Capsule globose, ovate globose.

泡桐属形态补充描述：

幼枝绿色，密被腺毛，罕枝状毛。芽并生及叠生。叶稀常绿，边缘全缘、微波状全缘及5～7枚角齿，被长腺毛、短腺毛、树枝状长柔毛、柔毛、星状毛；叶柄中空，被树枝状长腺毛、腺点，疏被树枝状长柔毛。蕾序枝上具小型叶片。花序枝上通常具分枝；分枝上具聚伞花序。聚伞花序具花3～6朵，稀1～2朵。花时花筒外面稀被腺毛，上面唇瓣外伸，边部起伏，微有淡紫色晕；下面唇瓣白色，外弯，边缘具树枝状缘毛、腺缘毛，腹部通常无紫色斑点及间断紫色斑点。果萼盘状，5片裂，平展。蒴果球状、卵球状。

Ⅰ. 泡桐组　原组

Paulownia Sieb. & Zucc. sect. Paulownia

形态特征：落叶乔木。树皮灰褐色。小枝皮孔明显，幼时被黏质具柄腺毛及枝状毛。叶卵形

或心形,先端锐尖或渐尖,基部心形;花序大,宽圆锥状;聚伞花序总梗与花梗近等长。花蕾小,近圆球状。花较小,花萼钟状,深裂;花冠漏斗钟状。果实多。

本组包括6种:1.毛泡桐 Paulownia tomentosa (Thunb.) Steud., 2. 川泡桐 Paulownia fargesii Franch.,3.台湾泡桐 Paulownia taiwaniana Hu et Chang,4.湖南泡桐 Paulownia hunanensis (D. L. Fu et T. B. Zhao) Y. M. Fan et T. B. Zhao,sp. nov.,5.球果泡桐 Paulownia globosicapsula Y. M. Fan et T. B. Zhao,6.双小泡桐 Paulownia biniparvitas Y. M. Fan et T. B. Zhao。

1.毛泡桐

Paulownia tomentosa (Thunb.) Steud. Nomencl. Bot. 2:278. 1841

变种:

1.1 腺毛泡桐 新变种

Paulownia tomentosa(Thunb.)Steud. var. piliglandula T. B. Zhao et Y. M. Fan,var. nov.

A var. nov. foliis tate ovatibus margine vel magni-crenatis triangularibus,margine piliis glandulis multicellulis;petiolis 3. 5 ~ 4. 5 cm longis dense breviter tomentosis.

Hunan;Zhuzhou City. 1999 - 07 - 18. D. L. Fu,No.997186. HNAC.

本新变种叶宽卵圆形,边缘全缘,或具大三角钝圆,边缘具多细胞腺毛;叶柄长12.0~18.0 cm,密被短茸毛。

本变种模式:1999 年 7 月 18 日。赵天榜, No.997186。模式标本,存河南农业大学。

分布:湖南。株洲市。

2.川泡桐 川桐(中国树木分类学)

Paulownia fargesii Franch. in Bull. Mus. Hist. Nat. Paris,II. 280.1896

变种:

2.1 角齿川泡桐 新变种 图1

Paulownia fargesii Franch. var. angulata Y. M. Fan et T. B. Zhao,var. nov.

A var. nov. foliis subrotundatis,13. 0 ~ 19. 0 cm longis,12. 5 ~ 20. 0 cm latis,apice mucronatis,basi cordatis,margine integris,3 ~ 5-triangulatis vel crenatis;petiolis 8. 0 ~ 13. 0 cm.

Hunan:Zhuzhou City. 1999 - 07 - 15. D. L. Fu,No.997153. HNAC.

本新变型种叶近圆形,长 13. 0 ~ 19. 0 cm,宽 12. 5 ~ 20. 0 cm,基部心形,先端短尖或渐尖,边缘全缘,具 3 ~ 5 三角形大齿,或圆形大齿;叶柄长 8. 0 ~ 13. 0 cm。

本变种模式:1999 年 7 月 15 日。赵天榜, No.997153。模式标本,存河南农业大学。

分布:湖南。株洲市。

图 1　角齿川泡桐 Paulownia fargesii Franch. var. angulata Y. M. Fan et T. B. Zhao

3.台湾泡桐

Paulownia taiwanianan T. W. Gu & H. J. Chang in Taiwania 20(2):166~171. 1975。

4.湖南泡桐 新种 图2

Paulownia hunanensis (D. L. Fu et T. B. Zhao)Y. M. Fan et T. B. Zhao,sp. nov.

Species nov. Paulownia taiwaniana Hu et Cheng sinilis, sed foliis margine integris saepe planis. integris repandis minute et 5~7-angulatis,villosis glandulosis, breviter pili-glandulosis, pilosis ramunculis longis, pilosis, pili-stellis;petiolis pilosis ramunculis longis, pili-glandulosis, glandibus. inflorescentiis saepe cymis, pedicellis 0. 5 ~ 1. 8 cm longis;3~6-floribus, rare 1~2- floribus;lobis calycibus profumde 1/2. superne labellis lobis vevolubilibus, margine repandis, albis, dilute purpurascentibus, margine ciliatis ramunculis, ciliatis glandulosis, sine purpurree maculis nullis et linearibus purpurascentibus interceptis in intus;stylis 2. 0 ~ 2. 4 cm longis. casulis ovoideis 2. 2 ~ 2. 8 cm longis, diam. 1. 2 ~ 1. 7 cm;calycibus fructibus discoideis 5 lobis saepe planis.

Arbor decidua. Ramuli grossi pallide brunnei;lenticellis expressis elevatis, cinerceo-brunneis;Ramuli juventute viridia dense pilis glanduliferis rare pilis ramulosis. Folia rotundi-cordata 15. 0 ~ 20. 0 cm longa 13. 0 ~ 18. 0 cm lata, supra atro-viridia, costis et nervis lateralibus minute depressinibus rare pilis glanduliferis, pilis longis ramulis, glandis cyathiformibus, dense glandibus, subtus viridibus costis et nervis lateralibus express-elevatis ad dense pilis ramulis, pilis glandibus, glandibus, subter pilis ramulis et glandis cyathiformibus vel glandis acetabuliformibus, apice acuminatis, acutis rare acuminatis longis, basi cordatis vel sub cordatis, margine integris vel repande integris saepe 5 ~ 7-angulatis lobis, sparse ciliatis vel ciliatisnullis; petiolis 7. 0 ~ 12. 0 cm longis viridulis minute pallidi-purpureis supra in medio longistrorsum sulicis, pilis ramosis densioribus, glanduli-pilis, glandulis sparse pubescentiis ramulis. inflorescentiae magni formis, cymis terminalibus paniculatis apicifixis vel aequantiis; pedunculis 5 ~ 18 mm longis; cymis supra 3 ~ 6-floribus rare 1~2-floribus, pedicellis 6~20 mm longis supra medium grossis, curvatis, dense flavo-brunneis tomentosis ramunculis. Alabastra obovoidea, dense flavo-brunneis tomentosis ramunculis, apice obtubis basi ob-triangulate conoideis, calycibus 5-lobis, lobis 1/2, extus pilis flavo-brunneis ramunculis. Flores ante folia aperti; magnifores, comalibus 4. 0 ~ 5. 0 cm longis, tubulosis 3. 0 ~ 3. 5 cm longis, diam. 1. 5 ~ 1. 8 cm, apice 5-lobis, superne 2 labellis semi-rotundatis exteris, inferne 3 labellis semi-rotundatis interaneis vel exteris, margine repandis, repandi-crenatis, dense ciliatis breviter pedicellis rare ciliatis glandulis; comalibus tubulatis et labellis extus pilis rare glandulis, pubescentibus ramunculis, intus labellis pilis glandulis, pubescentibus ramunculis, intus glabris, conspicuo olongitudinaliter prismaticis et canaliculatis nullis, punctis purpureis vel vittatis purpureis interceptis, basi extus pilis glandulis, pubescentibus ramunculis; ante florentas purpureos, florescentiae superne labellis albis minute purpurascentibus, infra labellis albis; staminibus 4, 2-didyImamis, antheris flavidis glabris, filamentis 1. 7 ~ 2. 2 cm longis, sparse piis glandulis, pubescentiis ramunculis, basi curvatis; ovariis viridulis semi-ovoideis, dense papillate glandulis, stylis 2. 0 ~ 2. 4 cm longis, sparse papillate glandulis rare pubescentibus ramunculis. Capsulae globo-ovoideae 1. 8 ~ 2. 2 cm longae deam. 1. 2 ~ 1. 7 cm, apice acutae apiculiae ca. 3 mm longae, basi semi-globosi cinerceo-brunneae; calycibus

• 608 •

fructibus discoideis 5-lobis, planis rare retrocurvis, lobis apice acutis retrocurvis, extus pilis ramunculis Forescentiae APR. , Fructus maturationibus Aug. ~ Sep.

Hunan: Zhuzhou City. 1999 - 04 - 28. T. B. Zhao et al. , No. 994282(Branch and flower, holotypus hie disignatus, HNAC).

落叶乔木。小枝粗壮,浅褐色;皮孔明显突起,灰褐色;幼枝绿色,密被腺毛,稀枝状毛。叶圆心形,长15.0~23.0 cm,宽13.0~18.0 cm,表面深绿色,主脉和侧脉微凹,脉上疏被腺毛、树枝状长柔毛,杯腺,密被腺点,背面绿色,主脉和侧脉明显隆起,沿脉密被树枝状毛、腺毛、腺点,其余处被树枝状长柔毛及杯腺,或蝶腺,先端渐尖、急尖,稀长渐尖,基部心形,或浅心形,边缘全缘,或波状全缘,常具5~7枚三角形裂片,疏被缘毛,或无缘毛;叶柄长7.0~12.0 cm,绿色,微有浅紫色晕,表面中失具1浅沟,被较密分枝毛、腺毛、腺点,疏被树枝状短柔毛。花序大型,为顶生圆锥状聚年花序;侧花序枝长度达主花序枝的2/3,或等长;花序梗长0.5~1.8 cm;聚伞花序具花3~6朵,稀1~2朵花;花梗长6~20 mm,上部粗,弯曲,密被树枝状黄褐色茸毛。花蕾倒卵球状,密被黄褐色树枝状毛,先端钝圆,基部呈倒三角-锥状,花萼5裂,裂片深达1/2,外面被黄褐色树枝状毛。花先叶开放;花大,花冠长4.0~5.0 cm,冠筒管状,长3.0~3.5 cm,径1.5~1.8 cm,先端5裂,上面2唇瓣,半圆形,外反,下面3唇瓣,半圆形,内曲或外反,边缘波状起伏,具波状圆锯齿,并密被短柄状缘毛,稀腺缘毛;冠筒及唇瓣外面疏被腺毛、树枝状短柔毛,唇瓣内面被腺毛、树枝状短柔毛,冠筒内面无毛,无纵褶明显突起,微具紫色点,或间断紫色线,基部外面被腺毛、树枝状短柔毛;花开前紫色,花时上面唇瓣白色,微有淡紫色晕,下唇瓣白色;雄蕊4枚,2强雄蕊,花药淡黄色,无毛,花丝长1.7~2.2 cm,疏被腺毛、树枝状短柔毛,基部弯曲;子房淡绿色,半卵球状,密被乳头状腺,花柱长2.0~2.4 cm,疏被乳头状腺,稀有树枝状短柔毛。蒴果球状、卵球状,长1.8~2.2 cm,径1.2~1.7 cm,先端尖,尖长约3 mm,基部半球状,灰褐色,成熟后2片裂;花盘盘状,平展,稀反曲,裂片先端短尖,且外反,外面具黄褐色树枝状柔毛。花期4月下旬;果实成熟期8月下旬至9月上旬。

本新种与台湾泡桐 Pauwnia taiwaniana T. W. Yu et H. J. Chang 近似,但区别:叶全缘、微波状

全缘及 5~7 枚角齿,被长腺毛、短腺毛、树枝状长柔毛、疏柔毛、星状毛;叶柄被树枝状长柔毛、腺毛、腺点。花序通常为聚伞花序,花序梗长 0.5~1.8 cm;聚伞花序具花 3~6 朵,稀 1~2 朵;花萼裂片深达 1/2;花时上唇瓣外反,边部起伏,白色,微有淡紫色晕,边缘具树枝状缘毛、腺缘毛,内面无紫色斑点,或间断紫色条纹;花柱长 2.2~4.0 cm。蒴果卵球状,长 2.2~2.8 cm,径 1.2~1.7 cm;果萼盘状,5 片裂,平。

湖南:株洲市。1999 年 4 月 28 日。赵天榜和傅大立,No. 994282。模式标本,存河南农业大学。

图 2 湖南泡桐(D. L. Fu et T. B. Zhao)
Y. M. Fan et T. B. Zhao

5. 球果泡桐 新种 图 3

Paulownia globosicapsula Y. M. Fan et T. B. Zhao,sp. nov.

Species nov. Paulownia taiwaniana Hu et Cheng sinilis,sed foliis cordatis margine integris vel integris repandis rare sinuatis sparse ciliatis. capsulis parviformis,2.2~2.8 cm longis,1.2~1.7 diametris;calycibus capsulis discoideis 5-partitis planis.

Arbor decidua. ramuli grossi pallide brunnei,pilis glanduliferis multicellulis;ramulis juventute viridis dense pilis glanduliferis multicellulis rare pilis ramulosis. folia cordata 13.0~18.0 cm longa 13.0~16.0 cm lata,supra atro-viridia,costis et nervis lateralibus minute depressinibus sparse pilis glanduliferis,pilis longis ramulis,subtus viridibus costis et nervis lateralibus express-elevatis ad dense pilis ramulis,pilis glanduliferis multicellulis,apice acuminatis,acutis,basi cordatis,margine integris vel repande integris,sparse ciliatis;petiolis 9.0~18.0 cm longis viridulis,pubescentibus. ramuli inflorescentiae vulgo 30.0 cm longa;ramulilatera inflorescentiae 6.0~14.0 cm longa;pedicellis 6~15 mm longis,dense tomentosis ramunculis luteolibrunneis.

flores non visi. capsulis parviformis,globosis,2.2~2.8 cm longis,2.0~2.5 cm diametris,apice globosis,basi globosis;calycibus capsulis discoideis 5-partitis planis.

Hunan:Zhuzhou City. 1999-07-16. D. L. Fu,No. 9907161,HNAC.

落叶乔木。小枝粗壮,灰褐色,被多细胞腺毛;幼枝绿色,密被多细胞腺毛,稀枝状毛。叶心形,长 13.0~18.0 cm,宽 13.0~16.0 cm,表面深绿色,主脉和侧脉微凹,脉上疏被腺毛、树枝状长柔毛,背面淡绿色,主脉和侧脉明显隆起,沿脉密被树枝状毛、多细胞腺毛,先端渐尖、短尖,基部心形,边缘全缘,或波状全缘,稀深波状,疏被缘毛;叶柄长 9.0~18.0 cm,绿色,被较密分枝毛、腺毛、疏被树枝状短柔毛。花序枝短,通常长 30.0 cm;侧花序枝长 6.0~14.0 cm;花序梗长 0.3~1.0 cm;聚伞花序具花 2~5 朵,稀 1 朵花;花梗长 6~15 mm,密被树枝状黄褐色茸毛。花不详。蒴果球状,小型,长 2.0~2.5 cm,径 1.5~2.0 cm,先端钝圆,基部球状,成熟后 2 片裂;果萼盘状,5 裂片,平展,裂片先端短尖。

本新种与台湾泡桐 Pauwnia taiwaniana T. W. Yu et H. J. Chang 近似,但区别:叶心形,边缘全缘,或波状全缘,稀深波状,疏被缘毛。蒴果球状,小型,长 2.2~2.8 cm,径 2.0~2.5 cm;果萼盘状,5 片裂,平展。

湖南:株洲市。1999 年 7 月 16 日。傅大立,No. 9907161。模式标本,存河南农业大学。

图 3 球果泡桐 Paulownia globosicapsula Y. M. Fan et T. B. Zhao 叶形,果序枝及果实

6. 双小泡桐 新种 图 4

Paulownia biniparvitas Y. M. Fan et T. B. Zhao,sp. nov.

Sp. nov. foliis parviformis et casuli parviformis. foliis 2.0~3.0 cm longis,1.2~2.0 cm latis. capsulis ovaoideis,parviformis,1.5~2.2 cm longis, dim. 1. 2 ~ 1. 5 cm, dense tumoribus et glebosis tumoribus; calycibus lobis 1/2 profundis.

Arbor decidua. ramuli flavi-brunnei; lenticellis conspicuo elevatis. morphological characterristics: folia parviformae et capsulae parviformae. 1. folia parviformae non regulari – rotundi, supra atroviretibus, stellato-pilosis et pilosis, subtus hlorinis stellato – pilosis paucis, pilis glandulosis multicellularibus paucis et pilosis paucis; petiolis 8. 5 ~ 9. 0 cm longis. rami-inflorescentiae capsulae 30. 0 cm 30. 0 cm longae. capsulae ovaoidei viridulis, pubescentibus. ramuli inflorescentiae vulgo 30. 0 cm longa. capsulae ovaideusi 1. 5 ~ 2. 2 cm longi dim. 1. 2 ~ 1. 5 cm, nigrs, extus dense tumoribus et glebosis tumoribus, apice rostratis; lobis calycibus angusti-triangularibus, calycibus losis 1/2 profundis; pedicellis capsulis flexis, dense glebosis tumoribus etminime pubescentibus.

Hunan: Zhuzhou City. 05 – 05 – 1999. D. L. Fu, No. 995055. HNAC.

本新种落叶乔木。小枝黄褐色;皮孔明显突起。其形态特征很特殊:叶小型和果实小型。1. 叶小型,不规则-圆形,长 5. 5 ~ 8. 0 cm,宽 5. 5 ~ 7. 0 cm,表面深绿色,被很少星状毛及疏柔毛,背面淡绿色,被很少星状毛、多细胞腺毛及疏柔毛,两面沿脉星状毛、多细胞腺及柔毛较多,边部具 4 ~ 5-深波状,边缘全缘,被较密星状毛、多细胞腺及柔毛;叶柄长 8. 5 ~ 9. 0 cm。果序枝长达 30. 0 cm。蒴果卵球状,长 1. 5 ~ 2. 2 cm,径 1. 2 ~ 1. 5 cm,黑色,外面密被瘤点及瘤斑,先端尖呈喙状;萼裂片狭三角形,深裂达 1/2;果梗弯,密被瘤斑及很少短柔毛。

本变种模式:1999 年 5 月 5 日。傅大立,No. 995055。模式标本,存河南农业大学。

分布:湖南。株洲市。

Ⅱ. 大花泡桐组(白花泡桐组) 组

Paulownia Sieb. & Zucc. sect. Fortuneana Dode, Bull. Soc. Dendr. France 160. 162. 1908

形态特征:落叶乔木。树皮灰褐色。小枝幼时有毛,后无毛。叶长卵圆形,或宽卵圆形,先端长渐尖,或锐尖,基部心形。花序短小,圆柱状;聚伞花序梗与花梗近等长。花蕾大,倒长卵球状。花大,花萼倒圆锥钟状,浅裂。花冠管漏斗状。果实较多。

本组模式:白花泡桐 Paulownia fortunei

图 4 双小泡桐 Paulownia biniparvitas Y. M. Fan et T. B. Zhao 叶形、果序枝及果实

(Seem.) Hemsl. 。

本组包括:(1) 白花泡桐 Paulownia fortunei (Seem.) Hemsl. 、(2) 兰考泡桐 Paulownia elongata S. Y. Hu、(3) 山明泡桐 Paulownia lamprophylla Z. X. Chang et S. L. Shi、(4) 宜昌泡桐 Paulownia ichengensis Z. Y. Chen、(5) 鄂川泡桐 Paulownia albophloea Z. H. Zhu、(6) 建始泡桐 Paulownia jianshiensis Z. Y. Chen、(7) 楸叶泡桐 Paulownia catalpifolia T. Gong ex D. Y. Hong 等 13 种。

1. 白花泡桐

Paulownia fortunei (Seem.) Hemsl. in Gard. Chron. Ser. 37:448. 1890 et in Journ. Linn. Soc. Bot. 26:180. 1890. p. p. excl. specim Shangtung.

2. 兰考泡桐

Paulownia elongata S. Y. Hu Quart. J. Taiwan Mus. 12:41. Pl. 1959. p. p. excl. specim. Shangtung.

3. 山明泡桐

Paulownia lamprophylla Z. X. Chang et S. L. Shi, 河南农业大学学报, 23(1):53 ~ 57. 附图. 1989。

4. 宜昌泡桐

Paulownia ichengensis Z. Y. Chen, 华中农业大学学报, 7:2. 1982。

5. 鄂川泡桐

Paulownia albophloea Z. H. Zhu, sp. nov. , 中国林业科学研学研究所泡桐组等. 泡桐研究: 18 ~ 19. 图 2-2. 1978。

形态特征:主干较通直,树干幼时灰白色,较光滑。叶卵圆形至长卵圆-心形,厚革质,表面疏生具柄腺毛、枝状毛、单毛,背面淡黄色,密被具柄腺毛、枝状毛。花序枝较长,一般 40. 0 cm,呈狭圆锥状,有时无侧花序枝,呈圆筒状。聚伞花序梗长于花梗长近 2 倍;萼浅裂 1/3~1/4;萼筒较细长,开花时一般不脱毛,后渐脱落,或不脱落;花紫色,花冠漏斗状,长 7.0~8.0 cm,内有紫色细斑点。果长卵球状,长 4.0~6.0 cm,先端往往偏向一侧,成熟果被毛大部不脱落。

本种模式:《泡桐研究》一书中,发表鄂川泡桐 Paulownia albophloea Z. H. Zhu, sp. nov. 时,无模式标本、无拉丁文描述,仅有形态特征记载和形态特征图*。

分布:湖北西部恩施地区、四川东部及四川盆地多栽培。野生多生在海拔 200~600 m 的丘陵山地。

注*:根据《国际植物命名法规》中有关规定,现将该种形态特征拉丁文记载如下:

Specie nov. trunces orthotropiora;cinere-aolbis in juvenilibus laevibus. folia ovates ~ ovaticordata longa, crasse coriacei, supra pilis glandulis, pilis ramunculis, simpicipilis; subtus flavis, dense pilis glandulis, pilis ramunculis. Rami-inflorescentiae longioribus, ca. 40.0 cm longis, anguste conoideis, interdum non Rami-inflorescentiis lateribus, tubulosis. pedicellis cymis sub 2-multis pedicellis; calycibus 1/3~1/4 lobis; tubulosis calycibus longioribus. flos purpurei, infundibulares, 7.0~8.0 cm longis, intus minutis purpureis. capsulae longe ovaoidei, 4.0~6.0 cm longi, apice non orthotropis, multipilosis non caducis.

6. 建始泡桐

Paulownia jianshiensis Z. Y. Chen,华中农业大学学报,14(2):191~194. 1995。

7. 楸叶泡桐

Paulownia catalpifolia T. Gong ex D. Y. Hong,植物分类学报,14(2):41. 图版 3,图 1. 1976。

8. 垂果序泡桐　新种　图 5

Paulownia penduli-fructi-inflorescentia J. T. Chen,Y. M. Fan et T. B. Zhao,sp. nov.

Morphological characteristics:Deciduous trees. Leaves nearly round, margin with 3 to 5 triangular teeth. Numerous buds, opposite leaves on bud branches. fruiting sequence pendulous, mature fruiting sequence persistent.

Fruit globose, apex cusp, extremely dense.

China:Beijing. 2017-09-08. Y. M. Fan et J. T. Chen. No. 20170908-01(holotype,HNAU).

形态特征:落叶乔木。叶近圆形,边缘具 3~5 三角形齿。花蕾多,蕾序枝上有对生叶。果序下垂,成熟果序宿存。果实球状,先端突尖,极密。

分布:北京市区有栽培。2017 年 9 月 8 日。陈俊通和范永明,No. 20170908-01(叶与蕾序枝、果序)。模式标本,存河南农业大学。

图 5　垂果序泡桐 Paulownia penduli-fructi-inflorescentia J. T. Chen,Y. M. Fan et T. B. Zhao
1. 蕾序枝和叶,2. 蕾序枝和叶,3. 果实,4. 果实。

9. 并叠序泡桐　新种　图 6

Paulownia seriati-superimposita Y. M. Fan,T. B. Zhao et D. L. Fu,sp. nov.

Species nov. Paulownia kawakamii Ito sinilis, sed foliis rotundi-cordatais supra costis et nervis lateralibus minute depressis dense pilis dendroformibus et pubi-glandulis stellatopilosis dendroformibus-villosis subtus costis et nervis lateralibus dense pilis, dendroformibus puli-glandulis cyathiformi-vel acetabuliformi-glandubus margine integris vel rqjandis intefra saepe 5~9-angulatais non aeque sparse ciliatis vbel ciliatis ; petiolis densioribus glanduli-pilis, pilis ramosis,glandulis sparse pube-dendroformibus. Ramuli-inflorescentiis magnoformibus, saepe ramuli-inflorescentiis lateralibus grosis eis longitudine 2/3 primarii-ramuli-inflorescentibus, imprimis ramuli-inflorescentiis primariis saepe 2-cymis superimpositis; pedunculis 5~18 mm longis;3~6-floribus rare 1~2 in cymis,pedicellis 6~20 mm longis supra medium grpssis curvatis dense flavo-brunneis dendroformibu-tomentosis. Alabastris extra dense flavo-brunnei dendroformi-omentosis. floribus magnis apice corollis 5-lobis, margine limbis dense breviter pilis dendroformibus rare glanduli-ciliatis, tubis et labellis extus sparse pilis glandulis et pilis dendroformibus, labellis intus pilis glandulis et pubescentibus dendrofomibus, labellisintus pilia glandulis et pilis todrofomibus, tubis intus glabris, striatis purpureis; ante florentes purpureos, filamentis sparse glandulis et pubescentibusdendroformibus; ovariis dense papillate glandulis, stylis papillate glandulis rare pilis dendroformibus. Calycibus fructibus extra pulis dendroformibus.

Hunan: Zhuzhou City. 1999 - 04 - 28. T. B. Zhao, No. 994282 (Superimpositicyma, holotypus hie disignatus, HNAC).

本新种与齿叶泡桐（华东泡桐）Paulownia kawakamii Ito, 近似, 但区别: 叶心状圆形, 表W主脉和侧脉微凹, 两侧及脉上疏被腺毛、树枝状腺毛和树枝状毛、杯腺, 密被腺点, 背面沿主脉和侧脉密被树枝状毛、腺毛、腺点, 其余处被树枝状长柔毛及杯腺或蝶腺, 边缘全缘、波状全缘, 常具5~9枚不等三角状裂片; 叶柄被较密分枝毛、腺毛、腺点, 疏被树枝状短柔毛。花序大型, 通常侧花序枝长度达主花序枝的2/3; 主花序枝上通常由2枚聚年花序叠生, 花序梗长0.5~1.8 cm; 聚年花序具花3~6朵, 稀1~2朵花, 花梗长0.6~2.0 cm, 上部膨大, 弯曲, 密被树枝状黄褐锈色茸毛。花蕾外面密被黄褐色树枝状毛。花大; 花冠先端5裂, 唇瓣边缘波状起伏具波状圆锯齿, 并密被短柄状缘毛, 稀腺缘毛; 冠筒及唇瓣外面疏被腺毛、树枝状短柔毛, 唇瓣内面被腺毛、树枝状短柔毛; 冠筒内面无毛, 腹部微具紫色点或间断紫色线, 纵褶浅黄色; 花开前紫色, 花丝疏被腺毛、树枝状短柔毛; 子房密被乳头状腺, 花柱疏被乳头状腺, 稀有树枝状短柔毛。蒴果长椭圆体状, 黄锈色, 长5.0~7.0 cm, 径3.0~4.0 cm, 背面具纵沟, 先端喙长1.0 cm; 果萼外面被黄褐色树枝状毛。

湖南: 株洲市。1999年4月28日。赵天榜和傅大立, No.994282。模式标本, 存河南农业大学。

亚种:

9.1 并叠序泡桐　原亚种

Paulownia seriati-superimposita Y. M. Fan et T. B. Zhao subsp. seriati-superimpo-siticyma

9.2 多腺毛并叠芽泡桐　新亚种

Paulownia seriati-superimposita Y. M. Fan et T. B. Zhao subsp. multi-gladi-pila Y. M. Fan et T. B. Zhao, subsp. nov.

Subspecies nov. Paulownia tomentosa Steud. sinilis, sed ramulis juvenilibus viridibus, dense pilo-

图6　并叠序泡桐 Paulownia seriati-superimposita
Y. M. Fan et T. B. Zhao
1. Leaves; 2. Bud branches and leaves;
3. Inflorescence branches and flowers;
4. Leaves and flowers; 5. Superimposed peduncle of cymes.

sis glandulis rare pilis ramlis. foliis margine integris, minute repadis et 5 ~ 7-deltoidei-dentatis, villosis glanduliferis, pubescentibus glandulis, villosis ramulis pilosis et stellato-pilosis; longe villosis glanduliferis ramulis et villosis ramulis pilosis in petiolis. inflorescentiis plerumque cymis magni-cylindfici, 0.5~ 1.8 cm longi. ramis inflorescentiis parvis plerumque inflorescentiis. 3 ~ 6-floribus rare 1 ~ 2-floribus in cymis parvis; lobis calycibus 1/2, floribus in florentibus labellis superne protentis, marginstibus repandis dilute purpurascentibus; inferne labellis albis, recurvis marginalibus cilliatis ramunculis, cilliatis glandibus, ventralibus plerumque stictis nulli-purpuascentibus et stictis nulli-purpuascentibus interceptis. discoideis calycibus fructibus 5-lobis, planis; stylis 2.0~2.4 cm longis. capsulis globosis, globi-ovoideis 1.8~2.2 cm longis, diam. 1.2~1.7 cm.

Hunan: Zhuzhou City. 04 - 28 - 1999. T. B. Zhao, No. 9942855 (holotypus hic disignatus HANC).

本新亚种与并叠序泡桐原亚种 Paulownia seriati-superimposita Y. M. Fan et T. B. Zhao subsp. seriati-superimpositicyma 近似, 但区别: 幼枝绿色, 密被腺毛, 罕枝状毛。叶全缘、微波状全缘及5~7枚角齿, 被长腺毛、短腺毛、树枝状长柔毛、柔毛、星状毛; 叶柄被树枝状长腺毛、腺点, 疏被树枝状长柔毛。花序通常为大型圆柱状聚伞花序, 长20.5~41.8 cm。花序枝上通常具多枚聚伞花序。聚伞花序具花3~6朵, 稀1~2朵; 花萼裂片深达1/2, 花时花上面唇瓣外伸, 边部起伏, 微有淡紫色晕; 下面唇瓣白色, 外弯, 边缘具树枝状缘毛、腺缘毛,腹部通常无紫色斑点及间断紫色斑点。果萼盘状,5 片裂,平展;花柱长 2.0~2.4 cm。蒴果球状、卵球状,长 1.8~2.2 cm,径 1.2~1.7 cm。

湖南:株洲市。1999 年 4 月 28 日。赵天榜,No.994285。模式标本,存河南农业大学。

10. 兴山泡桐

Paulownia recurva Rehd. in WILSON EXPEDITION TO CHINA:577~578. 1913

11. 米氏泡桐

Paulownia mikado Ito, Journ. Hort Soc. Jap. XXIII. 15. 1912.

12. 光桐

Paulownia glabrata Rerd. in Sarg. Pl. Wils. 1(3):575. 1913.

13. 南方泡桐

Paulownia australis Gong Tong, 植物分类学报,14(2):43. 图 3. 1976.

14. 陕西泡桐

Paulownia shensiensis Pai in Contr. Inst. Bot. Nat. Acad. Peiping 3(1):60. 1935.

15. 总状花序泡桐

Paulownia racemosa Hemsl. ;李顺卿著. 中国森林植物学:938. 1935

形态特征:乔木高达 35 英尺;胸径 4 英尺。小枝灰褐色和皮孔无毛。叶卵圆形,先端急头,基部圆形,边缘全缘,背面被茸毛;叶柄长 5.0~8.0 cm,扁平,被短柔毛。花大,紫萝蓝-紫色。花序为大型总状-圆锥花序。萼 5 裂,背面被短柔毛,裂片卵圆形、钝形;萼筒漏斗状,裂片宽卵圆形,不等,长达 5.0 cm,厚 2.0 cm,侧面被茸毛。

本种模式:?
产地:湖北。

16. 西氏泡桐

Paulownia silvestrii Pamp. ;李顺卿著. 中国森林植物学:940~941. 1935

形态特征:乔木。小枝密被丝状褐色短柔毛和褐色皮孔。叶倒长卵圆形,长 5.0~8.0 cm,宽 4.0~5.0 cm,先端短尖,基部圆形或截形,边缘全缘,表面深绿色,被深蓝色短柔毛,背面密被灰白色棉毛;叶柄长 4.0~6.0 cm,圆柱状,被茸毛。花序为小型总状花序。萼筒长短不等,5 裂,背面密被棉毛,裂片卵圆形至长卵圆形,先端急尖,长约 1.0 cm,宽 2~4 mm。

本种模式:?
产地:湖北。

17. 江西泡桐

Paulownia rehderiana Hand. Mazz. in Anzeig. Akad. Wiss. Wien. Math. -Naturw. Kl. 58:153. 1921.

存疑种:

1. 广西泡桐

Paulownia viscosa Hand-Mazz. in Sinensis 5:7. 1934

形态特征:叶、叶柄、花和幼果均密被黏腺毛,宿存萼反折。

本种模式:R. C. Ching,1928 年 6 月 13 日。# 5951。

分布:广西。

说明:本种资料不全,尚在进一步研究。

2. 长阳泡桐

Paulownia changyangensis ?
形态特征:
本种模式:
分布:湖北。

说明:本种资料不全,尚在进一步研究。

Ⅲ. 杂种泡桐组 新组

Paulownia Sieb. & Zucc. sect. hybrida Y. M. Fan et T. B. Zhao, sect. nov.

Morphological characteristics: Deciduous trees. Other morphological features are similar to the two parents, but three or more morphological features are distinguished from the two parental morphological features.

Sect. type: Paulownia × henanensis C. Y. Zhang et Y. H. Zhao。

形态特征:落叶乔木。其他形态特征与两亲本相似,但有 3 个,或 3 个以上形态特征显者与两亲本形态特征相区别。

本组植物主要是指泡桐亚属内种与种之间的杂交种或天然杂交种。根据《国际植物命名法规》中有关规定,将泡桐亚属内种与种之间的杂交种或天然杂交种新建杂种泡桐组。该组有 4 种。

1. 圆冠泡桐 杂交种

Paulownia × henanensis C. Y. Zhang et Y. H. Zhao,张存义、赵裕后。泡桐属一新天然杂交种——圆冠泡桐,植物分类学报,33(5):503~505. 1995。

2. 豫杂一号泡桐 新组合杂交种

Paulownia × yuza-1(J. P. Jiang et R. X. Li)

Y. M. Fan, sp. comb. nov., "豫杂一号泡桐的选育与推广"；河南农林科技,(4):21~24. 1981;蒋建平、李荣幸等. 豫选一号与豫杂一号泡桐的选育与推广. 河南农学院学报,3:1~9. 1980。

Subspecies × nov. coma ovoidei;rami-grossi, sparsi, rami-angulosis aliquantum parvi;corticibus cinero-brunneis ad pallide brunneis,fulvidis in juvenilibus. Folia ovati vel late ovati virides vel viridulis,bifrontes dense pilis glandulosis. Inflorescentiis cylindratis vel anguste conoideis;pedunculis et pedicellis sublongis. calycibus obovatis, lobis breviter . calycibus 2/5~1/2. flos magnus purpureis vel purpurascentibus,intus minute punctia vel fili-purpureis. Fructus ovoideis.

Henan:Various cities and counties are widely cultivated. Breeders: Jiang Jianping,Li Rongxing,etc.

本杂交种树冠卵球状；侧枝粗壮,较疏,枝角稍小；树皮褐色至淡褐色,幼时黄褐色。树冠卵球状；侧枝粗壮,枝角较小。叶卵圆形或宽卵圆形,绿色,或淡绿色,幼叶两面密被腺状毛。花序枝圆筒状或狭圆锥状；聚伞花序梗与花梗近等长。花蕾倒卵球状；萼裂片长为萼筒的2/5~1/2。花较大,紫色或淡紫色,内面有小紫斑或紫线。果实卵球状。

产地:河南。各市、县广泛栽培。选育者:蒋建平、李荣幸等。豫杂一号泡桐系"毛泡桐×长沙白花(泡桐)",编号740019。豫杂一号泡桐获1980年河南省重大科技成果奖三等奖。

3. 豫选一号泡桐　白花一号　新组合杂交种

Paulownia × yuxuan-1(J. P. Jiang et R. X. Li)Y. M. Fan,sp. comb. nov.,豫选一号泡桐是"河南省泡桐杂种优势利用协作组"从白花泡桐 Paulownia fortunei(Seem.) Hemsl. 实生苗中选出来的天然杂种；蒋建平、李荣幸等. 豫选一号与豫杂一号泡桐的选育与推广. 河南农学院学报,3:1~9. 1980。

The bark of this hybrid is brown to pale brown, yellowish brown or yellowish brown when young. The crown has a long ovoid shape with a narrow crown; the lateral branches are short and the branch angle is small. Leaves ovate-oblong, dark green, glossy. Inflorescence cylindric or narrowly conical; Cymes peduncle nearly as long as pedicel. The flower buds obovate;calyx lobes 1/3 of calyx tube. Corolla bell-like funnelform, purple, purple, with small purple spots on the inner surface,4.0 to 5.0

cm long,2.5 to 3.0 cm in diameter. The fruit is ovoid.

Henan:Various cities and counties are widely cultivated. Breeders:Jiang Jianping,Li Rongxing,etc.

本杂交种树皮褐色至淡褐色,幼时黄褐色或淡黄褐色。树冠长卵球状,冠幅较窄；侧枝细短,枝角较小。叶长卵圆形,浓绿色,具光泽。花序圆筒状,或狭圆锥状；聚伞花序梗与花梗近等长。花蕾倒卵球状；萼裂片长的为萼筒的1/3。花冠钟状漏斗状,紫色,内面密有小紫斑,长 4.0~5.0 cm,径2.5~3.0 cm。果实卵球状。

产地:河南。各市、县广泛栽培。选育者:蒋建平、李荣幸。豫选一号泡桐系从白花泡桐的天然杂种苗中出,编号772401-1。豫杂一号泡桐获1980年河南省重大科技成果奖三等奖。

4. 豫林一号泡桐　新组合杂交种

Paulownia × yulin-1(J. P. Jiang et R. X. Li)Y. M. Fan,sp. comb. nov.,豫杂一号泡桐是"河南省泡桐杂种优势利用协作组"采用白花泡桐一年生实生苗群体根系进行繁育,筛选出的优良植株无性系,但分析其形态及生长环境,认为其是白花泡桐 Paulownia fortunei(Seem.)Hemsl. 与毛泡桐 Paulownia tomentosa(Thunb.)Steud. 的天然杂交种,见"泡桐新品种豫林一号",河南农林科技,(4):26~27. 1980。

Leaves of this hybrid are broadly ovate, abaxially covered with short petiole dendritic hairs;Corolla lavender, 6~7 cm long,abaxially pleated in the abdomen and thin purple spots arranged vertically and horizontally;fruit long ellipsoid,4~5 cm long, Middle thick 2.2~2.4 cm,fruit scale hypertrophy, crack depth 2/5~1/3.

本杂交种叶宽卵圆形,背面被短柄树枝状毛；花冠淡紫色,长 6.0~7.0 cm,腹部具明显褶皱,内部有纵横排列的细紫斑点；果实长椭圆体状,长 4.0~5.0 cm,径2.2~2.4 cm,果萼肥大,裂深2/5~1/3。

产地:河南。各市、县广泛栽培。选育者:蒋建平、李荣幸。

(二)齿叶泡桐亚属　新组合亚属

Paulownia Sieb. & Zucc. subgen. Kawakamii (S. Y. Hu)Y. M. Fan et T. B. Zhao,subgen. comb. nov.; *Paulownia* Sieb. & Zucc. sect. *Kawakamii* S. Y. Hu, Quart. Journ. Taiw. Mus. 12: no. 1 & 2. 44. 1959.

形态特征:Deciduous trees. The leaves are nearly

round, with jagged teeth and 3 to 5 angles, and the heart is heart-shaped. Inflorescence branches broad, broadly conical, inflorescence branches very short or absent. Inflorescences inflorescences on upper branches of small leaves up to the top; buds small, triangular, densely covered with yellow hairs, not easy to fall off. Flowers are small, dark purple to blue-purple. fruits are small and fruits are numerous.

Subgen. type: Paulownia kawakamii Ito。

Subgen.: 2 sp.——Paulownia kawakamii Ito、Paulownia duclouxii Dode.

Prodiens: Hunan、Taiwania et al.

形态特征:落叶乔木。叶近圆形,边缘具细锯齿和 3~5 三角形齿,并密被缘毛、长腺毛,稀星状毛和长柔毛,偶有长柄状枝状长柔毛,基部心形。叶和叶柄与花序枝疏被腺瘤、杯状腺瘤和蝶状腺瘤。花序枝宽圆锥状,蕾序或花序枝极短或无。花期花序枝上有小叶片一直到顶端。花蕾小,三棱状,密被黄茸毛,不易脱落。花深紫色至蓝紫色;唇瓣和花筒外面密被微细短柔毛、枝状腺柔毛,稀枝状毛。果实小,而多。

本亚属模式:齿叶泡桐 Paulownia kawakamii Ito。

本亚属植物:2 种——齿叶泡桐、紫桐 Paulownia duclouxii Dode。

分布:齿叶泡桐在湖南、台湾等省有分布与栽培。

1. 齿叶泡桐

Paulownia kawakamii T. Ito, Icon. Pl. Japon. 1(4):1. pl. 15-16. 1912; *Paulownia viscosa* Hand.-Mazz. in Sinensia 5:7. 1934; *Paulownia serrata* D. L. Fu et T. B. Zhao, Nature and Science,1(1):37~38. Plate 1. 2003.

变种:

1.1 齿叶泡桐 原变种

Paulownia kawakamii T. Ito var. kawakamii

1.2 双色叶齿泡桐 新变种

Paulownia kawakamii T. Ito var. bicolor Y. M. Fan et T. B. Zhao, var. nov.

A var. nov. foliis ovatis longe deltoideis, 10.0~16.0 cm longis,6.5~10.0 cm latis, margine crenatis, breviter ciliatis, apice acuminatis longis, basi cordatis.

Hubei: Zhuzhou City. 01-05-1999. D. L. Fu, No. No. 995011. HNAC.

本新变种叶长三角-卵圆形,长 10.0~16.0 cm,宽 6.5~10.0 cm,边缘圆钝锯齿,具被短缘毛,先端长渐尖,基部心形,表面深绿色,无毛,背面疏被星状毛;叶柄长 10.0~12.0 cm。花浅紫色及粉红色 2 种。

本新变种模式:1999 年 5 月 1 日。傅大立,No.995011。模式标本,存河南农业大学。

分布:湖北。株洲市。

1.3 短序梗齿叶泡桐 新变种

Paulownia kawakamii T. Ito var. brevipeduncula Y. M. Fan et T. B. Zhao, var. nov.

A var. nov. pedicellis cymis 2~4 mm longis, dense pubescentibus. pedicellis 0.5~1.0 cm longis, dense pubescentibus.

Hubei: Zhuzhou City. 04-05-1999. D. L. Fu, No. No. 995049. HNAC.

本新变种聚伞花序梗极短,长 2~4 mm,密被短柔毛。花梗长 0.5~1.0 cm,密被短柔毛。

本新变种模式:1999 年 5 月 4 日。傅大立,No.9905049。模式标本,存河南农业大学。

分布:湖北。株洲市。

1.4 小果齿叶泡桐 新变种 图 7

Paulownia kawakamii T. Ito var. parvicapsula Y. M. Fan et T. B. Zhao, var. nov.

A var. nov. capsulis ovaoideis, minimis 1.5~2.2 cm longis, atribrunneis glabris. calycibus capsulis 5-lobis, lobis deltoideis.

Hubei: Zhuzhou City. 19-07-1999. D. L. Fu, No. 9907199. HNAC.

本新变种蒴果卵球状,很小,长 1.5~2.2 cm,黑褐色,无毛。果萼 5 裂,裂片三角形。

本新变种模式:1999 年 7 月 19 日。傅大立,No.997199。模式标本,存河南农业大学。

分布:湖北。株洲市。

图 7 小果齿叶泡桐 Paulownia kawakamii T. Ito var. parvicapsula Y. M. Fan et T. B. Zhao

1.5 亮叶齿叶泡桐 新变种

Paulownia kawakamii T. Ito var. glabra Y. M. Fan et B. Zhao, var. nov.

A var. nov. foliis deltoideis longis,10.5~20.0 cm longis,9.5~20.0 cm latis, supra et subtus glabris, apice acuminatis longis basi cordatis margine sparse crenatis; petiolis 8.9~18.0 cm longis, sparse pubescentibus.

Hubei: Zhuzhou City. 16-07-1999. D. L. Fu, No. 9907164. HNAC.

本新变种叶长三角形,长 10.5~20.0 cm,宽 9.5~20.0 cm,两面无毛,先端长渐尖,基部心形,边缘具疏圆钝锯齿;叶柄长 8.9~18.0 cm,疏被短柔毛。

本新变种模式:1999 年 7 月 16 日。傅大立,No.9907164。模式标本,存河南农业大学。

分布:湖北。株洲市。

1.6 大果齿叶泡桐 新变种 图 8

Paulownia kawakamii T. Ito var. magnicasula Y. M. Fan et T. B. Zhao, var. nov.

A var. nov. foliis deltoideis longis, 10.5~20.0 cm longis, 9.5~20.0 cm latis, supra et subtus glabris, apice acuminatis longis basi cordatis margine sparse crenatis; petiolis 8.9~18.0 cm longis, sparse pubescentibus.

Hubei: Zhuzhou City. 16-07-1999. D. L. Fu, No. 9907164. HNAC.

本新变种长三角形,长 10.5~20.0 cm,宽 9.5~20.0 cm,两面无毛,先端长渐尖,基部心形,边缘具疏圆钝锯齿;叶柄长 8.9~18.0 cm,疏被短柔毛。

本新变种模式:1999 年 7 月 16 日。傅大立,No.9907164。模式标本,存河南农业大学。

分布:湖北。株洲市。

图 8　大果齿叶泡桐 Paulownia kawakamii T. Ito var. magnicasula Y. M. Fan et T. B. Zhao

2. 紫桐　紫花泡桐

Paulownia duclouxii Dode in Bull. Dela Societe Dendr. France 8:162. 1908.

亚种:

2.1　紫桐　原亚种

Paulownia duclouxii Dode subsp. duclouxii.

2.2　长柄紫桐　新亚种　图 9

Paulownia duclouxii Dode subsp. longipetiola T. B. Zhao et Y. M. Fan, subsp. nov.

Subsp. nov. foliis ovatis vel late ovatis, 16.0~20.0 cm longis, 11.5~27.0 cm latis, apice acuminatis basi cordatis margine crenulatis, repandis vel partim integris, subtus sparse stellatihairibus; petiolis 16.0~18.0 cm longis. thyrsis magniformis; ramificatiinibus inflorescentiis simplicibus et ramificatiinibus medianis cylindricis non ramificantibus; 1~3-floribus in thyrsis; pedicellis dense tomentosis lutei-brunneis.

Hubei: Zhuzhou City. 19-07-1999. T. B. Zhao et D. L. Fu, No. 997191. HNAC.

本新亚种叶长卵圆形,或宽卵圆形,长 16.0~20.0 cm,宽 11.5~27.0 cm,先端渐尖,基部心形,边缘具细圆小齿、波状齿,或局部全缘,背面疏被星状毛;叶柄长 16.0~18.0 cm。聚伞圆锥花序枝大型;花序分枝与中央分枝呈圆柱状,无分枝;聚伞圆锥花序具花 1~3 朵;花梗密被黄色茸毛。

本新亚种模式:赵天榜和傅大立,No.997191。模式标本,存河南农业大学。

分布:本变型分布于台湾、湖北、湖南和福建。

图 9　长柄紫桐 Paulownia duclouxii Dode subsp. longipetiola T. B. Zhao et Y. M. Fan

3. 广东泡桐

Paulownia longifolia Hand. - Mazz. in Symb. Sin. 7:832. 1936.

注:赵天榜执笔。

放射性磷(³²P)处理种子对泡桐苗木生长的影响

园林系造林教研组

为了加速泡桐苗木的生长,提高苗木质量,我们曾于 1961 年应用放射性磷(³²P)溶液处理泡桐种子,以观察对其幼苗生长的影响和吸收磷肥的动态,作为探讨培育泡桐壮苗的依据。现将试验的初步结果介绍如下,供参考。

一、试验方法

试验用的泡桐种子,共计 6 组(包括对照),每组种子 1.0 g,种子称好后,放在烧杯内,然后用放射性磷(³²P)的溶液的不同强度处理种子。放射性磷(³²P)的放射性强度,每毫升分别为 0.1、0.5、1.0、3.0、5.0 微居里,每组加入 100 mL 的溶液,到蒸发完时,取出种子,进行播种。处理的泡桐种子,播种在土壤肥沃(腐熟的马粪和表土各半混匀)的大型盆内,后用侧柏枝进行遮阴,经常喷水,防止地面板结。苗高 3~5 对叶片时,及时间苗,苗木生长良好。7 月 17 日又用放射性磷(³²P)研究了它们对磷(³²P)肥吸收的规律,同时进行苗茎解剖的观察和苗木生长的测定。20 日进行部分幼苗的移栽。11 月 16 日进行苗木的测定。

二、试验结果

1. 放射性磷(³²P)溶液处理种子对泡桐幼苗生长的影响

调查结果表明:应用放射性磷(³²P)的不同放射性强度处理种子对泡桐苗木生长影响很大。如表 1 所示。

表 1 不同放射性磷溶液强度处理泡桐种子后对苗木生长的影响调查表

调查日期	对照	7 月 17 日					对照	7 月 17 日				
放射性强度 (μc/mL)	(水)	0.1	0.5	1.0	3.0	5.0	(水)	0.1	0.5	1.0	3.0	5.0
苗高(cm)	8.0	10.1	11.0	23.8	18.7	13.3	14.5	19.8	34.0	48.7	34.8	29.7
地径(cm)	2.1	2.3	2.4	5.6	2.9	2.5	4.3	4.8	63.0	9.0	5.5	63.0

表 1 材料表明:每毫升液内的放射性强度,以 1.0 微居里为宜;反之,过高或过低对苗木生长的影响均较对照好。这说明,泡桐种子播种前用磷肥处理均有一定的作用。

2. 放射性磷(³²P)溶液处理种子对泡桐幼苗吸收磷肥的影响

试验的初步结果表明:泡桐播种前,应用磷肥处理种子和幼苗期间追施磷肥,对于加速苗木生长、促进根系、培育优质壮苗具有良好的作用。如表 2 所示。

表 2 不同放射性磷溶液强度处理泡桐种子后对幼苗吸收磷肥影响调查表

处理泡桐种子的放射性溶液的强度(μc/mL)	对照(水)	0.1	0.5	1.0	3.0	5.0
每 100 mg 干物质在每分钟内的脉冲数(脉冲/min)	456	248	198	214	198	184

注:重复 3 次,每样本测 3 次,每次 5 min。

从表 2 中还看出:对照苗木吸收磷(³²P)较多。这表明,它本身比处理过种子的苗木来说,磷肥较少。所以,它本身就表现出生长较差。

3. 放射性磷(³²P)处理种子后对幼茎变化的影响

在进行泡桐幼苗吸收磷肥的同时,观察了处理种子后,苗茎内组织结构的变化。观察结果如表 3 所示。

表 3 不同放射性磷溶液强度处理泡桐种子后对苗茎内组织结构变化影响的观察表

放射性强度 (μc/mL)	对照(水)	0.1	0.5	1.0	3.0	说明
髓细胞(μm)	11.8	12.0	17.3	24.4	13.1	1961 年 7 月 18 日观察材料
木细胞(μm)	1.2	2.4	2.5	8.1	2.0~4.6	
韧皮部细胞(μm)	0.71	4.25	4.72	2.8~3.0	3.59	
导管(μm)	2.5~3.0	2.0~4.0	2.0~3.0	3.0~5.0	—	

观察的结果表明:凡经过处理种子的幼茎中

的细胞大、壁薄。如髓细胞,用1.0微居里处理的为24.4 μm,而对照为11.8 μm,前者比后者大113.5%以上;木细胞径前者比后者大6.7倍。由此可见,用磷肥处理种子对泡桐苗木生长有利。

三、初步小结

试验初步表明:应用放射性磷(^{32}P)处理种子对泡桐苗木生长均有促进作用。但以每毫升溶液中1.0微居里为最好。处理种子后的幼苗本身磷肥有所增多。所以,苗木生长较好。因此,我们初步认为:泡桐播种前用磷肥处理种子,或苗期追施磷肥,对于加速苗木生长、提高苗木质量具有重要的意义。

细种根培育泡桐壮苗的经验

赵天榜

（河南农学院）

在毛主席"以粮为纲,全面发展"方针指引下,几年来,河南省大力发展了林粮间作的优良树种——泡桐,受到了广大贫下中农的欢迎。各地生产经验表明:利用细种根(粗2.5 cm以下,1~2年生根系),可快速培育泡桐壮苗。现简介如下。

一、圃地选择

泡桐育苗地,要求地势高燥、灌溉方便、土壤肥沃。圃地选好后,要深翻细整,每亩施基肥3 000 kg左右。

二、种根采集与剪取

种根要采用1~2年生健壮苗木。采根时间以2月下旬至3月下旬为宜。如果种根冬插不遭受冻害,可在11月中下旬至12月上中旬采集。采根后,按粗度分级剪成长15~20 cm的小段,剪口以上平下斜。

三、种根扦插

1. 扦插时间

泡桐根系含水量很大,如果扦插后,或在采根、扦插时受冻害,就容易引起种烂根,造成失败。所以,选择采根和扦插时间很重要。在郑州地区,一般11月中下旬进行采根和扦插较好;翌年则以3月中旬,随采随插为好(见表1)。

表1　扦插时间对苗木生长的影响

扦插时间	11月中旬	2月下旬	3月中旬	4月上旬
苗高(m)	2.95	3.29	3.56	2.50
地径(cm)	4.50	4.58	5.10	4.90

2. 扦插方法

在整好的圃上,按株行距50 cm×60 cm划行定点开缝,直插种根(上端高于地面约2 cm),用脚踩实,并在上面封一碗状土堆,俗称"封埯"。根据试验。封"封埯"具有调节地温、保持土壤湿度,利于插根生根成活,提高苗木质量等优点(见表2)。

表2　"封埯"对地温、湿度和苗木生长的影响

项目	地表一日内平均温度（℃）	5 cm深土中的绝对含水率(%)	成活率水率(%)	苗高（m）	地径（m）
"封埯"	12.0	9.87	99.6	4.01	5.01
对照	26.6	5.03	90.7	3.74	4.12

3. 扦插密度

泡桐为强阳性树种,苗期具有生长快、极易分化等特性。所以,确定适宜扦插密度,对于提高苗木产量和质量有很大意义(见表3)。

表3　扦插密度对苗木生长的影响

扦插密度（cm）	苗高（m）	地径（cm）	备注
50×50	2.21	2.78	
50×60	3.17	3.24	
70×60	3.67	4.18	

据试验和各地经验,每亩产苗量以800~1 000株为宜,最多不得超过1 500株。

四、抚育管理

1. 晒根催芽

晒根催芽俗称"去掩",是保证细种根插根后,出苗快、出苗齐、出苗壮的有效措施。做法是:在插根生根发芽前,将插根上封土扒开,但要留一部分,厚度约 5 cm 为宜。

2. 及时除萌

插根萌发后,待幼苗长至 10 cm 高时,每 1 插根留壮苗一株,余者除去,并及时培土,以防风害。

3. 适时灌溉

插根后,一般不宜过多灌溉,以防引起根腐烂。如果天气特别干旱,可适时适量进行灌溉。据试验,土壤含水率在 15%~20% 的情况下,对泡桐苗木生长最为有利。

4. 增施追肥

适时追肥是保证细种根培育壮苗的重要措施。据各地经验,宜每隔 15 天左右追 1 次化肥(7.5~10 kg),并及时灌水 1 次。雨季停止灌溉,以免因土壤水分过多,引起烂根,造成苗木死亡或生长不良。雨季排水防涝是重要的一环,否则会使苗木受害而死亡。

5. 防治害虫

出苗期间,要注意防治地老虎危害。防治方法,可在晒根催芽时,将扒出的害虫杀死,或用 1% 的可湿性六六六粉 100 倍液,在幼苗周围挖小坑。每坑灌药 0.25 kg,并随时封坑;毒饵诱杀,也可从用鲜草诱杀。在幼苗生长过程中,还要及时防止泡桐金花虫、大青叶蜂和黑豆病对苗木叶、干的危害。

泡桐枝、根材生物量及其纤维变化的研究

赵天榜　刘　芳

（河南农业大学,郑州　450002）

摘　要　本文主要研究了毛泡桐 Paulownia tomentosa(Thunb.)Steud. 枝、根材生长状况及木纤维的变化规律,结果发现:毛泡桐木纤维质量、含率与其生物量密切相关;1~2 年生短枝不作为纤维制浆用材;3 年以上枝材、根材与树干材均不能作为造纸纤维而应用。

泡桐属植物在河南省林木栽培资源中是非常丰富的。据 1994 年记载,泡桐属植物主产区河南省农桐间作面积 200 万 hm², 总株数达 4.1 亿株,桐材蓄积量 1 600 万 m², 桐材年产量可达 600 万 m², 年采伐量 100 万 m², 已成为全国最大的泡桐生产基地。而泡桐采伐后枝材、根材很多没有充分利用,实在可惜! 为此,作者对泡桐采伐后枝材、根材生物量及其纤维变化、制浆造纸性能进行系统的研究。现将研究结果,报道如下。

一、试验材料和方法

1. 试验材料

泡桐试验材料取自新郑县林木良种繁育场的 8 年生和 11 年生的毛泡桐标准木,分别从标准木上选取标准枝,枝材生物量的测定。标准木重复 10 次。根材选自标准木一侧与标准枝相对应的地面上宽 1.0 m、长 3.0 m、深 2.0 m 的坑,将其中的根取出,用于枝材生物量的测定。

2. 测定方法

（1）生物量测定。毛泡桐 Paulownia tomentosa(Thunb.)Steud 枝材、根材取出后,分皮层与木质部称重,再放入烘干箱中烘至恒重后,分别测定毛泡桐枝材、根材生物量。

（2）木纤维测定。选取各年生有代表性毛泡桐枝材、根材取出像火柴杆大小的试材,称重后,分别放入有编号的试管内,并加入 15% 的硝酸液体,置于水浴中煮沸至木纤维离析后,中和,过滤,烘至恒重,计算木纤维含率。最后,取出少量木纤维少量,用显微镜测微尺进行长度和宽度测定。每一试材,测量 30~50 根木纤维进行比较。

二、试验结果和分析

1. 生物量测定

毛泡桐树干、枝材和根材生物量测定的结果如表 1 所示。

表 1　毛泡桐树干、枝材和根材生物量测定结果

枝龄(a)	1	2	3	4	5	6	7	树干	根材	Σ
总量(kg)	22.50	34.75	33.30	42.70	50.05	39.60	75.50	185.50		
试材量(g)	84.20	22.90	921.60	2 695.00	2 700.00	670.0	1 580.00	1 940.00		
木材生物量(g)	18.60	75.90	364.20	1 180.00	1 100.00	292.30	674.50	444.10		
皮层生物量(g)	18.10	37.80	120.20	274.00	196.10	61.50	95.50	123.50		
木材生物量(g)	22.09	33.14	39.52	43.78	40.74	43.63	40.98	22.89		
皮层生物量(g)	21.50	16.51	13.04	10.17	7.26	9.18	6.04	6.37		
木材生物量(g)	4.97	11.52	13.16	18.69	20.39	12.91	30.94	280.00	42.46	435.04
皮层生物量(g)	4.84	5.74	4.34	4.34	3.63	2.72	4.56	13.25	11.82	55.24
木材生物量(g)	1.01	2.35	2.68	3.81	4.16	2.63	6.31	57.11	8.66	
皮层生物量(g)	0.99	1.18	0.89	0.89	0.74	0.55	0.93	2.70	2.41	

注:1992 年 6 月材料。

表 1 材料表明,1~2 年生枝材内皮层生物量 18.10 g,木材生物量 75.90 g 较少,而 3 年生后再显著增大,如 3 年生枝材内皮层生物量 120.20 g,木材生物量 364.20 g;4 年生枝材内皮层生物量 274.00 g,木材生物量 1 180.00 g 等。

2. 木纤维含率测定

毛泡桐枝材木纤维含率测定结果如表 2 所示。

表 2　毛泡桐枝材木纤维含率测定结果

枝龄(a)	1	2	3	4	5	6	7	树干
木纤维含率(%)	45.00	49.23	57.46	61.08	66.77	72.46	74.03	79.63

表 2 材料表明,木纤维含率与其所占比率随枝龄增加而增多。但是,树干木纤维含率与其所占比率均高于枝材。

3. 木纤维测定

毛泡桐不同年龄枝材木纤维的测定结果如表 3 所示。

表 3　毛泡桐不同年龄枝材木纤维测定结果

枝龄(a)	1	2	3	4	5	6	7
木纤维长度(μm)	579.50	697.30	743.90	879.80	883.60	913.20	988.19
木纤维宽度(μm)	19.59	21.20	24.70	28.30	30.30	32.20	35.20
长宽比	30.11	33.21	30.53	31.54	30.20	30.01	30.04

表 3 材料表明,毛泡桐不同年龄枝材木纤维测定结果表明,木纤维长度随着枝龄的增加而增长;木纤维宽度与木纤维长度增长具有相似规律。但是,枝材木纤维长宽比却保持在 30.00% ~ 33.21%的含率与其所占比率均高于枝材。根据制浆要求,木纤维长宽比必须大于 60.00,才符合制浆要求。因此说,毛泡桐不同年龄枝材木纤维不能用于造纸。

4. 不同品种、同龄毛泡桐枝材木纤维测定

为了进一步了解和掌握毛泡桐不同品种、同年龄毛泡桐枝材木纤维的规律,作者选取 6 个品种枝材木纤维测定。测定结果如表 4 所示。

表 4　毛泡桐不同品种、同年龄毛泡桐枝材木纤维测定结果

编号	1 年生枝长度(cm)	1 年生枝粗度(cm)	1 年生枝长度(cm)	木纤维宽度(μm)	长宽比
Ⅰ-1	22.0	0.9	477.0	15.8	31.9
Ⅰ-2	22.5	1.0	553.5	18.0	30.9
Ⅰ-3	29.0	1.0	593.6	19.7	31.0
Ⅰ-4	32.5	1.5	606.0	21.3	28.5
Ⅰ-5	37.5	1.6	668.0	23.0	29.4
Ⅱ-1	64.0	2.0	694.5	19.0	36.6
Ⅱ-2	74.5	2.5	700.0	23.5	35.9
Ⅲ-1	75.0	2.5	616.0	23.9	25.8
Ⅲ-2	74.0	3.3	779.0	24.8	31.4
Ⅲ-3	75.0	3.5	837.0	25.5	32.8
Ⅳ-1	46.0	5.1	837.0	25.7	32.9
Ⅳ-2	75.5	5.2	859.0	28.0	21.3
Ⅳ-3	110.0	4.3	943.0	31.2	30.2
Ⅴ-1	21.0	8.2	813.0	29.7	27.4
Ⅴ-2	60.0	5.5	825.0	29.6	27.0
Ⅴ-3	50.0	6.0	1 014.0	31.6	31.9
Ⅵ-1	18.4	4.6	948.0	35.0	27.1
Ⅵ-2	23.0	5.4	994.0	35.4	28.1

表4材料表明,毛泡桐不同品种、同年龄毛泡桐枝材木纤维测定结果表明,木纤维长宽比保持在36.6～21.3。这又证明,毛泡桐枝材木纤维不能用于造纸。

5.毛泡桐根材木纤维测定

为了进一步了解和掌握毛泡桐根材木纤维,作者选取6株进行根材木纤维测定。测定结果如表5所示。

表5　泡桐根材木纤维测定结果

编号	1	2	3	4
木纤维含率(%)	60.00	64.00	67.00	79.00
木纤维(μm)	882.0	955.00	965.00	1 004.00
木纤维宽(μm)	30.90	31.30	32.90	33.43
长宽比	30.01	32.42	30.11	30.63

表5材料表明,毛泡桐根材木纤维长宽比均保持在30.01～31.42。这又证明,毛泡桐根材木纤维不能用于造纸。

6.毛泡桐8年生树干木纤维测定

为了进一步了解和掌握毛泡桐树干木纤维情况,作者对8年生树干材木纤维测定。测定结果如表6所示。

表6　毛泡桐树干材木纤维测定

编号	1	2	3	4	5	6	7	8
木纤维长(μm)	637.00	670.00	786.00	816.00	822.00	837.00	878.00	940.00
木纤维宽(μm)	21.17	22.32	26.10	21.30	27.20	27.60	27.90	38.10
长宽比	30.20	30.30	31.34	32.03	31.52	32.10	33.04	34.10

表6材料表明,毛泡桐干材木纤维长宽比均保持在30.20～34.10。再次证明,毛泡桐干材木纤维也不能用于造纸。

根据以上试验,可以得出结论:毛泡桐干材、枝材和根材木纤维均不能作为造纸纤维而应用。由此还可以推出:泡桐属 paulownia Sieb. & Zucc. 所有种、品种等干材、枝材和根材木纤维均不能作为造纸纤维而应用。

1992 年 6 月 15 日

四十、忍冬科 Capriifoliaceae

河南接骨木一新种

范永明[1]　李小康[2]　赵天榜[1*]　陈志秀[1]

(1. 河南农业大学,郑州　450002;2. 郑州植物园,郑州　450042)

Sambucus henanensis J. T. Chen, J. M. Fan et X. K. Li ex J. M. Fan et T. B. Zhao, sp. nov.

Species nov. Sambucus williamsii Hance similis, sed ramulis basi in 1～2－ nudis sparse pubescentibus, superne nudis glabris. Ge mmis dlabris. Imparipinnati－foliis, seorsim 24－formis. froliolis in 1－formis 5－ vel 7－foliolis, rare 6－foliolis. foliolis formatis: ellipticis, anguste ellpticis, fasciariis, anguste ellipticis longis, ovati－ellipticis, late ellipticis;formis lobis margine, magnitudonibus et serratis diversis (lobis), seorsim 90－speciebus. Frutices deciduas, 2.0～3.0 m alti . ramuli basi in 12－nudis sparse pubescentibus, superne nudis glabris. ge mmae glabra. Imparipinnati－folia, seorsim 23－formae. foliolis in 1－formis 5－vel 7－foliolis, rare 6－foliolis, foliola seorsim 23－formae:1. elliptica glabri apice mucronata base cuneata margine serrata maculiformes, serrata, longe serrata tringulata et longe serrata inflexi－tringulata;2. elliptica angustata glabri apice acuminata, caudata longa base rotundata vel cuneiforme margine serrata magnitudines inaequales; 3. Elliptica angustata glabri apice acuminate longa, caudata longa, base rotundata vel cuneiforme margine biserrata magnitudines; 4. Elliptica angustata, lorata glabri apice acuminate longa, mucronata base rptundata vel cuneiforme margine serrata magnitudines inaequales vel median et base integerrima in foliolis; 5. Elliptica glabri apice acuminata longa base cunata, margine serrata magnitudines inaequales, crenata obtusa, base integra; 6. elliptica, elliptici angustata glabra apice acuminate longa, caudata longa, base cuneata inaequales, margine serrata maculiformes, serrata obtusa magnitudines inaequales et longi-brevitates inaequales, base margine integra; 7. Elliptica angustata glabra apice acuminate longa, base cuneata inaequales, margine serrata maculiformes, serrata obtusa magnitudines inaquales et longi-brevitates inaquales, rare biserrata, base margine integra; 8. anguste elliptica longa glabra apice acuminate longa, base cuneata inaequales, margine serrata maculiformes, serrata obtusa magnitudines inaequales et longi-brevitates inaequales, rare biserrata base margine integra; foliola in medio margine serrata maculifomes, retorti-serrata obtusa magnitudines inaequales et longi-brevitates inaequales, base margine integra vel lobi lorata margine integra rare 3 ~ 5-serrata parva; 9. anguste elliptica longa glabra, apice acuminate longa, base cuneata, rare subrotundata, margine serrata maculiformes, serrata obtusa magnitudines inaequales et longi-brevitates inaequales, rare bisettata, base margineitagra; 10. Anguste elliptica longa glabra, apice aqcuminata longa, base cuneata, inaequales, margine serrata maculiformes, magnitudines inaequales et longi-brevitates inaequales, rare biserrata, base margine integra, vel lorata, lobi fissasaepead costas, vel lorata, foliola margine integra; 11. Anguste elliptica glabra, apice acuminate longa margine integra, base cuneata, margine serrata maculiformes, magnitudines inaequales et longi-brevitates inaequales, base margine lobi integra lorata, saepe sub ad costas; inter foliola base lobi lorata, margine integra rare serrata parva; 12. Anguste elliptica glabra, apice acuminate longa, margine integra, base cuneata parva, margine serrata maculiformes, magnitudines inaequales et longi-brevitates inaequales, dentata retorta, rare bidentata retorta, base margine lobi integra lorata, saepe sub ad costas; foliola media base lobi lorata, 1. 0 ~ 2. 0 cm

longa, foliola anomala, 1. 5 ~ 2. 0 cm longa, margine serrata parva; 13. Anguste elliptica, 6−foliola, glabra, apice acuminate longa, margine serrata maculiformes, base cuneata parva, margine serrata maculiformes, magnitudines inaequales et longi-brevitates inaequalew, dentata retorta, rare bidentata retirta, base margine lobi integra lorata, lorata, saepe sub ad costas, 1. 0 ~ 2. 0 cm longa, foliola anomala, 1. 5 ~ 2. 0 cm, longa, margine serrata parva, lobi integra lorata, saepe sub ad costas; foliola media base lobi lorata, 2. 5 ~ 4. 5 cm longa, margine integra; 14. elliptica, glabra, apice acuminata, margine serrata, base cuneata, margine magnitudines inaequales et longi-brevitates inaequales, retorti-dentata, base margine lobi integra lorata, lorata, saepe sub ad costas, base lobi lorata, margine integra; 15. elliptica, ovati-elliptica, 5. 0 ~ 11. 0 cm longa, glabra, apice acuminata, margine integra, base cuneata, margine serratura, magnitudinesstaturae inaequales et longi−brevitates inaequales, dentata retorta, base margine lobi integra lorata, saepe sub ad costas, base lobi lorata, 0. 5 ~ 1. 5 cm longa, foliola anomala, 1. 5 ~ 2. 0 cm longa, margine serrata, lobi lorata, saepe sub ad costas, base lobi lorata, minute retorta, 1. 5 ~ 2. 0 cm longa, margine integra; 16. elliptica, 12. 0 ~ 16. 0 cm longa, glabra, apice acuminata, margine integra, base cuneata, margine, serratura, magnitudines staturae discrimina et longi-brevtates inaequales dentara retorta, rare biserrata, base margine integra; foliola mediis inaequala, apice et suypra medium margine serrata, rare crenata returta, base margine lobi integra lorata, 5. 5 ~ 6. 0 cm longa, 58 mm lata; 17. Anguste elliptica, lorata glabra, apice acuminate longa, margine integra, base cuneata, margine serratura, magnitudines staturae discrimina et longi−brevitates inaequales dentate retorta, lobi lorata longa, base margine intagra rare lobi longa retorta pungentes; foliola media inaequala, apice et suypra medium margine integra rare biserrataacea, base lobi lorata, 5. 0 ~ 6. 0 cm longa, 5 ~ 6 mm lata, margine integra; 18. Anguste elliptica, glabra, apice acuminata, margine integra, base cuneata, margine serratura, magnitudines staturae discrimina et longi−brevtates inaequales dentate retorta, base vmargine integra; 19. Anguste elliptica, glabra, apice acuminata, margine integra, base cuneata, margine serratura, magnitudines staturae discrimina et longi-brevtates inaequales dentate retorta, lobi longa lorata, base lobi loratamargine integra; foliola mediis rhomboidea, apice acuminate longa, margine serraturae maculae biserrata mucronata, base lobi lorata, 1.0~2.5 cm longa, 2~3 mm lata, margine integra; 20. Elliptica lata, glabra, apice acuminate longa, margine integra, infra medium margne lobi loratasturae discrimina inaequales et longi-brevtates inaequales et longi-brevtates margine integra; 21. elliptica lata, glabra, apice acuminate longa, margine integra, et longi-brevtates infra medium lobi lorata ststurae discrimina et longi-brevtates inaequales et longi-brevtates, lobi prifunda 1/2, margine integra; foliolis mediis specifica, apice margine integra, infra medium margine lobi lorata staturae discrimina et longi-brevtates inaequales, lobi profunda 1/2, margine integra, base lobi lorata retorta, 5.0~6.0 cm longa, 5~7 mm lata; 22. 6-flliolis, elliptica, glabra, apice acuminata, margine mediis staturae discrimina et longi-brevtates inaequales retorti-serratura, rarebiserrata, baase inaequales, margine integra, vel serrata parva; 23. elliptica, glabra, apice acuminata, margine infra medium staturae discrimina et longi-brevtates inaequales retorti-serratura, rare biserr biserrata minuta, base inaequales, margine integra vel serrata minuta; foliolis mediis apice et mediis margine staturae discrimina et longi-brevtates inaequales et longi-brevtates, lobi profunda ad costas, margine integra, base lobi lorata, 5.0~6.0 cm longa, 5~7 mm lata, foliolis margine forma, margine serratura, lobi facta, staturae discrimina, separata 90 species.

Henan: Zhengzhou City. 2017-08-15. J. t. CHEN, y. M. fan et T. B. Zhao, No. 201708155 (HNAC).

落叶灌丛,高2.0~3.0 m。当年生小枝第一节、第二节疏被短柔毛,其余节无毛。芽无毛。叶为羽状复叶,可分23类。每类具小叶5枚,或7枚,稀6枚。小叶有23种类型:1.椭圆形,无毛,先端短尖,基部楔形,边缘具点状齿、细锯齿、三角形长尖齿及三角形弯长尖齿;2.狭椭圆形,无毛,先端长渐尖、长尾尖,基部圆形,或楔形,边缘具大小不等的小锯齿;3.狭椭圆形,无毛,先端长渐尖、长尾尖,基部圆形,或楔形,边缘具大小不等的重钝锯齿;4.窄椭圆形、带形,无毛,先端长渐尖、短尖,基部圆形,或楔形,边缘具大小不等的小锯齿,或叶中、基部全缘;5.椭圆形,无毛,先端长渐尖,基部楔形,边缘具大小不等的弯钝锯齿,基部边缘全缘;

6.椭圆形、狭椭圆形,无毛,先端长渐尖,基部楔形,不对称,边缘具点状齿、大小及长短不等的弯钝锯齿,基部边缘全缘;7.椭圆形、狭椭圆形,无毛,先端长渐尖,基部楔形,不对称,边缘具点状齿、大小及长短不等的弯钝锯齿,稀重锯齿,基部边缘全缘;8.狭长椭圆形,无毛,先端长渐尖,基部楔形,不对称,边缘具点状齿、大小及长短不等的弯钝锯齿,稀重锯齿,基部边缘全缘,或裂片呈带状小叶,边缘全缘,稀具3~5枚小细齿;9.狭长椭圆形,无毛,先端长渐尖,基部楔形,稀近圆形,边缘具点状齿、大小及长短不等的弯钝锯齿,稀重锯齿,基部边缘全缘;10.狭长椭圆形,无毛,先端长渐尖,基部楔形,不对称,边缘具点状齿、大小及长短不等的弯钝锯齿,稀重锯齿,基部边缘全缘,或长带形,锯齿裂片通常近达中脉,或呈带状、全缘小叶;11.狭椭圆形,无毛,先端长渐尖,其边缘全缘,基部楔形,边缘具点状齿、大小及长短不等的弯钝锯齿,基部边缘裂片全缘,呈带形,通常近达中脉;中部小叶基部裂片呈带状、小叶边缘全缘,稀具小锯齿;12.狭椭圆形,无毛,先端长渐尖,其边缘全缘,基部小楔形,边缘具点状齿、大小及长短不等的弯钝锯齿,稀重弯钝锯齿,基部边缘裂片全缘,呈带形,通常近达中脉;中部小叶基部裂片呈带状,长1.0~2.0 cm,具畸形小叶,长1.5~2.0 cm,边缘具小细锯齿;13.狭椭圆形,具小叶6枚,无毛,先端长渐尖,其边缘具点状齿,基部小楔形,边缘具点状齿、大小及长短不等的弯钝锯齿,稀重弯钝锯齿,锯齿基部边缘裂片全缘,呈带形,通常近达中脉基部,基部裂片呈带状,长1.0~2.0 cm,具畸形小叶,长1.5~2.0 cm,边缘具小细锯齿裂片全缘,呈带形,通常近达中脉,中部小叶基部裂片呈带状,长2.5~4.5 cm,边缘无锯齿;14.椭圆形,无毛,先端长渐尖,其边缘具细锯齿,基部楔形,边缘具大小及长短不等的弯钝锯齿,基部边缘裂片全缘,呈带形,通常近达中脉基部,基部裂片呈带状,长1.5~2.5 cm,边缘裂片全缘;15.椭圆形、卵-椭圆形,长5.0~11.0 cm,无毛,先端渐尖,其边缘全缘,基部楔形,边缘具细齿、大小及长短不等的弯钝锯齿,基部边缘裂片全缘,呈带形,通常近达中脉基部,基部裂片呈带状,通常达中脉,基部裂片带睑微弯,长1.5~2.0 cm,边缘无锯齿;16.椭圆形,长12.0~16.0 cm,无毛,先端渐尖,其边缘全缘,基部楔形,边缘具大小及长短不等的弯钝锯齿,稀重锯齿,基部边缘裂片全缘,中部小叶特异,先端与上部边缘具尖锯齿,稀弯曲锯齿,基部裂片呈带形,长5.5~6.0 cm,宽5~8 mm,全缘;17.狭椭圆形,带形,无毛,先端渐尖,其边缘全缘,边缘具大小及长短不等的弯钝锯齿、长带形裂片,基部边缘全缘,稀弯曲尖长裂片,中部小叶特异,先端与上部边缘全缘,稀具尖重锯齿,基部裂片呈带形,长 5.0~6.0 cm,宽 56 mm,全缘;18. 狭椭圆形,无毛,先端渐尖,其边缘全缘,基部楔形,边缘具大小及长短不等的弯钝锯点、长带形锯齿,其边缘全缘;19. 狭椭圆形,带形,先端渐尖,其边缘全缘,边缘具大小及长短不等的弯钝锯齿、长带形裂片,基部边缘全缘;中部小叶菱形,先端长渐尖,边缘具点状齿、尖重锯齿,基部裂片呈带形,长 1.0~2.5 cm,宽 2~3 mm,边缘全缘;20. 宽椭圆形,无毛,先端长渐尖,其边缘全缘,中、基部边缘具大小及长短不等的弯带形裂片,裂片边缘全缘;21. 宽椭圆形,无毛,先端长渐尖,其边缘全缘,中、基部边缘具大小及长短不等的弯带形裂片,裂片深达 1/2,边缘全缘,中部小叶特异,先端边缘全缘,上、中部边缘具大小及长短不等的弯带形裂片,裂片深达 1/2,边缘全缘,中部小叶特异,先端边缘全缘,上、中部边缘具大小及长短不等的弯带形裂片点状齿、尖重锯齿,基部裂片呈带形,弯,长 5.0~6.0 m,宽 5~7 mm,边缘全缘;22. 具小叶 6 枚,小叶椭圆形,无毛,先端渐尖,中部边缘具大小及长短不等的弯锯齿,稀重锯齿,基部不对称,边缘全缘,或具细小齿;23. 叶椭圆形,无毛,先端渐尖,中部边缘具大小及长短不等的弯锯齿,稀重锯齿、细重锯齿,基部不对称,边缘全缘,或具细小齿;中部小叶先端及中部边缘具大小及长短不等的弯带形裂片,裂片深达中脉,边缘全缘,基部裂片呈带形,长 5.0~6.0 cm,宽 5~7 mm。

图 1 河南接骨木
Sambucus henanensis J. T. Chen,
Y. M. Fan et X. K. Li ex Y. M. Fan et T. B. Zhao
(部分叶形)

本新种与接骨木 Sambucus williamsii Hance 相似,但主要区别:当年生小枝第一、第二节疏被短柔毛,其余节无毛。芽无毛。叶为奇数羽状复叶,可分 23 类。每类具小叶 5 枚,或 7 枚,稀 6 枚。小叶形状有:椭圆形、狭椭圆形、窄椭圆形、带状、狭长椭圆形、卵-椭圆形、宽椭圆形;依边缘锯齿种类,锯齿裂片形状、大小及边缘锯齿种类不同,可分 90 种。

河南:2017 年 8 月 15 日。陈俊通、范永明和赵天榜。模式标本,No. 201708155,存河南农业大学。

金银忍冬一新亚种和四新变种

赵东方[1]　赵东武[2]　陈志秀[3]　赵天榜[3]*

(1. 郑州市林业工作总站,郑州　450006;2. 河南农大风景园林规划设计院,郑州　450002;
3. 河南农业大学,郑州　450002)

摘　要　本文发表山东金银忍冬一新亚种和三新变种,即双色果金银忍冬 Lonicera maackii(Rupr.)Maxim. subsp. bicoloricacorpa . T. B. Zhao,Z. X. Chen et D. F. Zhao,subsp. nov. 和三新变种,即:1. 黑果金银忍冬 Lonicera maackii(Rupr.)Maxim. var. piceicorpa . T. B. Zhao,Z. X. Chen et D. F. Zhao,var. nov. ;2. 大叶黑果金银忍冬 Lonicera maackii(Rupr.)Maxim. var. megalophylla T. B. Zhao,Z. X. Chen et D. F. Zhao,var. nov. ;3. 皱叶黑果金银忍冬 Lonicera maackii(Rupr.)Maxim. var. ruga T. B. Zhao,Z. X. Chen et D. F. Zhao,var. nov. 。同时,简述其主要形态特征。

1. 双色果金银忍冬　新亚种
Lonicera maackii (Rupr.) Maxim. subsp. bi-

coloricacorpa . T. B. Zhao,Z. X. Chen et D. F. Zhao,subsp. nov.

Subsp. nov. ramulis dense villosis. folis ellipticis et ovatibus, 3.0~6.0 cm longis, (1.5~)2.5~3.5 cm latis, apice acuminatis, basi late cuneatis, bifrontibus viridibus, basi costis dense pubescentibus, margine basilaribus dense ciliatis; petiolis dense villosis. carpis 2-formis, 2-bicoloribus: 1. rutilis, sphaericis, longis et diameteribus 5 mm; 4-calycibus carpis, margine serratis et rare ciliatis. 2. piceis, sphaericis, apice verrucosis minutis, longis et diameteribus 3~4 mm; 4-calycibus carpis, margine serratis et rare ciliati longis.

Shandong: Penglai City. T. B. Zhao, Z. X. Chen et D. F. Zhao, No. 201809291 (holotypus, HANC).

本新亚种小枝密被长柔毛。叶椭圆形、卵圆形,长 3.0~6.0 cm,宽(1.5~)2.5~3.5 cm,先端渐尖,基部宽楔形,两面绿色,主脉基部密被短柔毛,边缘基部密被长缘毛;叶柄密被长柔毛。果实 2 种类型、2 种颜色。1. 亮红色,球状,长与径 5 mm;果萼裂片 4 枚,边缘具齿及疏长缘毛。2. 漆黑色,球状,先端微凸,长与径 3~4 mm;果萼裂片 4 枚,边缘具齿及疏长缘毛。

产地:山东。蓬莱市。2018 年 10 月 9 日。赵天榜、陈志秀和赵东方,No. 201810091(枝、叶与果实),模式标本。存河南农业大学。

变种:

1. 黑果金银忍冬　新变种

Lonicera maackii(Rupr.)Maxim. var. piceicorpa T. B. Zhao, Z. X. Chen et D. F. Zhao, var. nov.

A nov. ramulis rare villosis. folis anguste ovatibus, 3.5~4.5 cm longis, 1.5~2.0 cm latis, apice acuminatis longis, basi cuneatis, supra viridis, basi costis dense pubescentibus et verrucosis nigreis, margine basilaribus dense ciliatis; supra in petiolis dense pubescentibus. carpis piceis, sphaericis, apice verrucosis minutis, longis et diameteribus 3~4 mm; calycibus carpis crateriformibus, margine integris et rare ciliati longis.

Shandong: Penglai City. T. B. Zhao, Z. X. Chen et D. F. Zhao, No. 201809293 (holotypus, HANC).

本新种变与黑果金银忍冬 Lonicera maackii(Rupr.)Maxim. var. piceicorpa T. B. Zhao, Z. X. Chen et D. F. Zhao 主要区别:小枝疏被长柔毛。叶狭卵圆形,长 3.0~4.5 cm,宽 1.5~2.0 cm,先端长渐尖,基部楔形,表面绿色,主脉基部密被短柔毛及黑色瘤点,边缘基部密被长缘毛;叶柄上面密被短柔毛。果实漆黑色,球状,先端微凸,长与径 3~4 mm;果萼碗状,边缘全缘及疏被白色长缘毛。

产地:山东,蓬莱市。2018 年 10 月 9 日。赵天榜、陈志秀和赵东方,No. 201810093(枝、叶与果实),模式标本。存河南农业大学。

2. 大叶黑果金银忍冬　新变种

Lonicera maackii(Rupr.)Maxim. var. megalophylla T. B. Zhao, Z. X. Chen et D. F. Zhao, var. nov.

A nov. ramulis cinerei-albis, glabris, rare pubescentibus sparsis. folis ovatibus, 6.5~7.0 longis, 2.5~3.0 latis, apice acuminatis longis, basi cuneatis latis, supra chlorinis et flavovirentibus, costis et nerviws lateralibus flavis, basi pubescentiis sparsis, margine glabris, basi ciliatis longis sparsis; supra in petiolis dense pubescentibus. carpis piceis, sphaericis, apice verrucosis minutis, longis et diameteribus 3~4 mm; calycibus carpis crateriformibus sparse villosis, margine integris sparse ciliati longis.

Shandong: Penglai City. T. B. Zhao, Z. X. Chen et D. F. Zhao, No. 201809295 (holotypus, HANC).

本新变种:小枝灰白色,无毛,稀疏被短柔毛。叶卵圆形,长 6.5~7.0 cm,宽 2.5~3.0 cm,先端长渐尖,基部宽楔形,表面淡绿色、黄绿色,主侧脉淡黄色,基部疏被柔毛,边缘无毛,仅基部疏被长缘毛;叶柄上面密被短柔毛。果实漆黑色,球状,先端微凸,长与径 3~4 mm;果萼碗状,疏被长柔毛;边缘疏被长缘毛。

产地:山东,蓬莱市。2018 年 10 月 9 日。赵天榜、陈志秀和赵东方,No. 201810095(枝、叶与果实),模式标本。存河南农业大学。

3. 皱叶黑果金银忍冬　新变种

Lonicera maackii(Rupr.)Maxim. var. ruga T. B. Zhao, Z. X. Chen et D. F. Zhao, var. nov.

A nov. ramulis nigris, dense pubescentibus et villosis sparsis. folis ellipticis, 5.0~7.0 longis, 3.0~4.0 latis, apice mucronatis, basi cuneatis latis et obtusis, supra atrovirentibus, rugosis costis et nerviws lateralibus manifeste depressis, basi pubescentiis densis et tumoribus atratis; supra in petiolis sparse villosis et atrovirentibus. carpis atro-brunneis, sphaericis, longis et diameteribus 4~5 mm, manifeste integris et sparse ciliatis longis.

Shandong: Penglai City. T. B. Zhao, Z. X. Chen et D. F. Zhao, No. 201809297 (holotypus, HANC).

本新变种:小枝黑色,密被短柔毛、疏被长柔毛。叶椭圆形,长 5.0~7.0 cm,宽 3.0~4.0 cm,先端短尖,基部宽楔形、钝圆,表面深绿色,皱褶,主侧脉凹入,主脉基部密被短柔毛及黑色瘤点,边缘基部密被长缘毛,背面淡绿色,密被黑色瘤点,主脉基部密被短柔毛及黑色瘤点;叶柄上面疏被长柔毛及黑色瘤点。果实黑褐色,球状,长与径 4~5 mm;果萼碗状,边缘全缘及疏被长缘毛。

产地:山东。蓬莱市。2018 年 10 月 9 日。赵天榜、陈志秀和赵东方,No. 201810097(枝、叶

与果实),模式标本。存河南农业大学。

4.紫叶忍冬 新变种

Lonicera japonica Thunb. var. purpurascens T. B. Zhao, Z. X. Chen et D. F. Zhao, var. nov.

A var. ramulis et foliis purpuratis et purpurascentibus.

Henan: Zhengzhou City. 2015 – 08 – 10. T. B. Zhao, Z. X. Chen et D. F. Zhao, No. 201508103 (HNAC).

本新变种枝、叶紫色及淡紫色。

河南:郑州市、郑州植物园。赵天榜、陈志秀和赵东方。模式标本,No. 201508103,存河南农业大学。

小瓣天目琼花—新变型

赵天榜[1] 陈俊通[1] 米建华[2]

(1.河南农业大学,郑州 450002;2.河南省郑州市紫荆山公园,郑州 450001)

小瓣天目琼花 新变型

Viburnum macrocephalum Fort. f. parva T. B. Zhao, J. T. Chen et J. H. Mi, f. nov.

A f. tepalis albis rotundatis campis longis et latis 8~10 mm.

Henan: Zhengzhou City. 10 – 04 – 2016. T. B. Zhao et al. , No. 201604107 (folia, ramulus et flos,

holotypus hic disignatus, HANC).

本新变型花瓣白色,圆形,平展,长与宽 8~10 mm。

产地:河南有栽培。郑州市紫荆山公园有栽培。2016 年 4 月 10 日。赵天榜等,No. 201604107(叶、枝和花)。模式标本,存于河南农业大学。

四十一、兰科 Orchidaceae

河南石斛属植物资源的开发利用研究

(赵天榜[1] 陈志秀[1] 杨献国[2] 陈占宽[3] 易明林[3] 郅玉宝[3]

(1.河南农业大学,郑州 450002;2.河南省三林联合开发公司,郑州 450003;

3.河南省农业科学院,郑州 450002)

摘 要 河南石斛属植物有13种,其中新记录种7种。"河南金钗"石斛量少质优,药材用途广,价格昂贵。石斛属植物有性繁殖困难,对适生环境要求严格。开发利用石斛属植物资源,既要采用组织培养的新技术,快速繁殖石斛幼苗,扩大栽培范围,又要挖掘、保护资源,加强理论研究,增加新的开发途径。

关键词 河南;石斛属植物;开发利用

兰科石斛属（Dendrobinm O. Sw.）植物多数是珍贵的药用植物。药用商品石斛有金钗石斛和黄草石斛之分，均为石斛属植物的茎。石斛全草含总生物碱 A 0. 52 %，包括石斛碱（dendrobine，$C_{16}H_{25}O_2N$）、石斛次碱（nobiline $C_{14}H_{27}O_3N$）、石斛宁（shihunina ，$C_{12}H_{13}O_2N$）等。石斛具有抗菌消炎、保喉清香、滋阴养胃、清热生津、延年益寿、治疗各种疾病等效能，已引起世界各国近代植物学家、生物学家、生物化学家、音乐学家的广泛注意和重视。为此，本文拟对河南石斛属的植物资源与分布、影响石斛发展的制约因素、开发利用石斛资源的最佳途径和应注意的几个问题进行探讨和研究。

1 河南石斛属植物资源与分布

全世界石斛属植物资源约有 1 600 种。我国石斛属植物约有 90 种，主要分布于热带、亚热带。河南是我国石斛属植物分布的北缘地区，在伏牛、桐柏、大别山区气候湿润的特殊小环境内有少数种类的天然分布。这些山区县有内乡、淅川、西峡、南召、桐柏、嵩县、灵宝、商城、新县、信阳等。根据作者多年来的调查和采集，初步整理出河南石斛属植物资源 13 种，即矮石斛、石斛、伏牛石斛、曲茎石斛、黄花石斛、霍山石斛、广东石斛、罗河石斛、黑节草（铁皮石斛）、细叶石斛、崤山石斛、细茎石斛、河南石斛等。在这 13 种石斛属植物中，包括 7 个新纪录种，其中伏牛石斛是"河南金钗"石斛植物的珍品，量少质优，价格极其昂贵，每千克达 200～300 美元，且畅销国内外，独享声誉。

2 影响石斛属植物资源开发利用的制约因素

石斛属植物在河南分布较广，但其资源较少，年产量很低，有些种类甚至有灭绝的危险，直接影响着石斛属植物资源的开发利用。

根据调查研究，我们找到了影响石斛属植物开发利用的三大制约因子。

2.1 有性繁殖困难

2～4 年生石斛属植物，在生长发育良好的条件下，才能形成花芽，于次年开花。花期 10～15 天。由于该属植物系虫媒植物，常受外界因素影响，结实甚少，而且种子微小如粉尘，内含未分化的胚，几乎没有营养物质，所以在自然条件下，种子很少萌发成活，有性繁殖非常困难。这是石斛属植物在自然条件下，植株稀少、产量低的一个主要原因。

2.2 对适生环境要求严格

石斛属植物大多分布在海拔 450～900 m 的温凉高湿地带，即悬崖陡壁的阴坡、半阴坡上的微酸性岩层石缝间，或其平坦坎坡处的腐殖质尘土上，一般上有浓密的乔灌木遮阴，下有丰富的泉、溪、河、潭等水源。石斛属植物受小环境内的空气相对湿度、温度、光照等气候因子影响较大。据调查，石斛属植物在空气相对湿度达到 85%～95%，折射光光照强度为 60 000～80 000 lx，并与伴生植物混生的条件下，生长发育最好。一年中具备这样条件的时间屈指可数，因此石斛属植物自然生长发育缓慢，质量较差。

当然，石斛属植物对不良气候因子还具有一定的抗性。它能在极端最高气温 44.4 ℃ 的条件下不发生灼伤，能在极端最低气温-20 ℃，不受冻害，能在年降水量只有 622.2 mm 的情况下，以裸茎度过不良环境，不发生旱死现象。

2.3 受伴生植物影响

石斛属植物为多年生附生草本植物。据调查，石斛属植物常与抱石莲、石苇、石豆兰属、卷柏属和苔藓植物混生，附生于密林树干上，依赖于伴生植物的水分和养分。由于人为因素和生态环境的恶化，这些伴生植物越来越少，石斛属植物也随之减少。

3 增加开发利用石斛属植物资源的最佳途径

由上述分析可知，石斛属植物受环境条件约束，自然生长缓慢，质量差，且有性繁殖困难。因此，要大力开发利用石斛属植物，就必须大力研究变野生为人工栽培的技术措施，以便使其大量繁殖，提高质量，满足市场需求，促进当地经济发展。近年来，经过广大科技人员的辛勤工作，现已找到采用人工组培繁殖石斛属植物的先进技术，这是加速石斛单株快速繁殖，提高石斛属植物开发利用价值的最佳途径。其具体技术措施如下。

3.1 种胚快速繁殖

采用石斛种胚以及由种胚得到的鳞叶期原球茎，1～2 cm 高的种胚苗，种胚性愈伤组织，以及通过器官型培养的芽苗作试材，均可快速繁殖石斛。以种胚为外殖体：当石斛种胚接种在 1/2N₆+ NAA 1 mg / L 或 1 / 2N₆+ NAA 2 mg/ L 的培养基上，13%～65%的种胚出现异常的持续分裂，形成槌状簇上，诱导愈伤组织，继而分化出频率不高的原球茎或芽簇。经分离，再接种在上述培养基上，即迅速分化,产生新的胚状体群成芽簇,转接在 N_6 或 Ms 培养基上,可获得大批石斛植株苗 。

多年来,从试验中发现:当种胚苗根接在 N_6+ NAA 0.5 mg/L N + 6-BA 0.5 mg/L 培养基上,迅速形成的胚状体群成芽簇,极易分离,再接种在 N_6、MS 培养基上,可迅速获得大批优质壮苗。这种方法,既简便、又迅速、安全,适宜推广。

3.2 无性器官快速繁殖

采用石斛茎尖、茎段、叶等无性器官,也可诱导产生组织苗。以石斛茎尖,或带芽茎段作外殖体,选健壮的石斛植株,消毒后,切成长 0.3～0.5 cm 的试材,接种在多种培养基上,可诱导出石斛组培苗。如在 N_6+ 6-BA 1 mg/L + NAA 0.5 mg/L,White + NAA 1 mg/ L + cm 10 mg/ L 等培养基上接种的试材,可迅速生长,40 天左右,培养成大批带叶小苗,转接在 N_6+ 6-BA 1 mg/L + NAA 0.2 mg/L 培养基上,很快形成大批带根植株。

以石斛幼壮叶为外殖体,选叶消毒后,切成长 1～2 cm,接种在 MS+2.4D 0.05 mg/L +K 10.2 mg/L 培养基上,产生愈伤组织,转接在 N_6+ 6- BA 1 mg/L + NAA 0.1 mg/L 培养基上,很快形成石斛组培苗。该材料诱导频率很低,应慎用。

3.3 石斛组培苗放栽办法

石斛组培苗能否在生产中得到广泛应用,关键是放栽办法。

(1)地点选择。按照石斛生长所需的条件,放栽地点应选在四周环山、植被茂密、空气湿润、光照充足的石斛天然分布区内。

(2)消毒灭菌。放栽前,要将石斛组培苗放在阳光下逐渐锻炼 20～25 天,然后洗净根上培养基,用 1 mg/L 的灭菌灵溶液消毒,以防止栽后根系腐烂,并加速新根形成。

(3)操作办法及时间。放栽时,按 4～10 cm 的株距,将组培苗夹在苔藓丛内,或石缝湿润处,覆盖苔藓,或腐殖质土,防止幼根干燥。放栽时间以 5 月上中旬为宜,其成活率达 90%以上。

(4)加强管理。石斛组培苗放栽后,要严防鼠害和强光直射,按时浇水、施肥,促进苗木生长。

4 对石斛属植物资源开发利用的几点建议

4.1 继续发掘新的石斛属资源

河南是我国石斛属植物分布的北缘地区,石斛属资源由过去的 3 种增加到现在的 13 种,这是河南植物学界的一大贡献。今后应继续收集新的石斛属植物种类,增加开发利用渠道。

4.2 加强资源保护

河南石斛属植物由于长期过度的采掘利用,其自然分布和植物数量越来越少,加之森林的破坏、生态环境的恶化,分布区域急剧缩小。河南石斛属植物的种类,如伏牛石斛、霍山石斛等已处于濒危灭绝的环境。为此,在已建立的自然保护区要查清其种群分布,划出保护小区,严禁人工采挖,并加强区外资源保护与管理,严防连根拔的事情发生,加强宣传教育,执行采育结合的方针,以免资源枯竭。

4.3 建立基因库

河南石斛属植物种类均系零星分布,生境特异,植株稀少,一旦采掘殆尽,很难原地保护。为此,选择特殊环境或建立人工气候室,采取人工繁殖与引种驯化相结合,变野生为人工栽培,扩大种群数量,发展山区经济,是保护物种、开发利用石斛属植物资源、增加商品药材量的有效途径,使之逐步成为科学研究的生产基地。

4.4 积极开展理论与技术研究

石斛属植物生境特殊,繁殖系数极微,为保护物种、扩大其繁殖能力,必须深入进行其生态特性、生长发育规律、更新规律、良种选育、人工放栽技术等研究。同时还要进行石斛属植物的生理生化、药理、药材鉴别与加工利用等研究,逐渐实现河南石斛属植物栽培生产与加工利用系列化生产,使这一珍稀植物更好地服务于人类。

参考文献

[1]吉占和. 中国石斛属的初步研究[J]. 植物分类学报, 1980,18(4):425-449.

[2]赵天榜,等. 河南石斛属一新种[J]. 植物研究, 1992, 12(1):119-121.

[3]徐方鸴,等. 霍山石斛种子的萌发和试管苗的栽培[J]. 安徽农学院学报,1985(1):1-4.

[4]赵天榜. 河南石斛属新种——崤山石斛[J]. 河南科技(林业论文集),1991:42-43.

[5]卢炯林. 河南石斛属植物调查研究[J].武汉植物研究,1991:148-152.

中国石斛属一新种

赵天榜[1]　陈志秀[1]　陈占宽[2]　易明林[2]　郅玉宝[2]

(1. 河南农业大学,郑州　450002;2. 河南省农业科学院,郑州　450002)

摘　要　本文发表了石斛属一新种,即伏牛石斛 Dendrobium funiushanense T. B. Chao,Z. X. Chen et Z. K. Chen, sp. nov.

关键词　石斛属;伏牛石斛

伏牛石斛　新种　图

Dendrobium funiushanense T. B. Chao,Z. X. Chen et Z. K. Chen,sp. nov. fig.

Species D. bellatulo Rolfe habitu similibus,sed caulibus supra basin crassioribus,foliis glabris,labelli lobo intermidio ovato apice obtuso et mucronato differt.

Epiphyticum: caulibus caespitosis,dilatatis simplicibus,erectis,5 ~ 7 cm altis,5 ~ 7-nodibus,supra basin crassioribus 5 ~ 18 mm diam. , prope apicem subito tenuibus ca. 1 mm diarm. ,flavido-viridibus, interdum pallide purpureis, nitidis, glabris, superne 2~3-foliis;internodiis 3 ~ 7 mm longis;vaginis membranaceis, amplexicaulibus, nitidis, glabris, caducis. Folia lineari-oblonga,9~21 mm lomga,5~7 mm lata, apice fereinae qualiter rotundo-bilobata,supra atro-vididia, nitida, subtus pallide viridia, margine integra, costa depresso. Inflorescentia versus apicem caulis axillaris,uniflora;pedunculis 2. 2~2. 7 cm longis,ca. 1~2 mm diam. suberectis,flavidoviridibus. vel flavoalbis,nitidis, interdim minute purpureus,basi bracteatis;bracteis pallide cinereo-brunneis,membranaceis, triangulo-ovatis,apice acutis,ca. 3. 2 mm longis,basi 2 mm latis,glabris;apice acutis flos in genere mediocris,sepalo intermedio longe ovato-elliptico,1. 2~1. 3 cm longo,infra medium ca. 7 mm lato,apice obtuso, incurvo-mucronato,initio flavido vel flavidt-albo,lateralibus late ovatis,1. 2~1. 5 cm longis,ca. 7 mm latis,apice fere obtusis,basi cum pede columnae mentum conoideum ca. 5~ 7 mm longum 5~6 mm latum apice planiusculo-obtusum flavido-viridulum glabrum formantibus; petalis longe ellipticis,flavidoalbis, minite viridibus,1. 7~2. 2 cm longis,5~ 9 mm latis,

apice obtusiusculis, margine involutis, glabris;labello ambitu late triangulo-rhonbeo,ca. 1. 5 cm longo,medio ca. 8~10 mm lato,basi subcuneato,supra medium trilobo,sinu ciliato,lobo inter-mendio triangulo-to,ca. 7 mm longo,5 mm lato,apice obtubo et incurvo-mucronato,magrine integro et involuto,gladro,lobis lateralibus sub-rotundatis,ca. 2 mm longis et 2 mm latis, integris,glabris;disco citrino,centro maculotransverse elliptico purpureo ramificato-pubescenti oranto,prope basin callouno flavidu-albo armaro,columna brevi, ca. 4 mm longa flavido-viridi,operculo antherae ambitu fere globoso,paulo-papillulato,albido.

Henan:Nanzhao Xian. T. B. Chao et Z. K. Chen. No. 865181. Type in Herb. Henan Agricultural University.

图1　**伏牛石斛** Dendrobium funiushanense T. B. Chao; Z. X. Chen et Z. K. Chen.
1. 植株,2. 中萼片,3. 花瓣,4. 侧萼片,5. 唇瓣,
6. 雌蕊及蕊足,7. 雄蕊 ,8. 叶片,9. 花蕾

　　附生植物;茎丛生,粗厚,不分枝,高5 ~ 7 cm,具5 ~ 7节,基部上方较粗,径5~18 mm,近顶端突变细,径约1 mm,淡黄绿色,有时淡紫色,具光泽,无毛,顶端着生2~3叶,节间长3 ~ 7 mm;

叶鞘膜质,抱茎,无毛,具光泽,早落。叶条状矩圆形,长9~21 mm,宽5~7 mm,先端2圆裂,不对称,表面深绿色,具光泽,背面黄绿色,全缘,中脉在表面凹陷。单花,着生于茎近顶部叶腋内;花序梗长2.2~2.7 cm,近直立,淡黄绿色,具光泽,有时微有紫晕,基部覆以数枚橙瓦状排列的苞片;苞片三角-卵圆形,长约3.2 mm,基部宽2 mm,淡灰褐色,先端急尖;花在属中中等大小,中萼片长卵-椭圆形,长1.2~1.3 cm,宽约6.5 mm,先端钝,具内曲小尖头,初淡黄色,或淡黄白色,后变白色;侧萼片宽卵圆形,长1.2~1.5 cm,宽约7 mm,先端几钝圆,近基部处合生萼囊;萼囊短矩圆形,长5~7 mm,径5~6 mm,顶端呈平头状钝圆,淡黄绿色,无毛;花瓣长椭圆形,长1.7~2.2 cm,宽5~9 mm,淡黄白色,略带绿晕,先端边缘内曲呈弓形,边缘内卷,无毛;唇瓣宽三角-菱形,长约1.5 cm,宽8~10 mm,基部近楔形,上部3裂,裂缺凹口具缘毛;侧裂片近圆形,很小,长宽约2 mm,全缘;中裂片三角形,长约7 mm,宽5~7 mm,先端钝圆,具突短尖内曲小尖头,边缘全缘,内卷;唇盘橙黄色,其中央具淡紫色、横椭圆形斑块,斑内具紫色枝状毛,近基部中央具1个淡黄白色胼胝体;蕊柱短,长约4 mm,淡黄绿色;药帽球状,稍乳状突起,很小,淡白色。

本新种与矮石斛 Dendrobium bellatulum Rolfe 体态近似,但茎近基部较膨大,叶无毛。花唇瓣中裂片卵圆形,顶端钝,并具短尖可以区别。

河南:南召县。1986年5月18日。赵天榜和陈占宽,No. 865181。模式标本,存河南农业大学。

河南石斛属一新种——崤山石斛

陈志秀[1]　赵天榜[1]　宋留高[1]　陈占宽[2]　郅玉宝[2]　易明林[2]

(1. 河南农业大学;2. 河南省农业科学院)

提　要　本文发表了河南石斛属一新种,即崤山石斛 Dendrobium xiaoshanense Z. X. Chen,T. B. Chao et Z. K. Chen,sp. nov.

崤山石斛　新种

Dendrobium xiaoshanense Z. X. Chen,T. B. Chao et Z. K. Chen,sp. nov.

Species D. hancockii Rolfe habitu similis, sed foliis parvis 1.5 ~ 2.5 cm longis 1.2 ~ 2 mm latis juvenilibus utrinque minute pubeseentibus. calycibus apice obtusis;petalis obtriangu-latis apice rotundatis, subter mediis lente angustipetiolis;labello obtriangulato, apice 3-lobis, lobis 2-rotundatis lobatis, in intermendio retuso, margine repandis et serratis, intusu pubentibus,discis labiatis citrinellis glabris.

Epiphyticum;caulibus aggregates, erectis teretibus 20~40 cm altis,diam. 3~5 mm, internodiis 2~2.5 cm longis, supra atro-brunneis vel flavo-brunneis velbadiis, nitidis, sulcatis, mediis apicalibusque ramulosis;internodiis ramulosis 1~1.5 mm longis, diam. 1 mm,nitidis, gliabris,flavo-brunneis vel pallide brunneis. folia 1ineara 1.5~2.5 cm longia 1.5~2 mm latis, apice 2-lobis rotundatis, non aequilongis,supra viridia costa impresso,subtus pallide viridia costa prominentia,utrinque minute pubentes. Inf lorescentia versus apicem canlis axillaribus un if lora raro 2-florea;pedunculis 7~12 mm longis pallide flavo-viridibus nitidis glabris;bracteis albis, apice acutis, ovatis membranaceis caducis;floiibus in genere mediocribus sepalo intermedio oblongo 1.2~1.7 cm longo 5~7 mm lato, apice obtuso;lateralibus ellipticis 1.5~1.9 cm longis apice pallide obtusis;petalis ob-triangulatis 1~1.8 cm longis 5~9 mm latis, apice obtusis vel. retusis, subter mediis lente angustipetiolis, labello ob-triangultis 1.3~1.7 cm longis,1.2~1.6 cm, latis 3-lobis rotundatis;lobis intermendiis apice retusis 2~4 mm longis,3~5 mm latis,laterilibus apice 2-Iobatis rotundatis margine repandis et serratis intsu pubentibus;discisa labiatis citrinellis glabris.

Henan;Xiaoshan. 18. 6 . 1988. T. B. Chao et Z. K. Chen. No. 886181. Typus Herb. Henan Agricultural University Conservatus .

附生草本;茎丛生,直立,高 20 ~40 cm,圆柱状,径2~5 mm,节长2~2.5 cm,表面深褐色或黄褐色,具深槽,有光泽,中部和梢部多分枝,分枝节间长1~3.5 mm,径1 mm,黄褐色,或淡黄绿色,具光泽,表面光滑,无毛。叶条形,小,长1.5~2.5 cm,宽1.5~2 mm,先端2圆裂,不对称,表面绿色,主脉凹陷,背面淡绿色,主脉突起,两面微被细短柔毛。单花,稀2花,着生于茎近顶端叶腋内,总花序梗长7~12 mm,黄绿色,具光泽,无毛;花苞片白色,膜质,卵圆形,先端尖,早落;花属中等,黄色;中萼片矩圆形,长1.2~1.7 cm,宽5~7 mm,先端钝圆;侧萼片钝圆形,长 1.5~1.9 cm,先端钝圆,或微凹;花瓣倒三角形,长 1.2~1.8 cm,宽

5~9 mm,先端钝或微凹,中部以下渐狭呈柄状,唇瓣倒三角形,长1.3 ~1.7 cm,宽1.2 ~1.6 cm,先端3圆裂;中裂片先端又2圆裂,裂片长2~4 mm,宽3 ~ 5 mm,先端微缺;侧裂片小,又2圆裂;裂片先端内面被短柔毛,边部波状起伏,唇盘橙黄色,光滑。

本新种与细叶石斛 Dendrobium hancockii Rolfe 近似,但区别:叶小,长1.5 ~ 2.5 cm,宽1.2~2.0 mm,幼时两面微被细短柔毛。萼先端钝圆;花瓣倒三角形,中部以下渐狭呈柄状;唇瓣倒三角形,先端3圆裂,中裂片大,先端微缺,侧裂片小,先端又2圆裂,裂片先端钝,边部波状起伏,并具细锯齿,先端内面被短柔毛;唇盘橙黄色,光滑。

河南:崤山。1988 年6月18日。赵天榜和陈占宽。No. 8861811,模式标本,存河南农业大学。

石斛组织培养与栽培技术的研究

赵天榜[1]　陈志秀[1]　陈占宽[2]　易明林[2]　郅玉宝[2]

(1. 河南农业大学,郑州　450002;2. 河南省农业科学院,郑州　450002)

摘　要　研究结果表明,N_6、MS 等 14 种培养基对曲茎石斛、铁皮石斛的种胚成苗率、种胚苗生长有显著作用,其中以 N_6 为佳。在 1/2 N_6 培养基内添加香蕉汁(150 mg/L),石斛种胚苗生长最好;若添加 2 mg/L 或 1 mg/L NAA,可提高石斛种胚苗分蘖率6~7.14 倍。选曲茎石斛,或铁皮石斛的茎尖、茎段、充实幼叶及其种胚、鳞叶期原球茎、种胚苗、幼根为外殖体,可培育出大批组培苗。栽培试验结果表明,石斛组培苗在特殊的环境条件下,5月上中旬栽培。用苔藓或腐乳质土覆盖幼根,成活率达95%以上,且生长发育良好。

关键词　石斛;组织培养;放栽技术

石斛属(*Dendrobium* O. Sw.)的大多数种是珍贵药材植物,又是美丽观赏花卉。茎加工入药,具有滋阴补肾、清热生津、延年益寿之效。据报道,石斛含石斛碱(dendrobine,$C_{16}H_{25}O_2N$)、石斛次碱(nobiline,$C_{17}H_{23}O_3N$)、石斛宁(shihunine,$C_{12}H_{13}O_2N$)等多种生物碱,并证实它具有抗菌消炎、保喉清音、治疗多种疾病,以及可能抗癌等效能。该属植物主要分布于热带、亚热带的特殊生境内,繁殖与栽培极为困难,因而石斛数量极少。因此,了解和掌握石斛快繁与栽培技术,具有重要意义。

自1986年以来,作者在进行全省性石斛属资源调查的基础上,对曲茎石斛(*Dendrobium flexicaule* Z. H. Tsi,S. D. San et L. G. Xu)、铁皮石斛(*D. candidum* Wall. ex Lind.)等进行了这方面的研究。

1　材料与方法

1.1　供试材料

选曲茎石斛、铁皮石斛的成熟果实,健壮的石斛野生植株,以及石斛种胚苗的茎、叶、根,进行组织培养。培养基选用 N_6、MS、SH、Kn、Vw、C_{17}、W、$1/2B_5$、$1/2N_6$、1/2SH、B_5、$1/2C_{17}$、1/2MS 及 $1/2Vw$ 14 种,进行筛选。

1.2　接种方法

1.2.1　接种种胚

选成熟石斛果实用70%乙醇进行表面消毒1~2 min 后,转入 3%的消洁灵溶液中20 ~25

min,取出后用无菌水冲洗多次,然后切开果实,将少许微尘状种子倾入三角瓶中,加无菌水,呈悬浮状态,用吸管吸其悬浮液,接种在不同培养基上。每瓶(100 mL)培养基接入石斛种胚 400 粒左右。

1.2.2 接种植株

选石斛的壮茎,除去叶、叶鞘,用无菌水冲洗干净,用 70%乙醇漂洗 10 s 后,转入消洁灵溶液中 20 min,用无菌水冲洗后,在无菌条件下,横切成 3~5 mm 长的茎段,接种在不同培养基上;选无菌的石斛种胚苗壮株,用无菌水冲净根上培养基,去除老化组织,分别将叶横切 3~7 mm,茎横切 3~4 mm,根横切 4~6 mm 的节段,在无菌条件下,分别接种在不同培养基上;选发育正常的石斛种胚培养时的鳞叶期原球茎或石斛外殖体培养的原球茎,切去两端,再切成 2~4 裂,或直接将其鳞叶期原球茎接入培养基内。

1.2.3 培养条件

将接种或插入在各种培养基的试材,均置于 (25±1)℃,每日在 1 500~2 000 lx 的光照条件下,照射 8~10 h,直到种胚苗和组培苗形成。

1.3 测定方法

将石斛种胚与其茎、叶、根段,分别接种在不同培养基上,40 d 后,测定不同培养基上种胚萌发数及成苗数,计算其萌发率和成苗率,以及苗芽高度、茎粗、根长及鲜重等指标。长度测定用测微计进行。鲜重用 AEL-160 的 1/10 000 天平称量。石斛种胚接种 90 d 时进行调查。调查时,每处理重复 3 次,每次每处理选定 5 小区,每小区 60 株,分别进行株高、茎长、茎粗、叶片数、根数、根长及其株鲜重的测定。选 1/2 N$_6$ 培养基添加 7 种天然物质,即香蕉汁(150 mg/L)、马铃薯汁(200 mg/L)、蕃茄果汁(50 mg/L)、椰乳(100 mg/L)、玉米芽汁(30 mg/L)、酪蛋白(5 mg/L)、酵母(5 mg/L)浸提液,进行试验。试验后共测定石斛幼株 13 650 株,然后进行生物学统计。

2 结果与分析

2.1 石斛组培培养基的筛选

2.1.1 不同培养基对石斛种胚成苗率的影响

试验表明,不同培养基不影响石斛种胚的萌发率。但是,种胚萌发后的心叶期、鳞叶期间,一些培养基上萌发的种胚相继白化、停止生长,直至死亡。不同培养基上石斛种胚成苗率具有显著的差异性(见表 1、表 2)。

表 1 不同培养基上石斛种胚成苗率具有显著的差异性(LSD)检验

培养基	成苗率(%)	32.96	36.22	41.90	42.42	43.28	43.42	46.58	48.36	53.04	53.70	56.90	62.84	69.72
N$_6$	71.60	38.64**	35.38**	29.70**	29.18**	28.32**	28.14**	25.02**	23.24**	18.56**	17.90**	14.7088	8.76	1.88
SH	69.72	36.76**	33.56**	27.82**	23.30**	26.44**	26.30**	23.14**	21.36**	16.68**	16.02**	12.82*	6.88	
Kn	62.84	29.88**	26.62**	20.94**	20.42**	19.56**	19.42**	16.24**	14.48**	9.80	9.14	5.94		
MS	56.90	23.94**	20.68**	15.00**	14.48**	13.62*	13.48*	10.32	8.54	3.86	3.20			
Vw	53.70	20.74**	17.48**	11.80	11.28	10.42	10.28	7.12	5.34	0.66				
C$_{17}$	53.04	20.80**	16.82**	11.14	10.62	9.76	9.62	6.46	4.68					
W	48.36	15.40**	12.14**	6.46	5.94	5.08	4.94	1.78						
1/2B$_5$	46.58	13.62*	10.36	4.68	4.16	3.30	3.16							
1/2N$_6$	43.42	10.46	7.20	1.52	1.00	0.14								
1/2SH	43.28	10.32	7.06	1.38	0.86									
B$_5$	42.42	9.46	6.20	0.52										
1/2C$_{17}$	41.90	8.94	5.68											
1/2MS	36.22	3.26												
1/2Vw	32.96													

从表 1 可以看出,除 B$_5$ 外,所有的基本培养基均优于其减半培养基。其中,以 N$_6$ 最好,SH、Kn、MS 次之,1/2MS、1/2Vw 最差。为提高石斛种胚成苗率,选用 N$_6$、SH、Kn、MS 是适宜的。

表 2 不同培养基对石斛种旺成苗率影响的方差分析

变异来源	df	SS	MS	F
处理间	13	8 981.93	690.91	7.97**
机误	56	4 851.86	86.64	
总变异	69	13 833.80		

2.1.2 不同培养基对石斛种胚苗生长的影响

从表3可以看出，不同培养基对石斛种胚苗生长具有显著的影响，所有的基本培养基上生长的种胚苗均优于其减半培养基。其中，以 N_6 最好，MS、SH 次之，1/2MS、1/2Vw 最差。该试验结果与不同培养基对石斛种胚萌发成苗率影响的结果相吻合。

表3 不同培养基对石斛种胚成苗生的影响

项目	N_6	SH	Kn	MS	Vw	C_{17}	W	$1/2B_5$	$1/2N_6$	1/2SH	B_5	$1/2C_{17}$	1/2MS	1/2Vw
苗高(cm)	5.01	3.99	1.92	5.32	2.00	3.43	1.06	2.34	3.00	3.00	3.79	2.44	2.28	1.74
茎粗(cm)	0.75	0.55	0.42	0.70	0.69	0.51	0.56	0.41	0.44	0.51	0.46	0.44	0.41	0.46
叶片数片(片/株)	3.23	2.72	2.08	3.47	1.93	2.70	1.12	2.37	2.58	2.57	3.08	2.33	2.35	1.83
苗根数条(条/株)	1.30	1.03	0.25	0.90	0.52	1.38	0.07	0.55	0.63	1.00	1.33	0.87	0.43	0.50
根长(cm)	1.28	1.39	0.08	0.61	0.14	1.53	0.27	0.48	0.37	1.12	1.34	0.80	0.25	0.17
鲜重(g/株)	0.010 1	0.006 9	0.001 9	0.012 4	0.002 7	0.004 7	0.000 9	0.002 7	0.004 6	0.004 9	0.005 0	0.003 0	0.002 7	0.001 8

以石斛种胚苗的茎粗为例，进行差异显著性检验和方差分析，结果如表4和表5。

表4 不同培养基对石斛种胚苗茎粗的差异显著性(SSR)检验

项目	N_6	MS	Vw	W MS	SH	1/2SH	C_{17}	1/2 Vw	B_5	$1/2N_6$	$1/2C_{17}$	Kn	$1/2 B_5$	1/2MS
茎粗 d(cm)	0.752 0	0.696 7	0.693 3	0.560 8	0.550 0	0.511 7	0.505 8	0.450 0	0.459 0	0.443 3	0.435 0	0.415 0	0.414 2	0.410 0
差异 0.005 显著性 0.001	0.75	0.55	0.42	0.70	0.69	0.51	0.56	0.41	0.44	0.51	0.46	0.44	0.41	0.46

表4看出，N_6 培养基对石斛种胚苗茎粗生长最有利，MS、Vw 次之，Kn、$1/2B_5$、1/2M 较差。

表5 不同培养基对石斛种胚苗茎粗的方差分析

变异来源	df	SS	MS	F
培养基间	13	9.650 82	0.742 37	14.46**
培养基组间	28	1.437 38	0.513 4	1.67**
培养基组内	798	24.481 39	0.030 86	
总变量	839	35.569 58		

表6 1/2N_6培养基内添加物对石斛种胚苗株高的差异显著性检验

	香蕉汁	酵母	酪蛋白	椰乳	玉米嫩芽	蕃茄果	马铃薯
株高(cm)	5.344	3.409	3.246	2.704	2.623	2.607	2.297
2.297	3.047 8*	1.112 0	0.949 6	0.407 8	0.326 0*	0.310 0	
2.607	2.737 0*	0.802 0	0.639 0	0.097 0	0.160 0		
2.623	2.722 0*	0.786 0	0.623 0	0.810			
2.704	2.640 0*	0.705 0	0.542 0				
3.246	2.098 0	0.163 0					
3.409	1.939 8*						

表7 1/2N_6培养基内添加物对石斛种胚苗株高的方差分析

变异来源	df	SS	MS	F
处理	4	893.58	148.9	88.33**
机误	973	1 639.38	1.68	
总变量	979	2 532.96		

2.1.4 培养基添加 NAA 对石斛种胚的影响

试验结果表明，在1/2N_6 培养基内，加入 $0\sim0.5$ mg/L 的 NAA，对石斛种胚苗生长有明显作用。胚苗株窝与 NAA 的浓度呈正相关规律，即：

$$Y = 3.383\ 76 + 0.577\ 080\ 6X + 0.144\ 61X^2$$
$$(F = 18.212\ 38**)$$

若在 N_6 培养基内，添加 1 mg/L 或 2 mg/L 的 NAA 时，对石斛种胚苗的生长更有利(表8)。

表 8　N₆ 培养基内添加 NAA 对石斛种胚苗的影响

表 8　N_6 培养基内添加 NAA 对石斛种胚苗的影响

NAA(mg/L)	株高(cm)	茎高(cm)	茎粗(cm)	叶片数(片/株)	根数(条/株)	根长(cm)	鲜重(g/株)
2	7.522 7	5.068 0	1.231 8	5.136 4	3.000 0	5.270 0	0.071 9
1	7.363 6	4.390 9	1.204 5	4.363 6	4.045 5	6.507 3	0.078 9
0.2	6.500 0	3.422 7	1.087 8	4.000 0	2.681 8	4.550 0	0.039 2
CK	6.454 5	3.527 3	0.781 8	3.772 7	1.909 1	2.513 6	0.019 0

试验还表明,在 1/2N₆ 培养基内添加 1 mg/L 或 2 mg/L 的 NAA 时,对石斛种胚苗分蘖有促进作用,是对照的 6～7.14 倍,与 NAA 浓度的关系为:

$$Y = -0.768\ 286 + 7.038\ 837X + (-1.965\ 516)^2$$

表 9　1/2 N_6 培养基内添加不同浓度、不同比例的 NAA 与 6-BA 对石斛种胚苗的影响

NAA/6-BA	株高(cm)	茎高(cm)	茎粗(mm)	分蘖数(个/株)	叶片(片/株)	根数(条/株)	根长(cm)	鲜重(g/株)
1/0.25	9.022 7	4.931 8	0.813 6	1.636 4	5.454 5	2.045 5	2.286 4	0.052 9
1/0.5	7.522 7	4.227 3	0.768 2	2.000 0	5.318 2	1.954 5	1.490 9	0.046 7
0.5/0.1	5.613 6	3.295 5	0.650 0	1.318 2	4.909 1	2.409 1	2.375 5	0.020 1
1/0	5.500 0	3.318 2	0.872 7	6.818 2	4.363 6	1.772 7	3.229 1	0.071 2
CK	4.804 5	2.975 5	0.777 3	0.954 5	4.136 4	2.954 5	4.778 6	0.023 1
0/1	2.195 5	1.509 1	0.618 2	0.318 2	4.863 6	1.090 9	0.756 8	0.004 1

从表 9 看出,在 1/2N₆ 培养基内添加 NAA 1 mg/L 与 6-BA 0.25 mg/L 时,对石斛种胚苗生长最有利,而 NAA 为 1 mg/L,6-BA 为 0.5 mg/L 时次之。若只加 1 mg/L 的 6-BA,则石斛种胚苗生长最差。因此,在培养基内添加 6-BA 培养石斛种胚苗时,应特别慎重。

2.2　石斛的组织培养

2.2.1　以野生石斛茎尖、茎段为外殖体

采用野生石斛茎尖、茎段(长 0.3～0.5 cm),接种在 N₆+ 6-BA 1 mg/L + NAA 0.5 mg/L、W+ NAA 1 mg/L+ cm 10% 等多种培养基上,均能诱导出其带叶组培小苗,再将带叶石斛组培小苗,转入 N₆+ 6-BA 1 mg/L + NAA 0.2 mg/L 培养基上,很快生根,形成石斛组培苗。

2.2.2　以石斛叶片为外殖体

选用发育充实的幼叶,消毒后,横切成长 1～2 cm,接种在 MS+2,4-D 0.05 mg/L + KI 0.2 mg/L 培养基上。经培养发现,从叶脉处产生愈伤组织。该组织分离后,接入 N₆ + 6-BA 1 mg/L + NAA 0.1 mg/L 培养基上,很快长出石斛小苗,再将小苗转入含有 NAA 0.2 mg/L 培养基上,很快形成石斛组培苗。但是,该材料诱导频率很低,应慎重应用。

2.2.3　以石斛种胚苗为外殖体

采用 1～2 cm 的石斛种胚苗作试材,消毒后,切除其顶部、基部、叶片及叶鞘,接在 N₆+ 2,4-D 1 mg/L 培养基上,25 d 左右,产生愈伤组织,相当分化,易散开。若及时将其转入 N₆、MS,或 N₆+ NAA 0.2 mg/L 培养基上,则迅速形成新的石斛原球茎,继而分化成小苗,再将其转入 1/2NS + NAA 1 mg/L 或 1/2N₆ + NAA 2.0 mg/L 培养基上,很快增殖为椹状,或菠萝状的胚状体群,经分离,可培养出大批原球茎。再将其转入 N₆、MS 等培养基上,可很快生根形成组培小苗。这种方法,同样适用于石斛茎尖、茎段的组织培养。

2.2.4　以石斛种胚为外殖体

将石斛种胚接种在 1/2N₆ + NAA 1 mg/L,或 1/2N + NAA 2 mg/L 的培养基上,有 13%～65% 的种胚出现特异的持续分裂,形成椹状,或菠萝状的胚状体群,经分离,接在 N₆、MS 等培养基上,很快形成正常的石斛组培苗。若将分离的胚状体,接在 1/2N₆ + NAA 1 mg/L 或 1/2N₆ + NAA 2 mg/L 培养基上,仍保持其分生增殖能力。

2.2.5　以石斛鳞叶期原球茎为外殖体

采用石斛种胚,或种胚苗等产生的鳞叶期原球茎,接在 1/2N₆ + NAA 1 mg/L、1/2N₆ + NAA 2 mg/L、N₆ 0.5 mg/L + 6-BA 0.5 mg/L、N₆ + NAA 1 mg/L + 6-BA 1 mg/L 培养基上,可诱导新的原球茎和胚苗,将其分离后,转在 N、MS 培养基上,可培养出大批石斛组培苗。

采用石斛苗长 0.4~0.6 cm 的根段,消毒后,接在 N_6+ NAA 0.5 mg/L 培养基上,诱导愈伤组织,继而分化原球茎,或芽簇。将其芽簇,或原球茎分离后,接在 N_6+ NAA 1 mg,或 2 mg/L 培养基上,即迅速分化出愈伤组织,继而产生胚状体群或芽簇。将其分离后,再转接在 N_6,或 MS 培养基上,可培养大批石斛组培苗。

另外,作者在长期的试验中发现,当以石斛根为外殖体接在 N_6+ NAA 1 mg/L + 6-BA 1 mg/L 及 N_6+ NAA 0.5 mg/L + 6-BA 0.5 mg/L 培养基上,所形成的胚状体群,或芽簇,极易分离。然后,将其转在 N_6 或 MS 培养基上,短期内能培养大批优质石斛组培苗。该法既简便,又安全,是快繁石斛的最有效途径,可推广应用。

2.3　石斛组培苗的栽培技术

2.3.1　栽培地点概况

为确保石斛组培苗的栽培成功,自 1987 年以来,作者在河南省宝天曼国家级自然保护区的葛条爬等处,特选海拔 900 m,四面环山,满布苔藓和卷柏的陡崖峭壁,其壁上终年湿润,下有溪水常年不断;生长季节,空气相对湿度 90% 左右,每天 10 时前,有日光斜照,10~16 时,有海桐、栎类等树种构成天然荫棚,且无干旱季节、干风或寒流的侵袭与影响,部分地段曾是曲茎石斛的天然生长地点。

2.3.2　栽培技术

栽培前,将石斛种胚苗和组织培养苗(统称组培苗),放在室内锻炼 20~25 d 后,洗净组培苗根上培养基,用 0.1% 灭菌灵消毒,以防栽培后的石斛苗根腐烂。栽培时,按 20~25 cm 的株行距,将石斛组培苗栽培在峭壁生有苔藓,或含有腐乳质的土上,以防幼根干燥。栽培时间,以 5 月上中旬为宜。其间栽培的石斛组培苗成活率达 95% 以上,且生长健壮;1~4 月,不宜栽培,因成活率很低(1%~17%)。

2.3.3　栽培石斛组培苗的生长与管理

据观察,5 月上中旬栽培的石斛组培苗,30 d 左右,茎基部的潜伏芽开始萌动膨大;45~50 d 后,其潜伏芽萌生小苗;60~90 d,栽培苗可新展幼叶 4~6 片、新根 6~9 条,萌生新茎 5~6 个,茎高 2~3 cm。翌年,9 月 28 日调查,每株萌生新茎 6~8 个,最多达 18 个,高 8~10 cm,最高达 18 cm,茎粗 0.3~0.5 cm,新根 8~16 条。第 3 年,放栽的石斛组培苗,进入正常的生长发育状态。

石斛组培苗栽培后,要严防强光照射,保持栽培地点四周湿润,同时要防鼠害等。

参考文献

[1] 孙绍琪,等. 四川石斛一新种[J]. 植物研究,1986,6(2):113-116.

[2] 赵天榜,等. 中国石斛属一新种[J]. 植物研究,1992,12(1):119-121.

[3] 徐云昌鸟,等. 霍山石斛种子的萌发和试管苗的栽培[J]. 安徽农学院学报,1985(1):1-4.

[4] 卢炯林,等. 河南石斛属植物的调查研究[J]. 武汉植物研究,1991,9(2):148-152.

四十二、葫芦科 Cucurbitaceae

河南赤瓟属一新亚种

赵天榜[1]　　陈志秀[1]　　赵东方[2]　　温道远[1]

(1. 河南农业大学,郑州　450002;2. 郑州市林业工作总站,郑州　450006)

河南赤瓟　图 1

Thladiantha Bunge subsp. henanensis T. B. Zhao, Z. X. Chen et D. F. Zhao, subsp. nov.

Subsp. nov. caulibus minutis, angulis minutis et sulcatis, dense pubescentibus albis. Foliis late ovati-cordatis 8.0~10.0 cm longis, 6.0~8.0 cm latis,supra viridianis,stictis argenteis et maculosis, apice longe acuminatis,basi cordatis,margine serratis et cillatis;petiolis minutis,4.0~6.0 cm longis, pubescentibus. cirrhis minutis,pubescentibus. Floribus luteis,nitids,4 lobis,dimidi-rotundatis,apice obtusis cum acumine,declinatis,extra pubescentibus intus a glandibus;filamentis connatis.

Henan:Songxian. 28-07-2019. T. B. Zhao et Z. X. Chen. No. 201907285. HANC.

本新亚种茎纤细,具细棱与沟纹,密被白色短柔毛。叶宽卵圆-心形,长8.0~10.0 cm,宽6.0~8.0 cm,表面绿色,被银白色斑点和斑块,先端长渐尖,基部心形,边缘具细锯齿及缘毛;叶柄纤细,长4.0~6.0 cm,被短柔毛。卷须纤细,被短柔毛。雄株! 雄花3~5朵着生于短枝上。花萼筒碗状,长4~5 mm,花黄色,具光泽,裂片4枚,半圆形,先端钝尖,向外反折,外面被短柔毛,内面无腺点;雄蕊花丝合生,极短;花药卵球状。雌花不详。

产地:河南嵩县天池山自然保护区。2019年7月28日。赵天榜和陈志秀,No. 201907285。模式标本,存河南农业大学。

图 1 河南赤瓟

四十三、菊科 Compositae

河南艾两新变种

陈志秀 赵天榜

(河南农业大学,郑州 450002)

摘 要 本文首次报道了河南艾两新变种,即:1.密毛艾 Artemisia densivillosa T. B. Zhao et Z. X. Chen,var. nov. ; 2. 紫茎艾 Artemisia argyi Lévl. et Van. var. purpureicaulis T. B. Zhao et Z. X. Chen,var. nov. 。主要形态特征。

关键词 河南;艾;新变种;密毛艾;特异特征

2018 年 5 月 1 日，作者在河南禹州市进行木瓜 Pseudochaenomeles sinensis(Touin)Carr. 植物资源调查时，发现艾两新变种，即：1. 密毛艾 Artemisia densivillosa T. B. Zhao et Z. X. Chen, var. nov.；2. 紫茎艾 Artemisia argyi Lévl. et Van. var. purpureicaulis T. B. Zhao et Z. X. Chen, var. nov.。现报道如下。

1. 密毛艾　新变种

Artemisia argyi Lévl. et Van. var. densivillosa T. B. Zhao et Z. X. Chen, var. nov.

A var. nov. caulibus dense velutinis. Foliis pinnatipartitis vel lobatis, bifrontibus, margine et petiolis dense cinerei-albis villosis pandis. supra glandulis dense albis vel sparse glandulis.

Henan: Yuzhou City. 01-05-2018. Z. X. Chen et T. B. Zhao, No. 201805011(HANC).

本新变种主要形态特征：茎密被短茸毛。叶羽状深裂，或浅裂，两面、边缘及叶柄密被灰白色弯曲长柔毛。表面有白色密腺点，或疏腺点。

河南：禹州市有栽培。2018 年 5 月 1 日。陈志秀和赵天榜，No. 201805011。模式标本，存河南农业大学。

2. 紫茎艾　新变种

Artemisia argyi Lévl. et Van. var. purpureicaulis T. B. Zhao et Z. X. Chen, var. nov.

A var. nov. caulibus purpureis sparse pubescentibus. Foliis glabris, margine et petiolis laxe pubescentibus eglandulis.

Henan: Yuzhou City. 01-05-2018. Z. X. Chen et T. B. Zhao, No. 201805015(HANC).

本新变种主要形态特征：茎紫色，疏被短柔毛。叶无毛、边缘及叶柄被疏短柔毛，无腺点。

河南：禹州市有栽培。2018 年 5 月 1 日。陈志秀、赵天榜，No. 201805015。模式标本，存河南农业大学。

四十四、特异草科 Proprieticeae

中国特异珍稀濒危新植物研究
——特异草科特异草属特异草

范永明[1]　赵天榜[2]　陈志秀[2]

(1. 北京林业大学园林学院，北京　100083；2. 河南农业大学，郑州　450002)

摘　要　本文发表了中国特异珍稀濒危新植物 1 新科——特异草科 Proprieticeae Y. M. Fan, T. B. Zhao, Z. X. Chen, familia nov.；特异草属 Proprietas Y. M. Fan, T. B. Zhao, Z. X. Chen, gen. nov.；新种——河南特异草 Proprietas henanensis Y. M. Fan, T. B. Zhao, Z. X. Chen, sp. nov.。

关键词　新科；新属；新种；河南特异草；形态特征

1. 特异草科　新科

Proprieticeae Y. M. Fan, T. B. Zhao et Z. X. Chen, familia nov.

Familiis nov.：Herbis annuaeis erectis. Caulibus minutis, grossis 3 ~ 5 mm, minutissime angulis glabris. Foliis imparipinnatis bipinnatis. two foliis compositis in 1 nodis. superne foliis compositis 5 ~ 7-foliolis, inferne 1 jugatis 3-foliolis. Foliolis apice 3-lobis, in mediis magni-lobis. 5 ~ 7-Panuculis in pedunculis, apicalibus, 7. 0 ~ 13. 0 cm longis；inferne pedicellis 2 ~ 3-foliolis, apice 2 ~ 3-lobis rare 4-lobis. one-floribus, 8 ~ 10-staminibus, cylindricis, grabris；ex-petalis；bracteis 4, membranaceis, traslucidis, glabris；ovariis sphaericis, 2-lobis glabris,veruucis,Proprietas Y. M. Fan,T. B. Zhao et Z. X. Chen.

Henan:Songxian.

新科形态特征:1年生直立草本。茎纤细,粗3~5 mm,具细纵棱、无毛。叶为二回奇数羽状复叶。每节上着生2枚复叶:上面复叶具小叶5~7枚,下面具1对3枚小叶;小叶先端3-裂片,中间裂片大。圆锥花序,5~7枚,着生在点花梗上。圆锥花序长7.0~13.0 cm,花序梗下部具1对小复叶2~3枚,小复叶先端2~3裂,稀4裂。花单生,具雄蕊8~10枚,圆柱状,无毛;无花瓣;苞片4枚,膜质,透明,无毛;子房球状,无毛,2裂,深凹入。

模式属:特异草属 Proprietas Y. M. Fan,T. B. Zhao et Z. X. Chen。

产地:河南:嵩县。

2.特异草属　新属

Proprietas Y. M. Fan,T. B. Zhao et Z. X. Chen,gen. nov. ;sp. nov.

Gen. nov. characteribus et familia nov. similibus.

Gen. nov. Proprietas Y. M. Fan,T. B. Zhao et Z. X. Chen

Gin. nov. typo. :Proprietas henanensis Y. M. Fan,T. B. Zhao et Z. X. Chen,sp. nov.

Henan:Songxian.

新属形态特征与新科相同。

新属模式种:河南特异草 Proprietas henanensis Y. M. Fan,T. B. Zhao et Z. X. Chen

产地:河南:嵩县。

3.河南特异草　新种　图1

Proprietas henanensis Y. M. Fan,T. B. Zhao et Z. X. Chen,sp. nov.

Sp. nov. Herbae annuae erecta,70. 0 cm alta,diam. minutisgrossis 3 ~ 5 mm,brunneis minuti-angulis,glabri. Foliis imparipinnatis bipinnatis,6. 0 ~ 15. 0 cm longis,two foliis compositis 1 nodis. superne foliis compositis 5 ~ 7-foliolis,foliolis ellipticis、late ellipticis 2. 2 ~ 3. 2 cm longis,1. 0~ 2. 3 cm latis,inferne 1 jugatis 3-foliolis,supra atrovirentibus glabris subtus cinereivirifibus glabris,apice 3-lobis,in medio lobis magnis,dimidii-rotundatis,apice mucronatis basi dimidii-rotundatis,margne integris a ciliatis. inferne 2~3-foliolis,in medio Foliolis ellipticis,ca. 3. 0 cm longis ca. 1. 0 cm latis,supra atrovirentibus glabris,subtus cinereivirifibus glabris,apice 3-lobis,2-lateralifoliolatis longe ellipticis,apice

obtusis vel 3-lobis,basi rotundatis margne integris a ciliatis. 5 ~ 7-Panuculis in pedunculis,apicalibus,7. 0~13. 0 cm longis,inflorescentiis infimis 1 jugis cpmpositis parvis;cpmpositis parvis 2~3~5-foliolatis,parvi-ellipticis,1. 5~ 2. 0 cm longis,apice 2~3-lobis,rare 4 lobis,basi rotundatis magrne integris a ciliatis. inflorescentiis mesochris plerumque 2 inflorescentiis in 1 nodis;1 inflorescentiis 4. 0 ~ 8. 0 cm、1 inflorescentiis 1. 0 ~ 2. 0 cm et 1 ~ 2-foliolatis,apice 3-lobis,vel non lobis. floribus solitariis,staminibus 8 ~ 10,cylindricis,filamentis minutis glabris;bracteis 4,spathulati-ellipticis,membranaceis diaphanis glabris;ovariis longe sphaericis,glabris 2-lobis. fructibus non.

Henan:Songxian。2018-08-20. T. B. Zhao,Y. M. Fan et Z. X. Chen, No. 201808205（HANC）.

图1　河南特异草 Henania henanensis Y. M. Fan,T. B. Zhao et Z. X. Chen

1.花瓣,2、3.雄蕊,4.雌蕊,5.大型圆锥花序及复叶,6.2回奇数羽状复叶,7.花。

本新种为1年生直立草本,株高70 cm;茎纤细,粗3~5 mm,褐色,具细棱、无毛。叶二回奇数羽状复叶,长6.0~15.0 cm。每节上着生2枚复叶:上面复叶具小叶5~7枚,小叶椭圆形、宽椭圆形,长2.2~3.2 cm,宽1.0~2.3 cm,表面深绿色,无毛,背面灰绿色,无毛,先端3裂,中间裂片大,半圆形,先端具短尖,基部半圆形,边缘全缘,无缘毛;下面复叶具1对3枚小叶,椭圆形,长约3.0 cm,宽约1.0 cm,表面深绿色,无毛,背面灰绿色,无毛,先端 3 裂;两侧小叶长椭圆形,先端钝圆,或 3 浅裂,基部圆形,边缘全缘,无缘毛。圆锥花序,5~7 枚,着生在点花梗上。圆锥花序长 7.0~13.0 cm,花序下部具 1 对小复叶;小复叶 2~3~5 叶,小椭圆形,长 1.5~2.0 cm,先端 2~3 裂,稀 4 裂,基部圆形,边缘全缘,无缘毛;中部花序通常具 2 枚花序着生在 1 节上,其中上面 1 枚花序长 4.0~8.0 cm、1 枚短花序长 1.0~2.0 cm 和 1~2 枚小叶,小叶先端 3 裂,或不裂。花单生,具雄蕊 8~10 枚,圆柱状,先端具短尖头,花丝细长,无毛;花瓣 4 枚,匙-长椭圆形,膜质,透明,无毛;子房球状,无毛,2 裂。果实未见。

河南:嵩县。2018 年 8 月 20 日。赵天榜、陈志秀和范永明,No. 201808205。模式标本,存河南农业大学。

Ⅱ. 综合类

河南新植物*

丁宝章　王遂义　赵天榜

河南处于北亚热带和温带的过渡地带，植物种类繁多，野生经济植物丰盛，南北植物交错分布，有华北区系植物，如油松 Pinus tabulaeformis Carr.、白皮松 Pinus bungeana Zucc.、华北绣线菊 Spiraea fritschiana Schneid. 等；有西北区系植物，如柽柳 Tamarix chinensis Lour.、沙蓬 Agriophyllum arenarium Bieb.、碱蓬 Suaeda glauca Bunge 等；有东北区系植物，如蒙古栎 Quercus mongolica Fisch.、辽东栎 Quercus liaotungensis Koidz.、东北角蕨 Cornopteris crenulato-serrulata Nakai 等；有华中区系植物，如马尾松 Pinus massoniana Lamb.、树香 Liquidambar formosana Harce、白栎 Quercus fabri Hance.、金樱子 Rosa laevigata Michx. 等；有华东区系植物，如华东葡萄 Vitis pseudoreticulata W. T. Wang、黄山松 Pinus hwangshanensis Hsia、华东膜蕨 Hymenophyllum barbatum Bak. 等；有西南区系的高寒植物，如华山松 Pinus armandi Franch.、太白冷杉 Abies sutchunensis Rehd. et Wils.、铁杉 Tsuga chinensis Pritz. 等；还有西北黄土高原区系植物，如野皂荚 Gleditsia heteropliylla Bunge、黑榆 Ulmus davirdiana Planch.、草麻黄 Ephedra sinica Stapf 等。因此，引起了国内外植物学家对河南植物资源考查研究的极大兴趣。早在 1917 年，美国植物学家 L. H. Bailey 在鸡公山、确山采集植物 321 种，发表了确山野豌豆 Vkia kioshanica Bail、河南鼠尾草 Salvia honanana Bail.；A. Rehder 于 1922 年发表了河南海棠 Malus honanensis Rehd.；法国植物学家 J. Hers 对河南北部陇海沿线各县进行树木调查，于 1922 年发表了"陇海沿线树产目录" 376 种；Kochne 发表了河南山梅花 Philadelphus subcanus Koebne；美籍华人胡秀英教授（S. Y. Hu）曾对荥阳、郑州进行调查，于 1959 年发表了兰考桐 Paulownia elongata S. Y. Hu 等。

我国植物分类学奠基人胡先骕教授曾研究过河南植物；蕨类植物专家秦世昌教授发表了嵩县短肠蕨 Allantodia sungs Menensis Cbing、嵩县岩蕨 Woodsia pilosa Ching；藜科植物专家孔宪武教授发表了河南蓼 Polygonum honanensis Kung；槭树科植物专家方文培教授发表了河南杜鹃 Rhododendron honanensis Fang 等；菊科植物专家林镕教授发表了河南蒿 Artemisia honanensis Ling；毛茛科植物专家王文采副研究员发表了河南翠雀 Delphinium honanense W. T. Wang；傅坤俊副研究员发表了伏牛鹅耳枥 Carpinus funiushanensis Fu；简焯坡教授发表了黄河虫实 Corispermura huanghoensi Tsien et C. G. Ma；前河南大学生物系教授黄以人先生，对鸡公山的植物曾做过调查采集；河南植物分类学的奠基人、河南农学院副教授时华民先生，生前对河南各山区和平原各县进行过调查采集，于 1955 年和丁宝章副教授编写出《河南植物名录》，共计植物 160 科、733 属、1 709 种，首次对河南植物进行了系统的整理。此外，新乡师范学院生物系和河南师范大学地理系等单位都做过不少次的植物调查和采集工作。

我们在前人调查研究河南植物资源的基础上，进一步调查补充，系统地整理出河南植物 196 科 3 500 多种。其中有新分布的植物 400 多种，如西南唐松草 Thalictrum fargesii Franch.、人心药 Cardiandra moellendorffii Li、紫莲 Stewartia sinensis Relid. et Wils.、无距耧斗莱 Aquilegia ecalcarata Maxim.、蒙古白头翁 Pulsatilla ambigua Turcz. 等；

有 147 个新种和新变种,分别在《河南植物志》上发表。为生产、科研和教学的需要,本文发表 10 新种及 11 新变种如下。

1. 大别柳　新种

Salix dabeshanensis B. C. Ding et T. B. Chao, sp. nov.

落叶灌木,高 1~2 m。小枝黄绿色,无毛,具光泽,干后紫色;幼枝浅黄色带紫色晕,疏被长柔毛。叶长披针形,长 10~13.5 cm,宽 1.2~1.6 cm,先端长渐尖,基部楔形,表面深黄绿色,中脉突起,侧脉微突,背面灰绿色,光滑,无毛,主脉突起明显,边缘具整齐的细腺齿,齿端内曲;叶柄长约 5 mm;托叶卵圆形或近圆形,稀镰刀形,宿存,先端长渐尖,基部近圆形,边缘具腺锯齿,背面基部疏被长柔毛。雌花序直立,基部无小叶;子房长椭圆体状,柱头 2 裂,具短柄,苞片卵圆-匙形,先端黑褐色,外面被长柔毛,腺体 1,红色。雄花及果不详。

本新种可能系旱柳 Salix mashudana Koidz. 与紫柳 S. wilsonii Seem. 的天然杂种,其主要特征:托叶大,宿存,卵圆形,先端长渐尖,边缘和叶缘具细腺齿。插条生根较困难。

Species S. matsudanae Koidz., × S. wilsonii Seen. hybridis, stipulis persistertibus majoribus vatis vel subrotundatis apice acuminatis margine stipulis foliis atque regulariter glancluloso-serratis.

河南:商城县四鼓墩公社金岗台林场溪边。1978 年 8 月 24 日。赵天榜和张欣生,788211(模式标本 Typus,存河南农学院园林系杨树研究组);1979 年 2 月 15 日。同地。赵天榜,7921505(雌花)。

2. 商城柳　新种

Salix shangchengensis B. C. Ding et T. B. Chao, sp. nov.

灌木。小枝淡黄褐色,或淡红褐色,无毛,具棱,对生,或近对生;幼枝淡黄绿色,被疏长柔毛,后渐脱落。芽卵球状,黄褐色,有光泽;花芽较大,芽鳞背部两侧具棱。叶披针形,或长椭圆-披针形,长 3~6.5 cm,宽 0.8~1.1 cm,先端突短尖,具小尖头,基部近圆形,或楔形,缘具细锯齿,齿端具芒尖,基部边缘全缘,表面绿色,无毛,背面灰绿色,被薄的浅灰白色粉层,沿主脉有时残存有疏柔毛;叶柄长 1 mm,不抱茎;托叶早落。幼叶浅紫红色,被疏长柔毛,后渐脱落。花开叶前,花序近无

梗,基部无小叶;雄花序直立,长 1.5~2.5 cm,雄蕊 2;花丝合生,基部具长柔毛;苞片卵圆形,先端钝,先端黑褐色,中部浅粉红色,反曲,被白色长柔毛;腺体 1,红色,呈棒状;雌花序直立,长 1~1.5 cm;苞片与雄花苞片相同;子房长椭圆体状,具长柄,与子房近等长或稍长;子房及柄被短柔毛,腺体 1,红色,呈棒状。蒴果扁卵球状,浅绿色,被柔毛。花期 2 月中下旬;果熟期 4 月中下旬。

本新种主要形征是:幼叶、幼枝、子房及子房柄被长柔毛,后渐脱落。花序基部无小叶;子房具长柄,与子房近等长,或稍长。花丝合生基部具长柔毛。叶缘具细锯齿,齿端具芒状尖。蒴果扁球状,被柔毛,易与它种区别。

Species foliis et ramulis juvenilibus、ovariis et petiolis sparse longi-villosis. Amentis erectis basi non foliolis, filamentis connatis basi villosis. foliis margine serrultis. Capsulis plano-ovatis villosis insignis.

河南:商城县金岗台林场山坡柳丛中。1978 年 8 月 20 日。赵天榜和张欣生,7882012(模式标本 Typus,存河南农学院园林系杨树研究组);1979 年 2 月 15 日。赵天榜,同地。792151、792152(雌、雄花)。

3. 长柄山杨　新变种

Populns davidiana Dode var. longipetiolata T. B. Chao, var. rov.

本新变种与山杨(原变种)Populus davidifra Dode 的主要区别:叶圆形,或卵圆形,纸质,较大,长 10~15 cm,长宽约相等,或长大于宽;叶柄细长,与叶片等长,或稍长,易与它种区别。

A typo recedit foliis rotundatis vel ovatis chartaceis ma joribus 10~15 cm longis et 10~15 cm latis verl lonjgis >latis; petiolis foliisque acquilongis vel longioribus.

河南:卢氏县五里川公社路边。1977 年 8 月 20 日。赵天榜、兰战和金书亭,77823(模式标本 Typus var. !,存河南农学院园林系杨树研究组)。

4. 云宵杨　新种

Populus yunsiaoshanensis T. B. Chao et C. W. Chiuan, sp. nov.

落叶乔木,树干通直,圆满,中央主干明显,直达树顶。树冠卵球状;侧枝开展。树皮灰绿色,光滑;皮孔菱形,中大,散生。小枝黄褐色。芽卵球状,深褐色。雌雄花芽混生在同一小枝上。雌花

芽卵球状,雄花芽近球状。短枝叶心–圆形,或近圆形,长3~8.5 cm,宽3~7 cm,先端突短尖,基部心形,边缘具波状浅锯齿,表面深绿色,背面浅绿色,革质;叶柄侧扁,长3~7 cm,绿黄色。雄花序长15~20 cm,雄蕊4~6枚,花药紫红色,花盘边缘微呈波状全缘;苞片三角–卵圆形,先端及裂片黑褐色,具白色长缘毛;雌花序长3~5 cm;柱头紫红色,2裂,每裂2叉。果序长10~13 cm。蒴果圆锥状,绿色,熟后2裂。花期3月上旬;果熟期4月中旬。

本新种的树形、叶形与毛白杨 Populus tomentosa Carr. 相似;花、枝又似山杨 Populus davidiana Dode,但雌雄同株、异花序。实生苗分离极为明显。该新种可能系山杨与响叶杨的天然杂种。

Species cotex foliisque P. tomemtosa Carr. affins;floris etramulis etinm P. davidiana Dode similis,sed differt monoeciis,diversiamentis.

河南:南召县云宵曼山,海拔800 m。1974年10月20日。21(模式标本 Typus!,存河南农学院园林系杨树研究组);1976年2月26日。同地。赵天榜,76002(花);1976年4月4日。同地。赵天榜,76012(果)。

5. 心叶河南杨　新变种

Populus honanensis T. B. Chao et C. W. Chiuan var. cordata T. B. Chao,var. nov.

本新变种与河南杨(原变种)Populus honanensis T. B. Chao et C. W. Chiuan 的主要区别:叶心形。

A typo recedit foliis coradatis.

河南:嵩县南上寺。1956年9月。1208(模式标本 Typus var. !,存河南农学院植物标本室)。

6. 小叶响叶杨　新变种

Populus adenopoda Maxim. var. microphylla T. B. Chao,var. nov.

本新变种与响叶杨(原变种)Populus adenopoda Maxim 的区别:叶圆形,较小,长3~5 cm,长宽约相等,先端突短尖,基部心形,边缘具整齐的疏锯齿,易与它种区别。

A typo recedit foliis rotundatis monoribus 3~5 cm longis apice acutis basi cordatis margine regulariter sparsi–dentilatis differt.

河南:南召县马狮坪公社路边。1977年8月14日。赵天榜,778143(模式标本 Typus var. !,存河南农学院园林系杨树研究组)。

注:楸皮杨　Populus ciupi S. Y. Wang,sp. nov. 无收录。

7. 垂枝青杨　新变种

Populus cathayana Rehd. var. pendula T. B. Chao,var. nov.

本新变种与青杨(原变种)Populus cathayana Rehd. 的主要区别:小枝下垂。

A typo recedit ramulis pendulis.

河南:卢氏县瓦瑶沟公社路边。1977年5月10日。赵天榜,775102(模式标本 Typus var. !,存河南农学院园林系杨树研究组)。

8. 伏牛紫荆　新种

Cercis funishanensis S. Y. Qang et T. B. Chao,sp. nov.

乔木,高达15 m。小枝深灰色,当年生枝暗褐色,无毛,有隆起小皮孔。叶圆形,或卵圆形,长7~11 cm,宽8~11.5 cm,先端急尖而微钝,基部心形,或近心形,掌状7出脉,表面稍隆起,无毛,背面隆起,沿叶脉及基部脉腋有褐色茸毛。花簇生,或近于短总状。荚果带状,两端尖,长10~20 cm,常为紫色,无毛,沿腹缝线有宽1~1.5 mm的狭翅,有5~8粒种子;果柄纤细,长2~2.5 cm。

本新种与云南紫荆(原变种)Cercis yunanensis Hu et Cheng 相似,但叶圆形,或近宽卵圆形,背面沿叶脉有褐色茸毛。荚果具5~8粒种子,可以区别。

Species Y. yunanensis Hu et Cheng affinis,sed follies rotundatis vel late ovatis subtus ad costas venisque fusco-tomentisis. Legumine seminibus simper 5~8 differt.

河南:伏牛山。栾川县龙峪湾。1978年8月14日。王遂义和张庆连,780378(模式模本 Typus!,存河南省农林科学院林业科学研究所)。

9. 小叶臭椿　新变种

Ailanthus altissims(Mill.)Swingle var. microphylla B. C. Ding et T. B. Chao,var. nov.

本新变种与臭椿(原变种)Ailanthus altissims(Mill.)Swingle 的主要区别:叶片小,长2.2~8 cm,宽1.5~2.5 cm。翅果较大,先端钝圆,平展,不扭曲,一侧中央呈半圆形突起特别明显,易与它种区别。

A typo recedit laminis pavris 2.3~8 cm longis et 1.5~2.5 cm latis. samaris majorbus apice rotundato–obtisis planiuculis non tortis,a latera medioximisrotundato-lobatis valde insignis.

河南:三厅峡市黄河岸边。1977 年 7 月 22 日。赵天榜和金书亭,777233(模式标本 Typus var.!,存河南农学院植物标本室)。

10. 千头臭椿　新变种

Ailanthus altissims (Mill.) Swingle var. ramosissma B. C. Ding et T. B. Chao, var. nov.

本新变种与臭椿(原变种) Ailanthus altissims (Mill.) Swingle 的主要区别:树冠稠密;小枝多直立为显著特征。

A typo recedit coma arboris ramosissimis confertifoliis, ramulis erectis insignis.

河南:睢县、郑州等地。1977 年 8 月 14 日。卢氏县。赵天榜,778142(模式标本 Typus var.!,

存河南农学院植物标本室)。

11. 白材臭椿　白椿　新变种

Ailanthus altissims (Mill.) Swingle var. leucoxla B. C. Ding et T. B. Chao, var. nov.

本新变种与臭椿(原变种) Ailanthus altissims (Mill.) Swingle 的主要区别:小枝细长,近轮生状。叶基无腺体无臭味,俗称"甜椿"。木材白色,结构细,坚实耐用,故有"白椿气死槐"之说。

A typo recedit ramulis longis subverticillatis, foliis non glandulis, leucoxylis insignis.

河南:卢氏等县分布。1978 年 8 月 14 日。卢氏县城关公社。赵天榜,788142(模式标本 Typus var.!,存河南农学院植物标本室)。

河南省主要树种苗木根系的初步调查报告*

赵天榜

(河南农学院教学试验农场林业试验站)

了解和掌握苗木根系吸收矿物质养分和水分最活跃的区域,以及根系在土壤中分布的规律,对于培育优质苗木和制定一系列的育苗丰产技术措施具有重大意义。

1956~1959 年我们连续四年对河南主要树种苗木根系进行了调查研究工作。调查研究的树种计有侧柏、柳树、花椒、桧柏、美杨、毛白杨、臭椿、栓皮栎、洋槐、泡桐等 30 余种。调查研究的方法以形态调查法为主,辅之以根系的重量调查法和示踪原子法。

根据调查研究的初步结果,可将苗木根系划分为以下三个类型。划分河南主要树种苗木根系的依据,是以苗木须根在土层中分布的深浅和多少为主,并考虑到其他的主要特点,以便利于育苗技术措施的制定为出发点。

一、浅根性苗木

这一类型苗木根系的主要特点是:主根不发达,或者不甚发达,而侧根非常多,且细而易断,密集成网状。其中苗木根系的 80% 分布在 0~20 cm 的土层中。如侧柏、白蜡树、花椒、柳树实生苗、油松、水杉、板栗、银杏、桧柏等。

(一)侧柏苗木的根系

侧柏一年生苗木根系的主要分布区是在 0~20 cm 深的土层中,其次是 22~30 cm,31 cm 以下的土层中分布很少,到 150 cm 以下的土层中,根系即少到完全可以忽略的地步。侧柏苗木根系的发育与苗木的质量成正相关的关系。不同育苗技术措施对侧柏苗木根系的发育有很大影响,但是,这种影响是在一定的范围内变化的。

(二)柳树实生苗木的根系

柳树实生苗具有非常深长的主根,最长达 150 cm 以上,几乎与地面苗木的主茎高度相等。靠近根颈 20 cm 以内,生有很多侧根和须根,一般侧根和须根的长度约在 15 cm。同时观察到,柳树实生苗的主根向下穿透过 60 cm 厚的耕作层,又经过无结构的沙土层,而达到湿度很大的黏土层。这说明柳树对潮湿的趋向是非常显著的。为此,我们认为:实生柳树的寿命可能较长,造林后的林分也将持久,生产的木材质量也会随着有所提高,比扦插柳树为优。

(三)花椒苗木的根系

花椒须根发达,80% 以上的侧根分布在 0~20 cm 的土层中,主根明显,但垂直分布一般在 30 cm 的土层中,而侧根的分布范围多在 10 cm 左右直径的范围内。

（四）桧柏扦插苗木的根系

桧柏扦插苗木根系的发生多在插穗的愈合口处。一般插穗扦插多在 10～15 cm 土层中，苗木根系的分布也主要是在这一土层中。

二、深根性苗木

这一类苗木根系的特点是：主根（或侧根）非常发达，垂直分布于很深的土层中（一般在 1 m 以下），侧根很粗而明显（一般在 0.3 cm 以上）；主根多数在 0～10 cm 无须根着生，而侧根和须根多数分布在 20～30 cm 的土层中；在 0～20 cm 的土层中，主、侧根的分布占全根系总重的 50% 以上。如毛白杨扦插等无性繁殖苗、美杨实生苗、楸树、白榆、臭椿、栓皮栎、胡桃、桑树、桦树、麻栎等。

（一）美杨实生苗的根系

美杨一年生实生苗木的根系（指须根而言），主要分布在 20～30 cm 的土层中，为第一层侧根的集生区；其中有 3 条以上，粗度为 5 mm，长度为 70 cm 以上，并有很多须根集生；而在 30～50 cm 深的土层中，则几乎完全没有侧根发生，我们称这一区域为主根区。在 51～150 cm 的土层中分布着相当数量的侧根，且具有细而长的特点，其中最长的可达 100 cm 以上。在 200 cm 以下的土层中，有很多细而小的侧根，这确是美杨实生苗一个非常珍贵的性状，它显示了实生苗比无性繁殖苗较有耐水温的特点。上述实生苗侧根呈层状发生的现象，是与所处土壤瘠薄有关，这说明美杨根系是厌恶瘠薄土壤的。

（二）毛白杨无性繁殖苗的根系

以直插、斜插、埋条、斜插幼苗茎部培土等不同育苗方法进行了比较试验，结果证明根系在土层中的分布有所不同。但是，总的说来，一般多在 20 cm 左右土层中分布，而水平分布多在 50 cm 左右的范围内。

（三）臭椿苗木的根系

一年生的臭椿苗木没有特别明显的主根，一般侧根非常发达，有 3～5 条斜生于土层中，其垂直分布深度在 70 cm 左右。表层 10 cm 左右的土层中没有很多的侧根出现，仅在 20～30 cm 的土层中有少数的侧根发生，但是，苗木的侧根发育非常粗壮。

（四）栓皮栎苗木的根系

一年生栓皮栎苗木的根系，一般来说具有一个非常明显的、发育较大的、垂直分布较深的主根，其长度可达 150 cm 以下的深层土壤中。也有不少苗木具有 2～3 个同等垂直的主根根系，这是由于播种前，胚根事先突破种皮而使生长点受到破坏。其主根上生长着很少的侧根和须根，且多分布在 0～30 cm 的土层中。

三、半深根性苗木

这一类苗木根系的特点是：没有主根，而侧根非常发达，粗度多在 1 cm 左右。同时，某些树种根系的萌发力很强，并为蔓生性根系，其水平范围的分布可达 2 m 左右，或者更远。如刺槐、泡桐、构树、苦楝等。

（一）刺槐苗木的根系

一年生刺槐苗木没有主根，而侧根非常发达，一般具有 3～5 条，粗度为 0.5 cm 以上；分布在 10～20 cm 深的土层中的侧根，长度一般在 1 m 左右的范围内，个别可达 2 m 左右。应用放射性同位素 ^{32}P 测定刺槐苗木根系吸收养分最活跃的区域试验结果看出，与苗木的大小，或者苗木生长期的不同而有很大的差异。即一级苗以 21～40 cm 深的土层中吸收最强，二级苗以 11～30 cm 深的土层中吸收最多，三级苗以 0～10 cm 深的土层中吸收最为明显。

（二）泡桐苗木的根系

泡桐实生苗幼苗根系在初期阶段生长非常缓慢，一般对两个月生长的苗木来说，其根系的分布多在 15 cm 左右。一年生苗木主根不明显，侧根非常发达，多分布在 150 cm 内的土层中。泡桐苗木根系的特点是：根粗、皮厚、含水量多，根部皮层与木质部极易分开，须根多分布在 20～40 cm 的土层中。

基金项目：国家林业局"948"项目（2003-04-19）。

作者简介：戴慧堂（1962—），男，河南信阳人，高级工程师，从事河南鸡公山国家自然保护区管理与树木分类学研究。E-mail：jgsdhtang@163.com。

《鸡公山木本植物图鉴》增补(I)

戴慧堂¹　李　靖²　赵天榜²　陈志秀²　傅大立³,⁴

(1. 河南鸡公山国家自然保护区管理局,信阳　464133;2. 河南农业大学林学院,郑州　450002;
3. 中国林业科学研究院经济林研究开发中心,郑州　450003;4. 北京林业大学,北京　100083)

摘　要　对《鸡公山木本植物图鉴》进行了增补。报道了10新记录种、7新记录变种、5新记录品种和2新变种。10新记录种是:鸡公松、百里柳、银芽柳、红皮柳、奇叶玉兰、鸡公玉兰、舞钢玉兰、罗田玉兰、朱砂玉兰、伊丽莎白玉兰;7新记录变种是:短叶黄山松、扭叶黄山松、无毛厚朴、毛玉兰、淡紫玉兰、狭被望春玉兰、黑紫玉兰;5新记录品种是:垂枝柳杉、曲叶日本柳杉、钓苞日本柳杉、小裂齿日本柳杉、垂枝日本柳杉;2新变种是:垂枝水杉、长梗水杉。对每个分类单位的形态特征要点和分布进行了记载。

关键词　河南;鸡公山;木本植物;增补;新记录;新变种

0　引　言

鸡公山是我国著名风景名胜区和国家级自然保护区,地处豫鄂两省交界处,具有北亚热带向暖温带过渡的季风气候和山地气候的特征,因而植物资源非常丰富。近年来,作者在进行鸡公山森林资源清查和玉兰属植物引种试验过程中,发现戴天澍的《鸡公山木本植物图鉴》[1]中,尚有一些木本植物未被收录,笔者通过文献整理[2-22],对《鸡公山木本植物图鉴》进行了增补。

1　新记录种

1.1　鸡公松

Pinus × jigongahanensis T. B. Zhao, Z. X. Chen et H. T. Dai,植物引种驯化集刊,1997,11:74~80.

本种针叶3针1束,兼2、针1束;树脂道4、5、6;4时,背1、腹1,维管束组织区两侧角各1,中生,有时维管束合二为一;5时,背2、中生或内生,腹1,中生,维管束组织区两侧角各1,中生;6时,背3,中生或内生,腹1,中生,维管束组织区两侧角各1,中生。产地:河南。模式标本采自鸡公山。

1.2　百里柳

Salix baileyi Schneid. in bailey. Gent. Herb. 1:16. f 3, a. , b. 1920;中国植物志,1984,20(2):366. 368.

本种灌木。当年生枝棕褐色。叶披针形,背面苍白色,边缘具尖腺。花序无梗;苞片先端圆,2色,与子房等长。产地:河南等。模式标本采自鸡公山。

1.3　红皮柳

Salix sinopurpurea C. Wang et Ch. Y. Yang,东北林学院植物研究室汇刊,1980,9:98;中国植物志,1984,20(2):362.

本种灌木。当年生枝初被短茸毛,后无毛。叶披针形,较宽大。花序梗的鳞片椭圆形,下面密被长毛等。产地:河南等。鸡公山有分布。

1.4　银芽柳

Salix × lucopithecia Kimura,中国植物志,1984,20(2):344.

本种小枝粗壮,暗红色。花芽大而多;花序银白色,具光泽,可染成各种颜色,十分美观,是美丽的插花材料。产地:河南。鸡公山有栽培。

1.5　奇叶玉兰

Yulania mirifolia T. B. Zhao, D. L. Fu et Z. X. Chen,植物研究,2004,24(3):261-264.

本种叶多变,为不规则倒三角形。玉蕾具芽鳞状托叶1~2枚,稀3枚。单花花被片12枚,白色。河南。模式标本采自鸡公山。

1.6　鸡公玉兰

Yulania jigongshanensis (T. B. Zhao, D. L. Fu et W. B. Sun) D. L. Fu,武汉植物学研究,2001,19(3):198;*Magnolia jigongshanensis* T. B. Zhao, D. L. Fu et W. B. Sun,河南师范大学学报(自然科学版),2000,26(1):62~65.

本种叶多种类型:①宽椭圆形、②倒卵圆形、③宽倒三角状圆形、④宽三角形、⑤圆形、⑥卵圆形、⑦宽倒卵圆形。产地:河南。模式标本采自鸡公山。

1.7　罗田玉兰

Yulania pilocarpa (Z. Z. Zhao et W. Z. Xie)

D. L. Fu,武汉植物学研究,2001,19(3):198;
Magnolia pilocarpa Z. Z. Zhao,W. Z. Xie,药学学
报,1987,22(1):777~779.

本种叶宽倒卵圆形,先端微凹,具短尖头,单
花花被片9枚,瓣状花被片白色,外面基部锈色。
产地:河南。鸡公山有分布。

1.8　舞钢玉兰

Yulania wugangensis(T. B. Zhao,Z. X. Chen
et W. B. Sun)D. L. Fu,武汉植物学研究,
2001,19(3):198;*Magnolia wugangensis*(T. B.
Zhao,Z. X. Chen et W. B. Sun,云南植物研究,
1999,21(2):170~172.

本种单花花被片9枚,2种花型:①花被片瓣
状,②有萼、瓣之分。产地:河南。鸡公山有栽培。

1.9　朱砂玉兰(二乔玉兰)

Yulania soulangiana(Soul. -Bod.)D. L. Fu,
武汉植物学研究,2001,19(3):198;中国植物志,
1996,30(1):132~133.

本种单花花被片9枚,外轮花被片3枚,长度
为内轮花被片长度的2/3,淡紫色。产地:中国。
鸡公山有栽培。

1.10　伊丽莎白玉兰

Yulania x elizabeth(E. Sperber)D. L. Fu,田
国行等. 中国农学通报,2006,22(5):410;飞黄玉
兰,中国花卉报,59 期,1998 年 5 月 23 日;Call-
away D. J. ,The word of Magnolias. 215. 1994.

本杂种玉蕾顶生,稀腋生;芽鳞状托叶花开前
脱落。叶椭圆形。单花具花被片 6~9 枚,通常
7~8 枚,花被片通常皱褶,边缘深裂、浅裂、叠生,
花亮浅黄绿色,后变绿黄色,中部以上浅黄白色。
产地:美国。鸡公山有栽培。

2　新记录变种

2.1　短叶黄山松

Pinus taiwanensis Hayata var. brevifolia T. B.
Chao et Z. X. Chen,河南科技,1991(增刊):38.

本变种树冠塔形。针叶长 3.0~4.5 cm。产
地:河南。鸡公山有栽培。

2.2　扭叶黄山松

Pinus taiwanensis Hayata var. tortuosifolia T. B.
Chao et B. C. Zhang,河南科技,1991(增刊):38.

本变种树冠塔形。针叶长 3.0~4.5 cm。产
地:河南。鸡公山有栽培。

2.3　无毛厚朴

Magnolia officinalis Rehd. & Wils. var. gla-

brata D. L. Fu,T. B. Zhao et H. T. Dai,植物研
究,2007,27(4):388-389.

本变种芽无毛。产地:河南。模式标本采自
鸡公山。

2.4　黄花厚朴

Magnolia officinalis Rehd. & Wils. var. flavo-
flora T. B. Zhao et R. F. Li,南阳教育学院学报
(理科版),1991,(总第 6 期):16-17.

本变种叶先端 V 形深裂,边部深波状皱褶。
花黄色。产地:河南。模式标本采自鸡公山。

2.5　毛玉兰

Yulania denudata (Desr.) D. L. Fu var. pu-
bescens D. L. Fu,T. B. Zhao et G. H. Tian,武汉
植物学研究,2004,22(4):327-328.

本变种单雌蕊子房密被短柔毛,或疏被短柔
毛。蓇葖果密被淡灰色细疣点。产地:河南。鸡
公山有分布。

2.6　淡紫玉兰

Yulania denudata (Desr.) D. L. Fu var. pur-
purea (Maxim.) D. L. Fu et T. B. Zhao,植物研
究,26 (1):35. 2006;*Magnolia denudata* Desr.
var. *dilutipurpurascens* Z. W. Xie et Z. Z. Zhao,
药学学报,1997,22(10):778~779.

本变种单花花被片9枚,淡紫色,或紫色。产
地:江苏、湖北等。鸡公山有栽培。

2.7　狭被望春玉兰

Yulania biondii (Pamp.) D. L. Fu var. angus-
titepala D. L. Fu,T. B. Zhao et D. W. Zhao,植
物研究,2007,27(5):525.

本变种单花花被片9枚,瓣状花被片6枚,披
针形,长 5.0~6.5 cm,宽 0.8~1.0(~1.3) cm,
白色,外面微有紫色晕。产地:河南。模式标本采
自鸡公山。

3　新记录品种

3.1　垂枝柳杉

Cryptomeria fortunei Hooibrenk ex Otto Dietr.
'Pendula',河南科技,1991(增刊):36.

本品种侧枝轮生,与树干呈 S 状下垂,中部以
上上翘,梢部超过基部。产地:河南。模式标本采
自鸡公山。

3.2　曲叶日本柳杉

Cryptomeria japonica(Linn.)D. Don 'Tortifo-
lia',河南科技,1991(增刊):36.

本品种叶扭曲,具光泽。产地:河南。模式标

本采自鸡公山。

3.3 钩苞日本柳杉

Cryptomeria japonica (Linn.) D. Don 'Guobuao',河南科技,1991(增刊):36.

本品种苞鳞三角形,直立状,先端突然反曲,呈钩状。产地:河南。模式标本采自鸡公山。

3.4 小裂齿日本柳杉

Cryptomeria japonica (Linn.) D. Don 'Serrata',河南科技,1991(增刊):36.

本品种球果大,径 3.5 cm,果鳞大,方形;苞鳞与果鳞裂片很小,长 1 ~ 2 mm,宽 1 ~ 1.5 mm。产地:河南。模式标本采自鸡公山。

3.5 垂枝日本柳杉

Cryptomeria japonica (Linn.) D. Don 'Pendula',河南科技,1991(增刊):36.

本品种树冠尖塔状,侧枝与小枝均下垂。叶钻形,边轮生状,长 1 ~ 1.5 mm。产地:河南。模式标本采自鸡公山。

4 新变种

4.1 垂枝水杉

Metasequola glyptostroboides Hu et Cheng var. penuda T. B. Zhao,Z. X. Chen et H. T. Dai,var. nov.,中国植物学会(1933 ~ 1993)六十周年会议论文及摘要汇编. 1993,153.

A typo ramis horizontalibus. Ramulis pendulis. Henan:Xinyang. T. B. Zhao et al.,No. 91871 (folia et ramilum,holotypus hic disignatus,HNAC).

本新变种侧枝平展。小枝下垂。产地:河南。赵天榜等,No. 91871. 模式标本采自信阳市。鸡公山有栽培。

4.2 长梗水杉

Metasequola glyptostroboides Hu et Cheng var. longipedicuda T. B. Zhao et Z. X. Chen,var. nov.,中国植物学会(1933 ~ 1993)六十周年会议论文及摘要汇编. 1993,153.

A typo pediculis longissimis saepe 7.0 ~ 14.0 cm longis.

Henan:Nanzhao Xian. T. B. Zhao et al.,No. 925201(folia et ramilum,holotypus hic disignatus,HNAC).

本新变种果梗很长,通常长 7.0 ~ 14.0 cm。产地:河南。赵天榜等,No. 925201. 模式标本采自南召县。鸡公山有栽培。

参考文献

[1] 戴天澍,敬根才,张清华,等. 鸡公山木本植物图鉴[M]. 北京:中国林业出版社,1991.

[2] 陈志秀,宋留高,赵天榜,等. 河南鸡公山松属植物的自然杂种——鸡公松[J]. 植物引种驯化集刊,1997(11):74-80.

[3] 中国科学院中国植物志编辑委员会. 中国植物志 第三十卷 第一分册[M]. 北京:科学出版社,1988.

[4] 傅大立,田国行,赵天榜. 中国玉兰属两新种[J]. 植物研究,2004,24(3):261-264.

[5] 傅大立,Zhang D L,李芳文,等. 四川玉兰属两新种[J]. 植物研究,2010,30(4):385-398.

[6] 南京林学院树木学教研组. 树木学:上册[M]. 北京:农业出版社,1961,139-146.

[7] 赵天榜,高炳振,傅大立,等. 舞钢玉兰芽种类与成枝成花规律的研究[J]. 武汉植物学研究,2003,2(1):81-90.

[8] 傅大立. 玉兰属的研究[J]. 武汉植物学研究,2001,19(3):191-198.

[9] 赵天榜,傅大立,孙卫邦,等. 中国木兰属一新种[J]. 河南师范大学学报:自然科学版,2000,26(1):62-55.

[10] 赵中振,谢万宗,沈节. 药用辛夷一新种及一变种的新名称[J]. 药学学报,1987,22(10):777-780.

[11] 赵天榜,孙卫邦,陈志秀,等. 河南木兰属一新种[J]. 云南植物研究,1999,2(2):170-172.

[12] 田国行,傅大立,赵东武,等. 玉兰属植物资源与新分类系统的研究[J]. 中国农学通报,2006,22(5):410.

[13] 王志卉. 玉兰溢清香[N]. 中国花卉报,1998-05-23.

[14] Callaway D J. The word of Magnolias [M]. Oregen:Tinber press. 1994;215.

[15] 赵天榜,陈志秀,宋留高,等. 河南黄山松两新变种[J]. 河南科技,1991(S):38.

[16] 傅大立,赵天榜,赵杰,等. 厚朴一新变种[J]. 植物研究,2007,27(4):388-389.

[17] 赵天榜,陈志秀,李瑞符,等. 河南厚朴三个新变种[J]. 南阳教育学院学报(理科版),1991(6):1647.

[18] 田国行,傅大立,赵天榜. 玉兰属一新变种[J]. 武汉植物学研究,2004,24(3):261-262.

[19] 田国行,傅大立,赵天榜,等. 玉兰新分类系统的研究[J]. 植物研究,2006,26(1):35.

[20] 傅大立,赵天榜,赵东武,等. 河南玉兰属两新变种[J]. 植物研究,2007,27(5):525-526.

[21] 戴惠堂,等. 河南柳杉属五新栽培变种[J]. 河南科技,1991(S):35-36.

[22] 赵天榜,陈志秀,陈建业,等. 中国植物学会(1933 ~ 1993)六十周年会议论文及摘要汇编[M]. 北京:中国科技出版社,1993:153.

中林-46杨、I-69杨一龄苗生物量及其制浆性能的研究

赵天榜[1]　陈志秀[1]　宋留高[1]　傅大立[1]　赵东方[2]

赵　杰[3]　李振卿[4]　王治全[4]　王安亭[4]　陈建业[4]

(1.河南农业大学,郑州　450002;2.郑州市林业工作总站,郑州　450045;
3.新郑市林业局,新郑　451150;4.许昌林业研究所,许昌　461000)

摘　要　研究结果表明,中林-46杨、I-69杨一龄壮苗每公顷平均生物量27.35 t,最高42.858 t;每公顷平均化学机械木浆17.166 t,最高25.8 t;木纤维含率43.01%~49.81%,木纤维长度1 024.7~1 312.9 μm,纤维频率分布趋于均匀;发育充实壮苗生物量、木材量、木纤维含率、纤维长度、得浆率均有显著提高;一龄苗制浆性能良好,接近杨树木浆,可满足新闻纸要求,从而为进行超短期集约栽培和制浆利用提供了依据。

关键词　黑杨派无性系;一龄苗生物量;木纤维含率;木纤维形态;制浆性能

I-69杨〔Populus deltoids Bartr. cv. Lux(I-69/55)〕引栽我国后,适应性强,生长迅速,目前正在我国大范围内(北纬20°~37°)推广,其面积已超过666.66万 hm²。其中,河南栽培株数达3亿株以上。杨树在我国引栽广泛之广,实属罕见,它打破了长期以来杨树栽培的传统习惯,丰富了树木引种理论,为我国杨树栽培提供了优质种源。

中林-46杨是黄东森研究员等以I-69杨为母本,钻天杨、钻黑杨等为父本杂交培育的新品种。它具有适应性强、速生、生物量高、纤维优良等特性,在我国华北中原平原地区具有广阔的发展前途。

为解决我国造纸原料不足,选用中林-46杨、I-69杨一龄苗进行生物量测定及其制浆性能试验,其目的在于充分利用杨树资源和平原地区自然资源,进行超短期集约栽培和制浆造纸利用提供依据。

1　材料与方法

1.1　供试材料

从郑州、许昌等10个县、市苗圃中,选中林-46杨、I-69杨一龄苗450株作试材。按苗高、发育状况,分组编号,加以记载。

1.2　生物量测定

将试材按组、分株,剪成50 cm长的段,称其皮部、木质部重后,置105 ℃条件下,烘至恒重后,计算单株生物量、每公顷平均生物量及木材重,为经济效益估算提供依据。

1.3　木纤维含率测定

从试材中选60株,分组取各株区分段下部木材1.0 g,混匀,烘至恒重,称1 g置于玻璃瓶中,加硝酸-乙醇混合液50 mL,在沸水浴中加热,重复3次,最后中和、过滤、烘干、称重,计算木纤维含率。

1.4　木纤维形态测定

木纤维含率测定后,取少许纤维于水中后,再取少许纤维于载玻片上,在XST-2型投影显微镜上,测其纤维长度和宽度。每试样随机测定50~100根完整纤维,最后求其均值,以作比较。

1.5　制浆性能试验选

I-69杨一龄苗进行化学机械木浆生产可能性试验。制浆后,用ZCX-200型纸页成型机抄纸。最后,进行制浆性能与纸样质量测定。

2　结果与分析

2.1　苗木生物量

选中林-46杨、I-69杨一龄苗,按苗高分4级。每级按发育程度,分组进行生物量测定。测定结果如表1所示。

＊此文为1992年11月,在中国杨树委员会召开的"杨树用材林定向培育及木材加工利用"学术讨论会上宣读的论文。

表 1　中林-46 杨、I-69 杨一龄苗生物量及其制浆性能测定

无性系	中林-46 杨				I-69 杨													
	平茬苗				平茬苗							扦插苗						
苗木级别	I				I			II				I			II		III	
试株编号	1	2	3	4	5	6	7	8	9	10	11	12	13	14	15	16	17	18
发育状况	充实	中等	较差	差	充实	中等	较差	充实	中等	较差	差	充实	中等	较差	充实	中等	较差	差
平均苗高（m）	5.00	4.70	4.50	4.20	4.50	4.00	4.00	3.82	3.82	3.43	3.30	3.80	3.45	3.14	2.70	2.76	1.86	1.70
平均地径（cm）	5.00	3.81	3.01	2.55	4.10	3.40	2.60	3.70	3.70	3.50	2.60	2.58	2.32	2.09	2.31	1.98	1.40	1.00
单株重（g）	716.8	652.0	522.5	389.0	609.9	488.7	388.7	601.9	479.9	373.9	307.5	4 443.4	371.2	209.4	329.0	204.3	74.6	46.5
每公顷重（t）	42.858	39.120	33.350	23.240	36.594	28.722	21.972	28.560	28.794	22.425	18.450	26.597	22.274	12.546	19.740	12.257	4.476	2.730
每公顷木材重（t）	34.407	30.956	24.080	17.577	28.655	22.269	16.452	29.100	22.043	17.892	14.310	19.847	15.323	9.377	14.663	9.173	3.075	1.839
木材比率（%）	80.00	79.13	76.81	75.31	78.33	75.95	74.85	80.60	76.66	79.75	77.56	74.60	68.79	74.73	74.38	74.83	68.87	59.95
木纤维含率（%）	49.81	49.81	47.63	46.10	49.77	47.45	45.89	47.35	45.07	43.81	37.09	47.15	43.01	43.01	32.09	37.09	34.39	33.51
化学浆（t/hm）	17.138	15.419	11.469	8.087	14.262	10.566	7.550	13.799	9.938	7.893	5.307	9.359	6.588	4.032	5.798	4.281	1.061	0.594
化学机械浆（t/hm²）	25.806	23.217	18.060	13.184	24.491	16.703	2.338	21.825	16.536	13.419	10.733	14.885	11.492	7.032	10.997	6.879	2.312	1.227
经济效益（万元/hm²）	9.00	9.30	7.20	5.25	8.55	6.90	4.95	8.70	6.60	5.40	4.35	6.00	4.65	2.85	4.35	2.70	0.96	0.45

注： I 级苗高 4.0 m 以上；II 级苗高 3~4 m；III 级苗高 2~3 m；IV 级苗高 2.0 m 以下；每公顷按 6 000 株，进行生物量等计算。

从表 1 中可看出，发育充实的平茬苗生物量、每公顷平均木材量，随苗木发育充实程度而增多；扦插苗生物量、每公顷平均木材量也符合这一规律。其中，以发育充实的 I 级苗生物量最高。如中林-46 杨为 42.858 t/hm²，I-69 杨为 36.594 t/hm²。所以，在进行超短期集约栽培时，培育发育充实的 I、II 级壮苗具有重要的实践意义。

为进一步了解中林-46 杨与 I-69 杨 I、II 级壮苗生物量，特将所采集的 450 株试材，烘干称量后，计算株生物量方程为：

$$W = 0.169\,425\,24D^2 \cdot H^{0.948\,267\,885} = 50\,245\ \text{g}$$

按每公顷平产 60 000 株计算：

每公顷平均生物量＝30 147 t，每公顷均木材重＝25.203 t。

为了解 I-69 杨一龄苗干木材重分布规律，特选中等苗进行单株木材重量测定。测定结果如表 2 所示。

表 2　I-69 杨一龄苗木材重置与其高度关系测定

取材高度（cm）	0~50	51~100	101~150	51~200	201~250	251~300	301~350	总计
木材重量（g）	99.50	70.70	59.60	44.30	28.70	18.50	4.80	321.1
材重比率（%）	82.76	83.26	81.36	78.97	76.13	67.50	5.81	60.82
皮部重量（g）	21.60	16.20	13.30	11.80	9.00	6.50	3.80	82.20

从表 2 中可看出，苗木随着苗干高度增加，其木材重量相应地减少，木材重量比率也随着降低。

2.2　木纤维含率

在进行中林-46 杨、I-69 杨苗木生物量测定同时，进行其纤维含率、每公顷平均纤维量及化学

机械木浆测定,结果如表3所示。

2.3 木纤维形态

了解和掌握I-69杨一龄苗木纤维形态特点及其影响因素,是制定杨树进行超短期轮伐集约栽培的重要依据。为此,选I-69杨一龄苗进行木纤维形态测定。测定结果如表3所示。

表3 I-69杨一龄苗木纤维形态测定

苗木级别			I			II			III	IV
试株组号		1	2	3	4	5	6	7	8	9
		(充实)	(中等)	(较差)	(充实)	(中等)	(较差)	(充实)	(中等)	(较差)
0~50	纤维均长	1 348.6	1 160.4	1 002.7	1 160.0	1 108.9	1 006.4	1 196.1	932.4	948.9
	纤维均宽	21.1	18.3	17.5	22.7	21.2	19.5	17.5	22.9	18.5
	长宽比	63.9	63.7	57.3	50.3	52.3	51.6	68.3	40.7	57.5
51~100	纤维均长	1 364.8	1 074.8	1 085.7	1 200.0	1 161.3	826.4	1 160.5	701.9	947.2
	纤维均宽	19.9	14.9	18.7	19.4	20.5	24.4	17.2	23.0	19.3
	长宽比	68.6	72.1	58.0	61.8	56.7	33.9	67.2	30.5	54.8
101~150	纤维均长	1 286.1	1 106.1	1 100.0	1 117.4	1 024.5	856.4	1 015.2	657.7	859.2
	纤维均宽	22.3	15.5	14.8	19.1	19.0	21.8	17.2	20.3	19.0
	长宽比	56.7	71.4	73.4	58.5	53.9	39.3	59.1	32.4	50.5
151~200	纤维均长	1 393.4	1 101.5	1 075.0	1 012.0	1 007.1	806.4	954.7	650.2	763.4
	纤维均宽	23.7	14.9	14.8	18.2	18.0	19.6	16.7	19.4	17.4
	长宽比	58.8	73.2	71.6	55.6	56.0	41.1	57.1	33.5	48.6
201~250	纤维均长	1 250.1	1 051.2	1 061.4	1 008.3	934.8	721.1	864.1	642.2	
	纤维均宽	21.3	13.7	16.5	17.8	16.9	26.5	19.3	18.3	
	长宽比	58.7	76.7	64.3	56.6	55.3	43.7	44.7	34.8	
251~300	纤维均长	1 177.3	999.6	954.6	884.0					
	纤维均宽	18.6	13.2	16.6	16.4					
	长宽比	63.3	75.7	57.5	53.5					
301~350	纤维均长	1 001.8	1 008.0	914.5	835.0					
	纤维均宽	16.1	14.5	17.7	16.3					
	长宽比	62.2	68.0	51.7	51.2					
351~400	纤维均长	1 080.5	934.6							
	纤维均宽	15.6	18.3							
	长宽比	69.3	50.1							
401~450	纤维均长	830.8								
	纤维均宽	15.0								
	长宽比	55.4								
总平均	纤维均长	1 312.9	1 055.3	1 027.5	1 024.7	1 047.7	834.4	1 098.2	735.6	834.7
	纤维均宽	19.1	15.5	16.7	18.5	19.1	20.4	17.8	21.4	18.9
	长宽比	62.7	68.1	56.4	55.4	54.8	51.9	49.3	39.3	45.2

注:0~50……401~450指苗高(cm);纤维均长、均宽单位均为μm。

从表3材料中看出,I-69杨一龄苗I级苗木纤维平均长度1 312. 9 μm,平均宽度19.1 μm,长宽比62.7;II级苗分别为:1 024.7 μm,18.5 μm,55.4;III级苗分别为:1 098.2 μm,17.8 μm,49.3;IV级苗则为:834.7 μm,18.9 μm,45.2。即木纤维长度、长宽比呈现出I级苗>II级苗>III级苗>IV级苗的规律。同级苗中,也具有发育充实苗木纤维长度、长宽比>发育中等苗>发育较差苗的规律。所以,采用集约栽培,进行超短期轮伐,培育发育充实苗,是提高一龄苗木纤维产量与质量的主要技术措施。

为了进一步了解I-69杨一龄苗木纤维形态变化,为造纸工艺提供可靠依据,随机选取1 156~1 639根木纤维进行其频率分布统计,结果如表4所示。

表4 Ⅰ-69 一龄苗木纤维频率分布

木纤维长度 (μm)	495~500	501~600	601~700	701~800	801~900	901~1 000	1 001~1 100	1 101~1 200	1 201~1 300	1 301~1 400	1 401~1 500	1 501~1 600	1 601~1 700
各级纤维数	13	65	96	160	250	279	288	159	123	110	54	23	17
频率分布(%)	0.79	3.95	5.85	9.75	13.25	17.02	17.57	9.70	7.50	6.77	3.29	1.52	1.03
木纤维宽度 (μm)	8	8~10	10~12	12~14	14~16	16~18	18~20	20~22	22~24	24~26	26~28	28~30	30~32	32~34	34~36
各级纤维数	72	22	26	137	158	321	487	111	96	79	41	21	19	8	8
频率分布(%)	1.43	1.43	1.67	8.80	10.15	20.26	31.30	7.13	6.16	5.08	2.63	1.35	1.22	0.51	0.51

从表4中看出,Ⅰ-69 杨一龄苗木纤维长度和宽度频率分布趋于均匀一致。如木纤维长度频率分布,800 μm 以上者占总数的 79.94%;其宽度频率分布,14 μm 以上者占总数 90.66%。

2.4 制浆试验

采用Ⅰ-69 杨一龄苗探讨化学机械制浆可能性试验,是决定其进行超短期集约栽培的关键。试验表明:①用Ⅰ-69 杨一龄苗制浆性能是:水分 10.5%,灰分 0.68%,冷水抽出物 1.88%,热水抽出物 4.06%,1.0% NaOH 抽出物 24.98%,苯-乙醇抽出物 2.03%,木素 24.52%,综合纤维素 74.98%,多缩戊糖 24.60%。②用 ZCX-200 型纸页成型机抄纸。测定结果:定量 63 g/m²,紧度 0.41 g/cm²,白度58%(兰光法),裂断长 2 765 m。③Ⅰ-69 杨一龄苗制浆性能和纸张品质,基本上接近正常杨树木浆,可满足新闻纸要求。

3 结论

(1)中林-46 杨、Ⅰ-69 杨发育充实的一龄平茬苗生物量最高,株重 609~716.8 g,每公顷平均生物量 28.794~42.858 t,每公顷均木材重 28.655~34.407 t。其中,苗木质量与其生物量呈正相关规律。

(2)中林-46 杨等一龄苗木纤维含率、每公顷平均纤维量和化学机械木浆量,与苗木级别呈现Ⅰ级苗>Ⅱ级苗>Ⅲ级苗>Ⅳ级苗规律;在同级苗木中呈现发育充实苗>发育中等苗>发育较差苗>发育差的苗的规律。

(3)Ⅰ-69 杨苗木纤维含率、纤维长度、长宽比与其纤维含率、每公顷纤维量、化学机械木浆量具有相似规律;同级苗随部位升高其纤维长度、长宽比,则相应地降低,尤以Ⅲ、Ⅳ级苗表现最明显。

(4)Ⅰ-69 杨一龄苗制浆性能和制纸品质良好,可满足新闻纸的要求,所以进行杨树超短期(一年)集约栽培对造纸具有广阔的发展前途。

参考文献

[1] 朱惠方,等. 数种速生树种的木材纤维形态及其化学成分的研究[J]. 林业科学,1962(4):255-267.
[2] 赵天榜,等. 河南沙兰杨速生单株生长规律的初步调查研究[J]. 河南农学院学报,1980(8):62-73.
[3] 陈炳浩. 杨树新品种苗期生物量的研究[C]//沙兰杨学术会议论文集. 1981:200-210.
[4] 杨其光. 马尾松一年生苗木干物质生产、分配与器官生长关系的研究[J]. 林业科学,1981,17(2):189-193.
[5] 蔡少松,等. 一年生泡桐苗的木材解剖特性[J]. 林业科学,1982,18(2):170-175.
[6] 陶嘉奎,等. 用 72-170 号杨苗干造纸的初步研究[J]. 林业科学,1982,18(2):214-218.
[7] 柴武修,等. 短轮伐期Ⅰ-69 杨林分密度与材性的关系[J]. 林业科技通讯,1991,5:2-5.

中林-46 杨一龄苗木纤维的研究

周惠茹[1] 高炳振[1] 郭保生[2] 申洁梅[2] 赵天榜[2]

(1.河南许昌市园林绿化管理处,许昌 461000;2.河南农业大学,郑州 450002)

摘 要 本文报道了中林-69 杨一龄壮苗木纤维形态测定的结果。其结果表明,纤维长度与其着生部位呈近似正

本文作者:周惠茹,女,1956 年生,鄢陵县人,从事园林绿化建设和速生树种栽培技术研究工作,高级工程师。

态分布规律,与其含率呈反相关规律;木纤维含率66.57%,其长度平均833.65 μm,宽度平均20.26 μm,长宽比48.55,可作造纸原料。同时,还表明,Ⅰ级苗(苗高>3.5 m)木纤维长度比Ⅱ级苗(苗高2.0～3.0 m)的木纤维长174.13 μm,比Ⅲ级苗(苗高2.0～3.0 m)的木纤维长203.62 μm。由此可见,采用集约栽培措施,不仅可提高苗木质量,还可提高其木纤维长度。

关键词 中林-46杨;苗木规格;木纤维测定;木纤维变化规律;制浆性能;集约栽培;造纸原料

中林-46杨 Populus × euramericana(Dode)Guineir cv. 'Zhonglin 46' 是由中国林科院利用Ⅰ-69杨 Populus deltoids Bartr. cv. 'Iux'(Ⅰ-65/55)作母本,欧洲黑杨 P. nigra Linn. 作父本杂交培育而成的速生优良栽培品种。它具有生长快、适应性强、繁殖容易等特性。近年来华北平原中原地区栽培广泛,生长良好,深受群众欢迎。

为了解中林-46杨一龄苗木木纤维形态的变化及其制浆造纸性能,以解决当前我国造纸工业中优质原料的不足,提供我国进行杨树超短期集约栽培的科学依据,我们进行了此项研究。现将研究初步结果报道如下,供参考。

1 材料及试验方法

1.1 试验材料

中林-46杨一龄苗木取自河南农业大学林业试验站苗圃及许昌县陈店乡苗圃的1年生扦插苗。根据苗木高度、地径大小,分为3级:Ⅰ级苗,苗高>3 m;Ⅱ级苗,苗高2～3 m;Ⅲ级苗,苗高<2

m。共取试验材料12株。每株分别编号记录其苗高、地径。

1.2 纤维测定

将供试苗木分级别逐株按50 cm分段,从各段下端选取木质部和韧皮部各0.5～1.0 g,置105 ℃的干燥箱中烘至恒重,称其重量。然后,用30%硝酸浸透试材,并加热离析出纤维后,用15% NaOH溶液中和,过滤后烘至恒重,称其重量,计算纤维含率。各部依离析出的纤维在显微镜下,用测微尺测量60根完整的纤维长度和宽度,计算出纤维平均长度、平均宽度及长宽比。最后进行分析比较。

2 结果与分析

2.1 苗木纤维量与苗干部位的关系

我们在对中林-46杨一龄苗木进行木纤维测定时是从苗木基部开始,按50 cm的区分段,进行纤维离析,并分别测定。测定结果如表1、图1所示。

表1 苗干不同部位木纤维质量测定

苗木级别	内容	不同部位(cm)				
		0～50	51～100	101～150	151～200	201～250
Ⅰ	木纤维长/宽	786.94/20.73	859.94/20.29	874.54/20.29	976.74/21.61	1 074.56/20.05
	长宽比	40.61	43.32	45.73	47.90	59.59
Ⅱ	木纤维长/宽	892.06/23.06	833.66/19.71	902.28/22.63	919.80/18.69	842.42/17.81
	长宽比	40.80	44.60	43.10	51.79	51.05
Ⅲ	木纤维长/宽	928.56/23.06	792.78/19.56	957.26/22.04	865.78/18.68	857.02/19.12
	长宽比	42.38	43.75	45.54	50.27	47.65

苗木级别	内容	不同部位(cm)				
		251～300	301～350	351～400	401～450	451～500
Ⅰ	木纤维长/宽	940.26/19.42	913.96/19.71	919.80/21.17	832.06/20.29	900.82/19.85
	长宽比	52.59	50/50	47.50	44.63	48.34
Ⅱ	木纤维长/宽	833.66/18.54	902.28/20.01	854.10/19.85		
	长宽比	40.80	44.60	43.10		
Ⅲ	木纤维长/宽	820.52/20.00	804.46/20.44			
	长宽比	44.42	42.40			

从表1数据及图1看出,中林-46杨一龄苗木(包括纤维长度、宽度、长宽比)与其苗干高度呈近似正态分布规律,即木纤维长度、长宽比随着

部位增高,都有所提高,上部则明显下降。其原因在于:其木纤维质量与生长期的苗木生长速度密切相关,如速生期间,木纤维质量与其生长月份呈

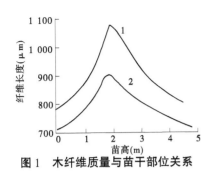

图1 木纤维质量与苗干部位关系

现如下关系:8月<5月<6月<7月。所以,在中林-46杨速生期间,适时地加强水肥管理是提高苗木质量、获得优质木纤维的关键时期和重要技术措施之一。

2.2 苗木韧皮部和木质部纤维长度与纤维含率变化

根据测定结果发现,中林-46杨一龄苗木韧皮部纤维质量显著好于木质部纤维质量,即韧皮部纤维长而窄,木质部纤维短且宽,韧皮部纤维长宽比大于木质部纤维长宽比,木纤维、韧皮部纤维长度在苗干上呈近似正态分布规律;木质部的纤维含率大于韧皮部纤维含率,且二者都随苗干高度呈反相关规律。测定结果如表2、表3所示。

表2 木质部与韧皮部纤维长度对照表

| 部位 | 不同部位(cm)纤维长度(μm) | | | | | | | |
	0~50	51~100	101~150	151~200	201~250	251~300	301~350	351~400
木质部	820.25	823.57	849.78	867.52	978.36	911.34	856.32	843.97
韧皮部	1 196.07	1 198.45	1 220.49	1 223.16	1 259.48	1 178.29	1 131.75	1 091.52

表3 木质部、韧皮部纤维含率及其与苗木部位的关系表

| 级别 | 部位 | 不同部位纤维含率(%) | | | | | | |
		0~50	51~100	101~150	151~200	201~250	251~300	301~350
I	木质部	78.57	73.22	68.67	66.95	65.03	59.09	56.64
	韧皮部	64.68	58.88	55.14	54.44	54.17	52.26	49.95
II	木质部	74.56	68.48	61.34	56.89	55.23	55.08	
	韧皮部	62.00	57.74	53.21	52.99	51.63	50.68	
III	木质部	72.79	68.46	54.65	43.91			
	韧皮部	61.85	53.04	49.76	41.29			

2.3 苗木规格对木纤维质量的影响

测定中林-46杨一龄苗木纤维形态时发现,不同规格的苗木纤维质量有明显区别:I级苗木苗木纤维平均长度最长(963.45 μm),长宽比最大(49);II级苗次之(789.32 μm),长宽比最大44.2;III级苗最差(759.83 μm)。测定结果如表4所示。

表4 苗木规格对木纤维质量的影响

| 苗木级别 | 苗木规格 | | 不同部位(cm)纤维长宽(μm)及长宽比 | | | |
	苗高(m)	地径(cm)	0~50	101~150	201~250	301~350
I	3.97	3.12	786.94/20.73	874.54/20.29	1 074.56/20.05	913.96/19.71
	40.61		45.30	59.59	50.50	X
II	3.49	2.35	781.35/19.56	869.78/19.20	998.73/20.54	908.59/18.90
	39.94		45.30	48.62	48.07	X
III	1.89	1.40	710.35/18.01	821.15/19.81	846.37/18.34	
	39.44		41.15	46.14	X	

从表4中看出,中林-46杨一龄苗木纤维质量与苗木质量呈正相关规律,即苗木质量越高,木纤维越长,长宽比越大,木纤维质量越好;反之,木纤维质量越差。壮苗木纤维质量好,适于作造纸的优良原料;弱苗木纤维质量较差,作造纸原料势必会影响纸的质量,难以获得优良产品。因此,加

强管理,提高苗木质量,是进行杨树超短期集约栽培的关键技术措施。

2.4 栽培措施对木纤维质量的影响

通过选取不同栽培措施条件下的中林-46 杨一龄苗木进行纤维测定,结果表明:集约栽培中的中林 - 46 杨一龄苗木纤维测定平均长度 1 153.74 μm 比一般管理者长 257.82 μm,比粗放管理者长 457.21 μm。由此可见,栽培措施在提高中林-46 杨一龄苗木纤维质量中起主要作用。因此,在进行中林-46 杨超短期栽培时,必须采用集约栽培措施,加强抚育,加强水肥管理,只有这样,才能使获得的材料满足造纸工业的需要,否则会影响经济效益。

2.5 纤维长度及其频率分布

选取不同级别的苗木,从基部按 50 cm 区分段,分别测定木纤维长度、宽度,计算长宽比,并统计其木纤维长度及其频率分布结果,如表 5 和图 2 所示。

表 5 木纤维平均长度及其频率分布

苗木级别	组距	组中值	各组纤维根数	N_i	频率分布 $N/EN×100\%$	数均纤维长 $W=EN_i/ZN(\mu m)$
I	0.4~0.6	0.5	2	1	0.48	
	0.6~0.8	0.7	97	67.9	23.32	
	0.8~1.0	0.9	192	172.8	46.15	
	1.0~1.2	1.1	112	123.2	26.92	918.75
	1.2~1.4	1.3	11	14.3	2.65	
	1.4~1.6	1.5	2	3	0.48	
合计			416	382.2	100	
II	0.4~0.6	0.5				
	0.6~0.8	0.7	58	40.6	16.082	
	0.8~1.0	0.9	192	172.8	46.07	
	1.0~1.2	1.1	115	126.5	31.86	953.74
	1.2~1.4	1.3	20	26	5.53	
	1.4~1.6	1.5				
合计			361	344.3	100	
III	0.4~0.6	0.5	9	4.5	3.02	
	0.6~0.8	0.7	42	29.4	14.10	
	0.8~1.0	0.9	154	138.6	51.67	
	1.0~1.2	1.1	58	96.8	29.53	925.50
	1.2~1.4	1.3	5	6.5	1.68	
	1.4~1.6	1.5				
合计			298	275.8	100	
平均	0.4~0.6				1.17	
	0.6~0.8				17.83	
	0.8~1.0				48.12	
	1.0~1.2		29.44		932.66	
	1.2~1.4				3.29	
	1.4~1.6				0.15	

从图 2 及表 3 中数据综合分析,中林-46 杨一龄苗木纤维长度在 0.8~1.2 mm 占 77.56%,属中等长度的纤维,其木纤维长度分布比较均匀,平均长宽比 48.55,平均含率 66.57%,而韧皮部纤

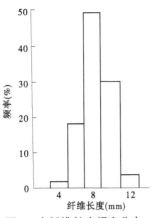

图2 木纤维长度频率分布

维平均含率56.34%,符合制浆造纸标准,可选作造纸的原料。

3 结论

(1)中林-46杨一龄苗木纤维质量与苗木规格呈正相关规律;韧皮纤维长度、长宽比明显大于木质部纤维长度及长宽比,它们均在苗干上呈近似正态分布;木质部纤维含率大于韧皮部纤维含率,且二者都与干部位高度呈反相关规律。

(2)中林-46杨一龄苗木纤维长度大都在800~1 200 μm,属中等长度的纤维,纤维长度分布比较均匀,纤维含率符合制浆造纸的要求,且木材松软、洁白,无木节,加之该杨生长快,适应性强,易繁殖。因此,中林-46杨一龄苗木可以选作造纸的原料。

(3)不同的栽培技术、壮苗规格与其纤维质量密切相关,进行集约栽培时,加强水肥管理,多培育Ⅰ级苗,可获得较好的木纤维质量,收到较高的经济效益。本研究为中林-46杨进行超短期集约栽培提供了科学依据,为解决我国造纸工业中木材原料不足的问题开辟了新的途径。

中林杨"吨纸田"生产模式的初步研究

赵天榜[1] 赵 杰[2]

(1.河南农业大学,郑州 450002;2.新郑市林业局,新郑 451150)

摘 要 本文报道了作者开展中林杨"吨纸田"研究结果:1年生中林杨每亩最高生物量超过1 000 kg。

为了解决我国纸浆生产中木材严重不足的急待解决的问题,近年来,我们在进行我国纸浆生产新资源的开发研究中,获得了可喜成果。现将研究结果,报道如下。

一、研究目的

本研究目的,一是了解和掌握中杨林年亩最高生物量的丰产栽培技术;二是了解中杨林材木材纤维形态及其制浆造纸的质量;三是获得最大的经济效益和生态效益。

二、栽培技术

1.试验地选择

选择在新郑市林业局苗圃地内。土壤为沙壤土,土壤肥力中等,排灌条件方便。

2.试验树种

选择中国林业科学研究院林业科学研究所黄东森研究员等选育的中林杨A、中林杨B、中林杨C、中林杨D4个新品种一龄材作试验材料。

3.栽培技术

栽培试验地确定后,于10月整地。整地深度50 cm,结合整地,每亩施入充分腐熟的有机肥5 000 kg,并土肥混匀。翌春,土壤解冻后,搂平,按1 m×0.5 m的行株距,垂直扦插中林杨4个新品种。每种选用1年生苗干中部,剪成长30 cm左右。插后,灌大水一次。然后封土成垄。插条成活后,及时防治虫害。5~9月,每15天左右灌水1次,结合灌水,施化肥5~7.5 kg。10月停止灌水和施肥,有利于苗木木质化。11~12月可从1年生枝条基部10 cm截干,供试验用材。

三、研究结果

1.中林杨一年生生物产量

试验结果表明,中林杨一年生每亩生物产量,在高密度集约栽培条件下,每亩可产1.5 t萌条材,采用磺化化学机械法制浆,能获得新闻纸纸浆

1.0 t 以上。试验结果如表 1 所示。

表 1 材料表明，中林杨 D 1 年生生物量最高，每亩生物量（去皮）为 926 kg。

表 1 中林杨 4 个品种一年生生物产量表

品种	密度（m）	去皮生物量（kg/亩）		去皮生物量（kg/hm²）	
		平均	最高	平均	最高
中林杨 A	1	741	794	11 115	11 910
	2	731	762	1 095	1 430
	3	953	1 072	14 295	16 080
	4	1 164	1 270	17 460	19 050
中林杨 B	1	715	953	10 725	14 295
	2	794	953	11 910	14 295
	3	992	1 072	14 880	16 080
	4	1 059	1 270	15 885	19 050
中林杨 C	1	688	794	10 320	11 910
	2	731	953	10 965	14 295
	3	1 191	1 310	17 865	19 650
	4	1 191	1 429	17 865	21 435
中林杨 D	1	926	1 032	13 890	15 480
	2	953	1 143	14 295	17 154
	3	1 072	1 548	16 080	23 220
	4	1 323	1 588	19 845	23 820

2. 中林杨两年生生物产量

试验结果表明，中林杨两年生每亩生物产量，在高密度集约栽培条件下，2 年生每亩平均可产 1 677～2 599 kg 萌条材，最高为中林杨 D。试验结果如表 2 所示。

表 2 中林杨 4 个品种两年生生物产量

品种	密度（m）	去皮生物量（kg/亩）		去皮生物量（kg/hm²）	
		平均	最高	平均	最高
中林杨 A	1	1 181	2 289	27 156	34 335
	2	1 799	1 980	26 985	29 700
	3	1 913	2 088	28 695	31 320
	4	1 813	1 942	27 195	29 130
中林杨 B	1	2 275	2 561	34 125	38 415
	2	2 217	2 410	33 255	36 150
	3	2 215	2 689	33 255	40 335
	4	2 002	2 556	30 030	38 340
中林杨 C	1	1 642	2 004	24 630	30 060
	2	2 117	2 434	31 755	36 510
	3	2 004		30 060	
	4	2 134		32 010	
中林杨 D	1	2 489	2 822	37 335	42 330
	2	2 160	2 292	32 400	34 425
	3	1 978	2 414	29 670	36 210
	4	2 249	2 867	33 735	43 005

表 2 材料表明，中林杨 D 2 年生生物量最

高，每亩生物量（去皮）为 1 978～2 489 kg。中林杨 B 2 年生生物量次之，每亩生物量（去皮）为 2 002～2 275 kg。

3. 中林杨二个品种木纤维测定

试验结果表明，中林杨 C 1 年生木纤维平均长度 0.89 mm，平均宽度 19.2 μm；2 年生木纤维平均长度 1.17 mm，平均宽度 24.4 μm。中林杨 D 1 年生木纤维平均长度 0.51 mm，平均宽度 14.84 μm；2 年生木纤维平均长度 0.54 mm，平均宽度 15.50 μm。

4. 磺化化学机械浆试验

将中林杨四个品种的木质材料进行磺化化学机械浆试验，结果如表 3 所示。

表 3 中林杨 4 个品种磺化化学机械浆试验表

品种	中林杨 A	中林杨 B	中林杨 C	中林杨 D
定量（g/m²）	51.0	49.7	50.6	51.3
裂断长（m）	3 870	3 560	4 080	4 170
裂指数（mN·m²/g）	3.63	3.35	3.72	3.49
耐破指数（kPa·m²/g）	2.21	1.60	1.98	1.92
耐折度（双次）	5	3	9	4
不透明度（%）	90.4	91.2	88.3	90.8
白度（%）	56.6	55.5	55.9	55.3

表 3 材料表明，中林杨 4 个品种 1 龄材采用磺化化学机械浆的新闻纸完全符合 GB 1910—89 的新闻纸标准要求。其新闻纸印刷也完全符合要求。

5. 经济效益

采用中林杨四个品种进行集约栽培，每亩去皮生物量平均为 1 813 kg，最高为 2 867 kg。采用磺化化学机械浆平均每亩得率 1 613.7 kg，最高得率 2 300.4 kg。每亩每年可生产新闻纸 1.5～1.8 t。每吨按收益 2 000 元计算，则每亩每年经济收入可达 3 000～3 600 元。若按年产新闻纸 10 万 t 计算，则经济收入非常可观。

6. 生态、社会效益

采用磺化化学机械浆建立或改造旧纸厂具有投资小、成本低、排放污水符合国家标准要求。因此，该项研究具有广阔的发展前途。

参考文献

[1] 吴武汉，等. 高密度超短期轮伐期杨木生产磺化化学机械浆[J]. 林产工业，1994(4).

[2] 吴武汉，等. 每年亩产一吨木浆新闻纸生产模式的研

究[J].天津农学院学报,1994(1-2).

[3] 吴武汉.杨树高密度超短期轮伐栽培技术在造纸工业中的应用[J].河南造纸,1994(1).

[4] 吴武汉,等.林业与造纸工业可持续发展的"吨纸田"生产模式[J].天津造纸,1995(3):2-11.

河南主要乔灌木树种纤维含率及其纤维形态的测定

赵天榜　陈志秀

(河南农业大学,郑州　450002)

摘　要　本文报道了河南主要乔灌木104种、品种木纤维含率和纤维形态的测定。测定结果表明,一龄材木纤维均长达1 000 μm以上的荚蒾、牛鼻栓、化香、金银木等37种,是优良的制纸工业用材,尤以牛鼻栓、粉叶灰木、丁香、蚊母等为最佳,从而为我国制浆造纸工业提供了新的、超短期轮伐(一龄)、优质资源。

近年来,随着我国社会主义建设的发展和市场经济的需要,制浆造纸工业的发展显得极为重要。据有关统计,1993年我国纸品种总产量达1 820万t,进口纸达240万t,还不能满足需要,从而严重影响我国科学技术、文化教育和外贸出口等事业的发展。为迅速、彻底改变我国纸浆生产中原料不足的困难,我们以河南广大山区树木资源,特别是灌木树种资源为主,进行了主要乔灌木树种的木纤维含率、纤维形态的测定。测定的这些树种均具有速生、适应性强、纤维含率高、萌芽力强、纤维质量好、单位面积生物量高、成本低等特点。现将试验结果整理如下,供参考。

一、树种选择

为我国制浆造纸工业提供资源丰富、纤维优良的新的用材树种,我们在选择树种上遵循以下原则:①速生,②适应性强,③萌芽强、耐台刈,④单位面积生物量高,⑤无病虫危害,⑥纤维含率高,⑦纤维质量好,⑧有一定面积,有开发利用价值的天然或人工资源,⑨成本低,⑩交通方便,选择了104种、品种树种作为试材,进行其纤维的测定。其树种名称如表1所示。

二、测定技术

1.试材选取

每树种选取3根萌条一龄材,少数为1~3龄材。其中,大(高3 m)、中(高为1.5~3.0 m)、小(高<1.5 m)各1根。每根三等分为基部、中部、梢部。各部位称等量(3~5 g),混匀后,作分离纤维用的试材。有些树种,如构树 Broussonetia pa-pyrifere(Linn.) L' Herit. ex Yent.等,木纤维与韧皮纤维分别测定。

2.纤维离析

将测定的试材烘至恒重,称定量的试材,置于硝酸-乙醇溶液中,在恒温水溶中加热1 h,倾出溶液,再加入硝酸-乙醇溶液煮,重复3次,最后1次冷却,加酸中和,过滤,烘至恒重,计算纤维含率。

3.纤维测定

将烘干称重后的纤维,置于水中,用解剖针置微少部分纤维于载玻片上,放 XST 型投影显微镜上,随机测定30~50根完整纤维,用平均法,求出纤维长度、宽度和长宽比。

三、测定结果

现将河南主要乔灌木树种一龄材(少数为1~3龄材)的木纤维含率、纤维形态及长宽比的材料,整理如表1所示。

表1　河南主要灌木树种木纤维含率及其纤维形态的测定表

编号	名称	木纤维含率(%)	木纤维均长(μm)	木纤维均宽(μm)	长宽比
1	荚蒾	49.25	1 027.6	16.32	62.97
2	紫藤	54.45	755.58	18 80	40.19
3	牛鼻栓	47.83	1 265.51	18.21	69.50
4	青檀	67.06	864.80	15.12	57.20
5	野桐	66.67	839.44	14.91	58.30
6	平基槭	42.86	648.96	19.59	33.13
7	杠柳	40.21	510.17	19.75	25.83
8	野苎麻	54.41	763.20	18.54	41.17

编号	名称	木纤维含率（%）	木纤维均长（μm）	木纤维均宽（μm）	长宽比
9	化香	63.10	1 017.90	17.10	59.63
10	南蛇藤	55.56	792.00	15.53	51.00
11	金银木	61.73	1 050.35	17.79	59.04
12	华爪木	68.52	1 121.76	16.85	66.57
13	盐肤木	40.91	516.60	14.40	35.88
14	白蜡树	52.11	1 094.40	16.08	68.26
15	野皂荚	74.24	1 082.40	17.24	58.14
16	木槿	58.00	927.36	14.83	62.53
17	金银花	60.94	879.43	H−50	60.65
18	连翘	47.83	858.07	16.86	50.89
19	黄荆	64.00	1 001.35	13.74	72.88
20	紫荆	57.63	495.36	14.40	35.21
21	构树	44.09	923.00	17.00	54.00
22	枫杨	47.44	1 010.0	25.0	40.00
23	泡桐	53.05	1 152.0	29.1	35.0
24	泡桐1年生苗干	66.9	660	33.6	25.8
25	粉叶灰木	49.80	2 148	37.0	58.0
26	马尾松	49.25	3 196	44.0	73.0
27	马尾松1~3年生幼树	48.48	3 160	33.3	75.2
28	中林-46 杨	47.63	1 112	23.71	46.81
29	I-69 杨	41.91	1 245.0	29.70	44.7
30	*中汉-17 杨	—	1 022	21.60	48.2
31	*中林‘三北杨’	—	1 075	25.62	42.0
32	*中林-28 杨		1 036	21.08	46.1
34	加杨	63.85	1 160.0	18.50	59.5
33	加杨	—	940.0	24.8	38.0
34	群众杨		940.0	19.8	47.5
35	毛白杨	—	820.0	20.8	39.5
36	北京杨		750.0	21.4	34.6
37	北京杨		1 134	30.62	37.06
38	毛新杨	—	880.0	25.4	34.8
39	小黑杨		850.0	21.0	41.0
40	大官杨	65.5	928.7	18.23	50.58
41	大官杨	—	1 310	25.6	51.17
42	山杨		770.0	27.3	28.0
43	青杨		980.0	29.5	30.0
44	沙兰杨	—	1 142	19.0	60.0
45	沙兰杨		1 447	31.55	45.84
46	臭椿	58.98	1 000.0	21.10	47.4
47	桦木	—	1 030.0	21.54	46.43
48	桦木		1 027.0	22.3	56.7
49	桦木		1 070.0	22.3	56.3
50	千金榆	—	1 190.0	18.20	65.4
52	水曲柳	—	470.0	22.5	20.9

编号	名称	木纤维含率（%）	木纤维均长（μm）	木纤维均宽（μm）	长宽比
53	核桃楸	—	1 270.0	28.1	45.1
53	枫香	43.59	2 205.0	21.0	105.0
54	槐树		550.0	19.3	28.3
55	苦楝	—	1 210.0	23.0	52.61
56	江南桤木	—	1 000.0	25.0	40.0
57	拟赤杨	45.58	1 120.0	36.9	30.4
58	香椿	—	920.0	22.5	40.9
59	紫椴		1 340.0	30.0	44.7
60	糠椴		1 300.0	28.8	45.2
61	箭竹		2 260.0	11.67	193.6
62	刚竹		2 150.0	15.73	136.6
63	淡竹		2 100.0	14.97	149.2
64	毛竹		2 250.0	13.63	165.0
65	毛竹		1 990.0	11.46	104.9
66	箭杆毛白杨		1 166.0	19.0	61.4
67	河南毛白杨		1 043.0	18.5	56.4
68	长柄毛白杨		1 180.0	19.0	62.1
69	小叶毛白杨		1 154.0	19.5	62.4
70	栲树	48.48	960.0	19.5	49.2
71	丁香	43.08	1 290.0	19.3	67.1
72	蛇母	44.26	1 370.0	18.0	76.1
73	亮叶桦	48.13	1 410.0	23.9	59.0
74	黄瑞木	42.56	1 460.0	26.2	54.2
75	银白杨	—	1 106.04	27.72	41.05
76	钻天杨	—	929.11	30.00	36.05
77	梧桐	30.0	1 693	20.6	85.4
78	梧桐分枝型	32.2	1 706	21.5	78.74
79	梧桐三角叶型	32.0	1 601	21.5	74.47
80	梧桐凸皮型	43.4	1 903	20.4	93.28
82	梧桐深裂叶型	31.6	5 101	19.1	81.73

表 2　扁担杆纤维测定

扁担杆	木纤维含率（%）	纤维均长（μm）	纤维均宽（μm）	长宽比
1 年生	48.38	808.8	13.28	60.9
2 年生	52.65	824.1	14.14	58.3
3 年生	53.35	825.9	14.5	56.9
4 年生	60.65	836.6	14.73	56.8
木纤维	808	12.45	64.9	51.4
木纤维	750	11.5	64.88	51.0

表 3　构树木纤维测定

构树	木纤维均长(μm)	木纤维均宽(μm)	长宽比	韧皮纤维均长(μm)	韧皮纤维均宽(μm)	长宽比
大树萌枝	1 253.1~1 506.1	16.08	89~1 067	778.3~73	11.0~12.3	65~66.6
大树2年生枝	11 827	14.08	84.0	8 504	14.15	60.2
1年生苗干	13 376	8.45	158.3	10 028	9.99	104.35
2年生苗干	14 784	14.08	105.0	10 154	12.77	84.45
2年生干上1次枝	10 138	8.45	91.0	820.3	11.77	74.95
大树上2年生1次侧枝	12 813	14.08	34.88	849.3	11.85	72.30
大树上2年生1次侧枝	12 954	11.30	115.0	897.7	10.03	88.83

表 4　泡桐等木纤维测定

编号	名称	木纤维含率(%)	木纤维均长(μm)	木纤维均宽(μm)	长宽比	编号	名称	木纤维含率(%)	木纤维均长(μm)	木纤维均宽(μm)	长宽比
73	*白花泡桐—桐选1号	58.7	737	29.4	25.07	94	*中驻2号杨	—	1 055	—	—
74	*泡桐—桐杂1号	61.6	800	24.8	32.26	95	I-72杨	48.51	1 040	23.6	45.1
75	*毛泡桐—C161	—	915	—	—	95	I-72杨	1 474.0	27.86	52.90	
76	*兰考泡桐—C125	59.7	781	—	—	96	I-214杨	48.12	950	22.3	44.7
77	*白花泡桐—C001	40.54	651	—	—	96	I-214杨	—	1 328	34.75	38.22
78	*苏柳172	—	895.22	24.55	36.5	97	I-63杨	—	930	20.1	46.2
79	苦杨	—	855.08	25.91	33.04	97	I-63杨	1 454.0	28.2	51.56	—
80	*中驻8号杨	—	1 130.9	—	—	97	I-63杨	—	907.0	12.47	71.82
81	*中林23杨	—	1 195.0	26.2	45.6	98	湖桑(木)	56.99	907.0	12.47	71.82
82	*中嘉2号杨	—	1 050	21.4	49.1	98	湖桑(韧)	48.15	3 630.14	17.20	211.05
83	*中潜3号杨	—	1 045	20.2	50.9	98	湖桑(韧)	—	1 700	22.0	77.27
84	*珍珠杨	—	893~959	20.5~21.0	—	98	湖桑(韧)	—	2 220	16.0	150.0
85	*I-74/76杨	—	948	20.0	47.4	99	小叶杨	59.47	1 250	24.4	52.1
86	*IKEN8号杨	—	973	20.7	47.0	100	柳树	46.93	520	16.8	42.0
87	*55号杨	—	1 125	22.4	50.22	100	柳树	970	23.4	40.0	
88	*NL-80105	—	1 090	—	—	100	柳树	870	14.7	59.2	
89	*NL-80106	—	1 070	—	—	101	细枝柳	45.0	678.0	13.0	53.0
90	*NL-80205	—	1 180	—	—	102	I-45杨	—	1 475	32.28	45.69
91	*NL-80121	—	1 050	—	—	103	I-455杨	—	1 222	28.53	42.76
92	*NL-80213	—	1 190	—	—	104	加龙杨	—	1 271	30.03	42.32
93	*银山河杨	—	1 461	24.93	58.61						

四、几点结论

1. 木纤维含率

根据测定 104 种树种木纤维含率结果,木纤维含率>70% 的 1 种,即野皂荚;木纤维含率 60%~70% 的有 11 种,即青檀、野桐、化香、金银木、华瓜木、金银花、黄荆、泡桐、加杨、大官杨、泡桐—泡桐 1 号;木纤维含率 50%~60% 的有 12 种,即野苎麻、紫藤、白蜡树、木槿等。

2. 纤维长度

根据所测定的 104 种树种中,木纤维均长>1 000 μm 的有 56 种,如荚迷、牛鼻栓、化香、野皂荚、黄荆等。由此可见,河南主要树种中木纤维均长>1 000 μm 的树种资源非常丰富,加以充分的开发利用,可彻底解决我国制浆造纸中所需要的木材资源。

3. 木纤维的长宽比

据报道，木纤维的长宽比越大，则制浆造纸的品质越好。根据测定的104种树木中，木纤维的长宽比 >60 的有17种（竹类除外），如荚蒾、牛鼻栓、华瓜木、白蜡树、木槿、金银花、黄荆、沙兰杨、千金榆、枫香、丁香、梧桐、湖桑、I-69杨，以及欧美杂种杨的优良品种，如 I-72杨、中林-46杨等。

4. 一龄材宜制浆造纸树种

根据上述树种选择的原则及上述测定的结果，我们认为以下树种较宜：荚蒾、牛鼻栓、野桐、化香、野皂荚、黄荆、千金榆、枫香、丁香、蚊母、梧桐、构树、湖桑等。其中，以湖桑为最佳。其原因在于：当前我国平原地区有大面积栽培，且资源丰富，运输方便，成本低廉等。同时，山区的野皂荚、黄荆、牛鼻栓等自然资源很多，亟待开发利用。

参考文献

[1] 中国农业科学院蚕研究所. 中国桑树栽培学[M]. 上海：上海科学技术出版社，1985.
[2] 赵天榜，等. 河南主要树种栽培技术[M]. 郑州：河南科学技术出版社，1993.

湖桑超短期轮伐专用采条矮林集约栽培技术的研究

陈志秀[1] 赵天榜[1] 赵 杰[2] 赵国全[2]

（1. 河南农业大学，郑州 450002；2. 河南新郑市林业局，新郑 451150）

摘 要 本文首次报道了我国湖桑超短期轮伐的叶、条兼用矮林高产、优质的集约栽培技术，创亩年产桑条 2 667.0 kg、桑叶 >3 000 kg 的最高纪录，获得经济效益 5 133.5 元；桑条开发利用后，每亩产纸可获得经济收益可超过 1.5 万元。

这一经验的推广应用，将在我国栽桑养蚕地区产生巨大的影响。

桑树（Morus）是我国主要经济树种之一，我国是世界上栽桑养蚕最早的国家，是蚕桑生产的起源地。桑树全身都是宝，对人类的物质和文化生活做出了重要的贡献；桑树进一步开发利用，将会对我国社会主义建设、广大农村的经济振兴产生更大的作用。为此，多年来我们以河南为中心，以新郑市观音寺为重点对湖桑超短期轮伐矮林集约栽培技术及其经济收益进行了调查研究和试验研究。现将其试验研究结果，整理如下，供参考。

一、试验地概况

该项试验地设在河南省新郑市观音寺乡菜王村。其气象条件是：年平均气温 14.2 ℃，极端最高气温 42.1 ℃，年平均降水量 699.8 mm，无霜期210 d，适宜多种农作物、蔬菜、树木的生长。土壤属潮土壤质潮土，质地沙壤，土层很厚（>1.0 m），土壤肥沃，有机质含量较高（32.5 g/kg），全氮 1.97 g/kg，全钾 38.68 mg/kg，速效磷（P_2O_5）0.5 mg/kg，速效钾（K_2O）37.7 mg/kg，pH 7.5，地下水位 1.5 m。栽培农作物及蔬菜主要是小麦、玉米、大豆、甘薯、芝麻、花生、谷子及胡萝卜、萝卜、大白菜、蒜、豆角、辣椒等；树种主要有泡桐、沙兰杨、旱柳、白榆、刺槐，以及路旁、沟边生长的构树等。

二、试验内容

为获得优质、高产的桑叶、桑条兼用湖桑超短期轮伐矮林栽培的经验，特安排以下试验内容：

（1）土壤质地。在河南省新郑观音寺乡的菜王等村，选黏壤土、沙壤土、黏土3种。

（2）施基肥量。在沙壤土上，施有机肥量按 2.0万 kg/亩、1.0万 kg/亩以及对照3种。

（3）整地方式。整地采用沟栽与穴植。

（4）品种。采用湖桑-32号。

（5）栽植密度。采用宽窄行，宽行 1 m，窄行 0.6 m；每公顷栽植株数为 2 700 株、2 900 株、3 100 株及 3 300 株。

（6）留条数目。为提高湖桑产叶、产条量，在截干后的基桩上，分别留2、3、4、5、6根壮条。

（7）桩龄与留条数。分别选择取 1~7 年生的湖桑桩龄，进行桑条产量调查。

（8）管理措施。主要是灌水施肥、去梢及病虫防治。

三、试验结果

1. 土壤质地对湖桑一龄萌条生长及其产量的影响

湖桑是速生树种,具有很大的生产潜力。土壤质地,即土壤的机械组成,影响着土壤的储水、保肥能力和透气性,因此是影响湖桑生产及其产桑、产叶量的主要立地条件因子。根据试验调查,湖桑虽然在多种土质条件下都能生长,但其生长速度差异很大,且单位面积上桑条产量也有明显的不同,如表1所示。

表1 土壤质地对湖桑萌条生长及其产桑量的影响

土壤质地	条龄 (a)	平均高度 (m)	平均基径 (cm)	生物量	
				kg/株	kg/(a·hm²)
土壤	2	2.51	2.04	1.000	2 000
	3	2.54	2.01	1.005	2 010
	4	2.56	2.13	1.157	2 314
沙壤土	2	2.51	2.04	1.032	2 046
	3	2.50	2.05 *	1.201	2 401
	4	2.51	2.10	1.157	2 314
黏土	2	2.51	1.82	0.809	1 618
	3	2.49	1.99	0.934	1 868

表1材料表明,在进行集约栽培的湖桑矮林经营中,土壤质地对湖桑生长及其桑条产量有一定的影响,但是总的来看,沙壤土上的湖桑桑条产量略高于壤土(4.25%),明显大于黏土(29.15%)。

2. 施基肥量对湖桑一龄萌条生长及其桑条产量的影响

土壤肥力的高低是湖桑一龄萌条速生、高产的物质基础。为此,我们选取沙壤土的农田,每亩施入有机肥 2.0 万 kg、10 万 kg 及对照(不施基肥)进行试验。试验结果如表2所示。

表2 施基肥量对湖桑一龄萌条生长及其桑条产量的影响

基肥施入量 (万 kg/亩)	条龄 (a)	平均高度 (m)	平均基径 (cm)	生物量			
				提高 kg/株	(%)	提高 kg/亩	(%)
2.0	2	3.20	3.00	1.230 5	328.0	246	326.3
1.0	2	2.77	2.29	0.996	267.5	1 986	264.8
CK	2	2.18	1.87	0.375	100	750	100

表2材料表明,基肥施入量不同,而在同样集约栽培条件下,湖桑一龄萌条生长和桑条产量具有显著的不同,其中,桑条产量施基肥 2.0 万 kg/亩的>施基肥 1.0 万 kg/亩的>对照,且分别大于每亩对照桑条产量的 326.3% 及 264.8%。由

此表明,湖桑集约栽培时,施入一定量的有定机肥料作基肥,对于湖桑桑条产量具有重要的作用。

3. 整地方式对湖桑一龄条生长及桑条产量的影响

细致整地是湖桑栽培中一项很重要的技术措施,它可以改良土壤,加深土壤有效层厚度,增进土壤团粒结构形成,加强土壤微生物对有机物的分解,从而在提高土壤保肥、保水能力和利于湖桑根系发育方面具有重要作用。所以,湖桑集约栽培时,采用沟状深翻,施入基肥,才能获得桑条优质高产。经过试验表明,沟状深翻,施入基肥对湖桑生长和桑条产优量最佳。试验结果如表3所示。

表3 整地方式对湖桑一龄条生长及其产条量的影响

整地方式	整地技术要点	平均条高 (m)	平均基径 (m)	生物量	
				(kg/株)	(kg/亩)
沟状深翻	深1 m,表心土分开施基肥1.0万 kg/亩	3.68	3.40	1.237 5	2 465
大穴植	深1 m,宽1 m,长1 m,表心土分开,施基肥1.0万 kg/亩	3.49	2.87	1.046 0	2 092
普通栽植	深50 cm,宽50 cm,长50 cm,撒施基肥1.0万 kg/亩	2.53	2.01	0.447	1 032

4. 湖桑品种对其一龄萌条生长及其产条量的影响

为了解湖桑品种对桑条产量的影响。我们选湖桑32号及湖桑199号品种,在同一栽培群体进行调查。调查结果如表4所示。

表4 湖桑品种对其桑条生长及产量的影响

品种名称	桩龄 (a)	密度 (株/亩)	平均高度 (m)	平均基径 (cm)	生物量	
					(kg/株)	(kg/亩)
湖桑32号	2	2 000	3.40	2.99	1.301	2 602 *
湖桑199号	2	2 000	3.13	2.79	1.116	2 232

* 有差异。

表4材料表明,湖桑32号的生长及其产条量高于湖桑199号品种,而1992年调查材料表明,湖桑199号品种的产条量平均 3 418.90 kg/hm²,湖桑32号品种则为 30 718.1 kg/hm²,而前者比后者增产 11.13%。但是,湖桑199号品种,因其枝皮棕褐色,制浆造纸时皮不易漂白,所以,作为湖桑专用采用条林或桑叶、桑兼用材时,不能选用

湖桑199号及其他枝皮紫色或棕色的品种。

5. 栽植密度对湖桑一龄萌条生长及其生物产量的影响

为培育高产、优质的湖桑桑条专用林或桑叶、桑条兼用高产、优质的矮林,则栽植密度是个决定因素。试验结果表明,在高密度栽植条件下,采用集约栽培措施才能达到预期的目的,试验结果如表5和表6所示。

表5　栽植密度对湖桑一龄萌条生物量的影响

栽植密度 (株/亩)	2 220	2 150	2 080	1 910	1 852	1 802
生物量 (kg/亩)	2 364.2	2 184.4	2 074.7	1 934.7	1 933.5	1 812.0

表6　单株营养面积对湖桑一龄萌条生长及其生物产量的影响

单株营养面积 (m²)	单位面积上留条数 (根/亩)	平均条高 (m)	平均基径 (cm)	生物量	
				(kg/根)	(kg/亩)
0.30	6 666	3.41	2.79	0.351	2 364.2
0.31	6 393	2.98	2.70	0.368	2 353.2
0.32	6 279	2.66	2.74	0.387	2 430.0
0.34	5 883	2.76	2.64	0.406	2 390.1
0.36	5 557	2.70	2.54	0.414	2 299.0
0.37	5 400	2.50	2.51	0.417	2 253.0

表5和表6材料表明,为获得湖桑桑条、桑叶高产优质,在集约栽培条件下,每桑苗栽桑株数以2 000~2 220株为宜;单株营养面积以0.30~0.34 m² 为佳。

6. 留条株数对湖桑条生长的影响

留条株数是指一株湖桑基桩上留条多少而言。为了解每株基桩上留条数目对湖桑生长和生物量的影响,我们于1994年12月在新郑市林庄管理较好条件下的湖桑园进行调查。调查结果如表7所示。

表7　湖桑每株基桩上留条数生长的影响

留条数目 (根/株)	1	2	3	4	5	6	7	9	15
平均高度 (m)	2.95	2.89	2.60	2.51	2.04	1.69	1.65	1.77	1.74
平均基径 (cm)	2.62	2.51	2.53	252	2.01	1.36	1.40	1.34	1.29

注:5、6、7、9、15根/株系少数植株调查材料。

表7材料表明,湖桑每株基桩上,以留萌条2~4根为宜。

7. 基桩龄对湖桑萌条生长及其产量的影响

了解基桩年龄对湖桑一龄萌条生物量的影响,是决定其更新年龄和制定集约栽培措施的重

要依据。试验表明,湖桑基桩年龄与其一龄材生物量密切相关,如表8所示。

表8　基桩年龄对一龄材生物量的关系

基桩年龄 (a)	平均条高 (m)	平均基径 (cm)	生物量	
			(kg/株)	(kg/亩)
1	2.52	1.98	0.496	1 143.5
2	2.51	2.04	0.520	1 196.0
3	2.48	2.06	0.940	2 182.5
4	2.53	2.00	1.042	2 384.0
5	2.55	2.02	1.080	2 511.4
6	2.51	2.02	1.159	2 670.1
7	2.53	2.02	1.132	2 604.2

表8材料表明,湖桑采伐更新期,通常以5~7年为宜,至于8年及8年以上是否适宜,尚待进一步研究。

8. 管理措施对湖桑一龄萌条生长及其桑条产量的影响

为获得湖桑的高产、优质的桑叶和桑条,抚育管理措施,尤其是水、肥在湖桑速生期间及时的供应极为重要。现将试验结果列于表9。

表9　管理措施对湖桑一龄萌条生长及桑条产量的影响

管理措施	平均条高 (m)	平均基径 (cm)	生物量 (kg/亩)
施基肥0.5万kg/亩,5、6、7、8月各施尿素1次。每次施15 kg/亩,施后浇大水	2.77	2.29	2 521.9
施基肥0.5万kg/亩,4、6、8月各施尿素1次。每次施15 kg/亩,施后浇大水	2.20	1.90	1 986.1
5、6、7月各施尿素1次;每次施15 kg/亩,施后浇大水	1.69	1.27	1 481.0
对照	1.32	0.82	705.0

四、初步结论

通过多年来的调查研究和科学试验,结果表明,湖桑超短期轮伐矮林集约栽培措施是:土壤肥沃、灌溉方便的沙壤土或壤土地;采用沟状深翻,施入有机肥作基肥;选择优良品种和壮苗,采用以密度(>2 200株/亩),进行细致栽植,加强水、肥管理,及时施肥、灌溉;每亩留萌条6 000~7 000根为佳,并及时防治病虫和人畜等危害。

参考文献

[1] 佟永昌,等. 阔叶树种优良无性系图谱[M].北京:中国科学技术出版社,1991.

[2] 赵天榜,等. I-69杨一龄苗木生物量及其纤维变化的研究[J]. 河南科技(增刊),1991:68-72.

[3] 宋留高,等. 湖桑一龄萌条材生物量及纤维形态的研究[J]. 河南林业科技,1993(2):3-6.

[4] 赵天榜,等. 中林-46杨、I-69杨一龄苗生物量及其制浆性能的研究[J]. 河南农业大学(增刊),1993.

[5] 于一苏,等. 10个杨树品种木材分析[J]. 林业科技通讯,1992(5):23-25.

构树1~2龄材纤维形态初步研究

赵天榜

(河南农业大学)

摘　要　构树1~2龄材纤维含率平均67.3%,其中韧皮纤维含率占皮部总量的69.7%,平均长度1 281.3 μm,长宽比99.8,长度频率分布在1 200 μm以上者占77.4%;木纤维含率平均66.9%,平均长度803.8 μm,长宽比65.3,长度频率分布在600~800 μm者占92.3%。两者均为造纸的优质原料。

构树为低山地区常见树种,以其既耐干冷,又耐湿热的强适应性广泛分布于西北、华北、华南、东南及西南各地,具有生长快、成材早、萌芽力强、繁殖容易的特点,其枝、皮、叶、果均可入药,是传统中药材之一。构树是重要的纤维原料之一,因其韧皮纤维长、洁白,自古就列为优良造纸原料。由于造纸原料紧缺,尤其木本植物纤维原料,加之以木本植物为主造纸工业原料的不足,使得我国纸和纸板的供需矛盾日趋严重,尤其新闻出版用纸,因而不得不每年从国外进口大量纸浆。为解决这一突出问题,充分利用我国木本纤维原料的自然资源,我们对构树1~2年生的韧皮纤维和木纤维进行了测定,旨在为充分利用构树自然资源,进行超短期集约轮伐和制浆造纸利用提供依据。

1　材料与方法

1.1　试验材料

试验树料全部为构树1~2年生条材。其条材来源情况见表1。

1.2　纤维含率测定

把不同来源的构树条材分韧皮部与木质部,木质部又分基部、中部、梢部分别取样,每部位取样4个(1.0 g左右),编号、称重、混匀、烘至恒重后,置于试管中加HNO_3 30%及少许$KClO_3$,于100 ℃水浴中加热,重复几次,至用手摇荡纤维能慢慢离散为止。最后,中和、过滤、烘干、称重,计算纤维含率。

表1　试验材料情况

编号	材料来源	长度(cm)	基径(cm)
1	大树萌枝上一次枝	94.5	0.78
2	大树萌枝上二次枝	34.05	0.411
3	大树上2年生枝	154.5	2.55
4	1年生苗干上1年生枝	43.09	0.45
5	1年生苗干上1年生枝	35.05	0.43
6	大树萌枝	234.0	2.22
7	2年生苗干上1年生枝	102.7	0.87
8	2年生苗干上1年生枝	77.38	0.66
9	2年生苗干上1年生枝	58.8	1.02
10	大树2年生枝的二次枝	46.85	0.42
11	2年生苗干	158.0	2.47
12	大树2年生枝上侧枝	27.72	0.24
13	2年生苗干上1年生枝	55.44	0.46
14	大树上1年生枝	169.0	1.16
15	大树2年生枝上一次侧枝	110.7	0.83
16	1年生苗干	132.23	1.1

1.3　纤维形态测定

纤维含率测定后,取各样品少许纤维于水中后,再取少许纤维置于载玻片上,在XST-2型投影显微镜上,每样品随机测定20根完整纤维的长度和宽度,计算长宽比,并求出平均值。所有计算分析均在PC-1500上完成。

2　结果与分析

2.1　纤维含率

纤维含率是评价原材料利用价值的重要经济指标之一。对16种不同来源、不同部位的构树条材纤维含率进行了测定。从表2中可以看出,不同来源的1~2年生构树条材不同部位的纤维含率绝大部分在50%以上,总平均达67.3%。通过方差分析,还可以看出,不同来源的1~2年生构树条材之间的纤维含率没有显著差异,但木质部不同部位的纤维含率却有显著差异,从基部到梢部,其木纤维含率逐渐减小。

从以上结果可以看出,构树1~2年生条材的纤维含率是很高的。将其与桑树等几种优质高浆产量的木浆原料相比较(见表3),构树条材的韧皮纤维含率和木纤维含率显著高于其他树种。同桑树、扁担格子和杨树相比,构树的纤维含率具有较大的优越性,这是构树1~2年生条子作为造纸原料的一大经济优势,在向以木本植物为主方向转变的造纸工业中将具有广阔的发展前景。

表2　构树纤维含率

条子编号	韧皮纤维含率(%)	木纤维含率(%)				总平均(%)
		基部	中部	梢部	平均	
1	78.3	80.5	68.1	51.2	66.6	69.5
2	47.8	85	80.8	69.0	78.3	70.7
3	41.4	82.4	82.8	62.0	75.7	67.2
4	80.0	53.3	63.9	54.1	57.1	62.8
5	83.7	72.1	70.9	65.6	69.5	73.1
6	76.3	65.7	73.1	69.4	69.4	71.1
7	75.0	70.1	54.1	50.0	58.1	62.3
8	76.0	72.6	53.1	68.8	64.8	67.6
9	77.8	94.4	53.1	43.2	63.6	67.1
10	47.7	78.4	61.9	68.4	69.6	64.1
11	86.6	74.6	69.9	51.9	65.5	70.8
12	69.5	77.8	82.5	61.7	74.0	72.9
13	53.8	83.3	70.6	50.8	68.2	64.6
14	67.5	70.1	57.6	52.7	60.1	62.0
15	75.6	62.6	75.2	50.6	62.8	66.0
16	77.5	65.7	66.9	52.0	61.5	65.5
平均	69.7	74.3	67.8	58.0	66.9	67.3

表3　不同树种1~2年生条材纤维含率

树种	韧皮纤维含率(%)	木纤维含率(%)
构树	69.70	66.90
桑树	48.15	52.41
扁担格子	45.18	50.51
杨树	43.30	45.18

2.2　纤维形态

纤维形态同纸张强度有极为密切的相关关系,尤其是纤维长度与长宽比是制浆造纸最重要的质量指标。为此,对构树不同试材、不同部位的各试样的纤维形态进行了测定(见表4)。

表4　构树条材纤维形态

条材编号	韧皮纤维(μm)			木纤维(μm)											
	长	宽	长宽比	基部			梢部			基部			平均		
				长	宽	长宽比	长	宽	长宽比	长	宽	长宽比	长	宽	长宽比
1	1 506.6	14.08	107	765.3	11.3	66.5	734 3	13.2	55.6	690.6	8.9	77.6	730.1	11.1	66.6
2	1 253.1	14.08	89	654.9	11.9	55	663.1	11.9	55.7	717	13.2	54.3	678.3	12.3	55.0
3	1 182.7	14.08	84	571.9	14.6	39.2	961	14.3	67.2	686	13.6	50.4	739.6	14.2	52.3
4	1 365.8	11.3	121.3	822	14.2	57.9	1 079.9	14.9	72.5	756.7	12.3	61.5	886.2	13.8	64.0
5	1 281.3	11.3	113.8	817.8	13.1	62.4	1 010.2	14.7	68.7	898.3	13.8	64.7	908.8	13.9	65.5
6	1 393.9	14.08	99	554	14.1	39	778	13.5	57.6	738	13.5	54.7	690	13.7	50.4
7	1 295.4	14.08	92	742.2	14.1	52.6	1 093.4	14.3	76.5	930	10.2	91.2	921.9	12.9	71.5
8	1 013.8	8.45	120	628.6	14.2	44.3	896.9	13.7	65.5	742	10.6	70	755.8	12.8	59.9
9	1 379.8	14.08	98	699	9.2	76	891	12.6	70.7	743.4	11.8	63	777.8	11.2	69.9
10	1 211.0	14.08	86	760	13.6	55.9	610.7	8.4	72.7	788	13.2	59.7	719.6	11.7	62.8
11	1 478.4	14.08	105	785	14.2	69.4	977.1	9.7	100.7	821	13.1	62.7	861	12.3	77.6
12	1 281.3	14.08	91	689.4	13 6	50.7	784.3	8.9	88.1	642	10.8	59.4	705.2	11.1	66.1
13	1 225.0	11.3	108.8	724.7	10.2	71	864.2	11.3	76.5	789.7	13.2	59.8	792.9	11.6	69.1
14	999.7	14.08	71	721	11.5	62.7	742	10.6	70	693	13.5	51.3	718.7	11.9	61.3
15	1 295.4	11.3	115	679	10.2	66.6	870	9.9	87.9	746.2	8.7	85.8	765.1	9.6	80.1
16	1 337.6	8.45	158.3	866	8.5	102	916.6	11.7	78.3	891	11.3	78.8	891.2	10.5	86.4
平均	1 281.3	12.68	99.8	717.6	12.41	60.7	867	12.1	72.8	767.1	11.98	65.3	808	12.45	66.3

从表4可看出,1~2年生构树条材韧皮纤维长度多在1 200 μm以上,平均1 281.3 μm,长宽比多在85以上,平均99.8。不同部位木纤维长度多在700 μm以上,总平均808 μm;长宽比都在

50以上,总平均65.3。可见,构树1~2年生条材的纤维形态远远超过了造纸的最低要求,是造纸的优质原料,尤其韧皮纤维可作为上等纤维配比在纸浆原料中,这样可大大提高纸张质量。

对16个不同来源、不同部位的构树条材纤维形态进行方差分析,结果表明,不同来源的1~2年生条材的纤维长度、宽度和长宽比均无显著差异,而不同部位对木纤维的长度和长宽比均有显著影响。幼龄条材木纤维长度和长宽比以中部最大,而梢部最小。掌握以上特点,对于充分利用其各种枝丫材、萌生条,以及在制浆时区分枝条不同部位,配比长短纤维,提高纸质具有指导作用。

在整个试验过程中,我们发现,尽管不同年龄母体或不同条材年龄的纤维形态没有显著差异,但却也有一定的差别,这种差别主要表现在,母体为幼龄的1~2年生条材的木纤维长度要大于母体为成龄(大树)的1年生条材的木纤维长度,要大于2年生条材的木纤维长度(见表5)。据此,我们可以得出结论,利用构树繁殖容易的特点,采取超短期集约轮伐也是提高纸质的一大措施。为给浆料配合率提供依据,对纤维长度的频率分布进行了统计分析,结果表明,构树1~2年生条材韧皮纤维长度分布频率主要分布在1 000~1 600

μm,占总分布的87.3%;木纤维长度分布范围则集中在600~1 000 μm,占总分布的92.3%。

表5　大树龄和条龄木纤维长度

母龄	木纤维长度(μm)		
	1年生	2年生	平均
成龄(大树)	813.8	732.4	773.1
幼龄(1~2年生)	849.6	775.9	834.5
平均	831.7	775.9	803.8

3　结论

(1)不同来源1~2年生构树条材纤维形态均符合造纸要求,是优良造纸用材。

(2)构树不同部位的条材木纤维含率及其纤维长度、长宽比具有显著差异,以中部最大,梢部最小。

(3)构树4条材韧皮纤维长度主要分布在频率1 000~1 600 μm,占总分布数的87.3%而木纤维则集中分布在600~1 000 μm,占总分布数的92.3%。

(4)1~2年生构树的条材的纤维含率显著高于桑树、扁担格子、杨树等其他树种,用于造纸具有较高的经济效益。

Ⅲ.造纸类

河南超短期优质造纸专用林集约栽培技术与加工利用的研究

赵天榜[1]　赵　杰[2]　郑官越[2]

(1.河南农业大学林学系,郑州　450002;2.河南新郑市林业局,新郑　451150)

一、选题的目的意义

随着我国社会主义建设的发展,造纸工业也得到了发展。1987年全国纸产量达1 100多万t,预计1990～1995年将达1 600万t,2000年将突破2 000万t,但由于木浆,尤其纤维木浆严重短缺,导致新闻纸、纸袋纸、牛皮箱板纸等主要品种发展缓慢,市场需求极为紧张。近年来,由于进口木浆减少,国产木材供应不足,因而有些纸厂的主要纸张品种被迫减产或停产,从而严重影响了我国科学技术、文化教育、新闻出版等事业的发展。

新闻纸是个特殊的纸张品种,其产量和质量是衡量一个国家,或地区社会进步、科学技术发达与否的重要标志之一。据报道,1971年,美国人均新闻纸42.0 kg,日本为20.3 kg,加拿大为50.3 kg,我国不足1 kg,河南更少。河南造纸工业没有大中型骨干企业,多是小厂,工艺技术落后,又因木材严重不足而缺乏长纤维纸浆,不利于中、高档纸张品种的生产。随着我国商品生产的发展,需要很多包装材料和高档纸张品种,尤其是出口产品的高档包装纸和纸箱以及大量优质纸的品种。为此,开展河南省超短期优质造纸专用林的集约栽培技术和加工综合利用的研究具有特别重要的意义。

河南地处中原,气候温和,适宜多种纤维树种(包括草本植物)的生长发育。据河南农业大学的研究,适宜造纸的树种(品种)已超过300种,有些种类已有长期的大面积栽培经验(如杨树、柳树等),有些种类目前河南省还有大面积的天然次生林(如构树等)尚未充分开发利用。为了从根本上解决河南省优质纸的不足,生产大批的高档纸张品种,特拟此题进行研究,通过研究提出河南省不同地区适宜进行超短期优质造纸专用林和开发利用种类、栽培规模、集约栽培技术以及加工综合利用的经验和措施,彻底解决河南省生产优质造纸原料不足的被动局面,以获得更大的经济效益和社会效益,促进河南省造纸工业的迅速发展。

二、研究现状及发展趋势

短轮伐期栽培是选用萌芽力强的速生阔叶树种,采用大密度栽植,进行集约经营,力争在短时间内获得最高的生物产量,以提供燃料、原料和饲料为目的的一种集约栽培方式。这是1964年美国的Young首次提出短轮伐期和全树利用的概念。1970年美国开始进行杨树短轮伐期栽培的试验。同年,加拿大进行了杨树超短期轮伐(1～3年)的研究。70年代以后,法国、西德、捷克、巴西、南非、刚果、印度、巴基斯坦、加拿大、日本等都进行了杨树(或桉树)超短期轮伐栽培研究。如加拿大采用大密度0.3 m×0.9 m、0.5 m×0.5 m、1.0 m×1.0 m株行距生产纸浆材,2～3年采伐一次,林木平均高3.4～4.5 m,胸径1.8～3.3 cm;美国采用杨树栽培,1～3年轮伐一次,年生物量(干重)平均15 t/hm²,其威斯康星州采用栽培的欧美杨品种,3年生时采伐,年平均每公顷生长量5.7～98 t,华盛顿大学试验的4年杨树造纸林的第一轮伐期的产量为4.6～30.1 t(干重)hm²/a(366.7～2 007 kg·亩/a);意大利罗马农林研究中心,采用2 m×4 m对杨树进行研究,结果是:第一次轮伐(3年),40 m³/hm²,年平均13.3 m³/hm²(0.866 m³/亩);第二次轮伐(3年)60.8

m^3/hm^2,年平均 22.2 m^3/hm^2(1.48 m^3/亩);5 年生 127.62 m^3/hm^2;年平均 25.3 m^3/hm^2。

Heilman 等研究了杨树纤维生长率及其品质,纸浆试验表明,超短轮伐期的杨树产品可以做造纸材料;加拿大魁北克造纸研究所研究欧美杨无性系矮林制浆得率为 44.3%(去皮)和 37.7%(带皮),阔叶去皮标准为 46.9%。

我国关于杨树进行短轮伐期研究起步较晚。70 年代,中国林业科学院朱惠芳研究员对大官杨 4.5 年生的幼龄干材进行研究,结果表明,其纤维是优质造纸原料,且白度很高,但是长期以来在造纸工业生产上没有得到应用。1978 年 12 月,河南农业大学赵天榜同志在"全国欧美杨学术会议"上,根据国外经验和长期进行栽培试验的结果,首次提出应进行欧美杨 2 年生干的超短期集约栽培及造纸利用的研究。翌年,北京市造纸研究所采用 1 年生的沙兰杨苗干进行造纸试验,结果表明,1 年生沙兰杨苗干完全可以用于造纸的原料。但由于我国造纸工业的传统生产以及缺乏资金,也没有得到推广应用。

80 年代初期,由于欧美杨优良品种的引进,杨树短轮伐期的集约栽培及其加工综合利用才引起我国林业战线上各方面的注意和重视。1981 年,中国林业科学院郑世绩副研究员等利用 I-69 杨、I-72 杨进行短伐期集约栽培试验,结果是:4 年生、2 m×3 m 株行距的 I-69 杨每亩蓄积量 8.3~58 m^3,合 2.21 m^3/(亩·a);I-214 杨每亩蓄积量 9.313 m^3,平均 2.33 m^3/亩。河南省在淮滨县营造的 3 年生 I-72 杨丰产林(九里林场),株行距 3 m×4 m,每公顷蓄积量 61.033 5 m^3,每亩平均 1.356~3 m^3。该县沙湾村营造的 3 年生、株行距 3 m×4 m 的 I-72 杨丰产林,每公顷蓄积量 94.343 5 m^3,每亩年平均 2.096 5 m^3;张庄营造的轮伐期 2 年生、株行距 3 m×4 m 的 I-72 杨丰产林,每公顷蓄积量 44.584 m^3,每亩年平均 1.556 m^3,最高达 2.33 m^3,比国外营造的短轮伐期的杨树丰产林的每亩年平均蓄积量大 1 倍以上。由此可见,我国进行的短轮伐期栽培的杨树丰产林具有广阔的发展前途。

当前,我国在发展超短期杨树造纸专用林过程中,需解决的课题是枝干的剥皮技术,这一问题给我国营造超短期杨树造纸专用林的培养和大面积推广应用带来了很大困难。为了解决这个特别重要的课题,我们试图通过全省 300 多种纤维树种(植物或品种)的调查、分析与研究,筛选出适宜超短期、优质造纸,全树利用的,适应性广、萌芽力强、生物产量高、纤维含量高(60%)、质量好(纤维长 1 000~1 500 μm 或更长)、投资少、经济效益高,能造优质纸张品种的树种(植物或品种)。

河南农业大学赵天榜等同志通过近 2 年来的研究,初步筛选出 3 个比杨树纤维含量高和质量好的长纤维优质造纸专用林树种,基本上解决了采用杨树营造超短期优质造纸专用林的栽培及加工利用中的一大难题。这一问题的解决,可以免去细干(枝)剥皮的造纸工艺过程,减少投资,提高经济效益,具有独创性,将对河南省大力发展和推动超短期优质造纸专用林的集约栽培理论、技术与加工综合利用产生深远的影响。这一突破性的成果,将会在河南省造纸工业的技术改造中产生巨大的作用。

三、主要研究内容及最终目的

根据世界上各国发展超短期优质造纸专用林集约栽培的经验和河南省的具体情况,特拟定以下研究内容:

(1)通过全省性纤维树种(植物或品种)的普查清理,了解和掌握河南省纤维树种中主要种类的分布和现有储藏量,为造纸、纺织等工业提出其开发利用的依据。

(2)通过大量的纤维测定,按照适应性广、萌芽力强、栽培容易、管理方便、生物产量高、纤维含量高、质量好、投资少、见效快、经济效益高的原则,筛选出适宜河南省不同地区,如太行山、伏牛山、平原等进行大面积集约栽培的优质造纸专用林 3~5 个优良树种(或植物)。

(3)在调查总结的基础上,进一步进行新选树种的生态特性试验研究,为大面积进行超短期集约栽培提供科学依据。

(4)按照河南农业生产总体规划和林业合理布局,在不同地区采用不同的优质纤维树种(植物),进行大面积(万亩连片)、高密度(株行距 1.0 m×1.0 m 以下)、超短期(1~3 年)丰产栽培[平均年产量 3 000 kg/(亩·a)]的试验研究。同时总结河南省各地群众、研究与生产单位过去营造超短期栽培树种的造林或育苗经验和技术。

(5)将筛选出的优质造纸专用林树种的培育材料进行小型纸样试验研究,进一步论证所选出的超短期优质造纸树种的正确性,并提出不同纸张品种所需要的最佳树种名称及其所有试验数据,为进行中间试验(小型生产)提供可靠的技术和科学依据。

(6)根据小型试验结果,采取专用林树种的原料,进行小规模生产造纸试验,包装纸、箱板纸,以及其他高档纸张品种的生产和应用,特别要进行生产出不同纸张品种的印刷质量等一系列的试验研究。

(7)根据纸张品种质量的试验结果,提出在河南省营造超短期优质造纸专用林的专用树种,生产基地规模,以及筹建或改造中大型造纸骨干企业的意见。

(8)进行超短期优质造纸专用林的副产品加工综合利用的试验研究。

四、研究方法及技术路线

该研究采用教学、科研、生产单位相结合,领导干部、科技人员与工人(农民)相结合,科学理论与生产实践相结合的调查—小型研究—中型试验—逐渐推广的技术路线。其研究方法因内容不同而异。如:① 必须自上而下地组织有关单位参加的全省纤维树种的普查工作,搞清其树种名称、分布范围、适生环境、生长动态、现有储量,以及今后适宜发展的范围、栽培面积,群众栽培经验等;② 组织有关科技人员进行各树种纤维形态及其化学成分的分析,筛选出适宜进行超短期优质造纸树种,按照不同树种、在不同立地条件,进行小面积、小规模的生态特性研究;③ 将试验的初步结果与科学单位、林场(或乡、县)、造纸厂一起进行造纸小型试样和中型生产试验,以及不同纸张品种的印刷,应用试验;④ 根据经验研究结果,进行大面积、超短期优质造纸专用林的集约栽培和推广,并将生产的原料应用于造纸工业中。

五、起止年限、计划进度

(1)1990~1996 年,查清河南纤维树种资源、种类、分布、面积等;筛选出适宜大面积超短期优质造纸树种 3~5 个。

(2)1992 年,调查总结群众丰产栽培和经验与技术,通过大量分析和小纸样研究,按不同地区进行小面积的生态特性及集约栽培的小型研究,

提出进行大面积集约栽培的科学依据、经验和技术措施。

(3)1993 年,拟在南阳、开封、许昌等地进行一定规模(1 000~3 000 亩)的超短期优质造纸专用林的营造,并采用集约栽培技术措施,使其每亩年产量达 2 000 kg 以上。

(4)1994 年,进行优质造纸品种的中间试验、纸张品种不同用途试验及印刷等试验,取得大量数据。同时,继续进行集约栽培理论和技术措施的研究。

(5)1995~1996 年,将试验研究进行推广应用,了解其情况,加以改进,便其更加完善。同时进行总结、鉴定。

六、经济效益预估,市场现状等

根据报道,生产 2 t 化学木浆,约需木材 5.6 m³,其木材投入达 2 500~3 000 元(开封火柴厂购杨木每立方米达 500 元),用杨木木浆生产新闻纸从经济上计算收益很少,或没有收入。若采用超短期优质造纸树种 1~3 年干茎(不剥皮),按每亩年产量 3 000 kg 计算,则 2 亩地年生产原料 6 000 kg,可得木浆量 1.5 t,其投入不足 600 元。以此计算,每吨木浆可增加经济收入 2 000 元。按研究结果推广后,年生产 600 万 t 计算,则全省年生产木浆可增加经济收益 12.0 亿元以上。将 600 万 t 的木浆用于造纸,年可生产优良品种纸张预计 600 万 t 以上,则经济收益可达 20 亿元以上。预计 2000 年后,我国纸张产量将突破 2 000 万 t 以上,因而新闻纸张以上规格的主要品种,在全国来说,仍不能满足需要!

七、参加研究人员

该研究采用省、地(市)两级组织。一级组织由河南农业大学、河南省林业厅及各有关地市、林场、林业局和纸厂的有关同志组成。计划拟为 30 人:赵天榜、陈志秀、宋留高、赵杰、李兆镕、赵国全、龙天福、王治全等。其中副教授、高级工程师 8 人,讲师、工程师 15 人;助教、助理工程师 27 人。

八、经费预算

总计 150 万元,分年度进行,每年 30 万元。

河南速生树种一龄材制造新闻纸的研究

原题：条子林制造新闻纸加工工艺的研究

（时间：1992～1993 年，学校编号：720203017）

摘 要 突出特点：资源广，投资少，成本低，不污染，效益高。

该研究于 1991 年列入河南省科技攻关项目，经过长期的试验研究，已达到预期的目的。现加以总结，拟作鉴定。为此，现将该研究工作进行情况及其结果报告如下。

一、该研究工作进展情况

条子林制造新闻纸试验研究工作始于 1976 年，到现在（1996 年）已进行 21 年。在这 21 年中试验研究大致分为三个阶段。

1. 准备和初试阶段

这一阶段从 1976 年开始到 1988 年为止，前后经过 13 年。该阶段是在 2 个前途下开始试验的。

（1）60 年代初，美国科学家首先提出全树利用及超短期轮伐利用的观点。该观点是基于随着科学的发展、社会的进步，森林资源越来越少，因而进行全树利用，对于保护森林、减少森林资源破坏和损失而提出的。这一观点的提出，首先引起美国、加拿大等许多国家的注意和重视，并相继进行了试验研究，如森林采伐利用率由原来的 40%～50%（主干材）提高到 80%～90% 以上（根、枝、皮、叶等全部利用）；集约栽培的超短期轮伐（1～3 年生采伐利用者）的特用林，年生物量达 40～60 t/hm²，大大地超过了自然林和人工林的生长量与蓄积量，为人类进行超短期轮伐利用人工林资源开拓了新的方向；相继，加拿大科学家试验成功了杨树一龄材（1 年生苗干）木纤维优质，基本符合制浆造纸的要求，得浆率达 43%～49%。

（2）当时，我国经济还很落后，林业部门更加困难。我们认为，国外能 3 年生亩产生物量 1.5 t 的情况下，投资开发利用。我国自然条件优越，尤其是河南适应多种杨树速生树种的生长，为什么不能进行研究，特别是河南森林资源更加贫乏。

在上述两种前提下，我们利用业余时间进行了沙兰杨一龄材生物量及纤维形态的试验研究。

这一试验初步结果，于 1978 年在天津召开的"欧美杨学术会议"上，笔者做了"大力发展沙兰杨"的报告，引起了遇会代表的强烈反响。一部分代表赞成，另一部分代表反对（森工方面）。同时，因试验经费问题而中断，甚至到 1988 年"第十四届国际杨树的会议"的召开为止。在此期间，北京市农林研究所陆续报道了利用沙兰杨等苗干制浆造纸试验的结果良好，但仍没有得到有关方面的支持和注意。

2. 试验研究阶段

这一阶段，自 1988 年"第十四届国际杨树会议"的召开后开始，直到 1994 年。笔者参加了这次国际杨树会议。会议上，由日本代表、韩国代表介绍了杨树一龄材制浆造纸的试验研究结果。参加会议的中国代表倍受鼓舞。为此，笔者与新疆林业科学院程院长，商量进行杨树超短期轮伐的开发利用研究。程院长在新疆研究新疆杨，笔者研究欧美杨。程院长利用 1～3 年生新疆杨幼龄材，与南京林业大学合作，采用化学制浆工艺试验成功，曾获江苏省科技进步奖，但由于多方反对，直今仍没有推广应用。我们利用 I-72 杨、I-69 杨进行试验研究，直到 1994 年，因其集约栽培、投资大、成本高，工艺较复杂，而转向河南速生树种一龄材（因投资少、成本低、效益高）的速生树种上来，如湖桑、葛等。

该阶段上，由经济困难，进展极慢，后得到新郑市林业局提供试验费用，新密市大隗××造纸、郏县××造纸厂、新密市××造纸、长葛市××厂等支持，才使得试验成功，已生产新闻纸 15 令，并经过印刷试验。为此，新郑市林业局拟建厂生产新闻纸，因经济困难，使建厂被迫停下来，直今已有 7 年。

3. 新技术完善阶段

为了更加完善河南速生树种一龄材制浆生产新闻纸的新工艺，笔者又多方联系，得到江苏省连云港市××实业有限公司、辽宁东市××造纸机械厂，以及××××大学、天津市××新闻造纸厂、陕西×××造纸厂的大力协助和支持，使得该研究获得圆满结果，达到预期目的。

二、试验研究工作主要进度

（1）1976～1987年，主要进行沙兰杨纤维形态及生物量研究。

（2）1979～1988年，主要进行河南黑杨派苗木冬态及沙兰杨等丰产栽培试验研究。

（3）1989～1991年，主要进行I-72杨、I-69杨、中林-46杨苗木生物量及其纤维形态的研究。

（4）1992～1994年，该研究列入河南省科技攻关项目（1992～1993年），主要进行河南主要树种纤维测定、湖桑集约栽培、生物量及其纤维形态的研究及新郑市郑韩新闻造纸厂的筹建。

（5）1996～1997年，主要进行河南速生树种（杨树、糊桑、葛）一龄材制浆制造新闻纸的试验。

三、该研究主要成果

本研究通过多年来的调查研究和科学试验，获得以下主要成果：

（1）基本上查清了我国桑属种质资源22种、5变种、550余品种，河南桑属种质资源9种、4变种、100余品种。其中，在我国栽培面积最大的桑属树种有桑树、广东桑、鲁桑等，其品种类群：广东桑品种类群、湖桑品种类群、鲁桑品种类群；单位面积上桑条产量高、桑叶高产质优的品种，属广东桑品种类群、鲁桑品种类群和湖桑品种类群，如湖桑32号在河南沃壤条件下，桑条产量（绝干重）266.7 kg/（亩·a），平均为2 047.9 kg/（亩·a），创我国桑条年亩产量最高纪录，为桑条开发利用提供了优良品种，也为我国制浆造纸工业生产提供了大量的、低价的宝贵资源。

（2）通过长期的调查研究、科学实验和生产实践，摸索出一整套桑叶、桑条高产优质集约栽培经验，即选择沃壤、细致整地、施入基肥、良种壮苗、高度密植、加强管理、适时摘叶与摘心、施肥、冬垦和冬灌、合理采伐与留株，确保桑株健壮生长。这一措施，不仅提高桑叶质量和产量［>3 000 kg/（亩·a）］，还提高桑条产量30.0%以上，且木纤维均长大于对照木纤维均长20 μm以上，为桑条制浆生产新闻纸提供了科学依据。

（3）近年来，先后多次进行桑条改良化机浆

生产新闻纸的实验结果如下：

①桑条纤维形态的测定。测定结果是：木纤维平均长度907.0 μm，平均宽度12.47 μm，长宽比71.82；韧皮纤维平均长度3 630.1 μm，平均宽度17.20 μm，长宽比211.05，其纤维明显优于幼龄的沙兰杨（460.0 μm）、I-214杨（430.0 μm）等，是制浆生产新闻的优质原料之一。

②桑条改良机浆工艺过程：桑条—选材—除皮—蒸煮—洗涤—磨浆—筛选—净化—漂白—配浆—抄纸—包装。

③桑条改良化机浆生产新闻检测。检测结果：得浆率>90%，漂浆白度63.5%，定量54.0 g/m²，裂断长3 340 m，撕裂度241.3 mN，不透明度96.5%等，符合GB 1910—89规定的新闻纸A级标准要求，且优于杨木浆新闻纸，如用1年生72-170号杨苗干制浆总碱23%，硫化度25%的粗架得率40%～41%，漂浆得率36%～37%，白度56.1%，定量81.2 g/m²，裂断长。

此外，桑条改良化机浆生产新闻纸，经印刷表明，吸墨、印刷性能等良好。

④桑条改良化机浆生产新闻纸实验结论：生产的新闻纸经检测，其各项指标，均达GB 1910—89规定的新闻纸A级标准要求，是一种极有开发利用价值的宝贵资源；桑条改良化机浆生产新闻纸的工艺，具有得浆率高、投资少、成本低、见效快、效益大、便于推广等特点，且废液污染指标，即SS、COD、BOD₅等均低于国家规定的标准，是良好的农林业灌溉用水，对环保治理、减免污染具有重要意义。

（4）效益估算。根据调查研究、科学试验和生产实践，集约栽培的1亩桑田年产桑条（绝干重）1 800～2 000 kg，可生产1.5 t新闻纸，每吨新闻纸按经济收益2 000元计算，则每年仅桑条改良化机浆生产新闻纸5 000 t时，可获利1.0亿元以上。

（5）推广前途极其广阔。该项实施任务的完成，提前实现《林业科技发展"九五"计划和到2010年长期规划》中"以突破速生材制浆工艺为研究开发方向，建立原料基地制浆造纸相结合的规模化新型企业。开发杨木等速生阔叶材化学热磨机械浆生产工艺及主要设备，开发化学机械浆为主的造纸技术。选育优良纸浆林树种品种定向栽培，建立林工结合示范性的年产5万t以上的化学热磨机械浆制纸厂"的雄伟蓝图。因此说，该项研究的付于实施，将对我国林业发展、平原农区经济振兴、彻底治理污

染、造纸行业的发展,以及河南省的经济发展,产生巨大的作用和深远的影响。

四、试验研究经费

该研究自 1987 年开始,均在自己筹办下进行,直到 1991~1994 年,进行制浆造纸试验时,新郑市林业局提供试验材料费、旅差费等计 10 万元。

为了尽快完成试验,1994 年郏县×××造纸厂,在厂长支持下,指派工人 42 名,全部停产进行试产。试产 1 个月终于摸清了枝杈材制浆的全部过程,获得了突破性进展。根据该厂生产任务,估算耗资约 90 万元(按日产 50 t,当时纸价 6 000 元/t,高档卫生纸)。然后,长葛市×××厂制浆试验,消资约计 10 万元(按日产 1 000 块纤维板、20 天。试产时,损毁机械停产修理计价);舞纲市造纸厂厂长给予支持,书记提出包产量要 60 万元,无法进行。最后,在新密市×××厂张厂长支持下,停产 10 天,进行新闻纸试产,经过多方奋

斗,生产出新闻纸 15 令,估计经济费约 50 万元(按日产 10 t 纸,5 000 元/t)。后经有关单位检验和印刷,其纸符合国家新闻 A 级标准要求,印刷性质,如吸墨性等良好。

总之,上述新密市大隗×××造纸厂、郏县×××造纸厂、长葛市×××厂及新密市新闻纸造纸厂等的大力支持,使得枝杈材制浆生产新闻的工艺成熟完善,总计 4 个厂的支持,约耗资金 200 万元以上。这四个造纸厂均为个人经营。

五、参加试验研究人员

河南农业大学(主持单位):赵天榜 宋留高 陈志秀
新郑市林业局:赵杰
新密市林业局:龙天福
郑州市林业局:赵东方
新郑市特种纸有限公司:马卫华
广东省科技厅科技管理研究所杂志社:熊俊

湖桑一龄萌条材采用改良化机浆试验报告

赵天榜[1] 熊 俊[2]

(1.河南农业大学;2.广东省科技厅科技管理研究所杂志社)

1 试验目的

为我国制浆造纸工业提供大批、速生、优质、低价的木材料。

2 试验内容

2.1 试验材料

采用 1 年生桑树一龄萌条材,去皮后,压碎切成 2.0~3.0 cm 长的木段,作为试验材料。

2.2 纤维测定

用硝酸-乙醇法离析纤维,中和后,取少量纤维在显微镜下,测 50~100 根完整的木纤维,用平均算术法,求出纤维长度、宽度及长宽比。

2.3 化学成分测定

测定项目有水分、灰分、冷水抽出物等。其方法从略。

2.4 制浆程序

试用改良机械浆制浆技术。其处理程序如表 1 所示。

3.试验结果

3.1 纤维长度

测定结果如表 2 所示。

表 1 未漂白改良化机械制浆程度

预处理					磨浆					
药液	液比	最高温度 (℃)	时间(t)		一道磨 (mm)	浆浓 (%)	二道磨 (mm)	浆浓 (%)	三道磨 (mm)	浆浓 (%)
			升温	保温						
A B	1:3	150	2.5	0.5	1.0	20	0.74	20	0.4	20
漂浆浓度 (%)	漂温 (℃)	漂白时间 (h)	NaSiO₃ (%)	MgSO₄ (%)	NaOH (%)	H₂O₂ (%)	HDTA (%)			
15	60	2	5	0.05	2	1.5	0.5			

表2 木纤维长度、宽度、长宽比

条龄	木纤维			韧皮纤维		
（a）	均长（cm）	均宽（cm）	长宽比	均长（cm）	均宽（cm）	长宽比
1	907.0	12.47	71.82	3 630.1	17.20	211.05

从表2可看出,湖桑一龄萌条材是优质的制浆造纸原料,亟待开发利用。

3.2 化学成分

测定结果如表3所示。

表3 木材化学成分（%）

灰分	冷水抽出物	热水抽出物	1%NaOH抽出物	苯-乙醇抽出物	Kloson木素	多缩戊糖	综纤维素
0.57	0.74	1.89	18.12	1.35	18.30	27.05	79.98

从表3可看出,桑条内灰分及各种抽出物含率较低,综纤维素含率高。这表明,桑条用于制浆造纸,可以获得高的得浆率。

3.3 制浆特征

测定结果如表4所示。

表4 改良化机浆制浆特征

得浆率（%）	药液中NaSO₃含量(g/L)	磨浆后打浆度（SR）	未漂浆白度（%）	漂浆白度（%）
93.9	2.03	55	34.7	56.4

3.4 浆纸物理性能

测定结果如表5、表6所示。

表5 漂白浆纸物理性能

打浆度	定量（g/m²）	紧度（g/cm²）	裂断长（m）	耐破指数（kPa·m²/g）	撕裂指数（mN·m²/g）
55-RS	53.0	0.31	3 400	1.78	2.58

表6 未漂白浆纸物理性能

打浆度	定量（g/m²）	不透明度（%）	裂断长（m）	耐破指数（kPa·m²/g）	撕裂指数（mN·m²/g）
55-RS	53.0	99.2	3 800	1.86	2.608

3.5 浆水污染物含量

测定结果如表7所示。

表7 浆水污染物含量

残液pH	残液COD（kg/t）	残液BOD（kg/t）	残余H₂O₂（g/L）
6.35~7.37	7.3~8.45	3.79~3.88	0.09~0.26

4. 结论

桑条一龄萌条材制浆造纸,符合GB 1910—89的A级标准新闻纸要求。采用改良化机浆工艺,其浆水污染物排放指标低于国家规定的第一级排放标准。桑条制浆生产新闻纸,可推广应用。

桑树一龄萌条材化机浆初步试验

赵天榜[1]　熊　俊[2]

（1. 河南农业大学;2. 广东省科技厅科技管理研究所杂志社）

摘　要　桑条在40℃左右温度下,采用化学药品A与B,预浸30~40 min,以二道φ951双盘磨磨浆,制取cmP。制浆得率>90%。在短长网机上抄造新闻纸,其指标基本上均达国家新闻纸GB 1910—89的规定标准。

我国森林非常缺乏,木材用于造纸资源更少。为开拓我国制浆造纸新资源,我们选用桑树一龄萌条材,采用化机浆工艺,进行生产新闻纸试验。现将试验结果整理如下,供参考。

1 原料

我国桑树栽培面积很大。据报道,我国栽桑面积超过500万亩,除部分地区选用桑皮制浆抄造高档纸张品种外,绝大多数地区均作薪材。为减少建厂投资,降低成本,提高经济效益,我们选用桑树一龄萌条材作为制浆造纸原料。其规格要求:1年生,高度>3.0 m,基径>1.5 cm,除去梢端50 cm,其小头径>1.0 cm,无桑天牛危害的壮干枝。

2 工艺流程

用桑条制浆抄造新闻纸的工艺流程是:桑条→选材→剥皮→压溃→旋风去皮及木屑和大的木段→运送机→预浸池→蒸煮→喷放→活底料仓脱

水→螺施输送机→第一道热磨（φ915型）→第二道热磨→高浓挤浆机→第三道磨浆机→高浓挤浆机→浆池→盘磨机→跳筛机→除济器→洗浆→高浓挤浆机→漂白→配浆→抄纸→整修→洗浆→包装→储藏。

磨次	浆浓(%)	打浆度(SR)	电流(A)	纤维均长(μm)
1×φ955	5.1~8.4	18~29	150~250	750.0
2×φ915	3.3~5.2	30~50	200~250	710.0
3×φ915	1.6~2.6	39~50	50~65	690.0
三段除渣	1.5~3.1	10	—	460.0

注：木片含水率24%~25%。

表2　浆纸强度及白度

化学药量	紧度(g/cm³)	裂断长(m)	撕裂指数(mN·m²/g)	耐破指数(mN·m²/g)	耐折度(双折)	白度(%)	打浆度(·SR)
I	0.55	3 850	8.5	2.20	72		46
II	0.49	3 040	7.3	1.25	5	38.4	34
III	0.56	3 400	5.0	1.27	6	30.9	66
IV	0.56	3 690	6.9	1.30	20	38.1	55

3　试验结果

3.1　试验条件

桑条削成长2.0~2.5 cm、<0.3~0.5 cm粗的木片。蒸煮前，进行预浸。其预浸条件，如木片水分20%，化学药品A及B，升温时间30 min，保温时间40 min，最高压力0.35 MPa。

3.2　磨浆条件

因试验条件限制，在桑条预处理后，采用打浆设备打浆，冲洗后，在φ915磨浆机的5.0%~8.04%的浆浓下，进行磨浆。磨浆结果如表1所示。

3.3　浆纸强度及白度

抄纸测定结果如表2所示。

表1　磨浆条件

3.4　废水排污结果

经废水排污测定，桑条采用化学制浆试验结果：pH 9.5，悬浮物为0.85 mg/L、3.26 kg/t，固形物(SS)为50.7 mg/L、194.3 kg/t，COD 40 200 mg/L、154.1 kg/t；BOD$_5$ 17 770 mg/L、68.1 kg/t。

一年生幼龄小径材用于改良化机浆生产的研究报告

赵天榜　　陈志秀　　宋留高

（河南农业大学，郑州　　450002）

速生一年生幼龄小径材树种具有高产的特点，且生产成本不高，适应性强，可以大面积种植。我国林业资源有限，造纸用原料只好以草代木。用木浆生产新闻纸远远满足不了国内市场的需要，我国每年都要拿出巨额资金到国外购买。为了增加木浆的生产，我们探讨了速生树种一年生幼龄材生产改良化机浆的可能性。研究的结果是令人满意的。现将研究结果报告如下。

1　幼龄材产地及特征

树种：1年生萌条材。

产地：河南长葛市。

特征：高2.5~3.5 m，中段直径12~16 mm。

枝皮比例：基部30.93:100，中部35.04:100，梢部50.0:100，全株34.3:100。

2　幼龄材化学成分

基材水分（去皮）：29.40%，1% NaOH抽出物：24.98%。试样水分：10.50%，苯-醇抽出物：2.03%，灰分：0.68%，木素：24.52%，冷水抽出物：1.88%，综纤维素：74.98%，热水抽出物：4.06%，多戊糖：4.60%。

3　纤维形态

长度：最长1 158 μm，最短350 μm，平均780 μm。其中≤880 μm 71%，>880 μm的占24%。宽度：最宽的32 μm，最窄的14 μm，平均18 μm，长宽比：43.30。

4　制浆工艺

根据幼龄材的化学成分和纤维形态特点，决

定采用化学机械制浆法,以求在不降低白度的条件下,尽量不损伤纤维,改善其抗胀强度。

4.1 预处理

(1)备料。先去皮,将试材砸后,截成30~40 mm的小段。

(2)化学预处理。用15 L蒸汽加热回转蒸煮锅。预处理:A,液比:1:2,升温时间:90 min,温度:160 ℃,保温时间:15 min,压力:7.2 kg/cm²。

(3)操作说明。升温至110 ℃时,放小汽1次。

4.2 磨浆

用φ300 KRK圆盘磨,齿宽3 mm,间隙3 mm,电机40 kW。

工艺条件如表1所示。

表1 工艺条件

遍数	间隙(mm)	浓度(%)	溶解度
1	1.0	30	
2	0.5	30	
3	0.3	30	
4	0.15	30	44·SR

4.3 筛选

设备:框式平筛,筛孔φ mm,筛孔率16个/cm²,浓度:1.5%,筛渣量:0。

4.4 收获率

95%,抄纸设备:ICX-200型纸页型器,浆料叩解度44·SR。

4.5 纸张质量

定量53 g/m²,裂断长2 765 m,紧度0.418 g/cm³,撕裂度32 g,白度58%。

4.6 几点认识

幼龄材皮占34.3%,成功除皮是关键。幼龄材纤维均长较短,多戊糖含量高,会影响纸的质量。从制浆表明,幼龄材基本上能满足生产新闻纸的要求,有希望成为纸浆生产的原料。收获率较低,有待进一步验证。

以上试验受水平所限,肯定有不足之处,请各位专家指正。

桑树、杨树等一龄萌条材制造新闻纸试验

赵天榜 赵 杰 龙天福 等

为解决我国制浆造纸工业——纸浆生产中木材供应不足的困难,开展了平原农区及山区速生树种一龄萌条材制造新闻纸的试验研究,具有重要的科学价值和生产实践意义。

1 试验内容

试验材料为桑树、杨树等一龄萌条材及泡桐枝权材。试验时,首先进行剥皮或不剥皮,分别称重,加水进行蒸煮,保温2 h,然后打浆、冲洗,进行漂白、抄纸,并测定其主要指标。

2 试验结果

试验结果表明,桑树、杨树等一龄萌条材及泡桐枝权材制浆造纸——新闻纸等性能良好。现将桑树、杨树等一龄萌条材及泡桐枝权材造纸试验结果列入表1。

表1 桑树、杨树一龄萌条材等制浆抄纸的物理强度试验

树种	生物量(kg/亩)	纤维长(μm)	纤维宽(μm)	长宽比	打浆度(SR)	得浆率(%)	白度(%)	定量(g/m²)	裂断长(m)	耐折度(双折)	相对撕裂度(g)
杨树(1)	1 841.1	1 153.7	16.9	66.9	42	74.5	71.8	87.5	5 971	1 038	55.9
桑树(木)	1 841.5	907.0	12.47	71.82	42	82.5	72.0	87.4	9 322	1 485	67.9
桑树(韧)	460.2	3 630.1	17.2	211.1							
沙兰杨(5)	386.3	1 142.0	19.0	60.11	62	31.2	62	91.4	8 550	968	96.8
大官杨(3)	376.0	975.0	18.7	52.14	58	35.7	61	106.0	7 670	827	77.0
泡桐枝	200.0	1 170	32.0	37.0	44	50.73	67.4	63.7	6 350	509.6	
麦草浆		1 320	12.9	102	39			82.6	3 510		

湖桑一龄萌条材制造新闻纸试验

赵天榜　熊俊　赵杰　龙天福　等*

为我国制浆造纸工业提供大批、速生、优质、低价的木材原料。采用桑树一龄萌条材,试用改良化机浆技术。

1　试验结果

1.1　化学成分

测定结果如表1所示。

表1　木材化学成分(%)

灰分	冷水抽出物	冷水抽出物	1%NaOH抽出物	苯-乙醇抽出物	Kloson木素	多缩戊糖	综纤维素
0.57	0.74	1.89	18.12	1.35	18.30	27.05	79.98

表1表明,桑条内灰分及各种抽出物含率较低。

1.2　制浆特征

测定结果:得浆率93.0%,打浆度55·SR,未漂浆白度34.7%,漂浆白度56.4%。

1.3　浆纸物理性能

测定结果,如表2所示。

表2　浆纸物理性能测定结果

未漂白浆	打浆度	定量(g/m²)	紧度(g/cm²)	裂断长(m)	耐破指数(kPa·m²/g)	撕裂指数(mN·m²/g)
55-RS	7.3~8.45		3.79~3.88		0.09~0.26	

漂白浆	定量(g/m²)	不透明度(%)	裂断长(m)	耐破指数(kPa·m²/g)	撕裂指数(mN·m²/g)
	53.0	99.2	3 800	1.86	2.60

1.4　浆水污染物含量

测定结果如表3所示。

表3　浆水污染物含量

残液pH	残液COD(kg/t)	残液BOD(kg/t)	H₂O₂残余
6.35~7.37	7.3~8.45	3.79~3.88	0.09~0.26

2　结论

(1)桑条一龄萌条材制浆造纸,符合 GB 1910—89 的 A 级标准新闻纸要求。

(2)采用改良化机浆工艺,其浆水污染物排放指标低于国家规定的第一级排放标准。

(2)桑条制浆生产新闻纸,可推广应用。

3　效益估算

根据调查研究、科学试验和生产实践,集约栽培后1亩桑田年产桑田(绝干重)1 800~2 000 kg,可生产1.5 t新闻纸,每吨新闻纸按经济效益2 000 元计算,则万吨新闻纸厂,年获利可达2 000万元。河南栽桑面积50万亩,按1亩生产1 t新闻纸计算,则每年仅桑条改良化机浆生产新闻纸可获利1.0亿元以上。

4　推广前途极其广阔

该项目推广前途极其广阔,可提前实现《林业科技发展"九五"计划和到2010 年的长期规划》中"林纸结合"和"制浆造纸"的雄伟目标。该研究具有投资小、见效快、效益高,且污染排放量低于国家规定的第一级污染物排放标准。同时,该项目实施任务的完成,可提前实现《林业科技发展"九五"计划和到 2010 年长期规划》中,"以突破速生材制浆工艺为研究开发方向,建立原料基地制浆造纸相结合的规模化新型企业。开发杨木、桉树、栒木等速生阔叶树种制化学热磨机械浆生产工艺及主要设备,开发化学机械浆为主的造纸技术。选用优良纸浆林树种品种,进行定向栽培,建立林工结合示范性的年产5万 t 以上的化学热磨机械浆造纸厂"的雄伟蓝图。因此说,该研究的实施,将对林业发展、平原农区经济振兴、彻底治理污染、造纸行业的发展,以及对河南经济发展产生巨大的作用和深远的影响。

＊参加试验研究人员

河南农业大学(主持单位):赵天榜　宋留高　陈志秀　刘国彦　徐国强

新密市林业局:龙天福

新郑市林业局:郑官越　赵　杰

郑州市林业局:赵东方

河南省许昌林业科学研究所:王治全　李振卿

许昌市林业技术推广站:王安亭　陈康普

西峡县林业局:沈祥侠　王大杰

新密市特种纸有限公司:刘长兴

广东省科技厅科技管理研究所杂志社:熊俊

附　录

附录 I　本选集没有收录的发表文献 282 篇(包括英文 26 篇)

一、银杏科

1. 银杏播种育苗试验　赵天榜等
2. 银杏砧木新类型的发现　赵天榜
3. 银杏嫁接育苗　赵天榜

二、松科

4. 赵天榜. 华山松播种育苗试验　赵天榜等
5. 河南华山松五变种生长规律的研究　赵天榜
6. 马尾松育苗技术调查报告　赵天榜　戴天澍　戴慧堂
7. 河南鸡公山马尾松苗木生长调查报告　赵天榜　戴天澍　戴慧堂
8. 河南鸡公山马尾松生长规律的研究　赵天榜　戴天澍　戴慧堂
9. 河南马尾松混交林生长调查初报　赵天榜　戴天澍　戴慧堂
10. 油松幼苗立枯病试验研究　姜文荣　赵天榜
11. 河南郑州市油松生长初步调查报告　赵天榜
12. 黄山松育苗技术调查报告　戴天澍　戴慧堂　赵天榜
13. 黄山松造林技术调查报告　戴天澍　戴慧堂　赵天榜
14. 黄山松生长规律调查报告　戴天澍　戴慧堂　赵天榜

三、杉科

15. 水杉播种育苗经验总结　赵天榜等
16. 水杉扦插育苗试验　赵天榜等
17. 水杉造林技术调查报告　赵天榜　戴天澍　戴慧堂
18. 河南郑州水杉资源的研究　赵天榜
19. 棱沟水杉生长规律的研究　赵天榜
20. 河南郑州水杉生长规律的研究　赵天榜
21. 杉木育苗经验总结　戴天澍　戴慧堂　赵天榜
22. 杉木造林技术初步调查研究　赵天榜　戴天澍　戴慧堂
23. 杉木椽材林培育技术调查报告　赵天榜　戴天澍　戴慧堂
24. 杉木生长规律调查研究　赵天榜　戴天澍　戴慧堂
25. 不同立地条件下杉木生片调查报告　赵天榜　戴天澍　戴慧堂
26. 河南杉木两新栽培品种　赵天榜等
27. 不同立地条件下杉木生长情况调查　赵天榜　汪荣光等
28. 落羽杉母树林调查报告　赵天榜　戴天澍　戴慧堂
29. 河南鸡公山落羽杉种子园调查报告　赵天榜　戴天澍　戴慧堂
30. 落羽杉自然类型研究　赵天榜
31. 河南鸡公山落羽杉人工林生长调查报告　赵天榜　戴天澍　戴慧堂
32. 河南鸡公山池杉自然类型的调查报告　赵天榜
33. 河南鸡公山池杉人工林生长调查报告　赵天榜　戴天澍　戴慧堂
34. 河南鸡公山柳杉人工林调查报告　赵天榜　戴慧堂　史威等
35. 河南鸡公山柳杉类型初步调查报告　赵天榜　戴天澍　戴慧堂
36. 豫南大别山区柳杉丰产林初步调查报告　赵天榜等

37. 河南黄山松生长规律调查研究　赵天榜　戴天澍　戴慧堂

38. 黄山松造林技术的研究报告　赵天榜　姚忠臣

39. 北美乔松的引种调查研究　赵天榜　戴慧堂　李艳红

四、柏科

40. 河南鸡公山柏类的引种调查报告　赵天榜　戴慧堂　喻斌

41. 日本花柏生长规律调查研究　赵天榜　戴天澍　戴慧堂

42. 桧柏扦插育苗试验研究　姜文荣　赵天榜

43. 河南圆柏、刺柏属植物资源及造型研究　高炳振　赵天榜等

五、杨柳科

44. 河南杨属白杨组植物分布新记录　杨谦　赵天榜等

45. 河南杨属植物的研究　赵天榜　宋留高　陈志秀

46. 河南特有珍稀杨属资源的研究　赵天榜

47. 河南杨属白杨组一新变型　赵天榜　陈志秀　周惠茹

48. 河南杨属白杨组植物的研究　赵天榜等

49. 毛白杨类型的研究（摘要）　赵天榜等

50. 毛白杨新资源的研究　范军科　赵天榜等

51. 毛白杨良种介绍　赵天榜　袁雷生

52. 35个白杨派树种过氧化物同工酶数量分类的研究　赵翠花　赵天榜等

53. 毛白杨优良类型的研究　赵天榜等

54. 毛白杨优良无性系的研究　赵天榜等

55. 毛白杨类型研究的历史和现状　赵天榜

56. 毛白杨的一个优良类型　箭杆毛白杨　钱士金　赵天榜　李荣幸

57. 毛白杨播种育苗试验研究　赵天榜

58. 毛白杨实生苗形态变异的研究　赵天榜

59. 毛白杨快繁技术　赵天榜

60. 毛白杨苗木生长生长规律研究　赵天榜

61. 箭杆毛白杨生长调查研究　赵天榜

62. 小叶毛白杨生长规律研究　赵天榜

63. 密孔毛白杨生长规律研究　赵天榜

64. 河北毛白杨生长规律研究　赵天榜

65. 密枝毛白杨生长规律研究　赵天榜

66. 河南毛白杨生长规律研究　赵天榜

67. 塔形毛白杨生长规律研究　赵天榜

68. 毛白杨扦插一龄苗生长规律研究　赵天榜

69. 毛白杨丰产试验林研究报告　赵天榜

70. 毛白杨造林技术初步调查报告　赵天榜

71. 毛白杨品种对叶锈病的抗病性研究　任国兰　郑兰长　赵天榜

72. 桑天牛对毛白杨生长影响　赵天榜　郭厚贵　张美霞　袁雷生

73. 毛白杨优良类型的研究　摘要

74. 毛白杨类型研究的历史和现状　工作总结　赵天榜等

75. 金叶毛白杨及其五新变种　范军科等

76. 河北杨三新变种　赵天榜等

77. 快速繁殖杨树　吕国梁　赵天榜

78. 小叶杨播种育苗经验总结　赵天榜

79. 小叶杨生长规律的研究　赵天榜

80. 杨树抗病选择育种　赵天榜等

81. 钻天杨生长规律调查研究　赵天榜

82. 大力发展沙兰杨　赵天榜

83. 沙兰杨扦插育苗试验　赵天榜

84. 日本白杨生长规律调查研究　赵天榜

六、胡桃科

85. 枫杨播种育苗试验　赵天榜

86. 河南郑州市枫杨生长调查报告　赵天榜

87. 核桃播种育苗试验　赵天榜

88. 核桃胚芽苗快繁技术试验　赵天榜　陈志秀

89. 新疆核桃引种栽培技术试验研究　赵天榜等

90. 新疆良种核桃优质壮苗的选择　赵天榜等

91. 新疆良种核桃果实品质的测定　赵天榜

92. 河南核桃属两新记录种　赵天榜等

93. 薄壳山核桃生长规律的研究　赵天榜

七、榆科

94. 榆树播种育苗丰产试验　赵天榜

95. 榆树扦插育苗试验　赵天榜

96. 榆树实生苗木生长规律的研究　赵天榜

97. 榆树生长规律的研究　赵天榜

98. 榔榆播种育苗试验　赵天榜

99. 河南榔榆资源与其生长规律的研究　赵天榜等

100. 朴树播种育苗技术　赵天榜

101. 朴树生长规律的研究　赵天榜

八、木兰科

102. 木兰科植物形态描述术语应用错误的纠正　赵天榜

103. 关于厚朴属树种资源的研究　赵天榜等

104. 关于厚朴叶位的研究　赵天榜等

105. 河南厚朴三个新变种　赵天榜等

106. 厚朴播种育苗技术　赵天榜

107. 厚朴生长规律　赵天榜

108. 河南山区厚朴大面积人工林栽培技术调查报告　赵天榜

109. 厚朴剥皮技术的初步调查报告　赵天榜

110. 望春玉兰类型的研究　赵天榜等

111. 大力发展望春玉兰　赵天榜

112. 望春玉兰播种育苗试验　赵天榜

113. 望春玉兰一龄实生苗生长规律　赵天榜

114. 望春玉兰芽接育苗试验　赵天榜

115. 腋花玉兰矮化密植丰产试验初报　赵天榜　高聚堂

116. 玉兰属植物研究简介　赵天榜等

117. 中国木兰属植物资源的研究　赵东武等

118. 河南木兰属特有珍稀树种资源的研究　宋留高　赵天榜等

119. 木兰属及其近缘三属芽种类与其解剖的研究　傅大立　田国行　赵天榜

DODE FROM HENAN Zhao Tianbang et al.

265. SELECTION OF EXCELLENT CLONES FOR POPULUS TOMENTOSA Carr. IN HENAN Li Shuling et al.

266. INTRODUCTION OF Taiwania fiousiana Gaussen AND Pinus taeda IN HENAN PROVINCE Li Shuling et al.

267. INTRODUCTION OF Taiwania fiousiana Gaussen AND Pinus taeda IN HENAN PROVINCE Li Shuling et al.

268. THE GERMPLASM RESOURCE OF HENAN FOREST TREES AND THE SELECTION OF EXCELLENT CLONES Chen Zhixiu et. al.

269. STUDY ON THE POCULIAR, PRECIOUS AND RARO RESOURCES OF MAGNOLIA FROM HENAN Song Liugao et al.

270. ON THE SECTION DIVISION OF SUBGENUS YULANIA BASED ON THE VARIABILITY OF MAGNOLIA IN HENAN ZHAO Tian-bang et al.

271. The History of Cultivation and Use of Medicinal Xinyi in Henan, China et al.

272. Demonstrability about Investing in Newsprint Mill with One-year-old Branches of Fast Growing Trees

273. THE GERMPLASM RESOURCE OF HENAN FOREST TREES AND THE SELECTION OFEXCELLENT CLONES Chen Zhixou et al.

274. SECTION LEUCE POPULUS TOMENTOSA -17,18. 06. 1990. Zhao Tianbang

275. CATALOGUE INTERNAIONAL DES CULTIVARS DE PEUPLIERS ……POPULUS TOMENTOSA

276. FOREST TREE SPECIES RESOURCE IN HENAN PROVINCE, CHINA Chen Zhixou et al.

277. Paulownia serrata - a New species from China Dali Fu

278. Magnolia cathayana- a New species from China Dali Fu et Tiangbang Zhao

279. Demonstrability about Invessting in newsprint Mill with One-year-old Branches of fast growing Trecs

280. The History of Cultivation and Use of Mediconal Xinyi in Henan, China Sun Weibang and Zhao Tianbang

281. THF GFRMOLASM RESOURCF OF HENAN FOREST TREES AND THE SELETION OF FXCFENT CLONES Chen Zhixiu et. al.

282. A STUDY ON THE QOANTITATIVE CLASSIFICATION OF SUBGENUS YULANIA OF MAGNOLIA OF HENAN FU Sa-li et al.

附录Ⅱ 合作单位及人员姓名

1. 河南农业大学 赵天榜、陈志秀、宋留高、田国行、郭保生、戴丰瑞、李静、谢淑娟
2. 中国林业科学研究院林业科学研究所 杨自湘
3. 河南林业厅 吴烈继、李兆镕、袁雷生
4. 河南省林业业科学研究所 曾庆乐、冯述清
5. 南召县林业局 高聚堂、靳三恒、李万成、任云和、张天锡、田文晓、王建勋、杨谦
6. 新郑市林业局 郑官越、赵国全 赵杰
7. 鲁山县林业局 黄桂生、张东安
8. 郑州植物园 宋良红、杨志恒、李小康、王华
9. 北京林业大学园林学院博士研究生 范永明
10. 中国科学院昆明植物研究所 孙卫邦、博士研究生 陈俊通
11. 河南省农业科学研究院 陈占宽、郅玉宝、易明林
11. 郑州市林业工作总站 赵东方
12. 河南农大风景园林规划设计院 赵东武
13. 许昌林业业科学研究所 李振卿、赵翠花
14. 许昌市林业业局 冯滔、李殿荣
15. 襄县林业局 王聚才、赵丙建
16. 内乡县林业局 景旭明
17. 新密市林业局 龙天福
18. 鸡公山国家级自然保护区 戴天澍、戴慧堂
19. 郑州市园林研究所 焦书道
20. 鄢陵县园芝场 于水中
21. 许昌市绿化处 高炳振、周惠茹
22. 长垣县畜牧牛奶公司 杨健正
23. 中国林业科学研究院经济林研究所 傅大立
24. 郑州市紫荆山公园 米建华
25. 获嘉县林业局 郭厚贵
26. 淮滨县林业局 程大厚 余志红 贾中孔 郭正刚
27. 黄河水利出版社 路夷坦 景旭明
28. 广东省广州市科技厅 熊俊
29. 河南科学技术出版社 白鹤杨